EINFÜHRUNG IN DIE CHEMIE

EIN LEHR- U. EXPERIMENTIERBUCH

VON

RUDOLF OCHS

ZWEITE,
VERMEHRTE UND VERBESSERTE AUFLAGE

MIT 244 TEXTFIGUREN
UND 1 SPEKTRALTAFEL

SPRINGER-VERLAG BERLIN HEIDELBERG GMBH
1921

Ursprünglich erschienen bei Julius Springer in Berlin 1921
Softcover reprint of the hardcover 2nd edition 1921

ISBN 978-3-642-90207-9 ISBN 978-3-642-92064-6 (eBook)
DOI 10.1007/978-3-642-92064-6

DEM AUSGEZEICHNETEN ARZT
UND LIEBEN FREUND

DR. HANS PHILIPPI IN DAVOS

DER VERFASSER

Zur Einführung.

(Vorwort zur ersten Auflage.)

Das vorliegende Buch verdankt sein Entstehen der aus praktischer Erfahrung hervorgegangenen Erwägung, daß eine erfolgreiche Beschäftigung mit der Chemie nur dem möglich ist, der über entsprechende theoretische Grundlagen verfügt. Mangelt es auch nicht an — zum Teil vorzüglichen — chemischen Experimentierbüchern, so reihen sie entweder Versuche nur lose aneinander, unter Verzicht auf jede theoretische Erörterung, oder behandeln das Gebiet der anorganischen Chemie nicht lückenlos, indem sie nur ausgewählte Kapitel bringen und so leicht zu bloßen Rezeptsammlungen werden, die dem Anfänger mehr schaden als nützen. Auch die Überzeugung, daß die wichtigsten modernen Probleme, wie vor allem die Ionen-Theorie und die sich aus ihr ergebenden Folgerungen, ferner Dampfdichte, gewisse elektrochemische Vorgänge (z. B. Lösungsdruck), bis jetzt noch nicht in populärer Form behandelt worden sind, war mitbestimmend für Inhalt und Ausdehnung des Buches, das nicht zu oberflächlichem Pantschen verlocken, sondern eine Anleitung sein soll, aus der die angehenden Chemiker theoretisch und praktisch etwas lernen können.

Um die Darstellung lebendiger zu gestalten, hat der theoretische Teil die Form von Vorträgen, die sämtlich in ähnlicher Fassung vor einem kleinen Auditorium von Freunden und Bekannten gehalten worden sind. Sie sollen den Lesern des Buches als Muster dienen für eine gleichartige Behandlung wissenschaftlicher Stoffe aus dem chemischen oder einem anderen Gebiet. Die etwas breitere Ausführung einzelner Abschnitte erschien geboten, weil, um dem Laien unbedingt verständlich zu werden, keinerlei Vorkenntnisse vorausgesetzt sind; und ganz besonders eingehend sind solche theoretische Fragen behandelt, mit denen Anfänger erfahrungsgemäß sich nicht sehr vertraut zeigen.

So weit es der Raum gestattet, wurden auch verschiedene Spezialgebiete, wie z. B. physiologische Chemie, berücksichtigt, so daß das Buch auch für angehende Mediziner und überhaupt für alle diejenigen

Wert und Interesse haben dürfte, die sich im Laufe ihres Studiums oder aus Liebhaberei etwas mit Chemie befassen. Ebenso wurde nach Möglichkeit auf besondere Schwierigkeiten, die der künftige Chemiker bei seiner Ausbildung in der qualitativen Analyse zu überwinden hat, eingegangen und eine kurze Erörterung der wichtigsten technologischen Fragen angefügt. Bei Verbindungen, die zweierlei oder noch mehr Namen haben, sind diese abwechselnd verwandt, damit sich die verschiedenen Benennungen einprägen.

Die Versuche, die sämtlich erprobt sind, sollen nur nach der im II. Teil gegebenen Anleitung angestellt werden, der eine genaue Anweisung zur Einrichtung eines Laboratoriums sowie eine Beschreibung der gebräuchlichsten Utensilien und ihrer Verwendung vorangeht. Die Beschreibungen der Versuche sind, wo erforderlich, durch kurze erklärende Überleitungen zu einem fortschreitenden, den Vorträgen entsprechenden Ganzen verbunden. Solche Experimente, deren Ausführung ohne weiteres gegeben ist, wie z. B. Prüfung auf Brennbarkeit oder Schmelzbarkeit, sind meistens nicht besonders erwähnt. Bei Präparaten, die auf mehrere Arten dargestellt werden können, sind diese sämtlich angegeben. Tatsachen, die sich in den Rahmen der Vorträge nicht gut einfügen ließen, gelangten erst im II. Teil zur Erwähnung, der auch die Zusammenstellung der Oxyde und Hydroxyde einzelner Metalle in Tabellenform enthält. Alle Namen, die im zweiten Teil vorkommen, ohne vorher im ersten erwähnt zu sein, sind durch Sperrdruck kenntlich gemacht. Bei solchen Versuchen, die zu den leicht mißlingenden zählen, ist auf die häufigsten Fehlerquellen hingewiesen, und bei solchen, die gewisse Gefahren in sich bergen, zu besonderer Vorsicht ermahnt worden.

Die verschiedenen Tabellen am Schluß sollen den praktischen Wert des Buches erhöhen, das seinen Zweck erreicht, wenn es ihm gelingt, die Lust an chemischen Arbeiten anzuregen und zu fördern.

Frankfurt a. M., im September 1911.

Rudolf Ochs.

Vorwort zur zweiten Auflage.

Aus dem wachsenden Anklang, den die „Einführung in die Chemie“ fand, ersah der Verfasser zu seiner Freude, daß die Leitgedanken seines Buches: „langsamer Aufbau bis zu Stockwerken, zu denen im allgemeinen nur die Fachleute Zutritt haben, und möglichst innige Verschmelzung von Theorie und Praxis“ richtig waren. Dies ermutigte ihn, auch bei der zweiten Auflage den eingeschlagenen Weg weiter zu verfolgen und noch andere, bislang wohl noch nie ausführlich allgemeinverständlich behandelte Kapitel der physikalischen und der Strukturchemie einem größeren Kreis zugänglich zu machen. Der Verfasser ist sich sehr wohl der großen Schwierigkeiten dieses Unterfangens bewußt, um so mehr, als er nicht einmal die Grundlagen der Buchstabenrechnung voraussetzen und langsam, Schritt für Schritt, vorwärts gehen wollte. Er hofft, dadurch dem Leser, der die Vorträge der Reihe nach liest, auch in den drei neu hinzugekommenen durchaus verständlich geblieben zu sein. Diese drei neuen Vorträge handeln von der Lehre vom chemischen Gleichgewicht, dem Massenwirkungsgesetz, den Katalysatoren, der Thermochemie, der Kolloidchemie und von der Wernerschen Theorie der Molekülverbindungen. Der letzte Vortrag über das Radium ist vollständig umgearbeitet und bis zu den letzten Errungenschaften in diesem Gebiet (Moseleys Gesetz der Hochfrequenzspektren, Laues Röntgenlichtinterferenzen, Bohrsches Atommodell, Struktur der Atome und Atomkerne usw.) erweitert worden. Da auch der praktische Teil eine entsprechende Erweiterung durch neue Versuche erfahren hat, darf der Verfasser hoffen, das Buch auf einen durchaus neuzeitlichen Stand gebracht zu haben. Es wird jedem, der sich in irgend einem engeren oder weiteren Zusammenhang mit Chemie befassen will, von Nutzen sein, während der praktische Teil genügend Stoff für Arbeiten in einer kleinen Dachkammer oder einem reich ausgestatteten Laboratorium bieten dürfte. Neu hinzugekommen ist auch ein Literaturverzeichnis.

Anregungen und Verbesserungsvorschläge verschiedener Besprechungen wurden dankbar benutzt. Der Verfasser weiß wohl, daß man der Ansicht sein kann, daß manches „nicht in das Buch hineingehört", und daß man Dinge, über die die Meinungen so geteilt sind, wie z. B. die Begriffe Elektron und Äther, besser nicht erwähnt. Aber gerade die lebendigen Triebe der Wissenschaft, die Punkte, von denen aus der Weg weiterführt ins unbekannte Neuland, sind reizvoll. Und der Verfasser wollte nicht nur belehren, sondern auch anregen. Aus diesem Grund sind auch öfter Elemente und Verbindungen erwähnt, die im allgemeinen als „unwichtig und praktisch bedeutungslos" übergangen zu werden pflegen. Die Äthertheorie des Lichts ist noch beibehalten worden, denn ein Eingehen auf die durch Einstein erneut ins Rollen gebrachte Frage nach der Natur des Lichts und des Weltäthers hätte den Rahmen des Buches erheblich überschritten, so daß es mit wenigen Andeutungen sein Bewenden haben mußte.

Mit ganz besonderem Dank möchte endlich noch der Verfasser das große Entgegenkommen der Verlagsbuchhandlung Julius Springer erwähnen, durch das ihm, trotz der ungeheuren Schwierigkeiten, die die Herstellung eines Buches jetzt macht, die wesentlichen Erweiterungen in Wort und Bild erst möglich wurden. Möchte es sich dadurch zu den alten Freunden neue gewinnen!

Davos, im Herbst 1920.

Rudolf Ochs.

Verzeichnis benutzter Bücher.

Bavink, Einführung in die allgemeine Chemie.
Bernthsen, Organische Chemie.
Chvolson, Lehrbuch der Physik.
Erdmann, Anorganische Experimentalchemie.
Grätz, Die Atomtheorie in ihrer neuesten Entwicklung.
Hofmann, K. A., Lehrbuch der anorganischen Experimentalchemie.
Kaufmann, Allgemeine und physikalische Chemie.
Sackur, Die chemische Affinität und ihre Messung.
Smith, A., Anorganische Chemie.
Sommerfeld, Der innere Aufbau des chemischen Atoms und seine Erforschung durch Röntgenstrahlen (Vortr.).
Valentiner, Grundlagen der Quantentheorie.
Werner, Neuere Anschauungen auf dem Gebiete der anorganischen Chemie.

Inhaltsverzeichnis.

I. Theoretischer Teil.

II. Praktischer Teil.

Erster Vortrag.

Ableitung des Namens Chemie. — Unterschied zwischen Physik und Chemie. — Haupteigenschaften der Materie. — Synthese, Analyse. — Sauerstoff.

Ich möchte Sie nicht lange mit Untersuchungen darüber langweilen, ob die Wurzel des Wortes Chemie im Griechischen, wo χέω = cheo „ich gieße" bedeutet, liegt, oder ob es sich von dem ägyptischen Stamm „cham" oder „chami" ableitet, der die Bedeutung „schwarz" hat, so daß danach Chemie gleichbedeutend mit „Schwarzkunst" oder auch vielleicht „die Kunst aus dem Land der schwarzen Erde" wäre. Wir wollen vielmehr sogleich versuchen, uns über die Grundbegriffe dieser Schwarzkunst einige Klarheit zu verschaffen und uns deshalb zunächst einmal fragen: „Was ist denn eigentlich Chemie?"

Sie werden vielleicht versucht sein, zu sagen: Chemie ist etwas ganz ähnliches wie Physik, denn beide Wissenschaften beschäftigen sich mit den Eigenschaften der uns umgebenden leblosen Körper. Nun, ganz abgesehen davon, daß Sie damit noch keine Antwort auf die Frage gegeben hätten, was denn die Chemie sei, so muß doch auch ein grundsätzlicher Unterschied zwischen Physik und Chemie bestehen; denn wäre er nicht vorhanden, so würde man die beiden Wissenschaften nicht mit verschiedenen Namen belegt haben. Vielleicht darf ich Ihnen diesen Unterschied durch zwei kleine Versuche klar machen.

Sie sehen hier ein kleines Stückchen Draht. Halte ich es in eine Flamme, so bemerken Sie, daß es hellglühend wird; sobald ich es aber aus der Flamme entferne, haben Sie wieder den vollkommen unveränderten Draht vor sich. Ich nehme nun einen anderen Draht. Sie sehen, er wird auch zunächst glühend, aber eben beginnt er mit einer außerordentlich glänzenden Flamme zu verbrennen, und nun ist der ganze Draht verschwunden. Sie haben zugleich die Entwicklung eines dichten weißen Rauches bemerkt, und wenn Sie sich jetzt die Zange ansehen wollen, mit der ich den Draht gehalten habe, so wird Ihnen ein eigentümlicher weißer Beschlag an dem Instrument auffallen. Der Versuch mit dem ersten Draht war ein physikalischer, der mit dem zweiten ein chemischer. Im ersten Falle habe ich den Versuchskörper dem Einfluß einer Energie — der Wärme — unterworfen und habe, nachdem sie zu wirken aufgehört hat, den Versuchskörper in völlig unverändertem Zustande wieder vor mir gehabt. Im zweiten Falle waren die Bedingungen, unter denen der Versuch angestellt wurde, dieselben. Aber jetzt hat die Energie „Wärme" die Umänderung eines Körpers in einen anderen mit gänzlich neuen Eigenschaften herbeigeführt. Eine derartige Umänderung oder Verwandlung nennen wir eine chemische. Die Veränderungen, denen die Körper durch den Einfluß der Naturkräfte unterliegen, sind also:

physikalische, wenn bei ihnen, nachdem die Energie zu wirken aufgehört hat, der Körper in seiner Zusammensetzung nicht geändert ist;

chemische, wenn durch die Einwirkung der Energie neue Körper mit neuen Eigenschaften entstanden sind.

Daraus, daß wir immer von „Körpern" geredet haben, können Sie schon ersehen, daß die Chemie aufs innigste mit der „Materie" verwachsen ist, und wir wollen deshalb, bevor wir mit der Erörterung der eigentlichen chemischen Probleme beginnen, wenigstens die Haupteigenschaften der „Materie" feststellen. —

Materie nennen wir alles, was einen Raum einnimmt; also alle „Stoffe", seien sie nun fest, flüssig oder gasförmig. Das wichtigste Gesetz über die Materie sagt aus, daß „alle Materie unzerstörbar ist" — d. h. mit anderen Worten: nichts auf der Welt kann verloren gehen. Aus diesem Gesetz folgt, daß bei der Verbrennung des Stückchens Draht vorhin nichts verschwunden sein kann, sondern daß, wenn wir den Rauch und den weißen Beschlag sorgfältig gesammelt hätten, wir aus ihm genau soviel „Materie" hätten erhalten müssen, wie wir ursprünglich verbrannten. Unser Gesetz läßt aber auch noch eine weitere wichtige Folgerung zu. Wenn nämlich die Materie unzerstörbar ist, dann kann auch die Gesamtmenge der im ganzen Weltraum verteilten Materie niemals kleiner oder größer werden: „Die Summe aller im Weltraum vorhandenen Materie war, ist und bleibt konstant."

Aus unserer Definition: „Materie ist alles, was einen Raum einnimmt" ergibt sich ohne weiteres ein zweites wichtiges Gesetz, das heißt: „Die Materie ist undurchdringbar." Mit anderen Worten: in einem Raum, in dem schon Materie — also z. B. Wasser oder Luft — enthalten ist, kann nicht auch noch andere Materie vorhanden sein. Obwohl das eigentlich ganz einleuchtend ist, gibt es doch immer noch Leute, die durchaus nicht einsehen können, warum ein leeres, d. h. mit Luft gefülltes Wasserglas tatsächlich nicht leer ist. „Aber in dem Glas ist doch nichts, das ist doch leer", sagen sie. Nein, das Glas ist durchaus nicht leer! Luft nimmt doch auch einen Raum ein, folglich ist es mit Luftmaterie gefüllt, und deshalb wird es uns niemals gelingen, andere Materie, z. B. Wasser, in das Glas zu bringen, wenn wir der Luft nicht Gelegenheit geben, aus ihm zu entweichen. Wenn ich also ein Wasserglas nehme und es mit der Mündung zuerst in Wasser eintauche, so kann das Wasser nicht in das Glas gelangen, weil die in ihm enthaltene Luft nicht hinaus kann. Wenn ich aber jetzt in den Boden des Glases ein Loch schlüge, so würde die Luft mit großer Gewalt ausströmen und das Wasser an ihrer Stelle das Glas anfüllen. Das möchte ich Ihnen durch einen Versuch zeigen.

Ich habe hier einen Trichter (Fig. 1), an dessen Mündung ein Schlauch angeschlossen ist. Dieser Schlauch trägt an seinem anderen Ende eine in ein Stativ geklemmte, zu einer Spitze ausgezogene Glasröhre, vor der ein kleines Gasflämmchen brennt. Ich verschließe nun den Gummischlauch dadurch luftdicht, daß ich ein klammerartiges Instrument, das man „Quetschhahn" nennt, daraufsetze. Nun tauche ich den Trichter in das Wasser ein. Die Luft kann nicht aus ihm entweichen, da der einzige Weg, auf dem sie es könnte, durch den Quetschhahn verschlossen ist. Es kann also auch kein Wasser in den Trichter dringen. Sobald ich aber den Quetschhahn öffne, ist der Weg für die Luft freigegeben. Sie strömt aus der Glasröhre aus, was Sie daran sehen können, daß das kleine Flämmchen ausgeblasen wird, und nun bemerken Sie auch, daß das Wasser an Stelle der ausgetretenen Luft den Trichter anfüllt.

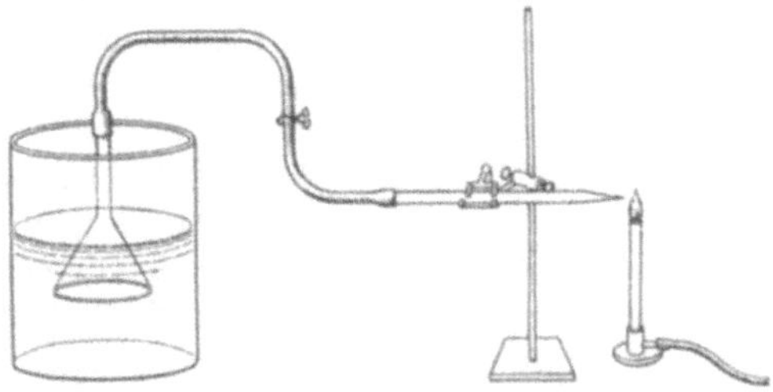

Fig. 1. Beweis der Undurchdringbarkeit der Materie.

Allgemeiner bekannt als die Eigenschaften, die wir soeben an der Materie festgestellt haben, ist die Tatsache, daß die Materie „Gewicht" hat.

Erklären wir uns zunächst, was „Gewicht" ist. Sie haben alle schon von der Schwerkraft reden hören, jener Kraft, die bewirkt, daß ein in der Luft losgelassener Körper nicht einfach schwebt, sondern zur Erde fällt. Vor genauer Kenntnis der Verhältnisse nahm man an, daß diese Anziehungskraft nur eine Eigenschaft der Erde wäre. Später erkannte man aber, daß überhaupt alle Körper Anziehungskräfte aufeinander ausüben, die im allgemeinen proportional ihrer Masse sind. Die Anziehungskraft der Erde erkennen wir nicht nur daran, daß ein freigelassener Körper **fällt**, sondern auch daran, daß er in der Ruhe einen **Druck** auf seine Unterlage ausübt. Lege ich z. B. ein Stück Eisen auf meine Hand, dann fühle ich diesen Druck und empfinde gleichzeitig: „Das Eisen hat **Gewicht**, es ist **schwer**." Wir nennen also zunächst einmal „Gewicht" den Druck, den ein liegender, oder den Zug, den ein hängender Körper auf den Gegenstand ausübt, auf dem er liegt oder an dem er hängt. Die Größe dieses Druckes (oder Zuges) hängt nun von drei Faktoren ab: erstens von der Menge Materie, die ein Körper enthält, d. h. von seiner Masse. Zweitens: von der Art des Stoffes, aus dem die Körper bestehen; eine gewisse Menge Quecksilber wiegt über $13^1/_2$ mal so viel wie eine gleiche Menge Wasser. Drittens: von der Größe der Kraft, mit der die Erde alle Körper anzieht. Der erste Fall ist ohne weiteres einleuchtend, wenn wir uns vorstellen, daß alle Körper zusammengesetzt sind aus kleinsten Teilchen, deren jedes mit genau der gleichen Stärke von der Erde angezogen wird. Diese Stärke, multipliziert mit der Anzahl der vorhandenen Teilchen, ist eben das Gewicht des betreffenden Körpers. Nehmen wir an, ein Körper enthalte m Teilchen und werde mit der Kraft g von der Erde angezogen, dann ist sein Gewicht p

$$p = m \cdot g.$$

Verdoppeln wir die Masse des Körpers, indem wir eine doppelt so große Menge desselben Stoffes anwenden, dann wirkt die Anziehungskraft g nun auch auf die doppelte Anzahl Teilchen ein, und wir erhalten infolgedessen auch das doppelte Gewicht, denn p ist jetzt

$$p = 2\,m \cdot g.$$

Der zweite Fall, nämlich daß Körper aus verschiedenem Stoff trotz gleichen Volumens verschiedenes Gewicht haben, kann infolge zweier Ursachen zustande kommen. Entweder: die verschiedenen Stoffe enthalten im gleichen Volumen eine verschiedene Anzahl kleinster Teilchen. (Dann müßte also ein gewisses Volumen Quecksilber $13^1/_2$ mal so viel Teilchen enthalten wie ein gleiches Volumen Wasser.) Oder: die kleinsten Teilchen müssen bei verschiedenen Stoffen verschiedenes Gewicht haben. (Diese Annahme wird sich uns später bestätigen.) Bei festen und flüssigen Körpern spielen beide Ursachen mit, während man bei gasförmigen annimmt, daß alle Gase in gleichen Volumen die gleiche Anzahl kleinster Teilchen enthalten, so daß also bei ihnen der Gewichtsunterschied gleicher Mengen verschiedener Gase nur durch die Annahme eines verschiedenen Gewichts der kleinsten Teilchen erklärt werden kann. Die Zahl, die uns angibt, wieviel mal schwerer ein gewisses Volumen eines Körpers ist als ein gleich großes Volumen Wasser, nennt man sein spezifisches Gewicht. Meistens bezieht man die spezifischen Gewichte auf das Volumen eines Kubikzentimeters Wasser; diese Wassermasse bildet, wie wir gleich sehen werden, nicht nur die „Masseneinheit", sondern, unter bestimmten Voraussetzungen, auch die „Gewichtseinheit". Man nennt dann das Gewicht eines Kubikzentimeters Wasser „1 Gramm". Da uns nun der Wert für das spezifische Gewicht angibt, wie viel schwerer ein Kubikzentimeter eines Stoffes ist als ein Kubikzentimeter Wasser (der 1 Gramm wiegt), so gibt uns das spezifische Gewicht direkt an, wieviel Gramm ein Kubikzentimeter des betreffenden Stoffes wiegt.

Wie groß die Unterschiede in den spezifischen Gewichten einzelner Stoffe sind, erhellt z. B. aus folgenden Zahlen:

Wasser	1,00
Aluminium	2,58
Eisen	7,88
Blei	11,34
Quecksilber	13,60
Gold	19,32
Platin	21,48

Erwähnt muß noch werden, daß die Kraft („g"), mit der die Erde einen Körper („m") anzieht, nicht an allen Orten die gleiche ist. Sie ist z. B. an den Polen größer als an dem Äquator. Daraus folgt, daß, da sich die Masse eines Körpers nicht ändert, sein Gewicht sich ändern muß. Wir definierten Gewicht („p") vorhin durch den Ausdruck

$$p = m \cdot g.$$

Auf der Sonne ist g z. B. $27^1/_2$ mal so groß wie auf der Erde; d. h. ein auf die Sonne gebrachtes Gramm-Gewichtsstück würde dort $27^1/_2$

Gramm wiegen. Die Veränderungen, die das Gewicht eines Körpers auf der Erde erleidet, können meist aus zwei Gründen vernachlässigt werden: erstens sind sie so geringfügig, daß sie für praktische Zwecke ganz bedeutungslos sind, und zweitens handelt es sich ja fast nie darum, das wahre Gewicht eines Körpers zu bestimmen, sondern nur darum, sein Gewicht mit dem bekannter Gewichtseinheiten zu vergleichen. Wenn wir z. B. für einen Versuch 20 g Marmor abwiegen, dann vergleichen wir das Gewicht des Marmors mit dem des 20 g-Stückes, das auf der anderen Wagschale liegt. Würden wir nun an einem anderen Ort, also z. B. auf der Sonne, an der g einen $27^1/_2$ mal größeren Wert hat als auf der Erde, die Wägung wiederholen, so wäre natürlich das absolute Gewicht unseres Marmors $27^1/_2$ mal größer geworden. Aber das Gewicht des 20 g-Stücks auf der anderen Wagschale wäre ebenfalls $27^1/_2$ mal größer geworden; das Verhältnis wäre also ganz das gleiche, und die Wage bliebe auf der Sonne genau so im Gleichgewicht wie auf der Erde.

Man sieht, daß es sich bei Wägungen im gewöhnlichen Sinn eigentlich nicht um Gewichtsbestimmungen, sondern um Massenvergleichungen handelt. Da der Einfluß der Schwerkraft auf beide Seiten der Wage gleich ist, wird eine Änderung dieser Kraft ohne Wirkung auf das Ergebnis der Wägung bleiben, wie es eben an dem Beispiel mit der Sonne gezeigt wurde. Für technische Zwecke kann man deshalb die Einheit des Gewichtes als dasjenige Gewicht eines Kubikzentimeters Wasser von 4° Celsius festsetzen, das diese Wassermasse durch den Einfluß der Erdanziehung (unter 45° Breite) erhält. Diese Gewichtseinheit heißt „Grammgewicht“ und nach ihr sind die Gewichtssätze unserer Wagen hergestellt. Das technische System geht also von einer Einheit (Gewicht = p) aus, in der bereits eine nicht konstante Größe, nämlich die Erdanziehung g, enthalten ist.

Dies vermeidet das sogenannte „absolute“ Maßsystem, das bei physikalischen Bestimmungen angewandt wird, dadurch, daß es als Grundeinheit eine von der Größe g völlig unabhängige Einheit, nämlich die der Masse festsetzt. Unglücklicherweise wurde diese absolute Masseneinheit ebenfalls „Gramm“ genannt, was eine Quelle häufiger Verwechslungen ist. Das Massengramm (g* zum Unterschied vom Gewichtsgramm g) wird dargestellt durch die Masse eines Kubikzentimeters Wasser bei 4° und 760 mm Barometerstand. Von dieser Einheit wird dann die Gewichtseinheit abgeleitet, die im absoluten System „Dyne“ [1]) heißt und etwa $^1/_{1000}$ der durch die technische Gewichtseinheit ausgeübten Druck- oder Zugkraft beträgt.

	Im technischen System	absoluten System
Festgesetzt:	Gewichtseinheit (g)	Masseneinheit (g*)
Abgeleitet:	Masseneinheit (gleich der Gewichtseinheit)	Gewichtseinheit (Krafteinheit) (Dyne)

[1]) Von δύναμις (dynamis) = Kraft, weil diese Einheit, die der Masseneinheit die Beschleunigung von 1 cm in einer Sekunde erteilt, zugleich die Einheit der Kraft darstellt.

Nach diesen notwendigen Vorbemerkungen beginnen wir nun mit der Behandlung der eigentlichen chemischen Fragen.

Man unterscheidet in der Chemie zwei große Hauptzweige: die aus einfachen Körpern zusammenesetzten aufbauende „synthetische“ und die aus zusammengesetzten Körpern einfache abschneidende „analytische“ Chemie. Es gibt aber eine ganze Reihe von Stoffen, aus denen auch der geübteste analytische Chemiker mit unseren heutigen Hilfsmitteln keine einfacheren Bestandteile mehr abscheiden könnte. Diese Stoffe nennt man Grundstoffe oder Elemente. Zu ihnen gehören u. a. der Kohlenstoff und sämtliche Metalle. Im ganzen kennt man etwa 90 Elemente. Die vier den Alten bekannten „Elemente“ haben der modernen Chemie nicht standgehalten. Heute ist es uns z. B. ein leichtes, das Wasser in zwei einfachere Teile zu spalten, nämlich in zwei Gase, den Wasserstoff und den Sauerstoff. Es gelingt uns dies mit Hilfe der Elektrizität. Sie sehen hier eine mit Wasser halb gefüllte Flasche (Fig. 2). Damit die Flüssigkeit die Elektrizität besser leitet, enthält sie noch einige Tropfen Schwefelsäure. Durch den auf der Flasche sitzenden Stopfen führen wir zwei zur Stromzuleitung dienende Drähte, an denen je ein kleines Stückchen Platinblech befestigt ist, in die Flüssigkeit. Wenn der Strom geschlossen wird, sehen Sie, wie sich sofort an den in die Flüssigkeit tauchenden Blechen reichlich kleine Gasbläschen entwickeln. Später werden wir feststellen, daß an dem positiven Pol Sauerstoff, an dem negativen Wasserstoff entsteht. Vorderhand wollte ich Ihnen nur zeigen, daß man tatsächlich das Wasser in seine Elemente zerlegen kann und Ihnen damit gleichzeitig einen einfachen analytischen Versuch vorführen. Wenden wir uns nun zu den Eigenschaften des ersten Elementes, das wir genauer betrachten wollen, des Sauerstoffs, so ist wohl das auffallendste, daß es ein völlig farb-, geruch- und geschmackloses Gas, d. h. also für gewöhnlich überhaupt nicht bemerkbar ist. Es gibt aber ein einfaches Mittel, um das Vorhandensein reinen Sauerstoffs nachzuweisen. Sie sehen hier einen mit diesem Gas gefüllten, anscheinend leeren Zylinder. Ich entzünde jetzt einen Holzspan, blase ihn sofort wieder aus und tauche ihn noch glimmend in den Zylinder. Der glimmende Span flammt sogleich wieder auf und brennt mit viel hellerer Flamme als früher weiter. Wenn wir aus diesem Verhalten des Spanes den Schluß ziehen, daß Sauerstoffgas äußerst energisch die Verbrennung unterhält, so haben wir damit eine der kennzeichnendsten Eigenschaften des Sauerstoffs erwähnt. Tatsächlich ist er zu dem Vorgang, den wir gewöhnlich unter Verbrennung verstehen, unentbehrlich. Er ist eines der auf der Erde am häufigsten vorkommenden Elemente, da er zu 22% in der Luft und zu 88% im Wasser enthalten ist. Um Ihnen zu zeigen, wie außerordentlich lebhaft die Verbrennung in reinem Sauerstoff verläuft, habe ich hier noch mehrere

Fig. 2. Zersetzung des Wassers durch Elektrizität.

mit dem Gase gefüllte Zylinder aufgestellt, in denen ich jetzt nacheinander ein Stückchen Schwefel und Phosphor verbrennen werde. Ich lege zunächst den Schwefel in ein an einem langen Draht befestigtes Löffelchen (sog. Verbrennungslöffel). Um den Löffel in dem Zylinder festzuhalten und gleichzeitig einen Verschluß zu haben, habe ich eine die Zylinderöffnung gerade bedeckende Pappdeckelscheibe auf den Löffelstiel geschoben. Ich senke jetzt den Löffel mit dem brennenden Schwefel in den Zylinder, und sofort verbrennt er sehr rasch und mit prachtvoll blauer, leuchtender Flamme (Fig. 3).

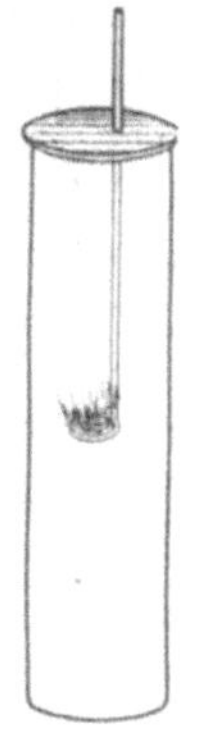

Fig. 3. Verbrennung von Schwefel in Sauerstoff.

Denselben Versuch stelle ich auch noch mit einem kleinen Stückchen Phosphor an, das ebenfalls äußerst lebhaft verbrennt.

Es wird Ihnen nach dem eben Gesehenen nicht erstaunlich vorkommen, wenn ich Ihnen sage, daß wir mittels des Sauerstoffs auch solche Stoffe, die unter gewöhnlichen Umständen nicht verbrennen, zur Verbrennung bringen können. Sie sehen hier eine spiralig aufgewundene feine Uhrfeder. Um sie bequem in den Zylinder hängen zu können, ist sie mit ihrem oberen Ende an einer Pappdeckelscheibe befestigt. Am anderen Ende trägt sie ein kleines Stückchen Zündschwamm, das dazu dient, die Verbrennung einzuleiten. Ich bringe den Schwamm zum Glimmen und senke die ganze Vorrichtung in Sauerstoff. Sie bemerken nun, wie sich auch die Uhrfeder entzündet und vollständig verbrennt.

Da ich, um sicher von Ihnen verstanden zu werden, an Vorkenntnissen sozusagen nichts bei Ihnen voraussetzen möchte, will ich auf eine Erklärung der verschiedenen Darstellungsarten des Sauerstoffs sowie der Verbindungen, die er mit anderen Elementen bildet, einstweilen nicht eingehen. Überlegen wir lieber zunächst, was aus dem Schwefel geworden ist, den wir vorhin verbrannten.

Daß er nicht einfach verschwunden ist, ist klar; denn wir haben ja schon zu Anfang unserer Unterhaltung feststellen können, daß die Materie unzerstörbar ist. Was ist aber aus ihm geworden? Im Innern des Zylinders ist keine Spur eines festen oder flüssigen Körpers zu entdecken. Da wir jedoch schon wissen, daß irgend etwas an seine Stelle getreten sein muß, so werden wir nicht fehl gehen, wenn wir annehmen, daß dieses Etwas ein G a s ist, das wir natürlich nicht sehen können. Untersuchen wir also einmal dieses Gas mit unserem glimmenden Holzspan; wie Sie sehen, erlischt er. Sauerstoff ist also das neue Gas keinesfalls. Da aber Sauerstoff v o r der Verbrennung vorhanden war, so bleibt als einzige Möglichkeit, daß er sich mit dem Schwefel vereinigt und mit ihm dieses Gas gebildet hat, das demnach aus Sauerstoff und Schwefel bestehen müßte. Eine Analyse gibt dieser Annahme Recht; denn wir können das neue Gas ohne sonderliche Mühe in seine beiden Bestandteile Schwefel und Sauerstoff zerlegen. Bei dem Phosphor würden Sie ebenfalls finden, daß er sich mit Sauerstoff verbunden hat; nur hat sich hier nicht ein Gas, sondern zunächst ein fester Körper gebildet. Sie werden ja bei der Verbrennung wohl alle den dichten weißen Rauch bemerkt haben; der bestand aus einer Unzahl kleiner weißer Teilchen, die nun in der Zwischenzeit Wasser aus der stets mehr oder weniger feuchten Luft angezogen haben. Dadurch hat sich die kleine Menge Flüssigkeit gebildet, die sich auf dem Boden des Zylinders angesammelt hat. Bei dem Eisen, aus dem die Uhrfeder bestand, würden Sie wiederum finden können, daß es sich mit Sauerstoff verbunden hat. So können wir nun ganz allgemein sagen: bei jeder Verbrennung ist das Wesentliche, daß sich der verbrennende Körper mit Sauerstoff verbindet. Diese Verbindung mit Sauerstoff braucht nicht immer so rasch und heftig vor sich zu gehen, wie wir es hier gesehen haben. Es gibt eine ganze Anzahl Stoffe — vornehmlich sind es Metalle —, die durch bloßes Liegen an der Luft langsam Sauerstoff aufnehmen, z. B. das Eisen, das durch langsame Sauerstoffaufnahme verbrennt oder, wie wir gemeinhin sagen, „rostig wird". Als wir vorhin Eisen in Sauerstoff verbrannten, entstand natürlich auch eine Verbindung des Eisens mit Sauerstoff, nur viel rascher und vollständiger, als es auf natürlichem Wege der Fall gewesen wäre. Ein besonders wichtiges Beispiel einer langsamen Verbrennung werden wir später noch in der Atmung kennen lernen.

Lassen Sie uns nun wieder zu unserem Verbrennungsprodukt des Schwefels zurückkehren. Ich will den Zylinder, der das Gas enthält, zum vierten Teil mit Wasser füllen, ihn mit der Hand verschließen und kräftig schütteln. Sie können sehen, daß meine Hand ziemlich stark in den Zylinder hineingezogen wird. Das Gas ist also im Wasser in hohem Grade löslich. An der Lösung fällt uns zunächst ein sehr unangenehmer, stechender Geruch auf, den wir auch schon an dem Gase bemerken konnten. Ein Tropfen auf die Zunge gebracht würde uns weiter zeigen, daß die Flüssigkeit einen stark sauren Geschmack besitzt. Auch bei dem Verbrennungsprodukt des Phosphors würden wir einen stark sauren Geschmack feststellen können, wenn es nicht ratsam wäre, hier die Geschmacksprobe wegen der möglichen Entstehung einer höchst giftigen Verbindung zu unterlassen. Das Bemerkenswerteste an der Sache ist nun, daß dieser saure Geschmack (und anderes, das wir später kennen lernen werden) erst dann entsteht, wenn das ursprüngliche Verbrennungsprodukt (beim Schwefel also das Gas, bei dem Phosphor der weiße feste Körper) mit Wasser zusammenkommt. Wir haben uns also zu merken, daß das Wasser ein wesentlicher Bestandteil derjenigen Stoffe ist, die man eben wegen ihres sauren Geschmacks „Säuren" nennt; oder anders ausgedrückt: jede Säure können wir uns entstanden denken aus einem wasserfreien Stoff und Wasser. Weil der Sauerstoff das zur Bildung des wasserfreien Körpers und damit auch zur Bildung der Säure notwendige Element ist, deswegen eben nannte man ihn Sauerstoff, d. h. Stoff, der eine Säure bildet. Die wasserfreien Körper, aus denen die Säuren entstehen, nennt man „Anhydride"[1]). Der Name des Elements, durch dessen Vereinigung mit Sauerstoff sich

[1]) ἀν (α privativum) ohne, ὕδωρ (hydor) Wasser, also wasserfreie Körper.

das Anhydrid gebildet hat, wird vorausgesetzt. So spricht man also in unseren Fällen von Schwefligsäureanhydrid, durch dessen Vereinigung mit Wasser sich schweflige Säure bildet, und von Phosphorsäureanhydrid, das mit Wasser Phosphorsäure gibt [1]). Das Eisen bildet wie die allermeisten Metalle eine Ausnahme von diesem Verhalten. Zwar entstehen beim Verbrennen der Metalle auch Verbindungen mit Sauerstoff, also auch Anhydride, jedoch bilden diese bei der Vereinigung mit Wasser keine Säuren, sondern laugenhaft schmeckende Verbindungen, die man deshalb „Laugen" oder „Alkalien" nennt. Dieses Wort leitet sich ab von dem Metall Kalium, das eine sehr starke Lauge bildet. Wenn ich Ihnen nun noch sage, daß man die Verbindungen eines Elements mit Sauerstoff (der auf lateinisch Oxygenium heißt) für gewöhnlich „Oxyde" und diese nur in den Fällen Anhydride nennt, in denen man auf ihre Beziehung zu den Säuren hinweisen will, so werden Sie über die wesentlichen Vorgänge bei der Verbrennung unterrichtet und sich jetzt auch darüber klar sein, welche Rolle der Sauerstoff dabei spielt.

Wir können also das Ergebnis unserer Betrachtungen dahin zusammenfassen, daß wir sagen: Das gasförmige Element Sauerstoff brennt zwar selbst nicht, bewirkt aber dadurch, daß es sich mit dem verbrennenden Körper zu einem neuen Körper verbindet, dessen Verbrennung. Diesen neuen Körper nennt man für gewöhnlich Oxyd; will man aber auf die Eigenschaft vieler Oxyde hinweisen, mit Wasser Säuren zu bilden, so nennt man sie Anhydride. Metalloxyde bilden mit Wasser in der Regel keine Säuren, sondern Laugen. Außerdem ist für die laugenbildenden Oxyde die Nebenbezeichnung Anhydrid ungebräuchlich.

Dieses alles ist wohl genug Stoff zum Nachdenken bis zum nächsten Vortrag, in dem wir uns noch näher mit den Säuren und Laugen beschäftigen und dann über die chemischen Formeln und das nächste, uns auch schon oberflächlich bekannte Element, den Wasserstoff, sprechen wollen.

Zweiter Vortrag.

Unterscheidung von Säuren und Laugen. — Neutralisation. — Atome, Moleküle. — Atomgewicht. — Chemische Formeln. — Stöchiometrische Rechnungen. — Ozon. — Wasserstoff.

Zunächst muß ich Sie heute mit einem einfachen Mittel bekannt machen, Säuren von Laugen zu unterscheiden. Sie sehen hier ein Stückchen blaues Lackmuspapier. Ich halte es in ein Becherglas, in dem sich die schweflige Säure befindet, die wir während des vorigen Vortrages darstellten, und Sie bemerken wohl, daß es rot wird. Auch die Ihnen ebenfalls von dem letzten Vortrag her noch bekannte Phosphor-

[1]) Der Name „Sauerstoff" entstammt einer Zeit, in der man annahm, jede Säure müsse Sauerstoff enthalten. Fortschreitende Erkenntnis hat aber gelehrt, daß auch sauerstofffreie Körper Säuren sein können (vgl. z. B. bei Chlorwasserstoff).

säure rötet blaues Lackmuspapier, wie denn überhaupt jede Säure die Eigenschaft besitzt, blaues Lackmuspapier zu röten. Laugen stellen andererseits bei solchem durch eine Säure geröteten Papier die ursprüngliche blaue Farbe wieder her, so daß wir in rotem und blauem Lackmuspapier ein einfaches und sicheres Mittel besitzen, um Säuren von Laugen zu unterscheiden. Substanzen, die rotes Lackmuspapier bläuen, nennt man „alkalisch reagierend", solche, die blaues röten, „sauer reagierend". Um Ihnen auch noch eine alkalische Reaktion vorzuführen, will ich hier einen Streifen rotes Lackmuspapier in Kalilauge halten; er wird sofort stark blau. „Lackmus", mit dem diese Papiere getränkt sind, ist ein Pflanzenfarbstoff, der aus einer Flechte gewonnen wird. Sie wissen nun schon, daß die Begriffe „Säure" und „Lauge" völlige Gegensätze bilden, etwa so, wie es in der Mathematik die Worte „plus" und „minus" tun. Der Vergleich läßt sich aber noch viel weiter führen; nämlich: wie sich die Begriffe plus und minus gegenseitig aufheben, d. h. zusammen Null geben, so neutralisiert auch eine Lauge eine Säure und umgekehrt. Wenn ich also z. B. Kalilauge (die rotes Lackmuspapier bläut) zu schwefliger Säure schütte (die blaues rötet), dann werde ich einmal einen Punkt erreichen, an dem weder blaues Papier gerötet, noch rotes gebläut wird; mit anderen Worten: die Flüssigkeit ist jetzt weder Lauge noch Säure, sondern „neutral". Die beiden Flüssigkeiten haben sich zu einem neuen Körper chemisch verbunden, und wenn Sie das überschüssige Wasser verdampfen, können Sie ihn in fester Form erhalten; er wird ein „Salz" genannt. Hier bietet sich Gelegenheit, eine Anzahl wichtiger Begriffe näher zu erläutern. Es ist einleuchtend, daß es nicht gleichgültig sein kann, wieviel Lauge wir zu einer Säure schütten, um sie zu neutralisieren. Nehmen wir zu wenig Lauge, dann werden noch die Eigenschaften der Säure nachweisbar sein, während bei einem Überschuß von Lauge rotes Lackmuspapier wieder gebläut werden würde. Nach welchen Regeln bestimmen sich nun diese Mengenverhältnisse? Um uns über diese Frage vollkommene Klarheit zu verschaffen, müssen wir wieder auf unsere im ersten Vortrage erworbenen Kenntnisse zurückgreifen. Sie erinnern sich noch, daß sich Schwefel bei seiner Verbrennung mit Sauerstoff zu Schwefligsäureanhydrid verbindet. Wie sollen wir uns nun diese „Verbindungen" eigentlich vorstellen? Ich sagte Ihnen ja schon, daß sich der Chemiker jeden Stoff aus einer Unzahl kleinster Teilchen bestehend denkt. Diese kleinsten Teilchen, deren Annahme uns die einzige Möglichkeit gibt, die chemischen Vorgänge überhaupt zu erklären, nennt man „Atome". Man spricht also von Schwefelatomen, Sauerstoffatomen usw. Daß die Materie aus Teilchen von unendlich kleinen, aber immerhin noch (wenigstens indirekt) nachweisbaren Abmessungen bestehen muß, ist nicht nur eine Forderung unseres abstrakten Denkens; es läßt sich auch aus Erfahrungstatsachen schließen. Wir werden bald sehen, daß sich die einzelnen Elemente nicht in jeden beliebigen Mengenverhältnissen miteinander verbinden, sondern daß jede chemische Vereinigung nach ganz bestimmten, für jedes Element kennzeichnenden Verhältnissen erfolgt. Dies kann nur dadurch erfolgen, daß die Materie nicht bis ins Unendliche aufteilbar ist, sondern daß es sich letzten Endes um bestimmte, begrenzte Massenteilchen handelt. Gerade in den letzten Jahren haben wir in manchen Erscheinungen, die das Radium zeigt, Tatsachen kennen gelernt, die uns die Existenz der Atome zur unumstößlichen Gewißheit machen. Während Sie sich in einem Gemenge die einzelnen Atome unverbunden denken müssen, haben sie sich in einer chemischen Verbindung zu einem mechanisch (d. h. durch Schütteln, Sieben oder ähnliches) nicht zu trennenden Komplex vereinigt, den man „Molekül" nennt. Unter Molekül versteht man also das kleinste, mechanisch nicht mehr trennbare Teilchen einer chemischen Verbindung. Es muß folglich stets aus mindestens zwei Atomen bestehen. Man kennt aber Fälle, wo über hundert Atome zu einer Art „Riesenmolekül" vereinigt sind.

Den Unterschied zwischen einem mechanischen Gemenge und einer chemischen Verbindung kann ich Ihnen auch noch durch einen Versuch klar machen. Ich mische in einer Reibschale Eisenfeilspäne und Schwefelpulver. Obwohl das Gemisch eine ziemlich gleichförmige graue Farbe angenommen hat, ist es mir doch noch ein leichtes, seine beiden Bestandteile voneinander zu trennen. Ich brauche z. B. nur einen Magneten in die Schale zu halten, um zu bewirken, daß sich das Eisenpulver an den Magneten hängt, während der Schwefel ruhig in der Schale liegen bleibt. Außerdem brauche ich das Gemisch, um es zu trennen, nur in Wasser zu schütten; dann wird das schwere Eisen zu Boden sinken und der leichte Schwefel oben schwimmen. Ganz anders wird die Sache aber, wenn ich das Gemenge erhitze. Ich schütte eine kleine Quantität davon in ein Reagenzglas und erwärme. Nach kurzer Zeit gerät die ganze Masse ins Glühen, und wenn wir nach dem Erkalten das Reagenzglas zerschlagen, finden wir einen ganz neuen Körper mit wesentlich anderen Eigenschaften vor. Es wird uns nicht mehr gelingen, weder mit dem Magneten noch durch Wasser, Schwefel von Eisen zu sondern. Der neue Stoff ist nicht mehr magnetisch wie Eisen, aber viel schwerer als Schwefel; mit einem Wort: es hat sich je ein Eisenatom mit je einem Schwefelatom zu je einem Molekül „Schwefeleisen" chemisch verbunden. Wir verstehen also unter einem „Gemenge" eine Mischung verschiedener Stoffe, in der aber jeder einzelne Bestandteil noch als solcher nachweisbar ist. Eine „chemische Verbindung" entsteht dann, wenn die einzelnen Bestandteile unter Verlust ihrer Eigenschaften einen neuen Stoff bilden.

In welchen Mengen findet nun die chemische Vereinigung einzelner Elemente miteinander statt? Um das zu entscheiden, wollen wir einmal die Verbindung von Chlor und Wasserstoff zu Chlorwasserstoff betrachten. Man hat schon sehr früh die Beobachtung gemacht, daß in 100 Teilen Chlorwasserstoff, sei er nun dargestellt auf welche Art er wolle, stets 97,24 Teile Chlor mit 2,76 Teilen Wasserstoff verbunden sind. Bringt man z. B. in einem Gefäß 97,24 g Chlor mit 2,76 g Wasserstoff zusammen, so vereinigen sie sich (im Sonnenlicht explosionsartig) zu 100 g Chlorwasserstoff. Würde man auf 97,24 g Chlor mehr als 2,76 g Wasserstoff, etwa 5,0 g, anwenden, so erhielte man wieder nur

100 g Chlorwasserstoff, während der Überschuß an Wasserstoff, nämlich 2,24 g, unverbraucht dem Chlorwasserstoff beigemengt bliebe. Ganz allgemein gilt, wie schon kurz erwähnt, die Erfahrung, daß alle chemischen Verbindungen nach ganz bestimmten, für jedes Element stets konstanten Gewichtsverhältnissen erfolgen. Dies ist das *Gesetz der konstanten Proportionen*. Manche Elemente vereinigen sich nicht nur in einem, sondern in mehreren Verhältnissen miteinander. Z. B. kennt man zwei Verbindungen des Wasserstoffs mit Sauerstoff. In der einen, dem Wasser, kommen auf 1 Teil Wasserstoff 8 Teile Sauerstoff. In der anderen (Wasserstoffsuperoxyd) auf 1 Teil Wasserstoff 16 Teile Sauerstoff. Man sieht sofort, daß die beiden verglichenen Sauerstoffmengen in einem sehr einfachen Verhältnis zueinander stehen. Die zweite ist gerade das Doppelte der ersten. So ist es in jedem Falle, in denen Elemente zu mehr als einer Verbindung zusammentreten: jede dieser Verbindungen erfolgt nach einem bestimmten Gewichtsverhältnis, und beim Vergleich der verschiedenen Mengen des zweiten Elements, die mit dem ersten verbunden sind, erhält man ganz einfache Zahlenverhältnisse, Vielfache des kleinsten Mengenverhältnisses (*Gesetz der multiplen Proportionen*).

Da sich, wie gesagt, unter allen Umständen 97,24 Teile Chlor mit 2,76 Teilen Wasserstoff zu 100 Teilen Chlorwasserstoff verbinden, so kann man die Zahlen 97,24 und 2,76 als die „*Verbindungsgewichte*" von Chlor und Wasserstoff bezeichnen. Nun sind das aber Zahlen, die mit ihren beiden unbequemen Dezimalstellen recht schlecht zu handhaben sind. Man ist daher übereingekommen, das Verbindungsgewicht eines Elements willkürlich gleich 1 zu setzen und die Verbindungsgewichte aller übrigen Elemente darauf zu beziehen. Als besonders geeignet dazu erschien der Wasserstoff, da man festgestellt hatte, daß Wasserstoff dasjenige Element ist, das stets in der geringsten Menge in seinen Verbindungen mit anderen Elementen vorkommt. Wenn ich nun weiß, daß bei der Vereinigung von Chlor und Wasserstoff auf 2,76 Teile Wasserstoff 97,24 Teile Chlor kommen, so kann ich mir leicht ausrechnen, daß dann *einem* Teil Wasserstoff nur 35,18 Teile Chlor entsprechen. Man nennt demnach die Zahl 35,18 das auf Wasserstoff als Einheit bezogene Verbindungsgewicht des Chlors [1]). In ähnlicher Weise hat man auch die Verbindungsgewichte der anderen Elemente bestimmt. Es hat sich gezeigt, daß sich die Gleichförmigkeit der Zusammensetzung chemischer Verbindungen am ungezwungensten durch die Annahme erklären läßt, daß die Verbindungsgewichte der einzelnen Elemente im allgemeinen die relativen Gewichte ihrer Atome darstellen. Wir nehmen also an, daß ein Chloratom 35,18 mal so viel wiegt als ein Wasserstoffatom usw. Oft sagt man deshalb anstatt „Verbindungsgewichte" „*Atomgewichte*". Addiert man die Atomgewichte sämtlicher in einem Molekül einer chemischen Verbindung enthaltener Atome,

[1]) Da 35,18 das Gewicht Chlor bedeutet, das dem Einheitsgewicht Wasserstoff gleichwertig (äquivalent) ist, so nennt man die Verbindungsgewichte wohl auch „Äquivalentgewichte".

dann erhält man das „Molekulargewicht" der betreffenden Verbindung. Für Schwefeleisen ergibt sich so der Wert 88.

Das Molekulargewicht einer Verbindung gibt uns aber die Möglichkeit, die Frage nach der Menge der an einer chemischen Reaktion beteiligten Stoffe zu beantworten. Das geschieht hauptsächlich mit Hilfe der chemischen „Formeln", die Ihnen nach den jetzt schon erworbenen Kenntnissen gewiß nicht mehr jenes bleiche Entsetzen einjagen werden, das sie dem Laien gewöhnlich einflößen. Man hat das Übereinkommen getroffen, ein Atom eines Elements nicht durch dessen ganzen Namen, sondern durch eine Abkürzung zu bezeichnen, für die man gewöhnlich den Anfangsbuchstaben des lateinischen Namens des betreffenden Elements verwendet. Es heißt z. B. Schwefel im Lateinischen Sulfur. Ein Atom Schwefel heißt deshalb abgekürzt einfach „S". Statt dreier Worte ein Buchstabe. Gewiß eine wesentliche Vereinfachung! Eisen heißt im Lateinischen Ferrum, weshalb man ein Atom Eisen mit „Fe" abkürzt. Man braucht hier die zwei ersten Buchstaben, weil F allein schon ein Atom des Elements Fluor bedeutet. Will man ausdrücken, daß sich mehrere Atome verschiedener Elemente zu einem Molekül einer chemischen Verbindung vereinigt haben, so setzt man die Symbole der betreffenden Elemente nebeneinander. Ein Molekül Schwefeleisen heißt demnach FeS. Das Molekulargewicht des Schwefeleisens ist 88, da in der Verbindung ein Atom Eisen mit dem Atomgewicht 56 und ein Atom Schwefel mit dem Atomgewicht 32 enthalten ist. Aber nicht nur die Zusammensetzung der Körper wird auf diese einfache Weise durch Formeln dargestellt, sondern auch ganze chemische Vorgänge oder, wie man gewöhnlich sagt, chemische Reaktionen lassen sich ebenso leicht durch Formeln ausdrücken. Sie erinnern sich noch, daß wir bei dem Verbrennen der Uhrfeder in Sauerstoff eine rostähnliche Verbindung erhielten. Ihre Moleküle bestehen aus 2 Atomen Eisen und aus 3 Atomen Sauerstoff. In einer Formel würde sich der Vorgang folgendermaßen darstellen: $2\,Fe + 3\,O = Fe_2O_3$.

O ist das Symbol für Sauerstoff, abgeleitet von der lateinischen Bezeichnung des Sauerstoffs „Oxygenium" [1]). Sie können aus der Formel weiter ersehen, daß man die Anzahl der an einer Reaktion beteiligten gleichartigen Atome durch eine dem Symbol des betreffenden Atoms vorgesetzte Zahl bezeichnet. Die miteinander in Reaktion tretenden Atome werden dann durch ein Pluszeichen verbunden, und der neu entstehende Körper wird jenseits eines Gleichheitszeichens geschrieben. Die Zahl der in einem Molekül gebundenen Atome deutet man nicht durch eine vorgesetzte, sondern durch eine rechts unter das entsprechende Symbol geschriebene Zahl an, wie Sie es hier ebenfalls sehen können. Gelesen würde nun die ganze „Reaktionsgleichung" heißen: 2 Atome Eisen und 3 Atome Sauerstoff geben zusammen ein Molekül Eisenoxyd. Die Formel sagt aber noch mehr. Nehmen Sie an, wir hätten aus einer gegebenen Menge Eisenoxyd, sagen wir aus

[1]) *ὀξύς* (oxys) sauer; *γεννάω* (gennao) ich erzeuge. „Oxygenium" also Säure-Erzeuger.

120 g, metallisches Eisen darzustellen; wir wollen aber vorher berechnen, wieviel Eisen wir erhalten werden. Dazu haben wir nur nötig, unsere Reaktionsgleichung zu Hilfe zu nehmen. Wir schreiben jetzt: $Fe_2O_3 = 2\ Fe + 3\ O$; das heißt: wenn wir Eisenoxyd irgendwie zerlegen, so erhalten wir 2 Atome Eisen und 3 Atome Sauerstoff. Bestimmen wir also zunächst das Molekulargewicht des Eisenoxyds. Nach der Formel haben wir: 2 Fe = 2 mal 56 = 112, und 3 O = 3 mal 16 = 48. Das gibt als Summe und damit als Molekulargewicht des Eisenoxyds 160. Wird Eisenoxyd zersetzt, so erhalten wir laut unserer Reaktionsgleichung wieder 2 mal 56, also 112 Teile Eisen und 48 Teile Sauerstoff, der aber für unsere Berechnung nicht in Frage kommt. Wir gehen jetzt einen Schritt weiter und setzen anstatt „Teile", die ja irgend eine beliebige, nur gleiche, Gewichtseinheit bedeuten können, „Gramm". Dann sagt uns die Reaktionsgleichung sofort, daß wir aus 160 g Eisenoxyd 112 g Eisen erhalten können. Nun haben wir aber nicht 160 g Eisenoxyd zur Verfügung, sondern nur 120 g. Wir werden also weniger als 112 g Eisen erhalten, und wieviel weniger sagt uns die einfache Rechnung: wenn ich aus 160 g Eisenoxyd 112 g Eisen erhalte, dann geben mir 120 g Eisenoxyd 112 mal 120 geteilt durch 160 gleich 84 g Eisen. Man nennt diese Art chemischer Rechnungen „stöchiometrische [1]) Rechnungen", und ich glaube, Ihnen damit für heute genug Theorie zugemutet zu haben, so daß es Ihnen allen wohl angenehm sein wird, wenn wir uns jetzt wieder zur Praxis wenden.

Wenn man Sauerstoff dem Einfluß elektrischer, am besten sogen. dunkler (d. h. ohne Funkenbildung vor sich gehender) Entladungen aussetzt, so verdichtet er sich dergestalt, daß drei Sauerstoffatome zu einem für sich beständigen Molekül zusammentreten, das den Namen „Ozon" [2]) führt. Das Ozon besitzt nicht nur einen sehr heftigen Geruch, sondern ist überhaupt ein sehr energisch wirkender Körper; man kann sich vorstellen, daß sich in ihm die Eigenschaften des Sauerstoffs verstärkt vorfinden. Es hat demzufolge stark oxydierende Wirkungen, greift viele Metalle dadurch an, daß es sie in die entsprechenden Oxyde überführt, und besitzt die Fähigkeit, viele Farbstoffe und Pflanzenfasern zu bleichen. Die bleichenden Eigenschaften der Luft schreibt man ihrem wenn auch geringen Gehalt an Ozon zu. In reinem Zustand stellt das Ozon ein blaues Gas dar, das bei mehr als 100 Kältegraden zu einer dunkel indigoblauen Flüssigkeit verdichtet werden kann. Der Siedepunkt dieser Flüssigkeit liegt natürlich sehr niedrig, etwa bei 120° unter Null. Genaue Untersuchungen hierüber sind deshalb sehr schwierig, weil sich reiner Ozondampf sehr leicht zersetzt und oft sogar ohne jede äußere Veranlassung unter Explosion in gewöhnlichen Sauerstoff zerfällt.

Die Methoden, nach denen man Ozon darstellen kann, sind ziemlich zahlreich; jedoch liefern sie alle nur mehr oder weniger ozonisierten Sauerstoff, und reines Ozon zu erhalten, gehört zu den schwierigsten

[1]) τὰ στοιχεῖα (stoicheia) Grundstoffe.
[2]) ὄζω (ozo) ich rieche.

chemischen Arbeiten. Wie ich Ihnen schon vorhin sagte, entstehen geringe Mengen dieses Gases unter dem Einfluß elektrischer Entladungen. Mitunter läßt es sich nach starken Gewittern, die ja elektrische Entladungen in größtem Maßstabe sind, in der Atmosphäre nachweisen. Ferner entsteht es bei der Elektrolyse des Wassers, und zwar um so reichlicher, je mehr Schwefelsäure ihm zugesetzt ist. Eine andere Methode, ozonisierten Sauerstoff darzustellen, ist die, leicht oxydierbare Körper, wie Phosphor, einer langsamen Oxydation auszusetzen. Ein Teil des dabei nicht zur Oxydation verbrauchten Sauerstoffs geht dann in Ozon über. Diesen Versuch habe ich hier angestellt. Schon vor zwei Tagen habe ich in eine Literflasche einige kleine Stückchen Phosphor und eine geringe Menge Wasser getan. Es hat sich nun schon so viel Ozon gebildet, daß Sie es nicht nur an seinem eigentümlichen Geruch erkennen können, sondern daß ich Ihnen auch seine stark oxydierenden Eigenschaften zeigen kann. Sie sehen hier einen Streifen weißes Papier (Jodkalistärkepapier), der mit einem Stoff getränkt ist, der unter dem Einfluß oxydierender Stoffe blau wird. Sobald ich den etwas angefeuchteten Streifen in die Flasche halte, wird er deutlich blau.

Ozon löst sich in Wasser nur sehr wenig, besser dagegen in Tetrachlorkohlenstoff. Es zerfällt sehr leicht in gewöhnlichen Sauerstoff und ist infolgedessen eines der stärksten Oxydationsmittel. Man verwendet es zur Sterilisation von Trinkwasser, da durch Durchleiten ozonisierten Sauerstoffs in kurzer Zeit alle Keime abgetötet werden. Dabei verbleibt kein Desinfektionsmittel im Wasser. Einen wichtigen Dienst leistete das Ozon bei der Aufklärung der Konstitution gewisser organischer Verbindungen, vornehmlich des Kautschuks.

Wir kommen nun zu dem bereits mehrfach erwähnten Element Wasserstoff. Sie wissen, daß es wie der Sauerstoff ein Gas ist, denn Sie haben es ja bei der Elektrolyse des Wassers entstehen sehen. Trotzdem ist aber der Wasserstoff sehr leicht von dem Sauerstoff zu unterscheiden, da er brennbar ist. Hier ist eine Flasche, in der sich Wasserstoffgas entwickelt; es entweicht durch eine spitz ausgezogene Glasröhre. Ich werde nun zunächst prüfen, ob das entweichende Gas rein ist, da es, mit Luft gemengt, sehr heftig explodiert. Ich setze deshalb einen Gummischlauch auf die Glasröhre und fange etwas von dem Gas in einem mit Wasser gefüllten und umgekehrt in eine ebenfalls mit Wasser gefüllte Schüssel gehaltenen Reagenzglas auf (Fig. 4). Wenn das Glas scheinbar leer, d. h. mit dem Gas gefüllt ist, verschließt man es mit dem Daumen und hebt es so aus dem Wasser. Nun probiert man, ob das Gas ohne Knall oder pfeifendes Geräusch verbrennt. Das ist hier der Fall, und nun können wir den aus der Röhre strömenden reinen Wasserstoff anzünden. Er brennt mit farbloser Flamme, die

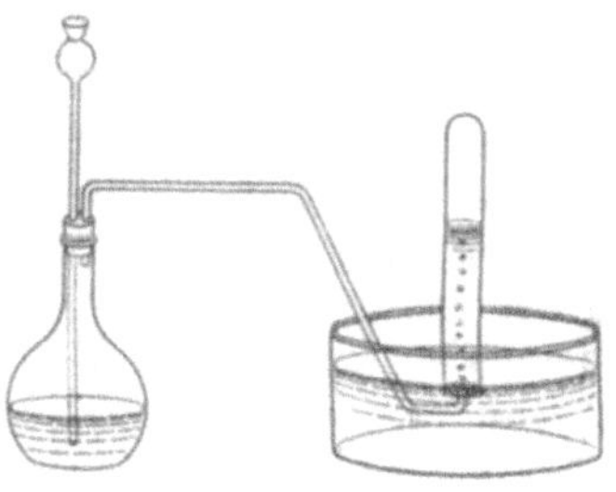

Fig. 4. Prüfung des Wasserstoffs auf Reinheit.

außerordentlich heiß ist, so daß man ziemlich dicke Kupferdrähte darin schmelzen kann. Nach kurzer Zeit wird sich die Flamme färben, denn die Glasröhre, aus der sie brennt, erhitzt sich allmählich. Dabei verdampfen Spuren des in dem Glas enthaltenen Natriums, das die Flamme stark gelb färbt. Der Wasserstoff ist das leichteste Gas und damit das leichteste Element überhaupt, das wir kennen. Es wiegt nur $^1/_{14,4}$ mal so viel wie ein gleichgroßes Volumen Luft. Bei 0° und 760 mm Luftdruck wiegt 1 l Wasserstoff 0,09 g.

Wasserstoff ist ein vollkommenes Gas, d. h. er folgt den — später zu erwähnenden — „Gasgesetzen" sehr genau. Bei — 252° verflüssigt er sich unter Atmosphärendruck. Da Wasserstoff zu 11,2 Gewichtsprozenten im Wasser enthalten ist, ist er eines der verbreitetsten Elemente. In der Atmosphäre, wenigstens ihren tiefen Schichten, kommt er nur spurenweise vor, dagegen bestehen die hohen Schichten — etwa von 90 km Höhe ab —, aus fast reinem Wasserstoff. Wegen seiner Leichtigkeit verwendet man den Wasserstoff zum Füllen der Luftschiffe. Ich will Ihnen hier einen Luftballon im kleinen vorführen. Zu dem Zweck tauche ich eine Tonpfeife in Seifenwasser und leite dann durch einen Schlauch Wasserstoff in die Pfeife. Sobald die sich bildende Seifenblase genügend groß geworden ist, lasse ich sie fliegen, und nun sehen Sie, wie sie mit großer Geschwindigkeit an die Decke steigt. Wenn es uns gelänge, eine solche mit Wasserstoff gefüllte Seifenblase einige Zeit aufzubewahren, könnten wir eine sehr merkwürdige Beobachtung machen. Sie würde nämlich ihre Steigkraft mehr und mehr verlieren, trotzdem sie ihre ursprüngliche Größe vollständig beibehält. Wenn wir dann den Inhalt der Blase untersuchten, würden wir entdecken, daß der darin befindliche Wasserstoff sehr stark mit Luft vermischt ist. Wie sollen wir uns das erklären? Stellen Sie sich vor, daß alle Körper, auch die festesten, bis zu einem gewissen Grad porös sind. Die meisten Körper erscheinen uns nicht so, weil ihre Poren viel zu klein sind und weit unter der Grenze der auch mit den vollkommensten Mikroskopen erreichbaren Sichtbarkeit liegen. Man kann sich aber nicht denken, daß in einem Körper die einzelnen Atome und Moleküle ganz dicht, das heißt ohne jeden Zwischenraum, zusammenliegen, da man die Erfahrung gemacht hat, daß alle Körper mehr oder weniger zusammendrückbar sind. Es findet also durch die Poren der Seifenblase hindurch eine Vermischung von Wasserstoff und Luft statt, die man „Diffusion" nennt. Das den Gasen (und Lösungen) eigene merkwürdige Vermischungsbestreben erklärt sich dadurch, daß die Moleküle jedes Gases sich mit großer Geschwindigkeit im Raume fortbewegen [1]). So kommt es, daß sich zwei verschiedene Gase, miteinander in Berührung gebracht, selbst dann völlig durchdringen, wenn gar keine Druckverschiedenheit besteht.

---

[1]) Nach der „kinetischen Gastheorie" (κινέω — kineo — ich bewege) bewegen sich die Moleküle des Wasserstoffs mit einer Geschwindigkeit von etwa 1840 m in der Sekunde, die des Sauerstoffs mit 461 m. Die Schnelligkeit der Bewegung nimmt mit zunehmendem spez. Gew. des Gases erheblich ab. Näheres siehe Vortrag 16.

In dünnen Gasen, das heißt in solchen mit geringem spezifischen Gewicht, findet Diffusion leichter statt als in dichten mit verhältnismäßig hohem spezifischem Gewicht. In Wasserstoff, dem leichtesten Gas, das 14 mal leichter ist als Luft, wird folglich die Diffusion eines anderen Gases besonders leicht stattfinden. Ich kann Ihnen das hier vorführen. Auf dem Boden zweier schmaler, aber hoher Zylinder (Fig. 5) befindet sich je ein Glaskügelchen, das mit einem Stoff gefüllt ist, der schon bei gewöhnlicher Temperatur einen braunen Dampf liefert. Der eine Zylinder ist mit Wasserstoff gefüllt, der andere mit Luft. Ich zerstoße jetzt die Glaskügelchen in beiden Zylindern mit einem Glasstab, und nun können Sie sehen, wie der sich entwickelnde braune Dampf in dem Wasserstoff enthaltenden Zylinder bedeutend schneller aufsteigt als in dem mit Luft gefüllten.

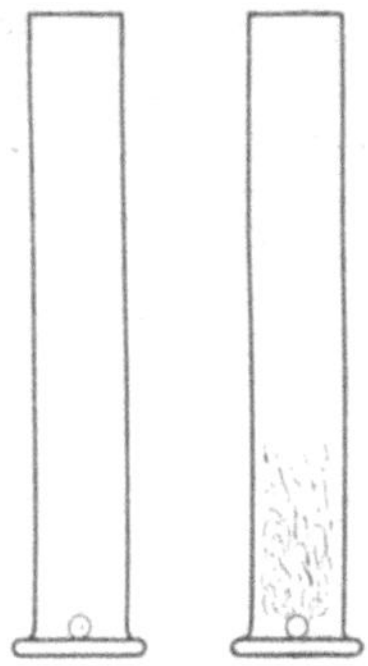
Fig. 5. Diffusion in Luft und Wasserstoff.

Da wir gerade über Diffusion sprechen, möchte ich noch eine sehr auffallende Erscheinung erwähnen. Es ist wohl ohne weiteres verständlich, daß, wo viel Materie ist, auch viel Reibung sein muß. Reibung wird z. B. dann entstehen, wenn wir eine Flüssigkeit oder ein Gas aus einer Öffnung ausströmen lassen. Je dichter die Moleküle in der ausströmenden Materie beisammen liegen (je größer deren spezifisches Gewicht ist), desto größer wird die beim Ausströmen an den Rändern der Ausströmöffnung entstehende Reibung sein, und desto langsamer wird das Ausströmen selbst stattfinden müssen[1]). Nun ist aber die Diffusion durch poröse Wände hindurch eigentlich gar nichts anderes als ein Aus- und Einströmen von Gasen durch eine große Anzahl feinster Öffnungen. Sie können also jetzt den Satz verstehen, daß die Diffusion eines Gases durch eine poröse Wand um so schneller stattfindet, je geringer sein spezifisches Gewicht ist. Ein Versuch soll Ihnen das noch näher veranschaulichen.

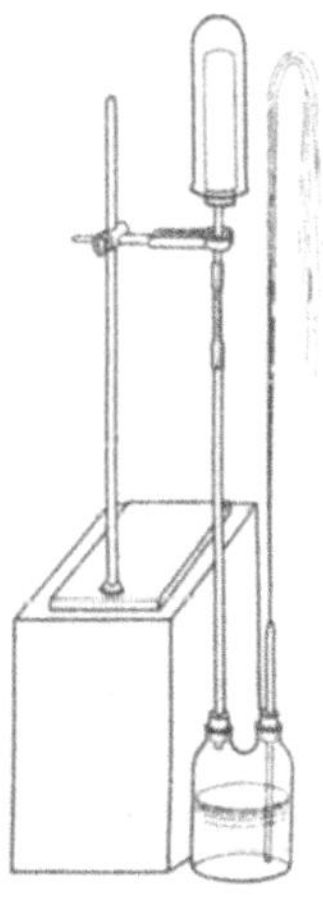
Fig. 6. Demonstration des Diffusionsdrucks.

Die poröse Wand wird in diesem Apparat (Fig. 6) durch eine weiße Tonzelle dargestellt. Sie ist in ihrem Innern mit Luft gefüllt. Wenn ich über die Tonzelle ein Gefäß stülpe, das mit Wasserstoff gefüllt ist, so wird folgendes eintreten: der Wasserstoff als das viel leichtere Gas wird viel schneller in die Tonzelle diffundieren, als die Luft heraus kann. Die Folge davon wird sein, daß im Innern der Tonzelle ein Druck

[1]) Die Ausströmungsgeschwindigkeit von Gasen aus engen Öffnungen hängt in einfacher Weise von ihrem spezifischen Gewicht ab. Die Ausströmungsgeschwindigkeiten v_1 und v_2 zweier Gase verhalten sich umgekehrt wie die Quadratwurzeln aus ihren spez. Gewichten d_1 und d_2:

$$v_1 : v_2 = \sqrt{d_2} : \sqrt{d_1}.$$

entsteht. Eine ähnliche Erscheinung wäre, wenn ich in ein Gefäß, das nur eine enge Ausflußöffnung besitzt, Wasser in sehr raschem Strom fließen lasse. Sobald während einer bestimmten Zeit mehr Wasser ein- als ausfließt, wird es schließlich überlaufen. Die bei der Tonzelle und den Gasen dem Überlaufen entsprechende Erscheinung ist eben der in der Zelle entstehende Druck; der bewirkt nun, daß das in der Kochflasche befindliche Wasser aus der gebogenen Glasröhre in Form eines Springbrunnens herausgedrückt wird.

In dem „osmotischen Druck" (siehe S. 212) werden wir später eine ähnliche Erscheinung kennen lernen.

Dritter Vortrag.

Wasser. — Knallgas. — Gasgesetze und Hypothese von Avogadro. — Physikalische Eigenschaften des Wassers. — Wasserstoffsuperoxyd. — Umgekehrte Verbrennung.

Sie sind jetzt bereits in der chemischen Erkenntnis so weit vorgeschritten, daß Ihnen das Verständnis der nun folgenden Vorträge bedeutend weniger Mühe machen wird, als es der zweite getan haben mag. Sie können sich unter Begriffen wie „chemische Verbindung", „Formeln" usw. nun wirklich etwas vorstellen.

Wenn ich Ihnen jetzt sage, daß das Verbrennungsprodukt des Wasserstoffs Wasser ist, so werden Sie sich schon denken können, woraus es besteht. Da wir bereits im ersten Vortrag gesehen haben, daß Verbrennung durch eine Verbindung des verbrennenden Körpers mit Sauerstoff bewirkt wird, so werden wir also in dem Verbrennungsprodukt des Wasserstoffs, dem Wasser, eine Verbindung von Wasserstoff und Sauerstoff vor uns haben. Diese Annahme wurde schon durch die elektrische Zersetzung des Wassers in seine beiden Bestandteile bewiesen, die wir im ersten Vortrage ausführten. Es kommt uns noch darauf an, zu wissen, in welchen Mengenverhältnissen die beiden Elemente im Wasser vereinigt sind; sollen wir seine Formel HO schreiben, oder setzt sich ein Molekül Wasser aus verschieden vielen Atomen Wasserstoff und Sauerstoff zusammen? Zur Beantwortung dieser Frage wollen wir das Wasser noch einmal durch den elektrischen Strom in seine Bestandteile zerlegen, die beiden Gase getrennt auffangen und ihre Menge messen. Einen dazu geeigneten Apparat sehen Sie hier vor sich (Fig. 7). Er hat im allgemeinen dieselbe Bauart wie der Ihnen noch vom ersten Vortrag her bekannte. Der einzige Unterschied ist der, daß über jedem

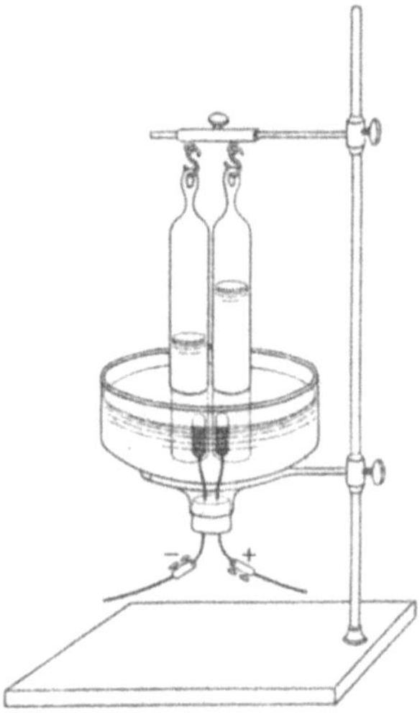

Fig. 7. Zerlegung des Wassers in seine Elemente.

der beiden Platinbleche ein Reagenzglas aufgehängt ist, in dem die Gasblasen emporsteigen. Ich werde jetzt den Strom schließen, und Sie können nun die Gasbläschen in den Reagenzgläschen aufsteigen sehen. Dabei werden Sie bald die Beobachtung machen, daß in dem einen Glas viel mehr Bläschen aufsteigen als in dem andern. Nach kurzer Zeit gelingt es uns schon, festzustellen, daß in dem einen Reagenzglas sich gerade doppelt so viel Gas angesammelt hat wie in dem andern. Wir heben nun das Glas, das die größere Menge enthält, heraus und stellen leicht fest, daß das Gas brennbar ist. Es ist demnach Wasserstoff. Wir haben so gefunden, daß im Wassermolekül doppelt so viel Wasserstoffatome wie Sauerstoffatome vorhanden sind. Man schreibt dsshalb die Formel des Wassers: H_2O. Unser Versuch sagt uns ja eigentlich weiter nichts, als daß im Wassermolekül die Atome im Verhältnis 1 : 2, nicht in den Zahlen 1 und 2, gebunden sind. Das Verhältnis 1 : 2 bestände aber auch, wenn die Formel des Wassers z. B. H_8O_4 oder $H_{20}O_{10}$ hieße. In beiden Fällen wären doppelt so viel Wasserstoff- als Sauerstoffatome vorhanden. Man kann aber beweisen daß die Formel H_2O die einzig, richtige ist; vorderhand möchte ich Sie nur auf diesen Punkt hinweisen; seine theoretische Erklärung wäre Ihnen jetzt noch nicht recht verständlich. Ich will Ihnen lieber zeigen, daß bei der Verbrennung des Wasserstoffs tatsächlich Wasser entsteht. Bitte betrachten Sie diesen kleinen Apparat (Fig. 8). Unter einem Trichter, der nur als Rauchfang oder besser gesagt als „Dampffang" wirken soll, brennt eine Wasserstofflamme. Der sich bildende Wasserdampf wird von einer Pumpe in den Trichter und durch die lange Glasröhre gesaugt. Auf dem Weg kühlt er sich ab, dies wird noch durch ein auf die Röhre gelegtes nasses Tuch befördert. Dadurch geht er aus dem gasförmigen in den flüssigen Zustand über, er „kondensiert sich zu Wasser". Da wir den Apparat nicht so lange in Betrieb lassen können, bis sich eine größere Menge Wasser gebildet hat, muß ich zu einem Kunstgriff meine Zuflucht nehmen, um es Ihnen sichtbar zu machen. Ich werde eine Spur Methylviolett in die Röhre bringen. Dies ist eine sehr stark färbende Anilinfarbe, die sich in der geringsten Spur Wasser löst und einen tiefdunklen Tropfen bildet. Dadurch kann ich Ihnen das Vorhandensein der kleinsten Mengen Wasser deutlich sichtbar machen.

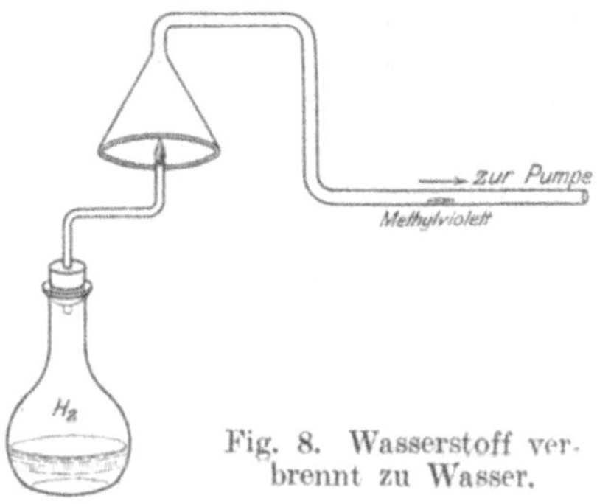

Fig. 8. Wasserstoff verbrennt zu Wasser.

Wenn wir zwei Raumteile Wasserstoff mit einem Raumteil Sauerstoff mischen, dann erhalten wir ein Gemenge, das ohne Rückstand zu Wasser verbrennt. Wir können uns vorstellen, daß in einem solchen Gasgemisch die Bausteine zu den einzelnen Wassermolekülen gerade in den richtigen Mengenverhältnissen nebeneinander liegen; also immer ein Atom Sauerstoff neben zwei Atomen Wasserstoff. Nun bedarf es nur noch einer Kraft, um die chemische Verbindung zu Wasser einzuleiten, und als eine solche Kraft haben wir ja schon früher die Wärme kennen gelernt. Wenn wir also z. B. mit einer offenen Flamme in die Nähe des Gasgemisches kommen, dann wird es sich sofort zu Wasser vereinigen, und da die Gase in dem der Vereinigung günstigsten Verhältnis gemischt sind, wird sie sich augenblicklich innerhalb der ganzen Gasmenge vollziehen. Da bei der chemischen Verbindung von Wasserstoff und Sauerstoff überdies Wärme entsteht, so wird das sich bildende Wasser in Dampf verwandelt und durch die hohe Temperatur stark ausgedehnt. Hierdurch entsteht ein außerordentlich heftiger Knall, und wenn man das Gasgemisch, das deshalb den Namen Knallgas führt, in nur einigermaßen erheblichen Mengen entzündet, kommt zu dem betäubenden Knall auch noch die Gefahr einer Zertrümmerung des Gefäßes. Ich habe einen kleinen und dickwandigen Glaszylinder, der höchstens 50 ccm faßt, mit Knallgas gefüllt. Zur größeren Sicherheit umwickele ich ihn noch mit einem Tuch und stelle ihn ganz in die Ecke hinter den Experimentiertisch. Das Gefäß ist jetzt noch mit einer Glasplatte verschlossen. Ich entferne sie nun und lege statt ihrer eine in der Mitte durchlochte Pappdeckelscheibe auf, entzünde das Knallgas mit einer an einen langen Stab gebundenen Kerze, und sofort findet die Vereinigung zu Wasser unter heftigem Knall statt. Sie werden nun begreifen können, warum ich, bevor ich Ihnen die Wasserstoffflamme zeigte, so sorgfältig prüfte, ob der aus der Glasröhre entweichende Wasserstoff nicht mehr mit Luft gemischt sei. Da die Luft Sauerstoff enthält, kann durch Vermischen von Wasserstoff mit einer genügenden Menge Luft ebenfalls Knallgas entstehen, dessen Wirkungen dem durch Mischen von reinem Sauerstoff mit Wasserstoff dargestellten kaum nachstehen; durch die Unterlassung dieser Vorsichtsmaßregel sind schon die furchtbarsten Unglücksfälle entstanden, die aber, wie Sie nun selbst beurteilen können, ausschließlich Schuld der betreffenden nachlässigen und unvorsichtigen Experimentatoren sind. Sie dachten Wasserstoff zu entzünden und hatten in Wirklichkeit Knallgas vor sich. Die Verletzung durch umherspritzende Säure und durch Glasscherben ist ja, solange sie nur Kleidungsstücke und vielleicht auch noch Hände betrifft, nicht allzu schlimm; aber wie oft hat diese Nachlässigkeit schon dem Experimentator den Verlust des Augenlichtes eingetragen! Die oft gegebene Vorschrift, Wasserstoff erst etwa 5 Minuten ausströmen zu lassen, bevor man ihn entzündet, ist ganz unzuverlässig. Der Stopfen des Gasentwicklungsgefäßes braucht nur nicht ganz dicht zu schließen, um zu bewirken, daß sich der entweichende Wasserstoff mit Luft mischt (wir haben ja gesehen, wie lebhaft die Diffusion zwischen Wasserstoff und Luft stattfindet!), und das wird nach 5 Minuten noch genau so der Fall sein wie nach der ersten Sekunde. Der einzig sichere Weg ist, eine Probe des Wasserstoffs in einem Reagenzglas aufzufangen und zu entzünden.

Wasserstoff hat ein großes Bestreben, sich mit Sauerstoff zu Wasser zu vereinigen. Bei gewöhnlicher Temperatur ist dieses Vereinigungsbestreben allerdings noch sehr gering; erst von 700° ab findet sie innerhalb eines Bruchteils einer Sekunde explosionsartig statt. Wir sehen daraus, daß erhitzter Wasserstoff eine bedeutend größere Neigung zum Sauerstoff besitzt. Sie ist so groß, daß er, wenn man ihn in diesem Zustand über sauerstoffhaltige Körper, z. B. Oxyde, leitet, diesen ihren Sauerstoff entzieht und mit ihm Wasser bildet. Die Oxyde werden dadurch in die entsprechenden Metalle zurückverwandelt oder, wie man gewöhnlich sagt: „reduziert". Aus diesem Grund nennt man auch den Wasserstoff ein „starkes Reduktionsmittel". Ich möchte Ihnen hier die Reduktion von Eisenoxyd zu Eisen vorführen und, um gleichzeitig auch unsere stöchiometrischen Rechnungen wieder etwas in Anwendung zu bringen, die bei der Reduktion entstehende Wassermenge bestimmen. Den dazu geeigneten Apparat habe ich Ihnen hier aufgebaut (Fig. 9). Er ist sehr leicht zu verstehen. In dem wagrecht in zwei Stative geklemmten Rohr D befinden sich 3 g fein gepulvertes

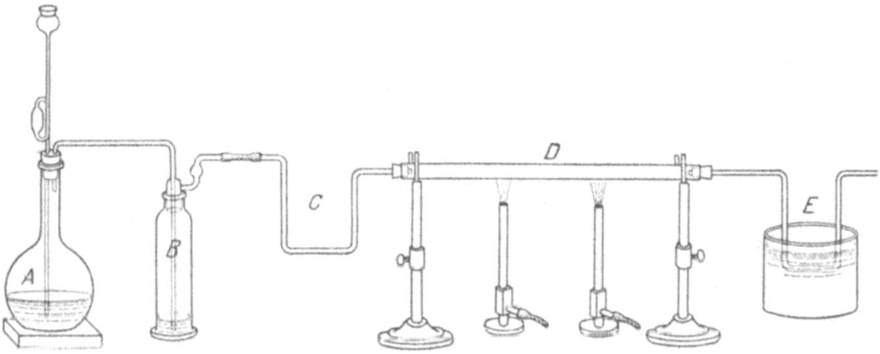

Fig. 9. Reduktion von Eisenoxyd mit Wasserstoff.

Eisenoxyd. Da, wie wir wissen, das Eisenoxyd erhitzt werden muß, ist das Rohr aus schwer schmelzbarem Glas angefertigt. In der mit ihm verbundenen Kochflasche A entwickeln wir Wasserstoffgas, das in einer zwischengeschalteten, mit Wasser beschickten Waschflasche B gewaschen und in dem darauffolgenden U-Rohr C, das zur Hälfte mit gekörntem Chlorcalcium gefüllt ist, getrocknet wird. (Chlorcalcium zieht sehr begierig Feuchtigkeit an, welche Eigenschaft es als Trockenmittel sehr verwertbar macht.) Das gewaschene und getrocknete Gas streicht dann über das erhitzte Eisenoxyd, reduziert es zu metallischem Eisen und oxydiert sich dadurch selbst zu Wasser; dieses verdampft durch die Hitze in dem Verbrennungsrohr und gelangt so in das angehängte U-Rohr E, das wieder mit gekörntem Chlorcalcium gefüllt ist. Dort kühlt es sich ab und kondensiert sich dadurch zu flüssigem Wasser, das sofort von dem Chlorcalcium aufgenommen wird. Damit das Wasser möglichst vollständig kondensiert wird, habe ich das U-Rohr in ein Becherglas gestellt, das mit kleinen Eisstückchen gefüllt ist. Wir können nun das Gewicht des gebildeten Wassers sehr einfach dadurch finden, daß wir das sorgfältig getrocknete U-Rohr vor dem Versuch wägen und die Wägung nach dem Versuch mit dem wieder gut getrockneten Rohr wiederholen. Wir werden dann eine Gewichtszunahme feststellen, deren Betrag das Gewicht des gebildeten Wassers ist. Nun wollen wir zunächst einmal berechnen, wieviel Wasser wir erhalten müssen. Die Reaktionsgleichung, nach der sich die Reduktion des Eisenoxyds vollzieht, lautet:

$$Fe_2O_3 + 6\,H = 2\,Fe + 3\,H_2O.$$

Da wir zur Bildung des Wassermoleküls für jedes Sauerstoffatom zwei Wasserstoffatome benötigen, so müssen wir zur Reduktion von Fe_2O_3 6 Wasserstoffatome anwenden. Wir bestimmen nun die Molekulargewichte sämtlicher bei dem Vorgang entstehenden Stoffe. Wir erhalten so:

$$\underset{160}{Fe_2O_3} + \underset{6}{6\,H} = \underset{112}{2\,Fe} + \underset{54}{3\,H_2O}.$$

Bei der Reduktion von 160 g Eisenoxyd werden wir demnach 54 g Wasser erhalten. Wir verwenden aber nur 3 g Eisenoxyd, folglich erhalten wir auch nur 54 mal 3 durch 160 gleich 1 g Wasser. Das U-Rohr wurde schon vor Beginn des Vortrages gewogen. Es wiegt 64 g. Wir leiten nun zunächst Wasserstoff über das Eisenoxyd und erhitzen es dann allmählich mit dem Bunsenbrenner bis zur dunklen Rotglut. Daß es reduziert wird, können Sie schon daran erkennen, daß seine Farbe von rotbraun in schwarz übergeht. In dem kälteren Teil des Verbrennungsrohres lassen sich auch schon einige Wassertröpfchen erkennen. Ich erwärme auch diese Stelle vorsichtig, um das Wasser in Dampf zu verwandeln und es so in das Chlorcalciumrohr zu treiben. Nach Beendigung des Versuchs wiegt das U-Rohr 64,9 g. Die Differenz von 0,1 g kommt daher, daß es bei der doch immerhin einfachen Versuchsanordnung sehr schwer ist, das Wasser vollständig in das U-Rohr zu treiben. Vielleicht hat sich auch nicht aller Wasserdampf kondensiert, oder sind kleine Mengen des Oxyds unreduziert geblieben. Jedenfalls können wir mit dem erzielten Ergebnis ganz zufrieden sein. Ich will Ihnen noch zeigen, daß das schwarze Pulver, das wir erhalten haben, wirklich metallisches Eisen ist. Ich schütte es auf einen Bogen Filtrierpapier und halte einen Magneten darüber. Es wird stark angezogen. Da Eisenoxyd vollkommen unmagnetisch ist, ist der Beweis damit erbracht. Solches durch Wasserstoff reduziertes Eisenpulver wird in den Apotheken unter dem Namen Ferrum reductum vorrätig gehalten.

Die Tatsache, daß erhitzter Wasserstoff so sehr viel energischer wirkt als kalter, muß uns befremden. Wenn sich Wasserstoff- und Sauerstoffatome bei 700° explosionsartig zu Wasser verbinden — was hindert sie, es schon bei gewöhnlicher Temperatur zu tun? Die Antwort hierauf bedarf eines kleinen, aber grundlegenden Versuchs. Wir wollen untersuchen, in welchen Volumenverhältnissen die Vereinigung von Wasserstoff und Sauerstoff zu Wasser erfolgt. Zu dem Zweck füllen wir in ein „Eudiometerrohr“ [1]) 2 Volumina Wasserstoff — etwa 20 ccm —

[1]) εὐδία (eudia) gutes Wetter. Also „Luftgütemesser“, d. h. Instrument zur Untersuchung luftförmiger Körper.

und 1 Volumen Sauerstoff — also 10 ccm. Damit wir nach der Vereinigung nicht flüssiges Wasser, sondern gasförmiges, d. h. Wasserdampf erhalten, umgeben wir das Rohr mit einem Heizmantel, durch den wir Wasserdampf strömen lassen. Dadurch wird der Rohrinhalt auf 100° erwärmt und das entstehende Wasser bleibt dampfförmig. Wir bewirken nun die Vereinigung des über Quecksilber abgesperrten Gasgemisches durch einen Induktionsfunken, den wir zwischen zwei im Eudiometerrohr eingeschmolzenen Platindrähten überspringen lassen (Fig. 10). Die Explosion ist bei der höheren Temperatur wesentlich schwächer als bei gewöhnlicher, und nach Beendigung des Versuchs stellen wir fest, daß wir aus einem Volumen Sauerstoff (10 ccm) und 2 Volumen Wasserstoff (20 ccm), zusammen also 30 ccm, 2 Volumina Wasserdampf erhalten haben. Denn das gasförmige Wasser, das entstanden ist, nimmt einen Raum von 20 ccm ein. Wir haben also gefunden:

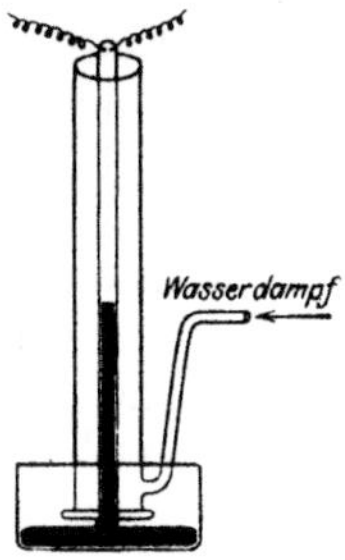

Fig. 10. Räumliche Gesetzmäßigkeiten bei der chemischen Vereinigung von Gasen.

1 Vol. Sauerstoff + 2 Vol. Wasserstoff = 2 Vol. Wasserdampf.

In ähnlicher Weise würden wir finden:

1 Vol. Wasserstoff + 1 Vol. Chlorgas = 2 Vol. Chlorwasserstoffgas,

1 Vol. Stickstoff + 3 Vol. Wasserstoff = 2 Vol. Ammoniakgas.

Es hat keinen Zweck, die Reihe beliebig zu verlängern. Wir sehen jetzt schon, daß das Gesetz von Gay-Lussac zu Recht besteht, welches aussagt, daß sich Gase nach einfachen Volumenverhältnissen miteinander verbinden, und daß das Volumen des Reaktionsprodukts, falls es gasförmig ist, auch wieder in einfacher zahlenmäßiger Beziehung zu den Volumen der Ausgangsstoffe steht.

Was hat das mit der Frage, von der wir ausgingen, der gesteigerten Reaktionsfähigkeit des Wasserstoffs bei erhöhter Temperatur, zu tun? Wir wollen versuchen, uns ein genaueres Bild von den in Gasen enthaltenen Atomen zu machen, denn da muß doch der Schlüssel zur Antwort auf unsere Frage stecken. Bis jetzt wissen wir aber eigentlich auf Grund des Gay-Lussacschen Gesetzes zwar etwas über Volumverhältnisse bei Gasen, aber nichts über die Gasatome. Wie schlagen wir nun die Brücke von Gasvolumen zu Gasatomen?

Wir bedürfen dazu der Kenntnis einer sehr merkwürdigen Erscheinung, nämlich der ebenfalls von Gay-Lussac entdeckten Tatsache, daß bei Erwärmung oder Abkühlung das Volumen eines jeden Gases um den gleichen Betrag zu- oder abnimmt, nämlich für jeden Grad der Celsiusskala um den 273. Teil seines Volumens. Demnach müßte doch eigentlich der innere Bau aller Gase gleich sein, denn wie sollte man sich sonst diese auffallende Übereinstimmung erklären? Auch das von Boyle-Mariotte aufgefundene Gesetz, daß bei allen Gasen das Produkt aus Druck und Volumen eine konstante Größe ist, bestärkt in dieser Vermutung. Im Jahr 1811 zog nun der italienische Physiker Graf Amadeo Avogadro, von Beruf Jurist, Naturwissenschaftler nur durch Selbststudium, die Folgerung aus diesen Tatsachen: daß nämlich, gleichen Druck und gleiche Temperatur vorausgesetzt, in gleichen Volumen jedes Gases die gleiche Zahl Gasatome enthalten ist. Dies ist die berühmte, für die Chemie grundlegende Avogadrosche Hypothese, die etwa 50 Jahre brauchte, bis sie sich durchgesetzt hatte. Wie groß die absolute Zahl der in einem bestimmten Volumen enthaltenen Gasteilchen ist, sagt sie nicht aus; das interessiert uns hier auch weniger. Viel wichtiger ist, daß wenn in einem Volumen Wasserstoff n Teilchen stecken, in einem gleichen Volumen jedes anderen Gases (denselben Druck und dieselbe Temperatur vorausgesetzt) ebenfalls n Teilchen enthalten sind. Sehen wir uns nun das Gay-Lussacsche Gesetz im Licht dieser neuen Erkenntnis an. Wir hatten gefunden:

1 Vol. Sauerstoff + 2 Vol. Wasserstoff = 2 Vol. Wasserdampf,

oder, nach Avogrado:

n Teilchen Sauerstoff + 2 n Teilchen Wasserstoff = 2 n Teilchen Wasserdampf.

Wie ist es möglich, daß aus n Teilchen Sauerstoff 2 n Teilchen Wasserdampf werden? Doch nur so, daß jedes einzelne Sauerstoffteilchen im Wasserdampf in 2 Teile zerfallen ist. Auch beim Chlorwasserstoffgas muß sowohl mit den Wasserstoff- wie mit den Chloratomen das gleiche vorgegangen sein. Denn:

1 Vol. Chlorgas + 1 Vol. Wasserstoff = 2 Vol. Chlorwasserstoffgas,

oder:

n Teilchen Chlorgas + n Teilchen Wasserstoff = 2 n Teilchen Chlorwasserstoffgas.

Im Chlorwasserstoffgas muß also sowohl jedes ursprünglich vorhandene Wasserstoff- als Chlorgasteilchen in 2 Teile zerfallen sein.

Schon Avogadro zog hieraus die einfachst mögliche Folgerung: er unterschied scharf zwischen Gasatomen und Gasmolekülen und stellte die Hypothese auf, daß in den Gasen im allgemeinen überhaupt keine Atome enthalten sind, sondern daß ihre kleinsten Teilchen bereits aus zwei (beim Ozon O_3 sogar aus 3) Atomen bestehende Moleküle sind. (Ganz folgerichtig betitelte er seine klassische Arbeit [1]): „Essai d'une manière de déterminer les masses rélatives des molécules élémentaires des corps et les proportions, selon lesquelles entrent dans les combinaisons".) Wir haben also im Sauerstoff Moleküle O_2, im Wasserstoff H_2, im Chlor Cl_2 usw. vor uns. Folglich stellen wir die Bildung von Wasser aus Knallgas dar:

$$2\ H_2 + O_2 = 2\ H_2O.$$

Die Reduktion von Eisenoxyd durch Wasserstoff:

$$Fe_2O_3 + 3\ H_2 = 2\ Fe + 3\ H_2O \text{ usw.}$$

Nun sind wir endlich so weit, daß wir verstehen, warum heißer Wasserstoff so anders wirkt wie kalter. Um nämlich die zunächst vorhandenen trägen Moleküle H_2 und O_2 in reaktionsfähige Atome aufzuspalten,

[1]) Übersetzt in Ostwalds „Klassikern der exakten Wissenschaften".

dazu bedarf es der Zufuhr von Energie. Diese wird geliefert durch die Wärme. Aus Untersuchungen von Langmuir geht hervor, daß von 10 000 Wasserstoffmolekülen bei 2000° erst 33, bei 2500° schon 310, bei 3500 bereits 3400 Moleküle in Atome gespalten sind. Man sieht, wie schnell die Spaltung mit der Temperatur wächst. Bei der Vereinigung eines Atoms Sauerstoff mit 2 Atomen Wasserstoff wird eine beträchtliche Menge Wärme gebildet, so daß sich, wenn die Reaktion erst einmal an einer Stelle des Gasgemisches eingeleitet ist, die Vereinigung nahezu unmeßbar schnell innerhalb des ganzen Gasraums abspielt.

Man kann sich vorstellen, daß im Augenblick des Freiwerdens eines elementaren Gases aus einer Verbindung noch keine Gasmoleküle gebildet, sondern noch freie Atome vorhanden sind. In diesem Augenblick müßte also ein solches Gas besondere Reaktionsfähigkeit zeigen. Das ist tatsächlich der Fall. Wir werden später manches Beispiel dafür kennen lernen, daß man mit Gasen im Augenblick ihres Freiwerdens aus anderen Verbindungen („in statu nascendi“ heißt der Kunstausdruck dafür) Wirkungen erzielen kann, die im gewöhnlichen Zustand nicht hervorzubringen sind.

Wir haben nun aber noch gar nicht der physikalischen Eigenschaften des Wassers gedacht. Sie gehören ja eigentlich nicht in Vorträge über Chemie; aber diese beiden Wissenschaften sind voneinander so untrennbar und ergänzen sich gegenseitig derart, daß man keinen Einblick in die Chemie gewinnen kann, ohne dabei auch die Physik gebührend zu berücksichtigen.

Es wird kaum notwendig sein, zu sagen, daß Wasser in reinem Zustand eine vollkommen farblose [1]), geschmack- und geruchlose Flüssigkeit ist. Wegen des überaus häufigen Vorkommens und der Wichtigkeit, die das Wasser für unser Leben hat, hat man es für viele physikalische Größen als Norm angenommen. Man setzt sein spezifisches Gewicht gleich Eins; der Gefrierpunkt des Wassers bildet den Nullpunkt, der Siedepunkt den hundertsten Teilstrich der hundertteiligen Thermometerskala nach Celsius, die in der Wissenschaft allein angewandt wird. Das Gewicht, das ein Kubikzentimeter Wasser von 4° C hat, wird als Gewichtseinheit angenommen und Gramm genannt. Das Wasser muß deshalb die Temperatur von 4° C haben, weil sich sein spezifisches Gewicht mit zu- oder abnehmender Temperatur ändert. Bei 4° C ist das Wasser am dichtesten; sein spezifisches Gewicht ist dann gerade Eins. Je höher die Temperatur wird, desto kleiner wird das spezifische Gewicht. Das ist ja weiter nicht merkwürdig; denn wie sich alle Körper mit zunehmender Temperatur ausdehnen, so tut es auch das Wasser. Da sich aber bei der Ausdehnung das absolute Gewicht des Körpers nicht ändert, weil ja nichts zu seiner Masse hinzukommt, deshalb muß sein spezifisches Gewicht kleiner werden. Das spezifische Gewicht des Wassers ist bei

4°	1,00000
20°	0,99823

[1]) Ganz reines Wasser ist in 5 m dicker Schicht himmelblau.

50^0	0,98813
100^0	0,95863

Dementsprechend sollte man annehmen, daß sich das Wasser, wenn es sich abkühlt, zusammenzieht, daß also sein spezifisches Gewicht zunimmt. Das tut es auch, aber nur bis zu 4^0 C. Wird es noch kälter, dann dehnt es sich wieder aus, sein spezifisches Gewicht nimmt wieder ab. Dieses von der Regel abweichende Verhalten ist von der allergrößten Bedeutung für den Haushalt der Natur. Wasser gefriert bekanntlich bei 0^0. Da es aber von 4^0 an an Volumen wieder zunimmt, übt es, wenn es kälter wird, einen starken Druck aus. Wenn nun Regenwasser in Steinritzen eindringt und dann gefriert, so werden durch die Sprengwirkung des gefrierenden Wassers ganze Felsteile losgelöst. Man nennt diesen Vorgang Verwitterung, und an ihr ist die Sprengwirkung des Wassers stark beteiligt. Sehr wichtig ist auch die Tatsache, daß Eis ein geringeres spezifisches Gewicht hat als Wasser, folglich auf Wasser schwimmt. Wäre das nicht der Fall, dann würden in kalten Gegenden die Gewässer bald vom Grund aus vollständig zufrieren, und die untersten Eisschichten würden dann auch während des Sommers kaum mehr auftauen. So aber werden die tieferen Wasserschichten vor rascher Abkühlung geschützt.

Der Gefrierpunkt des Wassers oder, was dasselbe ist, der Schmelzpunkt des Eises, wurde als Nullpunkt der Thermometerskala gewählt. Der hundertste Teilstrich der Thermometerskala entspricht dem Siedepunkt des Wassers. Dabei ist aber zu beachten, daß es nur dann bei 100^0 siedet, wenn der Luftdruck seine normale Größe hat, also bei 760 mm Barometerstand. Ist der Luftdruck größer, dann siedet das Wasser erst bei höherer Temperatur; das erklärt sich sehr einfach so, daß dann die einzelnen Wasserteilchen einen größeren Druck zu überwinden haben, wenn sie aus dem flüssigen in den gasförmigen Zustand übergehen. Den Druck von 760 mm bezeichnet man als „eine Atmosphäre", und es siedet Wasser bei einem Druck von

2	Atmosphären	bei	$120{,}6^0$,
4	„	„	$144{,}0^0$,
8	„	„	$170{,}8^0$,
10	„	„	$180{,}3^0$.

Bei geringerem Luftdruck als bei dem einer Atmosphäre liegt umgekehrt der Siedepunkt des Wassers unterhalb 100^0. Bei einem Druck von 417 mm, wie er z. B. annähernd auf dem Mont-Blanc herrscht, siedet es schon bei 84^0.

Um die Temperatur einer bestimmten Menge Wasser um einen Grad zu erhöhen, ist eine ganz bestimmte, immer gleiche Wärmemenge erforderlich. Diese Wärmemenge setzt man willkürlich gleich Eins und vergleicht damit die Wärmemengen, die dasselbe Gewicht beliebiger anderer Stoffe braucht, um seine Temperatur um einen Grad zu erhöhen. Man gelangt so zu dem Begriff der spezifischen Wärme. Wenn wir also z. B. sagen: Eisen hat die spezifische Wärme 0,111, so heißt das, daß eine beliebige Menge Eisen, um ihre Temperatur um einen

Grad zu erhöhen, nur den 0,111. Teil der Wärmemenge braucht, die dieselbe Menge Wasser zu demselben Zweck nötig hätte. Die Wärmemenge, die notwendig ist, um die Temperatur eines Kilos Wasser um einen Grad zu erhöhen, nennt man eine Kalorie [1]). Der tausendste Teil davon wird „kleine Kalorie" genannt.

Jedes Gramm Eis erfordert zum Schmelzen 79 kleine Kalorien, ein Kilogramm Eis also 79 große. Anders ausgedrückt: Mit der Wärmemenge, die notwendig ist, um ein Kilogramm Eis zu schmelzen, könnte man die Temperatur von 79 Litern Wasser um einen Grad erhöhen oder einen Liter Wasser von 21° zum Sieden bringen. Sie können sich danach einen Begriff von den ungeheuren Wärmemengen machen, die die Sonne jährlich zur Erde sendet. Die 79 Kalorien, die das Eis beim Auftauen gewissermaßen „eingenommen" hat, gibt das Wasser beim Gefrieren wieder her. Weil diese Wärme, solange das Wasser nicht gefriert, eigentlich nicht nachweisbar ist, nennt man sie „latent", d. h. verborgen. Nun müßte aber doch eigentlich ein Thermometer, das wir in gefrierendes Wasser halten, steigen, da ja Wärme dabei frei wird. Das tut es aber nicht, und zwar deshalb, weil die frei werdende Wärme sofort wieder dazu verbraucht wird, um das Wasser aus dem flüssigen in den festen Zustand überzuführen. Anders verhält es sich nur, wenn die Flüssigkeit „überkühlt" war, das heißt, wenn sie sich unter ihren Gefrierpunkt abgekühlt hat. Bleibt sie in diesem Zustand vor jeder Erschütterung bewahrt, dann kann sie sich einige Zeit halten, ohne zu gefrieren. Bei der kleinsten Störung aber, sei es durch Stoß, durch hineinfallenden Staub oder dadurch, daß wir ein Thermometer in die Flüssigkeit halten, wird sie zum Gefrieren gebracht, und in diesem Augenblick werden wir beobachten, daß die Temperatur bis zum Gefrierpunkt ansteigt, von da an aber konstant diese Höhe beibehält; alle weitere latente Wärme, die jetzt noch frei wird, wird dazu verbraucht, die Wassermoleküle zu der festeren Form der Eismoleküle zusammenzubinden. Das Gegenstück zu den überkühlten Flüssigkeiten sind die „überhitzten", vor denen sich der Chemiker ganz besonders zu hüten hat. Um gleich bei einem praktischen Beispiel zu bleiben: wenn man Wasser in einem Becherglas erhitzt und vergißt, ab und zu umzurühren, dann kann es leicht vorkommen, daß sich die Flüssigkeit über ihren Siedepunkt, also über 100°, erwärmt, ohne ins Sieden zu kommen. Bei der geringsten Erschütterung, die häufig durch Einwerfen irgend eines festen Körpers in das überhitzte Wasser entsteht, sinkt dann die Temperatur auf 100°. Nehmen wir an, das Wasser war auf 112° überhitzt, so werden nun die 12 Grade, die es zuviel hatte, dazu aufgebraucht, um einen Teil des Wassers in Dampf zu verwandeln. Das geschieht so plötzlich, daß die Erscheinung vollkommen das Aussehen und die Wirkung einer heftigen Explosion haben kann.

Auch um Wasser zum Verdampfen zu bringen, ist eine, sogar recht beträchtliche, Zufuhr von Wärmeenergie nötig. Um 1 kg Wasser von 100° in Dampf von 100° überzuführen, braucht man 539 Kalorien.

[1]) Näheres S. 200.

Da Wasserdampf einen ganz erheblich größeren Raum einnimmt als flüssiges Wasser (1 Liter Wasser von 100° gibt etwa 1650 Liter Wasserdampf von 100°), so wird ein Teil der zugeführten Wärmeenergie dazu verbraucht, diese Ausdehnung gegen den Luftdruck durchzusetzen und die Wassermoleküle in dem größeren Abstand voneinander zu halten, den sie im Dampf im Vergleich zum flüssigen Wasser haben. Zu dieser Arbeitsleistung sind etwa 8% der zugeführten Wärme nötig. Die restlichen 92% gehen als latente Verdampfungswärme in den Dampf ein und erscheinen bei der Verdichtung des Wasserdampfs zu flüssigem Wasser wieder. Der Energiegehalt des Wasserdampfs von 100° ist also beträchtlich größer als der einer entsprechenden Wassermenge von 100°; von dieser Tatsache macht man bei der Dampfheizung praktischen Gebrauch.

Im Wasserdampf scheint die Verbindung in den einzelnen Molekülen etwas gelockert zu sein. Das entspricht ja auch vollständig unseren bis jetzt gesammelten Erfahrungen, nach denen Wärme chemische Umsetzungen befördert. So gelingt es uns verhältnismäßig leicht, dem Wasserdampf seinen Sauerstoff wegzunehmen und ihn dadurch in Wasserstoff zu verwandeln. Wir verwenden dazu ein Metall, das eine ziemlich große Neigung zum Sauerstoff besitzt, d. h. großes Bestreben hat, sein Oxyd zu bilden. Ein solches Metall ist z. B. das Ihnen aus dem ersten Vortrag bekannte Magnesium. Wir verwenden zu dem Versuch einen ganz ähnlichen Apparat wie zur Reduktion des Eisenoxyds mittels Wasserstoff (Fig. 11). An Stelle des Eisenoxyds befindet sich jetzt etwa 1 g Magnesiumdraht in dem Verbrennungsrohr, und an Stelle der Kochflasche, in der wir den Wasserstoff entwickelten, ist jetzt eine getreten, in der wir gewöhnliches Wasser zum Kochen bringen und so Wasserdampf erzeugen, der über das Magnesium streicht. Wir erhitzen es jetzt mit dem Bunsenbrenner, wodurch es nach und nach zum Glühen kommt. In diesem Zustand entzieht es nun den Sauerstoff des Wasserdampfs und verwandelt sich dadurch in das Ihnen bekannte weiße Oxyd. Am Ende der Verbrennungsröhre strömt Wasserstoff aus, den wir aber, da er noch mit unzersetztem Wasserdampf gemischt, also mehr oder weniger unrein sein könnte, erst durch eine Waschflasche leiten, die mit möglichst kaltem Wasser beschickt ist. Wir sammeln ein Reagenzglas voll von dem Gas. Seine Brennbarkeit beweist, daß es Wasserstoff ist.

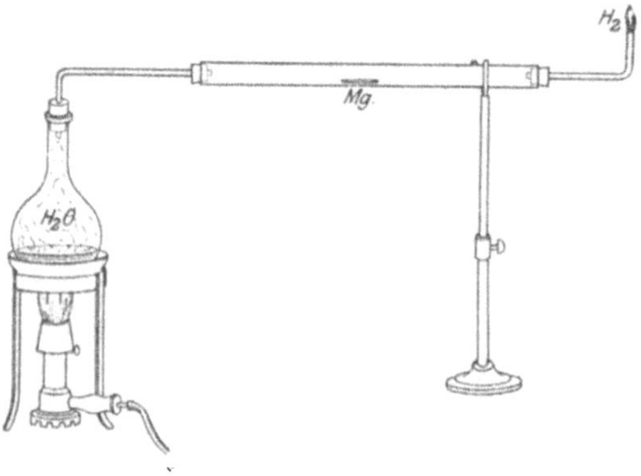

Fig. 11. Zersetzung des Wasserdampfs durch Magnesium.

Glühende Metalle, die selbst nicht oxydierbar sind, wie das Platin, zerlegen Wasserdampf ebenfalls in Wasserstoff und Sauerstoff. Da sie aber nicht die Fähigkeit haben, den entstehenden Sauerstoff zu binden, mischt er sich dem Wasserstoff bei, und wir erhalten Knallgas. Sie sehen hier eine Kochflasche, in der Wasser siedet (Fig. 12). Zwischen Flaschenrand und Stopfen sind zwei isolierte Drähte eingeklemmt, die in den Flaschenhals hineinragen und dort durch eine kleine Spirale aus 0,1 mm dickem Platindraht verbunden sind. Durch die Mitte des Stopfens führt ein Gasableitungsrohr. Die Platinspirale wird durch den elektrischen Strom zum Glühen gebracht, und das aus dem Wasserdampf entstehende Knallgas leiten wir in Seifenwasser. Sobald sich eine genügende Menge Seifenblasen gebildet hat, ziehen wir das Gasableitungsrohr aus dem Seifenwasser, rücken den ganzen Apparat etwas ab und zünden die Seifenblasen an. Es entsteht eine ziemlich kräftige Detonation, die wohl niemanden im Zweifel darüber läßt, daß wir wirklich Knallgas vor uns hatten. Die Explosion ist nicht ganz so stark wie bei dem Knallgas, das wir durch Vermischen von reinem Wasserstoff und Sauerstoff darstellten. Das kommt daher, daß bei diesem Versuch dem Knallgas immer noch erhebliche Mengen unzersetzten Wasserdampfs beigemengt sind.

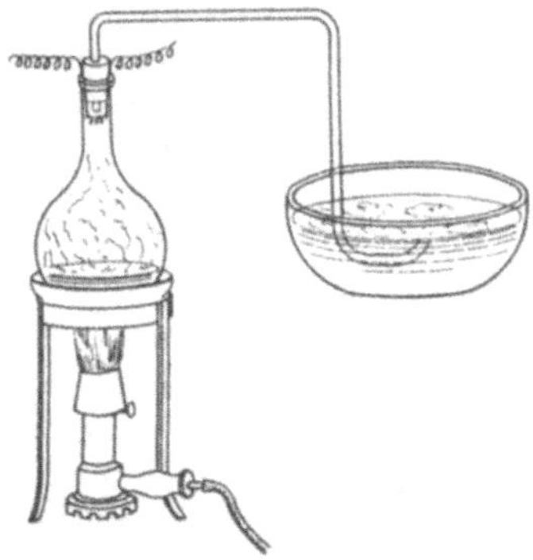

Fig. 12. Zersetzung des Wasserdampfs durch Platin.

Wir müssen nun noch kurz eine höhere Oxydationsstufe des Wasserstoffs besprechen. Es gibt noch eine Verbindung, die auf 2 Atome Wasserstoff auch 2 Atome Sauerstoff enthält. Sie hat deshalb die Formel H_2O_2 und heißt Wasserstoffsuperoxyd. Wir können das Wasser natürlich auch Wasserstoffoxyd nennen, und weil die Verbindung H_2O_2 noch ein Atom Sauerstoff mehr im Molekül enthält, bezeichnet man sie als Wasserstoffsuperoxyd[1]). Es ist eine farb- und geruchlose Flüssigkeit, die einen unangenehmen Geschmack hat. Ihr spezifisches Gewicht ist etwas höher als das des Wassers; es beträgt 1,5. Das zweite Sauerstoffatom ist nur sehr lose gebunden, so daß sich Wasserstoffsuperoxyd sehr leicht unter Abgabe von Sauerstoff in Wasser verwandelt. In einer Reaktionsgleichung ausgedrückt würde der Vorgang lauten: $H_2O_2 = H_2O + O$. Solche Körper, die leicht Sauerstoff abgeben, nennt man „oxydierende Substanzen", und das Wasserstoffsuperoxyd zählt zu den energischsten von ihnen. Reines Wasserstoffsuperoxyd ist fast nicht zu erhalten, weil es sich schon bei gewöhnlicher Temperatur in Wasser und Sauerstoff zersetzt. Hineinfallender Staub bewirkt, daß die Abgabe von Sauerstoff explosionsartig stattfindet, weshalb reines Wasserstoffsuperoxyd recht schwierig und gefährlich zu handhaben ist.

---

[1]) Super (lat.) über, mehr.

Anders verhält es sich mit den verdünnten Lösungen von Wasserstoffsuperoxyd in Wasser, die in verschiedener Stärke im Handel zu haben sind. Selbst mit der stärksten davon, dem 30% Wasserstoffsuperoxyd enthaltenden „Perhydrol“ der Firma Merk, kann ohne Gefahr umgegangen werden. Man darf die Lösung nur nicht stark und ohne die nötigen Vorsichtsmaßregeln erhitzen. Das gewöhnliche Wasserstoffsuperoxyd des Handels enthält 3% der Verbindung. Es wird zu verschiedenen Zwecken benutzt; hauptsächlich wohl als Bleichmittel für Elfenbein und als Desinfektionsmittel. Nun werden Sie sich wohl schon denken können, daß wir im Wasserstoffsuperoxyd ein sehr bequemes Mittel besitzen, um Sauerstoff darzustellen. Wir brauchen es z. B. nur zu erhitzen; aber das wäre, wie gesagt, etwas gefährlich. Von den ungefährlichen Verfahren werden wir später eines kennen lernen.

Wasserstoffsuperoxyd findet sich in der Natur spurenweise im Regenwasser. Man nimmt an, daß es in den höheren Schichten der Atmosphäre dadurch entsteht, daß unter der Einwirkung der ultravioletten Sonnenstrahlung (die dort noch nicht durch Absorption so stark geschwächt ist, wie in tieferen Lagen) Sauerstoffmoleküle zu Wasserstoffsuperoxyd reduziert [1]) werden, entsprechend der Reaktionsgleichung:

$$O_2 + H_2 = H_2O_2.$$

Der zur Reduktion nötige Wasserstoff stammt aus dem Wasserdampf der Luft, aus dem durch die Energie der ultravioletten Strahlen Wasserstoff abgespalten wird, der im Status nascens auf Sauerstoffmoleküle einwirkt. M. Kernbaum hat diese Theorie durch erfolgreiche Versuche im Laboratorium bestätigt.

Nicht nur oxydierende, auch reduzierende Wirkungen vermag das Wasserstoffsuperoxyd auszuüben, indem es seinen Wasserstoff abgibt und dadurch selbst zu Sauerstoff wird. Man kann z. B. gewisse Metalloxyde (z. B. Silber- und Quecksilberoxyd) mit Wasserstoffsuperoxyd zu Metall reduzieren. Bedeutet Hg Quecksilber, so verläuft die Reduktion des Quecksilberoxyds nach der Gleichung:

$$Hg\,O + H_2\,O_2 = Hg + H_2O + O_2.$$

Genau so, wie wir sagen: „der Wasserstoff verbindet sich mit dem Sauerstoff“, können wir auch sagen: „der Sauerstoff verbindet sich mit dem Wasserstoff“. Das heißt mit anderen Worten: wenn wir zufällig nicht in einer Atmosphäre lebten, die Sauerstoff enthält, sondern in einer Atmosphäre von Wasserstoff, dann wäre für uns der Wasserstoff ein unbrennbares, aber die Verbrennung unterhaltendes Gas, und Sauerstoff würde in dieser Wasserstoffatmosphäre brennen, eben weil er sich mit dem Wasserstoff zu Wasser vereinigt. Die Überlegung erscheint im ersten Augenblick verblüffend; sobald man aber genauer zusieht, merkt man, daß sie nur deshalb so scheint, weil wir so gewohnt sind, die Dinge von einem gegebenen Standpunkt aus zu betrachten, daß es uns zuerst unmöglich erscheint, überhaupt einen anderen einzu-

[1]) Man versteht unter Reduktion in weiterem Sinn nicht nur die Abspaltung von Sauerstoff (vgl. S. 21), sondern auch die Anlagerung von Wasserstoff.

nehmen. Sobald Sie sich nur einmal mit der Vorstellung vertraut gemacht haben, daß wir nicht in einer Sauerstoff-, sondern in einer Wasserstoffatmosphäre lebten, wird Ihnen unsere Überlegung nicht mehr ungewöhnlich vorkommen. Daß sie es tatsächlich nicht ist, will ich Ihnen gleich durch einen Versuch zeigen. In einen seitlich durch einen Kork verschlossenen Lampenzylinder (Fig. 13) lassen wir Leuchtgas strömen, das vermöge seines hohen Wasserstoffgehaltes hier gut den reinen Wasserstoff vertreten kann. Wir stellen also gewissermaßen im Innern des Zylinders eine Wasserstoffgasatmosphäre her. Mittels einer passend gebogenen Glasröhre gelange ich von außen in den Zylinder. Wenn ich also durch die Röhre blase, ist es mir somit möglich, Luft in eine Atmosphäre von Wasserstoff ausströmen zu lassen. Der in der Luft enthaltene Sauerstoff verbindet sich dann mit dem Wasserstoff des Leuchtgases zu Wasser, das heißt er verbrennt; damit haben wir die Erscheinung, daß die in unserer Atmosphäre natürlich nicht brennbare Luft hier verbrennt. Wir lassen nun zunächst Leuchtgas in den Zylinder strömen, und damit sich sein Geruch nicht unangenehm bemerkbar macht, zünden wir es an dem offenen Ende des Zylinders an. Hier verbrennt also Leuchtgas in Luft. Um nun auch noch umgekehrt Luft in Leuchtgas zu verbrennen, blase ich durch meine gebogene Glasröhre und führe sie gleichzeitig in den Zylinder ein. Sie können jetzt im Innern des Zylinders an der Röhre eine zweite Flamme bemerken, eben die der in Leuchtgas brennenden Luft. So haben Sie nun beide Verbrennungen beieinander: oben die gewöhnliche: Leuchtgas in Luft, unten die „umgekehrte Verbrennung“: Luft in Leuchtgas. — Im nächsten Vortrag wollen wir uns die Zusammensetzung der Luft näher ansehen.

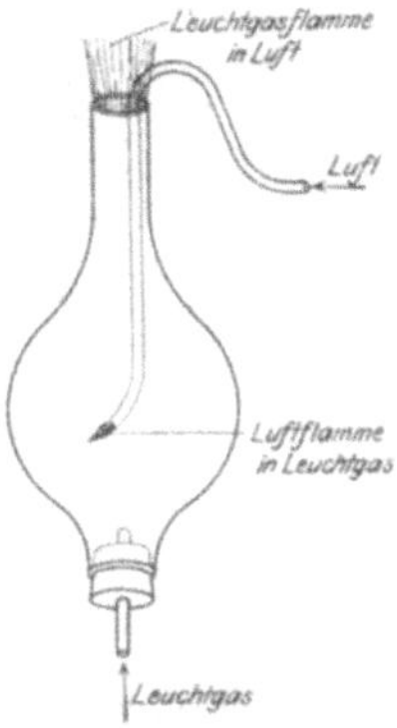

Fig. 13. Umgekehrte Verbrennung.

Vierter Vortrag.

Zusammensetzung der Luft. — Stickstoff. — Ammoniak. — Stickstoffoxyde. — Salpetersäure. — Seltene Edelgase (Helium, Argon usw.).

Heute soll uns die Zusammensetzung der Luft beschäftigen. Wir haben nun oft genug gehört, daß in der Luft Sauerstoff enthalten ist; aber wir möchten auch wissen, was außerdem noch in ihr zu finden ist. Um über die Frage ins klare zu kommen, wieviel Sauerstoff die Luft enthält, wollen wir wieder unser bewährtes Verfahren anwenden, nach dem wir ihr ihren Sauerstoff durch einen leicht oxydierbaren Körper entziehen. Wir könnten dann erstens den Gehalt an Sauerstoff aus der Gewichtszunahme des oxydierten Körpers berechnen, oder, einfacher, eine abgemessene Menge Luft analysieren und feststellen, wieviel nach Wegnahme des Sauerstoffs noch übrig bleibt. Wir führen diesen Versuch in einem Apparat aus, der im Grundgedanken derselbe ist wie der bei der Reduktion von Eisenoxyd durch Wasserstoff verwendete (Fig. 14). In der Verbrennungsröhre befinden sich Kupferspäne als sauerstoffentziehendes Mittel. Die zu analysierende Luft treiben wir durch Eintropfenlassen von Wasser in die leere Kochflasche aus dieser heraus über die erhitzten Kupferspäne. Dort gibt sie ihren Sauerstoff ab, und den Rückstand messen wir in dem mit dem Gasableitungsrohr verbundenen Meßgefäß, das in einer pneumatischen Wanne steht. Die Kochflasche faßt 120 ccm. Ich erhitze nun zunächst mit einigen Flammen die Kupferspäne, so daß sie auf ihrer ganzen Länge in dunkle Rotglut geraten. Dann fülle ich ganz langsam, damit der Luftstrom nur mit mäßiger Geschwindigkeit über das Kupfer streicht die Kochflasche mit Wasser. Sie sehen, daß sich das Kupfer an seiner Oberfläche schwärzt, ein Zeichen, daß es sich in sein Oxyd verwandelt. Durch das Gasableitungsrohr entweichen nun (außer dem Sauerstoff) alle in der Luft enthaltenen Gase. Wenn alle Luft das glühende Kupfer passiert hat, messen wir, wieviel Gas sich in dem eingeteilten Zylinder angesammelt hat. Wir finden, daß von den 120 Kubikzentimetern Luft nur noch 95 ccm übrig geblieben sind. Es sind demnach in 120 ccm Luft 25 ccm Sauerstoff enthalten. In Prozente umgerechnet gibt das 20,8 % Sauerstoff. Woraus bestehen nun die übrigen 95 ccm? Prüfen wir das Gas mit unserem brennenden Span. Er erlischt sofort, womit wir festgestellt haben, daß es weder Sauerstoff noch Wasserstoff sein kann. Es ist also ein uns noch nicht bekannter Körper, der wegen seiner Eigenschaft, Flammen auszulöschen und Lebewesen, die in eine Atmosphäre dieses Gases gebracht werden, zu ersticken, Stickstoff heißt. Stickstoff ist nicht giftig, aber er wirkt erstickend, weil die Atmung ohne Sauerstoff unmöglich ist.

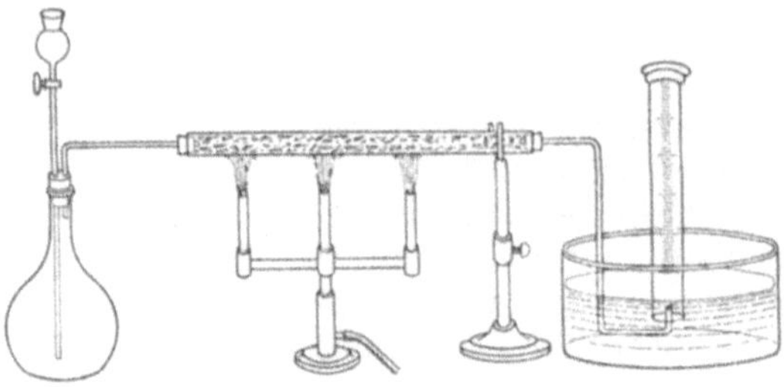

Fig. 14. Analyse der Luft.

Stickstoff ist ein farb-, geschmack- und geruchloses Gas. Sein spezifisches Gewicht ist 0,96 auf Luft als Einheit bezogen. (Man bezieht die spezifischen Gewichte aller Gase auf Luft und nicht auf Wasser.) Bemerkenswert ist die außerordentlich geringe Neigung des Stickstoffs zur Vereinigung mit anderen Elementen. Daher kommt es, daß wir ihn am häufigsten unverbunden finden, und zwar, wie wir schon wissen, zu etwa 78 % in der atmosphärischen Luft. Die Luft ist also keine chemische Verbindung von Sauerstoff und Stickstoff, sondern ein bloßes mechanisches Gemenge dieser beiden Gase. Das erhellt schon daraus, daß wir in der Luft ihre beiden Bestandteile durchaus nicht in dem Verhältnis ihrer Atomgewichte (oder in ganzen Vielfachen[1]) davon)

[1]) Siehe S. 12.

vorfinden, sondern in ganz willkürlichen Mengen. Außer in der Luft findet sich Stickstoff noch als Bestandteil mancher aus Quellen entweichender Gase. In gebundener Form kommen große Mengen in den Salpeterlagern sowie in den pflanzlichen und tierischen Eiweißarten vor. Ein aus einem isländischen Geysir entweichendes Gas ist, nach Bunsen, nahezu reiner Stickstoff (99,5% N_2). Es ist hier der Ort, noch auf eine Reihe anderer Gase hinzuweisen, die in äußerst geringer Menge in der Luft vorkommen. Die Namen der Gase sind: Argon, Neon, Xenon, Krypton und Helium. In einigermaßen erheblichen Mengen kommt überhaupt nur das Argon vor. Die übrigen Gase sind nur in Spuren in der Atmosphäre enthalten. In 1293 g Luft finden sich:

Stickstoff	975,80 g
Sauerstoff	299,84 g
Argon	16,76 g
Kohlendioxyd	0,59 g
Wasserstoff	0,01 g
Neon	0,01339 g
Helium	0,00027 g
Krypton	0,00018 g
Xenon	0,00003 g

Es muß dabei nochmals betont werden, daß die Luft nur ein mechanisches Gemenge, keine chemische Verbindung dieser Bestandteile ist. Man hat die Begleiter des Stickstoffes durch die Beobachtung entdeckt, daß aus atmosphärischer Luft gewonnener Stickstoff immer etwas schwerer war als solcher, den man aus irgend einer seiner Verbindungen abgeschieden hatte. Dieses Übergewicht rührte eben von den den Stickstoff begleitenden seltenen Gasen her. Man nennt sie auch „Edelgase", ähnlich wie man auch von edeln Metallen spricht, und zwar deshalb, weil diese Gase keinerlei Neigung zu irgendwelchen anderen Elementen zeigen.

Die Edelgase zeichnen sich also dadurch aus, daß sie nicht nur träge Elemente sind, wie Stickstoff, sondern daß sie überhaupt keine chemische Verbindung eingehen. Entgegen allen anderen Gasen bestehen ihre Moleküle nur aus einem Atom, eine Erscheinung, die auch den Metalldämpfen eigen ist. Schickt man hochgespannten elektrischen Strom durch Röhren, die Edelgase unter vermindertem Druck enthalten, so erhält man charakteristische Lichterscheinungen. Das schön orangerote Leuchten solcher Neonröhren hat man sogar zu Beleuchtungszwecken benutzt. Argon und Helium werden auch sonst in der Elektrotechnik gebraucht. (Glühlampen, Gleichrichter.)

Neuerdings ist das Helium dadurch von größter theoretischer Bedeutung geworden, daß es als Zerfallsprodukt des Radiums nachgewiesen ist (siehe dort). Man hat das Gas durch das Spektroskop früher auf der Sonne entdeckt als auf der Erde. Daher sein Name. Dem Holländer Kamerlingh Onnes gelang die Verflüssigung des Heliums. Sein Siedepunkt liegt bei —269°. Dies stellt die zweittiefste bis jetzt erreichte Temperatur dar, die nur noch 4° vom absoluten Nullpunkt entfernt ist. Dessen Lage bei — 273° folgt aus dem Gay - Lussacschen Gesetz, nach dem sich jedes Gas bei Abkühlung um 1° um $^1/_{273}$ seines Volumens zusammenzieht. Indes ergeben sich bei sehr tiefen Temperaturen Abweichungen von der Formel Gay - Lussacs, die von van der Waals erklärt und in mathematisch faßbare Form gebracht wurden. Beim absoluten Nullpunkt müßte das Volumen eines Gases = 0 sein, eine Forderung, die unserem Vorstellungsvermögen widerspricht. Während oberhalb des absoluten Nullpunkts die Gasmoleküle in schwingenden Bewegungen begriffen sind (die sich als Wärme und, nach der kinetischen Gastheorie, als Gasdruck äußert), wären bei — 273° die Moleküle bewegungslos zu denken. Das Gas enthielte also keine Wärmeenergie mehr, sein Druck wäre ebenfalls = 0. Immerhin würden aber seine Moleküle noch einen gewissen Raum einnehmen, den man nicht vernachlässigen kann. Daß man vergaß, diesen Raum von dem ursprünglichen Volumen des Gases abzuziehen, war eine der Ursachen für die Abweichung der Gase von der Gay - Lussacschen Formel bei tiefen Temperaturen, sobald also das Volumen der Molekülsumme relativ zum immer kleiner werdenden Gasvolumen stark zunimmt. Hierauf bezieht sich das erste Zusatzglied, das van der Waals an der Gleichung Gay - Lussacs anbrachte. (Näheres siehe Vortrag 16.)

Wir wollen nun dazu übergehen, die Verbindungen des Stickstoffs mit anderen Elementen zu besprechen. Zuerst betrachten wir den sehr wichtigen Körper, der aus Stickstoff und Wasserstoff zusammengesetzt ist und den Sie alle unter dem Namen „Ammoniak“ kennen. Damit Sie sehen, wie das Ammoniak zusammengesetzt ist, wollen wir es einmal aus seinen Bestandteilen aufbauen, es also synthetisch darstellen. Ich habe hier eine Mischung aus Eisenfeilspänen und Ätzkali, die beim Erhitzen Wasserstoff entwickelt. In einem zweiten Reagenzglase befindet sich eine Mischung aus Eisenfeile und Salpeter, die beim Erhitzen Stickstoff liefert. Ich schütte nun den Inhalt beider Reagenzgläser zusammen, so daß beim Erwärmen Wasserstoff und Stickstoff gleichzeitig entstehen. Die beiden Gase vereinigen sich dann zu Ammoniak, was sich Ihnen sofort bestätigen wird, wenn Sie an dem Glas, das ich zu diesem Zweck herumgeben werde, riechen wollen. Der charakteristische stechende Geruch nach Ammoniak ist ganz unverkennbar. An diesem Versuch ist etwas auffallend. Ich sagte Ihnen vorhin, daß der Stickstoff nur eine sehr geringe Neigung besitzt, sich mit anderen Elementen zu vereinigen. Tatsächlich können Sie auch ruhig in einem Zylinder Stickstoff und Wasserstoff in dem richtigen Verhältnis mischen, ohne daß beide sich zu Ammoniak verbinden. Nur in dem Augenbick, in dem die beiden Elemente aus einer anderen Verbindung frei werden, zeigen sie eine erhöhte Reaktionsfähigkeit, und in diesem Augenblick ihrer Entstehung, „in statu nascendi“ [1]), gelingt es, sie zu Ammoniak zu vereinigen. Wir haben hier ein Beispiel für die gesteigerte Reaktionsfähigkeit der Elemente im Augenblick ihres Freiwerdens.

Ein Molekül Ammoniak enthält ein Atom Stickstoff und drei Atome

[1]) Im Augenblick des Freiwerdens.

Wasserstoff. Es hat also die Formel NH_3[1]). Ammoniak ist bei gewöhnlicher Temperatur gasförmig und etwas leichter als Luft; sein spezifisches Gewicht ist 0,59. Es kann verhältnismäßig leicht verflüssigt werden. Ein Hauptkennzeichen des Gases ist sein heftiger, durchdringender Geruch und seine außerordentlich große Löslichkeit in Wasser. Bei 0° nimmt Wasser mehr als das Tausendfache seines Volumens an Ammoniakgas auf und dehnt sich dabei auf mehr als sein doppeltes Volumen aus; daher kommt es, daß die Lösung trotz beträchtlicher Zunahme des absoluten Gewichtes eine Abnahme des spezifischen zeigt, die um so größer ist, je mehr Gas sie enthält. Das spezifische Gewicht wässeriger Ammoniaklösungen ist bei einem Gehalt an Ammoniak bei:

1%	Ammoniak	0,9959	20%	Ammoniak	0,9251
5%	„	0,9790	30%	„	0,8976
10%	„	0,9593	36%	„	0,8844

Die wässerige Auflösung des Ammoniakgases heißt einfach Ammoniak oder Ammoniumhydroxyd, häufig auch „Salmiakgeist". Dieser Name kommt daher, daß eine Verbindung des Ammoniaks mit Salzsäure den Namen „Salmiak" hat. Die Herkunft dieser Bezeichnung ist etwas dunkel; aber „Ammoniak", „Salmiak" und „Salmiakgeist" werden so häufig miteinander verwechselt, daß ich doch kurz darauf eingehen will. „Salmiak" ist ein fester, geruchloser, salzähnlicher Körper, der wahrscheinlich im Altertum mit dem in der Lybischen Wüste in der Nähe des Tempels des Jupiter Ammon vorkommenden Steinsalz verwechselt wurde. Man nannte ihn deshalb „Salz des Ammon", auf lateinisch „Sal ammoniacum", und aus dieser Bezeichnung entstand der heute gebräuchliche Name „Salmiak". Aus dem Salmiak, der eine Verbindung des Ammoniakgases mit Salzsäure ist, läßt sich das Ammoniak leicht frei machen. Man brachte daher seine wässerige Auflösung in Beziehung zu dem Salmiak und nannte sie „Salmiakgeist".

Wir können an der wässerigen Auflösung des Ammoniakgases noch eine sehr hervorstechende Eigenschaft feststellen, nämlich die, daß sie rotes Lackmuspapier stark bläut, also alkalisch reagiert. Wir erinnern uns, daß wir gelegentlich der Besprechung der Entstehung von Säuren darauf hinwiesen, daß diese Art von Verbindungen durch Vereinigung eines wasserfreien Körpers, den wir Anhydrid nannten, mit Wasser entsteht. Ähnlich denken wir uns auch die Bildung von Laugen. Man kann zeigen, daß vollkommen trockenes Ammoniak vollkommen trockenes Lackmuspapier nicht im geringsten beeinflußt. Erst in dem Augenblick, in dem Wasser dazu kommt, beginnt die Reaktion. Aus der Übereinstimmung, die dieses Verhalten mit dem eines Säureanhydrids zeigt, und daraus, daß bei der Lösung von Ammoniak in Wasser Wärme frei wird, folgern wir, daß gasförmiges Ammoniak gewissermaßen ein „Laugenanhydrid" ist, und daß bei seinem Zusammentreffen mit Wasser ebenso wie bei den Säuren eine chemische

[1]) Das Symbol N für Stickstoff ist abgeleitet von seinem lateinischen Namen Nitrogenium. Über das Stickstoffatom vgl. Vortrag 21.

Verbindung mit Wasser stattfindet. Das Auftreten von Wärme ist eine starke Stütze für diese Annahme, da wir wissen, daß sich bei chemischen Vereinigungen Wärmeänderungen zeigen. Die Reaktionsgleichung, nach der sich die Vereinigung mit Wasser vollzieht, lautet: $NH_3 + H_2O = NH_4OH$. Es ist zunächst nicht ersichtlich, warum wir gerade NH_4OH und nicht einfach NH_5O schreiben. Wir tun es, weil man festgestellt hat, daß die Atomverbindung OH, die frei nicht beständig ist, die alkalischen Eigenschaften eines Körpers hervorruft. Wir kommen später noch eingehender darauf zurück und wollen uns einstweilen nur merken, daß man dadurch, daß man in einer Formel die Gruppe OH gesondert schreibt, die alkalischen Eigenschaften der betreffenden Verbindung zum Ausdruck bringt.

Ich möchte Ihnen nun noch die große Löslichkeit des Ammoniaks in Wasser und die alkalische Reaktion der Lösung durch einen Versuch zeigen. Bis in die Mitte einer Kochflasche führt ein beiderseits spitz ausgezogenes Glasrohr (Fig. 15). Die untere Spitze ist zugeschmolzen. Ich fülle nun zunächst die Kochflasche mit Ammoniakgas, indem ich das aus kochendem starken Salmiakgeist entweichende Gas durch eine bis auf den Boden der Flasche reichende Glasröhre einleite. Ich halte während des Füllens die Flasche mit der Mündung nach unten, weil Ammoniakgas leichter ist als Luft. Über Wasser kann ich das Gas deshalb nicht auffangen, weil es sich dann sofort auflösen würde. Durch ein unter die Mündung gehaltenes feuchtes Stück Lackmuspapier erkenne ich, wann die Flasche gefüllt ist. Ich verschließe sie nun schnell mit einem einfach durchbohrten Kork, durch den die vorhin beschriebene Glasröhre führt, und hänge sie umgekehrt, mit der Mündung nach unten, in einen Ring, der an einem Stativ befestigt ist. Die zugeschmolzene Spitze lasse ich in Wasser tauchen, das durch etwas Lackmustinktur und einen Tropfen Schwefelsäure rot gefärbt ist. Sobald ich nun die Spitze abbreche, steigt das Wasser zunächst langsam in der Röhre empor; wenn es im Innern der Kochflasche mit dem Ammoniakgas in Berührung kommt, löst es so viel davon auf, daß eine Druckverminderung stattfindet, der zufolge das Wasser in Form eines Springbrunnenstrahles emporgesaugt wird. Der sich dabei bildende Salmiakgeist färbt die rote Lackmustinktur blau, womit also gleichzeitig der Beweis erbracht ist, daß die wässerige Auflösung des Ammoniakgases alkalisch reagiert.

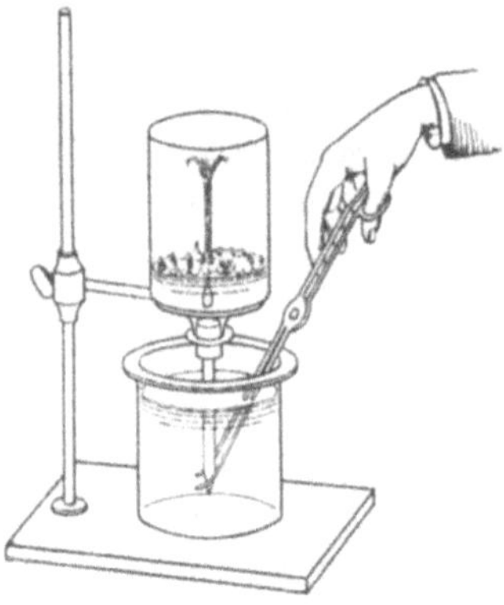

Fig. 15. Löslichkeit des Ammoniakgases in Wasser.

Die Volumenverhältnisse bei der Bildung des Ammoniaks entsprechen der Gleichung:

1 Volumen Stickstoff + 3 Volumina Wasserstoff = 2 Volumina Ammoniakgas.

Es nimmt also 1 Molekül Stickstoff teil am Aufbau von 2 Molekülen Ammoniak. Es muß demnach, nach Avogadro, doppelatomig sein. Die Bildungsgleichung für Ammoniak lautet also:

$$N_2 + 3\ H_2 = 2\ NH_3.$$

Man kann die Synthese des Ammoniaks aus Wasserstoff und Stickstoff auch durchführen, ohne die Gase im status nascens zusammenzubringen. In ganz geringem Maße bewirken z. B. elektrische Entladungen die Vereinigung zu Ammoniak, da sie die Gasmoleküle zum Teil in Atome aufspalten, und sie dadurch reaktionsfähig machen. Da bei höherer Temperatur aber Ammoniak wieder in seine Bestandteile zerfällt, tritt bald ein Gleichgewichtszustand ein, in dem durch die Funken ebensoviel Ammoniak gebildet wird, als sie zersetzen. Aus diesem Grund hat diese Reaktion keine praktische Bedeutung.

Von ganz außerordentlicher Wichtigkeit ist dagegen die Ammoniaksynthese von F. Haber, dem es gelang, unter Anwendung von 200 Atmosphären Druck bei 400° die Vereinigung des Stickstoffs und Wasserstoffs zu Ammoniak zu erzwingen. Von wesentlicher Bedeutung ist hierbei die Anwendung sogenannter „Kontaktsubstanzen" (vgl. hierüber später bei katalytischen Vorgängen). Das sind in diesem Falle gewisse Uran- oder Eisenverbindungen, über die das erhitzte Gasgemisch geleitet wird und die sich selbst chemisch nicht verändern. Die austretenden Gase enthalten etwa 8% Ammoniak, das mit flüssiger Luft verdichtet wird, um Zersetzung durch Hitze zu verhindern, während man das unverbundene Gasgemenge von neuem über die Kontaktkörper leitet. Da sich Ammoniak auf Salpetersäure verarbeiten läßt, diese aber zur Munitionserzeugung unersetzlich ist, so ist das Habersche Verfahren, nach dem eine einzige Anlage der Badischen Anilin- und Sodafabrik im Jahre 1915 gegen 150 000 Tonnen Ammoniakverbindungen erzeugte, im Krieg von geradezu ausschlaggebender Bedeutung geworden. Wir haben, von allem abgeschnitten, Salpetersäure buchstäblich aus Luft gemacht, während wir früher auf amerikanische Zufuhr angewiesen waren. Dies, wie so vieles, zeigt, daß wir wohl der Masse, aber nicht dem Geist unterlegen sind.

Das Ammoniak und eine ganze Reihe später zu besprechender Verbindungen des Stickstoffs besitzen einen großen Wert für die Landwirtschaft; denn Stickstoff ist ein Körper, dessen alle Pflanzen zu ihrem Wachstum dringend bedürfen. Das Leben ist überhaupt in hohem Maß an das Vorhandensein von Stickstoff geknüpft, da er ein wesentlicher Bestandteil der außerordentlich verwickelt zusammengesetzten Verbindungen ist, die wir als die Träger der Lebensvorgänge im pflanzlichen und tierischen Organismus betrachten müssen. Das Eiweiß und das Protoplasma, jener leider noch sehr wenig erforschte Stoff, aus dem die „Zellen", die kleinsten Bausteine der Körper aller Lebewesen, bestehen, enthalten erhebliche Mengen von Stickstoff. Es ist deshalb klar, daß alle Organismen zu ihrem Wachstum Stickstoff haben müssen. Menschen und Tiere nehmen ihn mit der Nahrung ein, die Pflanzen beziehen ihn aus dem Boden. Wie sie es fertig bringen, den

Stickstoff, der doch nur höchst ungern eine Verbindung eingeht, in einen Körper zu verwandeln, den sie zu ihrem Wachstum brauchen, war lange Zeit hindurch ganz unbekannt. Jetzt weiß man, daß in der Erde Bakterien leben, die die Fähigkeit haben, im Innern ihres Körpers durch ihre Lebenstätigkeit Stickstoff mit Sauerstoff zu vereinigen. Die Entdeckung dieser Tatsache verdankt man Schlösing und Müntz (1878). Die Salpetersäurebildung verläuft, wie Winogradsky feststellte, in zwei Abschnitten:

$$\text{I.}\quad 2\,NH_3 + 3\,O_2 = 2\,HNO_2 + 2\,H_2O.$$

$$\text{II.}\quad 2\,HNO_2 + O_2 = 2\,HNO_3.$$

An jeder Reaktion ist eine besondere Bakterienart beteiligt. Die Oxydation des mit dem Regenwasser in die Erde gelangenden Ammoniaks besorgt die Art Nitrosomonas, die Oxydation der salpetrigen Säure die Art Nitrobacter. Die Salpetersäure vereinigt sich dann mit einigen anderen in der Erde enthaltenen Stoffen, etwa mit dem Kalium, und eine solche Verbindung von Salpetersäure und Kalium ist z. B. der bekannte Salpeter. Der Salpeter ist in Wasser sehr leicht löslich, und in dieser gelösten Form gelangt der Stickstoff durch die Wurzeln in die Pflanze. Dort wird er dann gewissermaßen verdaut, d. h. in Eiweiß oder dem Eiweiß verwandte Körper umgesetzt und so zum Aufbau der Pflanze benutzt. Da Tiere keine Organe besitzen, um den Luftstickstoff direkt zu verwerten oder, wie man meistens sagt, zu „assimilieren", müssen sie eben die Assimilationsarbeit von anderen besorgen lassen. Indem Tiere Pflanzen fressen, führen sie den von den Pflanzen bereits assimilierten Stickstoff in ihren Körper ein, und dort wird er wieder zum Aufbau anderer komplizierter Verbindungen verwandt, die für den Tierkörper notwendig sind. Mit der Fleischnahrung führen Menschen und Tiere ebenfalls Stickstoff in Form von Eiweiß und Muskelsubstanz in ihren Körper ein; aber die Nutzbarmachung des Luftstickstoffes besorgen nur die Pflanzen. Wenn ein Feld oder ein Acker einige Zeit bebaut wird, dann verliert er allmählich seinen Gehalt an Stickstoffverbindungen. Das gibt sich dadurch zu erkennen, daß die Pflanzen schlecht gedeihen und nur spärlich Früchte tragen. In diesem Fall muß man der Erde künstlich neuen Stickstoff zuführen. Das Verdienst, diese uns jetzt so geläufige Forderung erkannt und gegen die stärksten Widerstände durchgesetzt zu haben, gebührt Justus von Liebig, von dem man beinahe sagen könnte, daß er, zusammen mit seinem ihm ebenbürtigen Freund Ludwig Wöhler, die neuzeitliche Chemie „in den Sattel gesetzt" hat. Zumindest trifft dies für Deutschland zu. Die Zuführung von Stickstoff geschieht dadurch, daß man die Erde mit leicht löslichen Stickstoffverbindungen, wie z. B. Salpeter, vermischt. An Stelle von Salpeter oder Ammoniaksalzen verwendet man oft auch tierische Exkremente, die ebenfalls stickstoffhaltig sind. Man nennt das bekanntlich düngen, und Sie werden nun verstehen können, welchen ungeheuren Wert Stickstoffverbindungen als künstliche Düngemittel besitzen. Man hat berechnet, daß der über einem Hektar Land (10 000 qm) lagernde Luftstickstoff, in Form von Salpeter gebunden und dadurch als Düngemittel brauchbar, 30 000 000 Mark wert wäre (1912). Sie können sich denken, daß es nicht an Versuchen zur Nutzbarmachung des Luftstickstoffs gefehlt hat. Aber die meisten scheiterten an der Trägheit, die er gegenüber anderen Elementen zeigt. Einen der Versuche kann ich Ihnen hier vorführen. Sie erinnern sich noch, daß wir Magnesiumdraht verbrannten und dabei die starke Lichtentwicklung sowie die Bildung des weißen Beschlages von Magnesiumoxyd beobachteten. Es war der erste Versuch, den ich Ihnen zeigte, um Ihnen den Unterschied zwischen Physik und Chemie klar zu machen. Heute kann ich Ihnen sagen, daß bei der Verbrennung des Magnesiums nicht nur Magnesiumoxyd entsteht, sondern daß nebenbei auch noch geringe Mengen einer Verbindung von Magnesium und Stickstoff gebildet werden, die die Formel Mg_3N_2 hat. Dieses Stickstoffmagnesium reagiert nun mit Wasser derart, daß sich Ammoniak, Magnesiumoxyd und Wasser bilden. Der Vorgang verläuft nach folgender Reaktionsgleichung: $Mg_3N_2 + 6\,H_2O = 2\,NH_4OH + 3\,MgO + H_2O$. Ich kann Ihnen leicht zeigen, daß wir auf diese Weise den Luftstickstoff an das Magnesium binden können. Hier habe ich ein Gramm Magnesiumdraht zu einem Bündel zusammengedreht, das ich jetzt mit einem Bunsenbrenner entzünde und verbrennen lasse. Es hinterbleibt ein weißer Rückstand von Magnesiumoxyd und Stickstoffmagnesium. Ich schütte ihn jetzt in ein Reagenzglas und koche ihn einige Sekunden mit Wasser aus. Ein Streifen rotes Lackmuspapier, den ich über die Mündung des Glases halte, wird deutlich gebläut, und auch durch den Geruch wird es Ihnen möglich sein, das Ammoniak zu erkennen. Das wäre also ein Weg zur Nutzbarmachung des Luftstickstoffs; leider ist aber das Magnesium recht teuer und die Ausbeute an Stickstoffmagnesium sehr gering, so daß das Verfahren alles eher als lohnend ist [1].

Ich deutete Ihnen schon vorhin an, daß es auch Verbindungen des Stickstoffs mit dem Sauerstoff gibt. Man kennt sogar eine ganze Anzahl, und ich will sie Ihnen wenigstens nennen. Stickstoff bildet mit Sauerstoff Verbindungen von der Formel: N_2O_5 Stickstoffpentoxyd, NO_2 Stickstoffdioxyd, N_2O_3 Stickstoffsesquioxyd [2], NO Stickoxyd und N_2O Stickoxydul. Ich gebe Ihnen die Formeln alle an, weil wir an ihnen lernen können, daß es auch mehrere Oxyde von einem und demselben Körper geben kann, die sich durch einen verschieden großen Gehalt an Sauerstoff voneinander unterscheiden (vgl. das Gesetz der multipeln Proportionen, S. 12). Wie viele Atome Sauerstoff im Molekül enthalten sind, wird durch eine entsprechende Silbe angedeutet, die man zwischen den Namen des betreffenden Elementes und das Wort Oxyd einfügt. So bedeutet: „mono" ein Atom, „di" 2, „tri" 3, „tetra" 4, „penta" 5,

[1]) Man hat noch eine Anzahl anderer Körper gefunden, die bei höherer Temperatur atmosphärischen Stickstoff zu binden imstande sind; es sind vor allem die Erdalkalimetalle Barium und Calcium, die sich bei höherer Temperatur mit dem Stickstoff verbinden. Aus diesen Verbindungen läßt sich dann, ähnlich wie aus Magnesiumnitrid, Ammoniak gewinnen. Auch das Calciumcarbid, CaC_2 bindet Stickstoff bei höherer Temperatur und geht dadurch in das als Düngemittel wertvolle Calciumcyanamid $CaCN_2$ über.

[2]) sesqui heißt „halb". Auf ein Atom Stickstoff kommen im Sesquioxyd $1\frac{1}{2}$ Atome Sauerstoff.

„hexa“ 6 und „hepta“ 7 Atome Sauerstoff. Anstatt Monoxyd sagt man meist nur „Oxyd“, und diejenige Oxydationsstufe eines Körpers, die am wenigsten Sauerstoff enthält, nennt man auch „Oxydul“; die höchste Oxydationsstufe wird auch als „Peroxyd“ oder, wie wir schon vom Wasserstoff her wissen, als „Superoxyd“ bezeichnet.

Obwohl alle Stickstoffoxyde sehr interessant sind, wollen wir doch nur auf einige näher eingehen, die auch für die Praxis von Bedeutung sind. Das erste der Oxyde, das uns eingehender beschäftigen soll, ist das Stickstoffpentoxyd, N_2O_5. Es stellt in reinem Zustand farblose, glänzende Krystalle dar, die die Form eines etwas verschobenen Prismas haben. Die Krystalle schmelzen aber schon bei der sehr niedrigen Temperatur von 29° über Null zu einer Flüssigkeit, die bereits bei etwa 50° siedet und sich dabei teilweise in ihre Bestandteile spaltet. Selbst in zugeschmolzenen Glasröhren zersetzt sich das Pentoxyd mit der Zeit, wobei fast stets Explosion eintritt. Das sind aber alles nicht die Tatsachen, wegen derer uns diese Verbindung wichtig ist. Sie ist es vielmehr deshalb, weil sie sich mit Wasser zu Salpetersäure vereinigt. Stickstoffpentoxyd ist also das Anhydrid der Salpetersäure und wird deshalb auch mitunter Salpetersäureanhydrid genannt. Das Molekül der Salpetersäure besteht aus einem Atom Wasserstoff, einem Atom Stickstoff und drei Atomen Sauerstoff. Salpetersäure hat also die Formel HNO_3. Ihre Bildung aus dem Anhydrid und Wasser verläuft nach der Reaktionsgleichung: $N_2O_5 + H_2O = 2\ HNO_3$.

S a l p e t e r s ä u r e ist eine farblose Flüssigkeit von stark saurem Geschmack und einem spezifischen Gewicht von 1,56 bei 0°. Ihr Siedepunkt ist 86° bei 760 mm Barometerstand. Sie mischt sich unter Erwärmung in jedem Verhältnis mit Wasser und besitzt auch noch in verdünntem Zustand die Fähigkeit, organische Stoffe wie z. B. Haut, Haare und Nägel gelb zu färben. Schon das Tageslicht, noch mehr aber Staub übt eine zersetzende Wirkung auf die Säure aus, dergestalt, daß sie sich in Stickstoffdioxyd, Wasser und Sauerstoff spaltet: $4\ HNO_3 = 4\ NO_2 + 2\ H_2O + O_2$. Da bei dieser Zersetzung gasförmige Stoffe entstehen, die natürlich einen viel größeren Raum einnehmen als die Flüssigkeit, so kann es vorkommen, daß Gefäße, die starke Salpetersäure enthalten und im Licht stehen bleiben, zersprengt werden. Dasselbe kann eintreten, wenn die Säure durch Staub verunreinigt wird; die Nutzanwendung hieraus ergibt sich von selbst.

Eine zweite Oxydationsstufe von praktischer Bedeutung ist das Stickstoffoxydul, N_2O, das auch Lachgas genannt wird. Mit diesem Namen dürfte einigen unter Ihnen schon die Erinnerung an das Verwendungsgebiet dieser Verbindung in der unerfreulichen Gestalt des zahnärztlichen Operationsstuhles aufdämmern. Das Stickstoffoxydul wurde nämlich früher von Zahnärzten als Betäubungsmittel verwandt. Es zeigt in vielem die Eigenschaften des Sauerstoffs; so unterhält es die Verbrennung brennbarer Körper, und Kohle, Schwefel, Eisen, Phosphor und Magnesium verbrennen in ihm mit ähnlichem Glanz wie in reinem Sauerstoff. Das kommt daher, daß Stickoxydul bei höherer Temperatur in seine beiden Bestandteile zerfällt, so daß dann wirklich freier Sauerstoff vorhanden ist. $2 N_2O = 2 N_2 + O_2$. Aus demselben Grund bildet Stickstoffoxydul, im richtigen Verhältnis mit Wasserstoff gemischt, ein dem Knallgas ähnliches explosives Gemisch. Ein Unterschied vom Sauerstoff besteht darin, daß es nicht geruch- und geschmacklos ist wie dieser, sondern eigentümlich, aber nicht unangenehm riecht und schmeckt. Sein spez. Gewicht ist 1,53.

Ich weiß wohl, daß ich die Salpetersäure nur sehr unvollkommen besprochen habe, da ich fast nur ihre physikalischen Eigenschaften erwähnt habe. Um die chemischen aber vollkommen zu verstehen, müssen wir uns erst einmal noch genauer mit den Begriffen Säure, Lauge, Neutralisation usw. beschäftigen. Wir werden deshalb im nächsten Vortrag wieder etwas Theorie treiben müssen.

Fünfter Vortrag.

Ionen. — Wertigkeit. — Äquivalenz. — Elektronen. — Valenzen. — Elektrolytische Dissoziation. — Saure und basische Salze. — Chemische Eigenschaften der Salpetersäure. — Salpetersäuresynthese aus Luft. — Stickstoffdioxyd. — Weitere Oxyde des Stickstoffs. — Salpetrige Säure. — Hydroxylamin. — Hydrazin. — Stickstoffwasserstoffsäure.

Sie haben im Verlauf dieser Vorträge einige Zersetzungsversuche gesehen, bei denen wir als zersetzende Energie die Elektrizität benutzten. Wir sind dann schon etwas tiefer in die Probleme der Chemie eingedrungen, so daß Sie sich jetzt auch unter Atomen und Molekülen etwas vorstellen können. Wir wollen uns deshalb heute zunächst mit der Frage beschäftigen: wie sollen wir uns die Spaltung eines Moleküls in seine Bestandteile mittels der Elektrizität erklären? Ich darf vielleicht, ehe wir an die Beantwortung der Frage selbst gehen, einige Worte über die Elektrizität selbst vorausschicken. Was Elektrizität ist, wissen wir nicht sicher; wir wissen nur, daß sie eine Energieform ist. Das folgt daraus, daß wir zu ihrer Erzeugung Arbeit aufwenden müssen, und daraus, daß Elektrizität selbst auch wieder Arbeit leisten kann — ein neuer Beweis für die Tatsache, daß nichts auf der Welt verloren geht, sei es nun Materie oder Energie. Es gibt ja wohl eine ganze Reihe Theorien, die das Wesen der Elektrizität erklären sollen; aber es sind eben nur Theorien. Wir wollen trotzdem später eine oder die andere davon kennen lernen; vorderhand genüge es uns, zu wissen, daß wir die Fortpflanzung der Elektrizität durch Metalldrähte als eine Art „Fließen" auffassen können. Deshalb spricht man auch von dem elektrischen Strom. Der Strom kann aber nur dann fließen, wenn er sich in einem vollkommen geschlossenen Kreis bewegen kann. Nehmen wir z. B. eine elektrische Bahn. Der Strom fließt von der Maschine im Elektrizitätswerk durch die Oberleitung, an der der Kontaktbügel des Wagens schleift. Dann geht er durch den Kontaktbügel und den Regulierapparat, den der Wagenführer handhabt, in den Motor und von da durch die Wagenräder und die Schienen wieder zu der Maschine im Elektrizitätswerk zurück. Sie sehen, daß das ein vollkommener Kreislauf ist; sobald Sie den Kreis dadurch „öffnen" würden, daß Sie z. B. eine der nach dem Elektrizitätswerk führenden Schienen entfernten, wäre der Strom unterbrochen, und der Wagen bliebe stehen. Setzen Sie die Schiene wieder ein, so stellen Sie damit die Rückleitung wieder her, Sie „schließen" den Stromkreis, und der Wagen wird wieder fahren.

Ebenso finden Sie einen Stromkreis bei unserem Apparat zur Zersetzung des Wassers, den ich Ihnen hier noch einmal aufgestellt habe. (S. Fig. 2.) Der Strom geht von der Batterie aus durch den einen Draht nach dem Platinblech in der Flasche, von da durch das Wasser nach dem anderen Platinblech und durch den zweiten Draht nach der Batterie zurück. Einen Körper, durch den Elektrizität durchgeht, nennt man Elektrizitätsleiter; ein Körper, durch den Elektrizität nicht durchgeht, heißt Isolator. Sowohl die beiden Drähte als die Platinbleche und das Wasser unseres Apparates sind also Leiter, während z. B. der die Flasche verschließende Gummistopfen und die grüne Baumwolle, mit der die Drähte umsponnen sind, Isolatoren sind. An den Leitern wird Ihnen sofort ein großer Unterschied auffallen. Es gibt nämlich solche, die bei dem Durchgang der Elektrizität chemisch verändert werden, wie hier das Wasser, und solche, die im selben Fall keine chemische Veränderung erleiden, wie die beiden Drähte und die Platinbleche. Leiter, die nicht verändert werden, nennt man Leiter erster Klasse, die anderen heißen Leiter zweiter Klasse. Leiter erster Klasse sind alle Metalle, solche zweiter Klasse alle Säuren und Laugen sowie Salze in geschmolzenem Zustand oder wässeriger Lösung. Die Tatsache, daß Leiter zweiter Klasse durch den elektrischen Strom zersetzt werden, erklärt man sich folgendermaßen: man nimmt an, daß jedes Atom eines Elementes sich in einem bestimmten elektrischen Zustand befindet, daß es positiv oder negativ geladen ist. Sie werden sich wahrscheinlich hierunter nicht allzuviel vorstellen können, und leider mangelt es uns an Zeit, uns näher mit den Begriffen positiver und negativer Elektrizität zu beschäftigen. Um Ihnen wenigstens annähernd eine Anschauung von der Sache zu geben, stellen Sie sich vor, daß positive und negative Elektrizität eigentlich dasselbe, d. h. beides „Elektrizität" ist. Ein Unterschied zwischen beiden besteht nur darin, daß sie sich zusammen zu Null ergänzen; ein positiv elektrischer Körper, dem man negative Elektrizität zuführt, wird unelektrisch, weil sich die beiden entgegengesetzten Elektrizitäten gegenseitig aufgehoben, neutralisiert haben. Wir haben also wieder denselben Gegensatz wie zwischen plus und minus, Säure und Lauge. Wie man feststellt, ob ein elektrischer Körper positiv oder negativ geladen ist, interessiert uns hier nicht. Das einzige, das wir uns merken müssen ist, daß Körper, die mit denselben Elektrizitäten geladen sind, sich abstoßen und solche, die mit verschiedenen Elektrizitäten geladen sind, sich anziehen. Diese Erscheinung kann ich Ihnen bei dem Magnetismus zeigen. Was bei der Elektrizität positiv und negativ ist, ist bei dem Magnetismus Nord- und Südmagnetismus. Sie sehen hier eine Magnetnadel vor sich, deren eines Ende nord-, deren anderes südmagnetisch ist. Die Enden eines Magneten, an denen der Magnetismus am stärksten ist, nennt man Pole und spricht demnach von einem Nord- und einem Südpol. Wenn ich nun dem Nordpol der

Magnetnadel den Nordpol eines Magneten nähere, den ich in der Hand habe, so sehen Sie, wie die Nadelspitze vor dem gleichnamigen Pol flieht; sie wird also abgestoßen. Drehe ich den Magnetstab herum, so daß sich nun sein Südpol gegenüber dem Nordpol der Nadel befindet, so wird die Spitze angezogen. Daher der Satz: Gleiche magnetische Pole stoßen sich ab, ungleichnamige ziehen sich an. Genau dasselbe findet auch bei positiver und negativer Elektrizität statt. Wenden wir nun das eben Gehörte auf die Zersetzung durch den elektrischen Strom an: jedes Atom eines Elementes kann von Natur aus mit einer bestimmten Menge Elektrizität geladen sein. Einige können positiv, andere negativ werden. Wenn sich nun Atome zu einem Molekül einer Verbindung vereinigen, so ist es einleuchtend, daß dann die eine Art Atome positiv, die andere negativ elektrisch sein muß. Nehmen wir z. B. die Vereinigung von Wasserstoff und Sauerstoff zu Wasser. Daraus, daß diese beiden Atomarten überhaupt das Bestreben haben, sich miteinander zu verbinden (wie wir wissen, erfolgt die Vereinigung bei höherer Temperatur augenblicklich), geht schon hervor, daß sie entgegengesetzt elektrisch sein müssen. Denn wären sie gleichnamig geladen, so würden sie sich ja abstoßen. Es muß also entweder das Wasserstoffatom eine positive Ladung mit sich führen und das Sauerstoffatom eine negative, oder umgekehrt. Welche Annahme die richtige ist, läßt sich leicht entscheiden. Wir haben gesehen, daß sich bei der elektrolytischen Zersetzung des Wassers der Wasserstoff an der negativen Elektrode abscheidet. („Elektroden" nennt man die Stellen, an denen der metallische Leiter unterbrochen ist, und zwischen denen die Flüssigkeit die Verbindung herstellt; bei unserem Apparat sind also die Platinbleche die Elektroden. Diejenige Elektrode, an der der Strom, von der Batterie kommend, in die Flüssigkeit eintritt, ist die positive oder Anode [1]), die an der er die Flüssigkeit wieder verläßt, und nach der Batterie zurückgeht, die negative oder Kathode [2]).) Aus diesem Verhalten des Wasserstoffs müssen wir den Schluß ziehen, daß er positive Elektrizität mit sich führt. Die positiven Wasserstoffatome werden dann von der negativen Elektrode angezogen und kommen an ihr mit negativer Elektrizität in Berührung, so daß sich nun die beiden Elektrizitäten ausgleichen können. Die positive Elektrizität des Atoms und die negative der Elektrode geben zusammen null, mit anderen Worten: an der negativen Elektrode verliert das positive Wasserstoffatom dadurch seine Ladung, daß es eine gleich große Menge negativer Elektrizität von der Elektrode verbraucht. Und dieses nun unelektrische Wasserstoffatom vereinigt sich dann in statu nascendi mit einem zweiten zu dem uns bekannten Molekül freien Wasserstoffs von der Formel H_2. Mit dem Sauerstoff, der also negativ geladen sein muß, spielt sich genau das gleiche an der positiven Elektrode ab. Wir erkennen hieraus zweierlei: erstens einmal muß es zwei Sorten von Atomen geben: solche mit elektrischer Ladung und solche, bei denen sie neutralisiert ist, die also unelektrisch sind. Zweitens können wir die „Sortierung" der geladenen Atome durch

[1]) *ἀνά* (ana) hinauf, *ὁδός* (hodos) Weg.
[2]) *κατά* (kata) hinab.

den Strom, die sich uns als Zersetzung bemerkbar macht, auffassen als eine Wanderung dieser Atome nach den beiden Elektroden hin: die positiven gehen mit dem positiven Strom nach der negativen Elektrode, die negativen nach der positiven Elektrode. Eben weil diese elektrisch geladenen Atome mit dem Strom wandern, hat ihnen der berühmte Physiker Faraday den Namen Ionen gegeben, auf Deutsch: die Wandernden. Man spricht also von positiven oder Kat-Ionen (nach der Kathode) und negativen oder An-Ionen (nach der Anode wandernden). Man bezeichnet sie durch das Symbol des betreffenden Elementes und einen rechts oben hingesetzten Punkt, falls sie positiv, und einen Strich, falls sie negativ geladen sind. Ein Wasserstoffion heißt folglich $H^{\cdot}$, ein Sauerstoffion O''. Die zwei Striche an dem Sauerstoffatom kommen daher, daß ein Sauerstoffatom zur Neutralisation seiner negativen Ladung zwei positive Wasserstoffatome braucht. Die Ladung des Sauerstoffatoms muß also doppelt so groß sein als die eines Wasserstoffatoms. Wir kommen so zu dem sehr wichtigen Begriff der Wertigkeit der Elemente. Diejenigen, die zur Bildung einer elektrisch neutralen Verbindung ein Atom Wasserstoff brauchen, nennt man einwertig, diejenigen, die, wie der Sauerstoff, zwei Atome eines einwertigen Elementes benötigen, heißen zweiwertige Elemente, und so geht es weiter bis zu sieben und noch mehrwertigen Elementen. Wir können nun behaupten, daß erstens alle Elemente in der Art gegeneinander austauschbar sind, daß z. B. 4 Atome eines einwertigen Elementes gleichwertig sind einem Atom eines vierwertigen, 6 Atome eines zweiwertigen 4 Atomen eines dreiwertigen usw. Anstatt gleichwertig sagt man meist äquivalent, was dasselbe heißt. So ist also ein Atom Sauerstoff äquivalent zwei Atomen Wasserstoff, drei Atome Wasserstoff äquivalent einem Atom des dreiwertigen Stickstoffs usw. Wir werden auf den Ersatz eines Elementes durch ein anderes von derselben Wertigkeit oder die entsprechende Anzahl Atome eines anderswertigen Elementes noch bei der Entstehung der Salze zurückkommen. Vorderhand handelte es sich nur darum, Sie mit dem Begriff der Wertigkeit und der Gleichwertigkeit überhaupt bekannt zu machen. Das zweite, was aus der Tatsache der Wertigkeit folgt, ist, daß die Elektrizität sozusagen in lauter gleich große Teilchen eingeteilt sein muß. Je nachdem ein Atom ein- oder mehrwertig ist, haften ihm ein oder mehrere dieser kleinsten Elektrizitätsteilchen an, die man Elektronen nennt. Daß die Elektronen alle dieselbe Größe haben müssen, ist nur die logische Folgerung aus folgender Tatsache: Ein Strom, der so stark ist, daß er in einer Sekunde 1 g Wasserstoff abscheidet, wird in derselben Zeit 8 g Sauerstoff, 28 g Eisen, 16 g Schwefel usw. abscheiden. 1 g Wasserstoff ist aber das Atomgewicht des Wasserstoffs in Gramm oder, wie man gewöhnlich sagt: ein Grammatom. (Ein Grammatom Schwefel wäre demnach 32 g, ein Grammatom Eisen 56 g, mit einem Wort immer das Atomgewicht des betreffenden Elements in Grammen.) Und nun können wir die merkwürdige Beobachtung machen, daß für jedes Grammatom Wasserstoff genau die äquivalente Menge irgendeines anderen Elementes abgeschieden wird. Der Sauerstoff ist zweiwertig, folglich ist ein Grammatom, d. h. 16 g Sauerstoff äquivalent zwei Grammatomen Wasserstoff. Einem Grammatom Wasserstoff sind deshalb nur 8 g Sauerstoff, das ist ein halbes Grammatom, äquivalent. Ebenso verhält es sich mit dem Eisen und dem Schwefel, die beide zweiwertig sind. Bezeichnen wir das Grammatom Wasserstoff mit „eine Valenz", so wird die dieser Valenz äquivalente Menge Sauerstoff $\frac{16}{2}$ g = 8 g, Schwefel $\frac{32}{2}$ g = 16 g, Stickstoff $\frac{14}{3}$ g = $4^2/_3$ g usw. betragen. Man sieht, daß man die einer Valenz Wasserstoff äquivalente Menge eines anderen Elementes findet, indem man sein Atomgewicht durch seine Wertigkeit dividiert. Und nun können wir unsere Beobachtung einfach so ausdrücken, daß wir sagen: eine gegebene Elektrizitätsmenge macht stets dieselbe Menge Valenzen an den Elektroden frei, ganz einerlei, um welche Stoffe es sich handelt. (Elektrochemisches Äquivalenzgesetz von Faraday.) Wenn das aber so ist, dann muß auch für jede einzelne Valenz eine ganz bestimmte, stets gleiche, Elektrizitätsmenge an den Elektroden verfügbar sein, die die Ladung der Valenz neutralisiert. Die kleinste elektrische Ladung haben nun offenbar die Atome einwertiger Elemente, so daß wir in der Ladung eines einwertigen Atoms notwendig eine Art „Elektrizitätsatom" erblicken müssen, das heißt die kleinste elektrische Ladung, die wir uns noch existenzfähig denken. Ein dreiwertiges Atom vereinigt dann drei solcher Elektrizitätsatome auf sich usw. Ich sagte Ihnen schon, daß man diese Elektrizitätsatome Elektronen genannt hat, und es gibt sogar Theorien über das Wesen der Elektrizität, die ihnen die Möglichkeit zusprechen, von den Atomen, zu denen sie gehören, gesondert zu bestehen und als solche freie Elektronen eben die Elektrizität in der uns geläufigen Form darzustellen [1]).

Nun kommt aber noch eine große Hauptsache: Sie wissen, daß man das elektrisch geladene Atom Ion nennt. Wir hatten bisher angenommen, daß durch die Wirkungen der Elektrizität, die wir durch einen Leiter zweiter Klasse leiten, die Spaltung dieses Leiters in seine Ionen bewirkt wird. Das ist aber nicht so, sondern rein die **Auflösung** des betreffenden Stoffes bewirkt schon seine Spaltung in Ionen. Man nennt diesen Spaltungsvorgang **Dissoziation** und sagt daher, daß durch die Auflösung eines Körpers in Wasser die Dissoziation in seine Ionen bewirkt wird. Wir wollen uns das noch an einem Beispiel klarmachen und verwenden dazu das Kochsalz. Dieser Körper hat die Formel NaCl, er ist also eine Verbindung von einem Atom des Metalles Natrium mit einem Atom Chlor. Das feste Kochsalz ist gar nicht dissoziiert; das heißt: dadurch, daß in jedem Molekül ein einwertiges Atom des negativen Chlors mit einem einwertigen Atom des positiven Natriums verbunden ist, ist der elektrische Zustand des ganzen Moleküls neutral. Es ist weder positiv noch negativ, denn beide Elektri-

[1]) Diese Theorie kann man, wenigstens was die negativen Elektronen betrifft, als gesichert betrachten. Der Begriff des Elektrons selbst ist allerdings insofern noch strittig, als die Größe der negativen Elektronen noch nicht ganz sicher bekannt ist. Wir werden darüber im letzten Vortrag eingehender hören.

zitäten haben sich gegenseitig neutralisiert. Festes Kochsalz enthält also nur gewöhnliche Moleküle. Ganz anders wird die Sache aber, wenn wir es in Wasser auflösen. Dann dissoziiert es, indem sich freie Chlor- und freie Natriumionen bilden. Wir hätten also dann die „Dissoziationsgleichung“: $NaCl = Na^{\cdot} + Cl'$. Es ist aber damit gar nicht gesagt, daß nun das ganze vorhandene Kochsalz nach der Gleichung dissoziieren muß. In Wirklichkeit bleibt ein Teil der Kochsalzmoleküle unverändert. In einer Lösung, die im Liter 58 g Kochsalz gelöst enthält, sind die Moleküle zu etwa 68% dissoziiert. Das heißt: von 100 Molekülen sind 68 in Ionen gespalten. Daß gerade das Wasser die Eigenschaft hat, die Dissoziation in viel höherem Maße als andere Lösungsmittel zu bewirken, hängt wahrscheinlich damit zusammen, daß ihm gewisse elektrische Eigenschaften, die hierbei eine ausschlaggebende Rolle spielen, in erhöhtem Maß zukommen. Die durch Wasser (und andere Lösungsmittel) hervorgerufene Dissoziation nennt man elektrolytische, im Gegensatz zu der durch Wärme bewirkten thermischen Dissoziation. Jene bewirkt z. B., daß bei 1000° Wasserdampf nach der Gleichung: $2\ H_2O = 2\ H_2 + O_2$ in Moleküle zerfällt.

Worin besteht denn aber nun die Arbeit, die der elektrische Strom bei der Zersetzung eines Leiters zweiter Klasse leistet? Die Spaltung in Ionen bewirkt er ja gar nicht, also was tut er sonst? Daß er eine Arbeit leisten muß, geht daraus hervor, daß bei jeder elektrolytischen Zersetzung Strom verbraucht wird; also muß er doch für irgend etwas verbraucht werden. Die Antwort auf diese Frage haben wir eigentlich schon gegeben, als wir sagten, daß wir eine elektrolytische Zersetzung als eine Wanderung der Ionen auffassen können. Die Ionen wandern aber nicht von selbst, sondern die Kraft dazu gibt ihnen eben der elektrische Strom. Die Verschiebung der Ionen ist also die erste Arbeit, die er leistet. Dazu kommt noch, daß die Neutralisation der elektrischen Ladung der Atome auch wieder einen Aufwand von Energie erfordert, also auch wieder eine geleistete Arbeit ist. Wir können uns diese Neutralisation so vorstellen, daß die Ladung der Elektrode die entgegengesetzte des Ions an sich reißt und dadurch das Ion in ein Atom verwandelt. Wie groß die Arbeit des Ansichreißens ist, hängt davon ab, wie fest das Ion seine Ladung hält. Das ist bei verschiedenen Ionen verschieden. Man sagt: die Haftintensität der elektrischen Ladung ist bei verschiedenen Ionen verschieden. Übereinstimmend ist nur, daß zur Abscheidung einer Valenz stets die gleiche Menge Elektrizität nötig ist. Welche Stoffe es sind, ist dabei gleichgültig. Vergegenwärtigen wir uns nun noch, daß auch ein Teil des Stromes durch Erwärmung der Flüssigkeit verloren geht, so werden wir über seinen Verbleib nicht mehr im Unklaren sein. Die Fortpflanzung eines Stromes durch eine Flüssigkeit geschieht also eigentlich durch ihre Ionen, die fortgesetzt eine gewisse Menge Elektrizität von einer Elektrode nach der anderen überführen. Eine Flüssigkeit wird also die Elektrizität um so besser leiten, je stärker sie dissoziiert ist, mit anderen Worten, je mehr Elektrizitätsträger in der Gestalt von Ionen sie enthält. Wir besitzen somit in der Bestimmung der Leitfähigkeit einer Flüssigkeit für Elektrizität ein sehr einfaches Mittel, um ihren Dissoziationsgrad festzustellen. Außer von ihm hängt die Leitfähigkeit einer Lösung auch noch von der Beweglichkeit und Wertigkeit der Ionen ab. Die Wanderungsgeschwindigkeit der Ionen ist sehr verschieden; weitaus am größten ist sie bei Wasserstoff- und Hydroxylionen. Um den Einfluß der Wertigkeit bei vergleichenden Leitfähigkeitsbestimmungen auszuschalten, untersucht man zweckmäßig äquivalente statt äquimolekularer Lösungen.

Ich möchte Ihnen die Elektrolyse einer Kochsalzlösung hier vorführen. Wir verwenden wieder unseren Apparat zur Zersetzung von Flüssigkeiten durch den elektrischen Strom, und zwar in der Abänderung, daß wir über jeder Elektrode ein Reagenzglas anbringen, wie wir es auch schon bei der Elektrolyse des Wassers getan haben. (S. Fig. 7.) Der Apparat ist jetzt mit einer Kochsalzlösung gefüllt, die im Liter etwa 60 g Salz enthält. Überlegen wir uns nun noch einmal, was bei der Elektrolyse vorgehen muß. In der Lösung haben wir neben unveränderten Molekülen NaCl etwa 68 % dissoziierte. Das positive Natrium-Ion wandert nach der negativen Elektrode, das negative Chlor-Ion nach der positiven. Wir müssen also an der positiven Elektrode freies Chlor, an der negativen freies Natrium erhalten. Das Chlor können wir auch wirklich als solches nachweisen; anders dagegen verhält es sich mit dem Natrium. Dieses Metall reagiert nämlich mit Wasser außerordentlich heftig, indem es mit ihm Natronlauge bildet und Wasserstoff aus dem Wasser frei macht. Ich will Ihnen das zeigen. Ich werfe ein kleines Stückchen Natrium in eine Schüssel, die etwas Wasser enthält; über das im Wasser liegende Metallstückchen halte ich ein mit Wasser gefülltes Reagenzglas mit der Mündung nach unten, um das sich entwickelnde Gas aufzufangen. Wenn sich eine genügende Menge angesammelt hat, stellen wir leicht fest, daß es Wasserstoff ist. Das Metall ist verschwunden, und die Flüssigkeit ist nun kein Wasser mehr, sondern Natronlauge. Um das zu beweisen, benutzen wir wieder unser Reagenzmittel für Laugen, rote Lackmustinktur. Ich fülle etwas von der Flüssigkeit aus der Schüssel in ein Reagenzglas, setze einen Tropfen rote Lackmustinktur zu und schüttle um; Sie können nun eine deutliche Blaufärbung feststellen. Damit ist der Beweis erbracht, daß sich Natronlauge gebildet hat. Der Vorgang verläuft nach der Reaktionsgleichung: $2\,Na + 2\,H_2O = 2\,NaOH + H_2$. Sie sehen an der Gleichung, daß Natronlauge aus dem Metall und dem Rest OH besteht, der zurückbleibt, wenn man dem Wasser ein Atom Wasserstoff entzieht. Dieser „Rest“ spielt in der Chemie eine große Rolle und hat deshalb einen besonderen Namen erhalten, der aus den lateinischen Bezeichnungen für Wasserstoff und Sauerstoff zusammengezogen ist. Er heißt Hydroxyl. (S. S. 36.) In freiem Zustand ist er nicht existenzfähig, da er ja noch eine Wertigkeit frei hat, da er, wie man sagt, „ungesättigt“ ist. Sauerstoff ist zweiwertig, Wasserstoff einwertig. Der Sauerstoff bedarf also zu einer Verbindung zwei Atome eines einwertigen Elementes. Da im Hydroxyl nur eines vorhanden ist, bleibt noch eine Stelle unausgefüllt; diese wird in der Natronlauge von dem Natrium eingenommen, und damit wird die Verbindung gesättigt.

Wir wollen nun diese Beobachtungen auf die Vorgänge bei der Elektrolyse des Kochsalzes anwenden. Wir wissen, daß dabei zunächst an der negativen Elektrode Natrium frei werden muß. Im gleichen Augenblick kommt es aber schon mit dem überschüssigen Wasser der Lösung zusammen und setzt sich mit ihm in Natronlauge und Wasserstoff um. Tatsächlich entsteht also an der negativen Elektrode freier Wasserstoff, und in der Lösung bildet sich Natronlauge. Um sie sichtbar zu machen, versetze ich jetzt noch die Kochsalzlösung mit ein paar Tropfen roter Lackmustinktur. Ich schließe den Strom, und Sie sehen nun in beiden Reagenzgläsern Gasblasen aufsteigen, an der positiven Elektrode Chlor, an der negativen Wasserstoff. Zugleich färbt sich die Flüssigkeit in der Nähe der negativen Elektrode stark blau, womit also auch der Beweis für die Entstehung von Natronlauge erbracht ist. Man nennt einen solchen Vorgang, bei dem das eigentliche Reaktionsprodukt gleich eine weitere Umwandlung erfährt, einen sekundären Prozeß. Nun bleibt bei dem ganzen Versuch nur noch ein unklarer Punkt. Wenn Kochsalz schon durch Lösen in Wasser zum Teil in seine Ionen gespalten wird, dann müßten doch eigentlich schon in der wässerigen Lösung die Eigenschaften des Chlors und des Natriums nachweisbar sein, da sowohl Chlor- als auch Natriumionen in ihr vorkommen. Wir können uns aber leicht davon überzeugen, daß das nicht der Fall ist. Denn weder zeigt eine Kochsalzlösung den Geruch oder die grüngelbe Farbe des Chlorgases noch die Reaktion des Natriummetalles. Wir erklären uns das so, daß wir annehmen, daß ein Element in Ionenform nicht dieselben Eigenschaften besitzt wie in freiem Zustand. Ein Chlor-Ion kann also wohl farb- und geruchlos sein im Gegensatz zu dem freien Element. Es besteht ja auch wirklich ein Unterschied zwischen beiden Formen, denn ein Ion hat eine elektrische Ladung, während das freie Element elektrisch neutral ist. Folglich haben Ion und Atom eines Elementes einen verschiedenen Gehalt an Energie. (Vgl. S. 199.)

Wir sind jetzt imstande, sehr genau festzusetzen, was wir unter einer Säure, einer Lauge oder Base und einem Salz verstehen.

„Säure" nennen wir jeden Stoff, in dessen Lösung Wasserstoffionen vorkommen.

„Lauge" oder „Base" heißt jeder Stoff, dessen Lösung Hydroxylionen enthält.

„Salze" entstehen durch Neutralisation einer Säure mit einer Base. Sie stellen elektrisch neutrale Körper dar. Die Neutralisation einer Säure wird dadurch ermöglicht, daß die Wasserstoffatome durch eine äquivalente Anzahl Atome eines anderen Elementes, dessen Ionen positive Elektronen mit sich führen, ersetzt werden können. Ein Formelbeispiel wird uns das klarer machen als viele Worte. Durch die Neutralisation von Salzsäure mit Natronlauge entsteht Kochsalz. Salzsäure ist eine Verbindung von Chlor und Wasserstoff und hat die Formel HCl. In reinem Zustand ist die Verbindung gasförmig, löst sich aber in großen Mengen in Wasser auf. In der wässerigen Lösung ist die Salzsäure zum Teil dissoziiert nach der Gleichung: $HCl = H^{\cdot} + Cl'$. Eben weil sich in wässeriger Lösung das Wasserstoff-Ion vorfindet, deshalb betrachten wir ja die Salzsäure als eine Säure. Nach unserer Erklärung des Begriffes Lauge muß Natronlauge dissoziiert sein nach der Gleichung: $NaOH = Na^{\cdot} + OH'$. Wir wissen nun, daß die Neutralisation der Säure so vor sich gehen muß, daß das positive Wasserstoff-Ion durch das ebenfalls positive Metall-Ion der Lauge ersetzt wird. In unserem Fall tritt also das Natrium-Ion der Natronlauge an Stelle des Wasserstoff-Ions der Salzsäure. Soweit wäre die Sache ganz klar. Was geschieht aber nun mit dem übrigbleibenden positiven Wasserstoff-Ion der Säure und dem negativen Hydroxyl-Ion der Lauge? Sehr einfach: sie ziehen sich, da sie entgegengesetzte Ladungen haben, gegenseitig an, neutralisieren sich und bilden auf diese Art Wasser. Der ganze Vorgang, als Ionengleichung geschrieben, stellt sich also folgendermaßen dar: $H^{\cdot} + Cl' + Na^{\cdot} + OH' = NaCl + H_2O$ [1]). Natrium und Wasserstoff haben also ihre Plätze vertauscht, und dabei ist ein Salz und Wasser entstanden. Die Bildung von Wasser und die Platzvertauschung ist kennzeichnend für jeden Neutralisationsvorgang zwischen Säure und Base. Wenn eine Säure im Molekül mehrere Wasserstoffatome enthält, so muß der Ersatz entweder durch ein Atom eines Elementes stattfinden, das so viele Wertigkeiten hat, als Wasserstoffatome vorhanden sind, oder es muß die entsprechende Anzahl Atome eines einwertigen Elementes an Stelle des Wasserstoffs treten. Eine Säure, die zwei vertretbare Wasserstoffatome enthält, nennt man zweibasisch, eine mit drei vertretbaren Wasserstoffatomen dreibasisch usw. Eine dreibasische Säure ist z. B. die uns von früher her bekannte Phosphorsäure. Sie hat die Formel H_3PO_4. In wässeriger Lösung ist sie dissoziiert nach der Gleichung: $H_3PO_4 = 3\,H^{\cdot} + PO_4'''$. Für die drei Wasserstoff-Ionen wird entweder ein dreiwertiges Ion benötigt oder drei einwertige. Es kann demnach die Phosphorsäure z. B. folgende Salze bilden: mit einwertigen Elementen: Na_3PO_4, phosphorsaures Natrium. K_3PO_4, phosphorsaures Kalium; mit einem dreiwertigen Element z. B.: $AlPO_4$, phosphorsaures Aluminium. Dabei ist nun noch zweierlei zu bemerken: erstens brauchen nicht immer alle ersetzbaren Wasserstoff-Ionen bei mehrbasischen Säuren auch wirklich ersetzt zu werden; es kommt vielmehr vor, daß nur ein Teil der Wasserstoff-Atome ersetzt wird. Dadurch behält aber das entstehende Salz noch einen Teil der Eigenschaften der Säure, aus der es entstand; es ist einfach noch nicht vollkommen neutral. Man nennt solche Salze deshalb „saure Salze“. Um bei unserem Beispiel mit der Phosphorsäure zu bleiben: Mit einwertigen Elementen können drei Reihen Salze gebildet werden: einmal das neutrale Salz Na_3PO_4 (tertiäres), dann, wenn nur zwei Wasserstoff-Atome durch Na ersetzt

[1]) Diese Formulierung entspricht freilich nicht völlig den Tatsachen. Denn da in der wässerigen Lösung das Natriumchlorid ziemlich weitgehend in Ionen gespalten ist, während die Eigendissoziation des Wassers praktisch gleich Null ist, (vgl. S. 155), so müßte man, um ganz genau zu sein, schreiben:

$$H^{\cdot} + Cl' + Na^{\cdot} + OH' \doteq Na^{\cdot} + Cl' + H_2O.$$

Man unterläßt es im allgemeinen nur deshalb, weil man meist durch Abdampfen des Wassers das betreffende Salz in festem Zustand, also undissoziiert, darstellen will. Es ist das Reaktionsprodukt, auf das es gewöhnlich ankommt. Wir werden uns im allgemeinen auch der ersten Schreibweise bedienen.

sind, Na_2HPO_4 (sekundäres), und schließlich, wenn nur ein Wasserstoff-Atom durch Natrium ersetzt ist, NaH_2PO_4 primäres phosphorsaures Natrium. Zweibasische Säuren können natürlich nur eine Reihe saurer Salze bilden, einbasische bilden gar keine, vierbasische dagegen drei, usw.

Das zweite, das wir noch bemerken müssen, ist, daß auch ein Ersatz von Wasserstoff-Ionen möglich ist, wenn die Wertigkeiten der in Betracht kommenden Elemente gar kein gerades Verhältnis miteinander bilden. Die Phosphorsäure z. B., deren Ion PO_4''' dreiwertig ist, kann auch mit dem zweiwertigen Calcium Salze bilden. Das geschieht auf folgende Art: Stellen Sie sich einmal die einzelnen Wertigkeiten als eine Art Haken vor, an die dann die Atome angehängt werden. Der für sich nicht beständige dreiwertige Rest PO_4''' der Phosphorsäure hat also drei freie Haken, das zweiwertige Calcium-Ion zwei. Würden sich die beiden Ionen direkt verbinden, so bliebe ein Haken des Phosphorsäurerestes frei. Wenn ich aber eine Zahl suche, in der sowohl zwei als auch drei enthalten ist, also den Hauptnenner bilde, dann kann ich es durch einfache Multiplikation dahin bringen, daß auf beiden Seiten gleich viel Haken vorhanden sind. Der Hauptnenner von zwei und drei ist sechs. Wenn ich also auf die eine Seite drei zweiwertige Calcium-Ionen und auf die andere zwei dreiwertige Phosphorsäurereste bringe, so habe ich beiderseits sechs Haken, und bei der Vereinigung kann nun ein vollkommener Ersatz stattfinden. (Fig. 16.) Das so entstehende Salz hat also die Formel $Ca_3(PO_4)_2$ und heißt neutrales phosphorsaures Calcium. Ebenso lassen sich natürlich zwei fünfwertige Ionen mit fünf zweiwertigen oder vier dreiwertige mit drei vierwertigen vereinigen usw. Die Darstellung der Wertigkeiten durch „Haken" ist natürlich nur eine sehr rohe Versinnbildlichung. Ob wir uns die Valenzkräfte als Anziehungskräfte nach Art der magnetischen denken und ein „Kraftfeld" um die Atome annehmen sollen, oder ob wir sie uns als „gerichtete" Kräfte vorstellen wollen, die von bestimmten Stellen des Atoms nach bestimmten Richtungen in den Raum ausstrahlen, das ist noch ziemlich dunkel. Es ist zu hoffen, daß die Untersuchung gewisser optischer Eigenschaften der Verbindungen und der immer tiefere Einblick, den uns das Verhalten der radioaktiven Stoffe in den Mikrokosmos des Atoms gewährt, uns bald in den Stand setzt, zwischen den einzelnen Theorien zu entscheiden.

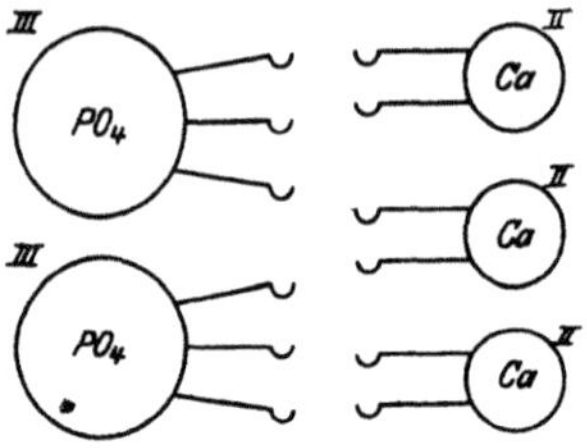

Fig. 16. Bildung des neutralen Calciumphosphats.

Das Gegenstück zu den sauren sind die basischen Salze. Das sind Basen, in denen nicht alle Hydroxyl-Ionen durch Säurereste ersetzt sind. Da die Hydroxylgruppe einwertig ist, erfordert ein zweiwertiges Element zwei Hydroxylgruppen, um eine Base zu bilden. Calciumhydroxyd z. B. hat die Formel $Ca(OH)_2$. Wenn nur eine Hydroxylgruppe durch einen Säurerest, z. B. NO_3, den einwertigen Rest der Salpetersäure HNO_3, ersetzt wird, so erhalten wir ein Salz von der Formel $Ca(OH)NO_3$, basisches salpetersaures Calcium. Entsprechend der Benennung bei den Säuren heißen Basen mit einer Hydroxylgruppe einsäurig, mit zweien zweisäurig usw. Einsäurige Basen bilden keine basischen Salze, zweisäurige eine Reihe, dreisäurige zwei Reihen und so fort.

So gut wir bei der Neutralisation einer Säure ihre Wasserstoff-Ionen durch Metall-Ionen ersetzen und so ein Salz erhalten, ebenso gut können wir natürlich auch aus einem Salz die zugehörige Säure gewinnen, indem wir die Metall-Ionen des Salzes durch Wasserstoff-Ionen ersetzen. Diese liefert uns irgendeine beliebige, nur stärkere, Säure als die, die wir darstellen wollen. Einen derartigen Versuch möchte ich Ihnen noch vorführen. Wir wollen Salpetersäure aus ihrem Kaliumsalz, dem uns schon bekannten Kaliumsalpeter KNO_3 darstellen. Zu diesem Zweck kochen wir Kalisalpeter mit Schwefelsäure, die die Formel H_2SO_4 hat und in die Ionen $2\,H^{\cdot}$ und SO_4'' dissoziiert ist. Dabei geht folgendes vor sich: eines der beiden Wasserstoff-Ionen der Schwefelsäure tritt an die Stelle des Kalium-Ions des Salpeters. Dadurch wird aus dem Salpeter Salpetersäure. Das Kalium-Ion tritt an den Platz, den vorher das eine Wasserstoff-Ion inne hatte und bildet so, da nur ein Wasserstoff-Ion der Schwefelsäure durch ein einwertiges Metall-Ion ersetzt ist, das einzig mögliche saure Kaliumsalz der Schwefelsäure, $KHSO_4$. (Es ist nur ein saures schwefelsaures Salz möglich, weil Schwefelsäure zweibasisch ist.) Die Reaktionsgleichung des ganzen Vorgangs lautet also: $KNO_3 + H_2SO_4 = HNO_3 + KHSO_4$. Als Ionengleichung geschrieben stellt sich die Reaktion so dar: $K^{\cdot} + NO_3' + 2\,H^{\cdot} + SO_4'' = HNO_3 + KHSO_4$ [1]). Wir sehen daraus, daß sich die chemischen Reaktionen häufig nicht zwischen den einzelnen Stoffen, sondern zwischen deren Ionen abspielen.

Wir wollen nun den Versuch anstellen. In einer kleinen Retorte (Fig. 17) befindet sich etwas fein gepulverter Salpeter. Mit ihr steht eine kleine Kochflasche („Vorlage") in Verbindung, die durch ein aufgelegtes nasses Tuch kühl gehalten wird. Vor Beginn des Vortrages habe ich etwas konzentrierte Schwefelsäure zu dem Salpeter gegeben, damit sich die Umsetzung in Salpetersäure und saures schwefelsaures Kalium schon bei gewöhnlicher Temperatur zum Teil vollziehen konnte. Die entstandene Säure destillieren wir ab, indem wir die Retorte erhitzen, die Salpetersäure dadurch verdampfen und den Dampf in der kühlen Vorlage wieder zur Flüssigkeit verdichten. Sie sehen, wie sich schon nach kurzer Zeit eine schwach gelbliche Flüssigkeit in der Vorlage ansammelt. Das ist eben Salpetersäure, was ich Ihnen dadurch zeigen

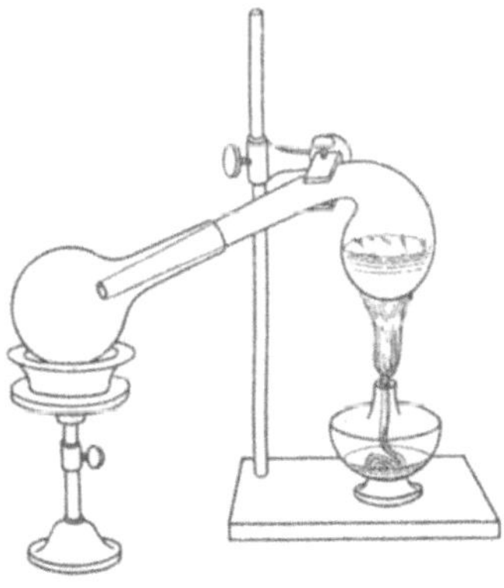

Fig. 17. Darstellung der Salpetersäure.

[1]) Vgl. Anmerkung auf S. 49.

kann, daß sie blaues Lackmuspapier stark rötet und ein Stückchen blauen Wollstoff gelb färbt. Wenn wir lange genug erhitzen, erhalten wir in der Retorte einen festen Rückstand, der aus saurem schwefelsaurem Kalium besteht. Die gelbe Färbung der Säure rührt daher, daß sie zum Teil auf die bereits im vorigen Vortrag erwähnte Weise in Stickstoffdioxyd, Wasser und Sauerstoff zerfällt. Das Stickstoffdioxyd, ein braunrotes Gas, löst sich mit gelblicher Farbe in der Salpetersäure auf.

Wir können nun noch einige chemische Eigenschaften der Salpetersäure besprechen. Sie führt auch den Namen Scheidewasser, was daher kommt, daß man mit ihr Gold und Silber trennen kann. Silber löst sich nämlich in Salpetersäure, während Gold nicht angegriffen wird. Wenn man also ein goldhaltiges Silbererz mit Salpetersäure längere Zeit kocht, so löst sich schließlich alles Silber auf, und das Gold bleibt zurück.

Diese Auflösung eines Metalles in einer Säure ist aber wohl zu unterscheiden von der gewöhnlichen physikalischen Auflösung eines Körpers in Wasser. Während nämlich bei einer Lösung von Salz oder Zucker in Wasser beide Körper nach dem Verdunsten des Wassers vollkommen unverändert wieder erhalten werden, entsteht bei der chemischen Lösung eines Metalles in einer Säure ein ganz neuer Körper, nämlich ein Salz, das nach dem Verdunsten der Säure ebenfalls in fester Form erhalten werden kann. Salpetersäure greift noch eine ganze Reihe anderer Metalle an, einige schneller, andere langsamer. So lösen sich in Salpetersäure unter anderem auch Eisen, Magnesium, Calcium, Blei, Quecksilber, jedesmal unter Bildung der entsprechenden salpetersauren Salze.

Wir müssen bei dieser Lösung von Metallen in Salpetersäure noch eines Vorganges gedenken, der dabei stattfindet. Es wird dabei immer Wasserstoff frei, was wir uns an einer allgemeinen Formel klar machen können. Wenn wir annehmen, daß der Buchstabe M irgend ein beliebiges einwertiges Metall bedeutet, so verläuft seine Umsetzung mit Salpetersäure nach der Reaktionsgleichung: $2\,M + 2\,HNO_3 = 2\,MNO_3 + H_2$. Der dabei entstehende Wasserstoff hat im Augenblick des Freiwerdens eine große Reaktionsfähigkeit, die sich darin äußert, daß er sich mit einem weiteren Atom Wasserstoff und Sauerstoff zu Wasser zu vereinigen sucht. Er entzieht also einem Teil der überschüssigen Salpetersäure ein Atom Wasserstoff und ein Atom Sauerstoff und reduziert sie dadurch teilweise zu Stickstoffdioxyd, NO_2. Wir können uns vorstellen, daß der Vorgang sich nach der Reaktionsgleichung: $HNO_3 + H = NO_2 + H_2O$ abspielt. Das Stickstoffdioxyd ist bei gewöhnlicher Temperatur ein tief braunrotes, sehr giftiges Gas von höchst unangenehmem, erstickendem Geruch. Je höher die Temperatur wird, desto mehr hellt sich die Farbe des Gases auf, und bei 500 Grad ist es farblos. Das kommt daher, daß diese Verbindung mit wechselnder Temperatur eine ganze Anzahl merkwürdiger Wandlungen durchmacht. Das Molekül NO_2 besitzt nämlich die Fähigkeit, sich bei niedriger Temperatur mit einem zweiten zusammenzulagern, sich, wie man sagt, zu polymerisieren [1]), und bei höherer Temperatur Sauerstoff abzugeben und dadurch nach der Formel:

---

[1]) πολύς (polys) viel; μέρος (meros), der Teil.

$2\ NO_2 \rightleftarrows 2\ NO + O_2$ in farbloses Stickstoffmonoxyd und farblosen Sauerstoff zu zerfallen. Bei Temperaturen unter 100° ist dagegen das Molekül NO_2 verdoppelt, es hat sich zu N_2O_4 polymerisiert. Es stellen sich demnach die Umwandlungen des Stickstoffdioxydes bei verschiedenen Temperaturen folgendermaßen dar:

N_2O_4	$= 2\ NO_2$	$= 2\ NO + O_2$
Braunrot.	Tiefbraun.	Farblos.
Bei 25,	140—300,	500 Grad.

Aus diesen Gleichungen folgt schon, daß, wenn farbloses Stickstoffmonoxyd bei Temperaturen unter 100° mit Sauerstoff zusammengebracht wird, wir dann braunrotes, polymerisiertes Stickstoffdioxyd erhalten müssen. Der Vorgang verläuft jetzt einfach umgekehrt wie vorhin nach der Reaktionsgleichung: $2\ NO + O_2 = N_2O_4$. Ich kann Ihnen das vorführen. Sie sehen hier einen mit Stickstoffmonoxyd gefüllten Zylinder. Er ist mit einer Glasplatte verschlossen. Auf ihm steht umgekehrt, das heißt ebenfalls mit der Mündung auf der Glasplatte, ein gleich großer Zylinder, der mit Luft gefüllt ist. Ich ziehe die trennende Platte weg, das Stickstoffmonoxyd kommt mit dem Sauerstoff der Luft in Berührung und bildet mit ihm sofort braunes Dioxyd, das schnell in beide Zylinder diffundiert. Ich verschließe jetzt den einen Zylinder wieder mit der Glasplatte, nachdem ich einige Tropfen Kalilauge hineingegossen habe. Die Lauge absorbiert das Dioxyd, und dadurch entsteht in dem Zylinder ein stark luftverdünnter Raum. Sie können das daran sehen, daß die Glasplatte fest an den Zylinder angesaugt wird.

Das Gas selbst erhält man am einfachsten durch Auflösen irgendeines Metalles in Salpetersäure. Wieso dabei Dioxyd entsteht, haben wir ja vorhin bepsrochen. Man kann es auch leicht durch Erhitzen des Bleisalzes der Salpetersäure, des salpetersauren Bleis, erhalten. Dieses zerfällt dabei glatt in Stickstoffdioxyd, Bleioxyd und Sauerstoff nach der Reaktionsgleichung: $2\ Pb(NO_3)_2 = 4\ NO_2 + 2\ PbO + O_2$. Das Symbol Pb für das zweiwertige Bleiatom ist abgeleitet von der lateinischen Bezeichnung des Bleies, Plumbum.

Eine Auflösung von Stickstoffdioxyd in Salpetersäure führt den Namen rauchende Salpetersäure, weil sie an der Luft dichte Dämpfe von Dioxyd ausstößt. Sie zeigt in vielem eine noch größere Reaktionsfähigkeit als die gewöhnliche Säure. Wir sagten vorhin, man könne die Salpetersäure erhalten, indem wir das Metallion in einem ihrer Salze durch ein Wasserstoffion ersetzen, das uns eine beliebige, nur stärkere Säure als die Salpetersäure selbst, liefert. Was heißt nun eigentlich „stärkere" Säure oder „stärkere" Lauge? Wir wissen alle aus Erfahrung, daß z. B. Schwefel- und Salpetersäure, Kali- und Natronlauge starke Säuren und Laugen sind, während umgekehrt Kohlensäure und Borsäure, Ammoniakwasser und Kalkwasser schwache Säuren und Laugen sind. Da die saure oder basische Natur einer Verbindung durch die Anwesenheit von Wasserstoff- resp. Hydroxylionen in den betreffenden wässerigen Lösungen bedingt ist, bemißt sich die „Stärke" einer Säure oder Lauge danach, wie groß ihr Dissoziationsgrad ist. Da die Dissoziation mit der

Verdünnung wächst, muß man natürlich gleiche Konzentrationen miteinander vergleichen. Z. B. sind von Säuren und Laugen dissoziiert in einer Normallösung (ein Grammäquivalent im Liter Wasser) bei 25°:

HJ	zu	90%	
HNO_3	„	88,9%	
HCl	„	87,5%	
H_2SO_4	„	51%	
HF	„	7%	
H_2CO_3	„	0,17%	1/10 normaler Lösung
H_2S	„	0,01%	
KOH	„	77%	Normallösung bei 18°
NaOH	„	73%	
NH_4OH	„	0,4%	

Konzentrierte Salpetersäure ist dagegen nur zu 9,6%, konzentrierte Salzsäure zu 13,3% und konzentrierte Schwefelsäure nur zu 0,7% dissoziiert. Daß trotzdem die Wirkung der konzentrierten Säuren stärker ist als die der verdünnten, hängt mit der größeren Zahl der Moleküle in der Raumeinheit zusammen. Wir kommen später darauf zurück.

Die Hauptquelle für Stickstoffverbindungen sind die ungeheuren Lager von Natronsalpeter (salpetersaurem Natrium), die Chile besitzt. Nach diesem Vorkommen heißt Natronsalpeter oft auch Chilesalpeter. Er ist das wichtigste stickstoffhaltige Düngemittel und dient außerdem als Ausgangsmaterial zur Darstellung der Salpetersäure und des Kaliumsalpeters. Da Chilesalpeter sehr stark wasserlöslich ist, kann er nur in regenarmen Gegenden in größeren Mengen vorkommen. Der natürliche und noch sehr unreine Natronsalpeter heißt Caliche. Die Caliche wird im Tagbau, das heißt ohne Anlegung von Schächten und Stollen, ähnlich wie Lehm in einer Lehmgrube gewonnen. Dann laugt man sie mit siedendem Wasser aus und läßt die so erhaltene Salpeterlösung in eisernen Pfannen verdunsten, so daß fester Natronsalpeter zurückbleibt. Im Jahre 1900 betrug die Salpeterausfuhr Chiles 1 453 000 Tonnen. In demselben Jahr führte Deutschland eine halbe Million Tonnen im Wert von 90 Millionen Mark ein. Viel Natronsalpeter findet sich auch noch in Kalifornien, jedoch sind diese Lager noch wenig erschlossen.

Früher wurde Salpeter auch künstlich hergestellt. Man vermischte stickstoffhaltige Abfälle, vornehmlich faulende und verwesende Stoffe, mit kaliumsalzhaltiger Erde, mit Holzasche oder Bauschutt, die beide Kaliumverbindungen enthalten. Diese Mischung setzte man jahrelang dem Einfluß der atmosphärischen Luft aus, indem man sie terassenförmig aufschichtete. Dadurch gewann man „Salpetererde“, die dann weiter behandelt wurde wie die chilenische Caliche. Derartige Betriebe nannte man „Salpeterplantagen“.

Wie schon bei Besprechung der Haberschen Ammoniaksynthese erwähnt, läßt sich Ammoniak zu Salpetersäure oxydieren:

$$NH_3 + 2\ O_2 = HNO_3 + H_2O.$$

Man kann auf diese Weise unter Anwendung des Luftsauerstoffs und durch Vermittelung von Kontaktsubstanzen unmittelbar Salpetersäure gewinnen.

Ferner ist es aber auch möglich, durch Anwendung hoher Temperaturen den Stickstoff und Sauerstoff der Luft teilweise in Atome aufzuspalten, die sich dann zu Stickoxyd vereinigen. Dieses Stickoxyd läßt sich dann mit Luftsauerstoff und Wasser zu Salpetersäure umwandeln, indem es erst zu Stickstoffdioxyd oxydiert wird, das mit (warmem) Wasser nach der Gleichung:

$$3\ NO_2 + H_2O = 2\ HNO_3 + NO$$

reagiert. Durch weiteren Sauerstoff wird das freigewordene Molekül Stickoxyd wieder zu Dioxyd oxydiert, so daß man den ganzen Vorgang zusammenfassend durch die Gleichung:

$$4\ NO + 3\ O_2 + 2\ H_2O = 4\ HNO_3$$

wiedergeben kann.

Auf beiden Wegen, durch Oxydation von Ammoniak und über die Zwischenstufe des Stickoxyds, werden große Mengen Salpetersäure gewonnen, was besonders während des Kriegs von ausschlaggebender Bedeutung war, da uns die chilenische Zufuhr abgeschnitten war. Die zur Vereinigung von Stickstoff und Sauerstoff nötigen hohen Temperaturen liefert der elektrische Lichtbogen. Da die Reaktion zwischen den beiden Gasen bei hohen Temperaturen sowohl vor- als rückwärts verläuft:

$$N_2 + O_2 \rightleftarrows 2\ NO$$

was durch die Pfeile angedeutet wird, so stellt sich ein Gleichgewichtszustand ein, ähnlich dem bei der Ammoniaksynthese S. 37 erwähnten. Bei etwa 4000° (der Temperatur des elektrischen Lichtbogens) liegt z. B. das Gleichgewicht bei 10% Stickoxyd. Würde nun das Gasgemisch nach dem Durchleiten durch den Lichtbogen nicht schnell abgekühlt, so würde sich das Stickoxyd wieder zersetzen und die Ausbeute würde ganz beträchtlich verschlechtert. Alle Bauarten von Flammenbogenöfen haben deshalb das Ziel, die Gase mit möglichster Schnelligkeit aus dem Bereich der hohen Temperatur zu bringen. Im Ofen von Siemens und Halske wird es dadurch erreicht, daß man den Flammenbogen zwischen sogenannten Hörnerelektroden sehr schnell durch die Gasmasse aufwärts steigen läßt, während von unten eine neue Flamme nachrückt. Im Birkelandschen Ofen wird ein mittels starker Elektromagnete scheibenartig auseinandergezogener Lichtbogen verwendet, durch den die Gase durchgeblasen werden. Da nur ein geringer Teil der angewandten elektrischen Energie (nach Hofmann etwa 3%) zur Bildung von Stickoxyd verbraucht werden, während die restlichen 97% verloren sind, eignen sich die Verfahren hauptsächlich für Gegenden, in denen billige Wasserkräfte zur Elektrizitätserzeugung zur Verfügung stehen — um so mehr als die die Öfen verlassenden Gase nur $1\frac{1}{2}$—$2\frac{1}{2}$ % Stickoxyd enthalten.

Stickoxyd und Stickstoffdioxyd vereinigen sich bei Temperaturen unter Null zu einer Verbindung N_2O_3, die indes bei höheren Wärmegraden wieder zerfällt:

$$NO + NO_2 \rightleftarrows N_2O_3.$$

Man kann dieses *Stickstoffsesquioxyd* (oder Stickstofftrioxyd) durch Einwirkung von Salpetersäure auf arsenige Säure als tiefbraunes Gas erhalten, das sich in einer Kältemischung zu einer blauen Flüssigkeit verdichten läßt. Mit Wasser bildet es die salpetrige Säure, HNO_2, heißt also auch Salpetrigsäureanhydrid.

$$N_2O_3 + H_2O = 2\ HNO_2.$$

Salpetrige Säure ist frei nicht bekannt, da sie in ihr Anhydrid und Wasser zerfällt. Auch in Lösung zersetzt sie sich leicht. Ihre Salze, die Nitrite, sind dagegen sehr beständig und werden in der Farbenindustrie in großen Mengen verbraucht.

Wenn man die negative Elektrode (Kathode) eines Elektrolysierapparates, der angesäuertes Wasser enthält, mit einer Tonzelle umgibt, damit sich die Kathodenflüssigkeit nicht mit der übrigen mischen kann und in den Kathodenraum Salpetersäure tropfen läßt, so wird sie durch den entstehenden Wasserstoff reduziert, entsprechend der Gleichung:

$$HNO_3 + 6\,H = NH_2OH + 2\ H_2O.$$

Das Reduktionsprodukt, das nach dieser von *Tafel* angegebenen *elektrolytischen Reduktion* technisch gewonnen wird, heißt *Hydroxylamin*. Es krystallisiert in weißen Blättchen, die sich leicht zersetzen, weshalb es meist in Form seines chlorwasserstoffsauren Salzes, das beständig ist, in den Handel kommt. (Über die Salzbildung beim Ammoniak und seinen Abkömmlingen vgl. S. 63.) Es wird zu analytischen Zwecken gebraucht, da es ein gutes Reduktionsmittel ist.

Ebenfalls ein Abkömmling des Ammoniaks ist das von *Curtius* entdeckte *Hydrazin* (Diamid) $H_2N{-}NH_2$, dessen Darstellung wir kennen lernen werden. (Versuch 114.) Man kann es auffassen als Ammoniak, dessen eines Wasserstoffatom durch den — frei nicht beständigen, da ungesättigten — Amidorest NH_2 ersetzt ist. Das freie Hydrazin ist eine ölige, ammoniakähnlich riechende, sehr giftige Flüssigkeit, deren Salze schön krystallisieren.

Durch Oxydation (z. B. mit Wasserstoffsuperoxyd) entsteht aus dem Hydrazin die *Stickstoffwasserstoffsäure*, N_3H, neben Ammoniak und Wasser:

$$2\ N_2H_4 + O_2 = N_3H + NH_3 + 2\ H_2O.$$

In dieser Verbindung kann man sich den Ausgleich der 3 Wertigkeiten des Stickstoffatoms nur durch Annahme einer ringförmigen Anordnung und einer doppelten Bindung zwischen den Atomen erklären. Ihre „Konstitutionsformel“ ist:

Stickstoffwasserstoffsäure ist eine wasserklare, höchst giftige Flüssigkeit von unerträglich stechendem Geruch. Ihre Salze heißen Azide und sind sehr explosiv. Bleiazid wird als Ersatz des Knallquecksilbers in Zündhütchen verwandt.

Wir wollen hiermit vom Stickstoff Abschied nehmen und uns im nächsten Vortrag mit dem Chlor und einigen verwandten Elementen beschäftigen. Ich hoffe, daß Ihnen auch der theoretische Teil des Vortrags klar geworden ist, so daß Sie nun einen deutlichen Begriff von dem Wesen einer Säure, einer Lauge und eines Salzes haben; nicht zu vergessen die damit zusammenhängenden Neutralisations- und Dissoziationsvorgänge.

Sechster Vortrag.

Chlor. — Phlogistontheorie. — Chlorknallgas. — Salzsäure. — Chloride. — Chlorkalk. — Chlorsäure. — Chlordioxyd. — Überchlorsäure. — Konstitution der Chlorsäuren. — Fluor. — Fluorwasserstoff. — Brom. — Bromwasserstoff. — Jod, Jodverbindungen.

Nachdem wir uns in dem letzten Vortrag zum Teil mit abstrakten Dingen beschäftigt haben, wollen wir heute wieder zu den konkreten zurückkehren und uns mit den Eigenschaften einiger neuer Elemente vertraut machen. Uns soll heute zunächst das Chlor[1]) beschäftigen. Sie sehen dieses Element hier, in einem Glaszylinder eingeschlossen, vor sich, und erkennen leicht, daß es ein gelbgrün gefärbtes Gas ist. Von dieser Farbe hat es auch seinen Namen. Eine andere, höchst charakteristische Eigenschaft des Chlors ist seine heftige Wirkung auf die Schleimhäute der Nase und der Augen[2]).

Was die Darstellungsarten des Chlors anbelangt, so haben Sie ja eine davon bereits kennen gelernt. Sie erinnern sich wohl, daß wir bei der Elektrolyse des Kochsalzes, die wir während des vorigen Vortrages anstellten, Chlor an der positiven Elektrode erhielten. Bequemer und weniger kostspielig erhält man es aber aus seiner Verbindung mit Wasserstoff, dem Chlorwasserstoff oder der Salzsäure. Sie hat die Formel HCl. Man gewinnt aus ihr das Chlor, indem man sie oxydiert, d. h. indem man zu ihrem Wasserstoff-Atom auf irgendeine Weise Sauerstoff bringt, so daß Wasser entsteht und Chlor frei wird. Da Wasser im Molekül 2 Atome Wasserstoff enthält, werden für die Reaktion 2 Moleküle Salzsäure benötigt, und da außerdem der molekulare Sauerstoff doppelatomig ist (siehe S. 24), muß nochmals die doppelte Menge Salzsäure angewandt werden, damit aller vorhandene Sauerstoff zur Bildung von Wasser verbraucht werden kann. Demnach besteht also für die Oxydation der Salzsäure die Reaktionsgleichung:

$$4\ HCl + O_2 = 2\ H_2O + 2\ Cl_2$$

Das Sauerstoffmolekül liefert uns irgendein beliebiger oxydierender Körper. Meist verwendet man den Braunstein, das Superoxyd des Metalles Mangan, von der Formel MnO_2. Nehmen wir an, daß aller Sauerstoff des Mangansuperoxydes zur Oxydation der Salzsäure verwendet wird, so müßten wir wieder aus 4 Molekülen Salzsäure 2 Moleküle

[1]) χλωρός (chloros) gelbgrün.

[2]) Auch die Schleimhäute der Bronchien werden heftig gereizt, bei einem Gehalt von $^1/_{100}$% Chlor in der Luft sogar tödlich verätzt. Chlor ist deshalb ein höchst gefährliches Gift, das im Gaskampf eine große Rolle spielte.

Wasser und 2 Atome Chlor erhalten. Außerdem bliebe dann noch Mangan übrig. In Wirklichkeit verbindet sich aber das Mangan sofort wieder mit der Hälfte des aus der Salzsäure freiwerdenden Chlors, so daß sich die ganze Umsetzung nach der Gleichung vollzieht:

$$4\ HCl + MnO_2 = MnCl_2 + 2\ H_2O + Cl_2$$ [1]).

Anstatt von vornherein Salzsäure anzuwenden, kann man sie auch während des Prozesses erst entstehen lassen, z. B. aus Kochsalz und Schwefelsäure. Wir ersetzen das Natrium-Ion des Kochsalzes durch das Wasserstoff-Ion der Schwefelsäure, so daß sich die der Darstellung der Salpetersäure aus Kaliumsalpeter und Schwefelsäure (siehe S. 51) entsprechende Umsetzung vollzieht:

$$2\ NaCl + H_2SO_4 = Na_2SO_4 + 2\ HCl.$$

(Da die Schwefelsäure zweibasisch ist, erfordert sie zu ihrer vollkommenen Neutralisation 2 Atome des einwertigen Natriums.) Die entstandene Salzsäure wird dann mit Braunstein zu Wasser und Chlor oxydiert, so daß nun der ganze Vorgang durch folgende Gleichung ausgedrückt wird:

$$MnO_2 + 2\ H_2SO_4 + 2\ NaCl = MnSO_4 + Na_2SO_4 + 2\ H_2O + Cl_2.$$

Im Laboratorium wendet man beide Verfahren zur Chlordarstellung an, während die Industrie Chlor entweder durch Oxydation von Chlorwasserstoff mit Braunstein oder elektrolytisch bei der Herstellung von Alkalien aus Natrium- und Kaliumchlorid gewinnt. (Vgl. S. 153.)

Ein sehr merkwürdiges Verfahren zur Chlorgewinnung wird nach seinem Erfinder das Deaconsche genannt. Wenn man nämlich gasförmige Salzsäure mit Luft gemischt über erhitzte poröse Körper, z. B. Bimsstein, leitet, die man mit den Lösungen gewisser Kupfersalze getränkt hat, so wirken diese direkt als Sauerstoffüberträger, und der Luftsauerstoff oxydiert durch ihre Vermittlung die Salzsäure.

Ich habe Ihnen die Apparate zur Vorführung der 3 Verfahren hier aufgestellt. In einer Kochflasche befindet sich gepulverter Braunstein, der mit verdünnter Salzsäure erwärmt wird, in der anderen erhitzen wir Braunstein mit Kochsalz und verdünnter Schwefelsäure. Das entweichende Chlor wird jedesmal auf die Ihnen hinlänglich bekannte Weise in einem mit Wasser gefüllten Standzylinder aufgefangen. In einer dritten Kochflasche (Fig. 18) entwickeln wir nach einem weiter unten zu beschreibenden Verfahren gasförmige Salzsäure. Sie gelangt in ein weites Glasrohr, in das außerdem noch durch

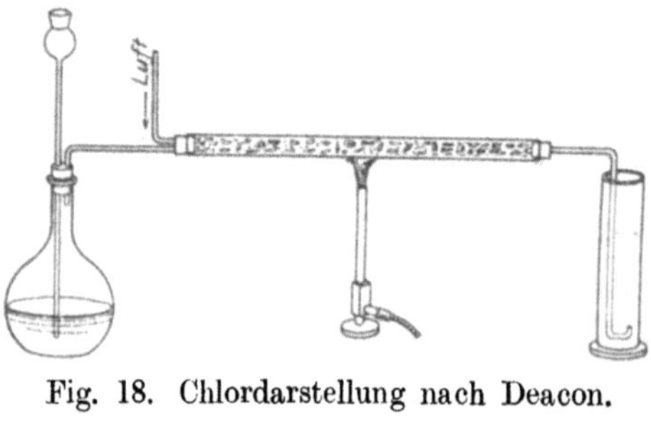

Fig. 18. Chlordarstellung nach Deacon.

[1]) Diese Darstellung entspricht freilich nicht ganz genau den wirklichen Vorgängen, sondern nur deren Endergebnis. Den tatsächlichen Reaktionsverlauf werden wir später kennen lernen (vgl. S. 233).

ein Gebläse ein mäßiger Luftstrom eingeführt wird. Das Rohr ist mit Bimssteinstücken angefüllt, die mit einer Auflösung von Kupfervitriol durchtränkt sind; die entweichenden Gase werden ebenfalls wieder in einem Standzylinder aufgefangen.

Sie können bemerken, daß das Chlor, das wir nach dem Deaconschen Verfahren gewinnen, nicht ganz dieselbe Farbe hat wie das Gas in den beiden anderen Zylindern. Das kommt daher, daß es nicht so rein, sondern noch mit etwas Luft gemengt ist.

Wenden wir uns nun zu den Eigenschaften des Chlors, so müssen wir zunächst feststellen, daß es verhältnismäßig schwer ist, und zwar $2^1/_2$ mal so schwer wie Luft. Wir können deshalb auch, anstatt das Chlor über Wasser aufzufangen, unsere Zylinder dadurch füllen, daß wir durch ein bis auf ihren Boden reichendes Glasrohr das Gas zuleiten. Dann wird das schwere Chlor allmählich die Luft verdrängen und den Zylinder so von unten nach oben langsam füllen. Als Bestandteil des Chlornatriums kommt das Chlor in ungeheuren Mengen im Seewasser und in den Solquellen gebunden vor.

Chlor ist in nicht unbeträchtlichem Maß im Wasser löslich. Bei einer Temperatur von 8^0 nimmt 1 Liter Wasser 3 Liter Chlor auf. Mit höherer Temperatur nimmt die Löslichkeit des Chlors ab, weshalb man es am besten über warmem Wasser auffängt, falls man nicht vorzieht, es, wie oben erwähnt, durch Luftverdrängung aufzusammeln. Die Lösung des Chlors in Wasser heißt Chlorwasser und hat denselben Geruch wie das Gas.

Chlor läßt sich bei 0^0 unter einem Druck von 6 Atmosphären zu einer gelben Flüssigkeit verdichten. In dieser Form kommt es, in Stahlflaschen gefüllt, in den Handel.

Zu fast allen Elementen besitzt das Chlor eine große Affinität; hierunter versteht man seine Neigung, mit den betreffenden Elementen Verbindungen einzugehen. Nur wenige Körper — wie Kohlenstoff, Sauerstoff und etliche dem Platin verwandte Metalle — besitzen keine große Affinität zu Chlor; andere Elemente dagegen verbinden sich so heftig mit ihm, daß durch die entstehende „Reaktionswärme“ eine Feuererscheinung hervorgerufen wird. Sie sehen hier eine große Flasche, die mit Chlor gefüllt ist; ich werfe eine Messerspitze voll Antimonpulver hinein, und sofort verbrennt das Metall mit glänzendem Funkenregen. Sie ersehen hieraus, daß es auch Fälle von Verbrennungen gibt, an denen Sauerstoff nicht beteiligt ist. Wir werden also jetzt den Begriff „Verbrennung“ umfassender als in dem ersten Vortrag so definieren, daß wir sagen: „Unter Verbrennung verstehen wir die chemische Vereinigung zweier Körper unter Feuererscheinung; in den weitaus meisten Fällen ist der eine dieser Körper Sauerstoff.“

Es ist hier der Ort, einer alten, längst verlassenen Theorie der Verbrennung zu gedenken. Früher dachte man sich nämlich, bei jedem brennenden Körper entweiche aus ihm ein gewisses undefinierbares Etwas, dem man den Namen Phlogiston (abgeleitet vom griechischen φλόξ, phlox, die Flamme) gab. Diese Theorie heißt nach ihrem Begründer die Stahlsche Phlogistontheorie. (Der Entdecker des

Chlors, Scheele, erhielt das Gas 1774 aus Salzsäure [Chlorwasserstoff], die er mit Braunstein behandelte, und nannte es „dephlogistisierte Salzsäure".) Es ist bezeichnend für die Leichtgläubigkeit früherer Zeiten, daß es lange dauerte, ehe jemand auf den Gedanken kam, die Folgerungen, die sich aus dieser Theorie ergaben, zu prüfen. Nachdem schon 1630 Jan Rey und fast $1^1/_2$ Jahrhunderte später Bayen (1774) beobachtet hatten, daß ein Körper in verbranntem Zustand, entgegen der Stahlschen Theorie, schwerer ist als in unverbranntem, griff der bedeutende französische Physiker und Chemiker Lavoisier gegen Ende des 18. Jahrhunderts diese Fragen zum ersten Male methodisch an, bestimmte durch genaue Wägungen den Gewichtsunterschied zwischen unverbrannten Metallen und ihren Oxyden und begründete damit unsere heutigen Anschauungen von dem Wesen der Verbrennung. Lavoisier war überhaupt mit der erste, der den Gebrauch der Wage in der Chemie einführte.

Die größte Affinität besitzt Chlor zu dem Wasserstoff. Wenn man gleiche Raumteile Chlor und Wasserstoff mengt, so erhält man ein Chlorknallgas genanntes Gemisch, das bei Belichtung mit Sonnen-, Magnesium- oder elektrischem Bogenlicht explodiert. Hier bietet sich eine schöne Gelegenheit, Ihnen die chemischen Wirkungen des Lichtes zu zeigen. Ein kleines Glaskügelchen, das mit Chlorknallgas gefüllt ist, lege ich in ein Kästchen, dessen Vorderseite von einer roten Glasscheibe gebildet wird. Zur Untersuchung der Natur des bei der Vereinigung entstehenden Körpers hängen wir einen roten und einen blauen Streifen feuchtes Lackmuspapier in das Kästchen. Ich will hier gleich aus einem späteren Vortrag vorweg nehmen, daß nur violette und besonders die für unser Auge nicht mehr sichtbaren ultravioletten Lichtstrahlen chemische Wirkungen hervorbringen. An diesen Lichtstrahlen, die von rotem Glas nicht durchgelassen werden, ist z. B. Magnesiumlicht besonders reich. Ich zünde nun ein Stück Magnesiumdraht an, und Sie sehen, daß trotz der starken Bestrahlung das Kügelchen nicht explodiert, weil alle chemisch wirksamen Strahlen von dem roten Glas verschluckt werden. Ich ersetze nun das rote Fenster durch ein dunkelblaues, das für violette und ultraviolette Strahlen in hohem Grad durchsichtig ist, und zünde wieder ein Stück Magnesiumdraht an. Sofort explodiert das Chlorknallgas, trotzdem das Glaskügelchen viel weniger hell beleuchtet war als beim ersten Versuch; nun konnten eben die unsichtbaren chemisch wirksamen Strahlen fast ungehindert zu dem explosiven Gemisch gelangen und es zur Detonation bringen. Wir untersuchen nun noch unsere Lackmuspapiere und finden, daß sich der blaue Streifen rot gefärbt hat. Aus dem Chlorknallgas ist also durch die Vereinigung seiner Bestandteile eine Säure entstanden, der Chlorwasserstoff oder die Salzsäure.

Chlorwasserstoff ist in normalem Zustand ein farbloses, stechend riechendes Gas. Das, was wir gewöhnlich unter Salzsäure verstehen, ist eine Lösung dieses Gases in Wasser. Bei 0° löst ein Raumteil Wasser unter erheblicher Erwärmung 500 Raumteile Salzsäuregas, bei 15° 440 Raumteile. Infolge dieser sehr großen Löslichkeit können wir Salzsäuregas nicht über Wasser auffangen; wir müßten an seiner Stelle Quecksilber verwenden oder das Verfahren durch Luftverdrängung benutzen, was auch möglich wäre, da das spez. Gew. des Gases 1,27 ist. Bei 84° läßt es sich unter Atmosphärendruck verflüssigen. Flüssiger Chlorwasserstoff ist beinahe so schwer wie Wasser (spez. Gew. bei 0° = 0,908) und leitet den elektrischen Strom so gut wie gar nicht. Er ist also kaum in Ionen gespalten. Dagegen tritt eine weitgehende Ionisierung ein, wenn er mit Wasser verdünnt wird. Diese Spaltung in Ionen nimmt mit steigender Verdünnung so rasch zu, daß der Chlorwasserstoff zu den stärksten Säuren zählt. (Vgl. S. 54.)

Die Darstellung gasförmiger Salzsäure ist, wie wir schon gesehen haben, sehr einfach. Wir erhitzen Kochsalz, eine Verbindung von Natriummetall und Chlor, mit Schwefelsäure und erhalten dabei schwefelsaures Natrium und Salzsäure nach der Gleichung:

$$2\,NaCl + H_2SO_4 = Na_2SO_4 + 2\,HCl.$$

Noch bequemer erhält man das Gas, wenn man konzentrierte Schwefelsäure in gewöhnliche Salzsäure tropfen läßt. Da sich Chlorwasserstoff in Schwefelsäure nicht löst, entweicht er in Gasform aus seiner Lösung, sobald man Schwefelsäure zugibt.

Die Salzsäure spielt eine große Rolle im Haushalt der Natur. Sie ist nämlich ein wesentlicher Bestandteil des Magensaftes und hilft ihm die eingeführte Nahrung zu verdauen, d. h. in eine für den Körper verwertbare Form überzuführen. Der menschliche Magensaft enthält etwa $^1/_3\,\%$ freien Chlorwasserstoff gelöst.

Für uns ist der Chlorwasserstoff auch in theoretischer Hinsicht bemerkenswert. Es ist die erste **gasförmige** Säure, die wir kennen lernen, und außerdem die erste Säure, die **keinen Sauerstoff** enthält. Ich darf Sie daran erinnern, daß wir den Namen Sauerstoff, Oxygenium, mit „Säure bildend“ oder „Säureerzeuger“ erklärten. Dieser Name stammt noch von **Lavoisier**. Damals nahm man eben an, der Sauerstoff sei zur Bildung von Säuren unbedingt notwendig, und als man die sauren Eigenschaften des neuentdeckten Salzsäuregases festgestellt hatte, war man überzeugt, daß es auch Sauerstoff enthalte. Man glaubte deshalb, es sei eine Oxydationsstufe eines noch unbekannten Elementes „Murium“ und nannte das Chlor deswegen „Muriumoxyd“. Hieran erinnert jetzt noch der pharmazeutische Name für Salzsäure: acidum muriaticum. Heute wissen wir, daß die sauren Eigenschaften einer Verbindung nur von ihrer Fähigkeit abhängen, bei ihrer Dissoziation Wasserstoff-Ionen zu liefern (siehe S. 48), und der Begriff einer sauerstoffreien Säure ist darum für uns nichts Ungewöhnliches. Natürlich kann der Chlorwasserstoff von Alkalien unter Bildung der entsprechenden Salze und Wasser neutralisiert werden nach der allgemeinen Formel:

$$MOH + HCl = MCl + H_2O.$$

Hierbei bedeutet MOH das Hydroxyd eines einwertigen Metalles, das infolge seiner Dissoziation in Metall-Ionen und die Hydroxylgruppe OH alkalisch reagiert. (Siehe S. 48.) Das Natriumhydroxyd, das in seiner wäßrigen Lösung auch Natronlauge genannt wird, haben wir ja bereits kennen gelernt. Es vereinigt sich also mit Salzsäure nach der Formel:

$$NaOH + HCl = NaCl + H_2O.$$

Die Salze des Chlorwasserstoffs nennt man Chloride und bezeichnet das Kochsalz also auch als Natriumchlorid oder Chlornatrium.

Metalle werden von der Salzsäure zu Chloriden gelöst unter Freiwerden von Wasserstoff. Bedeutet M wieder ein einwertiges Metall, so gilt die allgemeine Formel:

$$2\ M + 2\ HCl = 2\ MCl + H_2.$$

Als Ionengleichung:

$$2\ M^{\cdot} + 2\ H^{\cdot} + 2\ Cl' = 2\ MCl + H_2$$[1]).

Diese Gleichung gilt für alle Säuren, so daß man ganz allgemein sagen kann: wenn ein Metall in einer Säure gelöst wird, so wird stets der Wasserstoff der Säure frei, während das Metall mit dem „Säurerest", d. h. mit dem, was von der Säure nach Wegnahme des Wasserstoffs noch übrig bleibt, zu einem „Salz" zusammentritt.

Die Verwandtschaft des Chlors zum Wasserstoff ist so groß, daß es ihn sogar dem Wasser entreißt und mit ihm, unter Freiwerden von Sauerstoff, Salzsäure bildet. Läßt man also die Lösung von Chlor in Wasser, die den Namen Chlorwasser trägt, einige Zeit stehen, so gehen in der Flüssigkeit Umsetzungen vor sich, deren Endergebnis ausgedrückt wird durch die Formel:

$$2\ H_2O + 2\ Cl_2 = 4\ HCl + O_2.$$

Auf diesem in Freiheit-Setzen von Sauerstoff beruht die stark oxydierende Wirkung, die Chlor auszuüben fähig ist, und damit auch seine bleichenden und desinfizierenden Eigenschaften.

Die Heftigkeit, mit der Chlor bestrebt ist, Salzsäure zu bilden, indem es den dazu benötigten Wasserstoff wasserstoffhaltigen Verbindungen entzieht, kann ich Ihnen an einem sehr schönen Versuch zeigen. Vor Ihnen steht ein mit Chlor gefüllter Zylinder. Ich befeuchte einen Streifen Filtrierpapier mit Terpentinöl, einer Verbindung, die in großen Mengen Wasserstoff und Kohlenstoff enthält. Sobald ich den Streifen in das Chlorgas bringe, entzieht es dem Terpentin den Wasserstoff und bildet damit Salzsäure. Die Reaktionswärme, die dabei auftritt, ist ausreichend, das Terpentin zu entflammen, und der in ihm enthaltene Kohlenstoff wird als Ruß abgeschieden.

Wir müssen hier kurz noch einer Verbindung der Salzsäure mit Ammoniak gedenken. Durch die Vereinigung dieser beiden Körper entsteht nach der Formel:

$$NH_4OH + HCl = NH_4Cl + H_2O,$$

als Ionengleichung:

$$NH_4^{\cdot} + OH' + H^{\cdot} + Cl' = NH_4Cl + H_2O,$$

Wasser und Ammoniumchlorid, das wohl auch Chlorammonium oder Salmiak genannt wird. Es ist ein weißes, geruchloses Salz, das häufig zur Füllung galvanischer Elemente verwandt wird. Wenn man einen

[1]) Vgl. Anmerkung S. 49.

mit Salzsäure befeuchteten Glasstab über ein Gefäß hält, in dem sich etwas Ammoniak befindet, so bilden sich dicke weiße Nebel, die aus kleinsten Kryställchen von Ammoniumchlorid bestehen. Die Bildung des Ammoniumchlorids aus Ammoniak und Chlorwasserstoffgas ist deshalb interessant, weil sie nicht nur, wie hier angegeben, als Ionenreaktion durch Neutralisation einer Base mit einer Säure unter Bildung von Wasser erfolgt. Auch wenn man völlig trocknes Ammoniakgas mit völlig trocknem Chlorwasserstoffgas zusammenbringt, findet eine Vereinigung statt nach der Reaktionsgleichung:

$$NH_3 + HCl = NH_4Cl.$$

Dieser Vorgang ist etwas grundsätzlich anderes. Er stellt sich dar als eine Anlagerung eines Moleküls Chlorwasserstoff an ein Molekül Ammoniak. Dies wird gewöhnlich durch die Annahme erklärt, daß der Stickstoff hierbei seine Wertigkeit ändert, nämlich aus dem dreiwertigen in den fünfwertigen Zustand übergeht. In Strukturformeln dargestellt:

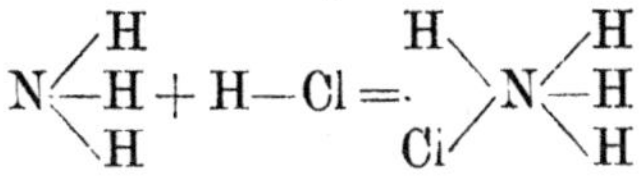

In ganz entsprechender Weise bilden auch die Abkömmlinge des Ammoniaks, wie Hydroxylamin und Hydrazin, Salze mit Chlorwasserstoff, Schwefelsäure usw. Z. B.

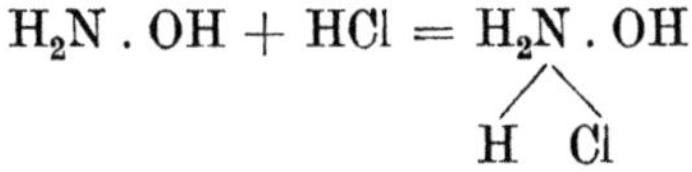

Hydroxylaminchlorhydrat
(salzsaures Hydroxylamin).

Eine gegen die obige wesentlich vertiefte Auffassung solcher Salzbildungen durch „Addition" wird uns später beschäftigen.

Wenn wir uns nun nach der Betrachtung der Salzsäure auch noch kurz zu den Verbindungen des Chlors mit den anderen uns bis jetzt bekannten Elementen wenden, so hätten wir zunächst seiner Verbindung mit Stickstoff zu gedenken. **Chlorstickstoff** ist ein gelbes Öl, das bei der geringsten Erschütterung, bei der Berührung mit Staub oder anderen organischen Körpern mit furchtbarster Heftigkeit explodiert, selbst in den kleinsten Mengen. Die Verbindung entsteht durch Einwirkung von Chlor auf eine wäßrige Lösung von Salmiak.

Mit Sauerstoff und Wasserstoff bildet das Chlor verschiedene Säuren, die sich durch ihren Gehalt an Sauerstoff voneinander unterscheiden. Am wenigsten Sauerstoff enthält die unterchlorige Säure, HClO, dann folgt die Chlorsäure $HClO_3$, und schließlich die Über- oder Perchlorsäure, $HClO_4$. Es gibt auch noch eine chlorige Säure $HClO_2$, die aber nicht in freiem Zustand bekannt ist, sondern nur in Form ihrer Salze.

Die **unterchlorige Säure** entsteht als Zwischenprodukt bei dem Zerfall des Chlorwassers in Salzsäure und Sauerstoff. Dabei bildet sich zunächst unterchlorige Säure und Salzsäure nach der Formel:

$$H_2O + Cl_2 = HCl + HOCl,$$

und dann setzen sich 2 Moleküle unterchlorige Säure in Salzsäure und Sauerstoff um:

$$2\ HOCl = 2\ HCl + O_2.$$

Wie die erste Gleichung zeigt, bietet die Einwirkung von Chlor auf Wasser eine Möglichkeit, die unterchlorige Säure darzustellen. Die Reaktion ist aber umkehrbar:

$$Cl_2 + H_2O \rightleftarrows HOCl + HCl,$$

d. h. die entstehende unterchlorige Säure wird durch die gleichzeitig gebildete Salzsäure zersetzt. Sorgt man aber dafür, daß die Salzsäure gebunden wird, so verläuft die Reaktion nur von links nach rechts. Man erreicht dies durch Zusatz von Quecksilberoxyd, mit dem die Salzsäure ein so gut wie unlösliches Salz bildet.

Die unterchlorige Säure stellt in wäßriger Lösung je nach Konzentration eine gelbliche bis wasserklare Flüssigkeit von chlorähnlichem Geruch dar. Als Säure ist sie sehr viel schwächer als die Salzsäure, übt aber sehr starke Oxydationswirkungen aus, auf denen z. T. die bleichenden Wirkungen des Chlors beruhen, da es mit der Luftfeuchtigkeit unterchlorige Säure bildet. Deshalb findet auch ihr wichtigstes Salz, das Calciumhypochlorit oder unterchlorigsaure Calcium als „Chlorkalk" eine sehr ausgedehnte Verwendung als Bleichmittel. Er stellt ein weißes, stark chlorähnlich riechendes Pulver dar. Da das Calcium-Ion zweiwertig ist, braucht es zur Salzbildung mit der einbasischen unterchlorigen Säure 2 Säurereste. Aber nur der eine stammt von der unterchlorigen Säure. Der andere rührt vom Chlorwasserstoff her, so daß man den Chlorkalk, nach Untersuchungen von Odling und Lunge, als eine Doppelverbindung von Calciumchlorid und Calciumhypochlorit betrachtet, entsprechend der Strukturformel:

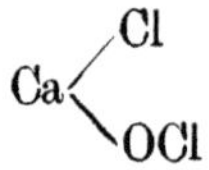

Schon die in der Luft enthaltene Kohlensäure macht aus ihm Chlor frei, was seine Anwendung als Bleichmittel erklärt. Man stellt ihn im großen dar, indem man Chlor über gelöschten Kalk leitet. Da das auf diese Weise gebundene Chlor leicht wieder in Freiheit gesetzt werden kann, ist der Chlorkalk der billigste und bequemste Stoff um Chlor zu versenden. Denn man braucht nur Fässer, während für verflüssigtes Chlor teure und schwere Stahlflaschen nötig sind.

Auch im Laboratorium wird Chlorkalk als bequemes Mittel zur Darstellung von Chlor und Sauerstoff gebraucht. Er oxydiert nämlich sowohl Salzsäure zu Chlor und Wasser, als Wasserstoffsuperoxyd zu Sauerstoff und Wasser; dabei geht er selbst in Calciumchlorid über, entsprechend den Gleichungen:

$$CaClOCl + 2\ HCl = CaCl_2 + H_2O + Cl_2$$
$$CaClOCl + H_2O_2 = CaCl_2 + H_2O + O_2$$

Ich habe hier zwei Gasentwicklungsflaschen. In der ersten befindet sich Chlorkalk und Salzsäure, in der zweiten Chlorkalk und Wasserstoffsuperoxyd. Die entwickelten Gase werden wie gewöhnlich in

Zylindern aufgefangen. Sie erkennen im ersten leicht das Chlor an seiner grünen Farbe. In den zweiten Zylinder tauchen wir einen glimmenden Holzspan. Er flammt sofort auf, womit wir also auch den Nachweis erbracht haben, daß wir tatsächlich Sauerstoff vor uns haben.

Die Chlorsäure, $HClO_3$, entsteht in Gestalt ihrer Salze durch Einwirkung von unterchloriger Säure auf unterchlorigsaure Salze; z. B.:

$$NaClO + 2\,HClO = NaClO_3 + 2\,HCl.$$

Freie Chlorsäure ist eine ziemlich dickflüssige, farblose und stark saure Flüssigkeit, die sich durch Eindampfen bis zu einem Gehalt von 40% Chlorsäure bringen läßt. Bei dem Versuch, sie noch weiter zu konzentrieren, zersetzt sie sich unter Freiwerden von Chlor. Leinwand oder Papierstreifen, die mit starker Chlorsäure getränkt werden, entzünden sich, da der durch die zersetzende Wirkung der organischen Substanzen freiwerdende Sauerstoff heftige Oxydationswirkungen ausübt.

Die Salze der Chlorsäure sind in Lösungen viel beständiger als die unterchlorigsauren Salze und üben infolgedessen keine oxydierenden Wirkungen aus. Dagegen geben sie beim Schmelzen ihren Sauerstoff ab und werden dadurch zu Chloriden. Hierauf gründet sich eines der gebräuchlichsten Verfahren zur Gewinnung von Sauerstoff. Man erhitzt irgend ein chlorsaures Salz, meist das chlorsaure Kalium, und erhält dadurch Sauerstoff und als Rückstand Kaliumchlorid nach der Formel:

$$2\,KClO_3 = 2\,KCl + 3\,O_2.$$

Der beim Schmelzen freiwerdende Sauerstoff übt in statu nascendi (siehe S. 25) sehr heftige Oxydationswirkungen aus. Dies will ich Ihnen dadurch zeigen, daß ich einen glimmenden Span in geschmolzenes, noch flüssiges chlorsaures Kalium einführe. Sie sehen, mit welch ungeheurem Glanze die Verbrennung sogar innerhalb der Flüssigkeit vor sich geht. Man macht von dieser, die Verbrennung durch Abgabe von Sauerstoff anfachenden Kraft der chlorsauren Salze in der Feuerwerkerei und der Sprengstofftechnik Gebrauch. Mit anderen Körpern, wie z. B. Schwefel, Metallpulvern usw. gemischt, explodieren chlorsaure Salze sehr heftig. Ich habe hier in eine unglasierte Reibschale eine kaum sichtbare Spur einer Mischung aus Schwefel und chlorsaurem Kalium geschüttet. Sobald ich das Gemisch mit der Mörserkeule zerreibe, können Sie die peitschenknallähnlichen Explosionen hören. Eine Mischung von chlorsaurem Kalium und Magnesiumpulver ist das in der Photographie verwandte „Blitzlicht". Wegen der Explosionsgefahr muß man mit dem Pulver sehr vorsichtig umgehen und es vor Reibung oder heftigen Stößen schützen.

Man gewinnt die unterchlorigsauren und chlorsauren Salze (Hypochlorite und Chlorate) in der Technik meist elektrolytisch. Wenn man nämlich Chlornatriumlösung durch den elektrischen Strom zersetzt, so entsteht, wie wir bereits im 5. Vortrag hörten, am negativen Pol Natriumhydroxyd, am positiven Chlor. Trägt man nun dafür Sorge, daß sich die elektrolysierte Lösung (der „Elektrolyt") ordentlich durchmischt, so entsteht in der Kälte Natriumhypochlorit:

$$2\,NaOH + Cl_2 = NaOCl + NaCl + H_2O,$$

falls der Elektrolyt erwärmt wird, Natriumchlorat, indem die durch Einwirkung von Chlor auf Wasser entstehende unterchlorige Säure gleichzeitig gebildetes unterchlorigsaures Salz zu Chlorat oxydiert:

$$NaOCl + 2\,HOCl = NaClO_3 + 2\,HCl.$$

Verwendet man als Ausgangsmaterial Chlorkalium, so erhält man selbstverständlich die entsprechenden Kaliumsalze.

Versucht man, unterchlorige Säure wasserfrei zu machen, so zerfällt sie in ihr Anhydrid Cl_2O und Wasser:

$$2\,HClO = Cl_2O + H_2O.$$

Dieses Chlormonoxyd genannte Anhydrid läßt sich erhalten, wenn man Chlor unter starker Kühlung mit Quecksilberoxyd oxydiert. Es ist ein dunkelgelbes Gas, das sich bei $+ 5^0$ zu einer braunen Flüssigkeit verdichtet. Es ist sehr explosiv.

Konzentrierte Schwefelsäure entwickelt aus chlorsauren Salzen ebenfalls ein gelbbraunes, bei Erwärmung heftig explodierendes Gas. Es hat die Formel ClO_2 und wird folglich Chlordioxyd genannt. Es übt lebhaft oxydierende Wirkungen aus. Ich kann Ihnen das dadurch zeigen, daß ich auf ein Gemisch von chlorsaurem Kalium und Zucker einen Tropfen Schwefelsäure fallen lasse. Dadurch wird Chlordioxyd entwickelt, das das Gemisch sofort in Brand setzt. Der Anwesenheit von Chlordioxyd, vermengt mit Chlor, verdankt die Mischung von Chloraten mit konzentrierter Salzsäure ihre heftige Wirkung, wegen der sie gebraucht wird, um organische Substanzen (z. B. Leichenteile bei der gerichtlichen Prüfung auf Metallgifte) durch Oxydation völlig zu zerstören. Die Struktur des Chlordioxyds ist noch nicht aufgeklärt. Infolge mancher Beziehungen zwischen Chlor und Mangan nimmt man meist vierwertiges Chlor, $Cl\begin{smallmatrix}=O\\=O\end{smallmatrix}$ an, entsprechend dem Dioxyd des Mangans.

Die sauerstoffreichste Säure, die Überchlorsäure oder Perchlorsäure, $HClO_4$, entsteht bei dem Erhitzen chlorsaurer Salze auf nicht zu hohe Temperatur. Dabei entweicht nämlich nur der dritte Teil des Sauerstoffs, und es entsteht Kaliumchlorid und überchlorsaures Kalium:

$$2\,KClO_3 = KCl + KClO_4 + O_2.$$

Erst wenn man noch weiter erhitzt, zersetzt sich auch das überchlorsaure Salz in Kaliumchlorid und Sauerstoff:

$$KClO_4 = KCl + 2\,O_2,$$

so daß dann schließlich die oben schon angeführte Formel gilt:

$$2\,KClO_3 = 2\,KCl + 3\,O_2.$$

Die freie Säure entsteht aus dem überchlorsauren Kalium durch Erhitzen mit Schwefelsäure, entsprechend der Art, in der wir Salpetersäure aus ihrem Kaliumsalz erhalten. (Siehe S. 51.) Sie ist eine farblose, an der Luft rauchende Flüssigkeit von 1,76 spez. Gew. Die Handhabung dieser konzentrierten Säure ist gefährlich, da sie, auf die Haut gebracht, schmerzhafte Wunden erzeugt und brennbare Substanzen unter Explosion oxydiert. Verdünnte Säure läßt sich dagegen ohne Gefahr handhaben.

Durch Phosphorsäureanhydrid P_2O_5, das bekanntlich sehr begierig Wasser anzieht und sich dadurch in Phosphorsäure verwandelt, kann man der Perchlorsäure Wasser entziehen und dadurch ihr Anhydrid erhalten:

$$2\,HClO_4 + P_2O_5 = Cl_2O_7 + 2\,HPO_3.$$

Das Perchlorsäureanhydrid oder Chlorheptoxyd ist eine ziemlich beständige, farblose Flüssigkeit, die bei $+ 82^0$ siedet, beim Stehen grün wird und sehr flüchtig ist.

Unter der Annahme, daß Chlor und Wasserstoff einwertig, Sauerstoff zweiwertig ist, könnte man die Konstitutionsformeln der verschiedenen Säuren des Chlors folgendermaßen schreiben:

$$H - Cl = HCl = \text{Salzsäure, Chlorwasserstoff.}$$
$$H - O - Cl = HOCl = \text{Unterchlorige Säure.}$$
$$H - O - O - O - Cl = HClO_3 = \text{Chlorsäure.}$$
$$H - O - O - O - O - Cl = HClO_4 = \text{Perchlorsäure.}$$

Dieser Annahme widerspricht aber die Tatsache, daß gerade die Säure, deren Molekül die längste Kette bildet, die Perchlorsäure, die beständigste ist, während die Erfahrung lehrt, daß in der Regel kurze Ketten beständiger als lange sind. Man nimmt deshalb an, daß das Chlor in seinen Säuren in verschiedenen Wertigkeiten auftritt, und zwar ein-, fünf- und siebenwertig. Danach schreibt man die verschiedenen Konstitutionsformeln:

$$HOCl, \qquad H{-}O{-}\overset{\overset{\displaystyle O}{\|}}{\underset{\underset{\displaystyle O}{\|}}{\overset{V}{Cl}}}, \quad \text{und} \quad H{-}O{-}\overset{\overset{\displaystyle O}{\|}}{\underset{\underset{\displaystyle O}{\|}}{\overset{VII}{Cl}}} = O.$$

Unterchlorige Säure — Chlorsäure — Perchlorsäure

Wir wenden uns nun zu der Betrachtung noch einiger anderer Elemente, die mit dem Chlor große Ähnlichkeiten aufweisen, vor allem die, mit Wasserstoff Säuren zu bilden. Wie wir vorher sahen, ist es für unsere heutigen Begriffe ja durchaus nichts Merkwürdiges, daß es sauerstofffreie Säuren gibt, ebensowenig, wie es uns wundernimmt, daß diese Säuren mit Metallen Salze bilden können (siehe S. 48). Zu Zeiten Lavoisiers aber, in denen man annahm, daß eine Säure, und damit natürlich auch ein Salz, unbedingt Sauerstoff enthalten müsse, setzte die Fähigkeit eines Elementes wie Chlor, direkt mit Metallen Salze zu bilden, sehr in Erstaunen. Man nannte deshalb Chlor und die anderen Elemente von gleichem Verhalten „Salzbildner" oder „Halogene"[1].

Ein auch in seinem Äußeren dem Chlor sehr nahestehendes Element ist das Fluor. Es findet sich in der Natur hauptsächlich in Form seines Calciumsalzes, CaF_2, aus dem das bekannte Mineral Flußspat besteht. Eine Verbindung des Fluors mit Natrium und Aluminium ist das Mineral Kryolith. Der Name Fluor ist abgeleitet von Flußspat (fluo, lat., heißt: „ich fließe"), und Flußspat selbst hat seinen Namen davon, daß gewisse schwerschmelzende Gemische bei seinem Zusatz leichtflüssiger werden. Geringe Mengen von Fluorverbindungen sind im Zahnschmelz enthalten.

[1] ἅλς (hals), Salz; γεννάω (gennao), ich erzeuge.

Fluor ist ein Gas von etwas hellerer Farbe als die des Chlors. Sein spez. Gew. ist 1,2, sein Atomgewicht 19. Wenn man das Gas mit flüssiger Luft kühlt, verdichtet es sich zu einer gelben Flüssigkeit. Die Neigung des Fluors zu anderen Elementen ist noch wesentlich größer als die des Chlors. Mit Wasserstoff vereinigt es sich sogar noch bei außerordentlich niedrigen Temperaturen unter Explosion zu dem der Salzsäure entsprechenden Fluorwasserstoff, HF. Entgegen dem Verhalten der Salzsäure kann aber der Fluorwasserstoff durch kein Oxydationsmittel zu Wasser und freiem Fluor oxydiert werden. Infolge der sehr starken Reaktionsfähigkeit des Fluors und des eben beschriebenen abweichenden Verhaltens des Fluorwasserstoffs hat es lange gedauert, bis es gelang, freies Fluor darzustellen. Dies erreichte erst der französische Chemiker Moissan im Jahr 1886, als er wasserfreien Fluorwasserstoff in einem Gefäß von Platin der Elektrolyse unterwarf. (Platin ist einer der wenigen gegen Fluor beständigen Stoffe.) Er spaltete dadurch den Fluorwasserstoff in seine beiden Bestandteile, und das so gewonnene Fluor konnte in Platinröhren, die an beiden Enden mit Platten aus durchsichtigem Flußspat verschlossen waren, aufbewahrt und untersucht werden.

Merkwürdig muß uns die Tatsache berühren, daß trotz der großen Verwandtschaft des Fluors zu anderen Elementen keine einzige Verbindung mit Sauerstoff bekannt ist. Hierin liegt ein wesentlicher Unterschied von dem Chlor.

Fluorwasserstoff, fast die einzige praktisch verwandte Verbindung des Fluors, entsteht auf dieselbe Weise aus einem Fluorid beim Erwärmen mit Schwefelsäure, wie wir Chlorwasserstoff aus einem Chlorid mit Schwefelsäure erhielten. Verwenden wir also z. B. den schon oben erwähnten Flußspat, Calciumfluorid von der Formel CaF_2, und erwärmen ihn mit Schwefelsäure, so werden die zwei einwertigen Wasserstoffionen der Schwefelsäure durch ein zweiwertiges Calciumion des Calciumfluorides ersetzt, und es entsteht schwefelsaures Calcium und Fluorwasserstoff:

$$CaF_2 + H_2SO_4 = 2\,HF + CaSO_4.$$

Fluorwasserstoff siedet erst bei $+ 20^0$, ist also bei gewöhnlicher Temperatur noch flüssig. In wasserfreiem Zustand raucht er an der Luft. Sowohl in flüssigem als gasförmigem Zustand hat er einen stechenden Geruch und übt starke Ätzwirkungen aus. Die befremdende Tatsache, daß das Halogen mit dem niedersten Atomgewicht die höchstsiedende Wasserstoffverbindung bildet, rührt, nach Hofmann, daher, daß der Fluorwasserstoff noch bei 48^0 bimolekular ist, entsprechend der Formel H_2F_2. Gasförmiger Fluorwasserstoff wird von Wasser unter Erhitzung in großen Mengen aufgenommen, wobei wäßrige Fluorwasserstoffsäure oder „Flußsäure" entsteht. Die Flußsäure erzeugt, auf die Haut gebracht, äußerst langsam heilende und schmerzhafte Wunden und ätzt und löst auch Stoffe, die im allgemeinen für unlöslich gehalten werden, so z. B. Kieselsäure und Glas. Kieselsäure ist ein Hauptbestandteil sehr vieler Mineralien, wie z. B. Granit, Feldspat und fast aller, deren wesentlicher Bestandteil nicht Kalk ist. Quarz (Bergkrystall, Topas, Amethyst usw.) ist reine (oft durch geringe Beimengungen verschieden gefärbte) Kieselsäure. Alle diese Mineralien können durch Auflösen in Flußsäure einer chemischen Untersuchung zugänglich gemacht, wie man sagt, „aufgeschlossen" werden. Da Kieselsäure auch ein wesentlicher Teil des Glases ist, wird auch dieses von Flußsäure gelöst, und man benutzt sie deshalb, um Zeichnungen, Thermometerskalen und ähnliches in Glas zu ätzen. Natürlich kann sie deshalb nicht in Glasgefäßen aufbewahrt werden, sondern man muß dazu Flaschen von Platin, Paraffin, Blei oder Guttapercha verwenden.

Die Salze des Fluorwasserstoffs heißen Fluoride. Am häufigsten kommt in der Natur das schon oben erwähnte Calciumfluorid, CaF_2, vor. Es krystallisiert in schönen durchsichtigen, verschieden gefärbten würfelförmigen Krystallen als Flußspat. Künstlich erhält man es beim Zusammenbringen von Flußsäure mit der Lösung irgendeines Calciumsalzes als schleimigen Niederschlag, der getrocknet ein weißes, in Wasser unlösliches Pulver darstellt.

Ich möchte Ihnen hier durch einen Versuch zeigen, daß man aus Flußspat beim Erwärmen Fluorwasserstoff erhält, und daß dieser Glas ätzt. Auf dem Boden einer flachen Bleischale liegt etwas gepulverter Flußspat. Ich gebe konzentrierte Schwefelsäure zu, bedecke das Ganze mit einer Glasplatte und erwärme gelinde. Die Unterseite der Glasplatte ist mit Wachs überzogen, in das ich mit einer Nadel die Formel des Fluorwasserstoffs, HF, eingeritzt habe, so daß an diesen Stellen das Glas bloßgelegt ist. Wir lassen dem Fluorwasserstoff nun eine kleine Weile Zeit, um ordentlich auf das Glas einwirken zu können, dann entfernen wir das Wachs und werden die Formel HF in die Platte eingeätzt finden.

Weitere Verbindungen des Fluors haben vorderhand für uns noch kein Interesse; wir werden vielleicht später noch auf die eine oder andere zurückkommen.

Wir haben nun noch zwei andere, zur Gruppe der Halogene gehörende Elemente zu betrachten. Das erste davon ist das Brom, eine dunkelbraune Flüssigkeit von höchst angreifendem und widerwärtigem Geruch. Daher auch ihr Name [1]). Das Atomgewicht des Broms ist 80, sein spez. Gew. 3,2. (Da Brom bei gewöhnlicher Temperatur flüssig ist, ist sein spez. Gew. auf Wasser als Einheit bezogen, nicht wie bei den Gasen, auf Luft.) Der Siedepunkt des Broms ist niedrig, er liegt schon bei 60°. Jedoch verwandelt es sich auch schon bei gewöhnlicher Temperatur in seinen braunroten Dampf, der aus einzelnen Molekülen Br_2 besteht. Bei höherer Temperatur aber dissoziieren die Moleküle nach der Gleichung: $Br_2 = 2\,Br$. Diese Erscheinung der Dissoziation der Moleküle in Dämpfen bei Erhöhung der Temperatur ist sehr allgemein. Auch erhitztes Chlorgas, Fluor, Joddampf, den wir gleich kennen lernen werden, verhalten sich so. (Siehe auch S. 28.) Über den Unterschied zwischen Gasen und Dämpfen werden wir später noch genauer zu sprechen haben. — Ich darf Sie hier vielleicht an den Versuch erinnern,

[1]) βρῶμος (bromos), Gestank. Bromdampf ist ebenso gefährlich, wenn nicht gefährlicher, als Chlor.

den wir anstellten, um die verschiedenen Geschwindigkeiten der Diffusion in Wasserstoff und Luft sichtbar zu machen. (Siehe S. 17.) Der braunrote Dampf, den Sie damals im Wasserstoff, als in dem spezifisch leichteren Gas, schneller aufsteigen sahen als in Luft, war Bromdampf.

Das Brom ist in der Natur zwar sehr verbreitet, nirgends aber in großen Mengen oder in freiem Zustand anzutreffen. Es ist fast immer ein Begleiter des Chlors, und in allen an Chloriden reichen Wassern, also vor allem im Meerwasser, in Mineralwassern und Solquellen kommt Brom in geringen Mengen vor. Es wurde von Balard im Jahre 1826 bei der Bereitung von Salz aus Meerwasser in dessen Rückständen entdeckt.

Im großen gewinnt man das Brom aus den Rückständen der Staßfurter Kalibergwerke. Bei Staßfurt befinden sich große Salzlager, die außer aus (später zu besprechenden) Verbindungen des Kaliums auch aus Magnesiumchlorid bestehen, dem etwa $^1/_3\,^0/_0$ Magnesiumbromid beigemengt ist. Man zersetzt das Magnesiumbromid durch Chlor, wobei sich Magnesiumchlorid und freies Brom bilden, entsprechend der Formel:

$$MgBr_2 + Cl_2 = MgCl_2 + Br_2.$$

Daß Chlor tatsächlich fähig ist, Brom aus seinen Verbindungen frei zu machen, will ich Ihnen gleich zeigen: Ich habe hier in einem Reagenzglas eine vollkommen farblose Lösung von Kaliumbromid. Ich gebe einige Tropfen Chlorwasser hinzu, und sofort färbt sie sich durch ausgeschiedenes Brom gelb.

Brom ist nur in geringem Maß, bis zu etwa $3\,^0/_0$, in Wasser löslich. Die Lösung ist gelb, hat den Geruch des Broms und heißt Bromwasser. Es hat, wie das Chlorwasser, oxydierende Eigenschaften, die auf der Bildung von unterbromiger Säure und deren Zerfall in Bromwasserstoff und Sauerstoff beruht. (Vgl. S. 64.)

Hinsichtlich der Neigung zu anderen Elementen ist zu bemerken, daß das Brom auch hierin dem Chlor sehr ähnelt, daß es sich also mit den meisten Metallen leicht, mit einigen sogar unter Feuererscheinung verbindet. Jedoch ist diese Verbindung zwischen Brom und Metall nicht so fest wie die zwischen Chlor und Metall, und daher kommt es, daß Chlor aus Bromiden das Brom in Freiheit setzt und sich mit dem überbleibenden Metall zu einem Chlorid verbindet.

Das Brom findet eine mannigfache Anwendung sowohl in der chemischen und photographischen Industrie als auch als Arzneimittel. Reines Brom kann natürlich nicht eingenommen werden, weil es viel zu sehr ätzt. Dagegen gebraucht man es sehr viel in der Form der Bromide, besonders als Kaliumbromid unter dem Namen „Bromkali" als Schlafmittel, da die Bromverbindungen die Nerven- und Herztätigkeit herabsetzen.

Der Bromwasserstoff läßt sich nur äußerst schwer auf dieselbe Weise erhalten, auf die wir Chlor- und Fluorwasserstoff darstellen. Sobald man nämlich ein Bromid mit verdünnter Schwefelsäure erwärmt, entsteht nach der Formel:

$$2\,KBr + H_2SO_4 = 2\,HBr + K_2SO_4$$

wohl Bromwasserstoff, jedoch löst er sich in der verdünnten Schwefelsäure sofort auf. Verwendet man stattdessen konzentrierte Schwefelsäure, so wird er zersetzt. Man stellt ihn praktisch her, indem man ein Bromid mit konzentrierter Phosphorsäure zersetzt, z. B.:

$$NaBr + H_3PO_4 = HBr + NaH_2PO_4.$$

Bromwasserstoff ist ein Gas von stechendem Geruch, das von Wasser in großen Mengen gelöst wird. Die wäßrige Bromwasserstoffsäure enthält bei Zimmertemperatur etwa 50% Bromwasserstoff und ist über $1^1/_2$ mal so schwer wie Wasser. Bei 68° verflüssigt sich das Gas.

Die Verbindungen des Broms mit Sauerstoff entsprechen denen des Chlors. Eine der Überchlorsäure entsprechende Überbromsäure $HBrO_4$ ist noch nicht mit Sicherheit bekannt, ebensowenig ein Bromdioxyd.

Bromstickstoff verhält sich genau wie Chlorstickstoff.

Das letzte Element aus der Gruppe der Halogene, das Jod, bildet graue, metallglänzende, schwere Blättchen von eigentümlichem, etwas an Chlor erinnerndem Geruch. Jod hat ein Atomgewicht von 127, sein spez. Gew. ist 4,9. Es hat dasselbe Vorkommen wie Brom und Chlor.

An den Küsten von Schottland, Irland und Frankreich wurde es aus den Aschenrückständen verschiedener Seetangarten gewonnen, in deren Geweben es sich findet. Diese 0,5—2% Kaliumjodid enthaltende Tangasche heißt „Kelp" oder „Varec". Seitdem man aber gelernt hat, das Jod aus den chilenischen Salpeterlagern zu gewinnen, ist der Kelpindustrie eine große Konkurrenz erwachsen, und heute stellt man fast nur noch aus chilenischem Rohmaterial Jod her. Die Salpeterlager von Chile (siehe S. 54) liefern etwa 0,05% Jod in Form jodsaurer Salze. Viele Quellen enthalten Jod (Tölz). In einer nordamerikanischen Quelle kommt sogar so viel freies Jod vor, daß ihr Wasser braun ist.

Auch im Tierkörper findet sich Jod, besonders in dem „Thyrojodin"[1]) der Schilddrüse. Seitdem man eine Beziehung des Jods zu der Schilddrüse erkannt hat, behandelt man Anschwellungen dieses Organs (Kropf) erfolgreich durch Zufuhr von Jod oder Jodverbindungen. Auch auf Schwellungen anderer Drüsen wirkt Jod günstig ein, so daß es als Arzneimittel viel gebraucht wird. Niedere Organismen, die in der Luft verbreitet sind (vornehmlich Sporen) enthalten ziemliche Mengen Jod. Nach Chatin enthalten 4000 l Pariser Luft 0,002 mg Jod. Ein Mensch in Paris atmet in 24 Stunden 0,01—0,005, in der staubfreien Luft der Alpen aber nur 0,0005 mg Jod ein. (Zitiert nach K. A. Hofmann.) Es wäre denkbar, daß dies im Zusammenhang mit der größeren Häufigkeit von Schilddrüsenentartungen im Gebirge steht.

Jod ist schon bei gewöhnlicher Temperatur sehr flüchtig; wenn man einen Jodkrystall auf die Haut bringt, wird sie braun gefärbt. Nach einiger Zeit verschwindet die Braunfärbung aber wieder, weil das Jod sich verflüchtigt. Bei 115° schmilzt es, bei 184° siedet es und verwandelt sich dabei in seinen dunkelvioletten Dampf, der Veranlassung zu dem Namen „Jod"[2]) gegeben hat. Bis zu etwa 600° kommt

---

[1]) Thyroidea, die Schilddrüse.

[2]) ἰοειδής (ioeides), veilchenfarbig.

den Molekülen im Joddampf die Formel J_2 zu. Bei weiterer Steigerung der Temperatur dissoziieren sie aber, wie schon erwähnt, in $J + J$. Der Joddampf ist fast 9 mal (8,7) schwerer als Luft. Wenn man ihn abkühlt, so verdichtet er sich wieder zu kleinen Kryställchen von Jod. Wenn man aus dem Dampf eines festen Körpers durch Abkühlen den ursprünglichen Körper wieder erhalten kann, so sagt man, die Substanz sei sublimierbar; das Verfahren selbst nennt man eine Sublimation, während man bei flüssigen Körpern im gleichen Falle von Destillation spricht. Um Ihnen die Sublimation des Jods hier vorführen zu können, habe ich auf den Boden einer dünnwandigen Porzellanschale eine kleine Menge Jod geschüttet. Ich stürze nun einen geräumigen Glastrichter über das Ganze und erwärme. Sehr bald können Sie die Bildung des violetten Joddampfes beobachten, und nach einiger Zeit werden Sie die Innenseite des Trichters mit dichten Krusten von Jod bedeckt finden.

Jod löst sich nur in sehr geringem Maß in Wasser. Ein Teil Jod erfordert 6000 Teile Wasser, um gelöst zu werden. Die Flüssigkeit ist dann gelb gefärbt. Wenn das Wasser Jodkalium oder auch andere Salze, z. B. Chlorammonium, enthält, so wird bedeutend mehr Jod mit brauner Farbe gelöst. Das Jodwasser setzt sich am Licht, ähnlich wie Chlorwasser, in Jodwasserstoff und Sauerstoff um, übt jedoch keine bleichende Wirkung aus.

In Alkohol und Äther löst sich Jod mit Leichtigkeit zu einer tiefbraunen Flüssigkeit. Alkoholische Jodlösung wird in den Apotheken als „Jodtinktur“ vorrätig gehalten. Die Lösung des Jods in Schwefelkohlenstoff ist violett. In den violetten Lösungen nimmt man freie Jodmoleküle an, in den braunen dagegen sind sie mit den Molekülen des Lösungsmittels (locker) verbunden.

Ein ganz merkwürdiges Verhalten zeigt Jod zu Stärke, die nämlich durch die geringsten Spuren dieses Elementes blau gefärbt wird. Das Jod wird von den sehr fein verteilten und kleinen Stärketeilchen an ihrer Oberfläche mechanisch festgehalten („adsorbiert“). Die blaue Jodstärke ist also keine chemische, sondern eine „Adsorptionsverbindung“. (Vgl. S. 218.) Daß keine chemische Vereinigung vorliegt, läßt schon die Tatsache vermuten, daß die blaue Färbung beim Erwärmen verschwindet und bei Abkühlung wieder erscheint. Auch gewisse andere sehr fein verteilte Stoffe bilden blaue Adsorptionsverbindungen mit Jod. Sie erinnern sich vielleicht, daß wir zum Nachweis des Ozons einen besonders präparierten Papierstreifen benutzten, der unter seiner Einwirkung blau wurde (siehe S. 15). Der Streifen war mit Stärkekleister getränkt, in dem etwas Kaliumjodid aufgelöst war; man nennt solches Papier deshalb Jodkalistärkepapier. Das stark oxydierende Ozon setzt das Jod des Kaliumjodids in Freiheit, und dieses färbt wieder die Stärke blau. Ich habe hier einen großen Zylinder voll Wasser, zu dem ich jetzt eine geringe Menge dünnen Stärkekleister gebe, wonach ich das Ganze gut durcheinandermische. Ich füge nun einen Tropfen Jodtinktur zu, und sofort färbt sich die Flüssigkeit tief blau. In der Stärke besitzen wir also ein sehr gutes Erkennungsmittel, wie man sagt: „ein empfindliches Reagens“ auf freies Jod.

Eine weitere Eigentümlichkeit des Jods besteht in seiner starken Einwirkung auf die Schleimhäute, speziell die des Rachens und der Nase. Wenn man länger mit Jod zu tun hat und sich nicht vor dem Einatmen seines Dampfes schützt, so entstehen Entzündungen der Schleimhäute, die eine ähnliche Reihe von Erscheinungen ergeben wie ein heftiger Katarrh, und die man deshalb als „Jodschnupfen" bezeichnet. Die Salze des Jods bewirken innerlich genommen zunächst eine Steigerung aller Stoffwechselvorgänge, in größeren Gaben rufen auch sie die Erscheinungen des Jodschnupfens hervor.

Die Auffindung des Jods fällt in das Jahr 1811, wo es Courtois im Kelp (siehe S. 71) entdeckte.

In seinen Verbindungen verhält sich Jod meist ähnlich wie Brom und Chlor. Aus demselben Grund wie der Bromwasserstoff ist auch der Jodwasserstoff nicht durch Erwärmen eines Jodids mit Schwefelsäure darstellbar. Um ihn zu erhalten, muß man verwickelte, für uns hier noch nicht verständliche Verfahren anwenden. Ein sehr elegantes, jedoch nur theoretisches Interesse beanspruchendes Verfahren ist die unmittelbare Vereinigung der Elemente Jod und Wasserstoff, die bei Gegenwart von fein verteiltem Platin gelingt und nach dem sich übrigens auch Bromwasserstoff erhalten läßt. Hierbei wirkt das Platin rein durch seine Gegenwart auf die beiden Elemente so ein, daß sie sich zu Jodwasserstoff vereinigen, während es sich selbst dabei durchaus nicht verändert. Eine derartige Einwirkung nennt man katalytisch, Stoffe, die sie hervorzubringen vermögen, Katalysatoren. So wirken z. B. auch die mit Kupfersalzlösungen getränkten Bimssteine bei dem Deaconschen Verfahren zur Chlorgewinnung, ferner die „Kontaktsubstanzen" bei der Haberschen Ammoniaksynthese und bei der Oxydation des Ammoniaks zu Salpetersäure als „Katalysatoren". Näheres über Katalysatoren werden wir später hören. Wie die übrigen Halogenwasserstoffsäuren ist auch Jodwasserstoff in hohem Grad in Wasser löslich. Er ist ein farbloses Gas von ziemlicher Schwere (spez. Gew. 4,4, bezogen auf Luft), das sich bei —35° verflüssigt. Wenn man ihn erhitzt, färbt er sich, infolge thermischer Dissoziation, entsprechend

$$2\,HJ \rightleftarrows H_2 + J_2$$

violett. Von seinen Salzen wird hauptsächlich das Kaliumjodid viel gebraucht, das in Würfeln krystallisiert und sich bereits im gleichen Gewicht Wasser unter starker Erniedrigung der Temperatur löst.

Jod bildet nur eine Verbindung mit Sauerstoff, nämlich das Jodpentoxyd J_2O_5. Man nimmt an, daß in ihm das Jod fünfwertig auftritt, eine Theorie, die durch die Entdeckung eines Jodpentafluorids, J_2F_5 gesichert ist. Man kann das Jodpentoxyd auch als Jodsäureanhydrid betrachten; den mit Wasser bildet es sofort Jodsäure:

$$J_2O_5 + H_2O = H_2J_2O_6.$$

Häufig findet man für Jodsäure nur die Hälfte der obigen Formel angegeben HJO_3. Da aber die Jodsäure saure Salze bilden kann, muß sie mindestens zweibasisch sein (siehe S. 50), so daß ihr die oben angeführte Formel $H_2J_2O_6$ zukommt. Jodsäureanhydrid ist eine weiße, feste Substanz, die erst bei 300° ihren Sauerstoff abgibt, also viel beständiger ist als die teilweise sogar explosiven Sauerstoffverbindungen des Chlors und des Broms. Jodsäure ist ebenfalls ein fester, weißer Körper, den man auch erhalten kann, wenn man Jod mit stark oxydierenden Stoffen, wie z. B. Salpetersäure, behandelt:

$$3\,J_2 + 10\,HNO_3 = 3\,H_2J_2O_6 + 10\,NO + 2\,H_2O.$$

Die Salze der Jodsäure heißen Jodate, die des Jodwasserstoffs Jodide. Sie entstehen ebenso wie die Chlorate und Chloride. Indes sind die Jodate von viel untergeordneterer Bedeutung.

Die der unterchlorigen entsprechende unterjodige Säure, HOJ, ist sicher die Ursache der starken oxydierenden Eigenschaften alkalischer Jodlösungen. Frei ist sie aber nicht dargestellt und scheint eine so außerordentlich schwache Säure zu sein, daß sie sich eher basisch verhält. Man kennt wenigstens eine leicht zerfallende Verbindung JCl (Monochlorjod), die dunkelrote, schon bei 27° schmelzende Krystalle bildet. Man kann sie betrachten als Salz des Chlorwasserstoffs mit der als Jodhydroxyd J(OH) reagierenden unterjodigen Säure. Auch ein bei 25° schmelzendes, in gelben Nadeln krystallisierendes und stark antiseptisch wirkendes Jodtrichlorid, JCl_3 ist bekannt. Es müßte sich von einer dreisäurigen Base $J(OH)_3$ ableiten. Man kennt dieses Hydroxyd selbst zwar nicht, wohl aber Abkömmlinge davon. Wenn nämlich zwei von den drei Hydroxylgruppen durch den organischen einwertigen Rest „Phenyl" (C_6H_5—) ersetzt werden, so erhält man das „Diphenyljodoniumhydroxyd"

$$\begin{matrix} C_6H_5 \\ C_6H_5 \end{matrix}\!\!>\!J{-}OH$$

eine sehr beständige und in ihren Salzen, ja sogar ihrer Flammenfärbung, so an die entsprechenden Salze des Elements Thallium erinnernde Verbindung, daß man sie geradezu „synthetisches Thallium" genannt hat. (V. Mayer.)

Nun möchte ich Ihnen auch noch die explosiven Eigenschaften einer Halogenstickstoffverbindung vorführen. Wir konnten den Chlor- und Bromstickstoff deshalb nicht darstellen, weil wir es bei diesen Körpern weder in der Hand haben, eine bestimmte, leicht verteilbare Menge darzustellen, noch die Explosion willkürlich hervorzurufen. Jodstickstoff aber läßt sich leicht in den kleinsten Mengen herstellen, und er ist auch nicht so explosiv, daß wir ihn nicht bei einiger Vorsicht handhaben könnten.

Wir erhalten Jodstickstoff als einen schwarzen Körper von wechselnder, nicht genau bestimmter Zusammensetzung, wenn wir Jod mit Ammoniak übergießen und das Ganze eine kleine Weile sich selbst überlassen[1]). Ich habe in eine Schale eine äußerst geringe Menge fein zerriebenes Jod gebracht, die ich nun mit Ammoniak übergieße. Es bildet sich ein schwarzes Pulver, das ich, noch feucht, in sehr kleinen Mengen auf kleine Stückchen Filtrierpapier verteile und trocknen lasse. Sobald

[1]) Das Endprodukt der Reaktion ist NJ_3.

ich nun mit einer Federfahne, ja nur durch schwachen Luftstrom, den Jodstickstoff streife, werden Sie den scharfen, hohen Knall der Explosion hören und den violetten Joddampf entweichen sehen.

Wir haben hiermit den Schluß unserer Betrachtungen der Halogengruppe erreicht, und es bleibt mir nur noch übrig, Ihnen verschiedene Zusammenhänge und Gesetzmäßigkeiten innerhalb dieser Gruppe ins Gedächtnis zurückzurufen.

Zunächst stellen wir noch einmal fest, daß sämtliche vier Halogene sauerstofffreie Säuren bilden, die mit Metallen und Alkalien (siehe S. 10) Salze bilden können. Daher ihr Name. Gemeinsam ist allen Halogenwasserstoffsäuren, mit Ausnahme des Fluorwasserstoffs, daß sie bei gewöhnlicher Temperatur gasförmig, aber in hohem Maß in Wasser löslich sind.

Hinsichtlich der Verbindungen der Halogene mit Sauerstoff nimmt das Fluor insofern eine Ausnahmestellung ein, als es überhaupt keine bildet.

Die übrigen drei Elemente bilden alle Verbindungen mit Sauerstoff (und Hydroxyl), aber sie halten ihn verschieden stark fest. Die Affinität zum Sauerstoff wächst mit steigendem Atomgewicht, während die Affinität zum Wasserstoff mit steigendem Atomgewicht sinkt. Nehmen wir also an, immer das letztgenannte Element habe die stärkste Affinität, so stellt sich die Sache untereinandergeschrieben so dar:

Affinität zu Sauerstoff		Affinität zu Wasserstoff
│	F	↑
│	Cl	│
│	Br	│
↓	J	│

Die Atomgewichte der Halogene stehen überhaupt in ganz eigentümlichen Beziehungen zueinander. Wenn man nämlich die Summe der Atomgewichte des Chlors und Jods durch zwei teilt, so erhält man sehr angenähert das Atomgewicht des Broms:

$$\frac{35{,}46\ (\text{Cl}) + 126{,}92\ (\text{J})}{2} = 81{,}14\ (\text{Br}).\quad (\text{Tatsächlich } 79{,}92)$$

Mathematisch drückt man sich aus: Das Atomgewicht des Broms bildet das (arithmetische) Mittel zwischen den Atomgewichten des Chlors und des Jods. Dieses Verhältnis zwischen den Atomgewichten dreier Elemente werden wir noch öfter antreffen. Man sagt auch häufig: Chlor, Jod und Brom bilden miteinander eine „Triade". Mit steigendem Atomgewicht beobachten wir weiterhin: eine Änderung des Aggregatzustandes: Fluor und Chlor ist gasförmig, Brom flüssig, Jod fest; ein Tieferwerden der Farbe: Fluor hellgrün, Chlor gelbgrün, Brom dunkelbraun, Jod blauschwarz. Außerdem erhöht sich auch der Schmelz- und der Siedepunkt sowie das spez. Gew. Stellen wir dies alles zum Schluß in Tabellenform zusammen, dann erhalten wir das folgende Schema:

Elemente	Symbol	Atom.-Gew.	Spez. Gew.	Schmelzp.	Siedepunkt
Fluor . . .	F	19,00	—	—	— 187°
Chlor . . .	Cl	35,46	1,45 (flüssig)	— 102°	— 33,6°
Brom . . .	Br	79,92	3,19	— 7,3°	+ 59°
Jod	J	126,92	4,93	+ 114,2°	+ 184,4°

Elemente	Aggregatzust.	Farbe	Affinität zu H	Affinität zu O
Fluor	Gasförm.	Hellgrün	Sehr stark	Gar keine
Chlor	Gasförm.	Gelbgrün	Stark	Schwach
Brom	Flüssig	Dunkelbraun	Mittelstark	Mittelstark
Jod	Fest	Blauschwarz	Schwach	Stark

Siebenter Vortrag.

Schwefel. — Krystallsysteme. — Schwefelwasserstoff. — Sulfide. — Sulfhydrate. — Schweflige Säure. — Schwefelsäure. — Nomenklatur der Salze. — Thioschwefelsäure. — Überschwefelsäure. — Chlorschwefel. — Selen. — Selenige Säure. — Selensäure. — Selenwasserstoff. — Tellur. — Tellurige Säure. — Tellurtrioxyd. Tellurwasserstoff. — Gruppenübersicht.

Ähnlich wie wir im letzten Vortrag eine Gruppe zusammengehörender Elemente betrachtet haben, wollen wir auch heute wieder eine Anzahl von Grundstoffen besprechen, die durch eine Reihe gemeinsamer Eigenschaften zu einer Gruppe zusammengefaßt werden können, die man nach ihrem wichtigsten Vertreter die Schwefelgruppe nennt. Zu ihr zählen die Elemente Schwefel, Selen und Tellur, außerdem auch der Sauerstoff, der aber, ähnlich wie das Fluor bei den Halogenen, eine Ausnahmestellung einnimmt. Da wir ihn, als den wichtigsten Grundstoff überhaupt, gleich zu Anfang in den Kreis unserer Betrachtungen gezogen haben, wollen wir heute ganz von ihm absehen und uns nur darauf beschränken, zum Schluß festzustellen, was uns berechtigt, ihm eine Ausnahmestellung in der Schwefelgruppe zuzuweisen.

Schwefel findet sich in großen Mengen in freiem Zustand, vornehmlich in Sizilien (Girgenti), außerdem auch in Spanien und Kalifornien. In vulkanischen Gegenden trifft man regelmäßig Schwefel, teils frei, teils in Form seiner Verbindungen mit Wasserstoff und Sauerstoff. Sehr verbreitet ist der Schwefel in Verbindung mit Metallen; diese schwefelhaltigen Mineralien heißen entweder „Kiese", „Glanze" oder „Blenden". Bekannt ist z. B. Eisenkies, Kupferkies, Bleiglanz und Zinkblende — sämtlich Schwefelverbindungen der betreffenden Metalle. Ferner enthalten die weitverbreiteten Minerale Gips und Schwerspat Schwefel.

Da der Schwefel in großen Mengen in unverbundenem Zustand in der Natur vorkommt, gestaltet sich seine Gewinnung sehr einfach.

Der noch mit Erde und anderen fremden Bestandteilen verunreinigte Rohschwefel wird zu hohen Meilern aufgeschichtet, in denen einige Luftkanäle angebracht sind; dann wird der Meiler mit Erde bedeckt, um die Luftzufuhr einzuschränken, und der Schwefel angezündet. Ein Teil verbrennt dann, aber die Hauptmasse schmilzt nur und sammelt sich auf dem Boden an, wo sie abgezapft werden kann. Bei diesem Verfahren entsteht, abgesehen von dem Verlust des als Heizmaterial dienenden Schwefels, die sehr schädliche schweflige Säure. Man schmilzt

Fig. 19. Sublimation des Rohschwefels.

deshalb, einem Vorschlag von Gill folgend, besser den Schwefel mit überhitztem Wasserdampf. Dieser so gewonnene Schwefel wird dann nochmals durch Sublimation (siehe S. 72) aus gemauerten Retorten gereinigt. (Fig. 19.) Wenn das Gefäß, in das der Schwefeldampf strömt, noch kühl ist, so verdichtet er sich zu einem feinen Pulver, den „Schwefelblumen". Erhitzt sich aber das Verdichtungsgefäß, die „Vorlage" mit der Zeit, dann schmilzt der Schwefel wieder, wird in hölzerne Formen gegossen (Fig. 20) und gelangt dann als „Stangenschwefel" in den Handel. In Amerika (Louisiana) schmilzt man große Schwefellager nach dem Gillschen Verfahren aus und fördert den flüssigen Schwefel mit Pumpen zutage. Es können auf diese Weise täglich leicht 2000 Tonnen Schwefel gewonnen werden.

Auch der Schwefel ist ein für den Haushalt der Natur sehr wichtiges Element. Im pflanzlichen Organismus findet er sich als Bestandteil des Pflanzeneiweißes und verschiedener Öle wie z. B. des Senföls und des Knoblauchöls. Auch im Tiereiweiß und in der Muskelsubstanz ist Schwefel enthalten, ebenso in den Haaren und der Hornsubstanz der Nägel. Einige Bakterien besitzen die Fähigkeit, Schwefel zu assimilieren und als Nahrungsvorrat in sich aufzuspeichern.

Fig. 20. Gußform zur Herstellung des Stangenschwefels.

Schwefel ist ein blaßgelber, geruch- und geschmackloser fester Körper von dem Atomgewicht 32,0. Sein Schmelzpunkt liegt ungefähr bei 115^0, sein Siedepunkt bei 445^0. Sein spezifisches Gewicht ist annähernd 2. Sehr auffallend verhält sich Schwefel beim Erwärmen. Bei 115^0 schmilzt er zu einer hellgelben, leicht beweglichen Flüssigkeit. Bei 160^0 färbt sie sich dunkel und ist bei 200^0 dunkelbraun und so zähe, daß man das Gefäß, in dem sie enthalten ist, ruhig umkippen kann, ohne daß etwas ausfließt. Bei 400^0 wird die Masse wieder dünnflüssig, und bei 445^0 verwandelt sie sich in braunroten Schwefeldampf.

Auch der feste Schwefel erscheint unter entsprechenden Bedingungen in verschiedenen Formen. Diese Fähigkeiten eines Elementes, mit gänzlich voneinander verschiedenen physikalischen Eigenschaften, also z. B. mit verschiedener Farbe, Härte, Krystallform, spez. Gew., Siedepunkt, Löslichkeit usw. vorzukommen, nennt man Allotropie[1]. So sagt man z. B., das Ozon ist eine „allotrope Modifikation" des Sauerstoffs.

Schwefel ist unlöslich in Wasser, nur sehr wenig löslich in Alkohol, leicht dagegen in Schwefelkohlenstoff. Aus seinen Lösungen scheidet er sich in Krystallen ab, deren Form je nach der Temperatur, bei der die Abscheidung erfolgt, verschieden ist. Aus heißen Flüssigkeiten krystallisiert er in monoklinen, aus kalten in rhombischen Krystallen. (Fig. 21.) Wir haben es also auch hier mit allotropen Modifikationen zu tun. Um uns unter den oben erwähnten Krystallformen etwas vorstellen zu können, wollen wir uns nur ganz kurz mit dem Allerwichtigsten aus der Lehre von den Krystallen, der Krystallographie, vertraut machen.

Fig. 21. Rhombischer und monokliner Schwefelkrystall.

Ein „Krystall" ist dadurch gekennzeichnet, daß er eine regelmäßige Gestalt besitzt, zum Unterschied von amorphen[2] Massen, die keine bestimmte, stets wiederkehrende und ihnen eigentümliche Form aufweisen und vor allem dadurch, daß ein Krystall sich nicht in allen Richtungen seines Gefüges physikalisch gleichwertig verhält. Ein amorpher Körper wird z. B. das

[1]) ἀλλότροπος (allotropos), anders beschaffen.
[2]) ἀ, ohne; μορφή (morphe), die Gestalt.

gleiche Lichtbrechungsvermögen, dieselbe Leitfähigkeit für Wärme zeigen, ganz einerlei, in welcher Richtung er vom Lichtstrahl oder Wärmestrom durchsetzt wird. Bei einem Krystall dagegen würden sich bei verschiedenen Richtungen verschiedene Werte ergeben können; aber es gibt auch einige Ausnahmen von dieser Regel. Jedenfalls aber kann man annehmen, daß, zum Unterschied von amorphen Körpern, im Krystall Bewegung und Verteilung der Moleküle nicht regellos, sondern nach ganz bestimmten Gesetzmäßigkeiten erfolgt. (Vgl. Vortrag 21.) Wir erinnern uns, daß wir sagten: „Kochsalz sowie die übrigen Chloride, Bromide, Jodide und Fluoride der Alkalimetalle krystallisieren in Würfeln.“ D. h. sobald sich irgendeine dieser Verbindungen aus einer Lösung abscheidet, erhalten wir sie regelmäßig in Form kleinerer oder größerer Würfel. Außer dieser Form kommen aber bei anderen Körpern prismatische, pyramidenförmige, nadelförmige und aus mehreren dieser Formen zusammengesetzte Krystalle vor, so daß die Frage entsteht, wie man diese vielen Formen benennt. Man hat deshalb in allen Krystallarten bestimmte Linien, sogenannte „Achsen“, gezogen und betrachtet alle die Formen, in denen man übereinstimmende Achsen konstruieren kann, als zu einem „System“ gehörig. So unterscheidet man nach Anzahl und Lage der Achsen 6 verschiedene Systeme, (Fig. 22) nämlich:

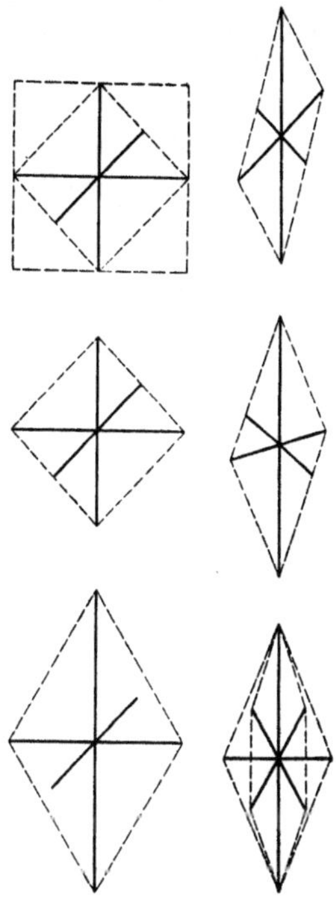

Fig. 22. Krystallsysteme.

a) Das reguläre; 3 aufeinander senkrecht stehende, gleichlange Achsen. (Würfel, Oktaeder.)

b) Das quadratische; 3 aufeinander senkrechte Achsen, davon 2 gleich lange. (Vierseitiges Prisma.)

c) Das rhombische; 3 aufeinander senkrechte, verschieden lange Achsen.

d) Das monokline [1]); 3 verschieden lange Achsen, von denen 2 einen rechten Winkel bilden und eine schief steht. (Monos = eins, klin = schief.)

e) Das trikline: drei verschieden lange, zueinander schief stehende Achsen. (Tri = 3, klin = schief.)

f) Das hexagonale: 4 Achsen, 3 gleichlange unter Winkeln von 60° sich schneidende und eine auf jenen senkrechte überzählige. — In jedem Krystallsystem gibt es mehr oder minder symmetrische Anordnungen. Die symmetrischste nennt man die „holoedrische [2]) Form“, weniger symmetrische hemiedrische [3]) Gebilde des betreffenden Systems.

---

1) κλίνω (klino), ich neige.
2) ὅλος (holos), ganz. Holoedrisch: ganzflächig.
3) hemiedrisch = halb (unvollkommen) flächig.

Das spezifische Gewicht des rhombischen Schwefels ist 2,05, das des monoklinen 1,98. Rhombischer Schwefel schmilzt bei 114°, monokliner bei 120°.

Eine dritte allotrope Modifikation des Schwefels erhält man, wenn man ihn in geschmolzenem Zustand in Wasser gießt. Es entsteht dann eine knetbare Masse, die ihre Formbarkeit einige Tage behält und Gummischwefel heißt.

Man verwendet Schwefel zum Vulkanisieren des Kautschuks, in der Schießpulverfabrikation, zur Herstellung von Zinnober, Schwefelsäure und anderen schwefelhaltigen Produkten.

Ich habe Ihnen hier Schwefelblumen, Stangenschwefel, krystallisierten Schwefel in der rhombischen Modifikation und natürliche Schwefelkrystalle aus Girgenti aufgestellt. Die monoklinen Krystalle kann ich Ihnen leider nicht zeigen, da sie nur bei Temperaturen über 100° beständig sind. Wenn man rhombische Krystalle erwärmt, so zerfallen sie bei 95,5° in monokline. Umgekehrt verwandeln sich monokline, wenn sie unter die „Umwandlungstemperatur" von 95,5° abgekühlt

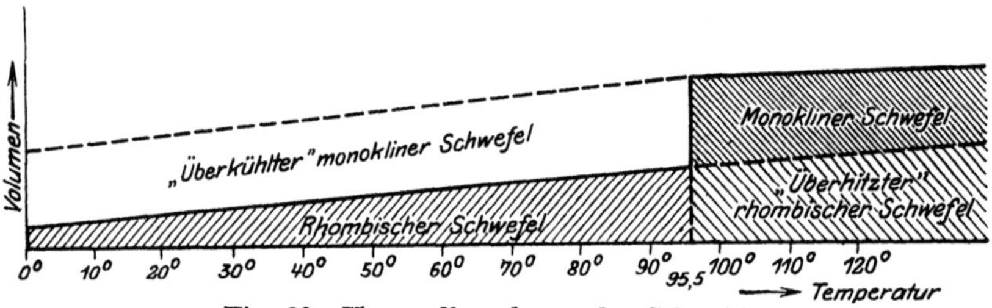

Fig. 23. Umwandlungskurve des Schwefels.

werden, in rhombische. Man kann bei diesem Vorgang ähnliche Erscheinungen hervorrufen wie bei überhitzten und überkühlten Lösungen (siehe S. 27). Unter Anwendung geeigneter Vorsichtsmaßregeln gelingt es nämlich, rhombische Krystalle über den Umwandlungspunkt hinaus zu erhitzen oder monokline unter ihn abzukühlen. Sobald man dann aber die Krystalle erschüttert oder ein Teilchen von der anderen Krystallform zugibt, erfolgt die Umwandlung augenblicklich. Bei dem Übergang der rhombischen Modifikation in die monokline erfolgt eine plötzliche Volumenvergrößerung, so daß, wenn wir eine Kurve zeichnen, bei der die Temperaturen als Ordinaten[1]) und die zugehörigen Volumina als Abszissen eingetragen sind, bis zu 95,5° eine sanft ansteigende Linie erhalten, weil sich ja das Volumen mit Erhöhung der Temperatur stetig etwas vergrößert. Bei 95,5° bekommt aber die Kurve plötzlich einen Knick, so daß wir nun das Bild bekommen, das Fig. 23 zeigt.

Von den Verbindungen des Schwefels betrachten wir zunächst den Schwefelwasserstoff, der sogar bei Laien infolge seines schauder-

[1]) Ordinate und Abszisse nennt man die beiden im allgemeinen senkrecht aufeinander stehenden Linien eines „Koordinatensystems", in das man Kurven einzeichnet. Die wagerecht verlaufende Linie heißt Ordinate, die senkrecht verlaufende Abszisse.

haften Geruches nach faulenden Eiern bekannt ist. Die Sache liegt in Wirklichkeit gerade umgekehrt: faulende Eier riechen nach Schwefelwasserstoff, der sich aus dem schwefelhaltigen Eiweiß entwickelt. Schwefelwasserstoff, H_2S, entsteht unmittelbar aus seinen Elementen, wenn man Wasserstoff über Schwefel leitet, der auf etwa 300° erhitzt ist. Diese Art der Darstellung wäre jedoch ebenso unausgiebig wie unbequem. Man gewinnt Schwefelwasserstoff vielmehr dadurch, daß man die Schwefelverbindungen gewisser Metalle mit verdünnten Säuren zersetzt. Man nennt solche Verbindungen „Sulfide", was von der lateinischen Bezeichnung des Schwefels „Sulfur" herrührt. Da der Schwefel vorwiegend zweiwertig (mitunter aber auch 4- und 6-wertig) ist, kann er in der Regel 2 Atome eines einwertigen Metalles im Sulfidmolekül binden; so hat z. B. Natriumsulfid die Formel Na_2S. Ist das Metall selbst zweiwertig, dann heben die beiden Wertigkeiten des Metalls und des Schwefels einander auf, also z. B. FeS. Das Eisensulfid, gewöhnlich Schwefeleisen genannt, ist das am häufigsten zur Darstellung des Schwefelwasserstoffs angewandte Sulfid. Sobald wir es mit einer Säure zusammenbringen, entsteht Schwefelwasserstoff und das Eisensalz der betreffenden Säure. Verwenden wir z. B. Salzsäure, dann haben wir:

$$Fe\,S + 2\,H\,Cl = H_2S + FeCl_2,$$

oder unter Verwendung von Schwefelsäure:

$$Fe\,S + H_2\,SO_4 = H_2S + FeSO_4.$$

Schwefelwasserstoff ist ein farbloses, übelriechendes, brennbares Gas, das stark giftig ist. Sein spez. Gew. ist 1,178; bei — 62° verdichtet es sich zu einer farblosen Flüssigkeit. In Wasser ist das Gas ziemlich stark löslich. Ein Teil Wasser löst etwa drei Teile Schwefelwasserstoff. Die Flüssigkeit zeigt dann Geruch und Geschmack des Schwefelwasserstoffs und heißt Schwefelwasserstoffwasser. Es ist ein Bestandteil vieler Schwefelquellen (Aachen, Tölz).

Schwefelwasserstoff ist ebenfalls eine sauerstofffreie Säure. Ich bringe in einen mit dem Gas gefüllten Zylinder einen Streifen blaues Lackmuspapier: Sie sehen, daß er sofort rot wird. Die Salze des Schwefelwasserstoffs, d. h. diejenigen Verbindungen, die die Schwefelwasserstoffsäure mit alkalischen Körpern bildet, sind eben die oben erwähnten Sulfide, und wenn wir diese Klasse von Verbindungen unter diesem Gesichtspunkt betrachten, so finden wir wiederum die Tatsache bestätigt, daß sich eine Säure aus ihren Salzen durch eine stärkere Säure austreiben läßt. So erhalten wir also aus Natriumsulfid und Schwefelsäure Schwefelwasserstoff auf ganz entsprechende Weise, wie wir aus Natriumchlorid und Schwefelsäure Chlorwasserstoff erhielten. Zum Beweis, daß man die Sulfide wirklich als Salze des Schwefelwasserstoffs auffassen kann, diene Ihnen die Reaktionsgleichung der Entstehung von Natriumsulfid aus Natronlauge und Schwefelwasserstoffsäure:

$$2\,NaOH + H_2S = Na_2S + 2\,H_2O.$$

Natürlich vorkommende Sulfide sind z. B.: Bleiglanz, Eisenkies, Zinkblende und rotes Arsensulfid, das als Mineral „Realgar" heißt.

Wenn wir zu Lösungen von Metallsalzen — die ja stets Metall-Ionen und Säurerest-Ionen enthalten — Schwefelwasserstoff bringen, so entsteht das entsprechende Metallsulfid und die in dem ursprünglichen Salz enthaltene Säure, indem das Säurerest-Ion den aus dem Schwefelwasserstoff frei gewordenen Wasserstoff bindet. Leiten wir also z. B. das Gas in eine Lösung von Kupferchlorid, dann bildet sich Kupfersulfid und Salzsäure:

$$Cu\,\boxed{Cl_2 + H_2}\,S = CuS + 2\,HCl,$$

als Ionengleichung:

$$\boxed{Cu^{\cdot\cdot}} + 2\,Cl' + 2\,H^{\cdot} + \boxed{S''} = CuS + 2\,HCl.$$

Da nun aber das Kupfersulfid in Wasser und verdünnten Säuren nicht löslich ist, fällt es sofort als schwarzer, amorpher Niederschlag aus. Wenn Sie bedenken, daß wir hier ein Salz (Kupferchlorid) durch eine Säure (Schwefelwasserstoff) zersetzt haben, und daß wir dabei die Säure, deren Rest in dem Salz steckt (Chlorwasserstoff) und das Salz (Kupfersulfid) der zur Zersetzung verwandten Säure (Schwefelwasserstoff) erhalten haben, so werden Sie bemerken, daß auch dieser Vorgang wieder der Darstellung der Salpetersäure aus ihrem Kaliumsalz entspricht (siehe S. 51). Damals hatten wir die Formel:

$$\begin{array}{ccccccc} 2\,K\,\boxed{NO_3 & + & H_2}\,SO_4 & = & \mathbf{K_2SO_4} & + & \mathit{2\,HNO_3} \\ \text{Salz} & + & \text{Säure} & = & \text{Salz} & + & \text{Säure} \end{array}$$

und jetzt

$$Cu\,\boxed{Cl_2 + H_2}\,S = \mathbf{CuS} + \mathit{2\,HCl}.$$

Der einzige Unterschied ist nur der, daß im ersten Fall das leicht lösliche schwefelsaure Kalium in der Flüssigkeit gelöst bleibt und erst beim Verdampfen der überschüssigen Wasser- und Säuremengen auskrystallisiert, während im zweiten Fall das unlösliche Kupfersulfid sofort ausfällt. Das aber ist es gerade, worauf es uns jetzt ankommt. Denn diese Eigenschaft des Schwefelwasserstoffs, aus Metallsalzlösungen die entsprechenden Metalle als sehr charakteristische Niederschläge vollständig „auszufällen", macht ihn zu einem außerordentlich wertvollen Reagens in der analytischen Chemie; sobald wir nämlich in einer Lösung von Metallsalzen mit Schwefelwasserstoff einen Niederschlag erhalten, können wir sicher sagen, daß in der Lösung die Ionen eines oder mehrerer bestimmter Metalle vorhanden sein müssen. Diese Metalle, deren Sulfide in Wasser und verdünnten Säuren unlöslich sind, die also mit Schwefelwasserstoff einen Niederschlag geben, nennt man deshalb auch „Metalle der Schwefelwasserstoffgruppe". Ich will Ihnen noch die Ausfällung der Sulfide praktisch vorführen. Sie sehen hier in drei Reagenzgläsern eine Lösung eines Kupfer-, Zink- und eines Antimonsalzes. Ich gebe nun in jedes der Reagenzgläser etwas Schwefelwasserstoffwasser, und sofort entstehen die entsprechenden Sulfide als lebhaft gefärbte Niederschläge. Im ersten Glas sehen Sie schwarzes Kupfersulfid, im zweiten weißes Zinksulfid und im dritten rotes Antimonsulfid.

Da der Schwefelwasserstoff eine zweibasische Säure ist, kann er natürlich auch saure Salze von der Formel MHS bilden, wenn M ein einwertiges Metall bedeutet. Diese Salze nennt man Sulfhydrate. Da der Schwefel zweiwertig ist, und eine Wertigkeit durch das Wasserstoffatom ausgeglichen wird, bleibt nur noch eine Wertigkeit für das Metall frei. Z. B. ist die Konstitutionsformel des Natriumsulfhydrates

$$\begin{matrix} Na \diagdown \\ H \diagup \end{matrix} \overset{II}{S}.$$

Die Sulfhydrate entstehen direkt beim Einleiten von Schwefelwasserstoff in die Laugen (wässerige Lösungen der Hydroxyde, siehe S. 48) der Metalle.

Schwefelwasserstoff ist ähnlich wie Chlorwasserstoff leicht oxydierbar. Es entsteht dann Wasser und Schwefel. Wenn man ihn z. B. in starke Salpetersäure einleitet, scheidet sich Schwefel ab:

$$HNO_3 + H_2S = HNO_2 + H_2O + S.$$

Will man daher Sulfide ausfällen, so darf die Lösung niemals viel starke Salpetersäure enthalten, da sonst der Schwefelwasserstoff sofort zersetzt wird. Dieselbe Zersetzung kann man bewirken, wenn man den Schwefelwasserstoff durch Verbrennen oxydiert und durch Verminderung der Luftzufuhr dafür sorgt, daß nicht der Schwefel ebenfalls verbrennen kann. Dann haben wir wieder das gleiche Ergebnis; denn

$$2\,H_2S + O_2 = 2\,H_2O + 2\,S.$$

Sie sehen hier einen engen, hohen Zylinder, der mit Schwefelwasserstoff gefüllt ist. Ich entzünde das Gas, und sofort überziehen sich die Wandungen des Zylinders mit einer Schicht von Schwefel.

Der Schwefelwasserstoff ist so unbeständig, daß er vielen sauerstoffhaltigen Körpern den Sauerstoff entzieht und sich dadurch zu Wasser und Schwefel oxydiert. Er wirkt also als Reduktionsmittel.

Schwefelwasserstoff verbrennt bei genügendem Luftzutritt vollständig zu Wasser und Schwefeldioxyd:

$$2\,H_2S + 3\,O_2 = 2\,H_2O + 2\,SO_2.$$

Schwefeldioxyd entsteht natürlich auch bei der Verbrennung von Schwefel (siehe S. 7). Es ist ein stechend riechendes, in Wasser in hohem Grad lösliches Gas. Bei -8^0 verdichtet es sich zu einer Flüssigkeit vom spez. Gew. 1,46. Schwefeldioxyd zerstört den Pflanzenwuchs, weshalb Schornsteingase, die aus schwefelhaltigen Kohlen stammen, entweder vom Schwefeldioxyd befreit oder durch besonders hohe Schornsteine in möglichst weit vom Erdboden entfernte Luftschichten geleitet werden müssen. Die wässerige Lösung des Gases reagiert stark sauer und heißt schweflige Säure, weshalb man das Schwefeldioxyd auch Schwefligsäureanhydrid (siehe S. 8) nennt:

$$SO_2 + H_2O \rightleftarrows H_2SO_3.$$

In der Wärme verläuft die Reaktion von rechts nach links. Schwefeldioxyd und schweflige Säure üben bleichende und desinfizierende Wirkungen aus. Ich erinnere Sie nur an das „Ausschwefeln" von Fässern und an das Bleichen von Flecken in weißen Stoffen.

Schwefeldioxyd wird durch Schwefelwasserstoff zu Schwefel reduziert, während sich der Schwefelwasserstoff dabei zu Wasser und Schwefel oxydiert:

$$SO_2 + 2\,H_2S = 2\,H_2O + 3\,S.$$

Sie sehen hier einen Glasballon, in den von 2 Seiten Glasröhren einmünden. (Fig. 24.) Die eine Röhre steht mit einem Kolben in Verbindung, in dem wir durch Kochen von schwefliger Säure Schwefeldioxyd entwickeln; durch die andere Röhre leiten wir Schwefelwasserstoff zu, den wir durch Zersetzung von Schwefeleisen mit Salzsäure erzeugen. Sobald sich die beiden Gase im Innern des Ballons treffen, scheidet sich, bei Anwesenheit einer Spur Wasser, reichlich Schwefel ab, der die Glaswände mit einer stark gelben Schicht überzieht. Auf dieselbe Weise ist wohl der Schwefel in der Umgebung kleiner Krater („Solfataren") entstanden, aus denen Schwefeldioxyd und Schwefelwasserstoff zusammen ausströmen. Im allgemeinen übt aber das Schwefeldioxyd reduzierende Wirkungen aus. Schweflige Säure reduziert viele sauerstoffreiche Verbindungen und geht dadurch in Schwefelsäure über. Die Salze der schwefligen Säure sind beständig und heißen Sulfite (M_2SO_3) und saure Sulfite oder Bisulfite ($MHSO_3$).

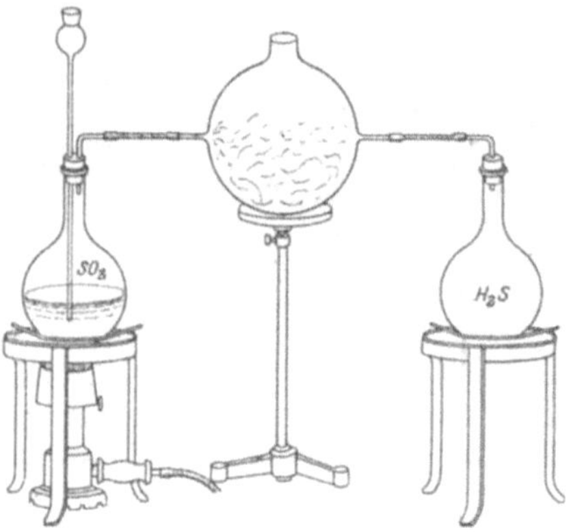

Fig. 24. Zersetzung des Schwefeldioxyds durch Schwefelwasserstoff.

Durch Vermittlung einer katalytisch, d. h. in diesem Fall als Sauerstoffüberträger wirkenden Substanz (vgl. S. 37) gelingt es, noch eine höhere Oxydationsstufe des Schwefels, das Schwefeltrioxyd oder Schwefelsäureanhydrid, SO_3, zu erhalten. Leitet man mit Luft gemengtes Schwefeldioxyd über erhitztes, feinverteiltes Platin (platinierten Asbest), so bindet es noch ein Sauerstoffatom und verwandelt sich in Schwefeltrioxyd:

$$2\,SO_2 + O_2 = 2\,SO_3.$$

Schwefeltrioxyd ist eine lockere, leicht zerfließende, krystallinische Masse, die sich in Wasser unter Zischen und starker Erhitzung zu Schwefelsäure löst:

$$SO_3 + H_2O = H_2SO_4.$$

Es schmilzt bei etwa 15°, polymerisiert sich aber leicht zu Doppelmolekülen $(SO_3)_2$. In dieser Form schmilzt es bei ungefähr 50° und stellt eine weiße, asbestartige Masse dar.

Die Schwefelsäure ist eine der wichtigsten chemischen Verbindungen und war wohl schon im Altertum bekannt. Im Jahre 1913 betrug die Produktion Deutschlands etwa 1 700 000 Tonnen. An der Herstellung dieser einen Wert von 56 Millionen Mark darstellenden Menge waren 24 Fabriken beteiligt. (Nach Hofmann.) Schwefelsäure wird hauptsächlich in der Anilinfarbenindustrie, zur Sodafabrikation, in der Industrie der Düngemittel, der Sprengstoffe, zum Füllen von Akkumulatoren und schließlich zur Darstellung der meisten anderen Säuren aus ihren Salzen verwendet (siehe S. 51).

Schwefelsäure ist eine schwere, farblose, ölige Flüssigkeit. Sie ist nahezu doppelt so schwer wie Wasser, ihr spez. Gew. beträgt 1,84. Sie besitzt eine sehr große Neigung, Wasser anzuziehen; wenn man konzentrierte Schwefelsäure einige Zeit in einem geschlossenen Raum stehen läßt, so trocknet sie die in ihm befindliche Luft vollständig, indem sie sich selbst dabei in verdünnte Säure verwandelt. Man benützt konzentrierte Schwefelsäure deshalb zum Trocknen von Gasen. Die Begierde der Schwefelsäure, Wasser anzuziehen, ist so groß, daß sie sogar Stoffen, die die Elemente des Wassers — Wasserstoff und Sauerstoff — enthalten, diese zum Teil entzieht und sie, nachdem sie sich zu Wasser vereinigt haben, aufnimmt. Wenn man z. B. Schwefelsäure in Flaschen aufbewahrt, die mit einem gewöhnlichen Korkstopfen verschlossen sind, so wird der Kork sehr bald schwarz gefärbt. Das kommt daher, daß die Säure dem in der Hauptsache aus Sauerstoff, Wasserstoff und Kohlenstoff bestehenden Kork Sauerstoff und Wasserstoff zum Teil entzieht, so daß sich der Kohlenstoff in Form von Kohle abscheidet. Aus demselben Grund wird Schwefelsäure durch hineingefallenen Staub dunkel gefärbt. Nach längerem Stehen bei etwa 0° krystallisiert sie. Die Krystalle schmelzen aber erst bei + 10°. Die Lösung war also vorher unterkühlt. (Vgl. S. 27.) Beim Erwärmen zerfällt die Säure zum Teil in ihr Anhydrid und Wasser:

$$H_2SO_4 \rightleftarrows SO_3 + H_2O.$$

Bei der Siedetemperatur (338°) ist der Zerfall schon sehr merklich und der Dampf übt infolge seines Anhydridgehalts einen sehr heftigen Hustenreiz aus.

Wenn man in Schwefelsäure Wasser gießt, so findet eine sehr starke Erhitzung statt. Häufig ist die Reaktion so heftig, daß heiße Säure verspritzt wird. Es ist deshalb eine praktische Regel, bei der Herstellung von verdünnter Schwefelsäure die Säure stets langsam, in dünnem Strahl und unter Umrühren in das Wasser zu gießen, niemals umgekehrt. Mischt man einen Teil konzentrierter Schwefelsäure mit einem Teil Wasser, dann erhält man nicht 2 Teile konzentrierte Schwefelsäure, sondern nur 1,94 Teile. Ich messe in einem Meßglas 100 ccm Wasser ab und fülle sie in ein langes, enges Glasrohr. (Fig. 25.) Die Höhe des Wassers in dem Rohr beträgt 12 cm. Ich trage nun von der Wasseroberfläche aus noch einmal 12 cm nach oben ab, bezeichne die Stelle durch eine Marke und fülle langsam 100 ccm Schwefelsäure nach. Wenn ich nun vorsichtig durch Umkippen des Rohres mische, dann können wir bemerken, daß jetzt der Flüssigkeitsspiegel unter die Marke gesunken ist. Es hat also eine Verminderung des Volumens stattgefunden, was darauf schließen läßt, daß sich ein Teil des Wassers mit der Schwefelsäure chemisch vereinigt hat. Man kennt eine solche chemische Verbindung der Schwefelsäure mit Wasser sicher: das Schwefelsäuredihydrat[1]), $H_2SO_4 . H_2O$; es krystallisiert bei + 8° und hat ein spez. Gew. von 1,95. Schwefelsäure ist eine der stärksten Säuren, da sie schon in geringer Verdünnung weitgehend jonisiert ist.

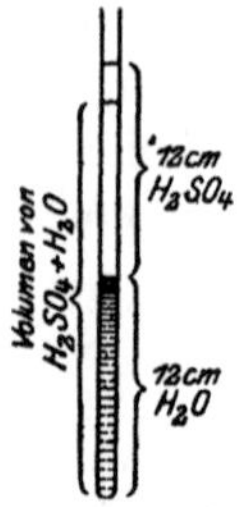

Fig. 25. Volumenverminderung beim Mischen von Schwefelsäure und Wasser.

Die Gewinnung der Schwefelsäure geschieht im großen nach zwei verschiedenen Verfahren. Das erste, ältere, heißt das Bleikammerverfahren. Es beruht darauf, daß Schwefeldioxyd durch Stickoxyde, die aus Salpetersäure entwickelt werden, zu Schwefeltrioxyd oxydiert und dann durch zugeführten Wasserdampf in Schwefelsäure verwandelt wird.

$$\text{I.}\ SO_2 + N_2O_3 = SO_3 + 2\,NO$$
$$\text{II.}\ SO_3 + H_2O = H_2SO_4.$$

Diese beiden Formeln geben jedoch die Reaktionen des Bleikammerverfahrens nur in groben Umrissen wieder. Tatsächlich entstehen nämlich aus der Salpetersäure durch Abgabe von Sauerstoff an das Schwefeldioxyd eine Reihe von Stickoxyden, die mit der Schwefelsäure verschiedene komplizierte Zwischenprodukte, („Nitrosylschwefelsäure“, „Nitrosulfonsäure“) bilden. Die Salpetersäure wirkt hier als Sauerstoffüberträger, indem sie Sauerstoff an das Schwefeldioxyd abgibt und sofort wieder den ihr fehlenden Sauerstoff aus der Luft, die mit dem Schwefeldioxyd eingeführt wird, ergänzt. Es ist also theoretisch eine kleine Menge Salpetersäure hinreichend, um unbegrenzte Mengen von Schwefeldioxyd zu Schwefelsäureanhydrid zu oxydieren, während in der Praxis dadurch Verluste eintreten, daß ein Teil der Stickoxyde bis zu elementarem Stickstoff reduziert wird, der keine Oxyde mehr bildet.

In der Praxis gestaltet sich der Betrieb nach dem Bleikammerverfahren folgendermaßen:

In einem „Kiesofen“ A (Fig. 26) werden Sulfide, meist Eisenkies, unter Zutritt von Luft erhitzt, „geröstet“, wie der technische Ausdruck lautet. Eisenkies enthält 2 Atome Schwefel, er hat also die Formel FeS_2. Wird er bei Zutritt von Luft geröstet, so entsteht Schwefeldioxyd, und Eisenoxyd bleibt zurück.

$$\begin{matrix} Fe\ \boxed{SS} \\ Fe\ \boxed{SS} \end{matrix} + \begin{matrix} OOO \\ \boxed{\begin{matrix} OOO \\ OOO \\ OOO \\ OO \end{matrix}} \end{matrix} = Fe_2O_3 + 4\,SO_2$$

$$2\,FeS_2 + 11\,O$$

[1]) Der Ausdruck „Dihydrat“, trotzdem nur ein Molekül Wasser aufgenommen ist, kommt daher, daß die Säure selbst als „Monohydrat“ ihres Anhydrids SO_3 betrachtet wird. Näheres über einige Hydrate siehe S. 244.

Die „Röstgase", das ist Schwefeldioxyd gemengt mit Luft, gelangen dann zunächst in die „Flugstaubkammer" B, wo von dem Gasstrom mitgerissene Mineralteilchen abgesetzt werden. Dann durchstreichen sie einen in das Schema nicht eingezeichneten Turm, den „Gloverturm", mit dessen Zweck ich Sie sofort bekannt machen werde. Aus dem Gloverturm gehen die Röstgase in große, mit Blei ausgelegte „Bleiklammern" C, in denen

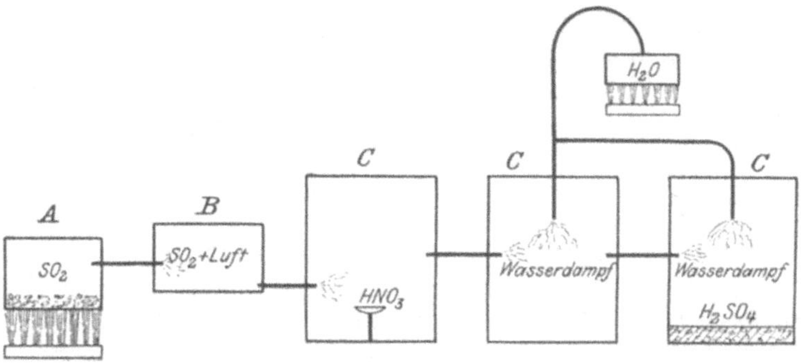

Fig. 26. Darstellung der Schwefelsäure nach dem Bleikammerverfahren.

sie mit Salpetersäure und Wasserdampf zusammenkommen und auf deren Boden sich die gebildete Schwefelsäure ansammelt. Ein hinter den Bleikammern angeordneter Turm, der „Gay-Lussac-Turm", verhindert Verluste an Stickoxyden, während der Gloverturm zur Abkühlung der Röstgase und zur Konzentration von mit Stickoxyden beladener, sogenannter „nitroser" Schwefelsäure dient, die man in ihm herunterrieseln läßt. Durch dieses in der Technik viel angewandte „Gegenstromprinzip" erreicht man eine gründliche Wärmeübertragung von den heißen Röstgasen auf die kühle Säure, die aus den Kammern stammt und durch die Wärme konzentrierter wird. Auch im Gay-Lussac-Turm findet das Gegenstromprinzip Anwendung, indem man die in ihm aufsteigenden Stickoxyde sich in herabrieselnder Schwefelsäure lösen läßt. So gewinnt man sie als „nitrose Säure" zurück. Die Säure, die sich in den Bleikammern gebildet hat, heißt „Kammersäure" und ist etwa $65^0/_0$ig. Durch Eindampfen in vergoldeten oder verplatinierten Pfannen oder Quarzgefäßen (alle anderen Stoffe würden angegriffen) läßt sie sich bis zu $80^0/_0$ konzentrieren. Dies ist die gewöhnliche konzentrierte Säure des Handels.

Das zweite Verfahren, das Kontaktverfahren, beruht darauf, daß man durch Einwirkung von Kontaktsubstanzen (z. B. Platinasbest, siehe S. 37) auf mit Luft gemischte Röstgase Schwefeltrioxyd herstellt und es in konzentrierter Schwefelsäure auflöst. Man erhält dadurch eine sehr hochprozentige Säure, die rauchende Schwefelsäure heißt, da sie infolge ihres Gehaltes an Schwefeltrioxyd an der Luft dichte weiße Dämpfe ausstößt. Die Badische Anilin- und Sodafabrik stellte im Jahre 1900 bereits 116 000 Tonnen rauchender Schwefelsäure nach dem Kontaktverfahren her. Da Kontaktsubstanzen leicht in ihrer Wirkung gehemmt werden (man spricht geradezu von „Kontaktgiften“, die merkwürdigerweise oft solche sind, die auch auf den Organismus giftig wirken), müssen die Röstgase sorgfältig von solchen Beimengungen, namentlich Arsen, gereinigt werden. Des bei zu hoher Temperatur von rechts nach links verlaufenden Vorgangs

$$2\,SO_2 + O_2 \rightleftarrows 2\,SO_3$$

wegen muß die Temperatur am Kontakt immer unterhalb einer gewissen Grenze (etwa 450°) gehalten werden, falls sich die Ausbeute an Trioxyd nicht verschlechtern soll. Das ist deshalb gar nicht so einfach, weil ja bei der Reaktion selbst Wärme entsteht, die Temperatur also steigt.

Früher gewann man rauchende Schwefelsäure durch Glühen von schwefelsaurem Eisen („Eisenvitriol“). Daher stammt die Bezeichnung „Vitriolöl“.

Da die Schwefelsäure zweibasisch ist, vermag sie zwei Reihen von Salzen zu bilden, neutrale Salze von der Formel M_2SO_4 und saure von der Formel $MHSO_4$, wenn M ein einwertiges Metall bedeutet. So löst Schwefelsäure die meisten Metalle unter Wasserstoffentwickelung zu den entsprechenden Salzen. Auch Metalloxyde werden von Schwefelsäure, wie von Säuren überhaupt, zu den entsprechenden Salzen gelöst; dabei tritt aber kein Wasserstoff auf, weil er sich mit dem Sauerstoff des Oxydes zu Wasser vereinigt. Lösen wir z. B. Magnesiumoxyd, MgO, in Schwefelsäure, so erhalten wir schwefelsaures Magnesium und Wasser nach der Reaktionsgleichung:

$$MgO + H_2SO_4 = MgSO_4 + H_2O.$$

Wenn wir dagegen metallisches Magnesium in Schwefelsäure lösen, so erhalten wir an Stelle des Wassers freien Wasserstoff:

$$Mg + H_2SO_4 = MgSO_4 + H_2.$$

Die Salze der Schwefelsäure heißen auch „Sulfate“. Es ist hier der Ort, auf die neuere Bezeichnung der chemischen Verbindungen etwas einzugehen. Als Beispiel wollen wir gerade die Salze der verschiedenen Säuren des Schwefels wählen. Es heißen nach der neueren Bezeichnungsweise die Salze des:

Schwefelwasserstoffs — Sulfide,
der schwefligen Säure — Sulfite,
der Schwefelsäure — Sulfate,
der Über(Per)schwefelsäure — Persulfate

Entsprechend heißen die Salze des:

Chlor-, Jod- und Bromwasserstoffs:	Chloride, Jodide, Bromide,
der chlorigen, bromigen usw. Säure	Chlorite, Bromite usw.
der unter(hypo)chlorigen Säure (nicht zu verwechseln mit hyper, über)	Hypochlorite
der Chlorsäure, Bromsäure und Jodsäure	Chlorate, Bromate, Jodate.
der Überchlorsäure	Perchlorate.

Diese Art der Bezeichnung wird jetzt in wissenschaftlichen Werken allgemein durchgeführt, und auch wir wollen sie nun an Stelle der bis jetzt gebrauchten verwenden, da sie, wie aus der Zusammenstellung ersichtlich, sehr logisch und für alle Salze einheitlich anwendbar ist. Die wichtigste, am längsten gekannte Säure heißt einfach —säure, ihre Salze haben die Endung —ate. Enthält eine Säure weniger Sauerstoff als die normale, so heißt sie „—ige Säure", ihre Salze haben die Endung „—ite". Eine noch weniger Sauerstoff enthaltende Säure heißt „unter —ige Säure", ihre Salze „Hypo —ite". Eine mehr Sauerstoff als die normale enthaltende Säure heißt „Über-, Per- oder Hyper- —säure", ihre Salze „über —saures Salz", „Per —ate" oder „Hyper —ate".

Die Schwefelsäure gibt ziemlich leicht Sauerstoff an andere Körper ab und wird dadurch zu schwefliger Säure reduziert, die ihrerseits wieder in Schwefeldioxyd und Wasser zerfällt. Wenn man z. B. Schwefelsäure mit Kohle erwärmt, so kann man sofort den stechenden Geruch des Schwefeldioxyds wahrnehmen. Denn:

$$\text{I.}\quad 2\,H_2SO_4 + C = CO_2 + 2\,H_2SO_3.$$
$$\text{II.}\quad 2\,H_2SO_3 = 2\,SO_2 + 2\,H_2O.$$

Da die schweflige Säure so unbeständig ist, daß sie augenblicklich in Schwefeldioxyd und Wasser zerfällt, kann man die beiden Gleichungen auch in eine zusammenfassen:

$$2\,H_2SO_4 + C = CO_2 + 2\,SO_2 + 2\,H_2O.$$

Auf der Reduktion der Schwefelsäure beruht ein Verfahren zur Darstellung von Schwefeldioxyd. — Da Schwefelsäure das Dioxyd aus Sulfiten austreibt, kann man zu seiner Gewinnung auch z. B. Natriumsulfit mit Schwefelsäure zersetzen:

$$Na_2SO_3 + H_2SO_4 = SO_2 + H_2O + Na_2SO_4.$$

Von den übrigen Säuren ist noch von Wichtigkeit die **Thioschwefelsäure** von der Formel $H_2S_2O_3$. Man kann sie auffassen als Schwefelsäure, in der ein Sauerstoffatom durch Schwefel ersetzt ist. Daher ihr Name „Thio [1])-Schwefelsäure", auf deutsch: „Schwefel-Schwefelsäure". Früher führte sie den Namen „Unterschweflige Säure" — man trifft ihn auch jetzt noch mitunter an; die Bezeichnung ist aber falsch.

Die Salze der in freiem Zustand nicht bekannten Säure heißen Thiosulfate. Von großer Wichtigkeit ist das **Natriumthiosulfat** $Na_2S_2O_3$ (fälschlich: „unterschwefligsaures Natron"), das infolge seiner Fähigkeit, gewisse Silbersalze zu lösen, in der Photographie ausgedehnte Anwendung als Fixiersalz findet. Neuerdings wird auch eine Mischung, deren wirksamer Bestandteil **Ammoniumthiosulfat** $(NH_4)_2S_2O_3$ ist, als Schnellfixiersalz in den Handel gebracht.

Trotzdem die Thioschwefelsäure zweibasisch ist, sind keine sauren Salze von ihr bekannt.

Die Thiosulfate entstehen durch Kochen von Sulfiten mit Schwefel, wobei einfach Schwefel angelagert wird, z. B.:

$$Na_2SO_3 + S = Na_2S_2O_3.$$

Säuren machen aus Thiosulfaten zwar Thioschwefelsäure frei, aber sie zerfällt sofort in Schwefeldioxyd, Wasser und Schwefel.

[1]) θεῖον (theion), Schwefel.

$$\text{I.}\quad Na_2S_2O_3 + 2\,HCl = 2\,NaCl + H_2S_2O_3.$$
$$\text{II.}\quad H_2S_2O_3 = SO_2 + H_2O + S.$$

Sie sehen hier in einem Reagenzglas eine vollkommen farblose Lösung von Natriumthiosulfat. Ich erwärme die Flüssigkeit etwas und füge ein paar Tropfen Salzsäure zu. Sofort trübt sich die Lösung durch ausgeschiedenen Schwefel, und das entstandene Schwefeldioxyd ist durch den Geruch bemerkbar.

Bei der Elektrolyse von Ammoniumsulfat, $(NH_4)_2SO_4$ entsteht unter gewissen Bedingungen Ammoniumpersulfat, $(NH_4)_2S_2O_8$, das Ammoniumsalz der *Überschwefelsäure* $H_2S_2O_8$. Es wird in der photographischen Praxis als Abschwächer angewandt, löst sich mit einem sehr charakteristischen Knistern in Wasser und muß stets in gut verschlossenen Gefäßen aufbewahrt werden, weil es sich sonst teilweise in Sulfat verwandelt. Bei der Einwirkung von konzentrierter Schwefelsäure auf Persulfate entsteht die „*Sulfomonopersäure*“ (*Carosche* Säure), H_2SO_5, deren Konstitution, mit sechswertigem Schwefel, folgende ist:

$$\begin{array}{c} O \\ \| \\ HO-S-O-OH \\ \| \\ O \end{array}$$

Die *Carosche* Säure ist ein sehr starkes Oxydationsmittel und wird als solches in der Technik gebraucht. Von Wasser wird sie, im Sinn der punktierten Linie, in Schwefelsäure und Wasserstoffsuperoxyd gespalten, indem die OH-Gruppe aus einem Molekül Wasser sich mit der linken, das Wasserstoffatom mit der rechten Hälfte verbindet. Solche Spaltungen, bei denen das Wasser im Sinn von H + OH wirkt, nennt man Hydrolysen. (Vgl. S. 155.)

Von großer technischer Bedeutung ist auch die *hydroschweflige Säure*, $H_2S_2O_4$, die nur in Form ihrer Salze bekannt ist. Sie entstehen durch Einwirkung von Zink auf die entsprechenden Sulfite und werden als Reduktionsmittel in der Färberei viel gebraucht.

Von Verbindungen des Schwefels mit anderen Elementen sind für uns von Interesse die Verbindungen mit den Halogenen. Das *Schwefelchlorid*, S_2Cl_2, entsteht als eine rotbraune Flüssigkeit von unangenehmem Geruch, wenn man Chlorgas in geschmolzenen Schwefel leitet. Da es Schwefel in großen Mengen lösen kann, wird es zum Vulkanisieren des Kautschuks verwandt. Von den übrigen Schwefel-Halogenverbindungen erwähnen wir noch des *Schwefelfluorid*, ein Gas, das nur wegen seiner Formel SF_6 Interesse hat. Durch sie wird nämlich bewiesen, daß Schwefel auch sechswertig auftreten kann. Im allgemeinen ist er zweiwertig (gegen Wasserstoff), sechswertig dagegen mit Sauerstoff z. B. im Schwefeltrioxyd $\overset{VI}{S}O_3$. Sonderbarerweise ist das Schwefelfluorid völlig geruch- und geschmacklos.

Wir kommen nun zu einem zweiten Element, dem *Selen*. Sein Name kommt daher, daß es große Ähnlichkeit mit dem gleich zu besprechenden Tellur [1]) hat und nach dem Begleiter der Erde Selen [2]) genannt wurde.

Das Selen ist zwar ziemlich verbreitet, jedoch nirgends reichlich anzutreffen. Es findet sich in sehr kleinen Mengen in den natürlich vorkommenden Sulfiden, wie dem Eisenkies, der Zinkblende usw. Bei der Schwefelsäuredarstellung verbrennt es beim Rösten dieser Kiese zu Selendioxyd, das mit den Röstgasen in die Flugstaubkammern gelangt und dort schon durch Staubteilchen zu Selen reduziert wird. In den Rückständen einer Schwefelsäurefabrik wurde es 1817 von Berzelius entdeckt, und auch heute noch bildet der Flugstaub und der Bleikammerschlamm das geeignetste Ausgangsmaterial zur Gewinnung dieses Elements.

Selen kommt ebenso wie der Schwefel in verschiedenen allotropen Modifikationen vor: 1. Amorphes, glasiges Selen, löslich in Schwefelkohlenstoff. 2. Monoklin krystallisiertes rotes Selen und 3. Hexagonal krystallisiertes Selen. Beide Arten sind in Schwefelkohlenstoff unlöslich. Von Interesse für uns ist nur die dritte Modifikation, deren spez. Gew. 4,80 ist. Man erhält sie, wenn man amorphes Selen längere Zeit auf etwa 100^0 erhitzt. Diese Art Selen wird in der Elektrotechnik angewandt, weil hexagonal krystallisiertes Selen, wenn es sich im Dunkeln befindet, ein nahezu vollkommener Nichtleiter der Elektrizität ist. Sobald es aber belichtet wird, wird es sofort zu einem Leiter, und dieser Zustand hält so lange an, wie die Belichtung dauert. Man macht von dieser merkwürdigen Eigenschaft des Selens in der drahtlosen Telegraphie sowie in der elektrischen Fernübertragung von Photographien nach der Methode des Professors Korn Gebrauch.

Selen ist je nach der Modifikation, in der es vorliegt, rotbraun bis blauschwarz. Sein spez. Gew. ist etwa 4,8, sein Atomgewicht 79,2. Bei 219^0 schmilzt es und verwandelt sich bei 690^0 in einen schweren gelben Dampf. An der Luft erhitzt, verbrennt das Selen mit blauer, der des Schwefels ähnlicher Flamme zu Selendioxyd, SeO_2. Dabei bemerkt man einen sehr charakteristischen Geruch nach faulen Rettichen.

Selendioxyd entsteht auch durch Oxydation des Selens mit Salpetersäure. Es ist nicht gasförmig, wie das ihm entsprechende Schwefeldioxyd, sondern bildet weiße, nadelförmige Krystalle. In Wasser löst es sich leicht, wobei selenige Säure, H_2SeO_3, entsteht:

$$SeO_2 + H_2O = H_2SeO_3.$$

Die selenige Säure ist viel beständiger als die schweflige Säure. Andererseits kann aber die schweflige Säure nur schwierig in Schwefel, Wasser und Sauerstoff gespalten werden, während bei der selenigen Säure diese Reduktion schon durch Staub und Belichtung hervorgebracht wird. Sie können deshalb auch an ihren Krystallen eine leichte Rotfärbung bemerken, die von ausgeschiedenem Selen herrührt. Man erklärt sich diese Unterschiede zwischen schwefliger und seleniger Säure durch die Annahme, daß Schwefel und Selen in den beiden Verbindungen

---

[1]) tellus (lat.), die Erde.
[2]) σελήνη (Selene), der Mond.

verschiedene Wertigkeiten haben, und zwar betrachtet man den Schwefel in schwefliger Säure als sechswertig und das Selen in der selenigen Säure als vierwertig. Danach hätten die beiden Verbindungen folgende Konstitutionsformeln:

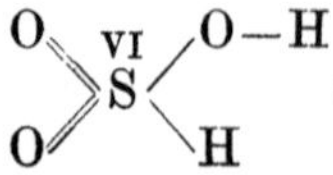

und

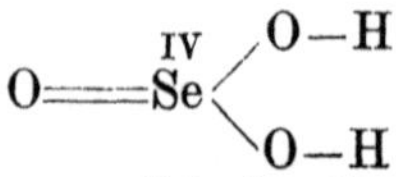

Schweflige Säure Selenige Säure

Sie sehen, daß nach diesen Konstitutionsformeln das Molekül der selenigen Säure viel regelmäßiger (symmetrischer) gebaut ist als das der schwefligen Säure, und dieser Umstand könnte seine größere Beständigkeit wohl erklären [1]).

Wenn man eine wässerige Lösung von seleniger Säure mit starken Oxydationsmitteln behandelt, erhält man die der Schwefelsäure entsprechende Selensäure H_2SeO_4 als eine farblose ölige Flüssigkeit vom spez. Gew. 2,6. In ihr scheint der Sauerstoff weniger fest gebunden zu sein als in der Schwefelsäure, da sie sehr stark oxydierend wirkt und sich dadurch in selenige Säure verwandelt.

Das Anhydrid der Selensäure kann nicht dargestellt werden, da es sich sofort in Selenigsäureanhydrid, SeO_2, und Sauerstoff spaltet.

Ebenso wie Schwefelwasserstoff aus Schwefeleisen und einer Säure kann man Selenwasserstoff H_2Se aus Seleneisen und einer Säure, z. B. Salzsäure, gewinnen:

$$FeSe + 2\,HCl = H_2Se + FeCl_2.$$

Selenwasserstoff ist ein Gas, das die Geruchsorgane noch viel heftiger angreift als Schwefelwasserstoff. Auch scheint er noch giftiger und weniger beständig als dieser zu sein, da er bereits an der Luft rote Flocken von Selen abscheidet. Er verhält sich ebenfalls wie eine Säure, rötet Lackmuspapier und fällt aus Lösungen von Metallsalzen gefärbte Niederschläge von Metallseleniden. Natürlich kennt man auch Salze der selenigen und der Selensäure, aber weder Selenite noch Seleniate haben Interesse für uns.

Gegen Fluor ist Selen nur vierwertig. SeF_4 ist flüssig.

Das letzte der zu der Schwefelgruppe gehörenden Elemente ist das selten vorkommende Tellur. Es bildet zusammen mit Silber und Gold das wertvolle „Schrifterz", so genannt, weil es infolge seiner krystallinischen Struktur mitunter der Form von Schriftzeichen ähnelt.

Tellur kommt in zwei allotropen Modifikationen vor: amorph, als dunkles Pulver vom spez. Gew. 6, und krystallisiert, silberweiß und metallglänzend, spez. Gew. 6,4. Sein Schmelzpunkt liegt bei 452°, sein

[1]) Man darf aber nicht außer acht lassen, daß diese Konstitutionsformeln zweidimensionale (flächenhafte) Symbole dreidimensionaler (räumlicher) Gebilde darstellen. Denn die Atomgruppierungen in einem Molekül finden ja im Raum, also nach drei Dimensionen statt. Diese zuerst von van t'Hoff ausgesprochene Tatsache liefert erst den Schlüssel zur Erklärung vieler Erscheinungen, die namentlich bei organischen Verbindungen auffallen. Doch auch in der anorganischen Chemie werden wir noch der „stereochemischen" Betrachtungsweise bedürfen.

Siedepunkt bei 1390⁰. Die krystallisierte Modifikation ist ein ziemlich guter Leiter der Elektrizität. An der Luft verbrennt es mit blaugrüner Flamme unter Bildung einer weißen Wolke von Tellurdioxyd, TeO_2. Die tellurige Säure H_2TeO_3, ähnelt, da sie schon bei gelindem Erwärmen in Tellurdioxyd und Wasser zerfällt, wieder mehr der schwefligen Säure.

Auch ein Tellurtrioxyd TeO_3 ist bekannt, jedoch ist das Verhalten der zugehörigen Tellursäure in verschiedenen Punkten von dem der Schwefel- und Selensäure abweichend. Eines ihrer Salze, das Kaliumtellurat, K_2TeO_4, erhält man, wenn man Tellurdioxyd durch Zusammenschmelzen mit Kaliumnitrat (salpetersaurem Kalium) oxydiert.

Tellurwasserstoff, H_2Te, ist ein sehr übelriechendes und giftiges unbeständiges Gas, dessen Schmelz- und Siedepunkt von dem des Selen- und Schwefelwasserstoffs erheblich verschieden ist. H_2Te siedet erst bei 0^0 (H_2S bei -62^0, H_2Se bei -42^0). Wegen des abweichenden Verhaltens der Tellursäure und des Tellurwasserstoffs rechnen manche das Tellur überhaupt nicht zur Schwefelgruppe. Jedoch besitzt es andererseits auch wieder viel Übereinstimmendes, so daß diese Frage nicht ganz entschieden ist.

Zusammenfassend können wir sagen, daß die Elemente der Schwefelgruppe ausgezeichnet sind durch Polymorphismus[1]), d. h. durch die Fähigkeit, in allotropen Modifikationen aufzutreten. Sie sind zwei- und sechswertig, mitunter auch vierwertig, $\left(\text{z. B. der Schwefel in } \overset{\text{IV}}{\text{S}}\begin{smallmatrix} \diagup \text{O} \\ \diagdown \text{O} \end{smallmatrix}\right)$.

Hiervon bildet nur der Sauerstoff eine Ausnahme, da er in nahezu allen seinen Verbindungen[2]) nur zweiwertig auftritt. Deshalb, und weil das dem Schwefel-, Selen- und Tellurwasserstoff entsprechende Wasser, das man analog als „Sauerstoffwasserstoff" bezeichnen könnte:

$$\begin{matrix} \text{H}\diagdown \\ \text{H}\diagup \end{matrix}\overset{\text{II}}{\text{S}} \qquad \begin{matrix} \text{H}\diagdown \\ \text{H}\diagup \end{matrix}\overset{\text{II}}{\text{O}} \qquad \begin{matrix} \text{H}\diagdown \\ \text{H}\diagup \end{matrix}\overset{\text{II}}{\text{Se}}$$

Schwefelwasserstoff, Wasser, Sauerstoffwasserstoff Selenwasserstoff

von den übrigen vollständig verschiedene Eigenschaften zeigt, hat man dem Sauerstoff eine ähnliche Ausnahmestellung in der Schwefelgruppe zugewiesen wie dem Fluor in der Halogengruppe.

Die drei übrigen Elemente bilden wieder eine Triade, denn:

$$\frac{\text{S}\,(32{,}07) + \text{Te}\,(127{,}5)}{2} = 79{,}78. \quad (\text{Se} = 79{,}2)$$

und dieser Umstand spricht wieder für die Zugehörigkeit des Tellurs zu der Schwefelgruppe.

---

1) πολύς (polys), viel; μορφή (morphe), Gestalt.

2) Ausnahmen sind z. B. die „Oxoniumverbindungen", in denen Sauerstoff vierwertig ist. Sie gehören größtenteils kohlenstoffhaltigen Körperklassen an, werden also in der „organischen" Chemie behandelt.

Wir können auch hier mit steigendem Atomgewicht eine Zunahme des spez. Gew., eine Erhöhung des Schmelz- und Siedepunktes, eine Vertiefung der Farbe und auch eine Änderung des Aggregatzustandes beobachten. Zwar sind, bis auf den Sauerstoff, die Elemente der Schwefelgruppe alle fest; aber in ihren Verbindungen spricht sich die mit der Zunahme des Atomgewichts Hand in Hand gehende Verdichtung der Materie deutlich aus. Während z. B. schweflige Säure noch gasförmig ist, sind selenige und tellurige Säure fest. Ebenso ist Schwefeldioxyd gasförmig, Tellur- und Selendioxyd fest. Umgekehrt aber sind die Wasserstoffverbindungen der drei festen, spezifisch schwereren Elemente gasförmig, während die ihnen entsprechende Wasserstoffverbindung des Sauerstoffs, das Wasser, flüssig ist. Auch diese Regelwidrigkeit berechtigt uns, dem Sauerstoff eine Ausnahmestellung zuzuerkennen.

Sauerstoff ist das in der Natur verbreitetste Element, Schwefel kommt noch sehr häufig vor, während Selen und Tellur als seltene Elemente bezeichnet werden müssen.

Zum Schluß will ich Ihnen wieder eine Übersichtstabelle über die vier Elemente der Schwefelgruppe zusammenstellen:

Elemente	Symbol	Atomgew.	Spez. Gew.	Schmelzp.	Siedep.	Aggregatzustand	Farbe
Sauerstoff	O	16,00	1,13 flüssig	-218^0	-183^0	Gasförm.	Farblos (in flüssig. Zustand bläulich)
Schwefel	S	32,07	2,04	$114,4^0$	$444,5^0$	Fest	Gelb
Selen	Se	79,20	4,4 u. 4,8	144^0 u. 219^0	680^0	Fest	Braun, Schwarz
Tellur	Te	127,5	6,25	450^0	1390^0	Fest	Metallisch, weißglänzd. (amorph schwarz)

Achter Vortrag.

Phosphor. — Phosphoroxyde. — Phosphorige Säure. — Phosphorsäure. — Phosphorwasserstoff. — Phosphoniumverbindungen. — Arsen. — Arsenoxyde. — Arsenige Säure. — Arsensäure. — Arsenwasserstoff. — Arsensulfide. — Unterschied zwischen Metall und Metalloid. — Antimon. — Antimonoxyde. — Antimonsäuren. — Antimonwasserstoff. — Antimonsulfide. — Antimonylverbindungen. — Wismut. — Wismutoxyde. — Metawismutsäure. — Wismutsalze. — Wismutsulfid. — Gruppenübersicht.

Die Gruppe von Elementen, die uns heute beschäftigen soll, heißt nach ihrem Hauptvertreter die Phosphorgruppe. Zu ihr gehören die Elemente Phosphor, Arsen, Antimon, Wismut und der eine Ausnahmestellung einnehmende Stickstoff.

Der Name Phosphor[1]) stammt aus dem Griechischen und heißt „Lichtträger“. Er weist auf die merkwürdige Eigenschaft des Phosphors hin, im Dunkeln zu leuchten.

[1]) φῶς (phos), Licht; φέρω (phero), ich trage.

Phosphor kommt in der Natur häufig, aber nur gebunden vor. Ein einziges Mal hat man freien Phosphor in einem Meteoriten beobachtet, der in Amerika niederfiel. Sonst trifft man in der Natur den Phosphor am häufigsten in der Gestalt von Verbindungen des Calciums mit Phosphorsäure. Die bedeutendsten Lager von Phosphaten hat Amerika. In sehr geringen Mengen findet sich der Phosphor in fast allen Gesteinen und folglich auch im Erdboden, da dieser durch die Verwitterung der Felsen (siehe S. 26) entstanden ist. Der Phosphor ist für die Entwickelung der Pflanzen und Tiere ungemein wichtig. Fast in allen Samenkörnern ist Phosphor nachweisbar, und in dem Tierkörper ist er als wesentlicher Bestandteil der Knochen enthalten. Knochenasche besteht fast ausschließlich aus Calciumphosphat. Auch in der Nerven- und Hirnsubstanz finden sich phosphorhaltige Verbindungen (Lecithin), bei deren Fehlen die Tätigkeit des Nervensystems sehr herabgesetzt werden kann. Man verwendet deshalb gegen gewisse Formen von Nervenschwäche (Neurasthenie) mit Erfolg phosphorhaltige Mittel.

Die Darstellung des Phosphors wird uns erst nach der Besprechung der Salze verständlich sein, die die Phosphorsäure mit dem Calcium bildet, weshalb wir diese Frage hier übergehen und uns gleich mit seinen Eigenschaften befassen wollen.

Phosphor ist ein wachsartiger, durchscheinender, gelblicher Körper, der einen sehr charakteristischen, knoblauchartigen Geruch hat. Er ist außerordentlich leicht entzündlich und muß deshalb unter Wasser aufbewahrt werden. Alle Versuche mit Phosphor dürfen nur mit größter Vorsicht angestellt werden, da er höchst giftig ist, und Wunden, die man durch brennenden Phosphor erhalten hat, sehr gefährlich sind. Sein spez. Gew. ist 1,83, sein Schmelzpunkt liegt schon bei 44°. Wenn man geschmolzenen Phosphor bei Luftabschluß erhitzt, so gerät er bei 290° ins Sieden und verwandelt sich in einen farblosen Dampf, dessen Moleküle aus 4 Atomen bestehen. Erhitzt man den Dampf, so dissoziiert er entsprechend:

$$P_4 \rightleftarrows 2\,P_2.$$

Man kennt verschiedene allotrope Modifikationen des Phosphors: 1. den eben beschriebenen „weißen“ Phosphor; 2. dunkelroten, „amorphen Phosphor“ vom spez. Gew. 2,34. Er ist viel weniger leicht entzündlich, vollkommen geruchlos, in den Lösungsmitteln für weißen Phosphor (Schwefelkohlenstoff, Fette und Öle) unlöslich und nicht giftig. Die Bezeichnung „amorpher Phosphor“ ist insofern nicht ganz richtig, als er häufig eine etwas krystallinische Struktur zeigt. Trotzdem ist der Ausdruck amorpher Phosphor (oder auch roter Phosphor) allgemein gebräuchlich. Wenn man amorphen Phosphor unter Luftabschluß bis auf 260° erhitzt, geht er wieder in weißen Phosphor über. Umgekehrt kann man aus weißem Phosphor durch Erwärmen auf 300°, unter Luftabschluß, amorphen darstellen. Eine dritte Modifikation des Phosphors entsteht, wenn weißer Phosphor längere Zeit dem Licht ausgesetzt ist. Er färbt sich dann hellrot, und dieser hellrote Phosphor, der nach seinem Entdecker auch Schenckscher Phosphor heißt, wurde in neuerer Zeit als verschieden von dem amorphen erkannt. Die Unterschiede zwischen den einzelnen Phosphorarten sind wahrscheinlich die Folgen verschiedener Molekülgröße. Wahrscheinlich entsprechen die Moleküle des „amorphen" Phosphors der Formel P_6. (A. Stock, K. A. Hofmann.)

Die beständigste Form des Phosphors ist die amorphe. Der gewöhnliche weiße ist weniger beständig; wenn er ja auch bei gewöhnlicher Temperatur und bei Abschluß der Luft ziemlich haltbar ist, so geht er doch bei Belichtung langsam erst in Schenckschen, dann in amorphen Phosphor über. Wenn wir in Zukunft einfach von Phosphor sprechen, so ist damit stets der weiße gemeint.

Phosphor oxydiert sich bereits bei gewöhnlicher Temperatur an der Luft langsam unter schwacher Lichterscheinung und Entwickelung eines weißen, knoblauchartig riechenden Rauches. Das eigentümliche Leuchten des Phosphors hat wohl jeder von Ihnen schon an den früher gebräuchlichen Phosphorstreichhölzern (mit blauen Köpfen) beobachtet. Das „kalte" Leuchten des Phosphors ist ein Beispiel dafür, daß chemische (von langsamer Oxydation herrührende Energie) unmittelbar in Lichtenergie umgesetzt werden kann. (Chemoluminiszenz.) Der gewöhnlichere Fall ist das Auftreten von längeren Ätherwellen (vgl. Vortrag 21), nämlich von Wärmeenergie.

Fig. 27a. Liebigscher Kühler.

Diese mit Lichterscheinung verbundene langsame Oxydation des Phosphors bietet ein bequemes Mittel zu seinem Nachweis in Fällen von Phosphorvergiftung. Man bringt dann den Mageninhalt in eine Kochflasche und erwärmt ihn mit Wasser. Die sich entwickelnden Dämpfe werden durch ein Glasrohr geleitet, das mit einem weiten Glasmantel umgeben ist, durch den man Kühlwasser fließen lassen kann. Diese Vorrichtung heißt: „Liebigscher Kühler". (Fig. 27 a.)

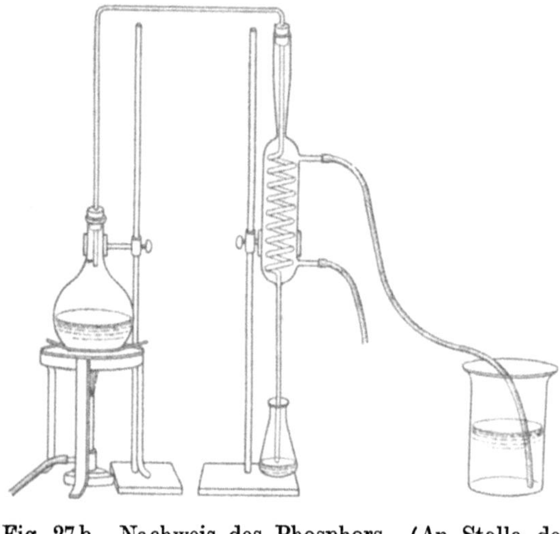

Fig. 27b. Nachweis des Phosphors. (An Stelle des Liebigschen ist hier ein Spiralkühler verwendet.)

Ich habe hier diesen Apparat aufgestellt (Fig. 27 b). In der Kochflasche befindet sich etwas eingeweichtes Brot, das durch ein kleines Stückchen Phosphor vergiftet ist. Ich erwärme nun den Inhalt der Kochflasche, und sobald ich das Zimmer verdunkele, können Sie sehen, daß die Dämpfe im Kühlrohr grünlich leuchten. Dieses einfache Verfahren wurde früher in der gerichtlichen Chemie angewandt, als die Giftmorde mit Phosphor noch häufig waren, weil man in den Streichholzköpfchen das Gift in beliebiger Menge besaß.

Die Zündholzindustrie war lange Zeit fast das einzige Absatzgebiet für weißen Phosphor, bis im Jahr 1848 der deutsche Chemiker Böttger die „Sicherheitszündhölzer" erfand, deren Zündmasse keinen Phosphor enthält und die infolgedessen auch nur an eigens dazu hergerichteten Reibflächen entflammt werden können. Diese bekannten schwarzen Reibflächen an den Seiten der Streichholzschachteln enthalten etwas amorphen Phosphor, die Köpfe der Streichhölzer bestehen aus Kaliumchlorat und Antimonsulfid. Früher versah man die Streichhölzer auch noch mit einem Überzug von Schwefel, um sie leichter brennbar zu machen. Da aber der beim Verbrennen entstehende Geruch nach Schwefeldioxyd sehr lästig ist, hat man den Schwefel durch Paraffin (einen wachsartigen Körper) ersetzt, mit dem die Hölzchen getränkt sind.

Der Phosphor wurde zuerst im Jahr 1669 von Brandt in Hamburg aus eingedampftem Urin hergestellt. Da man zu dieser Zeit noch sehr zum Wunderglauben neigte, beschäftigten sich viele Chemiker oder „Alchymisten", wie sie damals hießen, damit, den fabelhaften „Stein der Weisen" zu finden. Da man sich von der Einwirkung der „Lebenskraft" auf alle möglichen und unmöglichen Stoffe besonders Vieles und Wunderbares versprach, wurde auch jede Absonderung des lebenden Organismus auf jede und meist recht wunderliche Art untersucht. Auf diese Weise fand Brandt den merkwürdigen Körper, der im Dunkeln leuchtet, hütete das Verfahren seiner Darstellung lange Zeit als kostbares Geheimnis und verkaufte den Phosphor um teures Gold.

Wenn man Phosphor bei ungenügendem Luftzutritt erhitzt, so verbrennt er zu Phosphortrioxyd, P_2O_3 (oder P_4O_6), dem Anhydrid der phosphorigen Säure, H_3PO_3:

$$P_2O_3 + 3\,H_2O = 2\,H_3PO_3.$$

Das Phosphortrioxyd entsteht bei der langsamen Oxydation des Phosphors an der Luft neben geringen Mengen anderer Oxydationsstufen. Bei genügendem Luftzutritt verbrennt der Phosphor zu Phosphorpentoxyd, P_2O_5. Das Phosphorpentoxyd ist eine lockere, weiße Masse, die an der Luft begierig Wasser anzieht, mit dem sie Phosphorsäure oder Metaphosphorsäure bildet: $P_2O_5 + 3\,H_2O = 2\,H_3PO_4$, oder $P_2O_5 + H_2O = 2\,HPO_3$. Phosphorpentoxyd ist eines der wirksamsten Trockenmittel.

In den Säuren des Phosphors begegnen wir zum ersten Mal dreibasischen Säuren. Die phosphorige Säure, H_3PO_3, ist jedoch nur scheinbar dreibasisch, da sie nur zwei durch Metall ersetzbare Wasserstoffatome besitzt. Ihre Salze entsprechen meist der allgemeinen Formel HM_2PO_3, wenn M ein einwertiges Metall bedeutet. Man erklärt sich das abweichende Verhalten des einen Wasserstoffatoms durch eine Abweichung im Bau des Moleküls der phosphorigen Säure, indem man annimmt, daß das eine Wasserstoffatom unmittelbar an Phosphor gebunden ist, während in der dreibasischen Phosphorsäure keines der drei Wasserstoffatome am Phosphor sitzt:

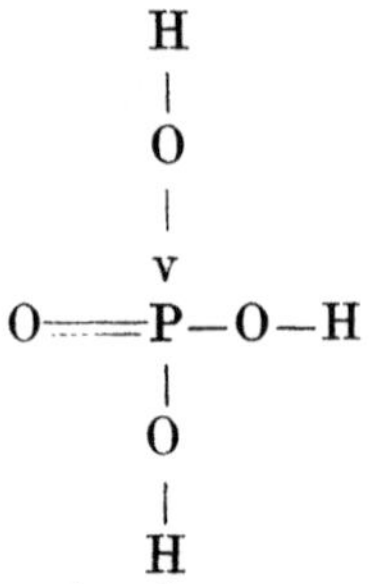

Phosphorsäure

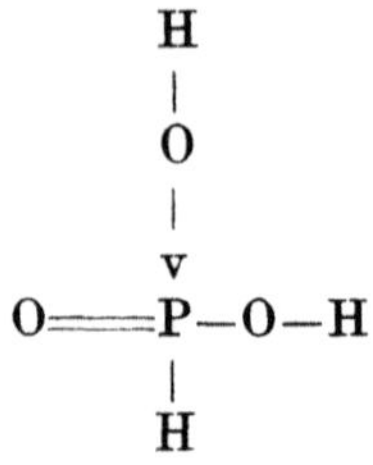

Phosphorige Säure

Die phosphorige Säure neigt sehr dazu, durch Bindung eines weiteren Atoms Sauerstoff in Phosphorsäure überzugehen. Sie ist daher ein starkes Reduktionsmittel und vermag vielen Metalloxyden den Sauerstoff zu entziehen und sie dadurch zu Metallen zu reduzieren. Phosphorige Säure bildet farblose, zerfließliche Krystalle, die sich leicht zu einer syrupartigen, stark sauren Flüssigkeit lösen.

Die unterphosphorige Säure, H_3PO_2, ist eines der stärksten Reduktionsmittel. Außerdem ist sie dadurch merkwürdig, daß die Ionisation ihrer Lösungen, entgegen der Regel, beim Erwärmen abnimmt.

Die wichtigste Säure des Phosphors ist die Phosphorsäure, H_3PO_4. Sie bildet in konzentriertem Zustand eine syrupdicke, mit der Zeit zu Krystallen vom Schmelzpunkt 39⁰ erstarrende Flüssigkeit, die sich in jedem Verhältnis mit Wasser mischen läßt. Sie ist nicht giftig, wodurch sie sich von den weniger Sauerstoff enthaltenden Säuren des Phosphors unterscheidet. Phosphorsäure bildet drei Reihen von Salzen. Bedeutet M ein einwertiges Metall, so sind möglich:

MH_2PO_4	M_2HPO_4	M_3PO_4
Primäres Phosphat	Sekundäres Phosphat	Tertiäres Phosphat
Mono-phosphat	Di-phosphat	Tri-phosphat
Saure Phosphate		Neutrales Phosphat

z. B.:

NaH_2PO_4	Na_2HPO_4	Na_3PO_4
Mononatriumphosphat,	Dinatriumphosphat,	Trinatriumphosphat,
Primäres	Sekundäres	Tertiäres
Natriumphosphat,	Natriumphosphat	Natriumphosphat.

Die Bezeichnung „saure“ und „neutrale“ Phosphate entspricht, wie wir später sehen werden, nicht ganz den Tatsachen. Man gewöhnt sich deshalb besser an die anderen, oben erwähnten Benennungen. Es ist durchaus nicht notwendig, daß in den tertiären Phosphaten die drei Wasserstoffatome immer durch dasselbe Metall ersetzt sind. Man kennt z. B. Salze auch von der Struktur

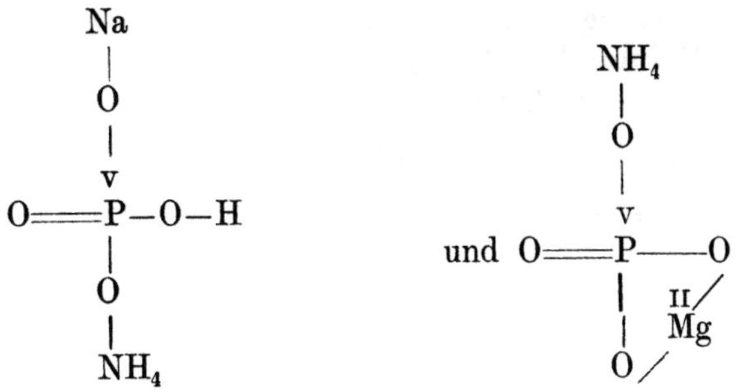

NH_4NaHPO_4 Ammoniumnatrium-phosphat und NH_4MgPO_4 Ammoniummagnesium-phosphat

In dem Ammoniumnatriumphosphat, das in den Laboratorien unter dem Namen „Phosphorsalz“ gebraucht wird, ist ein Wasserstoffatom durch den einwertigen Rest $-\overset{V}{N}H_4$, „Ammonium“, das andere durch Natrium ersetzt, während das dritte noch vorhanden ist. Der „Rest“ (siehe S. 36) — NH_4, der für sich nicht beständig ist, wird Ihnen noch von dem Ammoniak, $NH_4 - OH$, und dem Ammoniumchlorid, $NH_4 - Cl$, her in Erinnerung sein (siehe S. 62). Sie sehen, daß das Ammonium in Verbindungen wirkt wie ein einwertiges Metall. Wir werden später noch mehr Beispiele hierfür kennen lernen. Im Ammoniummagnesiumphosphat ist ein Wasserstoffatom durch das einwertige Ammonium und die beiden anderen sind durch das zweiwertige Magnesium ersetzt. Auch dieses Salz ist für die analytische Chemie sehr wichtig, da man in dieser Form das Magnesium aus seinen Lösungen vollständig ausfällen kann.

Durch Abgabe von Wasser entsteht aus der gewöhnlichen Phosphorsäure („Orthophosphorsäure“) [1]) eine einbasische „Neben“phosphorsäure, die Metaphosphorsäure [2]), HPO_3:

$$H_3PO_4 = HPO_3 + H_2O.$$

Die Metaphosphorsäure ist eine glasähnliche, leicht zerfließliche Masse. (Acidum phosphoricum glaciale des Handels.) Sie gibt mit Eiweiß einen voluminösen Niederschlag, was die gewöhnliche Phosphorsäure nicht tut. Die wässerige Lösung der Metaphosphorsäure geht durch Wasseraufnahme allmählich wieder in Orthophosphorsäure über:

$$HPO_3 + H_2O = H_3PO_4.$$

Die Metaphosphate entsprechen der allgemeinen Formel $\overset{I}{M}PO_3$. Die Moleküle der Metaphosphorsäure neigen sehr zur Polymerisation.

Wenn man ein Orthophosphat einige Zeit auf 200—300° erhitzt, so ist es durch Wasserabgabe zu einem Pyrophosphat, dem Salz der Pyrophosphorsäure [3]), $H_4P_2O_7$, geworden. Pyrophosphorsäure, eben-

---

[1]) 'Ορθός, orthos = gerade, richtig.

[2]) Μετά, meta = daneben.

[3]) Der Name Pyrophosphorsäure soll an die Entstehung der Verbindung durch Erhitzen von Orthophosphorsäure erinnern. Τὸ πῦρ (pyr), das Feuer.

falls eine weiße, glasige Masse, entsteht, wenn 2 Moleküle Orthophosphorsäure ein Molekül Wasser abgeben:

$$2\,H_3PO_4 = H_4P_2O_7 + H_2O.$$

Die Pyrophosphorsäure ist vierbasisch, jedoch kennt man nur ihre sekundären Salze von der Allgemeinformel $\overset{I}{M}_2H_2P_2O_4$ und quaternäre Salze von der Formel $\overset{I}{M}_4P_2O_7$. Pyrophosphorsäure gibt keine Reaktion mit Eiweiß.

Von den übrigen Verbindungen des Phosphors interessieren uns zunächst die mit dem Wasserstoff. Man kennt 3 verschiedene Phosphorwasserstoffe: den gasförmigen, den flüssigen und den festen Phosphorwasserstoff. Die gasförmige Verbindung entsteht durch Kochen von Phosphor mit starker Kalilauge nach der Reaktionsgleichung:

$$P_4 + 3\,KOH + 3\,H_2O = \underset{\text{Phosphor-wasserstoff}}{PH_3} + \underset{\text{Unterphosphorig-saures Kalium}}{3\,KH_2PO_2}$$

Sie ist ein sehr widerwärtig riechendes Gas, das wir seiner merkwürdigen Eigenschaften wegen hier darstellen wollen. Den dazu dienenden Apparat sehen Sie hier vor sich: (Fig. 28). In einer Kochflasche befinden sich einige Stückchen Phosphor unter Kalilauge. Durch ein S-förmig gebogenes Gasableitungsrohr wird der sich entwickelnde Phosphorwasserstoff in eine Schale geleitet, die mit Wasser gefüllt ist.

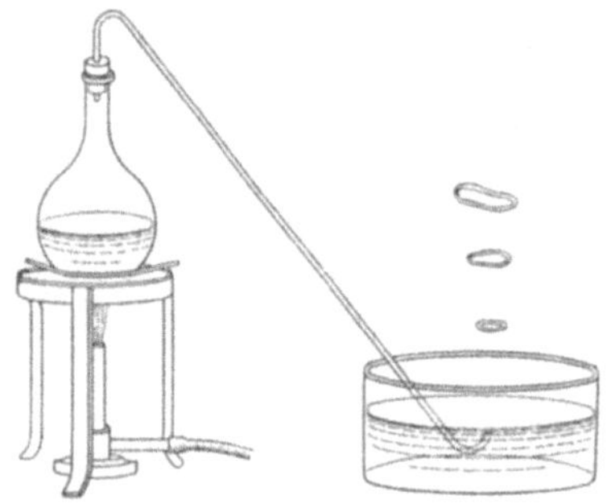

Fig. 28. Darstellung des Phosphorwasserstoffs.

Wir erhitzen nun den Inhalt der Kochflasche zum Sieden, und sobald sich Phosphorwasserstoff entwickelt, sehen Sie, wie sich jede Gasblase, die aus dem Wasser an die Luft kommt, sofort entzündet und mit weißer Flamme verbrennt, während ein Ring von weißem Rauch in die Höhe steigt, wobei er sich beständig erweitert. Die Entzündbarkeit an der Luft kommt dem gasförmigen Phosphorwasserstoff gar nicht zu, sondern sie rührt daher, daß ihm stets kleine Mengen von flüssigem Phosphorwasserstoff beigemengt sind, der die Eigenschaft besitzt, an der Luft zu verbrennen, und der dadurch als Zündungsmittel für den gasförmigen dient. Wenn ich daher dem Wasser in der Wanne irgendeinen Körper zusetze, durch den flüssiger Phosphorwasserstoff zersetzt wird, so wird dem gasförmigen die Selbstentzündlichkeit sofort genommen. Ich gebe z. B. Alkohol zu dem Wasser, und Sie bemerken, daß die Verbrennung sofort aufhört. Sobald ich aber etwas rauchende Salpetersäure zusetze, wird wieder flüssiger Phosphorwasserstoff gebildet, und die Verbrennung beginnt von neuem.

Der Phosphorwasserstoff ist die zweite Wasserstoffverbindung mit basischen Eigenschaften, die wir kennen lernen.

Ebenso wie aus Ammoniak und Wasser Ammoniumhydroxyd entsteht:

$$NH_3 + H_2O = NH_4OH,$$

ebenso bildet sich aus Phosphorwasserstoff und Wasser das (unbeständige) Phosphoniumhydroxyd PH_4OH:

$$PH_3 + H_2O = PH_4OH.$$

Diese basische Verbindung liefert mit Jodwasserstoff das dem Ammoniumjodid entsprechende Salz Phosphoniumjodid, PH_4J:

$$PH_4OH + HJ = PH_4J + H_2O$$

Der „Rest" Phosphonium, — PH_4, ist ebensowenig in freiem Zustand bekannt wie das Ammonium. Phosphoniumsalze sind viel unbeständiger als die Ammoniumsalze, denn sie werden schon durch Wasser in alkalischen Phosphorwasserstoff und sauren Halogenwasserstoff gespalten, worauf ein bequemes Verfahren zur Herstellung von Phosphorwasserstoff beruht:

$$P_4HJ = PH_3 + HJ.$$

Der Phosphorwasserstoff PH_3 heißt auch Phosphin. Er ist ganz wesentlich giftiger als das ihm entsprechende Ammoniak. Ein weiterer Unterschied ist, daß er in Wasser nur wenig löslich und daß er brennbar ist.

Flüssiger Phosphorwasserstoff hat die Formel P_2H_4. Er siedet bei etwa 60°. Wenn man ihn erhitzt, spaltet er sich in Phosphin und festen Phosphorwasserstoff. Dieser hat die Formel P_4H_2 oder ein Vielfaches davon.

Das Phosphortrichlorid, PCl_3, erwähne ich hier nur deshalb, weil wir in ihm ein bequemes Mittel zur Darstellung von phosphoriger Säure besitzen. Wenn man nämlich Phosphortrichlorid, eine stechend riechende, leicht bewegliche Flüssigkeit, in Wasser tropft, dann entsteht nach der Reaktionsgleichung:

$$PCl_3 + 3\,H_2O = H_3PO_3 + 3\,HCl$$

durch Hydrolyse phosphorige Säure und Salzsäure.

Es gibt auch noch ein Phosphorpentachlorid, PCl_5, das eine weiße, an der Luft leicht zerfließende Masse bildet. Wenn man es erhitzt, zerfällt es zum Teil in Trichlorid und Chlor. Bei Abkühlung geht die Spaltung zurück:

$$PCl_5 \rightleftarrows PCl_3 + Cl_2.$$

Die Verbindungen des Phosphors mit den übrigen Halogenen sowie mit Schwefel bieten für uns kein Interesse, weshalb wir uns jetzt zur Betrachtung des zweiten Elementes der Phosphorgruppe, des Arsens, wenden.

Das Arsen ist in der Natur weit verbreitet. Es kommt in elementarem Zustand vor, in dem es wohl auch Fliegenstein oder Scherbenkobalt genannt wird, häufiger jedoch in Form seiner Verbindungen mit Metallen und mit Schwefel. Bekanntere arsenhaltige Mineralien sind z. B. der Arsenkies, eine Verbindung von Schwefel, Eisen und Arsen, FeAsS, dann das als Mineral den Namen Auripigment oder Operment führende Arsentrisulfid, As_2S_3, und der Realgar As_2S_2. Der Realgar hat wohl die Konstitution

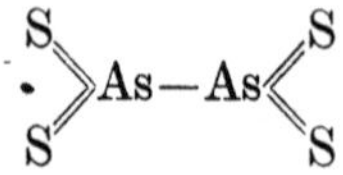

Arsen ist ein fester, grauer bis schwarzer Körper von 5,7 spez. Gew. Wenn man es erhitzt, verflüchtigt es sich, ohne vorher zu schmelzen, bei 450° und verdichtet sich beim Abkühlen wieder zu Krystallen, die meist spitze Formen des hexagonalen Systems bilden. Ähnlich wie Phosphor besitzt auch der gelbe Arsendampf einen an Knoblauch erinnernden Geruch; eine weitere Ähnlichkeit mit dem Phosphor besteht darin, daß auch das Arsenmolekül aus vier einzelnen Atomen besteht, also die Formel As_4 hat. Um so verwunderlicher muß es erscheinen, daß das sonstige Verhalten des Arsens so wenig Ähnlichkeit mit dem des Phosphors hat. Es ist spröde, läßt sich leicht pulverisieren, ist viel weniger leicht brennbar als Phosphor und löst sich auch nicht in Schwefelkohlenstoff. Neuerdings hat man aber in dem gelben Arsen eine allotrope Modifikation entdeckt, die weit mehr Ähnlichkeit mit dem Phosphor aufweist. Man erhält es, wenn man Arsendampf unter gewissen Vorsichtsmaßregeln rasch abkühlt, in der Gestalt gelber, in Schwefelkohlenstoff löslicher stark lichtbrechender Kryställchen vom spez. Gew. 2,6 (bei Zimmertemperatur), die außerordentlich lichtempfindlich sind. Wenn man z. B. einen Tropfen in Schwefelkohlenstoff gelösten gelben Arsens auf einem Stückchen Filtrierpapier verdunsten läßt und die zurückbleibenden gelben Kryställchen ins Sonnenlicht bringt, dann entsteht sofort ein schwarzer Fleck von gewöhnlichem Arsen. Dieses leitet die Elektrizität, ist also die metallische Modifikation, während das gelbe Arsen die dem gelben Phosphor entsprechende nichtmetallische Modifikation ist. Gleich diesem ist es Nichtleiter der Elektrizität und verbreitet schon bei gewöhnlicher Temperatur einen knoblauchartigen Geruch.

Das Arsen wird fabrikmäßig durch Erhitzen des obenerwähnten Arsenkieses gewonnen. Dabei sublimiert das Arsen ab, und Schwefeleisen bleibt zurück.

$$4\,FeSAs = As_4 + 4\,FeS.$$

Natürlich vorkommendes Arsen bildet meist größere scherbenartige (daher der Name Scherbenkobalt) graue Stücke. Die Bezeichnung Fliegenstein kommt daher, daß man eine Abkochung von Arsen mit Wasser früher zum Vertilgen von Fliegen benutzte. Da sich nämlich das Arsen durch Liegen an der Luft mit einem dünnen Häutchen seines Trioxydes überzieht, das in Wasser löslich ist, wirkt eine solche Abkochung stark giftig. Arsen dient als Zusatz zu Schrotblei und zu gewissen Legierungen für Spiegelmetall. Arsenverbindungen finden beschränkte Anwendung in der Medizin sowie zum Konservieren von Hölzern und Fellen.

Das Arsentrioxyd, As_2O_3, ist allgemein bekannt unter dem Namen

Arsenik. Es ist ein weißes, süßlich schmeckendes, in Wasser wenig lösliches Pulver, das wie das Element selbst und alle seine Verbindungen ein sehr starkes Gift ist. Es entsteht, wenn Arsen an der Luft verbrennt, oder wenn man es mit Salpetersäure oxydiert. Im großen stellt man es durch Rösten des Arsenkieses dar, wobei neben Schwefeldioxyd auch Arsentrioxyd entsteht, das sublimiert und in gemauerten Gängen, den „Giftfängen", verdichtet wird.

$$2\,FeSAs + 5\,O_2 = Fe_2O_3 + 2\,SO_2 + As_2O_3.$$

Gewisse Anzeichen sprechen dafür, daß unterhalb 800° das Arsentrioxydmolekül aus zwei zusammengelagerten Einzelmolekülen besteht, daß es also die doppelte Formel der oben angeführten hat, nämlich As_4O_6. Der Einfachheit halber nimmt man aber meist die erstgenannte Formel an. Das Arsentrioxyd kommt in manchen Quellen vor, z. B. in der Dürkheimer Maxquelle und dem Wasser von Levico. Da sehr kleine Mengen Arsenik blutbildend wirken, sind diese Wässer sowie einige künstliche Arsenpräparate (z. B. Fowlersche Pillen) geschätzte Arzneimittel. Durch fortlaufenden Genuß langsam steigender Mengen Arsenik, der u. a. in Tirol üblich ist, um die Körperkräfte zu steigern, tritt Gewöhnung an das Gift ein, so daß schließlich bis 0,5 g vertragen werden. Natürlich tritt über kurz oder lang eine chronische Arsenvergiftung ein.

Arsentrioxyd ist in Wasser nur schwer, leichter dagegen in Salzsäure löslich. In der wässerigen Lösung darf man wohl die nur in ihren Salzen bekannte arsenige Säure, H_3AsO_3, annehmen, die aus dem Arsentrioxyd durch Wasseraufnahme auf ähnliche Weise entsteht wie die phosphorige Säure aus dem Phosphortrioxyd (siehe S. 97):

$$As_2O_3 + 3\,H_2O = 2\,H_3AsO_3.$$

Ebenfalls wie die phosphorige Säure kann sie auch durch Hydrolyse des Trichlorids erhalten werden (vgl. bei Phosphor S. 101):

$$AsCl_3 + 3\,H_2O = H_3AsO_3 + 3\,HCl.$$

Die freie arsenige Säure zerfällt aber sofort wieder, so daß sie in unverbundenem Zustand nicht dargestellt werden kann. Aus seiner salzsauren Lösung krystallisiert das Arsentrioxyd in kleinen regulären Oktaedern; bei diesem Vorgang kann man im Dunkeln eine starke Lichtentwicklung beobachten. Man erklärt das durch die Annahme von Triboluminiszenz, einer beim Reiben mancher Krystalle (u. a. auch Zucker) erfolgenden Lichtentwicklung. Beim Erhitzen verwandelt es sich in einen farb- und geruchlosen Dampf und verdichtet sich beim Abkühlen wieder unverändert in Form eines weißen Beschlages. Bei längerem Erhitzen geht Arsentrioxyd in eine amorphe, glasige Masse über (spez. Gew. 3,7 gegen 3,65 der krystallisierten Form) die sich unter dem Einfluß geringer Spuren Feuchtigkeit langsam mit einer staubartigen Schicht krystallinischen Oxyds bedeckt. Während die Oxyde des Phosphors nur sehr schwer reduziert werden können, kann man den Arsenoxyden ihren Sauerstoff sehr leicht entziehen. Ich will Ihnen das hier zeigen: in einer an einem Ende zu einer Spitze ausgezogenen kleinen Glasröhre (Fig. 29) sehen Sie an der Stelle, an der sie schmal wird, ein kleines Splitterchen Holzkohle liegen. In dem zugeschmolzenen Ende befindet sich eine geringe Menge Arsentrioxyd. Ich erhitze zunächst das Arsentrioxyd und, sobald es beginnt sich zu verflüchtigen, auch das Kohlesplitterchen. Die heiße Kohle entzieht nun dem Arsentrioxyddampf den Sauerstoff und oxydiert sich dadurch durch zu Kohlendioxyd, während das Arsentrioxyd zu metallischem Arsen reduziert wird, das sich als glänzender schwarzer Belag („Arsenspiegel") in dem kühlen, weiten Teil der Glasröhre abscheidet.

Fig. 29. Reduktion des Arsentrioxyds.

Man kennt auch ein dem Phosphorpentoxyd entsprechendes Arsenpentoxyd, As_2O_5; es ist eine schwere, weiße Masse, die bei schwacher Glühhitze schmilzt und dabei unter Abgabe von Sauerstoff in Arsentrioxyd übergeht:

$$As_2O_5 = As_2O_3 + O_2.$$

Im Gegensatz zum Phosphorpentoxyd ist es nicht hygroskopisch [1]. Mit Wasser bildet es die der Orthophosphorsäure entsprechende Orthoarsensäure, H_3AsO_4, die sowohl in freiem Zustand als auch in Form ihrer Salze bekannt ist:

$$As_2O_5 + 3\,H_2O = 2\,H_3AsO_4.$$

Da auch eine Pyroarsensäure, $H_4As_2O_7$, sowie eine Metarsensäure, $HAsO_3$, bekannt ist, ist die Übereinstimmung mit den Phosphorsäuren vollkommen. Die Arsensäure zeigt in ihren Salzen, den Arseniaten, eine weitgehende Übereinstimmung mit den Phosphaten. Sie geht so weit, daß z. B. Krystalle von primärem Kaliumphosphat in einer Lösung des entsprechenden Arseniats, KH_2AsO_4 weiterwachsen. Löst man ein Phosphat und das entsprechende Arseniat, so kann man in geeigneten Fällen aus der Lösung „Mischkrystalle" erhalten, die aus wechselnden Anteilen beider Salze bestehen. Die von Mitscherlich entdeckte Eigenschaft gewisser chemisch verschiedener Stoffe, in nahezu oder (bei dem regulären System) völlig gleichen Krystallformen aufzutreten, heißt Isomorphie [2].

Mit Chlor bildet Arsen ein Trichlorid $AsCl_3$, eine an der Luft rauchende Flüssigkeit (näheres siehe im prakt. Teil). Das Pentachlorid, ebenfalls flüssig, zerfällt schon bei -20^0 in Trichlorid und Chlor. Auch die Verbindungen des dreiwertigen Arsens mit den übrigen Halogenen sind bekannt. Arsenjodid entspricht der Zusammensetzung As_2J_4, $\begin{matrix} As\langle^{J}_{J} \\ | \\ As\langle^{J}_{J} \end{matrix}$.

Einen sehr wichtigen Körper bildet das Arsen mit dem Wasserstoff. Es ist dies der höchst widerwärtig riechende und außerordentlich giftige Arsenwasserstoff, AsH_3. Er entsteht immer, wenn Wasserstoff in statu nascendi mit Arsen oder Arsenverbindungen zusammenkommt.

---

[1] Hygroskopisch = Feuchtigkeit anziehend, an der Luft zerfließend.
[2] ἴσος (isos, gleich); μορφή (morphe, Gestalt).

Er ist leicht entzündlich und verbrennt mit bläulicher Flamme zu Arsentrioxyd und Wasser. Während sich der Phosphorwasserstoff noch ausgesprochen basisch verhält (siehe S. 101), reagiert Arsenwasserstoff je nach den Umständen teils schwach basisch, teils schwach sauer. Er hat z. B. eine gewisse Neigung, mit Metallsalzen dergestalt in Reaktion zu treten, daß dabei Arsenmetalle (Arsenide) gebildet werden, durch welches Verhalten er sich wieder mehr den Halogenwasserstoffen sowie den Wasserstoffverbindungen des Schwefels, Selens und Tellurs nähert. In Wasser ist er nur sehr wenig löslich. Bei -55^0 verdichtet er sich zu einer Flüssigkeit.

Der Arsenwasserstoff zerfällt sehr leicht in seine Bestandteile. Schon durch Überleiten über poröse Substanzen und durch Erhitzen wird die Zersetzung herbeigeführt. Leitet man z. B. Arsenwasserstoff durch eine an einer Stelle erhitzte Glasröhre, so bildet sich an den hinter der erhitzten Stelle liegenden kälteren Teilen der Röhre ein Arsenspiegel, während Wasserstoff entweicht. Auf diese Tatsache gründet sich ein sehr empfindliches Verfahren zum Nachweis von Arsen oder Arsenverbindungen, das nach seinem Erfinder die Marshsche Arsenprobe genannt wird. Der Hergang dabei ist folgender: man entwickelt zunächst reines Wasserstoffgas durch Zersetzung einer Säure (Schwefelsäure) durch ein Metall (Zink). Das Gas leitet man durch eine in ihrer Mitte etwas eingeschnürte Glasröhre, die an einer Stelle kräftig erhitzt wird. Nun gibt man die auf Arsen zu prüfende Lösung zu der Säure, aus der sich Wasserstoff entwickelt. Enthält die Lösung auch nur Spuren von Arsen, dann verbindet es sich mit dem sich entwickelnden Wasserstoff in statu nascendi zu Arsenwasserstoff, der dann in der heißen Glasröhre auf die obenerwähnte Art zersetzt wird.

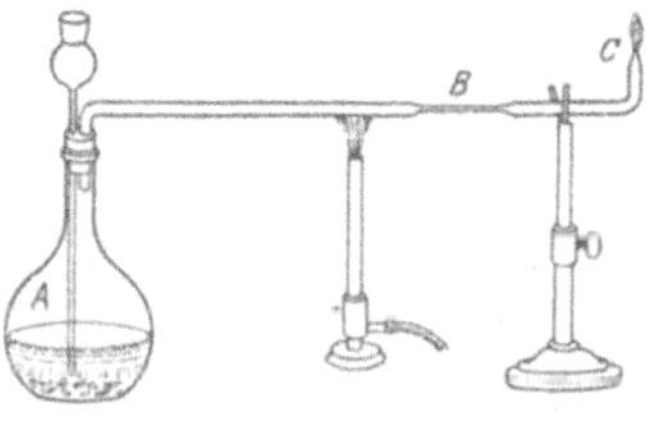

Fig. 30. Nachweis des Arsens nach Marsh.

Den Marshschen Apparat sehen Sie hier vor sich (Fig. 30):

In der Kochflasche A entwickeln wir aus reinem Zink und reiner Schwefelsäure Wasserstoff. Das Gas leiten wir durch die lange Glasröhre, die bei B etwas eingeschnürt und bei C zu einer Spitze ausgezogen ist, so daß wir das entweichende Wasserstoffgas, nachdem alle Luft aus dem Apparat verdrängt ist, anzünden können. Sie sehen, es brennt mit der bekannten, durch den Natriumgehalt des Glases etwas gelblich gefärbten Flamme. Nun habe ich hier eine Spur einer arsenhaltigen Farbe (Schweinfurter Grün) in Wasser verrührt und gieße jetzt diese Lösung durch das Trichterrohr zu der Schwefelsäure. Sofort verändert sich die Farbe der Wasserstoffflamme: sie wird bläulich, und wenn ich nun noch die Glasröhre kurz vor B mit einem Bunsenbrenner erhitze, so erhalten wir in der Einschnürung bald einen prächtigen Arsenspiegel. Auch dadurch, daß ich in die Arsenwasserstoffflamme einen Porzellanscherben halte, lassen sich schwarze Flecken von metallischem Arsen erhalten. Das Marshsche Verfahren ist, wie gesagt, außerordentlich empfindlich und wird bei gerichtlichen Untersuchungen angewandt. Graham-Otto berichtet einen interessanten Fall, in dem es ihm auf diese Weise möglich war, Arsen in den Rostflecken eines inzwischen geheizten eisernen Ofens nachzuweisen und damit den Verbrecher dem Gericht auszuliefern, der ein ganzes Jahr früher die vergiftete Speise auf diesem Ofen zubereitet hatte.

Wegen der großen Giftigkeit des Arsenwasserstoffs ist nicht daran zu denken, ihn hier etwa durch Zersetzung von Zinkarsenid und Schwefelsäure rein darstellen zu wollen, und selbst bei Versuchen mit stark verdünntem Arsenwasserstoff, wie er bei der Marshschen Arsenprobe vorliegt, ist die allergrößte Vorsicht geboten! Verwendet man zur Darstellung von Wasserstoff rohe Schwefel- oder Salzsäure, so bildet das in ihnen fast stets enthaltene Arsen Arsenwasserstoff. Solcher unreine Wasserstoff hat schon mehrfach schwere Unglücksfälle verursacht.

Nach Janowsky soll durch Einwirkung von Arsenwasserstoff auf Phosphorpentachlorid ein dem festen Phosphorwasserstoff entsprechender fester Arsenwasserstoff, As_2H_2, entstehen:

$$2\,AsH_3 + 2\,PCl_5 = 2\,PCl_3 + 4\,HCl + As_2H_2.$$

Von den Verbindungen des Arsens mit Schwefel interessieren uns außer dem natürlich als Realgar oder Rauschrot vorkommenden Arsensulfid, As_2S_2, noch das Arsentrisulfid (Auripigment, Rauschgelb), As_2S_3, und das Arsenpentasulfid, As_2S_5. Es sind die Schwefelwasserstoffsalze des Arsens, und aus den beiden letzterwähnten Sulfiden bestehen die gelben Niederschläge, die Schwefelwasserstoff in Lösungen von Arsenverbindungen erzeugt. Realgar fand früher eine beschränkte Anwendung als Malerfarbe und wird, seitdem die Verwendung arsenhaltiger Farben im Kunstgewerbe und der Färberei (Tapeten!) verboten ist, nur noch in der Feuerwerkerei verwandt. Arsentrioxyd sowie einige Arseniate und Arsenite werden in ausgedehnterem Maße bei der Kattundruckerei, der Glasfabrikation, als medizinische Präparate und als Konservierungsmittel für zoologische Präparate (Wickersheimsche Flüssigkeit) gebraucht.

Den Phosphoniumverbindungen entsprechende „Arsoniumverbindungen" sind nicht bekannt.

Mit der Besprechung der beiden letzten Elemente der Phosphorgruppe, Antimon und Wismut, strenggenommen sogar schon bei der Betrachtung des Arsens, fühlen wir den Boden unter unseren Füßen etwas schwanken. Ein sicherer Führer beginnt uns nämlich immer untreuer zu werden: die Einheitlichkeit der betrachteten Elemente in bezug auf ihre physikalischen Eigenschaften und in bezug auf das Verhalten ihrer Verbindungen mit Wasserstoff und Sauerstoff. Ich darf Ihnen vielleicht an dieser Stelle nochmals einiges hierauf Bezügliche aus früheren Vorträgen ins Gedächtnis zurückrufen: Sehen wir von den bis jetzt betrachteten gasförmigen und flüssigen Elementen ab, so konnten wir zunächst bei den uns bis jetzt bekannten festen Grundstoffen durchweg eine verhältnismäßig geringe Dichtigkeit beobachten, die ihren Ausdruck fand in geringem spezifischen Gewicht sowie leichter Zerschneid- oder Zerdrückbarkeit der einzelnen Körper. (Jod, Schwefel, Selen sind pulverisierbar, Phosphor läßt sich mit dem Messer schneiden.) Hand in Hand mit diesen Eigenschaften ging ein verhältnismäßig niedriger Schmelzpunkt sowie meist eine leichte Brennbarkeit. Mit Ausnahme des Tellurs und des Arsens ließen die Elemente auch alle den eigentümlichen Glanz vermissen, den man als „Metallglanz" bezeichnet. Nachdem wir uns so verschiedener Eigentümlichkeiten nochmals erinnert haben, wird es Ihnen nicht schwer fallen, einzusehen, daß die bis jetzt besprochenen Elemente in einem gewissen Gegensatz stehen müssen zu den Körpern, die man gemeinhin „Metalle" nennt. Man bezeichnet deshalb den Wasserstoff, die Halogene, die Angehörigen der Schwefel- und Phosphorgruppe sowie die der noch zu besprechenden Kohlenstoffgruppe als „Metalloide". Nun wäre aber die Einleitung der Elemente in Metalloide und Metalle etwas oberflächlich, wollte man sie nur von physikalischen Gesichtspunkten aus vornehmen. Sie sehen ja selbst, daß wir z. B. das Tellur, trotzdem es ausgesprochenen Metallglanz hat, zu den Metalloiden rechnen. Auch Antimon und Wismut, zu deren Betrachtung wir uns jetzt wenden wollen, haben vollkommen das Aussehen von echten Metallen, und so müssen wir uns also nach chemischen Gemeinsamkeiten umsehen, nach deren Vorhandensein wir die Zugehörigkeit zur einen oder anderen Gruppe bestimmen können.

Zur Unterscheidung der Metalle von den Metalloiden dient uns das Verhalten ihrer Sauerstoff- und Wasserstoffverbindungen. Wir nennen nämlich ein Element dann „metalloid", wenn seine Verbindungen mit Sauerstoff, seine Oxyde, Säureanhydride sind, also mit Wasser Säuren bilden. Als Beispiele dafür erinnere ich Sie an das Chlorheptoxyd, ClO_7 (siehe S. 67), das Anhydrid der Perchlorsäure, $HClO_4$, an das Jodpentoxyd, J_2O_5, das Anhydrid der Jodsäure, $H_2J_2O_6$ (siehe S. 73), an das Schwefeldioxyd, SO_2 (s. S. 83), das Anhydrid der schwefligen Säure, H_2SO_3, usw. Die Metalloide sind also säurebildende Elemente, oder, wie man auch sagt, „Elemente mit saurem Charakter". Da sie selbst Säuren bilden, lösen sie sich in anderen Säuren nicht auf; denn die Auflösung eines Elementes in einer Säure kann ja nur so geschehen, daß der basische Wasserstoff der Säure (das elektropositive, durch einen Punkt bezeichnete Wasserstoff-Ion) durch ein ebenfalls basisches Element ersetzt wird. Ein Beispiel wird Ihnen das klarer machen als viele Worte: Schwefelsäure ist dissoziiert in positive Wasserstoff-Ionen und negative Säurerest-Ionen:

$$H_2SO_4 = 2\,H^{\cdot} + SO_4''.$$

Ein Element wird sich nur dann in der Schwefelsäure lösen, wenn es Ionen zu bilden vermag, die die beiden positiven Wasserstoffionen ersetzen können. Sie müssen also ebenfalls positiv, basisch sein. Positive Ionen bilden aber nur die Metalle, die deshalb auch „Elemente mit basischem Charakter" genannt werden. Nun werden Sie aber sehen, daß wir in dem Wismut und Antimon Elemente haben, die nicht nur entschieden das Aussehen von Metallen besitzen, sondern deren elektronegativer (saurer) Charakter durchaus nicht mehr so ausgesprochen ist wie der der vorher besprochenen Metalloide. Sie verhalten sich nämlich bald sauer, bald basisch — und deshalb sagte ich vorhin, wir ständen nun auf etwas schwankendem Boden, wenn wir uns nicht nach neuen Gesichtspunkten umsähen. Das Antimon z. B. bildet einerseits selbst noch Säuren, besitzt also elektronegativen, sauren Charakter, der es als Metalloid erscheinen läßt; andererseits löst es sich aber auch in gewissen Säuren, verhält sich also diesen gegenüber als Metall. Ein weiteres Merkmal für die Zugehörigkeit eines Elementes zur Gruppe der Metalle oder Metalloide ist das Vorhandensein von Wasserstoffverbindungen des betreffenden Elementes. Denn nur Metalloide besitzen Affinität zum Wasserstoff. Ferner sind Metalloide meist Nichtleiter oder nur sehr schlechte Leiter für Wärme und Elektrizität, während Metalle sowohl Wärme als Elektrizität gut leiten. Stellen wir nun die charakteristischen Unterscheidungsmerkmale der Metalle und Metalloide zusammen, so ergibt sich folgende Gegenüberstellung:

Metalloide	Metalle
Elektronegative Ionen, saurer Charakter.	Elektropositive Ionen, basischer Charakter.
Geringes spez. Gew., geringe Härte.	Hohes spez. Gew., große Härte.
Nichtleiter der Elektrizität und Wärme.	Leiter der Elektrizität und Wärme.
Verbinden sich leicht mit Wasserstoff.	Keine oder nur sehr unbeständige Verbindungen mit Wasserstoff.
Metalloide sind in Salzen stets im Säurerest enthalten ($CaSO_4 = Ca^{\cdot\cdot} + \mathbf{SO_4}$)	Metalle sind in Salzen stets als Basis (als „salzbildendes Element") vorhanden ($CaSO_4 = \mathbf{Ca}^{\cdot\cdot} + SO_4$)
Neigung zu allotropen Modifikationen.	Wenig Neigung zu allotropen Modifikationen.

Da der Wasserstoff positive Ionen bildet, muß er eigentlich zu den Metallen gerechnet werden. Wir werden später Beweise für diese Annahme finden. Natürlich sind die Unterscheidungsmerkmale, die ich Ihnen eben angab, nicht scharf abgegrenzt, sondern bei Metallen sowohl als bei Metalloiden gibt es Ausnahmen von der Regel, die Sie bald kennen lernen werden.

Wir kommen nun zur Besprechung des Antimons. Sein Symbol Sb ist abgeleitet von der lateinischen Bezeichnung Stibium. Antimon findet sich in der Natur sehr selten gediegen, meist in Form seines Trisulfids, Sb_2S_3, das als Mineral Grauspießglanz heißt. Man erhält daraus das Element, indem man das Mineral durch Rösten in sein Oxyd überführt, das dann mit Kohle (ähnlich wie Arsentrioxyd, siehe S. 104) zu Antimon reduziert wird. Ein zweites Verfahren besteht darin, das Antimontrisulfid aus dem begleitenden Gestein (der „Gangart") auszuschmelzen (man nennt dies „Aussaigern") und es dann mit Eisen umzusetzen, wodurch man Schwefeleisen und Antimon erhält.

Das Antimon ist bläulichweiß, metallglänzend und spröde, so daß es ziemlich leicht gepulvert werden kann. Sein spez. Gew. ist 6.5, sein Schmelzpunkt liegt bei 630°. Das Antimon besitzt Neigung zum Sauerstoff. So zersetzt es z. B. heißen Wasserdampf nach der Gleichung:

$$2\,Sb + 3\,H_2O = Sb_2O_3 + 3\,H_2.$$

Sie sehen, wir nähern uns schon sehr den Metallen, denn Metalloide besitzen im allgemeinen keine Neigung, sich mit Sauerstoff zu verbinden. Antimon verhält sich aber Säuren gegenüber noch als Metalloid, d. h. es wird von ihnen nicht gelöst. Von Salpetersäure wird es oxydiert zu einem Gemisch verschiedener Antimonsäuren. Dieser Vorgang ist aber nicht zu verwechseln mit einer Auflösung des Metalls in der Säure unter Bildung eines Salzes.

Man kennt auch eine allotrope Modifikation des Antimons, das dem weißen Phosphor und gelben Arsen entsprechende gelbe Antimon, das gegen Licht noch viel unbeständiger ist als die gelben Modifikationen des Phosphors und Arsens. Stock und Guttmann erhielten diese metalloide Form durch Oxydation von Antimonwasserstoff mit ozonisiertem Sauerstoff bei sehr tiefen Temperaturen. (—100°.)

Eine dritte Modifikation des Antimons erhält man durch Elektrolyse einer Lösung von Antimontrichlorid in Salzsäure. Es entsteht ein metallischer Niederschlag, dessen spez. Gew. nur 5,8 ist. Wenn man ihn anritzt, verwandelt er sich unter Erhitzung und Lichtentwicklung knatternd in gewöhnliches Antimon. („Explosives Antimon.")

Der Dampf des Antimons verbrennt an der Luft zu Antimonoxyd. Ist schon der Charakter des elementaren Antimons bald sauer, bald basisch, so tritt diese Eigenschaft noch deutlicher in seinen Verbindungen zutage. Das Antimontrioxyd, Sb_2O_3, verhält sich nämlich schwach basisch (also wie ein Metalloxyd); es löst sich in Säuren zu richtigen Antimonoxydsalzen, in denen das Antimonoxyd sich als „salzbildende Elementgruppe" verhält und dem negativen Säurerest-Ion gegenüber vollkommen die Rolle eines positiven Metall-Ions übernimmt. Starken Basen gegenüber verhält sich aber das Antimonoxyd wieder sauer (deshalb hieß es früher antimonige Säure) und löst sich in ihnen zu Antimoniten auf. Andererseits löst es sich wie ein Metalloxyd in heißer Schwefel- oder kalter Salpetersäure zu Antimonsulfat $Sb_2(SO_4)_3$ und Antimonnitrat, $Sb(NO_3)_3$; beides sind gut krystallisierende Salze.

Von dem Antimonpentoxyd, Sb_2O_5, leitet sich die dreibasische Antimonsäure, H_3SbO_4, ab:

$$Sb_2O_5 + 3\,H_2O = 2\,H_3SbO_4.$$

Indes ist die Einwirkung von Wasser auf das Pentoxyd ganz wesentlich schwächer, als bei den entsprechenden Oxyden der ausgesprochenen Metalloide, Arsen und Phosphor. Wie bei jenen Elementen kennt man auch hier außer der Ortho-Antimonsäure, H_3SbO_4, eine Meta-Antimonsäure, $HSbO_3$, und eine Pyroantimonsäure, $H_4Sb_2O_7$. Das sekundäre Natriumsalz der Pyroantimonsäure, $H_2Na_2Sb_2O_7$, ist in Wasser fast unlöslich, weshalb Salze dieser Säure, meist das pyroantimonsaure Kalium, in der qualitativen Analyse zum Nachweis des Natriums benutzt werden. Tropft man zu einer Lösung einer Natriumverbindung, etwa Natriumchlorid, eine Lösung von pyroantimonsaurem Kalium, so vollzieht sich die Umsetzung:

$$2\,NaCl + H_2K_2Sb_2O_7 = H_2Na_2Sb_2O_7 + 2\,KCl,$$

und da das entstandene Natriumpyroantimoniat in Wasser nur sehr schwer löslich ist, fällt es als weißlicher, krystallinischer Niederschlag aus. — Die Oxyde des Antimons sind weiße oder schwach gelbliche Körper.

Sowohl das drei- als das fünfwertige Antimon liefert Chloride. (Siehe prakt. Teil.) Das Trichlorid $SbCl_3$ wird durch überschüssiges Wasser zu Antimonoxychlorid (Antimonylchlorid) SbOCl, hydrolysiert. Dies wurde als „Algarotpulver" medizinisch verwandt.

Antimon bildet einen dem Arsen- und Phosphorwasserstoff entsprechenden Antimonwasserstoff, SbH_3. Wie wir schon beim Arsen eine Abnahme der Affinität zum Wasserstoff bemerken konnten (Arsenwasserstoff ist sehr leicht zersetzbar, siehe S. 105), so finden wir auch beim Antimonwasserstoff wieder, daß die Bindung der Atome in seinem Molekül nur schwach ist. Auch er wird schon durch Erhitzen zersetzt und bildet dann einen schwarzen Antimonspiegel. Läßt man einen elektrischen Funken durch das Gas schlagen, so explodiert es unter Zerfall in die Elemente. Ja sogar nur einige Zeit sich selbst überlassen, zerfällt es schon in seine Elemente. Er ist also die unbeständigste Metalloidwasserstoffverbindung, die wir kennen gelernt haben. Man erhält sie — genau wie den Arsenwasserstoff — durch Zersetzung einer antimonhaltigen Metallegierung mit einer Säure oder durch Behandlung von Antimonverbindungen mit naszierendem Wasserstoff. Antimonwasserstoff ist ein höchst giftiges, farbloses und übelriechendes Gas.

Die Zwitternatur des Antimons kommt auch darin zum Ausdruck, daß es aus seinen Lösungen aus Schwefelwasserstoff als Sulfid gefällt wird; mit anderen Worten: es bildet mit dem sauren Schwefelwasserstoff ein Salz, verhält sich also ihm gegenüber basisch, metallartig (vgl. auch bei Arsen S. 105).

Man kennt zwei Sulfide des Antimons: das Trisulfid, Sb_2S_3, natürlich vorkommend als Grauspießglanz, und das Pentasulfid, Sb_2S_5, das durch Schwefelwasserstoff aus Antimonsalzlösungen als schön dunkelorangeroter Niederschlag ausgefällt wird. Das Trisulfid wird in der Feuerwerkerei verwandt, das Pentasulfid dient als Zusatz zu vulkanisiertem Kautschuk, dem es die rote Farbe erteilt.

In früheren Zeiten spielten Antimon und seine Verbindungen eine große Rolle als Arzneimittel. Im 15. Jahrhundert erschien eine Schrift „Der Triumphwagen des Antimonii" von Basilius Valentinus, und von da an verwandte man das Antimon in der Medizin [1]). Die physiologischen Wirkungen der Antimonverbindungen sind nicht so stark wie die der Arsenverbindungen. Das bekannteste antimonhaltige Arznei-

[1]) Bei den Chinesen ist wohl die brechenerregende Wirkung des Antimons seit ältester Zeit bekannt gewesen.

mittel ist der Brechweinstein, das Antimon-Kaliumsalz einer zweibasischen, organischen Säure, der Weinsäure. Sie hat die Formel:

$$C_4H_4O_6<\begin{matrix}H\\H\end{matrix}$$

In dem Brechweinstein ist das eine basische Wasserstoffatom durch das Metall Kalium, das andere durch die basische, metallähnlich wirkende, frei nicht beständige „salzbildende Elementgruppe“ — SbO (Antimonyl) ersetzt:

$$C_4H_4O_2<\begin{matrix}K\\SbO.\end{matrix}$$

Man ist heute von dem Gebrauch der Antimonverbindungen ganz abgekommen, und selbst der Brechweinstein wird nur noch in den seltensten Fällen verwandt, da er durch bessere, weniger heftig wirkende Verbindungen ersetzt ist.

Das letzte Element der Phosphorgruppe ist das Wismut. (Symbol Bi, vom lat. Bismuthum.) Es zeigt im allgemeinen schon einen so ausgesprochenen Metallcharakter, daß es gar nicht mehr zu den Metalloiden zu rechnen wäre, wenn es nicht noch ein Oxyd mit sauren Eigenschaften bildete.

Wismut kommt meist gediegen vor als ein harter, spröder, rötlichweiß metallglänzender Körper vom spez. Gew. 9,8. Sein Schmelzpunkt liegt sehr tief, schon bei 270°. Man benutzt es deshalb zur Herstellung leicht schmelzender Metallegierungen. Gegenüber Schwefel- und Salpetersäure verhält sich Wismut vollkommen als Metall, indem es sich in ihnen unter Freimachung von Wasserstoff zu Wismutsulfat, $Bi_2(SO_4)_3$ und Wismutnitrat $Bi(NO_3)_3$ löst. Eine Wasserstoffverbindung des Wismuts ist von Paneth radiologisch nur in unwägbaren Spuren nachgewiesen (vgl. Anm. S. 283) — also auch hier haben wir vollkommenen Metallcharakter. Wismut ist einer der wenigen Körper, die sich beim Erstarren ausdehnen. Deshalb wird eine Wismut enthaltende Legierung zum Abguß von Druckformen gebraucht, weil das Metall infolge seiner Ausdehnung beim Erstarren in die feinsten Hohlräume und Rillen eindringt. Ferner dient es zu verschiedenen elektrotechnischen Zwecken (Thermosäulen, leichtschmelzende Legierungen für Sicherungen.)

Wismuttrioxyd, Bi_2O_3, ein gelbes Pulver, entsteht beim Verbrennen des Wismuts an der Luft. Es hat basischen Charakter, da es, ähnlich wie das Antimontrioxyd, Salze bilden kann. Wismutpentoxyd, Bi_2O_5, ist nicht sicher bekannt. Von ihm leitet sich eine Säure des Wismuts, die Meta-Wismutsäure, $HBiO_3$, ab, die fälschlich auch als Wismutsäure bezeichnet wird.

Von den Salzen, in denen das Wismut als salzbildendes Element auftritt, ist das wichtigste das Wismutnitrat, $Bi(NO_3)_3$. Mit Wasser bildet sich aus ihm ein basisches Salz (siehe S. 50), das „Bismuthum subnitricum“, das in der Medizin vielfache Anwendung gegen Darmerkrankungen findet. Gallussaures Wismut, Bismuthum subgallicum, wird als „Dermatol“ gegen Hautkrankheiten verwandt.

Wismuttrisulfid, Bi_2S_3, kommt natürlich als Wismutglanz vor. Künstlich erhält man es durch Einleiten von Schwefelwasserstoff in die Lösung eines Wismutsalzes als braunen Niederschlag.

Das Wismut besitzt noch geringere Neigung, gegenüber den Halogenen fünfwertig aufzutreten als die übrigen Elemente der Phosphorgruppe. So scheint ein Wismut-Pentachlorid usw. nicht zu existieren. Auch ein Pentasulfid ist nicht sicher bekannt.

Wir sind am Ende unserer Betrachtungen der Phosphorgruppe angelangt und wollen noch einen kurzen zusammenfassenden Rückblick auf dieses Gebiet werfen. Als wichtigstes konnten wir vom Phosphor nach dem Wismut zu ein stetiges Abnehmen des Metalloidcharakters beobachten, das seinen Ausdruck fand in zunehmendem Metallglanz, Leitfähigkeit für Wärme und Elektrizität, Dichte und vor allem in dem stets wachsenden basischen, elektropositiven Charakter der Elemente. Während die Oxyde des Phosphors und Arsens noch ausgesprochen elektronegativ, säurebildend sind, haben wir bei den Oxyden des Antimons und Wismuts einen zunehmend elektropositiven, basenbildenden Charakter feststellen können, der immer mehr über den noch in vereinzelten Fällen (die Antimonsäuren und die Metawismutsäure) nachweisbaren sauren Charakter überwog. Hand in Hand mit der Zunahme der metallähnlichen Eigenschaften ging eine Abnahme des Metalloidcharakters. So konnten wir feststellen, daß vom Stickstoff an bis zum Wismut eine stetige Abnahme der Affinität zum Wasserstoff stattfindet. Während Stickstoff und Phosphor noch beständige basische Wasserstoffverbindungen bilden (ich erinnere Sie hier an die Ammonium- und Phosphoniumsalze), verlieren sich sowohl Basizität als Beständigkeit in wachsendem Maß bis zum Wismut, das kaum noch eine Wasserstoffverbindung bildet, so daß wir in ihm fast ein echtes Metall vor uns haben. Wir rechnen es aber wegen des säurebildenden Wismutpentoxyds noch zu den Metalloiden. Die Wertigkeit der Elemente der Stickstoff-Phosphorgruppe ist in der Hauptsache 3 und 5. Weil auch Stickstoff dieselben Hauptwertigkeiten hat und außerdem, wie der Phosphor, eine basische Wasserstoffverbindung (das Ammoniak, NH_3) liefert, rechnet man ihn mit zu der Phosphorgruppe, weist ihm aber wegen seines sonstigen abweichenden Verhaltens (geringe Reaktionsfähigkeit, Aggregatzustand, Siedepunkt, Unbrennbarkeit usw.) in ihr eine Sonderstellung zu. Weiterhin konnten wir noch feststellen, daß die Neigung zur Bildung allotroper Modifikationen vom Phosphor nach dem Wismut hin abnimmt.

Die drei Elemente Phosphor, Arsen und Antimon bilden wieder eine Triade, denn:

$$\frac{31{,}04 \text{ (Phosphor)} + 120{,}2 \text{ (Antimon)}}{2} = 74{,}96 \text{ (Arsen} = 75{,}62)$$

Element	Symbol	Atomgew.	Spez. Gew.	Schmelzp.	Siedep.
Stickstoff .	N	14,01	0,86 (flüssig)	—210°	—195°
Phosphor . .	P	31,04	1,83 (weiß)	44,5°	290°
Arsen . . .	As	74,96	5,73	480°	450° (Subl.)
Antimon . .	Sb	120,2	6,51	630°	bei 1600°
Wismut . .	Bi	208,0	9,78	269°	bei 1550°

Element	Hauptwert	Anzahl der allotr. Modif.	Charakter der Oxyde	Verhalten der Wasserstoffverb.
Stickstoff .	III, V	—	Sauer	Basisch, beständig
Phosphor . .	III, V	3	Sauer	Basisch, beständig
Arsen . . .	III, V	2	Sauer	Unbeständig
Antimon . .	III, V	2	Sauer, schwach basisch	sehr unbeständig
Wismut . .	III (V)	—	Sauer, sehr basisch	kaum nachweisbar

Neunter Vortrag.

Kohlenstoff. — Verschiedene Kohlearten. — Trockene Destillation. — Leuchtgas. — Teer. — Kohlenoxyd. — Wassergas. — Kohlendioxyd. — Kohlensäure. Unterschied zwischen Gasen und Dämpfen. — Gärung. — Carbonate. — Dicarbonate. — Kohlenwasserstoffe. — Methan. — Cyan. — Cyanwasserstoff. — Rhodan. — Carbide. — Silicium. — Siliciumdioxyd. — Kieselsäuren. — Siliciumwasserstoff. — Siliciumtetrachlorid. — Siliciumfluorid. — Kieselfluorwasserstoffsäure. — Komplexe Ionen. — Glas. — Siliciumcarbid. — Bor. — Borsäuren. — Bortrioxyd. — Borchlorid. — Borfluorid. — Borwasserstoff. — Borstickstoff. — Germanium. — Germaniumdioxyd. — Germaniumwasserstoff. Andere Germaniumverbindungen. — Gruppenübersicht.

Wir haben heute über eine Gruppe von Elementen zu sprechen, zu der zwei der wichtigsten Grundstoffe gehören: der Kohlenstoff und das Silicium. Die Gruppe heißt die Kohlenstoffgruppe und umfaßt die Elemente Kohlenstoff, Silicium, Bor und Germanium.

Der Kohlenstoff ist eines der wichtigsten Elemente, da er uns nicht nur zur Heizung und Beleuchtung dient, sondern auch in hervorragendem Maß an dem Aufbau aller tierischen und pflanzlichen Organismen beteiligt ist. Er findet sich in der Natur in drei allotropen Modifikationen: erstens krystallisiert als Diamant, zweitens krystallinisch als Graphit und drittens amorph als Kohle. Der Diamant (Hauptfundstätten: Südafrika, Borneo, Brasilien, Australien und Ostindien) ist wasserhell bis blau gefärbt. Er krystallisiert in Oktaedern mit gekrümmten Flächen oder in zusammengesetzteren Formen und besitzt ein sehr großes Lichtbrechungsvermögen. Sein spez. Gew. ist 3,5. An Härte wird er von keinem anderen Körper übertroffen, weshalb man ihn in der Technik vielfach zu Bohrungen, zum Glasschneiden usw. verwendet. Für technische Zwecke gebraucht man meist undurchsichtige, schwarze Diamanten, die als Edelsteine keinen Wert haben und Carbonados heißen. In Sauerstoff verbrennt Diamant zu Kohlendioxyd, CO_2. Unter Luftabschluß auf sehr hohe Temperatur erhitzt, bläht er sich auf und verwandelt sich in Graphit. (Vgl. hierzu die Umwandlungen, die Phosphor bei Temperaturveränderungen erleidet.) In allen Säuren ist Diamant unlöslich. Amorpher Kohlenstoff wird von flüssigem Eisen gelöst, und beim Abkühlen krystallisiert ein kleiner Teil als Diamant, der größte als Graphit aus. Die so erhaltenen künstlichen Diamantkrystalle sind nur sehr klein. (Moissan 1897.) Der größte in Südafrika gefundene Diamant „Cullinan" wog roh 3024 Karat. (Ein Karat = 0,205 g). Die geschätztesten Edelsteine und Schneidsteine liefert Brasilien.

Graphit, spez. Gew. etwa 2,2, (auch Wasserblei oder Reißblei genannt) bildet, da er Metallglanz besitzt und Wärme und Elektrizität weit besser leitet als Diamant, eine mehr metallähnliche Modifikation des Kohlenstoffs, findet sich in größeren Mengen in Gesteinen eingesprengt (Mähren, Sibirien, Ceylon) und ist Ihnen allen als „Bleistift“ bekannt. Er läßt sich durch Temperaturerhöhung nicht in eine andere Modifikation überführen, verbrennt, sehr hoch erhitzt, an der Luft zu Kohlendioxyd und ist in Säuren unlöslich. Im Gegensatz zum Diamanten ist seine Härte nur sehr gering. Bei der Oxydation des Graphits (z. B. mit Kaliumchlorat enthaltender Salpetersäure) entstehen gelbliche Kryställchen der Graphitsäure, die neben Kohlenstoff auch Sauerstoff und Wasserstoff enthält. Sie ist ein chemisch sehr träges, vermutlich aus sehr vielen Molekülen polymerisiertes Gebilde.

Ein weiteres Oxydationsprodukt des Graphits ist die Mellithsäure $C_6(COOH)_6$, die natürlich als Honigstein vorkommt. Sie ist ein Abkömmling des Benzols, C_6H_6, und wird auch Benzolhexakarbonsäure genannt. Man legt ihrem Molekül die gleiche ringförmige Anordnung zugrunde wie ihrem Stammkörper, dem Benzol:

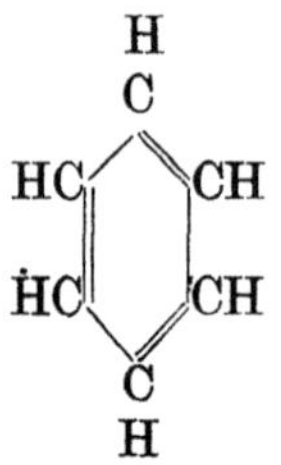
Benzol

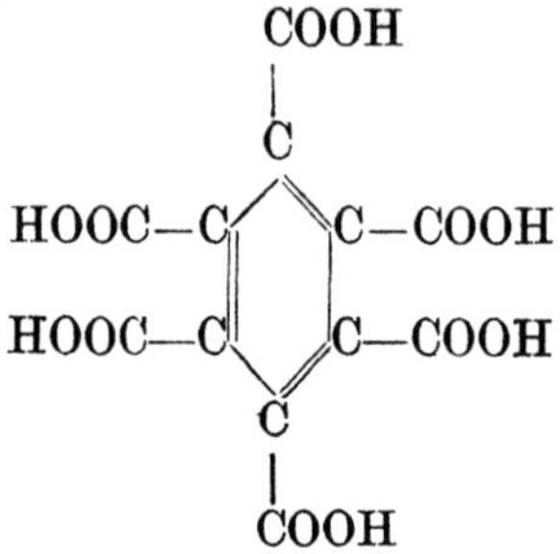
Mellithsäure.

Kohle, d. h. amorpher Kohlenstoff, bildet in den verschiedensten Gegenden ungeheure Lager, so in Deutschland, in Schlesien und im Saar- und Ruhrgebiet, ferner in England (submarine Kohlenbergwerke bei Newcastle), in Nordamerika und China. Die Kohlenlager sind entstanden durch Zersetzung von Pflanzenstoffen, die unter Wasser Millionen von Jahren hindurch von der Luft abgeschlossen waren. Die Pflanzen sind im Lauf der Zeiten immer ärmer an anderen Elementen, somit verhältnismäßig reicher an Kohlenstoff geworden. Die älteste Kohle (Anthrazit) enthält etwa 94% Kohlenstoff und nur noch je 3% Wasserstoff und Sauerstoff, während der aus den jüngsten geologischen Epochen stammende Torf noch 32% Sauerstoff, 6% Wasserstoff und 2% Stickstoff enthält, so daß nur 60% Kohlenstoffgehalt übrig bleiben. Je nach dem Alter (und damit dem Kohlenstoffgehalt) unterscheidet man:

Anthrazit	94%	Kohlenstoff
Steinkohle	82%	,,
Braunkohle	70%	,,
Torf	60%	,,

Einen Beweis für das große Alter der Steinkohlenschichten bilden die in ihnen vorkommenden Abdrücke vorweltlicher Pflanzen (Fig. 31).

Die oben erwähnten Kohlenarten faßt man auch unter dem Namen Steinkohle zusammen, während man unter Holzkohle ein Kunstprodukt versteht, das durch unvollständige Verbrennung des Holzes in „Kohlenmeilern" gewonnen wird. Durch Überdeckung der Meiler mit Erde hindert man den Zutritt des Luftsauerstoffs in ziemlich hohem Maß (siehe auch S. 77 bei Schwefel), so daß alle Elemente außer Kohlenstoff in gasförmige Oxydationsprodukte verwandelt werden, während der Kohlenstoff, für dessen Verbrennung die Menge des zugelassenen Luftsauerstoffs nicht ausreicht, zurückbleibt. Auf diese Weise wird das Holz verkohlt. (Vgl. die Einwirkung der konzentrierten Schwefelsäure auf organische Substanzen, S. 85.)

Man kann das Holz auch in geschlossenen Gefäßen aus Eisen verkohlen. Man spricht dann von „trockner Destillation" des Holzes. Bei diesem Vorgang entstehen verschiedene wichtige Stoffe.

Ich will Ihnen eine solche Destillation hier vorführen (Fig. 32).

Fig. 31. Pflanzenabdruck in Steinkohle.

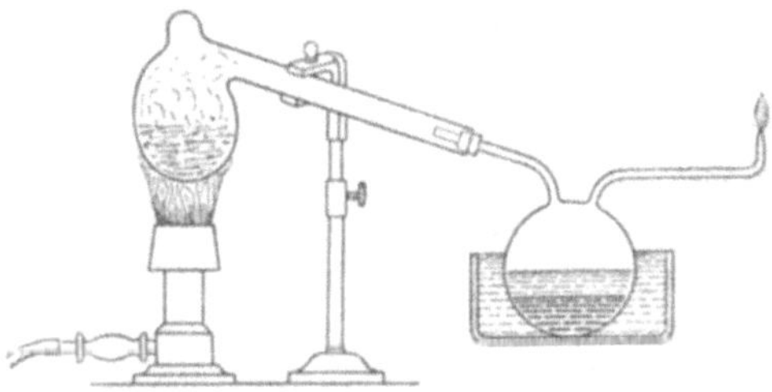

Fig. 32. Apparat zur trockenen Destillation des Holzes.

In einer Retorte erhitzen wir Tannenholzspäne mit einem Bunsenbrenner. Die sich entwickelnden Dämpfe werden in ein rundes Glasgefäß geleitet, das zwei Öffnungen hat. Diese „Vorlage" steht in kaltem Wasser, und der Teil der Dämpfe, der sich nicht verdichtet, entweicht durch die spitz ausgezogene Glasröhre ins Freie. Setzen wir nun den Versuch in Gang, so bemerken Sie, wie sich schon nach kurzer Zeit in der Vorlage zwei Flüssigkeitsschichten bilden: eine schwere dunkle, und eine leichtere und hellere. Ferner können wir das aus der Glasröhre unverdichtet entweichende Gas anzünden, und Sie sehen, daß es mit schön leuchtender, ruhiger Flamme verbrennt. Dieses brennbare Gas ist kein einheitlicher chemischer Körper, sondern ein Gemisch verschiedener Gase, die man unter dem Namen Leuchtgas zusammenfaßt. Aus Holz gewonnenes Leuchtgas ist aber nicht so gut wie das bei der trockenen Destillation der Steinkohlen entstehende, weshalb nur dieses in den Gasfabriken hergestellt wird. Die flüssigen Destillationsprodukte, die sich in der Vorlage angesammelt haben, sind der dunkle, schwere Holzteer (bei der Destillation der Steinkohlen entsteht der als Ausgangsmaterial für die Herstellung der Anilinfarben und vieler organischer

Präparate, wie z. B. Saccharin, ungemein wertvolle Steinkohlenteer) und der leichtere, helle Holzgeist oder Holzessig, ein Gemisch aus Essigsäure und Methylalkohol. (Methylalkohol ist ein sehr naher Verwandter des gewöhnlichen Äthylalkohols oder Weingeists.) Wenn wir uns nun die Destillationsprodukte des Holzes und der Steinkohle und die hauptsächlichsten aus ihnen hergestellten Stoffe in Form eines Stammbaums zusammenstellen, so erhalten wir folgende Übersicht:

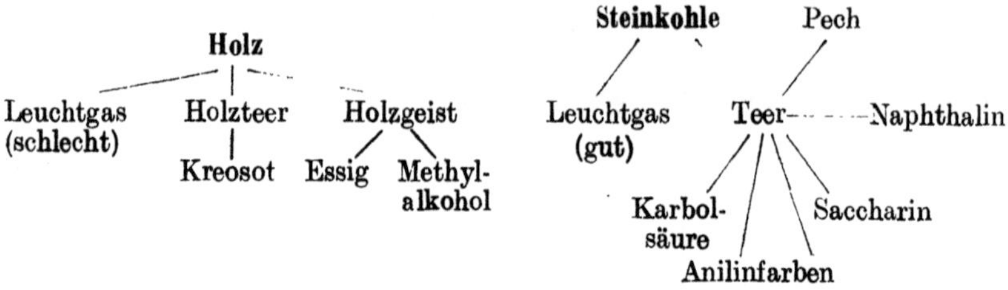

Der Rückstand, den wir in unserer Retorte erhalten, ist verkohltes Holz, „Holzkohle“. Der Rückstand, der bei der Trockendestillation der Steinkohlen hinterbleibt, heißt „Koks“, der als schwer in Brand zu setzendes, aber große Hitze entwickelndes Brennmaterial geschätzt wird.

Durch Verkohlung von Knochen erhält man Knochenkohle, während die Tierkohle aus verkohltem Blut und Fleisch besteht. Schließlich gibt es auch noch Kohlenstoff in Form von Ruß. Er scheidet sich aus leuchtenden Flammen ab, die viel glühenden Kohlenstoff enthalten. Auch bei der Zersetzung kohlenstoffhaltiger Verbindungen durch Chlor scheidet sich der Kohlenstoff in Form von Ruß ab (siehe S. 62). Diese verschiedenen Arten Kohle stellen aber alle nur eine und dieselbe Modifikation des Kohlenstoffs dar, nämlich die amorphe.

Holz- und Tierkohle sind sehr porös, weil die zellige Struktur der Körper, aus denen sie entstanden sind, auch nach der Verkohlung noch erhalten bleibt. Infolge der Porosität besitzen diese Kohlearten ein großes Absorptionsvermögen für Gase. 1 ccm Holzkohle kann z. B. bis zu 90 ccm Gas absorbieren. Wenn man fauliges Wasser durch Holzkohle filtriert, so absorbiert sie die Gase, die dem Wasser den fauligen Geruch erteilen, so daß es nach der Filtration geruchlos ist. Aus demselben Grund setzt man bisweilen angebrannten Speisen etwas Holzkohle zu und macht sie dadurch wieder genießbar. Poröse Kohlen haben auch entfärbende Kraft, da sie Farbstoffe absorbieren. Durch Holzkohle filtrierter Rotwein läuft farblos ab. Nachstehend noch ein „Stammbaum“ der Modifikationen des Kohlenstoffs:

I.	II.
Krystallisiert.	Krystallinisch
Diamant	Graphit

III.

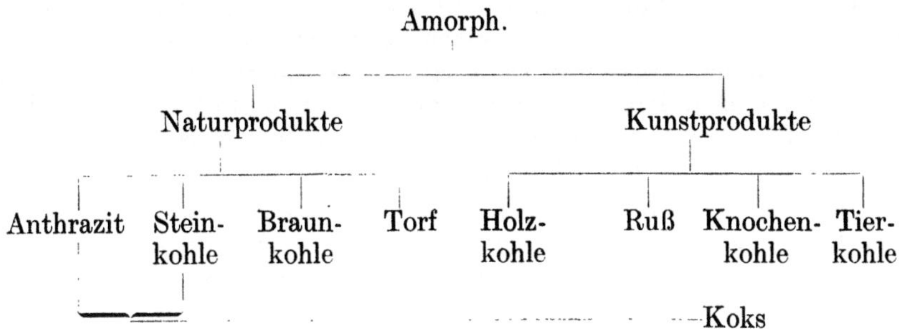

Vor dem Krieg konnte man die jährliche Kohlenförderung Deutschlands auf reichlich 150 Millionen Tonnen schätzen. Schlesien allein lieferte über 20 Millionen Tonnen im Jahr.

Dem Graphit, der fast reiner Kohlenstoff ist (99% C) steht die Retortenkohle am nächsten, die sich an den Wänden der Retorten bei der Leuchtgasbereitung abscheidet. Sie ist sehr hart und dicht und noch guter Leiter der Elektrizität. Deshalb wird sie zur Herstellung von Elektroden in galvanischen Elementen und von Kohlenstiften für Bogenlampen benutzt. Der Retortenrückstand heißt, wie schon erwähnt, Koks. Man unterscheidet diesen „Gaskoks" von „Hüttenkoks"; letzteren erhält man durch Verkoken nasser Steinkohlen als große, harte Brocken. Er dient als Heizmaterial in Hüttenbetrieben. Der in der rohen Steinkohle steckende Stickstoff wird bei der Kokerei als Ammoniak gewonnen. Man erhält etwa 1% des verkokten Kohlengewichts an Ammoniumsulfat als wertvolles Nebenprodukt.

Je nach Kohlenstoffgehalt und Dichte ist die von den einzelnen mineralischen Kohlen beim Verbrennen erzeugte Wärmemenge verschieden. Die von einem Kilogramm Kohle bei völliger Verbrennung erzeugte Kalorienzahl nennt man ihren Heizwert. Er beträgt für:

Anthrazit	8000—9000 Kal.	
Steinkohle	7000—8000 „	
Braunkohle	2500—5500 „	wechselt stark nach Herkunft, Wassergehalt usw.
Torf . . . . . . etwa	3000—5000 „	

Die Braunkohle ist wahrscheinlich aus dem Torf durch den Druck entstanden, den die oberen Torfschichten auf die unteren ausüben. Ob dagegen ein weiterer Zusammenhang zwischen Braun- und Steinkohle anzunehmen ist, scheint nach Untersuchungen von Donath und Bräunlich zweifelhaft, da durch sie bewiesen wird, daß die beiden Kohlearten chemisch völlig voneinander verschieden sind [1]). Dies geht u. a. auch daraus hervor, daß im Steinkohlenteer vorwiegend Abkömmlinge des Benzols, im Braunkohlenteer dagegen Kohlenwasserstoffe der Paraffinreihe enthalten sind.

---

[1]) Diese, sowie die meisten Angaben über Kohle sind dem Buch von K. A. Hofmann, Lehrbuch der anorg. Experimentalchemie entnommen.

Das in den Kohlen häufig eingeschlossene Methan (siehe S. 124) stammt aus der Zellulose, bei deren Gärung unter Wasser man es heute noch als „Sumpfgas“ entstehen sehen kann. Der Schwefelgehalt vieler Kohlen stammt dagegen vermutlich von vorweltlichen baumartigen Schachtelhalmen, deren Abdrücke man noch hie und da in den Kohlen findet. Die Asche unserer heutigen Schachtelhalmarten (Equisetum) enthält über 14 % schwefelsauren Kalk.

Das bei der trockenen Destillation der Steinkohlen entstehende Leuchtgas besteht fast zur Hälfte aus Wasserstoff, zu etwa einem Drittel aus Methan und einem Zehntel aus Kohlenoxyd (dem es seine Giftigkeit verdankt). Der Rest besteht aus Äthylen, einem Kohlenwasserstoff von der Formel $\begin{matrix}H\\H\end{matrix}\!>\!C=C\!<\!\begin{matrix}H\\H\end{matrix}$, ohne den die Leuchtgasflamme nichtleuchtend wäre (vgl. S. 449) und geringen Mengen Kohlendioxyd und Stickstoff.

Von den Verbindungen des Kohlenstoffs betrachten wir zunächst seine Oxyde. Wenn man Kohlenstoff bei ungenügendem Luftzutritt verbrennt, dann verbindet er sich mit einem Atom Sauerstoff zu Kohlenmonoxyd, kurzweg Kohlenoxyd genannt.

$$2\,C + O_2 = 2\,CO.$$

Kohlenoxyd ist ein farb- und geruchloses, sehr giftiges Gas, das mit blauer Flamme brennt. Die blauen Flämmchen, die man stets an brennenden Kohlen beobachten kann, rühren von Kohlenoxyd her. Aus der Art seiner Entstehung erklärt es sich, daß man bei Öfen stets für genügenden Luftzutritt sorgen muß, damit nicht Kohlenoxyd gebildet wird, durch das die Luft des Zimmers vergiftet wird. Die Strukturformel des Kohlenoxyds ist nicht sichergestellt. Man kann entweder $C\equiv O$ mit vierwertigem Sauerstoff oder $=C=O$, eine ungesättigte Verbindung, annehmen. Für letzteres spricht das Vorhandensein gewisser Anlagerungsverbindungen des Kohlenoxyds, z. B. mit Kupferchlorür und fein verteilten Metallen, wie Nickel.

Leitet man Wasserdampf über glühende Kohlen, so entsteht nach der Gleichung $H_2O + C = CO + H_2$ ein Gemisch aus Kohlenoxyd und Wasserstoff, das unter dem Namen Wassergas viel zu Heizzwecken verwendet wird. Es brennt mit farbloser Flamme, kann aber durch „Karburierung“ (siehe S. 449) zu einem guten Leuchtgas gemacht werden. Der Heizwert des Wassergases beträgt etwa 2600 Kal. für den Kubikmeter. Durch Überleiten von Luft über glühenden Koks erhält man ein „Generatorgas“ genanntes Gemisch von etwa 25 % Kohlenoxyd, 70 % Stickstoff, 4 % Kohlendioxyd und Spuren von Wasserstoff und Methan. Sein Heizwert beträgt nur etwa 800 Kal. für den Kubikmeter.

Das Kohlendioxyd ist ein Oxyd von durchaus saurem Charakter, denn es bildet mit Wasser die Kohlensäure, H_2CO_3. Diese verhält sich aber ähnlich wie die schweflige Säure: sie ist frei nicht beständig, sondern zerfällt sofort wieder in ihr Anhydrid CO_2 und Wasser:

$$H_2CO_3 = CO_2 + H_2O.$$

Das, was man meist als Kohlensäure bezeichnet, ist also in Wirklichkeit Kohlensäureanhydrid.

Kohlensäureanhydrid entsteht durch Oxydation des Kohlenoxyds. Die Neigung dieser Verbindung zur Aufnahme eines weiteren Atoms Sauerstoffs ist so groß, daß man mit Kohlenoxyd, ähnlich wie mit Wasserstoff, Metalloxyde zu Metallen reduzieren kann. Man erhält so reines Metall und Kohlensäureanhydrid; z. B.

$$Fe_2O_3 + 3\,CO = 2\,Fe + 3\,CO_2.$$

Ferner erhält man Kohlendioxyd durch Zersetzung der Salze der Kohlensäure, der Carbonate, mit stärkeren Säuren. Dadurch wird zunächst Kohlensäure in Freiheit gesetzt, die sofort wieder in Kohlendioxyd und Wasser zerfällt. Zerlegen wir z. B. das Natriumcarbonat mit Salzsäure, so erhalten wir:

$$\text{I. } Na_2CO_3 + 2\,HCl = 2\,NaCl + H_2CO_3$$
$$\text{II. } H_2CO_3 = CO_2 + H_2O.$$

In einer Formel geschrieben also:

$$Na_2CO_3 + 2\,HCl = 2\,NaCl + CO_2 + H_2O.$$

Kohlendioxyd findet sich vielfach in der Natur: in freiem Zustand kommt es in kleinen Mengen als Bestandteil der Luft vor, in größeren verleiht es den Mineralwässern ihren prickelnden Geschmack. Es bildet sich in einzelnen Vulkanen und strömt dann aus Erdspalten aus. Ferner entsteht es stets beim Faulen organischer Stoffe, deren Kohlenstoff durch den Fäulnisprozeß zu Kohlendioxyd oxydiert wird. In großen Mengen wird es durch die Atmung gebildet — ein Vorgang, auf den wir noch genauer zu sprechen kommen werden, wenn wir uns

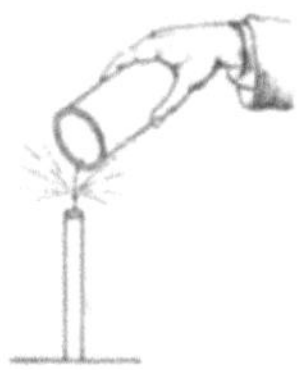

Fig. 33. Löschen einer Flamme durch Ausgießen von Kohlendioxyd.

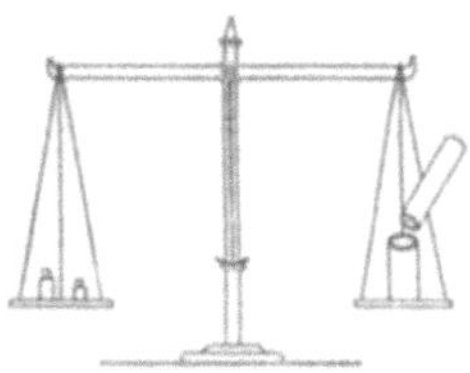

Fig. 34. Kohlendioxyd ist schwerer als Luft.

erst einmal mit den Eigenschaften des Kohlendioxyds vertraut gemacht haben. In gebundenem Zustand bildet es als Kreide, Marmor und Dolomit ganze Gebirgszüge.

Kohlendioxyd ist ein farbloses Gas von schwach stechendem Geruch und prickelndem Geschmack. Es ist bedeutend schwerer als Luft. Sein spez. Gew. ist 1,53. Die Verbrennung unterhält es nicht. Die Schwere und Unbrennbarkeit des Kohlendioxyds lassen sich durch einen schönen Versuch veranschaulichen:

Über eine brennende Kerze (Fig. 33) halte ich einen mit Kohlensäureanhydrid gefüllten Zylinder. Sie sehen, daß ich seinen Inhalt über die Kerze tatsächlich „ausgießen" kann, wie wenn es Wasser wäre, denn sobald ich den Zylinder kippe, erlischt die Flamme. Ich will Ihnen noch einen ähnlichen Versuch zeigen:

Auf einer Wage (Fig. 34) steht ein gewöhnliches Becherglas. Die Wage befindet sich im Gleichgewicht. Daß das Becherglas mit Luft gefüllt ist, sehen Sie daran, daß eine hineingehaltene Kerze ruhig weiter brennt. Ich gieße nun aus einem Zylinder Kohlensäureanhydrid in das Becherglas. Die Luft wird von dem schwereren Gas verdrängt, was Sie an dem Sinken der Wagschale merken können, und wenn wir jetzt eine Kerze in das Becherglas halten, erlischt sie, während sie in dem Zylinder weiterbrennt — ein Beweis, daß wir das Kohlendioxyd wirklich „umgegossen" haben.

Kohlendioxyd kann durch Anwendung von Druck verflüssigt werden (Näheres siehe Vortrag 16). Es ist eine ungemein wichtige Verbindung. Wir wollen sie herstellen durch Zersetzung eines Carbonates mit Salzsäure und ein paar Zylinder mit dem Gas anfüllen.

In einer Kochflasche befindet sich Marmor, der aus Calciumcarbonat besteht. Ich gebe nun verdünnte Salzsäure zu, und sofort beginnt eine stürmische Gasentwicklung, da sich nach der Reaktionsgleichung:

$$CaCO_3 + 2\,HCl = CaCl_2 + H_2O + CO_2$$

Kohlendioxyd entwickelt. Das entweichende Gas leiten wir in einige Zylinder, die wir, da Kohlendioxyd schwerer als Luft ist, ohne weiteres mit ihm füllen können.

Das Vorhandensein von Kohlendioxyd weisen wir am besten mit Kalkwasser, einer wäßrigen Lösung des Calciumhydroxyds, $Ca(OH)_2$ nach. Dieses reagiert nämlich mit Kohlendioxyd derart, daß unlösliches Calciumcarbonat und Wasser entsteht. Das Calciumcarbonat fällt als weißer Niederschlag aus, wodurch sich die ursprünglich klare Lösung trübt. Wir können die Reaktion der Einfachheit halber so schreiben:

$$Ca\begin{matrix}\diagup OH\\ \diagdown OH\end{matrix} + CO_2 = CaCO_3 + H_2O.$$

Dabei müssen wir aber immer bedenken, daß nicht das Kohlendioxyd, sondern die aus ihm und dem Wasser der Calciumhydroxydlösung entstehende Kohlensäure das Carbonat bildet. Das ist ja eigentlich selbstverständlich. Denn ein Salz der Kohlensäure kann doch nur von ihr selbst und nicht von ihrem Anhydrid gebildet werden. Wollen wir also ganz genau verfahren, so müssen wir schreiben:

$$\text{I.}\quad Ca(OH)_2 + H_2O + CO_2 = Ca(OH)_2 + H_2CO_3$$

$$\text{II.}\quad Ca\begin{matrix}\diagup OH\\ \diagdown OH\end{matrix} + H_2CO_3 = Ca\,CO_3 + 2\,H_2O.$$

Ich gebe in einen der mit Kohlendioxyd gefüllten Zylinder etwas Kalkwasser und schüttle um. Sofort wird die Flüssigkeit trüb, und wenn wir sie kurze Zeit stehen lassen, wird sich aus ihr ein weißer Niederschlag von Calciumcarbonat abgesetzt haben.

Körper, die beim Verbrennen eine sehr hohe Temperatur entwickeln, sind imstand, das Kohlendioxyd zu spalten und auf Kosten seines Sauerstoffs weiter zu brennen. Ich senke einen brennenden Magnesiumdraht in einen Zylinder mit Kohlendioxyd. Die glänzende Flamme erlischt nicht, sondern brennt ruhig weiter, während sich die Wandungen des Zylinders mit amorphem Kohlenstoff bedecken, der aus dem zersetzten Kohlendioxyd herrührt:

$$CO_2 + 2\,Mg = 2\,MgO + C.$$

Wenn man Kohlendioxyd über glühende Kohlen leitet, nimmt es noch ein Atom Kohlenstoff auf und wird dadurch zu Kohlenmonoxyd

$$CO_2 + C = 2\,CO.$$

Kohlendioxyd entsteht bei der Atmung infolge der langsamen Verbrennung der im Körper enthaltenen Kohlenstoffverbindungen. Daß in der ausgeatmeten Luft tatsächlich Kohlendioxyd enthalten ist, will ich Ihnen auf sehr einfache Weise zeigen. Ich blase einen Luftstrom durch Kalkwasser, und schon in kurzer Zeit sehen Sie es trüb werden. Jedes atmende Wesen entzieht also der Luft Sauerstoff und reichert sie dafür mit Kohlendioxyd an, genau so, wie es jeder mit Flamme verbrennende kohlenstoffhaltige Körper tut. Auch das will ich Ihnen zeigen:

Leuchtgas ist reich an kohlenstoffhaltigen Verbindungen, so daß sich unter seinen Verbrennungsprodukten ziemlich viel Kohlendioxyd befindet.

Über der Flamme eines Bunsenbrenners (Fig. 35) ist ein Trichter aufgehängt, durch den mit Hilfe einer Wasserstrahlpumpe die entstehenden Verbrennungsgase abgesaugt werden. Sie durchstreichen, bevor sie durch die Luftpumpe ins Freie gelangen, eine mit Kalkwasser beschickte Waschflasche. Wenn wir nun den Apparat in Gang setzen, so wird das Kalkwasser schon nach kurzer Zeit trüb — ein Zeichen, daß wir unter den Verbrennungsprodukten des Leuchtgases auch Kohlendioxyd haben. Dieser und der vorhergehende Versuch geben die Erklärung dafür, daß stark bewohnte oder durch Gas geheizte und beleuchtete Räume gut gelüftet sein müssen, da man sonst bald über „schlechte Luft“ zu klagen haben wird. Ein erwachsener Mensch atmet in der Stunde etwa 30 g Kohlendioxyd aus. Die ausgeatmete Luft enthält 4—5% Kohlendioxyd, die eingeatmete 0,03—0,04%.

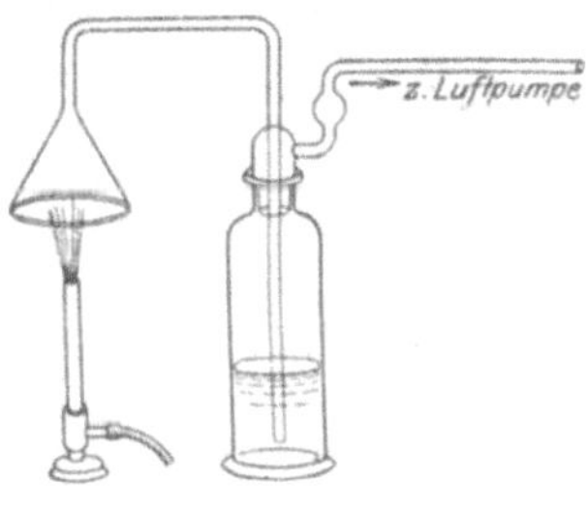

Fig. 35. Apparat zum Nachweis des Kohlendioxyds in den Verbrennungsprodukten des Leuchtgases.

Kohlendioxyd tritt auch in großen Mengen bei der Gärung zuckerhaltiger Flüssigkeiten auf, worauf die Herstellung der alkoholischen kohlensäurehaltigen Getränke (Biere, Schaumweine) beruht. Zucker besitzt nämlich die Eigenschaft, durch den Einfluß eines in der Luft vorkommenden mikroskopischen Pilzes, des Hefepilzes oder kurz „Hefe“, in Alkohol (genauer: „Äthylalkohol“, C_2H_6O) und Kohlendioxyd gespalten zu werden. Diesen Vorgang nennt man Gärung. Er vollzieht sich im allgemeinen nach der Gleichung:

$$\underset{\text{Traubenzucker}}{C_6H_{12}O_6} + \text{Hefe} = \underset{\text{Alkohol}}{2\,C_2H_6O} + 2\,CO_2$$

Häufig trifft man deshalb in Kellern, in denen viel gärende Flüssigkeiten liegen, eine an Kohlendioxyd so reiche Luft, daß brennende Kerzen in ihr erlöschen und Menschen betäubt, ja sogar getötet werden können. Denn da Kohlendioxyd die Verbrennung nicht unterhält, ist es natürlich auch nicht zur Atmung zu brauchen. 5% Kohlendioxyd in der Luft kann bereits Ohnmachten hervorrufen.

Von der Entwicklung des Kohlendioxyds bei der Gärung zuckerhaltiger Flüssigkeiten macht man eine sehr wichtige Anwendung in der Medizin. Es ist Ihnen bekannt, daß gewisse Krankheiten sich dadurch bemerkbar machen, daß der Harn, je nach der Schwere und Art der Erkrankung wechselnde Mengen von Traubenzucker enthält. Es ist deshalb für den Arzt von großer Wichtigkeit, feststellen zu können, wieviel Zucker in einer bestimmten Menge Urin enthalten ist. Zu diesem Zweck benutzt er ein „Gärungs-Saccharometer“ [1]).

Ein beiderseits offenes, an einem Ende zu einer Halbkugel erweitertes, U-förmig gebogenes Rohr (Fig. 36) ist bis zur Hälfte mit Quecksilber gefüllt. Hinter dem längeren Schenkel befindet sich eine Teilung. Zur Vornahme einer Zuckerbestimmung gibt man eine abgemessene Menge, etwa 1 ccm, des zu untersuchenden Urins in die Halbkugel auf das Quecksilber, fügt etwas Hefe zu und verschließt die Halbkugel luftdicht mit einem schweren Bleideckel. Unter dem Einfluß der Hefe vergärt nun der in dem Urin enthaltene Zucker, und da das gebildete Kohlendioxyd nicht entweichen kann, entsteht im Innern des Apparats ein Druck, durch den das Quecksilber in dem langen Schenkel in die Höhe gepreßt wird, so daß man an der Teilung den Zuckergehalt ablesen kann. Denn natürlich wird das Quecksilber um so höher steigen, je größer der Druck ist, d. h. je mehr Zucker sich in Kohlendioxyd und Alkohol gespalten hat.

Fig. 36. Gärungs-Saccharometer.

Pflanzen können, unter der Einwirkung des Sonnenlichtes, aus der Luft aufgenommenes Kohlendioxyd „verdauen“, indem sie es zersetzen und mit Hilfe des dabei gewonnenen Kohlenstoffs die zusammengesetzten kohlenstoffhaltigen Verbindungen aufbauen, aus denen ihre Gewebe bestehen. Auch die Pflanze verbrennt durch ihre Lebenstätigkeit einen Teil ihres Kohlenstoffs, genau wie alle übrigen lebenden Wesen, und atmet also auch Kohlendioxyd aus. Durch die Atmung der Tiere und Pflanzen wird somit der Kohlendioxydgehalt der Atmosphäre (etwa 0,03%) stets auf derselben Höhe gehalten. Daß keine Anreicherung mit Kohlendioxyd — im Gegenteil, eher eine Verarmung an diesem Gas — stattfindet, kommt daher, daß bei der Verwitterung vieler Gesteine Kalk frei wird, der große Mengen Kohlendioxyd in Form von kohlensaurem Kalk (Kreide, Marmor, Dolomit) festhält. Andererseits vermag das Chlorophyll (Blattgrün) der Pflanzen das Kohlendioxyd derart

[1]) Saccharum, lat., der Zucker.

zu spalten, daß der freigewordene *Sauerstoff* ausgeatmet wird, so daß die Pflanzen also auch zum Ersatz des durch die Atmung verbrauchten Sauerstoffs beitragen. Die zur Spaltung des Kohlendioxyds erforderliche beträchtliche Energie liefert die Strahlungsenergie der Sonne, die durch das Chlorophyll in chemische Energie umgesetzt wird. Im Sonnenlicht atmen die Pflanzen also Sauerstoff aus, während im Dunkeln der Abbau hochmolekularer Kohlenstoffverbindungen überwiegt, wodurch Kohlendioxyd frei wird.

Wir wenden uns nun zur Betrachtung der Kohlensäure und ihrer Salze, die, wie wir schon gehört haben, *Carbonate* heißen und sehr verbreitet sind. Das Calciumcarbonat (Marmor, Kreide) wurde bereits als Gebirgsbildner erwähnt. Auch Eier- und Muschelschalen bestehen aus dieser Verbindung. Da die Kohlensäure, H_2CO_3 zweibasisch ist, kennt man auch saure oder *Dicarbonate* von der allgemeinen Formel $\overset{\mathrm{I}}{M}HCO_3$. Bekannt ist z. B. das zu den „Brausepulvern" verwandte doppeltkohlensaure Natron, richtiger: Natriumdicarbonat, $NaHCO_3$. Während das normale Calciumcarbonat, $CaCO_3$, in Wasser unlöslich ist, löst sich das Calciumdicarbonat ziemlich leicht. Es entsteht beim Einleiten von Kohlendioxyd in Wasser, in dem fein zerteiltes Calciumcarbonat aufgeschlämmt ist:

$$CaCO_3 + CO_2 + H_2O = Ca(HCO_3)_2.$$

Ich leite hier gasförmiges Kohlendioxyd in Kalkwasser, wodurch wir zunächst einen weißen Niederschlag von Calciumcarbonat erhalten. Leiten wir nun weiter Kohlendioxyd ein, so bemerken Sie, wie sich der Niederschlag wieder löst, bis wir schließlich eine wasserklare Flüssigkeit vor uns haben. Nun hat sich alles Carbonat zu Dicarbonat umgesetzt. Erhitzen wir jetzt die klare Dicarbonatlösung, so entweicht Kohlendioxyd, und wir erhalten wieder einen Niederschlag von Carbonat.

Eine noch größere Wichtigkeit als den Carbonaten kommt den Verbindungen des Kohlenstoffs mit Wasserstoff, den „Kohlenwasserstoffen" zu. Man kennt kein anderes Element, das auch nur annähernd eine ebenso große Anzahl von Wasserstoffverbindungen zu liefern vermag wie der Kohlenstoff. Deshalb betrachtet man die Beschreibung der Kohlenwasserstoffe als einen besonderen großen Zweig der Chemie, nämlich als die Aufgabe der „*organischen Chemie*". Diese Bezeichnung kommt daher, daß man früher glaubte, gewisse im Körper der Lebewesen vorkommende, aus Kohlenstoff, Wasserstoff, Sauerstoff und Stickstoff bestehende Verbindungen, wie z. B. die Harnsäure, könnten nur mit Hilfe einer den lebenden Wesen eigenen „Lebenskraft" dargestellt werden (siehe auch bei Phosphor S. 97), während man die „anorganischen", d. h. die in der unbelebten Natur vorkommenden Verbindungen jederzeit im Laboratorium erhalten konnte. Man nannte deshalb die der belebten Natur eigentümlichen, künstlich nicht darstellbaren Körper „organische Verbindungen" und daher kommt die Bezeichnung „organische Chemie". Seit aber *Wöhler* im Jahre 1828 den Harnstoff, also eine ausgesprochen „organische" Verbindung, künstlich im Laboratorium darstellte, ist die ganze Theorie von dem Entstehen organischer Verbindungen unter Mitwirkung einer geheimnisvollen „Lebenskraft" endgültig gestürzt, und man spricht deshalb heute viel richtiger anstatt von „organischer" von einer „Chemie der Kohlenstoffverbindungen". Um Ihnen einen ungefähren Begriff von der Ausdehnung dieses Gebietes zu geben, stellen Sie sich vor, daß bereits weit über 100 000 verschiedene Kohlenstoffverbindungen bekannt sind, und daß täglich noch neue entdeckt werden.

Da wir hier über anorganische Chemie sprechen, können wir natürlich nur den Hauptvertreter der einfachen Kohlenwasserstoffe betrachten, das Sumpfgas oder Methan, CH_4. Dieses Gas kommt häufig in Steinkohlengruben vor, wo es, mit Luft gemischt, die gefürchteten Explosionen der „schlagenden Wetter" hervorruft. Auch auf dem Grund stehender Gewässer, in denen Blätter unter Wasser verwesen, entsteht es. Methan ist ferner ein Bestandteil des Steinkohlengases (30%) und strömt in vielen Gegenden, in denen Petroleum vorkommt, aus der Erde. (Die heiligen Feuer von Baku.)

Das Methan ist farblos, geruchlos und nicht giftig. In Wasser ist das Gas nur wenig löslich. Es brennt an der Luft mit schwach leuchtender Flamme. Mit Luft oder Sauerstoff in richtigem Verhältnis gemischt, explodiert das Methan mit großer Heftigkeit. Ich habe hier in einem Zylinder 1 Raumteil Grubengas und 2 Raumteile Sauerstoff gemischt. Wenn ich jetzt diesem künstlichen schlagenden Wetter ein brennendes Streichholz nähere, dann erfolgt sofort die Explosion unter betäubendem Knall, der dem des Knallgases an Heftigkeit kaum nachsteht. Die Reaktion, die bei der Explosion des Methans vor sich geht, ist sehr einfach: sein Kohlenstoff verbrennt zu Kohlendioxyd, sein Wasserstoff zu Wasser:

$$CH_4 + 2\,O_2 = CO_2 + 2\,H_2O.$$

Dadurch, daß der Kohlenstoff in hohem Maß die Fähigkeit besitzt, Ketten zu bilden, d. h. sich aneinander zu lagern, leitet sich von dem Methan eine Unzahl von Kohlenwasserstoffen ab. Wenn wir dem Methanmolekül ein Atom Wasserstoff wegnehmen, so erhalten wir einen für sich nicht beständigen Rest (siehe S. 47) — $\overset{IV}{C}H_3$ das „Methyl". Diese einwertige „Methylgruppe" kann nun z. B. wieder eine andere einwertige Methylgruppe binden, so daß dadurch eine gesättigte Verbindung entsteht, die so aussieht:

$$H_3\overset{IV}{C}-\overset{IV}{C}H_3.$$

Dieser aus zwei miteinander verketteten Methylgruppen bestehende Körper C_2H_6 heißt Äthan. Die um 2 Wasserstoffatome ärmere Verbindung C_2H_4 ist das auf S. 118 erwähnte Äthylen. Der einwertige Rest des Äthans $\overset{IV}{C_2}H_5$ — heißt „Äthyl". Dadurch, daß wir zwei Äthylgruppen miteinander verketten, gelangen wir zu einem Körper von der Formel

$$H_5C_2-C_2H_5,$$

C_4H_{10}, Butan usw. Bezeichnet man die Anzahl der Kohlenstoffatome mit n, so läßt sich die Allgemeinformel für die Glieder der „Kohlenwasserstoffe der Methanreihe“ darstellen durch den Ausdruck

$$C_n\,H_{2n+2}.$$

Man kennt solche vom Methan abgeleiteten Kohlenwasserstoffe, die im Molekül bis zu 60 Kohlenstoffatome enthalten. Das letzte Glied dieser Kette hat also die Formel:

$$C_{60}H_{122}.$$

Diese kohlenstoffreichen Glieder der Methanreihe sind wichtige Bestandteile des Petroleums, des Wachses und des Paraffins. Außer der kettenförmigen Anordnung der Kohlenstoffatome gibt es auch eine ringförmige, die wir in der Mellithsäure kennen lernten. Die kettenförmigen Kohlenwasserstoffe nennt man Paraffine (parum affinis, wenig geneigt, chemisch träge) oder aliphatische [1]) Kohlenwasserstoffe, weil die Fette zu ihnen gehören. Die sich von den Paraffinen ableitenden wasserstoffärmeren Verbindungen heißen „ungesättigte“ Kohlenwasserstoffe, zum Unterschied von den mit Wasserstoff bis zur Grenze der durch die Vierwertigkeit des Kohlenstoffs gegebenen Möglichkeit gesättigten Paraffinen oder „Grenzkohlenwasserstoffen“. Die um 2 Atome Wasserstoff ärmeren (zu denen das Äthylen gehört) heißen auch Olefine [2]), die um 4 Atome Wasserstoff ärmeren nach ihrem Hauptvertreter Acetylene. (Vgl. S. 127.)

Mit diesen Erörterungen sind wir aber schon so tief in die Probleme der organischen Chemie eingedrungen, daß wir uns nun wieder zur anorganischen wenden und die Verbindungen des Kohlenstoffs mit dem Schwefel und dem Chlor besprechen wollen. Beim Überleiten von Schwefeldämpfen über glühende Kohlen erhält man eine Verbindung von der Zusammensetzung CS_2, eine widerwärtig nach faulen Rettichen riechende [3]), stark lichtbrechende Flüssigkeit, die wir schon als Lösungsmittel für Schwefel und Phosphor kennen gelernt haben. Der Schwefelkohlenstoff ist sehr flüchtig, sein Dampf ist, mit Luft gemischt, explosiv. Angezündet verbrennt er zu Schwefeldioxyd und Kohlendioxyd:

$$CS_2 + 3\,O_2 = CO_2 + 2\,SO_2.$$

Der Schwefelkohlenstoff ist ein starkes Nervengift.

Von den Chlorverbindungen des Kohlenstoffs ist nur von Interesse der Tetrachlorkohlenstoff, CCl_4, den man auffassen kann als Methan, in dem alle vier Wasserstoffatome durch Chlor ersetzt sind, und das Trichlormethan, $CHCl_3$, in dem nur drei Wasserstoffatome durch Chlor ersetzt sind:

---

[1]) ἀλειφας (aleiphas) Fett.

[2]) Äthylen bildet mit Chlor ein öliges Chlorid, weshalb es früher „ölbildendes Gas“ hieß. Die Olefine haben zwischen zwei Kohlenstoffatomen eine „Doppelbindung“, die Acetylene eine dreifache: $\frac{H}{H}{>}C = C{<}\frac{H}{H}$ Äthylen; $HC \equiv CH$ Acetylen. Die mehrfachen Bindungen sind unbeständiger als die einfachen.

[3]) Der Geruch rührt von organischen Schwefelverbindungen her. Reiner Schwefelkohlenstoff riecht nicht unangenehm.

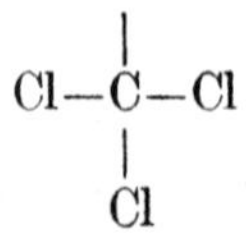

Das Trichlormethan ist bekannt unter dem Namen „Chloroform". (Das entsprechende Trijodmethan ist das „Jodoform".) Der Tetrachlorkohlenstoff, eine bei etwa 70° siedende Flüssigkeit, findet wegen seiner Fähigkeit, Fette zu lösen, Anwendung als Fleckenreinigungsmittel.

Große Wichtigkeit besitzt die Verbindung des Kohlenstoffs mit dem Stickstoff. Die beiden Elemente bilden nämlich einen Körper von der Zusammensetzung CN, der in freiem Zustand zu dem Doppelmolekül $(CN)_2$ polymerisiert ist und Cyan heißt. Das Cyan verhält sich vollständig wie ein Element, und zwar wie ein säurebildendes Element. Es vereinigt sich mit Wasserstoff zu der Cyanwasserstoffsäure oder Blausäure, HCN. Die Blausäure bildet mit Laugen richtige Salze, die Cyanide; so entsteht z. B. das Kaliumsalz der Cyanwasserstoffsäure, das Cyankalium, beim Zusammenbringen von Kalilauge und Blausäure:

$$K\,OH + H\,CN = KCN + H_2O.$$

Es ist also die Cyanwasserstoffsäure eine den Halogenwasserstoffsäuren sehr ähnliche Verbindung. Die Stelle des halogenen Elementes nimmt hier eine elementartig wirkende Elementgruppe (siehe auch S. 111), — CN, ein. Eine solche Elementgruppe, die sich aber wie ein einziges Element verhält, nennt man ein Radikal. Die meisten Radikale, wie z. B. — NH_4 (siehe S. 60), sind in freiem Zustand nicht beständig. Das Radikal — $\overset{IV}{C}\overset{III}{N}$ ist aber in freiem Zustand bekannt, nur polymerisiert es sich da zu NC—CN = $(CN)_2$, wodurch die sämtlichen Wertigkeiten der Verbindung ausgeglichen werden. Das Cyan ist ein farbloses, giftiges Gas, das mit rötlicher, blaugesäumter Flamme zu Kohlendioxyd und Stickstoff verbrennt. Die Cyanwasserstoffsäure ist in wasserfreiem Zustand eine farblose, sehr flüchtige Flüssigkeit (Siedepunkt 27°), die nach bitteren Mandeln riecht und nur mit den allergrößten Vorsichtsmaßregeln gehandhabt werden darf, da sie so giftig ist, daß schon das Einatmen ihres Dampfes tödlich wirken kann. Ihre Wirkung beruht darauf, daß sie die Nerven, die die Atmungsbewegungen unterhalten, lähmt, und daß sie mit dem Körper, der die Sauerstoffübertragung im Blut bewirkt (Hämoglobin), eine chemische Verbindung eingeht, die nicht mehr fähig ist, Sauerstoff aufzunehmen. Wegen ihres Einflusses auf die Nerven der Atmungsorgane werden schwach blausäurehaltige Heilmittel (Kirschlorbeer, Bittermandelwasser) zur Beruhigung bei nervösen Erregungszuständen der Atmungsorgane gebraucht. Außer in den bitteren Mandeln kommt Blausäure auch noch in verschiedenen Kernen, z. B. Pfirsichkernen, vor.

Die Salze der Blausäure, die Cyanide, wirken kaum weniger heftig als die reine Blausäure. Das ist ja klar, denn sie werden durch jede

Säure, also z. B. durch die Salzsäure des Magensaftes (siehe S. 61) zersetzt. Z. B.:

$$KCN + HCl = HCN + KCl.$$

Die Blausäure ist eine so schwache Säure, daß ihre Salze schon durch das Kohlendioxyd der Luft zersetzt werden:

$$\underset{\text{Kalium-cyanid}}{2\,KCN} + \underset{\text{Kohlen-dioxyd}}{CO_2} + \underset{\text{(Luft-feuchtigkeit)}}{H_2O} = \underset{\text{Kalium-carbonat}}{K_2CO_3} + \underset{\text{Blausäure.}}{2\,HCN}$$

Daher kommt es, daß Cyanide, die man an der Luft stehen läßt, stets nach Blausäure riechen und mit der Zeit gänzlich in Carbonate umgewandelt werden.

Eine Verbindung des Cyans mit Schwefel ist das Radikal Rhodan — CNS', das frei kaum beständig ist[1]). Dagegen kennt man die Rhodanwasserstoffsäure HCNS, sowie die sich von ihr ableitenden Rhodansalze gut.

Die Verbindungen anderer Elemente mit Kohlenstoff, die man durch Zusammenschmelzen der betreffenden Elemente mit Kohle bei der hohen Temperatur des elektrischen Ofens erhält, heißen Carbide (vgl. Anmerkung S. 39). Bekannt ist das Calciumcarbid, das, mit Wasser zusammengebracht, einen mit heller Flamme brennenden Kohlenwasserstoff, das Acetylen[2]), C_2H_2, liefert:

$$CaC_2 + 2\,H_2O = Ca(OH)_2 + HC \equiv CH.$$

Aluminiumcarbid dagegen liefert mit Wasser Methan:

$$C_3Al_4 + 12\,H_2O = 3\,CH_4 + 4\,Al(OH)_3.$$

Nannten wir den Kohlenstoff den Baustein der organischen Natur, so können wir das jetzt zu besprechende Silicium[3]) als den Baustein der anorganischen bezeichnen. Mit Sauerstoff verbunden bildet es den Hauptbestandteil der meisten Gesteinsarten, und daher hat es auch seinen Namen. Das Silicium kommt in freiem Zustand in der Natur nicht vor. Ähnlich wie der Kohlenstoff bildet es mehrere allotrope Modifikationen. Das amorphe Silicium, ein dunkelbraunes Pulver, löst sich in Flußsäure, ist Nichtleiter der Elektrizität und verbrennt, in Sauerstoff erhitzt, zu Siliciumdioxyd oder Kieselsäure, SiO_2. In geschmolzenem Zink oder Aluminium löst es sich zum Teil und kann beim Erkalten als krystallinisches Silicium wieder erhalten werden. In dieser Modifikation stellt es stahlglänzende sechsseitige Krystallnadeln oder Blättchen dar, die vollkommene Leiter der Elektrizität und härter als Glas sind. Flußsäure greift es nur wenig an, während es sich in starken

---

[1]) Söderbeck erhielt festes Rhodan $(CNS)_2$ durch Zersetzung von in Äther gelöstem Silberrhodanid mit Brom nach der Gleichung:

$$2\,AgCNS + Br_2 = 2\,AgBr + (CNS)_2.$$

Bei tiefen Temperaturen scheidet sich das Rhodan in Gestalt weißer Krystallblättchen ab, die bei — 3⁰ schmelzen. Bei Temperaturen über 0⁰ zersetzt es sich. Es verhält sich genau wie ein Halogen. Z. B. lagert es sich an Stickoxyd an und bildet mit ihm das dem Nitrosylchlorid, NOCl, entsprechende Nitrosylrhodanid NOCNS.

[2]) Vgl. S. 125.

[3]) Silex = der Kieselstein.

Laugen unter Entwicklung von Wasserstoff löst. Hierin zeigt sich der elektronegative, säurebildende Charakter des Siliciums, denn bei der Lösung in Laugen entsteht das entsprechende Silikat, d. h. das Salz einer Kieselsäure, H_2SiO_3. Verwenden wir z. B. Kalilauge, so ergibt sich die Reaktionsgleichung:

$$2\,KOH + Si + H_2O = K_2SiO_3 + 2\,H_2.$$

Das Silicium spielt in Form seines (wasserhaltigen) Dioxyds eine gewisse Rolle im menschlichen Stoffwechsel. Es reichert sich hauptsächlich in der Bauchspeicheldrüse an und befördert Vernarbungsvorgänge. So hat man z. B. durch Verfütterung von Siliciumverbindungen an tuberkulöse Kaninchen objektiv nachweisbare Vernarbungserfolge erzielt.

Die wichtigste Verbindung des Siliciums ist sein Dioxyd, SiO_2, das Kieselsäureanhydrid, das auch kurzweg Kieselsäure genannt wird. Es kommt in der Natur sehr häufig vor, amorph als Opal, Achat, Jaspis und Feuerstein (in letzterem gemengt mit wasserhaltiger Kieselsäure), krystallisiert als Quarz, Bergkrystall, Amethyst, als Quarzsand und Sandstein. Ferner bilden die Salze der sich von dem Siliciumdioxyd ableitenden Kieselsäure H_2SiO_3, die Silikate, eine ganze Reihe wichtiger Mineralien, von denen ich Ihnen hier nur Feldspat und Tonschiefer nennen will. Etwa $^1/_4$ der Erdrinde besteht aus Silicium. Eine wichtige Rolle spielt das Siliciumdioxyd auch im Pflanzen- und Tierreich. Viele Pflanzen (vor allem Gräser) enthalten nennenswerte Mengen dieser Verbindung, und im Tierreich bildet das Silicium einen erheblichen Bestandteil der Schalen gewisser Infusorien sowie der Gerüste verschiedener Schwammarten (Kieselschwämme). Die Kieselschalen der Infusorien widerstehen der Verwesung und bilden den „Kieselgur" oder die „Infusorienerde". Ein großer Teil Berlins steht z. B. auf solchem Kieselgur.

Siliciumdioxyd krystallisiert in durchsichtigen Säulen und Pyramiden des hexagonalen Systems (Bergkrystall). Es widersteht allen Lösungsmitteln mit Ausnahme der Flußsäure. In der Knallgasflamme schmilzt es zu einer vollkommen durchsichtigen Masse, dem „Quarzglas". Dieses ist ausgezeichnet durch seine Durchlässigkeit für ultraviolette Strahlen, die von gewöhnlichem Glas verschluckt werden. Ferner dehnt es sich beim Erhitzen nur in so außerordentlich geringem Maß aus, daß man aus Quarzglas hergestellte, bis zur Weißglut erhitzte Gefäße in kaltes Wasser werfen kann, ohne ein Zerspringen befürchten zu müssen. Diese Eigenschaften machen das Quarzglas zu einem sehr wertvollen Stoff für den Chemiker und Physiker. Amorphes Siliciumdioxyd bildet ein weißes Pulver. Siliciumdioxyd schmilzt erst bei etwa 1700°. Dieser Gegensatz zu dem bei — 57° schmelzenden Kohlendioxyd ist auffallend. Er erklärt sich dadurch, daß im Siliciummolekül eine unbekannte, sicher aber große, Zahl von SiO_2-Molekülen polymerisiert ist, im Gegensatz zu dem einfach molekularen Kohlendioxyd.

Schmilzt man Siliciumdioxyd mit kohlensauren Alkalien, z. B. Natriumcarbonat, so entweicht Kohlendioxyd und man erhält Natriumsilikat:

$$SiO_2 + Na_2CO_3 = Na_2SiO_3 + CO_2.$$

Dieses Natriumsilikat kann man betrachten als das Salz einer Kieselsäure H_2SiO_3, die man sich entstanden denken muß durch Austritt eines Moleküls Wasser aus der sich vom vierwertigen Silicium ableitenden Kieselsäure $Si(OH)_4 = H_4SiO_4$. Die Säure H_2SiO_3 müßte also eigentlich „Metakieselsäure" heißen. Man nennt sie aber schlechtweg Kieselsäure, weil die Orthokieselsäure H_4SiO_4 ebenso wenig bekannt ist, wie die entsprechende Orthokohlensäure, H_4CO_4. Versucht man, durch Zusatz von Säuren zu dem Natriumsilikat die freie Säure H_2SiO_3 darzustellen, so erhält man nur einen gelatinösen Niederschlag von Siliciumdioxyd, der wechselnde, anfänglich sehr große, Mengen Wasser auf seiner Oberfläche festhält:

$$Na_2SiO_3 + 2\,HCl = 2\,NaCl + SiO_2 + H_2O.$$

Da die Wassermengen, die das Dioxyd festhält, sehr wechseln, so kann man nicht von Hydraten des Siliciumdioxyds sprechen, um so weniger, als das Wasser ja nicht chemisch gebunden, sondern nur mechanisch festgehalten (adsorbiert) ist. Alter Gewohnheit folgend nennt man aber das aus Silikaten ausgefällte wasserhaltige Siliciumdioxyd immer noch „Kieselsäure", obwohl wegen völliger Hydrolyse des Moleküls Na_2SiO_3 infolge des umkehrbaren Prozesses:

$$Na_2SiO_3 + H_2O \rightleftarrows SiO_2 + 2\,Na + 2\,OH'$$

keine Säurerestionen (SiO_3'') vorhanden sind. Da man aber die Verbindung H_2SiO_3 wenigstens in ihren Salzen kennt, kann man die Bezeichnung Kieselsäure zur Not beibehalten.

Kieselsäure ist eine sehr schwache Säure. Sie wird schon durch Kohlensäure aus ihren Salzen ausgetrieben. Ganz anders liegen die Verhältnisse aber bei hohen Temperaturen. Infolge der Feuerbeständigkeit ihres Anhydrids treibt nämlich die Kieselsäure in der Glühhitze alle anderen Säuren, sogar Schwefelsäure, aus ihren Salzen aus. Z. B.:

$$\text{I.}\quad 2\,K_2SO_4 + 2\,H_2SiO_3 = 2\,K_2SO_4 + 2\,SiO_2 + 2\,H_2O,$$

$$\text{II.}\quad 2\,K_2SO_4 + 2\,SiO_2 = 2\,K_2SiO_3 + 2\,SO_2 + O_2.$$

Da Kalium- und Natriumsilikat in Wasser löslich sind, gibt uns dieses Verhalten der Kieselsäure ein Mittel an die Hand, um unlösliche Silikate in lösliche Verbindungen überzuführen, sie „aufzuschließen". Man braucht die Silikate zu diesem Zweck nur mit Kaliumsulfat zu schmelzen. Diese Beständigkeit einer Säure oder ihres Anhydrids bei höheren Temperaturen kann, wie man sieht, das Stärkeverhältnis zweier Säuren gradezu umkehren. Z. B. ist in verdünnter Lösung der Ionisationsgrad von Salpetersäure fast doppelt so groß wie der einer gleich stark verdünnten Schwefelsäure. Salpetersäure ist also unbedingt die „stärkere" Säure (vgl. S. 54), und trotzdem treiben wir sie mit der schwächeren Schwefelsäure aus den Nitraten aus. Das kommt daher, daß Salpetersäure viel leichter verdampft. Die nach der Gleichung:

$$KNO_3 + H_2SO_4 = KHSO_4 + HNO_3$$

entstehende Salpetersäure wird also bei höherer Temperatur immer aus dem Reaktionsgemisch verschwinden, wodurch sie gegenüber der beständigen Schwefelsäure „konkurrenzunfähig" wird. Diese wirkt also immer weiter auf das Nitrat ein, bis es völlig in saures Sulfat übergeführt ist.

Dem Wasserstoff gegenüber ist das Silicium, wie der Kohlenstoff, vierwertig. Es besitzt aber nicht die ungewöhnlich große Neigung des Kohlenstoffs, Ketten zu bilden. Man erhält den dem Methan entsprechenden Siliciumwasserstoff SiH_4 (Monosilan) durch Zersetzen von Siliciummagnesium mit Salzsäure. Er ist ein farbloses, nicht sehr beständiges und leicht brennbares Gas. Wenn man es durch eine an einer Stelle zum Glühen erhitzte Röhre leitet, dann bildet sich hinter dieser Stelle ein Spiegel aus amorphem Silicium (vgl. bei Arsen S. 105). Siliciumwasserstoff ist infolge Verunreinigung mit Dämpfen des Siliciumwasserstoffes Si_2H_6 selbstentzündlich (vgl. bei Phosphorwasserstoff S. 100). Dieser wird wegen der 2 Si-Atome im Molekül „Disilan" genannt. Er ist ebenfalls gasförmig, siedet bei -15^0 und verbrennt an der Luft sofort. Man sieht, daß die entsprechende Kohlenstoffverbindung, das Äthan C_2H_6, ganz wesentlich beständiger ist. Die Neigung des Siliciums zur Kettenbildung ist eben ungleich schwächer und erlischt schon bei etwa 6gliedrigen Ketten. Bis zu diesem „Hexasilan" Si_6H_{14} kennt man die Siliciumwasserstoffe. Von dem dem gasförmigen Propan C_3H_8 entsprechenden Trisilan, Si_3H_8 ab sind sie flüssig, oxydieren sich aber an der Luft sofort so lebhaft, daß sie verbrennen. Ungesättigte, den Olefinen (S. 125) entsprechende Siliciumwasserstoffe sind nicht bekannt, und die Hoffnung auf eine ergiebige Siliciumchemie, entsprechend der Kohlenstoffchemie, muß als an der Natur des Siliciumatoms scheiternd betrachtet werden. Sämtliche Silane haben einen unangenehmen Geruch. Sie entstehen alle durch Zersetzung von Siliciummagnesium mit Salzsäure. Die genauere Kenntnis dieses Gebietes verdankt man hauptsächlich den Arbeiten von Stock. Wie beim Methan, so können auch beim Monosilan die vier Wasserstoffatome durch Chlor oder ein anderes der halogenen Elemente ersetzt werden. Man kennt z. B. das dem Trichlormethan entsprechende Siliciumchloroform, $SiHCl_3$.

Das Siliciumtetrachlorid, $SiCl_4$, ist eine farblose, an der Luft rauchende Flüssigkeit, die mit Wasser in Siliciumdioxyd und Salzsäure zerfällt:

$$SiCl_4 + 2\,H_2O = SiO_2 + 4\,HCl.$$

Eine andere Zersetzung geht dagegen mit dem Siliciumtetrafluorid vor sich. Wenn man nämlich dieses farblose, an der Luft rauchende, stechend riechende Gas in Wasser leitet, dann scheidet sich Siliciumdioxyd ab, und in der Flüssigkeit ist eine neue Säure gelöst, die Kieselfluorwasserstoffsäure, H_2SiF_6.

$$3\,SiF_4 + 3\,H_2O = SiO_2 + 2\,H_2SiF_6 + H_2O.$$

In der Kieselfluorwasserstoffsäure verhält sich die Elementgruppe SiF_6 wie ein Radikal. Denn die Säure ist dissoziiert nach der Gleichung:

$$H_2SiF_6 = 2\,H^{\cdot} + [SiF_6]''.$$

Das Radikal $[SiF_6]''$ verhält sich also wie ein zweiwertiges, elektronegatives Ion. Solche Radikal-Ionen, d. h. aus mehreren Atomen verschiedener Elemente zusammengesetzte Ionen, nennt man komplexe

Ionen. In ihnen sind die chemischen Eigentümlichkeiten der einzelnen Elemente, aus denen sie bestehen, nicht mehr nachweisbar (siehe S. 126), sondern sie wirken eben vollständig als neues Ganzes. Wir können also in der Kieselfluorwasserstoffsäure weder das Silicium noch das Fluor unmittelbar nachweisen. Das gelingt uns erst, wenn wir das komplexe Ion in irgendeiner Weise zerstört haben, so daß wir freie Silicium- und freie Fluor-Ionen haben.

Da die Kieselfluorwasserstoffsäure aus Siliciumtetrafluorid und Wasser unter Ausscheidung gallertartigen Siliciumdioxyds entsteht, so ist sie ein bequemes Mittel, um das Vorhandensein von Siliciumverbindungen nachzuweisen. Ich habe hier in einem Platintiegel (Fig. 37) etwas gewöhnlichen Sand. Diesen mische ich jetzt mit etwas gepulvertem Fluorcalcium, gebe ein paar Tropfen konzentrierter Schwefelsäure zu und erwärme mit dem Bunsenbrenner. Es entsteht zunächst aus dem Calciumfluorid und der Schwefelsäure Fluorwasserstoffsäure:

$$CaF_2 + H_2SO_4 = CaSO_4 + H_2F_2.$$

Fig. 37. Probe auf Siliciumverbindungen.

Die Fluorwasserstoffsäure reagiert mit dem Siliciumdioxyd des Sandes derart, daß sich Siliciumtetrafluorid und Wasser bildet:

$$SiO_2 + 2\,H_2F_2 = SiF_4 + 2\,H_2O.$$

Nun halten wir über den Tiegel in das entweichende Tetrafluorid einen zu einer Öse gebogenen Platindraht, an dem ein Wassertropfen hängt. Sobald das Tetrafluorid mit dem Wasser zusammentrifft, bildet sich Kieselfluorwasserstoffsäure, und der Wassertropfen wird infolge des ausgeschiedenen Siliciumdioxyds trüb. Man kann die gleiche Probe natürlich auch zum Nachweis von Fluorverbindungen benutzen. Man braucht nur etwas Siliciumdioxyd mit der zu prüfenden Substanz zu mischen und mit Schwefelsäure zu erhitzen. Wird der über den Tiegel gehaltene Wassertropfen trüb, so war Fluor vorhanden.

Bei sehr hohen Temperaturen entsteht aus Siliciumchlorid und Silicium das sich vom Disilan ableitende Chlorid Si_2Cl_2:

$$3\,SiCl_4 + Si \rightleftarrows 2\,Si_2Cl_6.$$

Aber schon bei etwa 600° zerfällt das Disiliciumhexachlorid wieder im Sinn des unteren Pfeils.

Die Calcium-, Kalium- und Bleisalze der Kieselsäure bilden die verschiedenen Arten des Glases. Unter Glas im weiteren Sinne versteht man jedes durch Schmelzen erhaltene, durchsichtige, amorphe Gemisch. Im engeren Sinn bezeichnet man dagegen mit Glas verschiedene Doppelsilikate, wie z. B. das Natrium-Calciumsilikat, aus dem das gewöhnliche Gebrauchsglas besteht (infolge seines Natriumgehaltes färbt gewöhnliches Glas die Flamme gelb. Siehe S. 16.) Ersetzt man das Natrium durch Kalium, dann erhält man das schwerer schmelzbare „Kaliglas“, das zur Anfertigung von Verbrennungsröhren gebraucht wird. Das wegen seines großen Lichtbrechungsvermögens zur Herstellung optischer Instrumente dienende „Flintglas" ist ein Kaliumbleisilikat, das durch Zusammenschmelzen von Siliciumdioxyd (Feuerstein oder Flint, daher der Name), Kaliumcarbonat und Bleioxyd erhalten wird. Die Gläser sind keine chemischen Verbindungen, sondern Gemische. Beim Erhitzen mancher Glassorten krystallisieren einzelne Bestandteile aus, wodurch das Glas trüb wird. Es „entglast". Wasser löst aus Glas Spuren der Alkalisilikate heraus. Die dadurch hervorgerufene Gewichtsabnahme läßt sich mit einer empfindlichen Wage z. B. dadurch zeigen, daß man ein neues, größeres Becherglas vor und nach dem Auskochen mit Wasser wägt. Das besonders widerstandsfähige „Jenaer Geräteglas" enthält 65% Siliciumdioxyd, 15% Borsäure, 12% Bariumoxyd, 4% Aluminiumoxyd und 3,5% Arsenpentoxyd. In dem sogenannten „Thermometerglas" sind statt des Bariumoxyds die Oxyde des Natriums, Calciums und Zinks enthalten. Dieses Glas verändert sein Volumen unter dem Einfluß der Wärme nur wenig.

Das Siliciumcarbid, SiC, führt auch den Namen Carborund. Wegen seiner außerordentlichen Härte, die der des Diamants nur wenig nachsteht, wird es als Schleifmittel verwandt. Man erhält es durch Zusammenschmelzen von Quarzsand und Kokspulver bei einer Temperatur von etwa 3000°. Es bildet grünliche, selbst in Flußsäure unlösliche hexagonale tafelförmige Krystalle. Als „Silundum" dient es zur Herstellung elektrischer Heizwiderstände, da es den Strom ziemlich gut leitet.

Das dritte hier zu besprechende Element ist das Bor. Obwohl es fast ausschließlich dreiwertig ist, kann man es zur Kohlenstoffgruppe rechnen, weil das krystallisierte Bor physikalische Ähnlichkeiten mit dem Diamanten hat und vor allem, weil man den Grenzkohlenwasserstoffen und Silanen entsprechende Borane kennt. Es findet sich in der Natur in Form von Borsäure und deren Salzen. Das freie Bor wird erhalten durch Reduktion des Borsäureanhydrids mit Magnesium:

$$B_2O_3 + 3\,Mg = 3\,MgO + 2\,B.$$

Bor bildet zwei allotrope Modifikationen: in der amorphen ist ein es grünlich-schwarzes Pulver, das beim Erhitzen an der Luft leicht zu einem Gemenge von Bortrioxyd und Stickstoffbor (siehe bei Magnesium S. 39) verbrennt. Von Salpetersäure und Schwefelsäure wird es zu Borsäure oxydiert, und mit den Halogenen, ja sogar mit Stickstoff, verbindet es sich leicht. Das krystallinische Bor bildet mehr oder weniger gefärbte, zuweilen auch völlig farblose Krystalle, die dem quadratischen System angehören. Ihre Härte erreicht die des Diamants. Krystallisiertes Bor verbrennt nicht; von Säuren, außer von kochender Salpetersäure, wird es nicht verändert.

Die Borsäure, H_3BO_3, strömt in vulkanischen Gegenden in den „Fumarolen" aus der Erde; außerdem ist sie in kleinen Mengen im Meerwasser enthalten. Sie bildet in reinem Zustand perlmutterartig glänzende Krystallschuppen, die sich fettig anfühlen und einen kühlenden, etwas bitteren Geschmack besitzen. Der Flamme erteilt sie eine charakteristische grüne Farbe, was zu ihrem Nachweis benutzt wird. Kocht man eine Borsäurelösung, so verflüchtigt sich die Borsäure mit den Wasserdämpfen. Trocken erhitzt, ist sie in Form ihres Anhydrids dagegen in hohem Maß feuerbeständig, so daß sie sogar Schwefelsäure und Chlorwasserstoff verdrängen kann (vgl. S. 129). Lösungen von Borsäure werden als schwach desinfizierendes Mittel in der Medizin verwandt. Beim Erhitzen gibt die Borsäure Wasser ab und verwandelt sich dadurch zunächst in die einbasische Metaborsäure, HBO_2:

$$H_3BO_3 = HBO_2 + H_2O.$$

Bei noch längerem Erhitzen verliert auch die Metaborsäure ihr Wasser und wird dadurch zu Bortrioxyd oder Borsäureanhydrid B_2O_3:

$$2\,HBO_2 = B_2O_3 + H_2O.$$

Merkwürdigerweise kennt man weder die Salze der dreibasischen noch der einbasischen Borsäure genau. Die mit Sicherheit bekannten Borate leiten sich von einer Tetraborsäure $H_2B_4O_7$ ab, die aus der dreibasischen Borsäure durch Austritt von Wasser entsteht:

$$4\,H_3BO_3 = H_2B_4O_7 + 5\,H_2O.$$

Das Natriumsalz der Tetraborsäure ist der in der Industrie viel gebrauchte Borax. Mit den geringsten Spuren der Verbindungen gewisser Metalle (Mangan, Nickel, Kobalt, Eisen, Chrom) erhitzt bildet er charakteristisch gefärbte Gläser (siehe S. 131.) Man macht davon in der analytischen Chemie Gebrauch in der sogenannten „Perlprobe". Ich habe hier in der Öse eines Platindrahts etwas Borax. Ich schmelze ihn in der Bunsenflamme zu einer vollkommen durchsichtigen, glasartigen Perle, die ich nun mit einer Spur einer Kobaltnitratlösung benetze. Jetzt erhitze ich wieder, und sobald die Perle abgekühlt ist, können Sie sehen, daß sie nun tiefblau gefärbt ist. Dies ist eine sehr empfindliche Reaktion auf Kobalt. Mit Nickel erhält man eine graue Perle, mit Eisen eine braune usw. Behandelt man Borate mit Wasserstoffsuperoxyd, so entstehen Salze der Perborsäure, HBO_3. Aus Borax erhält man z. B. das Natriumperborat $NaBO_3$. Diese Perborate sind als Wasch- und Desinfektionsmittel geschätzt, da sie leicht Sauerstoff abgeben.

Gegenüber den Halogenen verhält sich das Bor dreiwertig. Das Bortrichlorid, BCl_3, ist eine stark lichtbrechende Flüssigkeit, die schon bei 15° siedet. Das Bortrifluorid, BF_3, ist ein stechend riechendes Gas, das in Wasser in hohem Maße löslich ist und sich mit ihm zu Borfluorwasserstoffsäure, HBF_4, umsetzt; etwa nach der Gleichung:

$$3\,BF_3 + 3\,H_2O = HBF_4 + B_2O_3 + 5\,HF.$$

Zersetzt man Bormagnesium mit verdünnten Säuren, so erhält man nach Stock die Verbindungen Diboran, B_2H_6, und Tetraboran, B_4H_{10}. Sie entsprechen dem Äthan und Butan, beziehungsweise dem Di- und Tetrasilan, enthalten also vierwertiges Bor. Diboran ist ein bei — 88° siedendes, unangenehm riechendes Gas; Tetraboran ist flüssig, siedet bei + 17° und riecht ebenfalls unangenehm. Wahrscheinlich gibt es auch ein selbstentzündliches Hexaboran, B_6H_{11}.

Borcarbid, B_2C_2, ist ebenso hart, wenn nicht härter als Diamant

Mit Stickstoff bildet das Bor eine Verbindung von der Formel BN. Borstickstoff ist ein weißes Pulver, das sehr beständig und nicht schmelzbar ist, sich beim Glühen an der Luft nicht verändert und in verdünnten Säuren nicht löslich ist. Wasser hydrolysiert ihn in Borsäure und Ammoniak, weshalb er von einer wasserdampfhaltigen Flamme zu grünem Leuchten gebracht wird.

Das letzte zur Kohlenstoffgruppe gehörige Element ist das Germanium, das 1886 von Clemens Winkler in Freiberg in Sachsen entdeckt wurde. Es ist ein außerordentlich seltenes Element, da es bis jetzt nur in einem Mineral, das als dünner Anflug auf Silbererzen vorkommt (Argyrodit), nachgewiesen ist. Argyrodit enthält etwa 6% Germanium. Spuren finden sich mitunter auch in Zinkblenden verschiedener Herkunft.

Germanium ist ein weißgrauer, metallglänzender, leicht in Oktaedern krystallisierender Körper. Er nimmt, ähnlich wie das Wismut, eine Zwischenstellung zwischen Metallen und Metalloiden ein. Sein Aussehen, hohes spez. Gew. (5,47), Leitfähigkeit für Elektrizität stellen es den Metallen an die Seite, während die Tatsache, daß sein Dioxyd GeO_2 ein schwaches Säureanhydrid ist und daß es einen dem Methan und Siliciumwasserstoff entsprechenden Germaniumwasserstoff GeH_4 gibt, es wieder zu den Metalloiden gehörig erscheinen läßt. Gleich dem gewöhnlichen und dem Siliciumchloroform kennt man auch ein sich vom Germaniumwasserstoff (durch Ersatz dreier Wasserstoffatome durch Chlor) ableitendes Germaniumchloroform, $GeHCl_3$. Den Halogenen gegenüber ist Germanium vierwertig. Das gasförmige Germaniumfluorid GeF_4 bildet mit Fluorwasserstoff die der Kieselfluorwasserstoffsäure entsprechende Germaniumfluorwasserstoffsäure, H_2GeF_6.

Element	Symbol	Atomgewicht	Spez. Gewicht	Schmelzpunkt	Siedepunkt
Kohlenstoff	C	12,00	bei 3,50 (Diamant)	Unschmelzb.	Äußerst hoch
Silicium	Si	28,3	2,39 (kryst.)	Über 3000°	Äußerst hoch
Bor	B	11,0	2,55 (kryst.)	Unschmelzb.	3000°
Germanium	Ge	72,5	5,47	bei 900°	1400°

Element	Hautwertigkeiten	Anzahl der allotr. Modifik.	Charakter der Oxyde	Verhalten der Wasserstoffverb.
Kohlenstoff	(II) IV	3	Sauer	Sehr beständig u. zahlreich
Silicium	IV	3	Sauer	Wenig beständig
Bor	(IV) III	2	Sauer	Sehr wenig beständig
Germanium	(II) IV	—	Sauer	Wenig beständig

Zehnter Vortrag.

Dampfdichte. — Molvolumen. — Koppsche Zahl. — Verfahren zur Bestimmung des Molekulargewichts. — Spektralanalyse. — Lichtbrechung. — Spektrum. — Fraunhofersche Linien. — Spektralapparat.

Mit der Besprechung der Kohlenstoffgruppe haben wir die Reihe der Metalloide beschlossen. Wir konnten ja schon öfters eine deutliche Zwitternatur der besprochenen Elemente, ein mehr oder weniger ausgesprochenes Hinneigen nach den Metallen beobachten, so daß wir uns nun wohlvorbereitet der Besprechung dieser Grundstoffe widmen könnten. Allein bevor wir dies tun, müssen wir uns noch über einige theoretische Fragen Klarheit verschaffen, ohne deren Kenntnis wir nicht in die Tiefe chemischer Wissenschaft dringen könnten, sondern uns mit der Aufzählung oberflächlicher Beobachtungen begnügen müßten. Wir wollen daher diesen Vortrag der Besprechung der Verfahren zur Molekulargewichtsbestimmung, sowie der Spektralanalyse widmen.

Wir haben im 3. Vortrag gehört, daß uns die Avogadrosche Hypothese gestattet, aus der Volumengleichung:

2 Vol. Wasserstoff + 1 Vol. Sauerstoff = 2 Volumina Wasserdampf

den Schluß zu ziehen, daß das Sauerstoffmolekül doppelatomig sein muß. Die gleiche Folgerung ergab sich aus der Volumengleichung:

1 Vol. Wasserstoff + 1 Vol. Chlor = 2 Vol. Chlorwasserstoff

für Wasserstoff und Chlor. Einen weitergehenden Schluß läßt aber das Avogadrosche Gesetz als solches nicht zu. Wir wissen wohl, daß n Moleküle Sauerstoff + 2 n Moleküle Wasserstoff 2 n Moleküle Wasserdampf geben, d. h. daß die Volumina (und damit auch die Molekülzahlen, gleichen Druck und Temperatur vorausgesetzt) im Verhältnis 1: 2 zueinander stehen. Indes können wir nicht beweisen, daß gerade dieses einfachste Verhältnis das richtige ist. Denn wir können nicht entscheiden, ob nicht ein Vielfaches davon vorliegt, da eine Gleichung wie z. B.:

5 n Moleküle Sauerstoff + 10 n Moleküle Wasserstoff = 10 n Moleküle Wasserdampf

ebenfalls dem Verhältnis 1:2 entspricht, mithin genau die gleichen Versuchsergebnisse und Folgerungen liefern würde.

Wenn wir das Molekulargewicht des Wasserdampfs bestimmen könnten, dann würden wir wohl eine eindeutige Antwort erhalten. Denn das Molekulargewicht würde uns angeben, wieviel mal schwerer das Molekül Wasserdampf ist als das — als Bezugseinheit gewählte — Molekül Wasserstoff H_2. Da nun das Molekulargewicht gleich der Summe der relativen Gewichte der das Molekül bildenden Atome (also gleich der Summe der Atomgewichte, vgl. S. 12) ist, so müßte uns diese Zahl einen Schluß erlauben auf die Anzahl der Atome, die im Molekül enthalten sind. Wir könnten dann also entscheiden, ob für das Wasser die Formel H_2O oder ein Vielfaches, etwa $H_{10}O_5$ richtig ist, ob das Phosphormolekül im Phosphordampf ein- oder mehratomig ist usw.

Wie können wir also das Molekulargewicht einer Verbindung bestimmen? Läßt sie sich verdampfen, d. h. in den gasförmigen Zustand überführen, so bietet uns wieder Avogadros Hypothese die Möglichkeit dazu. Wir haben nämlich nichts weiter nötig, als das spezifische Gewicht des Dampfs, wie man sagt: die „Dampfdichte", bezogen auf das Molekulargewicht des Wasserstoffs, zu bestimmen. Es fällt nicht schwer, das einzusehen, sobald wir uns daran erinnern, daß das spezifische Gewicht uns angibt, um wieviel ein gewisses Volumen eines Körpers schwerer oder leichter ist als ein gleich großes Volumen eines anderen Körpers, den wir als Einheit angenommen haben. Hat also z. B. irgendein Gas das spez. Gew. 3 (bezogen auf Wasserstoff), so heißt das: ein bestimmtes Volumen dieses Stoffes wiegt dreimal so viel als ein gleich großes Volumen Wasserstoff. Nun enthalten aber nach der Avogadroschen Annahme gleiche Volumina verschiedener Gase unter gleichen Umständen gleich viele Moleküle. Wenn also, trotz der gleichen Anzahl der Moleküle, das eine Volumen ein dreimal so großes Gewicht hat als das andere, so kann das nur daher kommen, daß die Moleküle des einen Gases dreimal so viel wiegen als die des anderen. Mit anderen Worten heißt das: „Die spezifischen Gewichte (Dampfdichten) der Gase verhalten sich wie ihre Molekulargewichte". Wenn wir also sagen: Wasser hat die Dampfdichte 9 (immer bezogen auf Wasserstoff), so folgt daraus unmittelbar: das Molekulargewicht des Wassers ist neunmal so groß wie das des Wasserstoffs. Nun wissen wir aber, daß das Molekulargewicht des Wasserstoffs 2 ist (siehe S. 24). Also muß Wasser das Molekulargewicht 18 haben. „Wasser hat das Molekulargewicht 18" heißt weiter gar nichts als: „die Summe der Gewichte der in dem Wassermolekül enthaltenen Atome Wasserstoff und Sauerstoff gibt zusammen 18 (siehe S. 12). Nun wissen wir aber, daß ein Atom Wasserstoff 1 und ein Atom Sauerstoff 16 wiegt (wie das Atomgewicht bestimmt wird, siehe S. 12); denn die Zahlen 1 und 16 bedeuten ja die Atomgewichte des Wasserstoffs und Sauerstoffs. Da nun im Wassermolekül doppelt so viele Wasserstoff- wie Sauerstoffatome vorhanden sind, die Summe der Atomgewichte aber 18 beträgt, so bleibt als einzig mögliche Formel: H_2O. $H_2 = 2$, $O = 16$, gibt als Molekulargewicht des Wassers 18, so daß diese Formel sämtlichen durch den Versuch festgestellten Bedingungen genügt.

Die Bestimmung der Dampfdichte kann auf die gleiche Weise vorgenommen werden wie die Bestimmung des spezifischen Gewichtes der festen Körper. Man könnte z. B. eine Glaskugel mit Wasserstoff füllen und wägen. Dann würde man an Stelle des Wasserstoffs den Dampf der zu untersuchenden Substanz, also beispielsweise Joddampf, einleiten und wieder wägen. Man hätte so die Gewichte gleicher Volumina Wasserstoff und Joddampf festgestellt, und wenn wir dann das Gewicht des Joddampfs durch das des Wasserstoffs dividieren, erhalten wir die Zahl, die uns angibt, wievielmal schwerer Joddampf ist als das gleiche Volumen Wasserstoff, d. h. das spez. Gew. oder die Dampfdichte des Joddampfs. Dieses Verfahren kann aber auch dazu dienen, uns auf einfachste Weise das Molekulargewicht eines Gases finden zu lassen. Dazu brauchen wir nur das Volumen unserer Glaskugel so zu wählen, daß es das Molekulargewicht des Wasserstoffs in Grammen, d. h. 2 g Wasserstoff faßt. Fülle ich dann in diese Glaskugel irgendein anderes Gas, so muß nach der Avogadroschen Annahme das Gewicht, das ich jetzt finde, wieder das Molekulargewicht dieses Gases sein; denn da gleiche Volumina gleichviel Moleküle enthalten, so müssen in demselben Raum, der beispielsweise 1000 Wasserstoffmoleküle (die zusammen 2 g wiegen) enthält, auch wieder 1000 Jodmoleküle enthalten sein. Die wiegen aber nicht 2 g, sondern 251 g. Also ist das Jodmolekül J_2 251 mal schwerer als das Wasserstoffmolekül H_2; also: das Molekulargewicht des Jods ist 251. Nun fragt sich nur noch, wie groß denn das Volumen ist, das die Glaskugel haben müßte, um gerade 2 g Wasserstoff zu fassen; dazu müßte sie (bei 0^0 und 760 mm Barometerstand) 22,4 Liter fassen, und dieses Volumen nennt man das „Molvolumen" der Gase. Denn wie aus dem eben Gesagten erhellt, wiegen 22,4 Liter jedes Gases so viel Gramme, als sein Molekulargewicht beträgt. Also wiegen:

22,4 L. H_2 2 g
22,4 L. O_2 32 g ($O = 16$)
22,4 L. HCl-Gas 36,5 g ($H = 1$, $Cl = 35,5$)
22,4 L. Cl_2 71 g ($Cl = 35,5$) usw.

Wir brauchen uns nur ein für allemal zu merken, daß 22,4 Liter das Molvolumen aller Gase ist, um immer sofort berechnen zu können, wieviel ein Liter des betreffenden Gases wiegt. Wollten wir das z. B. für Kohlendioxyd berechnen, so sagen wir: Kohlendioxyd, CO_2, hat das Molekulargewicht 44 ($C = 12$, $O_2 = 32$). Also wiegen 22,4 Liter CO_2 44 g. Dann wiegt 1 Liter CO_2 $\frac{44}{22,4}$ oder annähernd 2 g.

Wie man das spez. Gew. der festen Körper dadurch bestimmen kann, daß man das Gewicht des von ihnen verdrängten Wassers feststellt, so kann man den Wert für die Dampfdichte dadurch erhalten, daß man eine gewogene Menge des Körpers verdampft und dieses Gewicht mit dem Gewicht der durch den Dampf verdrängten Luft vergleicht. Auf diesem Gedanken beruht die häufig angewandte Versuchsanordnung zur Bestimmung der Dampfdichte nach Victor Meyer.

In einem an einem Ende zu einer Kugel erweiterten Rohr B (Fig. 38) liegt auf einem kleinen, in das Rohr hineinragenden Draht P ein Fläschchen, das die abgewogene Menge des zu untersuchenden Stoffs enthält. Wenn man den Draht P etwas dreht, fällt das Fläschchen in die Kugel B und der Körper verdampft durch die Wärme der in dem äußeren Mantel A siedenden Flüssigkeit. Der Dampf treibt nun ein gewisses Volumen der in dem Apparat enthaltenen Luft aus, das, da das obere Ende von B geschlossen ist, durch das Rohr D in das Meßgefäß C entweicht. Nach Beendigung des Versuchs hat man dann in C ein gewisses Volumen verdrängter Luft, dessen Gewicht man natürlich sehr einfach berechnen kann. Das Gewicht des untersuchten Dampfs kennt man, da ja der Körper vor seiner Verdampfung gewogen wurde, und natürlich aus x Gramm Substanz auch immer wieder x Gramm Dampf entstehen, dessen Volumen so groß ist wie das der von ihm verdrängten Luft. Nun brauchen wir nur noch das Gewicht des Dampfs durch das Gewicht der von ihm verdrängten Luft zu dividieren, um die

Dampfdichte, bezogen auf Luft als Einheit, zu erhalten. Um die so ermittelte Dampfdichte auf Wasserstoff zu beziehen, müssen wir noch wissen, wievielmal schwerer Luft ist als Wasserstoff: Luft ist 14,4 mal schwerer als ein gleiches Volumen Wasserstoff, so daß wir die auf Luft bezogene Dampfdichte noch mit 14,4 zu multiplizieren haben, um die auf Wasserstoff bezogene zu erhalten. Um hieraus wieder das Molekulargewicht der untersuchten Verbindung abzuleiten, haben wir uns daran zu erinnern, daß das Molekül Wasserstoff aus zwei Atomen besteht (siehe S. 24). Da wir nun dieses Molekül H_2 als Einheit für die Bestimmung des Molekulargewichts annehmen, H_2 aber das Molekulargewicht 2 hat, so müssen wir die auf das Atom Wasserstoff (H, Atomgewicht 1) bezogene Dampfdichte noch mit 2 multiplizieren, um die auf das Molekül H_2 bezogene Dampfdichte zu finden, die nach dem Avogadroschen Gesetz gleich ist dem Molekulargewicht. Wir gelangen so zu der einfachen Beziehung:

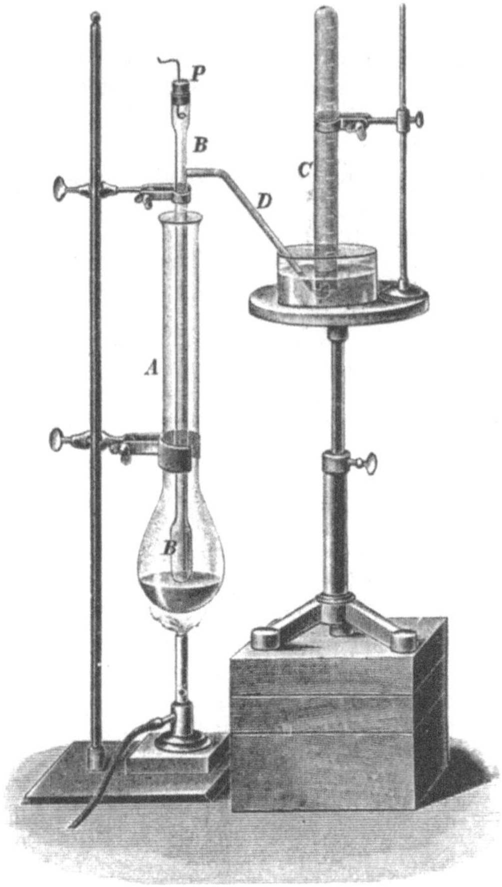

Fig. 38. Apparat zur Dampfdichtebestimmung nach Meyer.

Molekulargewicht = Dampfdichte (bezogen auf H) $\times$ 2

oder

Molekulargewicht = Dampfdichte (bezogen auf Luft) $\times$ 14,4 $\times$ 2.

14,4 $\times$ 2 ist 28,8, und diese wichtige Zahl heißt die Koppsche Zahl. Sobald wir also die auf Luft bezogene Dampfdichte eines Körpers kennen, brauchen wir sie nur mit der Koppschen Zahl zu multiplizieren, um sofort das Molekulargewicht zu finden.

Zur Bestimmung der Dampfdichte der bei niedriger Temperatur verdampfenden Körper verwendet man Victor Meyersche Apparate aus Glas. Zur Verwendung bei schwer verdampfenden Substanzen hat man Apparate, bei denen das Rohr aus Ton, ja sogar Quarz besteht. Da es bei der Molekulargewichtsbestimmung gasförmiger Körper nur darauf ankommt, ihr spezifisches Gewicht, bezogen auf Wasserstoff, zu bestimmen, so kann man z. B. auch das Bunsensche Gesetz der Ausströmungsgeschwindigkeiten von Gasen aus engen Öffnungen verwenden. Man benutzt einmal Wasserstoff, dann das zu untersuchende Gas und findet aus der S. 17 erwähnten Beziehung unmittelbar das spez. Gewicht des betreffenden Gases, bezogen auf Wasserstoff. Bei Stoffen, die gar nicht oder nur unter Zersetzung verdampfen, kann man natürlich keine Dampfdichtebestimmung machen, so daß man zur Feststellung ihres Molekulargewichtes gezwungen ist, sich nach anderen Methoden umzusehen.

Wir werden sie später (im 15. Vortrag) kennen lernen, in dem uns einiges aus dem Gebiet der physikalischen Chemie beschäftigen wird.

Heute wollen wir noch die Spektralanalyse besprechen, da auch sie für den Chemiker von der größten Wichtigkeit ist, und wir bei der Durchnahme der Metalle viel von ihr werden Gebrauch machen müssen.

Das Unterscheidungsvermögen unseres Auges ist nicht so fein wie das unseres Ohrs. Während z. B. unser Ohr imstande ist, zwei oder noch mehr zu gleicher Zeit erklingende Töne getrennt zu hören, mangelt unserem Auge die entsprechende Fähigkeit für Farben vollkommen. Während ein Musiker Ihnen jeden einzelnen Ton, aus dem ein beliebiger Akkord besteht, der Reihe nach nennen kann, wird (wenn wir die Ähnlichkeit mit den Tönen beibehalten wollen) ein „Farbenakkord", d. h. eine Mischung mehrerer Farben, immer nur als Mischfarbe empfunden werden. So erscheint uns das Sonnenlicht weiß, obwohl es eine Anzahl verschieden gefärbter „Lichter" enthält, und erst das Prisma, ein dreikantiger Körper aus Glas oder anderen durchsichtigen Stoffen (Fig. 39), ermöglicht es, diese verschiedenen Farben zu trennen und dadurch einzeln wahrnehmbar zu machen.

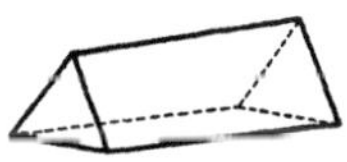

Fig. 39. Prisma.

Die Zerlegung kommt dadurch zustand, daß jede Farbe (richtiger gesagt: jede uns als „Farbe" erscheinende, unendlich kurze Ätherwelle [vgl. S. 292]) durch das Prisma um einen völlig gleichbleibenden, aber bei jeder Farbe wieder verschiedenen Betrag abgelenkt (gebrochen) wird. Nehmen wir also an, wir ließen einen Strahl roten Lichtes auf das Prisma fallen, so wird er von dem Prisma P (Fig. 39) um einen ganz bestimmten, für dieses Rot immer gleichen Betrag aus seiner Richtung abgelenkt und erzeugt auf einem Schirm S an dem Punkt, an dem er auftrifft, einen roten Fleck R.

Nun lassen wir durch dieselbe Vorrichtung einen blauen Lichtstrahl gehen. Der Betrag, um den Blau abgelenkt wird, ist bedeutend größer als der bei Rot, so daß auf dem Schirm S (Fig. 41) der blaue Fleck viel tiefer liegen muß als der rote. Wir lassen nun unseren Apparat vollkommen unverändert und schicken einen Lichtstrahl durch, der eine Mischfarbe von Blau und Rot hat, nämlich Lila. (Ein solches Licht können wir z. B. dadurch erhalten, daß wir eine Kaliumverbindung in der Bunsenflamme verbrennen.) Da nun das Prisma den roten Bestandteil dieses Lichtes viel weniger stark ablenkt als den blauen, so erhalten wir auf unserem Schirm S (Fig. 42) *zwei* Flecken, nämlich oben einen *roten*, unten einen *blauen*.

Das, was unser Auge nicht vermochte, die Bestandteile einer Misch-

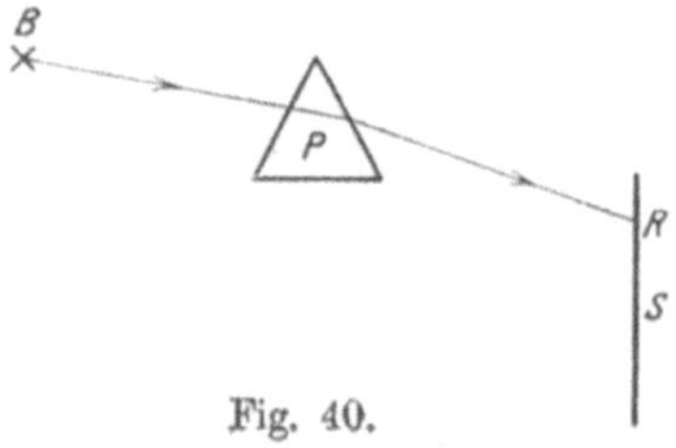

Fig. 40.

Ablenkung eines *roten* Lichtstrahls.

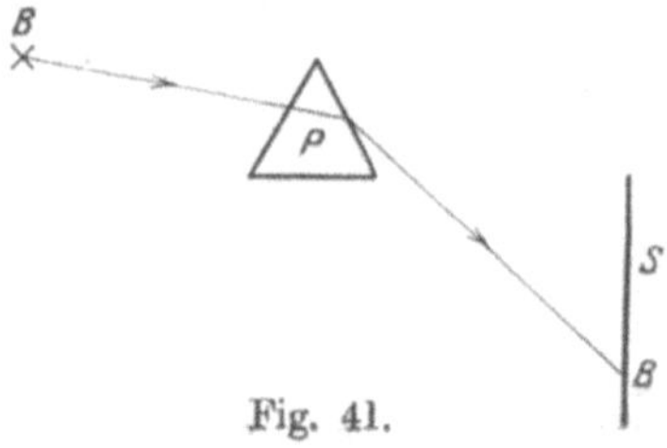

Fig. 41.

Ablenkung eines *blauen* Lichtstrahls.

farbe zu erkennen, hat uns das Prisma möglich gemacht. Wir haben den lilafarbigen Lichtstrahl „analysiert" und wissen nun, daß er aus rotem und blauem Licht zusammengesetzt ist. (Fig. 42.) Wenn wir auf ganz dieselbe Weise einen Strahl weißen Sonnenlichtes analysieren, so finden wir, daß es aus einer ganzen Anzahl verschiedener Farben, die man wohl auch Regenbogenfarben nennt, besteht.

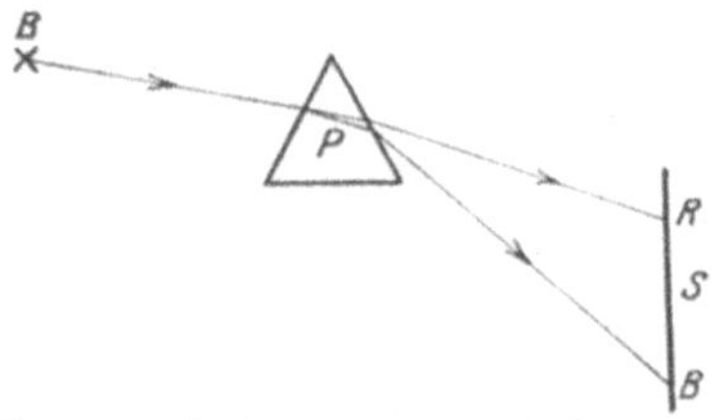

Fig. 42. Zerlegung eines *violetten* Lichtstrahls.

Zwischen dem roten und dem blauen Fleck, die wir schon bei unserem vorigen Versuch erhalten haben, liegt nun auch noch ein gelber, ein grüner und verschieden stark blaue; aber diese Flecken liegen nicht gesondert nebeneinander, sondern die einzelnen Farben gehen ineinander über, so daß wir nun auf unserem Schirm das auf der Spektraltafel abgebildete „*Sonnenspektrum*" erhalten (Fig. 43).

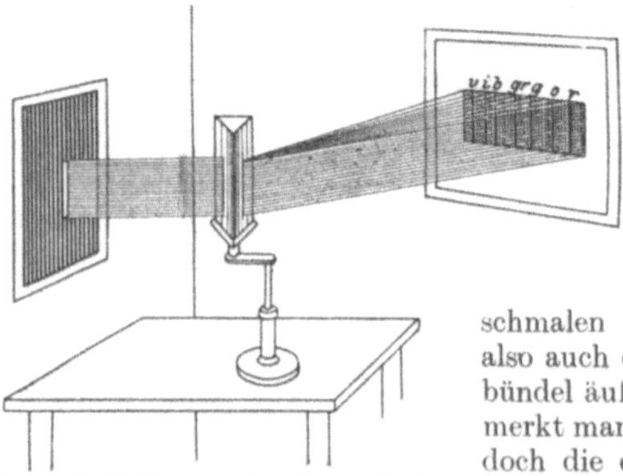

Fig. 43. Zerlegung des Sonnenlichts.

Läßt man das Sonnenlicht, bevor es durch das Prisma geht, einen sehr schmalen Spalt durchlaufen, so daß also auch das zu analysierende Lichtbündel äußerst schmal wird, dann bemerkt man bei genauem Zusehen, daß doch die einzelnen Spektralfarben in dem Sonnenspektrum nicht ohne Unterbrechung ineinander übergehen, sondern daß sie durch äußerst feine, linienartige dunkle Zwischenräume getrennt sind, die nach ihrem Entdecker *Fraunhofersche Linien* heißen (vergl. die dem Buche beigegebene Spektraltafel). Auf die Deutung dieser auffallenden Erscheinung wollen wir gleich zu sprechen kommen. Zunächst aber möchte ich Ihnen den Apparat beschreiben, mit dem man diese Beobachtungen ausführt. Er heißt der Bunsensche Spektralapparat.

In der Mitte eines kleinen Tischchens (Fig. 44) befindet sich das Prisma. Davor sind 3 Rohre angeordnet, und zwar das Spaltrohr S, das an seinem vorderen Ende den schmalen Spalt trägt, durch den das Licht eintritt, das schwach vergrößernde Fernrohr F, durch das das Spektrum beobachtet wird, und das Skalenrohr M, an dessen Ende eine kleine Skala befestigt ist, deren Bild von der einen Seite des Prismas in das Fernrohr gespiegelt wird (Fig. 45), um die Lage einzelner Stellen im Spektrum bestimmen zu können.

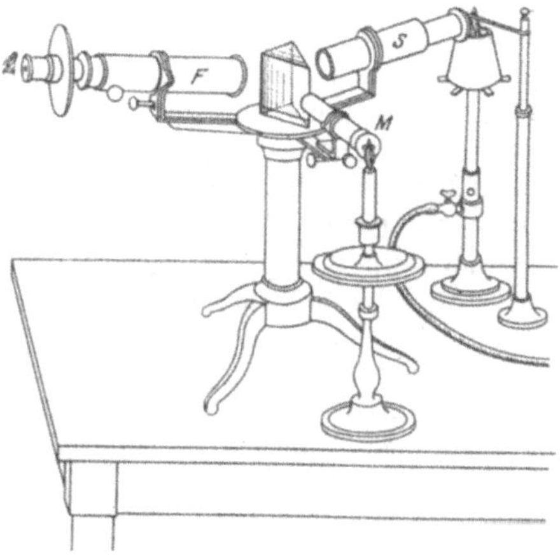

Fig. 44. Spektralapparat nach Bunsen.

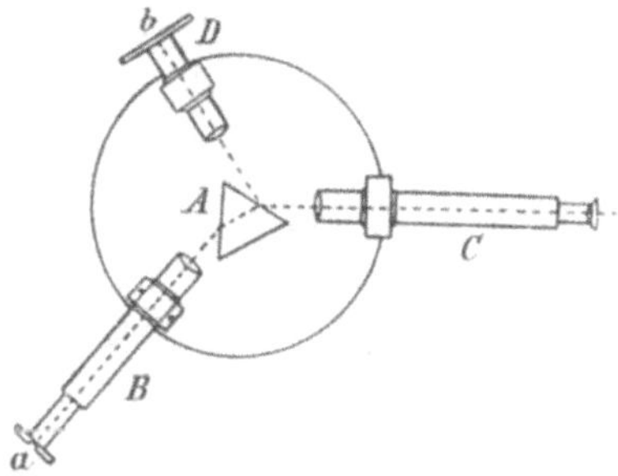

Fig. 45. Gang der Strahlen im Spektralapparat.

Stellen wir nun vor das Spaltrohr eine rote Flamme, so wird das rote Lichtbündel durch das Prisma um den für dieses Rot geltenden Betrag aus seiner Richtung abgelenkt, und wir erblicken im Fernrohr an einer ganz bestimmten, für jenes Rot immer gleichen Stelle (da ja die Ablenkung durch das Prisma immer die gleiche ist) ein rotes Bild unseres Spaltes, das aussieht wie eine ganz schmale rote Linie auf tiefschwarzem (dunklen) Grund. Verwenden wir statt des roten unser lila gefärbtes Licht, so erhalten wir wieder an der Stelle für Rot ein rotes Spaltbild (rote Linie) und, viel stärker abgelenkt, also weiter rechts und durch einen breiten dunkeln Zwischenraum von der roten Linie getrennt, ein blau gefärbtes Bild des Spaltes (blaue Linie). Ich halte hier etwas Kaliumchlorat an einem Platindraht in die Flamme, und Sie können bemerken, wie sie sich sofort kräftig lila färbt. Analysieren wir dieses Licht durch das Spektroskop, so erhalten wir tatsächlich ein Spektrum, das aus einer stärker und einer schwächer roten und einer blauen Linie besteht. Der Wert dieser Entdeckung liegt nun aber viel weniger in der Farbe dieser Linien als darin, daß sie jedesmal, wo immer wir die Kaliumflamme untersuchen, an genau der gleichen Stelle auftreten (die wir ja mit unserer Skala bestimmen können). Sobald wir also irgendwo drei Linien in einem Spektrum finden, die mit der Lage der Kaliumlinien übereinstimmen, können wir mit größter Bestimmtheit versichern: „in dem Körper, der in der Flamme verbrennt, muß Kalium enthalten sein" — mit andern Worten: mit Hilfe des Spektralapparates können wir das Vorhandensein vieler Elemente mit Sicherheit nachweisen — daher der Name: Spektralanalyse. Eine durch Natrium gelb gefärbte Flamme gibt im Spektroskop eine einzige hell leuchtende gelbe Linie, die nur von sehr guten Apparaten in zwei dicht nebeneinander liegende Linien aufgelöst wird. Man hat nun eine große Anzahl von Spektren untersucht und die Lage ihrer charakteristischen Linien genau bestimmt. Die Skala an dem Skalenrohr ist in beliebige, nur gleiche, Teile geteilt, und man bestimmt dann für jeden Teilstrich die Länge der zugehörigen Lichtwellen. Ein Beispiel wird das klar machen. Angenommen, in einem Spektralapparat falle die gelbe Natriumlinie mit dem Teilstrich 10 der Skala zusammen. Aus einer Tabelle, die in den meisten Physikbüchern zu finden ist, ersehe ich, daß die Lichtwellen, die auf der Netzhaut unseres Auges den Eindruck des Natriumgelbs hervorbringen, 589,3 $m\mu$[1]) lang sind. Es entspricht also der Teilstrich 10 meiner Skala einer Wellenlänge von 589,3 $m\mu$. Dieses Ergebnis trage ich in ein Koordinatensystem (siehe S. 80) ein, bei dem auf der Abszisse die Skalenteile, auf der Ordinate die zugehörigen Wellenlängen in $m\mu$ angegeben sind (Fig. 46).

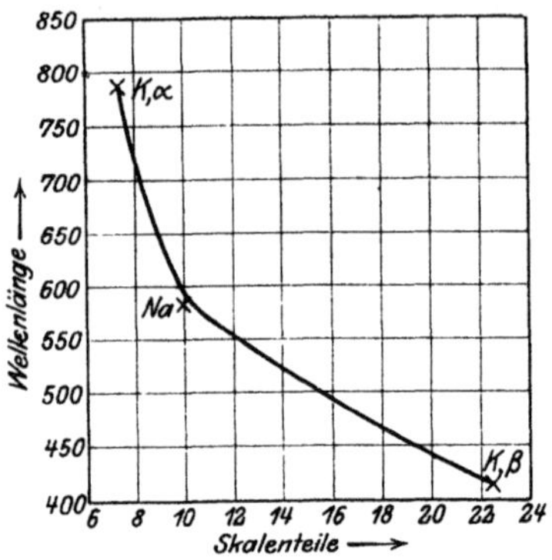

Fig. 46. Eichungskurve eines Spektralapparates.

Ähnlich finde ich, daß der helleren der beiden roten Kaliumlinien, die in meinem Apparat zwischen Teilstrich 6 und 8 liegt, eine Wellenlänge von 768,2 $m\mu$ entspricht, während die hinter Teilstrich 22 liegende blaue Kaliumlinie einer Wellenlänge von 404,5 $m\mu$ entspricht. Tragen wir auch dies in unser Koordinatensystem ein, so haben wir schon 3 Punkte bestimmt, und wenn wir sie durch eine Linie verbinden, so haben wir damit die sogenannte „Eichungskurve" unseres Spektralapparates hergestellt, die uns erlaubt, sofort die zu jedem Teilstrich gehörende Wellenlänge abzulesen. Fänden wir z. B. eine Linie, die uns noch unbekannt ist, und die knapp vor Teilstrich 9, also im roten Teil des Spektrums liegt, wo die Wellen noch verhältnismäßig lang und wenig abgelenkt sind, so zeigt uns unsere Kurve, daß ihr eine Wellenlänge von ungefähr 670 $m\mu$ entsprechen muß, und wenn wir in

[1]) $m\mu$ = „millimy" der tausendste Teil eines $\mu = \frac{1}{1\,000\,000}$ Millimeter. 1 μ (sprich „my") $\frac{1}{1000}$ Millimeter. $m\mu$ wird fälschlich auch $\mu\mu$ geschrieben.

einer Tabelle nachschlagen, so werden wir finden, daß eine zum Spektrum des Lithiums gehörige rote Linie die Wellenlänge 670,8 mμ hat. Wir haben also in dem untersuchten Körper Lithium gehabt. — Als man die farbigen Linien der Metallspektra beobachtete, erinnerte man sich auch wieder an die schwarzen Fraunhoferschen Linien des Sonnenspektrums und machte sehr bald die merkwürdige Entdeckung, daß viele von ihnen in ihrer Lage genau mit der von bekannten Linien verschiedener Metall- und Gasspektren übereinstimmten. Z. B. liegt die Fraunhofersche Linie D [1]) genau an derselben Stelle wie die gelbe Natriumlinie. Ihre glänzende theoretische Erklärung und experimentelle Bestätigung fand diese Beobachtung durch Kirchhoff, der im Jahr 1861 den Nachweis erbrachte, daß diese D-Linie gar nichts anderes ist als eine Natriumlinie, herrührend von in der Sonnenatmosphäre vorhandenem Natriumdampf. Daß die Linie im Sonnenspektrum nicht gelb, sondern schwarz aussieht, kommt daher, daß nach dem Kirchhoffschen Gesetz jeder gasförmige Körper bei tiefer Temperatur die Wellenlängen verschluckt, die er bei höherer selbst aussendet. Hoch erhitzter Natriumdampf leuchtet, wie wir wissen, gelb, indem er annähernd 580 mμ lange Wellen aussendet. Befindet sich nun vor einer Lichtquelle, in der diese Wellenlänge enthalten ist, kühlerer (nicht mehr selbstleuchtender) Natriumdampf, so muß er, nach Kirchhoff, grade jene Wellen von 580 mμ Länge verschlucken. Man wird alo bei der spektralen Zerlegung des Lichtes, das eine Schicht kühleren Natriumdampf durchlaufen hat, an Stelle der gelben eine dunkle Natriumlinie finden. Bei der Sonne liegt nun dieser Fall vor. Sie ist mit einer Hülle kühlerer Dämpfe umgeben, die aus allen den Elementen bestehen, deren dunkle Linien wir im Sonnenspektrum als Fraunhofersche Linien finden. Man hat noch das Vorhandensein vieler anderer irdischer Elemente nicht nur auf der Sonne, sondern auch auf den Planeten, Fixsternen, Kometen — kurz, auf allen Weltkörpern nachweisen können, so daß wir so gut wie sicher behaupten können, daß die Materie im ganzen Weltenraum die gleiche ist, daß auch der fernste Nebelfleck, dessen Licht vielleicht tausend Jahre braucht, um die unendliche Entfernung bis zur Erde zu durcheilen und in unser Spektroskop zu gelangen, daß auch er nur Stoff von unserem Stoff ist. Ja noch mehr: im Sonnenspektrum fand man rechts neben der Natriumlinie noch eine andere feine Linie, deren Lage man mit keinem der bekannten irdischen Elemente in Zusammenhang bringen konnte. Man schloß daraus, daß auf der Sonne ein unbekannter Grundstoff vorhanden sein müsse, den man Helium [2]) nannte. Später wurde, wie wir wissen, das Helium als Bestandteil der Luft auch auf der Erde entdeckt (siehe S. 33), so daß man also mit Hilfe der Spektralanalyse ein Element eher auf der Sonne als auf der Erde gefunden hat. Aber auch viele irdische Elemente wurden durch das Spektroskop entdeckt, so die Elemente Cäsium, Indium,

[1]) Man bezeichnet die hauptsächlichsten Frauenhoferschen Linien, vom Rot beginnend, mit großen lateinischen Buchstaben, während die Linien der Metall- und Gasspektren mit kleinen griechischen Buchstaben bezeichnet werden.

[2]) Von dem griechischen ἥλιος = helios, die Sonne.

Thallium und Rubidium, deren Namen[1]) auf die Farbe ihrer charakteristischen Spektrallinien hinweisen. Sie mögen hieraus die ungeheure Bedeutung ersehen, die die Flammenfärbungen und die Analyse des von ihnen ausstrahlenden Lichts für den Chemiker haben, und verstehen, daß wir uns etwas ausführlicher mit dieser genialen Methode befaßten. Die Empfindlichkeit der Spektralanalyse ist so groß, daß sich mit ihr noch der dreimillionste Teil eines Milligramms Natrium nachweisen läßt. Die Art der Verteilung der Spektrallinien in den einzelnen Spektren hat namentlich beim Wasserstoff und den Alkalimetallen zu interessanten Ergebnissen geführt, über die wir später näheres hören werden.

Elfter Vortrag.

Natrium. — Natriumoxyde. — Natriumhydroxyd. — Natriumchlorid. — Lösungskurven. — Natriumcarbonat. — Natriumsulfat. — Natriumnitrat. — Kalium. — Kohlenoxydkalium. — Staßfurter Abraumsalze. — Kaliumoxyde. — Kaliumhydroxyd. — Kaliumchlorid. — Chlorsaures Kalium. — Überchlorsaures Kalium. — Unterchlorigsaure Salze. — Bromkalium. — Jodkalium. — Kaliumcarbonat. — Hydrolyse. — Kaliumnitrat. — Schießpulver. — Kaliumsulfide. — Kaliumsulfat. — Kaliumsilikat. — Lithium. — Lithiumsalze. — Cäsium und Rubidium. — Ammonium. — Ammoniumchlorid. — Ammoniumcarbonat. — Ammoniumsulfat. — Ammoniumpersulfat. — Ammoniumnitrat. — Ammoniumsulfid. — Ammoniumpolysulfide. — Gruppenübersicht.

Wir kommen heute zu der Besprechung der Metalle. Ich darf noch einmal wiederholen, daß wir Metalle bezeichnen können als Elemente, die elektropositiv, basenbildend sind, die im allgemeinen Wärme und Elektrizität gut leiten, einen mehr oder weniger starken „Metallglanz“ und meist ein verhältnismäßig hohes spezifisches Gewicht besitzen. Wie sich aus der Dampfdichte der Metalle ergibt, besteht ihr Molekül meist nur aus einem Atom, ihr Atomgewicht ist also gleich ihrem Molekulargewicht, während wir bei den Metalloiden häufig doppelatomige, ja selbst vieratomige Moleküle (bei Phosphor und Arsen siehe S. 95 und 102) kennen lernten.

In der ersten Gruppe der Metalle, mit der wir uns zu beschäftigen haben, werden wir die elektropositiven, basenbildenden Eigenschaften gleich in großer Stärke auftreten sehen. Heißt doch die Gruppe, die die Elemente Natrium, Kalium, Lithium, Cäsium, Rubidium und das Radikal Ammonium (siehe S. 373) umfaßt, geradezu die Gruppe der „Alkalimetalle“, da man die basischen Eigenschaften der Hydroxylverbindungen des Natriums und Kaliums schon lange kannte. Da sich gerade bei Kaliumverbindungen die laugenhaften Eigenschaften deutlich beobachten ließen, brachte man unwillkürlich den Begriff „basisch“ in Zusammenhang mit „zum Kalium gehörig“, und so bildete sich für „basisch“ auch die Bezeichnung „alkalisch“.

Natrium, das wir zunächst besprechen wollen, ist ein ungeheuer

[1]) Caesius = dunkelblau, Indium = indigoblau, Thallium von θάλλος (thallos) der grüne Zweig, Rubidium = dunkelrot.

verbreitetes Element. In freiem Zustand kommt es nicht vor, dagegen bildet seine Chlorverbindung, das Chlornatrium, einen wesentlichen Bestandteil des Meerwassers und kommt außerdem als Steinsalz in mächtigen Lagern vor; andere Natriumverbindungen sind in verschiedenen Gesteinen (Feldspat, Kryolith) enthalten. Durch die Verwitterung der Steine gelangen die Natriumsalze in den Ackerboden und von da in den pflanzlichen und tierischen Organismus. Ferner kommt Natrium in Form seines Nitrates in Chile in großen Lagern vor (Chilesalpeter).

Natriummetall wurde zuerst von Davy im Jahre 1807 durch Elektrolyse des Natriumhydroxyds erhalten. Man kann es auch durch Reduktion von Natriumcarbonat, Natriumhydroxyd oder Natriumsuperoxyd mit Kohle darstellen. Z. B.

$$Na_2CO_3 + 2\,C = 2\,Na + 3\,CO.$$

Heute gewinnt man es im großen elektrolytisch aus Natriumhydroxyd oder Chlornatrium.

Es ist ein silberglänzendes Metall, so weich, daß es sich leicht mit dem Messer schneiden läßt, und von auffallend geringem spezifischen Gewicht (0,97). Es schwimmt auf Wasser und spaltet es, infolge seiner großen Affinität zum Sauerstoff, in seine Bestandteile. Ich werfe ein Stückchen metallisches Natrium auf Wasser. Es fährt zischend auf der Oberfläche umher, wobei folgende Umsetzung vor sich geht:

$$2\,Na + 2\,H_2O = 2\,NaOH + H_2.$$

Das entstehende Natriumhydroxyd löst sich im Wasser zu Natronlauge auf. Die bei der Reaktion entstehende Wärme ist so beträchtlich, daß durch sie der frei werdende Wasserstoff entzündet werden kann, sobald wir nur die Bewegung des Natriumkügelchens auf der Wasseroberfläche so weit hemmen, daß die Wärme nicht zu rasch an die Umgebung abgegeben wird. Dies können wir dadurch erreichen, daß wir das Metall auf ein Stückchen Löschpapier legen, wodurch es gezwungen wird, ruhig auf der Wasseroberfläche liegen zu bleiben. Nach kurzer Zeit entzündet sich dann der aus dem Wasser frei werdende Wasserstoff und brennt mit durch verdampfendes Natrium stark gelb gefärbter Flamme. Da das metallische Natrium eine so große Affinität zum Sauerstoff besitzt, überzieht es sich auch beim Liegen an der Luft sofort mit einer graublauen Schicht von Oxyd, weshalb man es unter einer sauerstofffreien Flüssigkeit, z. B. Petroleum, aufbewahren muß. Es schmilzt schon bei 97°. Bei 740° verwandelt es sich in einen in dünnen Schichten farblosen, in dickeren bläulichen Dampf. Es kann auch krystallisiert in gut ausgebildeten Oktaedern erhalten werden. Das Natriummetall ist ein in der Technik und dem Laboratorium gleich geschätztes Reduktionsmittel. Infolge seines großen Bestrebens, die geringsten Spuren Wasser an sich zu reißen, dient es, in Drahtform gepreßt, als Trockenmittel für den bei organisch-chemischen Arbeiten viel gebrauchten Äthyläther.

Von den Verbindungen des Natriums betrachten wir zunächst genauer die mit Sauerstoff und die mit der Hydroxylgruppe. Man kennt zwei Oxyde des Natriums, ein Natriumoxyd, Na_2O, und ein Natriumsuperoxyd, Na_2O_2. Das Oxyd ist sehr unbeständig, während das Superoxyd ein beständiges, gelbes Pulver bildet, das man erhält, wenn man metallisches Natrium in einem Strom vollkommen trockener Luft oder Sauerstoff erhitzt. Es wirkt lebhaft oxydierend. Mit verdünnter Schwefelsäure setzt sich Natriumsuperoxyd zu Natriumsulfat und Wasserstoffsuperoxyd um:

$$Na_2O_2 + H_2SO_4 = Na_2SO_4 + H_2O_2.$$

Da man andererseits Natronlauge mit Wasserstoffsuperoxyd zu (wasserhaltigem) Natriumsuperoxyd vereinigen kann, so kann man das Natriumsuperoxyd als Salz des Wasserstoffsuperoxyds auffassen, entsprechend:

$$\begin{array}{l} O-H \\ | \\ O-H \end{array} + \begin{array}{l} HONa \\ \\ HONa \end{array} = \begin{array}{l} O-Na \\ | \\ O-Na \end{array} + 2\,H_2O.$$

Von ungleich größerer Wichtigkeit als die Oxyde ist das Hydroxyd des Natriums, NaOH, das auch Ätznatron, kaustisches Natron oder Natronhydrat genannt wird. Daß es erhalten werden kann durch Eintragen von metallischem Natrium in Wasser, haben wir vorhin bereits gesehen. Fabrikmäßig gewinnt man es durch wechselseitige Umsetzung zwischen Calciumhydroxyd und Natriumcarbonat, wobei Natriumhydroxyd und Calciumcarbonat entsteht:

$$Na_2CO_3 + Ca(OH)_2 = 2\,NaOH + CaCO_3,$$

oder durch Elektrolyse von Chlornatrium (vgl. S. 48 u. S. 153).

Natriumhydroxyd ist ein fester weißer Körper, dessen spez. Gew. etwas größer als 2 ist. An der Luft zieht es allmählich Feuchtigkeit an und zersetzt sich infolge des Kohlensäureanhydridgehaltes der Luft in Natriumcarbonat und Wasser (siehe auch S. 127).

$$2\,NaOH + CO_2 = Na_2CO_3 + H_2O.$$

In Wasser löst es sich unter heftiger Wärmeentwicklung zu einer äußerst stark alkalischen, sich glitschig anfühlenden, dickflüssigen Flüssigkeit, der Natronlauge. In der Natronlauge ist das Natriumhydroxyd in hohem Grad in die Ionen $Na^{\cdot}$ und OH' dissoziiert, wodurch sich die stark alkalischen Eigenschaften der Flüssigkeit erklären. Der Dissoziationsgrad (siehe S. 46) des Natriumhydroxyds für eine Lösung, die in einem Liter Wasser das Molekulargewicht des Natriumhydroxyds in Grammen (40 g) gelöst enthält (sogenannte normale Lösung), ist 73%, für eine $^1/_{10}$ normale Lösung bereits 90%.

Daß sich Natronlauge glitschig anfühlt, kommt daher, daß sie, wie viele stark alkalische Stoffe, Haut in geringem Maß auflöst. Derselbe Grund, nämlich ihr Lösungsvermögen für Fette, erklärt uns auch ihre reinigenden Eigenschaften, weshalb sie vorwiegend in der Seifenindustrie verwandt wird.

Das wichtigste Salz bildet das Natrium mit der Chlorwasserstoffsäure. Es ist das Chlornatrium, das „Salz" in der ursprünglichsten Bedeutung des Wortes. Da es zu $3^1/_2$% im Meerwasser, außerdem in mächtigen Lagern als Steinsalz und in allen tierischen und pflanzlichen Organismen vorkommt, gehört es zu den verbreitetsten Körpern. Es krystallisiert in Würfeln vom spez. Gew. 2,16, die einen Geschmack besitzen, den man nicht anders als „salzartig“ nennen kann. In Wasser löst es sich zu etwa 3,5%, wobei merkwürdig ist, daß das Lösungsverhältnis fast genau das gleiche bleibt, einerlei ob das Wasser eine hohe oder niedere Temperatur hat. (Im allgemeinen nimmt das Lösungsverhältnis mit steigender Temperatur zu.) Tragen wir in ein Koordinatensystem (siehe S. 80) die Temperaturen als Abszissen und die entsprechenden Prozente des gelösten Salzes als Ordinaten ein, so erhalten wir eine „Lösungskurve“, die beim Kochsalz fast wagrecht verläuft (Fig. 47), da das Löslichkeitsverhältnis von 0—100° nur um nicht ganz 5% zunimmt.

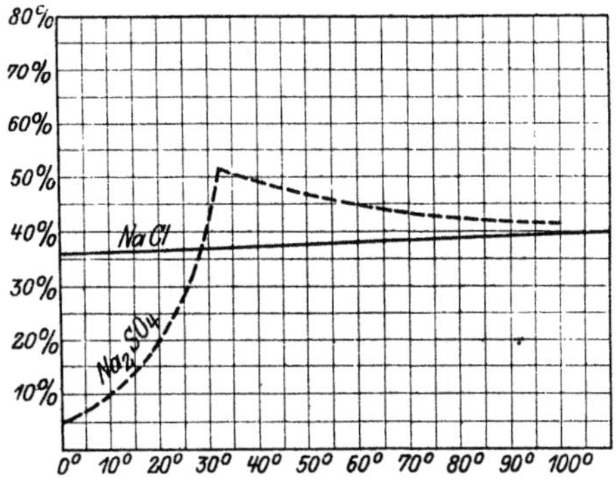

Fig. 47. Löslichkeitskurven für Natriumchlorid und Natriumsulfat.

Wenn man Kochsalzkrystalle erhitzt, so bemerkt man ein eigentümliches knisterndes Geräusch. Dieses sogenannte „Dekrepitieren“ kommt daher, daß die Kochsalzkrystalle geringe Mengen von Wasser mechanisch eingeschlossen enthalten, das sich beim Erhitzen ausdehnt, verdampft und die Krystalle zersprengt. Salz schmilzt bei 805° und ist bei starker Rotglut flüchtig.

Man gewinnt das Kochsalz auf verschiedene Arten: bergmännisch als Steinsalz. (Salzbergwerke in Staßfurt, Reichenhall[1]), Wieliczka in Galizien.) Eine merkwürdige Abart des gewöhnlichen weißen Steinsalzes ist das blaue Steinsalz. Es verdankt seine Farbe Spuren von metallischem Natrium, die mit dem Chlornatrium zu einer „festen Lösung“ verbunden sind, ähnlich wie etwa durch Spuren fremder Stoffe gefärbtes Glas. — Viel Salz gewinnt man auch aus dem Meerwasser und den salzhaltigen Quellen (Solen). In warmen Ländern leitet man das Meerwasser in flache Becken (Salzgärten), in denen das Wasser unter dem Einfluß der Sonnenwärme verdunstet und das Salz auskrystallisiert. In kalten Gegenden läßt man das Meerwasser gefrieren. Es bildet sich dadurch nur reines Eis, da Wasser, das Salz enthält, einen niedriger liegenden Gefrierpunkt hat (siehe S. 211), und es bleibt eine wesentlich konzentriertere Salzlösung zurück, die dann eingedampft wird. Aus den Solen erhält man das Salz durch langsames Verdunsten des Wassers, das man über haushohe Reisigwände (Gradierwerke) heruntertropfen läßt (Fig. 48). Die konzentrierte Salzlösung wird eingedampft.

Kochsalz wird in großen Mengen in der chemischen Industrie zur Herstellung von Salzsäure und Natriumcarbonat gebraucht. Von der größten Wichtigkeit ist es ferner für den tierischen Organismus, und

[1]) Das Vorkommen der Silbe -hall in Ortsnamen weist immer auf das Vorhandensein von Salz in den betreffenden Gegenden hin, da sie ihre Wurzel im griechischen ἅλς (hals) = Salz hat. Vgl. auch Halogene!

um Ihnen zu zeigen, wie außerordentlich zahlreich die Wirkungsgebiete chemischer Vorgänge sind, und wie eng scheinbar gänzlich fremde Erscheinungen mit chemischen Reaktionen und Gesetzen zusammenhängen, will ich Ihnen etwas ausführlicher von der Rolle erzählen, die das Kochsalz im menschlichen Körper spielt. Die wichtigsten Regelungsorgane für den Kochsalzgehalt des Körpers sind die Schweißdrüsen und die Nieren. Mit dem Schweiß und dem Harn werden täglich große Mengen des mit der gewöhnlichen Nahrung eingenommenen Kochsalzes wieder ausgeschieden und dadurch der Salzgehalt der Körpersäfte, besonders der des Blutes, auf einer gleichbleibenden Höhe gehalten, die so groß ist, daß der osmotische Druck (S. 212) des Blutes ungefähr 5 Atmosphären beträgt. Dies entspricht einem Salzgehalt von etwa 6,5 g im Liter.

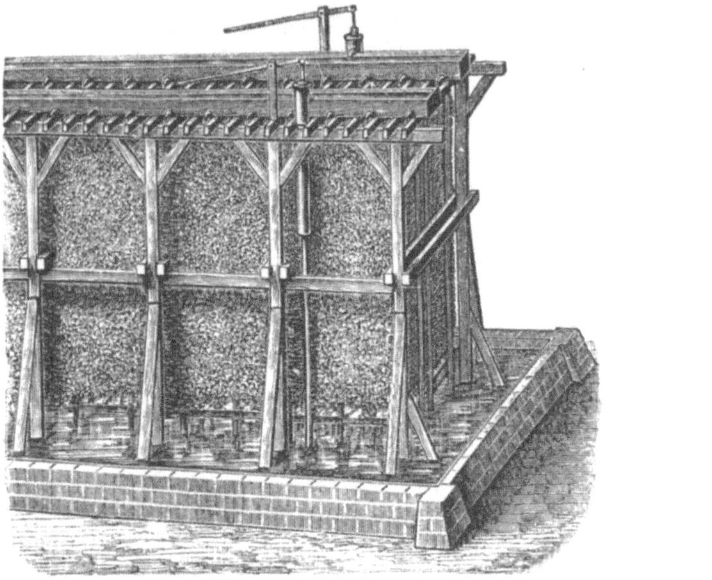

Fig. 48. Gradierwerk.

Daher übt eine Kochsalzlösung, die 0,65 $^0/_0$ Kochsalz, d. h. im Liter 6,5 g enthält, keinerlei Einwirkung auf die Gewebe des Körpers aus, denn der osmotische Druck, mit dem das Blut von innen gegen die Gefäßwände und damit auch gegen die sie umhüllenden Gewebe drückt, ist gleich dem von der Kochsalzlösung von außen her — in der entgegengesetzten Richtung — ausgeübten, so daß sich also beide Einwirkungen gegenseitig aufheben, und die Gewebe vollkommen unverändert bleiben. Aus diesem Grund findet eine 0,6 proz. Salzlösung in der Medizin als „physiologische Kochsalzlösung" ausgedehnte Anwendung. Wenn es nun vorkommt, daß infolge krankhafter Veränderung der Nieren ihre salzausscheidende Tätigkeit versagt, dann erhöht sich der Kochsalzgehalt der Körpersäfte natürlich über das zuträgliche Maß („Kochsalzretention"). Die Folge davon ist, daß auch der osmotische Blutdruck wächst, und dadurch werden wieder die feinsten nervösen Regulierapparate des Körpers in Tätigkeit gesetzt, die dann die einzelnen Körperzellen veranlassen, von überallher Wasser aufzunehmen, um durch Verdünnung der Körpersäfte auf den üblichen Salzgehalt den osmotischen Druck herabzusetzen. Es stellt sich also das Bild einer plötzlichen Wassernot und plötzlicher Flüssigkeitsanhäufungen ein, das als bedrohliche Erscheinung bei gewissen Nierenkrankheiten schon lange bekannt ist; und erst seit man weiß, daß die Ursache des Übels darin zu suchen ist, daß die Unfähigkeit der Nieren, Salz auszuscheiden, diesen Stoff in schädlichen Mengen im Körper anhäuft, hat man gelernt, diese Erscheinungen wirksam zu bekämpfen. Da die Nieren das Salz nicht ausscheiden, führt man einfach dem Körper überhaupt kein Salz mehr zu („salzarme Diät"). Hier haben Sie ein schönes Beispiel dafür, wie selbst anscheinend weit von der Chemie abliegende verwickelte Vorgänge ihre letzten Ursachen wieder in physikalisch-chemischen Erscheinungen haben, und welch ungeheuer tiefen Einfluß sie auf unser ganzes Leben ausüben.

Von den übrigen Salzen des Natriums ist das Natriumcarbonat, die Soda, von der größten Bedeutung. Reines Natriumcarbonat bildet große farblose Krystalle, die beinahe 63 % chemisch gebundenes Wasser, sogenanntes Krystallwasser, enthalten. An der Luft werden die Krystalle rasch undurchsichtig und zerfallen zu einem weißen Pulver, indem sie einen Teil ihres Krystallwassers verlieren (Verwitterung). Krystallisiertes Natriumcarbonat ist in heißem Wasser in viel höherem Maß löslich als in kaltem. 100 Teile kaltes lösen 20, 100 Teile warmes dagegen 120 Teile. Wenn man einen Sodakrystall erhitzt, schmilzt er schon bei sehr niedriger Temperatur in seinem Krystallwasser und verwandelt sich schließlich, wenn alles Krystallwasser verdampft ist, in wasserfreie Soda. Eine derartige, durch Erhitzen vom Krystallwasser befreite Soda heißt kalzinierte Soda.

Da Soda in den chemischen Industrien in weitgehendem Maß gebraucht wird, hat man sich sehr um die Auffindung lohnender Herstellungsverfahren bemüht. Das älteste, jetzt noch in England betriebene, heißt nach seinem Erfinder das Leblanc-Verfahren. Es beruht darauf, daß man Natriumsulfat (das man als Nebenprodukt bei der Bereitung der Salzsäure aus Chlornatrium und Schwefelsäure gewinnt) bei gleichzeitiger Anwesenheit von Calciumcarbonat zu Natriumsulfid reduziert, worauf sich dann das Natriumsulfid mit dem Calciumcarbonat zu Natriumcarbonat und Calciumsulfid umsetzt:

$$Na_2SO_4 + 2\,C = Na_2S + 2\,CO_2$$
$$Na_2S + CaCO_3 = Na_2CO_3 + CaS.$$

Das Leblanc-Verfahren entstand durch die französische Revolution, 1794. Frankreich brauchte Soda, war aber durch England von den überseeischen Zufuhren abgeschnitten. Die französische Regierung regte die Ausarbeitung eines Verfahrens zur Gewinnung von Soda aus Chlornatrium an. Leblancs Angaben wurden dann im großen verwirklicht, aber nach Aufhebung der englischen Blockade wurde die meiste Soda wieder aus spanischer Tangasche gewonnen. Leblanc, der seinem Vaterland einen sehr wesentlichen Dienst erwiesen hatte, endete 1806 im Armenhaus von St. Denis durch eigene Hand.

Ein modernes Verfahren ist das Ammoniaksodaverfahren, das auf der bei erhöhtem Druck vor sich gehenden Umsetzung zwischen Kochsalz und Ammoniumdicarbonat beruht. Man erhält dann nach der Reaktionsgleichung:

$$NaCl + (NH_4)HCO_3 = NaHCO_3 + NH_4Cl$$

Natriumbicarbonat, das bei der Kalzination unter Abgabe von Wasser und Kohlendioxyd in gewöhnliches Natriumcarbonat übergeht:

$$2\,NaHCO_3 = Na_2CO_3 + H_2O + CO_2.$$

Aus der als Nebenprodukt entstehenden Lösung von Chlorammonium gewinnt man durch Umsetzung mit Kalk das Ammoniak zurück.

Praktisch ausgeführt wurde dies Verfahren zuerst in den 60er Jahren vorigen Jahrhunderts von Solvay, wonach es auch Solvay-Verfahren heißt.

Das saure Natriumcarbonat, $NaHCO_3$, gewöhnlich „doppeltkohlensaures Natron“ oder Natriumbicarbonat genannt, wird zur Herstellung von Brausepulvern gebraucht. Eine Doppelverbindung von gewöhnlichem und Bicarbonat von der Formel $Na_2CO_3 + HNaCO_3 + 2\,H_2O$ ist die natürliche Soda, die in den ägyptischen und amerikanischen Natronseen unter den Namen „Trona“ (entstanden aus „Natron“) und „Urao“ vorkommt. Beim Erhitzen zerfällt Natriumbikarbonat völlig in Natriumcarbonat, Wasser und Kohlendioxyd. Man stellt auf diese Weise reinstes Carbonat für analytische Zwecke her. Wegen der Abspaltung von Kohlendioxyd wird das Bicarbonat als Backpulver aufzulockernden Teigen zugesetzt.

Von den Salzen, die das Natrium mit den Säuren des Schwefels bildet, ist wichtig das Sulfat, Na_2SO_4, nach seinem Entdecker auch Glaubersalz genannt. Es ist ein Bestandteil vieler Mineralquellen (Karlsbad) und wird in der Medizin als Abführmittel gebraucht, zu welchem Zweck es schon Glauber um die Mitte des 17. Jahrhunderts unter dem Namen „sal mirabile“ empfahl. Das Natriumsulfat krystallisiert in farblosen, dem monoklinen System angehörenden Prismen mit 10 Molekülen (56%) Krystallwasser. In Wasser ist es leicht löslich, jedoch zeigt seine Lösungskurve bei 33° einen Knick (siehe Fig. 49). In wärmerem Wasser nimmt also die Löslichkeit wieder ab. Das kommt daher, daß bei 33° das Sulfat sein Krystallwasser abgibt und das so entstehende wasserfreie Sulfat schwerer löslich ist.

Das Natriumnitrat, $NaNO_3$, kommt in Chile in großen Lagern vor (Chilesalpeter, Caliche, siehe S. 54). Es ist in Wasser sehr leicht löslich und schmilzt bei 316°. Da das Salz begierig Feuchtigkeit anzieht, kann man es nicht anstatt des teureren Kaliumnitrats zur Herstellung von Schießpulver gebrauchen. Dagegen ist es ein wertvolles Düngemittel.

Fast alle Natriumsalze sind in Wasser leicht löslich. Eines der wenigen schwer löslichen ist das Pyroantimoniat, $Na_2H_2Sb_2O_7$, weshalb man mit Hilfe dieser Verbindung Natrium qualitativ nachweist (siehe S. 109).

Das Spektrum des Natriums ist gekennzeichnet durch eine hellleuchtende gelbe Linie, die der Fraunhoferschen Linie D des Sonnenspektrums entspricht (siehe S. 143). Die durch Natriumverbindungen gelb gefärbte Flamme ist also praktisch einfarbig (monochromatisch); denn nur sehr stark brechende Prismen können die Natriumlinie in zwei dicht nebeneinander liegende Linien auflösen.

Das zweite Alkalimetall, das Kalium, weist große Ähnlichkeit mit dem Natrium auf. Gleich ihm ist es ein weißes, außerordentlich weiches und leichtes Metall. Sein spez. Gewicht ist nur 0,86, so daß es ebenfalls auf Wasser schwimmt. Dabei findet ganz die gleiche Reaktion wie bei dem Natrium statt:

$$2\,K + 2\,H_2O = 2\,KOH + H_2.$$

Die hierbei freiwerdende Wärme reicht aus, um den entwickelten Wasserstoff zu entzünden, dessen Flamme durch verdampfendes Kalium schön violett gefärbt wird. Kaliummetall besitzt ebenfalls eine große Neigung zum Sauerstoff und überzieht sich an der Luft sofort mit einer Oxydschicht, weshalb es in einer sauerstofffreien Flüssigkeit aufbewahrt werden muß. Diese große Verwandtschaft zum Sauerstoff macht es aber auch sehr geeignet als kräftiges Reduktionsmittel. So reduziert es viele beständige Oxyde, wie z. B. Siliciumdioxyd, Bortrioxyd usw. Bei 62° schmilzt es und verwandelt sich bei 760° in einen grün gefärbten Dampf. Schmilzt man unter einer Atmosphäre von Stickstoff oder Wasserstoff Kalium mit Natrium zusammen, so erhält man eine Legierung, die (beim Mischungsverhältnis 1 Teil Na auf 2 Teile K) schon bei 5° schmilzt. Sie ist deshalb bei gewöhnlicher Temperatur eine silberglänzende, leichtbewegliche Flüssigkeit. (Spez. Gew. 0,9.) An der Luft entzündet sie sich fast immer von selbst, so daß sie nicht ungefährlich zu handhaben ist. (Über Schmelzpunktserniedrigung bei Legierungen vgl. S. 257.)

Die Darstellung des metallischen Kaliums (zuerst wurde es von Davy durch Elektrolyse von Kaliumhydroxyd erhalten) geschieht durch Reduktion von Kaliumcarbonat mit Kohle:

$$K_2CO_3 + 2\,C = 2\,K + 3\,CO.$$

Dieses Verfahren hat nur den Übelstand, daß sich leicht eine sehr explosive Verbindung von der Zusammensetzung $K_6(CO)_6$ (Kohlenoxydkalium) bildet, was diese Herstellungsweise gefährlich macht. Deshalb gewinnt man es jetzt häufig durch Elektrolyse geschmolzener Kaliumverbindungen, wie Kaliumhydroxyd oder Kaliumchlorid.

Kalium kommt selbstverständlich nicht in freiem Zustande in der Natur vor, dagegen bildet es in Form seiner Verbindungen einen Bestandteil vieler Gesteine (Kalifeldspat und Kaliglimmer, eine Doppelverbindung von Kalium- und Aluminiumsilikat). Aus dem Ackerboden gelangen die Kaliumsalze in die Pflanzen, für deren Gedeihen ihre Anwesenheit von größter Wichtigkeit ist. Beim Verbrennen der Pflanzen bleiben sie in der Asche, hauptsächlich als Carbonat, zurück. Deshalb war Pflanzenasche lange Zeit die einzige Quelle zur Gewinnung von Kaliumverbindungen, und der Name „Pottasche" für Kaliumcarbonat erinnert noch an diese Art seiner Herstellung. Jetzt gewinnt man das meiste Kalium bergmännisch aus den Staßfurter Kalibergwerken. Die norddeutschen Steinsalzlager sind nämlich mit einer mehrere Meter starken Schicht verschiedener Kaliumsalze überdeckt, und diese Lager sind so mächtig, daß aus ihnen auf lange Zeit hinaus der Bedarf bestritten werden kann. Das wichtigste Staßfurter Salz ist der Carnallit, ein Doppelsalz von Chlormagnesium und Chlorkalium mit 6 Molekülen Krystallwasser: $MgCl_2 . KCl + 6\,aq$ [1]. Kainit ist ebenfalls ein Doppelsalz von Chlorkalium und schwefelsaurem Magnesium. Sylvin ist reines Chlorkalium, KCl. Diese und ähnliche Salze werden zusammengefaßt unter dem Namen „Staßfurter Abraumsalze"; den Namen haben sie deshalb, weil sie erst abgeräumt werden müssen, ehe man an das Steinsalz gelangen kann. Die Kalisalze sind äußerst wertvolle Düngemittel; besonders Zuckerrüben haben einen starken Bedarf an Kaliumverbindungen. Durch die großen norddeutschen Kalilager hat Deutschland das Weltmonopol für Kaliverbindungen. Die Kalilager im Elsaß sowie amerikanische Versuche, Kalisalze aus Feldspat oder Seewasser herzustellen, fallen dagegen nicht ins Gewicht. Die deutsche Kali-Ausfuhr erreichte 1913 einen Wert von über 150 Millionen Mark.

Die Verbindungen des Kaliums mit Sauerstoff entsprechen den Oxydationsstufen des Natriums. Kaliumoxyd erhält man durch Erhitzen von metallischem Kalium mit Kaliumsalpeter:

$$2\,KNO_3 + 10\,K = 6\,K_2O + N_2.$$

Es ist eine unbeständige weiße Verbindung, die sich lebhaft mit Luftsauerstoff verbindet und sich dadurch in Kaliumtetroxyd, K_2O_4 verwandelt. Kaliumtetroxyd ist ein orangegelbes Pulver. Da es mit verdünnter Schwefelsäure außer Wasserstoffsuperoxyd auch freien Sauerstoff liefert, faßt man es, nach Traube, auf als Anlagerungsverbindung eines Moleküls Sauerstoff an das dem Natriumsuperoxyd entsprechende Kaliumsuperoxyd K_2O_2:

$$\begin{pmatrix} O-K \\ | \\ O-K \end{pmatrix} O_2 \quad \text{(vgl. über Anlagerungsverbindungen Vortrag 18).}$$

Das Hydroxyd des Kaliums, KOH, auch Ätzkali oder kaustisches Kali genannt, kann ebenso wie Natriumhydroxyd durch Zersetzung des Carbonates mit Calciumhydroxyd erhalten werden:

$$K_2CO_3 + Ca(OH)_2 = 2\,KOH + CaCO_3.$$

Oder man kann auch in eine Lösung von Kaliumsulfat Bariumhydroxyd eintragen, worauf unlösliches Bariumsulfat ausfällt und Kaliumhydroxyd in der Lösung erhalten wird:

$$K_2SO_4 + Ba(OH)_2 = BaSO_4 + 2\,KOH.$$

Kaliumhydroxyd, ein weißer spröder Körper, zieht aus der Luft Wasser und Kohlendioxyd an, weshalb es stets in gut verschlossenen

[1]) Krystallwasser wird häufig nicht durch H_2O, sondern durch „aq" (vom lat. „aqua") abgekürzt.

Gefäßen aufbewahrt werden muß. In Wasser löst es sich unter starker Erwärmung zu Kalilauge, einer sehr ätzenden alkalischen Flüssigkeit. Kalilauge greift Glas in ziemlich erheblichem Maß an, was man in der quantitativen analytischen Chemie wohl berücksichtigen muß, wenn man keine Fehlergebnisse erhalten will. Wenn man Kalilauge in Flaschen mit eingeschliffenem Glasstopfen aufbewahrt, dann wird sehr bald der Stopfen fest mit der Innenseite des Flaschenhalses zusammengekittet. Man verwendet deshalb Gummistopfen, um diesen Übelstand zu vermeiden. Kaliumhydroxyd wird in der Seifen- und Farbenindustrie in großen Mengen gebraucht. Die eben erwähnten Verfahren zur Gewinnung von Kaliumhydroxyd stehen jetzt in einem harten Kampf mit dem elektrolytischen Verfahren zur Erzeugung von Ätzalkalien, in denen die letztgenannten wohl den Sieg davontragen. Wie wir bereits im 5. Vortrag hörten, entsteht bei der Elektrolyse einer Natriumchloridlösung infolge einer sekundären Einwirkung des Wassers an der Kathode Natriumhydroxyd. (Bei der Elektrolyse von Kaliumchlorid würde man natürlich ebenso Kaliumhydroxyd erhalten.) Durch das am positiven Pol frei werdende Chlor bildet sich aber bald Chlorwasser, mit dem sich das Hydroxyd wieder zu Chlorid und Hypochlorit umsetzt. Man muß also das Chlor an der Anode abfangen, ehe es sich im Elektrolyten verteilen kann. Das erreicht man durch Abtrennung des Anodenraums vom Kathodenraum mit für Ionen durchlässigen Scheidewänden (Diaphragmen) aus kochsalzhaltigem Zement; oder man umgibt die Kathode mit einer Glocke, in der die schwerere Lauge zu Boden sinkt (Glockenverfahren). Sehr sinnreich ist das Quecksilberverfahren, bei dem die Kathode aus Quecksilber besteht, so daß das entstehende Metall sofort zu Amalgam gelöst wird. Dieses amalgamhaltige Quecksilber wird durch Neigen des Elektrolysiertroges aus diesem entfernt und mit Wasser zu Hydroxyd und Quecksilber umgesetzt:

$$2\,KHg + 2\,H_2O = 2\,KOH + H_2 + 2\,Hg.$$

Das kaliumfreie Quecksilber wandert dann in den Elektrolysierbottich zurück und dient von neuem als Kathode.

Der Stromverbrauch bei der Abscheidung der Alkalimetalle ist verhältnismäßig groß. Denn wie wir wissen, macht eine gegebene Elektrizitätsmenge stets die gleiche Zahl Äquivalente frei (S. 45). Das Äquivalentgewicht der einwertigen Alkalimetalle ist gleich ihrem Atomgewicht. Eine Elektrizitätsmenge, die etwa 197,2 g Gold abscheidet, würde nur 23,0 g Natrium oder 39,1 g Kalium frei machen. Die elektrolytische Darstellung von Ätzkali und Ätznatron ist also nur da lohnend, wo elektrische Energie billig zu haben ist.

Von den Salzen des Kaliums mit den Halogenen sind wichtig das Chlor-, Brom- und Jodkalium sowie das Salz des Kaliums mit der Chlorsäure. Chlorkalium kommt in den Abraumsalzen als „Sylvin" natürlich vor. Künstlich gewinnt man es aus dem Carnallit, indem man ihn einfach in heißem Wasser löst, worauf beim Erkalten Chlorkalium auskrystallisiert, während das Chlormagnesium gelöst bleibt.

$$KCl\,.\,MgCl_2 = KCl + MgCl_2.$$

Chlorkalium krystallisiert in Würfeln, deren spez. Gew. 2 ist. Es schmilzt bei 780°. Noch stärker erhitzt verflüchtigt es sich.

Chlorsaures Kalium oder Kaliumchlorat, $KClO_3$, wird zur Gewinnung von Sauerstoff gebraucht, da es diesen beim Erhitzen leicht abgibt. Aus demselben Grunde verwendet man es als starkes Oxydationsmittel. Als wir in unserem ersten Vortrag Sauerstoff darstellten, erhielten wir ihn durch Erhitzen von Kaliumchlorat:

$$2\,KClO_3 = 2\,KCl + 3\,O_2.$$

Der Vorgang kann durch die katalytische Wirkung geringer Mengen Braunstein so beeinflußt werden, daß er schon bei 150° glatt verläuft.

Ich will hier den einfachen Versuch wiederholen. Wir erhitzen in einer Retorte etwas Kaliumchlorat und beobachten eine lebhafte Sauerstoffentwicklung. Nach einiger Zeit läßt aber die Gasentwicklung nach, und erst nach längerem Erhitzen beginnt sie von neuem. Diese merkwürdige Erscheinung kommt daher, daß die Reaktion: $2\,KClO_3 = 2\,KCl + 3\,O_2$ in zwei Stufen verläuft. Zunächst wird nämlich nur ein Teil des Sauerstoffs abgegeben, und es bildet sich Kaliumperchlorat, $KClO_4$:

$$2\,KClO_3 = KClO_4 + KCl + O_2.$$

Da in dem nun entstandenen Perchlorat der Sauerstoff viel fester gebunden ist als im Chlorat, bedarf es erst einer weiteren Erhitzung, um die Reaktion

$$KClO_4 = KCl + 2\,O_2$$

einzuleiten. Kaliumchlorat bildet weiße, bei 360° schmelzende Blättchen. Es wird zur Herstellung der Zündholzköpfchen sowie medizinisch als desinfizierendes Gurgelwasser gebraucht.

Die oxydierenden und explosiven Eigenschaften der Chlorate haben wir bereits bei der Besprechung der Chlorsäure erwähnt (siehe S. 65).

Kaliumperchlorat, $KClO_4$, ist in Wasser nur sehr wenig löslich. Man benutzt deshalb Perchlorsäure, um Kalium als Perchlorat aus seinen Lösungen auszufällen.

Kaliumhypochlorit, $KClO$, nur in wässeriger Lösung bekannt, dient, ebenso wie Natriumhypochlorit, $NaClO$, als Bleichflüssigkeit (Eau de Javelle, Eau de Labarraque).

Bromkalium, KBr, in der Medizin als Beruhigungs- und Schlafmittel, in der Photographie als Verzögerer beim Entwickeln sowie zur Herstellung der Trockenplatten verwandt, kann man erhalten durch Neutralisation von Kalilauge mit Bromwasserstoffsäure. Technisch gewinnt man es durch Zersetzung von Bromeisen mit Kaliumcarbonat. Es krystallisiert in Würfeln, die in Wasser leicht löslich sind.

Jodkalium, KJ, ebenfalls medizinisch verwendet, zeichnet sich aus durch das hohe spez. Gew. (3,07), das seine würfelförmigen Krystalle besitzen. In Wasser ist es in hohem Maß löslich. Bei Zimmertemperatur werden etwa 130% Jodkalium gelöst. Die Lösung färbt sich, ebenso wie die feste Substanz, unter dem Einfluß des Lichtes allmählich gelb. Durch heftige Oxydationsmittel wie Chlor, Ozon usw. wird Jod frei gemacht (siehe S. 72). Über das Salz des Kaliums mit der Blausäure, das Cyankali, siehe bei Cyan S. 126.

Das Kaliumcarbonat, die Pottasche, wird in großen Me gen von verschiedenen Industrien, z. B. zur Herstellung von Schmierseifen und Glas, ferner in der Färberei gebraucht. Man kann es nach dem Leblancschen Sodaverfahre1 (siehe S. 149) erhalten, wenn man an Stelle des Natriumsulfates Kaliumsulfat anwendet.

Ein sehr wertvolles Material zur Gewinnung von Kaliumcarbonat ist die „Schlempe" der Zuckerfabriken. Schlempe sind in Gärung übergegangene, ausgequetschte und zu Brei gestampfte Zuckerrüben (Melasse), die noch alle Kaliumverbindungen, die sie aus dem Ackerboden aufgenommen haben, enthalten. Die Darstellung der Pottasche aus Holzasche wird wohl nur noch selten vorgenommen. Wenn man Holzasche mit heißem Wasser auslaugt, erhält man eine alkalische Lösung, aus der unreine Pottasche auskrystallisiert[1]). Man kalziniert (siehe S. 149) sie dann, und da dieses Kalzinieren in Töpfen vor sich ging, nannte man das so gewonnene Kaliumcarbonat „Pottasche". Kohlensaures Kalium ist ein weißer, in Wasser leicht löslicher Körper. Er zieht begierig Feuchtigkeit aus der Luft an und muß deshalb in gut verschlossenen Gefäßen aufbewahrt werden. Die Lösung in Wasser reagiert stark alkalisch. Es mag zunächst befremdlich erscheinen, daß ein neutrales Salz nicht neutral reagiert. Um zu verstehen, warum das der Fall ist, müssen wir uns ins Gedächtnis zurückrufen, daß Pottasche ein Salz ist, gebildet aus Kalilauge und Kohlensäure. Ich darf Sie weiter daran erinnern, daß Kalilauge eine sehr starke Base, Kohlensäure dagegen eine sehr schwache Säure ist. Das heißt mit anderen Worten: Kalilauge ist in sehr hohem Maß in $K^{\cdot}$ und OH' dissoziiert, während Kohlensäure nur in sehr geringem Grad in $2\,H^{\cdot} + CO_3''$ gespalten ist. Lösen wir kohlensaures Kalium in Wasser, dann entstehen durch Hydrolyse geringe Mengen Kalilauge und Kohlensäure:

$$K_2CO_3 + \frac{H\,OH}{H\,OH} = 2\,KOH + H_2CO_3.$$

Da nun infolge des größeren Dissoziationsgrades der Kalilauge die Hydroxyl-Ionen der Lauge erheblich gegen die Wasserstoff-Ionen der Kohlensäure überwiegen, reagiert die Lösung alkalisch. Die Einwirkung des Wassers kommt daher, daß Wasser — HOH — selbst zu einem sehr geringen Grad in seine Ionen $H^{\cdot}$ und OH' dissoziiert ist — d. h. daß es sowohl sauer als alkalisch reagieren kann. Praktisch — etwa mit der Lackmusreaktion — ist das deshalb nicht nachweisbar, weil der Dissoziationsgrad des Wassers so unendlich klein ist (bei 25° etwa $\frac{1}{10\,000\,000}$, d. h. das Wasser enthält ein Mol (18 g) seiner Ionen in 10 Millionen Liter), daß diese Hilfsmittel versagen. Immerhin aber gibt es schwache Säuren, deren Dissoziationsbestreben so gering ist, daß schon die Anwesenheit weniger Wasserstoff-Ionen ausreicht, sie zu undissoziierter Säure zusammentreten zu lassen. Diesen Fall haben wir bei der Pottaschelösung: die Anzahl freier Wasserstoff-Ionen im Wasser (wie

[1]) Buchenholzasche enthält etwa 15% Kaliumcarbonat.

man sagt: die Wasserstoff-Ionenkonzentration des Wassers) reicht schon aus, um die von der Pottasche herrührenden CO_3''-Ionen in neutrale Kohlensäure-Moleküle zu verwandeln. Dadurch wird aber natürlich (siehe obige Reaktionsgleichung) ein entsprechender Teil Kalilauge frei, der, als starke Base, in hohem Maß dissoziiert und durch die Hydroxyl-Ionen der Lösung alkalische Eigenschaften erteilt. Den umgekehrten Fall haben wir bei Salzen, die aus einer starken Säure und einer schwachen Lauge entstanden sind, z. B. bei dem Zinkchlorid, $ZnCl_2$. Zinkhydroxyd, $Zn(OH)_2$, dissoziiert in geringem Grade in $Zn^{\cdot\cdot} + 2\,OH'$, ist also schwach basisch. Dagegen ist Salzsäure als starke Säure weitgehend in die Ionen $H^{\cdot}$ und Cl' gespalten. Die Eigendissoziation des Wassers bewirkt nun, daß die Neutralisation zwischen Zinkhydroxyd und Salzsäure

$$Zn(OH)_2 + 2\,HCl = ZnCl_2 + 2\,H_2O$$

nicht vollkommen nach der Reaktionsgleichung verläuft, sondern daß schließlich immer noch wenige unverbundene $H^{\cdot}$- und OH'-Ionen übrig bleiben. Da nun Zinkhydroxyd eine sehr schwache, wenig zur Dissoziation neigende Base ist, so genügt die Hydroxyl-Ionenkonzentration des Wassers bereits, um folgende Reaktion eintreten zu lassen:

$$\underbrace{Zn^{\cdot\cdot} + 2\,Cl'}_{\text{Dissoziiertes } ZnCl_2} + \underbrace{\begin{matrix} H^{\cdot} + OH' \\ H^{\cdot} + OH' \end{matrix}}_{+\ \text{Dissoziiertes } 2\,H_2O} = \underbrace{Zn(OH)_2}_{=\ \text{Undissoziiertes } Zn(OH)_2 \text{ (schwache Base)}} + \underbrace{2\,H^{\cdot} + 2\,Cl'}_{+\ \text{Dissoziierte } 2\,HCl \text{ (starke Säure)}}$$

Daher kommt es, daß eine Lösung des neutralen Zinkchlorids infolge der Hydrolyse sauer reagiert.

Das salpetersaure Kalium, Kaliumnitrat, häufig auch Kalisalpeter oder kurzweg Salpeter genannt, KNO_3, krystallisiert in rhombischen, säulenförmigen Krystallen, die einen scharfen Geschmack haben. Bei 340° schmelzen sie zu einer leichtbeweglichen Flüssigkeit. Noch höher erhitzt, gibt der Salpeter Sauerstoff ab und verwandelt sich dadurch in Kaliumnitrit, salpetrigsaures Kalium, KNO_2, das in der analytischen Chemie und zur Herstellung vieler Farbstoffe gebraucht wird:

$$2\,KNO_3 = 2\,KNO_2 + O_2.$$

In Wasser ist Salpeter in hohem Maße löslich. Seine Lösungskurve verläuft sehr steil, da bei steigender Temperatur auch die Löslichkeit stark zunimmt. 100 Teile Wasser von 0° lösen 13 Teile, 100 Teile Wasser von 100° dagegen 247 Teile Kaliumnitrat. Damit ist aber die Lösung noch nicht gesättigt, sondern erst nachdem sie 327 Teile Salpeter auf 100 Teile Wasser enthält, wird kein Kaliumnitrat mehr von ihr aufgenommen. Diese gesättigte Lösung siedet erst bei 115°.

Man gewinnt das Kaliumnitrat durch Umwandlung des Natriumnitrats (Chilesalpeter, siehe S. 54) mit Chlorkalium in Kaliumnitrat und Chlornatrium:

$$NaNO_3 + KCl = KNO_3 + NaCl.$$

Eine derartige Platzvertauschung, wie sie hier zwischen dem Kalium-Ion des Chlorkaliums und dem Natrium-Ion des Chilesalpeters stattfindet, nennt man: „doppelte Umsetzung". Auf solche Weise gewonnener

Salpeter heißt: „Konversionssalpeter" [1]), während man mit „indischem Rohsalpeter" den in Ostindien und anderen heißen Ländern nach heftigen Regenfällen direkt aus dem Boden auskrystallisierenden Salpeter bezeichnet, der aber heute keine Handelsware mehr ist. (Über „Salpeterplantagen" siehe bei Stickstoff S. 54.)

Das Hauptverwendungsgebiet des Salpeters ist die Schießpulverherstellung, da Schießpulver durchschnittlich etwa aus 75 % Salpeter, 10 % Schwefel und 15 % Holzkohle besteht. Die bei der Explosion des Pulvers entstehenden gasförmigen Verbrennungsprodukte bestehen hauptsächlich aus Kohlendioxyd und Stickstoff. Der Schwefel liefert nicht, wie man wohl zunächst anzunehmen geneigt ist, gasförmige Verbrennungsprodukte, sondern bleibt als Kaliumsulfat oder Kaliumsulfid in den festen Rückständen, die etwa 55 % der verbrannten Pulvermenge ausmachen. Dies ließe sich z. B. durch die Reaktionsgleichung darstellen:

$$2\,KNO_3 + C + S = K_2SO_4 + CO_2 + N_2,$$

aber selbstverständlich spielen sich noch andere verwickeltere Reaktionen bei der Explosion des Schießpulvers ab. Da die bei der Verbrennung erreichte Temperatur über 2000° beträgt, dehnen sich die entstehenden Gase außerordentlich stark aus und erzeugen einen sehr hohen Druck, wodurch sich die geschoßtreibende Wirkung erklärt. Der Pulverdampf besteht aus kleinen, in der Luft schwebenden Teilchen fester Verbrennungsrückstände (Kaliumsulfat). Da der Rauch natürlich bei Gefechten aus den verschiedensten Gründen eine sehr unerwünschte Beigabe ist, bedient man sich zu militärischen Zwecken des rauchschwachen Pulvers, das organische Stoffe (Nitrocellulose u. ä.) enthält und so zusammengesetzt ist, daß nur gasförmige Verbrennungsprodukte entstehen (Fig. 50, 51 a und 51 b). Zur Verwendung in Kanonen wird es häufig in lange Stäbe gepreßt, die als Bündel in Messinghülsen (Fig. 49) („Kartuschen") verpackt und so verwandt werden.

Fig. 49. Geschoß (Shrapnel) mit Kartusche (Längsschnitt).

Mit Schwefel bildet das Kalium (ebenso wie das Natrium) verschiedene Verbindungen, die wechselnde Mengen Schwefel enthalten. Sie entsprechen den Formeln: K_2S, K_2S_2 usw. bis K_2S_5. Wegen ihrer braunen Farbe heißt eine Mischung dieser verschiedenen Kaliumsulfide Schwefelleber (Hepar sulfuris). Man erhält sie durch Zusammenschmelzen von Kaliumcarbonat und Schwefel oder durch Reduktion von Kaliumsulfat zu Kaliumsulfid mittels irgendeines Reduktionsmittels wie z. B. Kohle oder Wasserstoff. Schwefelleber entwickelt fortgesetzt Schwefelwasserstoff, da sie schon durch das Kohlendioxyd und die Feuchtigkeit der Luft in Pottasche und Schwefelwasserstoff zerlegt wird. Auf einem

[1]) Convertere = umkehren.

angefeuchteten Silberstück erzeugt sie einen braunen bis schwarzen Fleck von Schwefelsilber. Hierauf beruht eine äußerst empfindliche, zum Nachweis von Schwefel oder Säuren des Schwefels dienende Probe, die Heparprobe. Man schmilzt eine Spur der zu untersuchenden Substanz — beispielsweise Bariumsulfat, $BaSO_4$, (in dem, da es unlöslich ist, Schwefel nicht nachgewiesen werden kann) — mit etwas Soda oder Pottasche in der Öse eines Platindrahts zusammen. Nachdem sich eine Pottascheperle gebildet hat, hält man sie kurze Zeit in den inneren unteren Teil einer klein geschraubten Bunsenflamme, in dem noch reichliche Mengen unverbrannten Leuchtgases vorhanden sind. Infolge

Fig. 50. Rauchwolke beim Abfeuern eines großen Geschützes.
(Ladung: 175 kg Schwarzpulver.)

seines Gehalts an Wasserstoff (siehe S. 118) wirkt das Gas reduzierend auf das Kaliumsulfat, das sich beim Schmelzen durch doppelte Umsetzung aus Bariumsulfat und Kaliumcarbonat gebildet hat ($BaSO_4 + K_2CO_3 = K_2SO_4 + BaCO_3$), und verwandelt es nach der Reaktionsgleichung:

$$K_2SO_4 + 4\,H_2 = K_2S + 4\,H_2O$$

in Kaliumsulfid oder Schwefelleber. Drücken wir nun die noch heiße Perle auf eine feuchte Silbermünze, so entsteht sofort ein schwarzer Fleck von Schwefelsilber, da unter dem Einfluß des Sauerstoffs der Luft und des Wassers auf der Münze folgende Reaktion vor sich geht:

$$2\,K_2S + 4\,Ag + O_2 + 2\,H_2O = 2\,Ag_2S + 4\,KOH.$$

Die Heparprobe wird wegen ihrer Einfachheit und Empfindlichkeit in der analytischen Chemie viel angewandt.

Das dem Glaubersalz (siehe S. 150) entsprechende Kaliumsulfat, K_2SO_4, ist ausgezeichnet durch einen sehr hohen Schmelzpunkt, der bei

Fig. 51a. Rauchwolke beim Abfeuern eines Feldgeschützes. Ladung: Schwarzpulver.

1080° liegt. Es krystallisiert in farblosen, dem rhombischen System angehörenden harten Krystallen und wird viel zur Darstellung anderer Kaliumsalze gebraucht. Man gewinnt es aus kaliumsulfathaltigen

Fig. 51b. Rauchwolke beim Abfeuern des gleichen Geschützes. Ladung: rauchschwaches Pulver.

Staßfurter Abraumsalzen. Das saure Kaliumsulfat (saures schwefelsaures Kalium, Kaliumbisulfat), $KHSO_4$, wird zum „Aufschließen" (siehe S. 69) von Mineralien gebraucht, indem man sie in fein gepulvertem

Zustand mit dem Bisulfat zusammenschmilzt. Bei 200° gibt es zunächst Wasser ab und wird dadurch zu Pyrosulfat (vgl. S. 99):

$$2\,KHSO_4 = K_2S_2O_7 + H_2O$$

und bei noch höherer Temperatur verwandelt sich das Pyrosulfat unter Abgabe von heftig wirkendem Schwefeltrioxyd in einfaches Sulfat:

$$K_2S_2O_7 = K_2SO_4 + SO_3.$$

Auf dem Freiwerden von Schwefeltrioxyd beruht die aufschließende Wirkung des Bisulfats, da dadurch unlösliche Verbindungen in lösliche Sulfate übergeführt werden.

Mit Kieselsäure bildet Kalium (ebenso wie Natrium) ein als Kaliumsilikat oder Kaliumwasserglas bezeichnetes Salz. Man erhält es durch Zusammenschmelzen von Siliciumdioxyd (Sand) mit Pottasche. als glasartige Masse, die sich in Wasser langsam löst und als dickflüssige Lösung in den Handel kommt. Sie findet, wie auch die entsprechende Natriumverbindung, Anwendung in der Zeugdruckerei und um brennbare Gegenstände (Theaterdekorationen) mit einem feuersicheren Anstrich zu versehen. Das Spektrum des Kaliums ist ausgezeichnet durch zwei rote und eine schwerer sichtbare violette Linie. Die Kaliumverbindungen wirken auf den Organismus viel kräftiger und in anderem Sinn ein als die entsprechenden Natriumsalze. Chlorkalium schmeckt z. B. etwas brennend und ist in größeren Mengen giftig (besonders für den Herzmuskel.) Trotzdem diese Eigenschaft allen Kaliumverbindungen zukommt, sind sie doch in geringen Mengen zum ordnungsgemäßen Ablauf der Lebensvorgänge nötig.

Außer Kalium und Natrium kennt man noch einige andere in die Gruppe der Alkalimetalle gehörige Elemente. Ihre Namen sind Lithium, Cäsium und Rubidium. Sie sind sehr verbreitet, aber nirgends in großer Menge anzutreffen. Lithium ist mit dem spez. Gew. 0,53 das leichteste aller Metalle. Es ist, ähnlich wie Kalium, silberglänzend, überzieht sich aber an der Luft bald mit einer dünnen Oxydschicht. Wasser zersetzt es ebenfalls, aber die dabei erzeugte Wärme reicht nicht aus, um den freiwerdenden Wasserstoff zu entzünden oder das Metall zu schmelzen. Der Bunsenflamme erteilt Lithium oder eines seiner Salze eine wundervoll karminrote Farbe, die das Spektroskop in zwei helle rote Linien zerlegt. Lithium ist ein Bestandteil vieler Mineralien, woher es auch seinen Namen [1]) hat. Das verbreitetste und reichste Lithiummineral ist der Lepidolith oder Lithiumglimmer. Viele Pflanzenaschen, z. B. Tabakasche, enthalten nachweisbare Spuren von Lithiumverbindungen. An Lithium reiche Mineralwässer (Salzschlirf, Offenbach) werden gegen Gicht gebraucht, da Lithium mit Harnsäure lösliche Salze bildet, und so die Möglichkeit vorhanden ist, die hauptsächlich aus Salzen der Harnsäure bestehenden Gichtknoten mit Hilfe von Lithium zu lockern. Wenn man Lithium in einer Atmosphäre von Wasserstoff erhitzt, so bildet sich eine Verbindung LiH, Lithiumhydrür. Sie zersetzt sich mit Wasser nach der Gleichung:

$$LiH + H_2O = LiOH + H_2.$$

[1]) Lithium von λίθος (lithos), der Stein. (Vgl. auch Lithographie.)

Infolge des sehr niedrigen Atomgewichts des Lithiums (6,94) erhält man schon aus 7,94 g Lithiumhydrür 2 g Wasserstoff, d. h. rund 25% des angewandten Gewichts. Bei der üblichen Darstellung aus Zink und Schwefelsäure muß man 65,37 g Zink anwenden, um die gleiche Menge Wasserstoff zu erhalten.

Die Elemente Cäsium und Rubidium wurden durch die Spektralanalyse entdeckt. Sie kommen ebenfalls weit verbreitet, aber nur in sehr geringen Mengen vor, z. B. in den Staßfurter Abraumsalzen, in Pflanzenaschen (besonders Zuckerrüben speichern Rubidiumverbindungen auf) und in Mineralwässern (Dürkheimer Sole, in der die Elemente entdeckt wurden). Beide Metalle sind silberglänzend, von einem spez. Gew., das zwischen 1 und 2 liegt, und von sehr niedrigem Schmelzpunkt. Rubidium schmilzt schon bei 38°, Cäsium gar schon bei 26°. Ihre Verwandtschaft zum Sauerstoff ist außerordentlich groß. Das Cäsium entzündet sich schon beim Liegen an der Luft und ist überhaupt das elektropositivste aller bekannten Metalle, da es sich sogar gegen Kalium noch basisch verhält.

Zum Schluss möchte ich Sie noch darauf aufmerksam machen, daß sich das schon mehrfach erwähnte Radikal Ammonium NH_4 — einem Alkalimetall sehr ähnlich verhält. Gleich dem Kalium oder Natrium ist es einwertig, bildet ein alkalisches Hydroxyd, das Ammoniak, NH_4OH, und vermag mit Säuren Salze zu bilden.

Man hat geglaubt, das Ammonium in Gestalt einer blauen Flüssigkeit isoliert zu haben, jedoch ist darüber nichts Sicheres bekannt. Jedenfalls kann Ammonium kein vollkommenes Metall sein, da die vollkommenen Metalle, wie ihre Dampfdichte lehrt, nur einatomige Moleküle bilden. Ein aus 5 Atomen zusammengesetztes Radikalmolekül kann deshalb kein vollkommenes Metall sein. Immerhin aber ist die Metallähnlichkeit, genauer gesagt: die Alkalimetallähnlichkeit des Radikals NH_4 recht augenfällig.

Von den Verbindungen des Ammoniums haben wir sein Hydroxyd schon bei der Besprechung des Stickstoffs kennen gelernt. Von den Ammoniumsalzen wollen wir hier nur die wichtigsten erwähnen. Das Chlorid, NH_4Cl, ist ein fester, weißer Körper, unter dem Namen Salmiak bekannt. (Siehe auch S. 35.) Beim Erhitzen verflüchtigt er sich. Sein Dampf ist bei starker Erhöhung der Temperatur nach der Gleichung

$$NH_4Cl = NH_3 \rightleftarrows HCl$$

in Ammoniak und Salzsäure gespalten. Beim Sinken der Temperatur verbinden sich die beiden Bestandteile wieder zu Ammoniumchlorid. Salmiak wird viel zur Füllung elektrischer Batterien (Leclanché-, Braunstein- und Standkohlenelemente) gebraucht. Weil bei höherer Temperatur aus dem Chlorammonium Chlorwasserstoff frei wird, benutzt man das Salz als „Lötstein“. Denn der dünne Überzug von Kupferoxyd auf der Kante des heißen Lötkolbens wird glatt entfernt, wenn man mit ihr über Chlorammonium fährt.

Das Ammoniumcarbonat des Handels entspricht meist nicht der Formel $(NH_4)_2CO_3$, sondern ist ein Gemisch aus Ammoniumbicarbonat,

NH_4HCO_3 und einer Verbindung, die aus dem neutralen Carbonat durch Verlust von Wasser entsteht. Sie heißt „carbaminsaures [1]) Ammonium“ und hat die Formel $NH_2—CO_2—NH_4$. Durch Kochen mit Wasser geht das carbaminsaure Ammonium in gewöhnliches Ammoniumcarbonat über. Ammoniumcarbonat riecht stark nach Ammoniak, wird als „Hirschhornsalz“ [2]) in Bäckereien verwandt und dient in der analytischen Chemie als Reagens auf die im nächsten Vortrag zu besprechenden Erdalkalimetalle.

Das Ammoniumsulfat ist ausgezeichnet durch seine große Löslichkeit in Wasser. Beim Erhitzen wird Ammoniak abgespalten, und es entsteht saures Sulfat. Ammoniumsulfat wird in großen Mengen als Nebenprodukt in Gasfabriken erhalten und dient als Hauptausgangsmaterial bei der Herstellung der übrigen Ammoniumverbindungen. Es krystallisiert leicht in großen, farblosen Prismen des rhombischen Systems.

Ammoniumpersulfat, $(NH_4)_2S_2O_8$, lernten wir schon bei der Besprechung der Überschwefelsäure kennen (siehe S. 90). Ferner ist auch noch das Ammoniumnitrat, NH_4NO_3, als wichtige Verbindung des Ammoniums erwähnenswert. Ammoniumnitrat bildet kleine weiße Krystalle, die hygroskopisch sind und sich sehr leicht unter starker Temperaturerniedrigung in Wasser lösen. Wegen dieser Eigenschaft wird Ammoniumnitrat zum Herstellen von Kältemischungen gebraucht. Bei langsamem Erhitzen zerfällt es in Stickoxydul und Wasser.

Zum Schluß möchte ich auch noch das Salz des Ammoniums mit dem Schwefelwasserstoff, das Ammoniumsulfid, $(NH_4)_2S$, erwähnen, weil es in der analytischen Chemie als Reagens sehr viel gebraucht wird. Man erhält es als eine farblose, abscheulich nach Ammoniak und Schwefelwasserstoff riechende Flüssigkeit, wenn man Schwefelwasserstoff längere Zeit in Ammoniak einleitet. Dabei entsteht auch Ammoniumdisulfid oder Ammoniumsulfhydrat (siehe S. 83), NH_4HS; das in Laboratorien verwandte Schwefelammonium ist stets ein Gemisch dieser beiden Verbindungen. Durch den Luftsauerstoff wird aus dem Schwefelammonium Schwefel abgeschieden, der sich im überschüssigen Ammoniumsulfid zu gelben Ammoniumpolysulfiden von der Allgemeinformel $(NH_4)_2S_x$ löst, wobei x die Werte 2—5 annehmen kann. Ein Gemisch dieser verschiedenen Polysulfide ist das gelbe Schwefelammonium.

Wenn wir nun noch einen kurzen Überblick über die Elemente der Gruppe der Alkalimetalle gewinnen wollen, so möchte ich Ihnen als

---

[1]) „Carbamin“, zusammengesetzt aus Carbo, Kohle, und „Amin“, der Bezeichnung für das Radikal NH_2. „Carbaminsaures Ammonium“ ist also das Salz der Carbaminsäure, die entsteht, wenn in der Kohlensäure $CO\langle^{OH}_{OH}$ die eine Hydroxylgruppe durch das 2wertige Radikal Amin, NH_2 ersetzt ist:

$$CO\langle^{NH_2}_{OH}$$

[2]) So genannt, weil das Salz früher aus stickstoffhaltigen organischen Substanzen gewonnen wurde.

auffallendstes gemeinsames Merkmal ihre große Neigung zum Sauerstoff und der Hydroxylgruppe ins Gedächtnis zurückrufen. Die Alkalihydroxyde gehören zu den stärksten Basen, und in dem Cäsium lernten wir das elektropositivste aller bekannten Elemente kennen. Die metallischen Eigenschaften der Alkalimetalle sind, was Glanz und Dehnbarkeit betrifft, sehr ausgeprägt, dagegen sind die spez. Gewichte auffallend niedrig. Merkwürdig ist ferner, daß wir in dieser Gruppe eine Ausnahme von der Regel finden, daß mit zunehmendem Atomgewicht auch das spez. Gew. größer wird. Natrium hat das Atomgewicht 23 und das spez. Gew. 0,97. Kalium, dessen Atomgewicht 39 ist, hat dagegen nur 0,86 spez. Gew. Auch in den Schmelzpunkten zeigt sich insofern eine Unregelmäßigkeit, als das Lithium, das das niedrigste Atom- und spez. Gewicht hat, einen um beinahe 100° höheren Schmelzpunkt besitzt, als das Natrium. In der Alkalimetallgruppe finden sich 2 Triaden, nämlich: Na (23,00) $= \frac{\text{Li}(6{,}94) + \text{K}(39{,}10)}{2}$ und Rb (85,45) $= \frac{\text{K}(39{,}10) + \text{Cs}(132{,}81)}{2}$. — Nicht zu vergessen ist, daß alle Alkalimetalle die Bunsenflamme verschieden färben und charakteristische Linienspektren geben. Alle Metalle dieser Gruppe sind einwertig. Kalium und Rubidium sind schwach radioaktiv.

Element	Symbol	Atomgewicht	Spez. Gewicht	Schmelzpunkt	Siedepunkt	Normale Wertigkeit
Lithium . .	Li	6,94	0,59	185°	1000°	I
Natrium . .	Na	23,00	0,97	97,8°	bei 800°	I
Kalium . .	K	39,10	0,86	62,5°	757,5°	I
Rubidium .	Rb	85,45	1,53	38°	696°	I
Cäsium . .	Cs	132,81	1,87 (bei 26,5°; flüssig)	26°	670°	I

Zwölfter Vortrag.

Beryllium. — Magnesium. — Aktives Magnesium. — Magnesiumnitrid. — Magnesiumcarbonat. — Magnesiumoxyd. — Magnesiumhydroxyd. — Magnesiumchlorid. — Magnesiumsulfat. — Calcium. — Calciumoxyd. — Calciumhydroxyd. — Calciumcarbonat. — Calciumbicarbonat. — Hartes Wasser. — Tropfstein. — Kesselstein. — Calciumsulfat. — Weitere Calciumverbindungen. — Strontium. — Strontiumsulfat. — Barium. — Bariumoxyd. Bariumhydroxyd. — Bariumchlorid. — Bariumsulfat. — Bariumcarbonat. — Bariumcarbid. — Radium. — Gruppenübersicht.

In unserem heutigen Vortrag haben wir uns mit einer Reihe von Metallen zu beschäftigen, die ebenfalls noch stark elektropositive Eigenschaften haben, d. h. mit anderen Worten: die stark basische Hydroxyde bilden und eine große Neigung zum Sauerstoff und zu der Hydroxylgruppe besitzen. Aber diese Hydroxyde sind doch etwas anderer Art als die der Alkalimetalle. Während jene nämlich beim Erhitzen nur schwer Wasser abgeben, verlieren es diese leicht, und es bleiben sehr beständige Metalloxyde zurück, die sich erdartig anfühlen, und die man deshalb früher „Metallerden" nannte. Daher heißen die heute zu besprechenden Metalle „Erdalkalimetalle". Zu ihnen gehören die Elemente: Beryllium, Magnesium, Calcium, Barium, Strontium und Radium.

Die ersten beiden nehmen eine Ausnahmestellung ein. Das Beryllium bildet schon eine Übergangsstufe zu den echten Erdmetallen, als deren Hauptvertreter wir später das Aluminium kennen lernen werden, und das Magnesium unterscheidet sich ebenfalls in einigen Punkten von den eigentlichen Erdalkalimetallen Barium, Calcium und Strontium. Wir werden darauf in der Schlußbetrachtung dieser Gruppe noch genauer zurückkommen.

Das Beryllium ist ein seltenes, wenig gekanntes Element. Berylliumsilikate werden als Edelsteine geschätzt (Smaragd, Chrysoberyll). Berylliumoxyd ist bereits schwach amphoter (siehe S. 174) und bildet damit einen Übergang zu den Erdmetallen. Einige Salze dieses Metalls haben einen süßlichen Geschmack[1]). Das Metall ist weiß und spröde. Da es stets mit einer dünnen Oxydschicht bedeckt ist, wird es von Wasser nicht angegriffen. (Vgl. bei Aluminium S. 182.)

Das Magnesium kennen Sie bereits von dem allerersten Versuch her, den ich Ihnen hier vorführte. Sie erinnern sich vielleicht noch, daß ich, um Ihnen den Unterschied zwischen einem physikalischen und einem chemischen Vorgang zu erläutern, ein Stückchen eines Metalldrahts anzündete, der dann mit glänzender Flamme verbrannte. Der Draht bestand aus Magnesium. Es ist ein leichtes, weißes, glänzendes Metall vom spez. Gew. 1,7. Wenn man es erhitzt, verbrennt es, wie Sie ja gesehen haben, mit außerordentlich blendendem Licht zu Magnesiumoxyd. Daß die Magnesiumflamme reich ist an blauen, violetten und ultravioletten, d. h. an chemisch wirksamen Strahlen, ist Ihnen auch bereits bekannt. Ich brauche Sie nur daran zu erinnern, daß wir die Magnesiumflamme benutzten, um Chlorknallgas zur Explosion zu bringen. Wegen der chemischen Wirksamkeit des Magnesiumlichtes wird es zu Blitzlichtaufnahmen in der Photographie verwandt. Das bekannte „Blitzpulver" ist nichts als eine Mischung von Magnesiumpulver mit chlorsaurem Kalium, das durch seinen Gehalt an Sauerstoff die Verbrennung beschleunigt. Da aber das Kaliumchlorat, wenn es mit anderen Stoffen gemischt ist, sehr explosive Eigenschaften hat, so ist das Umgehen mit solchen Blitzpulvern keine harmlose Sache, wenn man nicht sehr vorsichtig ist und sie nie fertig gemischt aufbewahrt, sondern sie immer erst unmittelbar vor dem Gebrauch zusammenbringt. Es gibt übrigens auch Lampen, in denen reines Magnesiumpulver verbrannt wird, und die natürlich gänzlich ungefährlich sind.

Die Neigung des Magnesiums zum Sauerstoff und der Hydroxylgruppe ist viel weniger groß als die der Alkalimetalle. Selbst kochen-

---

[1]) Daher die in Frankreich gebräuchliche Bezeichnung Glycinium, von γλυκύς (glykys) süß.

des Wasser wird vom Magnesium nur in sehr schwachem Maß zersetzt. Diese Widerstandsfähigkeit kommt daher, daß das Magnesium stets mit einer (unendlich dünnen) Schicht von Oxyd überzogen ist, die das Metall vor der unmittelbaren Berührung mit Wasser schützt. Es kann aber Wasser zersetzen, nämlich dann, wenn das Wasser in Form seines Dampfes vorliegt. Ich will Ihnen das hier zeigen.

In einer Kochflasche A (Fig. 52) entwickeln wir Wasserdampf, der über den in B befindlichen Magnesiumdraht streicht. Erhitzen wir nun das Magnesium, so entzieht es dem Wasserdampf seinen Sauerstoff und wird dadurch zu weißem Magnesiumoxyd. Den freigewordenen Wasserstoff kann man, nachdem alle Luft aus dem Apparat verdrängt ist, anzünden. — Ich darf Sie hier vielleicht daran erinnern, daß bei der Verbrennung des Magnesiums an der Luft nicht nur eine Verbindung mit Sauerstoff, sondern zum Teil auch mit Stickstoff stattfindet, und daß sich aus dem so entstandenen Magnesiumnitrid Ammoniak gewinnen läßt (siehe S. 39).

Fig. 52. Apparat zur Zersetzung von Wasserdampf durch Magnesium.

Magnesium kommt in der Natur zwar nicht in freiem Zustand, jedoch sehr reichlich in Gestalt seines Chlorides, Silikates und Carbonates vor. Magnesiumcarbonat ist der wesentliche Bestandteil des Dolomits, aus dem ganze Gebirgszüge bestehen (Dolomit ist ein Magnesium-Calciumcarbonat); der Speckstein, der z. B. in Gasbrennern verwandt wird, enthält Magnesiumsilikat, ebenso der Meerschaum und der Asbest; dieser hat seinen Namen von seiner Unverbrennlichkeit [1]), wegen der er in Form von Asbestpappe im Laboratorium und als Asbestwolle in der Technik geschätzt ist. Das Chlorid und Sulfat findet sich in beträchtlichen Mengen im Meerwasser, in Mineralquellen (Bitterwässern) und in den Staßfurter Abraumsalzen. Das metallische Magnesium gewinnt man meist durch Zersetzung geschmolzenen Chlormagnesiums mit Hilfe des elektrischen Stroms. Die Neigung [2]) des Magnesiums zum Sauerstoff ist so groß, daß nicht nur bei der Vereinigung dieser Elemente eine große Wärmemenge frei wird, sondern das Magnesium reduziert auch viele Oxyde, in denen der Sauerstoff sehr fest gebunden ist zu den Elementen, z. B. SiO_2, B_2O_3.

In neuerer Zeit ist sogenanntes „aktiviertes“ Magnesium von großer Bedeutung für die organische Chemie geworden. Zerstört man nämlich die Oxydschicht auf dem Metall, indem man es unter trocknem Äther mit einer Spur Jod behandelt, so wird das Magnesium derart reaktionsfähig, daß es z. B. mit halogenhaltigen Körpern, etwa Chlorbenzol,

[1]) ἀσβέννυμι (asbennymi) ich verbrenne nicht.

[2]) Näheres über den sehr vieldeutigen Begriff „Neigung“ oder „Affinität“ siehe im Abschnitt Thermochemie und unter Massenwirkungsgesetz.

C_6H_5Cl, so reagiert, daß es sich zwischen das Chloratom und den Benzolkern schiebt:

$$C_6H_5-Mg-Cl.$$

Diese organischen Magnesiumverbindungen sind nun wieder selbst sehr reaktionsfähige Körper, da sie das Magnesium und Halogen leicht gegen organische Radikale austauschen. Z. B. würde dieses „Magnesiumchlorbenzol" mit Chlormethyl, CH_3-Cl so reagieren, daß Magnesiumchlorid gebildet wird, während die Methylgruppe an den Benzolkern gekettet wird:

$$C_6H_5\,MgCl + Cl-CH_3 = C_6H_5-CH_3 + MgCl_2.$$

Man hätte so durch Vermittelung des Magnesiums aus Benzol „Methylbenzol" (Toluol) gemacht, und man sieht leicht, daß dieses als Grignardsche Reaktion bekannte Verfahren außerordentlich fruchtbar ist, da man ja die reagierenden Stoffe in weitestem Maß verändern kann.

Von den Magnesiumverbindungen haben für uns Interesse zunächst das Oxyd und Hydroxyd. Das Hydroxyd entsteht, wenn man die Lösung eines Magnesiumsalzes mit Kali- oder Natronlauge versetzt nach der Reaktionsgleichung:

$$MgCl_2 + 2\,KOH = Mg(OH)_2 + 2\,KCl.$$

Aus dieser Gleichung geht auch hervor, daß das Magnesium zweiwertig ist wie alle Erdalkalimetalle. Das Hydroxyd bildet einen gelatinösen, schleimigen weißlichen Niederschlag, der sich nur sehr wenig in Wasser löst und ihm eine schwach alkalische Reaktion erteilt. Wenn das Magnesiumhydroxyd stark erhitzt wird, gibt es Wasser ab, und es bleibt Magnesiumoxyd, MgO, als weißes, leichtes Pulver zurück. Das auf diese Weise durch Erhitzen von Magnesiumhydroxyd (oder Carbonat) gewonnene Magnesiumoxyd ist die „Magnesia usta"[1]. In dem Magnesiumoxyd ist der Sauerstoff außerordentlich fest gebunden, da weder durch starke Reduktionsmittel noch durch Hitze das Oxyd in seine Bestandteile gespalten wird. Man verwendet es deswegen zum Auskleiden von Gefäßen, die sehr hohe Temperaturen aushalten müssen (gewisse Sorten von Schmelztiegeln, elektr. Öfen), ferner zu den Leuchtstiften der Nernstlampen, da es infolge seiner Unverbrennbarkeit so hohe Temperaturen annehmen kann, daß es ein blendend weißes Licht ausstrahlt. Daher kommt auch die starke Lichtentwicklung verbrennenden Magnesiums.

Von den Salzen des Magnesiums interessiert uns sein Chlorid, $MgCl_2$, das einen wesentlichen Bestandteil der Staßfurter Abraumsalze bildet (siehe S. 152). Es stellt leicht zerfließliche säulenförmige Krystalle mit 6 Molekülen Krystallwasser dar, die beim Erhitzen Wasser und Salzsäure abspalten und dadurch zum Teil in Magnesiumoxyd verwandelt werden. Man braucht das Chlormagnesium zur Salzsäure- und Chlorgewinnung sowie zur Darstellung metallischen Magnesiums, das sich durch Elektrolyse geschmolzenen Chlormagnesiums erhalten läßt.

[1]) usta = gebrannt.

Eine Mischung von Magnesiumoxyd und Chlormagnesiumlösung erstarrt bald und gibt einen vorzüglichen Kitt für Metalle. Die feste, schwere Masse kann auch poliert werden und als eine Art Elfenbein-Ersatz dienen.

Das *Magnesiumsulfat*, $MgSO_4$, ist bekannt unter dem Namen Bittersalz und wird als Abführmittel gebraucht. Es krystallisiert in kleinen Nadeln von bitterem Geschmack. An Magnesiumsulfat reiche Mineralwässer heißen Bitterwässer. Als Mineral, Kieserit, findet es sich in den Abraumsalzen.

Ein in mancher Beziehung merkwürdiges Verhalten zeigt das *Magnesiumcarbonat*. Wenn man nämlic hdie Lösung eines Magnesiumsalzes mit irgendeiner Carbonatlösung — z. B. Pottasche — versetzt, so fällt nicht, wie man nach der Gleichung

$$MgCl_2 + K_2CO_3 = MgCO_3 + 2\,KCl$$

vermuten sollte, gewöhnliches Magnesiumcarbonat aus, sondern ein Gemenge von gewöhnlichem und basischem Carbonat (siehe S. 50) von je nach den Konzentrationen der Lösungen wechselnder Zusammensetzung. Dies kommt daher, daß das Magnesiumcarbonat durch Wasser zum Teil hydrolytisch gespalten wird (siehe S. 155) nach der Gleichung:

$$MgCO_3 + 2\,HOH = Mg(OH)_2 + H_2O + CO_2.$$

Dadurch entsteht dann meist ein basisches Carbonat, das man auffassen kann als ein Gemenge von gewöhnlichem Carbonat mit Magnesiumhydroxyd in wechselnden Verhältnissen — z. B.: $Mg(OH)_2 \cdot 4\,MgCO_3$.

Das für die Analyse wichtige *Ammoniummagnesiumphosphat*, $(NH_4)MgPO_4$ wurde bereits S. 99 erwähnt. Beim Erhitzen und schließlichen Glühen geht es nach der Gleichung:

$$2\,(NH_4)MgPO_4 = Mg_2P_2O_7 + H_2O + 2\,NH_3$$

in Magnesiumpyrophosphat über.

Mit der Besprechung des *Calciums* gelangen wir zu den eigentlichen Erdalkalimetallen. Es ist ein in Form seines Carbonates (Marmor, Kreide), Sulfates (Gips) und Fluorides (Flußspat) außerordentlich verbreitetes Element. In unverbundenem Zustande kommt es nicht vor, da seine Affinität zu Sauerstoff und Hydroxyl fast so groß ist wie die des Natriums. Man hat denn auch das in dem Marmor und der Kreide steckende Metall erst spät abzuscheiden gelernt. Bis vor wenigen Jahren kostete noch das Gramm Calciummetall über 20 M. Jetzt gewinnt man es durch Elektrolyse eines geschmolzenen Gemisches von Calciumchlorid und Calciumfluorid. Dieses Herstellungsverfahren ist so lohnend, daß der Preis ganz erheblich gesunken ist, und man jetzt häufig in Sammlungen schöne, silberweiße Stücke „elektrolytisches Calcium" sehen kann. Wegen seiner Neigung zum Sauerstoff bewahrt man es am besten ähnlich wie die Alkalimetalle unter Petroleum auf, da es sich beim Liegen an der Luft bald mit einer weißen Schicht von Oxyd und Carbonat überzieht. Das Metall hat ein spez. Gewicht von 1,5. Es schmilzt bei 800°. Wasser zersetzt es schon bei gewöhnlicher Temperatur, aber der entweichende Wasserstoff entzündet sich nicht.

Erhitzt man Calciummetall im Wasserstoffstrom, so bildet sich unter Lichtentwicklung Calciumhydrür, CaH_2. Es setzt sich ähnlich wie Lithiumhydrür mit Wasser um:

$$CaH_2 + 2\,H_2O = Ca(OH)_2 + 2\,H_2$$

und liefert infolge der Zweiwertigkeit des Calciums auf ein Mol Hydrür (42 g) 2 Mol Wasserstoff (2 g). Man erhält also relativ zum Gewicht des Hydrürs beträchtliche Mengen Wasserstoff, weshalb es, abgesehen von seinem hohen Preis, sehr geeignet als Wasserstoffquelle für Ballonfüllungen ist.

Das Calciumoxyd, CaO, entsteht beim Verbrennen metallischen Calciums an der Luft oder bei anhaltendem Glühen von Calciumcarbonat als ein fester, weißer, in hohem Maß feuerbeständiger Körper. Bekannt ist er unter dem Namen gebrannter Kalk, was auf die Art seiner Herstellung aus dem Carbonat hinweist. Mit Wasser verbindet er sich unter starker Wärmeentwicklung und Aufblähung zu Calciumhydroxyd, $Ca(OH)_2$:

$$CaO + H_2O = Ca(OH)_2.$$

Diesen Vorgang, den man häufig bei der Herstellung des Mörtels für Bauzwecke beobachten kann, nennt man das „Löschen" des Kalkes und das dabei entstehende Produkt „gelöschten Kalk". Gelöschter Kalk, Calciumhydroxyd, hat nichts mehr von den ätzenden Eigenschaften des Oxydes. Er löst sich in geringem Maß in Wasser auf. Eine solche Lösung führt den Namen Kalkwasser. Wir benützten sie schon einmal als Reagens auf Kohlendioxyd (siehe S. 121). Durch Glühen kann man aus dem Hydroxyd das Wasser abspalten, wodurch es wieder zu gebranntem Kalk wird. Gebrannter Kalk, auch Ätzkalk genannt, wird in der Technik viel gebraucht, z. B. in der Papierindustrie, zur Freimachung von Ammoniak aus Chlorammonium (beim Solvay-Sodaverfahren) überhaupt überall, wo man einen billigen, basischen Stoff braucht. (Über Mörtel und Zement vgl. S. 460.)

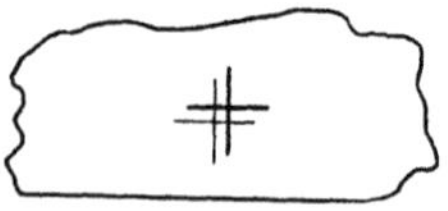

Fig. 53. Doppelbrechung des Kalkspats.

Das Calciumcarbonat, $CaCO_3$, kommt, wie schon erwähnt, als Marmor, Kreide und Kalkspat in ungeheuren Mengen in der Natur vor. Kalkspat krystallisiert in dem hexagonalen System angehörenden Formen. Die Krystalle haben die Eigenschaft, einen Lichtstrahl „doppelt zu brechen", weshalb sie auch „Doppelspat" genannt und für physikalische Zwecke viel gebraucht werden. Die Doppelbrechung[1]) erklärt die merkwürdige Erscheinung, daß man an Stelle eines Kreuzes oder eines Punktes, den man aufgezeichnet hat, zwei sieht, wenn man die Figur durch einen Kalkspatkrystall betrachtet. (Fig. 53.)

Calciumcarbonat ist auch der Hauptbestandteil der Muschelschalen, Schneckenhäuser, Eierschalen und der Korallen. Durch Säuren wird

[1]) Die Doppelbrechung ist nicht eine Folge der chemischen Zusammensetzung der Krystalle, sondern hat physikalische Ursachen. Es gibt außer Kalkspat auch noch viele andere Verbindungen, deren Krystalle doppelt brechend sind.

es sofort in Kohlendioxyd und das Calciumsalz der zur Zersetzung angewandten Säure zerlegt. In Wasser ist es so gut wie unlöslich, dagegen wird es von Kohlensäure enthaltendem Wasser in Bicarbonat, $CaH_2(CO_3)_2$, übergeführt und in dieser Form gelöst (siehe S. 123). An Bicarbonat reiche Wässer eignen sich schlecht zum Waschen, weil sie Seife nur in geringem Maße auflösen. Man nennt solche Wässer „hart". — Die Tropfsteinbildungen (Stalagmiten, Stalaktiten) bestehen aus Calciumcarbonat, das beim Verdunsten des Wassers zurückblieb und sich im Lauf der Jahrtausende zu säulenförmigen Gebilden aufgeschichtet hat. Einen ähnlichen Ursprung hat der berüchtigte Kesselstein, unter dem Dampfkesselanlagen zu leiden haben, die hartes Wasser verarbeiten. Der einzige Unterschied besteht darin, daß seine Bildung infolge der künstlichen Verdunstung des Wassers ungleich rascher vor sich geht als die der Tropfsteine.

Das Calciumsulfat ist allgemein bekannt als Gips. Eine Abart des Gipses ist das von den amerikanischen Öfen her bekannte Marienglas. Calciumsulfat krystallisiert mit Krystallwasser, das man ihm durch Erhitzen zum Teil entziehen kann. Solcher „gebrannter Gips" erhärtet, mit Wasser befeuchtet, sehr schnell zu einer festen Masse, weshalb man ihn zum Abformen und zur Anfertigung von Stukkatur-Arbeiten verwendet. Das Hartwerden des knet- und formbaren Gipsbreies nennt man „Abbinden des Gipses". War der Gips bei einer über 160° liegenden Temperatur gebrannt, dann hat er die Fähigkeit des Abbindens verloren — er ist „totgebrannt". Das Abbinden des Gipses ist eine Folge der Krystallwasseraufnahme. Gewöhnlicher Gips enthält 2 Moleküle Krystallwasser. Durch das Brennen (unterhalb 200°) geht er in wasserfreies Sulfat über, das als Mineral vorkommt und Anhydrit heißt. Wird Anhydrit über 200° erhitzt, so verliert er die Fähigkeit, sich mit Wasser umzusetzen. Der nicht totgebrannte Anhydrit geht dagegen unter stufenweiser Aufnahme von 2 Molekülen Wasser wieder in Gips über, dessen feine, innig verfilzte Kryställchen die Härte des „abgebundenen" Gipses bewirken. Calciumsulfat ist in Wasser nahezu unlöslich. Hierin unterscheidet es sich vom Magnesiumsulfat.

Das saure schwefligsaure Calcium, Calciumbisulfit, $Ca(HSO_3)_2$ wird in großen Mengen in der Papierindustrie gebraucht, weil es die Zellulose des Holzes von begleitenden Stoffen (Lignin) befreit.

Von den Verbindungen des Calciums mit den Metalloiden haben für uns Interesse das Sulfid, CaS, das im Dunkeln mit eigentümlich bläulichem Licht leuchtet, wenn man es vorher einige Zeit dem Sonnenlicht ausgesetzt hat (Balmainsche Leuchtfarbe). Das Leuchten findet nur bei unreinem Sulfid statt. Man faßt es nach Vanino auf als eine durch Belichtung bewirkte Dissoziation des Calciumsulfids, die im Dunkeln unter Lichtentwicklung wieder zurückgeht. Dieser Vorgang wird dadurch verzögert, daß man durch Zusammenschmelzen von Calciumoxyd mit Calciumsulfid eine feste Lösung des Sulfids im Oxyd herstellt, in der, infolge der gehinderten Beweglichkeit der Atome, der Rückgang der Dissoziation sehr langsam erfolgt. Die Farbe des ausgesandten Lichtes wird durch Spuren von Wismut- und Rubidiumverbindungen beeinflußt. Man erhält Calciumsulfid durch Erhitzen calciumcarbonathaltiger Stoffe wie Austernschalen usw. mit Schwefel. Das Chlorid, $CaCl_2$, ist uns bereits als Trockenmittel für Gase hinlänglich bekannt. Es krystallisiert in hexagonalen Krystallen mit 6 Molekülen Krystallwasser, die man durch Erhitzen abspalten kann. Man erhält dann wasserfreies Chlorcalcium als eine weiße, zerfließliche Masse, die begierig Feuchtigkeit anzieht und sich in Wasser unter starker Erhitzung löst. Das Fluorcalcium, CaF_2, kommt als Flußspat natürlich vor. Es krystallisiert in würfelförmigen Krystallen von verschiedener, teilweise schön schillernder Farbe. (Das Wort „fluoreszieren" ist von dieser Eigenschaft des Flußspats hergeleitet.) Eine große Bedeutung hat das Calciumcarbid, CaC_2, erlangt, da es zur Erzeugung des Acetylengases dient; wenn man das Carbid in Wasser bringt, wird es nämlich in Acetylen, einen Kohlenwasserstoff von der Formel C_2H_2 (siehe S. 127) und Calciumhydroxyd zerlegt:

$$CaC_2 + 2\,H_2O = Ca(OH)_2 + C_2H_2.$$

Reines Calciumcarbid bildet farblose, durchscheinende Stücke. Das Handelsprodukt ist rotbraun bis schwarz, undurchsichtig, und enthält stets Beimengungen von Tonerde, Sand und Calciumoxyd [1]). Man gewinnt das Carbid durch Zusammenschmelzen von Calciumoxyd und Kohle im elektrischen Ofen. Wenn man über erhitztes Calciumcarbid langsam einen Luftstrom oder noch besser reinen Stickstoff leitet, dann bildet sich eine Kohle-Stickstoffverbindung des Calciums, die unter der Bezeichnung „Kalkstickstoff" zu Düngezwecken gebraucht wird (siehe auch S. 39).

Calcium und seine Verbindungen geben eine orangegelbe bis ziegelrote Flammenfärbung, die im Spektralapparat in ein durch mehrere rote, eine grüne und eine violette Linie ausgezeichnetes Spektrum zerlegt wird.

Die dem Calcium nahe verwandten Elemente Strontium und Barium kommen bei weitem nicht so häufig vor wie dieses. Gleich dem Calcium besitzen auch diese Elemente eine große Verwandtschaft zum Sauerstoff, weswegen man sie auch nicht in unverbundenem Zustand findet. Strontium kommt meist in Form seines Sulfates, $SrSO_4$, vor, das als Mineral den Namen Cölestin führt. Seine Verbindungen haben die gleichen Eigenschaften wie die entsprechenden des Calciums. Durch Elektrolyse geschmolzenen Strontiumchlorides kann man das gelblichweiße Metall erhalten; ein anderes Verfahren beruht auf der Reduktion des Oxydes durch Magnesium. Die Eigenschaften des Strontiummetalles sind denen des Calciums sehr ähnlich. Der Flamme erteilen Strontiumsalze eine purpurrote Farbe, weshalb sie in der Feuerwerkerei zur Herstellung roter bengalischer Flammen verwandt werden. Strontiumhydroxyd ist in Wasser leichter löslich als Calciumhydroxyd, während sich das Sulfat schwerer löst. Man kann demnach mit Strontiumhydroxyd Calciumhydroxyd und mit Calciumsulfat (Gipswasser) Strontiumsulfat

---

[1]) Ein wechselnder Gehalt an Phosphorverbindungen ist die Ursache des unangenehmen Geruchs des durch Phosphorwasserstoff verunreinigten Acetylens.

ausfällen. Von der letztgenannten, langsam verlaufenden Reaktion macht man in der analytischen Chemie Gebrauch.

Strontiumhydroxyd bildet mit Zucker eine schwerlösliche Verbindung. Man fällt auf diese Weise die Zuckerreste aus Rückständen der Zuckerfabriken aus und spaltet die Verbindung mit Kohlendioxyd in Strontiumcarbonat und Zucker.

Das Barium [1]) kommt in Gestalt eines Sulfates und Carbonates vor. Das Sulfat heißt als Mineral Schwerspat [2]), das Carbonat Witherit. Das Metall kann auf dieselbe Weise erhalten werden wie Strontium. Es ist ebenfalls weißlich glänzend, oxydiert sich an der Luft sofort und zersetzt Wasser bereits bei gewöhnlicher Temperatur. Sein Oxyd, BaO, ist deshalb interessant, weil es beim Erhitzen Luftsauerstoff zu binden vermag, den es bei noch höherer Temperatur wieder abgibt. Es bildet sich dabei Superoxyd, das bei höherer Temperatur wieder zerfällt:

$$2\,BaO + O_2 \rightleftarrows 2\,BaO_2.$$

Das Oxyd kann nicht durch Erhitzen des Hydroxyds, sondern nur durch Reduktion des Carbonats (mit Kohle) erhalten werden. In Wasser löst sich das Oxyd unter Erhitzung zu Hydroxyd, $Ba(OH)_2$. Die Lösung führt den Namen Barytwasser; sie hat stark alkalische Reaktion. Bariumchlorid, $BaCl_2$, lernten wir bereits als empfindliches Reagens auf Schwefelsäure oder, richtiger gesagt, auf das Sulfat-Ion, SO_4'', kennen, da es mit ihm sofort einen weißen Niederschlag von unlöslichem Bariumsulfat bildet.

$$2\,H^{\cdot} + SO_4'' + Ba'' + 2\,Cl' = BaSO_4 + 2\,H^{\cdot} + 2\,Cl'.$$

Bariumchlorid ist in Wasser leicht löslich und krystallisiert in farblosen, monoklinen Tafeln, die nicht hygroskopisch sind (Unterschied von Magnesium, Calcium usw.).

Das Bariumcarbid, BaC_2, bindet noch leichter Luftstickstoff als das Calciumcarbid und verwandelt sich dadurch in Cyanbarium (siehe S. 39):

$$BaC_2 + N_2 = Ba(CN)_2.$$

Alle löslichen Bariumsalze sind starke Gifte. Der Flamme erteilen sie eine grüne Farbe. Sie werden deshalb in der Feuerwerkerei verwandt.

Das letzte der Erdalkalimetalle, das Radium, wird später gesondert besprochen werden. (Siehe Vortrag 21.)

Die Gruppe der Erdalkalimetalle gliedert sich, wie schon zu Anfang dieses Vortrags erwähnt, in zwei Untergruppen. Die erste umfaßt Beryllium und Magnesium, die zweite, die Hauptgruppe, die Elemente Barium, Strontium und Calcium. Warum das Beryllium einen Übergang zu den Erdmetallen bildet, werden wir sehen, wenn wir diese kennen gelernt haben. Das Magnesium nimmt deshalb eine Sonderstellung ein, weil es im Vergleich mit den eigentlichen Erdalkalimetallen eine bedeutend größere Löslichkeit und Krystallisierbarkeit seines Sulfates besitzt. Wir

[1]) βαρύς (barys) schwer.
[2]) Reines $BaSO_4$ hat das spez. Gew. 4,5.

haben aber trotzdem eine gewisse Berechtigung, das Beryllium und Magnesium zu den Erdalkalimetallen zu zählen; denn abgesehen von vielen gemeinsamen Eigenschaften bilden die beiden Metalle auch eine Triade mit dem Calcium:

$$\frac{\text{Be}\,(9{,}1) + \text{Ca}\,(40{,}07)}{2} = 24{,}58\ (\text{Mg} = 24{,}32).$$

Eine zweite Triade bilden die Elemente Calcium, Barium und Strontium:

$$\frac{\text{Ca}\,(40{,}07) + \text{Ba}\,(137{,}37)}{2} = 88{,}72\ (\text{Sr} = 87{,}63).$$

Die allen Erdalkalimetallen zukommende Wertigkeit ist 2. Von sonstigen für die Hauptgruppe Calcium, Barium, Strontium übereinstimmenden Merkmalen wäre noch hervorzuheben: niedriges spez. Gew., ätzende Oxyde, die sich in Wasser unter Erhitzung zu den stark alkalischen Hydroxyden lösen, welche ihrerseits mit steigendem Atomgewicht die beiden Hydroxylgruppen fester binden. So ist das Calciumhydroxyd schon bei ziemlich niedriger Temperatur in Calciumoxyd und Wasser zerlegbar, Strontiumhydroxyd erfordert Temperaturen von etwa 500°, und Bariumhydroxyd kann man sogar schmelzen, ohne daß es zerlegt wird. Die Sulfate der drei eigentlichen Erdalkalimetalle sind sämtlich in Wasser so gut wie unlöslich. Mit steigendem Atomgewicht nimmt die Löslichkeit ab, so daß also das verhältnismäßig löslichste das Calciumsulfat ist, von dem ein Teil von etwa 500 Teilen Wasser aufgenommen wird. Strontiumsulfat braucht schon ungefähr 10 000, Bariumsulfat gar 450 000 Teile Wasser, um gelöst zu werden. Auch die Carbonate sind in Wasser so gut wie unlöslich, wodurch sich die Erdalkalimetalle wesentlich von den Alkalimetallen unterscheiden.

Element	Symbol	Atomgewicht	Spez. Gewicht	Schmelzpunkt	Siedepunkt	Wertigkeit
Beryllium .	Be	9,1	1,64	Über 900	—	II
Magnesium .	Mg	24,32	1,75	633°	Um 1100°	II
Calcium . .	Ca	40,07	1,52	800°	Sehr hoch	II
Strontium .	Sr	87,63	2,5	Schwache Rotglut	Sehr hoch	II
Barium . .	Ba	137,37	3,8	850°	1150°	II
Radium . .	Ra	226,4	—	bei 700°	—	II

Dreizehnter Vortrag.

Zink. — Zinkoxyd. — Zinkhydroxyd. — Zinksäure — Zinkate — Zinkchlorid. — Zinksulfid. — Umkehrbare Prozesse. — Zinksulfat. — Cadmium. — Cadmiumhydroxyd. — Cadmiumsulfid. — Quecksilber. — Amalgame. — Feuervergoldung. — Quecksilberoxyde. — Quecksilberchloride. — Quecksilberjodide. Quecksilbernitrate. — Quecksilbersulfid. — Gruppenübersicht.

In den heute zu besprechenden Metallen Zink, Cadmium und Quecksilber treten uns zum erstenmal ausgesprochene Schwermetalle, d. h. solche von hohem spez. Gewicht, entgegen.

Das Zink kommt natürlich vor als Sulfid, ZnS (Zinkblende), und als Carbonat, $ZnCO_3$ (Galmei). Andere Zinkmineralien, die jedoch weniger häufig vorkommen, sind das Rotzinkerz, das aus Zinkoxyd, ZnO, besteht, und das Zinksilikat, Zn_2SiO_4, das als Mineral Kieselzinkerz heißt. Hauptfundstellen für Zinkmineralien sind Schlesien, England, Spanien und Amerika. Das Metall gewinnt man durch Rösten des Sulfids, wodurch es in Oxyd übergeführt wird. (Die dabei entstehende schweflige Säure wird meist auf Schwefelsäure weiter verarbeitet, siehe S. 86.) Das Zinkoxyd wird mit Kohle (geröstetem Galmei) reduziert und das metallische Zink abdestilliert, da es schon bei verhältnismäßig niedriger Temperatur flüchtig ist. Das auf diese Weise gewonnene Zink ist stets durch Beimengungen von Arsen verunreinigt. Um ganz reines Zink, wie man es z. B. für die Marshsche Probe (siehe S. 105) braucht, zu erhalten, muß man es durch Elektrolyse herstellen.

Das Metall hat eine bläuliche Farbe und ausgesprochenen Metallglanz. Sein spez. Gew. schwankt, je nachdem es gewalzt oder gegossen ist, um 7,0. Zink ist spröde; bei über 100° liegenden Temperaturen wird es weich, bei 200° aber wieder so spröde, daß man es pulvern kann. An der Luft überzieht es sich mit der Zeit mit einem dünnen Häutchen von grauem Oxyd. Wenn man es sehr stark erhitzt, verbrennt es mit blendendem Licht zu Zinkoxyd. Wasser zersetzt es erst bei höherer Temperatur, und auch dann nur in geringem Maß. In Säuren löst es sich mit großer Leichtigkeit unter Entwicklung von Wasserstoff und Bildung der entsprechenden Salze. — Zink wird sehr viel gebraucht. Im Laboratorium verwendet man es zur Herstellung von Wasserstoff sowie als Reduktionsmittel (durch den Wasserstoff in statu nascendi). Außerdem braucht man es viel zur Herstellung galvanischer Elemente, in denen es meist als negative Elektrode dient. Die Industrie verwendet es zur Herstellung von Messing, das aus Kupfer und Zink besteht, ferner als Zinkblech zum Decken von Dächern und zur Herstellung mannigfacher Gebrauchsgegenstände.

Das Zinkoxyd, das durch Verbrennen des Metalls und durch Glühen des Carbonats erhalten werden kann, bildet ein weißes Pulver, das früher „lana philosophica“, Philosophenwolle genannt wurde. Man verwendet es unter dem Namen „Zinkweiß“ viel als Anstrichfarbe. Wenn man Zinkoxyd erhitzt, wird es gelb. Beim Erkalten kehrt wieder die ursprüngliche Farbe zurück.

Das Hydroxyd, $Zn(OH)_2$, ist für uns deshalb interessant, weil es einen merkwürdig zwitterartigen Charakter hat. Es bildet eine weiße, gelatinöse Masse, die sich nicht nur in Säuren zu den entsprechenden Zinksalzen löst, sondern die auch von Alkalien gelöst wird. Das kommt daher, daß das Zinkhydroxyd zwei verschiedene Arten von Ionen bilden kann. Die uns geläufige Reaktion — z. B.:

$$Zn\begin{matrix} \diagup OH \\ \diagdown OH \end{matrix} + H_2SO_4 = ZnSO_4 + 2\,H_2O$$

sieht als Ionengleichung geschrieben so aus:

$$Zn^{\cdot\cdot} + 2\,\dot{O}H' + \dot{2}\,H^{\cdot} + SO_4'' = ZnSO_4 + 2\,H_2O.$$

Wir haben also eine ganz gewöhnliche Salzbildung aus dem zweiwertigen, positiven Zink-Ion und dem zweiwertigen, elektronegativen Säurerest-Ion $-SO_4''$. Daß bei der Salzbildung aus Säure und Hydroxyd immer Wasser entstehen muß, ist uns ja längst bekannt. Nun kann sich aber Zinkhydroxyd („Zinklauge", wie man es in Übereinstimmung mit Natronlauge usw. auch nennen könnte) auch in richtigen Laugen, wie z. B. Natronlauge, lösen. Da wir aber wissen, daß Laugen immer einen basischen Charakter haben, so können wir uns die Lösung des Zinkhydroxyds in einer Base nur so erklären, daß dann eben das Zinkhydroxyd gegenüber der Base saure Eigenschaften annehmen muß. Denn einer der beiden Bestandteile eines Salzes muß natürlich immer sauer sein, d. h. genauer ausgedrückt: er muß elektronegative Ionen bilden können. Während also das Zinkhydroxyd gegenüber einer Säure, wie wir gesehen haben, durchaus normal in die Ionen $Zn^{\cdot\cdot}$ und $2\,OH'$ dissoziiert, spaltet es sich gegenüber einer Base in die Ionen ZnO_2'' und $2\,H^{\cdot}$. Das komplexe Ion $-ZnO_2''$ können wir auffassen als den Säurerest einer frei nicht bekannten „Zinksäure" (genau wie $-SO_4''$ als das Schwefelsäurerest-Ion aufgefaßt wird) und nun wird es uns gar nicht mehr wunderbar vorkommen, daß die nur in Ionenform bekannte Zinksäure mit Alkalien Salze, nämlich Zinkate, bilden kann, genau so, wie Schwefelsäure mit Alkalien Sulfate gibt. Bei der Lösung von Zinkhydroxyd in Natronlauge entsteht also zunächst dissoziierte Zinksäure, und dann findet die typische Salzbildung unter Austritt von Wasser statt.

$$Zn\begin{matrix} \diagup O\,H \\ \diagdown O\,H \end{matrix} + \begin{matrix} Na\,OH \\ Na\,OH \end{matrix} = Na_2ZnO_2 + 2\,H_2O$$

$$Zn(OH)_2 + 2\,NaOH = \text{Natriumzinkat} + \text{Wasser}.$$

Als Ionengleichung:

$$\underbrace{ZnO_2'' + 2\,H^{\cdot}}_{\text{Zinkhydroxyd}} + \underbrace{2\,Na^{\cdot} + 2\,OH''}_{\text{2 Natronlauge}} = Na_2ZnO_2 + 2\,H_2O.$$

Die Tatsache, daß ein Metall auch negativen, sauren Charakter annehmen kann (amphoterer Charakter), ist für uns neu, wird uns aber noch öfter begegnen. Schon das Beryllium zeigt schwach diese Fähigkeit, weshalb wir auch sagten, es nehme eine Zwischenstellung ein.

Zinkchlorid, $ZnCl_2$, erhält man durch Lösen von Zink in Salzsäure. Es bildet sehr hygroskopische Krystalle und wird, nach Befreiung von seinen 3 Molekülen Krystallwasser, in der organischen Chemie viel zum Entziehen von Wasser gebraucht. Außerdem verwendet man es als Anstrich für Telegraphenstangen und Eisenbahnschwellen, um sie vor dem zersetzenden Einfluß der Erdfeuchtigkeit zu schützen.

Das Sulfid, ZnS, das als Zinkblende natürlich vorkommt, wird unter dem Namen „Sidotsche Blende" zur Sichtbarmachung von Radiumstrahlen gebraucht, da es unter ihrem Einfluß fluoresziert. Nach K. A. Hofmann muß die Sidotblende Spuren von Kupfer enthalten um zu fluoreszieren. Man erhält Zinksulfid, wenn man in die Lösung eines

Zinksalzes, z. B. Zinksulfat, $ZnSO_4$, Schwefelwasserstoff einleitet. Dabei muß man aber Sorge tragen, daß die nach der Reaktionsgleichung:

$$ZnSO_4 + H_2S = ZnS + H_2SO_4$$

freiwerdende Schwefelsäure unschädlich gemacht wird, weil das Zinksulfid in ihr löslich ist. Wir haben hier einen umkehrbaren Prozeß vor uns:

$$ZnSO_4 + H_2S \rightleftarrows ZnS + H_2SO_4.$$

Hieraus folgt, daß praktisch Zink aus der Lösung seines Sulfats durch Schwefelwasserstoff nicht gefällt wird, weil sich das Sulfid in der gleichzeitig gebildeten Schwefelsäure unter Entwicklung von Schwefelwasserstoff wieder auflöst. Fügt man aber zu der Sulfatlösung etwas essigsaures Natrium, dann bildet die freiwerdende Schwefelsäure mit ihm Natriumsulfat und setzt dafür die Essigsäure in Freiheit. Da Zinksulfid in dieser Säure unlöslich ist, kann es jetzt vollständig ausgefällt werden. (Siehe auch Vortrag 15.)

Das Zinksulfat (Zinkvitriol), $ZnSO_4$, krystallisiert in derselben Form wie das Magnesiumsulfat und wird medizinisch sowie in Zeugdruckereien verwandt.

Wenn man Zinkoxyd mit einigen Tropfen Kobaltnitrat, $Co(NO_3)_2$, befeuchtet und stark erhitzt, so bildet sich eine als „Rinmanns Grün" bekannte dunkelgrüne Masse. Diese Reaktion wird zur Erkennung des Zinks benutzt.

Ein steter Begleiter des Zinks ist das diesem sehr ähnliche Kadmium. Es ist ein weißes, nicht sehr hartes Metall vom spez. Gew. 8,6. Da sein Schmelzpunkt schon bei 320°, sein Siedepunkt bei 770° liegt, destilliert es bei der Verarbeitung kadmiumhaltiger Zinkerze schon vor dem Zink ab. An der Luft stark erhitzt, verbrennt es zu braunem Kadmiumoxyd. Das Hydroxyd, $Cd(OH)_2$, ist in Kali- und Natronlauge unlöslich, wodurch es sich vom Zinkhydroxyd unterscheidet. In Ammoniak löst es sich, aber nicht etwa deshalb, weil es sich dieser Base gegenüber als Säure verhält, sondern weil es mit dem Ammoniak komplexe Verbindungen bildet. Ein gleiches Verhalten gegenüber Ammoniak zeigt auch das Zinkhydroxyd.

Das Sulfid, CdS, wird durch Schwefelwasserstoff aus der Lösung eines Kadmiumsalzes als schön gelber Niederschlag gefällt. Er wird als Malerfarbe (Kadmiumgelb) verwandt und ist in verdünnten Säuren unlöslich, so daß man es ohne Zusatz von essigsaurem Natrium ausfällen kann. Nur bei einem großen Überschuß an Säure, der deshalb zu vermeiden ist, gilt die Gleichung:

$$CdSO_4 + H_2S \rightleftarrows CdS + H_2SO_4.$$

In dem Quecksilber, Hg (vom griech. Hydrargyrum[1])), lernen wir das einzige bei gewöhnlicher Temperatur flüssige Metall kennen. Es ist für uns auch noch deshalb merkwürdig, weil uns in ihm zum erstenmal ein Element entgegentritt, das zwei Reihen von Verbindungen mit verschiedenen Wertigkeiten bildet. Die eine Reihe leitet sich ab

[1]) ὕδωρ (hydor) Wasser. Hydrargyrum = Wassersilber.

vom Oxydul, Hg_2O, in dem das Quecksilber einwertig, die andere vom Oxyd, HgO, in dem es zweiwertig ist. Quecksilberverbindungen bezeichnet man meist mit dem lateinischen Namen für Quecksilber: „Mercur", und nennt: Mercur**o**verbindungen die, in denen das Quecksilber einwertig, Mercur**i**verbindungen solche, in denen es zweiwertig ist. So spricht man z. B. vom Mercur**o**nitrat, $HgNO_3$ und vom Mercur**i**nitrat, $Hg(NO_3)_2$. Die Bezeichnungen der Verbindungsreihen mit den Vokalen o und i wird auch bei anderen Elementen geradeso angewandt, und man braucht sich nur ein für allemal zu merken, daß „i" immer die intensiver oxydierte, höhere Stufe bedeutet.

Das Quecksilber kommt in der Natur ziemlich selten gediegen, häufiger in Gestalt seines Sulfids HgS („Zinnober") vor. Hauptfundstellen für Quecksilbererze sind Idria in Krain, Almaden in Spanien, Kalifornien, Japan und einige Sundainseln. Aus dem Zinnober gewinnt man das Metall einfach durch Rösten, wobei der Schwefel zu Schwefeldioxyd verbrannt wird und das Quecksilber abdestilliert. Es ist ein flüssiges, silberglänzendes Metall von sehr hohem spez. Gew. (13,6). Bei -39^0 wird es fest, bei $+360^0$ siedet es. Jedoch verwandelt es sich schon bei gewöhnlicher Temperatur langsam in einen farblosen, sehr giftigen Dampf. In Säuren löst es sich nur langsam, am leichtesten noch in heißer, verdünnter Salpetersäure; auch besitzt es nur eine äußerst geringe Neigung, sich zu oxydieren — alles Eigenschaften, die es einem edlen Metall ähnlich machen. Das Quecksilber des Handels ist häufig durch Spuren anderer Metalle verunreinigt, die man durch Destillation entfernen kann.

Quecksilber wird sehr viel zur Füllung von Barometern und Thermometern, zur Herstellung von Spiegeln als Absperrmittel beim Auffangen wasserlöslicher Gase (siehe z. B. S. 61) zur Feuervergoldung sowie zum Herauslösen des Goldes aus goldhaltigen Erzen gebraucht. Das Quecksilber besitzt nämlich die Fähigkeit, viele andere Metalle, z. B. Gold, Silber, Zink, Kupfer, die Alkalimetalle usw. zu lösen oder mit ihnen chemische Verbindungen einzugehen. Derartige Lösungen oder Verbindungen nennt man Amalgame. (Vgl. S. 153 u. 276.) Das Zinnamalgam dient als Spiegelbelag; Natriumamalgam, das bereits bei einem Gehalt von $3^0/_0$ Natrium hart ist, entwickelt, in Wasser gebracht, Wasserstoff, und es bildet sich Natronlauge, während metallisches Quecksilber zurückbleibt.

$$2\,HgNa + 2\,H_2O = H_2 + 2\,NaOH + 2\,Hg.$$

Wegen seiner Fähigkeit, Wasserstoff freizumachen, braucht man es häufig als starkes Reduktionsmittel. Natrium allein gäbe natürlich genau die gleiche Reaktion. Da sie aber zu heftig verlaufen würde, „verdünnt" man es gewissermaßen mit Quecksilber. Ein Natriumamalgam von der Zusammensetzung Hg_4Na ist krystallinisch.

Das Goldamalgam verwendet man bei der Feuervergoldung. Mit dem Amalgam überzogene Gegenstände werden erhitzt, wodurch das Quecksilber verdampft und das Gold als dünnes Häutchen zurückbleibt. Zinkamalgam braucht man, um die Zinkelektroden galvanischer

Elemente gegen zu starke Angriffe der Säure zu schützen, in der sie stehen.

Der, wie bereits erwähnt, sehr giftige Quecksilberdampf hat die Eigenschaft, unter dem Einfluß hochgespannter elektrischer Entladungen ein sehr starkes, an blauen und ultravioletten Strahlen reiches Licht auszusenden. Man macht davon Gebrauch in den Quecksilberdampflampen, die zuerst von Heräus gebaut wurden. Sie heißen auch Quarzlampen, da ihre Leuchtkörper aus dem für ultraviolette Strahlen sehr durchlässigen Quarz bestehen. Unter dem Namen „künstliche Höhensonne" finden diese Lampen eine ausgedehnte Anwendung in der Medizin zu Bestrahlungszwecken, trotzdem, nach Forschungen von Dorno, ein ziemlicher Unterschied in der Art der Sonnen- und Quarzlampenstrahlung besteht. Die Atmosphäre verschluckt nämlich einen Teil der kurzwelligen Strahlung der Sonne, während an der Quarzlampenstrahlung alle jene Wellen ungeschwächt teilnehmen. Sie sind zum Teil von erheblicher Einwirkung auf den Körper und verursachen heftige Augenentzündungen und Verbrennungen. Da sie von Glas völlig verschluckt werden, schützt eine gewöhnliche Brille die Augen bereits genügend. Die Heilwirkung kurzwelliger Sonnen- oder Quarzlampenstrahlung bei verschiedenen Hautkrankheiten ist oft verblüffend. Da die Quarzlampen hauptsächlich kurzwellige Strahlen, also kaltes Licht, aussenden, umgibt man sie oft noch mit einem Ring aus Glühlampen, die die Wärmestrahlung liefern und die Gesamtstrahlung dadurch der der Sonne ähnlicher machen sollen. Außer zu medizinischen dienen Quecksilberlampen auch zu technischen Zwecken: in Vervielfältigungsanstalten und zu Schaufensterbeleuchtungen; allerdings ähnelt das Quecksilberlicht nicht dem Tageslicht, weil es zu wenig Rot enthält; deshalb sehen rote Gegenstände in ihm schwarz aus. Die in die Luft gelangenden kurzwelligen Strahlen ozonisieren den Sauerstoff so stark, daß man bald nach Einschalten einer Quarzlampe einen starken Ozongeruch wahrnimmt.

Auch Quecksilber selbst und seine Verbindungen sind geschätzte Arzneimittel. Mit Fett verrieben bildet Quecksilber als „graue Salbe" neben Salvarsan das wirksamste Heilmittel gegen Syphilis.

Die einwertigen, also die Mercuroverbindungen, sind nicht sehr beständig und neigen dazu, sich in Mercuriverbindungen zu verwandeln. Dies erklärt sich dadurch, daß die normale Wertigkeit der Zink-Quecksilbergruppe die Zweiwertigkeit ist.

Das Mercurooxyd (Quecksilberoxydul), Hg_2O, wird durch Alkalien aus der Lösung eines Mercurosalzes als brauner Niederschlag gefällt. Unter dem Einfluß des Lichtes zerfällt es bereits in Mercurioxyd (Quecksilberoxyd), HgO, und Quecksilber.

$$Hg_2O = HgO + Hg.$$

Das Mercurochlorid (Quecksilberchlorür), HgCl, heißt auch Kalomel[1]; es bildet ein schweres, weißes Pulver, das beim Übergießen

[1]) Von καλός (kalos), schön; μέλας (melas), schwarz.

mit Ammoniak augenblicklich tiefschwarz wird. Daher der Name Kalomel. Die Farbenänderung kommt daher, daß sich das Mercurochlorid unter dem Einfluß des Ammoniaks in eine Verbindung von Mercurichlorid und Ammoniak sowie in äußerst fein verteiltes metallisches Quecksilber verwandelt. In Wasser ist Kalomel unlöslich, am Licht färbt er sich schwarz unter Abspaltung von metallischem Quecksilber und Bildung von Mercurichlorid. Man erhält die Verbindung entweder durch Fällen einer Mercuronitratlösung mit Natriumchlorid oder durch Sublimation von Mercurichlorid mit Quecksilber. Das auf nassem Weg dargestellte Präparat („Hydrargyrum chloratum via humida paratum") ist physiologisch wirksamer als das auf trocknem Weg gewonnene („Hydrargyrum chloratum via sicca paratum"). Aus der Dampfdichte des Kalomels geht hervor, daß oberhalb 400° die Formel HgCl zutrifft. Vermutlich besteht aber der Dampf aus Quecksilberdampf und Mercurichloriddampf, entsprechend dem Zerfall

$$Hg_2Cl_2 \rightleftarrows Hg + HgCl_2,$$

denn ein in den Dampf gehaltenes Goldblättchen amalgamiert sich. Man kann also Mercurochlorid als doppelmolekular auffassen. (Nach Hofmann.) Mercurochlorid wird medizinisch viel verwandt.

Mercurojodid (Quecksilberjodür), HgJ, ist ein grünes Pulver und zerfällt sehr leicht in Mercurijodid und Quecksilber.

Mercuronitrat, $HgNO_3$, bildet weiße Krystalle, die man durch Auflösen von Quecksilber in kalter, verdünnter Salpetersäure erhalten kann. Mit Wasser bildet es infolge hydrolytischer Spaltung ein gelbes, basisches Nitrat Hg_2OHNO_3:

$$\overset{I}{Hg_2}\begin{cases}NO_3\\ NO_3\end{cases} + H\,OH = \overset{I}{Hg_2}\begin{cases}NO_3\\ OH\end{cases} + HNO_3$$

Die Mercuriverbindungen sind sämtlich wesentlich beständiger als die Mercuroverbindungen. Das Oxyd, HgO, ist ein schweres, scharlachrotes Pulver, das beim Erhitzen in Sauerstoff und Quecksilber zerfällt. Ich erhitze in einem Reagenzglas einige Gramm dieser Verbindung. Daran, daß ein glimmender Span entflammt wird, können Sie sehen, daß sich Sauerstoff entwickelt. Zugleich färbt sich das Oxyd schwarz, und in dem kälteren Teil des Reagenzglases haben sich Tröpfchen von metallischem Quecksilber angesetzt. Dies ist ein schöner analytischer Versuch. Umgekehrt kann man das Oxyd auch synthetisch aus seinen Bestandteilen aufbauen. Wenn man nämlich Quecksilber genügend lange (mehrere Tage) erhitzt, bedeckt es sich schließlich mit roten Schuppen von Mercurioxyd. Sie ersehen daraus, wie schwer Quecksilber sich mit Sauerstoff verbindet. Immerhin aber sind wir berechtigt, den Vorgang der Oxydzerlegung durch Hitze durch die Formel

$$2\,HgO \rightleftarrows 2\,Hg + O_2$$

als umkehrbar zu bezeichnen. Während das rote Quecksilberoxyd krystallinisch ist, erhält man einen Niederschlag von amorphem gelbem Oxyd, wenn man es durch Kali- oder Natronlauge aus der Lösung eines

Mercurisalzes fällt. Man sollte erwarten, daß bei dem Versetzen einer Mercurisalzlösung mit Natron- oder Kalilauge nicht das Oxyd, sondern das Hydroxyd gefällt wird. Daß aber tatsächlich das Oxyd ausfällt, kommt daher, daß das Hydroxyd nicht beständig ist, sondern sofort wieder in Oxyd und Wasser zerfällt:

$$Hg(OH)_2 = HgO + H_2O.$$

Die wichtigste Mercuriverbindung ist das Mercurichlorid, $HgCl_2$, das auch Sublimat genannt wird, weil es durch Erhitzen eines Gemenges von Natriumchlorid und Mercurisulfat hergestellt wird, wobei dann Mercurichlorid sublimiert:

$$2\,NaCl + HgSO_4 = HgCl_2 + Na_2SO_4.$$

Sublimat krystallisiert in weißen, rhombischen Prismen und ist in Wasser nur schwer löslich. (Bei gewöhnlicher Temperatur 1 Teil in 15 Teilen Wasser.) Auffallend ist das geringe Leitungsvermögen für Elektrizität, das den wässerigen Sublimatlösungen eigen ist. Dies spricht dafür, daß Mercurichlorid in wässeriger Lösung nur wenig dissoziiert ist (siehe S. 46). Sublimat ist ein heftiges Gift und schon in sehr verdünnten Lösungen ein sehr wirksames, viel verwandtes Desinfektionsmittel. Es wirkt zum Teil dadurch, daß es die Eiweißstoffe der Bazillenleiber zum Gerinnen bringt. Versetzt man eine Sublimatlösung mit Kochsalz, so entsteht in der Lösung das Doppelsalz Na_2HgCl_4. In dieser Form wird es viel zu Desinfektionszwecken verwandt. Auch zum Haltbarmachen von Holz wird es gebraucht, ähnlich wie Zinkchlorid (siehe S. 174).

Mercurijodid, HgJ_2, erhält man als gelben, aber sofort schön scharlachrot werdenden Niederschlag beim Versetzen einer Mercurisalzlösung mit Jodkalium. In einem Überschuß von Jodkalium ist es leicht löslich (in Wasser nicht). Eine mit Kalilauge versetzte Lösung von Mercurijodid in Jodkalium ist ein sehr empfindliches Reagens auf die geringsten Spuren von Ammoniak, mit dem es einen braunen Niederschlag bildet (Neßlersches Reagens).

Mercurisulfid, HgS, kommt natürlich als Zinnober vor. Künstlich erhält man es als schwarzen Niederschlag, wenn man Schwefelwasserstoff in eine Mercurisalzlösung leitet. Wenn man es sublimiert, geht es in die rote Modifikation über, ebenso wenn man es mit Sulfiden der Alkalien zusammenbringt. In Säuren ist es nur schwer löslich, in verdünnter Salpetersäure, die viele andere Sulfide leicht löst, gar nicht. Hierdurch kann man das Sulfid leicht von anderen trennen.

Mercurisulfat, $HgSO_4$, löst sich in Wasser nicht auf, sondern verwandelt sich in ein basisches Salz. Das gleiche gilt von dem Mercurinitrat, $Hg(NO_3)_2$, das sofort basische Salze bildet, sobald man die salpetersaure Lösung mit Wasser verdünnt. Die leichte Hydrolysierbarkeit des Nitrats und Sulfats unterscheidet diese Körper stark von den Mercurihalogensalzen, die so beständig sind, daß sie sogar nur schwach dissoziieren. Am stärksten zeigt sich diese geringe Ionisierbarkeit im Mercuricyanid, $Hg(CN)_2$, dessen wässerige Lösung Elektrizität kaum leitet. Beim Erhitzen zerfällt es in Quecksilber und Cyan, worauf eine

Darstellungsart dieses Gases beruht. Mit Quecksilberoxyd bildet es das medizinisch verwandte Mercurioxycyanid:

$$Hg(CN)_2 + HgO = Hg(HgO)CN_2.$$

Die der Zink-Quecksilbergruppe angehörenden Elemente weisen in einigen ihrer Eigenschaften ziemlich stark nach anderen Gruppen hin. Die Fähigkeit des Zinkhydroxyds, sich Basen gegenüber als Säure zu verhalten, läßt sich zum erstenmal bei dem Beryllium nachweisen. Nun finden wir sie bei dem Zink und werden im nächsten Vortrag eine ganze Gruppe von Metallen kennen lernen, für die dieses Verhalten charakteristisch ist. Wir können also in dieser Hinsicht das Beryllium und das Zink etwa als „entfernte Verwandte" dieser im nächsten Vortrag zu besprechenden Metalle bezeichnen. Während auch noch die Feuerbeständigkeit des Zinkoxyds auf die nächste Gruppe hinweist, nimmt gerade hierin das Quecksilber wieder eine wesentlich andere Stellung ein. Sehen wir vom Mercurooxyd als unbeständig ab, und betrachten wir die charakteristischere Form des Mercurioxyds, so finden wir auch da, daß es beim Erhitzen seinen Sauerstoff sehr leicht wieder abgibt. Diese geringe Affinität zum Sauerstoff nähert es den Edelmetallen. Die Fähigkeit des Quecksilbers, zwei Reihen von Verbindungen mit verschiedenen Wertigkeiten zu bilden, weist auch bereits nach später zu besprechenden Gruppen, in denen wir diese Eigenschaft oft wiederfinden werden. Weiterhin können wir die auffallende Tatsache feststellen, daß in der Zink-Quecksilbergruppe der Schmelz- und Siedepunkt mit steigendem Atomgewicht abnimmt, anstatt, wie gewöhnlich, zu.

Element	Symbol	Atomgewichte	Spez. Gewicht	Schmelzpunkt	Siedepunkt	Wertigkeit
Zink . . .	Zn	65,37	bei 7,0	420°	920°	II
Cadmium .	Cd	112,40	8,6	320°	780°	II
Quecksilber	Hg	200,6	13,60	—38,9°	+ 357°	(I) II

Vierzehnter Vortrag.

Aluminium. — Aktives Aluminium. — Thermit. — Aluminiumoxyd. — Aluminiumhydroxyd. — Aluminate. — Aluminiumchlorid. — Aluminiumsulfat. — Alaune. — Doppelsalze. — Ton. — Lehm. — Porzellan. — Aluminiumcarbid. — Gallium, Indium und Thallium. — Seltene Erdmetalle. — Geschichtliches. — Gruppenübersicht.

Wir geraten jetzt in ein Gebiet, bei dem die Einteilung in Gruppen etwas schwierig zu werden beginnt. Schon einige Male mußten wir uns sagen, daß es zweifelhaft sei, welchen Platz wir diesem oder jenem Element zuweisen sollten, und tatsächlich sind über viele derartige Einreihungsfragen die Meinungen der Gelehrten auch noch durchaus geteilt. Wir kommen nun heute zu einer Gruppe, die die „Erdmetalle" umfaßt.

Von diesen ist nur eines, allerdings ein typisches Erdmetall, das Aluminium, genau bekannt. Sonst gehören zu der Gruppe noch eine große Zahl sehr seltener Elemente, die fast alle noch nicht genau erforscht sind. Ja, bei einzelnen weiß man nicht einmal sicher, ob sie Elemente oder Gemische verschiedener Grundstoffe sind. Diese Elemente nennt man die „seltenen Erdmetalle".

Wenden wir uns nun zu dem bekanntesten der Erdmetalle, dem Aluminium. Es ist ein sehr leichtes, weißes Metall mit ziemlich großer Neigung zum Sauerstoff. Sein spez. Gew. beträgt nur 2,6. An der Luft ist es deshalb beständig, weil es sich mit einem dünnen Oxydhäutchen überzieht. In verdünnter Salzsäure löst es sich zu Chlorid. Bei genügend hoher Temperatur verbindet sich Aluminium sehr lebhaft mit Sauerstoff. Hierauf beruht das Goldschmidtsche „Thermitverfahren" zur Darstellung von Metallen aus ihren Oxyden und zur Erzeugung hoher Temperaturen. Wenn man z. B. Eisenoxyd mit Aluminiumspänen mengt und das Gemisch mit einer „Zündkirsche" (eine beim Verbrennen hohe Temperatur entwickelnde Masse, die aus sauerstoffreichen Körpern, wie Kaliumchlorat usw. besteht) entflammt, dann entzieht das Aluminium dem Eisenoxyd den Sauerstoff, reduziert es also zu Eisen und wird selbst zu Aluminiumoxyd. Dabei entsteht eine Temperatur von mehreren tausend Grad, so daß das gebildete Eisen sofort flüssig wird. Deshalb läßt sich der „Thermit", wie das Eisenoxyd-Aluminiumgemenge heißt, auch zum Aneinanderschweißen von Metallstücken verwenden.

Das Aluminium kommt sehr verbreitet und in großen Mengen vor, jedoch nicht gediegen, sondern nur in Form seiner Verbindungen. Wichtige Aluminiumverbindungen sind vor allem die verschiedenen Sorten von Aluminiumsilikaten, die als Tonerde (Lehm), Kaolin oder Porzellanerde weit verbreitet sind. Häufig vorkommende Mineralien wie Glimmer und Feldspat enthalten Aluminium als wesentlichen Bestandteil, ebenso verschiedene Edelsteine wie Rubin, Korund und Saphir, die aus reinem Aluminiumoxyd bestehen, das durch Spuren anderer Metalloxyde gefärbt ist. (Vgl. hierzu bei Borax, S. 133.)

Das Metall wurde zuerst von Wöhler 1827 dargestellt. Er erhielt es aber nur in ganz geringen Mengen, und niemand dachte daran, daß dem Aluminium eine große Zukunft beschieden sein könne. Nachdem sich aber die Herstellungsverfahren so verbessert hatten, daß der Preis für das Kilogramm von mehreren Tausend auf einige Mark sank (1855 kostete das Kilo 2400, 1905 dagegen 2,50 M), wurde es bald zu den mannigfachsten Zwecken verwendet. Wegen seiner Leichtigkeit stellt man viele Gebrauchsgegenstände (Helme, Trinkbecher, Kochgeschirre, Schlüssel, Teile von physikal. Apparaten usw.) aus ihm her. Leider ist das Metall zu weich und zu wenig widerstandsfähig gegen Zug und Druck, als daß es jemals das Eisen ersetzen könnte, was man anfänglich wohl geglaubt hatte. Der Schmelzpunkt des Aluminiums liegt auch ziemlich niedrig — schon bei 660°, was seine Verwendbarkeit in der Technik natürlich ebenfalls beeinträchtigt.

Man gewinnt das Metall jetzt ausschließlich durch Elektrolyse einer Lösung von Tonerde in geschmolzenem Kryolith (ein aus Natrium- und Aluminiumfluorid bestehendes Mineral). Die zum Schmelzen notwendige

Temperatur wird durch den elektrischen Strom selbst hervorgebracht, und damit das Verfahren lohnend wird, verwendet man Ströme von ganz ungeheurer Stärke (4000—13 000 Ampère bei 5—10 Volt Spannung). Solche riesige Energiemengen lassen sich nur dann vorteilhaft gewinnen, wenn man große Wasserkräfte benutzen kann (Niagarafälle, Rheinfall bei Schaffhausen). Sie sind nötig wegen des kleinen Äquivalentgewichts des Aluminiums (9,03). (Vgl. S. 153.)

Früher stellte man Aluminium durch Reduktion seines Chlorides mit Natrium her (Wöhler, Deville).

Die außerordentliche Kraft, mit der das Aluminium den Sauerstoff festhält (wir haben ja gesehen, welche Energiemengen man aufwenden muß, um es aus seinem Oxyd abzuscheiden, und wie gewaltsam es den Sauerstoff bei der Thermitreaktion an sich reißt), läßt vermuten, daß dem Aluminiumatom eine große chemische Energie innewohnen müsse. Das ist auch so. Für gewöhnlich merkt man nur deshalb nichts davon, weil das Aluminium stets mit einem dünnen Oxydhäutchen überzogen ist. Sobald man dieses auf irgendeine Weise zerstört, ist das „passive Aluminium" von früher nicht mehr wiederzuerkennen. Es ist nun außerordentlich reaktionsfähig geworden und zersetzt z. B. Wasser beinahe so heftig wie ein Alkalimetall, weshalb solches „aktives Aluminium" auch unter Petroleum aufbewahrt werden muß.

Aluminiumoxyd (Tonerde) hat, da Aluminium dreiwertig ist, die Formel Al_2O_3. Es kommt krystallisiert als Rubin und Saphir vor (siehe S. 181). Auch Korund, der wegen seiner Härte als Schleifmittel gebraucht wird, ist krystallisierte Tonerde. Körniger Korund heißt Schmirgel. Tonerde ist in amorphem Zustand eine weißes, leichtes, in Wasser unlösliches Pulver, das nur im Knallgasgebläse bei 2000° geschmolzen werden kann. In Säuren ist sie löslich, wenn man sie aber glüht, büßt sie ihre Löslichkeit vollkommen ein. Man muß sie dann „aufschließen" (siehe S. 129), indem man sie mit saurem Kaliumsulfat schmilzt, wodurch sie in lösliches Sulfat verwandelt wird. Nach einem Verfahren von Miethe kann man durch Zusammenschmelzen von Aluminiumoxyd mit geringen Mengen von Chromverbindungen im elektrischen Lichtbogen künstliche Rubine herstellen, die mit den natürlichen völlig übereinstimmen. Setzt man statt Chrom Titan- und Eisenoxyd zu, so erhält man künstliche Saphire.

Das Aluminiumhydroxyd, $Al(OH)_3$ bildet eine durchscheinende, gallertartige Masse, die aus der Lösung eines Aluminiumsalzes auf Zusatz eines Alkalihydroxyds ausfällt, z. B.

$$Al_2(SO_4)_3 + 6\,NaOH = 2\,Al(OH)_3 + 3\,Na_2SO_4.$$

In einem Überschuß von Lauge löst es sich wieder zu dem entsprechenden „Aluminat", dem Salz einer frei nicht beständigen Aluminiumsäure. Z. B.

$$Al(OH)_3 + 3\,NaOH = Na_3AlO_3 + 3\,H_2O. \quad \text{(Vgl. S. 174.)}$$

Man kann die Aluminate auch unmittelbar durch Auflösen des Metalls in der entsprechenden Lauge erhalten, wobei sie sich unter Freiwerden von Wasserstoff bilden, z. B.:

$$2\,Al + 6\,NaOH = 2\,Na_3AlO_3 + 3\,H_2.$$

Wenn man das Aluminiumhydroxyd erhitzt, verwandelt es sich in reine Tonerde. Diese Reaktion ist charakteristisch für die Erdmetalle. Beim Aluminiumhydroxyd liegen ähnliche Verhältnisse vor wie bei der Kieselsäure. Eine der Formel $Al(OH)_3$ entsprechende Verbindung kommt als Mineral (Hydrargillit) vor. Beim Fällen von Aluminiumsalzen mit Alkalien erhält man dagegen Aluminiumoxyd mit wechselnden Mengen adsorbierten Wassers.

Aluminiumchlorid, $AlCl_3$, ist in reinem, wasserfreiem Zustand eine weiße, krystallinische Masse. Wenn man Aluminiumhydroxyd in Salzsäure löst, dann erhält man zerfließliche Krystalle von wasserhaltigem Aluminiumchlorid, $AlCl_3 + 6\,H_2O$. Die wasserfreie Form ist nur schwierig zu erhalten, am besten so, daß man Aluminium oder ein Gemisch von Aluminiumoxyd und Kohle in einem Strom von Chlorgas stark erhitzt, wobei dann wasserfreies Chlorid sublimiert. Es wird in der organischen Chemie viel gebraucht. In Wasser geworfen bildet es unter starker Erwärmung wasserhaltiges Chlorid. An der Luft raucht es etwas, da es Chlorwasserstoff abspaltet.

Aluminiumsulfat, $Al_2(SO_4)_3$, erhält man, wenn man Tonerde längere Zeit mit konzentrierter Schwefelsäure kocht, oder wenn man Aluminiumhydroxyd in Schwefelsäure löst. Es bildet weiße undurchsichtige Krystalle, die in Wasser ziemlich schwer löslich sind. Es wird in der Technik zu verschiedenen Zwecken (als Beize, zum „Leimen" von Papier) gebraucht. — Aluminiumsulfat bildet mit den Sulfaten einwertiger Metalle, namentlich der Alkalimetalle, sehr gut in Oktaedern krystallisierende Doppelverbindungen, die man mit dem Namen „Alaune" bezeichnet. Am längsten bekannt ist das Kalium-Aluminiumsulfat, der Kalialaum oder Alaun schlechthin. Er krystallisiert in schönen weißen Oktaedern, wenn man Lösungen von Kalium- und Aluminiumsulfat im richtigen Verhältnis mischt. Seine Krystalle enthalten 24 Moleküle Krystallwasser, so daß seine vollständige Formel lautet:

$$Al_2(SO_4)_3 \cdot K_2SO_4 + 24\,H_2O.$$

In einer Allgemeinformel, in der M ein einwertiges und R ein dreiwertiges Metall bedeutet, läßt sie sich auch so schreiben:

$$M_2SO_4 \cdot R_2(SO_4)_3 + 24\,H_2O.$$

M kann sein: Kalium, Natrium, Ammonium, Cäsium, Rubidium usw. R ist in den meisten Fällen Aluminium, kann aber auch Eisen oder Chrom sein. Man gelangt so schließlich zu Alaunen, die mit den eigentlichen, sich vom Aluminiumsulfat ableitenden, gar nichts mehr zu tun haben, weil sie überhaupt kein Aluminium mehr enthalten, wie z. B. der Kalium-Chromalaun, bei dem M Kalium und R das dreiwertige Chrom ist. Er hat die Formel:

$$K_2SO_4 \cdot Cr_2(SO_4)_3 + 24\,H_2O,$$

enthält also, wie Sie sehen, keine Spur Aluminium. Aber trotzdem besitzt er die typischen Eigenschaften der Alaune: er krystallisiert leicht in Oktaedern und bindet 24 Moleküle Krystallwasser. Wir haben uns nun noch darüber klar zu werden, warum wir in der Alaunformel zwischen die beiden Sulfate einen Punkt und nicht, wie gewöhnlich ein Pluszeichen gesetzt haben. Sehr einfach: Ein Pluszeichen würde gar nichts weiter bedeuten als eine Mischung der beiden Sulfate. Der Punkt deutet an, daß sie miteinander in chemische Reaktion getreten sind. Es hat sich ein neuer Körper gebildet, der aber in seinen Lösungen in die Ionen seiner beiden Bestandteile, also in M·, R··· und SO_4'' dissoziiert ist. Wir haben hier den wesentlichen Unterschied von anderen Doppelverbindungen, wie z. B. der Kieselfluorwasserstoffsäure, die wir bereits als „komplexe" Verbindungen kennen gelernt haben. Diese Silicium und Fluor enthaltende Säure H_2SiF_6 ist nicht etwa auch in die Ionen dieser Bestandteile, also in Si-, F- und H-Ionen dissoziiert, sondern wir haben ein aus Si und F zusammengesetztes komplexes Ion $[SiF_6]''$ kennen gelernt, in dem sich weder Fluor noch Silicium nachweisen läßt, wenn man nicht das komplexe Ion dadurch in zwei gewöhnliche Ionen verwandelt, daß man den in der Formel durch die eckige Klammer angedeuteten chemischen Zusammenhang zerstört. Während also Kieselfluorwasserstoffsäure nicht die Reaktionen ihrer Bestandteile gibt, weil sie nicht in deren Ionen, sondern in neue, komplexe Ionen dissoziiert ist, tun das die Alaune [1]) doch. Man nennt derartige Körper „Doppelsalze". Zwischen komplexen und Doppelverbindungen bestehen mitunter Übergänge. Man kennt z. B. Salze, die zum Teil in die ursprünglichen, zum Teil in komplexe Ionen dissoziieren. Alaun übt, wie viele Aluminiumverbindungen, eine leicht zusammenziehende Wirkung auf die Schleimhäute aus. Daher die Verwendung des Alauns als Gurgelwasser und die des essigsauren Aluminiums („essigsaure Tonerde") zu Umschlägen.

Mit den Kieselsäuren bildet das Aluminium verschiedene Silikate, die man unter dem Namen „Ton" (nicht Tonerde, denn das ist Aluminiumoxyd) zusammenfaßt. Als wichtiges aluminiumsilikathaltiges Mineral lernten wir bereits den gewöhnlichen Kalifeldspat kennen (siehe S. 151). Durch die Verwitterung des Feldspates entsteht dann der Ton, der je nach seiner Reinheit Kaolin (Porzellanton) oder Lehm genannt wird. Kaolin dient zur Herstellung feinen Porzellans, unreinerer Ton zur Anfertigung gewöhnlicher, sog. irdener Töpferwaren. Das billigste Material heißt auch Steingut. Ton ist, wenn man ihn mit Wasser befeuchtet, knetbar, weshalb er zum Modellieren gebraucht wird. Läßt man aus solchem plastischen Ton geformte Gegenstände trocknen und erhitzt sie, dann werden sie porös und hart. Diesen Vorgang bezeichnet man als das „Brennen" des Tons. Ziegel und Backsteine bestehen aus gebranntem Lehm.

Porzellanwaren werden aus Kaolin geformt und gebrannt. Um ihnen die Porosität zu nehmen, versieht man sie mit einem glänzenden Überzug (Glasur), der meist aus geschmolzenem Aluminiumsilikat (Feldspat) besteht. Bisweilen erzeugt man die Glasur auch dadurch, daß man Kochsalz in die Öfen wirft, in denen das Porzellan gebrannt wird. Durch die Einwirkung des aus dem Ton beim Brennen entweichenden Wasserdampfs entsteht aus dem Chlornatrium Salzsäure und Natron-

[1]) Von Alaun, lat. Alumen, hat das Aluminium seinen Namen.

lauge, die mit dem Ton ein Doppelsilikat von Natrium und Aluminium bildet. Die Salzsäure entweicht als Gas. Diese „Salzglasur" wird hauptsächlich bei der Herstellung der Steingutwaren angewandt. Unglasiertes Porzellan heißt Biskuitporzellan. Zu den unglasierten Tonwaren gehören auch die Blumentöpfe.

Wenn man ein Gemisch von Ton, Soda und Schwefel unter Luftabschluß erhitzt, erhält man den als Ultramarin bekannten blauen Farbstoff, der als Lasurstein (Lapis lazuli) natürlich vorkommt. Der künstliche wird als Anstrichfarbe, Malerfarbe und als Waschblau zum bläuen der Wäsche gebraucht. Durch Änderung der Mengenverhältnisse der einzelnen Stoffe kann man auch andersfarbige Ultramarine herstellen. Aluminiumoxyd, das mit Kobaltnitrat befeuchtet und geglüht wird, gibt ebenfalls eine blaue Masse (Thénards Blau, Kobaltultramarin). (Siehe auch bei Zink S. 175.) Aluminiumcarbid, Al_4C_3 entsteht aus Aluminiumoxyd und Kohle im elektrischen Flammenbogen. Es ist ein hellgelber Körper, der sich mit (warmem) Wasser in Aluminiumoxyd und Methan umsetzt, entsprechend:

$$Al_4C_3 + 6\,H_2O = 2\,Al_2O_3 + 3\,CH_4$$

(Unterschied vom Calciumcarbid.)

Wir haben schließlich noch die merkwürdige Tatsache zu erwähnen, daß weder durch Schwefelwasserstoff noch durch Alkalisulfide, wie Schwefelammonium, das Aluminium aus den Lösungen seiner Salze als Sulfid gefällt werden kann. Das kommt daher, daß das Aluminiumsulfid, Al_2S_3, sehr unbeständig ist und schon durch feuchte Luft in Hydroxyd und Schwefelwasserstoff zerlegt wird. Entweder fällt es also überhaupt nicht aus (wie z. B. bei dem Einleiten von Schwefelwasserstoff), weil der Prozeß vollkommen umkehrbar ist:

$$2\,AlCl_3 + 3\,H_2S \rightleftarrows Al_2S_3 + 6\,HCl,$$

oder es wird das entstehende Sulfid sofort hydrolytisch in Hydroxyd und Schwefelwasserstoff gespalten, so daß tatsächlich Hydroxyd ausfällt, z. B.:

$$\text{I.}\quad 2\,AlCl_3 + 3\,(NH_4)_2S + 6\,H_2O = 6\,NH_4Cl + Al_2S_3 + 6\,H_2O,$$

$$\text{II.}\quad Al_2S_3 + 6\,H_2O = 2\,Al(OH)_3 + 3\,H_2S.$$

Dies zeigt, daß das Aluminium nur schwach basisch ist, da bereits die Eigendissoziation des Wassers in $H^\cdot$ und OH' ausreicht, die wenigen von dem Aluminiumsulfid herrührenden $Al^{\cdots}$-Ionen in undissoziiertes $Al(OH)_3$ überzuführen:

$$\underbrace{2\,Al^{\cdots} + 3\,S''}_{\text{Dissoziiertes } Al_2S_3} + \underbrace{6\,H^\cdot + 6\,OH'}_{\text{Dissoziiertes } 6\,H_2O} = 2\,Al(OH)_3 + 3\,H_2S.$$

Hierbei ist nur noch nicht erklärt, warum überhaupt meßbare Mengen von Aluminiumhydroxyd ausfallen, wenn nur so außerordentlich wenig freie $Al^{\cdots}$-Ionen, die in $Al(OH)_3$ übergeführt werden können, vorhanden sind; denn einige wenige Ionen sind ja natürlich nicht nachweisbar. Das kommt daher, daß der Dissoziationsgrad einer Verbindung immer gleich bleibt. Ein Beispiel wird Ihnen das sofort klar machen: Nehmen wir an, der Dissoziationsgrad des Aluminiumsulfids betrage 0,2%, es seien also von 1000 Molekülen Aluminiumsulfid 2 in 2 $Al^{\cdot\cdot\cdot}$ und 3 S'' gespalten. Sobald nun aber diese beiden $Al^{\cdot\cdot\cdot}$-Ionen dadurch beiseite geschafft worden sind, daß sie sich mit den paar gerade vorhandenen OH'-Ionen zu $Al(OH)_3$ verbunden haben, dann ist wieder Platz für zwei weitere $Al^{\cdot\cdot\cdot}$-Ionen und für neue OH'-Ionen — und so geht das weiter, bis alles Aluminiumsulfid in Hydroxyd und Schwefelwasserstoff gespalten ist. Praktisch verläuft diese Reaktion mit äußerster Schnelligkeit, so daß sie uns als augenblicklicher Vorgang erscheint. Sie haben hier ein Beispiel dafür, wie wichtig es für den Verlauf gewisser Reaktionen ist, daß die bei ihnen entstehenden Reaktionsprodukte fortgeschafft werden, damit für neue Ionen, die dann wieder miteinander reagieren können, Platz gemacht wird. Die Erkenntnis, daß die Anzahl der in einer Lösung vorhandenen Ionen bestimmter Art unter Umständen davon abhängen kann, wie viele Ionen derselben oder ähnlicher Gattung bereits in der Lösung vorhanden sind, ist zu einer grundlegenden Entdeckung für die theoretische und praktische Chemie geworden. Wir kommen darauf im nächsten Vortrag ausführlich zurück.

Zunächst haben wir nun noch eine Art Untergruppe von 3 Metallen zu betrachten, die in einigen wesentlichen Punkten dem Aluminium sehr ähnlich sind. Diese seltenen Elemente heißen Gallium, Indium und Thallium. Sie wurden alle drei durch die Spektralanalyse entdeckt, und die beiden letzten haben ihre Namen von der Farbe ihrer charakteristischen Spektrallinien: Indium gibt eine indigoblaue, Thallium [1]) eine leuchtend grüne Linie. Gleich dem Aluminium sind diese Metalle dreiwertig. Indium kommt auch als Chlorür $InCl_2$ zweiwertig, Thallium in den Thalloverbindungen einwertig, in der Thallireihe dreiwertig vor. Gallium und Thallium bilden Alaune. Galliumhydroxyd $Ga(OH)_3$ ist, wie Aluminiumhydroxyd, amphoter. Während Gallium einen außerordentlich niedrigen Schmelzpunkt (30^0) hat, liegt er beim Indium bei 155^0 und beim Thallium bei 300^0. Das spez. Gew. der Metalle ist, im Gegensatz zum Aluminium, ziemlich hoch. Es liegt zwischen 5,9 für Gallium und 11,8 für Thallium. Das am leichtesten zugängliche der drei Elemente ist das Thallium. Von Ansehen und nach seinem physikalischen Verhalten gleicht es dem Blei. Die Verbindungen des einwertigen Thalliums sind die beständigeren. Thallocarbonat, Tl_2CO_3, wird von Wasser hydrolysiert wie Kaliumcarbonat. Sehr interessant ist, daß das Thallium in Alaunen als Thallosulfat die Stelle des Kaliumsulfats wie als Thallisulfat, $Tl_2(SO_4)_3$ die des Aluminiumsulfats einnehmen kann.

An das Aluminium schließt sich weiterhin noch eine ganze Reihe von Elementen an, die man als „seltene Erdmetalle" bezeichnet, weil sie sämtlich die Fähigkeit haben, beim Erhitzen ihrer Hydroxyde erdige Oxyde zu hinterlassen. Die seltenen Erdmetalle ähneln sich sehr in ihren Eigenschaften, kommen meist zu mehreren gemeinsam und nur in geringen Mengen vor und sind sehr schwer voneinander zu trennen. Daher kommt es, daß man bei einigen gar nicht sicher weiß, ob es eigent-

[1]) Von θάλλος (thallos), der grüne Zweig.

lich Elemente oder Gemische[1] verschiedener Grundstoffe sind. Physikalische Konstanten wie spez. Gew. usw. sind meist nur ungenau bekannt, so daß wir sagen können, daß das Gebiet der seltenen Erden noch ein ziemlich dunkles Stück der chemischen Forschung ist. Die Namen der hierher gehörenden Elemente sind:

Cergruppe	Yttriumgruppe
Cer	Ytterbium
Lanthan	Erbium
Samarium	Terbium
Praseodym	Yttrium
Neodym	Dysprosium
Europium	Holmium
	Gadolinium
	Thulium
	Skandium

Die Elemente kommen meist in seltenen grönländischen und schwedischen Mineralien vor, z. B. im Euxenit, Gadolinit, Cerit usw. Sie sind fast immer dreiwertig, erinnern also auch hierin an das Aluminium. Ferner kennt man noch drei vierwertige Erdmetalle: Titan, Zirkonium und Thorium. Titan und Zirkonium haben säurebildende Oxyde, verhalten sich also wie vierwertige Metalloide, was sie an die Kohlenstoff-Siliciumgruppe anreiht. Das Thorium dagegen bildet nur basische Oxyde. — Das Cer- und Thoroxyd findet eine ausgedehnte Verwendung zur Herstellung der Auerschen Glühstrümpfe. Man tränkt einen Strumpf aus Baumwollgewebe mit einer Lösung von Cer- und Thornitrat. Wird dann der Strumpf „abgebrannt", so bleibt ein Gerippe aus Cer- und Thoroxyd zurück, das, durch einen Bunsenbrenner erhitzt, ein sehr helles Licht ausstrahlt. — Eine Legierung von Cer und Eisen gibt leicht Funken, wenn sie mit einem Stahl geschlagen wird („Cereisenfeuerzeuge").

Durch die Glühstrumpfindustrie ist die Nachfrage nach Cer- und Thormineralien erheblich gewachsen. Es wurde eifrig nach neuen Quellen für diese wertvollen Stoffe gesucht, und man fand in dem aus Amerika kommenden Monazitsand ein ergiebiges Lager von Ausgangsmaterial zur Gewinnung dieser Verbindungen.

Die Theorie des Auerstrumpfs ist von hohem physikalischen Interesse. Die von einem Körper ausgesandte Gesamtstrahlung wächst mit seiner Temperatur, und zwar, nach dem Gesetz von Stefan-Boltzmann, mit der 4. Potenz der Temperatur. Bei tiefer Temperatur werden nur langwellige Strahlen (Wärmestrahlen) ausgesandt. Mit zunehmender Temperatur verschiebt sich das Maximum der Gesamtstrahlung nach dem kurzwelligen Spektralgebiet, d. h. es werden vorwiegend sichtbare Strahlen (Lichtstrahlen) ausgesandt. (Wiensches Verschiebungsgesetz[2]). Erst bei 2500° beträgt der Anteil an Lichtstrahlung praktisch 100%, d. h. alle zugeführte Wärmeenergie wird in sichtbare Strahlung umge-

---

[1]) Vgl. S. 188.

[2]) Das Gesetz lautet: Das Produkt aus der Wellenlänge des Maximums und der Temperatur ist konstant. (Bei dem sog. „absolut schwarzen Körper.")

setzt. Nun beträgt aber die Temperatur der Bunsenflamme, die den Auerstrumpf zum Leuchten bringt, nur etwa 2000°. Der Leuchtkörper würde also immer noch einen erheblichen Teil Wärmestrahlung aussenden, wenn nicht der Zusatz von Ceroxyd, das mit dem Thoroxyd eine feste Lösung bildet, die Aussendung von langwelliger Strahlung durch Absorption unterdrückte (selektive Absorption) und so die Ausbeute an Lichtstrahlung verbesserte. Dieser merkwürdige Einfluß des Ceroxyds ist am günstigsten bei einem Zusatz von 0,9%; denn wenn man mehr zugibt, so wird das Lösungsvermögen von Thoroxyd überschritten und Ceroxyd mechanisch beigemengt. Hierdurch verschlechtert sich die Lichtausbeute zugunsten der Wärmestrahlung[1]).

Bezeichneten wir eben die vierwertigen Erdmetalle Titan, Zirkon und Thor als Anhängsel der Kohlenstoffgruppe, so können wir die seltenen fünfwertigen Elemente Vanadium, Niobium (auch Kolumbium genannt) und Tantal auch als Anhängsel der Stickstoff-Phosphorgruppe betrachten. Gleich dem Stickstoff bilden sie eine ganze Reihe von Oxyden, haben aber auch die Fähigkeit, Alaune zu bilden, was wieder an die Erdmetalle erinnert. Das Tantal wird jetzt zur Herstellung der Glühfäden in der „Tantallampe" gebraucht. Indes ist ihm auf diesem Gebiet ein starker Nebenbuhler im Wolfram erstanden.

Sie sehen, ein wie großes Gebiet wir hier mit wenigen Worten gestreift haben, und wie lückenhaft hier unsere Systematik wird. Während die dreiwertigen dieser seltenen Elemente noch ausgesprochene Erdmetalle sind, wird der Zusammenhang mit diesen bei den vier- und fünfwertigen immer geringer. Wir haben wieder Untergruppen vor uns, die uns teilweise an Metalloide erinnern und uns wieder von neuem die Erscheinung zeigen, daß in derartigen Elementfamilien mit steigendem Atomgewicht das chemische Verhalten vom Metalloid über Metalloid-Metall (amphoteres Verhalten) zum Metall läuft.

Die Entdeckung der eigentlichen seltenen Erden geht aus von einem Hauptmann Arrhenius, der 1788 in dem schwedischen Ort Ytterby ein neues Mineral fand, Ytterbit genannt. Dieser Ytterbit wurde 1794 von Prof. Gadolin untersucht, der in dem Mineral das Oxyd eines neuen Metalls, das er Yttrium benannte, fand. Daraufhin wurde der Ytterbit dem Entdecker des Yttriums zu Ehren Gadolinit genannt. Das Ceroxyd wurde von Klaproth 1804 in einem anderen schwedischen Mineral gefunden. Seinen Namen erhielt es nach dem damals gerade entdeckten Planeten Ceres. Bald fand man aber (Mosander 1826), daß in dem Ceroxyd noch ein anderes Metall stecke, das man, weil es so lange versteckt geblieben war, Lanthan [2]) nannte. Aber sogar aus dem Lanthan wurde noch ein neues Element Didym [3]) abgeschieden (Mosander 1841), das „Zwilling" des Lanthans getauft wurde. 1885 zerlegte Auer v. Welsbach das Didym abermals in zwei neue Elemente, die er Praseodym [4]) und Neodym nannte. Auch trennte er das Ytterbium in Aldebaranium

[1]) Nach Hofmann, Lehrbuch der anorg. Chemie.
[2]) λανθάνειν (lanthanein), verborgen sein.
[3]) δίδυμοι (didymoi), die Zwillinge.
[4]) πράσεος (praseos), lauchgrün — nach der grünen Farbe der Praseodymsalze.

Element	Symbol	Atomgew.	Spez. Gew.	Eigenschaften	Wertigkeit	Vorkommen	Schmelzpunkt	Gruppenzugehörigkeit, Chem. Charakter
Aluminium	Al	27,1	2,70	Weißes Metall	III	Sehr häufig im Ton, Lehm, Feldspat usw.	660°	Typisches Erdmetall. Hydroxyd amphoter
Gallium	Ga	69,9	5,9	Weißes Metall	III (II)	Sehr selten in Zinkblenden	30°	Fähigkeit, Alaune z. bilden; Erdmetall
Indium	In	114,8	7,4	Weißglänzendes Metall	III (I, II)	,,	176°	,,
Thallium	Tl	204,0	11,8	Bläulichweißes Metall	I (III)	Selten in Eisen- u. Kupferkiesen	290°	Bildet ebenfalls noch Alaune
Cer	Ce	140,25	7,02	Eisenähnliches Metall	III (IV)	Im Monazitsand	623°	Erdmetall
Lanthan	La	139,0	6,0	,,	III	,,	—	,, Oxyd sehr basisch
Samarium	Sm	150,4	7,8	—	III	Im Samarskit, Gadolinit.	—	,,
Praseodym	Pr	140,6	6,4	—	III	Im Monazitsand	—	Erdmetall. Salze meist lauchgrün
Neodym	Nd	144,3	—	—	III	,,	—	Erdmet. Salze meist violett
Ytterbium	Yb	172,0	—	—	III	In seltenen Mineralien: Euxenit, Gadolinit usw.	—	Erdmetall. Salze schmecken süß; v. Auer zerlegt in Aldebaranium u. Cassiopeium
Erbium	Er	167,7	—	—	III	In den Yttererden	—	Erdm. Stark selekt. absorb.
Terbium	Tb	159,2	—	—	III	,,	—	,,
Yttrium	Y	89,0	—	—	III	,,	—	,, Oxyd sehr basisch
Europium	Eu	152,0	—	—	III	In Spuren im Monazitsand	—	,,
Dysprosium	Dy	162,5	—	—	III	In den Yttererden	—	,,
Holmium	Ho	163,5	—	—	III	,,	—	,,
Gadolinium	Gd	157,3	—	—	III	,,	—	,,
Thulium	Tu	168,5	—	—	III	,,	—	,, Nach v. Welsbach aus 3 Elementen bestehend
Titan	Ti	48,1	4,5	Weißes Metall	IV (II, III)	In den Mineralien Rutil, Anatas, Brookit.	bei 1800°	Verwandter d. Kohlenstoffgruppe. Metalloidcharakter
Zirkonium	Zr	90,6	6,4	Metallglänzende Blättchen Amorph schwarzes Pulver	IV	Als Silikat: Zirkon, $ZrSiO_4$	1530°	Erdmetall. Oxyd ähnlich SiO_2
Thorium	Th	232,4	11,1 (kryst.)	Amorph schwarzes Pulver	IV	Im Monazitsand	1700°	Verwandter d. Kohlenstoffgruppe. Metallcharakter
Vanadium	V	51,0	5,68	Silberglänzendes Metall	V (III)	Geringe Mengen in Eisenerzen	1715°	Verwandter der Stickstoffgruppe. Bildet Alaune. Säurebildend
Niobium	Nb	93,5	7,6	Stahlgraues Metall	V (III)	Im Niobit.	1950°	,,
Tantal	Ta	181,5	16,6	Eisengraues Metall	V	Im Tantalit	etwa 2850°	,,

und Kassiopeium. Möglicherweise gehört hier auch noch ein Element Celtium (Urbain) hin. Ich erwähne das alles, um Ihnen einen kleinen Begriff von der fast unglaublichen Ineinanderschachtelung dieser Elemente zu geben.

Charakteristisch für die meisten Salze der seltenen Erdmetalle sind ihre „Absorptionsspektren", die man erhält, wenn man Sonnenlicht, bevor es in den Spektralapparat gelangt, eine Lösung der betreffenden Salze durchlaufen läßt. Dabei werden dann bestimmte, in dem Sonnenlicht enthaltene Farben von der Lösung verschluckt (absorbiert), so daß an der entsprechenden Stelle im Spektrum mehr oder weniger breite, dunkle Bänder (Absorptionsbänder) entstehen (siehe Spektraltafel). Je nachdem die Lösung mehr oder weniger konzentriert ist, ändert sich die Breite der Bänder etwas. Zu den gefärbten seltenen Erden zählen: Samarium, Praseodym, Neodym, Erbium, Europium, Thulium, Dysprosium und Holmium. Nach Hofmann lassen sich die Absorptionsstreifen schon in dem von Mineralien der seltenen Erden zurückgeworfenen Sonnenlicht mit einem Taschenspektroskop feststellen. Zum Schluß gebe ich Ihnen noch eine möglichst genaue Übersicht über sämtliche in diesem Vortrag behandelten Elemente (s. S. 189).

Fünfzehnter Vortrag.

Chemisches Gleichgewicht. — Massenwirkungsgesetz. — Verschiebung des Gleichgewichts durch Druck und Temperatur. — Katalyse. — Thermochemie. — Affinität. — Chemische Energielehre.

Im vorigen Vortrag sprachen wir davon, daß die Ausfällung von Aluminiumhydroxyd durch Schwefelwasserstoff eine Beziehung zwischen der Anzahl der verschiedenen Molekül- bzw. Ionenarten erkennen lasse, die sich in einer Lösung nebeneinander befinden können. Um diese, zunächst noch dunkelen Verhältnisse etwas klarer herauszuarbeiten, müssen wir uns heute mit einigen Tatsachen aus dem großen Gebiete der physikalischen Chemie beschäftigen.

Auch hier wollen wir gleich ohne Umschweife beginnen und uns zunächst einmal die Bildung von Jodwasserstoff aus seinen Elementen genauer ansehen. Wir bringen Jod und Wasserstoff in äquivalenten Mengen in ein Glasrohr und schmelzen es zu. Wie wir wissen, wirkt bei gewöhnlicher Temperatur Jod auf Wasserstoff nicht ein. Wir erwärmen deshalb und finden, daß jeder Temperatur eine gewisse Menge Jodwasserstoff entspricht, die nun neben noch unverbundenem Jod und Wasserstoff in dem Rohr enthalten ist; und zwar werden wir zunächst um so mehr Jodwasserstoff erhalten, je höher wir erhitzen. Wenn wir aber bis etwa 200° gelangt sind, so steigt die Jodwasserstoffmenge nicht mehr gleichförmig mit der Temperatur an. Dagegen zeigt uns die violette Farbe des Rohrinhalts, daß Joddampf in ihm vorhanden ist. Während wir bisher die Reaktion $H_2 + J_2 = 2\,HJ$ beobachteten, beginnt nun in immer steigendem Maß die umgekehrte: $2\,HJ = H_2 + J_2$. Wie hoch wir auch erhitzen, wir werden es nie dazu bringen, daß wir nur Jodwasserstoff in dem Rohr haben. Umgekehrt werden wir, falls wir von vornherein Jodwasserstoff (statt H_2 und J_2) in das Rohr einschließen, bei den gleichen Temperaturen wieder die gleichen Verhältnisse vorfinden: auch hier wird Joddampf auftreten und uns den mehr oder minder starken Zerfall der Verbindung anzeigen. Jeder Temperatur entspricht also bei diesem Vorgang ein bestimmter Prozentsatz an Jod, Wasserstoff und Jodwasserstoff. Z. B. sind bei 445° 79% Jodwasserstoff vorhanden neben 21% der unverbundenen Elemente. Es ist einerlei, ob wir von den Elementen oder von ihrer Verbindung ausgehen, es wird sich in beiden Fällen dasselbe Gleichgewicht einstellen.

Wie kommt dieses Gleichgewicht zustand? Wie wir gesehen haben, laufen zwei Reaktionen nebeneinander: Bildung und Zerfall. Die Folge davon ist, daß weder die eine noch die andere vollständig verlaufen kann. Es entsteht zwar eine gewisse Menge Jodwasserstoff, aber es wird auch ein gewisser Teil in der gleichen Zeit wieder zersetzt. Wenn sich für jede Temperatur ein Gleichgewicht zwischen Jod, Wasserstoff und Jodwasserstoff einstellt, so kann es nur dadurch möglich sein, daß die gleiche Anzahl von Molekülen, die gebildet wird, auch wieder zerfällt. Wir bezeichnen die Gesamtheit der sich umsetzenden Stoffe als ein „System" und nennen sie im einzelnen die „Phasen" dieses Systems. Im Gleichgewichtszustand, stellen wir also fest, verschwindet in der Zeiteinheit so viel von zwei Phasen ($H_2 + J_2$) als von einer neuen (HJ) gebildet wird. (Wir betrachten hier ein dreiphasiges System; es gibt natürlich auch mehrphasige.) Dies drückt man symbolisch dadurch aus, daß man in der Reaktionsgleichung statt des Gleichheitszeichens zwei entgegengesetzte Pfeile anbringt; in unserem Fall also:

$$H_2 + J_2 \rightleftarrows 2\,HJ.$$

Wir haben von dieser ohne weiteres verständlichen Zeichensprache ja schon früher ab und zu Gebrauch gemacht und tragen jetzt noch nach, daß eine derartige, einen umkehrbaren, zu einem Gleichgewicht führenden Vorgang anzeigende Gleichung streng genommen eine Ungleichung ist. Denn welche Mengen auf beiden Seiten stehen, hängt ganz von der gewählten Temperatur ab, und gleich werden sie nur ausnahmsweise sein. Gehen wir von Jodwasserstoff aus, etwa von $^1/_{10}$ Grammolekül, so hätten wir zunächst 25,6 g Jodwasserstoff im Rohr. Von dieser Menge wäre bei 445° 79% als Jodwasserstoff und 21% als Gemisch der unverbundenen Elemente vorhanden. Zahlenmäßig wäre dieses Gleichgewicht demnach darzustellen durch:

$$\underset{20{,}22\ \mathrm{g}}{2\,HJ} \overset{445^0}{\rightleftarrows} \underbrace{H_2 + J_2}_{5{,}38\ \mathrm{g}}$$

Ein Gleichgewichtszustand, der dadurch zustand kommt, daß die Bildungsgeschwindigkeit gleich der Zerfallsgeschwindigkeit ist, heißt kinetisches [1]) oder dynamisches Gleichgewicht [2]), zum Unterschied von

[1]) κινέω (kineo), ich bewege.
[2]) δύναμις (dynamis), die Kraft.

dem statischen[1]) Gleichgewicht, wie es etwa auf einer Wage herrscht oder zwischen einem Papierschnitzel und der elektrisch gemachten Siegellackstange, die ihn schwebend erhält.

Wovon hängt nun die Bildungs- und Zerfallsgeschwindigkeit ab? Offenbar unter anderem von der Temperatur, die in dem System herrscht. Wir erhöhen seine Temperatur, indem wir ihm Wärme zuführen. Wenn wir nun, den heutigen wohlbegründeten Anschauungen über diese Energieform entsprechend, die Wärme als eine Bewegung der Moleküle betrachten, so können wir annehmen, daß wir durch Wärmezufuhr die Moleküle des Systems in stärkere Bewegung versetzen. Bleiben wir nun weiter bei dieser mechanischen Vorstellung, so können wir uns denken, daß bei der Erwärmung reinen Jodwasserstoffs einzelne Moleküle so heftig aneinander prallen, daß sie zertrümmert werden. Es entsteht also, im Sinn des oberen Pfeiles der letzten Gleichung, Jod und Wasserstoff. Zunächst werden nur wenige Moleküle der beiden Elemente vorhanden sein. In dem Maß aber, in dem die Zertrümmerungen sich häufen, muß auch die Anzahl der Element-Moleküle wachsen. Da immer mehr Jodwasserstoffmoleküle aus dem System verschwinden, vermindert sich die Wahrscheinlichkeit, daß welche zertrümmert werden können. Die Reaktionsgeschwindigkeit $\rightarrow$ nimmt ab; dafür wächst aber die entgegengesetzte $\leftarrow$, denn für den Zusammenprall der Jod- und Wasserstoffmoleküle wächst die Wahrscheinlichkeit mit steigender Anzahl in der Raumeinheit. Da nun die Geschwindigkeit $\rightarrow$ abnimmt, während die entgegengesetzte $\leftarrow$ wächst, muß schließlich die eine der anderen gleich werden. Dies ist eben der Zustand des chemischen Gleichgewichts.

Wie wir gesehen haben, wird die Wahrscheinlichkeit für das Zusammenprallen von Molekülen durch ihre Anzahl in einem gegebenen Raum wesentlich beeinflußt. Je dichter sie zusammenliegen, mit andern Worten: je größer ihre Konzentration ist, desto größer wird die Wahrscheinlichkeit des Umsatzes, desto größer also die Reaktionsgeschwindigkeit sein. Dies ist der Kern des von Guldberg und Waage 1867 aufgestellten Massenwirkungsgesetzes: die Reaktionsgeschwindigkeit ist proportional dem Produkt der Konzentrationen der an der Reaktion beteiligten Molekülarten. Die molekulare Konzentration mißt man durch die Zahl der in der Raumeinheit (etwa 1 Liter) enthaltenen Grammmoleküle. Nehmen wir an, wir hätten eine Reaktion zwischen 2 Molekülarten a und b, deren Konzentration wir durch eckige Klammern andeuten. Schrieben wir nun, entsprechend dem Massenwirkungsgesetz: die Reaktionsgeschwindigkeit v ist:

$$v = [a] \cdot [b] \qquad \text{1)}$$

so hieße das, daß sie gleich ist dem Produkt der Molekülkonzentrationen. Dies wäre aber nur ein Sonderfall des Gesetzes, das ja nicht von Gleichheit, sondern von Proportionalität, d. h. von „in einem Verhältnis zueinander stehen" spricht. In welchem Verhältnis, das sagt für jeden Fall eine besondere Größe k, die u. a. von der Temperatur abhängig ist. Mit diesem, von Fall zu Fall wechselnden „Proportionalitätsfaktor"

[1]) status, der Zustand, das Festgesetzte.

muß das Konzentrationsprodukt noch multipliziert werden, damit die Gleichung richtig wird. So erhalten wir endlich den Ausdruck für die Reaktionsgeschwindigkeit einer Umsetzung zwischen zwei Molekülarten:

$$v = [a] \cdot [b] \cdot k \quad \ldots\ldots\ldots \quad 2)$$

Sind mehrere Moleküle gleicher Art an einer Reaktion beteiligt, wie z. B. beim Jodwasserstoff: $2\,HJ \rightleftarrows H_2 + J_2$, so erscheint die betreffende Molekülart zweimal, sind n gleichartige beteiligt, n mal als Faktor im Konzentrationsprodukt. Sie wissen wohl, daß man ein Produkt aus n gleichen Faktoren a abgekürzt als Potenz a^n schreibt. Wir kommen so zu dem allgemeinen Ausdruck für das Massenwirkungsgesetz:

$$v = [a^n] \cdot [b^n] \cdot [c^n] \ldots k \quad \ldots\ldots \quad 3)$$

in dem n durch die Anzahl der an der Reaktion beteiligten Moleküle jeder Sorte (a, b, c ...) bestimmt ist.

Kehren wir nun wieder zu einem System im Gleichgewicht zurück, so können wir, da die Reaktionsgeschwindigkeit v (→) gleich der entgegengesetzten v_1 (←) ist, folgendes festsetzen: bei dem System $a \rightleftarrows b + c$ ist im Gleichgewicht:

$$\left.\begin{array}{l} v = [a] \cdot k \\ v_1 = [b] \cdot [c] \cdot k_1 \end{array}\right\} \quad \ldots\ldots\ldots \quad 4)$$

Folglich ist auch:

$$[a] \cdot k = [b] \cdot [c] \cdot k_1 \quad \ldots\ldots\ldots \quad 5)$$

Dieser Ausdruck läßt sich, wie die elementare Mathematik lehrt, auch in folgender Form schreiben:

$$\frac{k}{k_1} = \frac{[b] \cdot [c]}{[a]} \quad \ldots\ldots\ldots \quad 6)$$

Wenn wir, wie es die linke Seite der Gleichung verlangt, zwei konstante Werte durcheinander dividieren, so erhalten wir einen neuen Wert (K), der wieder eine Konstante sein muß. Wir schreiben deshalb schließlich:

$$K = \frac{[b] \cdot [c]}{[a]} \quad \ldots\ldots\ldots \quad 7)$$

Am Ende sind Sie schon ängstlich geworden und haben im Stillen mit Mephisto gedacht: „grau, teurer Freund, ist alle Theorie". Damit wir uns wieder zu des Lebens goldnem Baum zurückfinden, wollen wir versuchen, ob wir aus dieser Gleichung, die möglichster Deutlichkeit wegen mit Absicht ausführlich abgeleitet ist, nicht einiges Interessante herauslesen können. Wenn wir uns die Freiheit nehmen, einmal, gleich vielen orientalischen Völkern, von rechts nach links zu lesen; können wir sie etwa so übersetzen: bei einem System im Gleichgewicht stellt das Verhältnis der beiden Reaktionsgeschwindigkeiten → und ← (Gleichung 6) einen (je nach der Art der reagierenden Stoffe, Höhe der Temperatur usw. verschiedenen) konstanten Wert K dar. (Gleichung 7.) Die zahlenmäßige Größe dieses Wertes hängt ab von dem Verhältnis des Konzentrationsproduktes der durch Zersetzung gebildeten zu dem der durch Vereinigung entstandenen Stoffe. Um nun unsere Buchstabengleichung lebendig zu machen, betrachten wir Fälle, für die sie paßt,

d. h. Reaktionen, bei denen sich ein Gleichgewicht zwischen einer Molekülart und zwei Spaltstücken einstellt. Als solche ließe sich z. B. wählen:

$$NH_4Cl \rightleftarrows NH_3 + HCl$$

die thermische Dissoziation des Ammoniumchlorids. Oder

$$NaCl \rightleftarrows Na^{\cdot} + Cl'$$

die elektrolytische Dissoziation des Natriumchlorids. Bleiben wir bei letzterem, so erkennen wir, daß es nicht nur ein Molekül — sondern auch ein Ionengleichgewicht gibt. Für jeden Verdünnungsgrad einer Natriumchloridlösung erhalten wir einen bestimmten konstanten Wert K, nach dem sich das Verhältnis der dissoziierten zu den undissoziierten Molekülen bemißt. K heißt deshalb im Fall des Ionengleichgewichts die Dissoziationskonstante, während es bei den Molekülgleichgewichten Gleichgewichtskonstante heißt. Sehen wir, was wir mit der Dissoziationskonstante anfangen können. Das Gleichgewicht $NaCl \rightleftarrows Na^{\cdot} + Cl'$ wird dann vorhanden sein, wenn in einer gesättigten Lösung noch einige ungelöste Kochsalzkrystalle am Boden des Gefäßes liegen. Die Dissoziationsgeschwindigkeit der undissoziiert gelösten NaCl-Moleküle ist dann gleich der Vereinigungsgeschwindigkeit der $Na^{\cdot}$- und Cl'-Ionen. Die Zahl der NaCl-Moleküle in der Lösung bleibt konstant, weil sich zwischen ihnen und dem „Bodenkörper" (den am Boden liegenden Krystallen) ebenfalls ein dynamisches Gleichgewicht NaCl (gelöst) $\rightleftarrows$ NaCl (fest) einstellt. Schematisch zeigt das die Fig. 54.

Wir benutzen nun unsere Gleichung 7 und schreiben:

$$K = \frac{[Na^{\cdot}] \cdot [Cl']}{[NaCl]} \quad \ldots\ldots\ldots\ldots \quad 8)$$

und formen sie zu praktischem Gebrauch noch um[1]) in:

$$K \cdot [NaCl] = [Na^{\cdot}] \cdot [Cl'] \quad \ldots\ldots\ldots\ldots \quad 9)$$

Der Gleichung 9 läßt sich ohne weiteres entnehmen, daß das Gleichgewicht gestört werden muß, wenn sich irgend einer der Faktoren in dem Produkt rechts ändert. Nehmen wir uns also eine nach Fig. 54 gesättigte Kochsalzlösung und vergrößern z. B. den Faktor [Cl'] dadurch, daß wir noch Chlorionen in die Lösung bringen — etwa durch Einleiten von Chlorwasserstoff. Da nun die rechte Seite der Gleichung größer wird, muß, damit das Gleichgewicht bestehen bleibt, auch die linke entsprechend wachsen; d. h. es müssen mehr $Na^{\cdot}$- und Cl'-Ionen zu undissoziierten Molekülen NaCl zusammentreten. Diese stören aber wieder das Gleichgewicht: Bodenkörper $\leftrightarrows$ NaCl (gelöst), und als endliche

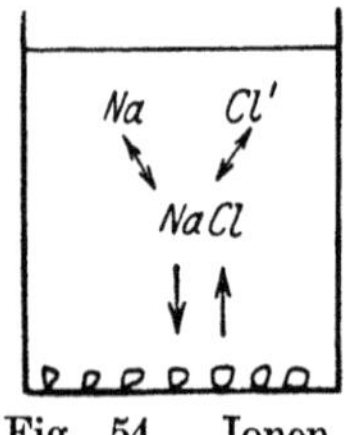

Fig. 54. Ionengleichgewicht in einer gesättigten Chlornatriumlösung.

[1]) Die Umformungen der Gleichung 5) in 6) und dieser in 7), sowie die Umformung der Gleichung 8) in 9) wird für den im Buchstabenrechnen Unbewanderten verständlich, wenn er statt der Buchstaben resp. Symbole einfache Zahlenwerte einsetzt. Es verwandelt sich z. B. 5) in 6) genau so, wie man statt: $4 \cdot 6 = 3 \cdot 4 \cdot 2$ auch sagen kann: $\frac{6}{2} = \frac{3 \cdot 4}{4}$. Hieraus wird 7) $3 = \frac{3 \cdot 4}{4}$. Der Gleichung 8) entspricht dann ebenfalls etwa $3 = \frac{3 \cdot 4}{4}$ und hieraus ergibt sich 9) $3 \cdot 4 = 3 \cdot 4$.

Folge ergibt sich, daß ein entsprechender Teil NaCl in fester Form ausfällt. Man kann also praktisch reines Chlornatrium dadurch gewinnen, daß man in seine gesättigte Lösung Chlorwasserstoff einleitet. Das Produkt der Ionenkonzentrationen heißt Löslichkeitsprodukt, weil es maßgebend ist für die gelöste Menge eines Stoffes. Die praktischen Anwendungen der durch das Löslichkeitsprodukt (oder das ihm entsprechende Produkt der Molekülkonzentrationen) ausgedrückten Verhältnisse sind ebenso zahlreich als wichtig. Ich will Ihnen einige, nun wohl ohne weiteres verständliche Beispiele anführen. Zinksulfid wird von Essigsäure ($H^{\cdot}\,CO_2CH_3$) nur wenig angegriffen im Sinn der Gleichung:

$$ZnS + 2\,H^{\cdot}\,CO_2CH_3 \rightleftarrows Zn(CO_2CH_3)_2 + H_2S.$$

Will man die Löslichkeit des Sulfids in der Säure (→) möglichst niedrig halten, es also möglichst vollständig ausfällen, so gibt man noch essigsaures Natrium zu. Man vergrößert dadurch die Konzentration der Essigsäureionen, so daß nach

$$K \cdot [H^{\cdot}CO_2CH_3] = [H^{\cdot}] \cdot [CO_2CH_3{}']$$

undissoziierte, d. h. nicht mehr durch Wasserstoffionen wirksame, Essigsäure entstehen muß. (Gibt man zu einer Normal-Essigsäure so viel essigsaures Natrium, daß die Lösung auch für das essigsaure Salz normal ist, so wird dadurch die Konzentration der Wasserstoffionen auf $^1/_{134}$ ihres ursprünglichen Wertes herabgedrückt.) — Chlorammonium zerfällt in der Wärme in Ammoniak und Chlorwasserstoff. Will man diese Zersetzung hintanhalten, so wird man es in einer Atmosphäre von Ammoniak oder Chlorwasserstoff erhitzen. — Fixierbäder, wie sie im photographischen Negativprozeß gebraucht werden, enthalten als wirksamen Stoff Natriumthiosulfat, $Na_2S_2O_3$. Dieses zersetzt sich an der Luft unter Abscheidung von Schwefel und Bildung von Natriumsulfit:

$$Na_2S_2O_3 \rightleftarrows Na_2SO_3 + S.$$

Um diesen Vorgang möglichst zu verzögern, setzt man den Fixierbädern Natriumsulfit zu. („Saure Fixierbäder".) — Bei Fällungsreaktionen, wie sie in der analytischen Chemie sehr oft gebraucht werden, erreicht man möglichst völlige Ausfällung dadurch, daß man das Fällungsmittel in mäßigem Überschuß zugibt [1]), vorausgesetzt natürlich, daß der Niederschlag nicht etwa im Überschuß löslich ist.

Unsere bisherigen Betrachtungen beziehen sich auf Systeme im Gleichgewicht, und zwar, wie wir noch feststellen wollen, streng genommen nur auf „homogene" Systeme, d. h. auf solche, deren Zusammensetzung an allen Stellen des Reaktionsraums die gleiche ist. Dies trifft für Gas- und Flüssigkeitsgemische zu. Liegen ungleichartige Gemische vor (z. B. ein System aus festem Körper und Gas), so ändert sich die

[1]) Jeder Niederschlag, auch ein „praktisch unlöslicher", wie etwa $BaSO_4$, ist in Spuren löslich. Man kann deshalb, wenn man das Ausgefälltwerden durch einen nach unten gerichteten Pfeil andeutet, schreiben:

$$Ba^{\cdot\cdot} + 2\,Cl' + 2\,H^{\cdot} + SO_4{}'' \rightleftarrows + BaSO_4\downarrow + 2\,H^{\cdot} + 2\,Cl'.$$ Also auch

$$K^{\cdot}\,[BaSO_4] = [Ba^{\cdot\cdot}] \cdot [SO''_4].$$

Betrachtungsweise in manchen Punkten, bleibt aber in den Grundsätzen die gleiche.

Wir wollen hierauf nicht näher eingehen, sondern uns überlegen, was wir mit derartigen Gleichgewichtsreaktionen — beträfen sie nun ein gleichartiges oder ungleichartiges System — in der Praxis anfangen können. Dem Chemiker ist es so gut wie nie darum zu tun, ein Gemisch verschiedener Stoffe zu erhalten, sondern er will einen bestimmten Stoff allein in möglichst großer Ausbeute herstellen. Es wird sich also darum handeln, umkehrbare Vorgänge so zu beeinflussen, daß sie möglichst nur in einer Richtung verlaufen, daß, wie man meist sagt, „das Gleichgewicht möglichst stark nach der einen Seite verschoben wird." Wie kann man das machen?

Auf verschiedene Weise. Wenn wir ein Gleichgewicht dadurch stören, daß wir eine Phase aus dem System stets entfernen, so bald sie entsteht, so zwingen wir dadurch die Reaktion, in einer Richtung völlig zu Ende zu laufen. (Vgl. z. B. Versuch 170.) Man kann diese Entfernung je nach der Art der Phase durch Verdampfen oder durch chemische Bindung erreichen. Oft entfernt sie sich auch von selbst, indem sie flüchtig ist oder ausfällt. Letzteres ist z. B. bei der Reaktion.

$$BaCl_2 + H_2SO_4 \rightleftarrows BaSO_4 \downarrow + 2\,HCl$$

so vollständig der Fall, daß „praktisch" das Gleichgewicht völlig auf der rechten Seite liegt [1]). Wollte man erreichen, daß die Reaktion $2\,HJ \rightleftarrows H_2 + J_2$ möglichst vollständig im Sinn $\rightarrow$ verläuft, so müßte man sie so leiten, daß entweder die Phase Wasserstoff oder die Phase Jod aus dem System verschwindet. Dies könnte man z. B. dadurch erreichen, daß man ein Rohrende in einer Kältemischung kühlt und so das Jod in fester, kaum verdampfender Form aus dem System entfernt; oder man könnte den Joddampf durch mit eingeschlossenes Silberpulver langsam zu Jodsilber binden.

Eine zweite Möglichkeit bietet sich in der Veränderung von Temperatur und Druck. Da die Reaktionsgeschwindigkeit unter anderem von der Temperatur abhängt, muß auch das Verhältnis der beiden Reaktionsgeschwindigkeiten $v \rightarrow$ und $v_1 \leftarrow$, d. h. die Lage des Gleichgewichts, von ihr beeinflußt werden, falls nicht der seltene Fall eintritt, daß v und v_1 sich gleich stark und in gleichem Sinn ändern. Druckveränderung beeinflußt alle Reaktionen, bei denen rechts und links verschiedene Molekülzahlen stehen. Eine solche ist z. B. die sehr wichtige:

$$N_2 + 3\,H_2 \rightleftarrows 2\,NH_3$$

auf der die Habersche Ammoniaksynthese beruht; man wird also trachten, das Gleichgewicht möglichst nach rechts zu verschieben. Mischt man ein Grammolekül Stickstoff mit 3 Grammolekülen Wasserstoff, setzt dieses System verschiedenen Temperaturen und Drucken aus und bestimmt jedesmal, wieviel Prozent der einen Seite verschwunden bzw. der anderen entstanden sind, so kann man ein „Reaktionsdiagramm"

---

[1]) Hierher gehört auch die eingangs erwähnte Reaktion zwischen Aluminiumsalz, Schwefelwasserstoff und Wasser.

zeichnen. Man wählt zunächst einen bestimmten Druck — etwa eine Atmosphäre — trägt die bei den verschiedenen Temperaturen entstehenden Prozente NH_3 als Ordinaten, die Temperaturen als Abszissen in ein Koordinatensystem ein und erhält so für jeden gewählten Druck eine Kurve, aus der sich sofort ablesen läßt, wo das Gleichgewicht bei den verschiedenen Temperaturen liegt. (Fig. 55.)

Man ersieht aus dem Diagramm, daß die Reaktion um so besser im Sinn $\rightarrow$ geleitet werden kann, je niederer man die Temperatur und je höher man den Druck wählt.

Dann müßte sich doch eigentlich Stickstoff schon bei gewöhnlicher Temperatur mit Wasserstoff verbinden, besonders wenn man das System starken Drucken aussetzt. Wir wissen jedoch, daß das nicht der Fall ist. Aber es ist in der Tat doch so, bloß hat die Sache einen kleinen Haken: die Reaktionsgeschwindigkeit ist nämlich bei gewöhnlichen Temperaturen so unmeßbar klein, daß wir vielleicht tausende von Jahren warten müßten, bis wir, selbst bei hohen Drucken, irgendeine Veränderung in dem System $N_2 + 3\,H_2$ bemerken könnten. So ähnlich liegt der Fall auch bei anderen Reaktionen, die uns „nicht umkehrbar" vorkommen. Entweder ist unter gewöhnlichen Bedingungen v und v_1 unendlich klein, oder das Gleichgewicht liegt schon so weit auf der einen Seite, daß die Spuren der Gegenreaktionsprodukte selbst durch unsere empfindlichsten Reaktionen nicht mehr nachweisbar sind. Ein derartiges System wäre z. B. das mehrfach erwähnte: Bariumsulfat-Wasser:

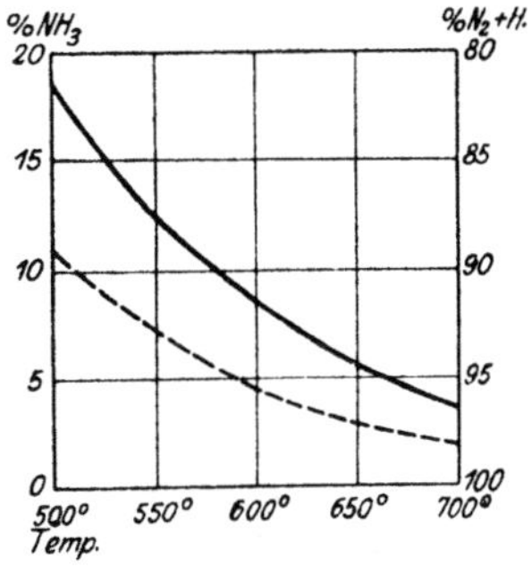

Fig. 55. Reaktionsdiagramm der Ammoniaksynthese.
- - - - - bei 100 Atm.
——— bei 200 Atm.

$$BaSO_4 + H_2O \rightleftarrows Ba^{\cdot\cdot} + SO_4'' + H_2O.$$

Wir können also alle Reaktionen als umkehrbar betrachten; die einzige Ausnahme lernen wir im letzten Vortrag kennen.

Nun gibt es noch ein sehr sonderbares Mittel, manche Reaktionsgeschwindigkeiten auch bei gewöhnlicher Temperatur, bei der sie gar nicht oder kaum meßbar sind, so stark zu erhöhen, daß eine beträchtliche Verschiebung des Gleichgewichts eintritt, die sogar bis zum völligen Überwiegen der einen Seite der Reaktionsgleichung gehen kann. Wir kennen das Mittel bereits, da wir es bei Besprechung der Ammoniaksynthese und der Schwefelsäuredarstellung schon erwähnten. Sie erinnern sich noch der eigentümlichen Rolle, die gewisse „Kontaktsubstanzen", wie fein verteiltes Platin, manche Eisen und Uranverbindungen, bei diesen Vorgängen spielen. Sie bewirken durch ihre bloße Gegenwart, ohne daß sie sich selbst merkbar chemisch verändern, den mehr oder minder beschleunigten Ablauf eines sich sonst unendlich langsam vollziehenden chemischen Vorgangs. Solche Stoffe nennt man zusammenfassend **Katalysatoren**. Sie bewirken es, daß sich bei ihrer Gegenwart die Reaktion:

$$N_2 + 3\,H_2 \rightleftarrows 2\,NH_3,$$

oder die Umsetzung: $2\,SO_2 + O_2 \rightleftarrows 2\,SO_3$

im Sinn des oberen Pfeils mit erheblich gesteigerter Geschwindigkeit abspielt; sie bewirken also nicht etwa einen Umsatz, der ohne sie überhaupt nicht stattfindet, sondern sie verändern nur die Reaktionsgeschwindigkeit eines sich in jedem Fall vollziehenden chemischen Vorgangs. So kann man z. B. die im allgemeinen nur langsam verlaufende Zersetzung des Wasserstoffsuperoxyds

$$2\,H_2O_2 = 2\,H_2O + O_2$$

durch Zusatz einer Spur eines Katalysators (MnO_2, Pt, Blut) so erheblich beschleunigen, daß in wenig Augenblicken eine große Menge Superoxyd zersetzt wird. Die Wirkung der Katalysatoren erklärt man verschieden. In vielen Fällen handelt es sich wohl um den Einfluß der großen Oberfläche, die fein verteilte Stoffe darbieten; in anderen kommt wahrscheinlich die Bildung chemischer Verbindungen mit dem Katalysator in Frage, die sich sehr rasch unter Rückbildung des Katalysators zersetzen, so daß man ihn schließlich wieder unverändert vorfindet.

Die katalytisch beschleunigten Vorgänge sind von größter Wichtigkeit, nicht nur in der Technik, sondern vor allem in der Biologie. Der lebende Organismus vollführt eine Unmenge von aufbauenden und abbauenden Reaktionen, die nur durch Mitwirkung von Katalysatoren erklärbar sind. Denn wie sollte es sonst möglich sein, daß die Pflanze das träge Kohlendioxyd benutzen kann, um aus ihm die hochmolekulare Stärke aufzubauen? Wie macht es der arbeitende Muskel, wenn er Zuckermoleküle oxydiert und sie so zu Kohlendioxyd und Wasser verbrennt? Wir können diesen Vorgang im Laboratorium wohl nachmachen, müssen aber so starke Reagenzien anwenden, daß durch sie die lebende Muskelsubstanz im Augenblick zerstört würde. Unser Magen verdaut Fleisch. Wieso verdaut er sich nicht selbst? Wahrscheinlich deshalb nicht, weil die Zellen der Magenschleimhaut einen „negativen Katalysator" herstellen, der die Reaktionsgeschwindigkeit des Abbaus von Muskelsubstanz auf Null herabsetzt. Man kennt auch einige anorganische negative Katalysatoren.

Die paar Beispiele, die sich leicht auf Dutzende vermehren ließen, mögen genügen, um Ihnen einen Begriff vom Wesen und der Wichtigkeit katalytischer Vorgänge zu geben. Man kann sie geradezu als eine der Grundlagen des Lebens bezeichnen und es ist merkwürdig, daß die Katalysatoren durch gewisse „Katalysatorgifte" unwirksam gemacht werden, die auch für alles Lebendige stark giftig sind. (H_2S, H_3As, HCN.)

Sie werden nach allem heute Gehörten die Empfindung haben, das chemische Geschehen von einem wesentlich höheren Standpunkt aus zu überblicken als früher. Man hat etwa das Gefühl: eine Reaktion *muß* nicht so oder so verlaufen, sondern sie *kann* in einem gewissen Sinn vor sich gehen, wenn nämlich molekulare Konzentration der einzelnen Phasen, Druck und Temperatur entsprechende Werte haben. Was fangen wir dann aber mit dem Begriff der „*Affinität*", der größeren oder geringeren „chemischen Verwandtschaft" an? Früher sagte man

z. B.: Eisenoxyd wird von Wasserstoff reduziert, weil Wasserstoff größere Affinität zum Sauerstoff hat als zum Eisen. Betrachten wir uns die Reaktion:

$$Fe_3O_4 + 4\,H_2 \rightleftarrows 3\,Fe + 4\,H_2O\uparrow.$$

Es ist sicher richtig: wenn wir Wasserstoff über Eisenoxyd leiten, erhalten wir Eisen und das entstehende Wasser wird als Dampf von dem Wasserstoffstrom mit fortgeführt. Wir wenden also Wasserstoff in großem Überschuß an und entfernen die Phase Wasser (Dampf) aus dem System. Die Reaktion verläuft deshalb im Sinn →. Jetzt nehmen wir Eisen und leiten Wasserdampf darüber. Wir erhalten Eisenoxyd und Wasserstoff, der durch den überschüssigen Wasserdampf aus dem System entfernt wird:

$$Fe_3O_4 + 4\,H_2\uparrow \rightleftarrows 3\,Fe + 4\,H_2O$$

infolgedessen verläuft die Reaktion jetzt umgekehrt (←), und nun müßte also der Sauerstoff auf einmal größere Neigung zum Eisen als zum Wasserstoff haben.

Sie sehen, das geht nicht. Wir müssen den Begriff „Affinität" ganz erheblich auffrischen, wenn wir ihn verwenden wollen. Er wird es uns kaum übel nehmen, denn er ist an mannigfache Wandlungen gewöhnt. Schon Empedokles sprach von der „Liebe" der Atome, Glauber erkannte, daß die Affinität wechselt, aber erklären konnte er sie auch nicht. Borelli wollte sie um 1650 dadurch begreiflich machen, daß er eine verschiedene Gestalt der Atome annahm, die mit Haken, Zacken und geißelartigen Fortsätzen ineinandergreifen sollten. Newton betrachtete die chemische Verwandtschaft als Folge der Schwerkraft, aber nicht proportional den „angezogenen" und „anziehenden" Atommassen. Berthollet lehrte eine Abhängigkeit der Affinitat von der Masse, bis endlich Guldberg und Waage in ihrem Massenwirkungsgesetz klar aussprachen, daß nicht die Masse als solche, sondern ihre Konzentration die bedeutungsvolle Größe ist — eine Wahrheit, die schon von einigen Vorgängern erkannt, aber wieder vergessen worden war.

Da nun die Affinität von der molekularen Konzentration abhängt, fragt es sich, ob man sie überhaupt in irgend einer Art, losgelöst von allen Zufälligkeiten, messen kann. Es ist nur in mittelbarer Weise möglich, nämlich dadurch, daß man die sogenannte „freie Energie" einer chemischen Umsetzung bestimmt; hierunter versteht man den Teil der durch die Umsetzung erzeugten Energie, der sich in andere Energiearten — etwa Elektrizität — umwandeln läßt.

Sie vernehmen hier zum ersten Mal, daß bei chemischen Vorgängen Energieumwandlungen auftreten. Unter Energie verstehen wir alles, was sich in Arbeit umsetzen läßt, (und umgekehrt durch Arbeitsleistung erzeugt wird), also: Wärme, Elektrizität, chemische Energie, Energie der Lage oder potentielle Energie, die z. B. ein auf eine gewisse Höhe gehobenes Gewicht dadurch hat, daß es eine Arbeit leisten kann, wenn es von dieser Höhe herabfällt; wir sehen das an unseren Uhrgewichten. Die verschiedenen Arten der Energie lassen sich ineinander umwandeln. Man könnte z. B. mit dem fallenden Gewicht eine Dynamomaschine antreiben, die Elektrizität liefert, mit der man Wasser zersetzt. Mit dem entstehenden Knallgas heizt man eine Dampfmaschine, die wieder mechanische Arbeit leistet. Das von dem deutschen Arzt Rob. Mayer in Heilbronn 1842 und von H. Helmholtz 1847 aufgestellte Gesetz von der Erhaltung der Energie besagt nun, daß bei allen Umwandlungen der Energie weder ein Gewinn, noch ein Verlust stattfinden kann. Die Energie ist unzerstörbar, wie die Materie. Dieses Gesetz, die Grundlage der Naturlehre, heißt auch „der erste Hauptsatz der Energielehre“ [1]). Er zeigt uns, daß wir die Energie, die wir etwa als Wärme bei der Herstellung einer gewissen Menge Aluminiumoxyd aufwenden müssen, bei der Zersetzung wiedererhalten werden. Man mißt die Reaktionswärmen in Kalorien; man versteht unter einer Kalorie die Wärmemenge, die nötig ist, um ein Gramm Wasser von 0^0 auf 1^0 zu erwärmen. (Kleine Kalorie, k.) Wir werden hier die „große Kalorie“ (K) benutzen, worunter man die Wärmemenge versteht, die man zur Erwärmung eines Kilogramms Wasser von $14^1/_2{}^0$ auf $15^1/_2{}^0$ braucht. (Die Wärmemengen für einen Grad Temperaturerhöhung einer bestimmten Wassermasse sind in verschiedenen Temperaturgebieten zwar nahe, aber nicht völlig gleich.) Wir müssen sehr scharf zwischen Wärmemenge und Temperatur unterscheiden. Ein Liter Wasser von 50^0 und 10 Liter Wasser von 5^0 enthalten die gleiche Wärmemenge, haben aber ganz verschiedene Temperatur. Wir haben bei jeder Energieart, also auch bei der Wärme, einen Kapazitätsfaktor (Wärmekapazität, gewissermaßen die Aufnahmefähigkeit eines Körpers für Wärme, abhängend von seiner Masse und der Art des Stoffes, aus dem er besteht) und einen Intensitätsfaktor (Temperatur). Erst das Produkt aus beiden gibt ein Maß für die vorhandene Energie. Bei der Umwandlung einer Energieart in eine andere entsteht ein gleichwertiger Betrag der zweiten Art. 427 Meterkilogramm potentieller Energie sind bei ihrer Umwandlung in Bewegungsenergie gleichwertig (äquivalent) einer großen Kalorie Wärmeenergie (mechanisches Wärmeäquivalent, Rob. Mayer und Joule) oder 4189 Joule elektrischer Energie („Joule“ ist die Maßeinheit für die Arbeitsleistung eines elektr. Stromes).

Bei jedem chemischen Vorgang findet eine Umwandlung von Energie statt, die teils als Wärme, teils als Arbeit (elektrische Energie, Lichtenergie) erscheint. Der als Arbeit verwertbare Teil ist die bereits erwähnte „freie Energie“ der Reaktion, die man in geeigneten Fällen als elektrische Energie mißt und als Maß der Affinität benutzt. Die Summe der Wärme- und freien Energie nennt man die Wärmetönung einer Reaktion. Oft ist sie angenähert gleich der freien Energie, oft größer oder kleiner. Beachten wir nun das Gesetz von der Erhaltung der Energie, nach dem wir keine Arbeit gewinnen können, ohne daß eine entsprechende Energiemenge dafür verschwindet, so sehen wir ein, daß im Falle des Freiwerdens von mehr Arbeit, als die Wärmetönung nach dem me-

[1]) Der erste Hauptsatz beweist, wie nebenbei bemerkt sei, die Unmöglichkeit eines perpetuum mobile, da bei ihm ein Gewinn an Energie eintreten müßte. Trotz der grundlegenden Bedeutung seiner Entdeckung erntete Mayer nur Ablehnung und Spott. Er wurde tiefsinnig und endete durch Selbstmord.

chanischen Wärmeäquivalent liefern kann, von außen noch Energie aufgenommen werden muß, um diesen Mehrbetrag zu decken; umgekehrt muß bei Reaktionen, bei denen die freie Energie kleiner ist als die Wärmetönung, der nach Abzug des freien Energiebetrags verbleibende Rest als Wärme auftreten. Die bei jeder chemischen Reaktion erfolgende Energieumwandlung U setzt sich also aus zwei Summanden zusammen: aus Wärme (W) und „verwandelter Wärme", nämlich Arbeit (A) in Form von kinetischer, Elektrizitäts-, Lichtenergie usw. Wir können also festsetzen: die Wärmetönung U ist:

$$U = W + A.$$

Um diesen Betrag U ändert sich der Energiegehalt eines Stoffes bei dem betreffenden Vorgang. Bei der Vereinigung eines Grammoleküls Wasserstoff und Chlorgas beträgt die Wärmetönung 44 (große) Kalorien:

$$H_2 + Cl_2 = 2\,HCl + 44\ \text{Kal.}$$

Der Energiegehalt von 2 Grammolekülen Chlorwasserstoffgas ist also um 44 Kalorien kleiner als die Energiesumme eines Grammoleküls Wasserstoff und Chlorgas. Umgekehrt müssen wir 44 Kalorien zuführen, um 2 Grammoleküle Chlorwasserstoffgas in die Elemente zu spalten. Diese Energiezufuhr kann entweder als Wärme erfolgen, oder als eine gleichwertige Menge Elektrizität. (Da einer großen Kalorie 4189 Joule gleichwertig sind, würden wir also zu der gedachten Zersetzung 184316 Joule benötigen.) Wir können auch hier wieder unser Schema für umkehrbare Vorgänge benutzen und schreiben:

$$\text{Wärme- und Arbeitsenergie} \rightleftarrows \text{Chemische Energie.}$$

Vorgänge, die im Sinn → verlaufen, bei denen also Energie von außen zugeführt werden muß, heißen endothermische; die umgekehrten, bei denen Energie frei wird (←) exothermische. Endothermisch entstandene Verbindungen haben einen größeren Energiegehalt als die bei ihrem Zerfall entstehenden. Sie sind also gewissermaßen „Energiespeicher." In diesem Zusammenhang interessiert die Feststellung, daß z. B. die Stärke, die die Pflanze katalytisch aufbaut, in bezug auf Kohlendioxyd, aus dem sie entsteht, endothermisch ist. Wenn der Mensch mit seiner Nahrung Stärke einführt und sie wieder rückwärts — über viele Zwischenstufen — zu Kohlendioxyd abbaut, so erhält er bei diesem nun exothermischen Vorgang den Energiebetrag zurück, der in dem Stärkemolekül aufgespeichert war. Aus diesem Energiebetrag deckt er zum Teil seinen Bedarf an Wärme und kinetischer Energie der Muskeln. Und woher nimmt die Pflanze die Energie, die sie im Stärkemolekül aufspeichert? Aus der Energie des Sonnenlichts, und zwar hauptsächlich aus dem roten und ultraroten Spektralgebiet. Diese verhältnismäßig langwelligen Strahlen werden durch das Blattgrün (Chlorophyll) für die Verwertung des Kohlendioxyds nutzbar gemacht. Endotherme Verbindungen neigen häufig zum Zerfall unter Wärmeabgabe, wobei sich der Energiegehalt des Systems vermindert (H_2O_2, N_2O, NCl_3). Man darf das aber nicht so verstehen, daß die freiwillige Zersetzung nur eine Eigenschaft endothermer Verbindungen sei. Es gibt auch exotherme

Verbindungen, die freiwillig unter Aufnahme von Energie (Wärme) zerfallen. Im allgemeinen bedürfen auch freiwillig verlaufende Vorgänge eines äußeren Anstoßes, um in Gang zu kommen. Mischt man Eisen mit der richtigen Menge Schwefel, so kann man die Bildung von Schwefeleisen erreichen, wenn man den Vorgang durch Temperaturerhöhung an einer Stelle der Mischung auslöst. Er verläuft dann freiwillig zu Ende. Ähnlich liegt der Fall bei manchen Sprengmitteln, vor allem bei dem gewöhnlichen Schwarzpulver, dessen Explosion stark exotherm verläuft (Oxydation des Schwefels und der Kohle durch den Salpeter) und freiwillig zu Ende geht, wenn sie an einer Stelle eingeleitet ist. Andere Sprengstoffe (Knallquecksilber, die Halogenstickstoffverbindungen, die Metallsalze der Stickstoffwasserstoffsäure wie Bleiazid, ferner Schießbaumwolle) sind endotherme Stoffe, die durch Schlag oder Stoß mit großer Reaktionsgeschwindigkeit zerfallen und dabei große Energiebeträge abgeben. Diese können dazu dienen, die Detonation anderer Sprengstoffe auszulösen. („Initialzündung" von Schießbaumwolle, Trinitrotoluol usw. durch Knallquecksilber oder Bleiazid.)

Manche stark exotherme Prozesse, wie z. B. die Bildung von Magnesiumoxyd:

$$2\,Mg + O_2 = 2\,MgO + 288 \text{ Kal.}^{1)}$$

lassen sich mit unseren Hilfsmitteln nicht umkehren, trotzdem wir natürlich leicht 2 Grammolekülen Magnesiumoxyd die erforderlichen 288 Kalorien Wärmeenergie zuführen könnten. Der Versuch scheitert daran, daß wir den Intensitätsfaktor nicht genug steigern können, d. h. wir können der benötigten Wärmemenge nicht genügend hohe Temperatur erteilen. Leicht lassen sich ausreichende Intensitätsfaktoren dagegen bei der elektrischen Energie erzielen. Deshalb ist diese Energieart bei vielen technischen Darstellungsweisen von ausschlaggebender Bedeutung.

Ihnen einen nur einigermaßen völligen Überblick über das große Gebiet der Thermochemie zu verschaffen, würde ein Lehrbuch für sich und außerdem ziemlich umfangreiche mathematische Entwicklungen erfordern. Wir müssen uns daher damit begnügen, zum Schluß noch einige wichtige thermochemische Gesetze zu erwähnen. Eines davon, nämlich das Gesetz der konstanten Wärmesummen, haben wir gerade an einem Beispiel kennen gelernt. Wir sagten, daß wir die bei dem Vorgang

$$(CO_2)_x \rightleftarrows \text{Stärke}$$

endothermisch (→) aufgenommene Energie wiedererhalten, wenn er umgekehrt (←) exothermisch verläuft, trotzdem sich der Aufbau über nach Zahl und Art andere Zwischenstufen vollzieht als der Abbau. Das erwähnte Gesetz (Heß, 1840) besagt: wenn eine chemische Reaktion nicht auf einmal, sondern in Zwischenstufen verläuft, so ist die Summe

---

[1]) Thermochemische Angaben werden auf Grammole bezogen, und zwar gewöhnlich auf ein Grammol der entstehenden Verbindung. Die „Bildungswärme" des Magnesiumoxyds wäre danach $\frac{288}{2} = 144$ Kal.

der Wärmetönungen der Zwischenreaktionen gleich der Wärmetönung der Gesamtreaktion.

Die Neutralisation ist ein chemischer Vorgang, bei dem die Hydroxylionen der Base mit den Wasserstoffionen der Säure zu Wasser zusammentreten:

$$H^{\cdot} + OH' = H_2O.$$

Da die Restionen der Base und der Säure an der Reaktion unbeteiligt sind, hat (in verdünnter Lösung) die Neutralisationswärme der meisten Basen und Säuren annähernd den gleichen Betrag, nämlich 13,4 große Kalorien für jedes Grammäquivalent. Dies ist ein schöner Beweis für die Ionentheorie.

Auch die Auflösung eines Stoffes in Wasser vollzieht sich unter positiver oder negativer Wärmetönung. Man benutzt Verbindungen mit negativer Lösungswärme, d. h. solche, die dem lösenden Wasser Wärme entziehen, zur Herstellung von Kältemischungen (NH_4Cl, NH_4NO_3, $NaNO_3$, NH_4CNS).

Für ein System im Gleichgewicht gilt das Gesetz von Le Chatelier und van t'Hoff, nach dem Temperaturerhöhung die endotherme, Abkühlung die exotherme Reaktion hervorruft. Z. B. wird das System

$$2\,H_2 + O_2 \underset{\text{endoth.}}{\overset{\text{exoth.}}{\rightleftarrows}} 2\,H_2O$$

durch Temperaturerhöhung im endothermischen (→) durch Abkühlung im exothermischen Sinn (←) beeinflußt. Jeder Zwang löst also den Vorgang aus, der der Wirkung des Zwanges entgegenwirkt. (Widerstand der Rückwirkung gegen die Wirkung.) Ebenso begünstigt eine Druckvermehrung den mit Volumenverminderung verbundenen Vorgang und umgekehrt. (Eis geht unter Druck in Wasser über, das einen kleineren Raum einnimmt. Bei dem Prozeß $N_2 + 3\,H_2 \rightleftarrows 2\,NH_3$ befördert Druckvermehrung den mit Volumenverminderung verknüpften Vorgang →.)

Im nächsten Vortrag werden uns noch einige wichtige Dinge beschäftigen, die ebenfalls mit kinetischen Vorstellungen zusammenhängen.

Sechszehnter Vortrag.

Kinetische Gastheorie. — Gleichgewicht zwischen Flüssigkeit und Dampf. — Kinetische Beziehungen zwischen den drei Aggregatzuständen. — Brownsche Molekularbewegung. — Diffusion. — Osmotischer Druck. — Molekulargewichtsbestimmung durch Gefrierpunktserniedrigung. — Kolloidale Lösungen.

Wir haben zur Erklärung der Tatsache, daß die Reaktionsgeschwindigkeit mit der molekularen Konzentration zusammenhängt, die Annahme gemacht, daß sich die Moleküle in einer ständigen Bewegung befinden, die durch Zufuhr von Wärme gesteigert wird. Diese Annahme bildet die Grundlage der „kinetischen Gastheorie", die von Bernouilli 1738 aufgestellt wurde. Sie hat noch bis auf den heutigen Tag Gültigkeit, da sie die durch die Gasgesetze ausgedrückten Tatsachen ebenso befriedigend erklärt wie verschiedene andere Erscheinungen, die uns bald beschäftigen werden.

Jedes Gas übt gegen die Wandungen des Gefäßes, in dem es sich befindet, einen bestimmten Druck aus, der nach dem Gesetz von Boyle in einem einfachen Verhältnis zum Gasvolumen steht. Er ist ihm umgekehrt proportional; d. h. eine Gasmenge, die den Raum von einem Liter erfüllt und dabei eine Atmosphäre Druck ausübt, wird beim Zusammendrücken auf die Hälfte des ursprünglichen Volumens den doppelten, bei Zusammendrücken auf $^1/_3$ den dreifachen, bei Ausdehnung auf das dreifache Volumen $^1/_3$ des anfänglichen Drucks ausüben. Die kinetische Gastheorie erklärt diese Tatsache dadurch, daß sie annimmt, der Gasdruck werde hervorgebracht durch Stöße der Moleküle auf die Gefäßwandungen. Da jedes Gas jeden ihm gebotenen Raum völlig ausfüllt, müssen seine einzelnen Moleküle so weit voneinander entfernt sein, daß eine gegenseitige Beeinflussung durch Anziehung (Kohäsion) nicht mehr in Frage kommt. Man stellt sich vor, daß die Gasmoleküle regellos in gradlinigen Bahnen durcheinanderfliegen. Prallen sie aneinander oder an eine Gefäßwand an, so ändert sich ihre Bewegungsrichtung, aber es tritt kein Verlust an Bewegungsenergie ein. Wäre das der Fall, dann müßte sich ein in ein Gefäß eingeschlossenes Gas mit der Zeit physikalisch verändern. Da keine derartige Änderung eintritt, müssen wir die Gasmoleküle als vollkommen elastische Körper betrachten, bei deren Zusammenprall kein Verlust an Bewegungsenergie stattfindet, sondern nur eine Übertragung, wie wir es angenähert bei Billardbällen beobachten können. Wollen wir uns auch noch den Zustand eines eingeschlossenen Gases als Ganzes anschaulich machen, so werden wir am besten das oft gebrauchte Bild eines Mückenschwarmes wählen. Durch das Anstoßen einzelner Mücken an die Gefäßwände entsteht ein Druck. Verkleinern wir den Raum auf die Hälfte und verringern dadurch die Bewegungsfreiheit, so können wir uns leicht vorstellen, daß dann doppelt so viel Stöße erfolgen werden. Denn die durchschnittlichen Längen der Flugbahnen sind nun entsprechend verkürzt und die Konzentration unserer „Moleküle“ beträgt das Doppelte[1]).

Sperren wir ein Gas in einen nach oben durch einen Kolben abgeschlossenen Zylinder ein und erwärmen, so wird sich, nach Gay Lussac, das Gas für jeden Grad Temperaturerhöhung um $^1/_{273}$ seines Volumens ausdehnen, also den Kolben um einen entsprechenden Betrag vorwärts schieben. Wollen wir, daß das Gasvolumen sich nicht ändert, so müssen wir den Kolben hindern, nachzugeben. Wir können ihn zu dem Zweck etwa mit Gewichten beschweren und müssen um so mehr Gewichte

[1]) Die durch die kinetische Gastheorie berechenbaren Fluggeschwindigkeiten der Gasmoleküle sind erstaunlich groß und hängen vom spez. Gewicht des Gases ab. Sie betragen z. B. für H_2-Moleküle 1840 Meter in der Sekunde, für O_2-Moleküle 460 Meter in der Sekunde. Da aber die Moleküle eines Gases unter Atmosphärendruck immer noch sehr dicht liegen, stoßen sie schon nach Durchfliegen einer sehr kurzen Strecke aneinander. Während also die Fluggeschwindigkeit sehr groß ist, beträgt die „freie Weglänge“ nur verschwindend kleine Bruchteile eines Millimeters, denn 1 ccm eines Gases bei 0° und Atmosphärendruck enthält immerhin „noch“ rund 28 Trillionen Moleküle.

auflegen, je höher die Temperatur des Gases steigt. Der Druck, den diese Gewichte ausüben, ist dann stets gleich dem Gegendruck des Gases; letzterer wächst demnach mit der Temperatur, und es fragt sich, ob die kinetische Theorie auch diese Erscheinung erklären kann

Wenn wir ein Holzbrettchen auf einen Tisch stellen und eine leichte Steinkugel (etwa eine Murmel) langsam dagegen rollen lassen, wird es stehen bleiben; lassen wir die gleiche Kugel rasch dagegen rollen, so fällt es um; ebenso, wenn wir statt der leichten eine schwerere Kugel nehmen, selbst wenn ihre Bewegung langsamer stattfindet, als die der leichten. Das, was das Brettchen zum Fallen bringt, ist die lebendige Kraft (kinetische Energie) der rollenden Kugel. Wir entnehmen aus dem beschriebenen Versuch, daß deren Größe abhängen muß von der Masse m und der Geschwindigkeit v; und zwar ist sie, wie die Mechanik lehrt, gleich dem Produkt aus der halben Masse des sich bewegenden Körpers und der 2. Potenz[1]) seiner Geschwindigkeit:

$$\text{Lebendige Kraft} = \frac{m}{2} \cdot v^2.$$

Da die Größe v (Geschwindigkeit) in dem Ausdruck als Potenz erscheint, ergibt sich, daß die lebendige Kraft mit jeder Zunahme von v auch in entsprechend „potenzierter" Weise wachsen muß. Verdoppelt man die Geschwindigkeit, so wächst die lebendige Kraft bereits auf das Vierfache, verfünffacht man sie, so beträgt sie das $5^2 = 5 \cdot 5 =$ Fünfundzwanzigfache der ursprünglichen lebendigen Kraft. Wie von Bernouilli behauptet, von Clausius (1857) eingehend begründet wurde, ist das, was wir als Wärme empfinden, nichts anderes als eine unablässige Bewegung der Moleküle. Wir nehmen deshalb an, daß höherer Temperatur schnellere Bewegung entspricht; wenn das so ist, dann muß bei höherer Temperatur auch die Energie, mit der die Moleküle an die Gefäßwände prallen, erheblich größer sein, d. h. der Gasdruck muß wachsen. Das Umgekehrte wird bei der Abkühlung eintreten. Die Geschwindigkeit der Molekülbewegung wird geringer und geringer, und man könnte sich eine Temperatur denken, bei der sie = 0 geworden ist Bei diesem „absoluten Nullpunkt" würde dann das Gas überhaupt keinen Druck mehr ausüben können, da seine Moleküle keine lebendige Kraft mehr hätten. Denken wir uns 273 ccm eines Gases bei 0°. Kühlen wir ab, so verringert sich für jeden Grad das Volumen um $^1/_{273}$, d. h. um 1 ccm. Kühlen wir bis auf —273° ab, so würde es sich um 273 ccm verringert haben, d. h. es wäre = 0. Dies ist die rein theoretische Ableitung der Lage des „absoluten Nullpunktes"[2]). Tatsächlich kann man ihn nicht

---

[1]) Vgl. S. 193.

[2]) Die 273 ccm sind willkürlich gewählt. Die Lage des absoluten Nullpunkts ist bedingt durch das Gesetz von Gay Lussac, nicht durch das gewählte Gasvolumen. Man sieht leicht ein, daß ein Gas, das bei 0° ein Volumen von beispielsweise 721 ccm hat, mit jedem Grad Temperaturerniedrigung ein um $\frac{721}{273}$ ccm geringeres Volumen haben wird. Bei — 273° wird demnach die Volumenabnahme $\frac{721 \,.\, 273}{273} = 721$ ccm betragen; d. h. das Volumen ist 0 geworden.

erreichen, da sich die Gase vorher verflüssigen. Auch ist ein „Volumen 0" schon deshalb nicht denkbar, weil ja zumindest die Moleküle einen, wenn auch noch so kleinen, Raum einnehmen müßten, da Materie nicht verschwinden kann. Die Temperatur flüssigen Heliums ist mit $-268{,}5^0$ nur noch $4{,}5^0$ vom absoluten Nullpunkt entfernt (Kamerlingh Onnes, 1908); im luftleeren Raum verdunstendes Helium hat sogar eine Temperatur von -271^0. Man bezeichnet mit „absoluten Temperaturen" solche, die vom absoluten Nullpunkt an gezählt sind. Flüssiges Helium hätte demnach $4{,}5^0$ absolut, verdunstendes 2^0 absolut (tiefste bekannte Temperatur), siedendes Wasser 373^0 absolut. Eine schöne Stütze für die Annahme, daß chemische Umsetzungen unter anderem durch das Aneinanderprallen der Moleküle bewirkt werden, ist die Tatsache, daß viele Reaktionen bei tiefen Temperaturen mehr oder minder völlig ausbleiben; z. B. hört die Einwirkung von Salzsäure auf Calciumkarbonat bei -180^0 völlig auf.

Wir haben uns nun so lange von Bewegungen der Moleküle unterhalten, daß die Frage berechtigt erscheint, ob man sie nicht irgendwie nachweisen kann. Wenn man zwei verschiedene Gase mischt, etwa Luft und Bromdampf, so tritt, wie wir wissen, Diffusion ein. Der Bromdampf wandert, entgegen der Schwerkraft, nach oben. Auch zwischen zwei verschiedenen Flüssigkeiten tritt Diffusion ein, falls eine Durchmischung nicht durch physikalische Eigenschaften verhindert wird, wie es z. B. bei dem System Wasser-Quecksilber der Fall ist. Ja sogar bei festen Körpern kann man Diffusion beobachten, die freilich nur langsam, aber immerhin merkbar, stattfindet. Es läßt sich z. B. bei alten vergoldeten Kupfergegenständen nachweisen, daß im Lauf der Zeit eine Einwanderung von Goldmolekülen in die Kupferschicht stattgefunden hat. Wir erklären die Diffusion als eine Folge der Bewegung der Moleküle und werden, da sie auch bei flüssigen und festen Körpern stattfindet, statt von der kinetischen Gastheorie besser von der kinetischen Theorie der Materie reden.

Die Masse der Moleküle ist so unendlich klein, daß man, trotz der beträchtlichen Geschwindigkeit, die sie bei Gasen haben (vgl. Anm. S. 204), von der lebendigen Kraft eines einzelnen Moleküls nicht viel erwarten darf. Wenn wir, entsprechend unserem Versuch mit dem Holzbrettchen, nach einem Körper suchen, der durch den Anprall eines Moleküls bewegt werden könnte, so müßte er jedenfalls eine außerordentlich kleine Masse haben. Solche Körperchen gibt es wirklich, wie Brown 1827 entdeckte. Betrachtet man eine Flüssigkeit unter dem Mikroskop, in der feinste Teilchen fester Stoffe aufgeschwemmt sind (Tuschekörnchen mit Wasser verrieben, Fetttröpfchen in Milch), so bemerkt man, daß sie in fortgesetzter unregelmäßiger zitternder Bewegung begriffen sind. Diese Brownsche Molekularbewegung hat man sogar mikrokinematographisch festgehalten und hat ferner beobachtet, daß sie mit steigender Temperatur zunimmt. Nach Seddig ist sie „ein vergröbertes Abbild der Bewegung der Moleküle, deren Folge sie ist".

Ist der Zwischenraum zwischen den Molekülen so klein, daß gegenseitige Anziehungskräfte in Frage kommen, so wird dadurch die freie

Beweglichkeit mehr oder minder gehemmt. Es müssen dann neue Erscheinungen auftreten, die eine Folge jener Kohäsionskräfte[1]) sind. Dieser Fall liegt bei Flüssigkeiten und — am ausgesprochensten — bei festen Körpern vor. Aus der Tatsache, daß man Gase sehr stark zusammenpressen kann, folgern wir, daß viel freier Raum zwischen den Gasmolekülen vorhanden ist. Verkleinern wir ihn immer mehr, so werden wir die Konzentration der Moleküle stetig vergrößern und sie in immer wirksamer werdende Anziehungsnähe bringen. Schließlich wird die Kohäsionskraft so stark sein, daß ein an der Oberfläche liegendes Molekül nicht mehr wegfliegen kann, sondern von seinen Nachbarn nach innen gezogen wird. Die Oberfläche der ganzen Masse wird sich also unter einer nach innen wirkenden Zugkraft befinden, der sie dadurch nachgibt, daß sie sich unter dem Einfluß der „Oberflächenspannung" dem Mittelpunkt des Ganzen gleichmäßig zu nähern sucht; d. h. sie nimmt die Gestalt einer Kugel an. Wir haben einen Tropfen vor uns, das Gas hat sich verflüssigt. Die Kohäsionskraft kann um so wirksamer sein, je schwächer die eigene kinetische Energie der Moleküle ist, mit der sie sich etwa noch losreißen könnten; man wird deshalb um so leichter Verflüssigung erzielen, je niedriger die Temperatur des Gases ist.

Bringt man in den luftleeren Raum eines Barometerrohrs ein Stückchen Eis, so sinkt die Quecksilbersäule um einige Millimeter. Nimmt man statt Eis einen Tropfen Schwefelkohlenstoff, dann wird das Quecksilber erheblich tiefer herabgedrückt (Fig. 56). Man kann nun dadurch, daß man nur ganz wenig Eis oder Schwefelkohlenstoff nimmt, erreichen, daß alle Substanz verdampft. Dieser Dampf übt also auf das Quecksilber einen Druck aus, dessen Größe durch den Betrag angezeigt wird, um den das Quecksilber fällt. Jeder Temperatur entspricht also für jeden Körper ein gewisser Dampfdruck. Bei flüchtigen Stoffen ist er schon bei gewöhnlichen Temperaturen ziemlich groß. Bringen wir nun in den Dampfraum im rechten Rohr (Fig. 56) tropfenweise mehr Schwefelkohlenstoff, so können wir es schließlich dahin bringen, daß ein Teil nicht mehr verdampft, sondern als Flüssigkeit bestehen bleibt. Man nennt dann den Dampf über der Flüssigkeit gesättigt. Es besteht jetzt ein kinetisches Gleichgewicht zwischen Flüssigkeit und Dampf, das dadurch zustand kommt, daß sich in der Zeiteinheit soviel Dampfmoleküle mit der Flüssigkeit vereinigen, wie aus ihr Dampfmoleküle entstehen. Die Flüssigkeit hat also ein mehr oder minder großes Bestreben, dampfförmig zu werden, das mit der Temperatur wächst. Gibt man der dampfförmigen Phase Gelegenheit, aus dem System zu entweichen, so verschiebt sich das Gleichgewicht

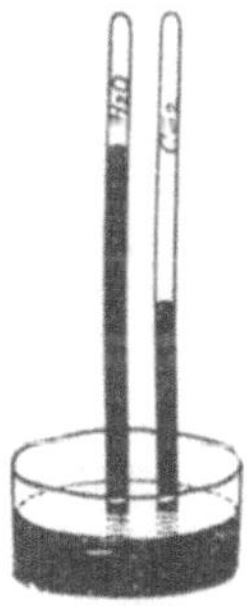

Fig. 56. Sichtbarmachen des Dampfdrucks.

$$\text{Flüssigkeit} \rightleftarrows \text{Dampf}$$

[1]) cohärere = zusammenhängen.

völlig nach rechts, d. h. die Flüssigkeit verdampft vollständig, indem sie die dazu nötige Wärmeenergie aus ihrer Umgebung aufnimmt (Verdunstungskälte).

Verkleinert man das Volumen, das ein gesättigter Dampf bei einer bestimmten Temperatur einnimmt, so verdichtet sich ein entsprechender Teil zu Flüssigkeit; vergrößert man es, so verdampft ein entsprechender Teil Flüssigkeit. Durch Zusammenpressen eines gesättigten Dampfes wächst also nicht der Druck, sondern es erscheint statt dessen ein entsprechender Teil als Flüssigkeit. Wir leiten nun unseren gesättigten Schwefelkohlenstoffdampf wieder in ein Barometerrohr, trennen ihn aber sorgfältig von der flüssigen Phase. Nun erwärmen wir ihn. Er wird jetzt ein größeres Volumen einnehmen und wäre wohl fähig, noch weiteren Schwefelkohlenstoff als Dampf aufzunehmen, wenn welcher da wäre. Er ist also bei dieser höheren Temperatur ungesättigt. Wenn wir ihn, bei dieser Temperatur, zusammenpressen, wächst sein Druck nach dem Boyleschen Gesetz, er verändert sein Volumen mit der Temperatur nach dem Gay-Lussacschen Gesetz — kurz, er verhält sich als Gas. Dies wird er so lange tun, bis man ihn durch Abkühlung wieder auf die Temperatur (oder durch Zusammenpressen auf das Volumen) gebracht hat, bei der (oder bei dem) er gesättigt ist. Druck, Volumen und Konzentration sind voneinander unmittelbar abhängige Größen, man kann sie wechselseitig als Maße für einander benutzen. Wir können deshalb zusammenfassend sagen: ein gegebener Raum kann bei einer bestimmten Temperatur nur eine bestimmte Menge gesättigten Dampf aufnehmen. Volumenverminderung oder Temperaturerniedrigung bewirkt Verflüssigung, Volumenvergrößerung oder Erwärmung Übergang in ungesättigten Dampf, d. h. in Gas. Gase sind also überhitzte Dämpfe, d. h. Dämpfe, die bei gewöhnlicher Temperatur noch weit von ihrem Sättigungspunkt entfernt sind.

Es bewirkt bei

	(von der Flüssigkeit getrennten) gesättigten Dämpfen	ungesättigten (überhitzten) Dämpfen (Gasen)
Druckvermehrung	Verflüssigung	Volumenabnahme bis zur Erreichung des Sättigungsvolumens. (Gesetz von Boyle)
Druckverminderung	Übergang in den ungesättigten Zustand	Volumenzunahme. (Gesetz von Boyle)
Erwärmung	Übergang in den ungesättigten Zustand	Volumenzunahme. (Gesetz von Gay-Lussac)
Abkühlung	Verflüssigung	Volumenabnahme bis zur Erreichung des Sättigungsvolumens. (Gesetz von Gay-Lussac)

Aus dieser Tabelle und dem vorher Gesagten können Sie entnehmen, daß in dem Augenblick, in dem sich ein Gas unter Druck zu verflüssigen beginnt, das Sättigungsvolumen für die betreffende Temperatur, bei der man arbeitet, erreicht sein muß. Wir haben dann einen gesättigten Dampf in Verbindung mit Flüssigkeit. Wir wollen jetzt das Verhalten eines Gases bei verschiedenen Drucken und Temperaturen graphisch darstellen. Zu dem Zweck tragen wir für verschiedene Temperaturen die Drucke, die wir anwenden, als Ordinaten, die zugehörigen Volumina als Abszissen auf (Fig. 57).

Betrachten wir die Kurve I. Mit steigendem Druck nimmt das Gasvolumen ab. Bei a beginnt die Verflüssigung. Wir haben das Sättigungsvolumen erreicht. Weiteres Zusammenpressen bewirkt Verflüssigung. Das Volumen vermindert sich, der Druck bleibt der gleiche (Strecke a b). In b ist alles verflüssigt. Pressen wir weiter, so wächst der Druck stark, während das Volumen der nur sehr wenig zusammendrückbaren Flüssigkeit kaum abnimmt. Bei höherer Temperatur (Kurve II) müssen wir durch stärkeren Druck auf ein kleineres Volumen pressen, bis aus dem Gas gesättigter Dampf wird und die Verflüssigung beginnt (Punkt c). Bei d ist alles verflüssigt, und wenn wir mit dem entsprechenden Punkt b bei Kurve I vergleichen, so finen wir, daß d auf der Abszissenachse ein größeres Stück abschneidet, d. h. daß bei höherer Temperatur die Flüssigkeit ein größeres Volumen hat. Bei 15⁰ (Kurve III) wird die wagrechte Strecke noch kürzer, da einerseits das Sättigungsvolumen immer kleiner, andererseits das Flüssigkeitsvolumen immer größer wird. Bei 32⁰ fallen endlich beide in einem Punkt g zusammen. Jetzt ist das Volumen des gesättigten Dampfes so groß wie das der Flüssigkeit; es ist beides dasselbe, d. h. wir können keine Verflüssigung mehr erreichen. Dieser Punkt g heißt der kritische Punkt, die zu ihm gehörende Temperatur kritische Temperatur; sie ist für jedes Gas eine Konstante. Der zu ihr gehörende Wert (p) für den Druck heißt kritischer Druck. Oberhalb der kritischen Temperatur ist durch keinen noch so starken Druck eine Verflüssigung möglich. Die Unkenntnis dieser Tatsache war der Grund, daß man lange Zeit Gase mit sehr tiefer kritischer Temperatur für „permanent", d. h. für nicht zu verflüssigen hielt. Heute weiß man, daß jedes Gas verflüssigt werden kann. Die kritische Temperatur von + 32⁰, die wir unseren (im übrigen durchaus schematischen) Kurven zugrund legten, gilt für Kohlendioxyd. Wenn man flüssiges Kohlen-

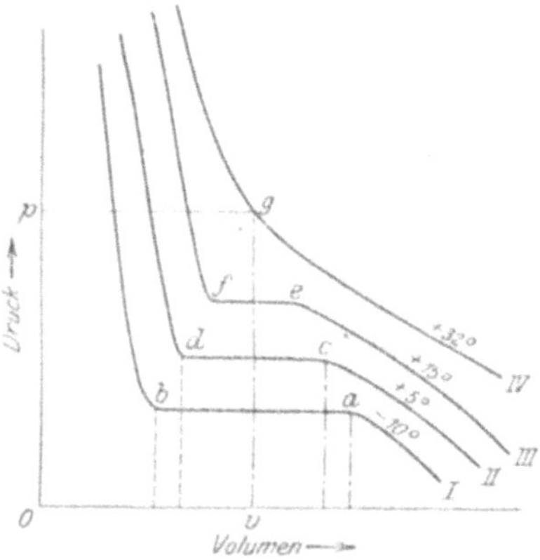

Fig. 57. Verhalten des Kohlendioxyds bei verschiedenen Drucken und Temperaturen.

— — — Zunahme des Flüssigkeitsvolumens } mit steigender Temperatur
— · — · — Abnahme des Sättigungsvolumens. } mit steigender Temperatur
— — — · Flüssigkeitsvolumen gleich dem Sättigungsvolumen des Dampfes. (Kritischer Punkt).
. . . . . p = Kritischer Druck.

dioxyd in ein dickwandiges Glasrohr einschmilzt und erwärmt, kann man sehen, wie bei 32° die Grenzfläche zwischen Flüssigkeit und Dampf verschwindet. Man hat dann tatsächlich die durch den Punkt g (Fig. 57) angedeutete völlig gleichförmige Masse. Der Versuch ist aber, wegen des kritischen Drucks von 73 Atmosphären, keineswegs harmlos. Hier folgt noch eine Tabelle kritischer Temperaturen und Drucke für einige andere Gase:

Gas	Kritische Temperatur	Kritischer Druck (Atm.)
H_2	-241^0	14
N_2	-146^0	33
O_2	-118^0	35,5
NH_3	$+132^0$	115
Cl_2	$+141^0$	84
SO_2	$+157^0$	78
HCl	$+52^0$	86

Überläßt man verflüssigte Gase in offenen Gefäßen sich selbst, so wird natürlich das Gleichgewicht

Flüssigkeit $\rightleftarrows$ gesättigter Dampf

sofort gestört. Die Flüssigkeit verdampft auf Kosten der Wärme ihrer Umgebung und durch die hierdurch entstehende Verdunstungskälte kühlt sie sich so weit ab, daß ein Teil fest wird. Festes Kohlendioxyd sieht aus wie Schnee. Es hat eine Temperatur von -79^0. Auch wenn man ein stark gepreßtes Gas plötzlich entspannt, kühlt es sich ab; denn es muß, um sich auszudehnen, den Gegendruck der Luft überwinden. Zu dieser Arbeit braucht es Energie, die es in Form der Wärme gewissermaßen sich selbst (und seiner Umgebung) entzieht. Auf diesem Vorgang beruhen die modernen Verflüssigungsmaschinen, in denen das durch Entspannung gekühlte Gas zum Teil zur Vorkühlung neuer Gasmengen dient.

Verdampfen heißt: unter Überwindung der Kohäsionskraft und des gegen die Flüssigkeitsoberfläche gerichteten Dampfdrucks (bzw. Luftdrucks, falls es sich um offene Gefäße handelt) gasförmig werden. Wenn eine Flüssigkeit siedet, ist ihr Dampfdruck gleich dem Gegendruck der Luft. Dieser ist normal gleich dem von einer 760 mm hohen Quecksilbersäule ausgeübten Druck. Demnach beträgt der Dampfdruck siedenden Wassers 760 mm Quecksilber, während der Druck von Wasserdampf bei 0^0 nur 4,5 mm beträgt. Aus dem Gesagten geht hervor, daß der Siedepunkt einer Flüssigkeit abhängen muß von dem auf ihr lastenden Druck. Sie wird bei um so tieferer Temperatur sieden, je geringer der Luftdruck ist. Wasser siedet z. B. auf hohen Bergen schon bei 84^0 (Montblanc) und der Siedepunkt läßt sich um beträchtliche Werte herabdrücken, wenn man in luftverdünnten Räumen erhitzt. Alkohol, der unter Atmosphärendruck bei 78^0 siedet, kann in einem Gefäß, aus dem man die Luft zum Teil ausgepumpt hat, leicht durch die Wärme der Hand zum Sieden gebracht werden.

Wir wollen jetzt unsere Dampfdruckbestimmung mit dem Barometerrohr wiederholen. In das eine Rohr (Fig. 56) bringen wir Wasser von 10°, in das andere eine Kochsalzlösung von 10°. Wir finden, daß im ersten Rohr das Quecksilber um etwa 9 mm, im zweiten aber nur um einen wesentlich kleineren Betrag sinkt. Wir folgern aus dieser Beobachtung, daß der Dampfdruck von Lösungen kleiner ist als der des reinen Lösungsmittels. Wenn eine Flüssigkeit siedet, so muß ihr Dampfdruck gleich dem auf ihr lastenden Luftdruck sein, normalerweise also gleich 760 mm Quecksilber. Da nun bei jeder Temperatur der Dampfdruck einer Lösung kleiner ist als der des reinen Lösungsmittels, so muß ich eine höhere Temperatur anwenden, um den Dampfdruck der Lösung ebenfalls auf 760 mm zu bringen; das heißt mit anderen Worten: der Siedepunkt einer Lösung liegt höher als der des reinen Lösungsmittels und zwar ist die Siedepunktserhöhung proportional der Konzentration der Lösung [1]).

Die umgekehrten Verhältnisse liegen bei dem Gefrierpunkt vor. Bei der Gefriertemperatur ist der Dampfdruck der flüssigen und festen Phase gleich (Wasser und Eis von 0° haben 4,6 mm Dampfdruck). Zeichnen wir uns für Eis und Wasser eine Kurve, in der die Dampfdrucke als Ordinaten, die Temperaturen als Abszissen aufgetragen sind, so erhalten wir das Bild (Fig. 58): (Der Knick der Eis-Wasserkurve bei 0° kommt daher, daß der Dampfdruck des Eises rascher ansteigt als der des Wassers.)

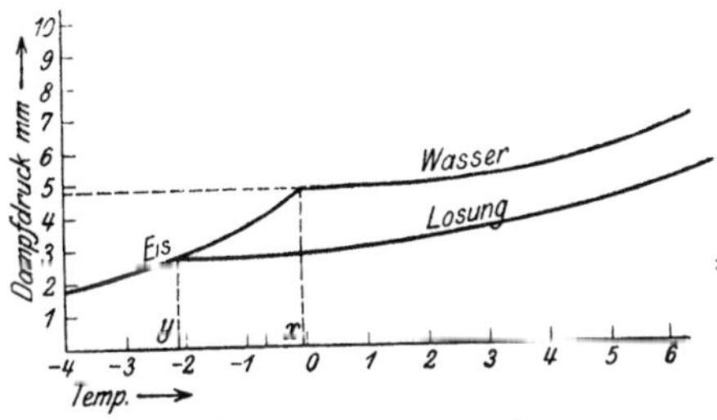

Fig. 58. Gefrierpunktserniedrigung bei Lösungen.

Man sieht, daß die Kurve der Lösung infolge des niedrigeren Dampfdrucks die Eiskurve erst unterhalb 0° erreicht. Bei dieser Temperatur — in unserem Fall sind es etwa —2,2° — friert Eis aus der Lösung aus; das ist eben der Gefrierpunkt der Lösung. Auch die Gefrierpunktserniedrigung einer Lösung ist proportional ihrer Konzentration.

Wir haben eben die Erscheinungen der Siedepunktserhöhung und Gefrierpunktserniedrigung dargestellt als eine Folge der Verschiedenheit des Dampfdrucks zwischen Lösungsmittel und Lösung. Der Dampfdruck selbst hängt aber wieder von einer anderen Erscheinung ab, über die wir jetzt sprechen wollen.

Sie haben gesehen, daß sowohl bei Gasen als bei flüssigen und festen Körpern Diffusion stattfindet. Infolge der kinetischen Energie der Moleküle findet eine gegenseitige Durchdringung der verschiedenen Stoffe statt, und ein Stoff wandert dabei, entgegen der Schwerkraft,

[1]) Streng gilt dies nur für verdünnte Lösungen.

nach oben. Wenn wir diesem aufstrebenden Stoff ein Hindernis in den Weg legten, dann müßten die Moleküle dagegenprallen und einen Druck ausüben. Wir werden als Hindernis zweckmäßig eine poröse Wand wählen, deren Poren grade groß genug sind, um die Wassermoleküle einer Lösung durchzulassen, die aber auf größere, in dem Wasser gelöste Moleküle (etwa Zucker) als engmaschiges Sieb wirkt. Solch eine Wand können wir aus manchen tierischen Häuten machen; z. B. ist Schweinsblase ein geeigneter Stoff. Wir nehmen also einen Glaszylinder (Fig. 59), verschließen ihn unten mit Schweinsblase, oben mit einem Kork, durch den ein Glasrohr führt, füllen ihn mit Zuckerlösung und tauchen das Ganze in ein Gefäß mit reinem Wasser. Es diffundiert Wasser in den Zylinder, während die Zuckermoleküle zurückgehalten werden. Nach einiger Zeit wird man die Lösung in dem Rohr zu ziemlich beträchtlicher Höhe emporgestiegen finden. Es muß also im Innern des Zylinders ein Druck herrschen, dessen Größe gleich dem von der Flüssigkeitssäule ausgeübten ist. Würden wir noch mehr Zuckerlösung von oben in das Rohr gießen und dadurch den Druck erhöhen, so würden wir nur Wassermoleküle durch die Scheidewand in das äußere Gefäß pressen, und der Flüssigkeitsspiegel würde bald seine frühere Höhe einnehmen. Umgekehrt würde ein Absaugen von Zuckerlösung aus dem Steigrohr ein Nachdrängen von Wassermolekülen bewirken, bis der frühere Stand wieder erreicht wäre. Das Wasser allein kann den starken Überdruck also nicht bewirken, denn es geht ja durch die Poren ungehindert durch und drückt infolgedessen von außen so stark wie von innen. Der Überdruck muß demnach durch die Stöße der Zuckermoleküle gegen die für sie undurchlässige (und so gut wie unnachgiebige) Wand zustande kommen. Deshalb heißt er osmotischer[1]) Druck. Er tritt überall auf, wo Lösungen verschiedener Konzentration oder Zusammensetzung durch halbdurchlässige Wände getrennt sind. Da die Wände der tierischen und pflanzlichen Zellen sehr oft dieser Bedingung entsprechen, hat er eine große Bedeutung in der Biologie (vgl. S. 148). Die halbdurchlässige Wand diente uns dazu, den osmotischen Druck sichtbar zu machen. Er ist natürlich auch ohne diese vorhanden, nur bemerken wir ihn nicht. Die Diffusion ist ja eine Folge dieser Kraft, und sie findet, wie wir wissen, ohne Mitwirkung einer halbdurchlässigen Wand genau so statt. Der Entdecker des osmotischen Druckes ist der Botaniker Pfeffer.

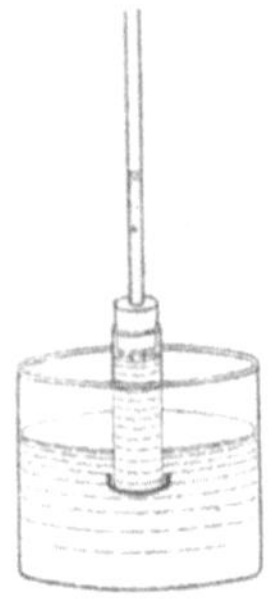

Fig. 59. Sichtbarmachung des osmotischenDrucks.

Wenn wir in einen Zylinder mit Wasser Krystalle des blauen Kupfersulfats werfen, so können wir beobachten, wie sie sich lösen, und wie die blaue Lösung langsam nach oben diffundiert, bis schließlich überall die gleiche Konzentration herrscht und wir innerhalb der ganzen Lösung eine gleichmäßig blaue Farbe wahrnehmen. Man könnte sagen: die Kupfersulfatmoleküle haben das Bestreben, den ganzen ihnen darge-

[1]) ὠσμός (osmos), Stoß.

botenen „Wasserraum" völlig auszufüllen, wobei ihre Kohäsionskraft verschwindet, denn der feste Aggregatzustand der Krystalle hört ja auf. Die Moleküle müssen also in einen größeren Abstand voneinander gekommen, und, wie der osmotische Druck zeigt, noch im Besitz beträchtlicher lebendiger Kräfte sein. Das sind ja nun aber genau die Eigenschaften, die wir bei den Gasen festgestellt haben! Dann wäre also der osmotische Druck der Flüssigkeiten das, was der Gasdruck[1]) bei den Gasen ist? In der Tat, es ist so. Van t'Hoff hat festgestellt, daß ein gelöster Stoff sich hinsichtlich seines osmotischen Druckes verhält wie ein Gas. Er stellte den ebenso verblüffenden als folgenreichen Satz auf: ein gelöster Stoff übt einen ebenso großen osmotischen Druck aus, als wenn er, bei der gleichen Temperatur, den von der Lösung eingenommenen Raum als Gas erfüllte. Hieraus ergeben sich wichtige Beziehungen. Sie erinnern sich noch, daß ein Grammolekül eines jeden Gases bei 0^0 und 760 mm Barometerstand den Raum von 22,4 Liter einnimmt. Dieses „Molvolumen" hat dann natürlich den Druck von einer Atmosphäre, denn soviel beträgt ja der Gegendruck der Luft, mit dem es im Druckgleichgewicht ist. Man kann also auch umgekehrt sagen: bei 0^0 und 760 mm Barometerstand üben 32 g Sauerstoff, 28 g Stickstoff, 44 g Kohlendioxyd usw. dann einen Druck von einer Atmosphäre aus, wenn sie als Gas in einem Raum, von 22,4 Liter vorhanden sind. Folglich muß, nach van t'Hoff, auch jede Lösung, die in 22,4 Liter Lösungsmittel bei 0^0 ein Grammolekül eines Stoffes gelöst enthält, einen osmotischen Druck von einer Atmosphäre ausüben. Lösen wir z. B. 46 g Alkohol (C_2H_5OH) in 22,4 Liter Wasser von 0^0, so erhalten wir einen osmotischen Druck von einer Atmosphäre. Nehmen wir nur 4,6 g Alkohol, so sinkt auch der Druck auf den 10. Teil. Lösen wir ein Grammolekül (46 g) nur in 2,24 Litern Wasser, so erhöhen wir damit die Konzentration auf das Zehnfache und der osmotische Druck nimmt ebenfalls den zehnfachen Wert an; er gehorcht also dem Boyleschen Gesetz, nach dem der Druck eines Gases seiner Konzentration direkt, seinem Volumen umgekehrt proportional ist. Auch das Gesetz von Gay-Lussac gilt für ihn, denn sein Wert nimmt für jeden Grad Temperaturerhöhung um $^1/_{273}$ seines ursprünglichen zu. Endlich ergibt sich auch eine Übereinstimmung mit dem Gesetz von Avogadro: Lösungen, die bei gleicher Temperatur den gleichen osmotischen Druck haben (man nennt derartige Lösungen isotonisch), enthalten im gleichen Volumen die gleiche Zahl gelöster Moleküle.

Die Anwendung des Boyleschen und Avogadroschen Gesetzes auf den osmotischen Druck ist, wie man sieht, ein Mittel, das Molekulargewicht gelöster Stoffe zu bestimmen. Wüßte man, wie groß der osmotische Druck ist, den ein in einem bestimmten Volumen, etwa einem Liter, gelöstes Grammolekül erzeugt, so könnte man eine bestimmte Menge eines Stoffs von unbekanntem Molekulargewicht ebenfalls in einem Liter lösen und den osmotischen Druck dieser Lösung bestimmen.

---

[1]) Genauer: der Partialdruck, den jedes Gas in einem Gasgemisch so ausübt, als ob es allein vorhanden wäre.

Wäre er nur halb so groß wie der erste und hätte man 30 g gelöst, so hieße das, daß diese 30 g nur ein halbes Grammolekül darstellen. Das gesuchte Molekulargewicht wäre also 60.

Dieser Plan stößt bei seiner Ausführung insofern auf Schwierigkeiten, als die zahlenmäßige Bestimmung des osmotischen Druckes umständlich und schwierig ist. Bequemer kommt man zum Ziel, wenn man statt seiner von ihm abhängige Größen mißt. Eine solche Größe ist nun der Dampfdruck einer Lösung, der, wie ebenfalls van t'Hoff gezeigt hat, eine Funktion [1]) des osmotischen Drucks ist. (Die nähere Begrundung würde uns zu tief in die rein physikalischen Fragen der Thermodynamik verstricken.) Da aber auch der Dampfdruck unbequem zu messen ist, wählt man endlich die von ihm verursachte Gefrierpunktserniedrigung oder Siedepunktserhöhung als mittelbares Maß für den osmotischen Druck.

Es wird nach dem Vorausgegangenen ohne weitere Erklärung verständlich sein, daß äquimolekulare Lösungen die gleiche Gefrierpunktserniedrigung (bzw. Siedepunktserhöhung) zeigen müssen. Wir bleiben für unsere Betrachtung bei der Gefrierpunktserniedrigung, denn das gleiche gilt, sinngemäß übertragen, auch für die Siedepunktserhöhung. Wie bereits oben erwähnt, handelt es sich zunächst einmal darum, zu bestimmen, um welchen Betrag sich der Gefrierpunkt eines Lösungsmittels erniedrigt, wenn man ein Grammolekül im Liter löst. Dieser Betrag ist für jedes Lösungsmittel eine Konstante. Er heißt die molekulare Depression (oder molekulare Gefrierkonstante) und beträgt z. B. für:

Wasser	$1{,}89^0$
Benzol	$4{,}9^0$
Phenol.	$7{,}5^0$

Ist dieser Wert bekannt, so handelt es sich nur noch darum, zu ermitteln, um welchen Betrag sich der Gefrierpunkt erniedrigt, wenn man in einem bekannten Volumen des Lösungsmittels eine bekannte Gewichtsmenge des Stoffes gelöst hat, dessen Molekulargewicht man sucht. Sie sehen, es kommt nicht darauf an, daß man die tatsächlichen Temperaturen feststellt, bei denen Lösungsmittel und Lösung gefrieren, sondern nur darauf, wie weit die Gefrierpunkte auseinanderliegen. Man gebraucht deshalb einen Beckmannschen Thermometer, dessen Meßbereich nur 6 Grade umfaßt, die in hundertstel Grade eingeteilt sind (die Tausendstel lassen sich noch schätzen). Am oberen Ende des Thermometers ist ein Quecksilbergefäß angebracht. Arbeitet man in Lösungsmitteln, die schon bei verhältnismäßig hoher Temperatur gefrieren, dann würde das Quecksilber den kurzen Meßbereich überschreiten. Man erwärmt dann das Thermometer schwach, so daß ein Teil des Quecksilbers in das Vorratsgefäß übersteigt, worauf sich der hierdurch verkürzte Quecksilberfaden beim Abkühlen in dem Bereich der Teilung einstellt. Bei tiefen Temperaturen verfährt man umgekehrt. An Stelle einer umständlichen weiteren Erklärung gebe ich Ihnen hier ein aus der Praxis ent-

[1]) Vgl. Anm. S. 271.

nommenes Beispiel einer solchen Molekulargewichtsbestimmung. Die Vorrichtung (nach Beckmann), mit der man sie macht, zeigt Ihnen Fig. 60.

Bedeutet δ die molekulare Depression für 1000 g Lösungsmittel, p das Gewicht der Substanz, Δ die beobachtete Gefrierpunktserniedrigung und g das Gewicht des Lösungsmittels, so ist das gesuchte Molekulargewicht M

$$M = \frac{\delta \cdot p \cdot 1000}{\Delta \cdot g}$$

Für einen neu dargestellten Körper vermutet man die Zusammensetzung $C_{14}H_{11}O_3N$, nach der sich sein Molekulargewicht zu 289 berechnet.

0,2481 g dieser Substanz gaben in 17,45 g Benzol eine Gefrierpunktserniedrigung von 0,260° Hieraus berechnet sich

$$M = \frac{4{,}9 \cdot 0{,}2481 \cdot 1000}{0{,}260 \cdot 17{,}45} = 273.$$

Dieser Wert stimmt mit dem vermuteten in den Grenzen der Versuchsfehler überein. Die angenommene Formel ist also richtig.

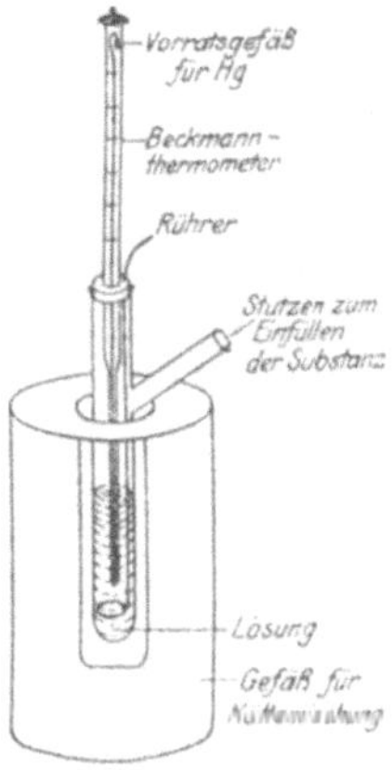

Fig. 60. Vorrichtung zur Molekulargewichtsbestimmung durch Gefrierpunktserniedrigung

Wie wir gesehen haben, ist der osmotische Druck unmittelbar abhängig von der Anzahl der Moleküle in der Volumeneinheit. Es ist deshalb nicht verwunderlich, daß man beim Auflösen von Säuren, Basen und Salzen in Wasser höhere Werte erhält, als man der Molekülzahl nach erwarten sollte. Denn durch die elektrolytische Dissoziation entstehen aus jedem Molekül zwei oder noch mehr Ionen, so daß die Konzentration der osmotisch wirksamen Teilchen stark erhöht wird. Es beträgt z. B. die Gefrierpunktserniedrigung bei Wasser, das im Liter ein Grammolekül einer nicht dissoziierenden Verbindung (etwa Harnstoff, $CO(NH_2)_2$) enthält, 1,940° — also, in den Grenzen der Versuchsfehler, so viel wie die molare Depression des Wassers. Bei einer Lösung von einem Grammmolekül Chlornatrium in einem Liter Wasser erhält man dagegen eine Gefrierpunktserniedrigung von etwa 3,046°. Man kann aus der ungewöhnlichen Erniedrigung unter Berücksichtigung der Anzahl von Spaltstücken, in die das Molekül zerfällt, den Dissoziationsgrad der betreffenden Verbindung berechnen.

Man kann auch Lösungen herstellen, deren Gefrierpunktserniedrigung gegenüber dem reinen Lösungsmittel ganz oder nahezu gleich Null ist. Leitet man z. B. in eine stark verdünnte, kalte Lösung von Arsentrioxyd Schwefelwasserstoff ein, so erhält man eine klare, gelbe Lösung von Arsensulfid, die bei 0° gefriert. Arsensulfid ist, wie wir wissen, in Wasser so gut wie unlöslich. Hier muß also offenbar eine uns noch unbekannte Erscheinung vorliegen. Vereinigen wir durch eine Sammellinse ein Bündel Lichtstrahlen so, daß der Brennpunkt in die Lösung fällt, dann läßt sich der Weg der Strahlen verfolgen wie in staubiger Luft oder einer Rauchwolke (Tyndallsches Phänomen, Fig. 61).

Bei einer gewöhnlichen Lösung geht das nicht. Es scheint also, daß in dieser Lösung wirklich gröbere Teilchen vorhanden sind, die die Lichtstrahlen abbeugen wie es Sonnenstäubchen tun. Sie müssen größer sein als die Moleküle. Man kann sie unter dem Ultramikroskop sehen, wenn man genügend stark vergrößert und sie seitlich beleuchtet, so daß das von ihnen abgebeugte Licht ins Objektiv gelangt (Siedentopf und Zsygmondy). Wenn wir „echte" Lösungen solche nennen, bei denen einzelne Moleküle gleichmäßig in der Masse des Lösungsmittels verteilt sind, so müssen wir diejenigen, die das Tyndallsche Phänomen zeigen, als unechte Lösungen bezeichnen. Gewöhnlich nennt man sie kolloidale[1]) Lösungen. Sie zeichnen sich dadurch aus, daß sich in ihnen der gelöste Stoff in einem Zustand sehr feiner Zerteilung befindet, der aber noch nicht so fein ist, wie der in echten Lösungen vorliegende. Den Grad der Zerteilung nennt man Dispersitätsgrad [2]), das (scheinbare) Lösungsmittel Dispersionsmittel. Die kolloidalen Lösungen bilden also eine ununterbrochene Reihe bis zu den echten Lösungen. Je größer der Dispersitätsgrad in einem kolloidalen System ist, desto mehr nähert es sich der echten Lösung. Sowohl die disperse Phase wie die des Dispersionsmittels kann fest, flüssig oder gasförmig sein. Man unterscheidet danach z. B.:

Fig. 61. Tyndallsches Phänomen in einer kolloidalen Lösung.

Disperse Phase	Dispersionsmittel	Bezeichnung des kolloiden Systems
flüssig	flüssig	Emulsionen (Milch, Gelatine)
fest	flüssig	Suspensionen (Lösung von As_2S_3; Tinte)
gasförmig	flüssig	Schäume (Schlagsahne, Seifenschaum)
fest	gasförmig	Rauch
flüssig	gasförmig	Nebel
fest	fest	kolloidale feste Lösungen (gefärbte Gläser)

Vielen Stoffen läßt sich mit zweckmäßigen Mitteln ein so großer Dispersitätsgrad erteilen, daß er mit einem geeigneten Dispersionsmittel eine kolloidale Lösung bildet. Wenn man unter Wasser einen elektrischen Lichtbogen zwischen Gold- oder Platindrähten erzeugt, so erhält man

[1]) Von collum, Leim, der eine ausgesprochene kolloidale Lösung bildet. Übrigens zeigen — aus physikalischen Gründen — nicht alle kolloidalen Lösungen das Tyndallsche Phänomen.

[2]) dispergere, zerstreuen.

braune kolloidale Lösungen der betreffenden Metalle. Auch andere Metalle lassen sich durch elektrische Zerstäubung in den kolloidalen Zustand überführen. Die Farbe der Lösungen hängt von der Teilchengröße ab. Auch durch geeignete Fällungsmethoden lassen sich kolloidale Lösungen darstellen. Um sie von überschüssigen Salzen, die durch Umsetzung mit dem Fällungsmittel entstanden sind, zu trennen, unterwirft man sie der Dialyse (Graham). Man läßt sie durch Membranen diffundieren, deren Porengröße so gewählt ist, daß die Moleküle bzw. Ionen der Salze durchgehen, während die gröberen kolloiden Teilchen zurückgehalten werden; für solche Dialysatormembranen kommt hauptsächlich Pergamentpapier in Frage. Fällt man Natriumsilikat mit Salzsäure, so erhält man nach

$$Na_2SiO_3 + 2\,HCl = SiO_2 + H_2O + 2\,NaCl$$

unter gewissen Bedingungen eine Lösung von kolloidaler Kieselsäure, die durch Chlornatrium verunreinigt ist. Man dialysiert das Gemisch in einem Dialysator (Fig. 62) gegen reines Wasser und erreicht dadurch, daß das Chlornatrium schließlich völlig in das Wasser diffundiert, während im Dialysiergefäß reine kolloidale Kieselsäure zurückbleibt.

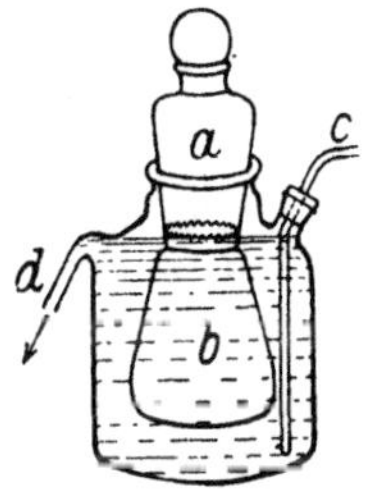

Fig. 62. Dialysator. a Trichter zum Einfüllen der Lösung. b Dialysierbeutel aus Pergament. c, d Wasser-Zu- und -Abfluß.

Die Eigenschaften kolloidaler Lösungen erklären sich zum Teil aus der großen Oberfläche der dispersen Phase, zum Teil daraus, daß bei einigen die Teilchenkonzentration nur sehr klein ist. Man sieht leicht ein, daß durch die Zerteilung die Oberfläche eines Stoffes ungeheuer stark vergrößert wird. Stellen wir uns einen Steinwürfel von einem Meter Kantenlänge vor. Wir können mit ihm demnach die Fläche von einem Quadratmeter bedecken. Nun zerteilen wir den Kubikmeter Stein in kleine Steinchen von einem Zentimeter Kantenlänge. Wir erhalten dann eine Million solcher Steinwürfelchen. Jedes von ihnen hat einen Quadratzentimeter Oberfläche. Zusammen haben sie also eine Million Quadratzentimeter oder 100 Quadratmeter Oberfläche. Durch die Zerteilung haben wir also die Oberfläche verhundertfacht. Sie können sich danach vorstellen, wie stark die Oberfläche bei kolloiden Stoffen wachsen muß, bei denen es sich um ganz wesentlich größere Teilungsverhältnisse handelt. (Das größte Teilungsverhältnis besteht bei echten Lösungen, die demnach die durch die große Oberfläche bedingten Eigenschaften der kolloidalen Lösungen eigentlich am stärksten zeigen müßten. Es scheint aber, daß bei Molekülen andere Kräfte wirksam sind wie bei kolloiden Teilchen; auch ist ein Molekül wohl kein solch „massives“ Gebilde, wie es auch das kleinste Kolloidteilchen immerhin noch ist.) Die absolute Größe solcher Teilchen hat man dadurch bestimmt, daß man unter dem Ultramikroskop ihre Zahl in einem bestimmten Teil des Gesamtvolumens einer kolloidalen Lösung ermittelte. Kennt man dann noch das Gewicht des kolloidal gelösten Stoffes (das sich etwa aus der Gewichtsabnahme der zur elektrischen Zerstäubung benutzten Metalldrähte bestimmen ließe), so kann man festsetzen, daß aus x Gramm festen Stoffes y kolloide Teilchen im Gesamtvolumen geworden sind. Das Gewicht eines Teilchens muß dann $\frac{x}{y}$ Gramm betragen, und hieraus läßt sich, da man das spezifische Gewicht des Stoffes kennt, leicht berechnen, welches Volumen das Teilchen haben muß. Denkt man es sich, der Einfachheit halber, kugelförmig, so kommt man für rote kolloidale Goldlösungen z. B. auf Werte von etwa 15 $m\mu$[1]) Kugeldurchmesser. Die Teilchen zeigen die Brownsche Molekularbewegung, die den sich aus der kinetischen Theorie der Materie ergebenden Gesetzen gehorcht. (Einstein, Perrin u. a).

Welches sind nun die besonderen Eigenschaften kolloidaler Lösungen? Zunächst ihre Fähigkeit, fremde Stoffe zu adsorbieren. Wir lernten dies bei Besprechung der Tierkohle kennen. Wahrscheinlich beruht auch das Färben von tierischen und pflanzlichen Fasern zum Teil auf Adsorption. Ebenfalls eine Folge der Oberflächenwirkung ist die stark gesteigerte katalytische Kraft mancher kolloidaler Metalle. Eine kolloidale Lösung von Platin gehört z. B. zu den stärksten Katalysatoren.

Die Tatsache, daß bei vielen kolloidalen Lösungen keine Veränderung des Dampfdrucks im Vergleich mit dem reinen Dispersionsmittel eintritt, erklärt sich wohl dadurch, daß die Zahl der kolloiden Teilchen verhältnismäßig sehr klein ist, so daß sich ihre Stoßwirkung unserer Wahrnehmung entzieht.

Die kolloiden Teilchen sind meistens elektrisch geladen; am häufigsten negativ, jedoch gibt es auch positiv geladene. Man kann demnach kolloidale Lösungen einer Art von Elektrolyse unterwerfen; negative Teilchen wandern nach der positiven Elektrode (Anode), positive nach der negativen (Kathode). Man nennt diesen Vorgang Kataphorese[2]). Wenn die Teilchen ihre Ladung verlieren, ballen sie sich zu größeren Massen zusammen und fallen aus; sie werden „ausgeflockt". Diese Ausflockung läßt sich dadurch erreichen, daß man zu der kolloidalen Lösung ein Salz gibt, dessen entgegengesetzt geladene Ionenart mit den Kolloidteilchen in Wechselwirkung tritt. Gibt man z. B. zu einer kolloidalen Lösung von Arsensulfid etwas Natriumchloridlösung, so wird es als festes, gelbes Sulfid ausgeflockt. Ein gelöstes Kolloid heißt Sol (von solutus, gelöst) ein ausgeflocktes Gel (gelidus, fest). Manche Gele lassen sich wieder kolloidal lösen, andere nicht (umkehrbare und nicht umkehrbare Kolloide). Durch Zusatz gewisser Kolloide wie Eiweiß, Leim, Gummi kann man manche kolloidale Lösungen beständiger gegen Ausflockung durch Elektrolyte (in Ionen dissoziierende Verbindungen) machen. Oft genügen Spuren solcher Schutzkolloide zur Erreichung dieses Zwecks. Sie bewirken außerdem, daß das Kolloid nach seiner Ausflockung wieder in kolloidale Lösung zu bringen ist. Gewisse Eiweißverbindungen, kolloidalen Silberlösungen als Schutzkolloid zusesetzt,

---

[1]) Ein $m\mu$ (Millimy) = ein milliontel Millimeter.

[2]) κατά (kata), hinab, φέρω (phero), ich trage.

liefern ein derartiges umkehrbares Gel, das als Protargol ein geschätztes Desinfektionsmittel ist.

Die Bedeutung der Kolloide in der Biologie und der Technik ist ungeheuer groß. Die Eiweißarten unseres Körpers, die Zellulose, der Kautschuk, Leim, Gelatine sind kolloide Systeme. Die Bromsilbergelatine der photographischen Trockenplatte ist ebenfalls ein sehr verwickeltes kolloides System. Das Quellen von Gelatine, Leim und Zellulose ist eine Folge ihres kolloiden Aufbaus. Die Entwässerung solcher kolloider Systeme durch Kathaphorese ist in dem Torftrocknungsverfahren der Elektro-Osmose-Gesellschaft (Graf Schwerin) zu großer wirtschaftlicher Bedeutung gelangt.

Siebzehnter Vortrag.

Eisen. — Hochofen. — Bessemerprozeß. — Puddelverfahren. — Siemens-Martin-Prozeß. — Stahl. — Zementstahl. — Tiegelgußstahl. — Elektrostahl. — Eisenoxyde. — Eisenhydroxyde. — Eisensulfide. — Eisenchloride. — Eisensulfate. — Mohrsches Salz. — Eisencarbonat. — Eisensäure. — Ferro- und Ferricyanwasserstoff. — Berlinerblau. — Eisenrhodanide. — Eisenkohlenoxydverbindungen. — Kobalt. — Kobaltoxyde. — Kobalthydroxyde. — Kobaltochlorid. — Kobaltonitrat. — Kobaltosulfid. — Kobaltammoniakbasen. — Nickel. — Nickeloxyde. — Nickelhydroxyde. — Nickelchlorid. — Nickelnitrat. — Nickelsulfat. — Nickelsulfid. — Nickeltetracarbonyl. — Mangan. — Manganoxyde. — Manganhydroxyde. — Manganosalze. — Manganisalze. — Weldonsches Regenerationsverfahren. — Mangansäure. — Übermangansäure. — Chrom. — Chromoxyde. — Chromhydroxyde. — Chromchloride. — Chromisulfat. — Chromalaun. — Chromsäure. — Dichromsäure. — Überchromsäuren. — Molybdän. — Molybdänoxyde. — Molybdänsäure. — Molybdänpentachlorid. — Wolfram. — Wolframtrioxyd. — Wolframsäure. — Uran. — Urantrioxyd. — Uransäure. — Uranylsalze. — Gruppenübersicht.

Der Gruppe von Elementen, die wir heute zu besprechen haben, gehört das wichtigste aller Metalle, das Eisen an. Zu derselben Gruppe können ferner noch gezählt werden die Metalle Nickel, Kobalt, Mangan, Chrom, Molybdän, Wolfram und Uran.

Das Eisen ist schon seit den ältesten Zeiten bekannt. In den Meteorsteinen kommt es in gediegenem Zustand vor, sonst findet man es reichlich in Form verschiedener Oxyde (Fe_3O_4 Magneteisenstein, Fe_2O_3 Roteisenstein, $Fe_4O_3(OH)_2$ Brauneisenerz), seines Sulfids (FeS_2 Pyrit, Eisenkies) und Carbonats ($FeCO_3$ Eisenspat). Die Gewinnung des Eisens aus seinen Erzen ist je nach dem vorliegenden Ausgangsmaterial und der Eisensorte, die man erhalten will, verschieden. Der Grundgedanke aller Verfahren ist, die Eisenerze durch Rösten in Ferrioxyd, Fe_2O_3, überzuführen und dieses dann durch Kohlenoxyd zu reduzieren. Dazu dient der Hochofen.

In einem aus feuerfestem Material gemauerten Schacht (Fig. 63) werden abwechselnd Lagen von geröstetem Eisenerz und Koks aufgeschichtet, der Koks in Brand gesetzt und durch ein starkes Gebläse bei v Luft zugeführt. Durch die Verbrennung des Koks entsteht Kohlenoxyd, das das Ferrioxyd zu Metall reduziert:

$$Fe_2O_3 + 3\,CO = 2\,Fe + 3\,CO_2.$$

Das gebildete Eisen schmilzt und sammelt sich in dem unteren Teil des Ofens bei n an, von wo es in Formen abgelassen werden kann. Der Raum bei o, in den die Erz-Koksmischung nachgefüllt wird, heißt die Gicht. Man überdeckt sie jetzt meist mit einer selbsttätigen Füllvorrichtung und bringt ein Abzugsrohr für die entweichenden Gichtgase an. Sie bestehen in der Hauptsache aus Stickstoff (60%), Kohlenoxyd (24%), Kohlendioxyd (12%), Wasserstoff und Methan. Man benutzt sie zum Vorwärmen der Gebläseluft.

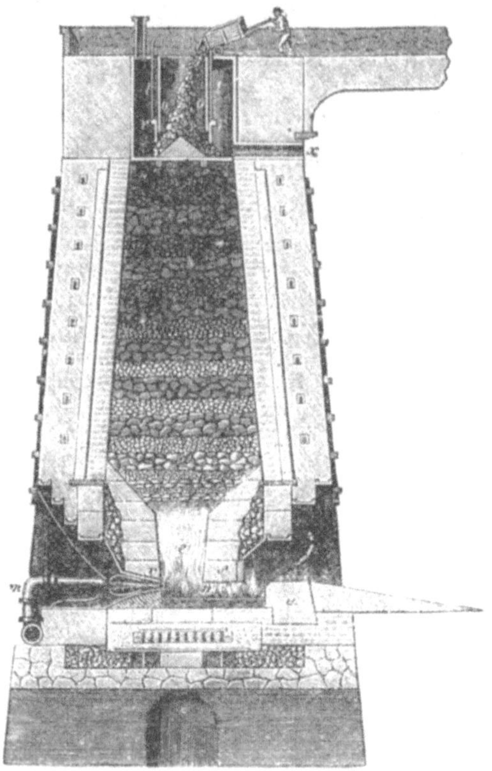

Fig. 63. Hochofen.

Ein Hochofen wird oft jahrelang in ununterbrochenem Betrieb gehalten.

Die in der ganzen Welt erzeugte Menge Roheisen belief sich 1910 auf über 65 Millionen Tonnen. Deutschland stellte davon allein den vierten Teil her. Den größten Anteil hatte Amerika mit über ein Drittel.

Das im Hochofen erhaltene Roheisen ist noch mit Kohlenstoff, Phosphor, Silicium und Schwefel verunreinigt. Diese Beimengungen müssen noch oxydiert (= verbrannt) werden, und das geschieht jetzt meist nach dem Bessemerverfahren. Das flüssige Roheisen wird in riesige, birnförmige Gefäße aus feuerfestem Material („Konverter") (Fig. 64) gefüllt, und durch das geschmolzene Metall wird Luft gepreßt. Dadurch wird der Kohlenstoff und das Silicium verbrannt. Um auch noch den Phosphor zu entfernen, kleidet man nach dem Vorschlag des Amerikaners Thomas die Innenwand des Konverters mit alkalischen, feuerfesten Stoffen (Kalkstein) aus. Dann wird die bei der Oxydation entstehende Phosphorsäure an das basische Material gebunden, und dieses gelangt dann in gemahlenem Zustand unter dem Namen Thomasschlacke als wertvolles Düngemittel in den Handel. (Thomaskonverter oder basischer Konverter.) Es ist auffallend, daß der so leicht verbrennbare Phosphor am schwersten zu entfernen ist. Das kommt daher, daß bei der hohen Temperatur in der Bessemerbirne das Siliciumdioxyd das Phosphoroxyd zu Phosphor reduziert und sich mit dem vorhandenen Eisen zu Eisensilikat umsetzt, während sich der freigewordene Phosphordampf mit weiterem Eisen wieder vereinigt:

$$5\,SiO_2 + P_2O_5 + Fe = 5\,FeSiO_3 + 2\,P.$$

Sobald die Phosphorsäure an das basische Futter gebunden wird, ist der Vorgang nicht möglich.

Ebenfalls auf der Oxydation der Verunreinigungen beruht das veraltete „Puddelverfahren". Das Roheisen kommt in geschmolzenem Zustand mit dem bei der Verbrennung des Heizmaterials gebildeten Kohlenoxyd in Berührung. Zur Beförderung der Oxydation durch den

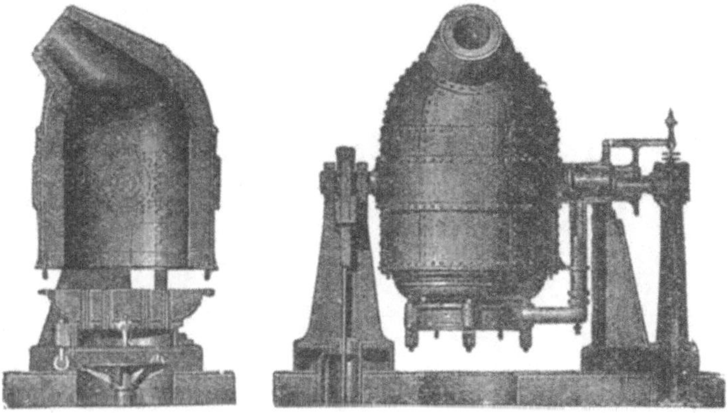

Fig. 61. Bessemerbirne. (Längsschnitt und Vorderansicht.)

Luftsauerstoff wird die geschmolzene Masse beständig umgerührt („gepuddelt").

Diese auf Oxydation beruhenden Reinigungsverfahren heißen „Frischverfahren" zum Unterschied von dem „Siemens-Martin-Verfahren", bei dem die Oxydation durch Zufügung von Eisenoxyd zu dem geschmolzenen Roheisen bewirkt wird.

Jedes technisch gebrauchte Eisen enthält immer noch wechselnde Mengen von Kohlenstoff. Man unterscheidet danach:

Roh- oder Gußeisen mit 3—5% Kohlenstoff (außerdem noch Mangan, Phosphor, Silicium). Es ist sehr spröde (deshalb: Vorsicht mit dem Anlehnen an gußeiserne Geländer!), schmilzt, ohne vorher weich zu werden und ist infolgedessen nicht schmiedbar. Wenn in dem Gußeisen ein Teil des Kohlenstoffs als Graphit auskrystallisiert ist, dann nennt man es „graues Gußeisen". Dies ist das gewöhnlich gebrauchte Gußeisen. Wenn der Kohlenstoff in dem Eisen chemisch gebunden ist, erhält man das „weiße Gußeisen", das noch spröder ist als graues. Weißes Gußeisen mit einem beträchtlichen Gehalt an Mangan (10—20%) heißt Spiegeleisen und wird zur Herstellung anderer Eisensorten gebraucht.

Schmiedeeisen enthält viel weniger Kohlenstoff als Gußeisen,

Fig. 66. Ansicht des Kruppschen Schmelzbaus. (Herstellung des Tiegelgußstahls.)

nämlich höchstens 0,6%, meistens aber weniger als 0,1%. Bevor es schmilzt, wird es weich. Man kann es infolgedessen schmieden und mit dem Hammer bearbeiten. Es ist sehr zäh. Man erhält es durch Entkohlung des Roheisens mittels eines der Frischprozesse oder mittels des Siemens-Martin-Verfahrens. Es schmilzt erst oberhalb 1450° und ist nicht härtbar. Enthält das Eisen aber mehr Kohlenstoff als 0,6%, so erlangt es die Eigenschaft, durch rasches Abkühlen hart zu werden. Derartiges Eisen heißt Stahl.

Stahl enthält bis $1\frac{1}{2}$% Kohlenstoff und schmilzt bei etwa 1350° zu einer zähflüssigen Masse.

Wenn man ihn erhitzt und rasch wieder abkühlt, dann wird er sehr spröde. Wird er dagegen langsam abgekühlt, so wird er elastisch („Anlassen" des Stahls). Früher stellte man Stahl durch Erhitzen von Schmiedeeisen mit Kohle her (Zementstahl). Heute wird meist Bessemer- oder Siemens-Martin-Stahl hergestellt. Man entkohlt zunächst Roheisen so lange, bis es zu Schmiedeeisen geworden ist, und fügt dann wieder in Gestalt von Spiegeleisen soviel Kohlenstoff zu, daß man Stahl erhält. Bei dem Bessemerverfahren erkennt man den Zeitpunkt, an dem der richtige Kohlenstoffgehalt erreicht ist, an der spektroskopischen Untersuchung der zu dem Birnenhals herausschlagenden Flamme. Im Martinprozeß müssen Proben der Masse chemisch untersucht werden. Ein besonders gleichmäßiger und zäher Stahl für Geschützrohre wird so hergestellt, daß man die Bestandteile in Tiegeln aus feuerfestem Material schmilzt und die flüssige Masse dann in große Formen gießt (Kruppscher Tiegelgußstahl) (Fig. 66). Man kann so völlig gleichmäßige Stahlblöcke bis zu ungeheurem Gewicht herstellen.

Besondere Eigenschaften, wie sehr große Zähigkeit oder Härte, erlangt der Stahl durch Zusätze bestimmter Mengen Chrom, Nickel, Vanadin oder Wolfram. Je nach ihren Eigenschaften nennt man solche „Spezialstahle" Werkzeugstahl, Geschützstahl, Panzerplattenstahl usw. Die Zusätze können nicht in die Bessemerbirne oder den Martinofen gegeben werden, weil sie da verbrennen würden. Man muß vielmehr den Stahl nachträglich unter möglichstem Luftabschluß mit den anderen Metallen zusammenschmelzen. Dies geschieht nach dem Tiegelgußverfahren, neuerdings auch in besonderen elektrischen Öfen, die entweder durch den Flammenbogen geheizt werden (wobei die Stahlmasse selbst die eine Elektrode bildet), oder indem man in dem Schmelzgut einen Wechselstrom induziert, durch dessen Wärmewirkung die Schmelztemperatur erreicht wird. Solche Öfen, bei denen um das Stahlbad eine Wechselstromleitung gelegt ist, so daß im Bad selbstder Heizstrom induziert wird, heißen Induktionsöfen. Der elektrisch erzeugte Stahl führt den Namen Elektrostahl.

Der Bedeutung der Eisensorten wegen folgt hier noch eine kleine Übersichtstabelle:

Name	Zusammensetzung	Spez. Gewicht	Schmelzpunkt	Eigenschaften
Graues Gußeisen	2–5% C; Si, P, S, Mn.	7,0—7,1	bei 1100	Sehr spröde
Weißes Gußeisen	Enthält viel Mn, wenig Si.	7,6—7,7	bei 1100	Sehr hart
Schmiedeeisen	0,6—0,05% C, keine weiteren Beimengungen.	7,8	bei 1500	Schmiedbar, nicht härtbar. Bleibt magnetisch, wenn einmal magnetisiert. (Permanenter Magnetismus.)
Stahl	0,6—1,5% C	7,6—7,8	bei 1350°	Härtbar. Premanent magnetisch. Elastisch.
Spezialstahle	Enthalten Cr, V, W, Ni.	—	—	—

Die Erzeugung von Spezialstahlen im Krieg war für Deutschland infolge Ausbleibens überseeischer Zufuhren von Chrom- und Vanadinerzen äußerst erschwert, zumal auch der Nickelknappheit nur durch Einziehung der Nickelmünzen und Ersatz durch eiserne begegnet werden konnte. Auch in der Erfindung von Chrom- und Vanadin-Ersatz hat die deutsche Chemie in jenen Jahren Großartiges geleistet.

Wie Sie gesehen haben, enthalten alle Eisensorten des Handels mehr oder weniger Kohlenstoff und andere Beimengungen. Am reinsten ist noch der zu Klaviersaiten verwandte „Klavierdraht“, aber auch der enthält immer noch merkbare Mengen von Kohlenstoff.

Chemisch reines Eisen kann man herstellen durch Reduktion von Eisenoxyd mit Wasserstoff. Es ist ein weißes, glänzendes Metall, geschmeidig und erst bei ziemlich hoher Temperatur schmelzbar (1600°). Sein spez. Gewicht ist 7,8. Vom Magneten wird es angezogen. Wenn man es schmilzt und langsam wieder erstarren läßt, bekommt es eine krystallinische Struktur und liefert dann beim Anätzen mit verdünnter Salpetersäure merkwürdige, kreuz und quer durcheinanderlaufende Linien, die sich besonders gut bei geschliffenen und angeätzten Meteorsteinen beobachten lassen (Widmannstädtsche Figuren). In verdünnter Salz-, Salpeter- und Schwefelsäure ist Eisen leicht löslich. Konzentrierte Schwefel- und Salpetersäure wirken dagegen nicht ein — vermutlich infolge des Schutzes, den ein dünnes Oxydhäutchen gewährt. An feuchter Luft bedeckt sich Eisen bald mit einer braunen Schicht von Oxyd, es „rostet“. Eisen bildet zwei Reihen von Verbindungen, die sich von verschiedenen Wertigkeitsstufen ableiten. In den Ferroverbindungen ist es zweiwertig, in den Ferriverbindungen dreiwertig. Die dreiwertige Form ist die beständigere, weshalb Ferroverbindungen stets das Bestreben haben, in Ferriverbindungen überzugehen. Eisen ist ein wesentlicher Bestandteil des roten Blutfarbstoffs (Hämoglobin).

Ferrooxyd (Eisenoxydul), FeO, ist ein schwarzes Pulver, das sich leicht zu Ferrioxyd oxydiert. Ferrohydroxyd, $Fe(OH)_2$, entsteht als grünlicher, gelatinöser Niederschlag, wenn man eine Ferrosalzlösung mit

Kali- oder Natronlauge versetzt. An der Luft oxydiert es sich bald zu braunem Ferrihydroxyd, $Fe(OH)_3$. Ferroferrioxyd (Eisenoxyduloxyd) Fe_3O_4 kann, wie sein Name sagt, als $FeO \cdot Fe_2O_3$ betrachtet werden. Es kommt natürlich als Magneteisenstein vor, bildet als „Hammerschlag" die beim Hämmern glühenden Eisens abspringende Oxydschicht und entsteht, wenn man Eisen in Sauerstoff verbrennt.

Das Ferrosulfid oder Schwefeleisen, FeS, entsteht beim Zusammenschmelzen von Eisenfeilspänen mit Schwefelblumen (siehe S. 11). Mit Säuren zersetzt es sich in Schwefelwasserstoff und das Ferrosalz der betreffenden Säure, z. B.:

$$FeS + 2\,HCl = H_2S + FeCl_2.$$

Man verwendet es in Laboratorien zur Darstellung von Schwefelwasserstoff. Das gleichzeitig entstehende Ferrochlorid, $FeCl_2$, krystallisiert in blaßgrünen, sehr leicht in Wasser löslichen Krystallen.

Die bekannteste Ferroverbindung ist das Ferrosulfat, $FeSO_4$; sie wird auch Eisenvitriol genannt und krystallisiert in grünlichen Krystallen des monoklinen Systems, die leicht in Wasser löslich sind. Eisenvitriol hat, wie alle Ferroverbindungen, das Bestreben, in die beständigere Ferriform überzugehen, weshalb sich seine Krystalle schon bald mit einer Schicht von braunem basischem Ferrisulfat überziehen. Schon das bloße Erwärmen einer Ferrosulfatlösung genügt, um sie teilweise zu Ferrisulfat zu oxydieren. Ein mit 6 Molekülen Krystallwasser krystallisierendes Doppelsalz von Eisenvitriol und Ammoniumsulfat: $FeSO_4 \cdot (NH_4)_2SO_4 \cdot 6\,aq$ ist unter dem Namen Mohrsches Salz bekannt. Es oxydiert sich viel weniger leicht als reines Ferrosulfat.

Ferrocarbonat, $FeCO_3$, kommt in den „Stahlquellen" vor, da es sich in kohlensäurehaltigem Wasser in geringem Maß als Bicarbonat löst. Läßt man solches Stahlwasser unverschlossen an der Luft stehen, dann scheiden sich bald braune Flocken von Ferrihydroxyd ab. Als Mineral ist das Ferrocarbonat unter dem Namen Eisenspat oder Spateisenstein bekannt.

Ferrioxyd (Eisenoxyd), Fe_2O_3, entsteht beim Glühen von Eisenvitriol als braunrotes Pulver. Es wird als Farbstoff verwandt. Als Mineral führt es den Namen Eisenglanz (trotzdem es nicht schwefelhaltig ist!), Roteisenerz oder Hämatit.

Ferrihydroxyd, $Fe(OH)_3$, erhält man, wenn man eine Ferrisalzlösung mit Kali- oder Natronlauge versetzt. Es ist ein in überschüssigem Alkali unlöslicher, brauner, gelatinös-flockiger Niederschlag, der beim Trocknen und darauffolgenden Glühen in säureunlösliches Ferrioxyd übergeht. Rost ist mehr oder minder wasserhaltiges Ferrihydroxyd.

Ferrichlorid, $FeCl_3$, kann man als Lösung erhalten durch Einleiten von Chlor in eine Ferrochloridlösung:

$$2\,FeCl_2 + Cl_2 = 2\,FeCl_3.$$

Ferrichlorid bildet gelbe, hygroskopische und leicht in Wasser lösliche Krystalle. Mit Ferrichloridlösung getränkte Watte wird als blutstillendes Mittel verwandt („Eisenchloridwatte").

Ferrisulfid, Fe_2S_3, entsteht, wenn man Ferrosulfid mit Schwefel erhitzt.

Ferridisulfid ist der zur Herstellung der Schwefelsäure dienende Eisenkies oder *Pyrit*, der als Mineral schön gelbglänzende Krystalle bildet. Seine Zusammensetzung entspricht der Formel FeS_2. Über seine Konstitution scheint nichts sicheres bekannt. Bei Annahme zweiwertigen Eisens und zweiwertigen Schwefels könnte man an eine ringförmige Anordnung der Atome denken: .

Ferrisulfat, $Fe_2(SO_4)_3$, bildet ebenso wie Aluminiumsulfat Alaune (siehe S. 183), z. B. $Fe_2(SO_4)_3 \cdot (NH_4)_2SO_4 + 24\,H_2O$, Eisenammoniumalaun.

Mit Cyan vereinigt sich das Eisen zu zwei wichtigen Verbindungen, der Ferro- und Ferricyanwasserstoffsäure, die leicht beständige Salze, besonders mit Kalium, bilden. In diesen beiden Säuren haben wir komplexe Ionen vor uns, und zwar in der vierbasischen *Ferrocyanwasserstoffsäure* $H_4[FeCy_6]$ das *vierwertige*, elektronegative Ion $[FeCy_6]''''$, und in der dreibasischen *Ferricyanwasserstoffsäure* $H_3[FeCy_6]$ das *dreiwertige*, elektronegative Ion $[FeCy_6]'''$. Ich darf Sie hier daran erinnern, daß wir in dem Cyan selbst bereits ein komplexes Ion $[CN]'$ vor uns haben (siehe S. 126), so daß wir die Formel für das Ferrocyanwasserstoffion eigentlich $[Fe[CN]_6]''''$ schreiben müßten. Nur der Übersichtlichkeit wegen schreiben wir an Stelle des Ausdrucks [CN] den einfacheren Cy. Das Kaliumsalz der Ferrocyanwasserstoffsäure: K_4FeCy_6 heißt *Kaliumferrocyanid* oder gelbes Blutlaugensalz; das Kaliumsalz der Ferricyanwasserstoffsäure *Kaliumferricyanid* oder rotes Blutlaugensalz. Beide Verbindungen bilden große, in Wasser leicht lösliche Krystalle. Der Ausdruck Blutlaugensalz kommt daher, daß man diese Körper durch Erhitzen von Pottasche mit Eisenspänen und stickstoffhaltigen Substanzen wie Haaren, Hornsubstanz oder Blut darstellt. Da in den beiden Blutlaugensalzen das Eisen Bestandteil eines komplexen Ions ist, geben Lösungen dieser Salze natürlich keine Reaktionen auf Eisen. Dagegen ist Kaliumferrocyanid (gelbes Blutlaugensalz) ein äußerst empfindliches Reagens auf Ferriverbindungen, und Kaliumferricyanid ein ebenso empfindliches auf Ferroverbindungen. Fügt man nämlich zu einer Lösung von Kaliumferrocyanid, K_4FeCy_6, eine Spur einer Ferriverbindung, dann tritt das Ferriion an die Stelle der Kaliumionen des Blutlaugensalzes und bildet so einen dunkelblauen Niederschlag von Ferri-Ferrocyanid oder *Berlinerblau*:

$$3\,K_4[FeCy_6] + 4\,FeCl_3 = Fe_4[FeCy_6]_3 + 12\,KCl.$$

Die Sache ist lange nicht so verwickelt, wie sie aussieht, sobald Sie sich nur daran gewöhnen, das in eckige Klammern gesetzte komplexe Ion $[FeCy_6]''''$ auch wirklich als ein *chemisches Ganzes* zu betrachten und sich daran zu erinnern, daß die Individualität der das komplexe Ion zusammensetzenden Elemente vollständig aufgehoben ist (siehe S. 131). In dem Ion $[FeCy_6]''''$ haben wir ja kein Eisen und kein

Cyan vor uns, sondern das vierwertige, elektronegative (also säurebildende) Ion eines „Elementes“, das heißt hier: eines einfachen, unzusammengesetzten chemischen Körpers. Wir wollen dieses „Element“ $[FeCy_6]''''$, das sich verhält wie ein vierwertiges Metalloid, einmal mit dem Symbol X bezeichnen. Dann hat Kaliumferrocyanid einfach die Formel K_4X. Es ist das Kaliumsalz der Ferrocyanwasserstoffsäure, denn

$$4\,KOH + H_4X = K_4X + 4\,H_2O.$$

Nun reagiert dieses K_4X mit Ferrichlorid so, daß das Eisen des Ferrichlorids an die Stelle des Kaliums in dem K_4X kommt:

$$3\,\overset{I}{K_4}\overset{IV}{X} + 4\,\overset{III}{Fe}Cl_3 = \overset{III}{Fe_4}\overset{IV}{X_3} + 12\,\overset{I}{K}\overset{I}{Cl}.$$

Sie sehen an dieser vereinfachten Form, daß sich die ganze, so verwickelt erscheinende Reaktion in gar nichts von uns längst geläufigen unterscheidet. Denn daß ein vierwertiges Ion mit einem dreiwertigen Ion nur auf die Weise ein Salz bilden kann, daß 4 dreiwertige mit 3 vierwertigen Ionen zu einem Salzmolekül zusammentreten, wissen wir ja schon lange (siehe S. 50).

Einen ganz ähnlichen Fall haben wir bei dem Kaliumferricyanid, $K_3[FeCy_6]$ vor uns. Bezeichnen wir das sich wie ein dreiwertiges Metalloid verhaltende Ferricyan-Ion $[FeCy_6]'''$ mit Y, dann hat Kaliumferricyanid einfach die Formel: K_3Y. Mit der geringsten Spur eines Ferrosalzes bildet sich der als Turnbulls Blau bekannte Niederschlag von Ferro-Ferricyanid nach der Gleichung:

$$2\,\overset{I}{K_3}\overset{III}{Y} + 3\,\overset{II}{Fe}SO_4 = \overset{II}{Fe_3}\overset{III}{Y_2} + 3\,\overset{I}{K_2}\overset{II}{SO_4}.$$

Und setzen wir nun schließlich anstatt Y wieder unser Ferricyanion $[FeCy_6]'''$ ein, so haben wir:

$$2\,K_3[FeCy_6] + 3\,FeSO_4 = Fe_3[FeCy_6]_2 + 3\,K_2SO_4.$$

Die Körper, die Reagenzien aufeinander bilden, merkt man sich am besten an den entgegengesetzten Vokalen: Ferrocyanid gibt mit Ferrisalz Berlinerblau, und Ferricyanid mit Ferrosalz Turnbulls Blau. Je nachdem man Ferrisalz im Unterschuß, molekularer Menge oder im Überschuß zu Ferricyankaliumlösung gibt, entstehen verschiedene Arten Berliner Blau, indem zunächst nicht alle Kaliumatome durch Eisen ersetzt werden. Z. B. entspricht das sogenannte „lösliche“ Berlinerblau wahrscheinlich der Formel $K\overset{III}{Fe}[FeCy_6]$. Auch das Turnbullsche Blau wechselt in seiner Zusammensetzung.

Die Ferro- und Ferricyanwasserstoffsäure entsteht beim Vermischen der Lösungen ihrer Kaliumsalze mit Salzsäure als krystallinischer leicht zersetzlicher Niederschlag.

Mit der Rhodanwasserstoffsäure (siehe S. 127) bildet das Ferri-Ion eine blutrot gefärbte Verbindung, das Ferrirhodanid:

$$FeCl_3 + 3\,HCNS = Fe(CNS)_3 + 3\,HCl.$$

Es sind deshalb Rhodansalze sehr empfindliche Reagenzien auf

Ferriverbindungen und umgekehrt. Das Ferrorhodanid, $Fe(CNS)_2$, ist farblos, weshalb bei Anwesenheit von zweiwertigem Eisen die Reaktion versagt.

Eisen verbindet sich unter gewissen Umständen mit Stickoxyd. Auf einer braunen Stickoxyd-Ferrosulfatverbindung beruht ein qualitativer Nachweis der Salpetersäure (vgl. Versuch 106). Ferner kennt man eine ganze Reihe von Verbindungen, die einen komplexen Bestandteil enthalten, der aus Eisen, Stickoxyd und Cyan besteht. Die bekannteste davon ist das in dunkelroten Prismen krystallisierende Nitroprussidnatrium, $Na_2[FeNO(CN)_5]$.

Eine merkwürdige Verbindung liefert das Eisen mit dem Kohlenoxyd. Wenn man nämlich über fein verteiltes Eisen bei gewöhnlicher Temperatur Kohlenoxyd leitet, dann erhält man eine gelbe Flüssigkeit von der Zusammensetzung $Fe(CO)_4$, das Eisentetracarbonyl. Wenn man die Flüssigkeit einige Zeit der Einwirkung des Sonnenlichts aussetzt, dann scheiden sich in ihr Krystalle von Eisenpentacarbonyl, $Fe(CO)_5$, ab. Diese Krystalle zersetzen sich in Eisen, Kohlenoxyd und Eisentetracarbonyl, wenn man sie erhitzt. Ich erwähne das hier deshalb, weil man in diesem Verhalten der Eisen-Kohlenoxydverbindungen eine Erklärung dafür gefunden hat, daß Kohlenoxyd durch glühende eiserne Ofenplatten durchgeht und die Zimmerluft vergiftet. — Man nimmt an, daß in dem Eisentetra- und -pentacarbonyl die einzelnen Atome ringförmig angeordnet sind, da man sich anders den Ausgleich ihrer Wertigkeiten nicht vorstellen kann. Danach sähe die Konstitutionsformel des Eisenpentacarbonyls so aus:

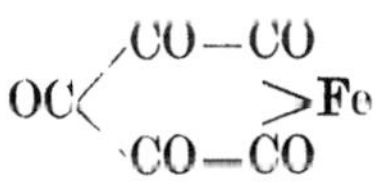

Die Annahme der ringförmigen Konstitution gewisser Verbindungen hat ihre größten Erfolge in der organischen Chemie davongetragen.

Nachdem wir die Ferro- und Ferriverbindungen besprochen haben, müssen wir noch einige Eisenverbindungen erwähnen, in denen dieses Element von seiner Zwei- oder Dreiwertigkeit abweicht. Der Wechsel der Wertigkeit ist charakteristisch für diese Elementgruppe. Oxydiert man Eisen mit Kaliumnitrat, so entsteht ein (nicht beständiges) Oxyd FeO_3, in dem das Eisen sechswertig ist. Man kann aus dem Reaktionsgemisch Eisen-Kaliumnitrat das Kaliumsalz einer Eisensäure, Kaliumferrat, K_2FeO_4, als dunkelrote Krystalle gewinnen. Ihm würde die Konstitutionsformel:

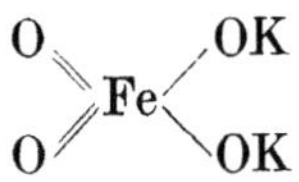

zukommen. Die Ferrate sind nicht sehr beständig, während die ihnen entsprechenden Chromate nicht mehr zur Zersetzung neigen.

Das Eisencarbid, auch Zementit genannt, entspricht der Formel Fe_3C. Es spielt eine wichtige Rolle in allen Eisensorten, da sie den Kohlenstoff zum Teil als Zementit gebunden enthalten. Eine feste Lösung von Zementit in Eisen heißt Martensit. Sie ist nur bei hohen Temperaturen beständig und geht unterhalb 1100° unter Ausscheidung von Zementit in Perlit über. Bei rascher Abkühlung bleibt aber der Martensit in unterkühlter Form beständig. Graues Gußeisen ist z. B. eine Mischung von Zementit und Perlit.

Die Metalle Kobalt und Nickel stehen in einem ähnlichen Zwillingsverhältnis zueinander wie Praseodym und Neodym. Sie haben beinahe das gleiche spez. Gew. (Kobalt 8,7, Nickel 8,9—9,1) und das gleiche Atomgewicht (Kobalt 58,97, Nickel 58,68). Beide Metalle können zwei- und dreiwertig auftreten; die beständigere Form ist die zweiwertige. Ihre Verwandtschaft mit dem Eisen zeigt sich darin, daß sie magnetisch sind — allerdings nicht so stark wie Eisen. Außerdem besteht auch hier die Neigung zur Bildung komplexer Ionen, namentlich mit dem Cyan und bei dem Kobalt auch mit Ammoniak.

Kobalt und Nickel kommen in der Natur immer zusammen vor: gediegen nur in Meteorsteinen, sonst in Form ihrer Arsenide, $CoAs_2$ und $NiAs_2$, die als Mineralien Speiskobalt und Kupfernickel (wegen der rötlichen Farbe des Erzes) heißen. Kobalt- und Nickelglanz enthalten außer Schwefel noch Arsen: CoAsS und NiAsS. Außerdem enthalten viele Eisenerze nennenswerte Mengen Nickel. Die Metalle selbst sind silberglänzend; Kobalt zeigt einen rötlichen, Nickel einen gelblichen Schimmer. Am leichtesten werden sie von Salpetersäure gelöst; Schwefel- und Salzsäure greifen sie nur langsam an. Nickel dient hauptsächlich zur Herstellung der Nickelmünzen (deutsche Nickelmünzen enthalten 25% Nickel neben 75% Kupfer) als Zusatz zu Spezialstahlen, sowie zur Anfertigung und zum Vernickeln der mannigfachsten Gebrauchsgegenstände. Kobalt wird in Form seiner Silikate verwandt, um Glas blau zu färben. Ein viel hergestelltes blaues Kobaltglas führt den Namen „Smalte". Es ist undurchsichtig und wird als Farbstoff sowie zur Anfertigung blauer Porzellanglasuren gebraucht.

Kobalt bildet zwei Oxydationsstufen: Kobaltooxyd (Kobaltoxydul), CoO, und Kobaltioxyd (Kobaltoxyd), Co_2O_3. Die beständigere Form ist die zweiwertige, und daher kommt es, daß das Oxyd des Kobalts, in dem es dreiwertig ist: das Kobaltioxyd, Co_2O_3, sich nach Art eines Peroxyds verhält, da es fast immer das Bestreben hat, unter Abgabe von Sauerstoff in das beständigere Kobaltooxyd überzugehen. (Genau dasselbe gilt auch für die Oxyde des Nickels.) So oxydieren z. B. Kobalti- und Nickelioxyd Salzsäure zu Chlor und Wasser, und die Lösung enthält dann Kobalto- bzw. Nickelochlorid.

Die Oxyde, in denen die Metalle dreiwertig sind, bilden wegen ihrer Unbeständigkeit auch keine Salze. Das Kobaltohydroxyd, $Co(OH)_2$, entsteht als rosenroter Niederschlag, wenn man die Lösung eines Kobaltosalzes mit einem Alkalihydroxyd versetzt. Erst fällt meist etwas blaugefärbtes, basisches Salz aus, das aber bald in das Hydroxyd übergeht. Wenn es mit Luft (Sauerstoff) in Berührung kommt, wird es zu schwarzem Kobaltihydroxyd, $Co(OH)_3$ oxydiert. Nickelohydroxyd, $Ni(OH)_2$, ist grünlich und kann durch Chlor- oder Bromwasser zu schwarzem

Nickelihydroxyd, $Ni(OH)_3$, und Nickeldioxyd $\overset{IV}{NiO_2}$, oxydiert werden. *Kobaltochlorid*, $CoCl_2$, krystallisiert mit 6 Molekülen Wasser in roten Krystallen, die schon bei schwachem Erwärmen, wahrscheinlich infolge Wasserverlusts, dunkelblau werden. Beim Erkalten nehmen sie aus der Atmosphäre Feuchtigkeit auf und erhalten ihre frühere Farbe wieder. Mit Ammoniak bildet Kobaltochlorid sehr komplizierte komplexe Verbindungen, die man unter dem Sammelnamen *Kobaltammoniakbasen* zusammenfaßt. Näheres hierüber wird später mitgeteilt werden. Auch Nickel bildet mit Ammoniak komplexe Verbindungen. *Kobaltonitrat*, $Co(NO_3)_2$, ist die am meisten verwandte Kobaltverbindung. Sie stellt kleine, rote, sehr hygroskopische Krystalle dar und wird in Laboratorien zu Lötrohranalysen gebraucht. *Kobaltosulfid*, CoS, fällt beim Versetzen einer Kobaltosalzlösung mit Alkalisulfid (Schwefelammonium) als schwarzer, in verdünnten Säuren unlöslicher Nieherschlag aus. Ebenso verhält sich *Nickelosulfid*, NiS. *Nickelochlorid*, $NiCl_2$, *Nickelonitrat*, $Ni(NO_3)_2$, und *Nickelosulfat*, $NiSO_4$, bilden grüne, wasserlösliche Krystalle. Gegen Kohlenoxyd verhält sich Nickel ähnlich wie Eisen, indem es mit ihm das *Nickeltetracarbonyl*, $Ni(CO)_4$, bildet, eine farblose Flüssigkeit, die giftig und sehr flüchtig ist, bereits bei 40° siedet und einen leicht explodierenden Dampf liefert. Angezündet verbrennt sie mit heller Flamme zu Nickel und Nickeloxyd. Man benutzt das Nickeltetracarbonyl, um das Metall aus seinen Erzen zu gewinnen, indem man sie in einem Strom von Kohlenoxyd erhitzt. Dabei entsteht dann Nickeltetracarbonyl, aus dem sich das Nickel leicht gewinnen läßt. Denn:

$$Ni + 4\,CO \rightleftarrows Ni(CO)_4.$$

In dem Nickeltetracarbonyl liegt wahrscheinlich achtwertiges Nickel vor, entsprechend der Konstitutionsformel

$$O{=}C{=}Ni\begin{cases} C{=}O \\ C{=}O \\ C{=}O \end{cases}$$

Nickelsalze sind giftig, und da sich das Metall in Säuren ziemlich leicht löst, muß man mit der Aufbewahrung saurer Speisen in Nickelgefäßen etwas vorsichtig sein.

Die übrigen Metalle der uns heute beschäftigenden Gruppe haben alle noch ausgesprochener die Eigentümlichkeit, in vielen verschiedenen Wertigkeiten aufzutreten, wobei noch zu bemerken ist, daß sich der Charakter der Elemente immer mehr nach der sauren Seite verschiebt, je höher die Wertigkeit wird, so daß wir in den Oxyden von der Allgemeinformel $\overset{VI}{M}O_3$ und $\overset{VII}{M_2}O_7$, in denen das Element sechs- und siebenwertig auftritt, regelrechte Säureanhydride vor uns haben. Das erste der hierher gehörenden Elemente ist das *Mangan*. Es kommt als „Braunstein“ oder „Pyrolusit“ ziemlich häufig vor. Braunstein ist Mangandioxyd, MnO_2. Das Oxyd Mn_3O_4 heißt als Mineral Hausmannit. Die Manganerze können im Hochofen mit Kohle reduziert werden und liefern dann kohlenstoffhaltiges Metall; gewöhnlich verhüttet man

Eisen- und Manganerze zusammen und gewinnt so je nach dem Mischungsverhältnis Spiegeleisen (mit 5—20% Mangan) oder Ferromangan, das bis zu 80% Mangan enthalten kann.

Reines Mangan kann mittels der Thermitreaktion (siehe S. 181) durch Reduktion von Mangandioxyd mit Aluminium erhalten werden:

$$3\,MnO_2 + 4\,Al = 3\,Mn + 2\,Al_2O_3.$$

Es ist ein weißes, einen Stich ins Gelbe zeigendes, glänzendes Metall von etwa 7,4 spez. Gew. Wenn man es an der Luft erhitzt, überzieht es sich mit unendlich dünnen Oxydhäutchen und zeigt infolgedessen, je nach der Temperatur, verschiedene Anlauffarben, ähnlich wie Stahl. Sein Schmelzpunkt liegt sehr hoch — erst bei 1250°. Es zersetzt kochendes Wasser merklich und wird von verdünnten Säuren leicht gelöst. Das Mangan kann zwei-, drei-, vier-, sechs- und siebenwertig auftreten; infolgedessen bildet es eine ganze Reihe von Oxyden, die teils basischer, teils saurer Natur sind (siehe oben). Die Oxyde sowie die davon sich ableitenden Hydroxyde sind:

$\overset{II}{Mn}O$ Manganooxyd. $Mn(OH)_2$ Manganohydroxyd,

$\overset{III}{Mn_2}O_3$ Manganioxyd. ($Mn(OH)_3$ Manganihydroxyd),

$\overset{IV}{Mn}O_2$ Mangandioxyd, (Mangansuperoxyd). $Mn(OH)_4$ Mangandioxydhydrat,

$\overset{VI}{Mn}O_3$ Mangantrioxyd, Mangansäureanhydrid. H_2MnO_4 Mangansäure,

$\overset{VII}{Mn_2}O_7$ Manganheptoxyd, Permangansäureanhydrid. $HMnO_4$ Permangansäure.

Daneben gibt es noch „Mischoxyde", die man sich aus zwei der erwähnten Oxyde zusammengesetzt denken kann; z. B. das dem Ferroferrioxyd entsprechende Manganomanganioxyd, Mn_3O_4, das man als aus $MnO + Mn_2O_3$ bestehend annehmen kann. Dasjenige Oxyd, das die meisten und beständigsten Salze liefert, ist das Manganooxyd, MnO. Die Manganosalze sind meist rosa gefärbt, und in ihren Lösungen ist das Manganoion $Mn^{\cdot\cdot}$ vorhanden. Aus Manganosalzlösungen fällen Alkalihydroxyde weißes Manganohydroxyd, $Mn(OH)_2$, das an der Luft Sauerstoff aufnimmt und in höherwertige Hydroxyde übergeht. Alkalisulfide fällen fleischfarbiges Manganosulfid, MnS. In der Natur kommt es als grünes Mineral vor. Der Farbenunterschied rührt wohl daher, daß das aus Salzlösungen gefällte noch Wasser enthält. Läßt man es einige Zeit stehen, dann geht es in grünes Sulfid über. An der Luft oxydiert es sich und wird braun. Manganocarbonat, $MgCO_3$, heißt als Mineral Manganspat. Manganosulfat, $MnSO_4$, krystallisiert in rosa Prismen. Man erhält es durch Auflösen von Manganooxyd in Schwefelsäure. Verwendet man statt dessen Mangandioxyd, so entsteht ebenfalls Manganosulfat, und es wird Sauerstoff abgegeben:

$$2\,MnO_2 + 2\,H_2SO_4 = 2\,MnSO_4 + 2\,H_2O + O_2.$$

Die sich von dem Manganioxyd, Mn_2O_3, ableitenden Manganisalze, in deren Lösung das dreiwertige Mangani-Ion $Mn^{\cdots}$ vorhanden ist, sind sehr unbeständig und deshalb wenig bekannt. Die Salze sind dunkelgrün, in ihren Lösungen braun bis schwarzgrün. Manganisulfat, $Mn_2(SO_4)_3$, kann mit den Alkalisulfaten Alaune bilden, in denen das dreiwertige Mangani-Ion die Stelle des Aluminiums einnimmt. Das Mangandioxyd oder Mangansuperoxyd ist die wichtigste Manganverbindung. Es ist ein schweres, braunschwarzes Pulver und wird zur Herstellung von Chlor gebraucht, da es mit Salzsäure Mangantetrachlorid bildet, das sofort in Manganochlorid und Chlor zerfällt. (Diese Auffassung der Chlordarstellung aus Salzsäure und Braunstein ist wohl die den Tatsachen am besten entsprechende.)

$$MnO_2 + 4\,HCl = MnCl_2 + Cl_2 + H_2O \text{ (siehe S. 58).}$$

Wenn man nach dieser Reaktionsgleichung Chlor im großen herstellt, dann erleidet man natürlich große Verluste an Mangan, da das bei dem Prozeß entstehende Manganochlorid erst wieder in eine vierwertige Manganverbindung übergeführt werden müßte, um von neuem zu der Reaktion:

$$MnCl_4 = MnCl_2 + Cl_2$$

befähigt zu sein. Man mußte also eine Möglichkeit finden, das Manganochlorid entweder in Mangansuperoxyd oder in eine andere Verbindung mit vierwertigem Mangan überzuführen. Man erreicht dies nach dem sogenannten „Weldonschen Verfahren zur Regeneration des Mangandioxydes". Man fügt danach zu der Lösung von Manganochlorid gelöschten Kalk. Dadurch fällt weißes Manganohydroxyd aus, und in der Lösung befindet sich Calciumchlorid:

$$MnCl_2 + Ca(OH)_2 = Mn(OH)_2 + CaCl_2.$$

Dieses Manganohydroxyd wird nun wieder mit gelöschtem Kalk gemischt und der Luft ausgesetzt, wodurch es sich zu einer Verbindung von der Zusammensetzung $CaMnO_3$ oxydiert, die man auffassen kann als das Calciumsalz einer sich vom Mangandioxyd ableitenden „manganigen Säure" H_2MnO_3. ($MnO_2 + H_2O = H_2MnO_3$.) Danach müßte man die Verbindung also „manganigsaures Calcium" oder Calciummanganit nennen:

$$2\,Mn(OH)_2 + 2\,Ca(OH)_2 + O_2 = 2\,CaMnO_3 + 4\,H_2O.$$

Das Calciummanganit sinkt als schwarzer Schlamm zu Boden und wird wieder zur Bildung von Tetrachlorid benutzt, da es wirkt, als sei es ein Gemisch aus Calciumoxyd und Mangandioxyd:

$$CaMnO_3 = CaO \cdot MnO_2.$$

Wie die Existenz des Mangantetrachlorids zeigt, ist die Benennung des sich vom vierwertigen Mangan ableitenden Oxyds MnO_2 als „Superoxyd" eigentlich irreführend. Es ist vielmehr ein ganz normales Dioxyd; denn als Superoxyd müßte es aneinander gebundene Sauerstoffatome enthalten. Sie werden den Unterschied bemerken bei Betrachtung der Formeln:

$$\begin{matrix} H-O \\ | \\ H-O \end{matrix}$$ Wasserstoffsuperoxyd, und $Mn\begin{matrix} \diagup O \\ \diagdown O \end{matrix}$, Mangandioxyd.

Mangantrioxyd, Mangansäureanhydrid, MnO_3, ist in freiem Zustand nicht mit Sicherheit bekannt, sondern nur in Form seiner Salze, der Manganate. Die Mangansäure ist ebenfalls frei nicht bekannt. Die Salze sind unbeständig und in ihren Lösungen in das betreffende Metall-Ion und das Mangansäurerest-Ion MnO_4'' dissoziiert. Ihre Farbe ist meist dunkelgrün, an der Luft oxydieren sie sich aber bald zu violetten Permanganaten. Wegen dieser Farbenänderung hat eine Lösung von Kaliummanganat den Namen „mineralisches Chamäleon" erhalten.

$$3\,K_2MnO_4 + 2\,H_2O = 2\,KMnO_4 + 4\,KOH + MnO_2.$$

Manganheptoxyd, Permangansäureanhydrid, Mn_2O_7, läßt sich durch vorsichtige Behandlung von Permanganaten mit Schwefelsäure erhalten. Es ist ein grünliches, explosives Öl. In Wasser löst es sich zu tiefvioletter Permangansäure:

$$Mn_2O_7 + H_2O = 2\,HMnO_4.$$

Von ihren Salzen ist am bekanntesten das in grünschillernden, violetten Nadeln krystallisierende Kaliumpermanganat oder übermangansaure Kalium, $KMnO_4$. Es bildet die Ionen:

$$KMnO_4 = K^{\cdot} + MnO_4'.$$

Der Unterschied zwischen dem grünen Manganat- und dem violetten Permanganat-Ion besteht also darin, daß das erste zweiwertig, das letzte einwertig ist. Permanganatlösungen geben leicht Sauerstoff ab und wirken dadurch stark oxydierend. Je nachdem man mit Permanganat in saurer oder alkalischer Lösung oxydiert, erhält man verschiedene Mengen Sauerstoff. In saurer Lösung läuft die Reduktion vom Permanganat bis zum Manganosalz, d. h. das siebenwertige Mangan wird zu zweiwertigem reduziert und gibt infolgedessen pro Mol (158 g) 5 Äquivalente $\left(5 \cdot \frac{16}{2} = 40\text{ g}\right)$ Sauerstoff an das Reduktionsmittel ab. In alkalischer Lösung wird dagegen das Permanganat zum Mangandioxyd reduziert, die Wertigkeit sinkt also von 7 auf 4; dementsprechend erhält man pro Mol Permanganat 3 Äquivalente $\left(3 \cdot \frac{16}{2} = 24\text{ g}\right)$ Sauerstoff. Auf diese Weise lassen sich die für die praktische Chemie (Maßanalyse) sehr wichtigen Tatsachen am einfachsten darstellen und behalten. Hier folgen nun noch die schematischen Reaktionsgleichungen:

$$\text{(saure Lösung): } 2\,K\overset{\text{VII}}{Mn}O_4 + 3\,H_2SO_4 = K_2SO_4 + 2\,\overset{\text{II}}{Mn}SO_4 + 3\,H_2O + 5\,O$$

$$\text{(alkal. Lösung): } 2\,K\overset{\text{VII}}{Mn}O_4 + 2\,H_2O = 2\,\overset{\text{IV}}{Mn}O_2 + 2\,KOH + H_2O + 3\,O.$$

Sie haben eben bereits ein Element kennen gelernt, dessen Verbindungen verschiedene lebhafte Farben aufweisen. So wird es Sie nicht Wunder nehmen, daß das Chrom[1]), zu dessen Besprechung wir

[1]) Chrom, von χρῶμα (chroma), die Farbe.

jetzt übergehen wollen, seinen Namen wegen der lebhaften Färbung seiner Verbindungen erhalten hat. Gleich dem Mangan tritt es in mehreren verschiedenen Wertigkeiten auf, und seine höheren Oxydationsstufen haben den Charakter von Säureanhydriden. Metallisches Chrom kann am einfachsten nach der Thermitreaktion durch Reduktion des Chromioxydes, Cr_2O_3, erhalten werden. Es ist ein schweres, silberglänzendes, weißes Metall, das nur in den höchsten Temperaturen des elektrischen Ofens zum Schmelzen zu bringen ist. Die Temperatur der Knallgasflamme ist dazu noch nicht hoch genug. Das spez. Gewicht des Chroms ist 6,8. An der Luft oxydiert es sich nicht. Salzsäure löst es leicht, ebenso heiße Schwefelsäure. Man kennt auch „passives", sich in Säuren nicht lösendes Chrom und erklärt sich damit die merkwürdigen „Pulsationen" dieses Metalls. Damit bezeichnet man seine Fähigkeit, sich bisweilen in Säuren nur mit Unterbrechungen zu lösen, so daß die Wasserstoffentwicklung plötzlich aufhört, das Metall einige Zeit in passivem Zustand zu verharren scheint, und dann die Auflösung von neuem beginnt. Das wichtigste Chrommineral ist der hauptsächlich auf dem Balkan (Griechenland), ferner in Neukaledonien, Rhodesien und in Norwegen vorkommende Chromeisenstein $Fe(CrO_2)_2$ (vgl. Bemerkung bei Versuch 510). Die Wertigkeiten, in denen Chrom hauptsächlich auftritt, sind zwei, drei und sechs. Danach bildet es die Oxyde:

Chromooxyd, $\overset{II}{Cr}O$. Nur in Form der sich von ihm ableitenden Chromosalze bekannt.

Chromioxyd, $\overset{III}{Cr_2}O_3$.

Chromtrioxyd, $\overset{VI}{Cr}O_3$, Chromsäureanhydrid.

Die beständigsten Chromverbindungen sind die, in denen das Chrom dreiwertig ist, also die Chromisalze. Die Chromoverbindungen sind sehr unbeständig und gehen an der Luft durch Sauerstoffaufnahme schnell in Chromiverbindungen über. Chromochlorid, $CrCl_2$, kann durch Reduktion von Chromichlorid mittels Wasserstoff in statu nascendi erhalten werden:

$$CrCl_3 + H = CrCl_2 + HCl.$$

Seine wässerige Lösung ist blau und geht sofort durch Oxydation in Chromichlorid über. Wegen ihrer großen Affinität zum Sauerstoff werden Chromoverbindungen bisweilen als Absorptionsmittel für dieses Gas verwandt. Chromohydroxyd, $Cr(OH)_2$, ist gelb.

Im Gegensatz zum Chromooxyd ist das Chromioxyd, Cr_2O_3, eine außerordentlich beständige Verbindung, in der der Sauerstoff so fest gebunden ist, daß Chromioxyd weder durch die stärkste Hitze, noch durch Reduktionsmittel wie Wasserstoff reduziert werden kann. Hierin erinnert es an das Aluminiumoxyd, wie denn überhaupt die Chromiverbindungen viel Ähnlichkeit mit denen des Aluminiums haben. Chromioxyd läßt sich auf verschiedene Weise herstellen: am einfachsten durch Erhitzen des Ammoniumdichromates, das dann unter lebhaftem Erglühen in Chromioxyd, Wasser und Stickstoff, zerfällt. Es ist ein grünes

Pulver, das als Malerfarbe sowie zur Herstellung grünen Glases dient. Die sich von ihm ableitenden Chromisalze sind ebenfalls lebhaft gefärbt. Das wasserfreie Chromichlorid, $CrCl_3$, krystallisiert in prachtvollen rotvioletten Schuppen, und ist eine der am schönsten gefärbten anorganischen Verbindungen. Ganz reines Chromichlorid ist in Wasser kaum löslich. Enthält es aber Spuren von Chromochlorid, dann löst es sich mit grüner Farbe. Diese merkwürdige Erscheinung ist wahrscheinlich so zu erklären, daß das Chromochlorid als Katalysator (siehe S. 197) wirkt und die Auflösung, die sonst unendlich langsam verlaufen würde, erheblich beschleunigt. Aus der grünen Chromichloridlösung erhält man grüne Krystalle von wasserhaltigem Chromichlorid, die man auch durch Auflösen von Chromihydroxyd in Salzsäure herstellen kann (vgl. S. 244). Chromihydroxyd, $Cr(OH)_3$, ist eine schwache Base, die sich gegenüber starken Alkalien als Säure verhält und sich in ihnen löst. Chromihydroxyd fällt als blaugraue, schleimige Masse beim Versetzen einer Chromisalzlösung mit Ammoniak aus. Es enthält dann aber stets noch wechselnde Mengen Wasser. Chromisulfat, $Cr_2(SO_4)_3$, wird dargestellt durch Auflösen von Chromihydroxyd in Schwefelsäure und krystallisiert in dunkelvioletten Oktaedern. Seine wässerige Lösung ist violett, wird aber beim Erwärmen grün und beim Erkalten wieder violett. Die Ursache dieser Farbenänderung ist in der Bildung komplexer Ionen zu suchen, und der ganze Vorgang ist ziemlich verwickelt. Wir werden im nächsten Vortrag hierüber einiges Genauere hören. Aus der grünen Lösung können keine Krystalle erhalten werden, aus der violetten dagegen leicht. Gleich dem Aluminiumsulfat kann das Chromisulfat mit den Sulfaten der Alkalien Alaune bilden. Der gewöhnliche (Kalium-) Chromalaun hat also die Zusammensetzung:

$$K_2SO_4 \cdot Cr_2(SO_4)_3 + 24\,H_2O.$$

Er krystallisiert in großen, violetten Oktaedern. Das Chromtrioxyd oder Chromsäureanhydrid, CrO_3, erhält man durch Zersetzung von Kaliumdichromat, $K_2Cr_2O_7$, mit Schwefelsäure in roten Nadeln. Der Sauerstoff ist in dem Chromtrioxyd lange nicht so fest gebunden wie in dem Chromioxyd; denn wenn man das Trioxyd erhitzt, gibt es bald einen Teil seines Sauerstoffs ab und wird dadurch zu Chromioxyd:

$$4\,CrO_3 = 2\,Cr_2O_3 + 3\,O_2.$$

Es wirkt also als lebhaftes Oxydationsmittel. Wenn man Alkohol auf Chromtrioxyd tropft, dann wird er so heftig oxydiert, daß er sich entzündet. Mit Wasser bildet das Chromtrioxyd die zweibasische, der Schwefel- und Mangansäure entsprechende Chromsäure:

$$CrO_3 + H_2O = H_2CrO_4.$$

Sie ist nicht in freiem Zustand, sondern nur in Form ihrer Salze, der Chromate, bekannt. Sucht man die Säure aus ihnen in Freiheit zu setzen, dann zerfällt sie, ähnlich wie schweflige Säure oder Kohlensäure, sofort wieder in ihr Anhydrid und Wasser, so daß wir also den umkehrbaren Prozeß vor uns haben:

$$CrO_3 + H_2O \rightleftarrows H_2CrO_4.$$

Die Chromate sind alle stark gelb gefärbt; auch ihre Lösungen in Wasser sind gelb und enthalten das Chromsäurerest-Ion CrO_4''.

Kalium- und Natriumchromat, K_2CrO_4 und Na_2CrO_4, sind in Wasser leicht löslich. Bleichromat, $\overset{II}{Pb}CrO_4$, ist unlöslich und bildet die als „Chromgelb" bekannte Farbe. — Wenn man Chromiverbindungen mit Salpeter und Soda zusammenschmilzt, so bildet sich eine gelbe Schmelze von Alkalichromat, da der Salpeter die Chromiverbindung zu Chromat oxydiert, das dann mit dem $Na^{\cdot}$-Ion der Soda und dem $K^{\cdot}$-Ion des Salpeters Alkalichromat bildet. Nach diesem Prinzip werden die Chromverbindungen technisch hergestellt, indem man den Chromeisenstein, der aus einer Verbindung von Chromioxyd und Ferrooxyd zusammengesetzt ist, mit Soda bei Luftzutritt röstet. Dabei wird das Chromioxyd durch den Luftsauerstoff oxydiert und setzt sich mit der Soda zu Natriumchromat um, das durch Auslaugen mit Wasser aus den Reaktionsprodukten herausgelöst wird.

Die Chromsäure neigt sehr dazu, Wasser abzugeben und dadurch in die der Pyroschwefelsäure (siehe S. 406) entsprechende Dichromsäure überzugehen:

$$2\,H_2CrO_4 = H_2Cr_2O_7 + H_2O.$$

Man kann sich diese Reaktion am zweckmäßigsten so vorstellen, daß nur ein Molekül Chromsäure in Chromsäureanhydrid und Wasser zerfällt, und daß sich das Chromsäureanhydrid mit einem weiteren Molekül Chromsäure zu Dichromsäure verbindet. Danach würde die Reaktion in zwei zeitlich voneinander nicht trennbaren Vorgängen verlaufen, nämlich

$$\text{I.}\quad H_2CrO_4 = CrO_3 + H_2O$$

und

$$\text{II.}\quad H_2CrO_4 + CrO_3 = H_2Cr_2O_7.$$

So erklärt es sich, daß die gelbe Farbe einer Chromatlösung auf Zusatz von Schwefelsäure augenblicklich in Rot (die Farbe des Dichromat-Ions, Cr_2O_7'') umschlägt; denn bekanntlich wirkt ja Schwefelsäure in hohem Maß wasserentziehend. Die Dichromate sind alle lebhaft rot gefärbt. Am bekanntesten ist das in großen (triklinen) Krystallen krystallisierende Kaliumdichromat oder doppeltchromsaure Kalium, $K_2Cr_2O_7$. Es wird zur Herstellung der Füllung für Chromsäurebatterien, in photographischen Kopierprozessen (Kohle- und Gummidruck) und in Färbereien gebraucht. Es ist in Wasser ziemlich leicht löslich. Natriumdichromat, $Na_2Cr_2O_7$, ist hygroskopisch und sehr wasserlöslich. Ammoniumdichromat, $(NH_4)_2Cr_2O_7$, gibt beim Erhitzen leicht Chromioxyd (siehe Versuch 509).

Wenn man zu einer Chromatlösung Wasserstoffsuperoxyd fügt, dann bilden sich infolge Oxydation prachtvoll blau gefärbte, in Äther lösliche Verbindungen, die verschieden zusammengesetzte Perchromsäuren sind. Man hat einige Perchromate isoliert, z. B. ein Kaliumperchromat, K_3CrO_8, das ein braunrotes, sich in verdünnten Säuren mit blauer Farbe lösendes Pulver ist.

Die Elemente *Molybdän* und *Wolfram* bilden ebenfalls verschiedene Oxyde, von denen die höheren den Charakter von Säureanhydriden besitzen. Molybdän- und Wolframsäure neigen in noch höherem Maß als Chromsäure dazu, durch Polymerisierung in Polysäuren überzugehen, von denen man eine ganze Anzahl kennt. Molybdän kommt hauptsächlich als Molybdänglanz, MoS_2, vor, außerdem als Bleimolybdat, $PbMoO_4$ (Gelbbleierz). Die Molybdänoxyde lassen sich im Wasserstoffstrom zu grauem, sehr hartem Metall vom spez. Gew. 9,0 reduzieren. Salpetersäure und konzentrierte Schwefelsäure vermögen Molybdän zu lösen, Salzsäure nicht. Das Element kann zwei-, drei-, vier- und sechswertig auftreten. Sämtliche entsprechenden Oxyde sind bekannt. Außerdem gibt es auch noch ein Chlorid $MoCl_5$ so daß es also auch fünfwertig vorkommen kann. Seine Hauptwertigkeiten sind vier und sechs. Das Oxyd $\overset{III}{Mo_2}O_3$, Molybdänioxyd, ist schwach basisch; Molybdäntrioxyd, Molybdänsäureanhydrid, $\overset{VI}{Mo}O_3$, dagegen ausgesprochen sauer. Mit Wasser bildet es die *Molybdänsäure*, H_2MoO_4, die man aus ihren Salzen durch Zufügen einer starken Säure in weißen Blättchen erhalten kann. Molybdänsäure zeigt also weniger als Chromsäure das Bestreben, in Anhydrid und Wasser zu zerfallen. Das wichtigste molybdänsaure Salz ist das *Ammoniummolybdat*, $(NH_4)_2MoO_4$. Es wird im Laboratorium als Reagens auf Phosphorsäure benutzt, da es mit ihr einen gelben Niederschlag bildet, den man als eine Verbindung von Ammoniumphosphat mit 12 Molekülen Molybdäntrioxyd betrachten kann:

$$(NH_4)_3PO_4 \cdot 12\,MoO_3 = \text{Ammoniumphosphomolybdat.}$$

Wolfram kommt als Calcium- und Eisensalz der Wolframsäure vor: $CaWO_4$ (Tungstein oder Scheelit) und $FeWO_4$ (Wolframit). Wolframmetall, nach der Thermitreaktion aus Wolframsäure hergestellt, ist stahlgrau, erst bei 2600^0 schmelzbar und von sehr hohem spez. Gew. (18,7). Die bei der Thermitreaktion entstehende Temperatur ist noch nicht hoch genug, um das Wolfram zum Schmelzen zu bringen. Erst wenn man flüssigen Sauerstoff zugibt, wird der nötige Hitzegrad erreicht. Wolfram dient als Zusatz zu Stahl, der dadurch bedeutend an Härte gewinnt und selbst bei starker Erhitzung nicht weich wird. (Rapidstahl für Bohr- und Fräswerkzeuge bei der Metallbearbeitung, z. B. Meißel zum Abdrehen von Geschützrohren.) Sehr viel Wolfram wird auch zur Herstellung der Drähte in den Metallfadenlampen gebraucht. Man bearbeitet Wolframstäbchen durch walzen und ziehen in der Hitze, bis sie Drahtform angenommen haben. Von Säuren wird das Metall nur schwer angegriffen. Das Wolfram ähnelt durch seine Vielwertigkeit und seine Neigung zur Bildung von Polywolframsäuren sehr dem Molybdän. Hauptwertigkeiten des Wolframs sind ebenfalls vier und sechs. *Wolframtrioxyd*, Wolframsäureanhydrid, WO_3, fällt aus der heißen Lösung eines wolframsauren Salzes auf Zusatz von Salpetersäure als gelbes Pulver aus. Die wichtigsten Wolframate sind *Natriumwolframat*, Na_2WO_4, das zum Unverbrennlichmachen von Stoffen und Theaterdekorationen gebraucht wird, und das Calciumwolframat,, $CaWO_4$, das zur Herstellung eines billigen Überzugs für Röntgenfluoreszenzschirme dient; es leuchtet unter der Einwirkung der Röntgenstrahlen hellblau.

Das letzte der heute zu besprechenden Metalle ist das Uran, U, das hauptsächlich in der Pechblende, U_3O_8, vorkommt. Der nordamerikanische Karnotit ist vanadinsaures Uran und enthält über 20% Uran. Das Metall ist weiß und hat das hohe spez. Gew. 18,7. In verdünnten Säuren ist es leicht löslich. Es kommt drei- bis achtwertig, am häufigsten vier- und sechswertig vor.

Urantrioxyd, Uransäureanhydrid, UO_3, gibt beim Erwärmen mit Salpetersäure Uransäure, H_2UO_4. Die sich von ihr ableitenden Salze, die Uranate, sind meist gelbgrün, giftig und in Wasser löslich. Gegenüber starken Säuren kann die Uransäure statt der normalen Ionen 2 $H^{\cdot}$ und UO_4'' auch die Ionen: $UO_2^{\cdot\cdot}$ und 2 OH' bilden, sich also wie eine Base verhalten. Das Ion $UO_2^{\cdot\cdot}$ besitzt, wie Sie sehen, elektropositive, basische Eigenschaften, vermag also mit Säuren Salze zu bilden, in denen das $UO_2^{\cdot\cdot}$ die Stelle eines zweiwertigen Metalls vertritt. Das Radikal führt in diesen Verbindungen den Namen Uranyl. Das bekannteste Uranylsalz ist das Uranylnitrat, $UO_2(NO_3)_2$, das gelbgrüne Krystalle bildet und in der Photographie verwandt wird. In neuester Zeit sind Uranerze deshalb wichtig geworden, weil sie stets radiumhaltig sind. Die Pechblende ist das Hauptausgangsmaterial zur Gewinnung dieses seltenen Elementes. Uransäure verhält sich ähnlich wie Chromsäure, indem sie eine Diuransäure bildet, von der sich beständige Salze ableiten. Das Natriumdiuranat, $Na_2U_2O_7$, wird als Urangelb zur Herstellung eines gelben, grünfluoreszierenden Glases gebraucht.

Die auffallendste Eigentümlichkeit der Metalle der Eisen-Mangan-Chrom-Gruppe ist wohl ihre Fähigkeit, in vielen Wertigkeiten aufzutreten, und die saure Natur ihrer höheren Oxyde. Nach diesem letzten Gesichtspunkt lassen sich Eisen, Mangan, Chrom, Wolfram, Molybdän und Uran noch einmal besonders zu einer Gruppe von Elementen zusammenfassen, in denen diese Eigenschaften in wachsendem Maß vorhanden sind. Das zu der Eisensäure H_2FeO_4 (siehe S. 229) gehörende Trioxyd ist noch nicht mit Sicherheit dargestellt, dagegen kennt man bereits das Mangantrioxyd gut, wenn auch die sich von ihm ableitenden Manganate noch recht unbeständig sind. Die Chromsäure zerfällt zwar noch im Entstehungszustand in Anhydrid und Wasser, aber die Chromate sind sehr beständig. Vom Molybdän an zeigt sich dann noch die Neigung zur Bildung beständiger Polysäuren in hohem Maß. Mit zunehmendem Atomgewicht erhöht sich die Anzahl der Wertigkeiten, in denen das betreffende Element auftritt. Eisen, Nickel und Kobalt erscheinen zusammengehörig durch dieselben Hauptwertigkeiten, die Fähigkeit, flüchtige Kohlenoxydverbindungen zu bilden, die auf einzelne Platinmetalle hinweist, sowie ihre ausgeprägten magnetischen Eigenschaften.

Element	Symbol	Atom-gewicht	Spez. Gewicht	Schmelz-punkt	Wertigkeit	Allgemein. Charakter
Eisen . .	Fe	55,84	7,86	bei 1600°	II, III (VI)	Basisch
Nickel .	Ni	58,68	8,9—9,1	1484°	II (III, IV, VIII)	,,
Kobalt .	Co	58,97	8,7	bei 1500°	II, III	,,
Mangan .	Mn	54,93	7,4	1245°	II (III) IV (VI) VII	Niedere Oxyde basisch, hohe sauer
Chrom. .	Cr	52,0	6,8	bei 3000°	(II) III, VI (VII)	,,
Molybdän	Mo	96,0	9,0	bei 2100°	IV, VI (II, III, V)	,,
Wolfram	W	184,0	18,71	2595°	IV, VI (II, III, V)	,,
Uran . .	U	238,5	18,7	Um 1500°	IV, VI (III)	,,

Achtzehnter Vortrag.

Valenzkräfte. — Wernersche Theorie der Struktur von Komplexverbindungen. — Koordinationszahl. — Hydrate. — Kobaltammine. — Stereochemische Betrachtungen. — Die Koordinationsfähigkeit als Funktion des Atomvolums.

Der starke Wechsel der Wertigkeiten, die Neigung zur Bildung von Polysäuren und komplexen Ionen, die wir bei den Angehörigen der Eisen-Chromgruppe beobachteten, lassen es rätlich erscheinen, uns etwas eingehender mit der Frage der Valenzkräfte und den großen Fortschritten zu befassen, die auf diesem schwierigen Gebiet erzielt worden sind.

Die Hauptfrage, was eine Valenz überhaupt ist, können wir freilich jetzt noch gar nicht, am Schluß unserer ganzen Betrachtungen vielleicht in einer sehr unsicheren, mehr bildhaften Form beantworten. Sicher aber können wir sagen, daß eine Valenz eine von den Atomen ausgehende Kraft ist, die sehr verschiedene Beträge haben kann, da sie oft ein Vielfaches der als Einheit angenommenen Bindungskraft des Wasserstoffatoms (oder eines anderen einwertigen Atoms) ist.

Man hat früher angenommen, daß in den Verbindungen von der Art: Cl—H, $\mathrm{O}\begin{array}{l}/\mathrm{H}\\ \backslash\mathrm{H}\end{array}$, $\mathrm{Al}\begin{array}{l}/\mathrm{OH}\\ -\mathrm{OH}\\ \backslash\mathrm{OH}\end{array}$ usw. stets ein völliger Ausgleich aller Valenzkräfte stattgefunden habe. Mag sein, daß die Darstellung der Valenzeinheit durch einen Strich, und der volkstümliche Vergleich mit einem „Haken" (den wir ja auch, wenn auch mit einer Einschränkung, notgedrungen zuerst gebrauchten) zu dieser starren Auffassung beigetragen hat. Daß wir berechtigt sind, von einer Starrheit der Auffassung zu sprechen, wird sich gleich zeigen. Solange wir es nur mit Verbindungen von der Art der gerade erwähnten zu tun haben, ist unsere Anschauung ganz brauchbar. Was machen wir aber mit Stoffen, bei denen sich ganze, an sich schon infolge völliger Absättigung selbständige Moleküle miteinander vereinigt haben, wie z. B. NH_3 und HCl zu NH_4Cl, oder SiF_4 und H_2F_2 zu H_2SiF_6? Kurz gesagt: was machen wir mit allen „Verbindungen zweiter Ordnung" wenn wir unter ihnen derartige Molekülverbindungen verstehen? (Mit „Verbindungen erster Ordnung" wollen wir dann folgerichtig alle diejenigen bezeichnen, in deren Molekül jedes Atom an ein oder mehrere Atome oder Gruppen von Atomen gebunden ist, die unter sich gleich sind. Das wären, außer den oben erwähnten, auch z. B.

$$Cr\begin{smallmatrix}/Cl\\ -Cl\\ \backslash Cl\end{smallmatrix},\quad Na-OH,\quad P\begin{smallmatrix}/H\\ -H\\ \backslash H\end{smallmatrix}\ \text{usw.}$$

Wir haben ja bereits im 6. Vortrag gehört, daß man die Bildung des Chlorammoniums durch Anlagerung von Salzsäure an Ammoniak so zu erklären pflegt, daß man sagt, der Stickstoff gehe von der Dreiwertigkeit in die Fünfwertigkeit über. Jetzt will ich das damals gegebene Versprechen einlösen und Ihnen eine etwas vertieftere Auffassung dieses Vorgangs vortragen. Da wir fünfwertigen Stickstoff ja wirklich kennen lernten (z. B. N_2O_5), werden Sie sich vielleicht gegen jene Erklärung noch wenig sträuben. Wenn Sie aber nun versuchen wollen, die Struktur einer Verbindung wie H_2SiF_6 auf ähnliche Weise zu erklären, so bleibt Ihnen nichts anderes übrig, als achtwertiges Silicium oder zweiwertiges Fluor und sechswertiges Silicium anzunehmen:

$$\begin{smallmatrix}H\backslash\\ H/\end{smallmatrix}\overset{\text{VIII}}{Si}(F)_6,\quad \text{oder}\quad F_4\overset{\text{VI}}{Si}\begin{smallmatrix}/\overset{\text{II}}{F}-H\\ \backslash F-H\end{smallmatrix}.$$

Ich glaube, daß Ihr „chemisches Gefühl" nun schon so weit entwickelt ist, daß Sie nicht jene Annahmen machen und die ausgesprochenen Vertreter der Vier- und Einwertigkeit in das Prokrustesbett der Acht- und Zweiwertigkeit zwängen werden.

Wir müssen also einen anderen Ausweg suchen. Er wurde gangbar gemacht durch Ergebnisse der organischen Chemie. Thiele in Straßburg hatte nämlich gezeigt, daß nicht immer die Valenzeinheit mit ihrem ganzen Betrag abgesättigt sein muß, sondern daß mitunter noch Valenzreste übrig bleiben, die von Thiele Partialvalenzen genannt wurden. Hierdurch war der Boden bereitet für den sehr fruchtbaren Gedanken, daß verschiedene Atome oder Gruppen verschiedene Teilbeträge der von dem Hauptatom zur Verfügung gestellten Valenzsumme aufbrauchen können. Man kann das sogar durch den Versuch beweisen. Wenn man z. B. ein Kohlenstoffatom mit stark Valenzkraft verbrauchenden Gruppen (eine solche ist z. B. die aus zwei aneinandergeketteten Benzolringen bestehende „Biphenylgruppe": $-C_{12}H_9$)

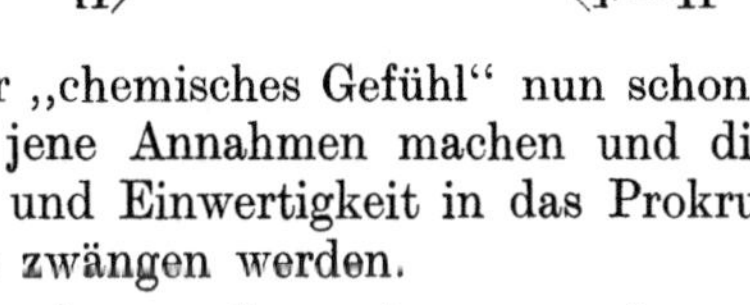

absättigt, so verbraucht eine derartige Gruppe nicht eine Valenzeinheit (die ihr ihrer Struktur nach zukäme), sondern beinahe $1^1/_3$. Die Folge davon ist, daß der vierwertige Kohlenstoff nur drei einwertige

Biphenylgruppen binden kann. Dann ist seine Valenzkraft verbraucht. Wenn man also versucht, die 6 Wasserstoffatome im Äthan (S. 124).

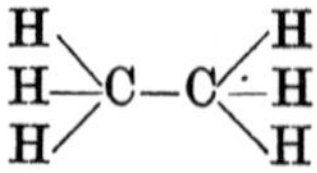

durch Biphenylgruppen (Biph.) zu ersetzen, so zerfällt, wie Schlenk gezeigt hat, das Molekül in seine beiden Hälften, weil die vierte Bindung zwischen den beiden Kohlenstoffatomen beinahe völlig aufgebraucht ist und das Molekül nicht mehr zusammenhalten kann; und statt des Körpers:

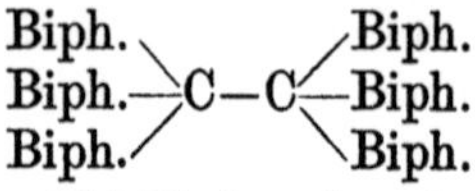

erhält man Moleküle des „Tri-Biphenylmethyls"

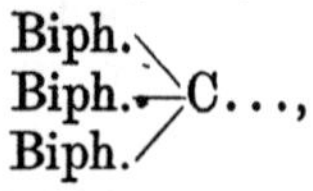

in dem also der seltene Fall dreiwertigen Kohlenstoffs vorliegt, dessen vierte Valenz nahezu verschwunden ist und deshalb nur durch Punkte angedeutet wird.

Obwohl es eigentlich unnötig ist, nachdem Tatsachen gesprochen haben, noch zu zeigen, daß die Teilbarkeit einer Valenz keine theoretisch unmögliche Vorstellung ist, wollen wir es, der Wichtigkeit der Sache und größtmöglicher Klarheit wegen, dennoch tun. Wir denken uns zu dem Zweck ein Atom magnetisch, und zwar als Kugel, umgeben von einem magnetischen Kraftfeld, dessen Stärke wir bei einem zweiwertigen Atom doppelt so stark, bei einem dreiwertigen dreimal so stark usw. annehmen wollen wie bei einem einwertigen. Ich darf vielleicht als bekannt voraussetzen, daß ein magnetisches Kraftfeld dadurch zustand kommt, daß sich gewisse Störungen des Äthers längs bestimmter Bahnen im Raum ausbreiten. Diese Störungsbahnen kann man durch Eisenfeilspäne als „magnetische Kraftlinien" sichtbar machen[1]). Man findet so, daß die magnetische Kraft, die uns doch an jedem Punkt des Kraftfeldes durchaus „einheitlich" erscheint, eigentlich aufgespalten ist in ein Bündel von Kraftlinien. Je größer deren Zahl in der Flächeneinheit, desto stärker das magnetische Feld. Bringt man in das Magnetfeld einen paramagnetischen Körper, etwa ein Eisen- oder Nickelkügelchen, so sammelt er eine gewisse Zahl von Kraftlinien in sich, er wird angezogen. (Ein diamagnetischer Körper (z. B. Wismut) zerstreut die Kraftlinien und wird abgestoßen. Siehe Fig. 67).

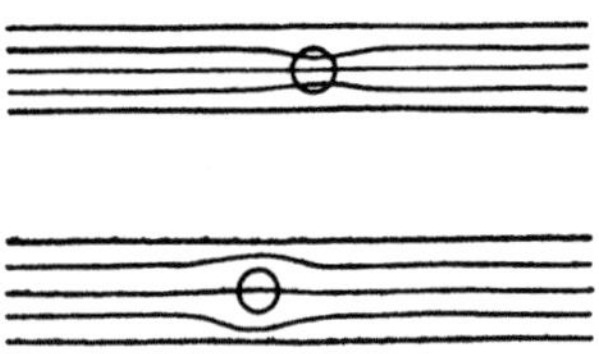

Fig. 67. Para- und diamagnetischer Körper im Magnetfeld.

Man kann sich nun sehr wohl, dem Vorschlag Kaufmanns folgend,

[1]) Einzelheiten findet man in jedem guten Lehrbuch der Physik. Über den Begriff „Äther" vgl. S. 279, 287 u. 292.

an Stelle der Kraftlinien in dem Kraftfeld Valenzlinien in dem Valenzfeld denken und annehmen, daß ebensowenig, wie das Eisenkügelchen in der Fig. 67 alle Kraftlinien auf sich vereinigt, ein sich in einem Valenzfeld befindendes zweites Atom alle Valenzlinien auf sich vereinigt. Eine gewisse Zahl wird immer neben dem Atom vorbeilaufen, und dieser durch die „Streuung" der Valenzlinien verloren gehende Anteil wäre dann eben die Restvalenz, oder, wie man wohl häufiger sagt, die Nebenvalenz.

Es ist das Verdienst Werners in Zürich, den Gedanken der Nebenvalenzen zur Erklärung der Konstitution der Verbindungen zweiter Ordnung herangezogen und die Fruchtbarkeit seiner Anschauungen durch hervorragende Experimentaluntersuchungen bewiesen zu haben. Der Kern dieser Anschauungen ist der Satz, daß in vielen Verbindungen erster Ordnung nach scheinbarer Absättigung der Valenz noch Nebenvalenzen übrig bleiben, die es den Molekülen ermöglichen, sich noch völlig zu Verbindungen zweiter Ordnung (Molekülverbindungen) abzusättigen. Danach wäre also, wenn wir die Nebenvalenzen durch punktierte Linien darstellen, Ammoniumchlorid und Kieselfluorwasserstoffsäure darzustellen durch:

$$(NH_3)\text{- - - -}(HCl) \text{ und } SiF_4\begin{matrix}\cdot\cdot(HF)\\ \cdot\cdot(HF)\end{matrix}$$

Der Vorteil dieser Bezeichnungsweise liegt auf der Hand, da sie jede Willkürlichkeit hinsichtlich der Wertigkeit der einzelnen Elemente ausschließt.

Nun wissen wir aber — wir betrachten die Formel (NH_3)- - -(HCl) näher —, daß in wässeriger Lösung Chlorwasserstoff die Ionen $H^{\cdot}$ und Cl' liefert, während bekanntlich in der Lösung des Ammoniumchlorids zwar Chlor- aber keine Wasserstoffionen nachweisbar sind. Dies müßte aber nach obiger Formel der Fall sein. Wie ist das zu erklären? Wir wissen, daß die Kraft, mit der sich Magnet und Eisen anziehen, unter anderem abhängt von der Entfernung der beiden voneinander. Da nun im Chlorammonium Chlor durch Ionisation abgespalten werden kann, Wasserstoff aber nicht, nimmt Werner an, daß das Wasserstoffatom des HCl-Moleküls in den dicht um das Zentralatom N gelegenen Kranz von H-Atomen eintritt, während das Cl-Atom in einer „äußeren Sphäre" weniger fest gebunden bleibt. Die um das Zentralatom belegenen Atome samt diesem selbst nennt man den „Komplex". Alles, was sich in der Komplexsphäre befindet, ist nicht ionisierbar (wohl aber dieser selbst als Ganzes). Atome in der äußeren Sphäre dagegen können als Ionen abgespalten werden. Wir bezeichnen den Komplex durch eine eckige Klammer und formulieren demnach:

$$[NH_4]\text{- - -}Cl;\ [SiF_6]\begin{matrix}\cdot\cdot H\\ \cdot\cdot H\end{matrix}.$$

Also ist das Silicium doch sechswertig? Es möchte, der Formel nach, so scheinen. Aber wir dürfen nicht vergessen, daß diese scheinbare Sechswertigkeit sich zusammensetzt aus einer tatsächlichen Vierwertigkeit und einer „Zweinebenwertigkeit". (Entsprechend: $\begin{matrix}H F \\ H F\end{matrix}\!\!>SiF_4$. Der umrahmte Teil entspricht der inneren Sphäre.) Denn wenn die Bindung der Moleküle durch ihre Nebenvalenzen einmal erfolgt ist, dann verteilt sich der gesamte Valenzbetrag gleichmäßig auf den ganzen Komplex, und die Atome der äußeren Sphäre sind durch Teilbeträge dieser Gesamtvalenzkraft an den gesamten Komplex (nicht etwa an das Zentralatom) gebunden zu denken.

Da ich keine Ihnen noch unbekannten Verbindungen anführen will, muß ich darauf verzichten, Ihnen weitere Beispiele zu bringen. Ich bitte Sie deshalb, mir auch so zu glauben, daß man fast immer auf 4 oder 6 kommt, wenn man die Zahl der dem Zentralatom unmittelbar benachbarten Atome (oder, wie wir gleich sehen werden, auch Moleküle und Reste) bestimmt. Dieser Wert, d. h. also die Anzahl der in der Komplexzone vorhandenen, dem Zentralatom „beigeordneten" (koordinierten) Atome oder Gruppen heißt Koordinationszahl. Sie stellt zugleich das Höchstmaß der Absättigungsfähigkeit des Zentralatoms dar, ist für die einzelnen Elemente konstant (4 z. B. für: N, P, S, Pt, Au, 6 für Si, Fe, Co, Cr, Al) und kann nicht überschritten werden.

Dieser letzte Punkt ist sehr wichtig, denn aus ihm folgt, daß für jedes in den Komplex eintretende Atom (oder für jede Gruppe) ein anderes in die „äußere Sphäre" gedrängt, also ionisierbar werden muß, falls ohne diesen Ausgleich die Koordinationszahl überschritten werden würde. Umgekehrt muß für jedes an der Koordinationszahl fehlende Atom eines aus der äußeren in die Komplexsphäre treten. Wir wollen zum Beweis dieser Anschauungen einerseits das uns vom vorigen Vortrag her bekannte Chromichlorid, andererseits die phosphorige Säure betrachten. Das Chromichlorid $CrCl_3$, krystallisiert mit 6 Molekülen Krystallwasser. Von dieser Verbindung $CrCl_3 \cdot 6\,H_2O$ kennt man nun 3 gleich zusammengesetzte (isomere) Formen, von denen die eine bläulich ist und sich violett löst; die beiden anderen sind grün und geben grüne Lösungen. Nach Werners Untersuchungen vermag nun das Wassermolekül (ebenso das Ammoniakmolekül) infolge seiner Nebenvalenzkraft in Komplexe einzutreten. Ferner stellte er fest (durch Fällung mit Silbernitrat als Chlorsilber), daß sämtliches in dem bläulichen Chlorid vorhandene Chlor ausgefällt werden kann, also als Ionen in Lösung vorhanden sein muß. Hieraus ergibt sich, daß die Koordinationszahl (6) des Chroms in dem hydratischen bläulichen Chlorid durch die 6 Krystallwassermoleküle erfüllt ist, so daß infolgedessen für die 3 Chloratome nur noch in der äußeren Sphäre Platz ist.

$$[Cr(H_2O)_6]Cl_3;$$

hingegen läßt sich aus der Lösung des einen grünen Chlorids nur $^2/_3$, aus der des andern nur $^1/_3$ des gesamten Chlors ausfällen; hieraus ergeben sich die Formeln:

$$[Cr(OH)_5Cl]Cl_2 \cdot H_2O \text{ und } [Cr(OH)_4Cl_2]Cl \cdot 2\,H_2O.$$

Man sieht, daß sich eine größere oder geringere Zahl von Wassermolekülen zwischen die äußere Sphäre und das Zentralatom geschoben hat. Deshalb nennt Werner solche Verbindungen „Einlagerungsverbindungen". (Ähnliche Verhältnisse liegen auch beim Chromisulfat vor.)

Sie erinnern sich, daß wir seinerzeit bei der phosphorigen Säure als Merkwürdigkeit feststellten, daß sie, trotz ihrer Formel H_3PO_3, nur zweibasisch ist. Nach der Wernerschen Auffassung ist diese Tatsache nicht nur nicht merkwürdig, sondern geradezu notwendig. Die Koordinationszahl des Phosphors ist 4. Entspräche nun die phosphorige Säure der Formel $[PO_3]H_3$, nach der aller Wasserstoff ionisierbar wäre, so wäre der Komplex ungesättigt. Es muß also, um die Zahl 4 zu erfüllen, ein Wasserstoffatom in die Komplexsphäre treten, woraus die den Tatsachen entsprechende Formel $[PO_3H]H_2$ folgt.

Eine ganz besondere Neigung zur Bildung von Komplexen hat das Kobalt, indem es mit Ammoniak eine sehr große, unter dem Sammelbegriff „Kobaltammine" bekannte Zahl von Verbindungen bildet. Entsprechend der Koordinationszahl 6 vermag das Kobaltatom 6 NH_3-Moleküle zu binden. Es bleibt dann noch für die äußere Sphäre ein Valenzbetrag, der zur Bindung dreier einwertiger negativer Reste ausreicht. Der Kobalt-Ammoniakkomplex verhält sich demnach nach außen als dreiwertiges Metall. Seine der Formel

$$[Co(NH_3)_6]\,R_3$$ [1]

entsprechenden Salze heißen ihrer gelben Farbe wegen Luteokobaltsalze[2]). An Stelle der Ammoniakmoleküle können auch Wassermoleküle an der Komplexbildung beteiligt sein. So entstehen z. B.:

$[Co(NH_3)_5(H_2O)]\,R_3$, die rötlichen Roseokobaltsalze,
$[Co(NH_3)_3(H_2O)_3]\,R_3$, die Triamminroseokobaltsalze.

Treten Säurereste (Halogene, die Nitratogruppe NO_3, die Nitritogruppe NO_2) in den Komplex ein, so nimmt die Bindekraft in der äußeren Sphäre ab, so daß nur noch zwei oder ein negativer einwertiger Rest gebunden werden kann. Hierher gehören z. B.:

$[CoCl(NH_3)_5]\,R_2$, die purpurfarbenen Chlorpurpureokobaltsalze,
$[Co(NO_2)(NH_3)_5]\,R_2$, die gelben Xanthokobaltsalze[3]),
$[CoCl_2(NH_3)_4]\,R$, die grünen Praseokobaltsalze.

Ferner gibt es Verbindungen, die überhaupt keine Ionen bilden, sondern innerhalb des Komplexes völlig abgesättigt sind, z. B.:

$[Co(NH_3)_3(NO_2)_3]$, Trinitritotriamminkobalt.

und endlich solche, bei denen infolge starker Belastung des Komplexes mit negativen Atomen oder Gruppen dieser als Ganzes negativen Charakter annimmt und in der äußeren Sphäre noch 1—3 positive einwertige Atome binden kann. Zu dieser Körperklasse gehört z. B.

$[Co(NO_2)_6]\,Na_3$, Natriumkobaltihexanitrit,

---

[1]) R = einwertiger Säurerest.
[2]) luteus = gelb.
[3]) ξανθός (Xanthos), gelb.

ein empfindliches Reagens auf Kaliumionen, da das entsprechende Kaliumsalz schwer löslich ist (Vers. 486). Ferner:

$[Co(NO_2)_4(NH_3)_2]\ NH_4$, Ammoniumkobalti-tetranitrito-diamin Vers. 487.)

Von vielen derartigen Molekülverbindungen kennt man isomere Formen (vgl. bei hydratischem Chromichlorid). Zu ihrer Deutung bediente sich Werner mit großem Glück der zuerst von van t'Hoff für das Kohlenstoffatom entwickelten Anschauung von der „räumlichen Lagerung der Atome" („Chimie dans l'espace", 1874). Danach hat man sich die Atome, die die vier Valenzen des Kohlenstoffs absättigen, nicht in einer Ebene, sondern im Raume um das Kohlenstoffatom angeordnet zu denken. Aus der Gleichartigkeit der vier Kohlenstoffvalenzen untereinander ergibt sich die Auffassung, daß die vier durch sie gebundenen Atome (oder Gruppen) die Ecken eines Tetraeders bilden müssen, in dessen Mitte das Kohlenstoffatom liegt. Überträgt man diese stereochemische Anschauung auf die Komplexe, so ergibt sich für diejenigen mit der Koordinationszahl 4 ebenfalls ein Tetraeder, dessen Ecken durch die 4 Atome oder Gruppen gebildet werden, für die mit der Koordinationszahl 6 entsprechend ein Oktaeder. Der Komplex $[Co(NH_3)_6]$ wäre demnach, wenn wir das Kobaltatom mit Co, die Ammoniakgruppen mit a bezeichnen, nach Fig. 69 darzustellen.

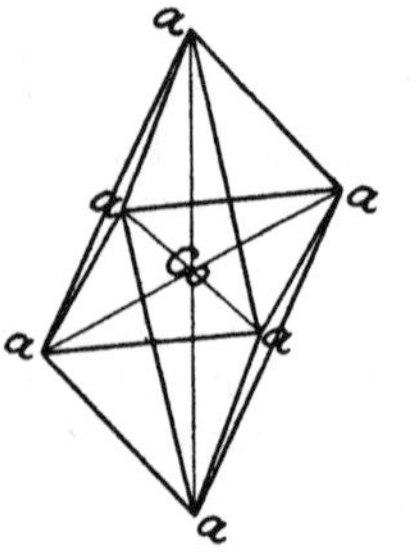

Fig. 68. Räumliche Anordnung der Moleküle in einem Sechserkomplex des Kobalts.

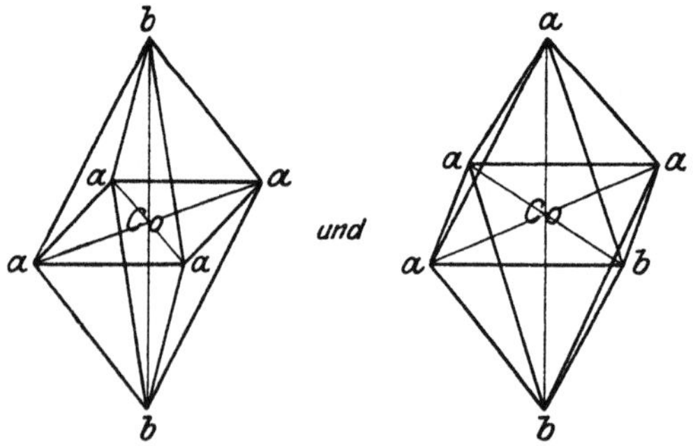

Fig. 69. Trans- und Cis-Isomerie.

Sitzen nun nicht nur gleiche Gruppen im Komplex, sondern, wie z. B. in den Praseokobaltsalzen, 2 Chloratome (b) und 4 Ammoniakgruppen (a), so muß es offenbar ein Unterschied sein, ob die 4 Gruppen a in einer Ebene, die 2 Atome b in den Spitzen des Oktaeders liegen, oder ob in der Ebene z. B. die Anordnung a a b b, in den Spitzen die Anordnung a b vorliegt. Man erhält dadurch die zwei isomeren [1]) Verbindungen, die Fig. 69 schematisch zeigt.

Die erste Anordnung entspräche der Diagonal- oder Trans-Form, die zweite der Kantenstellung oder Cis-Form [2]). (Das entsprechende Isomere der grünen Praseosalze sind die violetten Violeosalze.) Mit der Darstellung optisch aktiver Molekülverbindungen hat Werner diese

[1]) ἴσος (isos), gleich, μέρος (meros), Teil. Isomere Verbindungen sind solche gleicher Zusammensetzung.

[2]) trans = jenseits, cis = diesseits.

Anschauung erhärtet. Man wußte aus der Chemie der Kohlenstoffverbindungen, daß im Fall der Absättigung der vier Kohlenstoffvalenzen mit 4 verschiedenen Atomen oder Gruppen Körper entstehen, die der Schwingungsebene des polarisierten Lichts eine bestimmte Drehung erteilen[1]. Von solchen „optischen Isomeren“ dreht die eine Form so viel nach links wie die andere nach rechts dreht. Die Strukturformeln der beiden verhalten sich wie Bild und Spiegelbild, wie rechte Hand zu linker Hand. Sie sind gleich, können aber nicht zur Deckung gebracht werden. Nennen wir die 4 verschiedenen Atome a, b, c, d, so ergäbe sich:

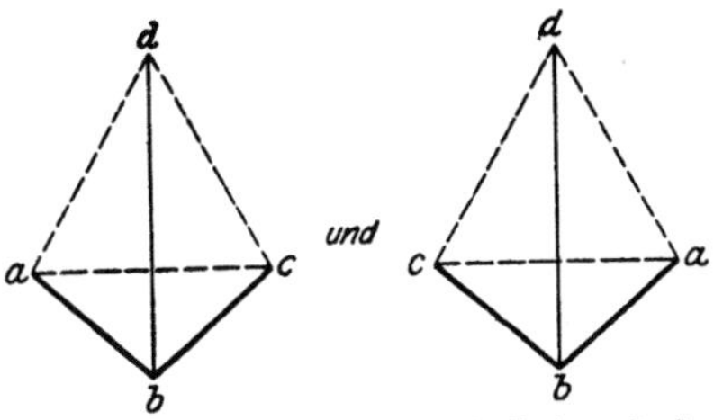

Fig. 70. Spiegelbildisomerie bei optisch aktiven Kohlenstoffverbindungen.

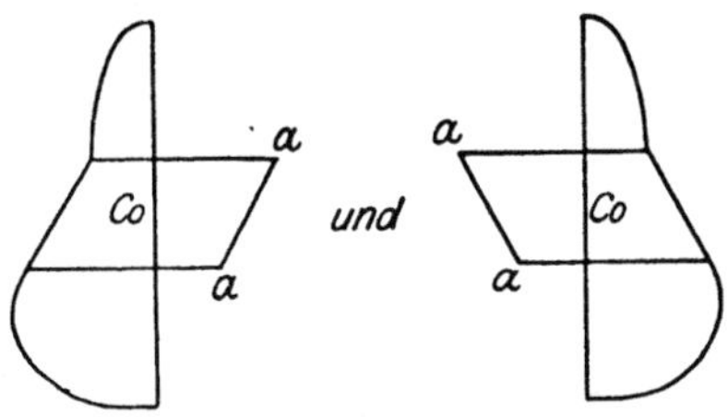

Fig. 71. Spiegelbildisomerie bei optisch aktiven Kobaltamminen.

(In der Mitte der Tetraeder (Fig. 70) wäre das Kohlenstoffatom zu denken.) Dadurch, daß Werner in einen Sechserkomplex an Stelle des Ammoniaks Moleküle einführte, die noch im Komplex zwei Valenzen betätigen, also gewissermaßen an zwei Ecken zugleich angreifen, gelang es ihm tatsächlich, solche anorganischen Spiegelbildisomeren mit optischer Aktivität zu erhalten. Derartige Moleküle bildet z. B. das ammoniakähnliche Äthylendiamin. Bezeichnen wir dessen nach zwei Ecken zugleich gerichtete Bindungen durch einen die Ecken verbindenden Bogen, so kann man die optischen Isomeren eines zwei Äthylendiaminmoleküle im Komplex enthaltenden Kobaltsalzes darstellen, wie es Fig. 71 schematisch zeigt.

Hiermit dürfte wohl der Beweis für die Richtigkeit der van t'Hoff-Wernerschen Anschauungen erbracht sein.

Das große Gebiet der neueren Strukturchemie haben wir natürlich nur in Umrissen darstellen können. Diejenigen von Ihnen, die sich mit dem interessanten Stoff näher befassen wollen, seien auf das im Literaturverzeichnis erwähnte Wernersche Buch verwiesen.

---

[1] Im polarisierten Licht, das man durch Spiegelung in bestimmten Richtungen oder durch Anwendung von Kalkspatprismen (Nicolsche Prismen) erhalten kann, schwingen die Ätherteilchen nicht in beliebigen, auf der Fortpflanzungsrichtung der Welle senkrechten Richtungen hin und her, sondern nur in bestimmten, etwa von oben nach unten oder von rechts nach links. Die (im letzteren Fall) wagrechte „Schwingungsebene“ des polarisierten Lichtes würde nun nach dem Durchlaufen der Lösung einer „optisch aktiven“ Verbindung um einen bestimmten Winkelbetrag nach rechts oder links „gedreht“ werden. Würde die Schwingungsebene z. B. statt, wie vorher angenommen, von Ost nach West, in der Richtung NO—SW verlaufen, so entspräche das einer Rechtsdrehung von 45°. Der Betrag der Drehung hängt ab von der Verbindung, der Konzentration ihrer Lösung, der Wellenlänge des polarisierten Lichts und der Schichtdicke der durchstrahlten Lösung. Näheres findet man in Lehrbüchern der Physik.

Es ist nun noch ein kurzes Eingehen auf die Frage nötig, warum gerade bestimmte Atome, wie vor allem Kobalt, solche Neigung zur Komplexbildung haben, während sie bei andern Metallen (z. B. den Alkalimetallen) völlig fehlt. Wenn wir die (wahrscheinliche) Annahme machen wollen, daß eine Valenz hervorgerufen wird durch eine elektrische Ladung von bestimmter Größe, so wird die Aufnahmefähigkeit eines Atoms für Elektrizität (seine Kapazität) abhängen von der Größe seiner Oberfläche, da sich ruhende Elektrizität auf der Oberfläche leitender Körper, nicht in ihnen, verteilt. Zum Vergleich der Oberflächen verschiedener Atome bilden wir uns den Begriff des Atomvolumens. Diese Größe erhalten wir, indem wir das spezifische Gewicht des betreffenden Elementes in sein Atomgewicht dividieren. Dadurch erhalten wir einen Quotienten, der uns angibt, wieviel Raum von einem Grammatom des betreffenden (festen) Elementes eingenommen wird. Dies läßt aber einen unmittelbaren Rückschluß auf das Volumen und damit die Oberfläche der einzelnen Atome zu. Bilden wir uns nun den Atomvolumenquotienten $\frac{\text{Atomgewicht}}{\text{Spez. Gewicht}}$, so erhalten wir z. B. für

Natrium	23,00: 0,97	23,71
Kalium	39,10: 0,86	45,47
Calcium	40,07: 1,52	26,36
Chrom	52,0 : 6,8	7,65
Kobalt	58,97: 8,72	6,71
Eisen	55,84: 7,86	7,10

Sie sehen aus der kleinen Tabelle, daß die ein- und zweiwertigen Elemente der Alkali- und Erdalkaligruppe ein großes Atomvolumen und somit auch ein großes Fassungsvermögen für ihre — nicht zahlreichen — elektrischen Ladungen haben. Ganz anders liegt der Fall bei den letzten drei Elementen, bei denen kleines Atomvolumen mit hohen Wertigkeitszahlen zusammentrifft. Die Annahme liegt nahe, daß hier die Fassungskraft des einzelnen Atoms überschritten wird, so daß die Überschüsse an Valenzkraft für Komplexbildung zur Verfügung stehen.

Der Begriff des Atomvolumens ist auch noch in anderer Hinsicht wertvoll geworden. Wir werden später darauf zurückkommen. Für heute schließe ich mit der Hoffnung, daß Sie bei dem raschen Durchwandern eines großen Gebietes eine tüchtige Erweiterung der Auffassung chemischer Tatsachen davongetragen haben möchten.

Neunzehnter Vortrag.

Zinn. — Zinnsäure. — Stannate. — Metazinnsäure. — Zinnoxyde. — Zinnige Säure. — Stannite. — Stannochlorid. — Stannihydroxyd. — Stannisulfid. — Stannichlorid. — Zinnchlorwasserstoffsäure. — Blei. — Bleioxyde. — Plumbite. — Plumbate. — Bleichlorid. — Bleijodid. — Bleicarbonat. — Bleinitrat. — Bleichromat. — Bleisulfat. — Plumbichlorid. — Plumbisulfat. — Akkumulator. — Bleibaum. — Lösungsdruck. — Kupfer. — Messing. — Bronze. — Grünspan. — Legierungen. — Kupferoxyde. — Kupferhydroxyde. — Kupferhalogenverbindungen. — Kupfercyanide. — Kupfersulfide. — Kupfersulfat. — Kupferoxyd-Ammoniak. — Cuprinitrat. — Kupfercarbonat. — Silber. — Silberoxyde. — Silberhydroxyd. — Silbernitrat. — Chlorsilber. — Bromsilber. — Jodsilber. — Photographie. — Gruppenübersicht.

Nachdem wir den letzten Vortrag zur Gewinnung neuer theoretischer Gesichtspunkte benutzten, haben wir heute eine Reihe von gut bekannten und auch viel verwandten Metallen zu besprechen, nämlich Zinn, Blei, Kupfer und Silber. Wir teilen sie in zwei Gruppen ein, in die Zinngruppe, zu der die vierwertigen Metalle Zinn und Blei gehören, und in die Kupfer-Silber-Gruppe, deren Angehörige als Hauptwertigkeiten niedrigere Wertigkeiten als vier aufweisen.

Wir haben bereits früher ein Element kennen gelernt, das durch seinen Charakter ziemlich bestimmt auf das Zinn hinweist, nämlich das Germanium (siehe S. 134). Gleich den Metallen der Zinngruppe ist es vierwertig, ist ebenfalls weich und leicht schmelzbar wie diese — nur verhält es sich, da es eine Wasserstoffverbindung bildet, noch durchaus als Metalloid, so daß wir hier von neuem die Beobachtung machen können, daß zwischen vielen Elementen deutliche Zusammenhänge bestehen, und daß im allgemeinen mit zunehmendem Atomgewicht der Charakter vom Metalloid zum Metall übergeht; denn während Germanium noch vollkommen sauren Charakter hat, ist Zinn nur noch schwach sauer, Blei ausgesprochen basisch und nur noch gegen die stärksten Basen schwach sauer.

Das **Zinn**, Sn (vom lat. Stannum), kommt in der Natur hauptsächlich in Gestalt seines Oxydes, SnO_2 (Zinnstein), vor. Man gewinnt das Metall durch Reduktion des Oxydes mit Kohle:

$$SnO_2 + 2\,C = Sn + 2\,CO.$$

Bedeutende Lager von Zinnerzen finden sich u. a. in Sachsen, Böhmen, China, England (Cornwall) und Ostindien.

Das Metall ist weiß und silberglänzend, ziemlich schwer (spez. Gew. 7,29) und schon bei 230° schmelzbar. Es zeigt ein krystallinisches Gefüge. Die Kryställchen sind tetragonal; wenn man eine Stange Zinn biegt, reiben sie sich aneinander, wodurch das als „Zinngeschrei" bekannte Geräusch entsteht. Unterhalb 16° befindet sich das tetragonale Zinn in unterkühltem Zustand, da bei tieferen Temperaturen eine amorphe, ein graues Pulver bildende Modifikation des Zinns beständig ist. Die Umwandlung beginnt mitunter bei kühl aufbewahrten Zinngegenständen an einem Punkt, und dann breitet sich der Zerfall in graues Zinn weiter aus. Man kann mit solchem grauem Zinn das tetragonale „impfen" und seinen Zerfall veranlassen (Zinnpest, Museumskrankheit.) An der Luft ist das Zinn beständig, von Salzsäure und Schwefelsäure wird es zu den entsprechenden Salzen gelöst, verdünnte Salpetersäure oxydiert es zu unlöslicher, weißer Metazinnsäure. Von heißer Kalilauge wird es unter Wasserstoffentwicklung zu Kaliumstannat, K_2SnO_3, gelöst:

$$Sn + 2\,KOH + H_2O = K_2SnO_3 + 2\,H_2.$$

Zinn ist sehr dehnbar und läßt sich infolgedessen zu dünnen Blättern, dem bekannten Stanniol, auswalzen. Außerdem bildet es einen wesentlichen Bestandteil der Bronze, des Britannia- und Lotmetalls (zum Löten dienende Legierung aus Zinn und Blei) und dient zur Anfertigung von Spiegeln (siehe S. 176) und zur Herstellung des Weißblechs, das verzinntes Eisenblech ist.

Es gibt zwei Reihen von Zinnverbindungen: solche, die sich von zweiwertigem (Stannoverbindungen) und solche, die sich von vierwertigem Zinn ableiten (Stanniverbindungen). Die Stannoverbindungen sind weniger beständig und haben im allgemeinen die Neigung, in Stanniverbindungen überzugehen.

Stannooxyd, SnO, entsteht beim Erhitzen von Stannohydroxyd im Kohlendioxydstrom als schwarzes Pulver, das zu Stannioxyd, SnO_2, verglimmt, wenn man es an der Luft erhitzt. Die wichtigste Stannoverbindung ist das Stannochlorid, $SnCl_2$ (Zinnchlorür). Es krystallisiert mit zwei Molekülen Krystallwasser in weißen Krystallen und kommt als „Zinnsalz" in den Handel. Man erhält es durch Auflösen von metallischem Zinn in Salzsäure. Es ist in Wasser sehr leicht löslich (270 g Zinnsalz in 100 g kaltem Wasser). Fügt man mehr Wasser hinzu, so entstehen Trübungen durch Ausfallen von basischem Stannochlorid, in dem das eine Chloratom durch die Hydroxylgruppe ersetzt ist:

$$SnCl_2 + 2\,HOH = \overset{II}{Sn}\begin{cases}OH\\Cl\end{cases} + HCl.$$

Stannochlorid ist ein starkes Reduktionsmittel, weil es das Bestreben hat, in die Stanniform überzugehen. So wird z. B. Mercurichlorid durch Stannochlorid zu metallischem Quecksilber reduziert, während sich das Stannochlorid dabei zu Stannichlorid oxydiert:

$$HgCl_2 + SnCl_2 = Hg + SnCl_4.$$

In der Technik wird Stannochlorid viel in Färbereien und Zeugdruckereien zum Fixieren der Farben gebraucht.

Auf Zusatz von Alkali fällt aus Stannosalzlösungen Stannohydroxyd $Sn(OH)_2$, mit wechselndem Wassergehalt. Im Überschuß von Alkali löst es sich zu Stanniten, die sich von einer Säure der Zusammensetzung HSnO(OH) ableiten. Interessant ist die Auffassung von Hantzsch, nach der diese Säure ein Seitenstück zu der einfachsten organischen Säure, der Ameisensäure darstellt:

$$\underset{\text{Ameisensäure}}{H-C\begin{cases}OH\\O\end{cases}} \quad \text{und} \quad \underset{\text{Zinnameisensäure}}{H-Sn\begin{cases}OH\\O\end{cases}}$$

Das Natriumstannit, $NaHSnO_2$, wäre demnach als zinnameisensaures

Natrium, $HSn\begin{matrix}\diagup ONa \\ \diagdown O\end{matrix}$ aufzufassen, womit ein formaler Beweis für die Zugehörigkeit des Zinns zur Kohlenstoffgruppe erbracht wäre.

Das Kaliumstannat, K_2SnO_3, ist das Kaliumsalz der normalen Zinnsäure. Sie entsteht aus dem Stannihydroxyd, $Sn(OH)_4$, durch Abgabe von Wasser:

$$Sn(OH)_4 \text{ reagierend als: } H_4SnO_4 = H_2SnO_3 + H_2O.$$

Von dieser — nicht in freiem Zustand, sondern nur in ihren Salzen bekannten — Zinnsäure gibt es noch eine sehr beständige zweite Modifikation, die Metazinnsäure. Man erhält sie durch Oxydation von metallischem Zinn mit starker Salpetersäure als weißes, in Wasser und Säuren unlösliches Pulver. Es wäre nicht unmöglich, daß sich die auffallende Verschiedenheit im chemischen und physikalischen Verhalten der Zinnsäure und Metazinnsäure so erklären ließe, daß man annimmt, die Metazinnsäure sei ein Polymerisationsprodukt der normalen Zinnsäure, habe also die Formel

$$(H_2SnO_3)_x,$$

wobei der Wert für x noch nicht sicher bestimmt ist [1]).

Von den Stanniverbindungen möchte ich Sie mit dem Stannioxyd, SnO_2, bekannt machen, das, wie erwähnt, als „Zinnstein" natürlich vorkommt. Künstlich, etwa durch Verbrennen von Zinn an der Luft oder durch Erhitzen des Stannihydroxydes dargestellt, ist es ein weißes Pulver. Stannioxydkrystalle ritzen Glas.

Krystallisiertes Stannisulfid, SnS_2, bildet goldglänzende Schuppen und ist unter dem Namen „Musivgold" bekannt.

Stannichlorid, $SnCl_4$, Zinntetrachlorid, ist eine an der Luft rauchende farblose, flüchtige und schwere Flüssigkeit (spez. Gew. 2,28). Sie ist schon seit dem Mittelalter bekannt und hieß früher nach ihrem Entdecker „Spiritus fumans Libavii". Bei dem Vermischen mit Wasser findet Volumverminderung (siehe S. 86) und starke Erwärmung statt, was darauf schließen läßt, daß eine chemische Vereinigung der beiden Körper vor sich geht. Tatsächlich bilden sich auch verschiedene Verbindungen von Zinntetrachlorid mit wechselnden Mengen Wasser. Mit Salzsäure bildet das Stannichlorid eine zweibasische Säure von der Zusammensetzung $H_2[SnCl_6]$, die Zinnchlorwasserstoffsäure, die der Kieselfluorwasserstoffsäure, $H_2[SiF_6]$, entsprechend zusammengesetzt ist (siehe S. 130). Man kann sie sich entstanden denken aus einem Molekül Stannichlorid und zwei Molekülen Salzsäure:

$$SnCl_4 + 2\,HCl = [SnCl_6]H_2.$$

Von ihren Salzen ist am bekanntesten das schwach rosafarbene Ammoniumchlorostannat, $[SnCl_6](NH_4)_2$, das in Färbereien unter dem Namen Pinksalz [2]) gebraucht wird.

---

[1]) Nach Fremy ist er = 5.

[2]) Pink (engl.) = rosa.

Zinnchlorwasserstoffsäure ist auch in freiem Zustand in Gestalt schon bei 9⁰ schmelzender Krystalle bekannt.

Das Blei, Pb (vom lateinischen Plumbum), kommt in Form seines Sulfides, PbS, als Bleiglanz häufig vor. Andere Bleimineralien sind das Carbonat, $PbCO_3$ (Weißbleierz), Bleichromat (Rotbleierz) und Bleimolybdat (Gelbbleierz). Man gewinnt das Metall, indem man entweder den Bleiglanz durch Rösten in ein Gemisch von Oxyd und Sulfid umwandelt, das sich dann beim Erhitzen unter Luftabschluß nach der Reaktionsgleichung

$$2\,PbO + PbS = 3\,Pb + SO_2$$

zu Blei und Schwefeldioxyd umsetzt, oder man röstet das Bleisulfid so stark, daß aller Schwefel verbrennt und Oxyd hinterbleibt, das dann mit Kohle zu Metall reduziert wird. Man kann auch das Sulfid mit Eisen umsetzen, entsprechend der Gleichung

$$PbS + Fe = FeS + Pb.$$

Blei ist ein weißes, etwas bläulich schimmerndes Metall, glänzend und schwer (spez. Gew. 11,35). Es ist sehr weich, so daß es schon mit dem Messer geschnitten werden kann, und schmilzt bereits bei 327°. An der Luft bedeckt es sich bald mit einer grauen Haut von Oxyd. Schwefelsäure und Salzsäure lösen Blei nicht, wohl aber Salpetersäure, die es leicht in Nitrat verwandelt. Ebenso wird es von Essigsäure leicht zu dem essigsauren Salz (Bleizucker) gelöst. Da Bleiverbindungen starke Gifte sind, muß man mit der Verwendung dieses Metalles etwas vorsichtig sein. Deshalb sind auch bleiglasierte irdene Kochgeschirre sowie bleierne Wasserleitungsrohre vielfach polizeilich verboten.

Man kennt folgende Bleioxyde:

($\overset{\text{I}}{Pb_2}O$ Bleisuboxyd, vermutlich Gemisch von Pb + PbO, siehe unten).
$\overset{\text{II}}{Pb}O$ Plumbooxyd, Bleioxydul,
$\overset{\text{IV}}{Pb}O_2$ Bleisuperoxyd, Plumbioxyd,
Pb_3O_4 (= $2\,PbO \cdot PbO_2$) Mennige.

Das Bleisuboxyd, Pb_2O, ist ein sehr unbeständiges, schwarzes Pulver, das unter Abspaltung von Blei in Plumbooxyd zerfällt:

$$Pb_2O = PbO + Pb.$$

Das Plumbooxyd, PbO, in dem das Blei zweiwertig ist, ist beständig; es hat basischen Charakter, so daß sich von ihm beständige Bleisalze ableiten. Geschmolzenes Plumbooxyd kommt als Bleiglätte in Form einer gelblichroten Masse in den Handel. Das zu dem Plumbooxyd gehörende Plumbohydroxyd, $Pb(OH)_2$, ist amphoter (siehe S. 174). Gegenüber Alkalien verhält es sich als Säure, löst sich in ihnen auf und bildet Plumbite.

Plumbioxyd, PbO_2 (Bleisuperoxyd), enthält vierwertiges Blei. Es hat immer das Bestreben, sich unter Abgabe von Sauerstoff in Plumbooxyd zu verwandeln, und infolge dieser Neigung wirkt es in hohem Maß oxydierend. Gegenüber Alkalien verhält es sich als Säureanhydrid und bildet z. B. mit Kalilauge ein Salz von der Zusammensetzung K_2PbO_3. Die Bezeichnung Superoxyd trifft nicht zu (vgl. bei Mangan). Bleidioxyd entsteht bei elektrolytischer Zersetzung von Bleisalzlösungen durch Oxydation an der Anode.

Die Verbindung Pb_3O_4 ist ein unter dem Namen Mennige bekanntes rotes Pulver. Sie ist das Bleisalz einer frei nicht dargestellten Bleisäure, die sich von dem zum Plumbioxyd, PbO_2, gehörenden Hydroxyd, $Pb(OH)_4$, ableiten würde. $Pb(OH)_4$ würde gegenüber Alkalien die Rolle einer vierbasischen Säure spielen, also sich wie H_4PbO_4 verhalten. (Tatsächlich kennt man Calciumplumbat von der Formel Ca_2PbO_4.) Das Bleisalz dieser Säure, also Bleiplumbat oder bleisaures Blei, ist dann die Mennige, denn:

$$H_4PbO_4 + 2\overset{II}{Pb} = \underbrace{\overset{II}{Pb_2}PbO_4}_{Pb_3O_4} + 2\,H_2.$$

Die starke Farbe der Mennige erklärt sich, ähnlich wie die des Berlinerblaus, wahrscheinlich dadurch, daß zwei verschiedene Wertigkeitsstufen des gleichen Elements im Molekül vereinigt sind. Mennige dient als Anstrich für Eisen, da dieses dadurch vor dem Rosten geschützt wird.

Von den Verbindungen des Bleis sind die der Plumboreihe, in denen das Blei zweiwertig auftritt, die wichtigeren. Plumbochlorid, $PbCl_2$, entsteht als weißer Niederschlag beim Versetzen einer Bleisalzlösung mit verdünnter Salzsäure. In kaltem Wasser ist es sehr schwer löslich (135 Teile Wasser lösen 1 Teil Plumbochlorid), in heißem bedeutend leichter (20 Teile). Aus der Lösung schießt es dann in langen, seidenglänzenden Krystallnadeln an.

Plumbojodid, PbJ_2, löst sich ebenfalls in heißem Wasser bedeutend leichter als in kaltem. Es entsteht als gelber Niederschlag bei dem Vermischen von Bleisalz- mit Jodkaliumlösung. Aus seiner heißen, wässerigen Lösung krystallisiert es in prachtvollen, goldglänzenden Blättchen. Merkwürdig ist, daß die wässerige Lösung farblos ist, trotzdem die Verbindung so lebhaft gelb gefärbt ist.

Das Plumbocarbonat, $PbCO_3$, kommt, wie bereits erwähnt, natürlich als Weißbleierz vor. Versetzt man die Lösung eines Bleisalzes mit einem Alkalicarbonat, so fällt ein weißes, basisches Carbonat aus, das wechselnde Mengen von Plumbohydroxyd enthält. Basisches Bleicarbonat wird unter dem Namen Bleiweiß als Anstrichfarbe gebraucht.

Plumbonitrat, $Pb(NO_3)_2$, ist leicht in Wasser löslich und zerfällt beim Erhitzen in Plumbooxyd, Sauerstoff und Stickstoffdioxyd (siehe S. 53):

$$2\,Pb(NO_3)_2 = 2\,PbO + 4\,NO_2 + O_2.$$

Plumbochromat, $PbCrO_4$, ist gelb und wird als Malerfarbe gebraucht (Chromgelb). Auch in der organischen Analyse findet es Anwendung.

Plumbosulfat, $PbSO_4$, ist weiß und in Wasser unlöslich, löslich dagegen in starken Säuren und Laugen. Man erhält es beim Vermischen einer Bleisalzlösung mit Schwefelsäure als weißen Niederschlag.

Der Bleizucker ist das Plumbosalz einer organischen Säure, der Essigsäure. Ich erwähne ihn hier deshalb, weil er das in der Technik am meisten gebrauchte Bleisalz ist. Er bildet weiße, süßlich schmeckende, giftige Krystalle.

Von der Plumbireihe sind wenig Verbindungen bekannt. Außer dem schon besprochenen Bleisuperoxyd will ich nur noch das Plumbichlorid (Bleitetrachlorid), $PbCl_4$, erwähnen. Es ist ein schwierig darzustellendes gelbes Öl, das sich leicht in Plumbochlorid und Chlor zersetzt, bei höherer Temperatur sogar unter Explosion. Das Plumbisulfat, $Pb(SO_4)_2$, entsteht bei den elektrochemischen Vorgängen in Bleiakkumulatorenzellen. Plumbichlorid gibt, wie Zinntetrachlorid, mit Chloriden Molekülverbindungen, die als Salze der komplexen Bleichlorwasserstoffsäure aufzufassen sind.

$$PbCl_4 + 2\,HCl = H_2[PbCl_6].$$

Ammoniumplumbichlorid, $(NH_4)_2[PbCl_6]$, bildet gelbe Oktaeder und erinnert dadurch sehr an den später zu besprechenden „Platinsalmiak".

Außer zur Anfertigung der Bleikammern in Schwefelsäurefabriken, von Gasleitungsröhren, Schrot, Geschossen, Letternmetall usw. findet das Blei noch eine ausgedehnte Verwendung zur Herstellung der Akkumulatoren, und es ist hier der Ort, auf die elektrochemischen Vorgänge, die sich in einem Akkumulator abspielen, kurz einzugehen.

Unter einem Akkumulator versteht man eine Vorrichtung, die fähig ist, elektrische Energie in sich aufzuspeichern [1]) und sie nach beliebiger Zeit wieder abzugeben. Dies ist dadurch möglich, daß die in

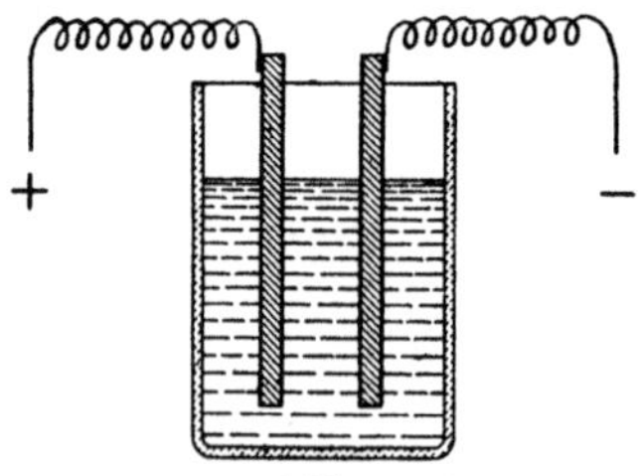

Fig. 72. Akkumulator.

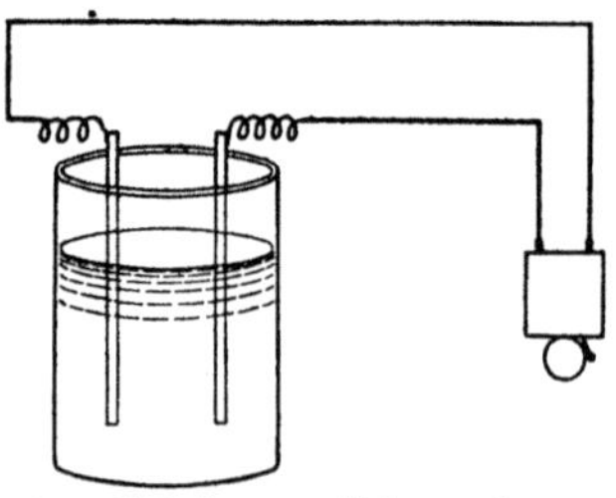

Fig. 73. Geladener Akkumulator mit einer elektrischen Schelle verbunden.

den Akkumulator eingeführte elektrische Energie dort in chemische umgewandelt wird. Ein Akkumulator besteht aus zwei in verdünnter Schwefelsäure stehenden Platten aus reinem Blei (Fig. 72).

An jede Platte ist ein Draht zur Zuführung des elektrischen Stromes angelötet. Wie wir bereits wissen, entsteht stets ein Strom, wenn zwei verschiedene Metalle in eine die Elektrizität leitende Flüssigkeit tauchen, und durch einen Verbindungsdraht ein geschlossener Stromkreis hergestellt ist (siehe S. 41). Da aber im Akkumulator nur Bleiplatten, also keine verschiedenen, sondern gleiche Metallplatten vorhanden sind, kann zunächst kein Strom entstehen. Wir verbinden

[1]) accumulare (lat.) = anhäufen, aufspeichern.

nun unseren Akkumulator mit einer Batterie, die uns Strom liefert, und zwar die eine Platte mit dem positiven, die andere mit dem negativen Pol. Dann wird die Schwefelsäure natürlich elektrolytisch zersetzt, und an der positiven Elektrode entsteht Sauerstoff, an der negativen Wasserstoff. Hierdurch wird die positive Platte durch den Sauerstoff in statu nascendi zu Bleidioxyd oxydiert, während die negative reines Blei bleibt. Je länger man dem Akkumulator elektrische Energie zuführt, desto mehr Bleidioxyd entsteht auf der positiven Platte. Wenn wir nun den Apparat von der stromliefernden Batterie entfernen, so ist er fähig, die elektrische Energie, die man ihm zugeführt hat, in Form von Elektrizität wieder herzugeben. Denn es stehen jetzt in der Flüssigkeit keine gleichartigen Platten mehr, sondern solche aus verschiedenem Material, nämlich Bleisuperoxyd und Blei, und er wirkt einfach als galvanisches Element. Er hat also die elektrische Energie in Form von chemischer in sich aufgespeichert und gibt sie als elektrische wieder her. Ich will Ihnen das durch einen Versuch vorführen: Sie sehen hier in einem Becherglas 2 Bleiplatten in verdünnter Schwefelsäure stehen. Ich führe nun diesem Akkumulator von einer Batterie aus ein paar Minuten lang elektrische Energie zu, und Sie können bemerken, wie die mit dem positiven Pol verbundene Bleiplatte sich mit braunem Dioxyd bedeckt, während die negative grau bleibt. Ich hänge jetzt den „geladenen" Akkumulator von der Batterie ab, und um Ihnen zu zeigen, daß er nun wirklich Strom liefert, verbinde ich ihn mit einer elektrischen Schelle (Fig. 73), deren Klingeln uns uns die Tatsache bestätigt. Durch die Abgabe von Strom wird natürlich das Bleisuperoxyd auf der positiven Platte wieder verbraucht; denn was bei der „Ladung" positiver Pol war, ist bei der „Entladung" negativer, d. h. mit anderen Worten, der Strom fließt in umgekehrter Richtung, und an der positiven Platte tritt jetzt infolge der Elektrolyse Wasserstoff auf, der das Bleisuperoxyd zu Blei reduziert, während die an der negativen Elektrode freiwerdenden Schwefelsäurereste, SO_4'', sich mit dem Blei der Platte zu Bleisulfat verbinden; auch die positive Elektrode geht langsam in Bleisulfat über, so daß schließlich wieder zwei gleichartige aus Bleisulfat bestehende Platten vorhanden sind. Der Akkumulator liefert dann keinen Strom mehr, er ist „entladen". Führt man ihm wieder elektrische Energie zu, dann beginnt das Spiel von neuem. Das eben Vorgetragene gibt die Vorgänge in dem Akkumulator nur in groben Umrissen wieder. Tatsächlich spielen sich noch komplizierte Reaktionen ab, in denen auch das Plumbisulfat eine Rolle spielt. Ganz kurz läßt sich der Prozeß im Akkumulator durch die Reaktionsgleichung ausdrücken:

$$PbO_2 + Pb + 2\,H_2SO_4 \rightleftarrows 2\,PbSO_4 + 2\,H_2O.$$

In dieser umkehrbaren Gleichung drückt der untere Pfeil den Vorgang bei der Ladung, der obere den bei der Entladung aus.

Ein ebenfalls auf elektrischen Vorgängen beruhender Prozeß ist die Abscheidung von Blei aus seinen Salzen durch metallisches Zink. Stellt man z. B. in eine Lösung von Bleinitrat einen Zinkstab, so scheiden sich an ihm lange Flitter von Blei ab, und Zink geht unter dem Einfluß des Lösungsdrucks als Nitrat in Lösung. Diese Erscheinung ist unter dem Namen „Bleibaum" bekannt (näheres siehe S. 288).

Das Kupfer führt uns zu einer Gruppe von Metallen, in denen eine chemische Verwandtschaft nicht so deutlich ausgesprochen ist wie z. B. bei den Erdalkalimetallen oder den Metallen der Eisen-Chromgruppe. Immerhin lassen sich aber auch zwischen dem Kupfer und Silber einige verwandte Züge finden.

Kupfer kommt gediegen in den vereinigten Staaten vor. Bedeutende Lager von Kupfererzen finden sich in Chile, Afrika (Otavi), Japan und im Ural. Die russischen Lager sind der Industrie noch nich vollkommen zugänglich gemacht. Wichtige Kupfererze sind: Rotkupfererz (Cuprooxyd, Cu_2O), Malachit (basisches Carbonat), Kupferglanz (Cuprisulfid, CuS) und Kupferkies (Kupfer-Eisensulfid, $CuFeS_2$).

Die Gewinnung des Metalls aus seinen Erzen erfolgt nach verschiedenen Verfahren, je nachdem das Rohmaterial Schwefel enthält oder nicht. Schwefelfreie Erze werden einfach mit Kohle zu Kupfer reduziert. Bei schwefelhaltigem Material wird zunächst ein Röstprozeß vorgenommen, um die Sulfide teilweise in Oxyde überzuführen. Zur Entfernung des Eisens schmilzt man die Masse dann mit kieselsäurehaltigen Mineralien zusammen, wodurch das Eisen an die Kieselsäure gebunden und als „Schlacke" entfernt wird. Dieses Verfahren wird mehrmals wiederholt, wodurch man schließlich eine aus Oxyden und Sulfiden des Kupfers bestehende Masse, den „Kupferstein" erhält. Durch Glühen des Kupfersteins findet folgende Reaktion statt:

$$\underbrace{2\,CuO + Cu_2S}_{\text{Kupferstein}} = 4\,Cu + SO_2.$$

Nach mehrmaliger Wiederholung des Glühens erhält man schließlich „Schwarzkupfer" mit etwa 90% Kupfergehalt. Nun muß das Schwarzkupfer noch gereinigt, „raffiniert" werden. Dies kann geschehen, indem man erst durch Schmelzen mit oxydierenden Stoffen die Verunreinigungen verbrennt, und dann mit Kohle nochmals reduziert. So gewonnenes Metall heißt „Garkupfer" oder „Raffinatkupfer". Fast ausschließlich bedient man sich aber jetzt zur Raffination des Kupfers des elektrischen Stromes. Das elektrisch abgeschiedene, vollkommen reine Kupfer heißt „Elektrolytkupfer" (Amerika, Japan).

Kupfer ist ein Metall von rotgelber Farbe. Sein spez. Gewicht ist 8,94. Es ist sehr dehnbar und läßt sich leicht zu Drähten ausziehen und in dünne Blättchen schlagen („unechtes Blattgold"). Es schmilzt bei 1050°. In trockener Luft verändert es sich nicht, an feuchter Luft überzieht es sich bald mit einer grünen Schicht, die aus basischem Carbonat besteht (Grünspan). Beim Erhitzen läuft es schwarz an und verwandelt sich oberflächlich in Oxyd. Salzsäure löst Kupfer nicht auf. Dagegen wird es von heißer Schwefelsäure in Cuprisulfat verwandelt, unter Entwicklung von Schwefeldioxyd. Salpetersäure löst es leicht zu Nitrat. Kupferverbindungen wirken in größeren Mengen giftig.

Kupfer ist ein sehr wertvolles, viel gebrauchtes Metall. Wegen seiner vorzüglichen Leitfähigkeit für Elektrizität wird es in Form von Drähten und Stäben in großen Mengen in der Elektrotechnik verwandt. Die Landwirtschaft braucht Kupfersalzlösungen zur Befreiung einiger Nutzpflanzen (Wein, Kartoffeln) von tierischen Schädlingen und zum „Beizen" des Getreidesamens, wodurch die Getreidebrandsporen abgetötet werden. Ferner dient Kupfer zur Herstellung einer ganzen Anzahl wichtiger Legierungen. Vor allem ist hier das aus 2 Teilen Kupfer und einem Teil Zink bestehende Messing zu erwähnen. Weiterhin enthalten alle unter dem Sammelnamen Bronze bekannten Legierungen Kupfer als wesentlichen Bestandteil. (Kanonenbronze, Glockenbronze, Phosphorbronze für Maschinenteile, Siliciumbronze für Telephondrähte.) Viel Kupfer wird auch in der Galvanoplastik und zur Herstellung der Kupfer- und Nickelmünzen (die 75% Kupfer neben 25% Nickel enthalten), gebraucht.

Die große Zahl der kupferhaltigen Legierungen gibt uns Gelegenheit, über das Wesen der Legierungen einige Worte zu verlieren. Unter Legierung versteht man ein Gemisch aus zwei oder mehreren Metallen, das eine gleichförmige Masse darstellt. Es entsteht die Frage, ob eine Legierung als Gemisch oder chemische Verbindung zu betrachten sei. Man wird sich hierüber am besten klar, wenn man die beiden Metalle, die eine Legierung bilden, so auffaßt, daß man sich das eine als einen Körper vorstellt, der in dem anderen gelöst wird. Man bezeichnet deshalb Legierungen als „feste Lösungen", ein Ausdruck, den wir schon mehrfach gebraucht haben. Daß tatsächlich die meisten Legierungen feste Lösungen sind, geht aus der Übereinstimmung hervor, die sie mit den uns geläufigen flüssigen Lösungen zeigen. Wenn wir z. B. Salz in Wasser lösen, so wissen wir, daß der Gefrierpunkt, also der Punkt, an dem das Wasser fest wird, erniedrigt wird. Ganz dasselbe findet bei dem Zusammenschmelzen zweier Metalle statt: sobald ich eine Legierung herstelle, erniedrigt sich ihr Erstarrungspunkt, d. h. sie schmilzt schon bei einer niedrigeren Temperatur, als es die sie bildenden Metalle tun. Für jede Legierung läßt sich ein bestimmtes Mengenverhältnis finden, bei dem der Schmelzpunkt für die Legierung am niedrigsten liegt. Dieser Punkt heißt der eutektische[1]) Punkt, die Legierung dann: eutektische Legierung. Für eine Legierung von Zinn und Wismut liegt der eutektische Punkt bei 133°. Das zugehörige Mengenverhältnis ist: 53,3% Zinn und 46,7% Wismut. Reines Zinn schmilzt bei 232°, reines Wismut bei 269°. — In einigen Fällen tritt bei Legierungen auch eine chemische Verbindung der Metalle ein; so erhält man z. B. ein der Formel Hg_6Na entsprechendes, krystallisiertes Natriumamalgam beim Eintragen von Natrium in die berechnete Menge Quecksilber.

Nach dieser Abschweifung in chemisch-physikalisches Gebiet kehren wir wieder zum Kupfer zurück. Es bidet zwei Reihen von Verbindungen: solche der Cuproreihe, in denen es einwertig, und solche der Cuprireihe, in denen es zweiwertig ist.

Das Cuprooxyd, Cu_2O, ist ein ziemlich unbeständiger, gelbroter

[1]) eutektisch = leicht schmelzend. (εὐ (eu), leicht, τήκω (tekto), ich schmelze.)

Körper, der natürlich als Rotkupfererz vorkommt. Künstlich erhält man ihn am einfachsten durch Reduktion von Cuprisulfat mit Zucker und Kalilauge. (Alkalische Zuckerlösungen wirken reduzierend.) Auf der Reduktionskraft alkalischer Zuckerlösungen gegenüber Cupriverbindungen beruht die Verwendung des Cuprisulfates in der Fehlingschen Lösung zum Nachweis von Traubenzucker in Urin. Auch die Trommersche Zuckerprobe hat die gleiche Grundlage. Das gelbe Cuprohydroxyd, CuOH, ist noch unbeständiger als das Oxyd und verwandelt sich an der Luft in blaues Cuprihydroxyd, $Cu(OH)_2$.

Die Cuprohalogensalze sind schwierig zu erhalten. Von theoretischer Bedeutung sind sie deshalb, weil sie in Wasser unlöslich sind und dadurch eine Übereinstimmung mit den entsprechenden Silbersalzen aufweisen. Dargestellt sind Cuprojodid, Cuprochlorid und Cuprobromid, CuJ, CuCl und CuBr. Cuprochlorid ist weiß, Cuprojodid bräunlich. Merkwürdigerweise ist das Cuprijodid weniger beständig als das Cuprojodid, obwohl die zweiwertige Form bei dem Kupfer im allgemeinen die vorherrschende ist. Trotzdem zerfällt Cuprijodid sofort in Cuprojodid und Jod:

$$CuJ_2 = CuJ + J.$$

Dasselbe gilt von den Cyaniden des Kupfers. Auch hier ist Cuprocyanid beständiger als das Cupricyanid. Wenn man zu einer Lösung eines Cuprisalzes Kaliumcyanid gibt, dann entsteht zunächst gelbes Cupricyanid, $Cu(CN)_2$, das aber nach kurzer Zeit in weißes Cuprocyanid, Cu(CN), übergeht. In einem Überschuß von Kaliumcyanid löst sich das Cuprocyanid wieder auf, da es mit ihm komplexe Salze bildet:

$$Cu(CN) + 3\,KCN = K_3\,[Cu(CN)_4].$$

Das Cuprioxyd, CuO, ist schwarz und läßt sich leicht reduzieren. Da es seinen Sauerstoff leicht abgibt, verwendet man es viel zu organischen Verbrennungsanalysen.

Durch Fällen einer Cuprisalzlösung mit Kali- oder Natronlauge erhält man einen voluminösen blauen Niederschlag von Cuprihydroxyd $Cu(OH)_2$. Cuprihydroxyd gibt sehr leicht Wasser ab, färbt sich schwarz (schon bei schwachem Erwärmen) und wird schließlich zu reinem Cuprioxyd. Wenn man das Hydroxyd mit Ammoniak ausfällt und einen Überschuß an Ammoniak zugibt, dann löst sich der Niederschlag wieder zu einer prachtvoll kornblumenblauen Flüssigkeit auf. Diese Reaktion ist sehr charakteristisch und beruht auf der Bildung eines komplexen Ions. Vermutlich entsteht nach:

$$Cu(OH_2) + 4\,NH_3 = [Cu(NH_3)_4](OH)_2$$

das als Schweitzers Reagens bekannte Tetramminocuprihydroxyd. Es löst Cellulose auf, und wenn man derartige Lösungen (Viscose) durch sehr feine Öffnungen in verdünnte Säuren spritzt, erhält man Cellulosefäden, die zur Herstellung der künstlichen Seide dienen.

Cuprisulfid, CuS, fällt als dunkelbrauner bis schwarzer Niederschlag aus, wenn man in eine Cuprisalzlösung Schwefelwasserstoff einleitet. Es ist nicht so beständig wie das grauschwarze Cuprosulfid, Cu_2S, da es sich an feuchter Luft zu Sulfat oxydiert.

Das Cuprisulfat, $CuSO_4 \cdot 5\,H_2O$, ist die wichtigste Kupferverbindung. Man kann es erhalten durch Auflösen von Kupfer in Schwefelsäure, wobei Schwefeldioxyd gebildet wird. Die Schwefelsäure oxydiert zunächst das metallische Kupfer zu Cuprioxyd und wird dadurch zu Schwefeldioxyd:

$$Cu + H_2SO_4 = CuO + SO_2 + H_2O,$$

und das so entstandene Cuprioxyd löst sich natürlich sofort wieder in der im Überschuß vorhandenen Schwefelsäure zu Cuprisulfat:

$$CuO + H_2SO_4 = CuSO_4 + H_2O.$$

Da die beiden Vorgänge gleichzeitig verlaufen, kann man die Gleichungen auch in eine zusammenfassen:

$$Cu + 2\,H_2SO_4 = CuSO_4 + 2\,H_2O + SO_2.$$

Cuprisulfat krystallisiert in großen, dem triklinen System angehörenden Krystallen. Seine Farbe ist blau, wie die der meisten zweiwertigen Kupfersalze mit starken Säuren. Beim Erhitzen verliert es nach und nach alles Krystallwasser und wird weiß. In kaltem Wasser löst es sich in ziemlich, in warmem in sehr großen Mengen auf. Die Lösungen sind blau. Aus ihnen fällt Ammoniak zunächst ein blaues basisches Sulfat und blaues Hydroxyd, das sich im Überschuß des Fällungsmittels zu der schon erwähnten kornblumenblauen Flüssigkeit löst. Je nach der Zusammensetzung des Niederschlags entstehen verschiedene komplexe Verbindungen, z. B. schwefelsaures Kupferoxyd-Ammoniak, $CuSO_4 \cdot 4\,NH_3 \cdot H_2O$, das man nach der Wernerschen Theorie als

$$[Cu(NH_3)_4]\,SO_4 \cdot H_2O$$

auffaßt. Kupfersulfat wird in großen Mengen in der Galvanoplastik, zum Konservieren von Holz und in der Landwirtschaft gebraucht.

Cuprinitrat, $Cu(NO_3)_2 \cdot 6\,H_2O$, ist blau; man erhält es leicht durch Lösen des Metalls in Salpetersäure. In Wasser löst es sich sehr leicht und zerfällt beim Erhitzen bald nach der Gleichung:

$$2\,Cu(NO_3)_2 = 2\,CuO + 2\,NO_2 + O_2.$$

Das normale Carbonat des zweiwertigen Kupfers, $CuCO_3$, ist wenig bekannt, da es sehr leicht hydrolytisch gespalten wird und in basisches Carbonat übergeht. Wenn man eine Cuprisalzlösung mit einem löslichen Carbonat versetzt, dann erhält man einen voluminösen Niederschlag aus basischem Carbonat. Der grüne Malachit ist basisches Carbonat, ebenso die blaue Kupferlasur.

Die Cuprihalogenverbindungen sind wenig wichtig. Das Cuprichlorid krystallisiert in blauen rhombischen Nadeln. Die wasserfreie Verbindung ist gelb. Merkwürdig ist die Tatsache, daß verdünnte Cuprichloridlösungen blau, konzentrierte dagegen grün sind. Man erklärt sich das so, daß man annimmt, das Cuprichlorid sei in verdünnten Lösungen viel stärker in Ionen gespalten als in konzentrierten. (Tatsächlich nimmt ja die Ionisation mit der Verdünnung zu.) Während also in verdünnten Lösungen die blaue Farbe des Cupri-Ions $Cu^{\cdot\cdot}$ vorherrscht, wird sie in konzentrierten durch die gelbe Farbe der undissoziierten Verbindung $CuCl_2$ in grün verwandelt, da bekanntlich blau und gelb grün gibt, und selbst in konzentrierten Lösungen immer noch ein Teil Cuprichlorid in $Cu^{\cdot\cdot}$ und 2 Cl' gespalten ist. Die Erfahrung hat gelehrt, daß alle Lösungen, in denen freie Cupri-Ionen $Cu^{\cdot\cdot}$ vorkommen, blau gefärbt sind, so daß also blaue Färbung eine diesem Ion zukommende Eigenschaft sein muß. Cuprijodid, CuJ_2, ist wie schon erwähnt, unbeständig und zerfällt sofort in Cuprojodid und Jod. Die Salze des Kupfers mit der Essigsäure sind als Bestandteile des Grünspans und des infolge seines Arsengehalts sehr giftigen Schweinfurter Grüns erwähnenswert.

Das letzte der heute zu besprechenden Metalle ist das Silber (Ag)[1]. Es findet sich in der Natur gediegen, z. B. in Kongsberg in Norwegen und bei Wolfach in Baden. In Form seiner Verbindungen findet man es hauptsächlich als Silberglanz, Ag_2S, Kupfer-Silberglanz, $Ag_2S \cdot Cu_2S$, und Rotgültigerz (eine Doppelverbindung von Antimon- und Silbersulfid). Außerdem enthalten verschiedene Sorten Bleiglanz nennenswerte Mengen Silber.

Aus seinen Erzen wird das Metall auf verschiedene Weise gewonnen. Wenn die Mineralien neben Silber auch Schwefel enthalten, dann röstet man sie so lange, bis man in dem Röstprodukt Silbersulfat hat, das mit Wasser ausgelaugt und durch metallisches Eisen in Silber und Eisensulfat umgesetzt wird:

$$AgSO_4 + Fe = FeSO_4 + Ag \text{ (siehe S. 288).}$$

Eine andere Möglichkeit besteht darin, das Silber durch Rösten mit Kochsalz in Silberchlorid überzuführen und dieses dann auf metallisches Silber weiter zu verarbeiten.

Aus silberreichen Bleierzen gewinnt man das Metall dadurch, daß man sie auf „Treibherden" schmilzt und für beständige Oxydation durch Zuführung frischer Luft sorgt. Das geschmolzene Blei wird auf diese Weise zu Bleiglätte oxydiert und entfernt, während das Silber sich nicht oxydiert und schließlich rein zurückbleibt. Um aus silberarmen Bleierzen das Edelmetall zu gewinnen, schmilzt man sie mit Zink zusammen. Das Silber löst sich im Zink leichter als im Blei und man erhält beim Abkühlen silberhaltigen, festen „Zinkschaum", der von dem noch flüssigen Blei abgeschöpft, durch Destillation vom Zink befreit und endlich als etwa 4% Silber enthaltende Bleilegierung auf dem Treibherd verarbeitet wird.

Silber ist ein weißes Metall von hohem Glanz, sehr weich und dehnbar. Es schmilzt bei 960° und nimmt dabei Sauerstoff auf, den es beim Erstarren wieder abgibt („Spratzen" des Silbers). An der Luft ist das Metall durchaus beständig. Von Salpetersäure wird es leicht gelöst, ebenso von heißer Schwefelsäure, von Salzsäure dagegen nur wenig angegriffen.

Silber wird viel zur Herstellung von Schmucksachen, Eßbestecken usw. gebraucht. Da das reine Metall so weich ist, daß es sich im Gebrauch bald abnutzen würde, legiert man es mit etwa 25% Kupfer, um es härter zu

---

[1]) Das Symbol Ag kommt von der lateinischen Bezeichnung des Silbers: **Argentum.**

machen. Die deutschen Silbermünzen enthalten 90% Silber neben 10% Kupfer. Durch Versilbern von Glas erhält man ausgezeichnete Spiegel, die die früher üblichen Quecksilberspiegel völlig verdrängt haben.

Das Silber ist hauptsächlich einwertig. Verbindungen, in denen es eine andere Wertigkeit hat, sind wenig bekannt.

Silberoxyd, Ag_2O, entsteht bei Versetzen der Lösung eines Silbersalzes mit einem löslichen Hydroxyd, da das dabei zunächst entstehende Silberhydroxyd sofort unter Wasserabgabe in Oxyd übergeht (vgl. bei Kupfer S. 258). In Wasser ist es in äußerst geringem Grad zu einer alkalisch reagierenden Flüssigkeit löslich, was darauf schließen läßt, daß in der Lösung dissoziiertes Silberhydroxyd vorhanden ist. Silberoxyd ist braun und zerfällt beim Erhitzen auf 250° in seine Bestandteile. Durch Wasserstoff wird es leicht reduziert. — Es sind noch andere Silberoxyde bekannt, z. B. Ag_2O_2, ein Silbersuperoxyd, das sehr leicht Sauerstoff abgibt. Es entsteht, ähnlich wie Bleidioxyd, neben der Verbindung Ag_2O_3 bei der Elektrolyse von Silbersalzlösungen an der Anode als krystallischer, schwarzer Niederschlag.

Von den Silbersalzen wird am meisten verwandt das Silbernitrat, $AgNO_3$ (Silbersalpeter, Höllenstein). Man stellt es dar durch Auflösen von Silber in Salpetersäure und Abdampfen, wonach sich das Salz in weißen Krystallen des rhombischen Systems abscheidet. In Wasser ist es außerordentlich leicht löslich. Angewandt wird es in der Medizin als Ätzmittel und vor allem in der Photographie.

Die Silberhalogenverbindungen sind sehr leicht darzustellen. Fügt man zu einer Lösung von Silbernitrat etwas Salzsäure, so entsteht sofort ein weißer, käsiger Niederschlag von Chlorsilber:

$$AgNO_3 + HCl = AgCl + HNO_3.$$

Am Licht färbt er sich violett und löst sich in Ammoniak zu einer komplexen Verbindung. Die Fällung von Chlorsilber ist äußerst charakteristisch und gelingt wegen der (nahezu) völligen Unlöslichkeit des Chlorsilbers in Wasser noch in sehr verdünnten Silbersalzlösungen; man benutzt sie deshalb als empfindliches Reagens auf Silber- bzw. Chlor-Ionen, da man die Reaktion ja ganz allgemein so schreiben kann:

$$Ag^{\cdot} + Cl' = AgCl.$$

Ob das Chlor-Ion nun gerade von Salzsäure oder z. B. von Chlornatrium, Chlorkalium usw. geliefert wird, ist selbstverständlich vollkommen gleichgültig. Jod- und Bromsilber können auf entsprechende Weise durch Zufügung von Jod- bzw. Brom-Ionen zu einer Silber-Ionen enthaltenden Lösung dargestellt werden; z. B.:

$$AgNO_3 + KJ = AgJ + KNO_3$$
$$2\,Ag_2SO_4 + 4\,(NH_4)Br = 4\,AgBr + 2\,(NH_4)_2SO_4$$

Jod- und Bromsilber sind gelblich; Bromsilber löst sich nur schwer in Ammoniak, Jodsilber kaum.

Sämtliche Silbersalze, vor allem die Halogenverbindungen, werden durch das Licht in der Weise zersetzt, daß Halogen abgespalten wird und Subhalogenverbindungen entstehen. Z. B. reagiert Bromsilber auf Belichtung durch chemisch wirksame Strahlen (siehe S. 60) in der Weise, daß ein Silbersubbromid, Ag_2Br, durch Abspaltung von Brom gebildet wird.

$$4\,AgBr + \text{chemisch wirksames Licht} = 2\,Ag_2Br + Br_2.$$

Auf dieser Reaktion beruht die Photographie. Eine mit in Gelatine fein verteiltem Bromsilber überzogene Glasplatte wird im photographischen Apparat der Einwirkung des Lichts ausgesetzt. An den hellen Stellen des von der Linse auf der Platte entworfenen Bildes wird also viel Subbromid gebildet, an den halbhellen und dunkeln entsprechend weniger[1]). Da das Subbromid genau so aussieht wie das Bromid, ist auf der belichteten Platte zunächst keine Spur eines Bildes sichtbar. Unter dem Einfluß verschiedener reduzierender, organischer Substanzen (Hydrochinon, Metol, Pyrogallussäure usw.), die man Entwickler nennt, wird nun das Silbersubbromid zu schwarzem, metallischem Silber reduziert, während das unbelichtete Bromid unverändert bleibt, da es viel schwerer reduzierbar ist als das Subbromid. Schließlich löst man noch mit einer Natrium- oder Ammoniumthiosulfatlösung (Fixierbad, siehe S. 89) das unverändert gebliebene Bromsilber aus der Platte heraus, um sie lichtbeständig zu machen, und hat dann ein Negativ, in dem die hellsten Stellen des Originals durch ausgeschiedenes Silber am meisten geschwärzt sind, und in dem die dunkelsten Stellen des Originals am hellsten aussehen, weil ja das unverändert gebliebene Bromsilber durch das Fixierbad herausgelöst und die Platte folglich an diesen Stellen vollkommen durchsichtig ist. Um ein positives Bild (Positiv) herzustellen, legt man das Negativ auf ein Stück Papier, das mit einer Chlorsilber enthaltenden Schicht überzogen ist, und setzt das Ganze derart dem Licht aus, daß die Strahlen durch das Negativ auf das Papier fallen. Da, wo das Licht am ungehindertsten die Platte durchdringen kann, (also an den hellsten Stellen des Negativs), wird das Chlorsilber am stärksten dunkel gefärbt, während es unter den dunkelsten vollkommen weiß bleibt. Man erhält so ein positives Bild, in dem alle Tonwerte wieder dem Original entsprechen. Um das Bild lichtbeständig zu machen, fixiert man es noch in einer Natriumthiosulfatlösung und schlägt auf der Bildschicht eine Spur Gold nieder, um den Ton etwas zu verschönern. (Tonfixierbad.)

Wie schon zu Anfang erwähnt, lassen sich die heute besprochenen Metalle in zwei Gruppen zusammenfassen: eine Gruppe Zinn-Blei, deren Angehörige zwei- und vierwertig sind, und eine Gruppe Kupfer

---

[1]) Die chemischen Vorgänge bei der Belichtung und Entwicklung des Negativs sind noch nicht völlig aufgeklärt. Die obige Gleichung entspricht nur einer von mehreren Theorien über diese Frage. Neuerdings neigt man mehr zu der Anschauung, daß durch die Belichtung das Halogensilbermolekül zum Teil zertrümmert wird und daß sich dann an die so geschaffenen „Silberkeime" das durch den Entwickler reduzierte Silber anlagert. Das Silbersubbromid ist noch nicht mit Sicherheit erhalten worden, so daß die „Subbromidtheorie" etwas gezwungen erscheint. Sicher ist, daß neben der mechanischen Beeinflussung des Bromsilbers durch das Licht, die zur Bildung der Silberkeime führt, auch eine chemische erfolgt, bei der höchst wahrscheinlich auch die Wirkung der Gelatine, in der das Bromsilber kolloid verteilt ist (siehe S. 219) eine Rolle spielt.

Silber, in der die Ein- und Zweiwertigkeit vorherrscht. Während Zinn und Blei viele physikalische (niedriger Schmelzpunkt, Weichheit) und chemische (gleiche Wertigkeiten, amphoterer Charakter der Hydroxyde) Eigenschaften gemeinsam haben, ist die Übereinstimmung zwischen Kupfer und Silber weniger augenfällig. Immerhin läßt sich aber auch hier z. B. die Unlöslichkeit der Chloride CuCl und AgCl sowie die Tatsache anführen, daß beide Metalle einwertig vorkommen. Das Silber weist durch seine geringe Affinität zum Sauerstoff bereits auf die „Edelmetalle" hin, wenn man es nicht selbst schon so bezeichnen will.

Element	Symbol	Atomgew.	Spez. Gew.	Schmelzp.	Wertigkeit	Allgem. Charakter
Zinn	Sn	119,0	7,29(tetr.) 5,8 (am.)	232°	(II) IV	Hydroxyde amphoter
Blei	Pb	207,10	11,35	327°	II (IV)	
Kupfer	Cu	63,57	8,96	1084°	I, II	**Basisch**
Silber	Ag	107,88	10,49	960°	I	**Basisch**

Zwanzigster Vortrag.

Gold. — Goldoxyde. — Goldsäure. — Aurate. — Goldchloride. — Aurichlorwasserstoffsäure und deren Salze. — Platin. — Platinoxyde. — Platinihydroxyd. — Platinsäure. — Platinate. — Platinochlorid. — Platinchlorwasserstoffsäuren und deren Salze. — Platinocyanwasserstoffsäure und deren Salze. — Platinbasen. — Osmium. — Osmiumoxyde. — Iridium. — Iridiumoxyde und -hydroxyde. — Andere Iridiumverbindungen. — Palladium. — Palladiumverbindungen. — Rhodium. — Rhodiumoxyde. — Rhodiumbasen. — Ruthenium. — Rutheniumoxyde. — Rutheniumsäure und deren Salze. — Überrutheniumsäure und deren Salze. — Gruppenübersicht.

Wir haben heute noch die eigentlichen „Edelmetalle" durchzunehmen. Zu ihnen zählen die Elemente Gold und Platin sowie eine Reihe von Metallen, die stete Begleiter des Platins sind und deshalb „Platinmetalle" genannt werden.

Da Gold, wie alle Edelmetalle, überhaupt keine Neigung zum Sauerstoff und anderen elektronegativen Elementen wie Schwefel, Chlor usw. besitzt, findet es sich in der Natur fast stets gediegen; meist ist es mit geringen Mengen anderer Metalle (Silber, Kupfer, Tellur) legiert. Gold ist ein über die ganze Erde verbreitetes Element; in verhältnismäßig beträchtlichen Mengen findet es sich in Transvaal, Kalifornien, im Ural, in Sibirien und in Ungarn. Es kommt meist in Quarzadern eingesprengt vor. Werden diese goldführenden Quarzgänge mit der Zeit unter dem Einfluß der Verwitterung (siehe S. 26) zerstört und in Sand verwandelt, dann gelangt das Gold natürlich mit in den Sand und wird dann vom Regenwasser in die Flüsse geschwemmt, wo es infolge seines sehr hohen spez. Gewichts zu Boden sinkt. So erklärt es sich, daß Flußsand stets goldhaltig ist. Bei sehr reichen Goldvorkommen kann man etwa 100 g Metall auf die Tonne Gestein rechnen. Dies sind aber Ausnahmen; die Regel ist etwa der zehnte Teil dieser Ausbeute.

Die Gewinnung des Goldes ist ziemlich einfach. Man zerkleinert und zerstampft den goldhaltigen Quarz und schwemmt das Gesteinpulver mit Wasser weg, wodurch das spezifisch viel schwerere Gold zurückbleibt. Aus diesem so erhaltenen, sehr goldreichen Schlamm löst man das Metall mit Quecksilber (siehe S. 176) oder Cyankalium heraus. Oder aber man rührt den Goldschlamm mit Wasser an und leitet Chlor ein, wodurch das Gold in Chlorid übergeführt wird, aus dem man es dann durch Eisensulfat oder durch Adsorption an Holzkohle als Metall ausfällt. (Chlorinationsprozeß.)

Gold ist ein Metall von charakteristisch gelber Farbe, etwa so weich wie Blei, glänzend und außerordentlich dehnbar. Es läßt sich zu so dünnen Blättchen ausschlagen, daß es durchscheinend wird und Licht mit blaugrüner Farbe durchfallen läßt. Sein spez. Gewicht ist sehr hoch: 19,3. Bei 1060° schmilzt es zu einer grünen Flüssigkeit. Gold wird von keiner Säure außer von Königswasser (einer Mischung von Salpeter- und Salzsäure) angegriffen. Wegen ihrer Fähigkeit, den „König der Metalle", das Gold, zu lösen, hat die Säuremischung diesen Namen erhalten. Alle Verbindungen des Goldes sind unbeständig und zerfallen beim Erhitzen leicht, wobei reines Metall hinterbleibt. Dies ist charakteristisch für die Edelmetalle.

Gold wird sehr viel als Münzmetall sowie zur Anfertigung von Schmucksachen gebraucht. Reines Gold ist zu weich für den praktischen Gebrauch; man legiert es deshalb mit anderen Metallen, meistens mit Kupfer. Der Gehalt einer Goldlegierung an Gold wird meist nach „Karat" bestimmt. Reines Gold ist 24karätig, 18karätiges Gold enthält 18 Teile Gold auf 6 Teile Fremdmetall. Deutsche Goldmünzen haben „900 Feingehalt", das heißt: sie enthalten in tausend Teilen 900 Teile Gold und 100 Teile Fremdmetall (Kupfer). Die seit dem Mittelalter (1600) in der ganzen Kulturwelt gewonnene Goldmenge hat einen Wert von über 55 Milliarden Mark.

Gold bildet Auroverbindungen[1]), in denen es einwertig, und Auriverbindungen, in denen es dreiwertig ist. Das Aurooxyd, Au_2O, ensteht bei der Einwirkung von Kalilauge auf ein Aurosalz als violettes Pulver. Bei 250° zersetzt es sich bereits vollständig.

Aurochlorid, AuCl, ist weiß und in Wasser unlöslich. (Vgl. das entsprechende Verhalten der Cupro- und Silberhalogenverbindungen!) Beim Erwärmen zersetzt es sich ebenfalls in seine Bestandteile.

Aurocyanid, AuCN, ist nur in Form von Molekülverbindungen mit Cyanwasserstoff und Cyaniden bekannt. Das Kaliumaurocyanid entsteht nach der Reaktionsgleichung:

$$Au(CN) + KCN = [Au(CN)_2]K$$

[1]) Aurum (lat.): das Gold. Daher auch das Symbol Au.

beim Auslaugen der Golderze mit Cyankalium. Auch Auricyanid, $Au(CN)_3$, bildet eine entsprechende, weniger beständige Säure.

Wenn man eine Aurisalzlösung mit Natriumkarbonat fällt, so erhält man einen braunen Niederschlag von der Zusammensetzung $HAuO_2$. Seiner Entstehung (Fällung mit Alkali) nach kann man ihn als $Au\begin{smallmatrix}\nearrow O\\ \searrow OH\end{smallmatrix}$, Aurihydroxyd, auffassen. Da er aber mit starken Alkalien Salze bildet, nennt man ihn besser Goldsäure, entsprechend der Formulierung $(AuO_2)H$.

Man kennt Salze dieser Säure, die der Allgemeinformel $MAuO_2$ entsprechen, wenn M ein einwertiges Metall bedeutet. Sie heißen Aurate; z. B. $KAuO_2$, das in gelben Nadeln krystallisierende Kaliumaurat, $NaAuO_2$, Natriumaurat usw.

Aurichlorid, $AuCl_3$, erhält man als braunen, krystallinischen Körper, wenn man Chlor über mäßig erhitztes Goldpulver leitet. Es neigt sehr dazu, mit Wasser oder Salzsäure Molekülverbindungen einzugehen, die sich wie Säuren verhalten. Die wichtigste davon ist die Aurichlorwasserstoffsäure, $H[AuCl_4] \cdot 4\,H_2O$, die man beim Auflösen von Gold in Königswasser und nachfolgendem Eindampfen in gelben Krystallnadeln erhalten kann. Ihr Natriumsalz ist das unter dem Namen „Goldsalz“ in der Photographie verwandte Natriumchloroaurat,

$$Na[AuCl_4] \cdot {}^1/_2\,H_2O.$$

Aus den Lösungen seiner Salze wird das Gold durch Reduktionsmittel leicht als Metall gefällt; z. B.:

$$\overset{III}{Au}Cl_3 + 3\,\overset{II}{Fe}Cl_2 = 3\,\overset{III}{Fe}Cl_3 + Au.$$

Die dreiwertigen Gold-Ionen geben ihre Ladung an die zweiwertigen Eisen-Ionen ab, die dadurch dreiwertig werden, während das Gold sich elektrisch neutral abscheidet:

$$\underbrace{\overset{III}{Au}^{\cdots} + 3\,Cl'}_{AuCl_3} + \underbrace{3\,\overset{II}{Fe}^{\cdot\cdot} + 6\,Cl'}_{3\,FeCl_2} = \underbrace{3\,\overset{III}{Fe}^{\cdots} + 9\,Cl'}_{3\,FeCl_3} + Au.$$

Wir haben nun noch Platin und die Platinmetalle zu besprechen. Diese Gruppe umfaßt die Elemente Platin, Iridium, Osmium, Palladium, Rhodium und Ruthenium. Man kann sie nach ihrem spez. Gew. in zwei Gruppen sondern: Die leichten Platinmetalle, deren spez. Gew. um 12 schwankt, und die schweren Platinmetalle mit einem um 20 liegenden spez. Gew. Zur ersten Gruppe gehören: Ruthenium, Rhodium und Palladium, zur zweiten Osmium, Iridium und Platin.

Das Platin findet sich gediegen, aber meist mit wechselnden Mengen der übrigen Platinmetalle legiert im Ural, außerdem in Kalifornien, Brasilien und Borneo. Die Trennung von den Begleitmineralien geschieht wie bei dem Gold durch Wegschwemmen mit Wasser. Man erhält so ein Erz, das durchschnittlich etwa 80% Platin neben 20% anderen Platinmetallen enthält. Die Trennung von diesen Begleitern ist ziemlich schwierig. Man führt das Platin und die anderen Metalle durch Behandeln mit Königswasser in lösliche Verbindungen über und sucht dann, das Platin durch mehrfach wiederholtes Ausfällen möglichst rein zu erhalten. Da die meisten Reaktionen bei den Platinmetallen dieselben sind, ist die Darstellung chemisch reinen Metalls fast unmöglich. Es liegen hier ähnliche Verhältnisse vor wie bei den seltenen Erdmetallen.

Platin ist weiß mit einem Stich ins Bläuliche[1]), glänzend, ziemlich weich und sehr dehnbar, so daß es zu Blech und Draht verarbeitet werden kann. Es schmilzt erst bei 1750° und kann deshalb nur im Knallgasgebläse verflüssigt werden. Es wird von keiner Säure außer von Königswasser angegriffen. Dagegen bildet es leicht Legierungen mit verschiedenen Schwermetallen wie Blei und Zink, die deshalb nicht in Platintiegeln geschmolzen werden dürfen. Ebenso bilden verschiedene Metalloide (Phosphor, Kohlenstoff, Arsen usw.) bei höherer Temperatur mit dem Platin leicht schmelzende und spröde Verbindungen, worauf bei dem Gebrauch von Platingeräten ebenfalls zu achten ist.

Das Platin ist ein besonders für die chemische Industrie höchst wertvolles Metall. Da es schwer schmilzt und von den meisten Stoffen nicht angegriffen wird, verwendet man es in Gestalt von Blech, Tiegeln, Spateln, Röhren, Drähten, Retorten, Elektroden, sehr viel in Laboratorien. Außerdem diente es zur Herstellung der Pfannen, in denen Schwefelsäure eingedampft wird, während es jetzt als katalytische Substanz bei der Schwefelsäureherstellung nach dem Kontaktverfahren gebraucht wird. Infolge der großen Nachfrage nach Platin ist es sehr teuer. Der Preis für ein Kilo Metall schwankte 1910 zwischen 3740 Mark im Januar und 5000 Mark im Dezember.

Platin verhält sich zweiwertig in den Platino-, vierwertig in den Platiniverbindungen.

Man kennt demnach die Oxyde PtO, Platinooxyd, und PtO_2, Platinioxyd. Auch die zugehörigen Hydroxyde sind dargestellt. Platinihydroxyd, $Pt(OH)_4$, löst sich nicht nur in Säuren, sondern auch in Alkalien; es hat also amphoteren Charakter und kann sich auch als „Platinsäure" verhalten. Beim Schmelzen von Platin mit Alkalien entstehen Salze dieser Säure. Ein Oxyd PtO_3 entsteht unter Umständen bei Elektrolysen mit Platinelektroden an der Anode.

Platinochlorid, $PtCl_2$, kann man durch Erhitzen des Platinichlorids als grünliches, in Wasser unlösliches Pulver erhalten. Mit Salzsäure und Alkalichloriden bildet es Molekülverbindungen:

$$PtCl_2 + 2\,HCl = H_2[PtCl_4].$$

Das Kaliumsalz dieser frei nicht bekannten Platinochlorwasserstoffsäure ist das „Platinchlorürkalium", $K_2[PtCl_4]$, das im photographischen Positivprozeß zu Platintonbädern und Platindrucken gebraucht wird.

Wie das zweiwertige Platinochlorid, $PtCl_2$, mit Chlorwasserstoff eine Platinochlorwasserstoffsäure, $H_2[PtCl_4]$, bildet, so bildet das Platinocyanid, $Pt(CN)_2$, mit Cyanwasserstoff eine Platinocyanwasserstoffsäure, $H_2[Pt(CN)_4]$:

$$Pt(CN)_2 + 2\,HCN = H_2[Pt(CN)_4].$$

---

[1]) Platin (vom spanischen Plata = Silber) weist auf die äußerliche Ähnlichkeit mit dem Silber hin.

Die Salze dieser Säure, die Platinocyanide oder „Platincyanüre" (gebräuchlichere, aber weniger genaue Bezeichnung), sind alle durch großes Krystallisationsvermögen sowie prachtvolles Farbenspiel ausgezeichnet. Seit der Entdeckung der Röntgenstrahlen ist das Baryumplatinocyanid (Bariumplatincyanür) $Ba[Pt(CN)_4] . 4 H_2O$ bekannt geworden, da es unter dem Einfluß der Strahlen hellgrün fluoresziert und deshalb zur Herstellung der „Leuchtschirme" gebraucht wird. Seine Krystalle sehen in auffallendem Lichte gelb, in durchfallendem grün und in zurückgeworfenem blau aus. Man nennt Verbindungen, die derart wechselnde Farben aufweisen, „dichroitisch"[1]).

Platinichlorid, $PtCl_4$, bildet ebenfalls Molekülverbindungen mit Chlorwasserstoff und Chloriden. Aus der nach der Gleichung

$$PtCl_4 + 2 HCl = H_2[PtCl_6]$$

entstehenden, mit 6 Molekülen Krystallwasser krystallisierenden Platinichlorwasserstoffsäure läßt sich das Platinichlorid durch Erhitzen im Chlorstrom als braune Masse erhalten. Die Platinichlorwasserstoffsäure entsteht beim Behandeln von Platin mit Königswasser. Ihr Ammoniumsalz, $(NH_4)_2[PtCl_6]$, ist der Platinsalmiak. Er krystallisiert in gelben Oktaedern und hinterläßt beim Glühen schwammiges Platin. (Platinschwamm.) In dieser, eine große Oberfläche bietenden Form, übt das Platin starke katalytische Wirkungen aus. Sie werden noch gesteigert, wenn man es, in allerfeinster Verteilung, als Platinmohr verwendet. (Vgl. Vers. 589). Die Adsorptionskraft des Platinschwamms für Wasserstoff wird in dem Döbereinschen Feuerzeug (S. 503) benutzt.

Bei der Einwirkung von Ammoniak auf Platino- und Platinichlorid entstehen zahlreiche Verbindungen, die Platinammine oder Platinbasen heißen. Platin hat die Koordinationszahl 4 oder 6. Die Platinammine mit Sechserkomplexen entsprechen den Kobaltamminen.

Vom Platinochlorid leiten sich u. a. die Verbindungen:

$[Pt(NH_3)_4]Cl_2$ und $[Pt(NH_3)_2Cl_2]$ (erstes und zweites Chlorid von Reiset) vom Platinichlorid z. B.:

$$[Pt(NH_3)_6]Cl_4,\ [Pt(NH_3)_3Cl_3]Cl,\ [Pt(NH_3)_2Cl_4] \text{ ab.}$$

Wie bei den Kobaltamminen können auch hier andere Gruppen die Ammoniakmoleküle ganz oder teilweise ersetzen; z. B.:

$$H_2[Pt(OH)_6]$$

Hexahydroxoplatinsäure.

Eine weitere an die Metalle der Eisen-Mangan-Gruppe erinnernde Eigenschaft des Platins ist die, mit Kohlenoxyd flüchtige Verbindungen zu bilden.

Auch die beiden anderen schweren Platinmetalle, Osmium und Iridium, erinnern durch ihre Fähigkeit, in vielen Wertigkeiten aufzutreten, an die Elemente der Mangangruppe. Osmium hat seinen Namen[2] wegen des durchdringenden Geruchs seines Tetroxydes OsO_4 erhalten.

---

[1]) von di = doppelt, χρῶμα (chroma), die Farbe.
[2]) ὀσμή (osme), der Geruch.

In dieser Verbindung ist das Osmium achtwertig. Das Tetroxyd bildet blaßgelbe, in Wasser lösliche Krystalle, die schon bei gewöhnlicher Temperatur flüchtig sind; dies ist eine in Anbetracht des sehr hohen Schmelzpunktes des Osmiums doppelt merkwürdige Tatsache. Die Lösung reagiert neutral, und es besteht infolgedessen keine Veranlassung, sie als Osmiumsäure zu bezeichnen, wie es meist geschieht, denn sie verhält sich nicht wie ein Säureanhydrid. Das Osmiumtetroxyd wird zum Färben von Fettschichten in mikroskopischen Präparaten gebraucht, da es von organischen Substanzen zu metallischem, schwarzem Osmium reduziert wird. Außer dem Tetroxyd kennt man noch die Oxyde OsO, Os_2O_3 und OsO_2, so daß das Osmium also zwei-, drei-, vier- und achtwertig auftritt. — Das Metall kommt in geringen Mengen im Platinerz vor, ist bläulichweiß, metallglänzend und schmilzt erst bei 2500°. Sein spez. Gew. ist 22,4.

Iridium, Ir, verhält sich zwei-, drei- und vierwertig. Man verwendet es als Zusatz zum Platin, um es härter zu machen. Reines Iridium löst sich nicht einmal in Königswasser, dagegen oxydiert es sich (ebenso wie Osmium) oberflächlich, wenn es an der Luft stark erhitzt wird. Das Metall ähnelt in seinem Aussehen dem Platin. Sein spez. Gew. ist 22, 38. Es schmilzt bei etwa 2000°. Man kennt die Chloride $IrCl_2$, $IrCl_3$ und $IrCl_4$. Iridiumtetrachlorid, $IrCl_4$, ist schwarz und löst sich mit tiefroter Farbe. Infolgedessen sehen Lösungen von iridiumhaltigen Platinichlorid viel dunkler aus als solche von reinem Platinichlorid. Auch ein dem Platinsalmiak entsprechender Iridiumsalmiak, $(NH_4)_2[IrCl_6]$, ist bekannt. Dreiwertiges Iridium bildet mit Ammoniak Iridiumbasen. Iridiumhydroxyd $Ir(OH)_3$ ist grünlich. $Ir(OH)_4$ und IrO_2 sind blau.

Das wichtigste der leichten Platinmetalle ist das Palladium. Sein spez. Gew. ist 11,9, sein Schmelzpunkt 1587°. Das silberweiße Metall ist hauptsächlich interessant wegen seiner Fähigkeit, Wasserstoff zu absorbieren. Wenn man Wasser elektrolytisch zersetzt und dabei Elektroden aus Palladiumblech verwendet, dann kann die negative Elektrode, an der sich der Wasserstoff entwickelt, bis zum 960fachen ihres Volumens von diesem Gas aufnehmen. Das Palladium verändert dabei nicht sein Aussehen und gibt beim Erhitzen allen Wasserstoff wieder ab. Man nahm früher an, daß es einen Palladiumwasserstoff gebe, doch erscheint dies sehr zweifelhaft; man neigt nun mehr dazu, die Erscheinung als eine Art Legierung von Wasserstoff mit Palladium aufzufassen (vgl. S. 257 u. 274). Palladium ist in seinen Verbindungen zwei- und vierwertig. Von warmer Salpetersäure und von Königswasser wird es zu Palladonitrat, $Pd(NO_3)_2$, beziehungsweise Palladichlorwasserstoffsäure $H_2[PdCl_6]$ gelöst. Eine Lösung von Palladochlorid, $PdCl_2$, dient als Reagens auf Kohlenoxyd, unter dessen Einfluß es zu schwarzem Metall reduziert wird. Mit Ammoniak bildet es Palladosammine.

Rhodium wird von keiner Säure, auch nicht von Königswasser, angegriffen. Es sieht etwa wie Aluminium aus und vermag Wasserstoff zu lösen, wenn auch nicht in so hohem Maß wie das Palladium. Sein spez. Gew. ist 12,6, sein Schmelzpunkt etwa 2000°. Seinen Namen[1]) hat es von der roten Farbe seiner Verbindungen. Man kennt die Oxyde RhO, Rh_2O_3 und RhO_2. In seinen übrigen Verbindungen ist das Rhodium vorwiegend dreiwertig. Das Oxyd Rh_2O_3 verhält sich als Säureanhydrid und bildet mit Basen Salze. Außerdem kennt man eine ganze Reihe von Rhodiumbasen.

Rhodiumtrichlorid ist wasserfrei braun und in Wasser unlöslich, das hydratische $RhCl_3 + 4\,H_2O$ dagegen dunkelrot und wasserlöslich, wohl entsprechend der Formulierung:

$$[RhCl_2(H_2O)_4]Cl.$$

(Vgl. Chromichlorid.)

Ruthenium zeigt in seinem ganzen Verhalten am meisten Ähnlichkeit mit dem Mangan. So kennt man Rutheniate, die Salze einer sich vom Rutheniumtrioxyd RuO_3 ableitenden (frei nicht bekannten) Rutheniumsäure, H_2RuO_4, die der Mangansäure entspricht. Kaliumruthenat, $K_2RuO_4 + H_2O$, bildet schwarze, grünschillernde Krystalle. Durch Behandeln mit Chlor entsteht aus Kaliumruthenat das dem Kaliumpermanganat entsprechende Kaliumperuthenat, $KRuO_4$:

$$2\,K_2RuO_4 + Cl_2 = 2\,KCl + 2\,KRuO_4.$$

Seine Krystalle haben die gleiche Form wie die des Kaliumperchlorats und Kaliumpermanganats (Isomorphismus[2]) und sind schwarzgrün. Das zur (unbekannten) Perrutheniumsäure gehörende Anhydrid ist ebenfalls nicht bekannt, dagegen hat man ein Rutheniumtetroxyd, RuO_4, dargestellt. Es hat nicht den Charakter eines Säureanhydrids und ist, wie Osmiumtetroxyd, flüchtig und giftig.

Die heute besprochene Gruppe der Edelmetalle erscheint uns zunächst charakteristisch durch die geringe Neigung der ihr angehörenden Elemente zum Sauerstoff sowie ihre Widerstandsfähigkeit gegenüber Säuren. Wegen dieser Eigenschaften haben wir das Gold noch zu dieser Gruppe gezählt, obwohl es sich seiner Hauptwertigkeit und der Unlöslichkeit seines Chlorides nach ungezwungener an die Kupfer-Silbergruppe anschließen läßt. Sondern wir also das Gold ab und betrachten die Gruppe der Platinmetalle, so bemerken wir als auffallende Eigenschaften die Lösungsfähigkeit für Wasserstoff beim Palladium und Platin und die Eigentümlichkeit, komplexe Säuren und Doppelverbindungen zu bilden. (Platin, Iridium, Palladium.) Außerdem erinnern manche Eigenschaften verschiedener Platinmetalle (Metallbasen mit Ammoniak, Auftreten in hohen Wertigkeiten, saurer Charakter der hochwertigen Oxyde, flüchtige Kohlenoxydverbindungen des Platins) an die Metalle der Eisen-Mangangruppe. Bei den schweren Platinmetallen ist das hohe spez. Gew. sowie das hohe Atomgewicht und der hohe Schmelzpunkt bemerkenswert. Osmium ist das spezifisch schwerste und am schwersten schmelzbare Metall.

---

1) ῥοδόεις = (rhodoeis,) rosenrot.
2) ἴσος (isos), gleich, μορφή (morphe), die Form.

Element	Symbol	Atomgew.	Spez. Gew.	Schmelzp.	Wertigkeit	Allgem. Charakter
Gold	Au	197,2	19,32	1063°	I, III	Basisch
Ruthenium	Ru	101,7	12,26	bei 1900°	(II) III, VI, VII, VIII	Manganähnlich; höhere Oxyde Säureanhydride
Rhodium	Rh	102,9	12,6	bei 2000°	(II), III, (IV)	Leichte Platinmetalle
Palladium	Pd	106,7	11,9	1587°	II, IV	Basisch mit Neigung zur Bildung komplexer Säuren. Koordinationszahl 4 u. 6
Platin	Pt	195,2	21,4	bei 1750°	II, IV	Neigung zur Komplexbildung. Koordinationszahl 4 u. 6
Iridium	Ir	193,1	22,42	2000°	II, III, IV	Schwere Platinmetalle.
Osmium	Os	190,9	22,5	bei 2500°	(II) (III) IV, (VI) VIII	

Einundzwanzigster Vortrag.

Das periodische System. — Kurve der Atomvolumina. — Gesetz von Dulong und Petit. — Prouts Hypothese. — Warum die Atome zusammengesetzter Natur sein müssen. — Elektronen. — Kathodenstrahlen. — Radium und die radioaktiven Elemente. — Die Radiumstrahlung und die Zerfallsreihen. — Rutherfords Atomtheorie. — Die Ordnungszahl. — Isotope Elemente. — Die Struktur der Krystalle. — Röntgenspektren. — Moseleys Gesetz. — Gesetzmäßigkeiten bei den Linienspektren. — Das Bohrsche Atommodell und die Quantentheorie. — Die Zertrümmerung des Stickstoffatoms. — Schluß.

Wir haben nun zusammen ein großes Gebiet durchwandert und haben uns bemüht, nach Möglichkeit gesetzmäßige Zusammenhänge, mindestens Ähnlichkeiten, zwischen den einzelnen Elementen aufzudecken. Hierbei mögen Ihnen wohl viele Elemente in gewissem Sinn als „Persönlichkeiten" mit recht scharf umrissenem Charakter vorgekommen sein. Denken Sie nur an die energischen Alkalimetalle, den trägen Stickstoff, an die in ihren Verbindungen so vielgestaltigen Angehörigen der Eisen-Chromgruppe! Es drängt sich uns schließlich ganz von selbst die Frage auf, ob sich nicht alle Elemente in ein System einordnen lassen, das etwa den „chemischen Charakter" als abhängend von irgend einer „Grundeigenschaft" erkennen lassen müßte. An Versuchen dazu hat es um so weniger gefehlt, als eine Reihe lange bekannter Gesetzmäßigkeiten dazu ermutigen mußte, sie zu unternehmen. Nachdem Döbereiner bereits 1829 die immerhin auffallende Beziehung gefunden hatte, durch die das Atomgewicht mancher Elemente sich als das arithmetische Mittel aus dem zweier anderer, ihm nahe verwandter, darstellen läßt

(Triaden), versuchte 1852 Frankland ein System der Elemente auf Grund ihrer Wertigkeiten aufzustellen. Dies Beginnen mußte natürlich an der bei einzelnen Elementen sehr wechselnden Zahl der Wertigkeitsstufen scheitern; heute, wo sich die Beweise für die Teilbarkeit der Valanz immer mehr häufen, erscheint es vollends unmöglich. Um dieselbe Zeit war auch Pettenkofer mit dem Problem beschäftigt, aber erst 1864 gelang es Newlands, mit seinem „Gesetz der Oktaven" einen entscheidenden Schritt vorwärts zu kommen, trotzdem er wieder auf die Atomgewichte als Grundlage zurückgriff. Sein Oktavengesetz besagt, daß, wenn man die Elemente nach der Größe ihres Atomgewichts in Reihen anordnet, nach acht Elementen wieder ein dem ersten ähnliches folgt. 1869 zeigten dann Lothar Meyer und Mendelejeff, daß sich wirklich die Eigenschaften der Elemente in sehr weitgehendem Maß als Funktionen [1]) ihrer Atomgewichte auffassen lassen. Das von ihnen entworfene „periodische System der Elemente" fußt insofern auf Newlands Oktavengesetz, als es ebenfalls eine Anordnung der Elemente nach steigendem Atomgewicht in „Reihen" vorsieht, und als die erste Reihe nach dem achten Element abbricht, damit das neunte unter das ihm verwandte erste kommt. Wenn man vom Wasserstoff absieht, dem eine Ausnahmestellung zukommt, und im übrigen den Grundsatz befolgt, jede Reihe so lange fortzuführen, bis man wieder an ein Element kommt, das dem Element Nr. 1 (He) ähnlich ist, so ergibt sich folgende Zusammenstellung:

1. Reihe:	He	Li	Be	B	C	N	O	F										
2. Reihe:	Ne	Na	Mg	Al	Si	P	S	Cl										
3. Reihe:	Ar	K	Ca	Sc	Ti	V	Cr	Mn	Fe	Co	Ni	Cu	Zn	Ga	Ge	As	Se	Br
4. Reihe:	Kr	Rb	Sr	Y	Zr	Nb	Mo	Ru	Rh	Pd	Ag	Cd	In	Sb	Fe	I		
5. Reihe:	X	Cs	Ba	La	Ce	Ta	W	Os	Ir	Pf	Au	Hg	Tl	Pb	Bi	Ra	Th	U

Man sieht sofort, daß das Gesetz der Oktaven nur die beiden ersten Reihen durch gilt, während man in der dritten Reihe bereits 18 Elemente unterbringen muß, um mit dem 19. wieder an ein für den Reihenanfang geeignetes zu kommen. Ähnlich verhält es sich mit der 3., 4. und 5. Reihe. Betrachten wir nun die senkrechten Spalten, die wir „Gruppen" nennen wollen, so kann man sagen, daß sich bis zur achten Gruppe eine stetig abnehmende Gesetzmäßigkeit feststellen läßt, die von da an fast ganz erlischt. Die erste Gruppe enthält die Edelgase, die zweite die Alkali-, die dritte die Erdalkalimetalle, selbst in der achten finden sich noch die unzweifelhaft zusammengehörenden Elemente Fluor und Chlor. Wenn man die Einteilung in Reihen und Gruppen beibehält, aber obendrein die langen, die Zahl 8 überschreitenden Reihen an geeigneter Stelle teilt (also gewissermaßen eine „Unterreihe" schafft), so kommt schon mehr Ordnung in das Ganze, besonders, wenn man an manchen Stellen Lücken läßt, die wohl von noch nicht entdeckten Elementen ausgefüllt werden müßten. Es ergibt sich dann folgende Übersicht [2]):

---

[1]) Unter Funktion versteht man eine Größe, die von einer anderen derart abhängig ist, daß mit der Änderung der letzteren (hier: Atomgewicht) eine entsprechende Änderung der Funktion erfolgt.

[2]) Es ist hier Wasserstoff mit einbezogen; ebenso mehrere seltene Erden.

I	II	III	IV	V	VI	VII	VIII
H	—	—	—	—	—	—	He
Li	Be	B	C	N	O	F	Ne
Na	Mg	Al	Si	P	S	Cl	A
K	Ca	Sc	Ti	V	Cr	Mn	Fe, Ni, Co
Cu	Zn	Ga	Ge	As	Se	Br	Kr
Rb	Sr	Y	Zr	Nb	Mo	—	Ru, Rh, Pd
Ag	Cd	Jn	Sn	Sb	—	J	Te X
Cs	Ba	La	Ce	Pr	Nd	Sa	—
Gd	—	Tb	—	Er	—	Tu	—
—	—	Yb	—	Ta	W	—	Os, Jr, Pt
Au	Hg	Tl	Pb	Bi	—	—	—
—	Ra	—	Th	—	U	—	—

Auch an dieser verbesserten Anordnung muß noch manches ausgesetzt werden. Vor allem stehen in jeder Gruppe anscheinend zwei Elementfamilien durcheinander, z. B. in der ersten außer den Alkalimetallen auch Kupfer, Silber und Gold, in der siebten außer den Halogenen auch Mangan und einige seltene Erden. Ein ganz buntscheckiges Gemisch ist endlich die Gruppe acht, in der sich neben den Edelgasen die Metalle der Platin- und Eisengruppe, außerdem das von diesen gänzlich verschiedene Tellur findet. Sondern wir zunächst die in einer Gruppe stehenden Elemente, so ergeben sich zwanglos zwei Untergruppen entfernt ähnlicher Elementfamilien. In der zweiten z. B. einerseits die Erdalkalimetalle, andererseits die ebenfalls zusammengehörenden Elemente Zink, Kadmium und Quecksilber. Um nicht allzulange bei dem ohnehin — wenigstens in dieser Form — mehr geschichtlich als tatsächlich wichtigen Gegenstand verweilen zu müssen, wollen wir nun ohne längere Erklärungen die Zugeständnisse machen, die uns die Aufstellung des Systems in seiner heutigen Form ermöglichen. Erstens trennen wir, durch „Ausrücken" der einen, jede Gruppe in eine Haupt- und Nebengruppe; zweitens machen wir beim Tellur die gleiche Ausnahme, die wir stillschweigend schon beim Argon gemacht haben: wir setzen das Element mit dem höheren Atomgewicht v o r das mit dem niederen. Endlich fassen wir noch, aus bald zu besprechenden Gründen, die Edelgase zu einer vor der ersten stehenden „nullten Gruppe" und die noch nicht genügend erforschten, anscheinend eine Sonderstellung einnehmenden seltenen Erden von Cer (140) bis einschließlich Ytterbium (172) zu dem Sammelbegriff „Cererden 140—172" zusammen. Wir kommen so endlich zu dem folgenden Schema:

Periode	Gruppe	O	I	II	III	IV	V	VI	VII	VIII
	Wasserstoffverbindungen	—	MH	MH_2	MH_3	MH_4	MH_3	MH_2	MH	—
	Sauerstoffverbindungen	—	M_2O	MO	M_2O_3	MO_2	M_2O_5	MO_3	M_2O_7	MO_4
I	Reihe 1	—	H=1	—	—	—	—	—	—	—
	„ 2	He=4	Li=7	Be=9	B=11	C=12	N=14	O=16	F=19	—
II	„ 3	Ne=20	Na=23	Mg=24	Al=27	Si=28	P=31	S=32	Cl=35,5	—
III	„ 4	A=40	K=39	Ca=40	Sc=44	Ti=48	V=51	Cr=52	Mn=55	Fe=56, Co=59. Ni=59
	„ 5	—	Cu=64	Zn=65	Ga=70	Ge=72	As=75	Se=79	Br=80	—
IV	„ 6	Kr=83	Rb=85	Sr=88	Y=89	Zr=91	Nb=94	Mo=96	—	Ru=102, Rh=103 Pd=107
	„ 7	—	Ag=108	Cd=112	In=115	Sn=119	Sb=120	Te=128	J=127	—
V	„ 8	X=130	Cs=133	Ba=137	La=139	Cererden 140—172	Ta=182	W=184	—	Os=191, Ir=193, Pt=195
	„ 9	—	Au=197	Hg=200	Tl=204	Pb=207	Bi=208	—	—	—
VI	„ 10	—	—	Ra=226	—	Th=232	—	U=238	—	—
	„ 11	—	—	—	—	—	—	—	—	—

Diese von Brauner angegebene abgekürzte Form des periodischen Systems leistet recht viel, trotz der Zugeständnisse, von denen wir sprachen. Wenn man auch über die Berechtigung mancher Einzelheiten in den Haupt- und Nebengruppen streiten kann (z. B. daß K und Na in verschiedenen Gruppen stehen, ebenso F und Cl), so muß man doch zugeben, daß zweifellos ein tüchtiges Korn Wahrheit in dem periodischen System steckt. Die unter jeder Gruppenziffer stehenden beiden Allgemeinformeln zeigen das periodische Verhalten der einzelnen Gruppenglieder gegen Wasserstoff und Sauerstoff. Die Bindungsfähigkeit gegenüber Wasserstoff fällt von Gruppe IV regelmäßig nach beiden Seiten

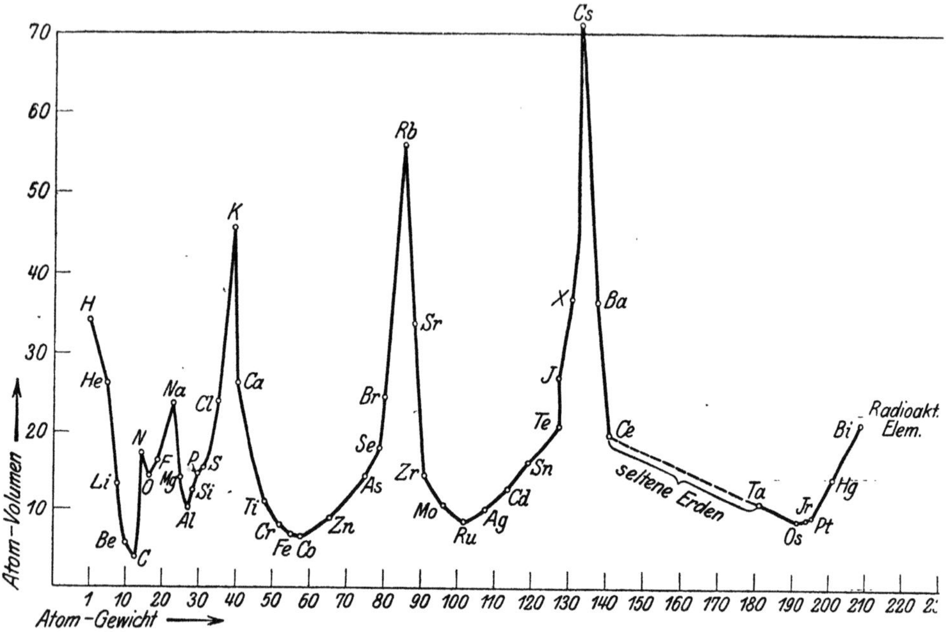

Fig. 74. Atomvolumenkurve.

hin ab, die Bindungsfähigkeit gegen Sauerstoff steigt von Gruppe I—VIII regelmäßig an. Die Wasserstoffverbindungen einzelner in Gruppe VIII stehender Platinmetalle sind keine chemischen Verbindungen, sondern feste Lösungen des Wasserstoffs im Metall. Diese Fähigkeit, Legierungen zu bilden, außerdem die Ersetzbarkeit durch Metalle, gibt eine gewisse Berechtigung, dem Wasserstoff eine Art Metallähnlichkeit zuzusprechen, die durch seine Stellung im periodischen System zum Ausdruck kommt. Die Gruppe VIII, eine Art Rumpelkammer des Systems, enthält Elemente, die man zwar nicht als zusammengehörig, wohl aber in mancher Beziehung als verwandt betrachten kann. Sie haben gemeinsam die Fähigkeit, viele Komplexverbindungen zu bilden; auch verbinden sich viele von ihnen mit Kohlenoxyd und liefern gefärbte Salze. Sie sehen, noch manches ist Stückwerk, aber trotzdem ist es bereits Mendelejeff gelungen, auf Grund des periodischen Systems die Eigenschaften eines damals noch unentdeckten, zum Silicium gehörenden Elementes, mit geradezu verblüffender Genauigkeit vorauszusagen. Das „Ekasilicium“ Mendelejeffs wurde später von Winkler entdeckt. Es ist das Germanium[1]). Auch die Eigenschaften des Galliums und Skandiums (vor ihrer Entdeckung Ekaaluminium und Ekabor genannt) wurden in ähnlicher Weise vorhergesagt.

Diese Leistungen dürfen mit Recht außerordentlich genannt werden und bilden für uns eine Art nachträglicher Rechtfertigung für manche vielleicht etwas willkürlich scheinende Betrachtung oder Anordnung.

Auch eine Gruppierung der Elemente nach ihrem Atomvolumen, die bereits Lothar Meyer (1870) versuchte, liefert schöne Gesetzmäßigkeiten. Trägt man in ein Koordinatensystem zu den Atomgewichten der Elemente als Abszisse die zugehörigen Atomvolumina (S. 248) als Ordinate ein, so ergibt sich ein merkwürdiges Bild (Fig. 74): Vom Natrium beginnend zeigen sich vier deutliche Spitzen, die von den Alkalimetallen eingenommen werden. Das elektropositivste Metall Cäsium hat das größte Atomvolumen. An den tiefsten Kurvenpunkten liegen die Elemente, die zur Bildung von Komplexverbindungen neigen (vgl. S. 248). Die Halogene liegen auf aufsteigenden, die Erdalkalimetalle auf absteigenden Kurvenästen. Ebenso wird man für Schwefel, Selen und Tellur, Zink, Cadmium und Quecksilber entsprechende Stellen finden. Das Kurvenstück von H bis Na weicht von der sonst deutlich erkennbaren Gesetzmäßigkeit stark ab. (Für He, N, O und F sind bei der Berechnung des Atomvolumens die spezifischen Gewichte der verflüssigten Elemente angenommen worden.) Das merkwürdige Verhältnis der Atomgewichte von Tellur und Jod zeigt sich auch hier in einem deutlichen Knick der Kurve. Über den Verlauf des Kurvenstücks zwischen Bi und Th lassen sich nur Vermutungen anstellen, da die spez. Gewichte der Radioelemente unbekannt sind.

Wir können also hier etwa dasselbe sagen wie beim periodischen System: man sieht ohne Zweifel eine ausgesprochene Gesetzmäßigkeit, die sich periodisch wiederholt, aber man sieht sie noch „wie in einem Spiegel“; das Gesetz liegt noch nicht klar zutage; man fühlt sich ihm wohl auf der Spur, aber die Zugeständnisse, die wir beim periodischen System machen mußten, die Abweichungen der Atomvolumenkurve, die wir jetzt sehen, zeigen uns, daß wir die Spur nicht mit dem erlegten Wild verwechseln dürfen.

Auch mit anderen Gesetzmäßigkeiten, die die Größe des Atomgewichts zur Grundlage haben, kommt man an Punkte, an denen sie versagen. Dies gilt z. B. auch für das Gesetz von Dulong und Petit, nach dem das Produkt aus Atomgewicht und spezifischer Wärme einen an-

[1]) Diese Voraussage bezog sich nicht allein auf das Atomgewicht des „Ekasiliciums“, sondern auch auf das spezifische Gewicht und den Schmelzpunkt des unbekannten Elements. Ja sogar die Fähigkeit zur Bildung einer organischen Verbindung mit dem Siedepunkt 160° und dem spezifischen Gewicht 0,96 (Tetraäthylekasilicium) sagte Mendelejeff voraus, und wirklich zeigte sich, daß das Germanium die Tetraäthylverbindung $Ge(C_2H_5)_4$ bildet, die bei 160° siedet und deren spez. Gewicht etwas geringer ist als 1.

nähernd konstanten, bei etwa 6,4 liegenden Wert hat. Es stimmt bei Elementen mit hohem Atomgewicht sehr gut, wird aber bei kleineren Atomgewichten unsicher. Trotzdem hat es schon bei Atomgewichtsbestimmungen wertvolle Anhaltspunkte gegeben.

Wie könnte man die Tatsache erklären, daß alle auf die Atomgewichte zurückgeführten Gesetzmäßigkeiten nicht restlos befriedigend sind? Sollten etwa die Atomgewichte selbst keine „Grundeigenschaft“ der Atome sein, wie wir eingangs forderten, sondern bereits zusammengesetzte Größen darstellen? Wenn das so wäre, müßten wir unsere ursprüngliche Erklärung, daß die Atome die letzten, nicht mehr teilbaren Bausteine der Materie sind, aufgeben und das gerade Gegenteil davon annehmen. Lassen Sie uns sehen, ob wir irgendwelche Tatsachen zugunsten jener Annahme anführen können, die die Grundlagen unserer Anschauungen erschüttern müßte, falls sie sich bewahrheitete. Die Tatsache, daß häufig die Atomgewichte der Elemente ganze Vielfache von Eins sind, brachte bereits Prout auf den Gedanken, daß das Wasserstoffatom der Baustein sei, aus dem die Atome der übrigen Elemente aufgebaut wären. Träfe diese Annahme zu, dann müßten aber alle Atomgewichte Vielfache des Atomgewichts des Wasserstoffs sein. Das ist aber durchaus nicht der Fall, wenn es auch öfters vorkommt, als es, der Wahrscheinlichkeit nach vorkommen dürfte.

Schwerwiegender ist schon die Beobachtung, daß die Atome vieler Elemente fähig sind, Lichtwellen verschiedener Wellenlängen auszusenden, die wir als Spektrallinien beobachten können. Wären diese Atome einfache Körper, dann könnten sie auch nur einfarbiges Licht aussenden, da jeder Lichtart ein besonderer Schwingungszustand des strahlenden Körpers entspricht.

Eine sehr verblüffende und, wie sich bald zeigte, folgenreiche Bestätigung unserer Vermutung lieferte die Entdeckung des Radiums und der radioaktiven Elemente. Bald nach der Auffindung der Röntgenstrahlen (1896) machte Becquerel die Beobachtung, daß Uran und Uransalze Strahlen aussenden, die sich ähnlich verhalten wie Röntgenstrahlen. Frau Curie in Paris untersuchte diese Uranstrahlung näher und fand, daß eine aus Joachimsthal in Böhmen stammende Pechblende die Strahlung in viel höherem Maß zeigte als reines Uran. Daraus folgerte sie, daß die Ursache der Strahlung nicht im Uran selbst, sondern in einer noch unbekannten Beimengung zu suchen sei. Nach großen Mühen gelang es ihr, ein paar Milligramm des neuen Stoffes in Form seines Chlorids abzuscheiden. Er erhielt den Namen Radium. Später gelang es, aus 0,1 g Radiumchlorid das Metall zu erhalten (Curie und Debierne, 1910). Man stellte erst durch Elektrolyse mit einer Quecksilberkathode Radiumamalgam her und destillierte das Quecksilber ab. Es blieb ein sehr flüchtiges, weißes Metall zurück, das bei etwa 700° schmolz und dessen Dampf Quarz angriff. An der Luft färbte es sich schwarz. Seinem ganzen chemischen Verhalten nach gehört das Radium in die Gruppe der Erdalkalimetalle. Radiumchlorid ist dem Bariumchlorid sehr ähnlich. Seine Löslichkeit in Wasser ist etwas geringer. Auf dieser Tatsache beruht das Trennungsverfahren der Radium- und Bariumsalze.

Das merkwürdigste am Radium und seinen Salzen ist, daß sie im Dunkeln schwach leuchten, beim Auflösen in Wasser dieses zum Teil in seine Elemente spalten, die Luft für Elektrizität leitend machen und stets eine etwas höhere Temperatur haben als ihre Umgebung.

Dies sind in der Hauptsache die Erscheinungen, die zuerst auffielen. Ihre nähere Untersuchung enthüllte noch viel verblüffendere Dinge. Zunächst stellte es sich heraus, daß die Radiumstrahlung zusammengesetzter Art ist. Die verschiedenen Strahlensorten — im ganzen sind es drei — werden von einem Magnetfeld verschieden beeinflußt. Steht auf einer Tischplatte T (Fig. 75) ein Bleitrog mit einem Radiumpräparat und hält man über das Gefäß einen Magneten, so entstehen 3 verschieden stark abgelenkte Strahlenbündel, die Alpha- (α) Beta- (β) und Gammastrahlen (γ). Wie die Fig. 75 zeigt, werden die Gammastrahlen gar nicht, die Alphastrahlen schwach, die Betastrahlen sehr stark abgelenkt. Die Gammastrahlen haben sich als Röntgenstrahlen entpuppt. Sie sind es, die die größte Durchdringungsfähigkeit haben; sie durchsetzen noch eine mehrere Zentimeter dicke Aluminiumplatte, während die Betastrahlen schon von einen Zentimeter starken, die Alphastrahlen bereits von $^1/_{100}$ Zentimeter starken Aluminiumschichten beinahe vollständig zurückgehalten werden. Bei der Absorption der Radiumstrahlung in der Luft oder in festen und flüssigen Stoffen entsteht ein entsprechender Betrag an Wärme. Da ein Teil der Strahlung bereits von den Krystallen des Radiumsalzes selbst verschluckt wird, erwärmen sie sich. Dies ist die Ursache der erhöhten Temperatur der Radiumpräparate. Ein Teil der Strahlungsenergie wird auch in Licht umgesetzt; daher leuchten Radiumpräparate im Dunkeln mit schwach bläulichem Licht.

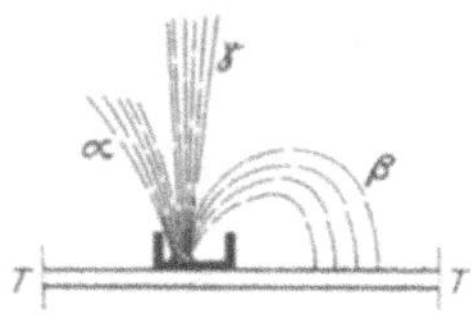

Fig. 75.
Radiumstrahlung.

Wir geraten jetzt in ein Gebiet, in dem die Schwesterwissenschaften Chemie und Physik nicht mehr ohne einander auskommen können. Der Weg, den wir gehen wollen, ist der, zunächst die einzelnen Strahlenarten zu betrachten und dann zu sehen, woher diese merkwürdige Abgabe von Energie kommt. Sie werden dabei manche Tatsachen einfach hinnehmen müssen, weil ihre Begründung uns tief in Gebiete der reinen Physik führen würde.

Die Untersuchung der Betastrahlen hat ergeben, daß sie den Kathodenstrahlen gleich sind. Diese entstehen beim Durchgang hochgespannter Elektrizität durch mit verdünnten Gasen gefüllte Röhren, breiten sich von der Kathode aus geradlinig aus (ohne Rücksicht auf die Stellung der Anode) und werden durch den Magneten abgelenkt. Aus der Tatsache der Ablenkung kann man folgern, daß die Kathodenstrahlen elektrische Ladungen mit sich führen, aus der Richtung der Ablenkung, daß es negative Ladungen sein müssen. Wir haben das Auftreten solcher Ladungen schon einmal beobachten können, nämlich bei den Ionen. Ein Ion ist ein Atom mit einer oder mehreren elektrischen Ladungen. Aus dem Gesetz von Faraday (S. 45) folgerten wir, daß jedes Äquivalent eines Stoffes in Ionenform die gleiche Menge Elektrizität mit sich führt, und daraus zogen wir mit Helmholtz den Schluß, daß die Elektrizität selbst aus „Elektrizitätsatomen", den Elektronen, bestehen muß. Ein einwertiges Ion würde danach ein, ein zweiwertiges zwei Elektronen (⊕ oder ⊖) auf sich festhalten. Man hat berechnet, wie groß diese mit einem Grammäquivalent verbundene Elektrizitätsmenge ist. Da die Elektrizitätsmenge von einem Coulomb[1]) 0,001118 g Silber abzuscheiden vermag, so muß ein Grammäquivalent Silber (107,88 g) mit

$$\frac{107{,}88 \cdot 1}{0{,}001118} = 96\,494 \text{ Coulomb}$$

verbunden sein. **96 494** Coulomb ist also die Menge Elektrizität, die mit einem Grammäquivalent jeden Stoffes in Ionenform verbunden ist. Nun ist aber die Masse eines Grammäquivalents um so kleiner, je höher die Wertigkeit des betreffenden Stoffs ist. Es sind z. B. 96 494 Coulomb verbunden mit: 1 g Wasserstoff, 8 g Sauerstoff, 23 g Natrium, 16 g Schwefel, 9 g Aluminium. Berechnen wir hieraus die mit einem Gramm verbundene Elektrizitätsmenge, so erhalten wir die spezifische Ladung für die betreffenden Elemente; sie stellt das Verhältnis der Ladung zur Masse dar und ist für

Wasserstoff	=	96494	Coulomb	auf	ein	Gramm
Sauerstoff	=	12062	„	„	„	„
Natrium	=	4195	„	„	„	„
Schwefel	=	6031	„	„	„	„
Aluminium	=	10721	„	„	„	„

Man sieht, daß eine größere Elektrizitätsmenge als 96494 Coulomb auf 1 g bei Ionen nicht denkbar ist; denn es gibt kein Element, dessen Äquivalentgewicht kleiner ist als Eins. Diese Erkenntnis ermöglicht es uns, zu entscheiden, ob wir es in den Kathodenstrahlen und den ihnen gleichen β-Strahlen des Radiums etwa mit Ionen, und zwar mit Kationen, zu tun haben.

Als man die spezifische Ladung der Kathodenstrahlen bestimmte, erhielt man einen Wert, der fast 1900 mal größer war als der für Ionen mögliche Höchstwert von 96494 Coulomb auf das Gramm. Dieses sehr merkwürdige Ergebnis könnte man entweder so erklären, daß man Atome eines Elementes voraussetzt, dessen Äquivalentgewicht nur $^1/_{1900}$ von dem des Wasserstoffs ist, oder durch die Annahme, daß in den Kathoden- und Betastrahlen keine Ionen vorliegen.

Die erste Möglichkeit scheidet deshalb aus, weil man zu dem gleichen Ergebnis kommt, mit welchem Gas auch immer die Kathodenröhre gefüllt ist, und die Vorstellung, daß aus allen möglichen Gasen stets dasselbe Element von unglaublich kleinem Äquivalentgewicht abgespalten wird, doch gar zu gezwungen ist. Es bleibt also die zweite, daß die Kathodenstrahlen keine Ionen sind. Wir müssen vielmehr annehmen, daß es freie negative Elektronen sind, die in den Kathoden-

[1]) „Ein Coulomb" ist die Elektrizitätsmenge, die von einem 1 Ampère starken Strom in einer Sekunde durch einen Stromkreis befördert wird.

strahlen mit großer Geschwindigkeit dahinfliegen. Wir müssen uns demnach von dem negativen Elektron das Bild eines kleinen Körperchens machen, dessen Masse nur den 1900. Teil von der eines Wasserstoffatoms beträgt.

Nun hat man zwischen den Kathodenstrahlen, wie man sie in Röntgenröhren erzeugen kann und den Betastrahlen des Radiums doch einen kleinen Unterschied entdeckt; nämlich die Geschwindigkeit, mit der die Elektronen vorwärts fliegen, ist bei den Betastrahlen viel größer als bei den gewöhnlichen Kathodenstrahlen. Bei manchen Radiumsalzen reicht sie nahe an die Lichtgeschwindigkeit (300000 km in der Sekunde) heran, während sie in den Kathodenstrahlen durchschnittlich den vierten Teil davon erreicht. Als man nun die spezifischen Ladungen der negativen Elektronen miteinander verglich, merkte man, daß sie um so kleiner wurde, je größer die Schnelligkeit ihrer Bewegung war. Man erhielt z. B. bei einer Geschwindigkeit von

100000 km/Sek.	180	Millionen Coulomb/Gramm
259000 km/Sek.	97	,, ,, ,,
283000 km/Sek.	6,3	,, ,, ,,

Aus dem Begriff der spezifischen Ladung ergibt sich ohne weiteres, daß einer kleineren spezifischen Ladung eine größere Masse entspricht. Wir hätten also festgestellt, daß die Masse eines Elektrons mit seiner Geschwindigkeit zunimmt. Das ist zunächst etwas ganz Unbegreifliches, vor allem dann, wenn man, was man ganz unwillkürlich tut, sich die Masse eines Körpers „fühlbar gemacht" durch sein Gewicht vorstellt. Man kann aber auch unter Masse das verstehen, was einen Widerstand gegen das in Bewegunggesetztwerden ausübt, was, wie man in der Physik sagt, Trägheit hat. Man spricht also von einer „schweren Masse" und einer „trägen Masse". Der Trägheitswiderstand kann aber auch vorgetäuscht werden. Denken wir uns eine Eisenkugel, die wir über einen Tisch rollen, auf dem ein Magnet liegt. Zunächst wird die Kugel einen gewissen Widerstand entgegensetzen, wenn wir sie anstoßen. Eben deshalb empfinden wir ja, daß sie Masse hat. Sobald sie aber einmal im Rollen ist, haben wir nur noch die Kraft zuzuführen, die durch Reibung der Kugel an der Luft und der Tischplatte aufgezehrt (d. h. in Wärme verwandelt) wird. Wenn sie nun durch das Magnetfeld rollt, so werden wir im Magnetfeld eine größere Kraft aufwenden müssen, um sie vom Magneten wegzuschieben. Wüßten wir nicht, daß die Ursache dieses Kraftaufwands der Magnet ist, dessen Anziehungskraft wir überwinden müssen, so würden wir einen größeren Trägheitswiderstand der Eisenkugel, das heißt eine größere Masse empfinden, obwohl sie im Magnetfeld nicht zugenommen hat. Ähnliche Verhältnisse liegen auch beim Elektron vor. „Freie negative Elektronen" sind Elektrizität selbst, frei von Materie; sie sind ein mit größerer oder geringerer Geschwindigkeit fortgepflanzter Spannungszustand des Äthers, jenes unwägbaren, alles durchdringenden Stoffes, von dem wir später noch einiges hören werden. Der dem gespannten (das heißt dem Elektron) benachbarte Äther setzt, wie aus den Erscheinungen der elektrischen Induktion[1]) hervorgeht, der Fortbewegung der Elektronen einen Widerstand entgegen; man muß Kraft aufwenden, sie in Bewegung zu setzen. Dieser Widerstand ist das, was die „Masse“ der Elektronen vortäuscht. Er wächst mit der Geschwindigkeit, die man der tatsächlich vorhandenen oder nur vorgetäuschten „Masse“ erteilen will. Wir können das angenähert erfahren, wenn wir daran denken, welche Kraft man anwenden muß, um der Masse einer Gewehrkugel einmal eine Geschwindigkeit von etwa 10 Meter und dann von 400 Meter in der Sekunde zu erteilen. Ersteres können wir mit unserer Muskelkraft leicht erreichen, während wir zur Erzielung einer Geschwindigkeit von 400 Metern in der Sekunde bereits der ganz erheblich größeren Treibkraft der Pulvergase bedürfen. Man könnte das auch so ausdrücken, daß man sagt: im zweiten Fall ist der Trägheitswiderstand und damit die scheinbare Masse der Kugel um einen erheblichen Betrag größer. (Wie von Einstein mathematisch abgeleitet wurde, ist der Trägheitswiderstand jeder Masse bei Lichtgeschwindigkeit unendlich groß). Untersuchungen und Überlegungen, die sich in der angedeuteten Richtung bewegten, haben so gut wie sicher ergeben, daß nicht nur ein Teil, sondern die ganze „Masse“ der Elektronen scheinbar ist. Denn wenn die Elektronen auch wirkliche Masse enthielten, dann müßte eine elektrisch geladene (d. h. mit ruhenden Elektronen dicht besetzte) Metallplatte ein größeres Gewicht haben als in ungeladenem Zustand; man hat indes nichts derartiges beobachten können. Wir setzen jetzt also folgendes fest: die Betastrahlen des Radiums sind Kathodenstrahlen. Sie bestehen aus freien negativen Elektronen, die sich mit großer, sich der des Lichtes nähernden, Geschwindigkeit fortbewegen und eine scheinbare Masse haben, die etwa $^1/_{1900}$ von der eines Wasserstoffatoms beträgt.

Wenn Elektronen in ihrem rasenden Flug durch Anprallen an einen festen Körper gebremst werden, so wird durch diese Stöße der umgebende Äther in sehr rasche, kurze Schwingungen versetzt, die wir als „Röntgenstrahlen“ nachweisen können. In den Röntgenröhren erzeugen wir sie dadurch, daß wir den Kathodenstrahlen ein Metallblech in den Weg stellen, das durch sie unablässig mit Milliarden von Elektronen bombardiert und dadurch zur Quelle der neuen Strahlung wird. Auch den im Innern eines Radiumpräparats entstehenden Betastrahlen liegt ein Hindernis im Weg, das ihre Elektronen zum Teil bremst: die benachbarten Krystalle. Diese werden also teilweise zum Ausgangspunkt einer Röntgenstrahlung werden. Wir müssen in ihnen die Quelle der Gammastrahlen sehen, die, wie erwähnt, Röntgenstrahlen von großer Durchdringungsfähigkeit sind.

Daraus, daß die Alphastrahlen im Magnetfeld eine entgegen-

---

[1]) Jeder Strom ruft in einem benachbarten geschlossenen Leiter einen „Induktionsstrom“ hervor, dessen Richtung umgekehrt ist wie die des Hauptstroms. Durch den Induktionsstrom wird der Hauptstrom geschwächt, d. h. die Verschiebung seiner Elektronen muß gegen die hemmende Wirkung des Induktionsstroms erfolgen. Man könnte, in übertragenem Sinn, von einer Art „Reibungswiderstand“ bei bewegten Elektronen sprechen.

gesetzte Ablenkung erfahren wie die Betastrahlen, ergibt sich, daß sie auch entgegengesetzte, nämlich positive Ladungen, mit sich führen müssen. Aus der Größe der Ablenkung in einem Magnetfeld bekannter Stärke hat man ihre Geschwindigkeit berechnet. Sie ist viel kleiner als die der Betastrahlen, etwa 600 km in der Sekunde. Die spezifische Ladung überschritt in keinem Fall den Wert von 96494 Coulomb auf das Gramm. Es mußten also in den Alphastrahlen materielle Atome mit positiven Elektronen verknüpft sein, wie es bei den Anionen der Fall ist. Man hat bis jetzt noch nie freie positive Elektronen gefunden; sie erschienen immer mit Atomen der gasförmigen Elemente verknüpft, mit denen die Röhren, in denen man sie erzeugte, gefüllt waren. In solchen Fällen gehen sie als Kanalstrahlen von der Rückseite durchlöcherter Kathoden aus (Fig. 76).

An welche Elementaratome sind nun die positiven Ladungen der Alphastrahlen gebunden? Man hat es aus der spezifischen Ladung errechnet, aber auch aus der Beobachtung selbst den gewünschten Aufschluß erhalten. Diese Beobachtung ist folgende: schließt man ein Radiumsalz in eine möglichst luftleere Glasröhre ein, in die außerdem zwei Drähte eingeschmolzen sind, um hochgespannten Strom durchleiten zu können, so leuchtet sie nach einigen Tagen unter dem Einfluß der elektrischen Entladungen mit gelbem Licht; untersucht man dieses mit dem Spektroskop, so erhält man das Spektrum des — Heliums. Es ist kein Zweifel möglich: das Radium zerfällt unter Abschleuderung von Heliumatomen, die, mit 2 positiven Elektronen verbunden, die Alphastrahlen bilden.

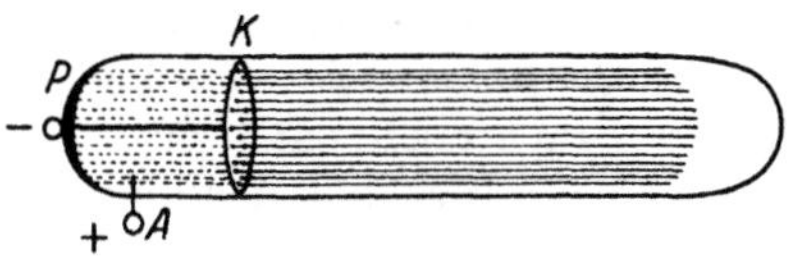

Fig. 76. Kanalstrahlenröhre.
K durchlöcherte Kathode
——— Kanalstrahlen
..... Kathodenstrahlen
P Fluoreszenzlicht der Glaswand
A Anode

Das ist eine grundlegende und zugleich umstürzlerische Erkenntnis. Wir haben zum erstenmal die Umwandlung eines Elementes in ein anderes beobachtet. Die Anschauung von der Unteilbarkeit der Atome, von ihrer Unveränderlichkeit, ist nicht mehr zu halten.

Das Radiumatom zerfällt — und dieser freiwillig verlaufende Zerfall ist die Quelle für die geradezu unwahrscheinlich großen Energiebeträge, die in Form von Strahlung, Wärme, Licht, Elektrizität und kinetischer Energie abgegeben werden. (Ein Gramm Radium könnte in der Stunde 138 kal. erzeugen.)

Untersucht man die Wände der Röhre, die wir zu dem beschriebenen Versuch benutzten, so findet man, daß sie ebenfalls radioaktiv geworden sind. Diese durch die bloße Nachbarschaft eines Radiumsalzes hervorgebrachte Eigenschaft heißt induzierte Aktivität. Wenn Radium unter Abgabe von Alphateilchen (d. h. von doppelt positiv geladenen Heliumionen $He^{\cdot\cdot}$) zerfällt, so wird der Rest zu einem gasförmigen Stoff, der Emanation oder dem Niton. Das Niton ist ein chemisches Element, verhält sich wie ein Edelgas, siedet bei -65^0 und löst sich leicht in Wasser. Es ist der wirksame Bestandteil aller radioaktiven Quellen. Man kann den Gehalt an Emanation in Wässern und in der Luft durch Messung der Leitfähigkeit bestimmen, die die Luft durch die Einwirkung der Emanation erlangt. Da Radium das Atomgewicht 226, Helium das Atomgewicht 4 hat, so muß das Nitonatom 226—4, also 222 zum Atomgewicht haben. Die Bestimmung dieses Wertes[1]) ergab die Richtigkeit der Annahme und wurde damit gleichzeitig eine starke Stütze für die von Rutherford aufgestellte Theorie von dem Zerfall der Radiumatome.

Auch die Emanation ist nicht beständig. Sie zerfällt unter Abgabe von Alphastrahlung in Helium und feste Stoffe, die sich als unsichtbar dünner Belag auf den Gefäßwänden niederschlagen und die Ursache der induzierten Aktivität sind. Zunächst wird aus der Emanation Helium und Radium A. Dieses zerfällt in Radium B usw. bis Radium F. (Vgl. die Zerfallsreihe weiter unten.) Die einzelnen Radiumarten stellen verschiedene Elemente dar, die sich durch ihre Halbwertszeiten unterscheiden. Hierunter versteht man die Zeit, in der die Strahlung des betreffenden Elementes auf die Hälfte des ursprünglichen Wertes sinkt. Sie haben sehr verschiedene Werte, von Tausenden von Jahren bis zu Bruchteilen einer Sekunde. Die Muttersubstanz des Radiums ist das Uran, das mit der ungeheueren Halbwertszeit von 5 Milliarden Jahren unter Aussendung von Alphastrahlen über verschiedene Zwischenstufen in Radium zerfällt. (Vgl. die Zerfallsreihe S. 283.)

Von der Zwischenstufe Uran II zweigt wahrscheinlich eine weitere Reihe radioaktiver Elemente, die des Aktiniums ab, dessen Zerfallsprodukte meist nur eine sehr kurze Lebensdauer haben. Die Stammsubstanz einer dritten Reihe von Radioelementen ist das Thor, das unter Strahlung in das kürzlich zu wohl etwas übertriebener medizinischer Bedeutung gelangte Mesothor übergeht. Die Strahlung der radioaktiven Präparate wird zur Zerstörung von Gewebswucherungen (vornehmlich Krebs) verwandt. Da das Mesothor aus wesentlich billigeren Ausgangsstoffen gewonnen werden kann als das Radium — man stellt es aus den Thorsalzen der Glühstrumpfindustrie her — so dient es als verhältnismäßig billiger „Radiumersatz". Ein Milligramm hochwertigen Radiumbromids kostete 1914 300—600 Mark. Das medizinisch verwandte Mesothor ist ein Gemisch von Radiothor und den beiden Mesothorarten. (Vgl. die Zerfallsreihe.) Die Aktivität des Thors wurde 1898 von Schmidt und unabhängig davon von Curie entdeckt. Um die Erforschung der Thor- und Aktiniumreihe haben sich O. Hahn und L. Meitner große Verdienste erworben.

Auch Kalium und Rubidium sind radioaktiv, indes beträgt nach

[1]) Atomgewichtsbestimmungen bei Edelgasen können natürlich nicht auf chemischem Weg vorgenommen werden, da sie ja, als „nullwertige" Elemente, keine Verbindungen eingehen. Man kann ihr Atomgewicht nur auf physikalischem Weg bestimmen, indem man z. B. nach Ermittlung ihrer spezifischen Wärme das Gesetz von Dulong und Petit anwendet.

Campbell und Wood die Aktivität des Kaliums nur $^1/_{1000}$ von der des Urans.

Es folgen hier die Zerfallsreihen mit Angabe der Halbwertszeiten und der von den einzelnen Elementen ausgesandten Strahlung.

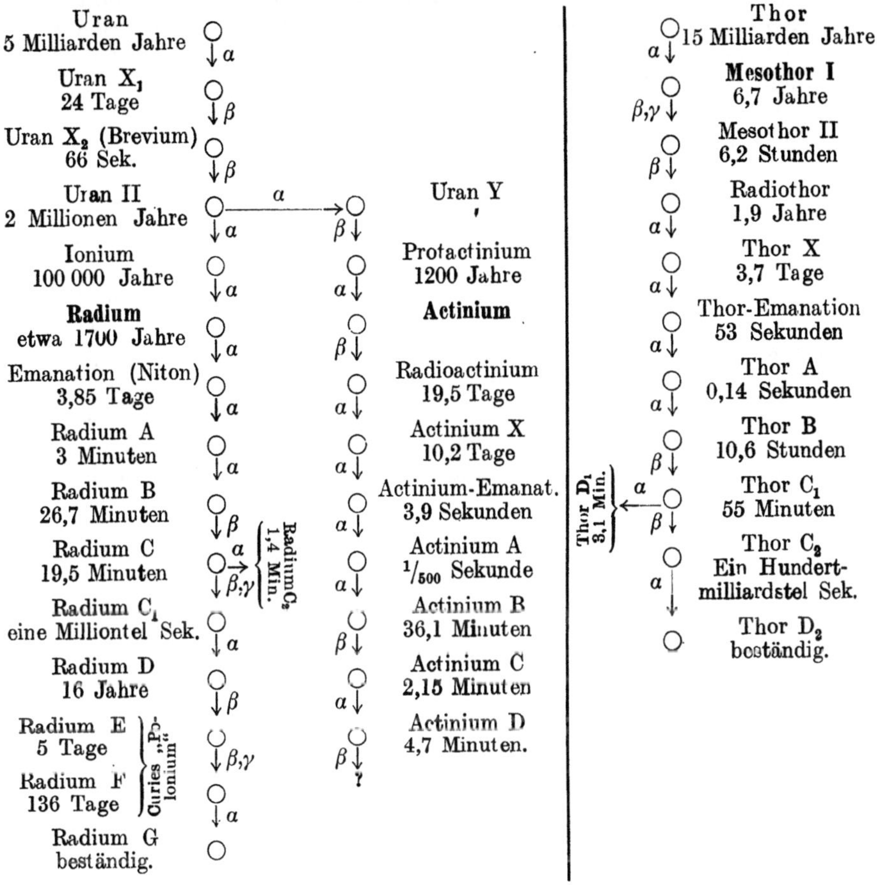

Man darf sich nicht etwa vorstellen, daß diese einzelnen Elemente alle rein dargestellt worden seien. Dies ist wegen der kaum wägbaren Mengen, in denen man sie erhält, ausgeschlossen. Dadurch, daß sie sich chemisch verschieden verhalten, kann man sie mit solchen Elementen, denen sie chemisch gleichen, ausfällen. Radium B und D verhalten sich z. B. wie Blei, so daß man aktives Blei (Radioblei) erhalten kann, wenn man radiumhaltige Bleisalzlösungen mit Schwefelwasserstoff fällt. Radium E fällt bei der Aufarbeitung von Radiummineralien mit dem in ihnen enthaltenen Wismut[1]), Radium F mit dem Tellur, Ionium mit

[1]) Paneth hat von dieser Tatsache Gebrauch gemacht zum Nachweis des Wismutwasserstoffs. Er setzte Magnesiumblech der Einwirkung von Radiumemanation aus und belud es dadurch mit Wismutisotopen der Radiumreihe. Als

dem Thor. Das charakteristischste an den einzelnen Elementen ist ihre Halbwertszeit, die, wie man sieht, in ganz außerordentlich weiten Grenzen schwankt.

Das Radium G ist ein beständiges Element. Es sendet keine Strahlung aus, zerfällt also nicht und zeigt chemisch und physikalisch völlig das Verhalten von Blei. Auch das Thor D_2 ist chemisch und physikalisch nicht vom Blei zu trennen. Wir müssen jetzt wieder auf das periodische System zurückkommen und uns fragen, wie wir diese Fülle von neuen Elementen — es sind über 30 — unterbringen sollen. Radium G und Thor D_2 müssen augenscheinlich an die Stelle, an der Blei steht. Aber wie schaffen wir dort Platz? Und wie steht es überhaupt mit dem Atomgewicht aller dieser Elemente?

Wir haben das Atomgewicht der Radiumemanation zu 222 so berechnet, daß wir für die unter Alphastrahlung erfolgende Umwandlung Radium $\xrightarrow{\alpha}$ Emanation das Atomgewicht des Heliums von dem des Radiums abzogen. Wir können sagen: jede Abspaltung von Alphateilchen (Heliumjonen) vermindert das Gewicht des zerfallenden Atoms um 4 Einheiten. Bei der Betastrahlung kann das Atomgewicht nicht merkbar beeinflußt werden, da es sich hier nur um den Verlust von Elektronen handelt, deren (scheinbare) Masse verschwindend klein ist. Wie die Alpha- und Beta-umwandlungen die Stellung im periodischen

Element	entsteht durch Umwandlung	Gruppe	Atomgewicht
Uran		VI	238
Uran X_1	α	IV	234
Uran X_2	β	V	234
Uran II	β	VI	234
Ionium	α	IV	230
Radium	α	II	226
Ra-Emanation .	α	O (VIII)	222
Radium A . . .	α	VI	218
Radium B . . .	α	IV	214
Radium C	β	V	214
Radium C_1 . . .	β	VI	214
Radium D. . . .	α	IV	210
Radium E . . .	β	V	210
Radium F . . .	β	VI	210
Radium G. . . .	α	IV	206

er mit diesem Magnesiumblech Schwefelsäure zersetzte, erhielt er aktiven Wasserstoff. Es mußte also ein Teil des aktiven Niederschlags eine Wasserstoffverbindung geliefert haben. Paneth konnte durch geeignete Versuchsanordnung beweisen, daß dies das Radiumwismut war. Später gelang ihm auch die Darstellung gewöhnlichen Wismutwasserstoffs, BiH_3 auf rein chemischem Weg. Er erhielt aus 3 g Wismut nur 0,15 mg BiH_3, auf radioaktivem Weg etwa 3 mg. Die Versuche sind theoretisch sehr interessant, aber sie beweisen, daß der Wismutwasserstoff „praktisch" so gut wie nicht bestehen kann.

System beeinflussen, lehrt das Verschiebungsgesetz von Soddy und Fajans: jede Alpha-umwandlung verschiebt das Tochterelement um 2 Gruppen nach links, jede Beta-umwandlung um eine Gruppe nach rechts. Die nullte und achte Gruppe zählen hierbei als eine Gruppe. Die nach Beta-umwandlungen entstandenen Elemente haben also noch das gleiche Atomgewicht wie ihre Mutterelemente. Wir wollen nun das Verschiebungsgesetz auf die Radiumreihe anwenden und gleichzeitig die Atomgewichte der Elemente berechnen. Die Tabelle auf S. 284 zeigt uns folgendes: trotz gleichen Atomgewichts können Elemente ganz verschiedenen Gruppen angehören und umgekehrt können Elemente mit verschiedenem Atomgewicht in der gleichen Gruppe stehen. In die Gruppe IV gehören z. B. Uran X, Ionium Radium B, D und G. Chemisch und spektroskopisch sind diese Elemente vom Blei nicht zu unterscheiden. Das Atomgewicht des Radiums G ist nur um einen kleinen, aber sehr wohl meßbaren Betrag niedriger als das des gewöhnlichen Bleis. Tatsächlich haben Untersuchungen von Hönigschmid den Beweis erbracht, daß aus Uranmineralien abgeschiedenes Blei ein Atomgewicht von 206 hat, während der Wert für gewöhnliches Blei 207,2 ist. Das Uranblei ist eben kein Blei, sondern ein anderes Element, nämlich Radium G. Man nennt solche

O (VIII)	I	II	III	IV	V	VI
	Au 197	**Hg 200**	**Tl 204**	**Pb 207,2**		
			AcC 206	Ra G 206		
			ThD 208	ThD_2 208		
			RaC_2 206	AcB 210	AcG 210	RaF 210
				ThB 212	ThG_1 212	ThC_2 212
				RaB 214	RaG 214	RaC_1 214
						Ac A 214
Ac-Eman. 218		AcX 222				Th A 216
Th-Eman. 220		ThX 224				Ra A 218
Ra-Eman. 222		**Ra** 226	Ac 226	RaAc 226		
		Mes. Th. I. 228	Mes. Th. II 228	RaTh 228		
				UrY 230	Protac. 230	
				Jo 230		
				Th 232		
				UrX 234	UrX_2 234	Ur II 234
						Ur 238

an die gleiche Stelle des periodischen Systems gehörende Elemente Isotope[1]), die einzelnen zusammengehörenden Isotopen eine Plejade[2]). Die Plejaden verteilen sich auf die einzelnen Gruppen des periodischen Systems entsprechend der Tabelle auf der vorigen Seite

Diese Tabelle zeigt das untere Ende des periodischen Systems. Die Isotopen muß man sich gewissermaßen turmartig auf das fettgedruckte Element, nach dem die Plejade genannt wird, aufgebaut denken. Ob das gewöhnliche Blei ein Gemisch verschiedener Isotopen ist, ist noch unentschieden. Es ist durchaus möglich, daß manche Elemente derartige isotope Gemische sind[3]); es wäre auch nicht undenkbar, daß die Absonderlichkeiten in der Gruppe der seltenen Erden wenigstens teilweise diese Ursache haben.

Wenn der Zerfallprozeß des Urans genügend lange gedauert hat, wird sich so viel Radium gebildet haben, daß der Unterschied der Zerfallsgeschwindigkeiten sich insofern nicht mehr bemerkbar macht, als in einer gegebenen Zeit so viel Radium aus dem Uran nachgebildet wird, als sich andererseits in Emanation zersetzt. Es ist eine Art dynamisches Gleichgewicht[4]), das jedoch, entgegen den uns bekannten, nicht durch Druck oder Temperatur zu beeinflussen ist. In der Tat ist der Zerfall der Radioelemente der einzige Vorgang, der vollkommen unbeeinflußbar und damit auch nicht umkehrbar verläuft. Wenn wir uns vergegenwärtigen, daß ein Gramm Radium durch seinen Zerfall in einer Stunde 138 Grammkalorien liefert, während seiner Halbwertszeit von 1700 Jahren (d. h. nachdem von diesem Gramm die Hälfte zerfallen ist) also rund 2 Millionen Kilogrammkalorien abgibt, so sehen wir, daß wir gegenüber dieser Energiequelle machtlos sind. Um den Vorgang umzukehren — etwa aus Radium G und Helium Curies „Polonium" zu machen — müßten wir ja ähnliche Energiemengen zuführen, und das ist schon deshalb nicht möglich, weil wir sie nicht in einer so kleinen Stoffmenge, wie es ein Gramm (selbst beim leichtesten Stoff) doch noch ist, anhäufen können. Damit Sie sehen, in wie anderen Verhältnissen sich Veränderungen in den Atomen selbst gegenüber den gewöhnlichen chemischen Umsetzungen zwischen Molekülen (oder Ionen) vollziehen, sei hier noch erwähnt, daß die lebhafteste chemische Reaktion, die Verbrennung von Wasserstoff, bei $^1/_2$ g Wasserstoff nur etwa 17 Kilogrammkalorien entwickelt, gegen die 2 Millionen des halben Gramms Radium. Die Radioelemente zerstieben mit solch unvorstellbarer Wucht, daß dagegen unsere größten Drucke und höchsten Temperaturen keine ins Gewicht fallenden Gegenkräfte sind. Der Gedanke, den uralten Traum der Alchymisten

---

[1]) ἴσος (isos), gleich, τόπος (topos), der Ort.

[2]) Nach dem Sternhaufen der Plejaden (Siebengestirn).

[3]) Mit großer Wahrscheinlichkeit scheint das z. B. beim Chlor der Fall zu sein (Atomgewicht 35 und 37), während beim Wasserstoff sich bis jetzt nichts Ungewöhnliches finden ließ. Quecksilber scheint dagegen aus 3—4 Isotopen zu bestehen, deren Atomgewicht um den Wert 200 schwankt. Der Nachweis solcher Isotopen ist, nach Aston, durch Photographie der Bahnen möglich, die die positiven Ionen der betreffenden Elemente in Kanalstrahlenröhren (S. 281) unter der Einwirkung eines Magnetfelds und elektrischen Felds von bekannter Stärke beschreiben.

[4]) Man kann mit seiner Hilfe das Alter radiumhaltiger Mineralien berechnen.

wieder zu erwecken und aus unedeln Metallen Gold zu machen, ist theoretisch nicht von der Hand zu weisen. Wir sehen ja, daß sich Elemente in andere verwandeln; aber — sie tun es freiwillig. Wollten wir sie *zwingen*, wollten wir an den Bau der Atome selbst rühren, dann zeigt uns die Wärmetönung des Radiumzerfalls die Grenzen unserer Macht: wir müßten dann in der Lage sein, Temperaturen oder elektrische Kräfte anzuwenden, die das Hunderttausendfache unserer jetzigen Höchstleistungen betragen.

„Der Bau der Atome selber" — ganz unmerklich ist dieser Begriff in unseren Gedankenkreis getreten, mit dem wir in die Gebiete der allerletzten Errungenschaften der Physik, um nicht zu sagen: der Philosophie, gelangen. Wir wollen unsere große Wanderung durch die Gebirge der Chemie nicht beschließen, ohne von ihren höchsten Gipfeln aus noch einen Blick in dieses wunderbare Neuland geworfen zu haben.

Was lehren uns die Radioelemente über den Bau der Materie und damit schließlich über den Bau der Atome? Zunächst einmal, daß mindestens die Atome der Radioelemente zum Teil aus Heliumjonen und Elektronen bestehen müssen. Die Alphateilchen führen auf einem Heliumatom 2 positive Elementarladungen (positive Elektronen) mit sich, die Betastrahlen sind freie negative Elektronen. Obwohl es uns noch nicht gelungen ist, auch freie positive Elektronen aufzufinden, hindert uns nichts, anzunehmen, daß auch sie frei von Materie bestehen können. Wir können demnach das positive und negative Elektron ($\oplus$ und $\ominus$) geradezu als zwei verschiedene „Atome" betrachten, insofern, als aus ihrer Verbindung mit den gewöhnlichen Atomen die Ionen entstehen. In der Verbindung der Elektronen selbst[1]: $\oplus\ominus$, läge vielleicht der *Weltäther* vor, der, unwägbar, alles erfüllend und durchdringend, Träger der Licht- und magnetelektrischen Erscheinungen ist. Da Metalle die besten Leiter für Elektrizität sind, diese aber durch ein Strömen von Elektronen zustande kommt, scheint in den Metallen eine besonders leichte Verschiebbarkeit von Elektronen vorzuliegen. Ein sehr kühn klingender, Ihnen aber jetzt wohl verständlicher Satz von *Nernst* nennt Metalle „Lösungsmittel des Lichtäthers, in denen die Dissoziation des Äthers:

$$\oplus\ominus = \oplus + \ominus$$

erhebliche Beträge angenommen hat." Man hätte sich die Wirkung eines Metalls auf den Äther etwa so zu denken:

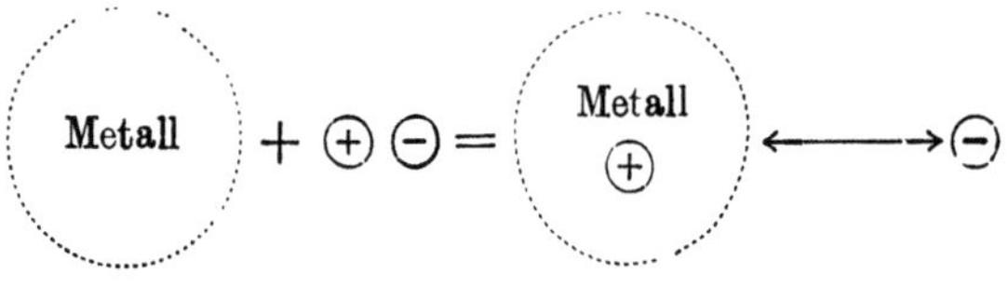

Hält das Metall das positive Elektron sehr fest, dann wird dessen elektrostatische Anziehung auf das negative sehr gering, dieses also

[1]) Die Verbindung von positivem und negativem Elektron wird auch „*Neutron*" genannt.

leicht verschieblich sein. Man müßte es also durch geringe Energiemengen losreißen können. In der Tat bewirkt Belichtung mit violetten und ultravioletten Strahlen, daß aus der Oberfläche von Alkalimetallen freie negative Elektronen austreten. Den Grad des Festhaltebestrebens für positive Elektronen nennt man Elektroaffinität. Er ist, wie gesagt, bei Metallen groß; am größten bei den Alkalimetallen, deren großes Atomvolumen (S. 248) eine genügende Aufnahmefähigkeit gewährleistet. Durch die große Elektroaffinität der Metalle erklärt es sich, warum sie die positiven Ladungen mitnehmen, wenn sie in Lösung gehen. Das unter der Wirkung eines größeren oder kleineren Lösungsdrucks (S. 256) sich lösende Metall bildet keine gelösten Atome, sondern positive Ionen. Die Folge dieser Mitnahme positiver Elektrizität ist, daß auf dem ungelösten Teil ein Überschuß an negativer bleibt. Ein sich in Säure lösender Zinkstab wird infolgedessen negativ elektrisch, die Säure selbst, unter dem Einfluß der positiven Ionen, positiv. (Grundlage der galvanischen Elemente.) Da sich gleichnamige Ladungen abstoßen, werden die Ionen eine gegen den Lösungsdruck des Metalls rückwirkende Kraft ausüben, die zu einem Gleichgewicht

$$\text{Metall} \rightleftarrows \text{Ionen}$$

führt, dessen Lage vom Lösungsdruck des Metalles abhängt. Auch Wasserstoff kann metallische Eigenschaften annehmen (siehe S. 268). Wenn man ein mit diesem Gas beladenes Platinblech in Flüssigkeiten stellt, so zeigt der Wasserstoff das Bestreben, positive Ionen in die Lösung zu senden (wobei das Platinblech negativ wird). Der Lösungsdruck wird um so größer sein, je weniger gleichnamige Ionen in der Flüssigkeit sind, die ihm entgegenwirken. Da die Größe der Ladung, die ein Metall in Flüssigkeiten annimmt, abhängig ist von seinem Lösungsdruck, ist sie endlich auch von der Konzentration der in der Lösung vorhandenen positiven Ionen abhängig, wie eine Formel von Nernst zeigt. Bei sehr kleinem Lösungsdruck, wie ihn die halbedeln und edeln Metalle haben, genügt schon eine so geringe Ionenkonzentration, wie sie metallisierter Wasserstoff liefert, um das Gleichgewicht

$$\text{Metall} \rightleftarrows \text{positive Ionen}$$

völlig nach links, im Sinne des unteren Pfeiles, zu verschieben. Diese Metalle nehmen also gegenüber Wasserstoff positive Ladungen an. Aus dem entgegengesetzten Grund verdrängen Metalle mit großem Lösungsdruck die Ionen von Metallen mit geringerem Lösungsdruck[1]). Blei wird durch Zink ausgefällt, während dieses selbst in Lösung geht (S. 255).

Die Elektrizitätsleitung in Metallen erfolgt durch die leicht verschiebbaren negativen Elektronen. Sie haben, wie wir wissen, eine scheinbare Masse, d. h. sie zeigen die Erscheinungen der Massenträgheit, wenn auch aus anderen Gründen, als es die Materie tut. Durch die Wirkung der Massenträgheit gelingt es z. B., eine mit Kugeln gefüllte Rinne mit einem plötzlichen Ruck unter den Kugeln wegzuziehen; die Kugeln bleiben

---

[1]) Ordnet man die Metalle nach ihrem Lösungsdruck, so erhält man die elektrische Spannungsreihe, in der jedes Metall das folgende aus seinen Lösungen verdrängt: K, Ca, Mg, Al, Zn, Fe, Sn, Pb, H, Cu, As, Hg, Ag, St, An.

infolge ihres Beharrungsvermögens in Ruhe und fallen an einem Ende der Rinne zu Boden (Fig. 77). Ähnlich müßte es gelingen, durch sehr rasche Bewegung einen Metallstab gewissermaßen „unter seinen negativen Elektronen wegzuziehen“, so daß man am einen Ende eine Elektronenanhäufung, d. h. eine negative Ladung, erhielte.

Der Versuch wurde 1916 von Tolman, Stewart und Einstein gemacht und er gelang.

Millikan, Regener u. a. haben kleinste Öltröpfchen mit elektrischen Ladungen versehen und beobachtet, daß die Ladungen nicht stetig, sondern sprunghaft, in „Quanten“, wachsen. Diese Quanten entsprechen eben der Ladung eines Elektrons. Demgegenüber führen nach Ehrenhaft kleinste Ölkugeln noch Ladungen mit sich, die weit kleiner sind als die eines Elektrons. Auch hat er größere Ladungen beobachtet, die sich nicht als ganze Vielfache dieses Wertes darstellen lassen. Die Frage, ob eine noch kleinere Einheit als das Elektron angenommen werden muß, ist noch unentschieden. Immer-

Fig. 77. Nachweis von Elektronen.

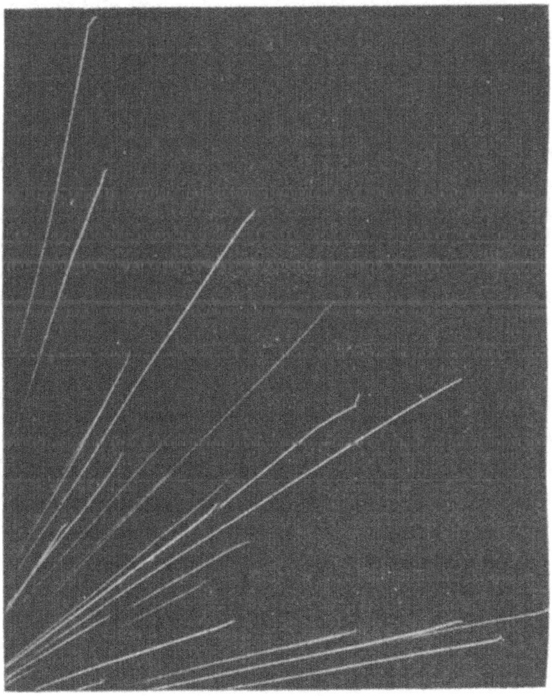

Fig. 78. Bahnen von Alpha-Teilchen.

hin wird durch diese Unsicherheit ja nicht der Begriff, sondern nur die Größenordnung des Elektrons betroffen.

Soviel über die Struktur der Materie und die Elektronen. Über den Bau der Atome hat die Erforschung der Alpha- und Röntgenstrahlen weiteren Aufschluß gebracht. Man hat beobachtet, daß die Alphastrahlen, nachdem sie einen bestimmten Weg in der Luft zurückgelegt haben, plötzlich aufhören. Hier ist eine Photographie dieser Strahlen, die das plötzliche Abbrechen gut zeigt (Fig. 78). Die Photographie stellt nicht die Alphastrahlen selbst dar, sondern Nebelstreifen, die sie durch ihre Ionisationswirkung in durchsichtigem Wasserdampf erzeugt haben. Diese Ionisationswirkung ist eine Folge der positiven Ladung der Alphateilchen. Wird sie durch eine entsprechend große negative neutralisiert, so wird aus dem Alphateilchen (Heliumjon) ein Heliumatom. Dieses kann die Luft nicht mehr ionisieren, kann also auch keinen Nebel in Wasserdampf erzeugen. Das plötzliche Abbrechen bezeichnet demnach den Punkt der Flugbahn, an dem die positive Ladung des Alphateilchens neutralisiert ist. Die Länge der Flugbahn heißt Reichweite. Sie ist bei verschiedenen Radioelementen verschieden groß — im allgemeinen um so größer, je kürzer die Halbwertszeit — und schwankt zwischen etwa 2 und 7 cm. Wodurch die positive Ladung der Alphateilchen neutralisiert wird, lassen wir zunächst noch unerörtert und betrachten lieber eine weitere Eigentümlichkeit an dem Abbild der Alphastrahlen, nämlich die Knicke, die manche am Ende ihrer Bahn zeigen, wie es z. B. beim obersten Strahl deutlich zu sehen ist. Man hat den Eindruck, als sei das Alphateilchen plötzlich zur Seite gestoßen worden. Diese Erscheinung war es hauptsächlich, die Rutherford veranlaßte, seine Theorie von dem Bau der Atome aufzustellen. Nach ihr besteht ein Atom aus einem positiv geladenen Kern, der von einer Anzahl Elektronen in verschiedenen Abständen umkreist wird. Wir haben eine Art Planetensystem im kleinsten vor uns. Ein Atom ist also kein kompaktes Gebilde, sondern im Gegenteil: der größte Teil seines Raumes ist leer. Um Ihnen einen Begriff von den hier in Betracht kommenden Zahlen zu geben, will ich Ihnen die Werte anführen, die man aus den verschiedensten Beobachtungen errechnet hat — wobei man sich Atom, Kern und Elektron kugelförmig denkt.

Radius eines Atoms (H) etwa ein zehnmilliontel mm
Radius eines Elektrons etwa zwei billiontel mm
Radius eines Atomkerns (H) etwa ein tausendbilliontel mm

Diese Dimensionen sind so unvorstellbar klein, daß wir sie mit größeren vergleichen müssen. Denken wir uns ein Wasserstoffatom so groß wie die ganze Erdkugel, dann würde im Verhältnis der Atomkern eine Kugel von 12 cm Durchmesser sein, während ein negatives Elektron etwa 250 m Durchmesser hätte und in 3200 km Abstand vom Kern um ihn kreiste. Ein Wasserstoffatom besteht aus dem Kern und einem Elektron. Es ist jedenfalls am einfachsten gebaut. Bei anderen muß man viel mehr Elektronen in verschiedenen Entfernungen vom Kern annehmen. Wir deuten das durch die Fig. 79 an. Ein Alphateilchen könnte nun sehr wohl durch ein solches Atomsystem durchfliegen. Fliegt es durch das äußere Gebiet der Elektronen, so wird es von ihnen entweder kaum merkbar angezogen, oder es vereinigt sich bei direktem Auftreffen mit zwei von ihnen, wodurch seine doppelte positive Elementarladung neutralisiert wird; damit erlischt seine Ionisationskraft — der Alphastrahl bricht plötzlich ab. Anders, wenn ein Alphateilchen in der Nähe des Kerns vorbeifliegt. Dessen positive Ladung ist sehr stark, denn sie muß ja der aller umgebenden Elektronen das Gleichgewicht halten. Sie wird also auf das gleichnamig geladene Alphateilchen eine stark abstoßende Wirkung ausüben: der Strahl zeigt einen Knick.

Aus der Größe dieser Knicke hat man den Wert der Kernladung der Elementaratome berechnet, wobei man die Ladung des Wasserstoffkerns als Bezugseinheit wählte. Es hat sich herausgestellt, daß die Kernladung einen Wert hat, der meist halb so groß ist wie das Atomgewicht des betreffenden Elementes. Demnach hat z. B. Stickstoff die Kernladungszahl 7, Sauerstoff 8, Calcium 20 usw. Es ist nun sehr merkwürdig, daß die Elemente im periodischen System gerade an der Stelle stehen, die ihre Kernladungszahl angibt: Stickstoff an siebenter, Sauerstoff an achter, Calcium an zwanzigster Stelle. Wegen dieser auch für die anderen Grundstoffe ganz oder näherungsweise zutreffenden Regelmäßigkeit hat man die Kernladungszahl die Ordnungszahl des betreffenden Elementes genannt. Jedes Atom hat so viel positive Kernladungen und negative Elektronen und steht im periodischen System an so vielter Stelle, wie seine Ordnungszahl beträgt. Es ist sehr wahrscheinlich, daß in den schweren Atomen viele positive Kerne (Heliumkerne) durch negative Elektronen zusammengehalten werden. Über die nähere Struktur dieser Kerne lassen sich zur Zeit noch keine Angaben machen.

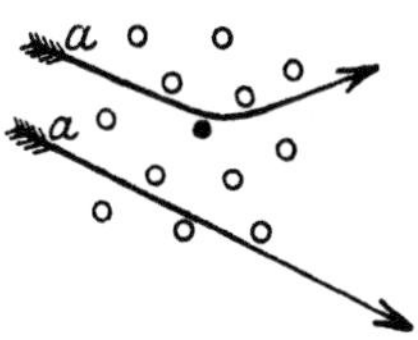

Fig. 79. Durch ein Atom fliegende Alphateilchen.

Wir haben jetzt unseren Standpunkt gegen früher verschoben; statt des Atomgewichtes erscheint uns jetzt die durch die Ordnungszahl ausgedrückte Ladung des Atomkerns als die „Grundeigenschaft“, die die stoffliche Eigenart des Atoms bestimmt. Eine stoffliche Verschiedenheit hat also ihre letzte Ursache in einer Verschiedenheit der Kernladung. Der Verlust eines Alphateilchens vermindert die Kernladung um 2 Elementarladungen. Der Verlust eines negativen Elektrons macht eine bisher gebundene positive Ladung auf dem Kern frei, die Kernladung wird erhöht, die stofflichen Eigenschaften „verdichten“[1]) sich. Das durch Betastrahlung entstehende Element rückt infolgedessen im periodischen System nach rechts, das durch Alphastrahlung entstehende nach links. Der durch Alphastrahlung eintretende Verlust von 2 Kernladungseinheiten kann durch Abgabe zweier Elektronen, durch die zwei positive Einheiten im Kern freigegeben werden, ausgeglichen werden. Man hat dann ein Element, das wieder die gleiche Kernladungszahl hat, wie das erste. Es wird ihm also stofflich gleichen, während sein Atomgewicht um das des Heliums, nämlich 4 Einheiten, kleiner ist; es wird demnach ein Isotopes des ersten sein.

Schon aus diesen Ergebnissen geht die grundlegende Bedeutung

[1]) Dies ist natürlich nur bildlich gemeint!

der Kernladungszahl und damit auch der Ordnungszahl hervor. In einem noch helleren Licht erschien sie, als man gewisse Gesetzmäßigkeiten im Verhalten der Röntgenstrahlen richtig zu deuten verstand. Man wußte seit längerer Zeit, daß Elektrizität, strahlende Wärme, Licht und die hauptsächlich chemisch wirksame ultraviolette Strahlung durch Ätherwellen hervorgebracht wird, die sich lediglich durch ihre Länge unterscheiden. Die längsten Wellen (mehrere Kilometer bis 2 mm) verwenden wir in der drahtlosen Telegraphie; wir selbst haben keine Empfindung für Elektrizität. Die kürzeren wirken auf bestimmte Nerven unserer Haut; wir nennen sie Wärme (0,35—0,0008 mm). Noch kürzere empfinden wir mit dem Auge als Licht (760—380 Milliontel Millimeter). Unterhalb 380 Milliontel Millimeter Länge empfinden wir Wellen nicht mehr; wir gelangen in das Gebiet des Ultraviolett, für das z. B. die photographische Platte eine Art künstliches Auge darstellt. Hertz und Maxwell haben nachgewiesen, daß Licht und Elektrizität im Grunde wesensgleich sind. Man kann also von einem die Wellenlängen aller erwähnten Energiearten umfassenden „Spektrum der Ätherwellen" (elektromagnetisches Spektrum) sprechen, in dem das uns sichtbare Spektrum nur einen ganz kleinen Teil bildet (Fig. 80). Alle diese Wellen haben nun ein gemeinsames Merkmal. Durch bestimmte Vorrichtungen kann man sie zwingen, von ihrer gradlinigen Bahn, längs derer sie sich ausbreiten, abzuweichen; man kann sie, wie man sagt, beugen. Beugung tritt zum Beispiel ein, wenn man die Wellen durch eine Reihe von Spalten gehen läßt, deren Breite nicht größer ist, als etwa das 40fache der Wellenlänge. Solche Spaltreihen, die man je nach der Wellenart aus Drähten machen, in Blech schneiden oder auf Glas ritzen kann, nennt man Beugungsgitter. Um elektrische Wellen zu beugen, wird man sehr große Spaltbreiten brauchen können. Um Lichtwellen zu beugen, bedarf es Gitter, deren Spaltbreite das vierzigfache von etwa 500 Milliontel Millimeter also, 20000 Milliontel oder $^1/_{50}$ Millimeter beträgt. Man hat mit Gittern, bei denen man feine Striche in diesem (und noch viel kleinerem) Abstand auf Glas geritzt hatte, wirklich Beugungserscheinungen beim Licht erhalten. Das Bild eines Spaltes erschien auf einem Schirm zur Seite verschoben, nachdem man das Gitter in den Weg des Strahls gestellt hatte. Man folgerte deshalb: liegt einer Erscheinung Wellennatur zugrund, so muß man durch passende Gitter Beugung erzielen können.

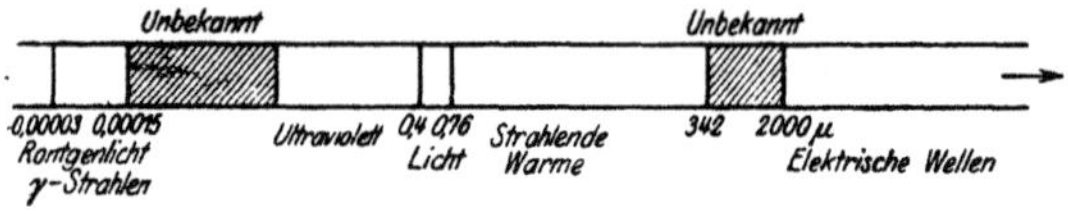

Fig. 80. Elektromagnetisches Spektrum.

Die Röntgenstrahlen spotteten aller derartiger Bemühungen. Sind sie keine Wellen? Gehören sie nicht in das elektromagnetische Spektrum? Man ließ sie durch Gitter strahlen, in denen nicht nur 50, sondern 1700 Striche auf den Millimeter eingeritzt waren — umsonst; nichts war zu sehen; gradlinig strahlten sie in den Raum. Nun gab es zwei Möglichkeiten: entweder die Röntgenstrahlen sind wirklich keine Ätherwellen, oder sie sind so ungeheuer kurz, daß selbst Gitter von $^1/_{1700}$ mm Spaltbreite noch zu grob sind. Da kam der Physiker Laue auf einen genialen Gedanken. Er suchte nach natürlichen Gittern, die noch viel feiner sind als die, die wir mit Maschinen machen können, und fand sie in den Krystallen. In diesen Gebilden liegen die Moleküle in regelmäßiger Anordnung neben- und hintereinander, getrennt durch Zwischenräume von etwa 8 Zehnmillionteln Millimeter. Man kann einen Krystall auffassen als ein den ganzen Krystallraum durchziehendes, sich in verschiedenen Winkeln schneidendes Netz von mit Molekülen besetzten Ebenen, die in einem gegenseitigen Abstand von 8 Zehnmillionteln Millimeter liegen. Da hätten wir ja ein Beugungsgitter von ganz unvorstellbarer Feinheit! Und richtig: als, auf Anregung Laues, seine Schüler Friedrich und Knipping den Abstand der Netzebenen als Spalten benutzten, indem sie einen Röntgenstrahl durch einen Zinkblendekrystall schickten, erhielten sie auf einer dahinter aufgestellten photographischen Platte nach dem Entwickeln das in Fig. 81 abgebildete, wunderbar regelmäßige Beugungsbild. Der schwarze Fleck in der Mitte ist ein Abbild des geradlinig durch den Krystall gegangenen Teils des Röntgenlichtes; rund um ihn liegen die Beugungsbilder, aus deren Lage sich genaue Schlüsse hinsichtlich der Wellenlänge des Röntgenlichtes und der Anordnung der Netzebenen und der sie bildenden Moleküle ziehen lassen. Danach entsprechen dem Röntgenlicht die kleinsten bis jetzt bekannten Wellen, deren Länge zwischen 3 und 15 Hundertmillionteln Millimeter schwankt. Die Röntgenbeugungsbilder, oder, wie man sie meist nennt, Laue-Diagramme, sind auch von größter Bedeutung für die Kenntnis der feinsten Einzelheiten im Bauplan der Krystalle geworden. Sie sehen hier ein Strukturbild eines Chlornatriumkrystalls (Fig. 82). Näher wollen wir darauf nicht eingehen, denn es kam mir nur darauf an, Ihnen zu zeigen, daß die genaue Ausmessung der Lage von Atomen und Molekülen nicht mehr in den Bereich phantastischer Träumereien gehört.

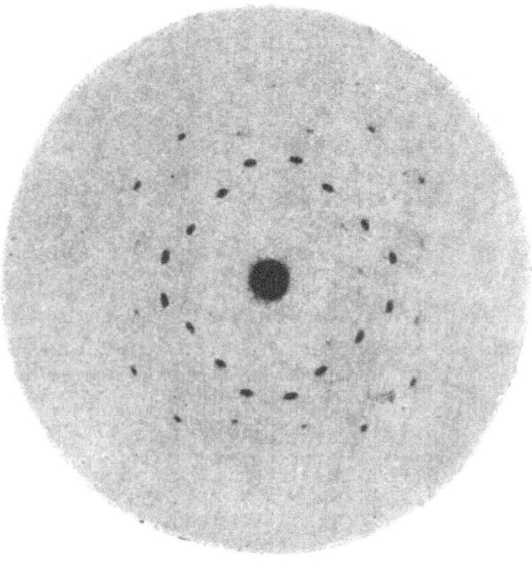

Fig. 81. Das erste Beugungsbild der Röntgenstrahlen.

Was hat das alles mit der Kernladung zu tun, werden Sie fragen. Gar nichts. Sie bedurften lediglich der Kenntnis der Beugungserscheinungen bei Röntgenstrahlen, um das zu verstehen, was wir jetzt besprechen wollen.

Man erhält nämlich sehr merkwürdige, auf Beugung beruhende

Erscheinungen auch dann, wenn man das Röntgenlicht nicht durch einen Krystall hindurchgehen läßt, sondern wenn es von ihm, wie von einem Spiegel, zurückgeworfen wird. Nach der Anschauung von Bragg kann man sich vorstellen, daß durch eine Reihe hintereinander gelegener Netzebenen unter Umständen ähnliche Erscheinungen bei Röntgenstrahlen hervorgerufen werden, wie sie in den „Farben dünner Blättchen" beim sichtbaren Licht vorliegen. Diese von Seifenblasen her bekannten prächtigen Farben entstehen dadurch, daß sowohl von der Vorder- als der Rückseite des unendlich dünnen Seifenhäutchens Licht zurückgeworfen wird. Dadurch lagern sich zwei Lichtwellenzüge übereinander, und zwar unter Umständen so, daß gerade ein Wellenberg des einen mit einem Wellental des zweiten zusammenfällt und dadurch ausgelöscht wird (Fig. 83). Es verschwinden dann aus dem weißen Licht einzelne Wellenlängen, wodurch es farbig erscheint. Man nennt diese gegenseitige Auslöschung von Wellenzügen Interferenz. So wie es eine Auslöschung durch Interferenz gibt, so gibt es auch eine Verstärkung durch Interferenz (Fig. 83). Das Eintreten bestimmter Interferenzen hängt von der Dicke der Schicht im Verhältnis zu den in Frage kommenden Wellenlängen ab. Auch Röntgenstrahlen können durch Interferenz ausgelöscht oder verstärkt werden; und zwar hängt das Eintreten dieser Fälle ab von der Wellenlänge des Röntgenlichts, dem Winkel, unter dem es auf das System von Netzebenen fällt und dem Abstand der Netzebenen. Da wir keine Empfindung für Röntgenlicht besitzen, dürfen wir keine Interferenzfarben erwarten. Wir werden vielmehr eine Verstärkung durch Interferenz nur mit der photographischen Platte nachweisen können. Fällt ein Bündel paralleler Röntgenstrahlen (x_1, x_2, x_3) auf ein System von Netzebenen A B C in passendem Abstand schräg auf (Fig. 84), so tritt im allgemeinen Auslöschung durch Interferenz ein. Nur wenn der Winkel α, unter dem sie auftreffen, der Glanzwinkel, in einem bestimmten Verhältnis zur Wellenlänge steht, dann tritt eine Verstärkung ein, der zufolge ein Bündel Strahlen in der Richtung x_4 austritt. Man empfängt dann den Eindruck, als sei das ursprüngliche Strahlenbündel von der Oberfläche des Körpers in Richtung x_4 zurückgeworfen worden und man

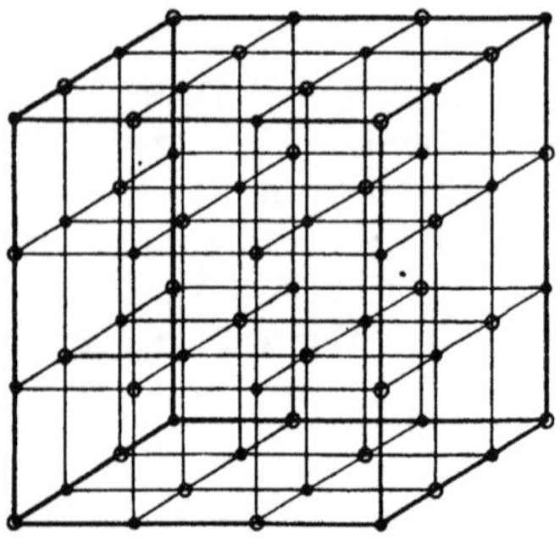

Fig. 82. Struktur eines Chlornatriumkrystalls.
Abstand der Netzebenen etwa 8 Zehnmilliontel Millimeter.
● = Na
○ = Cl

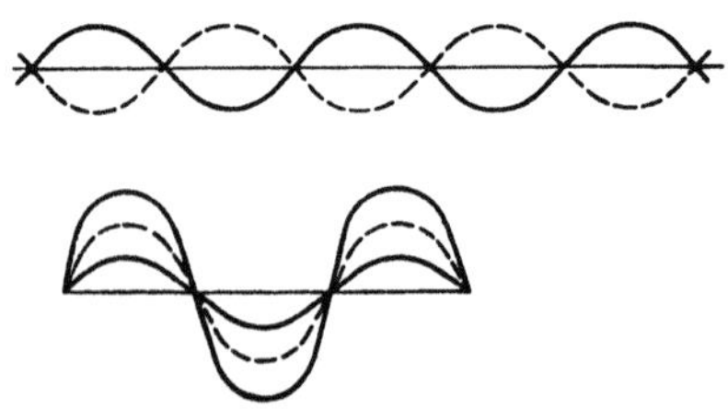

Fig. 83. Interferenz von Wellenzügen.
a Auslöschung
b Verstärkung

erhält auf einer dort aufgestellten Platte nach der Entwicklung einen schwarzen Streifen. Wenn nun aber in diesem Strahlenbündel nicht nur, wie wir bis jetzt annahmen, Röntgenlicht einer Wellenlänge vorhanden ist, sondern verschiedener Längen? Dann wird in Richtung x_4 nur das Bündel herausgehen, das die zu dem Glanzwinkel α und dem Abstand der Netzebenen passende Wellenlänge hat. Die Netzebenen filtrieren also gewissermaßen eine bestimmte Wellenlänge heraus. Ändern wir den Glanzwinkel α, dann wird ein Bündel von anderer Wellenlänge in anderer Richtung herausgehen. Wir lassen nun Röntgenlicht

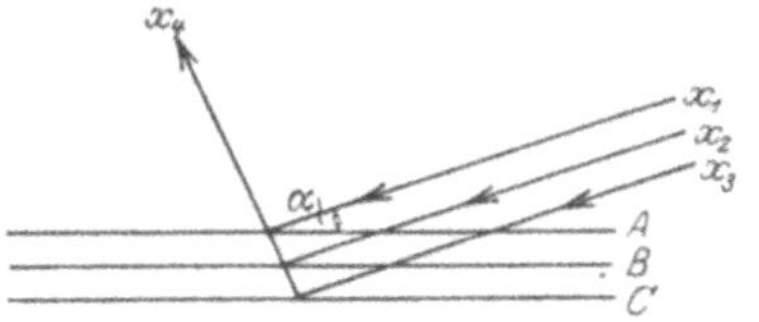

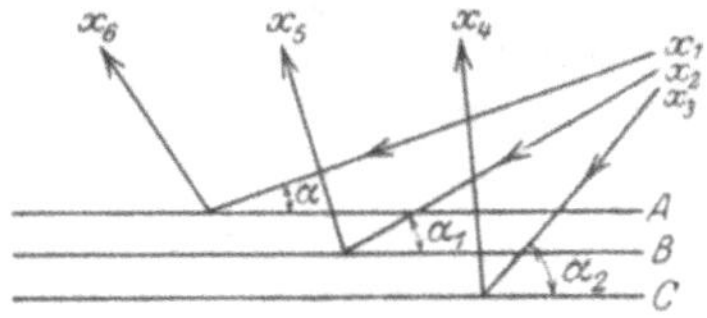

Fig. 84. Fig. 85.
Interferenz von Röntgenstrahlen.

verschiedener Wellenlängen nicht parallel, sondern auseinanderlaufend (divergent) auf das System von Netzebenen fallen. Wie Fig. 85 erkennen läßt, erhält man unendlich viele verschieden große Glanzwinkel α, α_1, α_2 usw.

Für jeden dieser Glanzwinkel ist eine bestimmte Wellenlänge nötig, falls Verstärkung durch Interferenz eintreten soll. Ist diese Wellenlänge im Bündel $x_1 - x_3$ vorhanden, so wird sie in einer, für jede Länge und jeden Glanzwinkel anderen Richtung $x_4 - x_6$ zurückgeworfen. Man erhält also auf der photographischen Platte für jede vorhandene Wellen-

Fig. 86. Röntgenspektrum.
(L — Spektrum des Aldebaraniums.)

länge an einer bestimmten Stelle einen schwarzen Streifen. Die Ähnlichkeit mit dem durch ein Prisma erzeugten Spektrum liegt auf der Hand; man spricht deshalb auch geradezu von einem Röntgenspektrum (Fig. 86). (Diese „Reflexion" der Röntgenstrahlen an Netzebenen ist grundsätzlich verschieden von der der Lichtstrahlen an Spiegeln. Wären beide Erscheinungen gleich, so müßten bei der Spiegelung des Lichtes verschiedene Wellenlängen, die unter gleichen Winkeln auftreffen, unter verschiedenen Winkeln zurückgeworfen werden; man müßte also z. B. statt eines Spiegelbilds der Sonne ihr

Spektrum erhalten. Das gleiche müßte bei divergenten Strahlen eintreten.)

Diese Röntgenspektren haben nun einen äußerst bedeutungsvollen Aufschluß über den Bau der Atome gebracht. Die Lage ihrer Linien hängt nämlich von dem Stoff ab, der die zurückwerfenden Netzebenen liefert, praktisch also von dem Material des den Elektronenstrom bremsenden Körpers (Antikathode), der in der Röntgenröhre der Kathode gegenüber steht und zum Ausgangspunkt des Röntgenlichts wird. Untersuchungen des englischen Physikers Moseley haben ergeben, daß die den Linien entsprechenden Wellenlängen um so kürzer sind, je größer die Ordnungszahl des betreffenden Elementes ist. Die Elemente niederer Ordnungszahl liefern nur ein aus fünf Linien bestehendes System, das K-Spektrum. Vom Zink an tritt außer dem K-Spektrum noch ein zweites

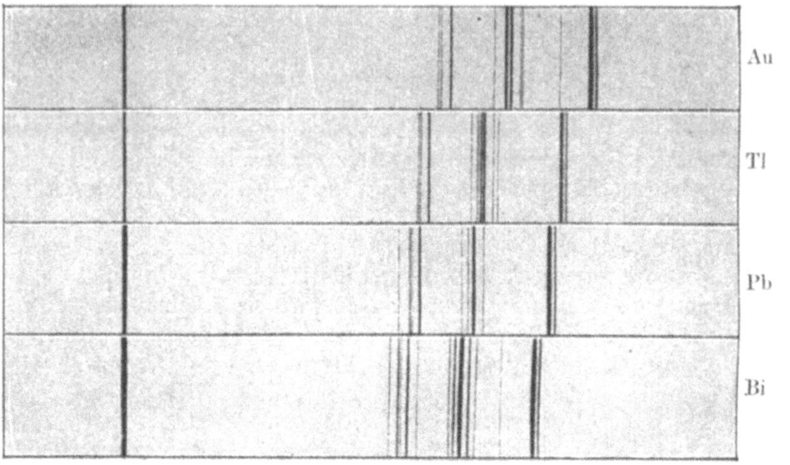

Fig. 87. L-Spektren nach Moseley.

Liniensystem, das aus 10—14 Linien größerer Wellenlänge bestehende L-Spektrum dazu; die Elemente mit höchster Ordnungszahl (Au bis U) liefern noch außer diesen beiden eine dritte, noch längerwellige Serie von 7 Linien, das M-Spektrum. Hier ist eine Wiedergabe der Aufnahme eines Teils des K-Spektrums der Elemente Gold bis Wismut, entsprechend den Ordnungszahlen 79—83 (Fig. 87).

Die Einzelbilder sind so angeordnet, daß Stellen gleicher Wellenlänge untereinander stehen, und man sieht auf den ersten Blick, wie ein ständiges Weiterrücken der Linien nach der Seite der kürzeren Wellenlängen hin stattfindet. Die einzelstehende Linie links ist nur eine Vergleichslinie, die dazu dient, die Stellen gleicher Wellenlängen senkrecht übereinander zu bringen. Die Verschiebung ist so regelmäßig, daß ein etwa fehlendes Element eine deutliche Unregelmäßigkeit verursachen müßte. Man sieht eine solche Unregelmäßigkeit auf den ersten Blick an dem unverhältnismäßig großen Sprung zwischen Gold (Au) und Thallium

(Tl). Ein Blick auf das periodische System zeigt, daß hier das Element mit der Ordnungszahl 80, Quecksilber, (Hg), fehlt. Man weiß daher auch, wo noch Lücken im periodischen System bestehen. Es fehlen noch die Elemente mit den Ordnungszahlen 43, 61, 72, 75, 85 und 87. Wo Zweifel über die Reihenfolge im periodischen System bestehen (wie in den Fällen Co — Ni und Te — J) schaffen die Röntgenspektren sofort Klarheit. Sie zeigen, daß die Reihenfolge Co — Ni die von der Natur bedingte ist; nicht die nach dem Atomgewicht richtige Ni — Co. Auch für Tellur und Jod hat das Röntgenspektrum im Sinne Te — J entschieden. Hier ist ein sinnfälliger Beweis dafür, daß in der Tat nicht das Atomgewicht, sondern die Kernladung die Grundeigenschaft ist, nach der wir suchten.

Führt man statt der Wellenlänge den Begriff der Schwingungszahl ein, so kommt man zu einer überraschend einfachen Beziehung. Die Schwin-

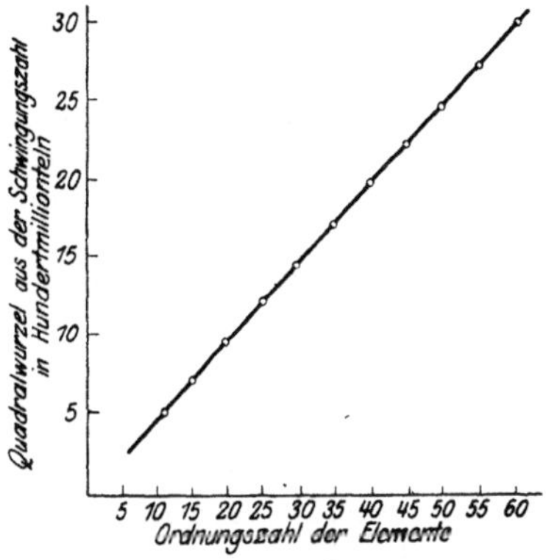

Fig. 88. Abhängigkeit der Schwingungszahl von der Ordnungszahl.

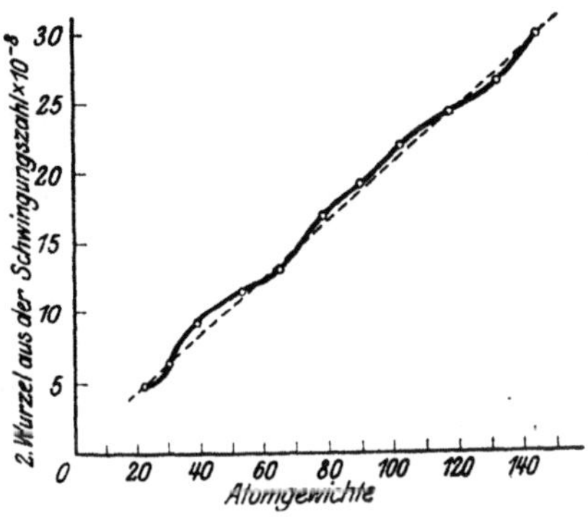

Fig. 89. Abhängigkeit der Schwingungszahl vom Atomgewicht.

gungszahl ist um so größer, je kleiner die Wellenlänge. Denn da sich die Ätherwellen in der Sekunde um 300000 km fortpflanzen, so müssen in der Sekunde so viel Schwingungen erfolgen, daß diese ganze Strecke gewissermaßen „mit Wellen besetzt" ist, und je kürzer die Wellen, desto mehr gehen auf die Strecke von 300000 km. Sie sehen, daß man die Schwingungszahl erhält, wenn man die Wellenlänge in 300000 dividiert. Zieht man nun aus diesen Schwingungszahlen die Quadratwurzeln[1]) und trägt sie als Ordinaten ein, während die Ordnungszahlen der zugehörigen Elemente die Abszissen bilden, so erhält man genau eine gerade Linie (Fig. 88).

Aus dieser Kurve kann man ohne weiteres folgenden Satz entnehmen: Die Quadratwurzel aus der Schwingungszahl der einer bestimmten Röntgenlinie entsprechenden Röntgenlichtwelle wächst direkt proportional mit der Ordnungszahl des sie liefernden Elements. Für jede Einheit, um die die Ordnungszahl wächst, wächst die Quadratwurzel der Schwin-

[1]) Quadratwurzel einer Zahl a, geschrieben $\sqrt[2]{a}$, ist die Zahl, die mit sich selbst multipliziert, d. h. ins Quadrat erhoben, a ergibt. $\sqrt[2]{25} = 5$, denn $5 \cdot 5$ oder $5^2 = 25$.

gungszahl um einen bestimmten, stets gleichen Betrag. Dies ist das Moseleysche Gesetz der Röntgenspektren. Was uns das Atomgewicht wie durch einen Schleier zeigte, hier liegt es klar zutage. Die Kernladung bestimmt die natürliche Reihenfolge der Elemente, so daß man, mit Sommerfeld, geradezu von einem natürlichen System der Elemente im Gegensatz zum periodischen sprechen kann. Daß wirklich die Kernladung, nicht das Atomgewicht, die gesuchte „Grundeigenschaft" ist, zeigt die von einer geraden stark abweichenden Kurve Fig. 89, die die Beziehungen zwischen der Quadratwurzel aus der Schwingungszahl und dem Atomgewicht der Elemente darstellt. Wo bleibt nun im natürlichen System die Periodizität, das An- und Abschwellen bestimmter chemischer Eigenschaften? Statt der Hebungen und Senkungen der Atomvolumenkurve, statt der periodischen Wiederkehr von elektropositivem oder elektronegativem Charakter im periodischen System erblicken wir hier eine sanft ansteigende Gerade — das ausgesprochenste Gegenteil einer Periodizität, die sich zeichnerisch als Wellenlinie darstellen müßte. Wir ziehen also den letzten Schluß aus den Röntgenspektren: was sie hervorbringt, ist der Atomkern; da gibt es keine Periodizität. Die chemischen, periodisch wiederkehrenden Eigenschaften, die Flammenfärbungen, die (optischen) Linienspektren — alles das hat seine Wurzel in den äußeren Sphären des Atoms, in den Elektronenwolken, die als Planeten die Sonne des Kerns umgeben.

Auch in den (optischen) Linienspektren, wenigstens in den einfacheren, gelang es, Gesetzmäßigkeiten zu entdecken. Der Schweizer Balmer fand, daß sich der gegenseitige Abstand der Wasserstofflinien durch eine ganz merkwürdige Formel ausdrücken läßt. Die zu den Linien gehörenden Wellenlängen lassen sich nämlich dadurch erhalten, daß man eine bestimmte Zahl (3646,13) nacheinander mit $\frac{9}{5}, \frac{16}{12}, \frac{25}{21}$ usw. multipliziert. Man sieht, daß im Zähler der Brüche jeweils die Quadratzahlen von 3, 4 und 5 stehen. Auch die Nenner lassen sich als Differenz zweier Quadratzahlen darstellen, von denen die eine immer $2^2 (= 4)$ ist. Es ist nämlich: $5 = 3^2 - 2^2$, $12 = 4^2 - 2^2$, $21 = 5^2 - 2^2$. Man kann also statt $\frac{9}{5}$ auch $\frac{3^2}{3^2-2^2}$, statt $\frac{16}{12}$ auch $\frac{4^2}{4^2-2^2}$ schreiben usw. Bezeichnen wir endlich die im Zähler und Nenner gleichen Werte durch den Ausdruck m^2, so erhalten wir die Balmersche Formel: Die Wellenlänge λ der Wasserstofflinien (in zehnmilliontel Millimeter) ist:

$$\lambda = 3646{,}13 \cdot \frac{m^2}{m^2-2^2}$$

wobei m die Werte 3—31 annehmen kann[1]). Sämtliche dieser Formel genügende Linien nennt man eine Serie. Für andere Serien hat man dem Balmerschen ähnliche Gesetze gefunden. Sehr merkwürdig ist vor allem, daß das m nur von ganzen Zahlen zu ganzen Zahlen wächst.

[1]) Bei den höheren Werten für m (von m = 8 an) liegen die zugehörigen Linien im Ultraviolett.

Wie wir wissen, entstehen die Linien eines Linienspektrums durch verschiedene Schwingungen der Elektronen. Eine Aussendung von Licht (die ja die Ursache der Linienerscheinung ist) bedeutet doch eine Energieabgabe. Man bekommt daher fast den Eindruck, als ob hier Abgabe von Energie nur in bestimmten Beträgen, in Quanten, möglich sei; denn sonst müßte sich das m der Balmerschen Formel doch eher stetig ändern, nicht sprunghaft. Wie vor allem Plank gezeigt hat, ist es wirklich so. Aus den Beobachtungen gewisser Strahlungserscheinungen gewann er die Überzeugung, daß ein Atom nur Energiequanten gewisser (außerordentlich geringer) Größe abgibt, aber keine dazwischenliegenden Bruchteile. Die Größe eines Energiequantums q wächst gleichmäßig mit der Schwingungszahl v des schwingenden Ätherteilchens (bzw. Atoms oder Elektrons). Bei der Division von q durch v erhält man also stets denselben Wert K:

$$\frac{q}{v} = K.$$

K heißt Planksche Konstante oder Wirkungsquantum. Dies ist vielleicht eine der merkwürdigsten und fruchtbarsten Folgerungen der modernen Physik.

Auf Grund dieser Quantentheorie hat der dänische Forscher Bohr ein Atommodell erdacht, das die Balmersche Formel gut erklärt. Er nimmt an, daß um den Atomkern Elektronen kreisen, aber nur in bestimmten Abständen, nicht in beliebigen. Diese Elektronenbahnen nennt er, je nach ihrem Abstand vom Kern, eine einquantige, zweiquantige usw. Wird ein Elektron durch einen Stoß eines benachbarten von einer entfernteren Bahn in eine dem Kern nähere geschleudert, so wird dabei ein Energiequantum frei, dem eine bestimmte Schwingungszahl und damit eine bestimmte Spektrallinie entspricht. Der umgekehrte Fall, nämlich der Übergang von einer näheren auf eine entferntere Bahn, erfordert einen Arbeitsaufwand, da das Elektron ja gegen die Anziehungskraft des Kerns bewegt wird; dem würde etwa das Auftreten einer Absorptionslinie entsprechen. Die Trillionen und Trillionen durcheinanderwirbelnder Atome in einem Gas oder Dampf bewirken eine unendliche Zahl von Stößen, durch die einzelne Elektronen auf die verschiedensten Bahnen geschleudert werden. Die Gesamtheit dieser Veränderungen zeigt sich uns als die Emissions- und Absorptionslinien des Spektrums. Die chemische Valenz der Atome wird wahrscheinlich durch eine entsprechende Zahl besonders locker gebundener Valenzelektronen hervorgerufen, die eine Bindung zu einem anderen Atomkern herstellen; allerdings kann man damit noch nicht die wechselnde Wertigkeit vieler Elemente erklären; Sie sehen, daß noch viel zu tun bleibt, daß zur Strukturchemie der Moleküle nun die Strukturchemie der Atome getreten ist. Ein neues Gebiet von überwältigender Größe!

Wie wir schon sagten, müßte der, der an die Kerne der Atome selbst rühren will, die größten nur denkbaren Energien aufwenden. Auch das hat man schon, und zwar mit Erfolg, versucht. Rutherford hat die

Energie durch den Raum rasender Alphateilchen benutzt, um mit ihnen die Atomkerne leichter Gase zu bombardieren. Er benutzte Alphateilchen mit 7 cm Reichweite und berechnete, daß er durch ihren Zusammenprall mit Atomkernen diesen selbst solche kinetische Energie mitteilen könnte, daß sie imstande wären, Zinksulfid beim Auftreffen zum Leuchten zu bringen. Nach Rutherfords Rechnung müßte durch Anprall eines α-Teilchens von 7 cm Reichweite ein Stickstoffkern 9,3 cm weit geschleudert werden; d. h. er müßte noch in dieser Entfernung Zinksulfid zum Leuchten bringen. Er erhielt auch wirklich Stickstoffbahnen dieser Reichweite. Aber nicht nur das. Der Zinksulfidschirm leuchtete auch noch in 28 cm Entfernung. Es mußten also aus dem Stickstoffatom noch leichtere Teilchen abgesplittert sein, denen diese Reichweite zukommt. Aus der Ablenkung dieser leichteren Teilchen im magnetischen und elektrischen Feld bestimmte Rutherford ihre spezifische Ladung zu etwa 100 000 Coulomb aufs Gramm. Dieser Wert stimmt (in den Grenzen der Versuchsfehler) ausgezeichnet mit der spezifischen Ladung des Wasserstoffs (96 494 Coulomb) überein, so daß damit der Nachweis erbracht ist, daß bei der Zertrümmerung des Stickstoffkerns Wasserstoffionen ($H^{\cdot}$) auftreten. Es ist unnötig zu sagen, daß der Versuch unter den größten Vorsichtsmaßregeln hinsichtlich Ausschluß aller nur denkbaren Fehlerquellen angestellt wurde. Das Ergebnis ist von größter theoretischer Bedeutung. Eröffnet es doch zum ersten Male den Einblick in den Bau eines Atomkerns. Die Tatsache, daß einer seiner Bausteine Wasserstoff ist, bringt die Proutsche Hypothese wieder zu neuen Ehren. Vielleicht hat der englische Arzt mit seiner Vermutung, alle Atome seien aus Wasserstoff aufgebaut, schon vor über hundert Jahren mit der Sehergabe, die schließlich aller Forschung bestes Teil ist, in Gebiete der Erkenntnis geblickt, zu denen sich uns Nachgeborenen gerade erst zögernd die Tore zu öffnen beginnen. Denn auch der Abweichung der Atomgewichte von ganzen Zahlen wird man, im Zeitalter der Relativitätstheorie, nicht mehr die Bedeutung grundsätzlicher Unverträglichkeit mit der Proutschen Annahme beimessen. Besagen doch die auf Arbeiten von Lorentz u. a. aufgebauten, durch Versuche nahezu gesicherten genialen Untersuchungen Einsteins unter anderem verblüffenden auch das, daß Energie Masse erzeugen, oder, vielleicht anschaulicher gesagt: als Masse wirken kann [1]). (Wir sahen das bei den Elektronen, deren Bewegungsenergie als Masse wirkt.) Wenn nun mehrere Teile, also z. B. Wasserstoffionen, Heliumionen und negative „Kernelektronen", die die positiven Kernbestandteile $H^{\cdot}$ und $He^{\cdot\cdot}$ zusammenhalten, sich zum eigentlichen Atomkern zusammenlagern, so tritt dabei eine Umsetzung von Energie ein. Diese wirkt nun eben als „Masse", d. h. sie addiert sich zum Atomgewicht der einzelnen Bausteine des Kerns und könnte wohl die Ursache der Abweichungen von

[1]) Da jede Energieform nach dem Relativitätsprinzip eine gewisse Masse besitzt, und da bei der Verbrennung von 2 g Wasserstoff und 16 g Sauerstoff zu Wasser rund 70 Kilogrammkalorien an Wärmeenergie frei werden, so wird man nach Plank, nicht 18 g Wasser erhalten, sondern etwa 3 Millionte1 Milligramm weniger. Das Gesetz von der Erhaltung der Masse verschmilzt also hier mit dem von der Erhaltung der Energie.

der Ganzzahligkeit der Atomgewichte sein. Auch Gemische von Isotopen könnten zur Erklärung der Abweichung von der Ganzzahligkeit herangezogen werden. So viel als Beweis, von welcher Tragweite die Folgerung ist, die Rutherford aus seiner Beobachtung zog. Hier folgt noch eine Photographie der Bahnen zweier durch ein α-Teichen aus einem Stickstoffkern herausgesplitterter Wasserstoffionen (Fig. 90). Das unscheinbare Bild stellt die bis jetzt letzte und höchste Errungenschaft der jungen Wissenschaft von der Strukturchemie der Atome dar.

Wir sind am Ende! Für viele gelöste Fragen tauchen ebensoviele ungelöste auf. Welche Kraft schleudert Atomteile weg? Woher kommt die Bewegung der Elektronen? Wie sollen wir uns einen „Zustand des Äthers" vorstellen? Die Forschung hört hier auf und es beginnt die Verwertung ihrer Ergebnisse durch die philosophische Betrachtung. Sie müßte auch Antwort auf die Frage geben, ob ein „Verständnis" jener Urkräfte für uns überhaupt möglich wäre, für uns, die wir ein Teil von ihnen sind, da sie auch in uns selbst wirken. Ob die Welt „wirklich" so ist, wie sie sich unseren begrenzten Sinnen darstellt — wer könnte das entscheiden? Vielleicht müssen wir, mit du Bois-Reymond, verzichten und bekennen: „ignoramus, ignorabimus" — wir wissen's nicht und werden es nicht wissen". Vielleicht werden Tausend und aber Tausend Jahre nach uns Menschen leben, die „erkennen, was die Welt im Innersten zusammenhält" und damit Ruhe finden vor den uralten Qualen faustischer Sehnsucht. Ob man dem Menschengeist weitere Erkenntnismöglichkeiten zubilligen oder ob man bescheiden jenseits seiner eigenen Grenzen einen höheren Geist ahnend verehren will — „nenn' ihn dann, wie du willst" — das sind Fragen persönlichsten Glaubens. In ihnen kann lediglich das eigene Gefühl Führer sein; denn keine noch so vorgeschrittene Wissenschaft wird in diesen letzten Dingen jemals etwas „beweisen", noch wird sie Stützen beibringen können für Ansichten, die, außerhalb des Rahmens der Erkennungsmöglichkeit, tief im Gefühlsleben der Menschen begründet ruhen. Aus ihm entspringt schließlich die edelste Fähigkeit unseres Geistes: da, wo das Wissen aufhört, mit der Sehergabe des Künstlers ein Weltbild zu ersinnen, in dem alle Tatsachen des Wissens nach Möglichkeit harmonisch vereint scheinen. Hier reicht die Wissenschaft der Kunst die Hand, und schon mehr als einmal hat da, wo der Wissenschaftler aufhören mußte, die beflügelte Phantasie des Künstlers weitergeführt. Glücklich der, in dem Forscher und Seher vereint sind. Er schreitet zu Gipfeln der Erkenntnis, und solche ungewöhnlichen Geister wie Newton, Kepler, Galilei, Leonardo da Vinci, Kant, Goethe, Liebig, Darwin, Helmholtz sind von je die Führer auf steinigen Pfaden gewesen, selbst wenn sie irrten.

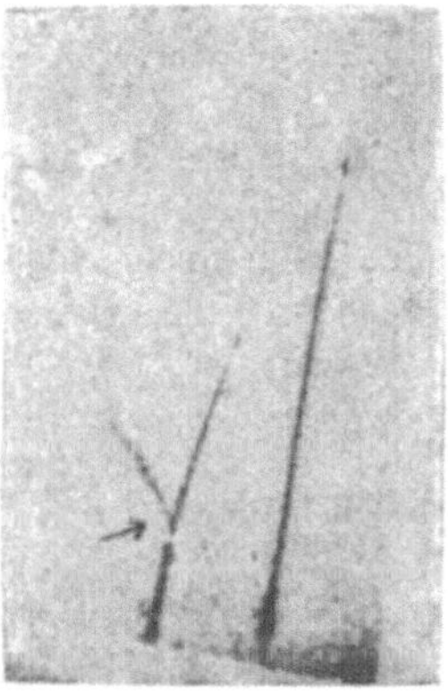

Fig. 90. Absplitterung von Wasserstoff aus einem Stickstoffkern.

Für den Forscher bleibt die Freude, einen immer tieferen Einblick in das Triebwerk der Welt zu erlangen, sich als unendlich kleines Glied in einem bis ins Innerste der Atome harmonischen All zu fühlen und weiter zu forschen, entsprechend dem schönen Wort Lessings: „Wenn Gott in seiner Rechten alle Wahrheit und in seiner Linken den einzigen immer regen Trieb nach Wahrheit, obschon mit dem Zusatze, mich immer und ewig zu irren, verschlossen hielte, und spräche zu mir: Wähle! Ich fiele ihm mit Demut in seine Linke und sagte: „Vater, gib! Die reine Wahrheit ist ja doch nur für dich allein".

Praktischer Teil.

Die Einrichtung eines Laboratoriums.

Zur Einrichtung eines Laboratoriums genügt jeder helle und nicht zu kleine Raum. Sehr geeignet sind Dachkammern oder Kellerräume, die noch durch Tageslicht beleuchtet werden. Bei künstlicher Beleuchtung zu arbeiten, ist wenig empfehlenswert. Ist man dazu gezwungen, so bringe man über dem Arbeitsplatz Gasglühlicht oder elektrisches Licht an. Keinesfalls sollte man Petroleumlampen auf den Arbeitstisch stellen. Chemische Versuche in bewohnten Räumen anzustellen, ist nicht ratsam; häufig würde schlechter Geruch die Mitbewohner belästigen, und die Feuergefahr bei der Nachbarschaft von Gardinen, Teppichen usw. wäre zu groß. Hat man Gas- und Wasserleitung zur Verfügung, so ist das ein hoch zu schätzender Vorteil. Im Notfall kann man sich von benachbarten Gas- und Wasserhähnen Bleiröhren[1]) bis zur Arbeitsstelle legen. Ist das nicht angängig, so bringt man sich über dem Arbeitsplatz ein möglichst großes Wassergefäß an, das jeder Klempner aus Zinkblech billig herstellt. (Fig. 91.)

Fig. 91. Wassergefäß.

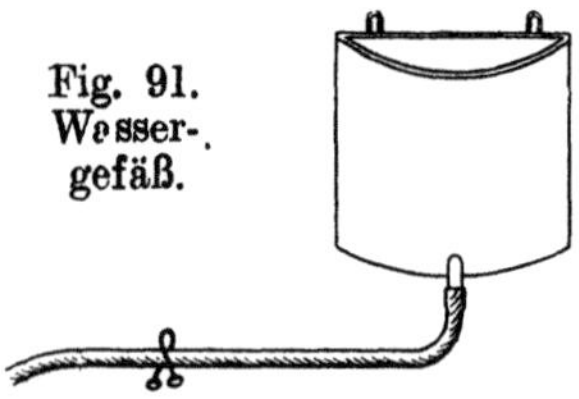

Als Ersatz für Gas kann man Spiritus- und Benzinbrenner benutzen.

Zunächst entfernt man aus dem Raum, den man sich für seine Versuche herrichten will, sämtliche unnötigen Möbel — vor allem Fenstervorhänge, Teppiche, Tischdecken und ähnliches. Als Arbeitstisch dient ein möglichst großer, fester Tisch aus gewöhnlichem (Tannen-) Holz, den man möglichst nahe am Fenster, jedenfalls aber so aufstellt,

[1]) Näheres über diese sowie alle anderen technischen Arbeiten, auf die in diesem Buch natürlich nur hingewiesen werden kann, findet man in E. Schnetzler, Werkbuch fürs Haus. Stuttgart.

daß man die Fenster vor sich oder links seitlich hat. Es ist nützlich, wenn der Tisch eine oder mehrere Schubladen hat. Eine schwierige Frage ist der Belag der Tischplatte, der sie vor Zerstörung durch Hitze und Säure schützen soll. Teuer, aber sonst gut, ist der Belag mit gewalztem Blei. Am billigsten kommt man weg, wenn man den Tisch mit 1 mm starker Asbestpappe belegt, die man an den Rändern mit kleinen Nägeln befestigt. Dieses Material kann leicht erneuert werden, wenn der Belag schmutzig geworden ist, was etwa einmal im Jahr der Fall sein wird. Gegen Hitze und Säure ist Asbest vollkommen unempfindlich.

Zur Aufbewahrung der Apparate und Reagenzien bewährt sich ein großer, verschließbarer Schrank, im Notfall ein Regal.

Steht der Laboratoriumsraum mit einem Kamin in Verbindung, so kann man sich leicht einen Abzug herstellen, um schlecht riechende Dämpfe aus dem Zimmer zu entfernen. Man braucht nur ein Rohr (Ofenrohr) in den Kamin einfügen zu lassen, es nach unten umzubiegen und zu einem Trichter zu erweitern. (Fig. 92.) Unter dem Trichter werden dann die Gefäße, in denen sich die übelriechenden Dämpfe entwickeln, aufgestellt. — Wenn es erlaubt ist, ein Loch durch die Hauswand zu brechen, so hat man damit ebenfalls einen höchst einfachen Abzug. Entwickelt man z. B. Chlor, dann braucht man nur, nachdem man eine genügende Zahl von Zylindern mit dem Gas gefüllt hat, den Gasentwicklungsapparat mit einem Stück Kautschukschlauch oder Bleirohr zu verbinden und es durch das Loch ins Freie zu leiten. Im Sommer kann man auch den Schlauch einfach durchs geöffnete Fenster führen. Besitzt man im Laboratorium eine Wasserleitung und damit die Möglichkeit, eine Wasserstrahlpumpe (siehe S. 309) zu verwenden, so kann man das Ende der Gasentwicklungsapparate auch durch einen Gummischlauch mit der Saugpumpe verbinden und dadurch die Gase absaugen. Damit sie nicht noch nach dem Verlassen der Pumpe ins Zimmer entweichen können, umgibt man die Ausströmöffnung der Pumpe mit einem Konus aus Blech, oder setzt noch ein Stück Kautschukschlauch an, das bis in das Abflußrohr hineinführt (Fig. 93). Bei dieser Anordnung muß man nur aufpassen, daß man nicht zu stark saugt.

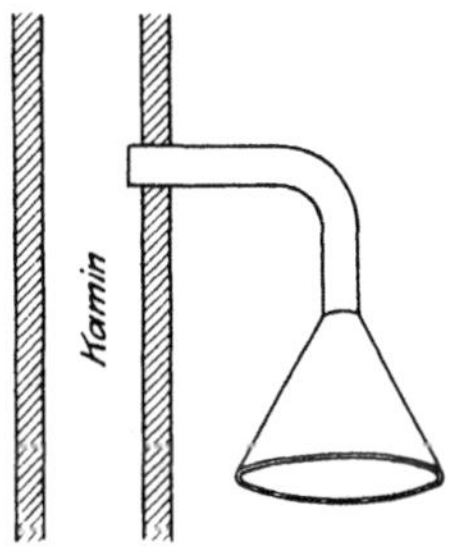

Fig. 92. Abzug.

Flüssigkeiten bewahrt man in Flaschen mit engem Hals, feste Stoffe in weithalsigen Gefäßen auf. Wenn es sich irgend mit dem Kassenstand verträgt, verwende man ausschließlich Flaschen mit eingeschliffenem Glasstopfen. Korke können im Notfall auch gebraucht werden, außer zum Verschluß der Flaschen, die starke Säuren oder Alkalien enthalten. Größter Wert ist auf Ordnung in den Chemikalien zu legen. Jede Flasche sei mit einem Schild versehen, das den Inhalt deutlich angibt; am besten schreibt man die chemische Formel[1]) auf

[1]) Sehr praktisch ist es, gleichzeitig auch noch das Molekulargewicht auf den Schildern zu vermerken.

das Schild. Wenn man größere Chemikalienbestände hat, bringt man sich vorteilhaft im Laboratorium eine Übersichtstabelle an, die man sich folgendermaßen herstellt: man teilt sich einen großen Papierbogen in eine Anzahl Quadrate ein und schreibt in die oberste wagrechte Reihe die Elemente, in die erste senkrechte die verschiedenen Säuren, die mit den Elementen Salze bilden, wie es vorstehende Tabelle auszugsweise angibt. Die zweite wagrechte Reihe bezeichnet dann die

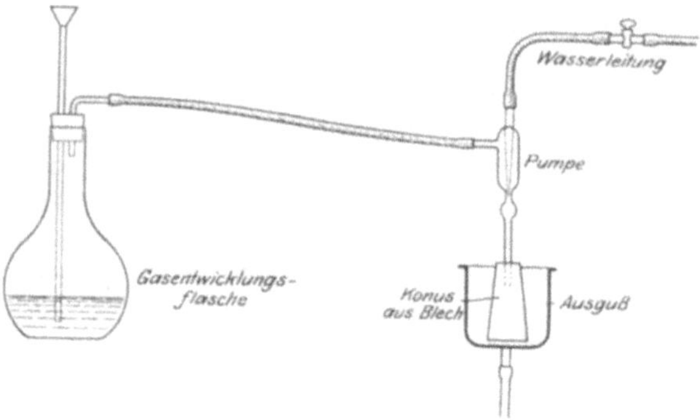

Fig. 93. Ableiten übelriechender Gase.

Stoffe, die elementar vorhanden sind, die dritte die Oxyde, die vierte die Carbide usw. Das Vorhandensein eines Stoffes wird durch ein Kreuzchen an der entsprechenden Stelle angedeutet, bei Oxyden kann man außerdem noch durch beigesetzte Zahlen die Oxydationsstufe angeben, wie hier z. B. bei Mangansuperoxyd (MnO_2) durch die Zahlen 0—2, und bei

Element	Al	B	Ba	Be	Ca	Ce	F	Fe	K	Na	Mn	Mo	P	Pb	Sr
elementar	×							×							
Oxyde								× 2 3			× 0 2				
Carbide															
Chloride										×					
Sulfate			×												
Sulfite															
Thiosulfate															

Ferrioxyd (Fe_2O_3) durch 2—3. Bei Eisen, Quecksilber und allen Elementen, die Verbindungen in verschiedenen Wertigkeiten bilden, muß man auch verschiedene Rubriken anlegen, bei Eisen also z. B. die Rubrik $Fe^{\cdot\cdot}$ für Ferro- und $Fe^{\cdot\cdot\cdot}$ für Ferriverbindungen. Ist der Vorrat an einem bestimmten Stoff zur Neige gegangen, dann steckt man mit einer Stecknadel ein Stück farbiges Papier auf die entsprechende Stelle der Tabelle, wodurch man daran erinnert wird, daß der betreffende Körper neu anzuschaffen ist. Die freien Säuren kann man entweder in der ersten senkrechten Reihe, also noch vor den Elementen, registrieren, oder indem man sich eine senkrechte Reihe mit der Bezeichnung H anlegt und dann die Schwefelsäure als „Wasserstoffsulfat", Salpetersäure als „Wasserstoffnitrat" usw. einträgt.

Starke Gifte müssen selbstverständlich immer gut verschlossen aufbewahrt werden. Es muß hier überhaupt einiges über den Umgang mit giftigen Stoffen gesagt werden. Natürlich läßt es sich nicht vermeiden, Gifte anzuwenden, wenn man die Chemie gründlich kennen lernen will. Die Angst davor ist in dem Augenblick vollkommen grundlos, in dem man sich ihrer Gefährlichkeit bewußt ist und mit Überlegung handelt. Deshalb sei man stets peinlichst vorsichtig, niemals hastig. Doppelte Vorsicht ist bei denjenigen Versuchen geboten, bei denen noch einmal besonders dazu gemahnt ist. Niemals aber versuche man, Blausäure darzustellen, da es infolge der Flüchtigkeit dieser Verbindung unabsehbare Folgen haben könnte. Mit allen anderen Giften kann man mit der nötigen Umsicht ohne jede Gefahr umgehen. Giftige Stoffe dürfen nach Beendigung der Versuche nicht stehen bleiben, sondern sind fortzugießen oder einzuschließen. Die Tischplatte muß feucht aufgewischt werden, damit nichts verstreut liegen bleibt. Zum Schluß wasche man sich die Hände. Hat man wunde Hände, so arbeite man nur mit Gummihandschuhen!

Zu allen chemischen Arbeiten hält man sich entweder einen besonderen, alten Anzug oder man zieht einen Schutzmantel (Operationsmantel) oder Gummischürze an. Bei vielen Versuchen ist auch das Tragen einer Schutzbrille (Automobilbrille) dringend anzuraten.

Viel gebraucht werden im Laboratorium Glasapparate, wie Kochflaschen, Retorten usw. Ein größerer Vorrat an diesen Dingen ist natürlich angenehm, man kann aber ganz gut auch mit wenigem auskommen. Es ist überhaupt sehr anzuraten, sich nicht gleich alles auf einmal anzuschaffen, sondern mit kleinen Mitteln zu beginnen. Dadurch lernt man, wie man Versuche durch kleine Abänderungen auch mit einem weniger vollkommenen Apparat anstellen kann, und hat für später viel gewonnen[1]). Hat man dann einmal einige Gewandtheit im Experimentieren erlangt, so läßt sich die Einrichtung des Laboratoriums immer noch vervollständigen.

Die gebräuchlichsten Glasgeräte sind:

Kochflaschen: Es gibt Kochflaschen in zwei Formen und in mehreren Größen: gewöhnliche Kochflaschen (Fig. 94), und Erlenmeyerkolben (Fig. 95). Die Erlenmeyerkolben haben den Vorteil, daß sie sich leichter reinigen lassen als gewöhnliche Kochflaschen. Es gibt Kochflaschen von 20 ccm bis zu mehreren Litern Inhalt. Da die Kochflaschen überall gleichmäßig dick sind, können sie erhitzt werden, ohne daß man ein Springen zu befürchten hat.

Rundkolben (Fig. 96) haben im Gegensatz zu Kochflaschen keinen

[1]) Von Liebig oder Wöhler stammt der Ausspruch: „ein Chemiker muß mit einer Säge bohren und mit einem Bohrer sägen können".

flachen, sondern einen *runden* Boden. Man kann sie infolgedessen nicht unmittelbar auf den Tisch stellen, sondern muß sie auf Strohkränze aufsetzen. Man verwendet sie ebenfalls zum Erhitzen von Flüssigkeiten.

Retorten (Fig. 97) sind bauchige Gefäße mit langem Hals, die zum Erhitzen und Destillieren von Flüssigkeiten dienen.

Fig. 94. Kochflasche.

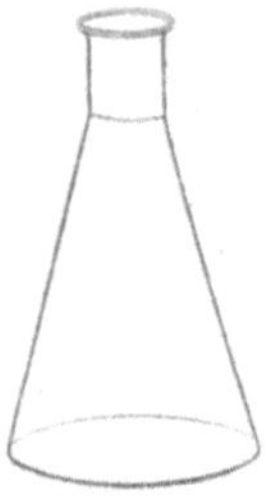
Fig. 95. Erlenmeyerkolben.

Fig. 96. Rundkolben.

Fig. 97. Retorte.

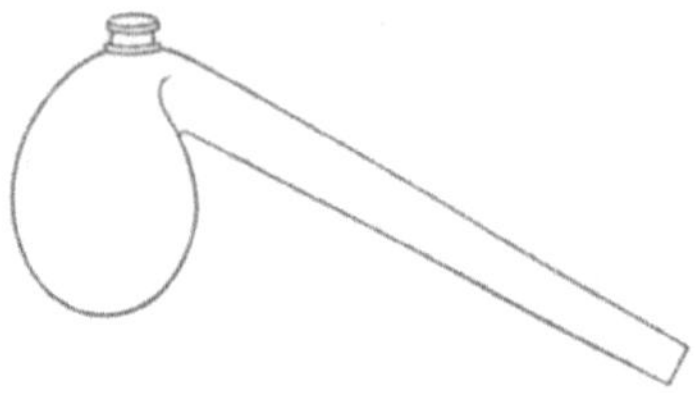
Fig. 98. Tubulierte Retorte.

In *tubulierte Retorten* (Fig. 98) kann man während des Gebrauchs Gase einleiten oder Thermometer einführen.

Bechergläser (Fig. 99 u. 100) mit und ohne Ausguß, mit Inhalt von 10 ccm bis 1 Liter, dienen zum Auflösen, Erhitzen, Ausfällen von Niederschlägen usw.

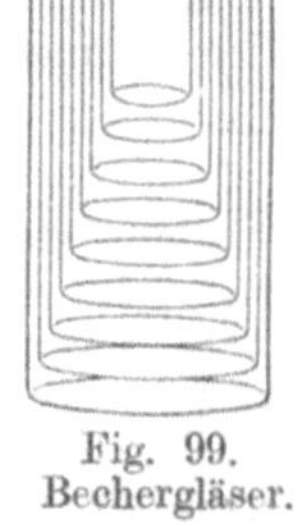
Fig. 99. Bechergläser.

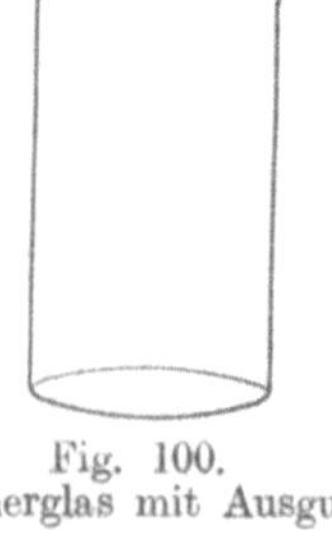
Fig. 100. Becherglas mit Ausguß.

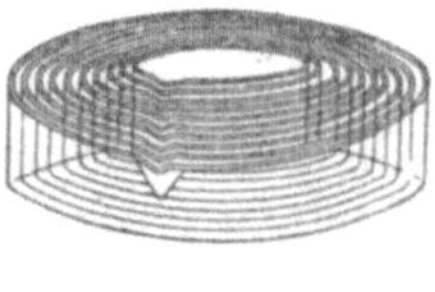
Fig. 101. Krystallisationsschalen.

Krystallisierschalen (Fig. 101) sind flache Glasschalen verschiedenen Durchmessers, in denen man Krystalle sich abscheiden läßt.

Zylinder zum Aufbewahren von Gasen (Fig. 102) sind sehr notwendige Ausrüstungsgegenstände. In den meisten Fällen kann man solche mit gewöhnlichem Rand verwenden; ab und zu wird man auch einmal solche mit „abgeschliffenem Rand“ gebrauchen müssen, die man durch Bedecken mit einer mattgeschliffenen Glasplatte luftdicht abschließen kann.

Kugelröhren (Fig. 103 u. 104) dienen zum Erhitzen von Substanzen in einem Gasstrom. Sie sind aus schwer schmelzbarem Glas angefertigt und haben in der Mitte eine oder mehrere Kugeln. Sie haben den Übelstand, daß sich die Körper, die man in die Kugel bringt, sehr rasch hoch aufschichten, wodurch sie mit dem durch die Röhre geleiteten Gasstrom nur oberflächlich in Berührung kommen, wenn man

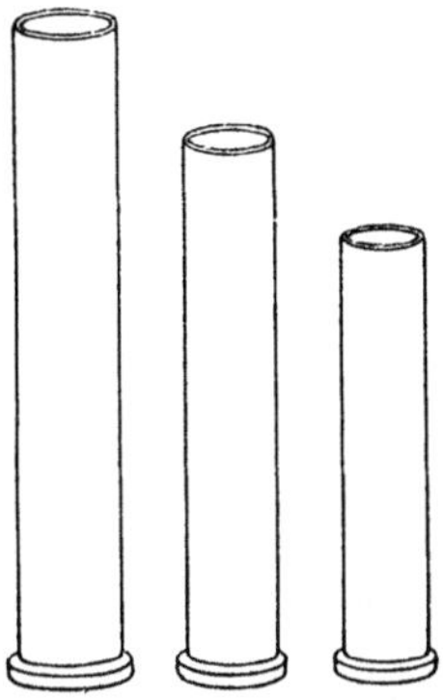

Fig. 102. Standzylinder.

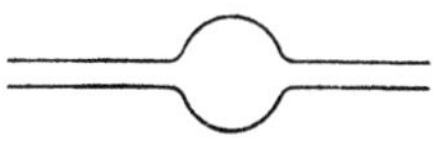

Fig. 103. Kugelröhre.

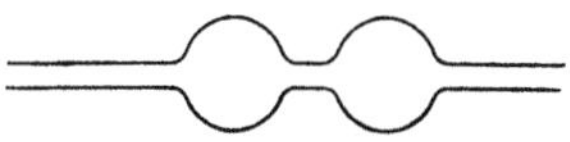

Fig. 104. Kugelröhre.

nicht Sorge trägt, dies durch beständiges Erschüttern der Röhre zu vermeiden. Man verwendet deshalb besser gerade Glasröhren aus schwer schmelzbarem Glas, in denen die Substanzen flacher ausgebreitet liegen.

Reagenzgläser (Fig. 105) heißen Röhrchen von dünnwandigem Glas, in denen man kleine Mengen von Flüssigkeiten erhitzen, Niederschläge entstehen lassen und Substanzen auflösen kann. Da sie sehr verwendungsfähig sind, sollte man sie in größerer Zahl und verschiedener Größe vorrätig halten.

Trichter aus Glas (Fig. 106) werden zum Filtrieren benutzt. Wir gebrauchen 3 von 5—12 cm Durchmesser mit schräg abgeschnittener Ausflußröhre.

Trichterrohre (Fig. 107) sind Trichter mit besonders langem Ausflußrohr und dienen zum Zusammenstellen von Gasentwicklungsapparaten.

Glasröhren und Glasstäbe werden sehr viel zum Zusammenstellen der meisten Apparate gebraucht. Man schaffe sich einige Stücke in verschiedenen Längen und Durchmessern (von 5—10 mm) an. Außerdem braucht man auch weite Röhren aus schwer schmelzbarem Glas (Durchmesser 15—20 mm). Man erkennt schwer schmelzbares Glas daran, daß es an den Kanten bläulich schimmert.

Ein besonders widerstandsfähiges Glas kommt unter dem Namen

„Jenaer Glas“ in den Handel. Man stellt aus ihm Kochflaschen, Bechergläser, Reagenzgläser, Retorten usw. her. Gegenstände aus Jenaer Glas sind etwas teuerer als die aus gewöhnlichem, dafür aber auch widerstandsfähiger gegen starkes Erhitzen.

Mensuren (Fig. 108) nennt man zylindrische Gefäße, die durch

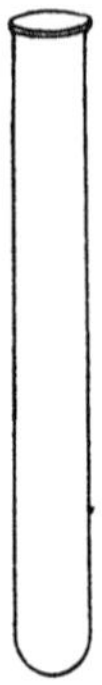

Fig. 105. Reagenzglas.

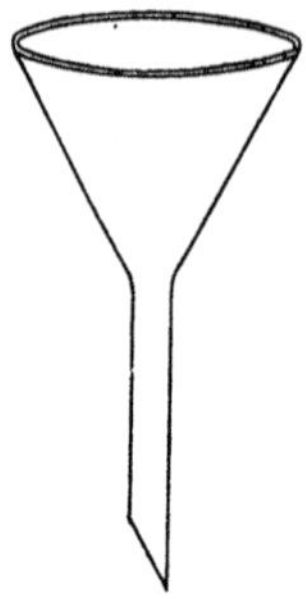

Fig. 106. Trichter.

Fig. 107. Trichterrohr.

Querstriche so abgeteilt sind, daß sie bestimmte Flüssigkeitsmengen leicht abzumessen gestatten.

Man verwendet vorteilhaft eine kleine und eine größere Mensur. Als kleine dient eine von 10 ccm Inhalt, die in einzelne Kubikzenti-

Fig. 108. Mensur.

Fig. 109. Meßgefäß.

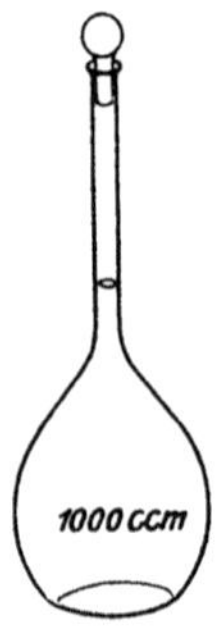

Fig. 110. Meßkolben.

Fig. 111. Pipette.

meter eingeteilt ist, als große eine von 100 oder 200 ccm Inhalt, die von 5 zu 5 ccm Querstriche hat. Zum Abmessen größerer Flüssigkeitsmengen, bei denen es nicht auf äußerste Genauigkeit ankommt, bedient man sich eines gewöhnlichen Meßgefäßes aus Glas oder Porzellan, dessen Inhalt an seiner Außenseite angegeben ist. (Fig. 109.)

Genauer, aber teuerer sind die Meßkolben mit eingeschliffenem Glasstopfen, die am Hals eine eingeritzte Marke tragen, bis zu der man sie füllen muß. (Fig. 110.)

Pipetten (Fig. 111) sind Instrumente, die dazu dienen, kleine abgemessene Flüssigkeitsmengen aus einem Gefäß zu entnehmen. Sie kommen von 1—100 ccm Fassungsvermögen in den Handel. Für unsere Zwecke genügt eine für 10 ccm vollkommen. Auch diese eine braucht man nur dann, wenn man Versuche über Maßanalyse anstellen will. Das gleiche gilt von den

Büretten. (Fig. 112). Das sind Meßgefäße in Röhrenform, je nach ihrem Inhalt in $^1/_{10}$ oder ganze Kubikzentimeter eingeteilt und an ihrem

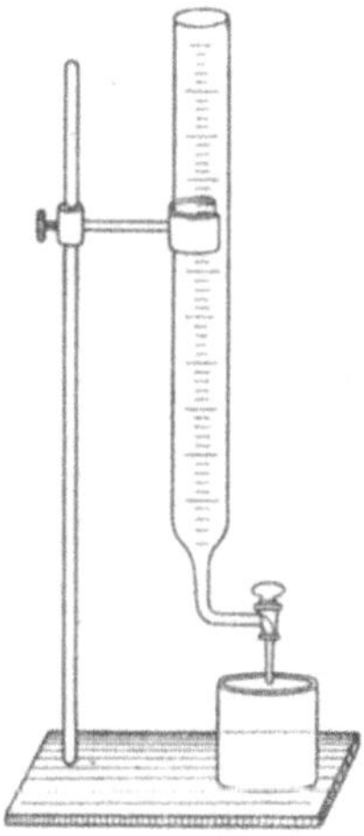

Fig. 112. Bürette.

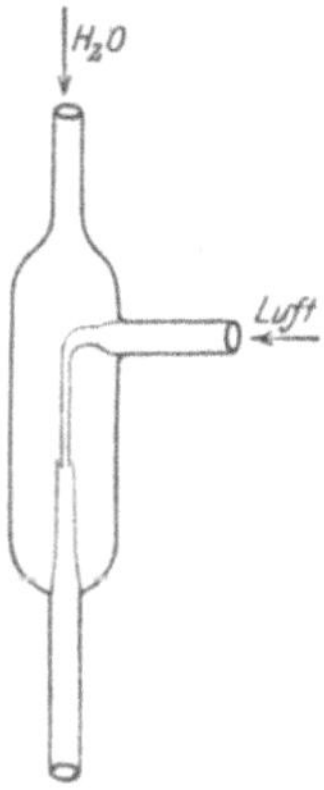

Fig. 113. Wasserstrahlpumpe.

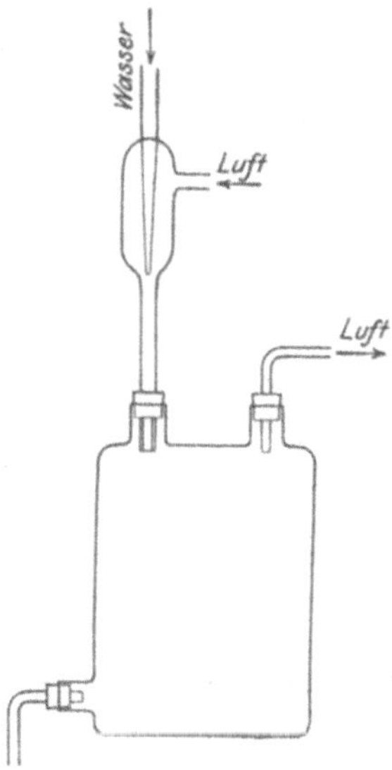

Fig. 114. Wasserstrahlgebläse.

unteren Ende durch einen Quetsch- oder Glashahn geschlossen. Man gebraucht Büretten von 10—100 ccm Fassungsvermögen. Die für uns passendste faßt 100 ccm und ist in $^1/_{10}$ ccm geteilt.

Hat man im Laboratorium eine Wasserleitung zur Verfügung, so schaffe man sich eine Wasserstrahlpumpe (Fig. 113) an, die zu billigem Preis in jeder Handlung chemischer Bedarfsartikel zu haben ist. Ihre Wirkungsweise beruht darauf, daß das durch das innere Rohr ausströmende Wasser die Luft aus dem Mantelgefäß mitreißt, wodurch eine kräftige Saugwirkung erzielt wird. Setzt man diese Pumpe auf eine mit zwei Hälsen und mit einem Bodentubus versehene Flasche auf, so hat man damit in einfachster Weise ein

Wasserstrahlgebläse hergestellt (Fig. 114), das die mannigfachsten Dienste leisten kann. Die von dem Wasserstrahl mitgerissene Luft strömt in die Flasche und entweicht, da sie keinen andern Ausweg findet, in Form eines kräftigen Strahls durch den zweiten Hals. Den Wasserabfluß regelt man durch einen in den Bodentubus eingesetzten Schlauch mit Quetschhahn. Auf diesem Gedanken beruhende Gebläse sind auch käuflich zu haben.

Noch wesentlich wirksamer als Wasserstrahlpumpen sind die auf dem gleichen Grundgedanken beruhenden *Quecksilberstrahlpumpen*. Mit ihnen läßt sich leicht ein Glasgefäß von einem Liter Inhalt in wenigen Minuten nahezu völlig luftleer pumpen.

Saugflaschen (Fig. 115) dienen zum Filtrieren mit Hilfe der Wasserstrahlsaugpumpe. Sie haben noch einen Ansatz, durch den sie mit Hilfe eines Schlauchs an die Pumpe angeschlossen werden können.

Heizvorrichtungen. Hat man im Laboratorium Gas zur Verfügung, dann heizt man mit Bunsenbrennern oder Teclubrennern. Der *Bunsenbrenner* beruht auf dem Gedanken, die Hitze, die durch die Verbrennung des Leuchtgases erreicht wird, durch Zuführung von Luftsauerstoff noch zu steigern, da dann auch noch der im Leuchtgas

Fig. 115. Saugflasche.

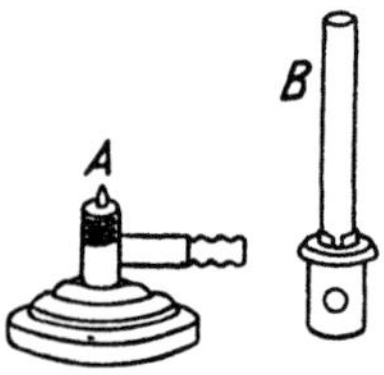

Fig. 116. Bunsenbrenner.

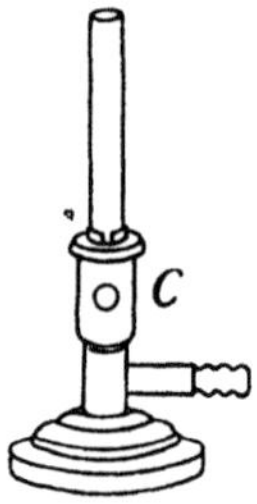

Fig. 117. Bunsenbrenner, zusammengesetzt.

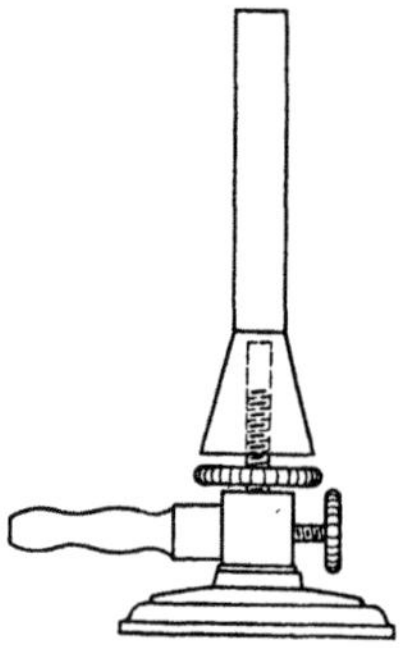

Fig. 118. Teclubrenner.

enthaltene Kohlenstoff vollständig verbrennt. Der gewöhnliche Bunsenbrenner besteht aus zwei Teilen: dem „Fuß" A und dem auf den Fuß aufgeschraubten „Brennerrohr" B (Fig. 116). Durch den Fuß gelangt Leuchtgas in den Brenner und strömt aus der feinen Spitze in das Brennerrohr, mischt sich dabei mit Luft, die es durch die Löcher des Brennerrohrs ansaugt, und wird dann am oberen Ende des Rohrs entzündet, wo es mit nichtleuchtender, sehr heißer Flamme verbrennt. Ein auf das Brennerrohr aufgesetzter Ring erlaubt durch teilweises Schließen der Löcher eine Regulierung des Luftzuflusses (Fig. 117). Manche Brenner tragen noch am Rohr eine Vorrichtung zum Aufsetzen einer als Schornstein wirkenden Blechhülse. Wenn man lange Röhren erhitzen will, so kann man die Flamme des Bunsenbrenners dadurch verbreitern, daß man einen schmal geschlitzten Aufsatz auf die Brennerröhre setzt. Noch höhere Hitzegrade als mit dem Bunsenbrenner lassen sich mit dem auf dem gleichem Grundgedanken beruhenden *Teclubrenner* (Fig. 118) erzielen. Der Luftzufluß wird bei ihm nicht durch einen Ring, sondern durch Auf- und Abschrauben einer Scheibe geregelt.

Gebläselampen (Fig. 119) dienen zur Erzielung sehr hoher Temperaturen und lassen sich, wenn man im Besitz eines Wasserstrahlgebläses ist, mit Vorteil verwenden. Sie beruhen ebenfalls auf dem Prinzip des Bunsenbrenners, nur wird bei ihnen nicht die Luft durch den Gasstrom angesaugt, sondern mit dem Gebläse hineingeblasen.

Ist keine Gasleitung im Laboratorium vorhanden, so muß man sich mit Spirituslampen, Heizapparaten für Spiritusgas oder Bunsenbrennern für Benzin behelfen. Man lasse sich in solchen Fällen von seinem Händler geeignete Vorschläge machen.

Sonstige Ausrüstungsgegenstände. Kochflaschen, Bechergläser usw., in denen Flüssigkeiten erhitzt werden, müssen auf ein Stück Drahtnetz (Eisen- oder Messingdraht) oder eine dünne Asbest-

Fig. 121. Reagenzglashalter.

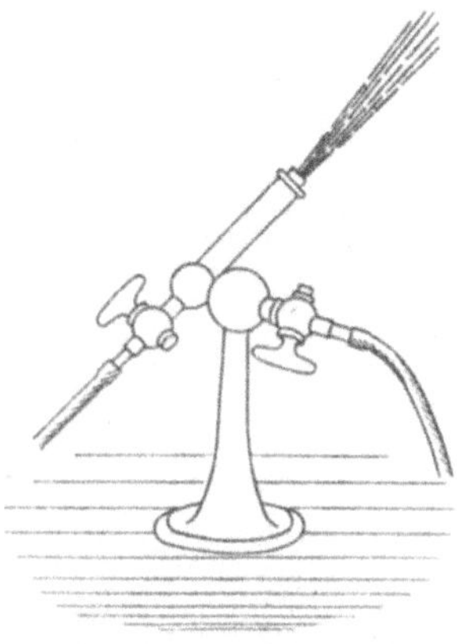

Fig. 119. Gebläselampe.

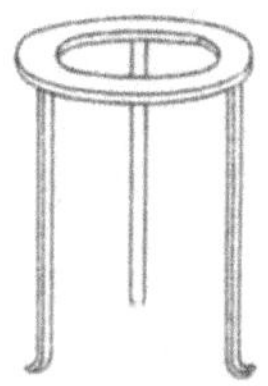

Fig. 120. Dreifuß.

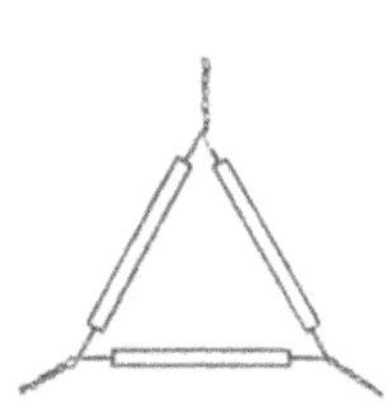

Fig. 122. Tondreieck.

Fig. 123. Tiegelzange.

Fig. 124. Abdampfschale.

scheibe gestellt werden. Man legt das Drahtnetz auf einen eisernen Dreifuß (Fig. 120), stellt das Gefäß darauf und schiebt den Bunsenbrenner unter. Reagenzgläser kann man beim Erhitzen in der Hand halten, besser aber nimmt man einen Reagenzglashalter aus Holz (Fig. 121).

Zum Schmelzen verwendet man kleine Schmelztiegel aus hessischem Ton oder Porzellan in verschiedenen Größen. Die Tiegel werden zum Erhitzen mittels eines Tondreiecks (Fig. 122) in einen Dreifuß gehängt.

Die heißen Tiegel faßt man mit einer Tiegelzange (Fig. 123) an.

Das Verdampfen von Flüssigkeiten nimmt man zweckmäßig in Abdampfschalen (Fig. 124) aus Porzellan vor.

Retorten, Röhren, Kochflaschen usw. müssen häufig in ein Stativ gespannt werden. Man tut gut, sich zwei bis drei gewöhnliche Eisenstative und eine Anzahl dazu gehörender Stativklammern zu halten (Fig. 125). Auch Holzstative kann man hin und wieder gebrauchen.

Bequem, aber nicht nötig, sind Tischstative (Fig. 126) und Röhrenhalter.

Zum Filtrieren spannt man die Trichter einfach in eine Stativklammer, oder man hängt sie in ein über das Becherglas gelegtes Tondreieck oder in ein besonderes Filtrierdreieck aus Holz.

Das Trocknen von Niederschlägen geschieht in Exsikkatoren (Fig. 127); das sind luftdicht verschließbare Glasgefäße, die mit einem Trockenmittel gefüllt werden. In einen Einsatz aus Porzellan können

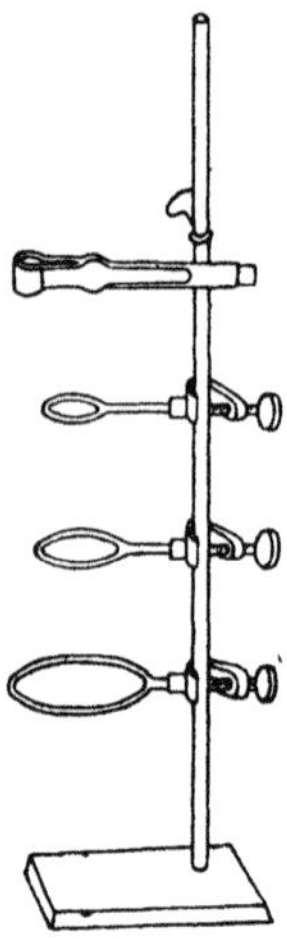

Fig. 125. Stativ.

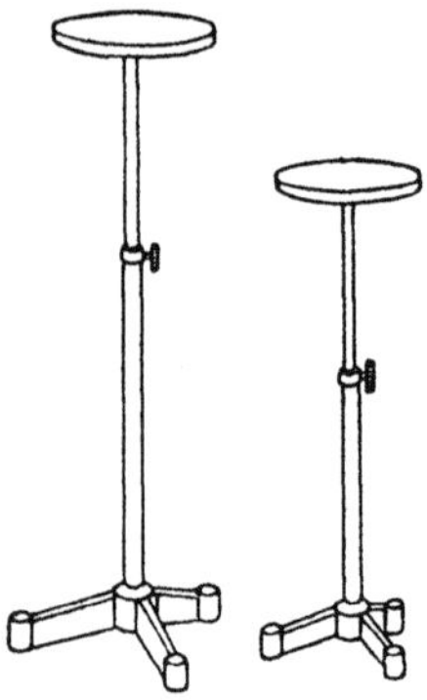

Fig. 126. Tischstative.

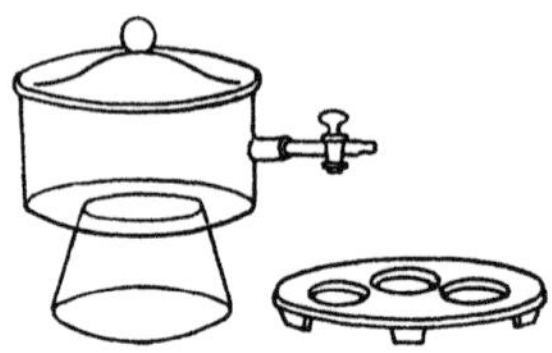

Fig. 127. Exsikkator.

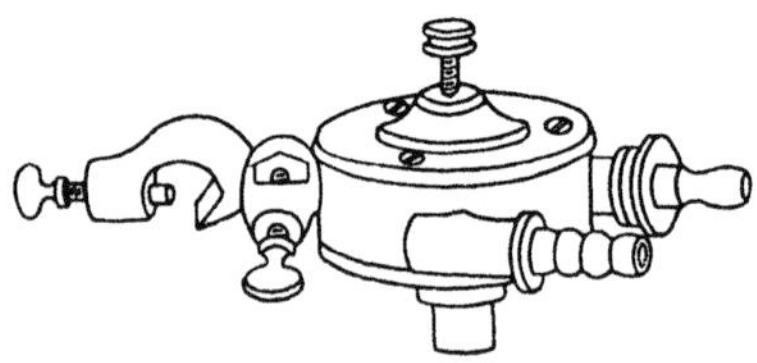

Fig. 128. Turbine.

kleine Tiegel eingehängt werden. Häufig haben sie noch einen durch Glashahn verschließbaren Ansatz, durch den sie luftleer gepumpt werden können.

Mitunter lassen sich auch an Stelle von Exsikkatoren poröse Tonteller oder Tonscherben verwenden.

Für manche Versuche ist eine Rührvorrichtung sehr nützlich. Sie besteht aus einer kleinen Wasserturbine (Fig. 128), die an einem Stativ befestigt wird, und einem mit ihr durch endlose Schnur verbundenen Rührer (Fig. 129).

Zum Durchbohren von Korkstopfen dient ein Korkbohrer (Fig. 130), der aus einer Anzahl verschieden weiter, scharfkantiger Messingröhren besteht. Glasröhren schneidet man mit einer kleinen, dreikantigen Feile. Auch etwas Handwerkszeug (kleiner Hammer, Bohrer, Blechschere, Beiß- und Drahtzange) wird oft nützlich sein.

Gummi wird in Form von Schläuchen und Stopfen viel gebraucht, ist aber leider sehr teuer und muß sorgfältig behandelt werden, wenn er nicht bald verderben soll. Als Gasschlauch verwendet man Schläuche von etwa 10 mm Durchmesser und 2 mm Wandstärke. Verbindungen von Apparaten mit der Saugpumpe müssen mit „Druckschlauch" bewerkstelligt werden. (Gummischläuche mit sehr dicker Wand und geringer lichter Weite.) Gewöhnlicher Schlauch würde durch den äußeren Luftdruck zusammengepreßt werden. Zur Verbindung von Gasentwicklungsapparaten mit den übrigen Apparatteilen verwendet man „schwarzen Patentgummischlauch" von einer dem Durchmesser der Röhren entsprechenden lichten Weite. — Gummistopfen haben vor Korkstopfen den großen Vorteil, unbedingt sicher luftdicht zu schließen; aber ihr hoher Preis steht ihrer allgemeinen Verwendung sehr im Weg. In den allermeisten Fällen braucht man deshalb

Korkstopfen, von denen man sich eine genügende Anzahl in verschiedenen Größen vorrätig halten muß.

Für manche Versuche zweckmäßig ist ein chemisches Thermometer, dessen Teilung bis 360° C reicht.

Für Elektrolysen braucht man Elektrizität in Form von Gleichstrom. Am bequemsten entnimmt man ihn aus kleinen Akkumulatoren, die man heutzutage überall leicht wieder laden lassen kann. Der Gebrauch von Chromsäurebatterien oder Trockenelementen ist nicht anzuraten, weil sie eine äußerst sorgfältige Behandlung erfordern, und trotzdem meist eine Quelle steten Ärgers sind. Akkumulatoren dagegen sind billig zu haben und bei sachgemäßer Behandlung durchaus zuverlässig. Für unsere Zwecke sind 4 Zellen von 8—10 Ampèrestunden Kapazität durchaus genügend. Die Batterie bringe man in der Nähe des Experimentiertisches an und verbinde jeden Pol jeder Zelle mit einer besonderen Klemmschraube, um sie nach Bedarf neben- oder hintereinander schalten zu können. Auf dem Tisch selbst kann man dann noch zwei „Tischklemmen" befestigen, an die man die Hauptleitung, die von der Batterie kommt, anschließt; dies ermöglicht eine bequeme Stromabnahme. Zur Regelung der Stromstärke kann man noch einen kleinen Widerstand[1]), zu ihrer Messung Volt-[1]) und Amperemeter[1]) einschalten.

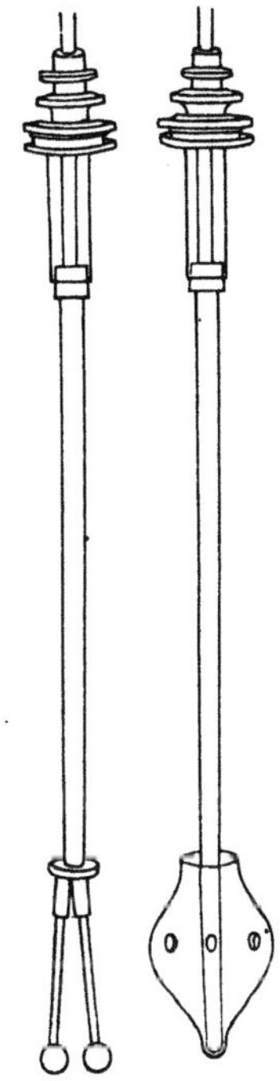

Fig. 129. Rührer.

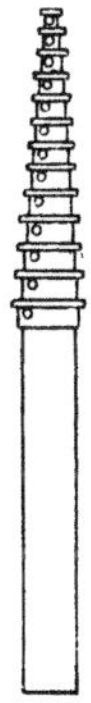

Fig. 130. Korkbohrer.

[1]) Genaue Angaben findet man z. B. in Elbs, „Die Akkumulatoren".

Über die Behandlung der Apparate und die gebräuchlichsten Laboratoriumsarbeiten.

Wie schon erwähnt, ist Ordnung und Sauberkeit oberstes Gesetz. Nichts macht einen schlechteren Eindruck als beschmutzte Glasgefäße, verstaubte Reagenzgläser, Unordnung auf dem Experimentiertisch. Man gewöhne sich deshalb von allem Anfang an sauberes und genaues Arbeiten. Alle Glasgefäße reinige man sofort nach Gebrauch. Wenn man Niederschläge längere Zeit in Bechergläsern oder Kochflaschen stehen läßt, dann setzen sie sich häufig so fest an die Glaswände an, daß man die Gefäße nur mit größter Mühe reinigen kann. In sochen Fällen füllt man etwa einen Eßlöffel Sand hinein und schwenkt mit Wasser tüchtig um. Bechergläser und Reagenzgläser lassen sich leicht mit einer Reagenzglasbürste, Büretten mit einer Bürettenbürste reinigen. Zum Schluß spült man alle Glasgefäße mit reinem, womöglich destilliertem, Wasser aus und stellt sie zum Trocknen weg oder trocknet sie mit einem Leinentuch ab. Alle anderen Stoffe als Leinen fasern! Sehr bequem ist ein Trockenbrett, das man sich leicht selbst herstellen kann (Fig. 131).

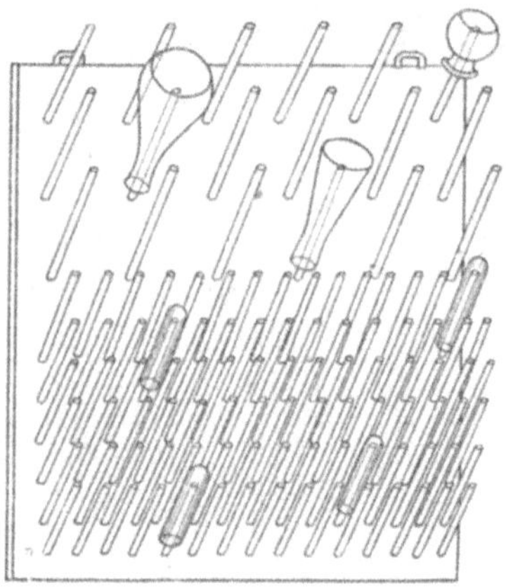

Fig. 131. Trockenbrett.

Eiserne Gegenstände verrosten im Laboratorium leicht. Es ist deshalb ratsam, sich feineres Handwerkszeug vernickelt anzuschaffen. Bei den Eisenstativen beugt man dem Verrosten dadurch vor, daß man sie erst mit feinem Schmirgelpapier blank scheuert und sie dann mit einem in Maschinenöl oder „Marsöl" getauchten Wattebausch einreibt.

Außerordentlich lästig ist das Anlaufen des Glases im Laboratorium. Alle Reagenzgläser usw. überziehen sich nach einiger Zeit mit einem grauen Hauch, der teils aus Staub, teils aus Salmiak besteht. Wenn man nämlich im Laboratorium Salzsäure und Ammoniak vorrätig hält, dann genügen die Spuren dieser Stoffe, die sich der Luft beimischen, zur Bildung von Ammoniumchlorid (siehe Vers. 85), das sich als feiner Hauch auf allen Glasgegenständen niederschlägt. Dagegen hilft also nur sorgfältigster Verschluß der genannten Stoffe.

Eine ganz besondere Pflege erfordern Gummischläuche, wenn sie nicht brüchig werden sollen. Wenn man sie nicht braucht, hängt man sie so auf, daß sich keine Einknickungen bilden können, am besten über ein besonderes Schlauchbrett. (Fig. 132.)

Gegen die Halogene und gegen Säuren ist Gummi sehr empfindlich. Hat man also Chlor oder sonst einen der genannten Stoffe durch einen Gummischlauch geleitet, so spüle man ihn erst mit sehr stark verdünnter

Kalilauge, dann mit Wasser aus und hänge ihn zum Trocknen auf. — Gummistopfen dürfen nicht in Apparaten stecken bleiben, da sie durch Druck hart werden. Alter Gummi wird ebenfalls hart und brüchig. Alte Schläuche kann man manchmal durch Kochen in Wasser wieder gebrauchsfähig machen; aber man wird selten viel Erfolg damit haben. Man muß mit der Verwendung alter Schläuche vorsichtig sein, weil sie häufig nicht mehr luftdicht sind. Am besten hält sich Gummi in Gefäßen mit eingeschliffenem Glasdeckel, wenn man etwa alle vier Wochen einige Tropfen Chloroform auf die Innenseite des Deckels träufelt.

Das Schneiden und Biegen von Glasröhren erfordert einige Übung. Zum Schneiden benutzt man eine kleine dreikantige Feile, mit der man die Röhre an der Schnittstelle anritzt, worauf sie sich glatt abbrechen läßt. Der Rand der Bruchstelle ist immer seh scharfkantig. Man tut deshalb gut, ihn in der Bunsenflamme rund zu schmelzen; zu diesem Zweck bringt man das Ende der Röhre unter beständigem Drehen in die Flamme, bis das Glas weich geworden ist. Man erhitze nicht zu lange, damit die Ränder nicht einsinken und dadurch den Durchmesser der Röhre verkleinern. Das eben besprochene Verfahren des Glasschneidens gelingt nur dann, wenn der Durchmesser der Röhren nicht größer als höchstens 10 mm ist. Bei größeren Röhren muß man den Feilstrich rund um das Rohr herumziehen, wobei man die Feile zweckmäßig mit einem Tropfen Terpentinöl befeuchtet. Dann erhitzt man einen spitzen Glasstab möglichst stark und berührt mit dem glühenden Glas den Feilstrich, worauf das Rohr meist glatt abspringt. Das gleiche Verfahren wird zum Schneiden dickwandiger Röhren aus schwer schmelzbarem Glas angewandt.

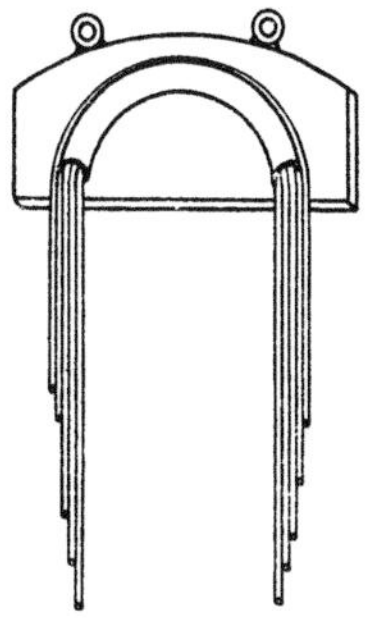

Fig. 132. Schlauchbrett.

Gewöhnliche Glasröhren lassen sich leicht biegen. Man verwendet dazu entweder einen gewöhnlichen, mit leuchtender Flamme brennenden Fischschwanzbrenner, oder man setzt auf den Bunsenbrenner einen Aufsatz, der eine breite Flamme hervorbringt, und dreht die Luftregulierungshülse so weit zu, daß eine schwach leuchtende Flamme entsteht. Hat man weder einen Fischschwanzbrenner noch einen Aufsatz zum Bunsenbrenner, so halte man die Röhre wenigstens schräg in die Flamme, so daß sie auf eine Strecke von 3—4 cm erhitzt wird (Fig. 133). Die Erhitzung muß sehr gleichmäßig vor sich gehen, weshalb man die Röhre beständig langsam um sich selbst dreht. Sobald man fühlt, daß das Glas weich wird, läßt man das eine Ende der Röhre los und hört mit Drehen auf. Das freie Ende sinkt infolge seines Gewichts langsam herunter, wodurch eine sehr schöne, regelmäßige Biegung entsteht. Niemals versuche man, Röhren mit Gewalt zu biegen, da dadurch immer Knicke entstehen, an denen die Rohre nach dem Erkalten leicht abbrechen (Fig. 134).

Röhren mit großem Durchmesser biegt man auf die Weise, daß

man sie mit Sand füllt, ihre Enden mit Stopfen verschließt und sie über einer möglichst breiten Flamme aufhängt (Fig. 135). (Erst drehen, bis das Glas weich ist, dann aufhängen.)

Ausziehen von Glasröhren. Man erhitzt die Röhre unter fortwährendem Drehen, bis sie weich ist, nimmt sie dann rasch aus der

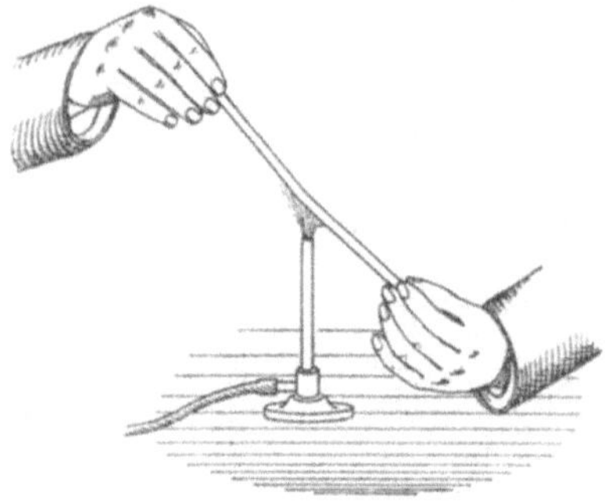

Fig. 133. Biegen von Glasröhren in der Bunsenflamme.

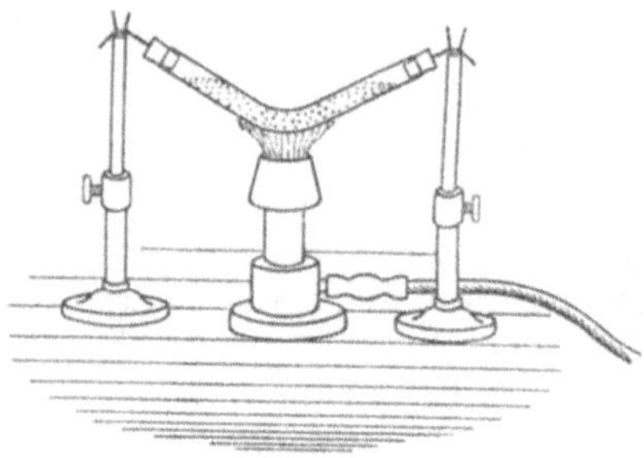

Fig. 135. Biegen weiter Glasrohre.

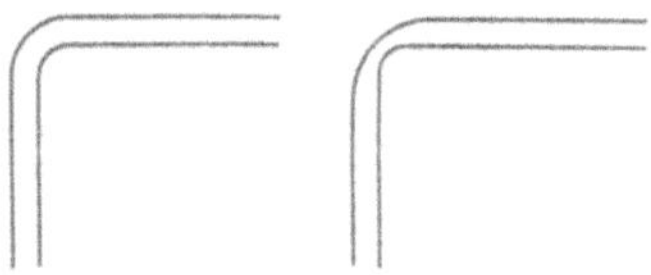

Fig. 134. Gut und schlecht gebogene Glasröhre.

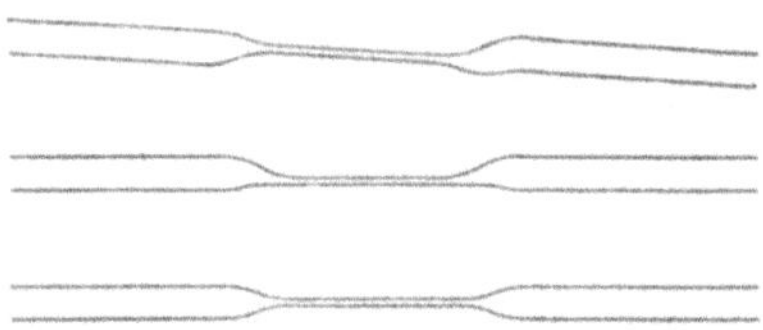

Fig. 136. Falsch und richtig ausgezogene Röhren. Die obere ist schief ausgezogen, die mittlere ist ungleichmäßig erhitzt.

Flamme und zieht sie, während man sie beständig zwischen Daumen, Zeige- und Mittelfinger hin und her dreht, auseinander. Man erhält auf diese Weise sehr schöne Spitzen. Wenn die Röhre kalt geworden ist, schneidet man sie auseinander und schmilzt etwaige schiefe Ränder

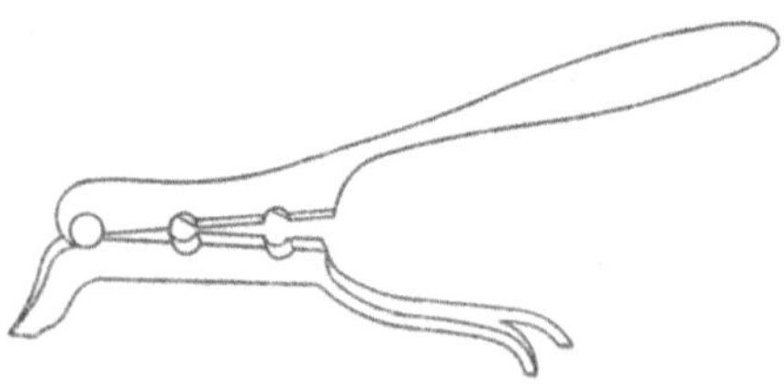

Fig. 137a. Korkpresse.

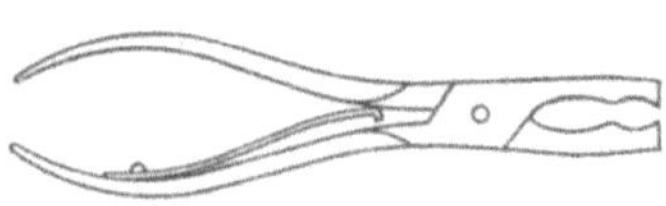

Fig. 137b. Korkzange.

an der Spitze rund, wobei man aber äußerst vorsichtig zu Werk gehen muß, damit die Spitze nicht zusammenschmilzt oder sich umbiegt. Die Figur 136 zeigt richtig und falsch ausgezogene Glasröhren.

Kugelröhren blasen sowie Glasröhren aneinandersetzen, ist ziemlich schwierig; man kann es nur so lernen, daß man es sich von einem

Glasbläser vormachen läßt[1]) und es oft übt. Da wir diese Arbeiten nicht nötig haben werden, sei auf ihre Besprechung verzichtet.

Behandlung von Korkstopfen. Neue Korke sind meist etwas hart. Um sie geschmeidig zu machen, verwendet man entweder eine Korkpresse (Fig. 137a) oder Korkzange (Fig. 137b), oder man wickelt den Kork gut in Papier und rollt ihn mit dem Fuß unter festem Aufdrücken einigemal auf dem Boden hin und her. Dieses Verfahren leistet genau die gleichen Dienste. Kommt es darauf an, eine Flasche, Zylinder usw. luftdicht zu verschließen, so wähle man den Kork immer etwas größer, als der Durchmesser des Flaschenhalses ist. Nachdem der Stopfen gepreßt ist, wird er gut hineinpassen. Am sichersten geht man, wenn man die zu solchen Zwecken verwendeten Stopfen vor ihrem Gebrauch in Paraffin kocht. Das schützt sie auch vor der Zerstörung durch Chlor.

Korke durchbohren. Diese Arbeit muß sehr häufig ausgeführt werden, wenn man Glasröhren in Korke einsetzen will. Man benutzt dazu einen Korkbohrer (siehe Fig. 130) und wählt denjenigen, dessen Durchmesser nicht ganz so groß ist wie der der Röhre, die in den Kork eingesetzt werden soll. Man nimmt den Stopfen in die linke Hand, den Bohrer in die rechte und setzt ihn mit dem scharfen Rand senkrecht auf die Mitte des Korks auf. Dann dreht man den Bohrer langsam unter gelindem Druck und immer in derselben Richtung in den Kork hinein. Man bohre vorsichtig, damit das Loch nicht schief wird. Fühlt man, daß der Bohrer am anderen Ende des Stopfens durchkommt, dann setzt man einen alten Kork dagegen und bohrt nun vollends durch. Mittels des jedem Bohrer beigegebenen Metallstifts stößt man das im Hohlraum des Werkzeugs steckende Korkstück aus und zieht dann den Bohrer unter langsam hin- und herdrehender Bewegung heraus. Sollten die Wände des Bohrloches nicht ganz glatt sein, so kann man mit einer kleinen Rundfeile leicht nachhelfen; aber vorsichtig, damit das Loch nicht zu weit wird. Bei den meisten Korkbohrern dient der Metallstift nicht nur zum Herausstoßen des Korkstückchens, sondern kann auch quer durch zwei am oberen Rand der Bohrer angebrachte Löcher gesteckt und als Handgriff beim Bohren benutzt werden. Korke müssen selbstverständlich vor dem Durchbohren gepreßt werden.

Zerkleinern von Chemikalien findet je nach der Art der Stoffe durch Zerstoßen in Metall- oder Porzellanmörsern oder durch Zerschlagen mit dem Hammer statt. Spröde, harte Stoffe, wie z. B. Antimon, pulvert man in einem eisernen Mörser mit eiserner Keule. Kleine Krystalle lassen sich in Porzellanmörsern verarbeiten, grobe Stücke zerkleinert man erst mit einem Hammer. Man umwickle die Chemikalien dabei mit einem reinen Tuch, damit nichts verspritzt wird, und gebe acht, daß man mit dem Hammer keine Löcher in das Tuch schlägt, oder daß es von scharfkantigen Krystallen zerschnitten wird. Am besten nimmt man einen Holzhammer mit breitem Kopf. Will man mehrere fein gepulverte oder feinkrystallinische Stoffe innig miteinander

[1]) Siehe auch Schnetzler, Werkbuch fürs Haus. Stuttgart.

mischen, so verwendet man dazu eine Reibschale aus glasiertem Porzellan. Explosive Körper, vor allem chlorsaures Kalium, dürfen nicht in der Reibschale verarbeitet werden!

Fig. 138. Handwage mit Stativ.

Abmessen von Flüssigkeiten und Abwiegen fester Stoffe. Flüssigkeiten werden in den bereits besprochenen Mensuren, Meßkolben und Meßgefäßen abgemessen. Feste Stoffe wiegt man ab. Für unsere Zwecke ist eine sogenannte „Apotheker-Handwage mit Hornschalen" von 200 g Tragkraft vollkommen ausreichend. Dazu braucht man noch einen gewöhnlichen (nicht analytischen) Messinggewichtssatz bis 200 g. Die Wage befestigt man an ein Stativ, das man sich leicht aus einem Glasstab, der in eine mit Sand oder besser mit Bleischrot gefüllte Flasche eingesetzt wird, zurechtbiegen kann (Fig. 138).

Man mache den wagrechten Arm des Stativs nicht zu lang, da sonst der Schwerpunkt zu weit außerhalb des Unterstützungspunktes liegt und bei großer Belastung der Wage die ganze Vorrichtung umkippen kann. Die Apothekerwagen geben $^1/_{10}$ g noch gut an. Man muß aber, um ihre Leistungsfähigkeit zu erhalten, dafür sorgen, daß der Wagebalken nicht rostet. Da das in der Laboratoriumsluft leicht eintreten kann, bewahrt man die Wage vorteilhaft auf einem Filzteller unter einer Glasglocke („Mikroskopglocke") auf. Für manche Versuche ist eine etwas größere Wage empfehlenswert.

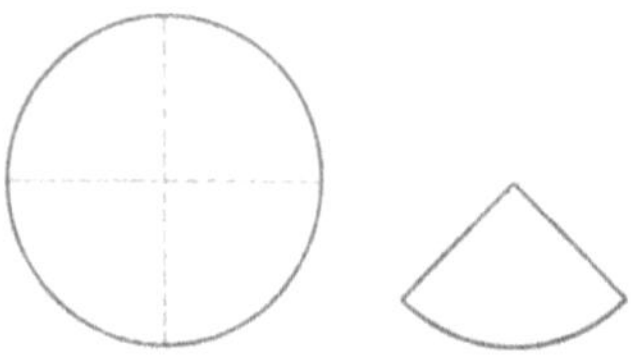

Fig. 139. Falten eines Rundfilters.

Fig. 140. Eingießen von Flüssigkeiten ins Filter.

Filtrieren. Das Filtrieren bezweckt die Trennung fester Körper von flüssigen. Hat man also z. B. aus einer Lösung einen Niederschlag gefällt, dann bleibt dieser auf dem Filter zurück, während die niederschlagfreie Lösung (das „Filtrat") durch das Filter geht. Zum Filtrieren braucht man ungeleimtes, festes Papier („Filtrierpapier"), das in Bogen und runden Scheiben in den Handel kommt. Das scheibenförmige ist praktischer, da es mit Leichtigkeit zu Filtern von stets gleicher Größe gefaltet werden kann. Zu diesem Zweck faltet man die Scheibe zweimal rechtwinklig, wodurch ein gleichschenkliges Dreieck mit krummer Basis entsteht, das beim Öffnen einen Trichter liefert, bei dem auf der einen Hälfte eine, auf der anderen drei Lagen Papier liegen (Fig. 139). Dieser Papierkonus wird in einen Glastrichter gesetzt, der um etwa $^1/_2$ cm länger ist als das Filter, und mit Wasser angefeuchtet, so daß er an den Glaswänden fest anliegt. Man stellt dann den Trichter in ein Filtriergestell oder Filtrierdreieck (siehe S. 312) und setzt ein Becherglas unter, worauf man die zu filtrierende Flüssigkeit langsam in das Filter gießt und zwar nicht unmittelbar, da sonst das Papier reißen könnte, sondern an einem Glasstab entlang (Fig. 140).

Der auf dem Filter sich ansammelnde Niederschlag muß meist noch ausgewaschen werden. Dies geschieht ebenso wie das Anfeuchten des

Fig. 141. Spritzflasche.

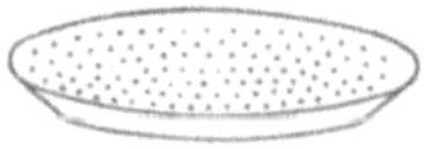

Fig. 142. Saugplatte.

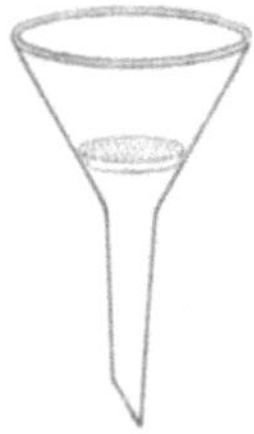

Fig. 143. Trichter mit eingesetzter Saugplatte.

Filters vor Beginn des Filtrierens, mittels einer Spritzflasche, die man sich aus einer Kochflasche, einem doppelt durchbohrten Kork und zwei Glasröhren, von denen eine zu einer Spitze ausgezogen ist, leicht herstellen kann (Fig. 141).

Bläst man durch das kurze Rohr, so wird die Luft im Innern der Flasche zusammengepreßt und drückt dadurch das Wasser aus dem langen Rohr in einem feinen Strahl heraus.

Oft ist es vorteilhaft, unter vermindertem Druck zu filtrieren, wodurch man bedeutend an Zeit spart. Man braucht dazu entweder einen Glastrichter mit Saugplatte oder, was bequemer ist, eine „Nutsche" aus Porzellan. Eine Saugplatte (Fig. 142) ist ein Porzellansieb, das in einen Glastrichter gelegt und mit einer etwas größeren Scheibe aus Filtrierpapier bedeckt wird, so daß das Papier noch einige Millimeter an der Glaswand des Trichters anliegt. Eine Nutsche (Fig. 144) vereinigt Trichter und Saugplatte in einem Stück. Man hat nur nötig, ihren durchlöcherten Boden mit einer genügend großen Scheibe aus Filtrierpapier zu bedecken. Nutsche (oder Trichter mit Saugplatte) (Fig. 143) werden dann mittels Kork oder Gummistopfen luftdicht in die

Saugflasche (siehe Fig. 115) eingesetzt und mit einem Stück Druckschlauch (siehe S. 313) an die Wasserstrahlpumpe angeschlossen (Fig. 145).

Die zu filtrierende Flüssigkeit gießt man langsam in die Nutsche. Man sauge am Anfang nicht zu stark, um nicht Löcher in das Filter zu reißen.

Starke Säuren, die Filtrierpapier zerstören würden, filtriert man durch Glaswolle. Man stopft entweder ein Flöckchen Glaswolle mäßig fest in einen Trichter oder füllt ein 10 cm langes, 2—3 cm weites und an einem Ende zu einer groben Spitze ausgezogenes Röhrchen halb damit an und gießt die Flüssigkeit einfach durch, nachdem man die Glaswolle mit Wasser angefeuchtet hat.

Hat man große Flüssigkeitsmengen, in denen schleimige Niederschläge enthalten sind, so wäre das Filtrieren durch Papier sehr zeitraubend. Man beseitigt deshalb die Hauptmasse des Niederschlags zunächst mit dem „Koliertuch". Zu dem Zweck spannt man ein Stück Leinen oder Wollstoff über einen viereckigen Holzrahmen, in

Fig. 144. Nutsche.

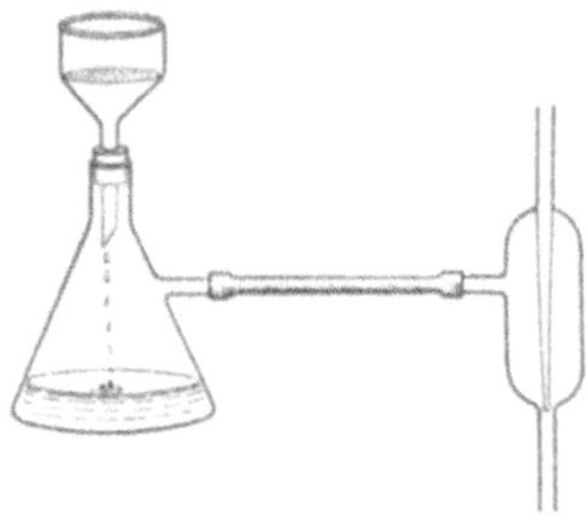

Fig. 145. Filtrieren mit Nutsche und Saugflasche.

dessen Ecken kleine, spitze Drahtstifte befestigt sind, und gießt die Flüssigkeit durch das Tuch.

Da sie nach dem Kolieren noch nicht ganz klar ist, muß sie noch durch Papier filtriert werden; dies bietet aber, da die Hauptmenge des Niederschlags entfernt ist, keine Schwierigkeiten mehr.

Destillieren. Unter Destillation versteht man die Überführung einer Flüssigkeit in den dampfförmigen Zustand und darauffolgende Wiederverdichtung des Dampfes zur Flüssigkeit durch Abkühlung. Sie hat den Zweck, Flüssigkeiten von gelösten Stoffen zu trennen. Destilliert man z. B. eine Kochsalzlösung, so wird nur das Wasser verdampfen, während das Kochsalz zurückbleibt. Man erhält also als „Destillat" reines Wasser, als „Rückstand" Kochsalz.

Man destilliert am zweckmäßigsten aus Retorten oder Kochflaschen. Die entweichenden Dämpfe werden in ein Gefäss geleitet („Vorlage"), das je nach dem beabsichtigten Zweck eine Kochflasche, Rundkolben, Reagenzglas, Becherglas usw. sein kann. Ist die Leitung bis zur Vorlage genügend lang, so kühlen sich die Dämpfe häufig schon auf dem Weg so weit ab, daß sie wieder in den tropfbar flüssigen Zustand übergehen. Nach einiger Zeit aber erhitzt sich das Leitungsrohr so stark, daß man seine Zuflucht zur künstlichen Kühlung nehmen muß. In manchen Fällen wird es genügen, einen Streifen Filtrierpapier, den man durch zeitweises Auftropfen von Wasser feucht erhält, um das Rohr zu wickeln; oder man stellt die Vorlage in kaltes Wasser oder Eis. Wenn eine stärkere Kühlung erforderlich ist, muß man besondere „Kühler" anwenden. Der bekannteste ist der Liebigsche Kühler, den man sich mit Leichtigkeit aus einem engeren und einem weiteren Glasrohr, zwei doppelt durchbohrten Korken und zwei kleinen Röhren für Wasser-Zu und -Ableitung selbst herstellen kann (siehe Fig. 149). Er besteht aus einem Destillationsrohr, das mit einem Glasmantel umgeben ist, durch den man Wasser leiten kann.

Es gibt noch viele auf demselben Prinzip beruhende Kühler, die sich nur dadurch von dem Liebigschen unterscheiden, daß bei ihnen die Oberfläche des Destillationsrohrs dadurch vergrößert ist, daß es mit Kugeln versehen (Fig. 146) oder spiralig gewunden ist (Fig. 147). Die Spiralkühler können natürlich bei derselben Leistung entsprechend kürzer sein als die Liebigschen.

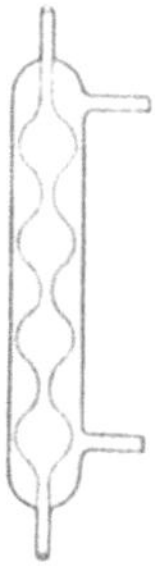

Fig. 146. Kugelkühler.

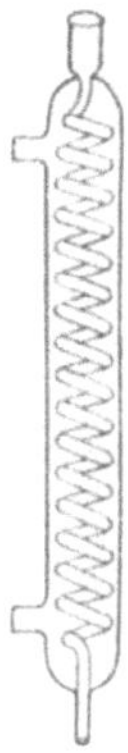

Fig. 147. Spiralkühler.

Ganz vorzüglich sind die Dimroth-Kühler, die ebenfalls zur Klasse der Spiralkühler gehören. Nur fließt bei ihnen das Kühlwasser durch das Spiralrohr, auf dessen großer Oberfläche sich sogar Ätherdämpfe nahezu vollständig verdichten.

Die Anordnung des Kühlers im Destillationsapparat ergibt sich von selbst und ist aus beistehender Abbildung (Fig. 148) leicht zu ersehen.

Selbstverständlich muß die Wasserzuleitung immer am tiefliegenden Ende des Kühlers an seiner Unterseite erfolgen, da andernfalls nicht der ganze Kühlmantel gefüllt würde, sondern das Wasser einfach durchflösse. Häufig macht die Verbindung des Retortenhalses mit dem Kühlrohr wegen zu großer Unterschiede im Durchmesser Schwierigkeiten. In solchen Fällen hilft man sich mit einer „Allonge", wie sie Fig. 149 zeigt. Sollte noch eine Dichtung zwischen Kühlrohr und Allonge nötig sein, so kann sie leicht mit etwas feuchtem Asbest hergestellt werden. Selbstverständlich können Allongen, die es in verschiedenen Größen gibt, auch zur Verbindung anderer Apparate dienen.

Destillation unter vermindertem Druck und fraktionierte Destillation sind Verfahren, die in der organischen Chemie häufig angewandt werden. In der anorganischen Chemie werden wir ihrer nicht bedürfen, weshalb wir auf eine Besprechung in diesem Buche verzichten.

Sublimation. Was die Destillation für flüssige, das ist die Sublimation für feste Körper. Man verwandelt feste Körper in Dampf und verdichtet ihn wieder durch Abkühlung. Wir werden die Sublimation nur sehr selten nötig haben und geeignete Anordnungen dazu bei den einzelnen Versuchen besprechen.

Krystallisation. Einen Körper dazu zu bringen, daß er schön auskrystallisiert, ist gar nicht so leicht; um das zu erreichen, muß man immer daran denken, daß die Krystalle um so schöner werden, je mehr Zeit man ihnen läßt, sich zu bilden, und je langsamer die Abkühlung der Lösung erfolgt, in der sie entstehen sollen. Der Vorgang der

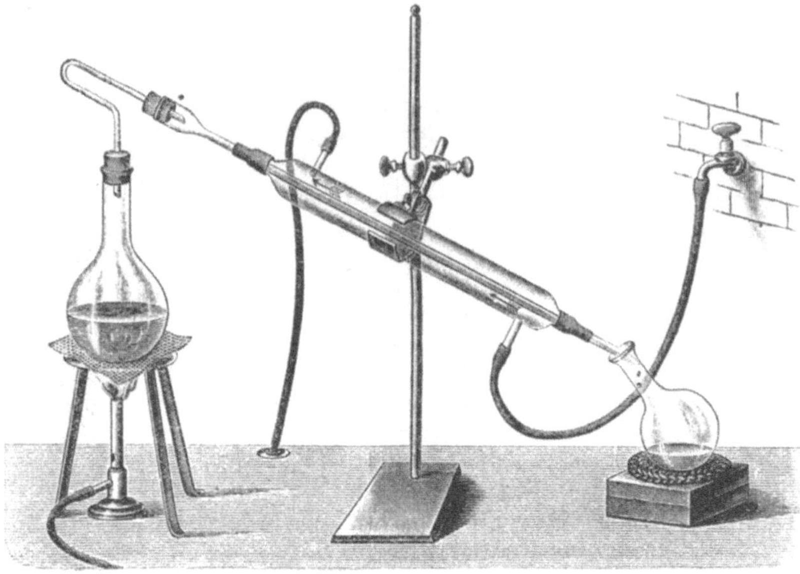

Fig. 148. Anordnung des Kühlers im Destillationsapparat.

Krystallisation beruht darauf, daß die meisten Körper sich in der Wärme leichter lösen als in der Kälte. Läßt man also eine warm gesättigte Lösung sich abkühlen, dann scheidet sich eine entsprechende Menge des gelösten Stoffes in Form von Krystallen ab. Je langsamer die Verdunstung oder Abkühlung stattfindet, desto größere Krystalle kann man erhalten. Das Haupterfordernis ist, wie bei vielen chemischen Arbeiten, so auch hier: Geduld. Hat man eine sehr verdünnte Lösung, die vom Sättigungspunkt noch weit entfernt ist, so braucht man natürlich nicht diese Mengen des Lösungsmittels durch Verdunstenlassen zu entfernen, sondern man dampft die Lösung so weit ab, bis der Sättigungspunkt beinahe erreicht ist, wodurch man viel Zeit spart. Man erkennt den Zeitpunkt, an dem die Lösung nahezu gesättigt ist, daran, daß sich auf ihr kleinere oder größere plackige Salzhäutchen abzuscheiden beginnen; wenn dieser Punkt erreicht ist, gießt man die Lösung in eine Krystallisierschale

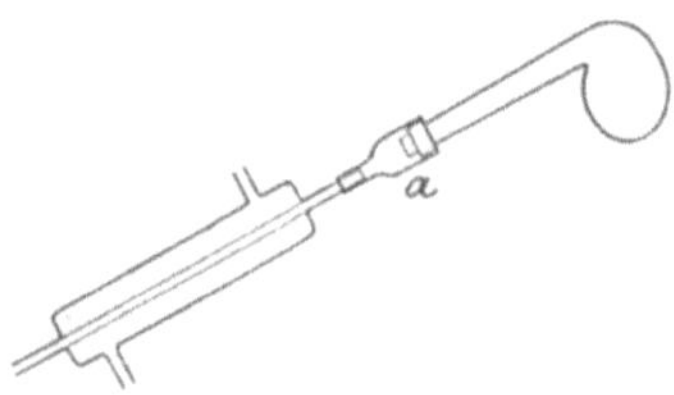

Fig. 149. Verbindung einer Retorte mit einem Kühler durch Allonge a.

und läßt sie ruhig stehen, bis sich genügend Krystalle abgeschieden haben. Zum Schutz vor Staub kann man das Gefäß mit einem Bogen Filtrierpapier zudecken. Sehr geeignet als Krystallisierschalen sind die flachen „Entwicklerschalen" aus Glas oder Porzellan, die man in jedem photographischen Geschäft erhält. Man gebe acht, daß die Glasgefäße beim Eingießen heißer Lösungen nicht springen; man kann das durch etwas langsames Eingießen sicher vermeiden. Während der Krystallisation sollen die Gefäße möglichst nicht erschüttert werden. Scheiden sich Krystalle nur schwer ab, so kann man häufig eine reichliche Krystalisation dadurch hervorrufen, daß man einen kleinen Krystall desselben Körpers in die Lösng wirft. Man nennt das: „die Lösung impfen". Die Flüssigkeit, die nach dem Auskrystallisieren zurückbleibt, heißt „Mutterlauge". Aus ihr kann man durch weiteres Eindampfen häufig noch zum zweitenmal Krystalle erhalten. Wenn Krystalle infolge anhaftender Mutterlauge noch nicht ganz rein sind, löst man sie wieder in möglichst wenig Lösungsmittel auf und läßt zum zweitenmal auskrystallisieren. Dies kann man zum Zweck des Reinigens beliebig oft wiederholen; man nennt es: „umkrystallisieren".

Entwickeln, Auffangen und Aufbewahren von Gasen. Der einfachste Gasentwicklungsapparat besteht aus einer Kochflasche, einem doppelt durchbohrten Korken, einem Trichterrohr und einem Gasableitungsrohr (Fig. 150).

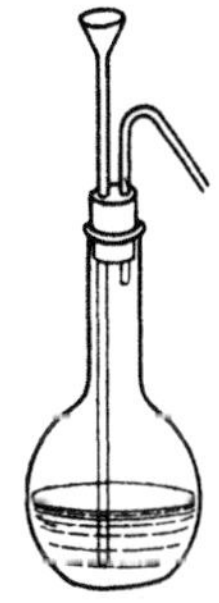

Fig. 150. Gasentwicklungsflasche.

Seine Wirkungsweise ist aus der Abbildung ohne weiteres verständlich. Das Trichterrohr dient zum Einfüllen von Wasser oder Säure und wirkt gleichzeitig als Sicherheitsrohr. Wenn sich nämlich das Gasableitungsrohr einmal verstopft, das Gas also keinen Ausweg hat, so könnte durch den im Innern der Flasche entstehenden Druck leicht das Gefäß zertrümmert, zum mindesten der Stopfen mit den Röhren herausgeschleudert werden. Dies wird durch das Sicherheitsrohr verhindert; denn wenn der Druck in der Flasche wächst, dann wird einfach die in ihr enthaltene Flüssigkeit in dem Trichterrohr in die Höhe gepreßt (vgl. die Wirkungsweise der Spritzflasche S. 319) und läuft schließlich über. Die Flasche wird auf diese Weise vollständig entleert, so daß kein weiterer Schaden entstehen kann.

Häufig ist es wünschenswert, Gase in einem regelmäßigen Strom zur Anwendung zu bringen. Dies läßt sich auf verschiedene Weise erreichen. Sehr bequem und viel verwandt ist der Kippsche Gasentwicklungsapparat (Fig. 151).

Er besteht aus 3 Kugeln A, B und C. An der mittleren Kugel ist in einem Tubus ein Gasableitungsrohr mit Hahn durch einen Stopfen befestigt. In die Kugel B wird durch diesen Tubus der feste Körper (bei Wasserstoff Zink, bei Kohlendioxyd Kreide usw.) gebracht. Es kann nicht in die untere Kugel fallen, weil ihre Mündung durch die von C kommende Röhre r versperrt wird. Bei geöffnetem Hahn h gießt man nun durch C so viel Säure in A, daß sie mit dem festen Körper in B in

Berührung kommt. Es entwickelt sich nun Gas, das aus B nur durch den Hahn h entweichen kann. Braucht man kein Gas mehr und schließt h, dann wird durch den im Apparat entstehenden Druck die Säure in der langen Röhre hinaufgepreßt und sammelt sich in C an. Da jetzt der feste Körper nicht mehr mit Säure in Berührung ist, entwickelt sich auch kein Gas mehr. Sobald man den Hahn h wieder öffnet, beginnt das Spiel von neuem. (Der Zwischenraum k zwischen B und A ist so bemessen, daß er zwar nicht kleinen Brocken, wohl aber Flüssigkeiten den Durchtritt gestattet.) Dieser Apparat erlaubt also, jederzeit ohne jede weitere Vorbereitung einen gleichmäßigen Gasstrom zu entnehmen. Denselben Zweck erfüllt ein anderer Apparat, den man sich aus zwei tubulierten Flaschen mit Leichtigkeit selbst machen kann (Fig. 152).

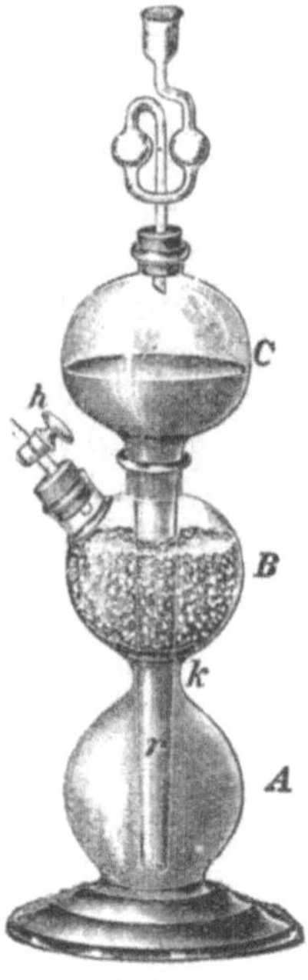

Fig. 151. Kippscher Gasentwicklungsapparat.

Die durch ein Stück Kautschukschlauch mit A verbundene Flasche B enthält die Säure, A zunächst eine Schicht Glasperlen oder Bimssteinstücke, die etwa 2 cm über den Tubus reicht, und darauf den festen Körper. Öffnet man den Hahn C, dann fließt Säure von B nach A, und die Gasentwicklung beginnt. Schließt man C, dann wird die Säure durch den Gasdruck wieder nach B zurückgedrängt, und die Gasentwicklung hört auf.

Bei dem Austreten aus dem Entwicklungsapparat sind die Gase noch feucht und durch mitgerissene Säuretröpfchen verunreinigt. Man muß sie deshalb vor ihrer Verwendung meist noch waschen und trocknen. Dazu dienen die

Waschflaschen und Trockenröhren. Als Waschflasche kann man jede mit einem doppelt durchbohrten Korken verschlossene oder mit zwei Hälsen versehene (sogen. Woulffsche) Flasche (Fig. 153) verwenden.

Fig. 152. Apparat zur Entwicklung von Gasen. Fig 153. Woulffsche Flaschen als Waschflaschen hergerichtet. Fig 154. Waschflasche aus einer Saugflasche.

Durch das lange Rohr wird das Gas eingeleitet, durchstreicht die in der Flasche befindliche Waschflüssigkeit und tritt durch das kurze

Rohr wieder aus. Sehr leicht lassen sich Saugflaschen (siehe S. 310) in Waschflaschen verwandeln (Fig. 154).

Bequem sind die Waschflaschen mit eingeschliffenem Stopfen nach Drechsel (Fig. 155).

Das Trocknen der Gase geschieht in Trockenröhren oder Trockentürmen. Trockenröhren sind U-förmig gebogen (Fig. 156) (weshalb sie auch U-Röhren heißen) und werden mit irgendeinem Trockenmittel wie Chlorcalcium, Natronkalk, Watte usw. gefüllt, an beiden Enden durch einen Stopfen mit eingesetztem Glasrohr geschlossen und in die Gasleitung hinter der Waschflasche eingeschaltet.

Die Trockentürme (Fig. 157) ermöglichen es, die Gase eine längere Schicht des Trockenmittels durchstreichen zu lassen.

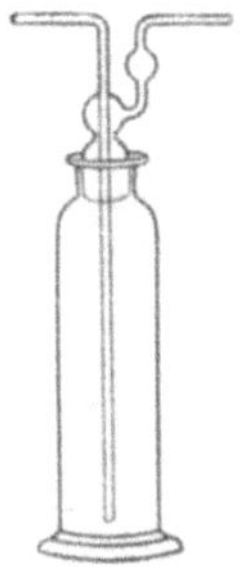

Fig. 155. Waschflasche nach Drechsel.

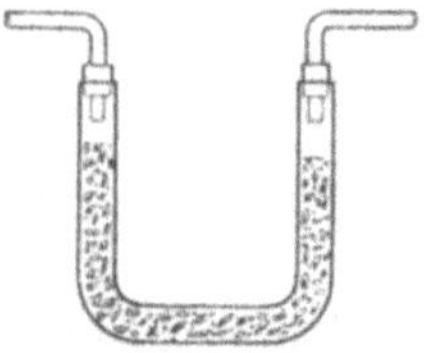

Fig. 156. Trockenrohr.

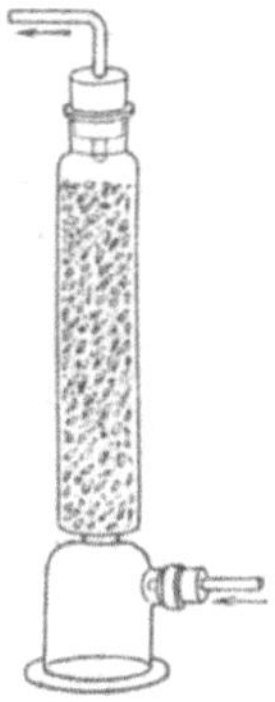

Fig. 157. Trockenturm.

Häufig kann man als Trockenmittel konzentrierte Schwefelsäure verwenden (siehe S. 85). Man braucht dann als Trockenvorrichtung nur eine mit diesem Stoff beschickte Waschflasche einzuschalten.

Sind nun die Gase gereinigt und getrocknet, dann handelt es sich darum, sie aufzufangen und aufzubewahren. Wir verwenden dazu die bereits beschriebenen Standzylinder mit abgeschliffenem Rand. Man läßt das Gasausströmungsrohr in eine mit Wasser gefüllte Schüssel eintauchen, so daß die Gasblasen durch das Wasser aufsteigen. Dann füllt man einen Zylinder bis zum Rand mit Wasser, deckt eine mattgeschliffene Glasplatte darüber, hält den Zylinder mit der Mündung in die Schüssel unter Wasser und zieht die Platte weg. Das Wasser kann nicht aus dem Zylinder auslaufen, und wenn man ihn nun mit der Mündung über das Gasausströmungsrohr hält, sieht man eine Gasblase nach der andern hochsteigen und sich oben ansammeln. Schließlich ist so alles Wasser aus dem Zylinder verdrängt — d. h. er ist mit dem Gas gefüllt. Man verschließt ihn wieder unter Wasser mit der Glasplatte und kann ihn dann herausnehmen und aufrecht hinstellen. Damit man während des Füllens den Zylinder nicht immer mit der Hand über das Gasrohr halten muß, kann man sich in der Schüssel oder Wanne einen in der Mitte durchlochten Holzsteg anbringen, der auf dem Rand des Gefäßes aufliegt und dem Zylinder als Stütze während des Füllens dient. Man erhält so eine „pneumatische Wanne" (Fig. 158).

Auch ein auf den Boden der Schüssel gelegter, mit einem Einschnitt für das Gasrohr versehener Kork, der mit einem Stück Blei beschwert ist, tut dieselben Dienste.

Will man Gase längere Zeit aufbewahren, so muß man die gefüllten Zylinder entweder mit der Mündung in Wasser stehen lassen oder Gasometer verwenden. Es kommen solche aus Glas oder Zinkblech in den Handel. Sie sind ziemlich teuer, und da wir ihrer kaum bedürfen, erwähnen wir sie nur der Vollständigkeit halber.

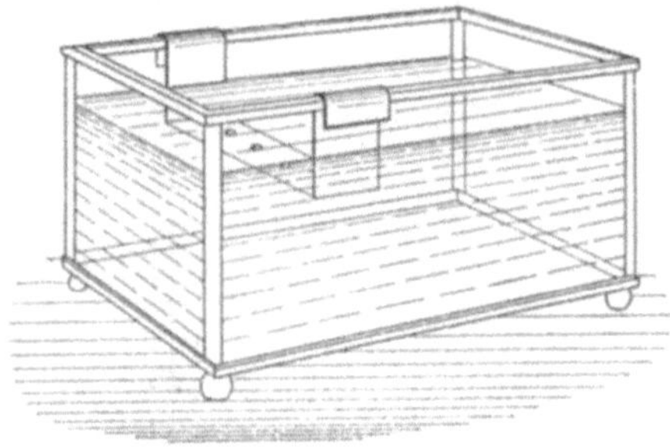

Fig. 158. Pneumatische Wanne.

Fig. 159. Tropftrichter.

Fig. 160. Dreiweghahn.

Es wären schließlich noch einige Worte zu sagen über Gegenstände, die nicht zu ständigem Gebrauch dienen, sondern deren man nur hin und wieder bedarf. Dazu gehören z. B.: ein kleiner Hornlöffel und ein kleiner Porzellanlöffel, um Niederschläge von Filtern zu nehmen; einige Uhrgläser verschiedenen Durchmessers und 5 cm Platindraht, den man sich in ein Stückchen Glasstab einschmilzt. Diese Gegenstände braucht man zu Versuchen über Flammenfärbungen. Ein Stückchen dünnes Platinblech zu Schmelzversuchen und zur Verwendung als Elektrodenmaterial ist ebenfalls sehr nützlich.

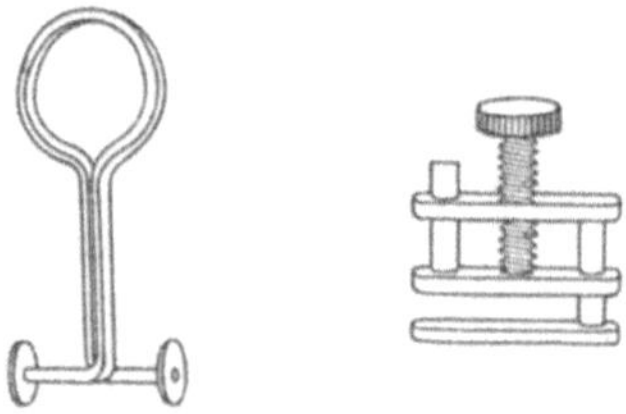

Fig. 161. Quetschhähne.

Fig. 162. Wasserbad.

Ein Tropftrichter mit Hahn (Fig. 159) kann bei der Darstellung verschiedener Präparate sehr gute Dienste leisten, desgleichen ein Dreiweghahn aus Glas (Fig. 160) und etliche Quetschhähne (Fig. 161), die man sehr oft braucht.

Wasserbäder (Fig. 162) dienen zum langsamen Erhitzen. Am besten sind solche aus Kupfer. Wasserbäder mit gleichbleibender Wasserhöhe, bei denen das verdampfende Wasser selbsttätig ersetzt wird, sind ziemlich teuer.

Sandbäder lassen eine höhere Erhitzung zu. Man stellt sie her, indem man eine Schale aus Eisenblech mit feinkörnigem Sand füllt und die zu erhitzenden Gegenstände auf den Sand setzt (Fig. 163).

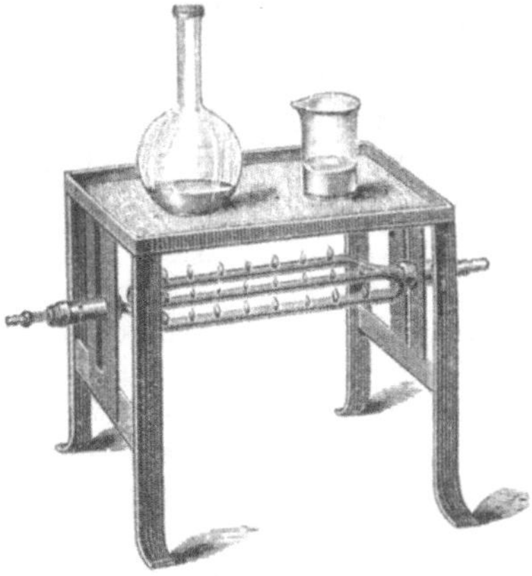

Fig. 163. Sandbad.

Zum Reinigen von Metallteilen hält man sich irgend eines der vielen im Handel befindlichen Metallputzmittel. Ein Vorrat an Leinen- und Flanelltüchern und Lappen ist sehr nützlich und wünschenswert. Putzlumpen, Abfalleimer (am besten ein großer Steinguttopf, da Metall von Säuren angegriffen wird), Handtuch und Seife vervollständigen die Einrichtung unseres Laboratoriums.

Praktische Winke.

Festsitzende Glasstöpsel an Flaschen lockert man, indem man den Rand des Stöpsels einigemal vorsichtig auf die Tischplatte aufklopft. Sollte das noch nicht helfen, dann erwärmt man den Flaschenhals unter fortwährendem Drehen in der Bunsenflamme (Achtung, daß das Glas nicht springt!), bis er so heiß geworden ist, daß man ihn gerade noch anfassen kann, packt den Stopfen mit einem Tuch und sucht ihn durch Drehen zu lockern, was in den meisten Fällen gelingt.

Natron- und Kalilauge lösen Glas in geringem Maß auf, weshalb man bei ihrer Aufbewahrung in Flaschen mit eingeschliffenem Stopfen diesen fast regelmäßig mit dem Flaschenhals unlöslich verkittet vorfinden wird. Dagegen hilft nur sorgfältiges Abtrocknen der sich berührenden Schliff-Flächen von Stopfen und Hals nach jedesmaligem Gebrauch, oder Einreiben des Stopfens mit einer Spur Fett oder Vaseline.

Gummischläuche auf Glasröhren zu ziehen sowie Glasröhren in Gummistopfen zu stecken gelingt leicht, wenn man das Ende der Röhre mit Wasser oder verdünnter Seifenlösung benetzt und auch das Ende des Gummischlauchs, das über die Röhre gezogen werden soll, innen etwas anfeuchtet. Wenn Röhren längere Zeit in einem Gummistopfen gesteckt haben, dann klebt er an dem Glas fest und ist nicht mehr loszumachen. In solchen Fällen fährt man mit einem schmalen Federmesser, kleiner Schraubenzieherklinge oder einem ähnlichen Gegenstand zwischen Stopfen und Glaswand rings herum und zieht ihn dann, nachdem man die Röhre benetzt hat, unter drehender Bewegung ab.

Gebogene Röhren in Stopfen zu stecken. Hat man rechtwinklig gebogene Röhren in Stopfen zu stecken, so versuche man das nicht in der Art, daß man die Röhre am wagrechten Ende faßt und sie in den Stopfen hineindrückt. Durch die Hebelwirkung bricht sie nämlich fast immer an der Biegungsstelle ab, und man kann sich leicht in die Hand schneiden. Man faßt die Röhre vielmehr einige Zentimeter oberhalb des senkrechten Endes zwischen die drei ersten Finger und dreht dann den Stopfen auf die vorher benetzte Röhre.

Undichte Stopfen. Bei jedem Apparat, bei dem Verbindungen durch durchbohrte Stopfen mit Glasröhren hergestellt sind, prüft man, bevor man ihn in Gebrauch nimmt, ob er luftdicht ist. Man verschließt das eine Ende (bei Gasentwicklungsapparaten also z. B. das Trichterrohr) mit dem Finger und bläst durch ein Stück Gummischlauch in das andere Ende hinein. Wenn der Apparat luftdicht schließt, spürt man deutlich den Widerstand der gepreßten Luft. Sobald man aber noch Luft durch den Apparat blasen kann, trotzdem das andere Ende mit dem Finger verschlossen ist, ist er noch nicht dicht, und man muß durch Aufgießen von Wasser auf die Stopfen festzustellen suchen, welcher von ihnen nicht ordentlich schließt. Man findet das, wenn man wieder in den Apparat bläst, sehr schnell durch das Geräusch der durch das Wasser entweichenden Luftblasen. Undichte Stellen kann man, falls ihre Temperatur es zuläßt, mit Plastilin verschmieren, oder man nimmt einen besser passenden Stopfen. Alle Glasröhren müssen etwas schwierig durch die Bohrungen in den Korken gehen, sonst schließen sie sicher nicht luftdicht.

Fig. 164. Trichter mit gebogenem Rohr.

Füllen von Retorten. Beim Füllen von Retorten sei man darauf bedacht, den langen Hals möglichst wenig zu verunreinigen. Man vermeidet das, indem man Flüssigkeiten durch ein bis in den Retortenkörper reichendes Trichterrohr, Pulver durch ein ebensolanges zusammengerolltes Blatt Papier einfüllt.

Einbringen fester Körper in Kochflaschen. Hat man größere Stücke, wie z. B. Marmor, Zink usw., in Kochflaschen zu bringen, so halte man diese immer schräg und lasse das Material langsam hinabgleiten; wenn man es senkrecht hineinfallen läßt, wird meist der dünne Boden der Gefäße durchschlagen.

Zurückschlagen von Bunsenflammen. Wenn man eine Bunsenflamme klein dreht, dann schlägt sie häufig durch das Brennerrohr zurück und brennt an der inneren Gasausströmöffnung weiter. Man dreht dann den Gashahn wieder ganz auf und führt mit der Schmalseite der Hand einen kurzen, hackenden Schlag auf den Gasschlauch, worauf die Flamme wieder richtig brennt. Wenn man auf das Brennerrohr eine kleine Kappe aus engmaschigem Drahtnetz setzt, tritt das Zurückschlagen wesentlich seltener auf.

Einsetzen von Filtern in Trichter. Nachdem das Filter befeuchtet ist (siehe S. 319), presse man es überall gut an die Trichterwand an, damit keine Luft zwischen Trichter und Papier mitgesaugt werden kann.

Zu langsames Filtrieren. Filtriert eine Flüssigkeit zu langsam, so setzt man an das Trichterrohr noch ein Stück Glasrohr an oder verwendet einen Trichter mit gebogenem Rohr (Fig. 164). Alle Flüssigkeiten filtrieren in der Wärme rascher als in der Kälte.

Trübes Filtrat. Bei sehr feinpulverigen Niederschlägen kommt es bisweilen vor, daß sie nicht vollständig vom Filter zurückgehalten werden, sondern zum Teil mit durchlaufen und das Filtrat trüben. Häufig hilft Kochen der Flüssigkeit, da dadurch die Niederschläge grobkörniger werden, oder nochmaliges Filtrieren durch das gleiche Filter, dessen Poren durch die bei der ersten Filtration zurückgebliebenen Niederschlagsmengen verstopft sind. Nützt das alles nichts, dann verwende man ein „Filter zu quantitativen Analysen aus gehärtetem Papier", das auch die feinsten Niederschläge zurückhält. In Fällen, in denen es nur darauf ankommt, das Filtrat, nicht auch den Niederschlag, rein zu erhalten, kann man auch die Poren des Filters durch einen Niederschlag von Bariumsulfat verstopfen. Man gießt in das Filter eine entsprechende Menge heißer Chlorbariumlösung, fügt schnell ein paar Tropfen Schwefelsäure zu, läßt ablaufen und wäscht sehr gründlich aus. Ein so vorbereitetes Filter läßt ebenfalls keine Niederschläge mehr durch.

Auswaschen von Niederschlägen. Es ist vorteilhafter, einen Niederschlag mehrmals mit wenig, als einmal mit viel Wasser auszuwaschen.

Spritzflaschen für heißes Wasser stellt man sich her, indem man den Flaschenhals mit Schnur dicht umwickelt, oder ihn mit drei oder vier Holzstäbchen (von der Länge des Flaschenhalses) umgibt, die durch Bänder aus Kautschukpflaster (Leukoplast) oben und unten zusammengehalten werden.

Ablösen von an dem Filter haftenden Niederschlägen. Größere Niederschlagsmengen nimmt man mit dem Horn- oder Porzellanlöffel ab. Um auch kleinere Mengen noch zu gewinnen, verfährt man folgendermaßen: Man klatscht das Filter mit der Niederschlagsseite auf ein etwas größeres Uhrglas (oder eine Abdampfschale), preßt es fest an und trocknet die Rückseite mit einem Stück Filtrierpapier gut ab. Dann zieht man das Filter ab, worauf der Niederschlag fest auf dem Uhrglas haftet.

Waschflaschen für Gase fülle man nur so weit mit Waschflüssigkeit, daß das Rohr höchstens 2 cm tief eintaucht, weil sonst häufig der Gasdruck nicht ausreichend ist, den Flüssigkeitsdruck zu überwinden. Dies ist besonders bei der Füllung von Trockenflaschen mit Schwefelsäure zu beachten, da sie nahezu doppelt so schwer ist als

Wasser. Die Länge der Sicherheitsröhre am Gasentwicklungsapparat muß mindestens gleich sein der Länge der Summe aller in Flüssigkeiten eintauchenden Röhrenstücke von Wasch- und Trockenflaschen, da sonst die Flüssigkeit in der Sicherheitsröhre übersteigt! Bei Verwendung von Schwefelsäure ist die doppelte Länge des eintauchenden Stückes in Rechnung zu setzen; gleicher Durchmesser der Röhren ist immer vorausgesetzt.

Regeln für alle Versuche.

Man stelle keinen Versuch an, ehe man sich vollständig über ihn klar ist. Die Anleitung lese man also genau durch und suche auch durch Nachlesen der entsprechenden Stellen aus dem ersten Teil, auf die immer verwiesen ist, vollständige Klarheit zu gewinnen. Nur wenn man genau weiß, was man will, und was bei dem Versuch vor sich gehen muß, wird man imstande sein, mit Erfolg zu experimentieren. Jeder hier beschriebene Versuch gelingt sicher, wenn er richtig gemacht wird. Sollte einmal etwas mißlingen, so verliere man nicht die Geduld, sondern überlege, wo ein Fehler in der Versuchsanordnung stecken könnte, und wie dem abzuhelfen ist. Den mißlungenen Versuch ohne jede Überlegung genau so zu wiederholen, hat gar keinen Sinn. Bei schwierigen Versuchen ist immer auf die häufigsten Fehlerquellen hingewiesen. Oft kann ein Versagen durch ganz geringfügige, unmöglich vorherzusehende Ursachen herbeigeführt werden. Eine kleine Verunreinigung, ein zersetzter Stoff, der gar nicht mehr das ist, was er sein sollte (z. B. Wasserstoffsuperoxyd, das in Wirklichkeit Wasser ist) — wer könnte alle Fehlerquellen nennen! Mitunter mißlingt ein Versuch auch, wenn man ihn mit abgeänderten Mengen anstellen will. In solchen Fällen hilft nur eines: immer wieder von neuem versuchen, durch kleine Änderungen dem Hemmnis auf die Spur zu kommen.

Man sehe darauf, daß Apparate nicht nur richtig, sondern auch schön zusammengestellt werden. Auf die Ästhetik in der Chemie wird leider häufig noch viel zu wenig Wert gelegt; also keine schlecht gebogenen Glasröhren, schief eingesetzte Korke, beschmutzte Glasgefäße usw. verwenden! Die geringe Mühe, die man auf Ordnung und Sauberkeit verwendet, lohnt sich reichlich durch die ungleich größere Befriedigung, die man beim Anblick eines schön zusammengestellten Apparates empfindet; außerdem erleichtert es auch die Übersicht und damit das Experimentieren.

Stets arbeite man so, als ob es auf jedes Gramm der verwendeten Stoffe ankäme, wie es bei quantitativen Analysen ja wirklich der Fall ist, bei denen es sich nicht nur um Gramme, sondern sogar um zehntausendstel Gramme handeln kann! Man gewöhnt sich dadurch von vornherein an sauberes Arbeiten, lernt, nichts zu verspritzen oder zu verschütten, und diese Fähigkeit, genau zu arbeiten, ist äußerst wertvoll.

Bei keinem Versuch darf man unvorsichtig sein. Auch der harmloseste chemische Vorgang kann gefährlich werden, wenn er nicht mit

Umsicht überwacht wird! Ganz besondere Vorsicht aber ist bei den Versuchen nötig, bei denen noch einmal besonders dazu ermahnt ist! Mit einem Sternchen bezeichnete Versuche sind nur der Vollständigkeit wegen erwähnt und dürfen auf gar keinen Fall allein, höchstens bei Anwesenheit einer bereits erfahrenen Person, angestellt werden!! (Vgl. auch das über den Umgang mit Giften Gesagte.)

Versuche zum ersten Vortrag.

(S. 1 bis S. 9.)

Um sich den Unterschied zwischen einem physikalischen und einem chemischen Vorgang vor Augen zu führen, kann man verschiedene Versuche anstellen:

Versuch 1. Man nimmt ein Stückchen Platindraht in eine Draht- oder Tiegelzange und glüht es in der Bunsenflamme. Nach dem Erkalten ist der Draht unverändert — der Vorgang war also physikalisch. Stellt man den gleichen Versuch mit einem Stück Magnesiumdraht an, dann verbrennt er zu Magnesiumoxyd: chemischer Vorgang.

Etwas eleganter kann man den Versuch ausführen, wenn man im Besitz einer kleinen Akkumulatorenbatterie ist. Man spannt dann einen dünnen Platin- oder Eisendraht straff zwischen zwei Nägel, die man in etwa 10 cm Entfernung voneinander in ein Holzbrettchen geschlagen hat. Wenn man dann die Nägel mit den Polen der paralle geschalteten Batterie verbindet, kommt der Draht zum Glühen und wird durch die Wärme so stark ausgedehnt, daß er sich zwischen den Nägeln merklich senkt. Sobald man den Strom unterbricht, zieht er sich wieder straff. Man hat also bei dieser Versuchsanordnung Gelegenheit, zwei physikalische Erscheinungen zu beobachten: das Ausstrahlen von Licht oberhalb einer gewissen Temperatur des erhitzten Körpers, und die Ausdehnung durch Wärme.

Versuch 2. Man löse in 10 ccm Wasser eine Messerspitze Kalialaun. Man erhält eine klare Lösung, aus der man vollkommen unveränderten Alaun wiedergewinnen kann, wenn man sie in einer Abdampfschale aus Porzellan zur Trockne dampft. In einem Becherglas voll Wasser versuche man darauf eine Messerspitze Antimonchlorid zu lösen. Sobald dieser Körper mit Wasser in Berührung kommt, trübt es sich vollständig, und man erhält beim Abdampfen eine ganz andere, amorphe, weiße Substanz.

Versuch 3. Man setze einen mit Balmainscher Leuchtfarbe bestrichenen Gegenstand (Zündholzbehälter, die im Dunkeln leuchten) einige Zeit dem Sonnenlicht aus und bringe ihn dann in einen dunkeln Raum; die Farbe wird mit bläulichem Lichte leuchten, aber sonst nicht verändert sein. Denselben Versuch wiederhole man mit etwas Chlorsilber (z. B. einem Blatt gewöhnlichem Kopierpapier für Photographie). Das weiße Chlorsilber leuchtet nicht im Dunkeln, dagegen ist es durch die Belichtung in einen vollkommen anderen, schwarzgrünen Körper verwandelt worden. —

Die Undurchdringbarkeit der Materie läßt sich sehr schön durch den bereits im Vortrag beschriebenen Versuch zeigen:

Versuch 4. Man befestigt an einem Trichter ein Stück Gummischlauch, das an seinem Ende eine zu einer Spitze ausgezogene Glasröhre trägt. (Siehe Fig. 1). Man klemmt die Röhre so in ein Stativ, daß sich ihre Mündung knapp vor der inneren Gasausströmungsöffnung eines Bunsenbrenners befindet, dessen Brennerrohr man abgeschraubt hat. Dann reguliert man den Gaszufluß so, daß man eine höchstens 2 cm hohe Flamme erhält. Der Schlauch zwischen Trichter und Röhre wird durch einen Quetschhahn verschlossen und der Trichter umgekehrt in ein Gefäß mit Wasser getaucht, wodurch die in ihm enthaltene Luft zusammengepreßt wird. Öffnet man den Quetschhahn, dann strömt sie mit Gewalt aus der Glasröhre aus und bringt die Flamme zum Verlöschen. (Nicht vergessen, den Gashahn wieder zu schließen!).

Versuch 5. Man setze einen Trichter mit Hilfe eines durchbohrten Stopfens luftdicht auf eine Kochflasche und versuche, Wasser in die Flasche zu gießen. Da die eingesperrte Luft nicht entweichen kann, kann auch kein Wasser in die Flasche gelangen. Sobald man den Stopfen etwas lüftet, fließt Wasser in die Flasche, und man hört die eingeschlossen gewesene Luft zwischen Stopfen und Flaschenhals entweichen. —

Bestimmung des spezifischen Gewichts.

Versuch 6. Man nehme einen Gegenstand aus Metall (z. B. einen Schlüssel) und bestimme sein Gewicht. Es sei 40 g. Dann binde man ihn an einen Faden und tauche ihn vollständig in ein bis zum Rand mit Wasser gefülltes und in einem leeren Becherglas stehendes Gefäß. Er verdrängt eine gewisse Menge Wasser, die in das Becherglas überläuft. Man mißt dann mit einer Mensur, wieviel Kubikzentimeter Wasser verdrängt worden sind. Die Anzahl der verdrängten Kubikzentimeter ist gleich dem Volumen des eingetauchten Körpers. Sie sei 8 ccm. Dann hat also unser Schlüssel ein Volumen von 8 ccm; mit anderen Worten: 8 ccm des Stoffes, aus dem er besteht, wiegen 40 g. Dann wiegt 1 ccm $\frac{40}{8} = 5$ g, das heißt: der Stoff ist fünfmal schwerer als Wasser, sein spezifisches Gewicht ist also 5[1]).

Versuch 7. Eine 100 ccm fassende Mensur wird auf der Wage ins Gleichgewicht gebracht und dann mit 100 ccm Wasser gefüllt. Darauf überzeugt man sich, daß auf der andern Seite 100 g zugelegt werden müssen, um wieder Gleichgewicht herzustellen; 100 ccm Wasser wiegen also 100 g. Nun fülle man die Mensur anstatt mit Wasser mit absolutem Alkohol. Um nun das Gleichgewicht wieder herzustellen, wird man nicht 100 g brauchen, sondern nur etwa 80 g. Alkohol ist also leichter als Wasser, sein spez. Gew., da 100 ccm 80 g wiegen, 0,8.

1) Noch einfacher gelangt man zum Ziel, wenn man den Schlüssel in eine Mensur taucht und abliest, um wieviel Teilstriche der Wasserspiegel steigt.

Würde man die Mensur mit Quecksilber füllen, so müßte man über ein Kilogramm (1365 g) zulegen, um das Gleichgewicht wieder herzustellen. Das spez. Gew. des Quecksilbers ist demnach 13,65. –

Das spez. Gew. eines Körpers läßt sich auch mit Hilfe seines Auftriebs in Wasser bestimmen. Die Größe des Auftriebs wird gemessen durch die Verminderung des Zugs, die beim Eintauchen des an einem Wagebalken hängenden Körpers in Wasser eintritt. Diese Verminderung des Zugs läßt sich mit der Wage natürlich nach Grammen bestimmen. Nach dem Archimedesschen Prinzip verliert jeder in Wasser eintauchende Körper so viel an seinem Gewicht, als die von ihm verdrängte Wassermenge wiegt. Ein Körper, der beim Eintauchen in Wasser um 10 g leichter wird, verdrängt also auch 10 g = 10 ccm Wasser, d. h. sein Volumen beträgt 10 ccm.

Versuch 8. Man hängt einen Schlüssel oder sonst einen geeigneten Metallgegenstand mittels eines Fadens an eine Wage und bestimmt sein Gewicht. Darauf läßt man ihn vollständig in Wasser eintauchen, worauf man finden wird, daß er leichter geworden ist: man muß einige Gewichte von der Wagschale nehmen, um das Gleichgewicht wieder herzustellen (Fig. 165). Die Summe der weggenommenen Gewichte gibt den Gewichtsverlust des eingetauchten Körpers und damit sein Volumen. Wog der Körper 35 g vor und 30 g nach dem Eintauchen, betrug also der Gewichtsverlust 5 g, so ist sein spez. Gew. $\frac{35}{5} = 7$. –

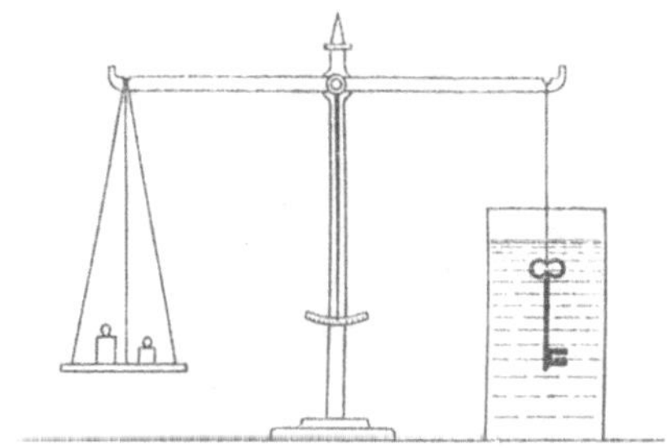

Fig. 165. Bestimmung des spez. Gewichts.

Ein Körper wird dann in einer Flüssigkeit *schweben*, wenn er eine Flüssigkeitsmenge verdrängt, deren Gewicht so groß ist wie sein eigenes. Er braucht also, um zu schweben, von einer spezifisch *schweren* Flüssigkeit nur ein kleineres Volumen zu verdrängen als von einer spezifisch leichten. Ein 100 g schwerer Körper müßte also z. B., um in Wasser zu schweben 100 ccm verdrängen, um in Schwefelsäure (spez. Gew. 1,8) zu schweben, dagegen nur etwa 55 ccm (denn 55 ccm Schwefelsäure wiegen so viel wie 100 ccm Wasser, nämlich 100 g), bei Alkohol (spez. Gew. 0,8) würde er dagegen 125 ccm verdrängen müssen. Daraus folgt, daß ein Körper in spezifisch leichten Flüssigkeiten tiefer einsinken muß als in spezifisch schweren. Auf diese Überlegung gründet sich das *aräometrische Verfahren* zur Bestimmung des spezifischen Gewichts von Flüssigkeiten.

Versuch 9. Ein Reagenzglas wird soweit mit Schrot oder Sand gefüllt, daß es in Wasser gerade bis an den oberen Rand einsinkt (Fig. 166.) Man hat damit ein „Aräometer für schwere Flüssigkeiten“ hergestellt. Da das spezifische Gewicht des Wassers gleich 1 gesetzt wird, bezeichnen wir die Stelle, bis zu der das Reagenzglas in Wasser einsinkt, mit Eins. Nun bringen wir unser Aräometer in einen kleinen Standzylinder, der mit konzentrierter Schwefelsäure gefüllt ist, und werden finden, daß es hier nur etwa bis zur Hälfte einsinkt. Diese Stelle wird mit 1,8 bezeichnet. Dazwischenliegende Punkte findet man durch Verwendung anderer Flüssigkeiten von entsprechendem spez. Gew. Wenn man das Aräometer aufheben will, wird es natürlich durch einen Korken verschlossen, damit kein Schrot herausfällt. Aräometer für leichte Flüssigkeiten stellt man auf ganz ähnliche Weise her: man füllt so viel Schrot in ein Reagenzglas, daß es in Wasser gerade eben aufrecht schwimmt, und stellt sich dann mittels geeigneter Flüssigkeiten (Öl, Alkohol, Ammoniak, Äther), deren spez. Gew. man aus einer Tabelle ersieht, die Teilung her. Eine solche Teilung, die nicht berechnet, sondern durch Versuche festgestellt wird, heißt eine empirische Teilung. Anstatt sie direkt nach spez. Gewichten zu teilen, kann man sie z. B. auch in Prozente einteilen, wie es bei Aräometern für verdünnten Alkohol der Fall ist, bei denen jeder Teilstrich einen bestimmten Prozentgehalt an absolutem Alkohol anzeigt. Die Konzentration von Schwefelsäure findet man oft noch nach „Baumégraden" angegeben, was ebenfalls eine (veraltete) Aräometereinteilung ist.

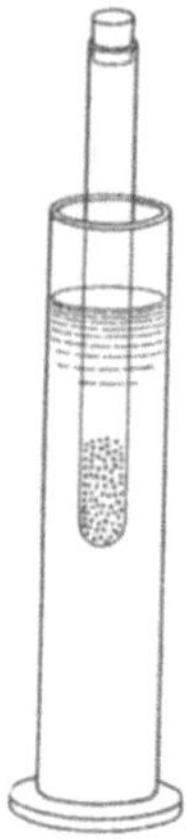

Fig. 166. Aräometer.

Versuche mit Sauerstoff.

Sauerstoff kann durch Zerlegung sauerstoffhaltiger Körper durch Hitze oder Elektrizität gewonnen werden. In allen Fällen, in denen es sich darum handelt, größere Sauerstoffmengen zu gewinnen, verwendet man das chlorsaure Kalium als Ausgangsmaterial, weil dieses Verfahren das ausgiebigste und billigste ist.

Versuch 10. Man vermische (auf einem Blatt Papier mit dem Finger oder einer Federfahne) 10 g Kaliumchlorat mit 5 g reinem (!!) pulverisiertem Braunstein und gebe das Gemisch in eine Kochflasche, die so groß ist, daß sie nur zu $^1/_3$ gefüllt wird. Man setzt einen Stopfen mit Gasableitungsrohr auf und erhitzt sehr allmählich mit der Bunsenflamme auf dem Drahtnetz, auf Asbest, oder auf dem Sandbad (Fig. 167). Das Kaliumchlorat beginnt zu schmelzen und aufzuschäumen, und nachdem die Luft aus dem Apparat verdrängt ist, kann man den entweichenden Sauerstoff in Zylindern auffangen. Wenn das Aufschäumen zu lebhaft wird, mässigt man die Hitze etwas. Will man die Gasentwicklung unterbrechen, so zieht man zuerst das Gasableitungsrohr aus dem

Fig. 167. Darstellung von Sauerstoff aus Kaliumchlorat.

Wasser der pneumatischen Wanne und nimmt dann die Flamme weg; andernfalls würde Wasser durch das Gasrohr in die heiße Kochflasche zurücksteigen und diese zertrümmern.

Der Braunstein, der zu dem Versuch verwandt wird, darf nicht mit Staub oder anderen fremden Stoffen verunreinigt sein, da sonst heftige Explosionen vorkommen können. Aus demselben Grund darf das Kaliumchlorat nicht im Mörser mit anderen Substanzen gemengt werden. (Vgl. Vers. 144.)

Versuch 11 (siehe S. 64). Man bringe in eine mit Gasableitungsrohr versehene Kochflasche 50 g frischen Chlorkalk und übergieße ihn mit 165 ccm käuflichem Wasserstoffsuperoxyd (3 %). Sofort beginnt eine lebhafte Entwicklung von Sauerstoff. Um die Gasentwicklung möglichst gleichmäßig zu machen, kann man dem Wasserstoffsuperoxyd noch 10 ccm verdünnte Salzsäure zusetzen. Da der auf diese Weise dargestellte Sauerstoff häufig noch durch etwas Chlor und Kohlensäure verunreinigt ist, schaltet man eine Waschflasche ein, die mit mäßig starker Kalilauge beschickt ist. —

Sehr bequem läßt sich Sauerstoff durch Zersetzung von Wasserstoffsuperoxyd oder Baryumsuperoxyd mit rotem Blutlaugensalz gewinnen. (Verfahren nach Kassner.) Die Reaktionen, die sich dabei abspielen, sind sehr komplizierter Natur, und es hat für uns keinen Wert, uns näher mit ihnen zu befassen.

Versuch 12. Man stellt sich einen aus Kochflasche, Trichterrohr und Gasableitungsrohr bestehenden Gasentwicklungsapparat zusammen und bringt in die Flasche eine Lösung von 80 g rotem Blutlaugensalz in 150 ccm gewöhnlichem Wasserstoffsuperoxyd (3 %). Sobald man durch das Trichterrohr langsam verdünnte Kalilauge zugibt, beginnt die Entwicklung von Sauerstoff.

Versuch 13. Man mische 10 g Baryumsuperoxyd mit 25 g rotem Blutlaugensalz und übergieße das gepulverte Gemisch in dem auch zum vorigen Versuch benutzten Apparat mit Wasser, worauf sich sofort Sauerstoff entwickelt.

Ein Versuch von nur geschichtlichem Interesse ist folgender:

Versuch 14 (siehe S. 178). In einem Reagenzglas erhitze man 5 g rotes Quecksilberoxyd. Nach einiger Zeit setzen sich an den kälteren Teilen des Glases Tröpfchen von metallischem Quecksilber an, und ein glimmender Span, den man in das Reagenzglas hält, zeigt die Gegenwart von Sauerstoff an. Dieser Versuch ist ein schöner Beweis für die Zerlegung eines Körpers in seine Elemente durch den Einfluß der Wärme. Außerdem ist er dadurch berühmt, daß Priestley 1774 durch ihn den Sauerstoff entdeckte.

Schließlich sei noch ein Verfahren erwähnt, um Sauerstoff bequem im Kippschen Apparat darstellen zu können:

Versuch 15. (Sauerstoffdarstellung nach Erdmann.) In die mittlere Kugel des Kippschen Apparates wird eine Lage Bimssteinstücke gebracht, auf die man eine Schicht großer Krystalle von Kaliumdichromat legt. Dann füllt man den Apparat so weit mit einem völlig erkalteten Gemisch aus gewöhnlichem Wasserstoffsuperoxyd und konzentrierter Schwefelsäure (150 ccm Säure auf 1 Liter Wasserstoffsuperoxyd), daß das Kaliumdichromat gerade von ihm bedeckt wird. Man erhält auf diese Weise einen sehr gleichmäßigen Sauerstoffstrom.

Verbrennungsversuche.

Man fülle mehrere Zylinder mit Sauerstoff und stelle folgende Versuche an:

Versuch 16. Ein glimmender Holzspan, in Sauerstoff gebracht, flammt sofort auf und verbrennt mit heller Flamme.

Versuch 17. In einem Verbrennungslöffel entzündet man etwas Schwefelblumen und senkt ihn rasch in einen mit Sauerstoff gefüllten Zylinder. Der Schwefel verbrennt mit leuchtend hellblauer Flamme.

Versuch 18. Ein erbsengroßes Stückchen Phosphor (Vorsicht!! Über die Behandlung von Phosphor siehe S. 416) wird in einen Verbrennungslöffel gelegt, in einen großen Zylinder mit Sauerstoff gesenkt und durch Berühren mit einem heißen Draht entzündet. Der Phosphor verbrennt mit blendend weißem Licht unter Entwicklung dichter Rauchwolken.

Versuch 19. An einer dünnen Uhrfeder, die an einer Pappdeckelscheibe hängt, befestigt man ein Stückchen Zunder und senkt das Ganze, nachdem man den Zunder zum Glimmen gebracht hat, in Sauerstoff. Die Uhrfeder verbrennt unter lebhaftem Funkensprühen. Um die Uhrfeder zu eine Spirale formen zu können, muß man sie vorher ausglühen. Damit durch das umherspritzende weißglühende Eisen nicht der Zylinder zersprengt werde, tut man gut, eine etwa 1 cm hohe Wasserschicht in ihm zu lassen.

Was wird aus den verbrennenden Körpern?

Versuch 20. Auf einer Schüssel voll Wasser lasse man ein kleines Porzellannäpfchen (wie man sie häufig in Farbenkästen hat) schwimmen, in dem etwas Schwefelblumen brennen. Über das Näpfchen wird schnell ein mit Sauerstoff gefüllter Zylinder gestürzt, so daß er sich mit seiner Mündung unter Wasser befindet. Der Schwefel brennt sofort viel lebhafter, und das Wasser wird aus der Schüssel in den Zylinder gesogen — ein Beweis, daß bei der Verbrennung Sauerstoff verbraucht wird, sich mithin eine Sauerstoffverbindung des verbrennenden Körpers gebildet haben muß[1]).

Versuch 21. Etwa 1 g locker zusammengeknäulte Staniolschnitzel werden in ein Reagenzglas gefüllt. Man verschließt es in halber Höhe mit einem sehr lockeren Wattepfropf, zieht es zu einer Spitze aus, läßt erkalten und schmilzt es zu (Fig. 168). Nach abermaligem Erkalten

[1]) Durch die Hitze der Schwefelflamme dehnt sich der Sauerstoff zunächst aus. Man kann also das Ergebnis des Versuchs erst nach dem Abkühlen sehen. Es empfiehlt sich deshalb, nur wenig Schwefelblumen (etwa $1/_2$ g) zu verbrennen und einen schmalen, hohen Zylinder zu nehmen, der nur zur Hälfte mit Sauerstoff gefüllt ist.

wiegt man es. Jetzt erhitzt man das Staniol unter ständigem Drehen und Schütteln vorsichtig in der Bunsenflamme auf dunkle Rotglut, bis es völlig zu grauem Zinnoxyd zerfallen ist. Nach dem Erkalten wiegt man wieder und überzeugt sich, daß sich das Gewicht durch die chemische Reaktion nicht verändert hat. (Gesetz von der Erhaltung des Stoffes.) Nun bricht man unter Wasser die Spitze des Glases ab und wird finden, daß anstelle des zur Oxydbildung verbrauchten Sauerstoffs eine entsprechende Menge Wasser in das Reagenzglas gesaugt wird.

Versuch 22. In einen Zylinder, in dem man Schwefel in Sauerstoff verbrannt hat, werden 10 ccm Wasser gegossen. Man verschließt die Mündung des Zylinders mit dem Ballen der Hand und schüttelt kräftig um. Daran, daß die Hand fest an den Zylinder angesaugt wird, stellt man fest, daß in ihm ein luftverdünnter Raum entstanden ist. Es muß sich also das Gas im Zylinder zum Teil gelöst haben. Die Lösung riecht stechend und rötet blaues Lackmuspapier (siehe S. 9): schweflige Säure.

Fig. 168. Nachweis des Verbrauchs von Sauerstoff bei Oxydationen.

Versuch 23. Man verbrenne ein kleines Stückchen Holzkohle in Sauerstoff, verschließe nach dem Erlöschen der Kohle den Zylinder mit einer Glasplatte, gebe etwas Wasser zu, das durch ein paar Tropfen Lackmustinktur blau gefärbt ist, und schüttle um. Die Lackmuslösung wird gerötet. Nun gebe man einige ccm Kalkwasser in den Zylinder und schüttle wieder um: die Lösung trübt sich, und es fällt ein weißer Niederschlag aus. Damit ist das Vorhandensein von Kohlensäure in dem Zylinder bewiesen.

Versuch 24. Der Inhalt des Zylinders, in dem man den Holzspan verbrannt hatte, wird ebenfalls mit Lackmustinktur und Kalkwasser untersucht. Wir erhalten das gleiche Ergebnis wie im vorigen Versuch. Da auch hier bei der Verbrennung Kohlensäure entstanden ist, folgern wir, daß im Holz Kohlenstoff vorhanden sein muß, der sich bei der Verbrennung mit dem Sauerstoff (und Wasser) zu Kohlensäure verbunden hat.

Versuch 25. In den Zylinder, in dem der Phosphor verbrannt wurde, gibt man ebenfalls etwas Wasser und Lackmustinktur. Die Lösung wird rot, also ist eine Säure entstanden: Phosphorsäure.

Versuch 26. Man verbrenne ein Stück Magnesiumdraht in Sauerstoff und untersuche den Rückstand mit Wasser und Lackmustinktur. Die Lösung rötet sich nicht; wenn man aber etwas von dem entstandenen weißen Oxyd des Magnesiums auf feuchtes rotes Lackmuspapier drückt, dann wird es etwas gebläut. Es ist also durch die Verbrennung eine schwache Base entstanden. Noch sicherer kann man dies durch den

Versuch 27 zeigen. Ein erbsengroßes Stück Natriummetall (Vorsicht! Behandlung von Natrium siehe S. 451. Bei dem Versuch Schutzbrille aufsetzen und Hände durch Handschuhe schützen!) wird in einen Verbrennungslöffel gelegt und in einen Zylinder mit Sauerstoff gesenkt. Man berührt dann das Metallstückchen mit einem Draht, an dem ein kleiner Wassertropfen hängt, worauf es sofort zu brennen beginnt. Nach dem Erlöschen spült man den Rückstand aus dem Verbrennungslöffel mit 10 ccm Wasser in den Zylinder und gibt einige Tropfen roter Lackmustinktur zu (hergestellt aus blauer, zu der man einen Tropfen verdünnte Schwefelsäure gefügt hat). Die Lösung wird stark blau. Es ist also durch die Verbrennung des Natriums eine starke Base entstanden. —

Leider gelingt es nur mit sehr komplizierten Vorrichtungen, zu zeigen, daß die sauren bzw. basischen Eigenschaften eines Oxyds erst bei Anwesenheit von Wasser entstehen. Bei den Säureanhydriden ist es für uns überhaupt unmöglich; dagegen können wir mit einem basenbildenden Oxyd folgenden Versuch anstellen:

Versuch 28. Man drücke etwas vollkommen trockenes Calciumoxyd (gebrannten Kalk), das man sich kaufen oder durch Verbrennen eines Stückchens Calciummetall in Sauerstoff oder durch längeres, lebhaftes Erhitzen eines Stückchens Kreide (5 Minuten in der Gebläselampe) herstellen kann, auf ebenfalls vollkommen trocknes rotes Lackmuspapier. Es wird nicht verändert. Nun spritze man aus der Spritzflasche einen Tropfen Wasser auf das Papier, so daß es an der Stelle, auf der das Oxyd liegt, feucht wird. Sofort wird das Papier blau. Es ist also aus der Vereinigung eines basenbildenden Oxyds mit Wasser eine Base entstanden.

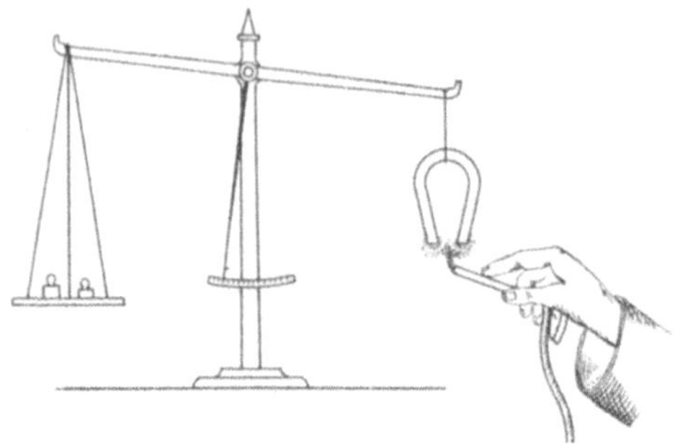

Fig. 169. Gewichtszunahme verbrennenden Eisenpulvers.

Wir ziehen aus den eben beschriebenen Versuchen folgende Schlüsse: Jeder verbrennende Körper verbindet sich mit Sauerstoff. Dabei entstehen „Oxyde", die — je nach der Natur des verbrannten Körpers — mit Wasser entweder Säuren oder Basen geben.

Da ein Körper sich beim Verbrennen mit Sauerstoff verbindet, muß sein Gewicht zunehmen. Dies läßt sich auf verschiedene Weise zeigen:

Versuch 29. An eine Wage wird ein gewöhnlicher Hufeisenmagnet gehängt, der zwischen seinen Polen Eisenfeilspäne trägt (Fig. 169); danach wird die Wage ins Gleichgewicht gebracht („tariert").

Durch vorsichtiges Erwärmen mit der Bunsenflamme oxydiert man die Eisenspäne zu Eisenoxyd, und nach einiger Zeit wird das Sinken der Wagschale, an der der Magnet hängt, deutlich die Gewichtszunahme zeigen. Warme Luft ist leichter als kalte und steigt deshalb nach oben. Hierdurch wird die Seite des Wagebalkens, unter der die Flamme brennt, nach oben getrieben, was eine Gewichtsabnahme des Magneten vortäuscht. Das Versuchsergebnis wird also erst nach Wegnahme der Flamme deutlich.

Daß nicht nur bei der langsamen, sondern auch bei der unter Lichtentwicklung verlaufenden gewöhnlichen Verbrennung eine Gewichtszunahme stattfindet, läßt sich schön auf folgende Weise zeigen:

Versuch 30. Es soll die Gewichtszunahme bei dem Verbrennen einer Kerze festgestellt werden. Da die entsprechenden Verbrennungsprodukte (Kohlendioxyd und Wasserdampf) gasförmig sind, müssen sie durch geeignete Mittel festgehalten und zur Wägung gebracht werden Ein entsprechend hoher, 8—10 cm weiter Glaszylinder (Zylinder von Auerbrennern) wird in $^1/_3$ seiner Höhe mit einem Netz aus starkem Draht geschlossen. (Man nimmt den Durchmesser des Netzes etwas zu groß und biegt den Rand nach unten um, wodurch es sicher hält.) Auf das Netz wird erst eine Schicht aus 2 cm großen Stücken gebrannten Kalks gelegt, der Rest des Zylinders wird mit ebenso großen Natriumhydroxydbrocken angefüllt. Auf die Wagschale stellt man ein Stückchen Kerze; es darf nur so lang sein, daß die Flamme 2 cm unterhalb des Drahtnetzes aufhört. Am oberen Ende des Zylinders wird ein Drahtbügel befestigt, um ihn an der Wage aufhängen zu können (Fig. 170). Auf die andere Schale kann man, um den Versuch noch anschaulicher zu machen, ein gleichlanges Stück Kerze stellen; endlich wird durch aufgelegte Gewichte genau tariert.

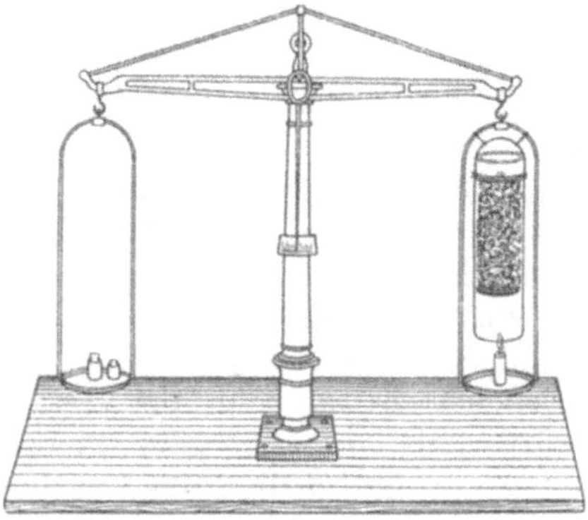

Fig. 170. Gewichtszunahme einer verbrennenden Kerze.

Nun entzündet man die Kerze im Zylinder, und trotzdem sie stetig weiter abbrennt, also scheinbar weniger wird, sinkt doch die Wage auf der Seite der brennenden Kerze immer tiefer. Dies ist ein sehr schöner und lehrreicher Versuch.

Versuche zum zweiten Vortrag.

(S. 9 bis S. 18.)

Zur Veranschaulichung der Neutralisation einer Base durch eine Säure dient folgender Versuch:

Versuch 31. (Siehe S. 10.) Man gebe 20 ccm verdünnte Natronlauge in ein Becherglas und färbe sie durch ein paar Tropfen Lackmustinktur deutlich blau. Aus einer Bürette oder Pipette fügt man dann unter Umrühren so lange verdünnte Salzsäure zu, bis die Farbe der Lösung eben nach rot umschlagen will. Man gibt das Gemisch in eine Ab-

22*

dampfschale und dampft so weit ein, bis sich auf der Oberfläche ein Salzhäutchen zu bilden beginnt. Dann stellt man zur Krystallisation hin und kann die entstandenen würfelförmigen Krystalle noch durch Umkrystallisieren reinigen. Sie bestehen aus Natriumchlorid (Kochsalz).

Atom- und Molekulargewicht. Stöchiometrische Rechnungen Maßanalyse (siehe S. 11 u. 342 ff.).

Ein bekannter Versuch, um sich den Unterschied zwischen mechanischem Gemenge und chemischer Verbindung vor Augen zu führen, ist der schon im Vortrag erwähnte

Versuch 32. (Siehe S. 11.) Man mische 3 g Schwefelblumen mit 5 g Eisenfeilspänen und fülle 5 g des Gemenges in ein Reagenzglas. Man überzeugt sich zunächst, daß durch einen Magneten das Eisen leicht vom Schwefel zu trennen ist, und erwärmt dann den Inhalt des Reagenzglases in der Bunsenflamme bis die Masse ins Glühen kommt; man wartet ruhig den Ablauf der Reaktion ab und zerschlägt dann das Glas. Es ist ein schwarzer, unmagnetischer, fester Körper — Schwefeleisen — entstanden, der weder mit Schwefel noch mit Eisen irgendetwas gemein hat. Ein Atom Eisen hat sich mit einem Atom Schwefel zu einem Molekül Schwefeleisen chemisch verbunden. —

Daß die Atomgewichte der Elemente (oder ganze Vielfache davon) gleichzeitig die Äquivalentgewichte sind, d. h. daß z. B. ein Grammatom Zink (65 g) äquivalent einem Grammatom Blei (207 g) ist, mit einem Wort, daß der Ersatz eines Elementes durch ein anderes immer im Verhältnis der betreffenden Atomgewichte erfolgt[1]), läßt sich auf verschiedene Weise zeigen:

Versuch 33. Es werden 20 g Bleizucker (essigsaures Blei) in 400 ccm destilliertem Wasser gelöst. Sollte die Lösung etwas trüb sein, so fügt man ein paar Tropfen Essigsäure zu, worauf sie sofort klar wird. Die Lösung wird in eine Flasche gefüllt, in der mittels eines Stopfens ein mit Schmirgelpapier blank geriebener und gewogener Zinkstab befestigt ist.

Man läßt nun das Ganze 24 Stunden ruhig stehen und wird nach Ablauf dieser Zeit finden, daß sich alles in der Lösung enthaltene Blei in Form glänzender Flitter an den Zinkstab angesetzt hat; an Stelle des Bleis ist Zink in die Lösung gegangen:

$$\underset{\text{(gelöst)}}{Pb} + \underset{\text{(fest)}}{Zn} = \underset{\text{(gelöst)}}{Zn} + \underset{\text{(fest)}}{Pb}.$$

Es hat also einfach ein Ersatz des Bleis durch das Zink stattgefunden, und wir haben nur noch den Beweis zu führen, daß es in äquivalenten Mengen geschehen ist. Das Atomgewicht des Zinks ist 65, des Bleis 207. Für jede 207 g ausgeschiedenen Bleis müssen also zum Ersatz 65 g Zink in Lösung gegangen sein, für 1 g Blei folglich $\frac{65}{207}$ g = 0,3 g

[1]) Wir nehmen hier noch keine Rücksicht auf die Äquivalenz, bei der die des Wasserstoffs als Einheit genommen ist. Vgl. hierzu Vers. 35.

Zink. Wir schaben das ausgeschiedene Blei vorsichtig von dem Zinkstab ab und wiegen es. Nehmen wir an, es wiege 5 g. Dann müssen sich also zum Ersatz des Bleis 5 , 0,3 g = 1,5 g Zink gelöst haben, und wenn wir nun unseren sorgfältig getrockneten Zinkstab wieder wiegen, werden wir finden, daß er wirklich so viel an Gewicht verloren hat.

Versuch 34. Wir wollen aus 1 g Silbernitrat das Silber in Form von Chlorsilber ausfällen und berechnen, wieviel Chlorsilber wir erhalten müssen. Zunächst müssen wir wissen, wieviel Silber in 1 g Silbernitrat enthalten ist. Silber hat das Atomgewicht 107, Sauerstoff 16, Stickstoff 14. Also ist das Molekulargewicht des Silbernitrats:

$$\underset{107+14+3\cdot 16}{AgNO_3} = 169,$$

d. h. 169 g Silbernitrat enthalten 107 g Silber. Dann enthält 1 g Silbernitrat $\frac{107}{169}$ g = 0,63 g Silber. Wir lösen 1 g[1]) Silbernitrat in 50 ccm destilliertem Wasser, erwärmen in einem Becherglas auf etwa 50° und geben so lange verdünnte Salzsäure hinzu, als noch ein weißer Niederschlag von Chlorsilber ausgefällt wird. Der Niederschlag wird abfiltriert, ausgewaschen, bei gelinder Wärme im Dunkeln getrocknet und dann gewogen. Wieviel muß er wiegen? Wir haben bei unserm Versuch 0,63 g Silber, die in dem einen Gramm Silbernitrat enthalten waren, in Chlorsilber verwandelt. Das Molekulargewicht dieser Verbindung ist $\underset{107+35}{AgCl} = 142$, d. h.: auf das Gesamtgewicht von 142 g kommen 107 g Silber. Dann kommt 1 g Silber auf $\frac{142}{107}$ g und 0,63 g Silber auf $\frac{142 \cdot 0,63}{107}$ = 0,8 g Chlorsilber. Wir müssen also 0,8 g Chlorsilber erhalten.

Versuch 35. Wir wollen noch einen weiteren Versuch anstellen, der uns beweisen soll, daß eine bestimmte Menge eines Elements immer eine äquivalente eines anderen in Freiheit setzt. Wir wählen dazu die Verdrängung des Wasserstoffs aus der Schwefelsäure durch Magnesium nach der Gleichung:

$$H_2SO_4 + Mg = MgSO_4 + H_2.$$

Wir haben also die Äquivalenzgleichung: $Mg = H_2$ (da Magnesium zweiwertig ist. Würden wir statt dessen einwertiges Natrium verwenden, so wären 2 Na äquivalent H_2). Das heißt: 1 Grammatom Magnesium (24 g) ist äquivalent 2 Grammatomen Wasserstoff (2 g). Für jede 24 g Magnesium, die wir in der Schwefelsäure lösen, werden also 2 g Wasserstoff in Freiheit gesetzt, mit anderen Worten: wir erhalten $^1/_{12}$ des angewandten Magnesiumgewichtes an Wasserstoff. (Ein Grammäquivalent Magnesium wäre also 12 g Mg. Ebenso: ein Grammatom Kohlenstoff = 12 g C, ein Grammolekül Kohlenstoff = 12 g C,

[1]) Bei allen quantitativen Versuchen, bei denen es auf möglichste Genauigkeit ankommt, vor allem bei der Herstellung von Normallösungen, lasse man die Wägungen in einer Drogerie vornehmen, wenn man selbst keine hierfür ausreichende Wage besitzt.

ein Grammäquivalent Kohlenstoff = 3 g C, da Kohlenstoff vierwertig ist und der einwertige Wasserstoff als Äquivalenzeinheit gilt.)

Ein kleiner Erlenmeyerkolben wird mit Gasableitungsrohr versehen, eine 500 ccm fassende Mensur mit Wasser gefüllt, in die pneumatische Wanne gestellt und das Gasableitungsrohr untergeschoben (Fig. 171).

Den Erlenmeyerkolben füllt man halb mit verdünnter Schwefelsäure, fügt dann, während das Gasableitungsrohr sich schon unter der Mensur befindet, eine abgewogene Menge (etwa $^1/_2$ g) Magnesiumdraht zu und setzt rasch den Stopfen[1]) auf. Man wartet nun, bis die Gasentwicklung beendet ist, senkt die Mensur so tief ins Wasser ein, daß es innen und außen gleich hoch steht, und liest die Anzahl der in Freiheit gesetzten Kubikzentimeter Wasserstoff möglichst genau ab. Da das Volumen eines Gases durch die Temperatur stark geändert wird, ist es nötig, das abgelesene Volumen erst auf die Normaltemperatur umzurechnen. Dafür gilt folgende Formel: Ist die Temperatur des Wassers in der pneumatischen Wanne t Grad, das abgelesene Gasvolumen x ccm, dann ist das Volumen bei $0^0 = \frac{x}{1 + 0{,}0036 \,.\, t}$. Will man auch noch den Luftdruck sowie den Druck der in der Mensur eingeschlossenen Wasserdämpfe berücksichtigen, so gilt, wenn x das abgelesene Volumen, t die Temperatur des Wassers in der pneumatischen Wanne, b der abgelesene Barometerstand und c der Wert für die Spannkraft des Wasserdampfs bei der Temperatur t (ausgedrückt in Millimetern Quecksilber) ist, die Formel:

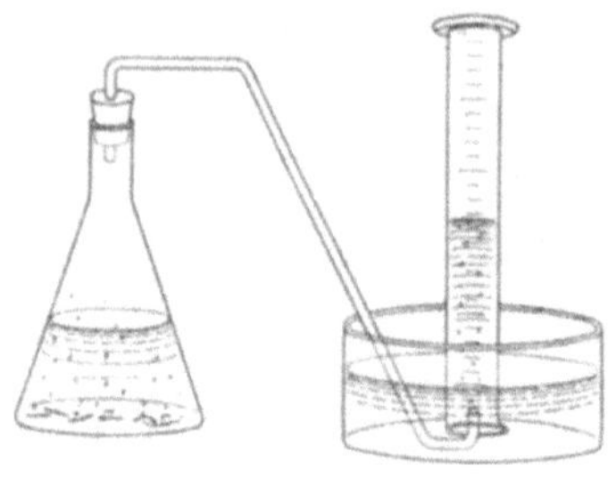

Fig. 171. Bestimmung des Äquivalenzgewichtes des Magnesiums.

Das für die Rechnung maßgebende „Gasvolumen bei Normalbedingungen" (0^0 und 760 mm Barometerstand) V ist:

$$V = \frac{x}{1 + 0{,}0036 \,.\, t} \cdot \frac{b - c}{760}.$$

Den von b abzuziehenden Wert für c findet man in der beistehenden Tabelle:

Bei einer Wassertemperatur von	10^0	ist von	b	abzuziehen	0,7
- - - -	15^0	- -	b	-	1,0
- - - -	20^0	- -	b	-	1,2
- - - -	25^0	- -	b	-	1,5.

Das dem gefundenen Gasvolumen entsprechende Gewicht findet man unter Berücksichtigung der Tatsache, daß ein Liter Wasserstoffgas 0,09 g wiegt.

Die durch die oben angeführten Versuche erläuterten Tatsachen der Neutralisation und Äquivalenz sind die Grundlagen der Maß-

[1]) Der Stopfen muß sehr gut schließen. Am besten nimmt man einen Gummistopfen und überpinselt sofort nach dem Aufsetzen Flaschenrand und Stopfen mit verflüssigtem Paraffin.

analyse. Die Maßanalyse dient zur genauen Bestimmung des Stärkegrades von Säuren (Acidimetrie), Laugen (Alkalimetrie) sowie zu einer großen Anzahl von Bestimmungen, bei denen sich die zu bestimmenden Stoffe leicht ausfällen lassen. (Fällungsanalysen.) Die Grundlage jedes maßanalytischen Verfahrens ist, so viel von einer Lösung bekannter Stärke („Normallösung") zu der anderen, deren Stärke man bestimmen will, zu geben, bis entweder der Neutralisationspunkt erreicht ist, oder keine Fällung mehr eintritt. Aus der Anzahl der verbrauchten Kubikzentimeter Normallösung wird dann die Stärke der anderen Lösung berechnet. Es ist klar, daß man zur Alkalimetrie Normalsäuren, zur Acidimetrie dagegen Normallaugen verwenden muß, damit die Flüssigkeiten sich gegenseitig neutralisieren können.

Unter einer Normallösung versteht man eine Lösung, die im Liter 1 Grammäquivalent des gelösten Stoffes enthält. (Ein Grammäquivalent eines Stoffes ist die Menge, die 1 g Wasserstoff äquivalent ist, also sein Molekulargewicht in Grammen dividiert durch seine Wertigkeit.) Daraus geht hervor, daß bei allen einwertigen Elementen ein Grammäquivalent gleich dem Grammolekül ist. Ein Grammolekül Natrium (Atomgewicht 23) ist z. B. 23 g, ein Grammäquivalent Natrium ebensoviel, denn $\overset{I}{Na}$ ist äquivalent $\overset{I}{H}$. Dagegen ist bei dem zweiwertigen Magnesium (Atomgew. 24) ein Grammolekül 24 g, ein Grammäquivalent jedoch nur $\frac{24}{2} = 12$ g, denn $\overset{II}{Mg}$ ist äquivalent 2 $\overset{I}{H}$; einem H ist also nur $\frac{Mg}{2}$ äquivalent (vgl. Vers. 35). Dieselbe Überlegung gilt für alle zusammengesetzten Körper, wie Säuren, Basen und Salze. Für die Bestimmung des Grammäquivalents kommt stets nur die Wertigkeit des elektropositiven Bestandteils in Betracht. (Bei Säuren also die Anzahl der vertretbaren Wasserstoffatome, bei Basen und Salzen die Wertigkeit des in ihnen als positives Ion enthaltenen Metalls.) Daraus folgt:

Bei	ist das Grammäquivalent
einbasischen Säuren (HCl)	gleich dem Grammolekül.
zweibasischen Säuren (H_2SO_4)	$\frac{\text{Grammolekül}}{2}$
dreibasischen Säuren (H_3PO_4)	$\frac{\text{Grammolekül}}{3}$
einsäurigen Basen ($\overset{I}{Na}OH$)	gleich dem Grammolekül
zweisäurigen Basen $\overset{II}{Zn}(OH)_2$	$\frac{\text{Grammolekül}}{2}$
dreisäurigen Basen $\overset{III}{Al}(OH)_3$	$\frac{\text{Grammolekül}}{3}$
Der Verbindung $\overset{V}{As_2}S_5$ (da 2 Atome des 5wertigen Arsens)	$\frac{\text{Grammolekül}}{10}$
Aluminiumsulfat $\overset{III}{Al_2}(SO_4)_3$ (da 2 Atome eines 3wertigen Metalls	$\frac{\text{Grammolekül}}{6}$

usw.

Es gilt nun ganz allgemein der Satz: Gleiche Mengen von Normallösungen sind einander äquivalent; mit anderen Worten: untersucht man z. B. 20 ccm einer Lauge mit irgendeiner Normalsäure auf ihre Stärke und findet, daß man zur Neutralisation der Lauge gerade auch 20 ccm Normalsäure braucht, so ist die Lauge ebenfalls normal, enthält also im Liter 1 Grammäquivalent des betreffenden Alkalis. Würde man nur 10 ccm Normalsäure brauchen, so wäre die Lauge doppeltnormal, wenn man 40 ccm verbraucht hätte, dagegen nur $^1/_2$-normal usw. Es ist also wohl zu beachten, daß es gar nicht etwa darauf ankommt, welche Säure man verwendet, sondern nur darauf, daß die verwandte normal ist.

Versuch 36. Wir wollen jetzt eine Normalsäure herstellen. Sehr geeignet dazu ist eine organische Verbindung, die Oxalsäure, weil sie in sehr reinen Krystallen in den Handel kommt. Oxalsäure krystallisiert mit 2 Molekülen Krystallwasser und hat die Zusammensetzung $H_2C_2O_4 + 2\,H_2O$. Ihr Molekulargewicht ist demnach:

$$\begin{array}{rcr} H_2 & = & 2 \\ C_2\,(12) & = & 24 \\ O_4\,(16) & = & 64 \\ 2\,H_2O & = & 36 \\ \hline & & 126 \end{array}$$

Da die Säure aber zweibasisch ist, haben wir nur ein halbes Grammmolekül, also 63 g, in einem Liter Wasser zu lösen. Wir wiegen also 63 Gramm reine, krystallisierte Oxalsäure ab, schütten sie in einen Meßkolben von 1 Liter Inhalt und füllen dann bis zur Marke mit destilliertem Wasser auf.

Versuch 37. Herstellung einer Normallauge mit Hilfe der Normalsäure. — Eine Bürette wird bis zur Marke mit Normal-Oxalsäure gefüllt. Man löst dann eine beliebige Menge reines Natriumhydroxyd in destilliertem Wasser, entnimmt mit einer 20 ccm fassenden Pipette genau 20 ccm Lauge und läßt sie in ein Becherglas fließen. (Pipetten werden durch Saugen mit dem Mund gefüllt. Vorsicht, daß man keine Flüssigkeit in den Mund bekommt! Man saugt, bis die Lauge etwas oberhalb der Marke steht, verschließt rasch das obere Pipettenende mit dem Daumen und läßt durch vorsichtiges Lüften des Fingers so viel ablaufen, bis der untere Rand des Flüssigkeitsmeniskus mit der Marke zusammenfällt. Die Pipette ist dabei in Augenhöhe zu halten. Man überträgt dann den Inhalt der Pipette in das Becherglas und läßt die Flüssigkeit an der Wand hinunterlaufen. Ein etwa in der Pipette hängen bleibender Tropfen wird darin gelassen und darf nicht durch Schütteln oder Herausblasen entfernt werden.)

Um zu erkennen, wann der Neutralisationspunkt erreicht ist, gibt man zu der Lauge einige Tropfen Lackmustinktur, bis sie deutlich blau gefärbt ist. Falls es nötig sein sollte, kann man auch noch mit destilliertem Wasser verdünnen, weil ja dadurch die Menge des Natriumhydroxyds, die man aus der Pipette ins Becherglas gebracht hat und die man bestimmen will, nicht im mindesten geändert wird. Nun läßt man aus der Bürette langsam Normalsäure zufließen und sorgt durch fortgesetztes Umrühren mit einem Glasstab, daß sich die Flüssigkeiten ordentlich vermischen. Die Nähe des Neutralisationspunkts zeigt sich dadurch an, daß die Farbe der Lösung immer heller wird. Ist man einmal so weit, dann gibt man die Normalsäure nur noch tropfenweise zu, bis ein Farbton erreicht ist, der zwischen blau und rot liegt. Jetzt liest man die Anzahl der verbrauchten Kubikzentimeter Säure ab und überzeugt sich, daß der nächste Tropfen, den man zufließen läßt, einen deutlichen Umschlag nach rot hervorbringt. (Will man ganz genau arbeiten, dann bestimmt man die Lage des Neutralisationspunktes erst oberflächlich und nimmt dann das Mittel aus drei mit möglichster Sorgfalt angestellten Versuchen.) Nehmen wir an, wir hätten zur Neutralisation unserer 20 ccm Lauge 24 ccm Säure gebraucht. Dann ist die Lauge also stärker als normal. Denn wäre sie normal, dann müßten 20 ccm Säure zur Neutralisation nötig sein. Da nun aber 24 ccm verbraucht worden sind, muß man die Lauge noch verdünnen, und zwar für jede 20 ccm Lauge mit 4 ccm Wasser. Haben wir also z. B. noch 260 ccm Lauge im Vorrat, dann müssen wir noch $13 \cdot 4 = 52$ ccm Wasser zufügen, um Normallauge zu erhalten. Wir überzeugen uns dann noch durch einen Kontrollversuch, daß nun wirklich zur Neutralisation eines beliebigen Volumens Normallauge das gleiche Volumen an Normalsäure erforderlich ist. (Natronlauge ist nicht lange haltbar, da sie aus der Luft Kohlendioxyd aufnimmt. Man bewahre deshalb die zu maßanalytischen Zwecken dienende Lauge in vollgefüllten und mit Gummistopfen verschlossenen Gefäßen auf und wundre sich nicht, wenn sich nach einigen Tagen der Gehalt [der „Titer"] der Lauge geändert haben sollte.)

Versuch 38. Um auch eine Maßanalyse durch Fällung kennen zu lernen, wollen wir den Gehalt einer Silbermünze an Silber bestimmen. Ein $^1/_2$ Markstück wird mit einem in Ammoniak getauchten Lappen abgerieben, getrocknet und genau gewogen. Darauf übergießt man es in einem Erlenmeyerkolben mit etwa 75 ccm Salpetersäure (konzentrierte Säure, zur Hälfte mit Wasser verdünnt) und löst unter Erwärmen auf. (Dabei entstehen sehr giftige Dämpfe! Möglichst unter dem Abzug arbeiten!) Infolge des in der Münze enthaltenen Kupfers färbt sich die Lösung blau. Nachdem alles gelöst ist, wird noch 5 Minuten zum Sieden erhitzt, um die entstandene salpetrige Säure zu entfernen. Dann läßt man erkalten, gibt die Lösung in eine geräumige Kochflasche und fügt noch 50 ccm destilliertes Wasser zu. Zur Ausfällung des Silbers verwenden wir eine Normal-Kochsalzlösung: das Molekulargewicht des Natriumchlorids ist 58,5. Da das Natrium einwertig ist, ist das Molekulargewicht des Natriumchlorids zugleich sein Äquivalentgewicht. Wir wiegen also zur Herstellung der Normallösung 58,5 g reines und durch Erhitzen auf etwa 150^0 getrocknetes Kochsalz ab, bringen es in einen Meßkolben, der einen Liter faßt, und füllen bis zur Marke mit destilliertem Wasser auf. Das Natriumchlorid reagiert mit dem Silbernitrat, das wir durch Lösen der Münze gewonnen haben, nach folgender Gleichung:

$$\underset{58,5}{NaCl} + \underset{169,9}{AgNO_3} = AgCl + NaNO_3.$$

Wie aus den unter der Gleichung stehenden Molekulargewichten ersichtlich, vermag 58,5 g Natriumchlorid, d. h. 1 Liter Normallösung, 169,9 g Silbernitrat zu zersetzen. Jeder Kubikzentimeter verbrauchter Kochsalzlösung entspricht demnach $\frac{169,9}{1000}$ g (0,1699 g) zersetzten Silbernitrats. Wir lassen nun aus der Bürette so lange Kochsalzlösung zufließen, als noch ein weißer Niederschlag von Chlorsilber entsteht. (Man verschließt ab und zu den Hals der Kochflasche mit dem Daumen und schüttelt kräftig um, damit sich der Niederschlag zusammenballt und die Lösung wieder klar wird.) Sobald ein Tropfen zugesetzter Kochsalzlösung keine Fällung mehr hervorruft, wird die Anzahl der verbrauchten Kubikzentimeter abgelesen. Es seien 34. Dann wären in der Lösung 34 . 0,1699 = 5,77 g Silbernitrat enthalten. Es fragt sich nun noch, wieviel Gramm Silber in 5,77 g Silbernitrat enthalten sind. Das Atomgewicht des Silbers ist 107,9. Folglich sind im Grammmolekül Silbernitrat $AgNO_3$ (169,9 g) 107,9 g Silber enthalten. Wenn 169,9 g Silbernitrat 107,9 g Silber enthalten, dann enthält 1 g Silbernitrat $\frac{107,9}{169,9}$ g, und 5,17 g Silbernitrat enthalten demnach $\frac{107,9 \,.\, 5,77}{169,9}$ g = 3,66 g Silber. Wir berechnen nun noch, wieviel Prozent Silber die Münze enthielt: unter der Annahme[1]), daß sie 4,8 g wog, ergäbe sich folgende Berechnung: hätte man einen Gehalt von 4,8 g Silber gefunden, dann wären 100% Silber in der Münze gewesen. Hätte man 1 g Silber gefunden, so wäre der Prozentgehalt $\frac{100}{4,8}$% gewesen. Da wir 3,66 g gefunden haben, ist er $\frac{100 \,.\, 3,66}{4,8}\% = 76,2\%$.

Versuche mit Ozon.

Zum Nachweis des Ozons bedienen wir uns des Jodkaliumstärkepapiers, das wir auf folgende Weise herstellen: ein haselnußgroßes Stück Stärke wird mit etwas kaltem Wasser verrührt und dann mit

[1]) Die Zahlen für das Gewicht der Münze sowie für die verbrauchten Kubikzentimeter Kochsalzlösung sind selbstverständlich ganz willkürlich angenommen. Auch sind die Berechnungen absichtlich viel umständlicher dargestellt — des besseren Verständnisses und der Übung wegen — als es nötig wäre. Wem die Theorie des Versuchs 34 ganz klar ist, der wird sich die ganze Berechnung dadurch wesentlich vereinfachen, daß er sagt: wenn 1 ccm Normalkochsalzlösung 0,1699 g Silbernitrat entsprechen, dann entsprechen sie damit auch gleichzeitig der in 0,1699 g Silbernitrat enthaltenen Silbermenge, nämlich 0,1079 g. Er hat also nur die Zahl der verbrauchten Kubikzentimeter Kochsalzlösung mit 0,1079 zu multiplizieren, um unmittelbar die in der Lösung vorhanden gewesene Menge Silber in Grammen zu erhalten. Das bei dem Versuch entstandene Chlorsilber filtriere man ab, wasche und trockne es und hebe es im Dunkeln für spätere Versuche auf.

ungefähr 100 ccm Wasser, in dem man $^1/_2$ g reines Jodkalium aufgelöst hat, in einem Becherglas zum Sieden erhitzt. Man tränkt einige Streifen Filtrierpapier in dieser Lösung und hängt sie zum Trocknen auf. Befeuchtet man sie mit etwas Wasser und bringt sie mit Ozon zusammen, so färben sie sich blau.

Fig. 172. Ozonisationsapparat. Äußeres Rohr.

Fig. 173. Ozonisationsapparat. Inneres Rohr.

Versuch 39. Wenn man im Besitz einer kleinen Influenzelektrisiermaschine oder eines kleinen Induktionsapparates ist, läßt sich die Bildung des Ozons unter dem Einfluß dunkler elektrischer Entladungen leicht zeigen: eine 2 cm weite, 20 cm lange Glasröhre wird innen mit einem Stanniolbelag versehen, der 2 cm vor den Enden der Röhre aufhört. Sollte sich der Belag nicht aus Streifen, die der Hälfte des Röhrenumfangs entsprechen, leicht herstellen lassen, dann schneidet man am zweckmäßigsten das Stanniol in entsprechend lange, schmale Streifen a, die man in die Röhre schiebt und sie in der richtigen Lage an den Enden festklebt (Fig. 172). Man läßt dabei zwischen den einzelnen Streifen einen Zwischenraum von 1—2 mm. Schließlich klebt man noch an dem einen Ende einen 1 cm breiten, ringförmigen Stanniolstreifen quer über die anderen, versieht ihn mit einer Ableitungsfahne b und schließt das andere Ende durch einen paraffinierten Korkstopfen.

In dieses so vorbereitete Rohr wird mit Hilfe eines sehr gut paraffinierten Korkes ein anderes, 16 mm weites, 16 cm langes und an einem Ende zugeschmolzenes Glasrohr eingesetzt, das auf seiner Außenseite bis 2 cm unterhalb der Ränder mit einem Stanniolbelag versehen ist. Man bringt noch an dem Belag eine Ableitungsfahne an, und zwar an dem der Ableitungsfahne des ersten Belags entgegengesetzten Ende, und klebt sie auf dem Glasrohr fest, damit sie nicht beim Aufschieben des Korks abgerissen wird (Fig. 173).

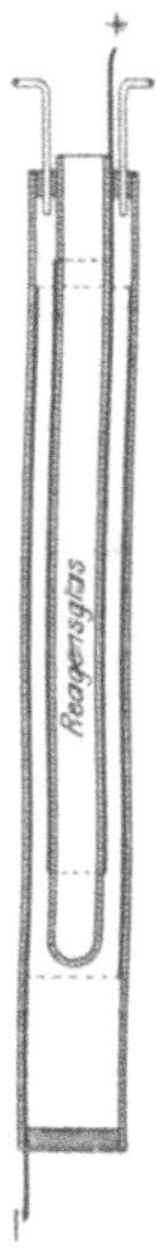

Fig. 174. Ozonisationsapparat. Zusammengesetzt.

Wenn der Apparat nun, wie angegeben, zusammengestellt ist, dann haben wir zwei voneinander durch einen Luftzwischenraum von $^1/_2$ cm getrennte Stanniolbeläge. Verbinden wir sie mit den Polen einer kleinen Elektrisiermaschine oder eines Induktionsapparates, dann gehen zwischen ihnen dunkle elektrische Entladungen über, und die dazwischen befindliche Luft wird ozonisiert. Um das Ergebnis noch günstiger zu gestalten, leiten wir nicht Luft, sondern gewaschenen und getrockneten Sauerstoff durch den Apparat. Zu dem Zweck bringen wir noch in dem Kork zwei kleine Glasröhrchen als Zu- und Ableitung für das Gas an (Fig. 174).

Zum Gebrauch wird er senkrecht in ein Stativ geklemmt, die Ableitungsfahnen mit den Polen des Elektrizitätserzeugers verbunden und durch den Apparat ein langsamer Sauerstoffstrom geleitet, der dann stark ozonisiert austritt (Nachweis durch Geruch und Jodkalistärkepapier).

Versuch 40. Auch der bei der Elektrolyse des Wassers auftretende Sauerstoff ist ozonisiert. Man elektrolysiere etwas stark mit Schwefelsäure angesäuertes Wasser in dem in Versuch 46 beschriebenen Zersetzungsapparat. In dem Rohr, das den Sauerstoff enthält, läßt sich das Ozon durch den Geruch und auch durch Jodkalistärkepapier nachweisen. Man kann auch etwas Jodkalistärkekleister der Flüssigkeit zusetzen. Sie färbt sich dann in dem Sauerstoffrohr blau.

Es sollen uns noch einige Versuche zeigen, daß auch bei manchen Oxydationsvorgängen Ozon entsteht.

Versuch 41. In eine Kochflasche von 1 Liter Inhalt bringt man eine Stange weißen Phosphor (Vorsicht! Siehe S. 416) und giebt so viel Wasser zu, daß der Phosphor zur Hälfte davon bedeckt wird. Man verschließt dann die Flasche lose mit einem Wattepfropfen und läßt sie einige Stunden bei Zimmertemperatur stehen. Nach dieser Zeit haben sich reichliche Mengen von Ozon gebildet.

Versuch 42. (Schutzbrille! Vorsicht, da Explosionsgefahr besteht!) Ein 10 cm hoher, etwa 2 cm weiter Standzylinder wird bis zur Höhe von 1 cm mit konzentrierter Schwefelsäure gefüllt. Darauf schüttet man höchstens (!) $^1/_3$ des angewandten Schwefelsäuregewichts an gepulvertem und getrocknetem Kaliumpermanganat hinein. Es entsteht durch die Einwirkung der Schwefelsäure auf das sehr sauerstoffreiche Permanganat Ozon, das sich auf die übliche Art nachweisen läßt. (Stets schütte man das Permanganat in die Schwefelsäure, nie umgekehrt!) —

Die lebhaften Oxydationswirkungen des Ozons zeigen uns folgende Versuche:

Versuch 43. Man bringe etwas feuchtes, schwarzes Bleisulfid in möglichst stark ozonisierten Sauerstoff. Es färbt sich (nach einiger Zeit) weiß, da es zu weißem Bleisulfat oxydiert wird:

$$3\,PbS + 4\,O_3 = 3\,PbSO_4.$$

Versuch 44. Man bringe etwas frisch bereitetes Schwefelwasserstoffwasser, das auf Zusatz von Bariumchloridlösung vollkommen klar bleibt, in eine Flasche mit ozonisiertem Sauerstoff und schüttle einigemal um. Der Geruch nach Schwefelwasserstoff wird erheblich schwächer geworden, wenn nicht ganz verschwunden sein, und Bariumchlorid bringt jetzt eine deutliche weiße Fällung hervor. Der Schwefelwasserstoff ist durch das Ozon zu Schwefelsäure oxydiert worden:

$$3\,H_2S + 4\,O_3 = 3\,H_2SO_4.$$

Versuch 45. Ein Tropfen Quecksilber wird mit ozonisiertem Sauerstoff geschüttelt. Er verliert seine Beweglichkeit und haftet schließlich fest an dem Glas.

Versuche mit Wasserstoff.

Bei allen Versuchen mit Wasserstoff muß man berücksichtigen, daß er mit Luft ein sehr explosives Gemenge bildet. Man darf deshalb niemals die nötige Vorsicht beim Anzünden von Wasserstoff außer acht lassen.

Wasserstoff kann dargestellt werden:

1. durch Zersetzung von Wasser mittels Elektrizität oder irgendwelcher dazu geeigneter Körper,
2. durch Verdrängung des Wasserstoffs aus Säuren,
3. durch Verdrängung des Wasserstoffs aus Basen.

Versuch 46. (Siehe S. 18.) Die Zersetzung des Wassers mit Hilfe der Elektrizität erfolgt in einem Apparat, der das getrennte Auffangen der dabei entstehenden Gase ermöglicht. Das Abflußrohr eines Trichters von 10 cm Durchmesser wird gerade abgeschnitten. In den Trichter führen zwei von einander isolierte Kupferdrähte, die durch dazwischengestopften und mit etwas Wasserglas befeuchteten Asbest in ihrer Lage gehalten werden. Um den Apparat wasserdicht zu machen, betröpfelt man noch die Ober- und Unterseite des Asbestpfropfs mit Siegellack. An die im Trichter befindlichen blanken Drahtenden werden kleine Elektroden aus Platinblech (4 mm breit und 10 mm lang) angelötet. Der Trichter wird dann in einen Stativring gesetzt, mit angesäuertem Wasser (5 ccm konzentrierte Schwefelsäure auf 100 ccm Wasser) gefüllt und über den Platinelektroden zwei mit derselben Flüssigkeit gefüllte Reagenzgläser aufgehängt. (Siehe Fig. 7, S. 18.) Wenn man den Apparat mit den Polen einer 2—4zelligen, hintereinandergeschalteten Akkumulatorenbatterie (oder einer entsprechend starken anderen Batterie) verbindet, entwickelt sich in dem einen Reagenzglas Sauerstoff, in dem anderen die doppelte Menge Wasserstoff.

Versuch 47. (Siehe S. 145.) Zur Zersetzung des Wassers auf chemischem Weg muß man ein Metall verwenden, dessen Affinität zum Sauerstoff sehr groß ist. Sehr geeignet sind demnach die Alkalimetalle; aber ihre Wirkung auf das Wasser ist so heftig, daß man sie zweckmäßig etwas „verdünnt“. Dies geschieht dadurch, daß man sie mit Quecksilber legiert. 5 ccm Quecksilber werden in einer Abdampfschale auf etwa 50—60^{0} erwärmt (unter dem Abzug wegen der giftigen Dämpfe). Man schneidet dann ein sorgfältig getrocknetes, haselnußgroßes Stück Natrium in ganz kleine Stücke und wirft eines nach dem anderen auf das warme Quecksilber. (Vorsicht! Schutzbrille! Natrium und Kalium dürfen nur mit t r o c k e n e m Filtrierpapier schnell von dem anhaftenden Petroleum befreit und niemals mit feuchten Fingern angefaßt werden. Siehe S. 451.) Jedes Natriumstückchen entzündet sich und legiert sich mit dem Quecksilber. Wenn alles Natrium auf diese Weise verbraucht ist, läßt man kalt werden, wobei das Amalgam erstarrt. Man schlägt es dann in Stücke, wirft eine kleine Menge in eine Schüssel mit Wasser und hält ein mit Wasser gefülltes Reagenzglas mit der Mündung nach unten darüber. Es steigen sofort Glasblasen auf, die sich in dem Glas ansammeln und, nachdem dies mit dem Gas gefüllt ist, leicht als

Wasserstoff erkannt werden können. Wenn alles Natrium, das in dem Amalgam vorhanden war, verbraucht ist, bleibt in der Schüssel reines Quecksilber zurück.

$$NaHg + H_2O = NaOH + Hg + H_2.$$

Versuch 48. Die bei weitem gebräuchlichste Art zur Darstellung des Wasserstoffs ist die, ihn durch ein Metall — meist Zink — aus Säuren in Freiheit zu setzen. Man bringe in eine mit Trichterrohr und Gasableitungsrohr versehene Kochflasche etwas granuliertes, reines Zink, gebe durch das Trichterrohr so viel Wasser zu, daß das Zink gerade bedeckt wird, und gieße vorsichtig etwa 10—15 ccm konzentrierte Schwefelsäure nach. Es tritt sofort eine lebhafte Entwicklung von Wasserstoff ein:

$$H_2SO_4 + Zn = ZnSO_4 + H_2.$$

Dieses Verfahren eignet sich auch sehr für den Kippschen Apparat. Man verwendet dann reines Zink in Stangen, füllt den Apparat mit mäßig starker Schwefel- oder Salzsäure und erhält einen ganz gleichmäßigen Wasserstoffstrom. Sollte die Gasentwicklung schwächer werden, so kann sie durch Zusatz eines Tropfen Kupfersulfatlösung wieder in Gang gebracht werden.

Versuch 49. (Siehe S. 182). Auch aus Basen kann der Wasserstoff durch Metalle verdrängt werden, natürlich nur durch amphotere Metalle (siehe S. 174), deren Hydroxyde sich wie Säuren verhalten können. Man fülle ein Reagenzglas halb mit mäßig starker Natronlauge, gebe eine Messerspitze voll Aluminiumspäne zu und erwärme. Es tritt eine lebhafte Entwicklung von Wasserstoff ein, während das Aluminium zu Natriumaluminat gelöst wird.

$$2\,Al + 6\,NaOH = 2\,Al(NaO)_3 + 3\,H_2.$$

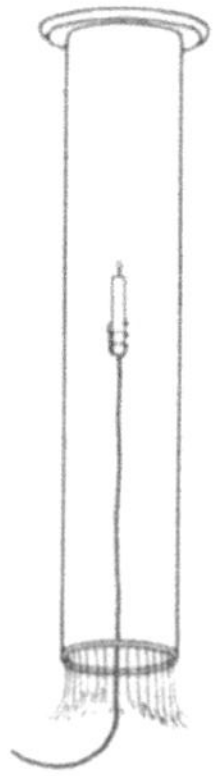

Fig. 175. Wasserstoff unterhält die Verbrennung nicht.

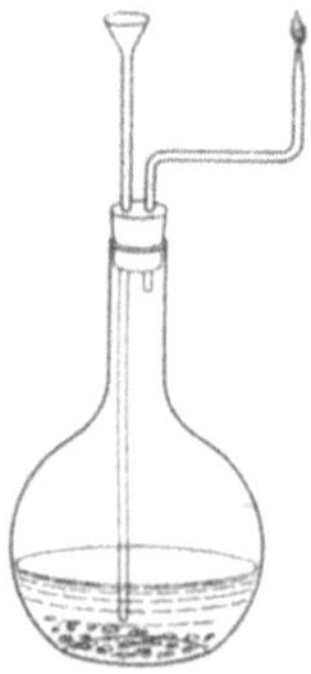

Fig. 176. Verbrennen des Wasserstoffs.

Versuch 50. Ein Zylinder wird in der pneumatischen Wanne mit Wasserstoff gefüllt. Man nimmt ihn heraus, hält ihn mit der Mündung nach unten und bringt rasch einen brennenden, langen Wachsfaden hinein (Fig. 175). Die Flamme erlischt in der Wasserstoffatmosphäre, dagegen verbrennt der Wasserstoff an der Mündung des Zylinders mit schwach leuchtender Flamme. Er brennt also, unterhält aber die Verbrennung nicht.

Versuch 51. Es wird eine Gasentwicklungsflasche mit Trichterrohr und einem in eine Spitze ausgezogenen Gasableitungsrohr zusammengestellt. Man entwickelt in der in Versuch 48 beschriebenen Weise Wasserstoff.

Nachdem man mindestens 1 Minute gewartet hat, bis alle Luft

aus dem Apparat verdrängt ist, überzeugt man sich durch Auffangen und Anzünden einer Probe im Reagenzglas, daß der Wasserstoff nicht mehr mit Luft vermischt ist. Dann entzündet man das an der Spitze ausströmende Gas. Es verbrennt mit kaum sichtbarer, sehr heißer Flamme (Fig. 176). Man bringe einen 1 mm dicken Kupferdraht in die Flamme; er wird nach einiger Zeit geschmolzen. Läßt man die Flamme in einem beiderseits offnen Glaszylinder (Lampenzylinder) brennen, dann hört man, wenn man den Zylinder auf und ab schiebt, an einer bestimmten Stelle einen kräftigen, reinen Ton, der von der durch die Hitze der Flamme in Schwingungen versetzten, im Zylinder eingeschlossenen Luft herrührt. (Chemische Harmonika.) Bei weiterem Verschieben des Zylinders gelingt es häufig, noch einen Oberton des zuerst gehörten zum Ansprechen zu bringen.

Versuch 52. Man verbinde den Wasserstoffentwicklungsapparat durch ein Stück Gummischlauch mit einer in Seifenwasser getauchten und mit der Mündung nach aufwärts gehaltenen Tonpfeife. Es entsteht eine Seifenblase, die sich, wenn sie eine gewisse Größe erreicht hat, losreißt und nach der Decke steigt. Wasserstoff ist also leichter als Luft.

Versuch 53. (Siehe S. 17.) Da der im Vortrag beschriebene Diffusionsversuch mit Brom deshalb nicht leicht anzustellen ist, weil es nicht einfach ist, Glaskügelchen mit der schwierig zu handhabenden Flüssigkeit zu füllen, wollen wir ihn hier etwas abändern. Man füllt zunächst einen Zylinder mit Wasserstoff und verschließt ihn mit einer Glasplatte. Darauf werden zwei kleine Schmelztiegel stark erhitzt und nebeneinander auf eine Asbest- oder sonst eine geeignete Unterlage gestellt. In jeden der Tiegel wirft man dann schnell ein paar Splitter Jod und stürzt sofort den mit Wasserstoff gefüllten Zylinder über den einen, einen gleich großen, Luft enthaltenden, über den andern.

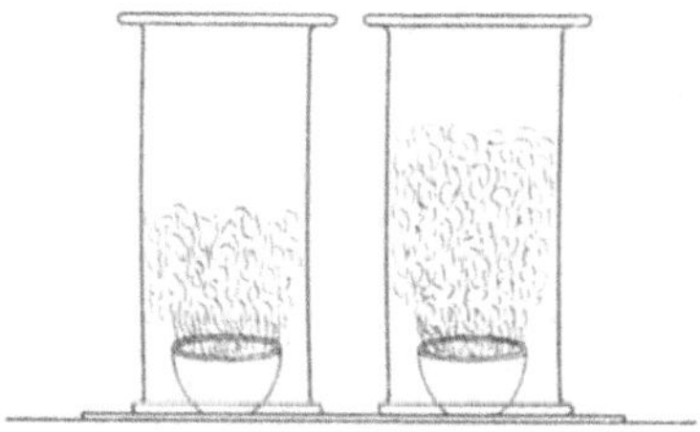

Fig. 177. Diffusion von Joddampf in Luft und Wasserstoff

Das Jod verwandelt sich in den heißen Tiegeln sofort in seinen violetten Dampf, und man kann beobachten, daß er in dem Wasserstoff enthaltenden Zylinder bedeutend schneller in die Höhe diffundiert als in dem mit Luft gefüllten (Fig. 177). (Wenn man den Wasserstoff-Zylinder über den Tiegel stürzt, achte man darauf, ihn beim Abnehmen der Glasplatte mit der Mündung nach unten zu halten, da andernfalls das Gas sofort entweicht.)

Versuch 54. Eine kleine Tonzelle (in jedem elektrotechnischen Geschäft erhältlich) wird mit einem paraffinierten Kork, durch dessen Mitte ein langes Glasrohr führt, luftdicht verschlossen. Das Rohr wird mittels eines doppelt durchbohrten Korks in eine Kochflasche eingesetzt. Durch die andere Bohrung führt eine zu einer Spitze ausgezogene Glasröhre. Man füllt die Kochflasche mit Wasser und stülpt über die Tonzelle ein mit Wasserstoff (oder Leuchtgas) gefülltes Becherglas, worauf das Wasser durch den Diffusionsdruck aus der Flasche gepreßt wird. (Siehe Fig. 6, S. 17.)

Versuch 55. Um sich auch die umgekehrte Erscheinung der Druckverminderung durch Diffusion vor Augen zu führen, stülpt man einen Trichter, der durch einen Gummischlauch mit einem Kohlendioxydentwicklungsapparat in Verbindung steht, über die Tonzelle. Da nun die leichte Luft rascher aus der Zelle herausdiffundiert als das schwere Kohlendioxyd in sie hinein kann, entsteht in ihr eine Druckverminderung, der zufolge das Wasser in dem langen Glasrohr in die Höhe gesaugt wird.

Versuch 56. Ein Standzylinder enthält Wasser, das durch einige Tropfen Lackmustinktur blau gefärbt ist. Durch ein bis auf den Boden reichendes Glasrohr läßt man konzentrierte Weinsäurelösung so langsam zufließen, daß sich die beiden Flüssigkeiten möglichst wenig mischen. Die Säure diffundiert langsam in das Wasser, was sich an der fortschreitenden Rotfärbung gut beobachten läßt.

Versuche zum dritten Vortrag.

(S. 18 bis S. 31).

Wasserstoff verbrennt zu Wasser.

Versuch 57. Über einer Wasserstoffflamme wird ein Trichter aufgehängt, der mit einem U-förmig gebogenen, in kaltem Wasser stehenden Rohr verbunden ist (Fig. 178).

Mit der Wasserstrahlpumpe saugt man die Verbrennungsprodukte des Wasserstoffs langsam durch das U-Rohr, wobei sich der durch die Verbrennung entstandene Wasserdampf in dem kühl gehaltenen Rohr verdichtet. Läßt man den Apparat lang genug in Gang, dann werden sich schon mehrere Tropfen Wasser in dem U-Rohr angesammelt haben; sollte das Wasser nicht deutlich sichtbar sein, so weist man durch ein Körnchen Methylviolett, das man in das Rohr wirft, nach, daß es innen feucht geworden ist.

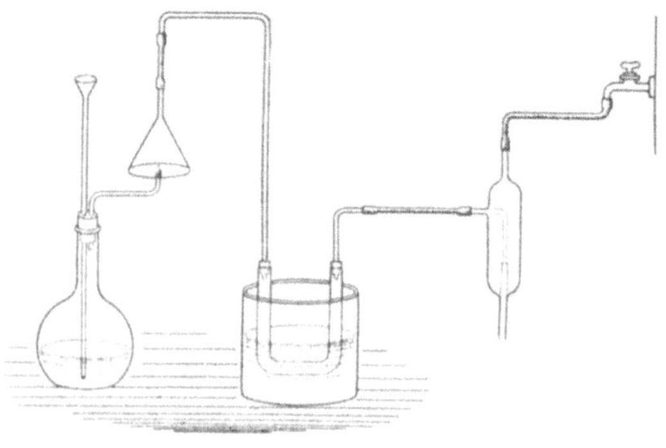

Fig. 178. Wasserstoff verbrennt zu Wasser.

Versuch 58. Will man größere Wassermengen darstellen, so erfordert das einen etwas umständlicheren, durch die Figur 179 wiedergegebenen Apparat.

In der Kochflasche (oder dem Kippschen Apparat) A wird Wasserstoff entwickelt, der unter dem Trichter brennt. Dieser steht mit einer zweihalsigen Woulffschen Flasche B in Verbindung, an deren anderen Hals ein schräg nach oben gerichteter Liebigscher Kühler C angeschlossen ist. (Die Verbindung mit dem Kühler geschieht am besten mit einer gebogenen Allonge, siehe S. 321.) Mit der Wasserstrahlpumpe D werden die Verbrennungsprodukte durch die Woulffsche Flasche und den Kühler gesaugt und verdichten sich zu flüssigem Wasser, das infolge der schrägen Lage des Kühlers wieder in die Flasche zurückläuft. („Rückflußkühler".) Es ist vorteilhaft, die Woulffsche Flasche

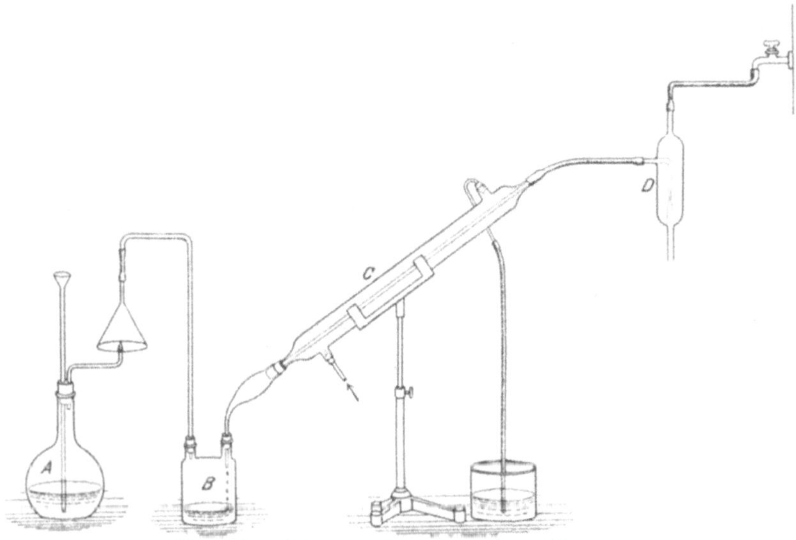

Fig. 179. Wasserstoff verbrennt zu Wasser.

in kaltes Wasser zu stellen und den Wasserstoff zu waschen und zu trocknen, bevor er verbrannt wird.

Zerlegung des Wassers in seine Elemente.

Daß das Wasser durch den elektrischen Strom in seine Bestandteile Wasserstoff und Sauerstoff zerlegt wird, haben wir schon bei dem Versuch 46 gesehen, ebenso, daß im Wasser doppelt so viel Wasserstoff wie Sauerstoff enthalten ist. Auch die durch die Alkalimetalle bewirkte Zersetzung haben wir bereits kennen gelernt (Versuch 47), so daß uns an dieser Stelle nur noch einiges nachzuholen bleibt.

Versuch 59. Das Wasser ist in Dampfform wesentlich leichter spaltbar als in flüssiger. Wasserdampf wird z. B. schon durch die Einwirkung glühenden Eisens oder Magnesiums zersetzt. Wir entwickeln in einer Kochflasche Wasserdampf, leiten ihn durch ein etwas weiteres Glasrohr über ein kleines Bündel Magnesiumdraht und lassen ihn durch ein spitz ausgezogenes Glasrohr ausströmen. (Siehe Fig. 11, S. 28.)

Sobald sich reichlich Dampf entwickelt, wird das Magnesium mit einem zweiten Bunsenbrenner oder einer Spirituslampe erhitzt, worauf es bald ins Glühen kommt und sich in Oxyd verwandelt, während an der Spitze Wasserstoff ausströmt, den man ruhig anzünden kann, da ja durch den Wasserdampf alle Luft aus dem Apparat verdrängt ist. (Trotz allem sei man aber vorsichtig beim Anzünden und bediene sich dazu einer an einen Stock gebundenen Wachskerze.)

$$H_2O + Mg = MgO + H_2.$$

Versuch 60. Auch durch glühendes Platin wird Wasserdampf gespalten. Eine halb mit Wasser gefüllte Kochflasche wird mit Stopfen und Gasableitungsrohr versehen. Zwischen Stopfen und Flaschenhals klemmt man eine Spirale aus dünnem Platindraht. (Siehe Fig. 12, S. 29.) Man bringt dann das Wasser in der Flasche zum Sieden und verbindet die Platinspirale mit den Polen einer parallel geschalteten zweizelligen Akkumulatorenbatterie. Der Wasserdampf wird gespalten; aber da das Platin sich nicht oxydiert, wie das Magnesium im vorigen Versuch, wird der Sauerstoff nicht zurückgehalten, sondern mischt sich dem Wasserstoff bei. Es entsteht also bei diesem Versuch Knallgas, wovon man sich leicht überzeugen kann. Man leitet das entweichende Gas in Seifenwasser, nimmt das Gasrohr, nachdem sich einige Blasen gebildet haben, aus der Lösung heraus (!), stellt den Apparat weg und zündet die Blasen an. Sie explodieren mit lautem Knall.

$$2\,H_2O + Pt = Pt + 2\,\underbrace{H_2 + O_2}_{\text{Knallgas}}$$

Versuch 61. Der bequemste Weg zur Gewinnung von Knallgas ist der, es durch Elektrolyse des Wassers herzustellen. Wir bedienen uns dazu des im ersten Vortrag erwähnten, auf S. 6 abgebildeten einfachen Apparates zur Wasserzersetzung, füllen ihn zu $^2/_3$ mit Wasser, dem $^1/_{10}$ seines Volumens konzentrierte Schwefelsäure zugesetzt ist und verbinden ihn mit den Polen einer 2—4zelligen Akkumulatorenbatterie. Man kann nun entweder mit dem entweichenden Knallgas kleine Seifenblasen herstellen, die man, nachdem das Gasableitungsrohr aus der Seifenlösung entfernt ist, anzündet; oder man füllt einen kleinen, höchstens (!) 50 ccm fassenden Zylinder, verschließt ihn mit einer Glasplatte, umwickelt ihn fest mit einem Tuch und stellt ihn in eine Ecke des Laboratoriums. Dann legt man an Stelle der Glasplatte schnell eine Pappdeckelscheibe auf, die in der Mitte ein Loch hat und bringt eine an einen langen Stab gebundene, brennende Wachskerze an das Loch. Das Gas explodiert mit betäubendem Knall. Es kann sogar vorkommen, daß der Zylinder zerschmettert wird; deshalb muß man ihn mit einem Tuch umwickeln, damit keine Splitter umherfliegen können.

Versuch 62. Durch die Elektrolyse des Wassers erhält man das Knallgas in seiner reinsten Form und natürlich auch im günstigsten Mischungsverhältnis. Selbstverständlich kann man es aber auch aus den getrennt hergestellten Gasen Wasserstoff und Sauerstoff bereiten, wenn man sie im Verhältnis $2\,H_2 : O_2$, d. h. 2 Volumina Wasserstoff auf ein Volumen Sauerstoff, mischt. Da auch die atmosphärische Luft etwa

$^1/_5$ ihres Volumens an Sauerstoff enthält, kann man auch aus Luft und Wasserstoff Knallgas herstellen; nur muß man, da bloß $^1/_5$ der Luft aus Sauerstoff besteht, 5 mal so viel Luft nehmen, als man reinen Sauerstoff brauchen würde. Man teilt sich also den Zylinder in 7 gleiche Teile, füllt ihn bis zum 2. Teilstrich mit Wasser und bringt ihn in die pneumatische Wanne. Dadurch hat man 5 Volumina Luft abgesperrt und füllt nun noch 2 Volumina Wasserstoff nach. Dann bringt man das Gasgemisch, wie in Versuch 61 beschrieben, zur Explosion. Der Knall ist fast ebenso heftig wie der bei der Detonation des elektrolytischen Knallgases. Er erreicht nicht ganz die gleiche Stärke, weil das Knallgas in diesem Versuch noch durch den Stickstoff der Luft verdünnt ist. —

Die bei der Verbrennung des Knallgases entstehende Hitze ist ganz außerordentlich hoch. Es gibt besonders gebaute Brenner („Daniellscher Hahn"), in denen man Knallgas ohne Gefahr verbrennen kann, da in ihnen Wasserstoff und Sauerstoff erst an der Ausströmöffnung im richtigen Verhältnis gemischt werden. Die so erzielte Knallgasflamme hat eine Temperatur von etwa 2000°. Platin schmilzt sofort in ihr, dicke Kupfer- und Eisendrähte verbrennen unter lebhaftem Funkensprühen, und ein in die Flamme gehaltenes Stück Kreide leuchtet mit blendend weißem Licht. (Drummondsches Kalklicht.) Leider wird es in einem Privatlaboratorium nur selten möglich sein, Wasserstoff und Sauerstoff unter ausreichendem Druck in genügender Menge zur Anwendung zu bringen, so daß man sich die Ausführung dieser schönen Versuche versagen muß. Wer im Besitz einer Gebläselampe und einer kleinen Stahlbombe mit komprimiertem Sauerstoff ist, wie sie heute überall billig leihweise zu haben sind, kann aber immerhin annähernd dieselbe Temperatur wie in einer Knallgasflamme folgendermaßen erreichen:

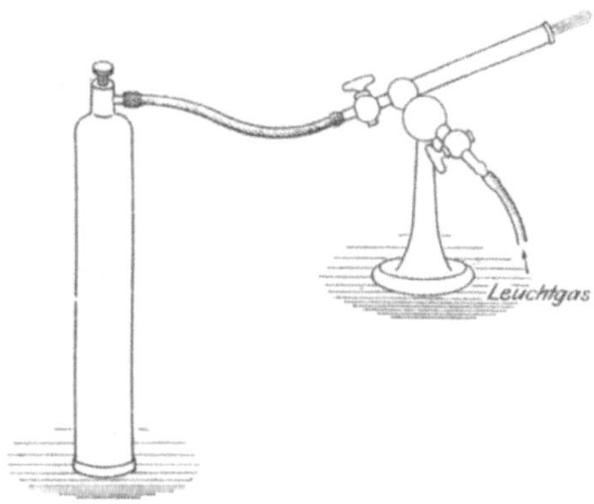

Fig. 180. Knallgasflamme.

***Versuch 63.** Eine Gebläselampe wird, statt mit dem Gebläse, durch ein kurzes Stück Druckschlauch mit einer kleinen Sauerstoffbombe verbunden. Der Druckschlauch muß an dem Ventil der Bombe sowie an der Gebläselampe mit Draht fest umschnürt werden, damit er nicht abfliegt (Fig. 180). Nun dreht man zunächst den Leuchtgashahn vollständig auf und zündet das Gas an; man erhält eine große leuchtende Flamme. Jetzt wird vorsichtig das Ventil der Sauerstoffbombe geöffnet, worauf die Flamme immer mehr zusammenschrumpft und schließlich mit einem kleinen Knall zu einer ganz kurzen, blauen Stichflamme wird. Jetzt ist das richtige Mischungsverhältnis erreicht. Man kann mit dieser Flamme folgende Versuche anstellen: Ein Glasstab schmilzt sofort ab, und das flüssige Glas fällt in dicken Tropfen zu Boden. Kupfer- und Eisendrähte verbrennen unter Funkensprühen. In ein Stück Eisenblech (Deckel einer Konservenbüchse) wird augenblicklich ein Loch geschmolzen. Dabei nimmt das flüssige Eisen etwas Sauerstoff auf und gibt ihn beim Erkalten wieder ab, weshalb es noch einige Zeit nachher Funken sprüht. Ein Stück Kreide, das man in eine Tiegelzange faßt und in die Flamme hält, leuchtet so hell, daß man den ganzen Experimentiertisch mit dem Licht vollkommen ausreichend beleuchten kann. — Da Bomben mit zusammengepreßten Gasen nicht ganz einfach zu handhaben sind, tut man gut, den Versuch nur in Gegenwart einer zweiten Person auszuführen. Häufig platzt z. B. der Druckschlauch mit fürchterlichem Knall, wenn man aus Versehen das Ventil an der Bombe zu weit aufdreht, so daß es gut ist, wenn man jemanden zur Verfügung hat, der ausschließlich die Sauerstoffzufuhr überwacht.

Reduktionsversuche mit Wasserstoff.

Zur Reduktion durch Wasserstoff eignen sich am meisten die Oxyde des Eisens und des Kupfers. Die Allgemeinformel für diese Art der Reduktion ist:

$$\overset{\text{II}}{M}O + H_2 = H_2O + M,$$

wenn M ein zweiwertiges Metall bedeutet.

Versuch 64. Um Eisenoxyd zu reduzieren und die dabei entstehende Wassermenge festzustellen, wird der schon im Vortrag erwähnte Apparat zusammengestellt (Fig. 181):

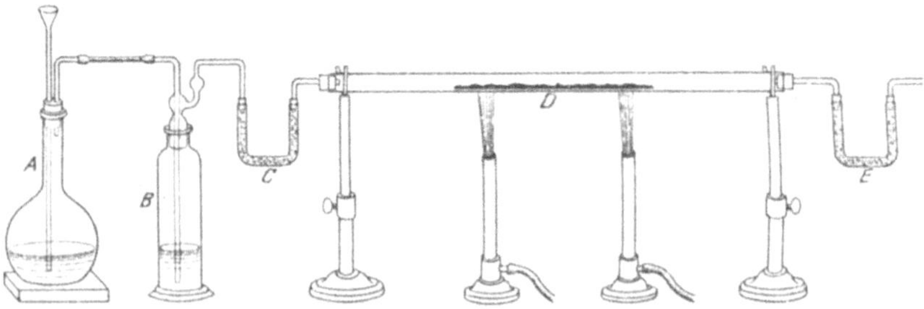

Fig. 181. Reduktion von Eisenoxyd mit Wasserstoff.

A ist der Wasserstoffentwicklungsapparat. Das Gas wird in der mit Wasser oder stark verdünnter Kalilauge beschickten Waschflasche B gewaschen und im Chlorcalciumrohr C getrocknet. Darauf tritt es in die Reduktionsröhre D ein. Sie besteht aus schwer schmelzbarem Glas und enthält das zu reduzierende Oxyd. Das bei der Reduktion gebildete Wasser wird von dem vorher gewogenen Chlorcalciumrohr E aufgenommen. Die Gewichtszunahme nach dem Versuch ergibt die Menge des entstandenen Wassers. (Genaueres über diesen Versuch siehe S. 357.)

Versuch 65. Wenn man das zu dem Reduktionsversuch angewandte Oxyd wägt und die Wägung nach Beendigung des Versuchs wiederholt, dann ergibt die Differenz der Gewichte die Menge Sauerstoff, die dem Oxyd durch den Wasserstoff entzogen worden ist, und die mit ihm Wasser gebildet hat. Bestimmt man dann gleichzeitig noch, wie im vorigen Versuch angegeben, die Menge des entstandenen Wassers, so läßt sich leicht berechnen, wie viel Teile Sauerstoff einem Teil Wasserstoff entsprechen, d. h. wie groß das Äquivalentgewicht des Sauerstoffs ist.

Dieser Versuch muß natürlich möglichst sorgfältig ausgeführt werden. Man bringt in das (möglichst kurze) Verbrennungsrohr D (Fig. 81) eine kleine Menge (etwa 5 g) Kupferoxyd, das vorher in einem Schmelztiegel einige Minuten mit der Bunsenflamme erhitzt wurde, um es zu trocknen. Dann versieht man die Röhre beiderseits mit durchbohrten Korken und Glasröhren und wägt sie möglichst genau, worauf man den Apparat wie für Versuch 64 zusammensetzt und die Reduktion etwa 15 Min. in Gang hält; man achte darauf, durch zweckentsprechendes Erwärmen alles entstandene Wasser in das Chlorcalciumrohr E hinüberzutreiben. Um den Versuch zu unterbrechen, nimmt man die Brenner unter D weg und läßt den Apparat erkalten. Erst wenn er völlig abgekühlt ist, unterbricht man den Wasserstoffstrom und wägt die Röhre D (natürlich ebenfalls wieder mit den Korken und Glasröhren) von neuem. Sie wird an Gewicht abgenommen haben — sagen wir a Gramm. Dann sind also a Gramm Sauerstoff aus dem Oxyd zur Bildung von Wasser verbraucht worden. Nun wird auch das U-Rohr E wieder gewogen, und aus der Zunahme seines Gewichts erfahren wir, wieviel Wasser aus den a Gramm Sauerstoff entstanden ist. Es seien b Gramm. Dann haben wir die Berechnung: wenn b Gramm Wasser a Gramm Sauerstoff enthalten, dann enthält 1 Gramm Wasser $\frac{a}{b}$ Gramm. Unter der Annahme, wir hätten für $\frac{a}{b}$ den Wert 0,88 gefunden, so hieße das: in einem Gramm Wasser sind 0,88 g Sauerstof und 0,12 g Wasserstoff enthalten. Auf 12 Teile Wasserstoff kommen also immer 88 Teile Sauerstoff, auf einen Teil Wasserstoff demnach $\frac{88}{12} = 7{,}3$ Teile. 7,3 wäre demnach das auf Wasserstoff als Einheit bezogene Äquivalentgewicht des Sauerstoffs, sein Atomgewicht, da er zweiwertig ist, das Doppelte, also 14,6[1]).

Versuche zur Erläuterung der physikalischen Eigenschaf-

---

[1]) Die Zahl ist zu niedrig. Das genaue, auf Wasserstoff als Einheit bezogene Atomgewicht des Sauerstoffs ist 15,8. Man ist aber neuerdings übereingekommen, die Atomgewichte nicht auf Wasserstoff = 1, sondern auf Sauerstoff = 16 zu beziehen. Diese neueren Zahlen sind auch der Tabelle in diesem Buch zugrunde gelegt. Nimmt man also willkürlich an: Sauerstoff = 16, so ergibt sich daraus für Wasserstoff nicht mehr 1, sondern 1,008. Setzt man dagegen Wasserstoff = 1, so ist Sauerstoff nicht 16, sondern, wie gesagt, 15,8. Denn: 1,008 : 16 = 1 : 15,8. In demselben Verhältnis verändern sich natürlich auch die Atomgewichte der übrigen Elemente.

ten des Wassers gehören nicht in den Rahmen dieses Buchs und sind aus jedem guten Physikbuch zu ersehen.

Versuche über die Zersetzung des Wassers siehe Vers. 46, 47, 59 u. 60.

Vereinigung von Gasen.

Versuch 66. Ein Funkeneudiometer von 100 ccm Inhalt wird mit einem weiten Glasmantel versehen, der mit durchbohrten Stopfen verschlossen ist. (Siehe Abb. S. 23.)

Durch die Bohrung des oberen Stopfens reicht ein gebogenes Glasrohr in den Mantel hinein, durch das Wasserdampf zugeleitet wird. Der Dampf entweicht durch eine im unteren Stopfen angebrachte Glasröhre. Das Eudiometerrohr wird ebenfalls von dem unteren Stopfen gehalten und endet dicht unterhalb des Dampfzuleitungsrohres. Die beiden Platindrähte werden durch dünne, isolierte Kupferdrähte, die zwischen Stopfen und Glaswand durchgeführt sind, mit einem kleinen Induktionsapparat (oder einer Leidener Flasche oder einer Elektrisiermaschine) verbunden. Zunächst füllt man das Eudiometerrohr völlig mit Quecksilber und stellt es umgekehrt in eine als pneumatische Wanne dienende Schale, die ebenfalls Quecksilber enthält. Dann füllt man das Rohr mit ungefähr 25 bis 30 ccm (nicht mehr!!) elektrolytischem Knallgas (siehe Versuch 61) und leitet Wasserdampf in den Mantel. Das Eudiometer wird langsam auf 100° erwärmt, und infolgedessen dehnt sich das Knallgas aus. Wenn die Temperatur einen feststehenden Wert angenommen hat, ändert sich auch das Gasvolumen nicht mehr; man bezeichnet jetzt die Höhe des Quecksilbers durch einen auf den äußeren Mantel aufgeschobenen Gummiring. Wir wollen annehmen, das abgesperrte Gasvolumen betrage gerade 30 ccm. Nun wird es durch den elektrischen Funken zur Explosion gebracht, während man fortgesetzt Dampf durch den äußeren Mantel leitet. Die Gase haben sich jetzt zu Wasser vereinigt, das aber in Gasform vorliegt, da ja die Temperatur 100° beträgt. Man wird finden, daß das Volumen des entstandenen Wasserdampfes nur noch 20 ccm, also $^2/_3$ des ursprünglichen beträgt, genau, wie es die Gleichung

$$\underset{2\,\text{Vol.}}{2\,H_2} + \underset{1\,\text{Vol.}}{O_2} = \underset{2\,\text{Vol.}}{2\,H_2O}$$

verlangt. — Die Explosion des Knallgases ist bei der angegebenen Menge und der hohen Temperatur nur schwach. Immerhin aber kann es nichts schaden, die elektrische Zündung aus sicherer Entfernung vorzunehmen, da man ja nur die Drähte lang genug zu wählen braucht.

Versuch 67. Der Apparat des vorigen Versuchs (die Wasserdampf-Heizvorrichtung kann jetzt weggelassen werden) wird im Halbdunkel mit 10 ccm elektrolytisch dargestelltem Chlorknallgas (Versuch 137) gefüllt. Dann bringt man das Gasgemisch durch den elektrischen Funken zur Detonation (Vorsicht!). Das Volumen des entstandenen Salzsäuregases beträgt ebenfalls 10 ccm, denn:

$$\underset{1\,\text{Vol.}}{H_2} + \underset{1\,\text{Vol.}}{Cl_2} = \underset{2\,\text{Vol.}}{2\,HCl}$$

Eine schöne Erläuterung zu dem durch diese Versuche gezeigten Gesetz bietet übrigens auch Versuch 314.

Wasserstoffsuperoxyd.

Wasserstoffsuperoxyd kann durch Einwirkung von verdünnter Schwefelsäure auf die Superoxyde der Alkali- und Erdalkalimetalle nach der Allgemeinformel

$$\overset{II}{M}O_2 + H_2SO_4 = MSO_4 + H_2O_2$$

erhalten werden. Die Säure setzt den Sauerstoff des Superoxyds in Freiheit, der das bei der Salzbildung freiwerdende Wasser (siehe S. 49) im Augenblick des Freiwerdens zu Wasserstoffsuperoxyd oxydiert. Nähme man die Säure zu konzentriert, so würde Ozon in Freiheit gesetzt (siehe Vers. 42). Man verwendet meist das Superoxyd des Bariums, BaO_2. Da sich aber dessen Hydroxyd, das Bariumsuperhydroxyd, $Ba(OH)_4$, noch leichter in der oben angegebenen Weise mit Säuren umsetzt, wollen wir uns zuerst diese Verbindung herstellen.

Versuch 68. 30 g käufliches Bariumsuperoxyd werden mit etwas Wasser zu einem halbflüssigen Brei angerührt und in 50 ccm verdünnte Salzsäure eingetragen. (Die Säure muß in einem mit einer Kältemischung umgebenen Becherglas kühl gehalten werden, da ihre Temperatur nicht über 0° steigen soll.) Man filtriert die Lösung und bereitet unterdes 500 ccm Barytwasser, indem man in die angegebene Menge destillierten Wassers so viel Bariumhydroxyd einträgt, als sich bei der Temperatur von 0°, die diese Flüssigkeit ebenfalls haben muß, lösen will. Man läßt dann die filtrierte Lösung in das kalte Barytwasser einfließen. Es entsteht ein weißer, krystallinischer Niederschlag von Bariumsuperhydroxyd, der abfiltriert und mit etwas eiskaltem Wasser ausgewaschen wird. Man kann ihn in feuchtem Zustand gut verschlossen aufbewahren, besser ist es aber, ihn sofort auf Wasserstoffsuperoxyd weiter zu verarbeiten: es wird so lange Bariumsuperhydroxyd in durch Eis gekühlte, verdünnte Schwefelsäure (20 ccm konz. Säure auf 100 ccm Wasser) eingetragen, bis sie nahezu neutralisiert ist. Dabei entsteht ein weißer Niederschlag von unlöslichem Bariumsulfat, der abfiltriert wird. Das klare Filtrat ist eine verdünnte Lösung von Wasserstoffsuperoxyd; um noch die geringe Menge freier Schwefelsäure zu entfernen, versetzt man abermals vorsichtig mit Barytwasser, bis kein weißer Niederschlag von Bariumsulfat mehr entsteht. (Um einen Überschuß an Bariumhydroxyd zu vermeiden, gibt man das Barytwasser am besten tropfenweise aus einer Bürette zu. Wenn kein Niederschlag mehr entsteht, wird abfiltriert und die nunmehr reine Lösung von Wasserstoffsuperoxyd aufbewahrt.)

Versuch 69. Kühlt man eine Wasserstofflamme dadurch rasch ab, daß man sie gegen Eis brennen läßt, so kann man im Schmelzwasser bei der Verbrennung entstandenes Wasserstoffsuperoxyd nachweisen. Man läßt eine kleine, sehr saubere Porzellanschale, die ein kleines Stückchen Eis enthält, auf Eiswasser schwimmen und aus einer spitz ausgezogenen

Glasröhre eine 1—2 cm lange Wasserstoffflamme gegen das Eis brennen. Wenn man 1 ccm Schmelzwasser zu 3 ccm dünnem Kleister gibt, der unmittelbar vorher mit einem Kryställchen Jodkalium und einem Tropfen Schwefelsäure versetzt wurde, so tritt nach kurzer Zeit ($^1/_2$ Minute) Blaufärbung ein.

Versuch 70. Man versetze in einem Reagenzglas eine Lösung von Ferrosulfat mit einigen Tropfen Wasserstoffsuperoxyd. Die grünliche Farbe der Lösung schlägt sofort in gelb um, da das Ferrosulfat durch das Wasserstoffsuperoxyd oxydiert wird. —

Wasserstoffsuperoxyd übt ähnliche oxydierende Wirkungen aus wie das Ozon. Gleich diesem verwandelt es schweflige Säure in Schwefelsäure, salpetrige Säure in Salpetersäure, Sulfide in Sulfate usw. Auf der letztgenannten Reaktion beruht die Anwendung des Wasserstoffsuperoxyds zur Wiederherstellung nachgedunkelter alter Gemälde. Das Nachdunkeln kommt daher, daß sich bleihaltige Farben, vor allem Bleiweiß, unter dem Einfluß des Schwefelwasserstoffgehalts der Luft im Lauf der Zeit mit einer Schicht braunschwarzen Bleisulfids überziehen. Behandelt man solche Gemälde nach Entfernung des Firnisses mit Wasserstoffsuperoxyd, dann wird das dunkle Bleisulfid zu weißem Bleisulfat oxydiert, und die ursprüngliche Farbe ist damit wieder hergestellt (vgl. Vers. 43).

In gewissen Fällen kann Wasserstoffsuperoxyd auch eine Art reduzierender Wirkung haben; es veranlaßt nämlich manche sauerstoffreiche Körper (z. B. die Oxyde der Edelmetalle, gewisse Superoxyde usw.) zur Abgabe von Sauerstoff und gibt selbst ein Atom Sauerstoff her, wodurch es zu Wasser wird.

Versuch 71. In ein halb mit verdünntem Wasserstoffsuperoxyd gefülltes Reagenzglas schütte man eine kleine Messerspitze Quecksilberoxyd. Es entweicht sofort reichlich Sauerstoff, und das Oxyd wird zu Metall reduziert:

$$HgO + H_2O_2 = Hg + H_2O + O_2.$$

Versuch 72. Eine Lösung von Kaliumpermanganat wird mit einigen Tropfen Wasserstoffsuperoxyd versetzt. Die Lösung entfärbt sich unter Ausscheidung eines braunen Niederschlags von Manganoxyd, das durch Reduktion aus dem Permanganat entstanden ist. Nun säuert man mit etwas Schwefelsäure an, worauf das Oxyd sofort zu dem entsprechenden Sulfat gelöst, und die Lösung vollkommen farblos wird. Diese beiden Reaktionen vereinigt man, indem man von vornherein eine mit Schwefelsäure angesäuerte Permanganatlösung verwendet, die dann durch Wasserstoffsuperoxyd vollständig entfärbt wird:

$$\underbrace{2\,KMnO_4}_{\text{violett}} + 3\,H_2SO_4 + 5\,H_2O_2 = \underbrace{K_2SO_4}_{\text{farblos}} + \underbrace{2\,MnSO_4}_{\text{farblos}} + 8\,H_2O + 5\,O_2.$$

Diese Umsetzung kann zur maßanalytischen Bestimmung des Wasserstoffsuperoxyds verwandt werden. Man gibt aus einer Bürette in eine abgemessene und angesäuerte Menge des zu bestimmenden Wasserstoffsuperoxyds so lange eine Kaliumpermanganatlösung von bekanntem

Gehalt zu, als sie von dem Wasserstoffsuperoxyd noch entfärbt wird. Sobald keine Entfärbung mehr auftritt, ist alles Wasserstoffsuperoxyd verbraucht, und aus der Zahl der angewandten Kubikzentimeter Permanganatlösung läßt sich leicht der Gehalt an Wasserstoffsuperoxyd berechnen.

Umgekehrte Verbrennung.

Versuch 73. Ein bauchiger Lampenzylinder wird an einem Ende durch einen Korken, der mit einem geraden Glasrohr versehen ist, verschlossen. Ein anderes Glasrohr wird so gebogen, daß man mit ihm bequem ins Innere des Zylinders gelangen kann, und an einem Ende zu einer Spitze ausgezogen. (Siehe Fig. 13, S. 31.)

Man leitet nun durch das grade Glasrohr Leuchtgas in das Innere des Zylinders und zündet es, nachdem alle Luft verdrängt ist, an dem oberen Ende an. Hier brennt also Leuchtgas in Luft. Nun bläst man mit dem Gebläse oder mit dem Mund[1]) einen schwachen Luftstrom durch das gebogene Rohr und führt es, während man schon bläst, durch die Leuchtgasflamme in den Zylinder ein. Es entsteht an der Spitze des Rohrs eine Flamme, die ruhig weiter brennt, so lange man bläst. Hier brennt also Luft in Leuchtgas.

Versuch 74. Daß Schwefel in Sauerstoff verbrennt, haben wir bereits in Versuch 17 gesehen. Nun wollen wir aber auch einmal Sauerstoff

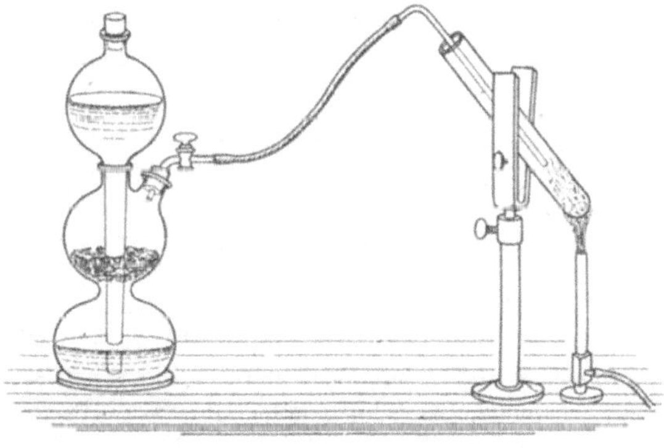

Fig. 182. Umgekehrte Verbrennung (Sauerstoff in Schwefel).

in Schwefel verbrennen. Man gibt etwa einen Fingerhut voll Schwefelblumen in ein Reagenzglas, spannt es etwas schräg in ein Stativ und erhitzt den Schwefel zum Sieden. Sobald sich Schwefeldämpfe zu entwickeln beginnen, bringt man ein zu einer feinen Spitze ausgezogenes, durch einen Gummischlauch mit einem Sauerstoffentwicklungsapparat verbundenes Glasrohr in das Reagenzglas. (Fig. 182.) Bald verbindet sich der Sauerstoff mit einem lauten Knall mit dem Schwefeldampf und brennt mit blauer Flamme.

[1]) Wenn man mit dem Mund bläst, so sei man darauf bedacht, der Luft nicht zu viel kohlensäurehaltige Atemluft zuzumischen. Man faßt also nur beide Backen voll Luft und preßt sie durch Zusammenziehen der Backen durch die Röhre.

Versuche zum vierten Vortrag.

(S. 31 bis S. 41.)

Zusammensetzung der Luft.

Die Zusammensetzung der Luft wird auf die Weise ermittelt, daß man einem gemessenen Luftvolumen den Sauerstoff entzieht und aus der Verminderung des Volumens den Prozentgehalt an Sauerstoff bestimmt. Als sauerstoffentziehende Körper verwenden wir Phosphor und Kupfer.

Versuch 75. Ein Stück Phosphor (Vorsicht!!) wird unter Wasser mit einem Draht umwickelt und dann in ein Eudiometerrohr geschoben, in dem man in der pneumatischen Wanne 100 ccm Luft abgesperrt hat. (Fig. 183.)

Der Phosphor bindet langsam den Luftsauerstoff, und nach Verlauf einiger Stunden wird man finden, daß das Wasser in der Röhre um etwa 20 Teilstriche gestiegen ist. Das Volumen ist also um 20 ccm geringer geworden, d. h. 100 ccm Luft enthalten etwa 20 ccm Sauerstoff. Man nimmt nun das Eudiometer aus dem Wasser und bringt einen brennenden Span in das zurückgebliebene Gas. Er erlischt sofort. Luft besteht also aus etwa 20% Sauerstoff und 80% eines die Verbrennung nicht unterhaltenden Gases: Stickstoff.

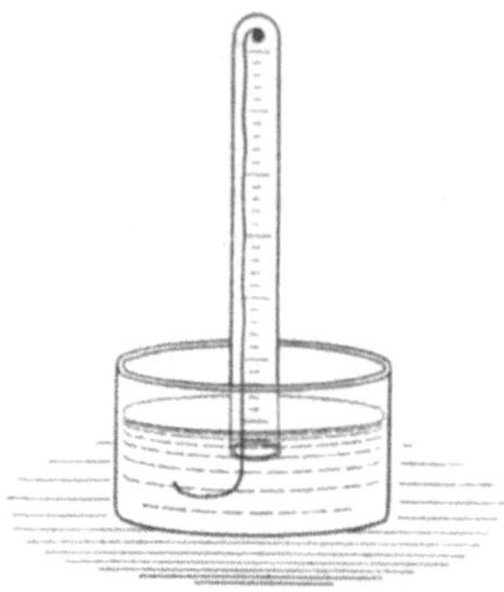

Fig. 183. Analyse der Luft mit Phosphor.

Versuch 76. Man füllt eine ungefähr 100 ccm fassende Kochflasche bis zum Rand mit Wasser und versieht sie darauf mit Stopfen, Hahntrichter und Gasableitungsrohr. Dadurch wird natürlich etwas Wasser aus der Flasche verdrängt. Man nimmt nun den Stopfen mit den Röhren wieder ab und mißt mit einer Mensur, wieviel Kubikzentimeter Wasser sich jetzt noch in der Kochflasche befinden. Nehmen wir an, es seien 94. Nun wird die Kochflasche vollständig entleert und der in der Abbildung 184 wiedergegebene Apparat zusammengestellt:

A ist die leere Kochflasche, B eine mit etwas starker Kali- oder Natronlauge beschickte Waschflasche, C ein mit Chlorcalcium gefüllter Trockenturm. An ihn schließt sich die Röhre D. Sie ist aus schwer schmelzbarem Glas angefertigt und mit blanken Kupferspänen gefüllt. Die aus ihr entweichenden Gase werden in der pneumatischen Wanne in einer Mensur E aufgefangen. Um den Apparat in Betrieb zu setzen, werden zunächst die Kupferspäne in D stark erhitzt. Wenn die Kupferspäne auf dunkle Rotglut gebracht sind und keine Luft mehr aus dem Rohr D durch die Wärme ausgetrieben wird, stülpt man die Mensur über das Ableitungsrohr und treibt durch sehr langsames Eintropfenlassen von Wasser in A die in der Kochflasche enthaltene Luft in schwachem Strom durch den Apparat. Sie wird in B von Kohlendioxyd befreit, in C getrocknet und gelangt dann nach D, wo ihr von dem glühenden Kupfer aller Sauerstoff entzogen wird. Es sammelt sich infolgedessen in der Mensur E Stickstoff an. Nachdem sämtliche Luft aus der Kochflasche durch Wasser verdrängt ist, wartet man, bis der Stickstoff in der Mensur Zimmertemperatur angenommen hat, und liest dann sein Volumen ab, während man die Mensur so tief in Wasser senkt, daß es innen und außen gleich hoch

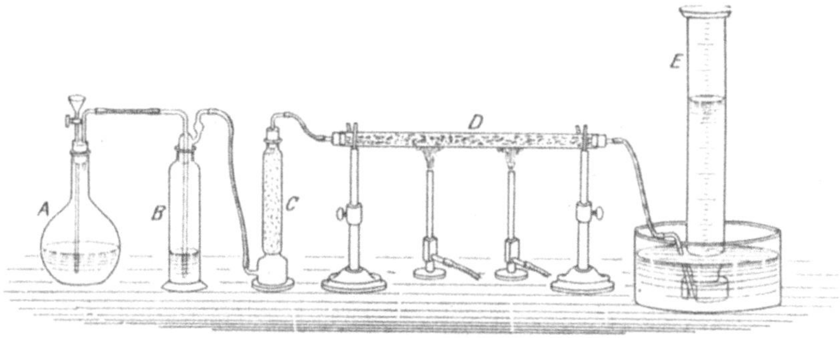

Fig. 184. Analyse der Luft mit glühendem Kupfer.

steht. Angenommen, das Volumen sei x ccm, so hat man folgende Berechnung: 94 ccm Luft enthalten x ccm Stickstoff; dies entspricht $\frac{x \cdot 100}{94}$ % Stickstoff. (Man wird bei diesem Versuch einen etwas zu hohen Wert erhalten, da die Luft, die sich in dem Schlauch zwischen D und E befindet, in die Mensur gelangt, ohne daß ihr vorher der Sauerstoff durch das Kupfer entzogen worden wäre. Man wähle deshalb den Schlauch möglichst kurz.)

Versuche mit Ammoniak.

Ammoniak kann dargestellt werden:

1. durch Vereinigung von Stickstoff und Wasserstoff in statu nascendi,
2. durch Vereinigung von Stickoxyd und Wasserstoff unter Vermittlung eines Katalysators,
3. durch Reduktion von Salpetersäure mit Wasserstoff in statu nascendi.

Versuch 77. In einem mit Gasableitungsrohr versehenen Reagenzglas erhitzt man ein Gemisch aus 3 g Kaliumhydroxyd und 20 g Eisenpulver, das man in einer Reibschale gut zusammengerieben hat. Nach Verdrängung der Luft wird eine Probe des sich entwickelnden Gases aufgefangen: durch seine Brennbarkeit erweist es sich als Wasserstoff. In derselben Weise erhitzt man nun 20 g Eisenpulver mit 1 g gut getrocknetem Salpeter. Es entweicht Stickstoff. Nun vereinigt man beide Versuche, indem man 40 g Eisenpulver mit 3 g Kaliumhydroxyd und 1 g Salpeter erhitzt. Das entweichende Gas riecht stechend und bläut rotes Lackmuspapier: es ist Ammoniak.

Versuch 78. Wie wir eben sahen, vereinigen sich Stickstoff und Wasserstoff wohl in statu nascendi zu Ammoniak, nicht aber in freiem Zustand[1]). Unter Umständen kann man aber Stickstoffverbindungen (Stickoxyd) zur Vereinigung mit Wasserstoff zwingen, nämlich dadurch, daß man einen Katalysator in Gestalt von fein verteiltem Platin oder Eisenoxyd anwendet. Zur Ausführung dieses Versuchs dient folgender Apparat:

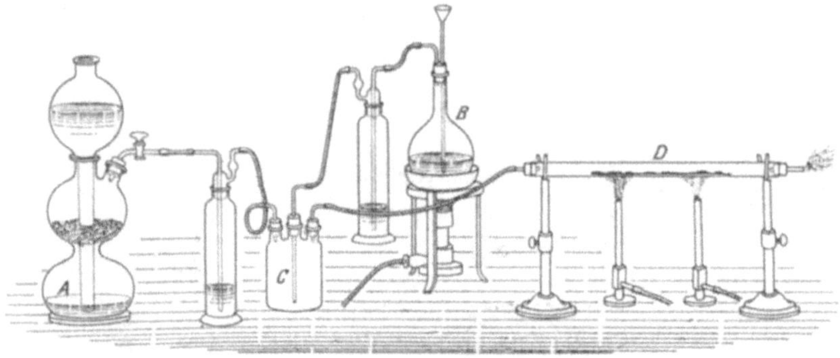

Fig. 185. Darstellung von Ammoniak aus Wasserstoff und Stickoxyd.

A (Fig. 185) ist der Wasserstoffentwicklungsapparat. Das Gas gelangt nach dem Durchgang durch eine mit Wasser beschickte Waschflasche in die dreihalsige Woulffsche Flasche C, die als Mischgefäß dient. Durch den zweiten Hals wird nämlich Stickoxyd eingeleitet, das man in B aus Kupfer und Salpetersäure herstellt (siehe Vers. 103). Das Gasgemisch kommt dann in das aus schwer schmelzbarem Glas hergestellte Rohr D, in dem gepulvertes Eisenoxyd erhitzt wird, und vereinigt sich dort zu einem Gemisch aus Ammoniak und Wasserdampf. — Man verdrängt zunächst alle Luft aus dem Apparat, indem man ihn einige Zeit von Wasserstoff durchströmen läßt. Dann unterbricht man den Gasstrom wieder und setzt die Entwicklung von Stickoxyd in Gang. Solange das in die Woulffsche Flasche gelangende Gas noch rot gefärbt ist, wird es in einen Abzug geleitet. Erst nachdem es vollkommen farblos geworden ist, öffnet man den Wasserstoffhahn wieder und erhitzt das Eisenoxyd in D. Der Wasserstoffstrom muß etwa $2^1/_2$ mal stärker sein als der Stickoxydstrom, was sich nach der Anzahl der Gasblasen, die in den Waschflaschen aufsteigen, regeln läßt. Das bei D entweichende Ammoniak läßt sich durch den Geruch und durch Lackmuspapier leicht nachweisen:

$$2\,NO + 5\,H_2 = 2\,NH_3 + 2\,H_2O.$$

Versuch 79. Man schütte eine kleine Menge eines Gemischs von gleichen Teilen Eisen- und Zinkpulver in ziemlich starke Kalilauge und

[1]) Die Vereinigung der freien Elemente kann nur durch Anwendung hoher Drucke und hoher Temperaturen durch einen Katalysator erzwungen werden. Vgl. S. 37.

erwärme. Es entsteht Wasserstoff. Man gibt nun etwas verdünnte Salpetersäure zu, aber nur so viel, daß die Flüssigkeit ihre alkalische Reaktion nicht verliert. Sie wird durch den Wasserstoff in statu nascendi reduziert, und es entsteht Ammoniak.

Auch beim Verbrennen und Verfaulen organischer Substanzen entsteht Ammoniak.

Versuch 80. Man unterwirft 25 g grob gepulverter Knochen der trocknen Destillation (siehe S. 115), indem man sie in einer Retorte stark erhitzt und die entstehenden Gase in eine Waschflasche mit Wasser leitet. Ein Teil löst sich im Wasser und färbt es braun, ein anderer entweicht unter Verbreitung eines fürchterlichen Geruchs. Das braun gewordene Waschwasser bläut Lackmuspapier infolge seines Gehalts an Ammoniak. —

Wir haben nun Ammoniak auf verschiedene Arten aus seinen Elementen aufgebaut. Nun wollen wir es auch in seine Elemente zerlegen.

Versuch 81. In einer Kochflasche A (Fig. 186) wird starkes Ammoniak zum Sieden erhitzt.

Das dadurch entwickelte gasförmige Ammoniak durchstreicht eine mit Kalk- und Kaliumhydroxydstücken gefüllte Trockenvorrichtung und gelangt dann in eine Kugelröhre C, in der ein Stück metallisches

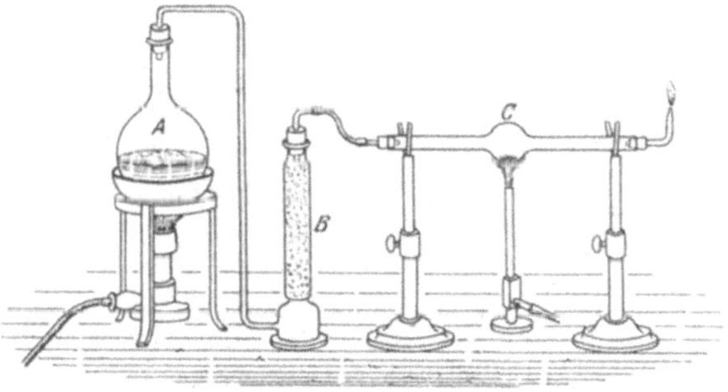

Fig. 186. Zersetzung von Ammoniak durch Kalium.

Kalium erhitzt wird. Sobald sich das Metall mit einer grünlichen Schicht bedeckt, kann man das aus der spitz ausgezogenen Glasröhre ausströmende Gas anzünden. Es ist Wasserstoff, während der Stickstoff des Ammoniaks von dem Kalium zurückgehalten wird. Es bildet sich eine grünliche Kalium-Stickstoffverbindung, die sich mit Wasser äußerst lebhaft zersetzt. (Vorsicht! Schutzbrille aufsetzen und höchstens erbsengroße Stückchen ins Wasser werfen!).

Versuch 82. (Löslichkeit des Ammoniaks in Wasser und alkalische Reaktion.) Siehe S. 36.

Versuch 83. Ammoniakgas ist unter gewöhnlichen Umständen nicht brennbar. Wenn man es aber, vordem man es mit einer Flamme in Berührung bringt, stark erhitzt, dann läßt es sich anzünden. Man entwickelt durch Kochen von möglichst konzentrierter Ammoniaklösung gasförmiges Ammoniak und läßt es aus einer spitz ausgezogenen Glasröhre ausströmen. Die Röhre wird kurz vor ihrer Mündung durch einen Bunsenbrenner stark erhitzt, worauf sich das ausströmende Gas anzünden läßt und mit gelbgrüner Flamme verbrennt (Fig. 187).

Versuch 84. Man kann unter Verwendung von Sauerstoff auch eine umgekehrte Flamme herstellen, indem man Sauerstoff in Ammoniak verbrennt. In eine Kochflasche mit siedendem Ammoniak wird, nachdem alle Luft verdrängt ist, ein mit dem Sauerstoffentwicklungsapparat verbundenes, nach oben umgebogenes Glasrohr einige Zentimeter tief eingeführt. Man entzündet dann das aus dem Flaschenhals ausströmende

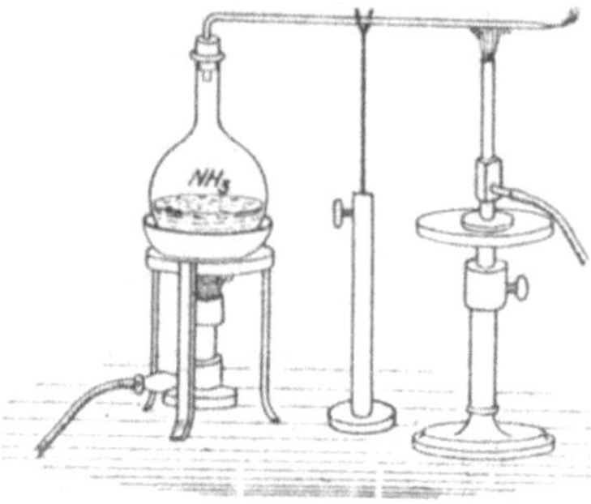

Fig. 187. Verbrennung des Ammoniaks.

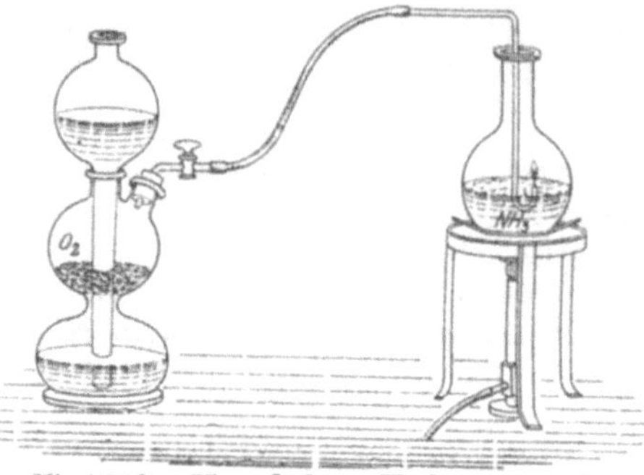

Fig. 188. Umgekehrte Verbrennung des Ammoniaks.

Ammoniak-Sauerstoffgemisch; es erfolgt dabei eine schwache Explosion. Nun senkt man das Sauerstoffrohr so tief ein, daß sich die Ausströmöffnung nur noch 1 cm über der Oberfläche des Ammoniaks befindet, worauf sich eine grüngelbe Sauerstoffflamme, die in Ammoniakgas brennt, im Innern der Flasche zeigt (Fig. 188). (Schutzbrille!)

Versuch 85. Man halte einen mit Ammoniak befeuchteten Glasstab über ein Gefäß mit Salzsäure. Es bilden sich dichte weiße Nebel von Ammoniumchlorid (Salmiak):

$$NH_4OH + HCl = NH_4Cl + H_2O.$$

Versuch 86. Einige Körnchen Ammoniumchlorid werden in einem Uhrglas mit einem Tropfen Natronlauge übergossen; über das Ganze deckt man ein zweites Uhrglas, das auf seiner Innenseite einen Streifen feuchtes rotes Lackmuspapier trägt. Der Lackmusstreifen wird gebläut, da das Ammoniumhydroxyd durch das Natriumhydroxyd aus seinen Verbindungen ausgetrieben wird:

$$NH_4Cl + NaOH = NH_4OH + NaCl.$$

Diese Probe auf Ammoniak ist äußerst empfindlich.

Versuche mit Stickstoff und Stickoxyden.

Außer auf die in Versuch 77 besprochene Art kann man reinen Stickstoff auch auf folgende Weise erhalten:

Versuch 87. Man übergießt 70 g Natriumnitrit in einer mit Trichterrohr und Gasableitungsrohr versehenen Kochflasche mit 5 ccm Ammoniak und einer konzentrierten Lösung von 200 g Ammoniumsulfat und erwärmt gelinde. Es entwickelt sich ein regelmäßiger Strom von Stickstoff.

***Versuch 88.** Man kann auch durch Zersetzung von Ammoniak mit Chlor Stickstoff erhalten:

$$8\,NH_3 + 3\,Cl_2 = 6\,NH_4Cl + N_2.$$

Dieser Versuch ist aber höchst gefährlich (!!) und im Privatlaboratorium deshalb nicht anzustellen! Es kann sich nämlich bei dieser Reaktion der wegen seiner fürchterlichen Explosionswirkungen berüchtigte Chlorstickstoff bilden.

Versuch 89. Man dreht 1 g Magnesiumdraht zu einem Bündel zusammen und verbrennt es. Es entsteht neben Magnesiumoxyd auch Magnesiumnitrid, das beim Auskochen mit Wasser Ammoniak liefert (siehe S. 39). —

Stickstoff bildet folgende Oxyde:

N_2O_5 Stickstoffpentoxyd (Salpetersäureanhydrid).

NO_2 (N_2O_4) Stickstoffdioxyd (Untersalpetersäure [veraltete Bezeichnung]).

N_2O_3 Stickstoffsesquioxyd (Salpetrigsäureanhydrid).

NO Stickstoffoxyd.

N_2O Stickstoffoxydul (Lachgas, Untersalpetrigsäureanhydrid).

Reines Stickstoffpentoxyd kann man durch Einwirkung von Chlor auf Silbernitrat erhalten, wobei Chlorsilber und Salpetersäureanhydrid entstehen:

$$4\,AgNO_3 + 2\,Cl_2 = 4\,AgCl + O_2 + 2\,N_2O_5.$$

Der Versuch ist aber, da er unter Ausschluß jeder Spur von Feuchtigkeit ausgeführt werden muß, nicht leicht anzustellen.

Versuch 90. Wie wir in Versuch 86 sahen, läßt sich eine Base durch eine stärkere aus ihren Verbindungen austreiben. Ebenso gelingt es auch, eine Säure mit Hilfe einer stärkeren Säure [1]) aus ihren Salzen zu erhalten: In dem auf Seite 51 abgebildeten Apparat destilliere man 30 g salpetersaures Kalium mit 30 g konzentrierter Schwefelsäure. (Man gibt zunächst die Schwefelsäure in die Retorte, die 150—200 ccm fassen soll, kühlt mit Wasser und gibt langsam unter beständigem Umschwenken den fein zerriebenen Salpeter zu. Nach einstündigem Stehenlassen beginnt man mit der Destillation.) In der Vorlage, die bei diesem Versuch nur mit Wasser gekühlt zu werden braucht, verdichtet sich bald eine rötlichgelbe Flüssigkeit, die blaues Lackmuspapier stark rötet. Es ist Salpetersäure; sie ist in reinem Zustand vollkommen farblos und bei diesem Versuch nur infolge der Bei-

[1]) Vgl. hierzu S. 53.

mengung von Stickstoffoxyden etwas dunkel gefärbt. Der Rückstand in der Retorte besteht, je nach der Menge der verwandten Schwefelsäure, aus Kaliumsulfat, K_2SO_4, oder saurem Kaliumsulfat, $KHSO_4$:

$$KNO_3 + H_2SO_4 = KHSO_4 + HNO_3.$$

Versuch 91. Salpetersäure wird sehr leicht reduziert. Schon unter dem Einfluß des Lichtes zersetzt sie sich, noch leichter aber durch die Wirkung des Wasserstoffs in statu nascendi, der entsteht, wenn man Metalle in ihr auflöst. In einem Reagenzglas übergieße man einige Kupferschnitzel mit mäßig starker Salpetersäure und erwärme gelinde. Das Kupfer löst sich unter Entwicklung von Wasserstoff, der sofort die überschüssige Salpetersäure zu Stickstoffdioxyd, Stickstoffoxyd usw. reduziert. Das Stickstoffdioxyd entweicht in Form sehr giftiger brauner Dämpfe. (Man arbeite deshalb unter dem Abzug und hüte sich sie einzuatmen.) Die Lösung ist blau gefärbt und enthält Kupfernitrat.

Versuch 92. Man lasse (unter dem Abzug) aus einer Pipette einen Tropfen konzentrierte Salpetersäure auf ein Stück glühende Holzkohle fallen. Die Kohle flammt auf, da die Salpetersäure durch die Hitze in Sauerstoff und Stickstoffoxyde gespalten wird.

Versuch 93. Ein in Salpetersäure getauchter Kork wird gelb, infolge der Bildung komplizierter organischer Verbindungen (u. a. Pikrinsäure). Ebenso verhält sich Haut, Wolle, Seide usw.

Versuch 94. Zur Darstellung von Stickstoffdioxyd erhitzt man in einer Retorte 50 g fein zerriebenes Bleinitrat und leitet die sich reichlich entwickelnden rotbraunen Dämpfe in eine Vorlage, die mit einer Kältemischung möglichst kühl gehalten wird. Es verdichtet sich eine rotbraune Flüssigkeit, die aus Stickstoffdioxyd besteht. Kühlt man das flüssige Dioxyd sehr stark ab, dann wird es schließlich ganz farblos. Sein Molekül ist in diesem Zustand polymerisiert, d. h. es besteht aus zwei aneinandergelagerten Molekülen NO_2, hat also die Zusammensetzung N_2O_4. (Wegen der außerordentlichen Giftigkeit des Stickstoffdioxyds darf dieser sowie der folgende Versuch nur unter einem Abzug oder im Freien angestellt werden.) Der bei dem Versuch gleichzeitig entstehende Sauerstoff kann durch einen an die Mündung der Vorlage gehaltenen glimmenden Span leicht nachgewiesen werden.

Versuch 95. Man läßt etwas möglichst stark gekühltes Stickstoffdioxyd in einem Reagenzglas unter dem Abzug stehen, bis es Zimmertemperatur angenommen hat. Man wird dabei die Beobachtung machen, daß sich die Flüssigkeit immer tiefer braunrot färbt, je wärmer sie wird. Schließlich stellt man das Reagenzglas in ein Becherglas mit 35^0 warmem Wasser. Das Dioxyd gerät ins Sieden, und es entwickeln sich reichlich die bekannten, erstickenden braunen Dämpfe. Durch die Wärme wurde das farblose Doppelmolekül N_2O_4 wieder in zwei gefärbte NO_2-Moleküle gespalten. Würde man den braunen Dampf noch stärker erhitzen, so würde er schließlich wieder entfärbt werden, da er sich in farbloses Stickstoffoxyd und Sauerstoff spalten würde:

$$2\,NO_2 = 2\,NO + O_2.$$

Versuch 96. Das Stickstoffdioxyd gibt leicht Sauerstoff ab, was sich auf einfache Weise zeigen läßt: Man erhitze in einem Reagenzglas etwas rote, rauchende Salpetersäure (eine Auflösung von Stickstoffdioxyd in Salpetersäure) und halte ein Stück glühende Kohle in den Dioxyddampf. Das Glühen wird sofort lebhafter, und wenn man die Kohle in die Flüssigkeit eintaucht, entsteht eine lebhafte Flamme (Vorsicht, Schutzbrille! Über einer Schüssel mit Wasser arbeiten, für den Fall, daß das Reagenzglas springt!).

Die Darstellung des Stickstoffsesquioxyds, N_2O_3, ist schwierig und bietet für uns kein besonderes Interesse. Man erhält es durch Zersetzung von Natriumnitrit mit Schwefelsäure und Verdichten der entweichenden Gase bei sehr niedriger Temperatur als indigoblaue Flüssigkeit, die bei — 111^0 zu blaßgrünen Krystallen erstarrt (Helbig, Erdmann). Mit Wasser bildet es die salpetrige Säure:

$$N_2O_3 + H_2O = 2\,HNO_2.$$

Die Salze dieser Säure heißen Nitrite.

Versuch 97. Eine Lösung von Natriumnitrit säure man mit einem Tropfen Salpetersäure an, um die salpetrige Säure aus dem Salz frei zu machen. Man halte dann einen Streifen Jodkalistärkepapier in die Lösung: er wird sofort blau, da die salpetrige Säure Jod aus Jodkali freimacht:

$$HNO_2 + KJ = KOH + NO + J.$$

Versuch 98. Will man das Stickstoffsesquioxyd nicht verflüssigen, sondern nur zeigen, daß es das Anhydrid der salpetrigen Säure ist, dann bietet der Versuch keine Schwierigkeiten. Wir stellen das Sesquioxyd durch Reduktion der Salpetersäure mit Arsenigsäureanhydrid her. Man übergießt in einer Retorte etwas Arsenigsäureanhydrid (Arsentrioxyd, Arsensesquioxyd, siehe S. 103) mit konzentrierter Salpetersäure. Das sich entwickelnde Stickstoffsesquioxyd wird in Wasser geleitet, mit dem es sich zu salpetriger Säure verbindet, was sich durch die Jodkalistärkereaktion leicht nachweisen läßt. Das Arsenigsäureanhydrid (sehr giftig! Vorsicht!) ist durch die Salpetersäure zu Arsensäure oxydiert worden, während aus der Salpetersäure durch Sauerstoffabgabe Salpetrigsäureanhydrid entstanden ist:

$$As_2O_3 + 2\,HNO_3 + 2\,H_2O = 2\,H_3AsO_4 + N_2O_3.$$

Versuch 99. Salpetrige Säure kann auch durch Reduktion von Salpetersäure mit naszierendem Wasserstoff erhalten werden. Verdünnte Salpetersäure wird mit einigen Tropfen Jodkalistärkelösung (siehe S. 346) versetzt; dann werfe man einige Stückchen Zink in die Lösung, worauf sie sofort blau wird, da der entwickelte Wasserstoff in statu nascendi die Salpetersäure zu salpetriger Säure reduziert. —

Versuch 100. Man spannt ein mit einem Gemisch aus gleichen Teilen Luft und Sauerstoff gefülltes Eudiometerrohr mit der Öffnung nach unten in ein Stativ, sperrt durch ein Becherglas mit Wasser ab und läßt zwischen den eingeschmolzenen Platindrähten die Funken einer möglichst großen Elektrisiermaschine oder eines Induktionsapparates überschlagen.

Nach Verlauf einiger Stunden gießt man 5 ccm Wasser in das Rohr, verschließt die Öffnung mit dem Daumen und schüttelt einige Male um, worauf sich meistens in dem Wasser salpetrige Säure durch die Jodkalistärkereaktion nachweisen läßt.

Versuch 101. Man hält ein Stück brennenden Magnesiumdraht in einen Glaszylinder, gibt, nachdem das Magnesium erloschen ist, etwas Wasser zu und schüttelt um. Auch hier läßt sich salpetrige Säure nachweisen[1]). —

Die Nitrite entstehen durch Schmelzen der Nitrate unter Abgabe von Sauerstoff, z. B.:

$$2\,KNO_3 = 2\,KNO_2 + O_2,$$

und durch Reduktion von Nitraten durch Metalle.

Versuch 102. Man überschichte in einer Eisenschale 40 g Blei mit 20 g Kaliumnitrat und bringe die Masse zum Schmelzen. Nach dem Erkalten lauge man mit Wasser aus. Die Lösung enthält jetzt Kaliumnitrit, wovon man sich durch Zugabe von Jodkalistärkelösung und Ansäuern mit Salpetersäure leicht überzeugen kann:

$$2\,KNO_3 + 2\,Pb = 2\,KNO_2 + 2\,PbO.$$

(Niemals darf man bei Schmelzversuchen ohne Schutzbrille in die Schmelzmasse sehen!)

Versuch 103. Das Stickstoffoxyd läßt sich leicht aus Salpetersäure und Kupfer herstellen. Man übergießt in einer mit Trichter- und Gasableitungsrohr versehenen Kochflasche Kupferschnitzel mit mäßig starker Salpetersäure und erwärmt gelinde. Es entwickelt sich zunächst braunes Stickstoffdioxyd, aber nach einiger Zeit erscheint das Innere der Kochflasche vollkommen farblos. Man fängt nun das Gas in der pneumatischen Wanne auf und füllt einige Zylinder.

Versuch 104. Man stellt auf einen mit Stickstoffoxyd gefüllten und mit einer Glasplatte verschlossenen Zylinder einen anderen, der Luft enthält.

Wenn man die die Mündungen bedeckende Glasplatte wegzieht, so bilden sich dichte braunrote Wolken von Stickstoffdioxyd. Stickstoffoxyd ist also an der Luft nicht beständig, indem es sofort unter Sauerstoffaufnahme in Stickstoffdioxyd übergeht:

$$2\,NO + O_2 = 2\,NO_2.$$

Diese Reaktion ist sehr wichtig für die Darstellung der Schwefelsäure.

Versuch 105. In ein mit Stickstoffoxyd gefülltes Reagenzglas gießt man etwas kalt gesättigte Ferrosulfatlösung. Man verschließt möglichst rasch wieder mit dem Daumen und schüttelt einige Male um. Die Eisenvitriollösung färbt sich dunkel infolge der Bildung einer komplizierten Eisensulfat - Stickstoffoxydverbindung. (Die Ferrosulfatlösung darf nicht erwärmt werden, da sie sonst in Ferrisulfat übergeht!)

---

[1]) Sollte der Nachweis der salpetrigen Säure bei den Versuchen 100 und 101 nicht gelingen, so versuche man es einmal so, daß man statt Wasser sehr stark verdünnte Natronlauge nimmt, dann durch Eindampfen konzentriert, mit Schwefelsäure schwach ansäuert und einen Tropfen Jodkalistärkelösung zugibt.

Versuch 106. Auf der durch den vorigen Versuch erläuterten Reaktion beruht ein sehr empfindlicher Nachweis der Salpetersäure, salpetrigen Säure und ihrer Salze.

Zu einem halben Reagenzglas voll Wasser fügt man 3 Tropfen konzentrierter Salpetersäure und 2 ccm kalt gesättigter Ferrosulfatlösung. Darauf läßt man langsam und ohne das Glas zu erschüttern etwas konzentrierte Schwefelsäure an der Wand des Glases herablaufen. Die schwere Säure sinkt zu Boden, und es entstehen zwei Flüssigkeitsschichten. An der Berührungsstelle der beiden Schichten bildet sich ein dunkler Ring, der aus der erwähnten Stickstoffoxydverbindung besteht, und der je nach der Konzentration der Lösungen dunkelbraun bis amethystfarben erscheint (Fig. 189). Der Versuch gelingt natürlich auch mit Salzen der Salpetersäure. Salpetrige Säure und Nitrite geben den dunklen Ring schon bei Zusatz verdünnter Schwefelsäure, während bei Salpetersäure und Nitraten die Reaktion erst mit konzentrierter Schwefelsäure erfolgt.

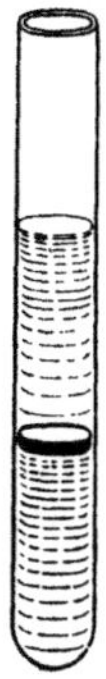

Fig. 189. Nachweis der Salpetersäure.

Versuch 107. Ein mit Stickstoffoxyd gefülltes Reagenzglas wird mit der Mündung nach unten in Kalilauge getaucht. Durch ein gebogenes Glasrohr bringt man etwas Luft in das Glas, worauf die Kalilauge rasch in ihm in die Höhe steigt, da das gebildete Stickstoffdioxyd von ihr vollkommen absorbiert wird.

Versuch 108. In einen kleinen Zylinder mit Stickstoffoxyd gebe man ein paar Tropfen Schwefelkohlenstoff, verschließe schnell mit dem Handballen, schwenke ein paarmal um und entzünde das Gasgemisch. Es verpufft mit blendendem blauen Licht, das sehr reich an ultravioletten Strahlen ist.

Versuch 109. Die Darstellung des Stickstoffoxyduls, N_2O, gelingt leicht durch Zersetzung des Ammoniumnitrats, das sich beim Erhitzen in Stickstoffoxydul und Wasser spaltet:

$$NH_4NO_3 = N_2O + 2\,H_2O.$$

Der Versuch ist aber nur dann gefahrlos, wenn er mit der nötigen Vorsicht genau nach der Anleitung angestellt wird; andernfalls können leicht Explosionen infolge zu heftiger Zersetzung des Ammoniumnitrats erfolgen, und man tut gut, auf alle Fälle eine Schutzbrille aufzusetzen und die Gasentwicklungsflasche nicht zu fest zu verkorken. 15 g Ammoniumnitrat werden zunächst 10 Minuten in einer Abdampfschale bis auf etwa 70° erhitzt, um die Krystalle zu trocknen. Das vollkommen trockne Salz füllt man noch warm in eine mit Gasableitungsrohr versehene Kochflasche, die mit einer leeren, zweihalsigen Woulffschen Flasche verbunden ist (Fig. 190). Von da leitet man das Gas in die mit warmem Wasser gefüllte pneumatische Wanne. Man erhitzt nun vorsichtig auf dem Drahtnetz, und sobald das Salz zu schmelzen beginnt, schraubt man die Flamme ganz klein und heizt erst dann für einen Augenblick wieder etwas stärker, wenn die Gasentwicklung sehr nachlassen sollte.

Der Versuch darf nur kurze Zeit in Gang gehalten werden, so daß noch eine beträchtliche Menge unzersetzten Ammoniumnitrats in der Flasche zurückbleibt. Wollte man ihn bis zur vollständigen Zersetzung fortführen, so hätte man mit Sicherheit eine Explosion zu gewärtigen. – Die dem Stickstoffoxydul beigemengten Wasserdämpfe verdichten sich größtenteils in der Woulffschen Flasche.

Versuch 110. Auch durch Reduktion von Salpetersäure mit naszierendem Wasserstoff läßt sich Stickstoffoxydul erhalten. Man übergießt in einer mit Trichterrohr und Gasableitungsrohr versehenen Kochflasche Zink mit verdünnter Salpetersäure. Das sich entwickelnde, aus Stickstoffdioxyd, Stickstoffoxyd, Stickstoffoxydul und freiem Stickstoff bestehende Gasgemisch wird durch eine mit kalt gesättigter Ferrosulfatlösung beschickte Waschflasche geleitet und dann in der pneumatischen Wanne in warmem Wasser in mehreren Zylindern aufgefangen. Falls

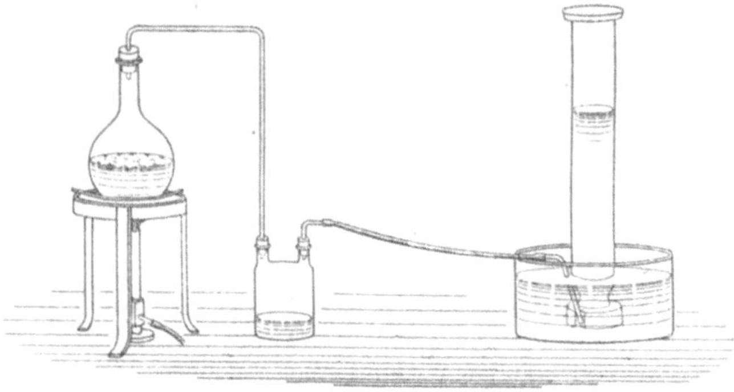

Fig. 190. Darstellung von Stickstoffoxydul.

die Gasentwicklung nachlassen sollte, gießt man etwas konzentrierte Salpetersäure durch das Trichterrohr nach. Die Temperatur darf in der Gasentwicklungsflasche nicht zu sehr ansteigen, da sonst zu viel freier Stickstoff entsteht; man stelle sie also gegebenen Falles in kaltes Wasser. Dieser Versuch ist gleichzeitig eine schöne Veranschaulichung der verschiedenen „Abbauprodukte" der Salpetersäure durch Reduktion: Es entstehen gleichzeitig: Stickstoffdioxyd (braune Dämpfe), Stickstoffoxyd (Absorption in der Waschflasche), Stickstoffoxydul und Stickstoff. Sollte mit dem auf diese Art erhaltenen Gase einer der jetzt zu beschreibenden Verbrennungsversuche mißlingen, so kommt das daher, daß die Beimengung an Stickstoff zu groß ist.

Versuch 111. Stickstoffoxydul gibt sehr leicht Sauerstoff ab. In einen mit dem Gas gefüllten Zylinder halte man einen brennenden Holzspan. Er verbrennt so lebhaft wie in reinem Sauerstoff. Immerhin ist aber eine gewisse Temperaturerhöhung zur Spaltung des Stickstoffoxydulmoleküls nötig, was daraus hervorgeht, daß ein Holzspan, der nur glimmt, in dem Gas erlischt. Im übrigen lassen sich alle bei dem Sauerstoff beschriebenen Verbrennungsversuche auch mit Stickstoffoxydul ausführen.

Die zum Stickstoffoxydul (Untersalpetrigsäureanhydrid) gehörende untersalpetrige Säure $H_2N_2O_2$ ist sehr unbeständig und explosiv. Sie bildet weiße Krystallblättchen. Ihre Salze, die Hyponitrite, können durch Reduktion der entsprechenden Nitrate mit aus Natriumamalgam entwickeltem naszierenden Wasserstoff erhalten werden.

Salze des Ammoniaks. — Weitere Wasserstoffverbindungen des Stickstoffs.

Das Ammoniak verhält sich wie eine Base, bestehend aus dem einwertigen Radikal (siehe S. 126) $NH_4—$ „Ammonium" mit der dazugehörigen, die basischen Eigenschaften hervorbringenden Hydroxylgruppe —OH (siehe S. 47). Es sind schon viele Versuche gemacht worden, das Ammonium zu isolieren, jedoch scheint es frei nicht beständig zu sein. Daß sich das Radikal $NH_4—$ aber wirklich wie ein basenbildendes Element, mit anderen Worten wie ein Metall, verhält, läßt sich leicht zeigen.

Versuch 112. Etwas Natriumamalgam (siehe Versuch 47) wird in einem Becherglas mit einer ziemlich starken Lösung von Chlorammonium übergossen. Es bläht sich sehr stark auf, wird so weich, daß man es kneten kann, und schwimmt schließlich auf der Chlorammoniumlösung. Es hat sich das Amalgam des „Ammoniums" gebildet, woraus deutlich hervorgeht, daß das Radikal metallische Eigenschaften haben muß. Leider zerfällt das interessante Amalgam sehr schnell in Wasserstoff, Ammoniakgas und Quecksilber.

$$NaHg + NH_4Cl = NH_4Hg + NaCl.$$

Versuch 113. Ein weiterer Beweis für die metallische Natur des Ammoniums besteht darin, daß man Ammoniumamalgam auch durch Elektrolyse erhalten kann, wobei sich das Radikal NH_4 genau wie ein Metall am negativen Pol abscheidet, wenn man nur dafür sorgt, daß es dort Quecksilber vorfindet, mit dem es das wenigstens einigermaßen beständige Ammoniumamalgam bilden kann.

Es wird eine kalt gesättigte Lösung von Ammoniumsulfat in ein Becherglas gefüllt und so viel Quecksilber zugegeben, daß der Boden des Becherglases davon bedeckt wird.

Als negative Elektrode verwendet man einen Platindraht, den man durch einen dünnen Gummischlauch („Ventilschlauch" für Fahrradventile) gesteckt hat. Nur die in das Quecksilber tauchende Spitze darf nicht von Gummi bedeckt sein. Als positive Elektrode dient ein in die Ammoniumsulfatlösung gehängter Kupferdraht, den man noch mit einem Stückchen Platinblech versehen kann (Fig. 191). Sobald man den Apparat mit den Polen einer 2—4 zelligen, hintereinander geschalteten Akkumulatorenbatterie verbindet, beginnt die Bildung des Ammoniumamalgams. —

Da sich das Ammonium wie ein Metall verhält, dessen Hydroxyd das (wässerige) Ammoniak ist, kann es natürlich auch mit Säuren Salze bilden. Wir haben das Ammoniumchlorid (Versuch 85), das Ammoniumnitrat (Versuch 109) und auch das Ammoniumsulfat, $(NH_4)_2SO_4$, bereits kennen gelernt. Es sind sämtlich weiße, gut krystallisierende und leicht in Wasser lösliche Salze, die durch Neutralisation von Ammoniak mit den betreffenden Säuren und Abdampfen leicht erhalten werden können.

Versuch 114. Eine Hydrazinverbindung läßt sich leicht nach einem von Raschig angegebenen Verfahren erhalten: in einer Kochflasche werden 200 ccm Ammoniak (20%) mit 5 ccm einer Lösung von 1 g Tischlerleim in 100 ccm Wasser und dann mit 100 ccm einer Natriumhypochloritlösung[1]) versetzt. Man kocht eine halbe Stunde, kühlt dann schnell unter der Wasserleitung ab und gibt 20 ccm verdünnte Schwefelsäure zu. Man erhält nach 12 stündigem Stehenlassen prachtvolle Krystalle von Hydrazinsulfat, $N_2H_4 . H_2SO_4$. Die hier vor sich gehenden Reaktionen sind nicht ganz einfach zu verstehen. Durch Einwirkung von Ammoniak auf das Hypochlorit bildet sich eine Verbindung NH_2Cl (Monochloramin), die dann mit einem weiteren Molekül gasförmigen Ammoniaks salzsaures Hydrazin bildet:

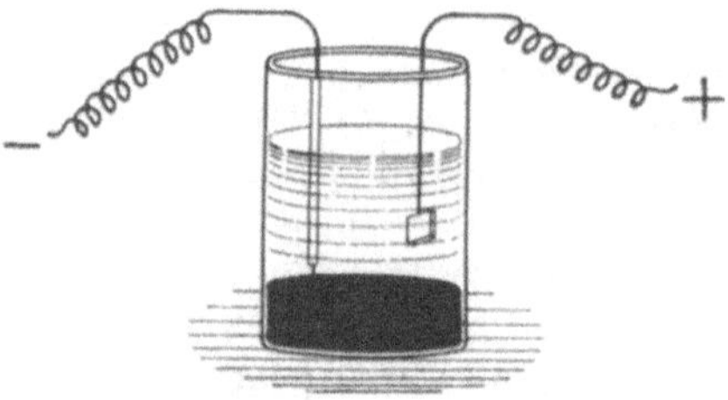

Fig. 191. Elektrolytische Darstellung des Ammoniumamalgams.

$$NH_2Cl + NH_3 = N_2H_4 . HCl.$$

Dieses wird dann durch den Zusatz von Schwefelsäure in Hydrazinsulfat übergeführt. Der Leim hat nur den Zweck, die Lösung dickflüssiger zu machen und durch Verlangsamung der Reaktionsgeschwindigkeit die Ausbeute an Hydrazinsulfat zu verbessern. Die Ausbeute wird umso besser, je gründlicher die einzelnen Stoffe aufeinander einwirken können, da es sich hier nicht nur um fast augenblicklich verlaufende Ionenreaktionen, sondern auch um Molekularreaktionen handelt, wie sie in der Chemie der Kohlenstoffverbindungen vorzugsweise stattfinden. Der Zusatz von Leim ist eine sehr glückliche Anwendung von Forschungsergebnissen der Kolloidchemie. (Vgl. S. 218).

Versuche zum fünften Vortrag.

(S. 41 bis S. 57.)

Ionen, Ionenreaktionen. Status nascendi. Komplexe Ionen.

Zum Beweis, daß sich chemische Umsetzungen meist zwischen den Ionen der beteiligten Stoffe abspielen, stelle man folgenden Versuch an:

Versuch 115. Man versetzt nacheinander Lösungen von Natriumsulfat, Kaliumsulfat, Ferrosulfat und Kupfersulfat, die man zweckmäßig in Reagenzgläsern nebeneinander aufstellt, mit einigen Tropfen Barium-

[1]) Das Natriumhypochlorit wird folgendermaßen hergestellt: In 180 ccm Wasser werden 63 g Natriumhydroxyd gelöst. Dazu gibt man 600 g Eis, tariert auf einer Wage und leitet so lange Chlor ein, bis die Gewichtszunahme etwa 70 g beträgt.

chloridlösung. Man erhält in sämtlichen Gläsern einen Niederschlag von weißem Bariumsulfat. Dasselbe tritt ein, wenn man statt des Bariumchlorids eine andere Bariumverbindung, z. B. Bariumhydroxyd (Barytwasser), anwendet. Daraus geht deutlich hervor, daß an der Bildung des Bariumsulfats nur die Ionen $Ba^{\cdot\cdot}$ und SO_4'' beteiligt sein können. An welche Elemente bzw. Säurereste diese Ionen gebunden waren, ist vollkommen gleichgültig. Es gilt einfach die Umsetzungsgleichung:

$$Ba^{\cdot\cdot} + SO_4'' = BaSO_4,$$

denn es dissoziieren die zu dem Versuch verwandten Stoffe folgendermaßen:

Natriumsulfat	Na_2SO_4	in	$2\,Na^{\cdot}$	SO_4''
Kaliumsulfat	K_2SO_4	,,	$2\,K^{\cdot}$	SO_4''
Eisensulfat	$FeSO_4$	,,	$Fe^{\cdot\cdot}$	SO_4''
Kupfersulfat	$CuSO_4$	,,	$Cu^{\cdot\cdot}$	SO_4''

Wie man sieht, ist also überall das SO_4''-Ion, auf das es ankommt, vorhanden. Da nicht nur Bariumchlorid Barium-Ionen liefert, sondern z. B. auch Bariumhydroxyd in $Ba^{\cdot\cdot}$ (und $2\,OH'$) dissoziiert, muß natürlich auch durch Bariumhydroxyd Bariumsulfat ausgefällt werden.

Versuch 116. Die Geschwindigkeit, mit der sich die Reaktionen zwischen den Ionen abspielen, ist im allgemeinen so groß, daß sie weit unter der Grenze der Meßbarkeit liegt, die Reaktionen also praktisch augenblicklich verlaufen. Unter geeigneten Versuchsbedingungen gelingt es aber, die Reaktionsgeschwindigkeit so zu verzögern, daß die Zeit, die zum Ablauf der Umsetzung nötig ist, für uns wahrnehmbar wird. Man löst:

1. 1,5 g Jodsäure in 1 Liter Wasser,
2. 0,7 g Natriumsulfit in 1 Liter Wasser und gibt 5 ccm gewöhnlichen Stärkekleister (bereitet nach S. 346, aber ohne Jodkalizusatz) zu.

Man mischt nun in einem großen Becherglas 50 ccm Lösung I mit 100 ccm Wasser und 20 ccm Lösung II. Die farblose Mischung versetzt man mit 10 ccm verdünnter Schwefelsäure (1 ccm Säure [spez. Gew. 1,8] auf 15 ccm Wasser), rührt gut um und überläßt das Ganze sich selbst. Nach 3—6 Sekunden wird das Gemisch plötzlich blau infolge der Bildung von Jodstärke. Die Reaktion, die vor sich ging, ist folgende: zunächst macht die Schwefelsäure aus dem Natriumsulfit die schweflige Säure frei:

$$Na_2SO_3 + H_2SO_4 = H_2SO_3 + Na_2SO_4,$$

dann wirkt die schweflige Säure auf die Jodsäure nach folgender Reaktionsgleichung ein:

$$2\,HJO_3 + 2\,H_2SO_3 = 2\,H_2SO_4 + 2\,H_2O + J_2,$$

und schließlich bildet das freie Jod mit der Stärke die blaue Verbindung. — Durch entsprechende Konzentrationsänderung der Lösungen kann man es dahin bringen, daß der Ablauf dieser Reaktionen mehrere Minuten dauert. —

Die Versuche über Elektrolyse brauchen hier nicht noch einmal ausführlich besprochen zu werden. Sie lassen sich sämtlich in dem zu Versuch 46 benutzten Apparat ausführen. Man kann in ihm verdünnte Schwefelsäure, Salzsäure (unter Verwendung von Kohlestäbchen an Stelle der Platinbleche) und Salpetersäure der Elektrolyse unterwerfen, um sich davon zu überzeugen, daß stets die Wasserstoff-Ionen nach dem negativen Pol wandern und sich dort zu freien Molekülen vereinigen. An dem positiven Pol scheidet sich der Säurerest ab, unterliegt aber, da er frei nicht beständig ist, sofort einem sekundären Prozeß: er entzieht nämlich dem überschüssigen Wasser Wasserstoff und tritt mit ihm zu der ursprünglichen Säure zusammen; z. B.:

$$-SO_4'' + H_2O = H_2SO_4 + O,$$
$$-2\,NO_3' + H_2O = 2\,HNO_3 + O.$$

Die dabei freiwerdenden Sauerstoffatome lagern sich zu Doppelatomen aneinander und bilden so frei beständige Moleküle O_2. Man erhält also bei der Elektrolyse von Schwefel- und Salpetersäure an der positiven Elektrode infolge eines sekundären Prozesses Sauerstoff. Bei Salzsäure erhält man Chlor.

Bei der Elektrolyse von Salzen erhält man am negativen Pol das Metall (falls es gegen Wasser beständig ist), an dem positiven den Säurerest, der aber sofort wieder dem oben geschilderten sekundären Prozeß unterliegt. Bei der Elektrolyse von Kupfersulfat würde man also auf der negativen Elektrode einen Kupferniederschlag erhalten, während sich an der positiven Sauerstoff entwickeln würde.

Bei der Elektrolyse von Basen erhält man am negativen Pol das Metall, an dem positiven Sauerstoff, da die dort freiwerdenden Hydroxylgruppen sich genau wie die Säurereste verhalten:

$$2\,OH' + H_2O = 2\,H_2O + O.$$

Bei der Elektrolyse von Natronlauge würde also am negativen Pol Wasserstoff (und Natronlauge, siehe S. 47), am positiven Sauerstoff entstehen müssen, während eine Elektrolyse von Kupferhydroxyd am negativen Pol Kupfer, am positiven Sauerstoff geben würde. —

Von der erhöhten Reaktionsfähigkeit der Körper in statu nascendi überzeugt man sich am besten so:

Versuch 117. Etwas verdünnte Salpetersäure wird mit Jodkalistärkelösung versetzt. Dann leitet man einen Strom Wasserstoffgas aus dem Kippschen Apparat oder der Gasentwicklungsflasche durch die Flüssigkeit. Man wird keine Spur einer Blaufärbung erhalten, da dem Wasserstoffmolekül H_2 lange nicht die gleiche reduzierende Kraft innewohnt wie dem Wasserstoffion $H^{\cdot}$ (= Wasserstoff in statu nascendi). Sobald man dagegen ein Stückchen Zink in die Lösung wirft, tritt durch die Wirkung des naszierenden Wasserstoffs augenblicklich Blaufärbung ein (vgl. Versuch 91).

Versuch 118. In einem hessischen Tiegel schmilzt man 5 g Kaliumchlorat und taucht einen glimmenden Span in das flüssige Salz. (Vorsicht! Schutzbrille!) Unter der Einwirkung des naszierenden Sauerstoffs verbrennt er noch viel lebhafter als in freiem Sauerstoff.

Komplexe Ionen (S. 130).

Versuch 119. Man löse etwas nach Versuch 240 bereitetes und gut gereinigtes hydroxylamindisulfosaures Kalium in kaltem Wasser. Trotzdem diese Verbindung Schwefelsäure enthält, gibt Chlorbarium keinen weißen Niederschlag, da das SO_4''-Ion Bestandteil eines komplexen Ions ist. Sobald man aber die Lösung etwas erwärmt, entsteht der weiße Niederschlag von Bariumsulfat, denn das komplexe Ion wird durch die Wärme zerstört.

Versuch 120. Man bereitet sich in zwei Reagenzgläsern eine mäßig starke Lösung eines Kobalt- und eines Nickelsalzes (Nitrat oder Chlorid). Zu beiden Lösungen gibt man so viel Kaliumcyanidlösung (Vorsicht! äußerst giftig!), daß sich die anfangs entstehenden Niederschläge von Kobalt- und Nickelcyanid wieder auflösen. Man hat nun in beiden Flüssigkeiten komplexe Ionen, und zwar bei dem Nickel das zweiwertige Ion $[Ni(CN)_4]''$, bei dem Kobalt das vierwertige Ion $[Co(CN)_6]''''$. (Vgl. die entsprechende Eisenverbindung S. 227.) Man gießt nun die Hälfte jeder Lösung in andere Reagenzgläser und versetzt sie mit etwas Bromwasser und Natronlauge; es entsteht in jedem Glas ein schwarzer Niederschlag von Kobalti- und Nickelihydroxyd, $Co(OH)_3$ und $Ni(OH)_3$. Die Reste der Lösungen werden nun 10 Minuten lang zum Sieden erhitzt und darauf ebenfalls mit Bromwasser und Natronlauge versetzt. Nun entsteht nur noch ein Niederschlag von Nickelihydroxyd, während Kobalt nicht mehr ausgefällt wird. Die Erklärung dieses Versuchs ist folgende: die komplexen Ionen $[Ni(CN)_4]''$ und $[Co(CN)_6]''''$ sind sehr unbeständig und werden bereits durch den Zusatz von Bromwasser zerstört, so daß die Metalle ausgefällt werden können. Durch Kochen geht aber das komplexe Ion $[Co(CN)_6]''''$ in die sehr beständige dreiwertige Form $[Co(CN)_6]'''$ über, die durch Bromwasser nicht mehr zerstört wird, während $[Ni(CN)_4]''$ unverändert bleibt. Daher kommt es, daß nach dem Kochen nur noch Nickel ausgefällt werden kann, worauf sich ein sehr bequemes Verfahren zur Trennung von Nickel und Kobalt gründet. (Die Ausführung dieses Versuches ist nur Fortgeschrittenen zu empfehlen.)

Über Versuche zur Salzbildung, Äquivalenz und Neutralisation vgl. Versuch 33 und 35—38.

Versuche zum sechsten Vortrag.

(S. 57 bis S. 76.)

Versuche mit Chlor und Chlorverbindungen.

Chlor wird am bequemsten erhalten durch Oxydation der Salzsäure mit sauerstoffreichen Körpern, wie Mangansuperoxyd. Ein anderer Weg, der die Bereitung des Gases in Kippschen oder ähnlichen Apparaten ermöglicht, ist der, Chlorkalk durch Salzsäure zu zersetzen.

Versuch 121. Es wird ein Gasentwicklungsapparat aus Kochflasche, Trichter und Gasableitungsrohr zusammengestellt. In die Kochflasche bringt man 100—200 g reinen Braunstein in haselnußgroßen Stücken und gießt durch das Trichterrohr so viel konzentrierte Salzsäure nach, daß der Braunstein bedeckt wird. Darauf erwärmt man mäßig im Sandbad oder auf dem Drahtnetz und leitet das sich entwickelnde Chlor durch einen bis auf den Boden reichenden Gummischlauch in einen Zylinder. Wenn der Zylinder bis an den oberen Rand die grüngelbe Farbe des Chlors angenommen hat, ist er mit dem Gas gefüllt und wird mit einer Glasplatte verschlossen und weggestellt. Es ist vorteilhaft, das Chlor erst in einer mit Wasser beschickten Waschflasche zu waschen. Da das Gas Kork und Gummi stark angreift, müssen Korkstopfen gut paraffiniert, Gummischläuche sofort nach dem Gebrauch sorgfältig gewaschen werden (siehe S. 314). Chlor greift auch die Atmungsorgane heftig an; man hüte sich deshalb vor dem Einatmen des Gases und stelle alle Versuche nur unter einer Abzugsvorrichtung an.

Versuch 122. Anstatt die Salzsäure zu dem Braunstein zu gießen, kann man sie auch erst während des Versuchs aus Kochsalz und Schwefelsäure entstehen lassen ($2\,NaCl + H_2SO_4 = 2\,HCl + Na_2SO_4$). Man benutzt den gleichen Apparat wie in Versuch 121, bringt in die Kochflasche 50 g Kochsalz und 100 g Braunstein, die in der Reibschale gut gemischt und zerkleinert wurden, und übergießt die Mischung mit 300 ccm mittelstarker Schwefelsäure (gleiche Teile konzentrierte Säure und Wasser). Beim Erwärmen entwickelt sich Chlor.

Versuch 123. Auch beim Übergießen von Chlorkalk mit Salzsäure (in dem zu den vorigen Versuchen benutzten Apparat) entsteht Chlor, und zwar schon bei gewöhnlicher Temperatur. Um dieses Verfahren für den Kippschen Apparat nutzbar zu machen, muß man erst den Chlorkalk zu Würfeln oder Brocken formen, weil er bei seiner gewöhnlichen, pulverigen Beschaffenheit nicht in der mittleren Kugel des Apparates liegen bleibt. Reiner Chlorkalk läßt sich selbst durch starken Druck nicht zu festen Massen formen; man mischt ihm deshalb $^1/_4$ seines Gewichts Gips bei, feuchtet das Gemenge mit so viel Wasser an, daß ein knetbarer Teig entsteht, und preßt ihn dann rasch in einem kleinen Holzrahmen zu einer flachen Scheibe aus, die man, nachdem sie hart geworden ist, in Würfel [1]) zerschneiden oder in Brocken zerschlagen kann.

Versuch 124. (Chlordarstellung nach Deacon. S. 58).

In dem Gasentwicklungsapparat A (Fig. 192) wird nach Versuch 132 (oder 133) Salzsäuregas entwickelt. Es gelangt in eine dreihalsige Woulffsche Flasche B, wo es in einer höchstens 1 cm hohen Wasserschicht gewaschen wird. Durch den zweiten Hals der Flasche wird mittels des Gebläses ein schwacher Luftstrom eingeblasen. Das Salzsäure-Luftgemisch tritt durch den dritten Hals aus und gelangt in das aus schwer schmelzbarem Glas bestehende Rohr C, das mit kupfervitriolgetränkten Bimssteinstücken gefüllt ist und nicht zu stark erhitzt wird. (Das Rohr darf nicht zum Glühen kommen.) In C vollzieht sich die Oxydation zu Chlor. Das austretende Gas wird in der wenig Wasser enthaltenden

[1]) Chlorkalkwürfel sind auch durch chemische Fabriken zu beziehen und, gut verschlossen, haltbar.

Flasche D von überschüssiger Salzsäure befreit und in dem Zylinder E aufgefangen. Den Luftstrom sowie die Erhitzung der Röhre C muß man so lange regeln, bis man die günstigste Ausbeute an Chlor erhält. Die Füllung von C wird so hergestellt, daß man Bimsstein bis auf Erbsengröße zerkleinert, ihn durch Sieben von pulverförmigen Beimengungen befreit und die Stücke in einer Abdampfschale mit konzentrierter Kupfer-

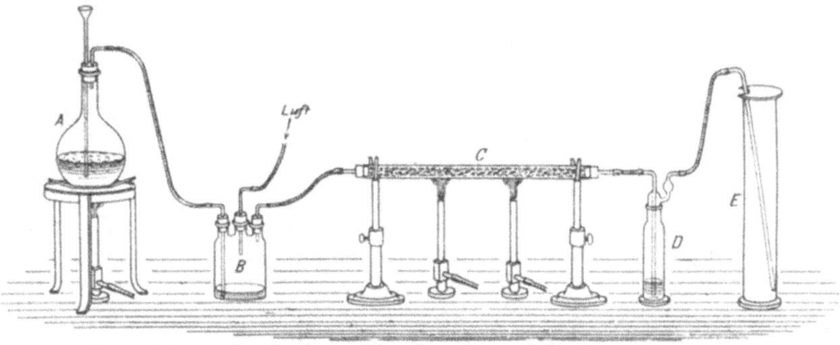

Fig. 192. Deacons Verfahren zur Chlordarstellung.

sulfatlösung übergießt. Man dampft dann zur Trockne und erhitzt die Bimssteinbrocken so lange, bis das Kupfersulfat vollständig entwässert ist, was man daran erkennt, daß es eine schmutzig weiße Farbe angenommen hat. Darauf werden sie noch warm in die Röhre gefüllt.

Versuch 125. An einen Zylinder oder eine Kochflasche mit Chlor wird ein kleines Erlenmeyerkölbchen angesetzt, das etwas gepulvertes Antimon enthält. Durch Neigen des Kölbchens läßt man das Antimonpulver in das Chlor fallen, wo es sofort unter lebhaftem Funkensprühen verbrennt (Fig. 193).

Fig. 193. Antimon verbrennt in Chlor.

Versuch 126. In einen mit Chlor gefüllten Zylinder halte man einen mit Terpentin (einem Kohlenwasserstoff) getränkten Filtrierpapierstreifen. Es entsteht eine dunkelrote Flamme, während sich große Mengen Ruß abscheiden:

$$\underbrace{CH}_{\text{(Kohlenwasserstoff)}} + Cl = HCl + C.$$

(Diese Formel ist natürlich nur schematisch!) Die bei dem Versuch entstandene Salzsäure läßt sich durch Lackmuspapier leicht nachweisen.

Versuch 127. Auch in den bei der Verbrennung einer Kerze entstehenden Gasen sind Kohlenwasserstoffe enthalten, denen Chlor infolge seiner großen Affinität zum Wasserstoff diesen Bestandteil entzieht. Man senke eine an einem Draht befestigte brennende Kerze in einen Zylinder mit Chlor. Es entsteht eine düsterrote Flamme, und es scheiden sich große Mengen von Ruß ab.

Versuch 128. Um die bleichenden Wirkungen des Chlors zu zeigen, stelle man eine rote Rose oder Nelke in einen Zylinder mit Chlor. Sie wird nach einiger Zeit völlig entfärbt sein.

Versuch 129. Man leite einige Zeit lang Chlor in Wasser (Abzug!). Die Flüssigkeit nimmt den Geruch und die Farbe des Chlors an, da sich das Gas in ziemlich großen Mengen in ihr auflöst. Die Lösung heißt Chlorwasser.

Versuch 130. Eine große Kochflasche wird vollständig mit frisch bereitetem Chlorwasser gefüllt (erhalten durch Einleiten von Chlor in ausgekochtes und wieder abgekühltes Wasser) und umgekehrt in eine mit gesättigter Kochsalzlösung halb gefüllte Wanne oder Schale gestellt (Fig. 194). Darauf setzt man den Apparat mehrere Tage lang dem Sonnenlicht aus und wird die Beobachtung machen, daß die grünliche Farbe der Lösung allmählich verschwindet, während sich im oberen Teil der Flasche ein farbloses Gas ansammelt, das durch Prüfen mit einem glimmenden Span leicht als Sauerstoff erkannt werden kann. — (Wir verwenden nur deshalb Kochsalzlösung an Stelle gewöhnlichen Wassers als Sperrflüssigkeit, weil Chlor sich in reinem Wasser zu sehr lösen würde.) — Man prüfe dann noch die in der Flasche zurückgebliebene Flüssigkeit mit Lackmustinktur: sie wird infolge der Anwesenheit von Salzsäure gerötet:

$$2\,Cl_2 + 2\,H_2O = 4\,HCl + O_2.$$

Chlorwasserstoff. Chlorknallgas.

Versuch 131. Man kann leicht die Salzsäure synthetisch aus ihren Bestandteilen Chlor und Wasserstoff erhalten, wenn man das eine der Gase in dem anderen verbrennen läßt.

Man senke eine Wasserstoffflamme in einen Zylinder mit Chlor. Der Wasserstoff brennt ruhig weiter, und es entstehen dichte, weiße Nebel

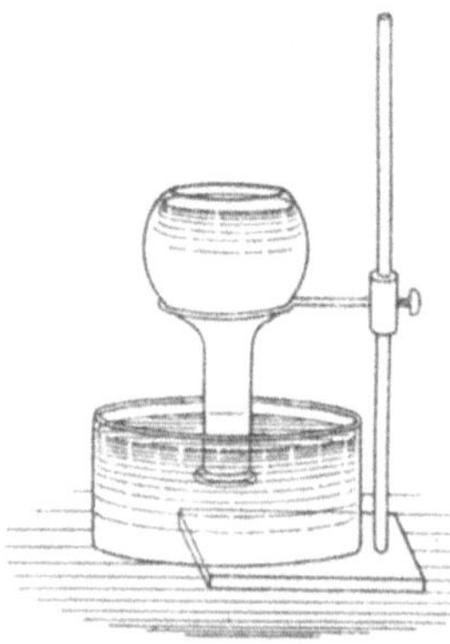

Fig. 194. Zersetzung des Chlorwassers im Sonnenlicht.

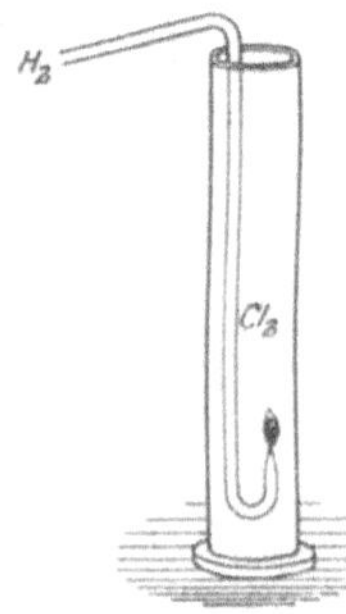

Fig. 195. Synthese des Chlorwasserstoffs.

von Chlorwasserstoff (Fig. 195). (Vorsicht! Das Einatmen von Chlorwasserstoff verursacht Hustenreiz!) Nach Beendigung des Versuches gieße man einige Kubikzentimeter Wasser in den Zylinder, schüttle um und gebe ein paar Tropfen Lackmustinktur zu; sie wird durch die gebildete Salzsäure sofort gerötet. — Natürlich kann der Versuch auch umgekehrt angestellt werden, nämlich so, daß man Chlor in Wasserstoff verbrennt. (Vgl. S. 30.) Das ist aber für uns deshalb nicht sehr empfehlenswert, weil es nicht leicht ist, das Chlor in dem Wasserstoff zu entzünden, ohne daß eine Explosion infolge der Bildung von Chlorknallgas eintritt.

Versuch 132. Größere Mengen gasförmigen Chlorwasserstoffs lassen sich durch Zersetzung von Natrium-, Kalium- oder Ammoniumchlorid mit Schwefelsäure leicht herstellen (vgl. Vers. 122). Die Zersetzung wird in einer zur Gasentwicklung hergerichteten Kochflasche vorgenommen. Da Chlorwasserstoffgas in Wasser außerordentlich löslich ist, kann es nicht gewaschen und nicht in der pneumatischen Wanne über Wasser aufgefangen werden. Man muß entweder Quecksilber als Sperrflüssigkeit verwenden oder die Zylinder nach dem „Luftverdrängungsverfahren" (siehe S. 59) füllen. Um Chlorwasserstoff aus Natriumchlorid und Schwefelsäure darzustellen, nimmt man 30 g grob gepulvertes Kochsalz auf 40 ccm verdünnte Schwefelsäure (30 ccm konzentrierte Säure und 10 ccm Wasser) und erwärmt gelinde auf dem Drahtnetz, damit man einen gleichmäßigen Gasstrom erhält.

Versuch 133. Da Chlorwasserstoff in Schwefelsäure nicht löslich ist, kann man ihn sehr bequem dadurch erhalten, daß man konzentrierte Schwefelsäure in konzentrierte Salzsäure tropft. Das Chlorwasserstoffgas wird dann einfach aus seiner Lösung ausgetrieben.

Eine zu $^1/_3$ mit konzentrierter Salzsäure gefüllte Kochflasche wird mit einem doppelt durchbohrten Korken verschlossen (Fig. 196). Durch die eine Bohrung führt ein Tropftrichter mit Hahn, durch die andere ein Gasableitungsrohr. In den Tropftrichter füllt man konzentrierte Schwefelsäure und dreht den Hahn so weit auf, daß 1—3 Tropfen in der Sekunde in die Salzsäure fallen. Das entweichende Chlorwasserstoffgas wird in einer wenig Schwefelsäure enthaltenden Waschflasche getrocknet und dann in Zylinder geleitet. Da Gummi stark angegriffen wird, lasse man die Glasröhrchen innerhalb der Verbindungsstücke aus Kautschuk möglichst dicht aneinanderstoßen.

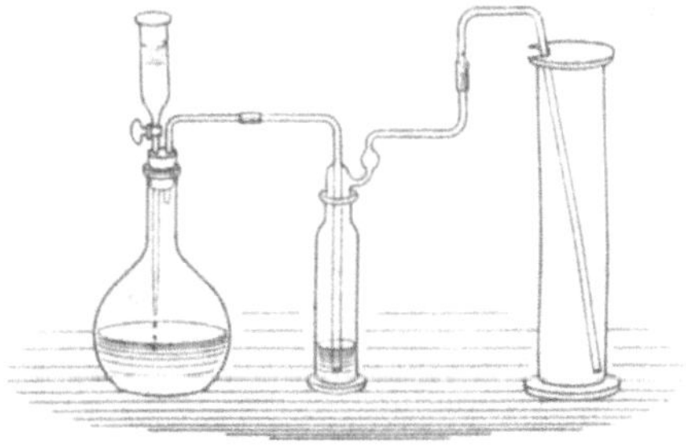

Fig. 196. Darstellung des Chlorwasserstoffs.

Versuch 134. Die große Löslichkeit des Salzsäuregases in Wasser läßt sich sehr schön zeigen, wenn man ein Eudiometerrohr (oder ein ähnliches, an einem Ende zugeschmolzenes Rohr) völlig mit reinem und trocknem Chlorwasserstoffgas füllt und es dadurch verschließt, daß man es mit der Mündung in ein Schälchen mit Quecksilber stellt. Darauf bringt man das Ganze in eine größere Schale voll Wasser und gibt die

Mündung des Rohrs frei, indem man es etwas hochzieht. Das Wasser schießt sofort in ihm in die Höhe, als ob es luftleer wäre. Falls das Gas ganz rein war, kann durch den Anprall des Wassers am oberen Rohrende sogar das Glas zerschlagen werden, weshalb man gut daran tun wird, das Rohr mit einem Tuch zu umwickeln. In dem zum Versuch benutzten Wasser läßt sich die entstandene Salzsäure leicht durch blaue Lackmustinktur als Säure überhaupt und durch die durch etwas Silbernitrat bewirkte Ausfällung weißen Chlorsilbers als Salzsäure nachweisen. (Siehe die Umsetzungsgleichung zwischen Natriumchlorid und Silbernitrat in Vers. 38 und vergleiche dann das in Vers. 115 über Ionenreaktionen Gesagte!)

Versuch 135. Etwas Zink, Magnesium, Eisen oder Kupfer wird mit verdünnter Salzsäure im Reagenzglas erwärmt. Die Metalle lösen sich unter Entwicklung von Wasserstoff und Bildung der entsprechenden Chloride nach den Allgemeinformeln:

$$2\overset{\mathrm{I}}{M} + 2\,HCl = 2\,MCl + H_2$$

für einwertige und

$$\overset{\mathrm{II}}{M} + 2\,HCl = MCl_2 + H_2$$

für zweiwertige Metalle.

Versuch 136. Man erwärme ein Stückchen echtes Blattgold oder einen Platinblechschnitzel mit verdünnter Salzsäure. Das Metall wird nicht gelöst. Nun setze man etwas weniger als das gleiche Volumen verdünnter Salpetersäure zu, worauf sowohl Gold als Platin unter Wasserstoffentwicklung in Lösung gehen. Was beide Säuren getrennt nicht vermochten, leisten sie vereint. Ein Salz-Salpetersäuregemisch heißt wegen seiner Fähigkeit, den „König der Metalle", Gold zu lösen, Königswasser; Salpetersäure wird dagegen auch „Scheidewasser" genannt, weil sie allein Gold nicht auflöst und deshalb mit ihrer Hilfe Gold von anderen, unedlen Metallen geschieden werden kann.

Versuch 137. Bei den Versuchen mit Chlorknallgas, die wir jetzt anstellen wollen, ist stets zu bedenken, daß es bei starker Belichtung sofort explodiert. Man muß deshalb die Apparate vor Sonnenbestrahlung und hellem Tageslicht schützen. — Eine bequeme Art der Gewinnung von Chlorknallgas ist die, es durch Elektrolyse der Salzsäure herzustellen. Wir benutzen dazu den Apparat, den wir schon zur elektrolytischen Gewinnung des gewöhnlichen Knallgases verwandt haben; nur müssen wir anstatt der Platinelektroden dünne Kohlestäbchen anwenden, weil Platin von naszierendem Chlor angegriffen wird.

Das Zersetzungsgefäß wird bis fast an die Mündung des Gasentbindungsrohres mit Salzsäure (gleiche Volumina konzentrierter Säure und kalt gesättigter Kochsalzlösung) gefüllt und die Kohlenelektroden mit den Polen einer 3—4 zelligen, hintereinandergeschalteten Akkumulatorenbatterie verbunden (Fig. 197). Das entweichende Gas kann in einer Waschflasche gewaschen werden. Man muß aber dann den Apparat erst einige Zeit in Betrieb lassen, ehe man das Chlorknallgas auffängt, weil zunächst Chlor von dem Waschwasser absorbiert wird. Man würde also zu wenig Chlor in dem Gasgemisch erhalten. Erst wenn die Waschflüssigkeit mit Chlor gesättigt ist, fängt man das Gas in der pneumatischen Wanne über kaltgesättigter Kochsalzlösung in Reagenzgläsern von höchstens 50 ccm Inhalt auf. Die Gläser werden noch in der pneumatischen Wanne mit sehr gut passenden paraffinierten, weichen Korken fest verschlossen und, auf dem Korken stehend, im Dunkeln aufbewahrt. Selbstverständlich muß auch die ganze Gasentwicklung und Füllung der Zylinder im Halbdunkel vorgenommen werden. — Man kann natürlich auch durch Mischen gleicher Volumina Chlor und Wasserstoff Chlorknallgas herstellen.

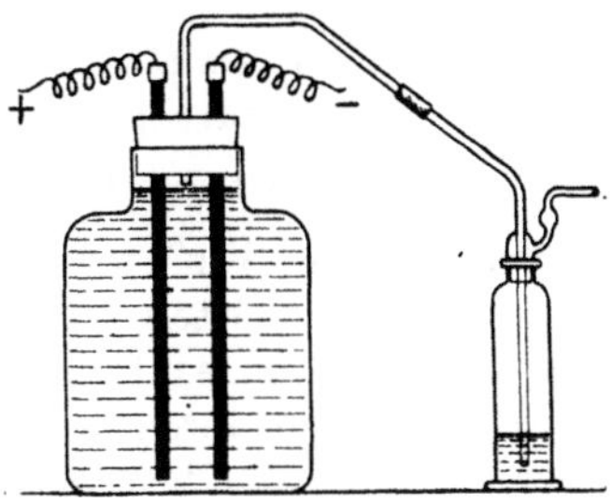

Fig. 197. Elektrolytische Darstellung des Chlorknallgases.

Versuch 138. Ein Reagenzglas mit Chlorknallgas wird in eine Pappschachtel gelegt und der mit einer langen Schnur zum Hochziehen versehene Deckel der Schachtel zugemacht. Man geht dann an einen sonnigen Platz ins Freie, und zieht den Deckel von der Schachtel ab. Sofort erfolgt die Explosion:

$$Cl_2 + H_2 = 2\,HCl.$$

Versuch 139. Man schneidet in eine Papp- oder Holzschachtel ein Fenster, vor dem eine Scheibe aus rotem Glas [1]) (oder eine rote Gelatinefolie [1])) befestigt wird. Hinter das Fenster stellt man ein Reagenzglas mit Chlorknallgas. Vor dem Apparat brennt man nun ein Stück Magnesiumdraht ab. Es erfolgt keine Explosion, weil alle chemisch wirksamen violetten und ultravioletten Strahlen von dem roten Glas verschluckt werden. Man ersetzt jetzt das rote durch ein tiefblaues (Kobalt-) Glas und belichtet wieder mit Magnesiumdraht. Trotzdem das blaue Glas viel weniger sichtbare (also optisch wirksame) Strahlen durchläßt, erfolgt jetzt die Explosion sofort, weil alle chemisch wirksamen Strahlen es ungehindert durchdringen [2]).

Oxyde des Chlors. Chlorsäuren.

Man kennt folgende Chloroxyde und von ihnen abgeleitete Chlorsäuren:

Cl_2O, Chlormonoxyd, Unterchlorigsäureanhydrid	$HClO$ = unterchlorige Säure: $Cl_2O + H_2O = 2\,HClO$. Salze: Hypochlorite.
Chlorigsäureanhydrid (Cl_2O_3), nicht bekannt	$HClO$ chlorige Säure, nur in ihren Salzen, den Chloriten, bekannt.

[1]) Dunkelkammerglas oder Dunkelkammerfolie.

[2]) Falls die Explosion ausbleibt, füllt man etwas reines Magnesiumpulver in ein Glasrohr und bläst es durch eine Bunsenflamme. Die Belichtung wird dadurch kräftiger.

ClO_2 Clordioxyd.	Zugehörige Säure nicht bekannt.
Chlorsäureanhydrid (Cl_2O_5), nicht bekannt	$HClO_3$, Chlorsäure. Salze: Chlorate.
Cl_2O_7, Chlorheptoxyd, Perchlorsäureanhydrid.	$HClO_4$, Über- oder Perchlorsäure. Salze: Perchlorate. $Cl_2O_7 + H_2O = 2\,HClO_4$.

Versuch 140. Man gebe zu etwas Natriumhypochlorit[1]) ein paar Tropfen Jodkalistärkelösung. Die Flüssigkeit färbt sich sofort blau.

$$NaClO + 2\,KJ + H_2O = 2\,KOH + NaCl + J_2.$$

Versuch 141. Ein Tropfen metallisches Quecksilber wird mit Natriumhypochlorit geschüttelt. Das Metall verändert sich nicht. Nun mache man durch schwaches Ansäuern mit verdünnter Schwefelsäure die unterchlorige Säure aus ihrem Natriumsalz frei und schüttle wieder mit Quecksilber. Es entsteht jetzt ein brauner Niederschlag von der Zusammensetzung: Hg_2Cl_2O. Quecksilber ist also ein Reagens auf freie unterchlorige Säure.

Versuch 142. Man übergieße in einem Reagenzglas etwas Chlorkalk mit Wasserstoffsuperoxyd und prüfe das entweichende Gas mit einem glimmenden Span. Es erweist sich als Sauerstoff:

$$CaOCl_2 + H_2O_2 = CaCl_2 + H_2O + O_2. \text{ —}$$

Das Chlorsäureanhydrid kennt man nicht, dagegen ist die Chlorsäure ein ziemlich beständiger Körper, der gut krystallisierende Salze bildet, von denen das Kaliumchlorat das bekannteste ist.

Versuch 143. Kaliumchlorat läßt sich durch Einleiten von Chlorgas in heiße Kalilauge erhalten. (In der Kälte würde sich nicht Chlorat, sondern Hypochlorit bilden, siehe Anmerkung zu Versuch 114.) Man bringe eine Lösung von 45 g Kaliumhydroxyd in eine Kochflasche und erwärme im Wasserbad auf 50—60°. Dann leitet man durch ein mindestens 8 mm weites Glasrohr Chlor ein, das durch Zersetzung von 37 g Braunstein mit 25 ccm konzentrierter Salzsäure hergestellt und mit wenig Wasser gewaschen wird (Fig. 198). Wenn sich kein Chlor mehr entwickelt, wird der Kolben mit der Chloratlösung noch einige Minuten erhitzt, um etwa zu viel eingeleitetes Chlor wieder auszutreiben. Dann füllt man die Flüssigkeit in eine Abdampfschale, dampft ein, bis sich ein Salzhäutchen zu bilden beginnt und stellt zur Krystallisation hin.

Fig. 198. Darstellung des Kaliumchlorats.

[1]) Siehe Anmerkung S. 374.

Die entstehenden weißen Krystallblättchen von Kaliumchlorat werden abfiltriert, mit wenig kaltem Wasser gewaschen und nötigenfalls durch Umkrystallisieren gereinigt.

Versuch 144. In eine unglasierte Reibschale bringt man höchstens $^1/_{20}$ g chlorsaures Kalium und ebensoviel Schwefelblumen. Beim Zerreiben dieses Gemischs mit dem Pistill hört man fortgesetzt peitschenknallähnliche Explosionen, die von dem chlorsauren Kalium herrühren. Hieraus folgt, daß Kaliumchlorat niemals mit anderen Körpern zusammengerieben werden darf. Es ist auch dringend davor zu warnen, den Versuch mit größeren als den angegebenen Mengen anzustellen.

Versuch 145. 10 g Kaliumchlorat werden auf einem Blatt Papier mit 10 g Zucker innig gemischt. (Man rührt die Bestandteile am besten mit dem Finger oder mit einer Federfahne durcheinander.) Das Gemenge wird auf einen Ziegelstein oder eine andere passende Unterlage geschüttet, und dann läßt man aus einer Pipette einen Tropfen konzentrierte Schwefelsäure darauf fallen. (Vorsicht! Schutzbrille!) Unter Knistern entwickelt sich Chlordioxyd, das sogleich die ganze Masse in Brand setzt und sie mit großer, violetter Flamme verbrennen läßt. (Wegen der bei diesem Versuch stattfindenden starken Rauchentwicklung ist es ratsam, ihn unter einen großen Abzug oder im Freien anzustellen.)

***Versuch 146.** Die Wirkung des aus dem Chlorat freiwerdenden Dioxyds ist so heftig, daß leicht entzündliche Substanzen sogar unter Wasser verbrannt werden können. In ein Kelchglas bringe man eine Messerspitze (etwa 3 g) Kaliumchlorat und fülle das Glas halb voll Wasser. Dann wirft man ein kleines höchstens bohnengroßes Stückchen Phosphor (Vorsicht! Siehe S. 416!) in das Glas und läßt aus einer Pipette etwa $^1/_2$ ccm konzentrierte Schwefelsäure unmittelbar auf das Chlorat fließen (Fig. 199). (Vorsicht! Schutzbrille aufsetzen und sofort Hände in Sicherheit bringen, aber nicht hastig mit der mit konz. Schwefelsäure gefüllten Pipette umgehen!)

Fig. 199. Chlordioxyd entzündet Phosphor unter Wasser.

Es entwickelt sich Chlordioxyd in einzelnen Blasen, und jede Blase setzt den Phosphor in Brand, der mit prasselndem Geräusch verbrennt.

Versuch 147. Zu etwas Kaliumchloratlösung gebe man einen Tropfen Silbernitratlösung. Es entsteht kein, oder, falls das Chlorat nicht rein war, nur ein schwacher Niederschlag. Silber ist also nur ein Reagens auf das Chlorwasserstoffsäurerest-Ion Cl', nicht aber auch auf das Chlorsäurerest-Ion ClO_3' (siehe Vers. 38). Nun erhitze man in einem Reagenzglas 5 g Kaliumchlorat zum Schmelzen und halte den Versuch während einiger Minuten in Gang. Es entweicht Sauerstoff (siehe S. 65), wie sich mit einem glimmenden Span leicht feststellen läßt. Nachdem der Apparat wieder kalt geworden ist, löse man einen Teil des Salzrückstandes in Wasser und füge wieder Silbernitrat zu. Es entsteht jetzt ein weißer Niederschlag von Chlorsilber, da das Chlorat durch Abgabe seines Sauerstoffs in Chlorid übergegangen ist:

$$2\,KClO_3 = 2\,KCl + 3\,O_2.$$

Wenn man nicht lange genug erhitzt, dann verläuft die Zersetzung des Kaliumchlorats nicht vollständig, und man erhält Kaliumperchlorat neben einem Molekül Sauerstoff:

$$2\,KClO_3 = KClO_4 + KCl + O_2.$$

Versuch 148. Man erhitze in einem mit Gasableitungsrohr versehenen Reagenzglas aus schwer schmelzbarem Glas 10 g reines Kaliumchlorat, bis es schmilzt. Der entwickelte Sauerstoff wird durch eine Waschflasche mit Wasser von Zimmertemperatur geleitet und dann in einer Mensur aufgefangen (Fig. 200).

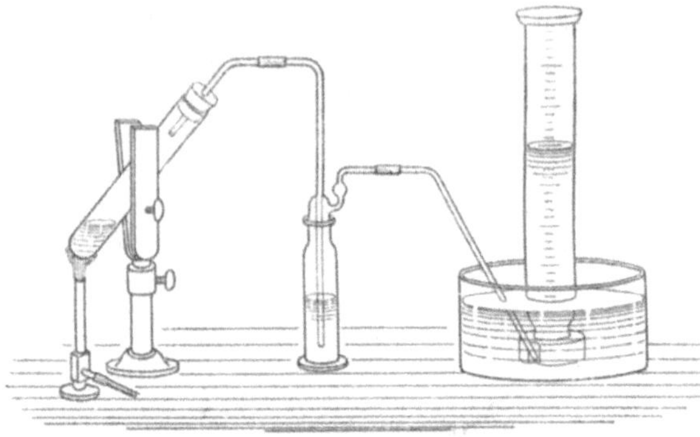

Fig. 200. Bestimmung der Menge des bei der Zersetzung von Kaliumchlorat freiwerdenden Sauerstoffs.

Man wird nach einiger Zeit bemerken, daß die Gasentwicklung stark nachläßt, und das vorher leichtflüssige Salz wieder fest zu werden beginnt. In diesem Augenblick unterbricht man den Versuch, indem man den Stopfen von dem Reagenzglas nimmt und dann den Bunsenbrenner entfernt. Nachdem der ganze Apparat Zimmertemperatur angenommen hat, senkt man die Mensur so tief in Wasser ein, daß es innen und außen gleich hoch steht, liest das Volumen des entwickelten Sauerstoffs ab und reduziert es auf Normalbedingungen (siehe Vers. 35). Das so gefundene Volumen V, multipliziert mit dem Gewicht eines Kubikzentimeters Sauerstoff (0,00143 g), ergibt das Gewicht des bei dem Versuch entwickelten Sauerstoffs. Da wir die Zersetzung des Chorats nur bis zur Hälfte, also bis zur Bildung des Perchlorats, durchgeführt haben, müssen wir, wie aus der Gleichung:

$$\begin{aligned} 2\,KClO_3 &= KClO_4 + KCl + O_2 \\ 245 &= 138^1/_2 + 74^1/_2 + 32 \end{aligned}$$

ersichtlich, für 245 g angewandten Chlorats 32 g Sauerstoff erhalten, für 10 g Chlorat also entsprechend weniger. Man berechnet das und hat dann an der mehr oder weniger großen Übereinstimmung, die das Ergebnis mit dem praktisch ermittelten Sauerstoffgewicht aufweist, ein gutes Prüfmittel für die Vollständigkeit der Zersetzung im Sinne der angeführten Gleichung. Um schließlich noch das Perchlorat von dem gleichzeitig gebildeten Chlorid zu trennen, wird der Salzrückstand im Mörser gepulvert und auf einem Filter mehrmals mit kaltem Wasser gut ausgewaschen. Dabei geht das Chlorid in Lösung, während das schwer lösliche Perchlorat zurückbleibt. Der Rückstand auf dem Filter wird schließlich in möglichst wenig heißem Wasser gelöst, bis zum Beginn des Salzhäutchens eingedampft und zur Krystallisation hingestellt. Die weißen Krystalle können noch durch Umkrystallisieren so lange gereinigt werden, bis ihre Lösung mit Silbernitrat keinen Niederschlag mehr gibt. Aus dem Filtrat läßt sich auch das Kaliumchlorid durch Krystallisation erhalten.

Die freie Überchlorsäure kann durch Zersetzung von Kaliumchlorat mit Kieselfluorwasserstoffsäure gewonnen werden. Das zugehörige Anhydrid Chlorheptoxyd entsteht bei der Behandlung von Überchlorsäure mit Phosphorpentoxyd.

Fluor und Fluorverbindungen.

Versuche mit Fluorverbindungen sind deshalb nicht ganz harmlos, weil Fluorwasserstoff sehr gefährliche Wunden erzeugt. Man sei also vorsichtig und halte immer etwas mit verdünnter Ammoniaklösung getränkte Watte bereit; falls man einmal mit Flußsäure in Berührung gekommen sein sollte, wird mindestens eine Stunde lang Ammoniakwatte aufgelegt.

Elementares Fluor entsteht bei der Elektrolyse von Fluorwasserstoff. Da zur Ausführung dieses Versuches sehr kostspielige Apparate nötig sind, können wir ihn nicht anstellen.

Versuch 149. In einer Bleischale wird etwas Flußspatpulver mit soviel konzentrierter Schwefelsäure übergossen, daß ein halbflüssiger Brei entsteht. Dann bedeckt man die Schale mit einer mit Wachs überzogenen Glasplatte, in deren Überzug ein paar Striche eingeritzt sind, so daß das Glas teilweise freiliegt, und erwärmt auf 30—40°. Nach einigen Minuten nimmt man die Platte wieder ab und befreit sie von ihrem Wachsüberzug. An den Stellen, an denen das Glas der Einwirkung der Fluorwasserstoffdämpfe ausgesetzt war, ist es angeätzt worden. —

Brom und Bromverbindungen.

Versuch 150. Man löst etwas Kaliumbromid in einem halben Reagenzglas voll Wasser und setzt einige Tropfen Chlorwasser zu. Die Lösung färbt sich braun, da Brom ausgeschieden wird:

$$2\,KBr + Cl_2 = 2\,KCl + Br_2.$$

Versuch 151. Um größere Mengen von Brom darzustellen, destilliert man aus einer Retorte ein inniges Gemisch von 10 g Bromkalium und 20 g Braunstein, das man mit ungefähr 300 ccm verdünnter Schwefelsäure (1 Teil konz. Säure auf 5 Teile Wasser) versetzt hat. Man schüttelt die Retorte einige Male, damit ihr Inhalt ordentlich durcheinander gemischt wird, legt eine Kochflasche oder einen Rundkolben vor und erwärmt, bis sich reichlich braune Bromdämpfe entwickeln. Die Vorlage muß mit fließendem Wasser, noch besser mit Eiswasser, gut gekühlt werden. Die Freimachung des Broms aus Bromiden durch Braunstein und Schwefelsäure (die sich übrigens auch für Chlor und Jod bei Chloriden und Jodiden anwenden läßt) verläuft nach der Reaktionsgleichung:

$$2\,KX + MnO_2 + 2\,H_2SO_4 = K_2SO_4 + MnSO_4 + 2\,H_2O + X_2.$$

(X kann Chlor, Brom und Jod bedeuten.) Man kann sich den Verlauf der Umsetzung so vorstellen, daß zunächst ein Molekül Schwefelsäure mit den zwei Molekülen Alkalihalogenid Halogenwasserstoff und Alkalisulfat bildet:

$$\text{I.}\quad 2\,KX + H_2SO_4 = 2\,HX + K_2SO_4;$$

dann wird der Halogenwasserstoff von dem Braunstein zu freiem Halogen und Wasser oxydiert, während das Mangan mit weiterer Schwefelsäure Mangansulfat bildet:

$$\text{II.}\quad 2\,HX + MnO_2 + H_2SO_4 = X_2 + MnSO_4 + 2\,H_2O.$$

Versuch 152. Man bringe einen Tropfen Brom in einen Zylinder und halte in den sich entwickelnden Dampf einen Streifen Stanniol. Er erglüht und vereinigt sich mit dem Brom zu Zinntetrabromid. Das Stanniol muß vorher durch Abreiben mit einem äthergetränkten Wattebausch entfettet werden. (Vorsicht wegen großer Feuergefährlichkeit des Äthers!)

Versuch 153. Man schüttle in einem Reagenzglas einen Tropfen Brom mit etwas Wasser. Das Brom löst sich zum Teil, wodurch das Wasser braun gefärbt wird und den Geruch des Broms annimmt. Die Lösung heißt Bromwasser.

Versuch 154. Etwas Bromwasser wird mit einigen Kubikzentimetern Schwefeläther oder Chloroform gut durchgeschüttelt. Beide Stoffe nehmen das Brom in sich auf, färben sich braun und sinken zu Boden, während die darüberstehende Lösung farblos wird.

Versuch 155. Man erwärme einige Krystalle von Kaliumbromid im Reagenzglas mit konzentrierter Schwefelsäure. Entsprechend dem Versuch 132, bei dem wir durch Erwärmen eines Chlorids mit Schwefelsäure Chlorwasserstoff erhielten, werden wir jetzt Bromwasserstoff erwarten. Statt dessen erhalten wir aber braune Bromdämpfe, weil der entstehende Bromwasserstoff sofort zerfällt. Dieses Verhalten ist also ein wesentlicher Unterschied gegenüber dem der Chloride.

Versuch 156. Um Bromwasserstoff herzustellen, muß man, wie aus dem vorigen Versuch hervorgeht, das Bromid mit einer Säure zersetzen, die weniger heftig wirkt als Schwefelsäure. Man erwärme in einer Kochflasche 10 g Kaliumbromid mit konzentrierter Phosphorsäure. Es entwickelt sich Bromwasserstoff in Form eines an der Luft Dämpfe ausstoßenden, farblosen und schweren Gases, das man durch ein Gasableitungsrohr in Zylinder leiten kann, die durch Luftverdrängung gefüllt werden.

Versuch 157. Ein Zylinder mit Bromwasserstoff wird mit einer Glasplatte verschlossen und mit seiner Mündung unter Wasser gebracht. Sobald man die Platte wegzieht, steigt das Wasser im Zylinder rasch empor. Bromwasserstoff ist also, ähnlich wie Chlorwasserstoff, in Wasser in hohem Grad löslich.

Versuch 158. Eine sehr interessante Art der Darstellung wässriger Bromwasserstoffsäure beruht auf der Zersetzung des Schwefelwasserstoffs durch Brom:

$$Br_2 + H_2S = 2\,HBr + S$$

Man übergieße 5 ccm Brom mit 150 ccm Wasser und leite so lange Schwefelwasserstoff ein (im Abzug!), bis die Flüssigkeit völlig farblos geworden ist (siehe Fig. 201). Man erhitzt dann zum Sieden, um den überschüssigen Schwefelwasserstoff zu verjagen, und filtriert vom ausgeschiedenen Schwefel ab. Das Filtrat ist reine verdünnte Bromwasserstoffsäure.

Versuch 159. Etwas wässriger Bromwasserstoff wird mit einigen Tropfen Silbernitrat versetzt. Es entsteht ein gelblicher Niederschlag von Bromsilber. Die Bromide geben die gleiche Reaktion, da sie ebenfalls das Ion Br′ liefern (siehe Versuch 115).

$$Ag^{\cdot} + Br' = AgBr.$$

Versuche mit Jod und Jodverbindungen.

Versuch 160. Aus Jodiden wird das Jod durch Chlor ebenso in Freiheit gesetzt wie das Brom aus Bromiden. In einem Reagenzglas versetze man etwas Kaliumjodidlösung mit Chlorwasser. Die Flüssigkeit färbt sich durch das ausgeschiedene Jod braun:

$$2\,KJ + Cl_2 = 2\,KCl + J_2.$$

Um das Jod aus dieser Lösung zu gewinnen, schüttelt man sie mit etwas Äther oder Chloroform. In beiden Stoffen löst sich das Jod mit schön rotvioletter Farbe, während seine Lösung in Alkohol braun ist.

Versuch 161. Größere Mengen von Jod erhält man auf die in Versuch 151 beschriebene Art. In einer Retorte werden 10 g Jodkalium mit 20 g Braunstein und 300 ccm verdünnter Schwefelsäure (1 : 5) erhitzt. Die entweichenden violetten Joddämpfe verdichten sich in der mit Wasser gekühlten Vorlage zu grauen, krystallinischen Massen. Es ist ratsam, den Retortenhals nicht zu eng zu wählen, da er sonst durch Jodkrystalle verstopft werden kann.

Versuch 162. Das im vorigen Versuch gewonnene Jod kann durch Sublimation leicht gereinigt werden. Zu diesem Zweck füllt man es in eine Abdampfschale, die auf dem Sandbad mäßig erwärmt wird, und stülpt einen geräumigen Glastrichter darüber, den man durch Auflegen feuchter Tücher kühl hält. Das Jod verdampft und verdichtet sich in dem Trichter wieder zu schönen Krystallen.

Versuch 163. Einige Jodsplitter werden im Reagenzglas mit Wasser übergossen. Das entstehende Jodwasser hat nur eine schwach braune Farbe, da ein Teil Jod erst von 6000 Teilen Wasser gelöst wird. Nun werfe man einen Jodkaliumkrystall in die Flüssigkeit und schüttle um. Das Jod löst sich jetzt in viel größerer Menge, und die Lösung wird dunkelbraun. Die erhöhte Löslichkeit des Jods in Jodkalium beruht vielleicht auf der Bildung eines Trijodids, KJ_3.

Versuch 164. Zu etwas stark verdünntem Stärkekleister fügt man einen Tropfen Jodwasser oder in Alkohol gelöstes Jod (Jodtinktur). Die Stärke wird tief dunkelblau gefärbt. Diese Reaktion ist das empfindlichste Reagens auf Jod (siehe S. 72). Beim Erwärmen verschwindet die Färbung, kehrt aber beim Erkalten wieder.

Versuch 165. Die Bereitung reinen Jodkaliums ist nicht ganz leicht, dafür aber sehr interessant. Man gewinnt die Verbindung durch Umsetzung eines Eisenjodids von der Zusammensetzung Fe_3J_8 (Ferroferrijodid) mit Kaliumkarbonat, wobei neben Ferroferrioxyd und Kohlendioxyd Jodkalium entsteht:

$$Fe_3J_8 + 4\,K_2CO_3 = Fe_3O_4 + 4\,CO_2 + 8\,KJ.$$

Es werden 1,2 g Eisenpulver in einer kleinen Kochflasche mit 10 ccm destilliertem Wasser übergossen. Dann fügt man langsam 5 g fein gepulvertes Jod in einzelnen kleinen Teilen zu und schüttelt jedesmal so lange um, bis alles Jod gelöst ist. Sollte sich die Kochflasche infolge der Reaktionswärme zu sehr erhitzen, so muß sie unter fließendem Wasser gekühlt werden. Wenn die 5 g Jod in der angegebenen Weise verbraucht sind, muß die Lösung hellgrün aussehen. Sollte sie noch braun sein, so gibt man noch so lange Eisenpulver zu, bis die grüne Farbe erreicht ist. Dann filtriert man und löst in dem klaren Filtrat noch 1 g Jod. Man hat dann eine Lösung, die die oben genannte Verbindung Fe_3J_8 enthält. In einer Abdampfschale oder einem Becherglas löst man jetzt $5^1/_2$ g reines Kaliumcarbonat in 10 ccm destilliertem Wasser, erhitzt zum Sieden und gießt dann die Eisenjodidlösung langsam zu. Es scheidet sich sofort schwarzes Ferroferrioxyd ab, während Kohlendioxyd entweicht. Man filtriert dann von dem Oxydniederschlag ab, wäscht ihn mit wenig warmem Wasser aus, vereinigt das Waschwasser mit dem Filtrat, dampft die klare Flüssigkeit bis zum beginnenden Salzhäutchen ein und stellt zur Krystallisation hin. Man erhält weiße, würfelförmige Krystalle von Kaliumjodid, die durch Umkrystallisieren aus möglichst wenig Wasser gereinigt werden können.

Versuch 166. Der im vorigen Versuch angegebene Weg zur Herstellung des Kaliumjodids erscheint zwar etwas umständlich, hat aber den Vorzug, daß er ohne weiteres reines Jodkalium ergibt. Auf einfachere Weise erhält man die Verbindung, indem man in einer Reibschale einige Splitter Jod mit einem erbsengroßen Stück metallischen Kaliums zusammenreibt. (Vorsicht! Schutzbrille aufsetzen und Hände durch Handschuhe schützen; am besten bedeckt man die Reibschale noch mit einer durchlochten Pappdeckelscheibe, durch deren Loch das

Pistill gesteckt wird.) Unter Feuererscheinung und leichter Explosion vereinigen sich die Elemente zu Kaliumjodid:

$$2\,K + J_2 = 2\,KJ.$$

Man übergießt dann den Rückstand in der Schale mit wenig Wasser (Vorsicht wegen vielleicht unzersetzten Kaliums!) und verdampft zur Trockne. Es hinterbleibt ein Rückstand von Jodkalium. Dieser Versuch hat natürlich ausschließlich theoretisches Interesse, da zu seiner Verwendung in der Praxis die Ausgangsstoffe viel zu teuer wären. — Daß man auch durch Eintragen von Jod in warme Kalilauge Kaliumjodid neben Kaliumjodat erhalten kann, braucht wohl nicht besonders erwähnt zu werden (vgl. Versuch 143).

Versuch 167. Etwas Jodkaliumlösung wird mit einigen Tropfen Stärkekleister versetzt. Es tritt keine Veränderung ein. Nun gebe man einen Tropfen starke Salpetersäure zu. Sofort erfolgt Blaufärbung.

$$2\,KJ + 2\,HNO_3 = 2\,KNO_3 + J_2 + H_2.$$

Aus diesem Versuch geht hervor, daß Stärke nur auf freies Jod reagiert, nicht auf das Ion J'.

Versuch 168. Etwas Jodkaliumlösung wird mit Silbernitrat versetzt. Es entsteht ein gelblicher Niederschlag von Jodsilber. Das Silber Ion Ag˙ ist also ein Reagens auf das Jod-Ion J':

$$Ag^{\cdot}\,(NO_3) + (K)J' = AgJ + (KNO_3).$$

Jodwasserstoffsäure. Jodsäure. Jodstickstoff.

Versuch 169. Jodwasserstoffsäure läßt sich auf dieselbe Weise darstellen wie Bromwasserstoffsäure. Man pulvert 5 g Jod, gibt ein kleine Menge davon in einen Kolben mit 20 ccm Wasser, erwärmt auf 40 bis 50° und leitet mit Wasser gewaschenen Schwefelwasserstoff ein. (Fig. 201).

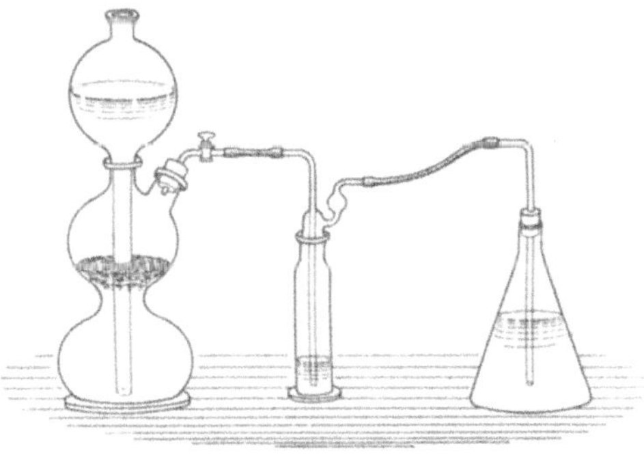

Fig. 201. Darstellung von Jodwasserstoff.

Wenn alle Luft aus dem Kolben verdrängt ist, korkt man fest zu und schüttelt kräftig um, damit das Gas ordentlich absorbiert wird. Wegen der dabei auftretenden Reaktionswärme ist kein weiteres Erhitzen mehr nötig. Wenn die im Kolben befindliche Jodmenge verbraucht ist, trägt man wieder von neuem Jod ein und verfährt wie oben, bis auf diese Weise 5 g Jod verbraucht sind. Dann wird der überschüssige Schwefelwasserstoff durch Erhitzen verjagt (Abzug!) und vom ausgeschiedenen Schwefel abfiltriert. Das Filtrat ist verdünnte Jodwasserstoffsäure (siehe Versuch 158).

Wenn man Phosphortrijodid mit Wasser zersetzt, erhält man Jodwasserstoff in Gestalt eines schweren, farblosen Gases.

$$PJ_3 + 3\,H_2O = H_3PO_3 + 3\,HJ.$$

Wir sehen von der Ausführung dieses Versuchs deshalb ab, weil er, um sicher zu gelingen, zu große Mengen Jod erfordert und deshalb zu kostspielig würde.

Versuch 170. In einer Kochflasche werden 2 g gepulvertes Jod mit 2 g Kaliumchlorat und 10 ccm Wasser, das mit einigen Tropfen konzentrierter Salpetersäure versetzt ist, erwärmt. Es entweicht Chlor. Man setzt den Versuch so lange fort, bis die Farbe des Jods völlig verschwunden ist, erhitzt noch 1—2 Minuten zum Sieden und läßt auskrystallisieren. Man erhält weiße Krystalle von Kaliumjodat, das sich nach der Gleichung:

$$2\,KClO_3 + J_2 = 2\,KJO_3 + Cl_2$$

gebildet hat. Während also im allgemeinen das Chlor Jod aus seinen Verbindungen freimacht, vermag bei sauerstoffhaltigen Verbindungen das Jod Chlor freizumachen.

Versuch 171. Jodsäure erhält man durch Oxydation von Jod mit Salpetersäure. Dabei stört nur der Umstand, daß die bei der Reduktion der Salpetersäure entstehenden Stickoxyde selbst wieder auf die gebildete Jodsäure reduzierend wirken, wodurch sie immer im Augenblick ihrer Bildung schon wieder zersetzt wird. Wir haben also einen umkehrbaren Prozeß:

$$3\,J_2 + 10\,HNO_3 \rightleftarrows 6\,HJO_3 + 10\,NO + 2\,H_2O,$$

der nur dann wirklich zur Bildung von Jodsäure führt, wenn man dafür sorgt, daß er nur im Sinne des oberen Pfeiles verlaufen kann. Dies geschieht dadurch, daß man das reduzierend wirkende Stickoxyd möglichst schnell und vollständig aus dem Reaktionsgefäß entfernt.

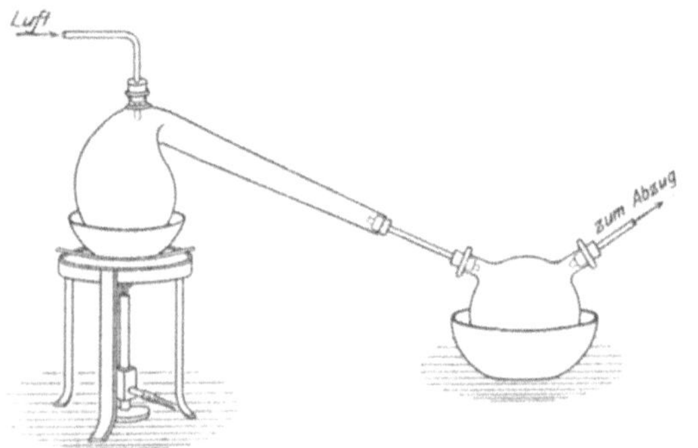

Fig. 202. Darstellung von Jodsäure.

In einer tubulierten Retorte erhitzt man 10 g Jod mit 40 ccm konzentrierter Salpetersäure. An die Retorte wird eine gut gekühlte zweihalsige Vorlage angeschlossen. Den Tubus der Retorte verbindet man mit dem Gebläse, den zweiten Hals der Vorlage mit dem Abzug (Fig. 202). Man bläst nun einen mäßig starken Luftstrom durch den Apparat und erhitzt den Retorteninhalt zum Sieden. In der Vorlage verdichtet sich Jod und Salpetersäure. Von Zeit zu Zeit wird der Versuch unterbrochen und das von Stickoxyden freie Destillat in die Retorte zurückgegeben. Schließlich hinterbleibt in der Retorte ein fester, weißer Rückstand. Er wird in möglichst wenig Wasser gelöst. Dann verdampft man in einer Abdampfschale zur Trockne und erhält je nach der Höhe der Temperatur Jodsäure oder Jodsäureanhydrid in weißen Krystallen. (Bei 170° zerfällt Jodsäure in ihr Anhydrid (Jodpentoxyd) und Wasser:

$$2\,HJO_3 = J_2O_5 + H_2O.)$$

Versuch 172. Reine Jodsäure erhält man, indem man den weißen Rückstand aus dem vorigen Versuch so stark erhitzt, daß er sicher nur aus Jodpentoxyd besteht, ihn nach dem Erkalten in möglichst wenig Wasser löst und dann im Exsikkator über konzentrierter Schwefelsäure auskrystallisieren läßt. Man erhält so schwere, weiße Krystalle von Jodsäure. (Derartige Krystallisationen im Exsikkator können tage-, ja wochenlang dauern. Man erneuere von Zeit zu Zeit das Trockenmittel und verliere die Geduld nicht.)

Versuch 173. Um die Explosivität der Halogen-Stickstoffverbindungen kennen zu lernen, übergieße man in einem Becherglas $^1/_{10}$ g fein gepulvertes Jod (nicht mehr!!) mit Ammoniak und lasse das Ganze eine halbe Stunde stehen. Dann filtriert man ab, wäscht den schwarzen Niederschlag von Jodstickstoff mit kaltem Wasser aus und zerreißt das Filter in so viele kleine Teile, daß auf jedem eine höchstens 1—2 Stecknadelköpfe große Menge Jodstickstoff liegt. Wenn man nach dem Trocknen die einzelnen Papierschnitzel mit einem Glasstab berührt, auf sie bläst usw. (siehe S. 74), erfolgt jedesmal eine hell und scharf klingende Explosion. Wenn man den Versuch in dieser Weise anstellt, ist er durchaus ungefährlich; man lasse sich aber nicht dazu verleiten, mit größeren als den angegebenen Mengen zu experimentieren.

Versuche zum siebenten Vortrag.

(S. 76 bis S. 94.)

Schwefel.

Versuch 174. Man destilliere aus einer mit einer gekühlten Vorlage verbundenen Retorte 10 g Schwefelblumen. Sobald der braune Schwefeldampf in die Vorlage gelangt, verdichtet er sich wieder zu fein verteiltem, hellgelbem Schwefel (Schwefelblumen).

Versuch 175. Der vorige Versuch wird wiederholt, nur mit dem Unterschied, daß man die Vorlage nicht kühlt. Sobald sie heiß wird, erhält man nicht mehr Schwefelblumen, sondern geschmolzene Massen, die beim Abkühlen krystallinisch erstarren (Stangenschwefel).

Versuch 176. Etwas Schwefelblumen werden in einem Reagenzglas erhitzt. Der Schwefel schmilzt zu einer leicht beweglichen, gelben Flüssigkeit. Wenn man weiter erhitzt, wird der geschmolzene Schwefel zäh, schließlich wieder etwas flüssiger. In diesem Zustand gieße man ihn in kaltes Wasser. Er erstarrt zu einer knetbaren Masse, die ihre Knetbarkeit mehrere Tage lang behält; schließlich verwandelt sie sich aber wieder in gewöhnlichen Schwefel. (Plastischer Schwefel oder Gummischwefel.)

Versuch 177. Zu einer kalten Lösung von Schwefelleber (siehe S. 157) gibt man ein paar Tropfen verdünnte Schwefelsäure. Es scheidet sich Schwefel in so feiner Verteilung ab, daß der Niederschlag weiß aussieht und von keinem Filter zurückgehalten werden kann (Schwefelmilch).

Versuch 178. In einem hessischen Tiegel werden 50 g Schwefelblumen geschmolzen. Dann läßt man die Masse möglichst langsam erstarren, durchstößt die hartgewordene Decke an zwei gegenüberliegenden Stellen am Rand mit einem Glasstab und läßt durch das eine Loch den unter ihr befindlichen flüssigen Schwefel ablaufen, so daß im Innern ein Hohlraum entsteht. Nach dem vollständigen Erkalten wird der Tiegel zerschlagen. Man findet ihn über und über mit schönen monoklinen, nadelförmigen und durchsichtigen Schwefelkrystallen bedeckt.

Versuch 179. Etwas Stangenschwefel, oder noch besser ein Teil der im vorigen Versuch erhaltenen Krystalle wird in Schwefelkohlenstoff gelöst. (Vorsicht! Nicht in der Nähe von Flammen arbeiten!) Nach dem Verdunsten des Lösungsmittels bleiben Schwefelkrystalle zurück, die nicht mehr dem monoklinen, sondern dem rhombischen System angehören. (Wenn man die monoklinen Krystalle von Versuch 178 längere Zeit aufbewahrt, gehen sie unter Wärmeentwicklung und Verlust ihrer Durchsichtigkeit in rhombische über.) Man darf bei diesem Versuch nicht große Krystalle erwarten. Sie sind sehr klein und werden deshalb am besten unter der Lupe oder dem Mikroskop betrachtet.

Schwefelwasserstoff.

Alle Versuche mit diesem Gas müssen wegen seines widerwärtigen Geruchs und seiner Giftigkeit unter dem Abzug angestellt werden.

Versuch 180. Um Schwefelwasserstoff im Kippschen Apparat zu entwickeln, füllt man die mittlere Kugel mit nußgroßen Stücken Schwefeleisen (vgl. Versuch 32) und zersetzt es mit verdünnter Salz- oder Schwefelsäure. Auf die gleiche Weise wird Schwefelwasserstoff in der gewöhnlichen Gasentwicklungsflasche hergestellt.

Versuch 181. Man leite Schwefelwasserstoff in Wasser. Ein Teil des Gases wird gelöst, und die Flüssigkeit nimmt den Geruch des Schwefelwasserstoffs an. Die Lösung heißt Schwefelwasserstoffwasser und wird, wenn sie lange mit dem Luftsauerstoff in Berührung bleibt, zu Wasser und Schwefel oxydiert. Der ausgeschiedene Schwefel färbt sie milchig trüb:

$$2\,H_2S + O_2 = 2\,H_2O + 2\,S.$$

Diese Zersetzung des Schwefelwasserstoffs entspricht der Oxydation des Chlorwasserstoffs zu Chlor und Wasser; der einzige Unterschied ist der, daß zur Oxydation der Salzsäure naszierender Sauerstoff nötig ist, während Schwefelwasserstoff schon durch freien Sauerstoff oxydiert wird; er ist also weniger beständig als Chlorwasserstoff.

Versuch 182. Schwefelwasserstoff läßt sich auch aus seinen Elementen aufbauen.

Eine tubulierte Retorte enthält 15 g Schwefelblumen. Durch den Tubus steht sie mit einem Wasserstoffentwicklungsapparat in Verbindung. Die aus dem Hals entweichenden Gase werden mittels eines angesetzten Rohres in ein Becherglas geleitet, das eine sehr verdünnte Lösung von Bleinitrat (2 g Nitrat auf 100 ccm Wasser) enthält (Fig. 203). Nun setzt man die Wasserstoffentwicklung in Gang und regelt den Gasstrom so, daß höchstens 2 Blasen in der Sekunde in das Becherglas ge-

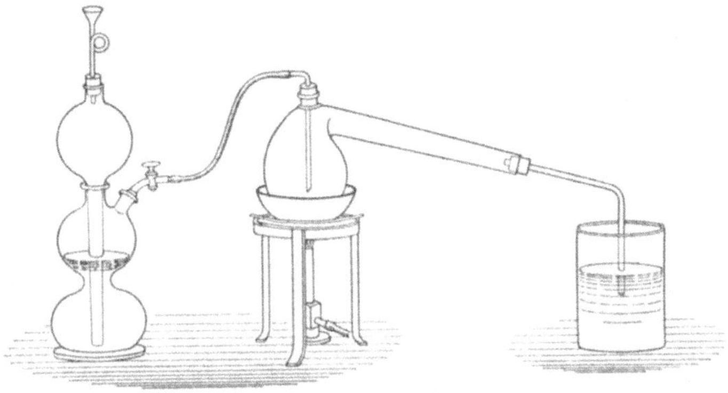

Fig. 203. Synthese des Schwefelwasserstoffs.

langen. Dann wird der Schwefel zum Sieden erhitzt, aber nur so stark, daß die Schwefeldämpfe nicht bis zum Retortenhals aufsteigen. Der Wasserstoff verbindet sich mit dem Schwefeldampf zu Schwefelwasserstoff, der die Ausfällung von schwarzem Bleisulfid in dem Becherglas bewirkt.

Versuch 183. Auch die Zerlegung des Schwefelwasserstoffs in seine Bestandteile gelingt leicht. Es stehen uns zwei Wege offen: entweder wir entziehen ihm den Wasserstoff und behalten Schwefel zurück oder umgekehrt. — Ein Zylinder mit Schwefelwasserstoff wird mit einer Glasplatte verschlossen und ein gleichgroßer mit Chlor gefüllter darauf gestellt. Sobald man die Glasplatte wegzieht, bedeckt sich die Zylinderwand mit einem gelben Schwefelüberzug, und man bemerkt den Geruch nach Chlorwasserstoff:

$$H_2S + Cl_2 = 2\,HCl + S \text{ (vgl. Vers. 126 u. 127).}$$

(Die Zylinder müssen sofort nach dem Versuch gereinigt werden, da sonst der ausgeschiedene Schwefel außerordentlich fest haftet.)

Versuch 184. Der in Versuch 76 beschriebene Apparat wird zusammengestellt; man leitet über die im Verbrennungsrohr D liegenden Kupferspäne einen sehr langsamen Strom mit Wasser gewaschenen und mit konzentriererter Schwefelsäure getrockneten Schwefelwasserstoffs. Die Kupferspäne werden erhitzt, und sobald man bemerkt, daß sie sich schwärzen, fängt man das entweichende Gas in einem kleinen Zylinder auf. Es ist reiner Wasserstoff, da aller Schwefel von dem Kupfer in Form von Kupfersulfid zurückgehalten wird:

$$H_2S + Cu = CuS + H_2.$$

Wenn der Versuch einige Zeit im Gang ist, kann man den entweichenden Wasserstoff anzünden. Nun drehe man die Flammen unter dem Verbrennungsrohr aus, so daß das Kupfer kalt wird. Die Wasserstoffflamme verändert ihr Aussehen, wird bläulich, und es macht sich der stechende Geruch des Schwefeldioxyds bemerkbar. Durch das kalte Kupfer wird der Schwefelwasserstoff nicht mehr zerlegt, sondern er entweicht unzersetzt und verbrennt zu Wasser und Schwefeldioxyd:

$$2\,H_2S + 3\,O_2 = 2\,H_2O + 2\,SO_2.$$

Versuch 185. Man bereite in verschiedenen Reagenzgläsern Auflösungen von Bleinitrat, Silbernitrat, Kupfersulfat, Brechweinstein (Antimonverbindung), Zinksulfat und Kadmiumsulfat und versetze alle Lösungen mit etwa 5 ccm frisch bereitetem Schwefelwasserstoffwasser. Es entstehen in sämtlichen Gläsern die stark gefärbten Sulfidniederschläge der betreffenden Metalle nach der Allgemeingleichung:

$$\overset{\text{II}}{M}X + H_2S = MS + H_2X,$$

in der MX ein Salz aus dem zweiwertigen Metall M und dem Säurerest X bedeutet.

Versuch 186. (Vorsicht!) In einem kleinen Zylinder voll Schwefelwasserstoff gießt man einen Tropfen rauchende Salpetersäure. Unter schwacher Explosion zersetzt sich das Gas, wobei große Mengen Schwefel abgeschieden werden, und gefärbte Wolken von Stickoxyden entweichen. (Abzug!)

Versuch 187. Etwa 3 g Bleinitrat werden in einem halben Reagenzglas voll konzentrierter Salpetersäure gelöst. Die Lösung wird etwas erwärmt und Schwefelwasserstoff eingeleitet. Statt der erwarteten Ausfällung schwarzen Bleisulfids tritt eine Zersetzung des Schwefelwasserstoffs ein. Gelbe Schwefelfetzen schwimmen in der Lösung herum, und Stickoxyde entweichen (vgl. den vorigen Versuch). Nun verdünnt man die Lösung mit dem gleichen Volumen Wasser, filtriert vom ausgeschiedenen Schwefel ab und versetzt mit soviel Ammoniak, daß sich gerade ein Niederschlag von Bleihydroxyd zu bilden beginnt. Dann gibt man wieder einen Tropfen Salpetersäure zu, wodurch das Hydroxyd wieder zu Nitrat gelöst wird, und hat nun eine verdünnte und nur ganz schwach saure Lösung. Wenn man abermals Schwefelwasserstoff einleitet, wird schwarzes Bleisulfid gefällt. Hieraus ergibt sich die praktische Regel, daß man Metalle nur aus schwach salpetersauren Lösungen mit Schwefelwasserstoff ausfällen kann.

Versuch 188. In einen Zylinder mit Schwefelwasserstoff halte man einen Streifen feuchtes blaues Lackmuspapier. Er wird gerötet. Schwefelwasserstoff ist also, ebenso wie die Halogenwasserstoffe, eine Säure, deren Salze die Sulfide sind.

Versuch 189. Ob ein Metallsufid durch Schwefelwasserstoff ausgefällt wird, richtet sich danach, ob die betreffende Lösung sauer, neutral oder alkalisch reagiert. Kupfersulfid z. B. fällt aus schwach sauren Lösungen aus, da es in Säuren unlöslich ist, wogegen z. B. Eisensulfid aus sauren Lösungen nicht ausfällt, weil es von Säuren gelöst wird. Man löse etwas Eisensulfat zusammen mit einer gleichgroßen Menge Brechweinstein in Wasser und gebe so viel Salzsäure zu, daß der beim Auflösen des Brechweinsteins entstandene Niederschlag wieder gelöst wird. Wenn man nun Schwefelwasserstoff einleitet, fällt nur orangegelbes Antimonsufid aus, während alles Eisen in Lösung bleibt. Nachdem alles Antimon ausgefällt [1] ist, filtriert man von dem Sulfidniederschlag ab und versetzt das eisenhaltige Filtrat bis zur deutlich alkalischen Reaktion mit Ammoniak. Beim abermaligen Einleiten von Schwefelwasserstoff fällt nun alles Eisen als schwarzes Sulfid aus. (Das Filtrat kann vielleicht so viel Schwefelwasserstoff gelöst enthalten, daß bereits beim Zugeben von Ammoniak Eisensulfid ausfällt. Will man das vermeiden, dann muß das Filtrat bis zur völligen Entfernung des Schwefelwasserstoffs gekocht werden. Dann fällt ein Überschuß von Ammoniak nur bräunliches Eisenhydroxyd aus, das von Schwefelwasserstoff sofort in das tiefschwarze Sulfid übergeführt wird.)

Versuch 190. Der vorige Versuch hat gezeigt, daß durch das Verhalten ihrer Sulfide die Metalle der Schwefelwasserstoffgruppe (siehe S. 82) in zwei Unterabteilungen zerfallen, nämlich in Metalle, deren Sulfide in saurer, und solche, deren Sulfide in alkalischer Lösung gefällt werden. Anstatt nun bei den Metallen der zweiten Abteilung den Schwefelwasserstoff in die durch Ammoniak alkalisch gemachte Lösung einzuleiten, können wir statt dessen auch eine aus Ammoniak und Schwefelwasserstoff bestehende Verbindung, nämlich Schwefelammonium, zufügen. Das im vorigen Versuch erhaltene eisenhaltige Filtrat wird mit Schwefelammonium im Überschuß versetzt, worauf ebenfalls Eisensulfid ausfällt. (Die Metalle, deren Sulfide durch Schwefelammonium gefällt werden, werden in der analytischen Chemie zu einer besonderen „Schwefelammoniumgruppe" vereinigt. Es gehört also Antimon zur Schwefelwasserstoff-, Eisen zur Schwefelammoniumgruppe.)

Versuch 191. Da Schwefelwasserstoff zweibasisch ist, kann er mit einwertigen Metallen auch saure Salze von der Allgemeinformel $\overset{\mathrm{I}}{M}HS$, die Sulfhydrate oder Hydrosulfide, bilden. Um eine solche Verbindung darzustellen, leitet man in ein halbes Reagenzglas voll starker Kalilauge so lange Schwefelwasserstoff ein, als noch Gas absorbiert wird. Dann läßt man im Exsikkator über konzentrierter Schwefelsäure oder Phosphorpentoxyd auskrystallisieren. Nach einiger Zeit erhält man bräunliche, sehr zerfließliche Krystalle von Kaliumhydrosulfid, KHS:

$$KOH + H_2S = KHS + H_2O.$$

Versuch 192. Das im Versuch 190 mehrfach genannte Schwefelammonium ist das Salz des Ammoniums mit dem Schwefelwasserstoff, also Ammoniumsulfid, $(NH_4)_2S$. Man leitet in ziemlich konzentrierte Ammoniakflüssigkeit so lange Schwefelwasserstoff, bis sich die Lösung

[1] Dies geschieht nur dann sicher, wenn man den Schwefelwasserstoff unter Umschütteln 10 Minuten lang in die schwach erwärmte Lösung einleitet, wie in Versuch 169 beschrieben.

gerade schwach gelblich zu färben beginnt. Dann gibt man noch das gleiche Volumen reinen Ammoniaks (von derselben Konzentration wie das vorher verwandte) zu und hat damit eine Lösung von Schwefelammonium. Die Flüssigkeit ist farblos, wird aber nach einiger Zeit gelb infolge der Bildung von Ammoniumpolysulfiden, die der Formel $(NH_4)_2S_x$ ($x = 2$ bis 5) entsprechen. Ammoniumhydrosulfid, NH_4HS, ist eine farblose Flüssigkeit, die beim Sättigen von Ammoniak mit Schwefelwasserstoff erhalten wird. Sie wird gewöhnlich zu analytischen Zwecken als „Schwefelammonium" verwandt, während die gelben Polysulfide als „gelbes Schwefelammonium" zur Trennung gewisser Metallsulfide gebraucht werden.

Versuch 193. Die formale Übereinstimmung zwischen dem Wasser $O{<}^{H}_{H}$ und dem Schwefelwasserstoff $S{<}^{H}_{H}$ läßt vermuten, daß es auch ein dem Wasserstoffsuperoxyd H_2O_2 entsprechendes Wasserstoffpersulfid H_2S_2 gibt. Gestützt wird diese Vermutung durch das Vorhandensein der Alkalipolysulfide, die sich als Salze des Wasserstoffpersulfids auffassen lassen. (Z. B.: $2\,NH_4OH + H_2S_x = (NH_4)_2S_x + 2\,H_2O$). Man koche 10 g gelöschten Kalk und 10 g Schwefelblumen in einer Abdampfschale mit etwa 160 ccm Wasser so lange bis die Flüssigkeit eine rotgelbe Farbe angenommen hat. (Falls zu viel Wasser verdampft sein sollte, wird es wieder durch frisches ersetzt.) Die Flüssigkeit wird filtriert und auf einmal in einen geräumigen Hahntrichter gegossen, der ein 30° warmes Gemisch aus 40 ccm konzentrierter Salzsäure und 40 ccm Wasser enthält. Es sammelt sich an dem Boden des Trichters eine gelbe ölige Flüssigkeit an, die durch den Hahn in ein bereitstehendes Becherglas abgelassen wird (Fig. 204). Das gelbe Öl ist Wasserstoffpersulfid und hat die Zusammensetzung H_2S_x, wobei der Wert für x zwischen 2 und 5 schwankt. Die rote Flüssigkeit enthielt Calciumpentasulfid, CaS_5, das bei seiner Zersetzung durch Salzsäure Wasserstoffpersulfid und Calciumchlorid lieferte.

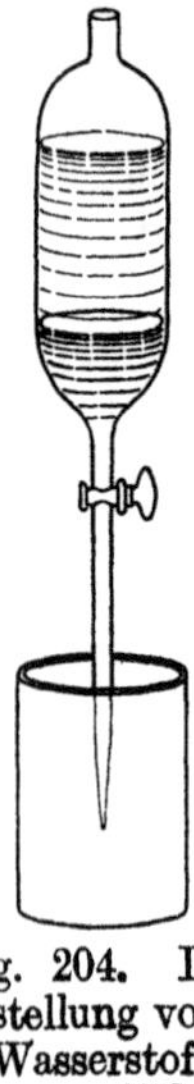

Fig. 204. Darstellung von Wasserstoffpersulfid.

Versuch 194. Man bringe 2 ccm Wasserstoffpersulfid in ein Reagenzglas und erwärme mit etwas Wasser. Man wird den Geruch von Schwefelwasserstoff bemerken, während sich Schwefel ausscheidet:

$$H_2S_x = H_2S + S_{(x-1)}$$

Diese Zersetzung ist ganz entsprechend derjenigen, die Wasserstoffsuperoxyd in der Wärme erleidet:

$$H_2O_2 = H_2O + O \text{ (siehe S. 29).}$$

Oxyde und Säuren des Schwefels.

Schwefeldioxyd und schweflige Säure.

Versuch 195. Ein gewöhnlicher Gasentwicklungsapparat wird mit Kupferschnitzeln (oder ein paar Pfennigstücken) beschickt. Durch das Trichterrohr gießt man so viel konzentrierte Schwefelsäure nach, daß das Kupfer völlig bedeckt wird, und erhitzt. Es entwickelt sich ein stechend riechendes Gas — Schwefeldioxyd —, mit dem man einige Zylinder nach dem Luftverdrängungsverfahren füllen kann:

$$2\,H_2SO_4 + Cu = CuSO_4 + 2\,H_2O + SO_2.$$

Diese Reaktionsgleichung ist nur dann verständlich, wenn man sie in mehrere Untergleichungen zerlegt:

$$\begin{aligned} &\text{I.} & H_2SO_4 + \overset{\text{II}}{Cu} &= CuSO_4 + H_2. \\ &\text{II.} & H_2SO_4 + H_2 &= H_2SO_3 + H_2O. \\ &\text{III.} & H_2SO_3 &= H_2O + SO_2. \end{aligned}$$

1. Ein Molekül Schwefelsäure bildet mit einem Molekül Kupfer ein Molekül Kupfersulfat. Dabei wird natürlich ein Molekül Wasserstoff frei.

2. Der Wasserstoff reduziert in statu nascendi ein weiteres Molekül Schwefelsäure zu schwefliger Säure und Wasser (siehe S. 89).

3. Die unbeständige schweflige Säure zerfällt sofort in ihr Anhydrid, Schwefeldioxyd und Wasser (siehe S. 89).

Versuch 196. Ein weiterer Versuch soll uns die bei der Bildung des Schwefeldioxyds stattfindende Reduktion der Schwefelsäure noch anschaulicher machen. Wenn ein Körper einen andern reduziert, so wird er selbst dabei natürlich oxydiert. Wir müssen also einen Stoff zur Reduktion anwenden, dessen Oxydationsprodukt wir leicht nachweisen können. Es wird der gleiche Apparat wie zum vorigen Versuch zusammengestellt. An Stelle der Kupferschnitzel verwenden wir jetzt etwas pulverisierte Holzkohle und leiten das sich entwickelnde Gas erst durch eine Waschflasche mit möglichst wenig Wasser (das Rohr soll höchstens 1 mm tief eintauchen), dann durch eine zweite Waschflasche, die etwas Kalkwasser enthält.

Sobald man die Gasentwicklung durch kräftiges Erhitzen in Gang bringt, bildet sich in der zweiten Waschflasche ein weißer Niederschlag von Calciumcarbonat. Dies ist also ein Beweis dafür, daß die Kohle die Schwefelsäure reduziert und sich selbst dabei zu Kohlendioxyd oxydiert hat. Das gleichzeitig gebildete Schwefeldioxyd wird größtenteils in der ersten Waschflasche absorbiert [1]) und leicht an seinem stechenden Geruch erkannt:

$$2\,H_2SO_4 + C = CO_2 + 2\,SO_2 + 2\,H_2O.$$

Versuch 197. In den im Versuch 133 beschriebenen Gasentwicklungsapparat aus Kochflasche und Tropftrichter füllt man eine kalt gesättigte Lösung von Natriumsulfit und läßt aus dem Tropftrichter lang-

[1]) Wegen der heftigen Absorption muß man durch kräftiges Erhitzen für reichliche Gasentwicklung sorgen, damit das Wasser aus der Waschflasche nicht in die Kochflasche zurücksteigt.

sam konzentrierte Schwefelsäure zutropfen. Es entwickelt sich ein regelmäßiger Strom von Schwefeldioxyd, da das schwefligsaure Natrium durch die stärkere Säure zersetzt wird:

$$Na_2SO_3 + H_2SO_4 = Na_2SO_4 + H_2O + SO_2.$$

Wenn man an Stelle von Natriumsulfit die unter dem Namen „Bisulfitlauge" käufliche konzentrierte Lösung von saurem Natriumsulfit (doppeltschwefligsaures Natrium, Natriumbisulfit) $NaHSO_3$ anwendet, erhält man doppelt so viel Schwefeldioxyd:

$$2\,NaHSO_3 + H_2SO_4 = Na_2SO_4 + 2\,H_2O + 2\,SO_2.$$

Diese Herstellungsweise ist die bequemste.

Versuch 198. Man stelle einen mit Schwefeldioxyd gefüllten Zylinder mit der Mündung unter Wasser und ziehe die Glasplatte weg. Das Wasser steigt rasch bis zu beträchtlicher Höhe, da das Gas stark absorbiert wird. Die Lösung reagiert sauer und enthält schweflige Säure, H_2SO_3.

Versuch 199. In einen Zylinder mit Schwefeldioxyd taucht man eine brennende Kerze. Sie erlischt sofort. (Anwendung von Schwefeldioxyd zu Feuerlöschzwecken in vielen Handfeuerlöschapparaten, die Materialien zur Entwicklung von Schwefeldioxyd enthalten.)

Versuch 200. Ein Schwefeldioxydentwicklungsapparat (am besten der aus Versuch 197) wird mit einer konzentrierte Schwefelsäure enthaltenden Waschflasche verbunden. Das dort getrocknete Gas wird durch ein 40 cm langes senkrechtes Rohr geleitet, das mit Hilfe eines durchbohrten Korks und eines weiten Glasrohrs zu einem Kühler hergerichtet ist. Der Kühlermantel wird mit einer wirksamen Kältemischung (s. S. 474) gefüllt, und unter ihm ein in der gleichen Kältemischung stehendes Reagenzglas aufgestellt (Fig. 205). Das Gas verdichtet sich in dem Kühlrohr zu einer Flüssigkeit und sammelt sich in dem Reagenzglas an. Sobald man das Reagenzglas aus der Kältemischung nimmt, geht das flüssige Schwefeldioxyd unter bedeutendem Wärmeverbrauch wieder in den gasförmigen Zustand über. Wenn man es flüssig aufbewahren will, muß man statt des Reagenzglases eine Einschmelzflasche (Fig. 206) anwenden.

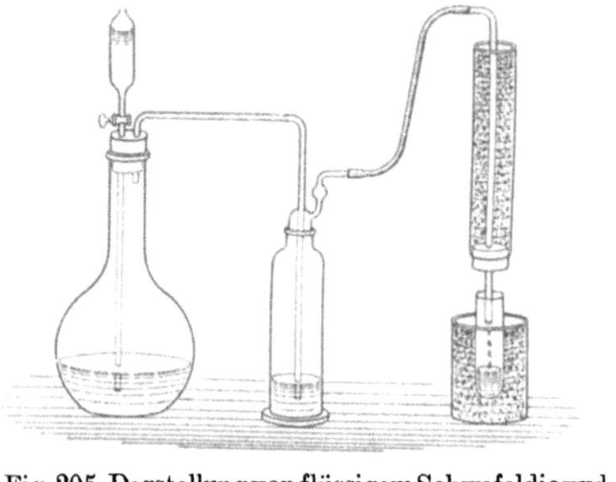

Fig. 205. Darstellung von flüssigem Schwefeldioxyd.

Sobald sich eine genügende Menge Flüssigkeit gebildet hat, wird die Flasche, während sie noch in der Kältemischung steht, an der engen Stelle abgeschmolzen. (Diese Arbeit muß sehr sorgfältig vorgenommen werden, da der Druck im Innern der Flasche sehr groß ist. Würde man die abgeschmolzene Stelle zu rasch abkühlen lassen, oder wäre das Glas ungleichmäßig erhitzt worden, dann würde es unfehlbar nach einiger Zeit gesprengt.) Sehr bequem, aber teuer, sind die Hoffmannschen Vorlagen zur Aufbewahrung flüssigen Schwefeldioxyds mit 2 oder 3 Glashähnen (Fig. 207). Sie machen den Kühler entbehrlich und werden mit geöffneten Hähnen a, b und c unmittelbar in die Kältemischung gestellt. Das Schwefeldioxyd verdichtet sich dann, und kann nach Schließung der Hähne aufbewahrt werden. Will man Dioxyd entnehmen, so öffnet man b, läßt etwas Flüssigkeit in die Erweiterung zwischen a und b laufen, schließt b und öffnet a.

Fig. 206. Einschmelzflasche.

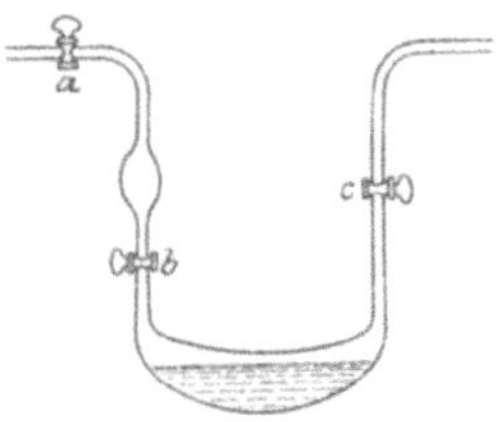

Fig. 207. Hoffmannsche Vorlage.

Versuch 201. In einen zweifach tubulierten Ballon oder eine zweihalsige Woulffsche Flasche leitet man Schwefelwasserstoff und Schwefeldioxyd ein, worauf sofort reichliche Mengen von Schwefel abgeschieden werden. (Vgl. die Bemerkung zu Versuch 183.) . Einfacher läßt sich der Versuch anstellen, indem man einen Zylinder mit Schwefelwasserstoff auf einen gleichgroßen mit Schwefeldioxyds tellt und die trennende Glasplatte wegzieht:

$$SO_2 + 2\,H_2S = 2\,H_2O + 3\,S.$$

Versuch 202. Eine frisch bereitete Lösung von Schwefeldioxyd in Wasser wird mit etwas Bariumchlorid versetzt. Es entsteht ein weißer Niederschlag von Bariumsulfit.

$$Ba^{\cdot\cdot}\,Cl_2 + H_2SO''_3 = BaSO_3 + 2\,HCl.$$

Der Niederschlag ist in einem Überschuß von Salzsäure löslich. (Wesentlicher Unterschied von Bariumsulfat!)

Versuch 203. Eine rote Rose oder Nelke wird in einen Zylinder mit Schwefeldioxyd gestellt oder in wässrige schweflige Säure getaucht. Nach einiger Zeit ist die rote Farbe völlig verschwunden. Nun tauche man die Rose in verdünnte Schwefelsäure: die rote Farbe kommt wieder zum Vorschein. Schwefeldioxyd oder schweflige Säure übt also eine wesentlich andere bleichende Wirkung aus als Chlor. Während Chlor die Farbstoffe zerstört, bildet schweflige Säure mit ihnen wahrscheinlich farblose Salze, die dann durch die stärkere Schwefelsäure wieder zersetzt werden.

Schwefeltrioxyd und Schwefelsäure.

Versuch 204. Die Darstellung des Schwefeltrioxyds aus Sauerstoff und Schwefeldioxyd läßt sich mit Hilfe eines sehr sinnreichen, von G. Müller angegebenen Apparates ausführen. Es handelt sich darum, ein Gemenge aus zwei Teilen Schwefeldioxyd und einem Teil Sauerstoff herzustellen und es unter Vermittlung von Platin als Katalysator zu Schwefeltrioxyd zu vereinigen. Den dazu dienenden Apparat zeigt die Figur 208.

Durch das Gabelrohr wird der eingeleitete Sauerstoffstrom in 2 Teile geteilt. Der eine gelangt durch die gleich zu besprechende Röhre a in das Rohr D, der andere geht durch das Rohr b erst in das Reagenzglas C, in dem Schwefel brennt. Er wird dort in Schwefeldioxyd verwandelt und gelangt dann ebenfalls nach D. Um zu bewirken, daß doppelt so viel Dioxyd als Sauerstoff in D eintritt, sind die Reguliervorrichtungen a und b eingeschaltet. a enthält eine Glasröhre, b dagegen zwei. Es gelangt also doppelt so viel Sauerstoff nach C zu dem brennenden Schwefel, als durch a in D eintreten kann. Das Verbindungsrohr zwischen b und C muß natürlich einen größeren Durchmesser haben als die Ventilröhren. Man nimmt am besten Gabelrohr und Verbindungsrohre etwa 6—8, Ventilrohre 3—4 mm weit. Das Rohr D enthält etwas Watte zur

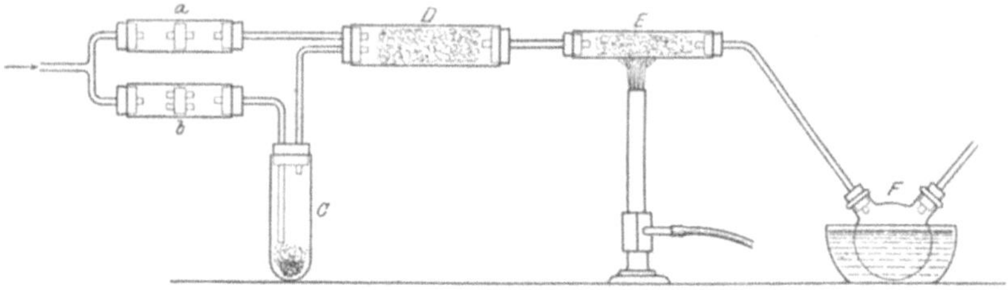

Fig. 208. Darstellung von Schwefeltrioxyd.

Reinigung des Gasgemisches. E ist ein Stück schwer schmelzbares Glasrohr, das zum Teil mit platiniertem Asbest gefüllt ist. In ihm findet die Vereinigung zu Schwefeltrioxyd statt, das sich in der gut gekühlten Vorlage F verdichtet. Um den Apparat in Betrieb zu setzen, leitet man zunächst gewaschenes und in Schwefelsäure getrocknetes Sauerstoffgas durch das Gabelrohr ein, erhitzt, wenn alle Luft aus dem Apparat vertrieben ist, den Platinasbest in E und setzt dann den Schwefel in C in Brand. Das Anzünden des Schwefels geschieht am besten auf die Weise, daß man ihn erst zum Schmelzen bringt und dann ein bohnengroßes Stück Bimsstein, das man mit Schwefel getränkt und angezündet hat, in das Glas wirft. Der Platinasbest wird hergestellt indem man langfaserigen Asbest mit einer ziemlich konzentrierten Platinchloridlösung übergießt, die Flüssigkeit dann abtropfen läßt und ihn in Ammoniak legt. Es bildet sich gelber Platinsalmiak auf dem Asbest. Man bringt ihn dann, nachdem man das überschüssige Ammoniak wieder hat abtropfen lassen, in einen Schmelztiegel und erhitzt ihn so lange, bis er vollständig mit schwarzem, metallischem Platin überzogen ist. Darauf füllt man ihn noch warm in das Rohr E. Das Reagenzglas C muß ziemlich groß gewählt werden ($2^1/_2$ cm Durchmesser). Das Sauerstoffeinströmrohr soll etwa 10 mm über dem brennenden Schwefel endigen, während das Ableitungsrohr für das gebildete Schwefeldioxyd zwischen C und D genügend weit sein muß, damit es nicht durch sublimierenden Schwefel verstopft wird. Selbstverständlich ist, daß alle Glasröhren in a und b gleiche Weite haben und luftdicht eingesetzt sein müssen. Nötigenfalls sind also die sie tragenden Korke noch mit Paraffin zu dichten.

Versuch 205. Durch die Vereinigung von Schwefeltrioxyd (Schwefelsäureanhydrid) mit Wasser entsteht Schwefelsäure. Man werfe $^1/_{10}$ g Schwefeltrioxyd in ein Becherglas mit Wasser (Vorsicht, Schutzbrille!). Es erfolgt unter Zischen, mitunter sogar unter leichter Explosion, die chemische Vereinigung zu Schwefelsäure. Man versetze die Flüssigkeit mit einigen Tropfen Bariumchlorid: es entsteht ein weißer, in Salzsäure unlöslicher Niederschlag von Bariumsulfat. (Siehe Vers. 115 und 202.)

Versuch 206. Der Vorgang bei der Schwefelsäurebereitung nach dem Bleikammerverfahren läßt sich leicht veranschaulichen. Das Wesentlichste, das wir im ersten Teil nur äußerst schematisch angeben konnten, ist die Rolle, die die Salpetersäure dabei spielt. Sie zerfällt nämlich zum Teil in verschiedene Stickoxyde, die Sauerstoff abgeben und dadurch das Schwefeldioxyd zu Trioxyd oxydieren. Den abgegebenen Sauerstoff nehmen sie aus der gleichzeitig eingeführten Luft wieder auf, verwandeln sich dadurch wieder in das ursprüngliche Oxyd, geben wieder Sauerstoff an das Schwefeldioxyd ab usw. Es spielt also die Salpetersäure, d. h. die aus ihr abgespaltenen Stickoxyde, die Rolle eines Sauerstoffüberträgers, da ja die Stickstoffoxyde selbst an der chemischen Umsetzung nicht teilnehmen, sondern nur eine Art „Durchgangsstation" für unbegrenzte Mengen Sauerstoff bilden. Der Theorie nach müßte also eine geringe Menge Salpetersäure zur Oxydation unbeschränkter Massen von Schwefeldioxyd genügen. In der Praxis tritt natürlich doch immer ein geringer Verlust an Salpetersäure durch Verdampfung, Auflösung in der Schwefelsäure usw. ein.

Wie schon im ersten Teil erwähnt, sind die Reaktionen zwischen Schwefeldioxyd und Salpetersäure noch nicht völlig aufgeklärt. Es bilden sich verschiedene komplizierte Zwischenprodukte, von denen wir einige am Schluß der Versuche mit Schwefel darstellen wollen. In ganz groben Umrissen läßt sich die Oxydation des Schwefeldioxyds durch die Gleichungen wiedergeben:

$$SO_2 + NO_2 = SO_3 + NO$$
$$NO + O = NO_2 \text{ (siehe Versuch 104).}$$
$$SO_2 + NO_2 = SO_3 + NO \text{ usw.}$$

Man füllt einen Zylinder oder eine Kochflasche mit farblosem Stickstoffoxyd (Versuch 103). Dann läßt man eine Spur Luft eintreten, so daß sich braunes Stickstoffdioxyd bildet. Jetzt gibt man einige Kubikzentimeter mit Schwefeldioxyd gesättigtes Wasser zu und schüttelt kräftig um. Die braune Farbe verschwindet:

$$SO_2 + H_2O + NO_2 = H_2SO_4 + NO.$$

Nun läßt man wieder Luft in die Flasche treten: es bildet sich wieder braunes Dioxyd, das wieder mit Schwefeldioxydlösung reduziert wird usw. Die gebildete Schwefelsäure läßt sich durch Bariumchlorid leicht nachweisen.

Versuch 207. Hat uns der vorige Versuch die Theorie des Bleikammerverfahrens gezeigt, so wollen wir nun auch die Praxis kennen lernen. Wir stellen uns den hier abgebildeten Apparat zusammen:

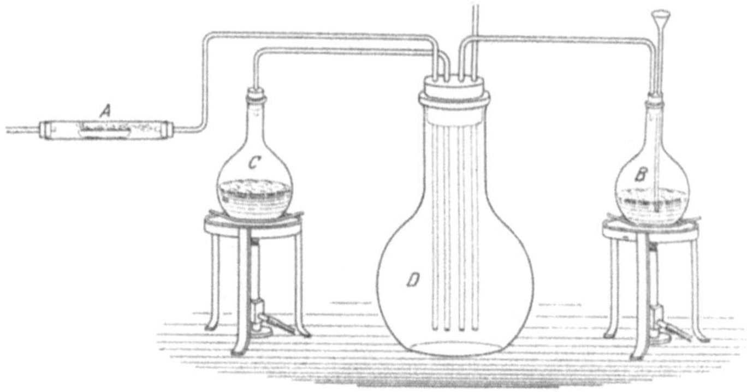

Fig. 209. Darstellung der Schwefelsäure nach dem Bleikammerverfahren.

Die Stelle des „Kiesofens" vertritt das Verbrennungsrohr A (Fig. 209), in dem ein langsamer Luft- oder Sauerstoffstrom über brennenden Schwefel geleitet wird. Das so gebildete Dioxyd gelangt in die große, mit einem vierfach durchbohrten Kork verschlossene Kochflasche D, die die Rolle der „Bleikammer" spielt. In D wird gleichzeitig noch Stickoxyd aus B und Wasserdampf aus C eingeleitet. Das vierte, gerade Rohr dient zur Ableitung überschüssiger Gase und wird am besten mit dem Abzug verbunden. Um den Schwefel in A zu verbrennen, bringt man Schwefelblumen in ein kleines Porzellanschiffchen, entzündet sie und schiebt das Schiffchen ins Rohr. An Stelle der Kochflasche D kann auch eine vierhalsige Woulffsche Flasche angewandt werden.

Versuch 208. Man setze den im vorigen Versuch beschriebenen Apparat in Gang, jedoch ohne Zufuhr von Wasserdampf nach der „Bleikammer". Nach kurzer Zeit bedecken sich die Wände der Kochflasche mit weißen „Bleikammerkrystallen", die sich bei der Einführung von Wasserdampf auflösen.

Versuch 209. Zur Darstellung der Schwefelsäure nach dem „Kontaktverfahren" bedient man sich des Apparates aus Versuch 204. Die Vorlage F wird mit 50 ccm Wasser beschickt, worauf man unmittelbar reine Schwefelsäure erhält.

Versuch 210. In einer Abdampfschale werden vorsichtig 40 ccm konzentrierte Schwefelsäure in 10 ccm Wasser gegossen. Wenn man die Flüssigkeiten durch Umrühren mit einem Thermometer mischt, wird man finden, daß die Temperatur weit über 100° steigt. Diese starke Erhitzung läßt darauf schließen, daß eine chemische Vereinigung zwischen Schwefelsäure und Wasser, d. h. eine Hydratbildung, stattfindet. Tatsächlich erhält man auch beim Abkühlen des Gemischs unter 0° Krystalle eines der Formel $H_2SO_4 + H_2O$ entsprechenden Hydrats. Außer diesem kennt man noch eine Reihe anderer Hydrate mit wechselndem Wassergehalt.

Versuch 211. Die Hydratbildung beim Vermischen von Schwefelsäure und Wasser ist auch die Ursache der dabei eintretenden Verringerung des Volumens. Eine 100 ccm fassende Bürette wird genau bis zum 50. Teilstrich mit Wasser gefüllt. Dann gibt man sehr langsam noch 50 ccm konzentrierte Schwefelsäure zu und mischt sehr vorsichtig durch Umrühren mit einem langen Glasstab und schwaches Hin- und Herneigen der Bürette. (Vorsicht wegen starker Erhitzung!) Nachdem die Flüssigkeiten gehörig durchmischt sind, liest man ihr Volumen ab und wird nicht 100 ccm, sondern einige Kubikzentimeter weniger finden.

Versuch 212. Man tauche ein Stückchen Holz in konzentrierte Schwefelsäure. Es wird infolge der Ausscheidung von Kohle schwarz.

Versuche 213. In eine warme, möglichst starke Zuckerlösung wird langsam konzentrierte Schwefelsäure gegossen. Es scheiden sich voluminöse schwarze Massen ab, die aus fast reinem Kohlenstoff bestehen. (Siehe S. 85 und vgl. auch die Einwirkung von Chlor auf Kohlenwasserstoffe, Vers. 126 und 127.)

Versuch 214. Man fülle zwei Reagenzgläser halb voll verdünnte Schwefelsäure und gebe in das eine etwas metallisches Magnesium, in das andere Magnesiumoxyd. Das Metall löst sich unter Wasserstoffentwicklung, das Oxyd ohne irgendein Gas in Freiheit zu setzen. Aus beiden Lösungen krystallisiert nach dem Eindampfen Magnesiumsulfat aus:

$$Mg + H_2SO_4 = MgSO_4 + H_2$$
$$MgO + H_2SO_4 = MgSO_4 + H_2O.$$

In ähnlicher Weise werden die meisten anderen Metalle von Schwefelsäure zu Sulfaten gelöst. —

Eine Auflösung von Schwefeltrioxyd in Schwefelsäure stößt an der Luft dicke weiße Dämpfe aus und ist die rauchende Schwefelsäure oder das „Nordhäuser Vitriolöl" des Handels. Sein Name kommt daher, daß es ehemals in Nordhausen durch Rösten von Eisensulfat („Eisenvitriol") hergestellt wurde.

Versuch 215. Etwas saures Kaliumsulfat, $KHSO_4$ wird in einem hessischen Tiegel bis zur Rotglut erhitzt. Das Salz schmilzt unter Aufschäumen, gibt Wasser ab und geht in Kaliumpyrosulfat, $K_2S_2O_7$ über:

$$2\,KHSO_4 = K_2S_2O_7 + H_2O.$$

Bei noch stärkerem Erhitzen gibt das Pyrosulfat Schwefeltrioxyd ab und wird dadurch teilweise zu Kaliumsulfat:

$$K_2S_2O_7 = K_2SO_4 + SO_3.$$

Versuch 216. Auf den durch den vorigen Versuch erläuterten Reaktionen beruht die Anwendung des sauren Kaliumsulfats (Kaliumbisulfats) zum „Aufschließen" unlöslicher Oxyde. Man glühe in einem

Schmelztiegel eine kleine Menge Eisenoxyd bei heller Rotglut etwa 5 Minuten lang und überzeuge sich nach dem Erkalten zunächst davon, daß das Oxyd durch diese Behandlung die Fähigkeit verloren hat, sich in Säuren zu lösen. Um es einer chemischen Untersuchung zugänglich zu machen, muß man es also erst „aufschließen". Das Oxyd wird mit der sechsfachen Menge Kaliumbisulfat in der Reibschale zusammengerieben und dann im Schmelztiegel bei gelinder Wärme geschmolzen. Die erkaltete Masse wird in warmem Wasser gelöst, mit Ammoniak alkalisch gemacht und mit Schwefelammonium versetzt. Es fällt schwarzes Eisensulfid aus (vgl. Versuch 189), wodurch bewiesen ist, daß das Oxyd wirklich in eine lösliche Form übergeführt worden ist. Es hat sich mit dem Pyrosulfat zu Ferrisulfat und Kaliumsulfat umgesetzt:

$$Fe_2O_3 + 3\,K_2S_2O_7 = Fe_2(SO_4)_3 + 3\,K_2SO_4.$$

Die Umsetzung vollzieht sich hier schon bei niederer Temperatur, weil in Gegenwart des Eisenoxyds das Schwefeltrioxyd von dem Pyrosulfat leichter abgespalten wird.

Freie Pyroschwefelsäure bildet bei 35° schmelzende Krystalle. Man kann sie sich, wie alle Pyrosäuren, entstanden denken durch Austritt eines Moleküls Wasser aus zwei Molekülen normaler Säure und Verkettung der Reste:

$$2\,H_2SO_4 = H_2S_2O_7 + H_2O.$$

Da die Pyroschwefelsäure zweibasisch ist, kann sie auch saure Pyrosulfate von der Allgemeinformel

$$\overset{\mathrm{I}}{M}HS_2O_7$$

bilden.

Thioschwefelsäure.

Versuch 217. Eine mäßig starke Lösung von Natriumsulfit wird mit etwas Schwefelblumen versetzt und in einer Abdampfschale 1/4 Stunde lang gekocht. Dann filtriert man, dampft das Filtrat etwas ein und läßt auskrystallisieren. Es entstehen schöne Krystalle von Natriumthiosulfat, $Na_2S_2O_3$:

$$Na_2SO_3 + S = Na_2S_2O_3.$$

Versuch 218. Etwas Natriumthiosulfatlösung wird schwach erwärmt und mit einigen Tropfen verdünnter Salzsäure versetzt. Es scheidet sich Schwefel ab, während Schwefeldioxyd entweicht:

$$\text{I. } Na_2S_2O_3 + 2\,HCl = 2\,NaCl + H_2S_2O_3$$
$$\text{II. } H_2S_2O_3 = S + H_2SO_3$$
$$\text{III. } H_2SO_3 = SO_2 + H_2O.$$

Wenn man die 3 Teilgleichungen in eine zusammenzieht, so ergibt das:

$$Na_2S_2O_3 + 2\,HCl = 2\,NaCl + S + SO_2 + H_2O.$$

Versuch 219. Eine Natriumthiosulfatlösung wird mit einigen Tropfen Silbernitrat versetzt. Es entsteht ein weißer Niederschlag von Silberthiosulfat [1]), der aber schnell gelb und dann schwarz wird, da er durch das Wasser zersetzt wird.

---

[1]) Im Überschuß von Natriumthiosulfat löst sich Silberthiosulfat zu einem Komplexsalz. (Siehe Vers. 221).

I. $2\,Na^{\cdot} + S_2O_3'' + 2\,Ag^{\cdot} + 2\,NO_3' = Ag_2S_2O_3 + 2\,NaNO_3$,
II. $Ag_2S_2O_3 + H_2O = Ag_2S + H_2SO_4$.
(schwarz)

Versuch 220. Wenn man statt des Silbernitrats im vorigen Versuch Bariumchlorid verwendet, so erhält man einen weißen Niederschlag von Bariumthiosulfat:

$$Ba^{\cdot\cdot} + S_2O_3'' = BaS_2O_3.$$

Bariumthiosulfat ist leicht löslich in heißem Wasser. (Unterschied von Bariumsulfat und Bariumsulfit!)

Versuch 221. Etwas frisch ausgefälltes und gewaschenes Chlorsilber (vgl. Vers. 571) wird mit einer ziemlich starken Natriumthiosulfatlösung übergossen. Das Silberchlorid wird zunächst in Silberthiosulfat, $Ag_2S_2O_3$, verwandelt, das dann mit einem Überschuß von Natriumthiosulfat ein leicht lösliches Doppelsalz von der Zusammensetzung $AgNaS_2O_3$ bildet. („Fixiersalz" siehe S. 89.)

Überschwefelsäure. (Perschwefelsäure.)

Versuch 222. Etwas Ammoniumpersulfat wird in einem Glühröhrchen oder Reagenzglas erhitzt. Es entweicht Sauerstoff, was mittels des glimmenden Spans festgestellt wird.

Versuch 223. Ammoniumpersulfatkrystalle werden in Wasser gelöst. Man vernimmt dabei ein sehr charakteristisches, knisterndes Geräusch. Zu der Lösung gibt man etwas Silbernitrat. Es entsteht ein schwarzer Niederschlag von Silbersuperoxyd.

Versuch 224. Wenn man eine Lösung von reinem Ammoniumpersulfat mit Bariumchlorid versetzt, entsteht kein Niederschlag. Nun erhitze man die Flüssigkeit zum Sieden: es entsteht jetzt ein weißer Niederschlag von Bariumsulfat. Durch die Wärme ist also das Persulfat zerlegt worden.

Seltene Säuren und Oxyde des Schwefels: Polythionsäuren, Sulfoxylsäure, Carosche Säure, Schwefelsesquioxyd, Schwefelheptoxyd.

Durch Einwirkung von Jod auf Natriumthiosulfat entsteht das Salz $Na_2S_4O_6$ nach der Gleichung:

$$2\,Na_2S_2O_3 + J_2 = Na_2S_4O_6 + 2\,NaJ.$$

Die Verbindung $Na_2S_4O_6$ ist also das Natriumsalz einer zweibasischen Säure $H_2S_4O_6$, die Tetrathionsäure heißt. Außer ihr kennt man noch die Säuren:

$H_2S_2O_6$ Di-
$H_2S_3O_6$ Tri-
$H_2S_5O_6$ Penta-
und wahrscheinlich auch $H_2S_6O_6$ Hexa-
} thionsäure.

Wie man sieht, unterscheiden sie sich durch die Anzahl der im Molekül enthaltenen Schwefelatome voneinander, die ihnen auch den Namen gegeben haben. Zusammenfassend nennt man diese Säuren Polythionsäuren [1]). Einige von ihnen sind in freiem Zustand bekannt, andere nur in Form ihrer Salze. Die freien Säuren zerfallen mehr oder weniger leicht in Schwefelsäure, Schwefeldioxyd und eine entsprechende Menge Schwefel:

$$H_2S_xO_6 = H_2SO_4 + SO_2 + (x - 2)\,S.$$

Versuch 225. Zu einer Natriumthiosulfatlösung wird tropfenweise eine Lösung von 1 g Jod in 25 ccm 1 proz. Jodkalilösung zugegeben. Die braune Farbe des Jods verschwindet sofort, bis alles Thiosulfat in Tetrathionat übergeführt ist. Diese Reaktion wird in der Maßanalyse zur Bestimmung des Gehalts von Jod- und Thiosulfatlösungen verwandt.

Versuch 226. Um auch ein Salz einer Polythionsäure, das Bariumdithionat, herzustellen, verfahren wir folgendermaßen: Reines, aus Kaliumpermanganatlösung durch Kochen mit Chlorkalklösung, oder bei Versuch 241 erhaltenes frisch gefälltes Mangandioxyd(hydrat) (etwa 50 g) wird in einem Becherglas mit 200 ccm Wasser übergossen. Unter beständigem Umrühren leitet man so lange Schwefeldioxyd ein, bis die Flüssigkeit klar geworden ist. (Während des Einleitens von Schwefeldioxyd stellt man das Becherglas in kaltes Wasser.) Man hat so eine Lösung von Mangandithionat erhalten:

$$MnO_2 + 2\,SO_2 = MnS_2O_6.$$

Zur Entfernung überschüssigen Schwefeldioxyds sowie etwa entstandener Sulfate gibt man Barytwasser (siehe S. 171) zu, solange noch ein weißer Niederschlag entsteht, filtriert von dem ausgefällten Bariumsulfat in der Wärme (50°) ab und entfernt aus dem klaren Filtrat das überschüssige Barium, indem man so lange Kohlendioxyd durchleitet, als noch weißes Bariumcarbonat gefällt wird. Darauf wird wieder vom Carbonatniederschlag abfiltriert und aus dem Filtrat das überschüssige Kohlendioxyd durch gelindes Erwärmen und Umrühren entfernt. Man hat jetzt eine reine Lösung von Bariumdithionat:

$$MnS_2O_6 + Ba(OH_2) = BaS_2O_6 + Mn(OH)_2.$$

Das Filtrat wird bis zum beginnenden Salzhäutchen eingedampft und zur Krystallisation hingestellt. Die erhaltenen Krystalle von Bariumdithionat können auf Tonscherben getrocknet und dann, gut verschlossen und vor grellem Licht geschützt, aufbewahrt werden.

Versuch 227. Schweflige Säure wird durch naszierenden Wasserstoff zu einer neuen Säure reduziert: der Sulfoxylsäure, H_2SO_2. Man schütte etwas Zinkstaub in wässerige schweflige Säure. Ein Teil des Zinks wird gelöst, aber trotzdem entwickelt sich kein Wasserstoff, weil er sofort mit dem der schwefligen Säure entzogenen Sauerstoff zu Wasser zusammentritt:

$$H_2SO_3 + 2\,H = H_2SO_2 + H_2O.$$

Nachdem man die Flüssigkeit mit dem Zink einige Zeit ruhig hat stehen lassen, hat sie sich gelblich gefärbt, ein Zeichen dafür, daß Sulf-

[1]) πολύς (polys) = viel, ϑεῖον (theion) = Schwefel.

oxylsäure entstanden ist. Sie übt stark reduzierende Wirkungen aus, da sie das Bestreben hat, unter Sauerstoffaufnahme wieder in schweflige Säure überzugehen. Dies wird durch folgende Versuche bewiesen:

Versuch 228. Etwas Sulfoxylsäure wird mit einem Tropfen Silbernitratlösung versetzt. Es fällt schwarzes metallisches Silber aus.

Versuch 229. Wenn man statt Silbernitrat einige Tropfen Indigolösung anwendet, verschwindet die Indigofarbe augenblicklich. (Anwendung von Sulfoxylaten in der Zeugdruckerei.)

Versuch 230. Wie weit die Reduktion der schwefligen Säure geht, richtet sich nur nach der vorhandenen Menge naszierenden Wasserstoffs. Durch geeignete Versuchsanordnung läßt sie sich sogar bis zum Schwefelwasserstoff reduzieren:

$$H_2SO_3 + 6\,H = H_2S + 3\,H_2O.$$

Es wird der in Versuch 197 beschriebene Gasentwicklungsapparat zusammengestellt. In den Tropftrichter (Fig. 210) bringt man eine wässrige Lösung von Schwefeldioxyd (= schweflige Säure), in die Kochflasche etwas Zink und verdünnte Salzsäure.

Die entwickelten Gase werden in eine verdünnte Bleinitratlösung geleitet. Wenn die Wasserstoffentwicklung in der Kochflasche in vollem Gang ist, läßt man aus dem Trichter langsam schweflige Säure zutropfen. Bald zeigt die Schwärzung der Bleilösung das Vorhandensein von Schwefelwasserstoff an.

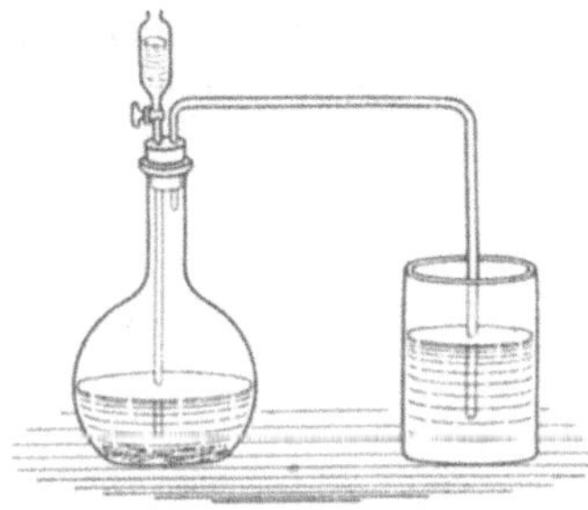

Fig. 210. **Reduktion der schwefligen Säure zu Schwefelwasserstoff.**

Versuch 231. Man versieht eine geräumige Kochflasche mit zwei bis auf den Boden reichenden Gaszuleitungsrohren und einem unter dem Stopfen endigenden, nach einem Abzug führenden Ableitungsrohr. In die Flasche gibt man 32 g Zinkstaub und eine Lösung von 105 g Natriumbisulfit. Durch das eine Rohr leitet man Kohlendioxyd ein, durch das andere Schwefeldioxyd, das man durch Zersetzung von 65 g Natriumsulfit mit verdünnter Schwefelsäure herstellt. Man schwenkt tüchtig um und bringt so das Zink in Lösung. Schließlich filtriert man (möglichst unter Aufleiten von Kohlendioxyd auf die Flüssigkeit im Trichter und Becherglas) und versetzt das Filtrat so lange mit absolutem Alkohol, bis Krystalle von Natriumhydrosulfit, $Na_2S_2O_4$ ausfallen. Man wäscht sie mit etwa 40° warmem Alkohol (Vorsicht beim Anwärmen! Wasserbad!), trocknet sie auf Ton und hebt sie gut verschlossen auf.

Versuch 232. 10 ccm „Perhydrol“ [1]) werden in einer Kochflasche

[1]) Konzentriertes Wasserstoffsuperoxyd, das von der Firma Merk in Darmstadt in den Handel gebracht wird.

mit 50 ccm Wasser verdünnt. Auf die Flasche setzt man einen Tropftrichter auf, der mit 165 ccm konzentrierter Schwefelsäure gefüllt wird. Dann wird die Flasche in Eiswasser gestellt, und unter fortwährender Bewegung läßt man die Säure langsam in das Wasserstoffsuperoxyd tropfen. Nachdem alle Schwefelsäure verbraucht ist, hat man in der Kochflasche Carosche Säure: $H_2SO_4 + H_2O_2 = H_2SO_5 + H_2O$; man erkennt sie daran, daß sie Jodkalistärkelösung augenblicklich bläut, da sie Jod frei macht.— Es ist bei diesem Versuch darauf zu achten, das sich der Inhalt der Kochflasche während des Zutropfens der Säure gut mischt und nicht erwärmt. —

Durch die Einwirkung dunkler elektrischer Entladungen auf ein Gemisch aus Schwefeldioxyd und Sauerstoff erhält man Schwefelheptoxyd, S_2O_7, als zähe, bei 0^0 krystallinisch erstarrende Flüssigkeit. Das Schwefelheptoxyd ist das Anhydrid der Perschwefelsäure:

$$S_2O_7 + H_2O = H_2S_2O_8.$$

Verbindungen des Schwefels mit Chlor. Säurechloride.

Versuch 233. In eine tubulierte Retorte bringt man 50 g Schwefelblumen. Eine durch den Tubus führende, bis nahe an die Schwefeloberfläche reichende Röhre dient zum Einleiten eines gewaschenen und

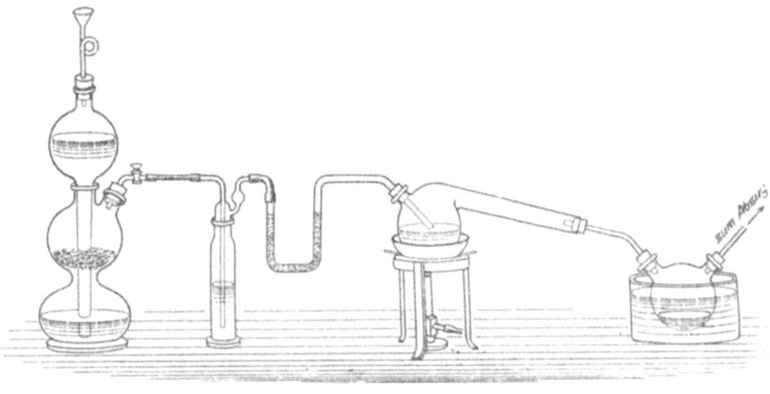

Fig. 211. Darstellung von Chlorschwefel.

getrockneten Chlorstroms. Die Retorte steht mit einer gut gekühlten tubulierten Vorlage in Verbindung, durch deren Tubus man die entweichenden Gase in den Abzug leitet (Fig. 211).

Wenn der Apparat zusammengesetzt ist, beginnt man Chlor in die Retorte zu leiten. Sollte keine Reaktion eintreten, so erwärmt man gelinde; sobald die Reaktion einmal in Gang ist, ist weitere Zufuhr von Wärme unnötig. Es sammelt sich in der Vorlage bei guter Kühlung eine braungelbe, unangenehm riechende Flüssigkeit, Schwefelmonochlorid (Chlorschwefel, Schwefelchlorür), S_2Cl_2, an.

Versuch 234. Etwas Chlorschwefel wird in einem Reagenzglas mit Wasser übergossen. Infolge der durch das Wasser bewirkten hydrolytischen

Spaltung (siehe S. 155) des Chlorids wird Schwefel abgeschieden, und es entweicht Schwefeldioxyd. Die Lösung reagiert infolge Anwesenheit von Salzsäure sauer:

$$2\,S_2Cl_2 + 2\,H_2O = 4\,HCl + SO_2 + 3\,S.$$

Hydrolytische Zersetzung findet bei den meisten Chloriden der Metalloide statt. —

In einigen Säuren des Schwefels lassen sich ein elne Hydroxylgruppen durch elektronegative Elemente, vornehmlich Chlor, ersetzen.

Es lassen sich demnach von der Schwefelsäure folgende Säurechloride erwarten:

$$SO_2\begin{matrix}\diagup Cl\\ \diagdown OH\end{matrix}\,,$$

Chlorsulfonsäure, in der eine Hydroxylgruppe durch Chlor ersetzt ist. Sie hat den Charakter einer starken, einbasischen Säure, HSO_3Cl.

Das zweite mögliche Chlorid der Schwefelsäure wäre:

$$SO_2\begin{matrix}\diagup Cl\\ \diagdown Cl\end{matrix}\,,$$

Sulfurychlorid. (Das zweiwertige Radikal $SO_2<$ heißt „Sulfuryl".)

Versuch 235. Die Darstellung des Sulfurylchlorids geschieht durch Vereinigung von Schwefeldioxyd und Chlor unter Vermittelung von

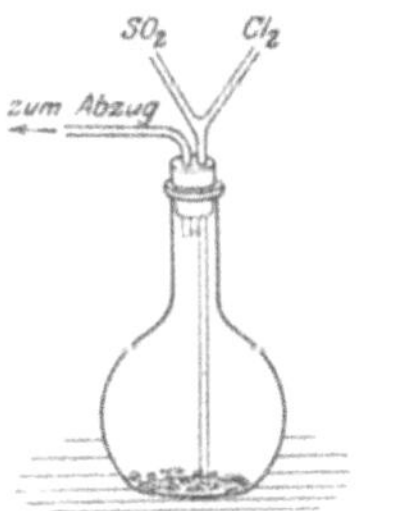

Fig. 212. Darstellung des Sulfurylchlorids.

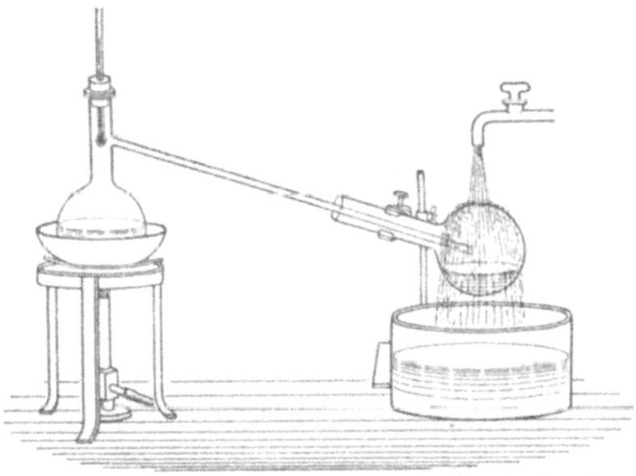

Fig. 213. Reinigen des Sulfurylchlorids durch fraktionierte Destillation.

Kampfer; dieser Körper hat nämlich die Eigenschaft, Schwefeldioxyd in großen Mengen unter Verflüssigung zu absorbieren. Wenn man in die so erhaltene Flüssigkeit Chlor einleitet, so erfolgt die Vereinigung zu Sulfurylchlorid.

Eine Kochflasche von 250 ccm Inhalt wird mit 5 g Kampfer beschickt und in ein Gefäß mit Eiswasser gestellt. Ein gut schließender Stopfen trägt ein bis fast auf den Boden der Flasche reichendes Gabelrohr und ein zweites Glasrohr, das zum Ableiten der Gase nach dem Abzug dient (Fig. 212).

Man leitet nun zunächst durch den einen Zweig des Gabelrohrs (der andere wird mit einem Stückchen Schlauch, in dem ein Glasstäbchen steckt, verschlossen) so lange getrocknetes Schwefeldioxyd ein, bis sich der Kampfer verflüssigt hat. Das Gabelrohr muß dann in die Flüssigkeit eintauchen. Wenn die Reaktion so weit vorgeschritten ist, wird durch den anderen Zweig gewaschenes und getrocknetes Chlor eingeleitet. Nachdem das Volumen der ursprünglich in der Kochflasche enthaltenen Flüssigkeit um einen merkbaren Betrag gestiegen ist, wird der Versuch unterbrochen, der Kochflascheninhalt in eine Retorte gegossen und das entstandene Sulfurylchlorid aus dem Wasserbad in eine kühl gehaltene Vorlage abdestilliert. Man erhält es als eine farblose, schwach rauchende Flüssigkeit. Zweckmäßig verwendet man an Stelle der Retorte zur Destillation einen „Fraktionierkolben", in dessen Hals ein Thermometer eingesetzt wird (Fig. 213); man halte die Temperatur zwischen 80 und 90°, da das Sulfurylchlorid bei 70° siedet. (Das Thermometer soll nur so tief in den Kolben eingesenkt werden, daß sich die Quecksilberkugel gegenüber der Mündung des langen Rohrs befindet. Auf diese Weise wird die Temperatur am genauesten bestimmt.)

Versuch 236. Man mische etwas Sulfurylchlorid in einem Reagenzglas mit der fünffachen Menge Wasser. Es tritt eine hydrolytische Spaltung in Schwefelsäure und Chlorwasserstoff ein:

$$SO_2\begin{cases}Cl \\ Cl\end{cases} + \begin{matrix}H\,OH \\ H\,OH\end{matrix} = H_2SO_4 + 2\,HCl.$$

Die entstandene Schwefelsäure, oder richtiger gesagt, das SO_4''-Ion, läßt sich mit Bariumchlorid leicht nachweisen. —

Das erste Chlorid der schwefligen Säure, $SO\begin{cases}Cl \\ OH\end{cases}$, ist nicht bekannt. Dagegen ist das zweite $SO\begin{cases}Cl \\ Cl\end{cases}$, $SOCl_2$ (Thionylchlorid) dargestellt. (Das Radikal SO< heißt Thionyl.)

Verbindungen der Schwefelsäure mit Stickstoffoxyden. Zwischenprodukte im Bleikammerprozeß.

Wie wir in Versuch 208 sahen, entstehen in der Bleikammer bei ungenügender Zufuhr von Wasserdampf feste Zwischenprodukte, die Bleikammerkrystalle. Sie bestehen aus einer Verbindung, die man sich aus Pyroschwefelsäure und Stickstoffsesquioxyd entstanden denken kann Sie heißt Nitrosylschwefelsäure, hat die Zusammensetzung $NOHSO_4$,

$$H_2S_2O_7 + N_2O_3 = 2\,SO_2\langle{}^{OH}_{ONO},$$

und läßt sich demnach auffassen als Schwefelsäure, in der das eine Wasserstoff-Ion durch das Radikal NO (Nitrosyl) ersetzt ist.

Versuch 237. Wir stellen die Nitrosylschwefelsäure dar durch Einleiten von Stickstoffsesquioxyd in Pyroschwefelsäure. Das Stickstoffsesquioxyd erhält man durch Reduktion von Salpetersäure mit arseniger Säure, die dabei zu Arsensäure oxydiert wird (vgl. Versuch 98).

In eine mit Tropftrichter und Gasableitungsrohr versehene Kochflasche von 300 ccm Inhalt bringt man 66 g arsenige Säure in erbsengroßen Stücken (Vorsicht wegen der Giftigkeit!) und übergießt sie mit 10 ccm Salpetersäure von 1,3 spez. Gew. Wenn man gelinde erwärmt, entwickelt sich Stickstoffoxyd und Stickstoffdioxyd, das sich zusammen wie Stickstoffsesquioxyd verhält:

$$NO + NO_2 = N_2O_3.$$

Die Stickstoffoxyde werden in einen in kaltem Wasser stehenden Erlenmeyerkolben geleitet, der 50 g rauchende Schwefelsäure (von 45% Gehalt an Schwefeltrioxyd) enthält. Sollte die Entwicklung von Stickoxyden nachlassen, so gibt man aus dem Tropftrichter wieder etwas Salpetersäure zu. Nach und nach erstarrt der Inhalt des Erlenmeyerkolbens zu Krystallen von Nitrosylschwefelsäure. Der Versuch wird unterbrochen, wenn die Gewichtszunahme etwas über 20 g (genau: 20,32 g) beträgt. Die Krystalle werden auf einem Tonscherben ausgebreitet und im Exsikkator über Schwefelsäure getrocknet.

Versuch 238. Wenn man Nitrosylschwefelsäure mit Chlornatrium erhitzt, so wird die das eine Wasserstoff-Ion der Schwefelsäure ersetzende (sich also elektropositiv verhaltende) Nitrosylgruppe NO durch Natrium ersetzt, während sie mit dem Chlor zu Nitrosylchlorid zusammentritt:

$$SO_2\langle{}^{OH}_{O-NO} + NaCl = SO_2\langle{}^{OH}_{O-Na} + NO-Cl.$$

25 g Nitrosylschwefelsäure werden mit 12 g gut getrocknetem Natriumchlorid gemischt. (Das Kochsalz wird in einem bedeckten Schmelztiegel so lange erhitzt, bis man kein knisterndes Geräusch mehr vernimmt.) Die Mischung wird dann in eine mit Gasableitungsrohr versehene Kochflasche von etwa 100 ccm Inhalt gefüllt und auf (nicht in) dem Wasserbad schwach erwärmt. Die gelben Dämpfe von Nitrosylchlorid, die bald entstehen, werden auf den Boden eines 25 cm langen und $1^1/_2$—2 cm weiten, dickwandigen Glasrohres geleitet, das in einer Kältemischung steht. Wenn der Versuch einige Zeit im Gange ist, stellt man die Kochflasche in das Wasserbad und erhöht durch Zufügen von etwas Kochsalz die Siedetemperatur des Wassers (siehe S. 211). Wenn sich kein Nitrosylchlorid mehr entwickelt, wird die Glasröhre aus dem Verflüssigungsgefäß gezogen und dieses, während es noch in der Kältemischung steht, mit der Gebläseflamme in der bei Versuch 200

beschriebenen Weise zugeschmolzen. Das flüssige Nitrosylchlorid ist eine bei ungefähr — 6° siedende, gelbe Flüssigkeit. Bei Gegenwart von Wasser löst es sogar Gold, und das Königswasser (siehe Versuch 136) verdankt ihm diese Fähigkeit, da ein Gemisch von Salz- und Salpetersäure freies Nitrosylchlorid enthält. (Wegen der ätzenden Eigenschaften dieses Körpers gehe man mit dem zugeschmolzenen Glasrohr, besonders an warmen Tagen, vorsichtig um und bedenke, daß es leicht springen kann!)

Versuch 239. Durch die Einwirkung von Natriumnitrit auf Natriumbisulfit unter verschiedenen Bedingungen lassen sich die Natriumsalze einiger Säuren erhalten, die aus Säuren des Schwefels und Stickstoffoxyden bestehen und zum Teil auch Zwischenprodukte des Bleikammerverfahrens darstellen. — 125 ccm einer Lösung, die im Liter 350 g käufliches Natriumnitrit enthält, werden in einem Becherglas auf einmal mit 300 ccm käuflicher Natriumbisulfitlösung („Bisulfitlauge" von 1,32 spez. Gew.) versetzt. Die Mischung erwärmt sich sehr stark infolge der Bildung des nitrilosulfosauren Natriums, $(NaSO_3)_3N$:

$$NaNO_2 + 3\,NaHSO_3 = (NaSO_3)_3N + NaOH + H_2O.$$

Da das Natriumsalz leicht löslich ist, läßt es sich nicht in fester Form erhalten. Wenn man es aber durch Eingießen des Reaktionsgemischs in einen Liter kalt gesättigter Chlorkaliumlösung in das Kaliumsalz überführt, so erhält man sofort eine große Menge Krystalle von nitrilosulfosaurem Kalium: $(KSO_3)_3N$. Die weißen Krystalle werden an der Pumpe abgesaugt, mit wenig Alkohol gewaschen und getrocknet.

Versuch 240. Stellt man den vorigen Versuch unter Kühlung an, dann verläuft die Reaktion nicht ganz so weit, sondern bleibt schon eine Stufe vorher stehen: es bildet sich hydroxylamin-disulfosaures Natrium. 100 ccm Nitritlösung werden in einem Becherglas mit 200 g Eis versetzt. Dann gibt man unter Umrühren 100 ccm Bisulfitlauge und schließlich 20 ccm Eisessig zu. Das nach der Gleichung:

$$NaNO_2 + 2\,NaHSO_3 = HO\,.\,N(SO_3Na)_2 + NaOH$$

entstehende hydroxylamin-disulfosaure Natrium wird durch Eingießen in 500 ccm kalt gesättigte Kaliumacetatlösung in das Kaliumsalz übergeführt, das in weißen Krystallen ausfällt; diese werden nach Versuch 239 behandelt.

Versuch 241. Durch Oxydation der Lösung von hydroxylamindisulfosaurem Natrium mit Kaliumpermanganat entsteht das Natriumsalz der sehr interessanten Nitrosodisulfosäure. Man stellt sich zunächst auf die im vorigen Versuch angegebene Weise das hydroxylamindisulfosaure Natrium her. Zu dieser Lösung fügt man 25 ccm Ammoniak (20%) und darauf 400 ccm einer Lösung, die im Liter 32 g Kaliumpermanganat enthält. Es fallen große Mengen Mangansuperoxyd aus. Man filtriert von dem braunen Niederschlag ab. Das Filtrat ist dunkelviolett gefärbt. Diese Färbung kommt aber nicht von dem Permanganat her — denn das ist völlig zersetzt — sondern stammt ausschließlich von dem in der Lösung enthaltenen nitroso-disulfosauren Natrium

$ON(SO_3Na)_2$. Um das Kaliumsalz abzuscheiden, gießt man die violette Lösung in das doppelte Volumen kaltgesättigter Chlorkaliumlösung. Es fällt sofort nitroso-disulfosaures Kalium, $ON(SO_3K)_2$, in schön orangefarbenen Krystallen aus. Die Krystalle werden abgesaugt, mit wenig kaltem Wasser gewaschen und getrocknet. In Wasser lösen sie sich wieder mit violetter Farbe, die besonders auf Zusatz eines Tropfens verdünnter Schwefelsäure deutlich hervortritt. Wir haben also hier die interessante Erscheinung, daß eine Verbindung orangefarben krystallisiert und eine violette Lösung liefert.

Selen.

Versuch 242. 2—5 g Selen werden in einem 20 cm langen und 2—4 cm weiten Rohr aus schwer schmelzbarem Glas erhitzt, während man einen langsamen Strom gewaschenen und getrockneten Sauerstoff durch das Rohr leitet (Fig. 214)

Das Selen verbrennt mit bläulich grüner Flamme und einem eigentümlichen, an faule Rettiche erinnernden Geruch zu Selendioxyd, das sich in den kälteren Teilen des Rohrs zu weißen Krystallen verdichtet.

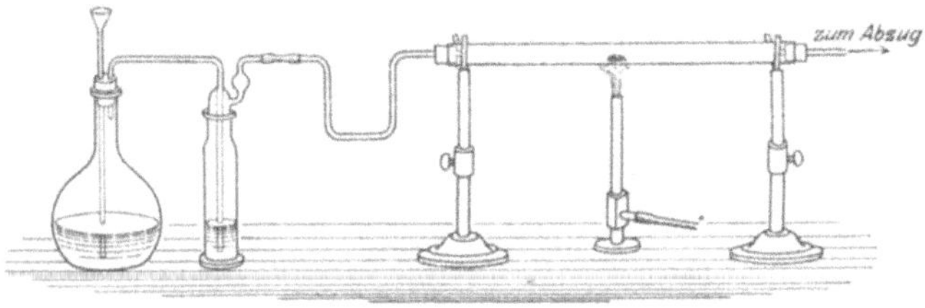

Fig. 214. Darstellung von Selendioxyd.

Versuch 243. Durch Auflösen von Selendioxyd in Wasser erhält man Krystalle von seleniger Säure, H_2SeO_3. Bequemer stellt man die Verbindung durch Oxydation von Selen mit Salpetersäure dar. Unter dem Abzug erhitzt man Selen mit konzentrierter Salpetersäure bis zur vollständigen Lösung des Metalloids. Man verdampft dann, bis das Volumen auf die Hälfte zurückgegangen ist, füllt mit Wasser auf, verdampft wieder bis zur Hälfte des Volumens und läßt im Exsikkator über konzentrierter Schwefelsäure auskrystallisieren. (Man kann auch direkt bis fast zur Trockne verdampfen [Vorsicht! Schutzbrille!, da die Flüssigkeit manchmal plötzlich explosionartig zu seleniger Säure erstarrt] und die Krystalle dann noch einmal aus heißem Wasser umkrystallisieren.)

$$Se + 2\,HNO_3 = H_2SeO_3 + N_2O_3. \text{ —}$$

Versuche mit Tellur anzustellen, ist wegen der Seltenheit dieses Elementes unmöglich.

Versuche zum achten Vortrag.

(S. 94 bis S. 113.)

Phosphor.

Vorbemerkung: Phosphor kann sich an der Luft schon bei der kleinsten Temperaturerhöhung (Wärme der Hand!) entzünden. Die Brandwunden, die durch Phosphor hervorgebracht werden, sind sehr gefährlich und heilen schwer. Innerlich genommen wirkt Phosphor als tödliches Gift. Hieraus ergibt sich, daß man mit diesem Stoff nur mit der größten Vorsicht und unter besonderer Beachtung folgender Regeln umgehen darf: Alle Arbeiten mit Phosphor, wie Zerkleinern, Befestigen an Drähten usw. dürfen nur unter Wasser vorgenommen werden. Niemals darf man Phosphor in die Hand nehmen; man fasse ihn nur mit einer Zange an. Bei allen Versuchen, bei denen die Möglichkeit besteht, daß Phosphor in Brand geraten kann (sie sind im folgenden durch * kenntlich gemacht), halte man eine große Schüssel mit Wasser in Bereitschaft und sei stets bedacht, die Hände vor umherspritzenden brennenden Phosphorteilchen zu schützen. Am besten arbeitet man bei diesen Versuchen mit einem Assistenten.

***Versuch 244.** Man faßt ein Stückchen Phosphor mit der Tiegel-

Fig. 215. Untersuchung der Leuchterscheinungen des Phosphors.

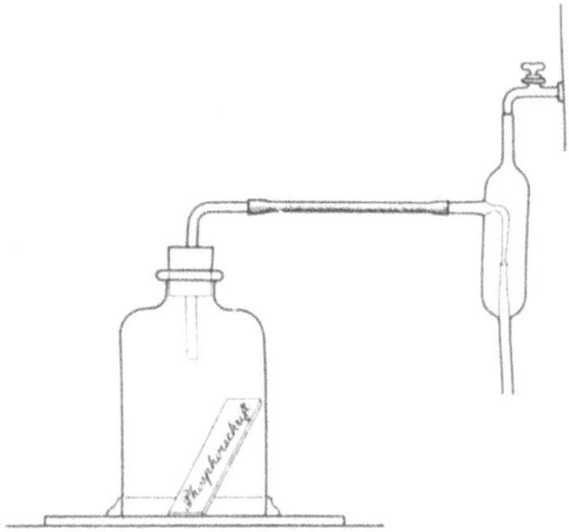

Fig. 216. Phosphor leuchtet in Sauerstoff bei vermindertem Druck.

zange und schreibt mit ihm im Dunkeln auf eine Schiefertafel. Die Schriftzüge leuchten in eigentümlichem blaugrünen Licht.

Versuch 245. Man bringt die Schiefertafel mit der leuchtenden Schrift unter eine tubulierte Glasglocke (Flasche mit abgesprengtem Boden, oder besser tubulierter Rezipient einer Luftpumpe). (Fig. 215).

In den Tubus klemmt man mit einem Kork einen mit Terpentinöl getränkten Filtrierpapierstreifen: das Leuchten hört sofort auf. Man nimmt den Streifen weg und lüftet den Stopfen; sobald Luftsauerstoff in die Flasche kommt, beginnt das Leuchten wieder. Die Flasche wird jetzt mit Plastilin auf eine Glasplatte aufgedichtet, und durch den Tubus ein Strom reinen, trocknen Sauerstoffgases eingeleitet, bis ein an die Mündung gehaltener glimmender Span die völlige Füllung der Flasche mit dem Gas anzeigt. Der Tubus wird nun luftdicht verkorkt; falls der Sauerstoff ganz rein war, hat jetzt jedes Leuchten aufgehört. Man vertauscht dann rasch den Kork gegen einen mit einer Glasröhre versehenen und verbindet auf diese Weise die Flasche durch Druckschlauch mit der Wasserstrahlpumpe (Fig. 216).

Wenn die Pumpe in Tätigkeit gesetzt, der Druck in der Flasche also vermindert wird, beginnt das Leuchten wieder und wächst schließlich zu beträchtlicher Stärke an. — Die Tatsache, daß Phosphor in Sauerstoff von gewöhnlichem Druck nicht leuchtet, ist auffallend, da man das Leuchten des Phosphors ja als Folge einer langsamen Oxydation betrachtet. Sie ist bis jetzt noch nicht sicher erklärt.

Versuch 246. Das Leuchten des Phosphors ermöglicht seinen Nachweis, sobald er in freiem Zustand vorhanden ist. Das kann bei gerichtlichen Untersuchungen stets angenommen werden, da zu Phosphorvergiftungen nur Streichholzköpfchen[1]) und ebenfalls freien Phosphor enthaltende „Latwerge" (zur Vertilgung von Ratten dienend), in Frage kommen. — Ein halbes Brötchen wird klein gebrockt und in einer Kochflasche mit so viel Wasser eingeweicht, daß ein dünnflüssiger Brei entsteht. Dazu gibt man dann noch ein bohnengroßes Stückchen Phosphor. Um das Vorhandensein von Phosphor nachzuweisen, verschließt man die Flasche mit einfach durchbohrtem Stopfen und Glasrohr von der aus der Figur auf S. 96 ersichtlichen Länge und setzt noch einen Kühler an.

Nun wird in verdunkeltem Zimmer auf dem Drahtnetz erwärmt, und durch den Kühler fließendes Wasser geleitet. Bald beginnt das Rohr und die Kühlschlange blaugrün zu leuchten, ja es kann sogar vorkommen, daß brennende Phosphortröpfchen in den unter den Kühler gesetzten Erlenmeyerkolben fallen. Hiermit ist also der sichere Nachweis für das Vorhandensein von Phosphor in dem untersuchten Brei erbracht.

Versuch 247. Ein sehr interessanter Nachweis freien gelben Phosphors beruht auf der Tatsache, daß bei seiner langsamen Verbrennung die Luft in Ionen gespalten und dadurch für Elektrizität leitend gemacht wird, während sie gewöhnlich ein Nichtleiter ist. Die Ionisation der Luft wird dadurch nachgewiesen, daß ein Elektroskop seine Ladung verliert, weil die auf ihm sitzende Elektrizität von der ionisierten Luft zur Erde abgeleitet wird. —

In das Reagenzglas A (Fig. 217a) bringt man ein erbsengroßes Stückchen Phosphor. Mit dem Glas steht eine etwa 1 Liter fassende leere Flasche in Verbindung. Daran schließt sich ein Zylinder aus Blech C

[1]) Die sogenannten Phosphorzündhölzer sind wohl kaum mehr anzutreffen, da sie längst durch die ungiftigen und nicht feuergefährlichen Sicherheitszündhölzer ersetzt sind.

Durch eine nahe am Boden angebrachte seitliche Öffnung wird mit einem Kork, der nötigenfalls mit Plastilin gedichtet wird, das von der Flasche B kommende Glasrohr luftdicht eingesetzt. In den Deckel der Büchse bohrt man ein Loch zur Aufnahme eines doppelt durchbohrten Gummistopfens. (Hier ist unbedingt Gummi zu verwenden!) Durch die eine Bohrung führt eine Messingstange, die an ihrem unteren Ende eine kleine Metallkugel trägt. Am oberen Ende befestigt man zwei Streifchen aus Blattgold Fig. 217 b). Die zweite Bohrung nimmt eine zur Verbindung mit der Pumpe dienende Glasröhre auf. Die Metallkugel wird zweckmäßig

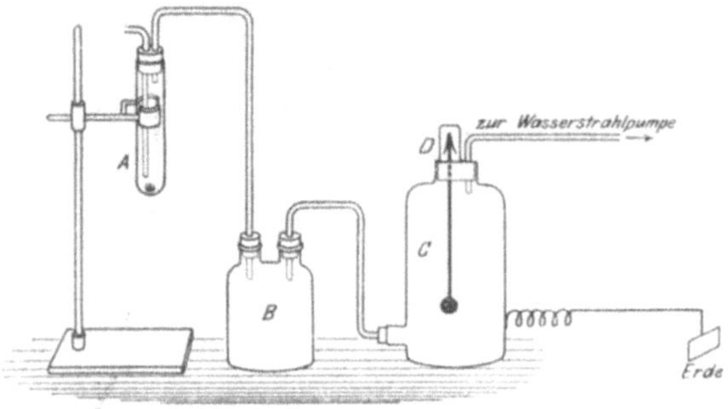

Fig. 217 a. Elektrostatischer Nachweis des Phosphors.

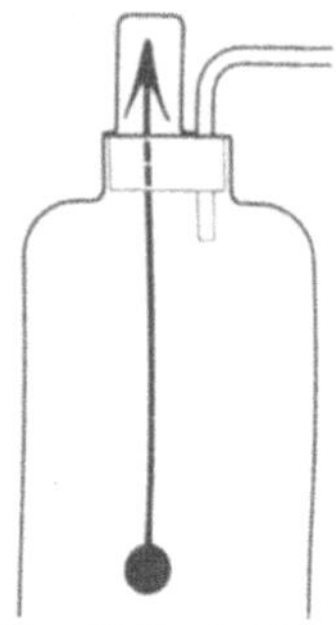

Fig. 217 b. Elektroskop. (Detailzeichnung zu Fig. 217 a).

an dem Draht angelötet; man muß aber streng darauf achten, daß nirgends Spitzen oder Kanten entstehen, da das Elektroskop sonst sofort seine Ladung verlieren würde. Die Blechbüchse wird durch einen Draht mit der Erde verbunden, was man am einfachsten dadurch erreicht, daß man den Draht an einer der metallenen Gas- oder Wasserleitungsröhren befestigt. Nun versieht man das Elektroskop durch Berühren mit einer schwach geriebenen Siegellackstange mit einer elektrischen Ladung[1]), so daß die Goldblättchen auseinanderstreben, und saugt mit der Wasserstrahlpumpe einen langsamen Luftstrom durch das Reagenzglas A; so lange es noch keinen Phosphor enthält, wird die Ladung des Elektroskops kaum beeinflußt. Sobald man aber ein Stückchen Phosphor in den Apparat bringt, leitet die ionisierte Luft die Elektrizität von der Elektroskopkugel auf die Blechbüchse, und von da gelangt sie durch den Draht nach der Erde. Den Verlust der elektrischen Ladung bemerkt man an dem sofortigen Zusammenfallen der Goldblättchen. (Man überdeckt das Elektroskop zum Schutz am besten mit einem passenden Becherglas, das auf einer auf den Gummistopfen gelegten durchbohrten Holzscheibe aufliegt.)

Versuch 248. Ein erbsengroßes Stück Phosphor wird im Reagenzglas mit etwa 5 ccm Schwefelkohlenstoff übergossen. Der Phosphor löst sich auf. Man gieße die Lösung auf einen Streifen Filtrierpapier:

---

[1]) Vgl. Physikbücher.

nach dem Verdunsten des Schwefelkohlenstoffs bleibt der Phosphor in so feiner Verteilung zurück, daß er sich von selbst entzündet und mit schwach prasselndem Geräusch verbrennt. Infolge der feinen Verteilung ist die Angriffsfläche, die der Phosphor dem Luftsauerstoff bietet, so groß, daß anstatt der gewöhnlichen langsamen eine rasche Oxydation, d. h. Verbrennung eintritt.

***Versuch 249.** Ein haselnußgroßes Stück Phosphor wird in einem Kelchglas mit 50° warmem Wasser übergossen. Der Phosphor schmilzt zu einer gelblichen Flüssigkeit. Man verbindet nun ein rechtwinklig gebogenes Glasrohr, das bis knapp über den geschmolzenen Phosphor reicht, mit einem Sauerstoffentwicklungsapparat und läßt langsam Sauerstoff einströmen. Jede einzelne Gasblase, die an den Phosphor gelangt, bewirkt eine lebhafte Verbrennung unter Wasser (Vorsicht, falls das Glas springen sollte! Schutzbrille).

***Versuch 250.** Über einen Dreifuß legt man einen 20 cm langen und 2 cm breiten Blechstreifen (Fig. 218).

Auf das eine Ende des Streifens bringt man ein erbsengroßes Stückchen gewöhnlichen Phosphor, auf das andere eine gleichgroße Menge roten, amorphen Phosphor. Nun erhitzt man durch einen genau unter die Mitte des Streifens gesetzten Bunsenbrenner und wird die Beobachtung machen, daß der rote Phosphor sich erst viel später entzündet als der weiße.

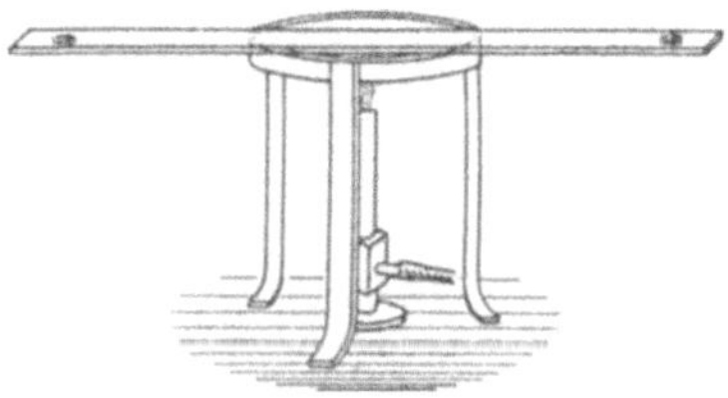

Fig. 218. Entzündung von rotem und weißem Phosphor.

Versuch 251. Etwas roter Phosphor wird im Reagenzglas mit Schwefelkohlenstoff übergossen. Der Phosphor löst sich nicht — höchstens werden Beimengungen von weißem Phosphor herausgelöst. Roter Phosphor leuchtet auch nicht im Dunkeln.

Phosphorwasserstoff.

Versuch 252. (Vorsicht! Schutzbrille! Der Versuch ist nur bei genauer Befolgung der Anleitung gefahrlos!) Eine mit doppelt durchbohrtem Kork verschlossene Kochflasche (Fig. siehe S. 100) wird zur Hälfte mit verdünnter Kalilauge gefüllt, worauf man zwei haselnußgroße Stückchen weißen Phosphors zugibt.

Das Gasableitungsrohr von der in der Figur wiedergegebenen Form ist 5 mm weit und taucht in eine Schüssel mit warmem Wasser; seine Mündung soll sich mindestens 1 cm unter der Wasseroberfläche befinden. Durch das andere Rohr steht die Kochflasche mit einem selbsttätigen Kohlendioxydentwicklungsapparat (Kippscher oder der auf S. 324 beschriebene Apparat) in Verbindung. Hat man einen Kippschen Apparat, so genügt der an ihm vorhandene Glashahn; wenn man dagegen den anderen verwendet, so muß man die Verbindung mit der Gasentwicklungsflasche durch ein Stück Gummischlauch mit Quetschhahn herstellen, um den Kohlendioxydstrom unterbrechen zu können. Man setzt nun die Kohlendioxydentwicklung in Gang und verdrängt so die Luft aus dem Apparat. Nachdem man sicher ist, daß keine Luft mehr in ihm enthalten ist; sperrt man den Kohlendioxydstrom ab und erwärmt die Kochflasche sehr mäßig auf dem Drahtnetz. Es entwickelt sich nach der Reaktionsgleichung:

$$P_4 + 3\,KOH + 3\,H_2O = 3\,KH_2OP_2 + PH_3\ ^{1)}$$

Phosphorwasserstoff, der sich an der Luft entzündet und mit glänzender Flamme unter Entwicklung prachtvoller Rauchringe verbrennt. Das Gas riecht sehr unangenehm nach Zwiebeln und faulen Fischen, weshalb man den Versuch zweckmäßig unter dem Abzug anstellt, da im Anfang immer unverbrannte Gasteile entweichen. Es ist dringend vor zu starkem Erhitzen zu warnen! Es sollen in der Sekunde höchstens 2 Blasen entweichen. Um den Versuch zu unterbrechen, verfährt man folgendermaßen: zunächst wird die Kohlendioxydentwicklung wieder in Gang gesetzt und der Bunsenbrenner entfernt. Es entweicht noch Phosphorwasserstoff, aber schließlich ist alles durch Kohlendioxyd verdrängt. Man wartet dann, bis der Apparat vollkommen kalt geworden ist, und nimmt ihn auseinander. Die Kalilauge wird ausgegossen und der Phosphor unter Beobachtung der bekannten Vorsichtsmaßregeln in das Vorratsgefäß zurückgegeben. Sollte er durch das Schmelzen eine solche Form angenommen haben, daß man ihn nicht mehr aus der Flasche entfernen kann, so muß man sie bis zum Hals mit Wasser füllen und so aufbewahren. Mit Kalilauge darf der Phosphor nicht in Berührung bleiben, da sich auch in der Kälte Phosphorwasserstoff entwickelt, und man fortwährend durch den Geruch belästigt werden würde. Solange der Apparat noch in Betrieb ist, darf man unter gar keinen Umständen Luft in die Gasentwicklungsflasche gelangen lassen. Eine heftige Explosion wäre die sichere Folge.

Versuch 253. Man stelle nach Versuch 252 Phosphorwasserstoff her, schalte aber zwischen Gasentwicklungsflasche und pneumatischer Wanne eine mit konzentrierter Salzsäure beschickte Waschflasche ein. Der beigemengte flüssige Phosphorwasserstoff wird durch die Salzsäure zersetzt, und der entweichende gasförmige entzündet sich nicht. Man bringe in die Schale, in die das Gasableitungsrohr taucht, Seifenwasser (die Rohrmündung darf nie an die Luft kommen, wenn der Apparat in Betrieb ist) und berühre eine Seifenblase, die sich am Rand der Schüssel befindet, mit einem in rauchende Salpetersäure getauchten Glasstab. Sofort entzündet sich der Phosphorwasserstoff wieder. — Außer dem gasförmigen und dem flüssigen kennt man auch noch einen festen Phosphorwasserstoff, dessen Zusammensetzung durch die Formel P_2H (oder ein ganzes Vielfaches davon wiedergegeben wird.

Versuch 254. Die Darstellung des Phosphoniumjodids (siehe S. 101) ist nicht ganz einfach und auch nur bei vorsichtigem Arbeiten gefahrlos.

[1]) Siehe S. 100.

5 g gewöhnlichen Phosphors werden in Schwefelkohlenstoff gelöst. Man gibt die Flüssigkeit in eine tubulierte Retorte, die in einem Gefäß mit Eiswasser gekühlt wird, und fügt langsam $8^1/_2$ g pulverisiertes Jod zu. (Vorsicht!) Nun wird der Tubus der Retorte mit einem doppelt durchbohrten Kork verschlossen, der ein Gaseinleitungsrohr und einen Hahntrichter trägt (Fig. 219).

Dann destilliert man den überschüssigen Schwefelkohlenstoff aus dem Wasserbad ab (Vorsicht wegen der Feuersgefahr! Nur vorher heiß gemachtes Wasser, keine offene Flamme verwenden!) und setzt, nachdem in der Retorte ein fester Rückstand von Phosphorjodid zurückgeblieben ist, an den kurz abgeschnittenen Retortenhals mit Hilfe eines Korkes ein noch weiteres Glasrohr und an dieses eine doppelt tubulierte Vorlage an. Der zweite Tubus wird mit dem Abzug verbunden. In den Tropftrichter bringt man 3 ccm Wasser und läßt, nachdem alle Luft aus dem Apparat durch getrocknetes Kohlendioxyd verdrängt ist, das Wasser langsam zu dem Phosphorjodid tropfen, während man fortgesetzt einen langsamen Kohlendioxydstrom einleitet. Unter heftiger Reaktion, die von starker Wärmeentwicklung begleitet wird, bildet sich Phosphoniumjodid (neben Jodwasserstoff) und verdichtet sich in dem Glasrohr. Nach Beendigung der Reaktion erhitzt man die Retorte langsam, bis alles Phosphoniumjodid übersublimiert ist. Nach dem Erkalten wird die Glasröhre zerschlagen, und man bewahrt die weißen Krystalle von Phosphoniumjodid gut verschlossen und vor Feuchtigkeit geschützt auf.

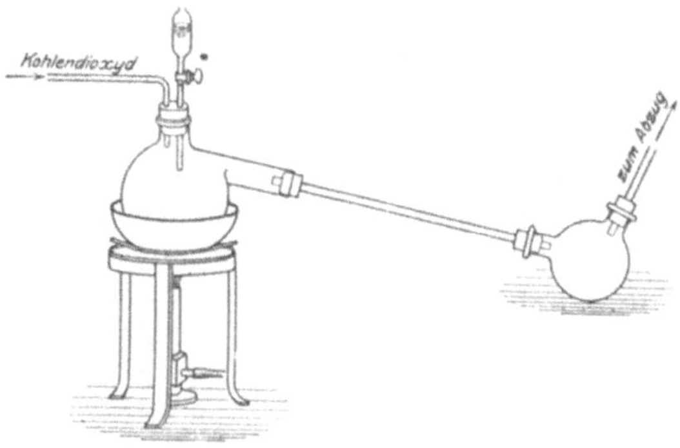

Fig. 219. Darstellung des Phosphoniumjodids.

Versuch 255. Ein kleines Kryställchen Phosphoniumjodid wird in einem Kelchglas mit Wasser übergossen. Es entwickelt sich reiner, nicht selbstentzündlicher Phosphorwasserstoff, PH_3, und Jodwasserstoff. (Der entstandene Jodwasserstoff läßt sich mit etwas Stärkelösung auf Zusatz eines Tropfens rauchender Salpetersäure leicht nachweisen.)

$$PH_4J = PH_3 + HJ.$$

Dieser Versuch zeigt, daß die Phosphoniumsalze viel leichter zersetzlich sind als die entsprechenden Ammoniumsalze, da diese erst beim Behandeln mit Laugen Ammoniak abspalten, während sie von Wasser nicht zersetzt werden. Die für Ammoniumsalze gültige Reaktionsgleichung:

$$NH_4J + KOH = NH_4OH + KJ \text{ (vgl. Versuch 86)}$$

läßt sich natürlich auch auf Phosphoniumsalze anwenden. Nur zerfällt das Phosphoniumhydroxyd sofort in Phosphorwasserstoff und Wasser:

$$\text{I. } PH_4J + KOH = PH_4OH + KJ$$
$$\text{II. } PH_4OH = PH_3 + H_2O$$

In einer Gleichung: $PH_4J + KOH = PH_3 + KJ + H_2O.$

Oxyde und Säuren des Phosphors.

Es sind folgende Oxyde des Phosphors sowie von ihnen abgeleitete Säuren bekannt:

—	H_3PO_2, unterphosphorige Säure (Salze: Hypophosphite).
P_2O_3 (oder P_4O_6) Phosphortrioxyd (od. Phosphorsesquioxyd), Phosphorigsäureanhydrid.	H_3PO_3, phosphorige Säure. ($P_2O_3 + 3\,H_2O = 2\,H_3PO_3$.) (Salze: Phosphite.)
P_2O_4, Phosphortetroxyd	$H_4P_2O_6$. (Vielleicht, nach Rosenheim, auch H_2PO_3). Unterphosphorsäure. (Salze: Hypophosphate.)
P_2O_5, Phosphorpentoxyd, Phosphorsäureanhydrid.	$P_2O_5 + 3\,H_2O = 2\,H_3PO_4$ Ortho-phosphorsäure. $P_2O_5 + 2\,H_2O = H_4P_2O_7$ Pyro-phosphorsäure. $P_2O_5 + H_2O = 2\,HPO_3$ Meta-phosphorsäure.

Außer diesen Oxyden findet man manchmal noch ein Phosphorsuboxyd, P_4O, erwähnt, über das aber nichts Sicheres bekannt ist. Ein Salz der unterphosphorigen Säure, nämlich das saure Kaliumhypophosphit KH_2PO_2, lernten wir bereits in Versuch 252 kennen.

Versuch 256. Phosphorige Säure wird durch hydrolytische Zersetzung des Phosphortrichlorids erhalten:

$$P\begin{cases} Cl & H\,OH \\ Cl + & H\,OH = H_3PO_3 + 3\,HCl. \\ Cl & H\,OH \end{cases}$$
$$PCl_3 + 3\,H_2O$$

Ein in einem Gefäß mit Eiswasser stehendes Becherglas enthält 100 ccm Wasser. Unter fortgesetztem Umrühren läßt man aus einem Tropftrichter langsam und vorsichtig 15 ccm Phosphortrichlorid zutropfen. Wegen des dabei entstehenden Chlorwasserstoffs muß man unter dem Abzug arbeiten. Nachdem alles Phosphortrichlorid verbraucht ist, dampft man in einer Abdampfschale auf $^1/_4$ des ursprünglichen Volumens ein, füllt wieder mit Wasser auf, dampft wieder ein und wiederholt dies noch zweimal. Dann kann man annehmen, daß die phosphorige Säure frei von Chlorwasserstoff ist. Sie wird nun bis zur Syrupdicke eingedampft, worauf man im Exsikkator über Phosphorpentoxyd in einer möglichst flachen, großen Schale auskrystallisieren läßt. Die phosphorige Säure ist nicht leicht zum Krystallisieren zu bringen; unter Umständen muß man wochenlang Geduld haben und alle 3 Tage das Phosphorpentoxyd im Exsikkator durch frisches ersetzen. Beim Eindampfen der Säure entstehen von einem gewissen Konzentrationsgrad ab kleine Phosphorflammen in der Abdampfschale. (Vorsicht!) Man spritzt dann sofort aus einer Spritzflasche Wasser zu und dampft gerade so weit ein, daß die Flammen noch nicht auftreten. Diss ist der richtige Zeitpunkt, die Säure zum Krystallisieren hinzustellen. Die weißen, zerfließlichen Krystalle werden entweder in einem zugeschmolzenen Glasrohr aufbewahrt, oder man löst sie in Wasser auf.

Versuch 257. Man löse etwas phosphorige Säure in wenig warmem Wasser und setze einen Tropfen Silbernitrat zu. Es entsteht ein schwarzer Niederschlag, der aus metallischem Silber besteht:

$$\text{I. } H_3PO_3 + 2\,AgNO_3 = Ag_2HPO_3 + 2\,HNO_3$$
$$\text{II. } Ag_2HPO_3 + H_2O = 2\,Ag + H_3PO_4$$

In einer Gleichung:

$$H_3PO_3 + 2\,AgNO_3 + H_2O = 2\,Ag + H_3PO_4 + 2\,HNO_3.$$

Das Anhydrid der phosphorigen Säure entsteht, wenn Phosphor bei ungenügendem Luftzutritt verbrennt, als weiße Masse.

Das Phosphortetroxyd, P_2O_4, bildet sich beim Erhitzen des Phosphorigsäureanhydrids P_2O_3 an der Luft. Mit Wasser bildet es gleichzeitig phosphorige und Phosphorsäure, ist also ein „gemischtes Anhydrid“:

$$P_2O_4 + 3\,H_2O = H_3PO_3 + H_3PO_4.$$

Unterphosphorsäure, $H_4P_2O_6$, entsteht bei der Einwirkung von feuchter Luft auf Phosphor neben anderen Säuren des Phosphors.

Phosphorpentoxyd, P_2O_5, ist das gewöhnliche Verbrennungsprodukt des Phosphors.

***Versuch 258.** Zur Darstellung von Phosphorpentoxyd setzt man auf eine mattgeschliffene Glasplatte ein auf einem kleinen Backstein ruhendes Porzellanschälchen und überdeckt das Ganze mit einer tubulierten Glasglocke (Fig. 220).

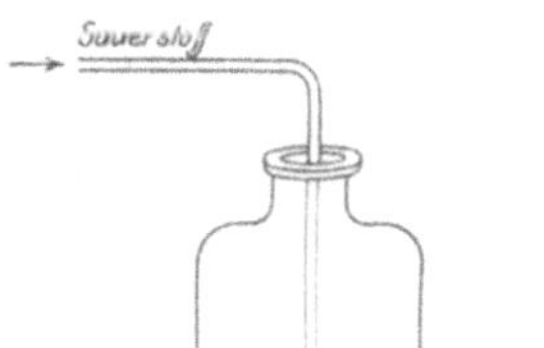

Fig. 220. Darstellung von Phosphorpentoxyd.

Durch den — nicht verschlossenen — Tubus führt eine Glasröhre, die mit einem Sauerstoffentwicklungsapparat verbunden ist. Die Röhre soll bis knapp über den Rand des Schälchens reichen. In die Schale bringt man ein höchstens haselnußgroßes Stück Phosphor, der, während man ihn in der Zange hielt, schnell und ohne zu reiben mit Filtrierpapier abgetrocknet wurde. (Größte Vorsicht!) Dann füllt man die Glocke mit gewaschenem und getrocknetem Sauerstoff und entzündet den Phosphor durch Berühren mit einem heißen Draht. (Vorsicht vor umherspritzenden Phosphorteilchen!) Der Sauerstoffstrom muß so geregelt werden, daß der Phosphor nur mit mäßiger Heftigkeit verbrennt. Nach Beendigung des Versuchs findet man, wenn sich der Rauch etwas gesetzt hat, die Glasplatte mit einer Schicht weißen Phosphorpentoxyds bedeckt, das wegen seiner Zerfließlichkeit schnell in gut verschlossenen Gefäßen aufbewahrt werden muß. (Zur Vermeidung von Verlusten an Pentoxyd kann man den Tubus der Glocke mit einer durchlochten Asbestpappescheibe verschließen.)

Ortho-, Meta- und Pyrophosphorsäure.

Orthophosphorsäure, H_3PO_4, kann außer durch Auflösen ihres Anhydrids P_2O_5 in Wasser auch durch Oxydation elementaren Phosphors mit Salpetersäure erhalten werden.

Versuch 259. Ein erbsengroßes Stück Phosphor wird in einem Reagenzglas mit mäßig starker Salpetersäure gelinde erwärmt. Es entstehen braune Stickoxyde, und der Phosphor wird allmählich zu Phosphorsäure gelöst.

$$3\,P + 5\,HNO_3 + 2\,H_2O = 3\,H_3PO_4 + 5\,NO.$$

Man dampft die Flüssigkeit in einer Porzellanschale einigemale bis zur Sirupdicke ab, um sie von Salpetersäure zu befreien. Der Rückstand ist reine Phosphorsäure und kann wieder mit Wasser verdünnt werden.

Versuch 260. Etwas verdünnte Orthophosphorsäure wird mit Silbernitrat versetzt. Es fällt ein gelber Niederschlag von Silberorthophosphat, Ag_3PO_4, aus, der in Salpetersäure und Ammoniak löslich ist:

$$H_3PO_4 + 3\,AgNO_3 = Ag_3PO_4 + 3\,HNO_3.$$

Versuch 261. Man löst etwas Ammoniummolybdat, $(NH_4)_2MoO_4$, in verdünnter Salpetersäure und erwärmt die Flüssigkeit auf ungefähr 40°. Dann gibt man einen Tropfen verdünnter Orthophosphorsäure zu. Die Lösung färbt sich sofort stark gelb, und je nach der Konzentration der angewandten Phosphorsäure scheidet sich gleich oder erst nach einiger Zeit ein gelber Niederschlag von der Zusammensetzung $(NH_4)_3PO_4 \cdot 12\,MoO_3$ ab. Dies ist eine sehr empfindliche Reaktion auf das Orthophosphorsäure-Ion PO_4''', vorausgesetzt, daß sie richtig angestellt wird. Es ist vor allem erforderlich, daß die Molybdatlösung die angegebene Temperatur hat und genügend freie Salpetersäure enthält. Außerdem muß stets die auf Phosphorsäure zu prüfende Lösung tropfenweise zu der Molybdatlösung gegossen werden, nicht umgekehrt!

Versuch 262. In der Praxis ist die Phosphorsäure häufig sehr unbeliebt, nämlich dann, wenn man irgendeine Substanz auf das Vorhandensein von Erdalkalimetallen (also Calcium, Barium und Strontium) zu untersuchen hat. Ist nun auch noch Phosphorsäure mit anwesend, dann bildet sie mit den Erdalkalien unlösliche Phosphate, und diese entziehen sich so dem chemischen Nachweis. Es handelt sich also darum, die Phosphorsäure vor der eigentlichen Untersuchung zu entfernen. Dies geschieht mit Hilfe metallischen Zinns. — Etwas verdünnte Phosphorsäure (15 Tropfen konzentrierte Säure auf 30 ccm Wasser) wird mit etwa 10 ccm konzentrierter Salpetersäure versetzt und — unter dem Abzug — zum Sieden erhitzt. In die siedende Lösung wirft man nach und nach unter fortwährendem Umrühren ungefähr 3 g Zinn (am bequemsten in Form von Stanniolpapier). Das Metall verwandelt sich in eine weiße Masse. Man erhitzt eine Viertelstunde lang, erneuert die verdampfte Salpetersäure und gibt noch 1 g Zinn nach. Man muß beständig umrühren, um heftiges Stoßen der Flüssigkeit zu vermeiden. (Vorsicht! Schutzbrille!) Schließlich dampft man fast bis zur Trockne, nimmt den Rückstand mit verdünnter Salpetersäure auf und filtriert. Wenn man das Filtrat nach Versuch 261 untersucht, wird man finden, daß es völlig frei von Phosphorsäure ist. (Sollte sich noch etwas Gelbfärbung zeigen, so müßte man nochmals mit Salpetersäure und Zinn kochen.)

Durch die Salpetersäure wird zunächst das Zinn zu unlöslicher Metazinnsäure oxydiert (siehe S. 251):

$$3\,Sn + 4\,HNO_3 + H_2O = 3\,H_2SnO_3 + 4\,NO.$$

Die Metazinnsäure bildet dann mit der Phosphorsäure ein unlösliches Zinnphosphat, das auf dem Filter zurückbleibt, während das Filtrat frei von Phosphorsäure ist:

$$3\,H_2SnO_3 + 4\,H_3PO_4 = Sn_3(PO_4)_4 + 9\,H_2O.$$

Das Verfahren gelingt nur dann sicher, wenn nicht neben der Phosphorsäure noch Salzsäure vorhanden ist. Sonst würde nämlich das Zinn, anstatt zu unlöslicher Metazinnsäure oxydiert zu werden, als Chlorid in Lösung gehen. Man hätte also nicht nur nicht die Phosphorsäure entfernt, sondern auch noch Zinn in die zu untersuchende Substanz hineingebracht.

Versuch 263. 10 ccm Orthophosphorsäure werden in einer Porzellanschale zur Trockne verdampft und so lange auf schwache Rotglut erhitzt, bis der Rückstand ein glasartiges Aussehen angenommen hat und kein Wasser mehr abgegeben wird; man erkennt das daran, daß ein über die Schale gehaltener kalter Porzellanscherben sich nicht mehr beschlägt. Der Rückstand besteht aus Metaphosphorsäure, die aus der Orthophosphorsäure durch Wasserabgabe entstanden ist:

$$H_3PO_4 = HPO_3 + H_2O.$$

Metaphosphorsäure in dieser Form ist das „Acidum phosphoricum glaciale“ (glasige Phosphorsäure, Phosphorglas) des Handels.

Versuch 264. Etwas Metaphosphorsäure wird in Wasser gelöst und ein paar Tropfen zu einer filtrierten Lösung von Hühnereiweiß [1]) in Wasser gegeben. Es entsteht ein voluminöser Niederschlag. (Unterschied von Ortho- und Pyrophosphorsäure.)

Versuch 265. Man versetze verdünnte Metaphosphorsäure mit Silbernitrat. Es entsteht ein weißer Niederschlag von Silbermetaphosphat. (Unterschied von Orthophosphorsäure. Der Niederschlag ist löslich in Salpetersäure und Ammoniak.)

$$HPO_3 + AgNO_3 \rightleftarrows AgPO_3 + HNO_3. —$$

[1]) Eiweiß muß an der Saugpumpe filtriert werden, da es durch gewöhnliche Filter nicht durchgeht.

Pyrophosphorsäure kann durch Erhitzen von Orthophosphorsäure auf 213° dargestellt werden. Sie liefert mit Silbernitrat einen weißen, in Salpetersäure und Ammoniak löslichen Niederschlag.

Versuch 266. In einer Abdampfschale werden 20 g gepulverte Knochenasche mit 15 ccm konzentrierter Schwefelsäure übergossen; unter Umrühren fügt man langsam noch 30 ccm Wasser zu und läßt einige Tage stehen, während man ab und zu umrührt. Dann wird noch Wasser zugegeben (100 ccm) und zum Sieden erhitzt. Nach dem Erkalten filtriert man. Das Filtrat reagiert stark sauer, trotzdem es nur wenig Schwefelsäure enthält. Beim Neutralisieren mit Ammoniak fällt ein weißer Niederschlag eines Calciumphosphats aus. Der Niederschlag wird abfiltriert, ausgewaschen und getrocknet.

Die Knochenasche enthält große Mengen von tertiärem Calciumphosphat, $Ca_3(PO_4)_2$, das sich mit Schwefelsäure zu Calciumsulfat und primärem Calciumphosphat, $Ca(H_2PO_4)_2$, umsetzt:

$$\begin{array}{llcll} Ca^{\cdot\cdot} \diagdown & & & & \\ & PO_4''' & & & H_2PO_4' \\ Ca^{\cdot\cdot} \langle & & + 2\,H_2SO_4 = & Ca^{\cdot\cdot} \langle & & + 2\,CaSO_4 \\ & PO_4''' & & & H_2PO_4' \\ Ca^{\cdot\cdot} \diagup & & & & \end{array}$$

Tertiäres Calciumphosphat. Primäres Calciumphosphat.

Das tertiäre Phosphat ist unlöslich, während das primäre löslich ist. Die fabrikmäßige Gewinnung des Phosphors erfolgt auf die Weise, daß man zunächst durch Behandeln von Knochenasche mit Schwefelsäure eine Lösung des primären Calciumphosphats herstellt. Die Flüssigkeit wird bis zur Syrupdicke eingedampft und mit einer Quarzsand-Holzkohlenmischung stark erhitzt. Dabei geht das primäre Calciumphosphat zunächst in Metaphosphat, $Ca(PO_3)_2$, über:

$$Ca^{\cdot\cdot}\langle\begin{array}{l} H_2PO_4' \\ H_2PO_4' \end{array} = Ca^{\cdot\cdot}\langle\begin{array}{l} PO_3' \\ PO_3' \end{array} + 2\,H_2O,$$

und dieses wird durch die Kohle zu elementarem Phosphor reduziert, während der Quarzsand (Siliciumdioxyd) das Calcium bindet:

$$2\,Ca(PO_3)_2 + 10\,C + 2\,SiO_2 = P_4 + 10\,CO + 2\,\underset{\text{Calciumsilikat.}}{CaSiO_3}.$$

Chloride des Phosphors.

Die Darstellung des Phosphortrichlorids geschieht durch Erhitzen von Phosphor im Chlorstrom in dem bei Versuch 223 benutzten Apparat. Dieser Versuch ist aber sehr wenig empfehlenswert, weil fast regelmäßig die Retorte infolge der großen Verbrennungswärme des Phosphors springt. Dagegen gelingt die Darstellung von Phosphorpentachlorid durch Einwirkung von Chlor auf Phosphortrichlorid sehr gut.

Versuch 267. Da das Pentachlorid fest ist, kann man nicht einfach Chlor in Trichlorid einleiten, denn das Gaszuleitungsrohr würde bald verstopft werden. — Ein etwa 30 cm hoher und 6 cm weiter Glaszylinder wird mit einem dreifach durchbohrten Stopfen verschlossen. Durch die eine Bohrung führt ein gebogenes Rohr, an dem ein in der Mitte durchlochtes Uhrglas mit einem untergelegten Wulst aus Platindraht oder Glasfäden (erhalten durch Ausziehen einer Glasröhre) befestigt ist. Durch die mittlere Bohrung geht ein gewöhnliches Trichterrohr, dessen Trichter durch eine durchbohrte Pappdeckelscheibe (nötigenfalls mit Plastilin zu dichten) geschlossen ist. Die Bohrung der Scheibe trägt einen mit 25 g Phosphortrichlorid gefüllten Tropftrichter (Fig. 221). In den vollkommen trocknen Apparat wird gewaschenes und getrocknetes Chlor eingeleitet; wenn das Gas aus dem dritten Röhrchen zu entweichen beginnt (Abzug!), läßt man langsam Phosphortrichlorid zutropfen. Die Tropfen fallen auf das Uhrglas, breiten sich dort aus und erstarren sofort zu gelblichweißem Pentachlorid:

$$PCl_3 + Cl_2 = PCl_5.$$

Wenn alles Trichlorid verbraucht ist, wird noch einige Minuten Chlor eingeleitet; dann verschließt man alle Öffnungen und läßt eine halbe Stunde stehen. Schließlich nimmt man den Apparat unter dem Abzug auseinander und bewahrt das Pentachlorid sofort in einer gut schließenden Flasche mit eingeschliffenem und eingefettetem Glasstopfen auf.

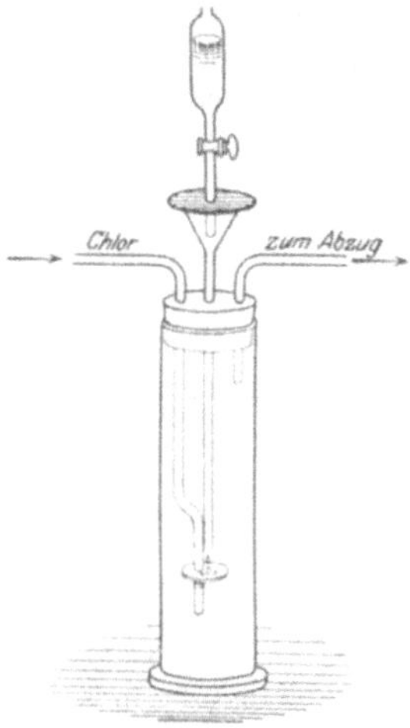

Fig. 221. Darstellung von Phosphorpentachlorid.

Arsen.

Arsen und seine löslichen Verbindungen sind äußerst heftige Gifte. Am gefährlichsten ist der Arsenwasserstoff, vor dessen Darstellung ausdrücklich gewarnt sei.

Versuch 268. Man werfe einen kleinen Splitter Arsen auf ein Stück glühende Holzkohle. Das Arsen verbrennt unter Entwicklung eines knoblauchartigen Geruchs zu Arsentrioxyd (Arsenigsäureanhydrid), das sich als weißer Anflug an den kälteren Stellen der Kohle absetzt.

Versuch 269. Eine sehr geringe Menge Arsentrioxyd wird in einem Reagenzgläschen oder einem Glühröhrchen erhitzt. Das Trioxyd sublimiert und verdichtet sich im oberen Teil des Rohres in Form kleiner weißer Kryställchen.

Versuch 270. $^1/_{10}$ g Arsentrioxyd wird mit der gleichen Menge essigsauren Natriums gut gemischt und im Glühröhrchen erhitzt. Man wird einen sehr widerwärtigen Geruch wahrnehmen, der auf das Entstehen organischer Arsenverbindungen zurückzuführen ist; sie heißen wegen ihres schlechten Geruchs Kakodylverbindungen [1]). Dies ist eine ziemlich empfindliche Probe auf Arsen.

[1]) κακός (kakos), schlecht; ὀδέω (odeo), ich rieche. Das Kakodyl ist eine der organischen Arsenverbindungen, die als Heilmittel eine Rolle spielen. Am be-

Versuch 271. Einige Gramm Arsentrioxyd werden in einem Reagenzglas aus schwer schmelzbarem Glas $^{1}/_{4}$ Stunde lang unter dem Abzug (Vorsicht vor dem Einatmen der Trioxyddämpfe!) erhitzt. Nach dem Erkalten findet man eine glasartige Masse vor, die eine amorphe Modifikation des Arsentrioxyds ist. An der Luft geht sie langsam unter Verlust ihrer Durchsichtigkeit in den krystallinischen Zustand über.

Versuch 272. 10 g amorphes Arsentrioxyd werden durch Erhitzen mit einem Gemisch aus 60 g rauchender Salzsäure und 20 g Wasser gelöst. Wenn man diese Lösung im Dunkeln langsam erkalten läßt, beobachtet man ein von lebhafter Lichtentwicklung begleitetes Auskrystallisieren von Arsentrioxyd.

Versuch 273. In ein kleines, spitz ausgezogenes und zugeschmolzenes Glasröhrchen bringt man einige Körnchen Arsentrioxyd und davor einen Holzkohlensplitter (Abb. siehe S. 104).

Man erhitzt zunächst das Trioxyd, bis es verdampft, und dann die Kohle. An dem kälteren Teil des Rohrs scheidet sich ein schwarzer Beschlag von elementarem Arsen ab:

$$As_2O_3 + 3\,C = 2\,As + 3\,CO.$$

Verfahren zum Nachweis von Arsenverbindungen.

Versuch 274. Man verbindet eine Kochflasche von 50—100 ccm Inhalt mit einem in der Mitte etwas verengten und dann zu einer Spitze ausgezogenen und nach oben umgebogenen Glasrohr aus schwer schmelzbarem Glas (Abb. siehe S. 105).

In der Kochflasche wird aus chemisch reinem Zink und chemisch reiner verdünnter Schwefelsäure Wasserstoff entwickelt, den man, nachdem alle Luft aus dem Apparat vertrieben ist, anzündet. Man gibt nun durch das Trichterrohr eine Spur einer Arsenverbindung zu, z. B. einige Körnchen Arsentrioxyd oder etwas in verdünnter Schwefelsäure aufgeschwemmtes Schweinfurter Grün. Sofort färbt sich die Wasserstoffflamme bläulich, und wenn man sie wider einen Porzellanscherben brennen läßt, scheiden sich an ihm glänzende braunschwarze Flecken von Arsen ab. Nun erhitze man noch die Glasröhre vor der Verengerung auf dunkle Rotglut. Man erhält dann hinter der erwärmten Stelle einen je nach der Menge des vorhandenen Arsens stärkeren oder schwächeren Arsenspiegel. Dieser Arsennachweis ist höchst empfindlich. Bei geeigneter Versuchsanordnung läßt sich noch $^{1}/_{1000}$ mg Arsen nach-

kanntesten ist eine Verbindung geworden, deren „Skelett" aus zwei Benzolringen besteht, die durch 2 Arsenatome verkettet werden:

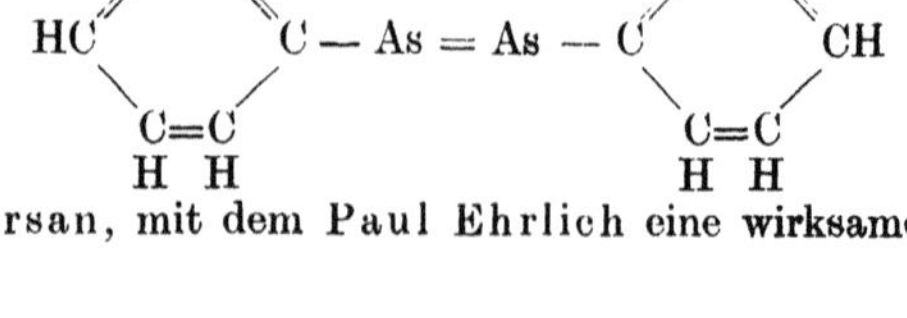

Es ist das Salvarsan, mit dem Paul Ehrlich eine wirksame Waffe gegen die Syphilis schuf.

weisen. — Das Auseinandernehmen des Apparates geschehe unter dem Abzug, und man hüte sich sehr, den Arsenwasserstoff — auch in dieser sehr verdünnten Form — einzuatmen. — Da häufig die zu dem Versuch verwandten Stoffe nicht vollkommen arsenfrei sind, muß man sich erst durch einen „blinden Versuch" davon überzeugen, daß nicht etwa die gewöhnliche Wasserstoffflamme schon Arsenflecken gibt. Sollte im Anfang die Wasserstoffentwicklung zu langsam vor sich gehen — was bei großer Reinheit der Materialien stets der Fall ist —, so läßt sich dem Übel durch Zusatz eines Tropfens Platinchlorid oder verdünnter Kupfersulfatlösung sofort abhelfen.

Versuch 275. Ein interessanter Nachweis des Arsens gründet sich auf eine eigentümliche Verbindung, die der Arsenwasserstoff mit Silbernitrat bildet. $^1/_2$ g Silbernitrat wird in 1 ccm destillierten Wassers gelöst und ein Stück Filtrierpapier mit der Lösung getränkt. In einem Reagenzglas entwickelt man wie im vorigen Versuch Wasserstoff, gibt die auf Arsen zu prüfende Lösung zu, schiebt einen lose schließenden Pfropfen aus Glaswolle ein und bedeckt das Glas mit dem mit Silbernitrat getränkten Filtrierpapier. Falls Arsen anwesend ist, entsteht auf dem Papier ein gelber Fleck, der mit der Zeit schwarz wird. (Gutzeitsche Arsenprobe.)

$$6\,AgNO_3 + AsH_3 = \underbrace{(AsAg_3 + 3\,AgNO_3)}_{\text{gelb}} + 3\,HNO_3$$

$$(AsAg_3 + 3\,AgNO_3) + 3\,H_2O = H_3AsO_3 + \underset{\text{schwarz}}{6\,Ag} + 3\,HNO_3.$$

Versuch 276. In einem Reagenzglas werden einige blanke Kupferspäne mit konzentrierter Salzsäure übergossen und mit der auf Arsen zu prüfenden Lösung kurze Zeit zum Sieden erhitzt. Das Kupfer bedeckt sich mit einem grauen Überzug von elementarem Arsen. (Man kann dann die Späne abwaschen, kurze Zeit mit konzentrierter Salpetersäure kochen und einige Tropfen dieser Lösung nach dem Marshschen Verfahren untersuchen.) (Reinschsche Arsenprobe.)

$$3\,Cu + 6\,HCl + 2\,H_3AsO_3 = 2\,As + 3\,CuCl_2 + 6\,H_2O.$$

Säuren des Arsens und deren Salze.

As_2O_3 Arsentrioxyd	$As_2O_3 + 3\,H_2O = 2\,H_3AsO_3$, Orthoarsenige Säure.
Arsenigsäureanhydrid	$As_2O_3 + H_2O = 2\,HAsO_2$, Metarsenige Säure.
As_2O_5 Arsenpentoxyd	$As_2O_5 + 3\,H_2O = 2\,H_3AsO_4$, Orthoarsensäure.
Arsensäureanhydrid	$As_2O_5 + 2\,H_2O = H_4As_2O_7$, Pyroarsensäure.
	$As_2O_5 + H_2O = 2\,HAsO_3$, Metarsensäure.

Orthoarsenige Säure ist nur in wässeriger Lösung sowie in einigen Salzen (gelbes Silberorthoarsenit, Ag_3AsO_3), bekannt. Sie nimmt sehr leicht Sauerstoff auf und geht dadurch in Orthoarsensäure über; infolgedessen wirkt sie auf viele sauerstoffhaltige Körper reduzierend.

Versuch 277. Man löse etwa Arsentrioxyd in Wasser und gebe so viel saures Natriumcarbonat (doppeltkohlensaures Natron) zu, daß die Flüssigkeit alkalisch reagiert (vgl. S. 155). Setzt man nun einen

Tropfen Jodtinktur zu, so wird er sofort entfärbt. Im wesentlichen beruht diese Reaktion, die man auch in der Maßanalyse anwendet, darauf, daß die in der Lösung vorhandene arsenige Säure dem Wasser den Sauerstoff entzieht und dadurch zu Arsensäure wird, während der Wasserstoff des Wassers in statu nascendi mit dem Jod zu farblosem Jodwasserstoff zusammentritt:

$$H_3AsO_3 + J_2 + H_2O \rightleftarrows H_3AsO_4 + 2\,HJ.$$

Da die Reaktion umkehrbar ist, muß man, damit sie nur im Sinn des oberen Pfeiles verläuft, einen Überschuß an Jodwasserstoff vermeiden. (Vgl. S. 196.) Man macht deshalb die Lösung mit Natriumdicarbonat alkalisch (Natronlauge würde die Jodtinktur entfärben), so daß der Jodwasserstoff sich mit dem Dicarbonat zu unschädlichem Jodnatrium und Kohlendioxyd umsetzt:

$$2\,HJ + 2\,NaHCO_3 = 2\,NaJ + 2\,H_2O + 2\,CO_2.$$

Salze der metarsenigen Säure entstehen bei dem Zusammenschmelzen von Arsenigsäureanhydrid mit Alkalien. Das bekannte „Scheelesche Grün", das früher als Farbstoff viel gebraucht wurde, dessen Anwendung aber jetzt wegen seiner Giftigkeit verboten ist, ist Kupfermetaarsenit, $\overset{II}{Cu}(AsO_2)_2$. „Schweinfurter Grün" ist eine Doppelverbindung von essigsaurem und arsensaurem Kupfer und ebenfalls sehr giftig. —

Das Arsensäureanhydrid wird durch Erhitzen von Arsensäure dargestellt. Orthoarsensäure lernten wir bereits im Versuch 237 kennen. Sie läßt sich aus dem bei diesem Versuch in der Kochflasche verbleibenden Rückstand leicht in zerfließlichen, weißen Krystallen erhalten, die beim Erhitzen Wasser abgeben und sich dadurch zuerst in Pyro-, dann in Metaarsensäure verwandeln. In wässeriger Lösung gehen die beiden letztgenannten Säuren sofort wieder in Orthoarsensäure über.

Versuch 278. Man fälle die Lösung eines Orthoarseniats mit Silbernitrat. Es entsteht ein charakteristischer, rotbrauner Niederschlag von Silberorthoarseniat, Ag_3AsO_4. (Unterschied von arseniger Säure.)

Im übrigen verhält sich die Arsensäure wie die Phosphorsäure. Mit Ammoniummolybdat gibt sie einen gelben Niederschlag, in dem der Phosphor durch Arsen ersetzt ist. Mit einer Auflösung von Magnesiumhydroxyd in Ammoniumchlorid („Magnesiamixtur") gibt sie einen dem Ammoniummagnesiumphosphat (siehe S. 99) entsprechenden weißen, krystallinischen Niederschlag von Ammoniummagnesiumarseniat, $MgNH_4AsO_4$, der beim Glühen unter Abgabe von Ammoniak und Wasser in das sehr beständige Magnesiumpyroarseniat übergeht:

$$2\,MgNH_4AsO_4 = Mg_2As_2O_7 + 2\,NH_3 + H_2O.$$

Die Übereinstimmung zwischen der Phosphor- und der Arsensäure erstreckt sich sogar bis auf die Krystallform ihrer Salze. Man findet diese Erscheinung bei sich entsprechenden Verbindungen häufig. So krystallisiert z. B. das Chlorid, Bromid und Jodid des Kaliums und Natriums in Würfeln; die Sulfate des Zinks und Magnesiums, Nickels und Kobalts bilden Krystalle von der gleichen Gestalt; man nennt solche Krystalle „isomorph". Im allgemeinen gilt der Satz: „Die Krystalle sich chemisch entsprechender Verbindungen sind isomorph" (vgl. S. 104).

Versuch 279. Da die arsenige Säure leicht Sauerstoff aufnimmt und dadurch zu Arsensäure wird, sollte man meinen, daß nun in der Arsensäure dieses vierte Sauerstoffatom sehr fest gehalten würde. Genau das Gegenteil ist der Fall. Man versetze in einem Reagenzglas eine Lösung von Arsensäure oder ein Arsenit mit überschüssiger schwefliger Säure und erhitze so lange zum Sieden, bis der stechende Geruch des Schwefeldioxyds verschwunden ist. Dann fällt man mit Silbernitrat, und der entstehende gelbe Niederschlag zeigt an, daß die Arsensäure zu arseniger Säure reduziert worden ist:

$$H_3AsO_4 + H_2SO_3 = H_3AsO_3 + H_2SO_4.$$

Verbindungen des Arsens mit Schwefel.

Versuch 280. Eine Lösung von Arsentrioxyd wird mit einigen Tropfen verdünnter Salzsäure versetzt und erwärmt. Dann leitet man auf die in Versuch 169 beschriebene Weise Schwefelwasserstoff ein. Es fällt ein gelber Niederschlag von Arsentrisulfid, As_2S_3, aus, dem meist noch etwas Schwefel beigemengt ist.

Versuch 281. Etwas Arsentrisulfid wird in einer Abdampfschale mit Ammoniumsulfid (gelbem Schwefelammonium) übergossen und gelinde erwärmt. Es löst sich auf, indem eine Verbindung von der Zusammensetzung $(NH_4)_3AsS_3$ entsteht. Dies ist das Ammoniumsalz einer arsenigen Säure, in der sämtlicher Sauerstoff durch Schwefel ersetzt ist, und das deshalb Ammoniumthioarsenit heißt. Beim Auflösen von Arsenpentasulfid entsteht das entsprechende Ammoniumthioarsenat, $(NH_4)_3AsS_4$.

Versuch 282. Die im vorigen Versuch erhaltene Lösung von Ammoniumthioarsenit wird in einem Becherglas unter dem Abzug mit konzentrierter Salzsäure versetzt. Es entwickelt sich reichlich Schwefelwasserstoff, und gelbes Arsentrisulfid fällt aus:

$$2\,(NH_4)_3AsS_3 + 6\,HCl = As_2S_3 + 6\,NH_4Cl + 3\,H_2S.$$

Die Eigenschaft der Arsensulfide, sich in Schwefelammonium (auch in Ammoniumcarbonat) zu lösen und durch Salzsäure wieder unverändert ausgefällt zu werden, ist von großer Wichtigkeit für die Analyse. Ebenso verhalten sich auch noch die Sulfide des Zinns und Antimons sowie die einiger Edelmetalle. Es zerfällt also die „Schwefelwasserstoffgruppe" (siehe S. 82) in zwei Untergruppen, die durch das Verhalten der Sulfide zu Schwefelammonium bestimmt und als die Gruppe der „in Schwefelammonium löslichen" und der „in Schwefelammonium unlöslichen" Sulfide bezeichnet werden. Dies soll uns der folgende Versuch anschaulich machen:

Versuch 283. Etwas Schweinfurter Grün wird 10 Minuten lang unter dem Abzug mit mittelstarker Salpetersäure gekocht; dann filtriert man von dem Rückstand ab und verdampft das Filtrat zur Trockne. Die schließlich zurückbleibende Masse wird so lange mit verdünnter Salzsäure erhitzt, bis alles gelöst ist. In die Lösung leitet man Schwefelwasserstoff unter Erwärmen so lange ein, bis kein Niederschlag mehr entsteht. Man filtriert vom Niederschlag ab, wäscht ihn mit warmem Wasser aus und behandelt ihn 5 Minuten lang unter Umrühren mit (auf 40^0 erwärmtem) gelbem Schwefelammonium. Danach filtriert man von dem Rückstand ab und versetzt das klare Filtrat unter dem Abzug mit Salzsäure. Es fallen reichliche Mengen gelben Arsensulfids aus, die abfiltriert, ausgewaschen und nach Versuch 284 weiter behandelt werden. — Der schwarze Rückstand, von dem wir die Ammoniumthioarseniatlösung abfiltrierten, besteht aus Kupfersulfid. Er wird ebenfalls ausgewaschen, in mittelstarker Salpetersäure unter Erwärmen gelöst und mit einem Überschuß von Ammoniak versetzt. Die entstehende Blaufärbung zeigt die Gegenwart von Kupfer an (vgl. Vers. 560). — Sowohl Arsen als Kupfer gehören in die Schwefelwasserstoffgruppe, aber Arsen gehört in die lösliche Sulfidgruppe, Kupfer in die unlösliche. Da Schweinfurter Grün Arsen und Kupfer enthält, bestand der Schwefelwasserstoffniederschlag zunächst aus einem Gemenge von gelbem Arsen- und schwarzem Kupfersulfid. Die beiden Sulfide wurden dann durch die Behandlung mit Schwefelammonium getrennt.

Versuch 284. Um ganz genau zu arbeiten, müssen wir nun noch durch eine „Identifikationsreaktion" beweisen, daß der gelbe Niederschlag aus dem vorigen Versuch wirklich Arsensulfid und nicht z. B. Schwefel ist. Zu diesem Zweck übergießen wir einen Teil davon mit konzentrierter Salpetersäure und verdampfen unter dem Abzug zur Trockne. Dadurch wird das Arsensulfid zu Arsensäure oxydiert. Wir lösen sie in nicht zu viel Wasser, verteilen die Lösung in zwei Reagenzgläser und geben zu dem ersten einen Tropfen Silbernitrat, zu dem zweiten 1 ccm Ammoniak, ebensoviel Ammoniumchloridlösung und 2 Tropfen Magnesiumchlorid. Im ersten Glas erhalten wir den charakteristischen dunkelbraunen Niederschlag von Silberorthoarseniat, Ag_3AsO_4 (siehe S. 430), in dem zweiten einen weißen, krystallinischen Niederschlag von Ammoniummagnesiumarseniat, NH_4MgAsO_4.

Arsentrichlorid.

Versuch 285. Man stellt den in Versuch 125 beschriebenen Apparat zusammen und füllt in das Kölbchen eine Messerspitze gepulvertes Arsen. Wenn man es in das Chlor fallen läßt, vereinigt es sich mit ihm unter Feuererscheinung zu Arsentrichlorid, $AsCl_3$. Arsentrichlorid bildet eine rauchende, schwere Flüssigkeit, die ziemlich flüchtig ist. Auf dieser Eigenschaft beruht ein Verfahren zum Nachweis des Arsens (Verfahren von Fyfe-Schneider).

Antimon.

Versuch 286. Man löst etwas Antimontrichlorid in wenig (starker) Salzsäure und gießt die Lösung in die zwanzigfache Menge kaltes Wasser.

Es bildet sich ein weißer Niederschlag von Antimonoxychlorid, SbOCl, der durch teilweise hydrolytische Zersetzung des Trichlorids entstanden ist:

$$\mathrm{Sb}\left\langle\begin{matrix}\mathrm{Cl}\\ \mathrm{Cl}\\ \mathrm{Cl}\end{matrix}\right. + \left.\begin{matrix}\mathrm{H}\\ \mathrm{H}\end{matrix}\right\rangle \mathrm{O} = \mathrm{Sb}\left\langle\begin{matrix}\mathrm{O}\\ \mathrm{Cl}\end{matrix}\right. + 2\,\mathrm{HCl}.$$

Der Niederschlag wird abfiltriert, ausgewaschen, mit Natriumcarbonatlösung übergossen und unter Umrühren erhitzt. Es entweicht Kohlendioxyd, und das Oxychlorid wird in Antimontrioxyd, Sb_2O_3, verwandelt:

$$2\,SbOCl + Na_2CO_3 = Sb_2O_3 + 2\,NaCl + CO_2.$$

Das Antimontrioxyd wird abfiltriert und ausgewaschen.

Versuch 287. Man erwärme etwas Antimontrioxyd mit konzentrierter Schwefelsäure. Es löst sich auf, und wenn man die Lösung einige Zeit im Exsikkator stehen läßt, erhält man zerfließliche Krystalle von Antimonsulfat, $Sb_2(SO_4)_3$.

Versuch 288. Eine geringe Menge Antimontrioxyd wird mit starker Natronlauge erwärmt. Das Trioxyd löst sich ebenfalls, indem es das Natriumsalz einer metantimonigen Säure, $NaSbO_2$, bildet. Hier verhält sich also das Trioxyd elektronegativ, wie es für Metalloide die Regel ist.

Versuch 289. Elementares Antimon wird gepulvert und eine kleine Menge des Pulvers unter dem Abzug mit konzentrierter Salpetersäure so lange gekocht, bis es eine gelbliche Farbe angenommen hat. Durch die oxydierende Wirkung der Salpetersäure hat es sich in Antimonpentoxyd, Sb_2O_5, verwandelt. —

Von dem Antimontrioxyd und Antimonpentoxyd leiten sich genau die gleichen Säuren ab, wie von den entsprechenden Oxyden des Arsens und Phosphors.

Versuch 290. Antimontrioxyd wird mit einer Auflösung von Weinstein (weinsaurem Kalium) erwärmt. Es löst sich langsam, und man kann aus der Lösung Krystalle von weinsaurem Antimonyl-Kalium („Brechweinstein“, siehe S. 111) erhalten.

Versuch 291. 1 g Antimonpentoxyd wird im Schmelztiegel mit einer Mischung aus 3 g Natriumcarbonat und 3 g Kaliumcarbonat zusammengeschmolzen. Man erhält den Inhalt des Tiegels 10 Minuten lang flüssig, läßt dann erkalten und löst in Wasser. Die Lösung enthält neben den unveränderten Alkalicarbonaten das Kalium- und Natriumsalz der Orthoantimonsäure, K_3SbO_4 und Na_3SbO_4. Man gibt so lange konzentrierte Salpetersäure zu, als noch ein weißer Niederschlag entsteht. Dieser Niederschlag ist freie Orthoantimonsäure, H_3SbO_4. Er wird abfiltriert, ausgewaschen und getrocknet. Durch Erhitzen auf 157° erhält man aus der Orthoantimonsäure Metantimonsäure, $HSbO_3$.

Versuch 292. Einige Körnchen saures Kaliumpyroantimoniat, $K_2H_2Sb_2O_7$, werden in 3—4 ccm heißen Wassers gelöst. Zu der filtrierten Lösung bringt man ein paar Tropfen einer Flüssigkeit, die Natriumionen enthält, also z. B. sehr verdünnte Natronlauge. Es entsteht dann ein krystallinischer Niederschlag von saurem Natriumpyroantimoniat; es fällt aus, weil es in Wasser kaum löslich ist. Dies ist eine der wenigen Reaktionen auf Natrium. Um Irrtümer auszuschließen, muß man sich unbedingt mit dem Vergrößerungsglas (noch besser kleines Mikroskop) davon überzeugen, daß der Niederschlag krystallinisch ist, da häufig amorphe Orthoantimonsäure ausfällt, auch wenn kein Natrium vorhanden ist. Sonderlich empfindlich ist die Reaktion nicht; man kann das Entstehen des Niederschlags manchmal dadurch beschleunigen, daß man mit einem Glasstab an der Wand des Reagenzglases reibt.

Antimonwasserstoff.

Versuch 293. Es wird der Apparat zum Nachweis des Arsens nach Marsh (Versuch 274) zusammengestellt; wenn der Versuch im Gang ist, füllt man durch das Trichterrohr ein wenig sehr verdünnte Brechweinsteinlösung nach. Man erhält dunkle Antimonflecken und Antimonspiegel, die denen des Arsens zum Verwechseln ähnlich sehen.

Versuch 294. Man behandle einen Porzellanscherben mit Arsen- und einen mit Antimonflecken mit einem Gemisch aus gleichen Teilen verdünnter Natronlauge und Wasserstoffsuperoxyd. Die Arsenflecken werden gelöst, Antimonflecken dagegen nicht. Statt des Natronlauge-Wasserstoffsuperoxydgemisches läßt sich auch eine verdünnte Lösung von Natriumhypochlorit verwenden.

Sulfide des Antimons.

Versuch 295. Etwas Antimontrichlorid wird in verdünnter Salzsäure gelöst und dann Schwefelwasserstoff eingeleitet. Es fällt ein orangeroter Niederschlag von Antimontrisulfid, Sb_2S_3, aus. Das natürlich vorkommende Antimontrisulfid (Grauspießglanz) ist schwarz. Die rote Farbe des künstlichen rührt daher, daß es wasserhaltig ist. Wenn man es einige Zeit stehen läßt, wird es ebenfalls schwarz. Gegenüber gelbem Schwefelammonium verhält sich das Antimontrisulfid (auch das Pentasulfid) genau wie die entsprechenden Arsensulfide.

Versuch 296. 25 g Antimontrichlorid werden in 100 ccm verdünnter Salzsäure gelöst. (Falls ein Niederschlag von weißem Oxychlorid entstehen sollte, bringt man ihn durch Zusatz einiger Tropfen konzentrierter Salzsäure wieder zum Verschwinden.) Durch Einleiten von Schwefelwasserstoff in die Lösung fällt man Antimontrisulfid aus und übergießt dann den gewaschenen Sulfidniederschlag mit 100 ccm verdünnter Natronlauge, fügt 3 g Schwefelblumen zu und erhitzt unter Umrühren zum Sieden. Das Sulfid löst sich zu Natriumthioantimonit, Na_3SbS_3, das durch den zugesetzten Schwefel in Natriumthioantimoniat, Na_3SbS_4, verwandelt wird. Wenn die Lösung eine gelbe Farbe angenommen hat (das verdampfende Wasser muß von Zeit zu Zeit ersetzt werden), wird vom ungelösten Rückstand abfiltriert und das Filtrat eingedampft, bis ein Salzhäutchen entsteht. Sollte hierbei die Lösung trüb werden, so setzt man so lange tropfenweise Natronlauge (30 g festes Natriumhydroxyd auf 100 ccm Wasser) zu, bis sie wieder klar geworden ist. Man erhält schöne gelbe Krystalle von Natriumthioantimoniat (auch Natriumsulfantimoniat oder Schlippesches Salz genannt), die an der Luft bald verwittern. Man hebt sie deshalb unter der Mutterlauge oder unter einer Lösung von Natriumhydroxyd in Alkohol auf.

Versuch 297. 5 g Natriumsulfantimoniat werden in 30 ccm Wasser gelöst und in eine Mischung aus 2 ccm konzentrierter Schwefelsäure und 50 ccm Wasser gegossen. Es scheidet sich unter Freiwerden von Schwefelwasserstoff orangerotes Antimopentasulfid, Sb_2S_5 (Goldschwefel), ab:

$$2\,Na_3SbS_4 + 3\,H_2SO_4 = Sb_2S_5 + 3\,H_2S + 3\,Na_2SO_4.$$

Chloride des Antimons.

Versuch 298. Antimon verbindet sich mit Chlor unter Feuererscheinung zu Trichlorid. Um größere Mengen dieses Körpers darzustellen, löst man 25 g gepulvertes natürliches Antimonsulfid (Grauspießglanz) in 125 ccm konzentrierter Salzsäure. Wegen des dabei freiwerdenden Schwefelwasserstoffs wird die Lösung in einer geräumigen Schale oder Kochflasche unter beständigem Umrühren und Erwärmen unter dem Abzug vorgenommen. Nach erfolgter Auflösung filtriert man durch Glaswolle. Das Filtrat enthält nicht nur Antimontrichlorid, sondern auch noch die Chloride der den Spießglanz verunreinigenden Metalle, namentlich Eisen- und Bleichlorid. Das Eisenchlorid bringt die gelbe Färbung des Filtrats hervor. Man verdünnt so weit mit Wasser, bis gerade ein weißer Niederschlag zu entstehen beginnt, bringt ihn durch Zusatz eines Tropfens konzentrierter Salzsäure wieder in Lösung und leitet in die erwärmte Flüssigkeit Schwefelwasserstoff ein. Dadurch fallen Antimon und Blei als Sulfide aus. Eisen bleibt in Lösung, weil sein Sulfid in Säuren löslich ist. Der Sulfidniederschlag wird ausgewaschen und nach Versuch 283 mit erwärmten Schwefelammonium behandelt. Dadurch wird Antimonsulfid zu Ammoniumthioantimonit gelöst. Man filtriert von dem zurückbleibenden schwarzen Bleisulfid ab, fällt aus dem Filtrat das Antimonsulfid mit verdünnter Salzsäure wieder aus, filtriert ab und löst den gewaschenen Niederschlag wieder in 125 ccm konzentrierter Salzsäure. Man hat nun eine reine Lösung von Antimontrichlorid; sie wird in einen „Fraktionierkolben“ (vgl. Vers. 235) gebracht und eine Kochflasche als Vorlage vorgelegt. Man erhitzt den Fraktionierkolben im Sandbad oder auf dem Drahtnetz. Zunächst destilliert Salzsäure ab; schließlich steigt das Thermometer auf 215—220°. Man wechselt dann die Vorlage, da jetzt reines Antimontrichlorid übergeht, das bald zu einer krystallinischen Masse erstarrt. Die Vorlage wird zweckmäßig durch ein feuchtes Tuch gekühlt. Antimontrichlorid muß rasch in einem gut schließenden Glas aufbewahrt werden, da es an der Luft bald zu „Antimonbutter“ zerfließt. Es ist sehr ätzend.

Antimonpentachlorid entsteht beim Einleiten von Chlor in geschmolzenes Trichlorid. Es ist eine farblose, hygroskopische Flüssigkeit, die bald so viel Wasser anzieht, daß sie ein festes Hydrat bildet.

Wismut.

Versuch 299. Einige Gramm elementares Wismut werden in einer Kochflasche oder Abdampfschale mit mäßig konzentrierter Salpetersäure unter dem Abzug erwärmt. Nach erfolgter Lösung dampft man bis zum beginnenden Salzhäutchen ein und läßt auskrystallisieren. Man erhält Krystalle von Wismutnitrat, $Bi(NO_3)_3$. Auf entsprechende Weise läßt sich auch Wismutsulfat, $Bi(SO_4)_3$ darstellen.

Versuch 300. Man erwärmt einige Wismutnitratkrystalle mit verdünnter Salpetersäure und gießt nach erfolgter Lösung die Flüssigkeit auf einmal in eine große Menge Wasser. Es entsteht ein weißer Niederschlag eines basischen Nitrats (siehe S. 50), $Bi(OH)_2NO_3$; wendet man statt Wasser Natronlauge an, in der viel mehr freie OH'-Ionen vorhanden sind als im Wasser, weil ihr Dissoziationsgrad (siehe S. 54) viel größer ist, dann wird, bei einem genügenden Überschuß an Lauge, auch noch die dritte NO_3'-Gruppe des Nitrats durch die Hydroxylgruppe ersetzt, wodurch das Wismuthydroxyd, $Bi(OH)_3$, entsteht. Es ist ebenfalls weiß. Wenn man es kocht, spaltet es Wasser ab und wird dadurch zu einer Verbindung $BiO(OH)$, die man Bismutylhydroxyd nennt (das Radikal BiO heißt Bismutyl; vgl. bei Antimon S. 111).

Versuch 301. Man bereitet sich eine konzentrierte Kaliumhydroxydlösung und gibt etwas in verdünnter Salpetersäure gelöstes Wismutnitrat zu, so daß der weiße Niederschlag von Wismuthydroxyd entsteht. Er wird abfiltriert, ausgewaschen und kurze Zeit gelinde erhitzt, so daß er in Bismutylhydroxyd übergeht. Dann wird er wieder in Kalilauge eingetragen, und unter Erwärmen und Umrühren Chlor eingeleitet (im Abzug!). Der weiße Niederschlag färbt sich allmählich gelbrot und geht in Metawismutsäure, $HBiO_3$, über.

Versuch 302. In eine möglichst schwach saure Wismutnitratlösung leite man Schwefelwasserstoff ein. Es fällt braunschwarzes Wismuttrisulfid, Bi_2S_3, aus, das in Schwefelammonium nicht löslich ist.

Versuch 303. Man versetze eine Lösung von Stannochlorid (Zinnchlorür) so lange mit Natronlauge, bis der zunächst entstehende Niederschlag von Stannohydroxyd wieder gelöst ist. Diese „alkalische Zinnchlorürlösung“, die Natriumstannit (vgl. S. 250) enthält, ist ein empfindliches Reagens auf Wismutverbindungen. Man füge einen Tropfen Wismutnitratlösung zu: es entsteht sofort ein schwarzer Niederschlag von fein verteiltem, elementarem Wismut. Zunächst wird das Wismutnitrat durch die überschüssige Natronlauge des Reagenzmittels in basisches Nitrat, $Bi(OH)_2NO_3$, verwandelt. Das Natriumstannit oxydiert sich dann auf Kosten eines Teils des Sauerstoffs, den es aus dem basischen Nitrat entnimmt, zu Natriumstannat, während das Nitrat selbst in freies Wismut, Salpetersäure und Wasser zerfällt:

$$2\,Bi\begin{cases}OH\\ O\,H\\ NO_3\end{cases} + 3\,NaSnO_2 = 3\,NaSnO_3 + 2\,Bi + 2\,HNO_3 + H_2O.$$

Versuche zum neunten Vortrag.
(S. 113 bis S. 134.)

Kohlenstoff.

Versuch 304. In dem auf S. 115 abgebildeten Apparat werden Sägespäne der trocknen Destillation unterworfen. Die Späne verkohlen, und es entweicht brennbares Gas, während sich in der Vorlage Holzteer und Holzessig verdichten.

Versuch 305. In einem etwa 2 cm weiten Rohr aus schwer schmelzbarem Glas werden nacheinander Stoffschnitzel, Knochensplitter und Zucker erhitzt. Alle diese Stoffe verkohlen unter Entwicklung brennbarer, sehr unangenehm riechender Dämpfe (Abzug!).

Versuch 306. Man glüht Knochenkohle in einer Abdampfschale gut aus und füllt sie noch warm in ein Filter, so daß es zur Hälfte bedeckt wird. Dann gießt man etwas mit Rotwein gefärbtes Wasser durch und wird die Beobachtung machen, daß das Filtrat farblos geworden ist.

Versuch 307. In ein Rohr aus schwer schmelzbarem Glas bringt man etwas gepulverte Holzkohle und verbindet es mit einem Sauerstoffentwicklungsapparat. Das am anderen Ende des Rohrs austretende Gas leitet man in ein Becherglas mit Kalkwasser (Fig. 222). Wenn die Sauer-

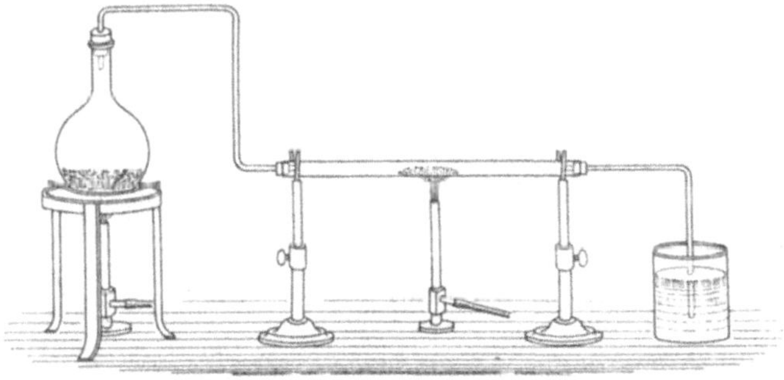

Fig. 222. Verbrennung von Kohlenstoff.

stoffentwicklung in lebhaftem Gang ist, erhitzt man die Holzkohle durch einen untergesetzten Bunsenbrenner. Sie beginnt zu verbrennen, und das Kalkwasser trübt sich — ein Beweis, daß Kohlendioxyd entstanden ist.

$$C + O_2 = CO_2.$$

Versuch 308. Denselben Versuch stelle man mit Graphitpulver an. Da es sehr schwer entzündlich ist, mische man es erst mit demgleichen Gewicht Kaliumchlorat (Vorsicht! Siehe S. 385). Auch hier wird das Kalkwasser durch entstandenes Kohlendioxyd getrübt, und bei der Verbrennung eines Diamanten würden wir die gleiche Beobachtung machen. Daraus folgt, daß Graphit und Diamant nichts anderes sind, als allotrope Modifikationen des Kohlenstoffs.

Oxyde des Kohlenstoffs.

Kohlenoxyd.

Zur Darstellung des Kohlenoxyds müssen wir eine organische Verbindung, die Oxalsäure, durch Schwefelsäure zersetzen, da die Verbrennung von Kohle bei ungenügender Sauerstoffzufuhr in unseren Apparaten eine viel zu geringe Ausbeute liefert, als daß dieses Verfahren für praktische Zwecke zu brauchen wäre. Oxalsäure hat die Zusammensetzung $H_2C_2O_4$; beim Erhitzen mit Schwefelsäure zerfällt sie in Kohlenoxyd, Kohlendioxyd und Wasser:

$$H_2C_2O_4 = CO + CO_2 + H_2O.$$

Die Wirkung der Schwefelsäure beruht also darauf, daß sie der Oxalsäure die Elemente des Wassers entzieht (vgl. Vers. 212 und 213).

Versuch 309. In einer mit Sicherheits- und Gasableitungsrohr versehenen Kochflasche werden 20 g Oxalsäure mit konzentrierter Schwefelsäure übergossen und langsam erhitzt. Das entweichende Gas leitet man zunächst durch eine mit starker Kali- oder Natronlauge gefüllte Waschflasche, um das gleichzeitig entstehende Kohlendioxyd zu absorbieren, und fängt es dann in der pneumatischen Wanne in Zylindern auf[1]).

Versuch 310. Man zünde in einem Zylinder befindliches Kohlenoxyd an und bedecke den Zylinder schnell mit einer Glasplatte. Das Gas verbrennt mit bläulicher Flamme. Nach dem Erlöschen gießt man wenige Kubikzentimeter Kalkwasser in den Zylinder und schüttelt um. Die Flüssigkeit trübt sich:

$$2\,CO + O_2 = 2\,CO_2.$$

Kohlendioxyd.

Die bequemste Darstellungsweise von Kohlendioxyd ist die Zersetzung eines Carbonates durch verdünnte Schwefel- oder Salzsäure.

Versuch 311. Im Kippschen Apparat — oder einer gewöhnlichen Gasentbindungsflasche — übergießt man haselnußgroße Marmor- oder Kreidestückchen mit verdünnter Schwefel- oder Salzsäure. Es entwickelt sich Kohlendioxyd, das, nachdem es eine Waschflasche mit Wasser durchstrichen hat, in Zylindern aufgefangen wird. Da Kohlendioxyd $1^1/_2$ mal so schwer ist als Luft, können die Zylinder leicht nach dem Luftverdrängungsverfahren gefüllt werden.

Versuch 312. Es erübrigt sich hier eine genaue Beschreibung der Versuche, die beweisen sollen, daß Kohlendioxyd schwerer als Luft ist und die Verbrennung nicht unterhält. Man findet sie sämtlich auf S. 119 ff. angegeben und stelle sie jetzt der Reihe nach an.

Versuch 313. Bei genügend hoher Temperatur läßt sich das Kohlendioxyd in seine Bestandteile spalten. Man halte einen brennenden Magnesiumdraht in einen Zylinder mit Kohlendioxyd. Das Magnesium brennt unter Knistern weiter, indem es dem Kohlendioxyd den Sauer-

---

[1]) Auch durch Eintropfen konzentrierter Schwefelsäure in Ameisensäure läßt sich das Gas bequem darstellen. Vorsicht! Sehr giftig!

stoff entzieht. Die Wandungen des Zylinders bedecken sich mit braunschwarzen Kohlenflecken, die häufig noch mit etwas weißem Magnesiumoxyd untermischt sind:

$$CO_2 + 2\,Mg = 2\,MgO + C.$$

Versuch 314. Wendet man an Stelle des Magnesiums Kohle an, dann verläuft die Reduktion des Kohlendioxyds nicht vollständig, sondern führt nur bis zum Kohlenoxyd, während sich die Kohle dabei — ebenfalls zu Kohlenoxyd — oxydiert:

$$CO_2 + C = 2\,CO.$$

Ein 1—2 cm weites eisernes Rohr (zur Not genügt auch eines aus schwer schmelzbarem Glas) wird mit Holzkohlensplittern gefüllt und an beiden Enden mit Stopfen und Glasröhren verschlossen (Fig. 223).

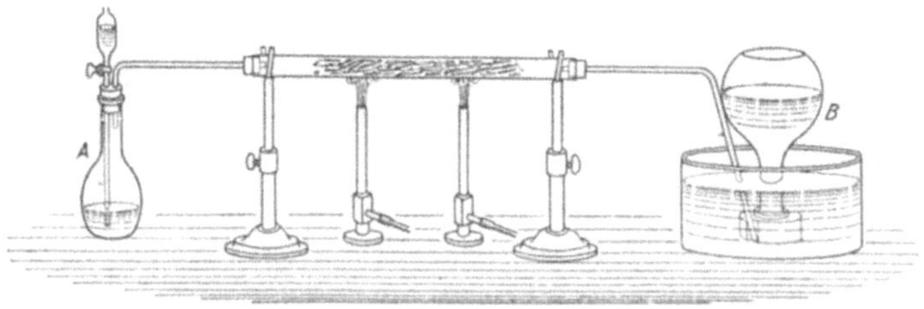

Fig. 223. **Reduktion des Kohlendioxyds zu** Kohlenoxyd.

Mit dem Rohr verbindet man eine mit Gasableitungsrohr und Tropftrichter versehene Kochflasche A, deren Inhalt man auf die bei Versuch 76 beschriebene Weise bestimmt hat. Er sei z. B. 50 ccm. Die Flasche wird mit Kohlendioxyd gefüllt, das man durch Eintropfenlassen von Wasser in langsamem Strom über die stark erhitzten Holzkohlensplitter treibt. Das entweichende Gas wird in der pneumatischen Wanne in einer Kochflasche B aufgefangen, deren Inhalt gerade doppelt so groß ist wie der von A — also hier 100 ccm. Wenn alles Kohlendioxyd aus A ausgetrieben ist, verschließt man B unter Wasser mit dem von A abgenommenen Stopfen mit Tropftrichter und Gasableitungsrohr, bringt B an die Stelle von A, treibt das Gasgemisch, dessen Volumen jetzt zwischen 70 und 80 ccm betragen wird, nochmals über die Holzkohle und fängt es in einer dritten Kochflasche von 100 ccm Inhalt wieder auf. Man wird jetzt — oder spätestens nach nochmaliger Überleitung über die Kohle — finden, daß aus den angewandten 50 ccm Kohlendioxyd 100 ccm Kohlendioxyd geworden sind. Das Volumen des Gases hat sich, der Gleichung $CO_2 + C = 2\,CO$ entsprechend, verdoppelt. Durch seine Brennbarkeit läßt sich leicht zeigen, daß es kein Kohlendioxyd mehr, sondern Kohlenoxyd ist.

Versuch 315. In ein mit Kohlendioxyd gefülltes Reagenzglas gieße man einige Kubikzentimeter Wasser, verschließe das Glas mit dem Daumen und schüttle kräftig um. Ein Teil des Kohlendioxyds löst sich in dem Wasser, was daraus hervorgeht, daß der Daumen an die Mündung festgesaugt wird. In der Lösung darf man das Vorhandensein der frei nicht beständigen Kohlensäure, H_2CO_3, annehmen, da sie blaues Lackmuspapier schwach rötet. Eine Lösung von Kohlendioxyd in Wasser ist das Selterswasser, auch kurzweg Mineralwasser genannt.

Versuch 316. Etwas Selterswasser wird in einem Reagenzglas gekocht. Es entweichen große Mengen von Kohlendioxyd, da die Kohlensäure schon bei geringer Temperaturerhöhung in ihr Anhydrid und Wasser zerfällt:

$$H_2CO_3 = CO_2 + H_2O.$$

Außerdem ist Kohlendioxyd auch in kaltem Wasser löslicher als in warmem.

Versuch 317. In ein Reagenzglas mit reinem Kohlendioxyd schüttet man einige Kubikzentimeter starker Natronlauge, verschließt mit dem Daumen und stellt das Glas mit der Mündung nach unten in ein Schälchen mit Quecksilber. Nach einiger Zeit wird das Kohlendioxyd, je nach dem Grad seiner Reinheit, mehr oder weniger vollständig absorbiert sein:

$$2\,NaOH + CO_2 = Na_2CO_3 + H_2O.$$

Versuch 318. Die jetzt in dem Reagenzglas befindliche Lösung von Natriumcarbonat versetzt man mit wenigen Tropfen verdünnter Salzsäure. Unter Aufbrausen entweicht Kohlendioxyd:

$$Na_2CO_3 + 2\,HCl = 2\,NaCl + CO_2 + H_2O.$$

Versuch 319. Kohlensäure ist eine so schwache Säure, daß sie schon durch organische Säuren wie Essigsäure, Weinsäure, Citronensäure usw. aus ihren Salzen ausgetrieben wird. Hiervon macht man Gebrauch zur Herstellung der „Brausepulver". 1 g Natriumdicarbonat (doppeltkohlensaures Natron) wird mit der gleichen Menge Weinsäure in der Reibschale zusammengerieben. Das trockne Pulver zeigt nicht die mindeste Wirkung. Sobald man es aber in Wasser schüttet, entwickeln sich unter Aufbrausen große Mengen von Kohlendioxyd. Dies ist zugleich ein hübscher Beweis für den alten Satz: „Corpora non agunt, nisi fluida" [1]).

Versuch 320. Da die Atmung nichts weiter ist als ein langsamer Verbrennungsprozeß, der Körper aber große Mengen Kohlenstoff enthält, muß die ausgeatmete Luft auch das Verbrennungsprodukt des Kohlenstoffs, nämlich Kohlendioxyd, enthalten. Man füllt ein großes Reagenzglas halb mit Kalkwasser und bläst durch ein Glasrohr einige Zeit die ausgeatmete Luft durch. Sehr bald zeigt die Trübung der Flüssigkeit das Vorhandensein von Kohlendioxyd an. — Daß auch bei der gewöhnlichen Verbrennung kohlenstoffhaltiger Körper Kohlendioxyd entsteht, läßt sich ebenfalls auf sehr einfache Weise zeigen (siehe S. 121).

Versuch 321. Kohlendioxyd wird längere Zeit in Kalkwasser eingeleitet. Nach einigen Minuten löst sich der anfänglich entstehende

[1]) Stoffe wirken nur dann aufeinander ein, wenn sie aufgelöst sind.

Carbonatniederschlag wieder auf, und schließlich wird die Flüssigkeit ganz klar, da sich ziemlich leicht lösliches Calciumdicarbonat, $Ca\begin{smallmatrix}/HCO_3\\ \backslash HCO_3\end{smallmatrix}$ gebildet hat. Wasser, das viel Calciumdicarbonat enthält, löst Seife nur schwer auf und ist deshalb zum Waschen nicht gut zu brauchen. (Hartes Wasser.) Durch Destillation erhält man es rein, während die Carbonate in fester Form zurückbleiben (Kesselstein).

Kohlenstoff und Wasserstoff.

Versuch 322. Man verschließt ein Reagenzglas mit einem Stopfen, durch den ein spitz ausgezogenes Glasrohr führt. In das Glas bringt man eine kleine Menge Aluminiumcarbid, übergießt es mit Wasser und erhitzt zum Sieden. Es entwickelt sich ein Gas, das man anzünden kann, nachdem alle Luft aus dem Glas verdrängt ist, und nachdem man es mit einem Tuch umwickelt hat. Das Gas brennt mit leuchtender Flamme. Es ist Methan (Sumpf- oder Grubengas), CH_4:

$$Al_4C_3 + 12\,H_2O = 3\,CH_4 + 4\,Al(OH)_3.$$

Versuch 323. Größere Mengen von Grubengas lassen sich nur mit Hilfe organischer Verbindungen darstellen. — In einer mit Gasableitungsrohr versehenen Kochflasche erhitzt man ein Gemisch aus gleichen Teilen gepulvertem Natronkalk und essigsaurem Natrium, das durch gelindes Erhitzen vorher entwässert wurde. Nachdem alle Luft aus dem Apparat verdrängt ist, wird das entweichende Methan in der pneumatischen Wanne in Zylindern aufgefangen.

Versuch 324. Einen Zylinder mit Methan halte man mit der Mündung nach unten und bringe eine brennende Kerze hinein. Die Flamme erlischt, während das Methan an der Luft verbrennt (vgl. auch Vers. 50).

Versuch 325. Ein 200 ccm fassender, dickwandiger Zylinder wird mit 18 ccm Wasser gefüllt und in die pneumatische Wanne gestellt. Dann füllt man ihn mit Methan völlig an. Man hat jetzt ein Gemisch aus annähernd 10 Teilen Luft und einem Teil Methan. Der Zylinder wird mit einem Tuch umwickelt, in eine Ecke gestellt und mit einer durchlochten Pappdeckelscheibe bedeckt. Dann zündet man das Gasgemisch mit einer an einen langen Stab gebundenen Kerze an. Es explodiert mit lautem Knall. Derartige Grubengasexplosionen ereignen sich leider immer noch häufig in Kohlenbergwerken, in denen sie als „schlagende Wetter“ gefürchtet sind. Trotzdem man für möglichst gute Durchlüftung sorgt, fordern diese Unglücksfälle alljährlich noch zahlreiche Menschenleben, sowohl durch die Explosion selbst, als durch das bei der Verbrennung des Methans entstehende und erstickend wirkende Kohlendioxyd (Nachschwaden).

Kohlenstoff und Schwefel.

Die Darstellung des Schwefelkohlenstoffs, CS_2, durch Überleiten von Schwefeldämpfen über glühende Kohlen gelingt im kleinen nicht recht, weshalb wir auf die Herstellung dieses Körpers verzichten müssen.

Versuch 326. Unter dem auf Seite 121 abgebildeten Apparat verbrenne man etwas Schwefelkohlenstoff. (Vorsicht! Nicht die Vorratsflasche in der Nähe lassen! Schwefelkohlenstoff verdunstet sehr rasch, und sein Dampf explodiert, wenn er mit Luft gemischt ist!) Die Verbrennungsprodukte werden durch eine Waschflasche mit Kaliumpermanganatlösung, die so verdünnt ist, daß sie hellblau aussieht, und eine zweite mit Kalkwasser gesaugt. Das Kalkwasser wird von dem entstehenden Kohlendioxyd getrübt und die Permanganatlösung von dem Schwefeldioxyd entfärbt:

$$CS_2 + 3\,O_2 = CO_2 + 2\,SO_2.$$

Daß Schwefelkohlenstoff ein gutes Lösungsmittel für Phosphor und Schwefel ist, haben wir bereits gesehen. Außerdem löst er auch noch viele Fette und Öle.

Kohlenstoff und Stickstoff.

Versuche mit Cyan und solchen Cyanverbindungen, bei denen zufällig Blausäure entstehen könnte, sind viel zu gefährlich, als daß man dazu raten könnte, sie zu unternehmen. Cyan sowie das Radikal CNS′ (Rhodan) und die von ihnen sich ableitenden Verbindungen gehören ja auch eigentlich zur organischen Chemie, so daß wir hier um so eher auf eine Beschäftigung mit diesen Stoffen verzichten können. Einige komplexe Cyanverbindungen werden wir noch beim Eisen und Platin kennen lernen (vgl. auch Vers. 120).

Silicium.

Versuch 327. In ein Reagenzglas aus schwer schmelzbarem Glas bringt man 8 g Kieselfluorkalium (siehe Vers. 335) und mischt es mit 6 g Kalium, das gut getrocknet und in kleine Stückchen geschnitten wurde (Vorsicht! Siehe Seite 451), auf die Weise, daß man immer eine Schicht Kalium, dann wieder eine Schicht Kieselfluorkalium usw. in das Glas bringt. Man erhitzt das Gemisch, bis eine lebhafte Reaktion erfolgt (Vorsicht!), zerschlägt nach dem Erkalten das Glas und wirft die Bruchstücke in Wasser. (Vorsicht wegen unzersetzten Kaliums!) Die Glasscherben werden erst möglichst vollständig herausgelesen; dann filtriert man. Es bleibt ein braunes Pulver zurück, das nach dem Waschen und Trocknen etwas dunkler wird. Es ist elementares Silicium:

$$K_2SiF_6 + 4\,K = 6\,KF + Si.$$

Wenn man ein Gemenge aus Aluminiumpulver (10 g) und Kieselfluorkalium (20 g) eine halbe Stunde lang schmilzt und die Masse nach dem Erkalten mit Salzsäure behandelt, wird das Aluminium gelöst, und Silicium bleibt in Gestalt langer, spitzer Krystallnadeln zurück.

Versuch 328. Elementares Silicium wird mit starker Kalilauge erwärmt. Unter Wasserstoffentwicklung löst sich das Pulver zu Kaliumsilikat:

$$Si + 2\,KOH + H_2O = K_2SiO_3 + 2\,H_2.$$

Versuch 329. Die im vorigen Versuch erhaltene Lösung von Kaliumsilikat wird mit starker Salzsäure versetzt. Es entsteht ein weißer gallertartiger Niederschlag von Kieselsäure:

$$K_2SiO_3 + 2\,HCl = H_2SiO_3 + 2\,KCl.$$

Versuch 330. Etwas Kieselsäure wird in einem Schmelztiegel mit der Gebläseflamme langsam bis zur hellen Rotglut erhitzt. Der weiße, pulverige Rückstand besteht aus Kieselsäureanhydrid (Siliciumdioxyd):

$$H_2SiO_3 = SiO_2 + H_2O.$$

Versuch 331. 5 g fein gepulverter, reiner Quarzsand werden mit $17^1/_2$ g entwässerter [1]) Soda gut gemischt und in einem Schmelztiegel mit der Gebläseflamme möglichst stark erhitzt. Wenn der Tiegel weißglühend geworden ist, läßt man die Flamme noch einige Zeit direkt auf die Schmelze einwirken. Es entweicht Kohlendioxyd, und nach dem Erkalten kann der aus Natriumsilikat bestehende Rückstand in Wasser gelöst werden (Natronwasserglas). — Dieser Versuch ist recht lehrreich; denn er zeigt, daß der Charakter der bei gewöhnlicher Temperatur äußerst schwachen Kieselsäure bei Weißglut völlig umgeändert wird. Während bei gewöhnlicher Temperatur die Kieselsäure an Stärke sogar noch der Kohlensäure nachsteht, sehen wir, daß diese bei Weißglut aus ihren Salzen ausgetrieben wird:

$$Na_2CO_3 + SiO_2 = Na_2SiO_3 + CO_2.$$

Und nicht allein Kohlensäure, sogar die starke Schwefelsäure wird in Freiheit gesetzt (vgl. S. 129).

Siliciumwasserstoff.

Zur Herstellung dieser interessanten Verbindung brauchen wir zunächst Siliciummagnesium.

Versuch 332. 20 g Magnesiumchlorid werden geschmolzen und rasch zu einem möglichst feinen Pulver zerstoßen. Dann mischt man es mit 20 g gut getrocknetem Kieselfluorkalium und 5 g entwässertem Kochsalz (vgl. Anm. zu Vers. 331), gibt noch 10 g schnell abgetrocknetes und fein zerschnittenes Natrium (Vorsicht! Siehe Seite 451) zu und schüttelt das Ganze gut durcheinander. Unterdessen hat man einen hessischen Tiegel mit der Gebläseflamme auf schwache Rotglut erhitzt und trägt nun das Gemisch auf einmal ein. (Vorsicht! Schutzbrille!) Der Tiegel wird zugedeckt und möglichst stark erhitzt. Es findet eine heftige Reaktion statt, und das Magnesiumchlorid und Kieselfluorkalium werden zu Magnesium und Silicium reduziert, die sich teilweise zu Siliciummagnesium verbinden. Nach dem Erkalten findet man in dem Tiegel eine schwarze Masse, die, noch warm, rasch zerstoßen und in eine gut verschlossene Glasflasche gefüllt wird. — Sollte die Reaktion nicht eintreten, so ist in der Regel die Temperatur nicht hoch genug. Man kann dann — aber mit äußerster Vorsicht — ein Stückchen Magnesium-

[1]) Man erhitzt krystallisiertes Natriumcarbonat in einem Tiegel so lange auf schwache Rotglut, bis kein Wasser mehr entweicht.

draht in die Mischung stecken und ihn anzünden, worauf meist die Reaktion sofort erfolgt. Häufig trägt auch schlechte Mischung der einzelnen Substanzen die Schuld am Versagen.

Versuch 333. 5 g Siliciummagnesium werden in eine kleine Flasche mit weitem Hals gebracht, die mit einem doppelt durchbohrten Gummistopfen vollkommen luftdicht verschlossen ist (Fig. 224). Die eine Bohrung trägt ein Trichterrohr, die andere ein möglichst kurzes und weites Gasableitungsrohr, das in die pneumatische Wanne taucht. Man füllt zunächst den ganzen Apparat vollständig mit Wasser, indem man durch das Trichterrohr so lange Wasser eingießt, bis es aus dem Gasableitungsrohr wieder ausfließt. Dann läßt man die Mündung des Rohres in die pneumatische Wanne tauchen und gießt langsam, um keine Luft mitzureißen, konzentrierte Salzsäure durch das Trichterrohr, aber erst, nachdem man sich überzeugt hat, daß keine Spur von Luft mehr in dem Apparat enthalten ist, die zu heftigen Explosionen Veranlassung geben könnte (vgl. bei Phosphorwasserstoff, Vers. 252). Es entwickelt sich ein Gemisch von Siliciumwasserstoffen, das, sobald es in der pneumatischen Wanne in einzelnen Blasen an die Luft gelangt, unter Hinterlassung weißer, aus Kieselsäure bestehender Rauchringe verbrennt. Der Apparat darf nicht eher auseinandergenommen werden, als sämtliches Siliciummagnesium zersetzt ist, was man dadurch feststellt, daß auf Zusatz von Salzsäure keine Gasentwicklung mehr stattfindet. Da jede Spur Luft in der Flasche Gefahr bringen kann, verwende man zum Füllen frisch ausgekochtes und wieder kalt gewordenes Wasser. Für alle Fälle setze man eine Schutzbrille auf und komme dem Apparat nicht unnötig nahe!

Fig. 224. **Darstellung** von Siliciumwasserstoff.

Verbindungen des Siliciums mit dem Fluor.

Versuch 334. Ein gut ausgetrockneter Selterswasserkrug wird mit einem doppelt durchbohrten und paraffinierten Kork verschlossen und mit Trichter- und rechtwinklig gebogenem Gasableitungsrohr versehen. (Fig. 225). Man mischt dann 100 g feingepulvertes Calciumfluorid mit 40 g Quarzpulver (oder Infusorienerde, die auch aus Siliciumdioxyd besteht) und füllt das Gemisch in den Krug. Dann gibt man nach und nach 500 ccm konzentrierte Schwefelsäure durch das Trichterrohr zu und erhitzt auf dem Sandbad, bis eine mäßig starke Gasentwicklung stattfindet.

Das entweichende Gas bildet an der Luft Nebel. Es ist Siliciumfluorid, SiF_4. Wenn man einen mit Wasser befeuchteten Glasstab in den Gasstrom hält, überzieht er sich mit einer trüben Gallerte von Kieselsäure (vgl. S. 131). Wir wollen nun das Siliciumfluorid vollständig durch Wasser in Kieselsäure und Kieselfluorwasserstoffsäure zersetzen. Dabei müssen wir nur Vorsorge treffen, daß das Gasableitungsrohr nicht durch die gallertartige Kieselsäure verstopft wird. Wir setzen deshalb mit einem Stückchen Kautschuckschlauch einen kleinen Trichter von 2—3 cm Durchmesser an und sorgen dafür, daß im Innern des Schlauchs die Enden der beiden Glasröhren möglichst dicht aneinanderstoßen. Der Trichter taucht $^1/_2$ cm tief in Quecksilber ein, das sich in einem Standzylinder befindet. Man hält den Trichter zweckmäßig durch ein Stativ in der richtigen Lage fest. Sollte der von dem Gas zu überwindende Quecksilberdruck so groß sein, daß die Schwefelsäure im Trichterrohr zu sehr steigt, so korkt man das Trichterrohr einfach zu. Der Standzylinder, der ungefähr 400—500 ccm fassen soll, wird mit etwa 250 ccm destilliertem Wasser gefüllt. Jede Gasblase, die aus dem Quecksilber in das Wasser tritt, bewirkt eine Abscheidung von Kieselsäure. Wenn der Inhalt des Zylinders zu einem halbflüssigen Brei geworden ist, unterbricht man den Versuch und filtriert von der Kieselsäure ab. Die Hauptmenge entfernt man mit dem Koliertuch, dann filtriert man noch einmal an der Saugpumpe. Das klare Filtrat ist eine Lösung von Kieselfluorwasserstoffsäure, $H_2[SiF_6]$ (siehe S. 130).

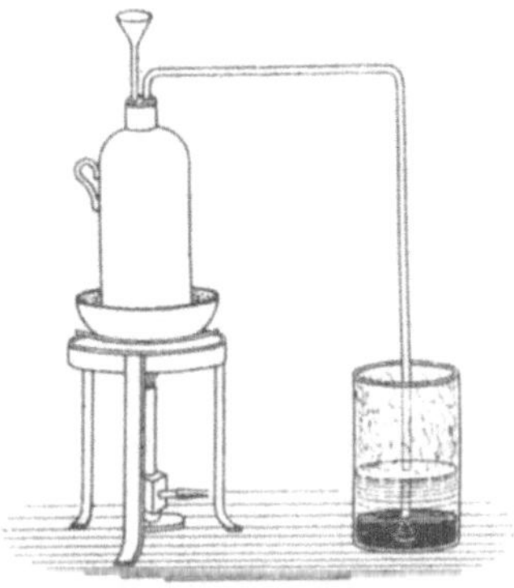

Fig. 225. Darstellung von Kieselfluorwasserstoff.

Versuch 335. Wässerige Kieselfluorwasserstoffsäure wird mit Kalilauge möglichst genau neutralisiert. Man bereitet sich eine Lauge von mäßiger Konzentration und gibt sie — unter beständigem Umrühren — zu der Säure, bis der Neutralisationspunkt beinahe erreicht ist, was man durch Prüfen mit Lackmuspapier feststellt. Dann gießt man $^1/_{10}$ der beinahe neutralisierten Säure in ein anderes Gefäß und neutralisiert die restlichen $^9/_{10}$ vollständig. Sollte hierbei der Neutralisationspunkt überschritten, die Flüssigkeit also alkalisch werden, dann gibt man zum Ausgleich wieder von der beiseite gestellten Säure zu. Es ist vorteilhaft, sobald man sich hart am Neutralisationspunkt befindet, nur sehr verdünnte Lauge in einzelnen Tropfen zuzusetzen. In der neutralen Lösung entsteht ein bläulich schimmernder Niederschlag von Kaliumfluorosilicat (Kieselfluorkalium) $K_2[SiF_6]$. Man filtriert ihn mit der Saugpumpe ab, wäscht ihn mit wenig Wasser und trocknet ihn durch gelindes Erwärmen in einer Porzellanschale auf dem Wasserbad.

Bor.

Versuch 337. In einem Reagenzglas aus schwer schmelzbarem Glas schichtet man etwas Borsesquioxyd (Borsäureanhydrid, siehe Vers. 338) mit fein geschnittenem und getrocknetem Natrium (Vorsicht! Siehe Seite 451) übereinander. Dann erhitzt man bis zum Eintreten der Reaktion. (Vorsicht! Schutzbrille!) Nach dem Erkalten wird das Glas zerschlagen und in Wasser geworfen. (Vorsicht!) Es bleibt ein dunkles, grünlichgraues Pulver zurück, das elementares Bor ist. Man fitriert es ab, wäscht und trocknet es. — Da Borsäureanhydrid sehr hygroskopisch ist, darf zu diesem Versuch nur frisch bereitetes verwandt werden, am besten, solange es noch warm ist.

Versuch 337. 500 ccm Wasser werden in einem Becherglas zum Sieden erhitzt. Dann gibt man langsam unter Umrühren 125 g Borax (Natriumtetraborat) zu. In die filtrierte, noch heiße Lösung gießt man unter Umrühren so lange konzentrierte Salzsäure, bis blaues Lackmuspapier deutlich rot gefärbt wird. Dann läßt man erkalten. Es scheiden sich nach und nach schöne Krystallschuppen von Borsäure, H_3BO_3, ab. Man filtriert sie ab und wäscht sie so lange mit destilliertem Wasser, bis eine Prüfung mit Silbernitrat die Abwesenheit von Salzsäure in dem Waschwasser ergibt.

Versuch 338. Man erhitze etwas Borsäure in einem Schmelztiegel. Es entweicht Wasser, und die Säure geht in Metaborsäure über. Schließlich entsteht unter Verlust sämtlichen Wassers Borsäureanhydrid (Bortrioxyd, glasige Borsäure):

$$2\,H_3BO_3 = B_2O_3 + 3\,H_2O.$$

In geschmolzenem Zustand ist das Borsäureanhydrid sehr zäh, in erkaltetem spröde und hart.

Versuch 339. Man biegt einen Platindraht zu einer kleinen Öse, indem man ihn um ein Streichholz wickelt. Dann erhitzt man die Öse im Bunsenbrenner zur Weißglut und taucht sie schnell in gepulverten Borax. Es backt an dem Draht etwas Borax an, der dann in der Bunsenflamme geschmolzen wird. Nach dem Erkalten erhält man eine völlig durchsichtige Perle aus Boraxglas. (Über die charakteristischen Färbungen der Boraxperle mit Metalloxyden vgl. S. 133.)

Versuch 340. 5 g Borsäure und 6 g krystallisiertes Natriumcarbonat werden in 15 ccm heißem Wasser gelöst. Es entweicht Kohlendioxyd, da die schwache Borsäure die noch schwächere Kohlensäure austreibt, und die Lösung enthält Natriumtetraborat, das beim Eindampfen in Krystallen erhalten werden kann.

Versuch 341. Bor und seine Verbindungen färben die Flamme — besonders am Rand — schön grün. Diese charakteristische Reaktion ist aber nur dann gut zu beobachten, wenn das Bor in einer möglichst flüchtigen Verbindung vorliegt. Am geeignetsten ist eine organische Verbindung, die beim Erhitzen von Borsäure mit Schwefelsäure und Alkohol entsteht. In einem kleinen Schmelztiegel übergießt man etwas Borax mit Alkohol und gibt einige Tropfen konzentrierter Schwefelsäure zu (nicht zu viel, damit der Alkohol noch brennt!). Wenn man nun den Alkohol anzündet, erscheint die Flamme grün umsäumt, was sich besonders gut kurz vor dem Erlöschen und gegen einen dunklen Hintergrund beobachten läßt.

Versuche zum zehnten Vortrag.

(S. 135 bis S. 144.)

Dampfdichte und Molekulargewicht.

Versuch 342. Man stellt den Apparat nach Meyer (Abbildung S. 138) zusammen. In den Heizmantel bringt man etwas Wasser und erhitzt zum Sieden. Unterdes hat man die in $^1/_{10}$ ccm geteilte Mensur mit der pneumatischen Wanne bereitgestellt. In einem der beigegebenen kleinen Gläschen wiegt man eine kleine Menge einer leicht verdampfenden Substanz (z. B. Äther oder Schwefelkohlenstoff) ab und läßt das Gläschen in das Rohr B fallen, das sofort mit einem gut passenden Kork verschlossen wird. Die Substanz verdampft in dem durch den umgebenden Wasserdampf erhitzten Rohr und treibt ein entsprechendes Volumen Luft in die Mensur C.

Man senkt die Mensur so tief in das Wasser ein, daß es innen und außen gleich hoch steht und liest das Volumen der verdrängten Luft ab. Es betrage v ccm. Dann ist, wenn b der Barometerstand in mm, c der Druck des Wasserdampfs (S. 207 und 342) und t die Zimmertemperatur ist, das Gewicht p eines dem verdrängten Luftvolumen gleichen Volumens Wasserstoff:

$$p = \frac{v \cdot (b - c) \cdot 273 \cdot 0{,}00009}{760 \cdot (273 + t)} \text{ g} \; [1].$$

Das nach dieser Formel berechnete Gewicht p des Wasserstoffvolumens sei a Gramm. Dann findet man die auf Wasserstoff bezogene Dampfdichte δ, indem man das Gewicht w der verdampften Substanz durch a dividiert:

$$\delta = \frac{w}{a}.$$

Folglich ist das Molekulargewicht M:

$$M = \frac{w \cdot 2}{a} \text{ (siehe S. 138).}$$

Spektralanalyse.

Eigentliche spektralanalytische Versuche erfordern kostspielige Apparate, so daß wir auf sie verzichten müssen und uns hier nur mit den Flammenfärbungen beschäftigen können.

Versuch 343. Man bringe nacheinander eine Spur folgender Lösungen an der Öse eines jedesmal gut ausgeglühten Platindrahtes in die Bunsenflamme: Kaliumchlorid (violett), Lithiumchlorid oder in Salzsäure gelöstes Lithiumcarbonat (carminrot), Bariumchlorid (grün), Calciumchlorid (ziegelrot), Kupfersulfat (blau), Natriumchlorid (gelb). Die hinter den einzelnen Stoffen angegebenen Farben bezeichnen die Färbung, die sie der Bunsenflamme erteilen. Nach jedem einzelnen Versuch muß der Platindraht durch Befeuchten mit konzentrierter Salzsäure und Ausglühen in der Bunsenflamme gut gereinigt werden.

[1] 0,00009 g ist das Gewicht eines Kubikzentimeters Wasserstoff unter Normalbedingungen.

Versuch 344. Man mische 1 g Kaliumchlorid mit $^{1}/_{10}$ g Natriumchlorid, löse in wenig warmem Wasser und untersuche die Lösung in der Bunsenflamme. Trotz der verschwindend geringen Menge von Natriumchlorid bemerkt man nur Gelb, da das violette Kaliumlicht vollkommen überstrahlt wird. Nun betrachte man die Flamme durch ein Stück blaues Kobaltglas. Die violette Kaliumflamme ist jetzt deutlich zu sehen, denn das Natriumgelb wird von dem blauen Glas völlig absorbiert. Dies ist ein schöner Nachweis des Kaliums neben Natrium. Wenn man eine kaliumfreie Natriumflamme durch Kobaltglas betrachtet, sieht man überhaupt nichts.

Struktur und Eigenschaften der Flamme. — Theorie der leuchtenden Flammen.

Da diese Fragen eigentlich mehr physikalischer als chemischer Natur sind, wurden sie im ersten Teil übergangen. Etwas Bekanntschaft mit diesem Gebiet ist aber für den Chemiker von großer Wichtigkeit, und deshalb wollen wir ihm hier einige Versuche widmen.

Bei der Betrachtung einer Kerzenflamme fällt auf, daß sie kein einheitliches Ganzes ist, sondern aus mehreren Teilen besteht. In

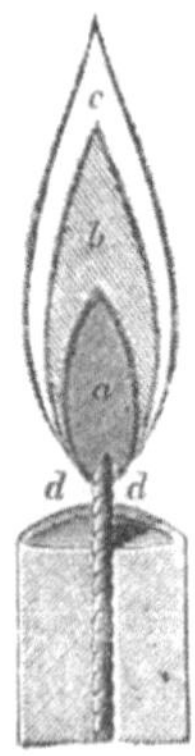

Fig. 226. **Zonen einer Kerzenflamme.**

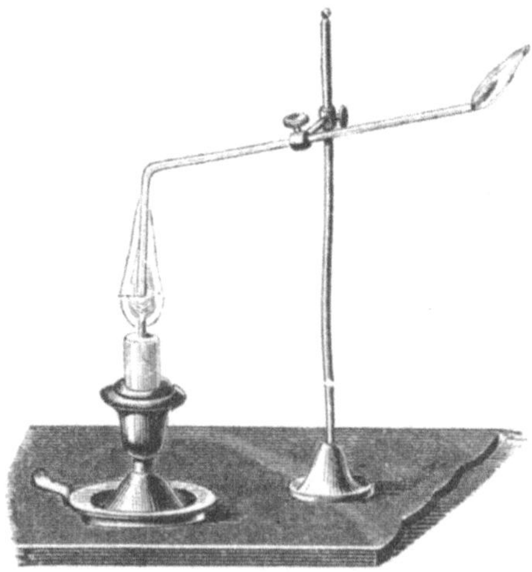

Fig. 227. **Untersuchung einer Kerzenflamme.**

dem inneren, dunkeln Teil a (Fig. 226), befindet sich der durch die Hitze in Gasform übergeführte Brennstoff. Da in diese innere Zone kein Luftsauerstoff gelangen kann, findet hier keine Verbrennung statt. Es folgt nun eine Schicht b, in der wenig Luftsauerstoff zutritt, und in der die Verbrennung deshalb unvollkommen verläuft. Der Wasserstoff verbrennt, während Kohlenstoff in Form kleinster Teilchen vorhanden ist, die durch die Hitze zum Glühen gebracht werden und helles Licht ausstrahlen. Dies ist der eigentliche leuchtende Teil der Flamme.

Im äußeren Saum c, wo der Luftsauerstoff am ungehindertsten zutritt, verbrennt auch noch der Kohlenstoff. Dieser Teil der Flamme ist farblos und hat die höchste Temperatur. Ein Versuch soll uns von dem eben Gesagten überzeugen:

Versuch 345. In den dunklen Kern einer Kerzenflamme halte man eine kleine gebogene Glasröhre (Fig. 227).

Man kann die brennbaren Gase auf diese Weise ableiten und sie an dem anderen Ende der Glasröhre anzünden. In den leuchtenden Teil halte man einen kalten Porzellanscherben. Der glühende Kohlenstoff schlägt sich als Ruß nieder. Schließlich stellt man noch fest, daß man weder in dem dunkeln Kern noch in der äußeren Hülle einen Rußbeschlag erhält.

Versuch 346. Aus dem vorigen Versuch geht hervor, daß eine Flamme nur dann leuchten kann, wenn sie festen Kohlenstoff enthält. So erklärt es sich, daß die Wasserstoffflamme nicht leuchtet, während die Methanflamme leuchtet. Um auch die Wasserstoffflamme dazu zu bringen, Licht auszustrahlen. hat man nur nötig, ihr eine flüchtige kohlenstoffhaltige Verbindung beizumischen. Man lasse durch Chlorcalcium getrocknetes Wasserstoffgas aus einer zur Spitze ausgezogenen Glasröhre ausströmen und zünde es an (Vorsicht! Siehe S. 15). Die Flamme ist farblos. Nun unterbricht man den Versuch, schaltet in

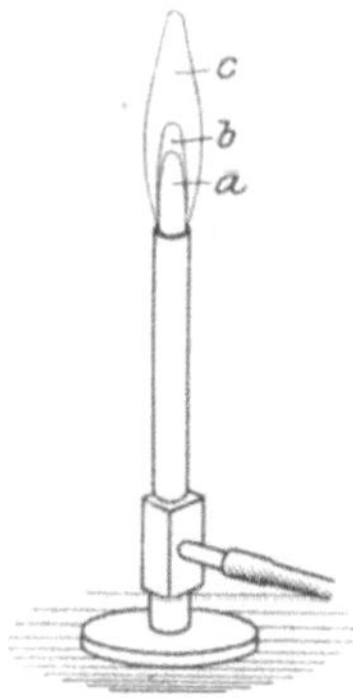

Fig. 228. **Zonen der Bunsenflamme.**

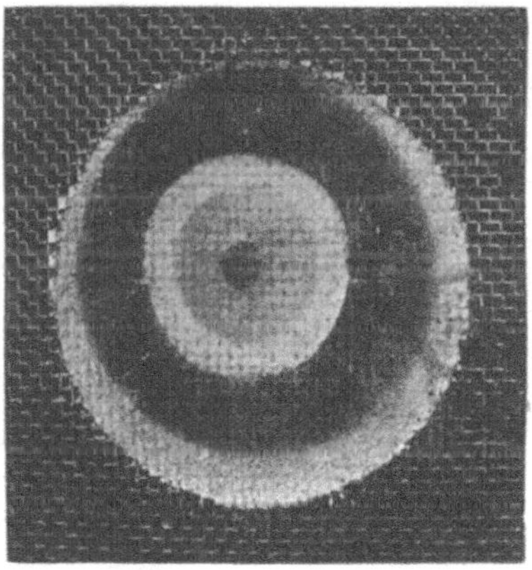

Fig. 229. **Querschnitt einer Bunsenflamme.**

die Gasleitung ein U-Rohr ein, das mit Benzol getränkte Watte enthält, und zündet wieder an. Die Flamme leuchtet jetzt hell. — Auch in der Praxis werden verschiedene kohlenstoffarme und deshalb nur schwaches Licht gebende Leuchtgassorten mit kohlenstoffhaltigen Verbindungen angereichert. Man nennt das: „karburieren" des Leuchtgases.

Versuch 347. Auch andere feste Körper, z. B. Chromoxyd, können durch ihre Anwesenheit in einer nichtleuchtenden Flamme diese zum

Leuchten bringen. Man verwende statt der Benzolwatte im vorigen Versuch etwas mit Chromylchlorid (Vers. 518) getränkte Glaswolle. Auch jetzt wird die Wasserstoffflamme leuchten.

Versuch 348. Wenn wir einer leuchtenden Flamme so viel Sauerstoff zuführen, daß der Kohlenstoff, anstatt nur glühend zu werden, verbrennt, so wird die Flamme nicht leuchtend. Man halte bei einem Bunsenbrenner die seitlichen Luftlöcher zu: die Flamme wird sofort hell leuchtend. Gibt man die Sauerstoffzufuhr frei, so wird sie wieder nicht leuchtend und viel heißer als die leuchtende, da bei ihr zu der Verbrennungswärme des Wasserstoffs auch noch die des Kohlenstoffs kommt. Auf dieser gesteigerten Heizwirkung beruht der praktische Wert des Bunsenbrenners.

Versuch 349. Auch bei der nichtleuchtenden Bunsenflamme lassen sich verschiedene Teile unterscheiden (Fig. 228):

a ist kaum leuchtend, enthält noch viel unverbranntes Gas und hat die niedrigste Temperatur. Man kann ein Streichholz hineinhalten, ohne daß es anbrennt.

b leuchtet bläulich und hat etwas höhere Temperatur. Da auch hier noch viel unverbranntes Leuchtgas vorhanden ist, wirkt dieser Teil der Flamme infolge des hohen Wasserstoffgehalts des Leuchtgases auf viele Körper reduzierend (siehe S. 158). Er heißt deshalb auch Reduktionsflamme.

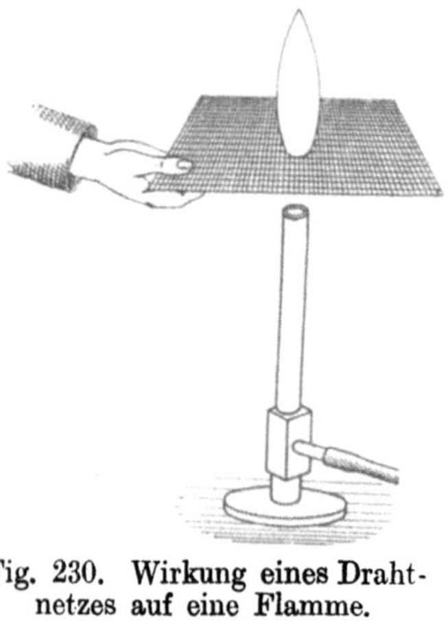

Fig. 230. Wirkung eines Drahtnetzes auf eine Flamme.

c leuchtet wieder schwach und hat die höchste Temperatur. Der hier reichlich vorhandene Luftsauerstoff wirkt oxydierend, daher nennt man diesen Teil Oxydationsflamme. —

Sehr schön lassen sich die verschiedenen Temperaturen innerhalb der Bunsenflamme folgendermaßen veranschaulichen: Eine Asbestscheibe wird vollständig berußt. Dann legt man sie auf einen niedrigen Dreifuß und läßt eine halbe Stunde lang eine Bunsenflamme gegen sie brennen. Die Scheibe bildet also gewissermaßen einen Querschnitt, der in halber Höhe durch die Flamme gelegt ist. An den Stellen mit sehr hoher Temperatur verbrennt der Ruß völlig, an der dem Teil b entsprechenden weniger und in der Mitte, bei c, gar nicht. Man erhält also schließlich einen Rußfleck, der von einem halbdunkeln und einem hellen Ring umgeben wird, wie es die Abbildung 229 zeigt.

Versuch 350. Damit ein Körper mit Flamme verbrennen kann, muß er erst auf eine bestimmte Temperatur, die Entflammungstemperatur, erhitzt werden. Erreicht die Temperatur diese Höhe nicht, so findet auch keine Entzündung statt.

Man halte 5 cm über einen Bunsenbrenner ein engmaschiges Drahtnetz und zünde das Gas oberhalb des Netzes an. Die Flamme schlägt nicht durch das Netz durch, weil die Wärme durch das gut leitende Metall so verteilt wird, daß die Entzündungstemperatur unterhalb des Netzes nicht erreicht werden kann (Fig. 230). Eine mit einem dichten Drathnetz umgebene Flamme kann deshalb sogar in explosiven Gasgemengen ohne Gefahr brennen, da sich die Entzündung ja nicht nach außen fortpflanzt. (Davysche Sicherheitslampe zum Gebrauch in Kohlengruben.)

Versuche zum elften Vortrag.

(S. 144 bis S. 163.)

Natrium.

Wegen der großen Verwandtschaft des Natriums zum Sauerstoff darf es nur unter Petroleum aufbewahrt und zerkleinert werden. Vor seiner Verwendung ist es aber stets gut von Petroleum zu befreien. Wenn man zu große und schlecht abgetrocknete Natriumstücke auf Wasser wirft, kann infolge der starken Wasserstoffentwicklung eine Knallgas- und durch die erzeugte Hitze eine Petroleumexplosion eintreten. Das gleiche gilt auch für Kalium. Daß man diese Metalle niemals mit feuchten Fingern anfassen oder sie mit Feuchtigkeit in Berührung bringen darf, ist nach dem Vorhergegangenen selbstverständlich. Am besten vermeidet man das Anfassen mit den Fingern, wenn es nur irgend geht, überhaupt.

Versuch 351. Ein erbsengroßes Stück Natrium wird zwischen Filtrierpapier schnell von anhängendem Petroleum befreit (Vorsicht!) und dann in eine Schüssel mit Wasser geworfen. Das Metall fährt zischend auf der Oberfläche des Wassers umher und schmilzt zu einer silberglänzenden Kugel. Schließlich bleibt geschmolzenes Natriumhydroxyd zurück, das einige Sekunden im Leidenfrostschen Zustand verharrt, nach genügender Abkühlung mit dem Wasser in Berührung kommt und zerspringt (Schutzbrille!). In der Schüssel befindet sich jetzt verdünnte Natronlauge.

Versuch 352. In eine Schüssel mit Wasser wirft man einen Schnitzel Filtrierpapier, auf den man ein Stückchen abgetrocknetes Natrium legt. Da das Metall nun in der Bewegung gehindert ist, wird die Reaktionswärme nicht verteilt, sondern sie steigt so hoch an, daß sich der freiwerdende Wasserstoff entzündet und mit gelber Flamme verbrennt.

Versuch 353. 10 g Natriumcarbonat werden in Wasser gelöst und zum Sieden erhitzt. Dann trägt man, unter beständigem Umrühren, 15 g frisch gelöschten Kalk (Calciumhydroxyd) nach und nach ein, erhitzt noch 5 Minuten zum Sieden und läßt kalt werden. Man gießt die Flüssigkeit von dem weißen Niederschlag, der sich inzwischen gebildet und zu Boden gesetzt hat, ab. Eine Probe der Flüssigkeit wird mit verdünnter Schwefelsäure versetzt; da sie nicht aufbraust, enthält sie also kein Carbonat mehr. Dagegen braust jetzt der Niederschlag beim Übergießen mit Säure auf, woraus hervorgeht, daß folgende Umsetzung stattgefunden hat:

$$Na_2CO_3 + Ca(OH)_2 = 2\,NaOH + CaCO_3.$$

Die Flüssigkeit, die wir erhielten, ist also Natronlauge. Wenn wir sie verdampfen, können wir das Natriumhydroxyd in fester Form erhalten.

Versuch 354. Alle Natriumsalze lassen sich durch Neutralisation von Natronlauge mit den betreffenden Säuren, oder durch Auflösen von Natriumcarbonat in ihnen darstellen, so daß dies nicht jedesmal besonders bemerkt zu werden braucht. –

Auch für die Salze der übrigen Metalle gilt im allgemeinen das gleiche. Sie sind stets durch Lösen der Hydroxyde, Oxyde oder Carbonate in den betreffenden Säuren zu erhalten. – Man löst so lange Natriumcarbonat in verdünnter Schwefelsäure, bis kein Kohlendioxyd mehr entweicht. Die filtrierte Lösung wird bis zum Beginn der Bildung des Salzhäutchens eingedampft und zur Krystallisation hingestellt. Man erhält Krystalle von Natriumsulfat (Glaubersalz):

$$Na_2CO_3 + H_2SO_4 = Na_2SO_4 + CO_2 + H_2O.$$

Versuch 355. Die Gewinnung des Natriumkarbonats nach dem Ammoniak-Sodaprozeß zeigt folgender schöne Versuch:

Ein Absorptionsturm B (Fig. 231) ist durch zwei engmaschige Drahtnetze in drei Teile geteilt. Der Turm steht mit zwei Gasentwicklungs

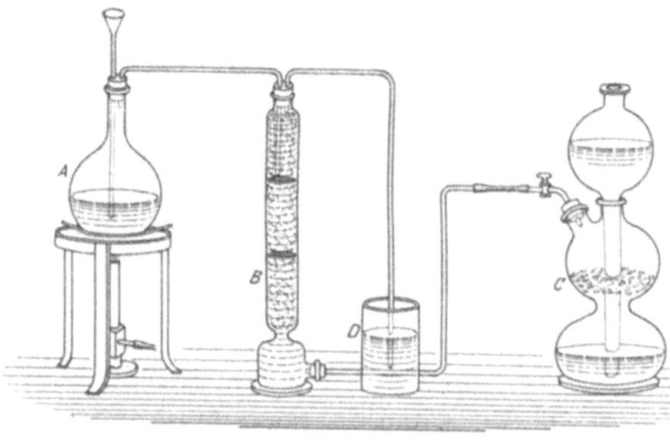

Fig. 231. **Erläuterung des Ammoniaksodaverfahrens.**

apparaten in Verbindung: A liefert durch Erhitzen von Ammoniakflüssigkeit gasförmiges Ammoniak, und in C wird Kohlendioxyd hergestellt. Ein rechtwinklig gebogenes und in ein Becherglas mit Kochsalzlösung D eintauchendes Rohr wirkt als Sicherheitsrohr. Der Turm wird vollständig mit kalt gesättigter Kochsalzlösung gefüllt und die beiden Gasentwicklungsapparate in Gang gesetzt (das Ammoniakzuleitungsrohr soll bis fast auf das obere Drahtsieb reichen). Zunächst bildet das im Turm aufsteigende Kohlendioxyd mit dem zugeleiteten Ammoniak

Ammoniumdicarbonat. Dieses setzt sich mit der Kochsalzlösung in Natriumdicarbonat und Ammoniumchlorid um. Das Ammoniumchlorid bleibt in der Lösung, während das Natriumdicarbonat nach etwa einer Stunde als weißer Niederschlag ausfällt und auf den Drahtnetzen liegen bleibt. Durch Erhitzen kann man es dann leicht in Natriumcarbonat überführen.

Versuch 356. Krystallisierte Soda wird in einer Abdampfschale erhitzt. Schon bei niedriger Temperatur beginnen die Krystalle zu schmelzen. Nach und nach wird alles Krystallwasser abgegeben, und es bleibt ein weißes Pulver zurück, das aus wasserfreiem Natriumcarbonat besteht (kalzinierte Soda). Die wasserhaltigen Krystalle geben schon beim Liegen an der Luft 9 Teile ihres Krystallwassers ab und verwittern, indem sie zu einem weißen Pulver zerfallen.

Über weitere Verbindungen des Natriums vgl. Versuche 217, 231, 239—241.

Kalium.

Versuch 357. Ein erbsengroßes, gut abgetrocknetes Stück Kalium wird in eine Schüssel mit Wasser geworfen. Die Reaktionswärme ist so groß, daß sich der entstehende Wasserstoff sofort entzündet (Schutzbrille!).

Daß die Metalle Kalium und Natrium infolge ihrer großen Affinität zum Sauerstoff sehr starke reduzierende Eigenschaften besitzen, haben wir schon verschiedenfach gesehen (Versuche 327, 332). — Kaliumhydroxyd wird auf die gleiche Weise erhalten wie Natriumhydroxyd (Vers. 353).

Versuch 358. Man löst 10 g Kaliumcarbonat in etwa der doppelten Menge heißen Wassers und neutralisiert unter beständigem Umrühren mit Salpetersäure; dann erhitzt man 5 Minuten zum Sieden, filtriert und läßt erkalten. Es scheiden sich Krystalle von Kaliumnitrat, KNO_3, aus (Kalisalpeter).

Versuch 359. Salpeter gibt leicht Sauerstoff ab und wirkt deshalb oxydierend. Man schmelze in einem Porzellantiegel etwas Salpeter und streue Eisenpulver in die Schmelze. Unter Erglühen wird das Eisen oxydiert.

Versuch 360. Man wirft einen kleinen Salpeterkrystall auf ein Stück glühende Holzkohle. Der Salpeter verpufft, indem er plötzlich Sauerstoff abgibt und die Kohle zu Kohlendioxyd oxydiert.

Versuch 361. Auf der die Verbrennung fördernden Wirkung des Salpeters beruht seine Verwendung zur Herstellung des Schießpulvers. Salpeter, Schwefel und Holzkohle werden für sich im Mörser möglichst fein gepulvert. Dann mischt man 12 g Salpeter mit 2 g Holzkohle und 2 g Schwefelblumen. Dies ist das „Mehlpulver“. Man schütte eine Messerspitze der Mischung auf ein Blech und entzünde sie. Es erfolgt eine heftige Verpuffung. Im großen wird das Pulvergemisch (der „Satz“, wie der technische Ausdruck heißt) mit Wasser zu einem

Teig geknetet, getrocknet und in Körner von (je nach dem Verwendungszweck) verschiedener Größe zerteilt; diese werden dann noch in großen Trommeln, die Kupferkugeln enthalten, poliert.

Versuch 362. Eine tubulierte Glasglocke von 2 Liter Inhalt wird mit einem einfach durchbohrten Kork verschlossen. Durch die Bohrung führt ein Glasstab, an dem die später zu beschreibende Patrone mit Siegellack befestigt wird (Fig. 232). Zwischen Stopfen und Glaswand ist noch die schon mehrfach benutzte elektrische Zündvorrichtung befestigt, mit der ein quer durch den Flaschenhals gespannter Platindraht zum Glühen gebracht werden kann. Man stellt sich nun eine 20 mm lange Papierhülse von 8—10 mm Durchmesser her, indem man einen 2 cm breiten Papierstreifen mehrmals um einen Bleistift wickelt und die einzelnen Papierlagen aufeinanderklebt. Dann pinselt man die Hülse noch innen und außen mit Wasserglas aus, um sie unverbrennlich zu machen, und läßt sie trocknen. Unterdes knetet man aus Mehlpulver und Alkohol einen Teig, stopft die Patrone damit voll und befestigt sie nach dem Trocknen mit einem Tropfen Siegellack an dem Glasstab. Nun taucht man die so vorbereitete Glocke in die pneumatische Wanne und senkt sie so tief ein, daß sie bis hart unter den Platindraht mit Wasser gefüllt wird. Dann setzt man den Stopfen fest auf, stellt den Apparat auf die Brücke der pneumatischen Wanne und spannt die Glocke in ein großes Stativ mit schwerem Fuß. Jetzt wird der Glasstab mit der Patrone so tief heruntergelassen, daß der trockne Pulverteig auf dem Platindraht aufsitzt, und dieser mit der parallel geschalteten Batterie zum Glühen gebracht. Das Pulver entzündet sich und brennt unter Funkensprühen ruhig ab, während fast die ganze Glocke mit den Verbrennungsgasen gefüllt wird. Man sieht so deutlich, welchen ungeheuren Raum die Verbrennungsprodukte im Vergleich zu dem Volumen des angewandten Schießpulvers einnehmen (2 g Pulver geben $^1/_2$ Liter abgekühlte Gase). Dazu kommt noch, daß jedes Gas mit jedem Grad Temperaturerhöhung um $^1/_{273}$ seines Volumens ausgedehnt wird. Da bei der Verbrennung des Schießpulvers sehr hohe Temperaturen entstehen, machen uns diese Tatsachen seine Treib- und Sprengwirkungen begreiflich.

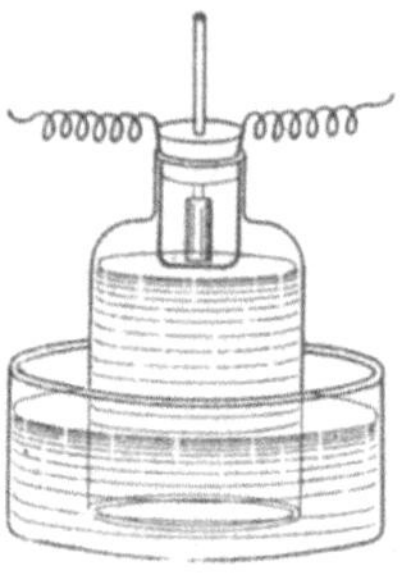

Fig. 232. Untersuchung der gasförmigen Verbrennungsprodukte des Schießpulvers.

Versuch 363. Die in der Glocke enthaltenen Gase werden durch ein an Stelle des Glasstabs eingesetztes Gasableitungsrohr in eine zweite pneumatische Wanne geleitet und dort in Zylindern aufgefangen. Der Inhalt eines Zylinders wird mit Kalkwasser geprüft. Die entstehende Trübung beweist das Vorhandensein von Kohlendioxyd, entstanden durch die Verbrennung der Holzkohle. In einem zweiten Zylinder wird das Kohlendioxyd durch Schütteln mit einer entsprechenden Menge ($^1/_{10}$ des Gasvolumens) starker Kali- oder Natronlauge absorbiert. Man bringe den Zylinder dann in eine pneumatische Wanne und ziehe die ihn bedeckende Glasplatte weg. Die Flüssigkeit steigt um das Volumen des absorbierten Kohlendioxyds. Das nun noch übrigbleibende Gas prüft man mit einem brennenden Span. Er erlischt, da es Stickstoff ist, der aus dem Salpeter herrührt.

Versuch 364. Man verbrenne etwas Mehlpulver auf einem Stück Eisenblech und bringe eine Spur der festen Verbrennungsrückstände an die Öse eines Platindrahts. Nachdem man sie mit einem Tropfen verdünnter Salzsäure befeuchtet hat, hält man sie in die Bunsenflamme. Vielleicht schon mit bloßem Auge, sicher aber bei der Beobachtung mit dem Kobaltglas (Vers. 344) wird man deutlich die violette Kaliumflamme bemerken. Das Kalium des Salpeters ist also in den Rückständen geblieben.

Versuch 365. Aus zwei Reagenzgläsern, einem Glasrohr und Korken stellt man sich den durch die Abbildung 233 wiedergegebenen Apparat zusammen:

In das Reagenzglas A bringt man etwa 1 g der Verbrennungsrückstände, in B 3 ccm Kalkwasser. Das Glasrohr endigt dicht über der Oberfläche des Kalkwassers. Der Stopfen von B hat am Rand einen Einschnitt, um den Gasen das Entweichen zu gestatten. Nun gießt man A halb voll verdünnte Salzsäure. Unter gelindem Erwärmen treibt man die sich entwickelnden Gase nach B, wo durch die Trübung des Kalkwassers das Vorhandensein von Kohlendioxyd in den Verbrennungsrückständen nachgewiesen wird. Da das einzige elektropositive Element, an das es gebunden sein kann, Kalium ist — denn welches Metall sollte sonst in die Verbrennungsrückstände kommen? — haben wir hiermit festgestellt, daß in ihnen Kaliumcarbonat enthalten ist.

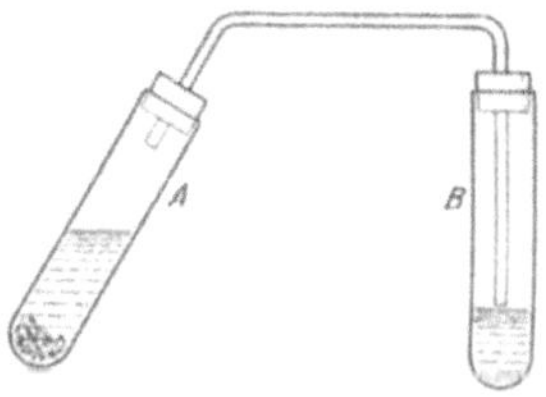

Fig. 233. Apparat zum Nachweis von Kohlendioxyd.

Versuch 366. Ein anderer Teil der Verbrennungsrückstände wird mit Wasser ausgekocht und die filtrierte Lösung mit Bariumchlorid geprüft. Das Entstehen eines weißen, in Säuren unlöslichen Niederschlags zeigt die Gegenwart des $-SO_4''$-Ions an. Zusammen mit unseren bereits gesammelten Erfahrungen ergibt dies das Vorhandensein von Kaliumsulfat. Ein Teil des Schwefels wird also bei der Explosion zu Schwefelsäure oxydiert.

Versuch 367. Eine mit Ammoniak blank geputzte Silbermünze wird mit einem Tropfen Wasser befeuchtet. Dann erhitzt man einige in einer Platindrahtöhe befestigte Teilchen von Verbrennungsrückständen in der Bunsenflamme und drückt sie rasch auf die feuchte Silbermünze. Es entsteht ein schwarzer Fleck von Schwefelsilber (siehe S. 158), wodurch das Vorhandensein von Kaliumsulfid in der untersuchten Substanz erwiesen ist. Wir haben also jetzt festgestellt, daß das Schießpulver hauptsächlich verbrennt zu: Kohlendioxyd, Stickstoff, Kaliumcarbonat, Kaliumsulfat und Kaliumsulfid. Dies läßt sich, nach Erdmann, wiedergeben durch die Gleichungen:

$$4\,KNO_3 + 5\,C = 2\,K_2CO_3 + 3\,CO_2 + 2\,N_2.$$
$$2\,KNO_3 + C + S = K_2SO_4 + CO_2 + N_2.$$
$$2\,KNO_3 + 3\,C + 2\,S = K_2S_2 + 3\,CO_2 + N_2.$$

***Versuch 368.** Um sich einen ungefähren Begriff von der Gewalt einer Pulverexplosion zu machen, formt man sich eine zylindrische Hülse (siehe Vers. 362) aus Pergamentpapier, 3 cm lang und 1 cm lichte Weite. Sie wird beiderseits mit Korken verschlossen, die noch mit Schnur festgebunden werden. Der eine Kork hat zwei feine Löcher, durch die die Drähte der elektrischen Zündvorrichtung gehen (Fig. 234). Die Patrone wird mit höchstens (!) 5 g feinem Jagdpulver gefüllt, fest verschlossen und gut mit Talg eingefettet, um sie wasserdicht zu machen. Dann geht man ins Freie, füllt einen großen eisernen Mörser mit Wasser, legt die Patrone hinein und zündet sie aus mindestens 20 m Entfernung elektrisch. Dies gibt ein anschauliches Bild von der Wirkung einer Mine, jedoch darf dieser Versuch nur mit der größten Vorsicht und im Beisein einer zweiten Person ausgeführt werden.

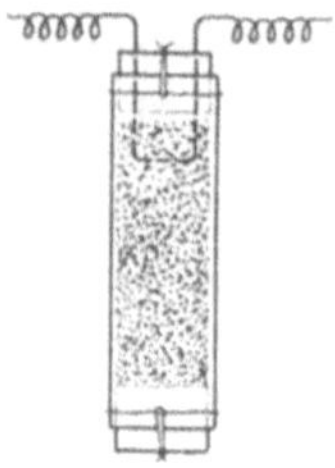

Fig. 234. Pulvermine.

Versuch 369. Ein Gemenge aus 3 g trocknem Salpeter, 1 g entwässerter Pottasche und 1 g Schwefelblumen ist das sogenannte Knallpulver. Man lege ein Eisenblech auf einen Dreifuß, schütte eine Messerspitze voll Knallpulver darauf und erhitze es vorsichtig mit der Bunsenflamme. Es schmilzt erst und explodiert dann mit betäubendem Knall. Häufig wird durch die Gewalt der Explosion das Blech eingebogen. (Vorsicht! Schutzbrille! Nicht unnötig nahe hingehen!)

Versuch 370. 3 Teile Salpeter, mit einem Teil Schwefel und einem Teil Sägemehl gemischt, ist der „Baumésche Schnellfluß". Die Mischung brennt so schnell ab, daß man den Versuch in einer Nußschale vornehmen kann. Sie verkohlt kaum. Trotzdem schmilzt eine Silbermünze, die man vor der Entzündung in die Mischung gedrückt hat, da sich leichtschmelzendes Schwefelmetall bildet. —

Mischungen aus Schwefel, Salpeter, Holzkohle und chlorsaurem Kalium bilden die Grundlage der „bengalischen Feuer". Durch verschiedene Zusätze erzielt man verschieden gefärbte Flammen. Man nimmt z. B. für:

Rot: 1 Holzkohle [1]), 2 Antimon, 5 Schwefelblumen, 20 Strontiumnitrat, 3 chlorsaures Kalium.

Grün: 1 Schwefelantimon, 6 Schwefelblumen, 26 Bariumnitrat, 2 chlorsaures Kalium.

Gelb: 16 Schwefelblumen, 1 Holzkohle, 4 Schwefelantimon, 48 Natriumnitrat.

[1]) Die bei den einzelnen Stoffen stehenden Zahlen bedeuten Teile.

Blau: 2 Schwefel, 3 Bergblau, 5 chlorsaures Kalium.
Violett: 1 Holzkohle, 30 Kaliumnitrat, 20 Schwefelblumen, 20 Kreide, 26 chlorsaures Kalium.
Weiß: 8 Salpeter, 2 Schwefelblumen, 3 Schwefelantimon, 3 Mennige.

Chlorsaures Kalium muß immer zuletzt gegeben werden und darf nur durch Umrühren mit dem Finger oder mit einer Federfahne mit den übrigen Substanzen vermischt werden.

Versuch 371. Kalilauge wird mit verdünnter Schwefelsäure neutralisiert, worauf man filtriert, eindampft und zur Krystallisation hinstellt. Man erhält sechsseitige Krystalle von Kaliumsulfat, K_2SO_4, die sich durch ihre bedeutende Härte auszeichnen.

Versuch 372. Man mißt 100 ccm verdünnte Schwefelsäure ab und neutralisiert 50 ccm davon mit Kalilauge. Dann gibt man die restlichen 50 ccm Schwefelsäure zu, filtriert, dampft ein und läßt auskrystallisieren. Man erhält Krystallblättchen von saurem Kaliumsulfat, $KHSO_4$.

Versuch 373. Man löse 1 g Kaliumchlorid oder Kaliumnitrat in 10 ccm Wasser und versetze wenige Tropfen der Lösung auf einem Uhrglas mit 2 Tropfen Platinchlorwasserstoffsäure (siehe S. 267). Je nach der Konzentration entsteht gleich oder beim Reiben mit einem Glasstab ein hellgelber Niederschlag, der sich unter dem Mikroskop als aus kleinen Oktaedern bestehend erweist. Es ist Kaliumplatinchlorid, $K_2[PtCl_6]$:

$$2\,KCl + H_2[PtCl_6] = K_2[PtCl_6] + 2\,HCl.$$

Diese Reaktion auf das Kalium-Ion $K^{\cdot}$ ist sehr empfindlich, wenn man nur neutrale oder schwach saure Lösungen zur Untersuchung verwendet. Verdünnte Lösungen konzentriert man zweckmäßig vorher durch entsprechendes Eindampfen.

Versuch 374. Die zum vorigen Versuch verwandte Kaliumchloridlösung wird in einem Reagenzglas mit einigen Tropfen Überchlorsäure versetzt. Es entsteht ein weißlich-durchscheinender krystallinischer Niederschlag des schwerlöslichen Kaliumperchlorates, $KClO_4$.

Über die Darstellung des Kaliumjodids und Kaliumchlorats siehe Versuche 143 und 165.

Lithium.

Versuch 375. 20 g Lithiumchlorid werden gepulvert und mit 5 g Ammoniumchlorid zusammengerieben. Dies muß schnell vorgenommen werden, da Lithiumchlorid sehr hygroskopisch ist. Das Gemisch wird in einer Abdampfschale geschmolzen. In die Masse taucht eine Tonpfeife, durch die man einen blanken Eisendraht gesteckt hat (Fig. 235).

Damit sich das gebildete Lithium nicht oxydiert, verbindet man die Tonpfeife mit der Gasleitung und füllt sie mit Leuchtgas. Als positive Elektrode dient ein Kohlenstäbchen, der Eisendraht wird mit dem negativen Pol einer hintereinander geschalteten Akkumulatorenbatterie von 2—3 Zellen verbunden. Nach einigen Minuten unterbricht man den

Strom und wird den Eisendraht mit einer Schicht Lithiummetall bedeckt finden, das man ablösen und unter Petroleum aufbewahren kann.

Versuch 376. Statt der im vorigen Versuch beschriebenen Lithiumchloridschmelze kann man auch eine gesättigte Lösung von Lithiumchlorid in Pyridin in einem Becherglas elektrolysieren. Man verwendet als Anode Kohle, als Kathode Eisenblech. Erforderliche Spannung: 14 Volt, Stromdichte: 0,2 Ampere bei 100 qcm Elektrodenfläche.

Versuch 377. Eine Lösung von Lithiumchlorid wird mit einigen Tropfen Phosphorsäure und Natronlauge versetzt. Es entsteht ein weißer, krystallinischer Niederschlag von Lithiumphosphat, Li_3PO_4. Er ist in Wasser kaum löslich, während die Alkaliphosphate sehr leicht in Wasser löslich sind. Durch dieses abweichende Verhalten nähert sich also das Lithium bereits den Erdalkalimetallen, für die die Unlöslichkeit ihrer Phosphate charakteristisch ist.

Über die Färbung, die Lithiumsalze der Bunsenflamme erteilen, siehe Versuch 343.

Ammonium.

Die meisten Versuche mit Ammoniumverbindungen sind schon früher besprochen worden. Es bleibt hier nur einiges nachzutragen:

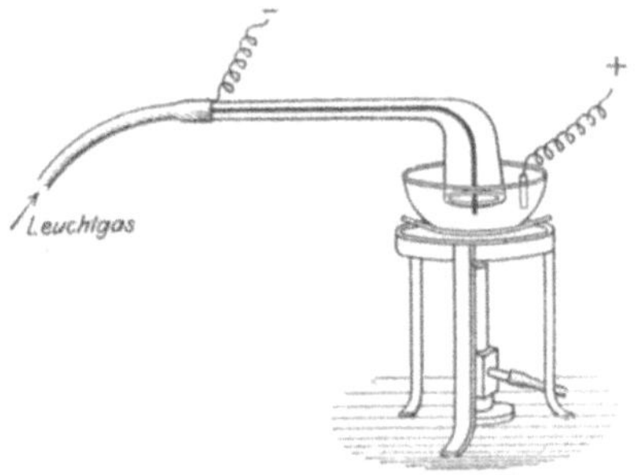

Fig. 235. Darstellung von Lithiummetall.

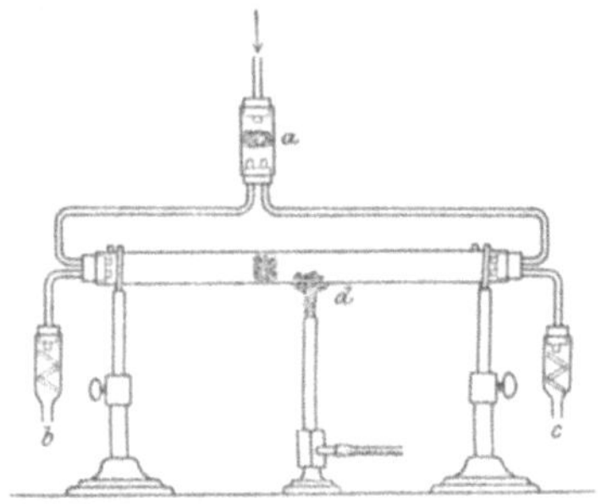

Fig. 236. Dissoziation des Ammoniumchlorids.

Versuch 378. Ammoniumchlorid dissoziiert beim Erhitzen zum Teil in Ammoniak und Salzsäure. Da die Salzsäuremoleküle durch einen Wattepfropfen langsamer diffundieren als die Ammoniakmoleküle, läßt sich die Dissoziation auf folgende Art zeigen:

Durch das kurze Rohr a (Fig. 236) wird mit dem Wassergebläse ein schwacher Luftstrom getrieben. Nachdem er durch einen Wattepfropfen getrocknet ist, teilt er sich und gelangt durch die beiden Röhren von beiden Seiten in das Rohr d und von da in die angesetzten Röhrchen b und c. Diese enthalten je einen Streifen feuchtes Lackmuspapier, b einen roten, c einen blauen. In d befindet sich ein Wattepfropf, hinter dem etwas Ammoniumchlorid liegt. Erhitzt man es nun mit dem Bunsenbrenner, während ein schwacher Luftstrom den Apparat durchstreicht, so dissoziiert es in Ammoniak und Salzsäure. Das Ammoniak diffundiert rasch durch den Wattepfropfen und wird durch den Luftstrom nach b getrieben, wo es das Lackmuspapier bläut, während die Salzsäure in d zurückbleibt, nach c getrieben wird und dort den blauen Streifen rötet.

Versuch 379. 1 g Ammoniumchlorid wird in einem Schmelztiegel unter dem Abzug erhitzt. Das Salz verflüchtigt sich in Gestalt eines dichten weißen Rauches, ohne einen Rückstand zu hinterlassen. — Gegenüber Platinchlorwasserstoffsäure verhält sich das Ion $NH_4^{\cdot}$ genau wie $K^{\cdot}$. Auch die Ammoniumsalze geben einen gelben, krystallinischen Niederschlag. Der Beweis für das Vorhandensein von Kalium in der untersuchten Substanz ist deshalb nur dann einwandfrei, wenn gleichzeitig vorhandene Ammoniumverbindungen vorher durch Erhitzen entfernt wurden.

Versuch 380. 2 g Jodkalium werden in 5 ccm Wasser gelöst. Dazu gibt man so lange rotes Quecksilberjodid (Vers. 422), bis auch bei gelindem Erwärmen nichts mehr gelöst wird. Dann läßt man erkalten, verdünnt mit 20 ccm Wasser, läßt 10 Minuten stehen und filtriert. 20 ccm des Filtrats werden mit 30 ccm starker Kalilauge (15 g festes Hydroxyd auf 30 ccm Wasser) versetzt. Diese Lösung ist unter dem Namen „Neßlersches Reagens" bekannt und ist ein Erkennungsmittel für die geringsten Spuren von Ammoniak. Man gebe zu einem halben Reagenzglas voll Wasser 2 Tropfen Ammoniak und etwas Neßlersches Reagens: es entsteht sofort ein brauner Niederschlag von der Zusammensetzung NH_2JHg_2O.

Versuche zum zwölften Vortrag.

(S. 163 bis S. 172.)

Magnesium.

Versuch 381. Ein Stückchen Magnesiumdraht wird in der Bunsenflamme entzündet. Es verbrennt mit blendendem, an ultravioletten Strahlen reichem Licht zu Magnesiumoxyd.

Versuch 382. Magnesium wird in verdünnter Schwefelsäure gelöst. Nach dem Abdampfen krystallisiert Magnesiumsulfat (Bittersalz), $MgSO_4$, aus.

Versuch 383. Eine Lösung von Magnesiumsulfat wird unter Umrühren mit Natriumcarbonatlösung versetzt. Man erhitzt zum Sieden, filtriert und wäscht den weißen Niederschlag aus. Er besteht aus einem Gemenge verschiedener Magnesiumcarbonate (siehe S. 167) und wird in den Apotheken als „Magnesia" vorrätig gehalten.

Versuch 384. Magnesiumsulfatlösung wird mit Natronlauge versetzt. Es entsteht ein dicker, weißer Niederschlag von Magnesiumhydroxyd:

$$MgSO_4 + 2 \cdot NaOH = Mg(OH)_2 + Na_2SO_4.$$

Beim Erhitzen geht das Magnesiumhydroxyd in Magnesiumoxyd über:

$$Mg(OH)_2 = MgO + H_2O.$$

Versuch 385. Man fälle etwas Magnesiumhydroxyd aus und versetze die Lösung mit einem Überschuß von Ammoniumchlorid. Das Hydroxyd löst sich wieder auf. Bei Gegenwart von Ammoniumsalzen, d. h. bei dem Vorhandensein des $NH_4^{\cdot}$-Ions, kann also Magnesium nicht als Hydroxyd ausgefällt werden.

Versuch 386. Zu einer Lösung eines Magnesiumsalzes gibt man das halbe Volumen mäßig starker Ammoniumchloridlösung und dann ebensoviel Ammoniak. Die Ausfällung des Hydroxyds, die eigentlich erfolgen müßte, wird durch die Anwesenheit des Ammoniumchlorids verhindert. Nun setze man wenige Tropfen Dinatriumphosphatlösung (Na_2HPO_4) zu. Es entsteht ein weißer, in Wasser nicht merkbar löslicher Niederschlag von Magnesiumammoniumphosphat, der unter dem Mikroskop eine charakteristische krystallinische Struktur zeigt:

$$MgSO_4 + NH_4OH + Na_2HPO_4 = MgNH_4PO_4 + Na_2SO_4 + H_2O.$$

Calcium.

Versuch 387. Ein Stückchen metallisches Calcium, das jetzt billig käuflich zu haben ist, wird in eine Schüssel voll Wasser geworfen. Es entwickelt sich Wasserstoff, aber die Reaktion ist nicht sehr lebhaft, weshalb auch die entstehende Wärme zu seiner Entzündung nicht ausreicht.

Versuch 388. Ein Stückchen Kreide wird mit der Gebläseflamme 10 Minuten lang auf stärkste Weißglut erhitzt. Nach dem Erkalten läßt sich mit einem angefeuchteten Stückchen Lackmuspapier leicht feststellen, daß die Kreide jetzt alkalisch reagiert und auch beim Übergießen mit Säure nicht mehr aufbraust. Sie hat durch das Erhitzen ihre Kohlensäure verloren und ist zu Calciumoxyd (gebranntem Kalk) geworden:

$$CaCO_3 = CaO + CO_2.$$

Versuch 389. Man übergießt in einer Abdampfschale etwas gebrannten Kalk mit Wasser. Er bläht sich auf und zerfällt unter starker Erhitzung zu einem weißen Pulver von Calciumhydroxyd (gelöschter Kalk):

$$CaO + H_2O = Ca(OH)_2.$$

Wenn man gelöschten Kalk mit Wasser anrührt, erhält man die von Maurern viel gebrauchte Kalkmilch. Eine Lösung von Calciumhydroxyd ist das Kalkwasser. Mörtel ist ein Gemisch von gelöschtem Kalk mit wechselnden Mengen Sand, während Zement eine Mischung von gelöschtem Kalk mit 20—30% Ton ist.

Versuch 390. Wir wollen untersuchen, wie sich Calciumhydroxyd gegenüber dem Kohlendioxyd verhält. Da gelöschter Kalk als Mörtel in großen Mengen zum Wohnungsbau verwandt wird, und Kohlendioxyd in der Luft vorkommt, in diese Frage sehr wichtig. — Man übergießt zunächst eine Mischung aus gepulvertem Calciumhydroxyd und der dreifachen Menge feinkörnigem Sand mit so viel Wasser, daß ein dicker Brei entsteht, läßt ihn in einem flachen Papierkästchen erstarren und zerschlägt den Mörtel zu haselnußgroßen Brocken; diese erhitzt man eine Viertelstunde lang in einer Abdampfschale auf 100°, um sie auszutrocknen, und füllt sie noch warm in eine mit einem doppelt durchbohrten Kork verschlossene Kochflasche.

Diese Flasche steht durch ein bis auf den Boden reichendes Rohr mit einem Kohlendioxydentwicklungsapparat, durch ein kürzeres mit einem Kühler in Verbindung (Fig. 237). Sobald man durch Chlorcalcium getrocknetes Kohlendioxyd einleitet, entwickeln sich große Mengen von Wasserdampf, die sich im Kühler zu flüssigem Wasser

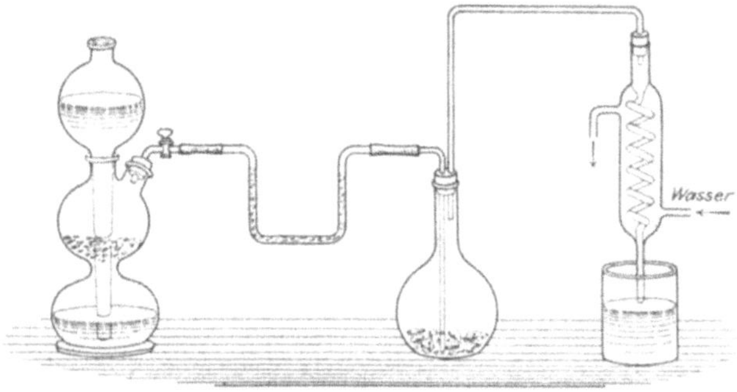

Fig. 237. Einwirkung von Kohlendioxyd auf Calciumhydroxyd.

verdichten, während sich das Calciumhydroxyd des Mörtels in Calciumcarbonat verwandelt:

$$Ca(OH)_2 + CO_2 = CaCO_3 + H_2O.$$

Hieraus geht hervor, daß eine Wohnung so lange feucht bleibt, als noch nicht alles Calciumhydroxyd des Mörtels — wenigstens oberflächlich — durch das Kohlendioxyd der Luft in Calciumcarbonat verwandelt ist. Man beschleunigt deshalb häufig künstlich das Austrocknen der Wohnungen, indem man in ihnen große Mengen Kohle verbrennt, wodurch viel Kohlendioxyd entwickelt wird.

Versuch 391. Man löst so lange Kreide in verdünnter Salzsäure auf, als noch Kohlendioxyd entweicht. Dann filtriert man und dampft bis zur Sirupdicke ein. Beim Erkalten im Exsikkator erhält man lange, nadelförmige Krystalle von Calciumchlorid, die rasch zwischen Filtrierpapier getrocknet und in einem gut verschlossenen Gefäß aufbewahrt werden müssen, da sie sehr hygroskopisch sind. Wenn man sie stark erhitzt, geben sie Krystallwasser ab und gehen in das als Trockenmittel bekannte poröse wasserfreie Chlorcalcium über.

Versuch 392. Eine mäßig starke Calciumchloridlösung wird auf 2 Reagenzgläser verteilt und im einen Glas mit einigen Tropfen verdünnter Schwefelsäure, im andern mit Ammoniumoxalatlösung versetzt. In beiden Gläsern entstehen weiße Niederschläge, im ersten Calciumsulfat, $CaSO_4$, im zweiten Calciumoxalat, CaC_2O_4. Calciumsulfat ist in Wasser schwach löslich, Calciumoxalat praktisch unlöslich. Dieser Niederschlag hat auch beim Ausfallen ein sehr charakteristisches, durchscheinendes Aussehen.

Strontium und Barium.

Diese Metalle verhalten sich im allgemeinen dem Calcium so ähnlich, daß wir wenig neue Versuche mit ihren Verbindungen anstellen können.

Strontium.

Versuch 393. Eine ziemlich starke Strontiumnitratlösung wird auf einem Uhrglas mit Gipswasser versetzt. (Man erhält dieses Reagens, indem man frisch gefälltes Calciumsulfat mit Wasser übergießt, einige Tage unter zeitweiligem Umschütteln stehen läßt und filtriert.) Nach einiger Zeit entsteht ein weißer Niederschlag von Strontiumsulfat, $SrSO_4$, das als Mineral Cölestin heißt. Da Strontiumsulfat in Wasser löslicher ist als Calciumsulfat, entsteht der Niederschlag nicht sofort.

Versuch 394. Zu einer auf einem Uhrglas befindlichen Strontiumnitratlösung fügt man einen Tropfen Kaliumchromat. Es entsteht ein gelber, in Säuren löslicher krystallinischer Niederschlag von Strontiumchromat, $SrCrO_4$:

$$Sr(NO_3)_2 + K_2CrO_4 = SrCrO_4 + 2\,KNO_3.$$

Barium.

Versuch 395. In einer geräumigen Abdampfschale rührt man 40 g Bariumcarbonat mit 100 ccm Wasser an und gibt 40 ccm konzentrierte Salzsäure zu. Sollte nicht alles Carbonat gelöst werden, so versetzt man noch einmal mit 1—2 ccm Säure und rührt tüchtig um. Es empfiehlt sich auch, die Flüssigkeit zur Beförderung der Lösung zu erhitzen. Dann filtriert man, dampft bis zum Beginn der Salzhäutchenbildung ein und läßt auskrystallisieren. Man erhält schöne Krystalle von Bariumchlorid, die häufig rosettenförmig angeordnet sind. Man saugt an der Pumpe die überschüssige Mutterlauge ab, trocknet die Krystalle mit Filtrierpapier und wiegt sie, um die Ausbeute zu bestimmen. Dies geschieht folgendermaßen. Nehmen wir an, wir hätten 32 g Bariumchlorid erhalten. Nun haben wir aber 40 g Bariumcarbonat verwandt, die nach der Gleichung:

$$BaCO_3 + 2\,HCl = BaCl_2 + H_2O + CO_2$$

zersetzt wurden. Wir müssen demnach eigentlich aus einem Grammolekül („Mol") = 196 g Bariumcarbonat auch 1 Mol = 242 g Bariumchlorid erhalten. (Bei der Berechnung des Molekulargewichts des Bariumchlorids sind noch die zwei Moleküle Krystallwasser, mit denen es krystallisiert, berücksichtigt.) Wenn wir also aus 196 g Carbonat 242 g Chlorid erhalten müssen, so müßten wir aus 40 g Carbonat $\frac{242 \cdot 40}{196} = 49{,}4$ g Chlorid gewinnen. Dies entspräche einer Ausbeute von 100%. Da wir aber in Wirklichkeit nicht 49,4, sondern nur 32 g Chlorid erhielten, beträgt unsere Ausbeute auch nur

$$\frac{100 \cdot 32}{49{,}4}\,\% = 64{,}1\,\%.$$

Versuch 396. Wegen der Unlöslichkeit des Bariumsulfates in Wasser und Säuren ist diese Verbindung nur durch einen „Aufschluß" (siehe S. 69) einer Untersuchung zugänglich zu machen. — Bariumsulfat wird mit der dreifachen Menge einer aus gleichen Teilen Soda und Pottasche bestehenden Mischung zusammengerieben und 10 Minuten lang im Porzellantiegel geschmolzen. Nach dem Erkalten laugt man die Schmelze mit heißem Wasser aus und sammelt den ungelöst bleibenden Rückstand auf einem Filter. Er besteht aus Bariumcarbonat, während Natriumsulfat (und Kaliumsulfat) in Lösung gegangen ist:

$$BaSO_4 + Na_2CO_3 = BaCO_3 + Na_2SO_4.$$

Der Bariumcarbonatniederschlag wird nun so lange mit heißem Wasser gewaschen, bis eine Probe des Waschwassers sich bei der Prüfung mit Bariumchlorid frei von SO_4'' erweist. Dann löst man ihn in wenig verdünnter Salzsäure und stellt mit dieser Lösung die im folgenden Versuch beschriebene Reaktion auf $Ba^{\cdot\cdot}$ an. — Würde man den Niederschlag nicht sorgfältig auswaschen, so würde das bei der Auflösung in Salzsäure entstehende Bariumchlorid mit dem anhaftenden Alkalisulfat sofort wieder Bariumsulfat bilden:

$$BaCl_2 + Na_2SO_4 = BaSO_4 + 2\,NaCl,$$

d. h. der ganze Aufschluß wäre umsonst gewesen.

Versuch 397. Eine Probe der im vorigen Versuch hergestellten Lösung von Bariumchlorid wird auf einem Uhrglas mit wenigen Tropfen Essigsäure und essigsaurer Natriumlösung versetzt. Dann gibt man einen Tropfen Kaliumbichromatlösung zu. (Unterschied von Strontium, das mit Kaliumchromat reagiert, was Barium in saurer Lösung nicht tut.) Es entsteht sofort ein amorpher, hellgelber Niederschlag von Bariumchromat:

$$2\,BaCl_2 + K_2Cr_2O_7 + H_2O = 2\,BaCrO_4 + 2\,KCl + 2\,HCl.$$

Versuch 398. Handelt es sich nur darum, festzustellen, ob eine Substanz unlösliche Sulfate enthält, so untersucht man sie mit der Heparreaktion auf Schwefel. Zu diesem Zweck muß das Sulfat erst zu Sulfid reduziert werden. Man taucht eine glühende Platindrahtöse in gepulvertes Natriumcarbonat und schmilzt es im Bunsenbrenner zu einer Perle. Dann tupft man die Perle noch heiß in Bariumsulfat und schmilzt sie etwa 30 Sekunden lang in der Reduktionsflamme (siehe S. 450) des Bunsenbrenners. Drückt man sie dann schnell auf eine feuchte Silbermünze, so erhält man einen deutlichen dunkeln Fleck, der das Vorhandensein von Schwefel beweist. War die Substanz weiß und unlöslich, so können nur Erdalkalisulfate (oder Bleisulfat) in Frage kommen, da alle anderen anorganischen Schwefelverbindungen in Wasser oder Säuren löslich sind. Die Heparreaktion beruht auf folgendem Vorgang: 1. Das Bariumsulfat setzt sich mit der Soda in Bariumcarbonat und Natriumsulfat um. 2. Das Natriumsulfat wird durch den Wasserstoff des Leuchtgases zu Natriumsulfid reduziert:

$$Na_2SO_4 + 4\,H_2 = Na_2S + 4\,H_2O.$$

3. Das Natriumsulfid reagiert mit dem Silber unter dem Einfluß von Wasser und Luftsauerstoff so, daß schwarzes Silbersulfid gebildet wird:

$$2\,Na_2S + 4\,Ag + O_2 + 2\,H_2O = 2\,Ag_2S + 4\,NaOH.$$

Über die Flammenfärbungen der Erdalkalimetalle vgl. Versuche 343 und 370.

Versuche zum dreizehnten Vortrag.

(S. 172 bis 180.)

Zink.

Versuch 399. Zinksulfatlösung wird im Reagenzglas mit Natronlauge versetzt. Es fällt ein weißer, voluminöser Niederschlag von Zinkhydroxyd, $Zn(OH)_2$, aus. Nun gibt man einen Überschuß an Natronlauge zu. Das Hydroxyd wird zu Natriumzinkat, Na_2ZnO_2, gelöst.

Versuch 400. Ein Körnchen granuliertes Zink wird auf ein Stück Holzkohle gelegt und mit der Gebläseflamme stark erhitzt. Das Metall schmilzt bald und verdampft. Der Dampf verbrennt mit bläulicher Flamme zu Zinkoxyd, das sich als gelblicher Beschlag auf der Kohle ansetzt. Nach dem Erkalten ist das Oxyd weiß. Dieser Farbenumschlag ist für Zinkoxyd sehr charakteristisch.

Versuch 401. Zu einer Zinksulfatlösung fügt man so lange mäßig starke Natriumcarbonatlösung, als noch ein weißer Niederschlag entsteht. Es entweicht Kohlendioxyd. Bei Beendigung des Versuchs soll die Flüssigkeit schwach alkalisch reagieren. Der Niederschlag wird abfiltriert und mit heißem Wasser gut ausgewaschen. Er besteht aus basischem Zinkcarbonat von wechselnder Zusammensetzung, z. B.:

$$2\,ZnSO_4 + 2\,Na_2CO_3 + H_2O = Zn_2(OH)_2CO_3 + 2\,Na_2SO_4 + CO_2.$$

Versuch 402. Man glühe etwas basisches Zinkcarbonat im Schmelztiegel mit der Gebläseflamme so stark als möglich. Es verliert dabei Wasser und Kohlendioxyd und geht schließlich völlig in Zinkoxyd über.

Versuch 403. Ein Filter wird so zusammengefaltet, daß ein 1 cm breiter Streifen entsteht. An sein eines Ende bringt man eine Spur Zinkoxyd oder Zinkhydroxyd und befeuchtet es mit einem Tropfen (nicht mehr!) Kobaltnitratlösung. Wenn man es jetzt in der Bunsenflamme glüht, erhält man auf dem verkohlten Filter einen deutlich grün gefärbten Rückstand. (Rinmanns Grün.) Diese für Zink sehr charakteristische Reaktion versagt, sobald zu viel Kobaltnitrat vorhanden ist, da dann blaue Verbindungen des Kobalts entstehen, die das Erkennen des Rinmannschen Grüns unmöglich machen. Statt auf einem Filter kann man den Versuch auch in der Öse eines Platindrahts anstellen.

Versuch 404. In eine Lösung von Zinksulfat, die mit etwas verdünnter Salzsäure angesäuert ist, leite man Schwefelwasserstoff. Es entsteht kein Niederschlag, da Zinksulfid in Salzsäure löslich ist. Nun gebe man erst Ammoniak bis zur alkalischen Reaktion und dann Schwefelammonium zu. Es fällt jetzt weißes Zinksulfid, ZnS, aus. Zink gehört also zur Schwefelammoniumgruppe. Trotzdem kann es aber auch mit Schwefelwasserstoff gefällt werden, wie der folgende Versuch zeigt.

Versuch 405. Zinksulfatlösung wird mit etwas Essigsäure schwach angesäuert. Dann gibt man noch eine Messerspitze festes essigsaures Natrium zu und leitet Schwefelwasserstoff ein. Da Zinksulfid in Essigsäure unlöslich ist, fällt es jetzt aus. (Vgl. S. 195.)

Kadmium.

Versuch 406. Mit Hilfe des Kadmiums lassen sich verschiedene Legierungen herstellen, deren Schmelzpunkt sehr niedrig liegt. Man schmilzt in einem Tiegel mit der Gebläseflamme 15 g Kadmium, 20 g Zinn, 40 g Blei und 65 g Wismut zusammen. Nach dem Erkalten hat man eine Legierung, die bereits bei 70° schmilzt (Woodsches Metall).

Versuch 407. Die Lösung eines Kadmiumsalzes wird mit Natronlauge versetzt. Es fällt weißes Kadmiumhydroxyd, $Cd(OH)_2$, aus, das sich aber im Überschuß von Natronlauge nicht löst. (Unterschied von Zinkhydroxyd.)

Versuch 408. An Stelle der Natronlauge im vorigen Versuch verwendet man Ammoniak. Es fällt zunächst Hydroxyd aus, das sich aber — ebenso wie Zinkhydroxyd — in überschüssigem Ammoniak zu einem komplexen Salz löst.

$$Cd(OH)_2 + 6\,NH_4OH = [Cd(NH_3)_6]\,(OH)_2 + 6\,H_2O.$$

Versuch 409. Kadmiumhydroxyd wird im Schmelztiegel mit der Gebläseflamme stark erhitzt. Es bleibt schließlich braunes Kadmiumoxyd zurück.

Versuch 410. In eine mit Salzsäure schwach (vgl. S. 175) angesäuerte Kadmiumsalzlösung leite man Schwefelwasserstoff ein. Es fällt schön hellgelbes, in konzentrierten Säuren lösliches Kadmiumsulfid, CdS, aus.

Quecksilber.

Versuch 411. Da Quecksilber mit anderen Metallen leicht Amalgame bildet, ist es stets durch Spuren von Blei, Zinn, Wismut usw. verunreinigt. Dies gibt sich dadurch zu erkennen, daß ein Tropfen solchen Quecksilbers auf einer schwach geneigten Glasfläche nicht glatt weiterrollt, sondern einen zähen, grauen Schweif hinterläßt. Zur Reinigung des Quecksilbers gießt man es erst durch ein Filter, in dessen Spitze man mit einer Stopfnadel ein ganz kleines Loch gestochen hat. Die gröbsten Verunreinigungen bleiben im Filter als graue Haut zurück. Dann stellt man den durch die Abbildung wiedergegebenen, ohne weiteres verständlichen Apparat zusammen (Fig. 238).

Das Glasrohr ist etwa 1 m lang und wird mit verdünnter Salpetersäure gefüllt, die man zweckmäßig vorher auf etwa 50° erwärmt. Das Abflußrohr des Trichters muß zu einer so feinen Spitze ausgezogen sein, daß das Quecksilber in einem ganz dünnen Strahl in feinen Tröpfchen durch die Salpetersäure fällt. Die Säure löst alle Fremdmetalle auf, und in dem untergesetzten Becherglas sammelt sich reines Quecksilber an. Zur Sicherheit kann man das Metall 2- oder 3 mal durch die Säure fließen lassen. Da Quecksilber sich schon bei gewöhnlicher Temperatur merkbar in seinen sehr giftigen Dampf verwandelt, tut man gut, es ähnlich wie Brom unter einer Schicht Wasser aufzubewahren.

Versuch 412. 1 g rotes Quecksilberoxyd wird im Reagenzglas erhitzt. Das Pulver färbt sich schwarz, es entweicht Sauerstoff, während sich an den kälteren Teilen des Glases metallisches Quecksilber in Gestalt kleiner grauer Tröpfchen ansetzt. Durch diese geringe Affinität zum Sauerstoff nähert sich das Quecksilber bereits den Edelmetallen.

Versuch 413. In eine sehr schwach angesäuerte Lösung eines beliebigen Quecksilbersalzes stellt man einen Streifen Kupferblech und erwärmt gelinde. Das Kupfer überzieht sich mit einer grauen Schicht von Quecksilberamalgam; da der Lösungsdruck (siehe S. 256) des Kupfers größer ist als der des Quecksilbers, findet folgende Ionenreaktion statt:

$$Hg^{\cdot\cdot} + Cu = Cu^{\cdot\cdot} + Hg,$$

das heißt, es wird Quecksilber ausgefällt, während die äquivalente Menge Kupfer dafür in Lösung geht. Dies ist ein empfindlicher Nachweis des Quecksilbers. Würde man anstatt des in obiger Ionengleichung angenommenen Salzes der Mercurireihe eine Mercuroverbindung anwenden, so hätte man nur einwertige Quecksilber-Ionen in der Lösung, und die Reaktion verliefe nach der Gleichung:

$$2\,Hg^{\cdot} + Cu = Cu^{\cdot\cdot} + 2\,Hg.$$

Fig. 238. Reinigung des Quecksilbers.

Versuch 414. Man übergieße in einem Becherglas etwas Quecksilber mit verdünnter Salpetersäure und lasse ohne zu erwärmen 24 Stunden stehen. Es wird sich ein Teil des Quecksilbers zu Mercuronitrat gelöst haben, das in weißen Krystallen erhalten werden kann, wenn man die Lösung verdunsten läßt. Da das Mercuronitrat sich sehr leicht zu Mercurinitrat oxydiert, darf man die Lösung nicht erwärmen. Auch sorge man dafür, daß stets noch etwas ungelöstes überschüssiges Quecksilber vorhanden ist:

$$3\,Hg + 4\,HNO_3 = 3\,HgNO_3\,^{1)} + 2\,H_2O + NO.$$

Versuch 415. Man erhitze unter dem Abzug Quecksilber mit konzentrierter Salpetersäure zum Sieden. Nachdem sich alles gelöst hat, dampft man bis zum beginnenden Salzhäutchen ein und läßt auskrystallisieren. Man erhält schwere, weiße Krystalle von Mercurinitrat:

$$3\,Hg + HNO_3 = 3\,Hg\,(NO_3)_2 + 4\,H_2O + 2\,NO.$$

Versuch 416. Eine Mercurosalzlösung wird — möglichst bei Lichtabschluß — mit Kali- oder Natronlauge versetzt. Es entsteht ein

---

[1]) In Wirklichkeit ist das Molekül der Mercuroverbindungen ein Doppelmolekül, das durch Aneinanderlagerung zweier einfacher entstanden ist; eigentlich müßte man also $(HgNO_3)_2$ oder $Hg_2(NO_3)_2$ schreiben.

schwarzer Niederschlag von Mercurooxyd (Quecksilberoxydul), Hg_2O, das sich schon unter dem Einfluß des Lichtes in Sauerstoff und Quecksilber spaltet.

Versuch 417. Zu einer Mercurosalzlösung füge man so lange Salzsäure, als noch ein weißer Niederschlag entsteht. Dies ist Mercurochlorid, HgCl, das in der Medizin unter dem Namen Kalomel häufig verwandt wird.

Versuch 418. Mercurochlorid wird mit Ammoniak übergossen. Es färbt sich augenblicklich tief schwarz — daher der Name Kalomel (siehe S. 177).

$$2\,HgCl + 2\,NH_3 = HgClNH_2 + NH_4Cl + Hg.$$

Die schwarze Farbe rührt von dem in feiner Verteilung ausgeschiedenen Quecksilber her, denn alle fein verteilten Metalle sehen — aus physikalischen Gründen — schwarz aus.

Versuch 419. Man vermischt eine Mercurosalzlösung mit Jodkalium. Es entsteht ein grüner Niederschlag von Mercurojodid, HgJ, der vor Licht geschützt aufgehoben werden muß, weil er sich sonst zersetzt.

Versuch 420. Wenn man Mercurojodid mit Jodkaliumlösung übergießt, tritt Komplexsalzbildung und Ausscheidung metallischen Quecksilbers ein, weshalb sich das Jodid schwärzt:

$$2\,HgJ + 2\,KJ = K_2[HgJ_4] + Hg.$$

Versuch 421. Eine Mercurisalzlösung wird mit Natronlauge versetzt. Es fällt Mercurioxyd (Quecksilberoxyd) aus, das aber, wenn es auf nassem Wege dargestellt wird, gelbe Farbe hat:

$$Hg(NO_3)_2 + 2\,NaOH = HgO + 2\,NaNO_3 + H_2O.$$

Ammoniak bringt in Mercurisalzlösungen eine weiße Fällung von komplizierter Zusammensetzung hervor (weißes Präzipitat).

Versuch 422. Man fällt mit Jodkalium rotes Mercurijodid, HgJ_2, aus, wäscht den Niederschlag und trocknet ihn. Dann bringt man wenige Gramm davon in eine Abdampfschale, deckt ein Uhrglas darüber und erhitzt. Das Jodid sublimiert und setzt sich an dem Uhrglas in Form eines gelben Beschlags an, der beim Reiben mit einem Glasstab wieder in die rote Modifikation übergeht. Wir ersehen daraus, daß Mercurijodid in zwei allotropen Modifikationen vorkommt, von denen die gelbe die labile, die rote die stabile ist. In starken Alkalien ist Mercurijodid löslich.

Versuch 423. Man löst unter Erwärmen Mercurioxyd in Salzsäure. Nachdem alles gelöst ist, verdampft man zur Trockne und erhält weiße, sehr giftige (!) Krystalle von Mercurichlorid, $HgCl_2$ (Quecksilberchlorid, Sublimat).

Versuch 424. Im großen gewinnt man das Mercurichlorid, indem man eine Mischung aus Kochsalz und Mercurisulfat der Sublimation unterwirft. Daher der Name „Sublimat“. — 10 g Mercurisulfat (erhalten durch Auflösen von metallischem Quecksilber in konzentrierter Schwefelsäure und Abdampfen bis zur Trockne unter dem Abzug) werden mit

8 g Natriumchlorid zusammengerieben und in einem langen, weiten Reagenzglas gelinde erhitzt. An den kälteren Stellen des Glases setzt sich ein weißes Sublimat von Mercurichlorid ab. (Um aus dem Natriumchlorid etwas Chlor freizumachen und dadurch sicher die Bildung von Mercurochlorid zu verhindern, kann man dem Gemisch so viel Braunstein zusetzen, daß es eine graue Farbe bekommt.)

$$HgSO_4 + 2\,NaCl = HgCl_2 + Na_2SO_4.$$

Versuch 425. Zu einer an der Saugpumpe filtrierten Lösung von Hühnereiweiß in kaltem Wasser tröpfle man etwas Mercurichloridlösung. Das Eiweiß wird sofort ausgefällt. Von dieser Eigenschaft des Quecksilberchlorids macht man bisweilen in der Medizin Gebrauch, um Eiweiß im Harn zu bestimmen. Auch beruht auf dieser Einwirkung auf Eiweiß die desinfizierende Kraft von Sublimatlösungen (siehe S. 179).

Versuch 426. In eine Mercurosalzlösung leite man Schwefelwasserstoff ein. Man erhält einen schwarzen Niederschlag von Mercurisulfid und fein verteiltem Quecksilber:

$$2\,HgNO_3 + H_2S = HgS + Hg + 2\,HNO_3.$$

Versuch 427. Man stelle den vorigen Versuch mit einer Mercuriverbindung an. Man erhält jetzt einen Niederschlag, der erst weiß ist und dann über braun in schwarz übergeht. Zunächst entsteht nämlich eine Verbindung, die neben Quecksilber und Schwefel auch noch Salpetersäure — oder, falls man Chlorid verwendet, Chlor enthält:

$$3\,Hg(NO_3)_2 + 2\,H_2S = Hg_3S_2(NO_3)_2 + 4\,HNO_3.$$

Diese Verbindung, die weiß ist, setzt sich dann mit weiterem Schwefelwasserstoff in schwarzes Mercurisulfid und Salpetersäure (bzw. Salzsäure) um:

$$Hg_3S_2(NO_3)_2 + H_2S = 3\,HgS + 2\,HNO_3.$$

Mercurisulfid löst sich nur in konzentrierter Salpetersäure sowie in Natriumsulfid, nicht dagegen in Schwefelammonium. Wenn man es trocknet und sublimiert, kann man es in schwarzroten Krystallen erhalten (Vermillon, künstlicher Zinnober).

Versuch 428. Eine sehr interessante Verbindung ist das Quecksilberrhodanid, $Hg(CNS)_2$. Man löst 33 g Mercurinitrat in der ausreichenden Menge Wasser und gibt eine gesättigte Lösung von 20 g Rhodankalium zu. Der weiße Niederschlag von Mercurirhodanid wird abgenutscht, ausgewaschen und getrocknet. Dann rührt man ihn mit etwas Kollodium zu einem Brei an und formt kleine Röllchen. Nach dem Trocknen zündet man sie an. Sie verbrennen unter Entwicklung sehr giftiger Dämpfe (Abzug oder im Freien!) und blähen sich dabei auf das vielfache ihres ursprünglichen Volumens auf, während ein leichter, schlangenartig gewundener Rückstand hinterbleibt (Pharaoschlangen).

Versuche zum vierzehnten Vortrag.

(S. 180 bis S. 190.)

Aluminium.

Versuch 429. Aluminiumpulver wird mit sehr verdünnter Natronlauge einige Minuten unter Umrühren schwach erwärmt und danach mit Wasser gut abgewaschen. Dann trägt man das Pulver in eine Lösung von 1 g Mercurichlorid in 200 ccm Wasser ein, läßt die Lösung 2 Minuten einwirken, wäscht kurz ab und behandelt nochmals auf die gleiche Weise mit Mercurichlorid. Das Pulver wird dann auf ein Filter gebracht, erst mit Alkohol und dann mit wasserfreiem Äthyläther [1]) gewaschen, worauf es sofort trocknet. Derartig behandeltes Aluminium zersetzt Wasser bereits bei gewöhnlicher Temperatur und zeigt eine solche Affinität zum Sauerstoff, daß man es wie ein Alkalimetall unter Petroleum aufheben muß („Aktives Aluminium").

Versuch 430. Man koche Aluminiumpulver mit Natronlauge. Es löst sich unter Wasserstoffentwicklung zu Natriumaluminat. Dasselbe amphotere Verhalten zeigt Aluminiumhydroxyd:

$$2\,Al + 6\,NaOH = 2\,Na_3AlO_3 + 3\,H_2.$$

Versuch 431. Man fälle aus einer Aluminiumsalzlösung mit Natronlauge Aluminiumhydroxyd aus und filtriere an der Saugpumpe ab. Das schleimige Hydroxyd wird dann in einem Becherglas unter gelindem Erwärmen mit so viel Natronlauge übergossen, als zu seiner Lösung gerade erforderlich ist. Die so dargestellte Lösung von Natriumaluminat versetzt man mit dem gleichen Volumen absolutem Alkohol, worauf amorphes Natriumaluminat auffällt. Man kann es an der Saugpumpe abfiltrieren und mit absolutem Alkohol schnell auswaschen und trocknen. Es muß sehr gut verschlossen — am besten in einer zugeschmolzenen Röhre — aufbewahrt werden, da es bereits durch das Kohlendioxyd der Luft zersetzt wird.

Versuch 432. Etwas Aluminiumhydroxyd wird im Schmelztiegel stark erhitzt. Es entweicht Wasser, während erdiges Aluminiumoxyd Al_2O_3 (Tonerde) zurückbleibt.

Versuch 433. Eine Spur Aluminiumhydroxyd oder Aluminiumoxyd wird an die Spitze eines Filters gebracht, das auf die in Versuch 403 beschriebene Weise gefaltet ist. Man befeuchtet es mit einem Tropfen Kobaltnitratlösung und glüht es in der Bunsenflamme. Es bleibt ein blauer Rückstand zurück, der unter dem Namen „Thénards Blau" bekannt ist.

Versuch 434. Man löse Aluminiumhydroxyd in verdünnter Schwefelsäure, filtriere, dampfe ein und lasse auskrystallisieren. Man erhält kleine, weiße Kryställchen von Aluminiumsulfat, $Al_2(SO_4)_3$.

Versuch 435. 10 g Aluminiumsulfat werden in etwa 60 ccm heißem Wasser gelöst und mit einer gesättigten Auflösung von 3 g Kalium-

---

[1]) Sehr flüchtig und feuergefährlich! Keine offenen Flammen in der Nähe lassen.

sulfat vermischt. Bei dem Erkalten krystallisiert Kaliumaluminiumalaun in schönen Oktaedern aus. Häufig fällt bereits beim Vermischen der beiden Lösungen etwas amorpher Alaun aus; man löst ihn dann durch Erhitzen wieder auf:

$$\underbrace{Al_2(SO_4)_3 + 18\,H_2O} + K_2SO_4 + 6\,H_2O = \underbrace{Al_2K_2(SO_4)_4 + 24\,H_2O}.$$

Versuch 436. Die Darstellung wasserfreien Aluminiumchlorids ist zwar nicht ganz einfach, gelingt aber bei einiger Sorgfalt und Umsicht sicher. Es handelt sich darum, Aluminium in einem ziemlich starken und gleichmäßigen Chlorstrom zu erhitzen und das sublimierende Chlorid aufzufangen. Zur Herstellung eines Chlorstroms von den genannten Eigenschaften eignet sich die gewöhnliche Darstellungsweise aus Salzsäure und Braunstein nicht. Wir gewinnen das Gas vielmehr durch Oxydation von Salzsäure mit Kaliumpermanganat.

In eine 250 ccm fassende Kochflasche A (Fig. 239) bringt man 100 g Kaliumpermanganat. Die Flasche ist mit einem doppelt durchbohrten, paraffinierten Kork verschlossen; durch die eine Bohrung geht ein Tropftrichter, der mit 100 ccm Salzsäure von 1,17 spez. Gew. gefüllt ist, durch die andere ein T-Rohr; der eine Schenkel dieses Rohrs wird mit einer rechtwinklig gebogenen Glasröhre verbunden, die in einen Zylinder

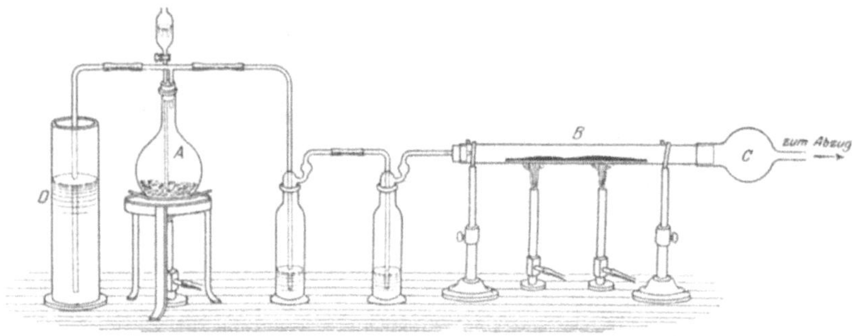

Fig. 239. Darstellung von Aluminiumchlorid.

mit Wasser (D) taucht und als Sicherheitsrohr wirkt, der andere Schenkel dient als Gasableitungsrohr. Das Chlor geht durch zwei Waschflaschen: die erste enthält etwas Wasser, die zweite konzentrierte Schwefelsäure. Von da gelangt es in das etwa 40 cm lange und $1^1/_2$—2 cm weite Rohr B aus schwer schmelzbarem Glas, das 30 g gut getrockneten Aluminiumgrieß enthält. Der Aluminiumgries muß durch kurzes Aufkochen mit stark verdünnter Natronlauge entfettet werden. Darnach spült man mit destilliertem Wasser ab und trocknet bei mäßiger Hitze. Auf das Rohr ist mittels Asbestpapier die Vorlage C aufgesetzt. Man kann als Vorlage gut einen großen Lampenzylinder, ein weithalsiges Pulverglas, das mit weiten Gasleitungsröhren versehen wird, oder etwas ähnliches benutzen. Das Ende des Tropftrichters wird nach oben umgebogen und in eine Spitze ausgezogen. Man erhitzt nun zunächst das Rohr B mit ein paar Bunsen- oder Teclubrennern langsam bis auf schwache Rotglut. Dann läßt man Salzsäure zu dem Permanganat tropfen, wodurch die Chlorentwicklung in Gang kommt. Da durch die chemische Vereinigung zu Aluminiumchlorid schon bedeutende Wärmemengen frei werden, muß man Sorge tragen, nicht so stark zu erhitzen, daß das Aluminium schmilzt. Wenn die Hälfte der in dem Tropftrichter enthaltenen Salzsäure verbraucht ist, beginnt man, den Inhalt der Kochflasche A langsam zu erwärmen, um die Gasentwicklung in gleichmäßigem Gang zu erhalten. Man achte sehr darauf, daß das Ende von B nicht durch sublimierendes Chlorid verstopft wird, was durch genügende Erwärmung dieser Stelle sicher vermieden werden kann. Aus der Vorlage entweichendes überschüssiges Chlor wird selbstverständlich in den Abzug geleitet. (Vorsicht vor Verstopfung der Ableitungsröhren! Deshalb weite Schläuche oder Röhren nehmen!) Nach Beendigung des Versuchs wird man die Wände der Vorlage dicht mit gelblichweißen Kryställchen von Aluminiumchlorid bedeckt finden, die man sofort in einer gut schließenden Flasche (Glasstopfen mit Vaseline einfetten!) aufheben muß, da sie sehr hygroskopisch sind.

Versuch 437. Eine Lösung von Aluminiumsulfat (oder Alaun) versetze man mit Schwefelammonium. Es fällt Aluminiumhydroxyd aus, da das Sulfid sofort hydrolytisch gespalten wird (siehe S. 185).

Versuch 438. Aluminiumsulfatlösung wird mit Natriumcarbonat versetzt. Es fällt ebenfalls Aluminiumhydroxyd aus, da es eine so schwache Base ist, daß es sich mit Kohlensäure nicht mehr verbindet — d. h. mit anderen Worten: auch das Carbonat wird sofort hydrolytisch gespalten.

Die Reduktionsversuche mit Aluminium sind bei den betreffenden Metallen beschrieben (Vers. 465, 495 und 506).

Die seltenen Erden.

Wegen der Kostbarkeit der hierher gehörenden Stoffe ist es für uns nicht möglich, mit ihnen Versuche anzustellen. Einige der seltenen Erden, vor allem Cer- und Thorsalze, aus Glühstrumpfresten zu isolieren, lohnt nicht wegen der sehr geringen Ausbeute und des sehr umständlichen und schwierigen Arbeitsgangs, der dazu nötig ist. Eine Cerverbindung, die sehr billig zu haben ist, ist „technisches Cerchlorid", das noch alle möglichen anderen seltenen Erden als Verunreinigung enthält. Wir wollen ein Trennungsverfahren — nach Riesenfeld — angeben, ohne indessen eine Gewähr für einen Erfolg übernehmen zu können, da die Zusammensetzung des technischen Cerchlorids stets wechselt und die Trennung der seltenen Erden sehr schwierig ist.

Versuch 439. Technisches Cerchlorid wird in verdünnter Salzsäure gelöst, und unter Erwärmen Schwefelwasserstoff eingeleitet. Dadurch fallen sämtliche Metalle der Schwefelwasserstoffgruppe, die etwa als Verunreinigungen beigemengt sind, aus. Das Filtrat wird so lange gekocht, bis es frei von Schwefelwasserstoff ist. Dann filtriert man von ausgeschiedenem Schwefel ab und tropft in das zum Sieden erhitzte Filtrat unter beständigem Umrühren heiße verdünnte Oxalsäurelösung ein. Es entsteht ein Niederschlag (a), der nach dem Erkalten abfiltriert wird und der die Oxalate von Thorium, Cerium, Lanthan, Neo- und Praseodym, Yttrium und Ytterbium enthält. Das Filtrat (b) enthält Beryllium und Zirkonium neben Verunreinigungen von Metallen der Schwefelammoniumgruppe, Erdalkalien und Alkalien. Der Oxalatniederschlag a wird mit Wasser gewaschen, getrocknet und dann in einem Porzellantiegel geglüht. Dadurch gehen die Oxalate in braune Oxyde über. Man löst sie in möglichst wenig Salpetersäure, gibt 10 ccm Alkohol zu und dampft auf dem Wasserbad zur Trockne. Der Rückstand wird in wenig Wasser gelöst und dann mit gepulvertem Kaliumsulfat versetzt, bis ein Teil des Salzes nicht mehr gelöst wird. Es entsteht ein Niederschlag (c), der nach mehreren Stunden abfiltriert wird. Er enthält Thorium, Cerium, Lanthan, Neo- und Praseodym in Form von Doppelsalzen, während im Filtrat (d) sich Erbium und Ytterbium befinden. Der Niederschlag c wird in möglichst wenig verdünnter Salpetersäure gelöst, die Lösung auf 60—70^0 erwärmt und mit Wasserstoffsuperoxyd (10$^0/_0$) versetzt. Es fällt ein Niederschlag einer wasserhaltigen Verbindung von Thorhydroxyd mit Wasserstoffsuperoxyd, $Th(OH)_3\,(OH)_3\,HO_2 \cdot HnH_2O$ aus, der abfiltriert wird (e). Das Filtrat (f) wird zum Sieden erhitzt und — wie oben — mit verdünnter Oxalsäure gefällt. Der entstehende Oxalatniederschlag von Cerium, Lanthan, Neo- und Praseodym (g) wird abfiltriert gewaschen, getrocknet und geglüht. Die so dargestellten Oxyde löst man in möglichst wenig Salzsäure und neutralisiert mit Natronlauge, worauf noch ein kleiner Überschuß an Lauge zugegeben wird. Dann leitet man so lange Chlor ein, als noch Gas absorbiert wird. Man erhält einen bräunlichen Niederschlag (h) von Cerihydroxyd, $Ce(OH)_4$, den man abfiltriert. Das Filtrat (i) enthält Lanthan, Praseo- und Neodym. Die Trennung dieser drei letztgenannten Elemente versuchen zu wollen, wäre wegen der geringen Menge, in der sie vorliegen, ganz aussichtslos. Man könnte höchstens mit Hilfe ihrer Absorptionsspektren (siehe S. 190) ihr Vorhandensein nachweisen. Man hat also jetzt aus dem Cerchlorid isoliert:

1. Cerhydroxyd (h), 2. Thoriumperhydroxyd (e), 3. eine Lösung von Lanthan- und Didymsalzen (i), 4. eine Lösung von Beryllium- und Zirkoniumsalzen, verunreinigt durch Metalle der Schwefelammoniumgruppe usw. (b). — Wenn man das Cerihydroxyd glüht, geht es in verschiedene braune bis gelbliche Ceroxyde (C_2O_3Cerooxyd, C_2O_2 Cerioxyd) über.

Versuche zum 15. Vortrag.

(S. 190 bis S. 203.)

Massenwirkungsgesetz und Löslichkeitsprodukt.

Versuch 440. Man leite in eine kalt gesättigte Kochsalzlösung Chlorwasserstoffgas. Es fällt reines Chlornatrium aus.

Versuch 441. Ein Becherglas enthält kalt gesättigte Kaliumchloratlösung. Man füge weitere ClO_3'-Ionen zu (z. B. durch Zugabe von Natriumchlorat- oder Chlorsäurelösung.) Es fällt Kaliumchlorat aus. Zu einem andern Teil der Lösung gibt man K-Ionen (starke Kalilauge). Es fällt wiederum Kaliumchlorat aus.

Katalysatoren.

Versuch 442. Zu 50 ccm Wasserstoffsuperoxyd (10%) gibt man eine kleine Messerspitze Braunstein. Unter Aufschäumen und Erwärmung tritt Zersetzung in Wasser und Sauerstoff ein. Der Braunstein bleibt unverändert.

Versuch 443. Statt Braunstein füge man einen Tropfen Blut zu der Lösung. Auch dieser wirkt als Katalysator.

Versuch 444. Man versetzt die Wasserstoffsuperoxydlösung mit einigen Tropfen Jodwasser. Das Jod wirkt als Katalysatorgift. Sowohl Braunstein als Blut üben jetzt eine wesentlich schwächere Wirkung aus. (Vgl. auch Vers. 78 und 204.)

Thermochemie.

Versuch 445. Zwei große Reagenzgläser a und b (Fig. 240) werden mit dreifach durchbohrtem Stopfen verschlossen und durch Glasröhren so miteinander verbunden, daß zwei Waschflaschen entstehen. Die mittlere Bohrung trägt je ein Thermometer. Das Glas a wird zu $^1/_3$ mit starkem Ammoniak, b mit ebensoviel Wasser gefüllt. Dann leitet man in a einen langsamen Luftstrom ein, wodurch bewirkt wird, daß etwas Ammoniak in a vergast, nach b getrieben und dort wieder gelöst wird. Schon nach kurzer Zeit kann man ein Fallen des Thermometers in a und ein Steigen in b beobachten. Nach dem Gesetz, daß die Bildungswärme einer Verbindung gleich ihrer Zersetzungswärme mit entgegengesetztem Vorzeichen ist, müßte ja eigentlich das Thermometer b um so viel Grade steigen, als a fällt. Daß es das nicht tut, sondern die entstehende positive Wärmemenge größer ist als die negative, kommt daher, daß in a von vornherein bereits gasförmiges Ammoniak vorhanden ist, während b noch kein flüssiges enthält. Die Reaktionswirkung muß also in b stärker sein. — Von dem endothermischen Prozeß der Ammoniakvergasung macht man Gebrauch in der A m m o n i a k - E i s m a s c h i n e.

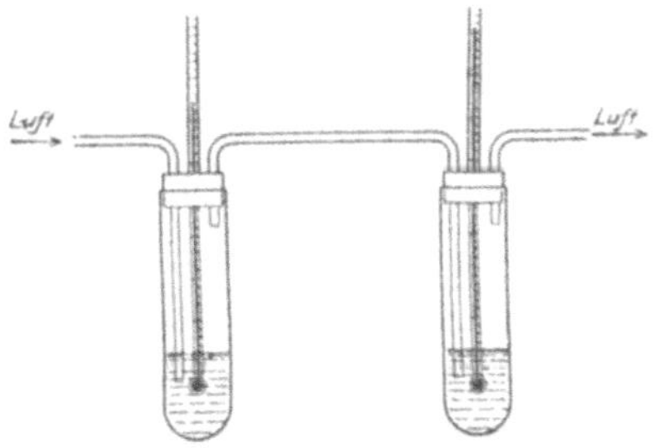

Fig. 240. Thermische Vorgänge bei Bildung und Zersetzung des Ammoniaks.

Versuch 446. Eine kleine Kochflasche wird mit Schwefeldioxyd gefüllt und durch einen Stopfen verschlossen, dessen Bohrung ein Thermometer trägt. Die Quecksilberkugel des Thermometers ist mit etwas feuchtem Filtrierpapier umwickelt. Die Temperatur steigt in kurzer Zeit auf 50—70°.

Kältemischungen.

Versuch 447. Man löst 50 g Ammoniumchlorid und 50 g Kaliumnitrat in 160 g kaltem Wasser. Die Temperatur sinkt auf -22^0.

80 g Schnee und 100 g krystallisiertes Calciumchlorid geben -40^0.

Eis, fein zerklopft und mit Kochsalz gemischt, gibt eine Temperatur von etwa -20^0.

Versuche zum sechszehnten Vortrag.

(S. 203 bis S. 219.)

Verflüssigte Gase.

Vgl. Versuch 200.

Verdunstungskälte.

Versuch 448. An die Unterseite eines Uhrgläschens hängt man einen Wassertropfen und stellt es auf eine Glasplatte. In das Uhrglas gibt man einige ccm Äther und bringt sie durch Blasen zu schnellem Verdunsten (Vorsicht wegen der Feuersgefahr.) In kurzer Zeit friert das Glas auf der Platte fest. (Anwendung bei Gefriermikrotomen zur Herstellung mikroskopischer Schnitte durch gefrorene Präparate.)

Siedepunktserhöhung von Lösungen.

Versuch 449. Eine halb mit Wasser gefüllte kleine Kochflasche wird in ein Wasserbad mit kochendem Wasser gehängt. Das Wasser in der Flasche wird nur in schwaches Sieden kommen. Man gibt dann etwa 150 g Kaliumnitrat auf den Liter Wasser ins Wasserbad, worauf der Inhalt der Kochflasche bald lebhaft sieden wird.

Osmotischer Druck.

Versuch 450. Ein Glaszylinder wird mit einem Stück tierischer Blase zugebunden, mit einer mäßig starken Traubenzuckerlösung gefüllt und mit einem durchbohrten Kork verschlossen, durch den eine lange Glasröhre führt, die bis in die Zuckerlösung reicht. Diese Vorrichtung senkt man in eine Wanne mit Wasser und läßt den Apparat einige Tage stehen (Fig. S. 212). Man wird finden, daß die Flüssigkeit von dem osmotischen Druck in der Röhre in die Höhe gepreßt wird.

Versuch 451. Man wirft einen kleinen Krystall von gelbem Blutlaugensalz in verdünnte Kupfersulfatlösung. Es bildet sich um den Krystall eine halbdurchlässige Membran von braunem Ferrocyankupfer, die infolge des im Innern dieser „künstlichen Zelle" herrschenden osmotischen Druck „wächst" und merkwürdige Formen annimmt.

Kolloidale Lösungen. Dialyse.

Versuch 452. In eine mittelstarke Lösung von Ferrichlorid trage man so lange frisch gefälltes Ferrihydroxyd (durch Versetzen einer Ferrisalzlösung mit Natronlauge erhalten) ein, als noch gelöst wird. Dann filtriert man und füllt das Filtrat in einen Dialysator (S. 217). Das

Gefäß, dessen Wand aus Pergamentpapier besteht, wird in eine Flasche gehängt, die so weit mit Wasser gefüllt ist, daß der Wasserspiegel außen 1 cm tiefer steht als die Eisenlösung im inneren Gefäß. Es findet nun eine Diffusion statt, dergestalt, daß überschüssiges Ferrisalz als „Krystalloid" durch die Membran in das äußere Wasser diffundiert, während das Ferrihydroxyd als „Kolloid" zurückbleibt. Schon nach einigen Stunden läßt sich mit Silbernitrat der Cl'-Ionengehalt und mit gelbem Blutlaugensalz der Fe...-Ionengehalt des Wassers nachweisen. Dieses muß fortlaufend erneuert werden. Nach Verlauf einer Woche kann man annehmen, daß alles überschüssige Ferrichlorid herausdiffundiert ist, so daß man nun in dem Dialysator eine reine Lösung von kolloidalem Eisenhydroxyd hat.

Versuch 453. Man koche etwas kolloidale Eisenhydroxydlösung im Reagenzglas. Es fällt Ferrihydroxyd in fester Form aus.

Versuch 454. Man fälle eine kalte Nickelsalzlösung mit Schwefelammonium und filtriere das Nickelsulfid ab. Darauf wäscht man mit heißem Wasser gut aus und wird meistens bald eine braune Lösung von kolloidalem Nickelsulfid als Filtrat erhalten. Durch Kochen mit einigen Gramm Ammoniumchlorid läßt sich das Sol ausflocken. Die Lösung wird klar und man wird erstaunt sein, eine wie kleine Menge Gel man am Boden des Becherglases in Gestalt kleinster Flöckchen findet; denn der Farbe der Lösung nach denkt man meist, es müsse viel mehr sein. Das in der Praxis sehr störende „Durchlaufen" kolloid gewordener Niederschläge durchs Filter verhindert man durch möglichstes Vermeiden von schroffen Temperaturwechseln zwischen gefällter Lösung und Waschwasser. Auch Wechsel der Ionenarten und Konzentrationen ist gefährlich. In unserem Fall würde man also am besten mit kaltem, schwefelammoniumhaltigem Wasser auswaschen.

Versuch 455. Man leitet in eine wässerige, kalte und verdünnte Lösung von Arsentrioxyd Schwefelwasserstoff ein. Man erhält eine gelbe kolloidale Lösung von Arsensulfid. Durch Ansäuern mit Salzsäure und Erwärmen läßt sich das Sol ausflocken.

Versuch 456. 2 g Rohrzucker werden mit 20 ccm konzentrierter Schwefelsäure 2 Stunden in einem Pulverfläschchen (mit Glasstopfen) geschüttelt. Man läßt 24 Stunden bei Zimmertemperatur stehen, gießt dann unter Umschütteln langsam in 80 ccm destilliertes Wasser, filtriert und dialysiert die Lösung durch Pergament gegen reines Wasser. Man erhält so eine Lösung von kolloidaler Kohle. Unter dem Ultramikroskop kann man die sternartig gezackten Kohleteilchen sehen.) (Vgl. auch Seite 216.)

Versuche zum siebzehnten Vortrag.

(S. 219 bis S. 240.)

Eisen.

Versuch 457. 2 g fein gepulvertes Eisenoxyd ((Ferrioxyd), Fe_2O_3, werden mit Wasserstoff zu metallischem Eisen reduziert (Vers. 64).

Das so dargestellte Eisenpulver schüttet man, so lange es noch warm ist, auf eine Porzellantasse. Es erglüht sofort und verbindet sich in diesem fein verteilten Zustand mit dem Luftsauerstoff. Substanzen, die sich in feiner Verteilung an der Luft von selbst entzünden, nennt man pyrophorisch.

Versuch 458. Einige eiserne Nägel löst man in einer Kochflasche unter Erwärmen in verdünnter Salzsäure. Es entwickelt sich natürlich Wasserstoff, der aber einen sehr unangenehmen Geruch besitzt; er kann also unmöglich rein sein. Nachdem alles Eisen gelöst ist, werden in der Flüssigkeit noch einige schwarze Flocken schwimmen. Sie bestehen aus Kohle. Dies ist auch der Grund, warum der Wasserstoff so schlecht riecht. Es entstehen nämlich nebenher noch geringe Mengen verschiedener Kohlenwasserstoffe. Die Lösung enthält Ferrochlorid:

$$Fe + 2\,HCl = FeCl_2 + H_2.$$

Versuch 459. Man taucht einen Eisenblechstreifen in ein Gemisch von gleichen Teilen konzentrierter Salpetersäure und Wasser. Das Eisen wird unter Entwicklung von braunen Stickoxyddämpfen gelöst. Nun tauche man den Blechstreifen 10 Sekunden lang in Salpetersäure von 1,4 spez. Gew. und spüle ihn mit Wasser ab. Nach dieser Behandlung wird er von Salpetersäure nicht mehr angegriffen; erst wenn man ihn mit einem Glasstab ritzt, beginnt an den geriebenen Stellen die Einwirkung der Salpetersäure von neuem.

Versuch 460. Man stellt eine Boraxperle her (Vers. 339), befeuchtet sie mit einem Tropfen Ferrosulfatlösung und erhitzt sie in der Oxydationsflamme des Bunsenbrenners. Man erhält eine gelb bis braunrot gefärbte Perle. Nun erhitze man in der Reduktionsflamme: die Perle färbt sich in der Hitze grünlich, nach dem Erkalten ist sie farblos.

Versuch 461. Ferrosulfatlösung wird mit Natronlauge gefällt. Man erhält einen weißen Niederschlag von Ferrohydroxyd, $Fe(OH)_2$, der unter der Einwirkung des Luftsauerstoffs rasch in braunes Ferrihydroxyd, $Fe(OH)_3$, übergeht.

Versuch 462. Man erhitze etwas Ferrihydroxyd im Porzellantiegel. Es gibt Wasser ab, und schließlich bleibt braunes Ferrioxyd zurück:

$$2\,Fe(OH)_3 = Fe_2O_3 + 3\,H_2O.$$

Versuch 463. Blanke Eisenspäne werden mit ausgekochtem, destilliertem Wasser übergossen. Sie verändern sich nicht. Nun befeuchtet man die Späne mit gewöhnlichem Leitungswasser und läßt sie an der Luft liegen. Nach einiger Zeit sind sie verrostet. Die Bildung von Eisenoxydhydrat wird also durch einige im Wasser vorhandene Verunreinigungen (Kohlendioxyd) und den Luftsauerstoff veranlaßt.

Versuch 464. Eisenoxyd läßt sich nicht nur mit Wasserstoff, sondern auch mit Aluminium reduzieren. Dabei werden ganz außerordentliche Wärmemengen frei, so daß die Temperatur des Reaktionsgemisches 3000° und mehr erreicht („Thermit", siehe S. 181). Man mischt in einer Reibschale 80 g Ferrioxyd mit 27 g Aluminiumpulver (oder feinstem

Aluminiumgrieß) gut durcheinander, füllt diese Thermitmischung in einen Tiegel aus hessischem Ton und drückt sie ordentlich fest. Nun wird der Tiegel in ein Drahtdreieck gehängt und zunächst mit der Gebläseflamme gehörig erhitzt. Wenn die Masse ordentlich durchwärmt ist, steckt man ein Stückchen Magnesiumdraht in die Mischung und entzündet es. Die Thermitreaktion kommt sofort in Gang, und unter Funkensprühen schmilzt der ganze Tiegelinhalt zu einem in hellster Weißglut strahlenden Regulus von Eisen zusammen, während obenauf Schlacken von Aluminiumoxyd schwimmen (Vorsicht! Schutzbrille!). Nach dem Erkalten kann man den Metallregulus herauslösen und ihn an einzelnen Stellen blank feilen, damit seine metallische Natur deutlich wird:

$$Fe_2O_3 + 2\,Al = Al_2O_3 + 2\,Fe.$$

Versuch 465. Ferrosulfatlösung wird mit einigen Tropfen Natriumcarbonatlösung versetzt. Es fällt weißes Ferrocarbonat aus:

$$FeSO_4 + Na_2CO_3 = FeCO_3 + Na_2SO_4.$$

Der Niederschlag verwandelt sich aber an der Luft sehr schnell in braunes Ferrihydroxyd. In kohlesäurehaltigem Wasser löst sich Ferrocarbonat zu Ferrobicarbonat $\overset{II}{Fe}\begin{cases} HCO_3 \\ HCO_3 \end{cases}$ auf. In dieser Form ist das Eisen in den bekannten Stahlquellen (Schwalbach, Spa) vorhanden, deren Gebrauch zur Erhöhung des Eisengehalts im Blut viel verordnet wird. Stahlquellen setzen an der Luft braune Flocken von Ferrihydroxyd ab, da sich das Ferrobicarbonat oxydiert.

Versuch 466. Eisen — am besten in Gestalt von zerschnittenen Klaviersaiten — wird in verdünnter Schwefelsäure gelöst. Wenn kein Eisen mehr gelöst wird, filtriert man und dampft auf dem Wasserbad langsam ein. Man erhält blaßgrüne Krystalle von Ferrosulfat, $FeSO_4$:

$$Fe + H_2SO_4 = FeSO_4 + H_2.$$

Versuch 467. 20 g Ferrosulfat werden mit 10 g Ammoniumsulfat gemischt und in möglichst wenig heißem Wasser gelöst. Die filtrierte Lösung läßt man in einer Krystallisierschale erkalten. Es scheiden sich beim Verdunsten grüne Krystalle von Ferroammoniumsulfat $\underbrace{(NH_4)_2SO_4 + FeSO_4 + 6\,H_2O}$ (Mohrsches Salz) aus. Man befreit die Krystalle durch Absaugen an der Pumpe von der anhaftenden Mutterlauge und trocknet sie zwischen Filtrierpapier.

Versuch 468. Wenn man das in dem Ferroammoniumsulfat enthaltene Ferrosulfat zu Ferrisulfat oxydiert, was z. B. mit Salpetersäure leicht geschehen kann, so gelangt man zu einer Verbindung von der Art der Alaune. Sie hat nämlich die Zusammensetzung:

$$(NH_4)_2SO_4 \,.\, Fe_2(SO_4)_3 + 24\,H_2O,$$

ist also ein Eisenammoniumalaun, in dem das $Al^{\cdots}$-Ion durch das ebenfalls dreiwertige Ferri-Ion ersetzt ist. Zu seiner Darstellung löst man 50 g Mohrsches Salz und $35^1/_2$ g Ferrosulfat in 115 ccm Schwefelsäure (1,07 spez. Gew.). Die Lösung wird in eine Porzellanschale filtriert, mit 48 ccm Salpetersäure (1,12 spez. Gew.) versetzt und unter Umrühren zum Sieden erhitzt, bis kein Stickoxyd mehr entwickelt wird (im Abzug)!. Dann prüft man, indem man im Reagenzglas eine Probe der Lösung mit einem Tropfen rotem Blutlaugensalz versetzt, ob alles Ferrosulfat zu Ferrisulfat oxydiert ist. Wenn noch eine Blaufärbung entsteht, ist noch nicht alles oxydiert. Man gibt dann noch ein paar Tropfen Salpetersäure zu und erhitzt von neuem. Schließlich dampft man bis zum Beginn der Salzhäutchenbildung ein und läßt auskrystallisieren. Es entstehen schöne, violette Oktaeder des Eisenammoniumalauns, die an der Pumpe von der Mutterlauge befreit und zwischen Filtrierpapier getrocknet werden.

Versuch 469. Eine Lösung von Ferrochlorid (Vers. 458) versetzt man mit einigen Tropfen Chlorwasser oder konzentrierter Salpetersäure. Die Flüssigkeit färbt sich gelb, da das Ferro-Ion zu dem Ferri-Ion oxydiert wird. Die Lösung enthält also jetzt Ferrichlorid:

$$2\,FeCl_2 + Cl_2 = 2\,FeCl_3.$$

Hieraus ist ersichtlich, daß man auch von einer Oxydation spricht, wenn nicht eine Verbindung mit dem Sauerstoff in Frage kommt, sondern wenn einem Ion eine größere elektrische Ladung erteilt wird, so daß es eine höhere Wertigkeit annimmt; umgekehrt spricht man auch dann von einer Reduktion, wenn ein Ion nach Verlust einer oder mehrerer elektrischer Ladungen eine niedrigere Wertigkeitsstufe annimmt.

Versuch 470. Einige Nägel oder zerschnittene Klaviersaiten werden in einer Flasche mit verdünnter Ferrichloridlösung übergossen. Man läßt die Flasche gut verkorkt stehen. Nach einigen Tagen wird man finden, daß die Lösung eine schwach grünliche Farbe angenommen hat; sie ist zu Ferrochlorid reduziert worden:

$$2\,FeCl_3 + Fe = 3\,FeCl_2.$$

Das gleiche bewirkt Wasserstoff in statu nascendi:

$$\underbrace{Fe^{\cdot\cdot\cdot} + 3\,Cl'}_{FeCl_3} + H^{\cdot} = \underbrace{Fe^{\cdot\cdot} + 2\,Cl'}_{FeCl_2} + HCl.$$

Versuch 471. Zu einer Ferrosulfatlösung gibt man einige Tropfen Schwefelammonium. Es fällt schwarzes Ferrosulfid aus, das in verdünnten Säuren leicht löslich ist:

$$FeSO_4 + (NH_4)_2S = FeS + (NH_4)_2SO_4.$$

Aus einer Ferrisalzlösung fällt Schwefelammonium ebenfalls Ferrosulfid. Dabei scheidet sich aber gleichzeitig Schwefel aus, wie aus folgenden Reaktionsgleichungen hervorgeht:

$$2\,FeCl_3 + 3\,(NH_4)_2S = 2\,FeS + 6\,NH_4Cl + S$$

Als Ionengleichung:

$$2\,Fe^{\cdot\cdot\cdot} + 3\,Cl' + 6\,(NH_4)^{\cdot} + 3\,S'' = 2\,FeS + 6\,NH_4Cl + S.$$

Die beiden positiven Ladungen, die dadurch frei werden, daß zwei Ferri-Ionen zu zwei Ferro-Ionen reduziert werden:

$$\underbrace{(Fe^{\cdot\cdot\cdot} + Fe^{\cdot\cdot\cdot})}_{6\ \text{Ladungen}} = \underbrace{(Fe^{\cdot\cdot} + Fe^{\cdot\cdot})}_{4\ \text{Ladungen}},$$

werden dazu benutzt, um die zwei negativen Ladungen eines Schwefel-Ions zu neutralisieren, das dadurch aus dem Ionenzustand in die Molekülform übergeht (siehe S. 43 ff.) und infolgedessen ausfällt.

$$S'' + 2 \oplus = S$$ [1])

Der ausgeschiedene Schwefel löst sich im überschüssigen Schwefelammonium zu Polysulf.

Versuch 472. Zu einer Auflösung von Ferrosulfat fügt man einen Tropfen Rhodankaliumlösung. Es wird kaum ein Farbenumschlag eintreten. Nun setze man einen Tropfen Chlorwasser oder Salpetersäure zu, so daß das Ferrosulfat zu Ferrisulfat oxydiert wird. Sofort färbt sich die Lösung tief blutrot. Dies ist eine sehr empfindliche Reaktion auf das Ferri-Ion.

Versuch 473. Man löst 50 g Ferrocyankalium (gelbes Blutlaugensalz) in 200 ccm Wasser und fügt unter Umschwenken langsam $9^1/_2$ g Brom zu (im Abzug!). Man gebe erst dann wieder Brom zu, wenn der vorher eingetragene Teil gelöst ist. Das Ferrocyankalium wird durch das Brom zu Ferricyankalium oxydiert, was sich dadurch zu erkennen gibt, daß sich die Lösung allmählich grüngelb färbt. Nachdem alles Brom zugegeben ist, prüft man mit Ferrichlorid, ob kein Ferrocyankalium mehr vorhanden ist. Sollte noch eine Fällung von Berlinerblau erfolgen, so setzt man Bromwasser bis zur völligen Oxydation zu. Man hüte sich aber vor einem Überschuß an Brom (eine bei der Prüfung mit Ferrichlorid eintretende bräunliche Färbung schadet nichts). Bei Anwesenheit von zu viel Brom entsteht ein grünlicher Niederschlag. Man gibt dann verdünnte Kalilauge zu, bis er wieder gelöst ist. Wenn die Oxydation vollständig ist, wird in der Abdampfschale zum Sieden erhitzt, eingedampft und zu Krystallisation hingestellt. Man erhält schöne, dunkelrote Krystalle von Ferricyankalium, $K_3[FeCN_6]$, (rotes Blutlaugensalz):

$$2\,K_4[FeCN_6] + Br_2 = 2\,K_3[FeCN_6] + 2\,KBr.$$

Versuch 474. In 2 Reagenzgläser a und b bringt man etwas Ferrosulfat- (a) und Ferrichloridlösung (b). Wenn man nun a mit einigen Tropfen Ferricyankalium- und b mit Ferrocyankaliumlösung versetzt, erhält man in a einen Niederschlag von Turnbulls Blau und in b einen solchen von Berlinerblau. Beide Reaktionen sind äußerst empfindlich.

Versuch 475. 10 g Eisenpulver werden in der Reibschale mit 20 g Salpeter zusammengerieben. Man füllt das Gemisch in einen hessischen Tiegel, erhitzt es mit der Gebläseflamme möglichst stark und entzündet es mit einem hineingesteckten Stück Magnesiumdraht. Unter lebhaftem Funkensprühen (Schutzbrille!) wird das Eisen oxydiert. Nach dem

[1]) Das Zeichen $\oplus$ bedeutet eine positive Ladung, d. h. ein positives Elektron (siehe S. 287).

Erkalten wirft man den Tiegel in Wasser. Es entsteht eine tief kirschrote Lösung von Kaliumferrat, K_2FeO_4 (Eisensaures Kalium):

$$Fe + 2\,KNO_3 = K_2FeO_4 + 2\,NO.$$

Da diese Verbindung aber sehr unbeständig ist, wollen wir sie in das beständigere Bariumferrat überführen. Man filtriert von den ungelösten Rückständen ab und versetzt das Filtrat so lange mit Bariumchlorid, als noch ein brauner Niederschlag entsteht. Man saugt ihn an der Pumpe ab, trocknet ihn schnell, indem man ihn — noch im Saugtrichter — mit absolutem Alkohol übergießt, und hebt ihn — am besten in einer Einschmelzflasche — auf. Er besteht aus Bariumferrat, $BaFeO_4$, und ist, trocken und vor Luft geschützt, gut haltbar.

Kobalt.

Versuch 476. Kobaltmetall kann zwar nach der Thermitreaktion gewonnen werden, jedoch würden die Kosten des Verfahrens bei dem hohen Preis des Kobaltoxyds zu bedeutend. Wir stellen uns deshalb eine kleine Menge Kobalt auf billigere Weise her. Eine Lösung von Kobaltnitrat oder Kobaltichlorid wird mit Kaliumoxalat versetzt. Es entsteht ein Niederschlag von Kobaltooxalat, CoC_2O_4, den man abfiltriert, auswäscht und trocknet. Dann glüht man ihn mit einem Porzellantiegel mit dem Bunsenbrenner, wobei er Kohlendioxyd abgibt und in metallisches Kobalt übergeht:

$$CoC_2O_4 = Co + 2\,CO_2.$$

Das Metallpulver wird vom Magneten angezogen. Kobalt ist in sehr fein verteiltem Zustand häufig pyrophorisch (S. 476).

Versuch 477. Man gibt in einem Reagenzglas etwas Kobaltonitratlösung mit Natronlauge zusammen. Es fällt erst blaues, basisches Nitrat aus, das nach einiger Zeit in rötliches Kobaltohydroxyd, $Co(OH)_2$, übergeht. Die Umwandlung wird durch Erhitzen beschleunigt.

Versuch 478. Durch Kobaltohydroxyd, das in einem halben Reagenzglas Wasser aufgeschwemmt ist, blase man mit dem Gebläse einen Luftstrom. Nach einigen Minuten wird die rötliche Farbe des Hydroxydes in braun übergangen sein, da es sich unter dem Einfluß des Luftsauerstoffs zu Kobaltihydroxyd oxydiert hat.

$$4\,Co(OH)_2 + O_2 + 2\,H_2O = 4\,Co(OH)_3.$$

Ebenso wie Luftsauerstoff wirken auch andere Oxydationsmittel (Chlor- und Bromwasser usw.).

Versuch 479. Eine Kobaltosalzlösung wird mit Ammoniak versetzt. Es entsteht ein blauer Niederschlag von basischem Salz, der sich im Überschuß von Ammoniak zu einem Komplexsalz löst.

Versuch 480. Kobaltosalze geben beim Erhitzen Wasser ab und werden dunkelbraun, während sie in wasserhaltigem Zustand rötlich sind. Man bereitet sich eine sehr verdünnte Auflösung von Kobaltochlorid und schreibt damit auf Papier. Die Schriftzüge sind nicht sichtbar. Nun erwärme man das Blatt über der Bunsenflamme. Die Schriftzüge kommen dunkelblau zum Vorschein und verschwinden beim Erkalten wieder, da das Kobaltochlorid aus der Luft Wasser anzieht (sympathetische Tinte).

Versuch 481. Kobaltochloridlösung wird mit Schwefelammonium versetzt. Es fällt schwarzes Kobaltsulfid, CoS aus, das sich in stark verdünnter Salzsäure nicht löst. Ebenso verhält sich das gleichfalls schwarze Nickelosulfid, während alle andern Sulfide der Metalle der Schwefelammoniumgruppe in verdünnter Salzsäure löslich sind. Man hat also in der Salzsäure ein bequemes Mittel zur Trennung der Sulfide des Kobalts und Nickels von den übrigen.

Versuch 482. Kobaltihydroxyd wird gelinde erhitzt. Es geht dabei in Kobaltioxyd, Co_2O_3, über. — Ein anderer Teil des Hydroxydes wird in verdünnter Salzsäure gelöst. Es entsteht eine braune Lösung von Kobaltichlorid, die indessen sehr unbeständig ist und bald unter Abspaltung von Chlor in Kobaltochlorid übergeht:

$$2\,CoCl_3 = 2\,CoCl_2 + Cl_2.$$

Hier verhält sich das Kobalt also gerade umgekehrt wie das Eisen.

Versuch 483. Eine merkwürdige Einwirkung übt das Kobaltihydroxyd auf Chlorkalk aus. Man löse etwas Chlorkalk in Wasser, gebe einige Tropfen Kobaltonitrat oder Kobaltochloridlösung zu und erwärme. Es fällt schwarzes Kobaltihydroxyd aus, und es entwickelt sich ein Gas, das leicht als Sauerstoff erkannt wird. Der Sauerstoff stammt aus dem Chlorkalk, der nach Gleichung:

$$2\,CaOCl_2 = 2\,CaCl_2 + O_2$$

zerfällt. Dadurch wird zunächst aus dem Kobaltosalz Kobaltihydroxyd gebildet, und dieses wirkt dann katalytisch, indem es den weiteren Zerfall des Chlorkalks in Calciumchlorid und Sauerstoff veranlaßt, wobei es selbst nicht im mindesten verändert wird.

Versuch 484. Eine Kobaltochloridlösung wird mit Essigsäure angesäuert und mit einigen Tropfen einer Auflösung von Kaliumnitrit versetzt. Es entsteht ein gelber krystallinischer Niederschlag von Kaliumkobaltihexanitrit, $K_3[Co(NO_2)_6]$.

Versuch 485. Wir wollen jetzt eine Lösung von Natriumkobaltihexanitrit darstellen. Der Verlauf der einzelnen Reaktionen sieht etwas verwickelt aus, ist aber nicht schwer verständlich.

1. Kobaltonitrat bildet mit Natriumnitrit Kobaltonitrit und Natriumnitrat nach der einfachen Umsetzungsgleichung:

$$Co(NO_3)_2 + 2\,NaNO_2 = Co(NO_2)_2 + 2\,NaNO_3.$$

2. Aus zwei weiteren Molekülen Natriumnitrit wird mit Essigsäure Stickstoffsesquioxyd freigemacht. Dabei entsteht neben essigsaurem Natrium (Natriumacetat) auch Wasser:

$$2\,NaNO_2 + \underset{\text{Essigsäure}}{2\,HC_2H_3O_2} = N_2O_3 + \underset{\text{Natriumacetat}}{2\,NaC_2H_3O_2} + H_2O.$$

3. Das Kobaltonitrit wird durch das Stickstoffsesquioxyd zu Kobalti nitrit oxydiert:

$$Co(NO_2)_2 + N_2O_3 = Co(NO_2)_3 + NO.$$

4. Kobaltinitrit bildet mit 3 Molekülen Natriumnitrit Natriumkobaltihexanitrit:

$$Co(NO_2)_3 + 3\,NaNO_2 = Na_3[Co(NO_2)_6].$$

Wenn wir diese 4 Teilreaktionen in eine Gleichung zusammenfassen, dann erhalten wir:

$$Co(NO_3)_2 + 7\,NaNO_2 + 2\,HC_2H_3O_2 = Na_3[Co(NO_2)_6] + 2\,NaNO_3 + 2\,NaC_2H_3O_2 + NO + H_2O.$$

25 g Kobaltnitrat werden in 37 ccm Wasser gelöst. Dazu gießt man eine Lösung von 25 g reinem Natriumnitrit in 37 ccm Wasser, und fügt langsam und unter fortwährendem Umrühren 10 ccm stärkste Essigsäure („Eisessig") zu. Man füllt das Gemisch in eine Flasche und läßt gut verkorkt 24 Stunden stehen. Dann filtriert man von dem gelben Niederschlag, der sich fast immer gebildet haben wird, ab und hebt das dunkelbraune Filtrat gut verkorkt auf.

Versuch 486. Man bereitet eine sehr verdünnte Auflösung irgendeines Kaliumsalzes und gibt einen Tropfen der im vorigen Versuch dargestellten Natriumkobaltihexanitritlösung zu. Es entsteht sofort ein gelber Niederschlag von Kaliumkobaltihexanitrit — der gleiche, von dem auch die Natriumkobaltihexanitritlösung abfiltriert werden mußte. Da das zu ihrer Darstellung verwandte Natriumnitrit immer Kalium enthält, konnte er sich schon während ihrer Bereitung bilden. Diese Reaktion auf K· ist sehr empfindlich. Das Ammonium-Ion NH_4. reagiert aber ebenfalls unter Bildung eines gelben Niederschlages (vgl. Vers. 379).

$$3\,KBr + Na_3[Co(NO_2)_6] = K_3[Co(NO_2)_6] + 3\,NaBr.$$

Versuch 487. Um auch eines der komplizierten Kobaltammoniaksalze (S. 245) kennen zu lernen, wollen wir die Herstellung von Ammoniumkobaltitetranitritodiamin in Angriff nehmen, obgleich der Versuch schwierig ist. Der Körper hat die Zusammensetzung $NH_4[Co(NO_2)_4(NH_3)_2]$. — Die Verbindung wird gewonnen, indem man durch Einwirkung von Natriumnitrit und Ammoniumchlorid auf Kobaltochlorid Kobaltonitrit herstellt und dieses durch Luftsauerstoff zu Kobaltinitrit oxydiert, das dann mit einem Überschuß von Ammoniak und Natriumnitrit in das Komplexsalz übergeführt wird. 25 g Ammoniumchlorid werden mit 35 g Natriumnitrit gemischt und unter Erwärmen in 187 ccm Wasser gelöst. Nachdem die Flüssigkeit kalt geworden ist, gibt man erst $7^1/_2$ ccm Ammoniak (spez. Gew. 0,925) und dann 25 g in 50 ccm Wasser gelöstes Kobaltochlorid unter Umrühren zu. Die Flüssigkeit, die eine weinrote Farbe annimmt und sich etwas trübt, wird auf drei Waschflaschen verteilt, die man hintereinander an die Saugpumpe schaltet, um so $^1/_2$ Stunde lang einen kräftigen Luftstrom durch die Flüssigkeit zu saugen. Alle 10 Minuten vertausche man die Plätze der Flaschen, so daß nach Ablauf der halben Stunde jede von ihnen einmal an erster Stelle gestanden hat. Dadurch wird eine gleichmäßige Oxydation erzielt, da sie natürlich in der Flasche am kräftigsten ist, in die die Luft zuerst eintritt. Schließlich filtriert man und läßt in flachen Schalen auskrystallisieren. Nach ein bis zwei Tagen wird man schöne braune Krystalle des Salzes vorfinden. Nach Absaugen der Mutterlauge trocknet man sie auf einem Tonteller. Von einer gleichzeitig entstehenden hellgelben Verbindung trennt man sie am besten, indem man den hellgelben, feinpulverigen Fremdkörper nach dem Trocknen wegbläst, da man durch Umkrystallisieren zu große Verluste erleiden würde. — Über die Kobalt-Boraxperle siehe S. 133.

Nickel.

Versuch 488. Zu der Lösung eines Nickelosalzes gibt man so lange Natronlauge, als noch ein grünlicher, voluminöser Niederschlag entsteht. Er besteht aus Nickelohydroxyd, $Ni(OH)_2$, und unterscheidet sich von dem Kobaltooxyd dadurch, daß er durch den Luftsauerstoff nicht oxydiert wird.

Versuch 489. Etwas gut ausgewaschenes Nickelohydroxyd wird im Porzellantiegel geglüht. Es bleibt ein graugrünes Pulver zurück, das aus Nickelooxyd (Nickeloxydul), NiO, besteht.

Versuch 490. Man stellt nach Versuch 488 Nickelohydroxyd dar und fügt zu der Lösung etwas Chlor- oder Bromwasser. Das Hydroxyd färbt sich schwarz, da es zu Nickelihydroxyd, $Ni(OH)_3$, oxydiert wird.

Versuch 491. Man befeuchte eine Boraxperle mit etwas Nickelsalzlösung und erhitze sie in der Oxydationsflamme des Bunsenbrenners. Die Perle färbt sich braun, da Nickelihydroxyd gebildet wird. In der Reduktionsflamme erhitzt erscheint die Perle grau bis farblos. Manchmal kann man kleine Nickelflitterchen in ihr erkennen.

Versuch 492. Eine Lösung von Nickelchlorid (wenn man einfach von Nickelsalzen spricht, sind immer die der — o-Reihe gemeint, da Salze des dreiwertigen Nickels ja kaum beständig sind) wird mit Ammoniak versetzt. Es fällt ein grünes basisches Chlorid aus:

$$NiCl_2 + NH_4OH = Ni(OH)Cl + NH_4Cl,$$

das im Überschuß von Ammoniak zu einer Art „komplexem Hydroxyd" löslich ist.

$$Ni(OH)Cl + 7\,NH_4OH = [Ni(NH_3)_6](OH)_2 + NH_4Cl + 6\,H_2O.$$

Über die Cyanide des Nickels und Kobalts vgl. Versuch 120.

Versuch 493. Eine Nickelsalzlösung wird mit Schwefelammonium versetzt. Es fällt schwarzes Nickelsulfid aus. (Siehe auch Vers. 454.)

Versuch 494. Die Darstellung des sehr interessanten Nickeltetracarbonyls pflegt häufig zu mißlingen. Das liegt daran, daß beim Erhitzen des fein verteilten Nickels meist etwas Nickeloxyd gebildet wird, auf das das Kohlenoxyd nicht mehr so leicht einwirkt. Man muß also sorgfältig jede Oxydationsmöglichkeit auszuschalten versuchen. Zunächst bereitet man fein verteiltes Nickel.

Ein Rohr aus schwer schmelzbarem Glas (Fig. 241) enthält 10—20 g trocknes Nickelooxyd, das man nach Versuch 489 dargestellt hat. Durch einen Dreiweghahn B steht das Rohr mit zwei Gasentwicklungsapparaten in Verbindung, einem Wasserstoffentwicklungsapparat A und einem Kohlenoxydentwicklungsapparat E. Je nach der Stellung des Hahnes B ist es möglich, eines der beiden Gase durch das Rohr C zu leiten. Man erhitzt C mit ein paar Bunsenbrennern auf ganz schwache Rotglut (300—400°) und stellt B so, daß ein Wasserstoffstrom durch den Apparat geht. Dadurch wird das Nickeloxyd zu Nickel reduziert. Man klopfe ab und zu an das Rohr, um immer neue Teile des Pulvers mit dem Gas in Berührung zu bringen. Wenn alles reduziert ist, läßt

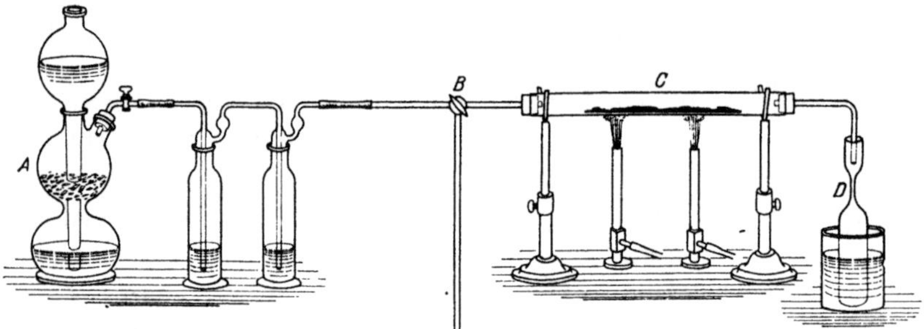

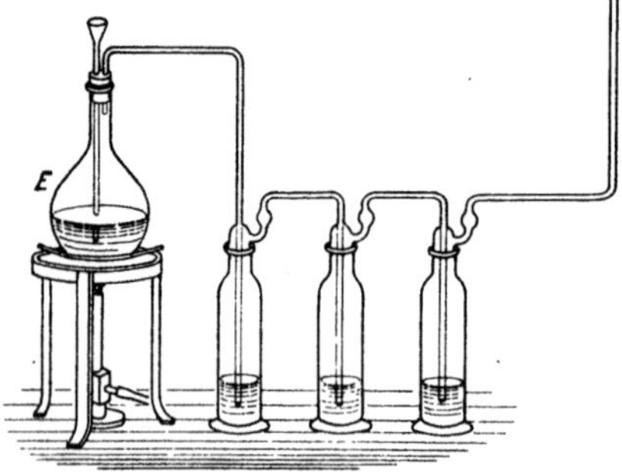

Fig. 241. Darstellung von Nickeltetracarbonyl.

man abkühlen, ohne aber den Wasserstoffstrom zu unterbrechen. (Das Gas wird in einer Waschflasche mit Wasser gewaschen und in einer zweiten mit konzentrierter Schwefelsäure getrocknet. Das bei der Reduktion gebildete Wasser treibt man durch vorsichtiges Erhitzen in ein bei D untergesetztes Becherglas. Auf keinen Fall darf das Nickelpulver feucht werden!) Wenn das Rohr C nur noch 80—100° warm ist, stellt man den Wasserstoffstrom ab, und leitet statt dessen Kohlenoxyd ein. Man muß die Gasentwicklung schon einige Minuten vorher in Gang bringen und sich durch Auffangen einer Probe im Reagenzglas davon überzeugen, daß reines Kohlenoxyd entwickelt wird. Dann verbindet man — solange noch der Wasserstoffstrom im Gang ist — E mit B; stellt den Wasserstoff ab und dreht B sofort so, daß Kohlenoxyd nach C gelangt. Dies muß alles innerhalb weniger Sekunden geschehen, damit keine Luft in den Apparat gelangt. Um jede Möglichkeit einer Oxydation auszuschließen, muß ferner das Kohlenoxyd auf besondere Weise gereinigt werden. Man entwickelt das Gas nach Vers. 309 aus 50 g Oxalsäure und konzentrierter Schwefelsäure. Zunächst wird es in einer Waschflasche mit Wasser gewaschen, dann in einer zweiten mit Kali- oder Natronlauge von Kohlendioxyd befreit, und in einer dritten, die mit einer Auflösung von Pyrogallussäure in mäßig starker Kalilauge beschickt ist, wird etwa beigemengter Luftsauerstoff zurückgehalten. Es ist gut, dann noch einmal eine vierte Waschflasche mit wenig Schwefelsäure vorzuschalten. Die Temperatur des Rohres C muß dauernd zwischen 80 bis 100° gehalten werden, was am sichersten mit der in Versuch 66 angegebenen Wasserdampf-Heizvorrichtung geschieht. Der Kohlenoxydstrom soll so stark sein, daß in der Sekunde 2—3 Blasen die Waschflasche durchstreichen. Das gebildete Nickeltetracarbonyl wird in einer Einschmelzflasche D aufgefangen, die in kleingestoßenem Eis steht. Man wähle das Rohr zwischen C und D ziemlich lang und führe es bis auf den Boden der Einschmelzflasche, nicht, wie in der Figur angegeben, nur bis in den Hals. Unter Umständen muß man an Stelle des Rohres einen Kühler anwenden. Das Tetracarbonyl ist zwar schon bei gewöhnlicher Temperatur flüssig; da aber sein Dampf sehr giftig und explosiv ist (deshalb unter dem Abzug und mit großer Vorsicht arbeiten!), soll durch die starke Abkühlung ein Verdampfen möglichst vermieden werden. Aus demselben Grunde muß auch die Flasche zugeschmolzen werden, solange sie noch im Eis steht (Vorsicht!).

Mangan.

Versuch 495. Manganmetall läßt sich nach der Thermitreaktion erhalten. Man mischt 50 g Manganomanganioxyd mit 20 g feinem Aluminiumgrieß und entzündet die Masse in einem hessischen Tiegel nach der in Versuch 464 gegebenen Vorschrift. Der Metallregulus wird natürlich um so schöner, je mehr von dem Gemisch man anwendet. Wenn man mit größeren Mengen arbeitet, setzt man erst die Reaktion mit etwa 100 g in Gang und gibt dann den Rest löffelweise zu.

$$3\,Mn_3O_4 + 8\,Al = 4\,Al_2O_3 + 9\,Mn.$$

Versuch 496. Man übergieße in einem Becherglas 10 g Braunsteinpulver mit verdünnter Schwefelsäure und erhitze. Es entwickelt sich Sauerstoff, und die Lösung enthält Manganosulfat, $MnSO_4$:

$$2\,MnO_2 + 2\,H_2SO_4 = 2\,MnSO_4 + 2\,H_2O + O_2.$$

Man filtriert von ungelösten Rückständen ab, dampft das Filtrat ein und läßt auskrystallisieren. Man erhält schön rosafarbene Krystalle von Manganosulfat.

Versuch 497. Eine Manganosulfatlösung wird mit Natronlauge versetzt. Es fällt weißes Manganohydroxyd, $Mn(OH)_2$, aus, das an der Luft bald braun wird, indem es sich zu höheren Hydroxyden oxydiert.

Versuch 498. Manganosulfid erhält man durch Fällen einer Manganosalzlösung mit Schwefelammonium:

$$MnSO_4 + (NH_4)_2S = MnS + (NH_4)_2SO_4.$$

Es stellt einen fleischfarbenen Niederschlag dar, der sich beim Kochen und längeren Stehen dunkelgrün färbt.

Versuch 499. Durch Behandlung mit starken Oxydationsmitteln kann man das fast farblose Mangano-Ion $Mn^{\cdot\cdot}$ in das tiefviolette Permanganat-Ion MnO_4' überführen. Man erhitze in einem Reagenzglas etwas mit Salpetersäure angesäuerte Manganosulfatlösung mit einem Gramm Bleisuperoxyd. Nachdem man einige Sekunden im Sieden erhalten hat, filtriert man. Das Filtrat ist tief violett gefärbt. Dies ist eine sehr empfindliche Reaktion auf Mangan, die indessen nur dann gelingt, wenn keine Salzsäure zugegen ist. Sonst würde nämlich das Bleisuperoxyd in Bleichlorid verwandelt, könnte also nicht mehr oxydierend wirken.

$$2\,MnSO_4 + 5\,PbO_2 + 6\,HNO_3 = 2\,HMnO_4 + 2\,PbSO_4 + 3\,Pb(NO_3)_2 + 2\,H_2O.$$

Versuch 500. Eine Boraxperle wird mit Manganosalzlösung befeuchtet und in der Oxydationsflamme erhitzt. Sie erscheint amethystfarben bis braun. In der Reduktionsflamme ist sie farblos.

Versuch 501. Unter dem Abzug wird etwas Mangansuperoxyd in verdünnter Salzsäure gelöst. Man filtriert und versetzt das aus Manganochlorid bestehende Filtrat mit Kalkwasser. Während man — am besten im Reagenzglas — zum Sieden erhitzt, leitet man mit dem Gebläse einen kräftigen Luftstrom durch die Flüssigkeit, in der sich zunächst ein Niederschlag von Manganohydroxyd gebildet hat. Das Hydroxyd wird durch den Luftstrom oxydiert und vereinigt sich mit dem Calciumhydroxyd zu Calciummanganit, das als dunkelbrauner bis schwarzer Schlamm zu Boden sinkt. Man filtriert den Niederschlag ab und überzeugt sich, daß er Salzsäure wieder zu Chlor und Wasser oxydieren kann (Weldonsches Regenerationsverfahren des Braunsteins, S. 233).

Versuch 502. Man reibt in der Reibschale gleiche Teile Pottasche und Salpeter zusammen und schmilzt das Gemisch im Porzellantiegel. In die flüssige Masse wirft man etwas Braunstein und rührt mit einem Platindraht ab und zu um. Nach dem Erkalten wird man einen tief grünen Schmelzkuchen vorfinden, der sich mit grüner Farbe in Wasser löst. Die Lösung enthält Kaliummanganat, K_2MnO_4:

$$MnO_2 + K_2CO_3 + KNO_3 = K_2MnO_4 + KNO_2 + CO_2.$$

Man filtriert von ungelöst gebliebenen Teilen ab und läßt das Filtrat an der Luft stehen. Nach und nach schlägt die grüne Farbe der Lösung in violett um (Mineralisches Chamäleon.)

Versuch 503. Man füge zu einer Kaliummanganatlösung einige Tropfen Essigsäure oder Salpetersäure. Es entsteht sofort violettes Kaliumpermanganat:

$$3\,K_2MnO_4 + 4\,HNO_3 = 2\,KMnO_4 + MnO_2 + 4\,KNO_3 + 2\,H_2O.$$

Wenn man nur die an der Reaktion beteiligten Ionen berücksichtigt so ergibt sich folgende Gleichung:

$$2\,MnO_4'' + MnO_4'' + 4\,H^{\cdot} = 2\,MnO_4' + MnO_2 + 2\,H_2O.$$

Es reagieren 3 Manganat-Ionen MnO_4'' (hier des besseren Verständnisses wegen $2\,MnO_4'' + MnO_4''$ geschrieben) mit den 4 von den 4 Molekülen Säure stammenden Wasserstoff-Ionen $H^{\cdot}$ so, daß die Wasserstoff-Ionen 2 Sauerstoffatome eines Manganat-Ions binden; dadurch geht das Manganat-Ion unter Abgabe seiner beiden negativen Ladungen in molekulares Mangandioxyd über. Die beiden freigewordenen elektrischen Ladungen werden zur Neutralisation der positiven Ladung zweier Wasserstoff-Ionen gebraucht:

$$\text{I. } MnO_4'' + 2\,H^{\cdot} = MnO_2 + H_2 + O_2.$$

Die beiden anderen Wasserstoff-Ionen holen sich die zu ihrer Neutralisation erforderlichen 2 negativen Ladungen von 2 weiteren Manganat-Ionen, die dadurch zu Permanganat-Ionen werden:

$$\text{II. } 2\,MnO_4'' + 2\,H^{\cdot} = 2\,MnO_4' + H_2,$$

$$(2\,H^{\cdot} + 2\,\ominus = H_2)$$ [1]),

und der bei den Reaktionen I und II freigewordene Wasserstoff und Sauerstoff vereinigt sich in statu nascendi zu Wasser.

Versuch 504. In einem Reagenzglas gebe man zu einer mit etwas Schwefelsäure angesäuerten Kaliumpermanganatlösung ein paar Tropfen schweflige Säure. Die Flüssigkeit entfärbt sich sofort, da das Permanganat unter Abgabe von Sauerstoff in farbloses Manganosulfat übergeht:

$$2\,KMnO_4 + 3\,H_2SO_4 + 5\,H_2SO_3 = 2\,MnSO_4 + 5\,H_2SO_4 + K_2SO_4 + 3\,H_2O.$$

Die 5 Moleküle Schwefelsäure stammen natürlich von der schwefligen Säure, die durch das Permanganat oxydiert wurde, während die ursprünglich zugesetzte Schwefelsäure zur Bildung von Mangano- und Kaliumsulfat verbraucht worden ist. Würde man keine Schwefelsäure zusetzen oder in alkalischer Lösung arbeiten, dann würde sich Braunstein abscheiden:

$$2\,KMnO_4 + H_2O + 3\,H_2SO_3 = 2\,MnO_2 + 2\,KOH + 3\,H_2SO_4.$$

Das Interessante an der Reduktion des Kaliumpermanganats in saurer Lösung ist die Tatsache, daß das Mangan dabei aus dem elektronegativen Säurezustand in den elektropositiven basischen übergeht. Denn aus MnO_4' des Permanganats wird das Mangano-Ion $Mn^{\cdot\cdot}$ im Manganosulfat.

Versuch 505. Wie leicht das Kaliumpermanganat Sauerstoff abgibt, zeigt folgender Versuch: man gieße eine ziemlich starke Permanganatlösung auf einen Bogen Filtrierpapier. Es entsteht ein Fleck, der infolge ausgeschiedenen Braunsteins braun gefärbt ist. Auch auf anderen organischen Substanzen — z. B. Haut — erzeugt Kaliumpermanganat braune Flecken.

Chrom.

Versuch 506. Metallisches Chrom ist leicht nach dem Thermitverfahren zu erhalten, jedoch muß man mindestens 200—300 g des Thermitgemischs in der bei Mangan (Vers. 495) beschriebenen Weise verarbeiten, um einen zusammenhängenden Metallregulus zu erhalten,

---

[1]) Vgl. Anmerkung auf S. 479.

der dann durch Abfeilen von etwa anhaftender Schlacke befreit wird. Man nimmt einen Teil Aluminiumgrieß auf 3 Teile Chromioxyd:

$$Cr_2O_3 + 2\,Al = Al_2O_3 + 2\,Cr.$$

Versuch 507. Eine Chromisalzlösung (Chromalaun oder Chromisulfat) wird mit Natronlauge versetzt. Es fällt graublaues Chromihydroxyd aus, das an der Saugpumpe abfiltriert wird;

$$Cr_2(SO_4)_3 + 6\,NaOH = 2\,Cr(OH)_3 + 3\,Na_2SO_4.$$

Versuch 508. Man füge so lange Chromihydroxyd zu Salzsäure, als noch gelöst wird. Man erhält so eine grüne Chromichloridlösung

$$Cr(OH)_3 + 3\,HCl = CrCl_3 + 3\,H_2O.$$

Nun säuert man mit einigen Tropfen Salzsäure an, gibt etwas granuliertes Zink zu und erhitzt. Es entwickelt sich Wasserstoff, der in statu nascendi das Chromichlorid zu Chromochlorid reduziert. Man kann es daran erkennen, daß sich die Farbe der Lösung ändert. Chromochlorid ist sehr unbeständig und verwandelt sich bald wieder in Chromichlorid.

Versuch 509. 10 g Ammoniumdichromat werden in einem hessischen Tiegel mit der Bunsenflamme entzündet. Das Salz zersetzt sich unter zischendem Geräusch in Chromioxyd, Wasser und Stickstoff. Das Chromioxyd bleibt in Gestalt eines grünen Pulvers zurück.

$$(NH_4)_2\,Cr_2O_7 = Cr_2O_3 + 4\,H_2O + N_2.$$

Versuch 510. Man übergieße etwas Chromihydroxyd mit Natronlauge. Es löst sich auf, da es, ähnlich wie Aluminiumhydroxyd, amphoteren Charakter hat und gegenüber starken Basen in die Ionen $3\,H^{\cdot}$ und CrO_3''' zerfällt. Diese — nicht isolierte, sondern nur in Ionenform bekannte — „chromige Säure“ H_3CrO_3 spaltet aber stets Wasser ab und bildet demnach Salze einer „metachromigen Säure“ $HCrO_2$ ($H_3CrO_3 = HCrO_2 + H_2O$), die man gemeinhin „Chromite“ nennt. So ist z. B. der als Mineral vorkommende Chromeisenstein ein „Ferrochromit“ $\overset{II}{Fe}\left\langle\begin{matrix} Cr_2O \\ Cr_2O \end{matrix}\right.$. Die Zusammensetzung der Alkalichromite ist nicht ganz sicher bestimmt. — Man erhitze die in diesem Versuch dargestellte Natriumchromitlösung einige Minuten zum Sieden. Es fällt wieder Chromihydroxyd aus, da bei höherer Temperatur Hydrolyse eintritt. Dieses Verhalten unterscheidet die Chromite von den entsprechenden Aluminiumverbindungen. Daß trotzdem Chrom Verwandtschaft mit dem Aluminium besitzt, beweist die Fähigkeit seines Sulfats, Alaune zu bilden (S. 183).

Versuch 511. Man gewinnt den Kalium-Chromalaun am besten durch Reduktion von Kaliumdichromat mit Alkohol in schwefelsaurer Lösung. Alkohol hat die Zusammensetzung C_2H_6O. Er gibt sehr leicht 2 Atome Wasserstoff ab, die in statu nascendi natürlich reduzierend wirken, und geht dadurch in „Aldehyd“, C_2H_4O, über, der einen charakteristischen, mohnartigen Geruch besitzt. Die Reaktion verläuft nach der Gleichung:

$$K_2Cr_2O_7 + 3\,C_2H_6O + 4\,H_2SO_4 + 17\,H_2O = \underbrace{K_2SO_4 + Cr_2(SO_4)_3 + 24\,H_2O} + 3\,C_2H_4O.$$

In einer großen Porzellanschale werden 25 g gepulvertes Kaliumdichromat unter Erwärmen in 200 ccm Wasser gelöst. Dann gibt man 80 ccm Schwefelsäure von 1,25 spez. Gew. zu. Man muß die Säure langsam und unter Umrühren zugießen, da sich die Flüssigkeit stark erhitzt. Deshalb stellt man die Schale in Eis und wartet, bis die Mischung eine Temperatur unter 10° angenommen hat. Dann gibt man aus einem Tropftrichter langsam 15 ccm absoluten Alkohol zu. Man muß fortwährend mit einem Thermometer die Temperatur überwachen, die auf keinen Fall über 40° steigen darf. Wenn aller Alkohol verbraucht ist, gibt man noch einmal 8 ccm Schwefelsäure und $1^1/_2$ ccm Alkohol zu und gießt das Gemisch in eine Krystallisationsschale. Man erhält schöne dunkelviolette Oktaeder von Chromalaun.

Versuch 512. Das Chromtrioxyd läßt sich durch Zersetzung eines Dichromates mit Schwefelsäure erhalten. Wir verwenden zu diesem Versuch Natriumdichromat, weil man mit ihm konzentriertere Lösungen herstellen kann als mit Kaliumdichromat. 50 g Natriumdichromat werden in 125 ccm Wasser gelöst. (Da das Salz sehr hygroskopisch ist, darf man es nicht lange an der Luft liegen lassen.) Die Lösung filtriert man in eine geräumige Porzellanschale und gibt langsam 150 ccm konzentrierte Schwefelsäure zu. Das Gemisch erhitzt sich stark, und nach dem Erkalten krystallisiert Chromtrioxyd (Chromsäureanhydrid) in Form eines feinen, roten Krystallmehls aus. Man filtriert an der Saugpumpe ab, verwendet aber an Stelle von Filtrierpapier Glaswolle, da Papier von der starken Schwefelsäure zerstört werden würde. Schließlich wäscht man die Krystalle noch im Saugtrichter mit konzentrierter Salpetersäure, bis sich die Waschflüssigkeit bei der Prüfung mit Bariumchlorid frei von Schwefelsäure erweist, und trocknet sie auf einem Tonteller. Dann werden sie rasch in ein gut schließendes Glas gefüllt, da sie sehr hygroskopisch sind.

$$Na_2Cr_2O_7 + H_2SO_4 = 2\,CrO_3 + 2\,NaHSO_4 + H_2O.$$

Versuch 513. Chromtrioxyd gibt sehr leicht Sauerstoff ab und wird dadurch zu Chromioxyd. Es wirkt also lebhaft oxydierend. — Man bringt einige Kryställchen von Chromsäureanhydrid in eine Abdampfschale und läßt einen Tropfen Alkohol darauffallen. Es tritt sofort Entzündung ein. Nun gebe man bei einem zweiten Versuche gleich eine solche Menge Alkohol zu, daß die Entzündung vermieden wird. Man wird den charakteristischen Aldehydgeruch (Vers. 511) wahrnehmen.

$$2\,CrO_3 + 3\,C_6H_6O = Cr_2O_3 + 3\,H_2O + 3\,C_6H_4O.$$

Versuch 514. Man wiederholt den Versuch 502, nur mit dem Unterschied, daß man anstatt Braunstein Chromioxyd in die Salpeter-Pottascheschmelze wirft. Man erhält nach dem Erkalten einen gelben

Schmelzkuchen, den man in Wasser auflöst und von den Rückständen abfiltriert. Das gelbe Filtrat ist eine Lösung von Kaliumchromat, $KCrO_4$.

Versuch 515. Eine Kaliumchromatlösung wird mit Silbernitrat versetzt. Es fällt rotbraunes, in Säure lösliches Silberchromat, Ag_2CrO_4, aus:

$$K_2CrO_4 + 2\,AgNO_3 = Ag_2CrO_4 + 2\,KNO_3.$$

Versuch 516. Zu einer Kaliumchromatlösung gibt man etwas Bleinitratlösung. Es fällt gelbes Bleichromat aus (Chromgelb). Man filtriere ab und koche den Niederschlag mit Natronlauge. Er geht in ein rotgefärbtes basisches Chromat über (Chromrot). —

Die Chromsäure bildet, ebenso wie die Schwefelsäure, Säurechloride (S. 411), und zwar kennt man die Verbindungen $O_2Cr\langle{}^{Cl}_{OH}$ und $O_2Cr\langle{}^{Cl}_{Cl}$.

Die Verbindung $O_2Cr\langle{}^{Cl}_{O-H}$ entspricht augenscheinlich der Chlorsulfonsäure (S. 411). Gleich dieser hat sie saure Eigenschaften und heißt Chlorchromsäure. Die Verbindung $O_2Cr\langle{}^{Cl}_{Cl}$ entspricht dem Thionylchlorid und heißt Chromylchlorid, da man in ihr das zweiwertige Radikal Chromyl $CrO_2^{\cdot\cdot}$ annehmen kann.

Versuch 517. Zur Darstellung des Kaliumsalzes der Chlorchromsäure (Kaliumchlorochromat), $KCrO_3Cl$, löst man 50 g gepulvertes Kaliumdichromat unter Erwärmen in einer Mischung von 50 ccm konzentrierter Salzsäure mit 50 ccm Wasser. Die Lösung wird heiß in eine Krystallisationsschale filtriert. Damit der Trichter nicht durch die sich sogleich ausscheidenden Kaliumchlorochromatkrystalle verstopft wird, schneidet man das Abflußrohr ab. Das Salz krystallisiert in prachtvollen großen roten Krystallnadeln, die an der Saugpumpe von der Mutterlauge befreit und auf einem Tonteller getrocknet werden.

$$K_2Cr_2O_7 + 2\,HCl = 2\,KCrO_3Cl + H_2O.$$

Versuch 518. Auch das Chromylchlorid ist nicht schwer zu erhalten. 50 g Kaliumchromat werden mit 30 g Kochsalz in einem hessischen Tiegel zusammengeschmolzen. Den gelben Schmelzkuchen zerschlägt man in grobe Stücke, bringt sie in eine Retorte und übergießt sie mit 50 ccm konzentrierter Schwefelsäure. Dann setzt man einen Kühler an und erhitzt unter dem Abzug. Bald verdichten sich in dem Kühlerrohr braune Tropfen von Chromylchlorid, die in einer Einschmelzflasche aufgefangen und aufbewahrt werden, da das Chromchlorid sehr flüchtig ist.

$$2\,NaCl + K_2CrO_4 + 2\,H_2SO_4 = CrO_2Cl_2 + Na_2SO_4 + K_2SO_4 + 2\,H_2O. —$$

Die Flüchtigkeit dieser Verbindung ist wichtig für die analytische Chemie. Da nämlich nur durch die Einwirkung von Chlor eine flüchtige

Chromverbindung entsteht, muß in allen Fällen, in denen man bei der Destillation der untersuchten Substanz mit Chromsalz im Destillat Chrom nachweisen kann, Chlor vorhanden gewesen sein. Man kann z. B. bequem Chlor neben Jod und Brom nachweisen, da diese beiden keine flüchtigen Chromverbindungen geben.

Versuch 519. Eine Kaliumchromatlösung wird mit Schwefelsäure versetzt. Die Farbe schlägt von gelb in orange um, da das Chromat-Ion CrO_4'' in das Dichromat-Ion Cr_2O_7'' umgewandelt wird:

$$2\,CrO_4'' + 2\,H^{\cdot} = Cr_2O_7'' + H_2O.$$

Da alle Dichromate in wäßriger Lösung sehr stark in Monochromate und Chromsäureanhydrid (das natürlich mit überschüssigem Wasser sofort Chromsäure bildet) gespalten sind, geben die Dichromate genau die gleichen Reaktionen wie Chromate:

$$K_2Cr_2O_7 = K_2CrO_4 + CrO_3.$$

Versuch 520. Sehr merkwürdig ist die Einwirkung der Chromate und Dichromate auf gewisse organische Substanzen wie Leim oder Gelatine. Man bereitet sich eine ziemlich starke Lösung von Gelatine in Wasser (25%) und färbt sie mit Ruß schwarz. Dann bestreicht man mit dieser Mischung einen Bogen ungeleimtes Papier oder eine mattgeschliffene Glasplatte, bis man eine gleichmäßige Schicht erzielt hat. Nachdem die Platte trocken ist, badet man sie bei gelbem Lampenlicht in einer Lösung von 3 g Kaliumdichromat in 100 ccm Wasser, der man 1 ccm Ammoniak zugesetzt hat, wodurch die sogenannte „Chromgelatine" entsteht. Nach 2—3 Minuten nimmt man die Platte aus dem Bad und läßt im Dunkeln trocknen. Dann schneidet man aus undurchsichtigem schwarzen Papier ein einfaches Muster aus, bedeckt die Platte mit der Schablone und setzt sie 20 Minuten lang dem Sonnenlicht aus. Wenn man sie jetzt in 30—40° warmes Wasser bringt, löst sich die Gelatine an den unbelichteten Stellen auf, während sie an den belichteten unlöslich geworden ist. Man erhält also ein schwarzes Bild des Schablonenausschnitts auf dem weißen Papiergrund. Dies ist die Grundlage des photographischen Kohle- und Gummidrucks. (Pigmentverfahren.)

Versuch 521. Man säuert in einem Reagenzglas etwas stark verdünnte Kaliumdichromatlösung mit Schwefelsäure an und gibt 1 bis 2 ccm Äther zu. Der Äther schwimmt in Form eines Rings auf der Chromatlösung. Nun versetzt man mit etwas Wasserstoffsuperoxyd und schüttelt sofort kräftig um. Wenn sich die Flüssigkeiten wieder getrennt haben, findet man den Ätherring prachtvoll dunkelblau gefärbt, während die Chromatlösung farblos geworden ist. Die Blaufärbung rührt von der in Äther löslichen Überchromsäure H_3CrO_8 her.

Es folgt nun noch die Beschreibung zweier etwas schwieriger, dafür aber auch sehr schöner Versuche.

Versuch 522. Zur Darstellung von wasserfreiem Chromichlorid, $CrCl_3$, wird ein Gemisch von Chromioxyd und Kohle im Chlorstrom erhitzt, wobei das Chlorid sublimiert. Man benutzt den zu Versuch 436 gebrauchten Apparat mit der einzigen Abänderung, daß man das Rohr, anstatt mit Aluminium, mit einem innigen Gemisch von 5 Teilen Chromioxyd und 1 Teil Holzkohlenpulver füllt. Die Substanzen müssen in der Reibschale zusammengerieben werden. Das Chromichlorid sublimiert in wundervoll gefärbten, rotvioletten Krystallblättchen, die sich ähnlich wie Borsäurekrystalle fettig anfühlen. (Über die Löslichkeit des Chromichlorids in Wasser vgl. S. 236.)

$$Cr_2O_3 + 3\,C + 3\,Cl_2 = 2\,CrCl_3 + 3\,CO.$$

Versuch 523. 120 ccm Wasserstoffsuperoxyd (15%) werden in einer Kochflasche mit einer Auflösung von 5 g Kaliumhydroxyd in 10 cm Wasser versetzt. Man schwenkt einige Male um und stellt dann die Flasche in eine Kältemischung aus Eis und Kochsalz, wo ihr Inhalt bald zu einem halbflüssigen Brei gefriert. Nun fügt man 10 g aufs feinste gepulvertes Kaliumchromat zu und stellt die Kochflasche in reines Eis. Da dessen Temperatur höher ist als die der Eis-Kochsalzmischung, taut der Inhalt der Kochflasche im Verlauf einiger Stunden wieder auf. Während des Auftauens kann man noch einmal 2—3 ccm 30 proz. Wasserstoffsuperoxyd zusetzen. Wenn der Brei vollkommen flüssig geworden ist, wird man einen aus dunkelbraunen Krystallen bestehenden Bodensatz vorfinden. Man filtriert den Niederschlag an der Saugpumpe ab und wäscht die Krystalle rasch mit sehr wenig Wasser, dann mit Alkohol und schließlich mit Äther, worauf sie sofort trocknen. Sie bestehen aus Kaliumperchromat, K_3CrO_8, dem Kaliumsalz der Überchromsäure. Wenn man sie gut verschlossen aufhebt, sind sie haltbar. Im etwas angesäuerten Wasser sind sie mit blauer Farbe löslich, da dann Überchromsäure (Versuch 521) freigemacht wird.

$$2\,K_2CrO_4 + 2\,KOH + 7\,H_2O_2 = 2\,K_3CrO_8 + 8\,H_2O.$$

Uran, Wolfram und Molybdän.

Versuch 524. Man gibt zu einer Lösung von Uranylnitrat einige Tropfen Ferrozyankaliumlösung. Es entsteht ein dunkelbrauner Niederschlag von Ferrouranzyankalium. Die Reaktion ist sehr empfindlich.

Versuch 525. Eine Uranylnitratlösung wird mit Natronlauge versetzt. Man erhält einen gelben Niederschlag von Natriumdiuranat, $Na_2U_2O_7$, das als Urangelb gebraucht wird, um das grün fluoreszierende Uranglas herzustellen.

Versuch 526. Man versetzt eine Natriumphosphatlösung tropfenweise mit einer einprozentigen Uranylnitratlösung, der man auf je 10 ccm ein Gramm essigsaures Natrium zugesetzt hat. Man erhält einen gelben Niederschlag von Uranylphosphat. Die Reaktion dient zur maßanalytischen Bestimmung der Phosphorsäure. Der Endpunkt der Umsetzung wird daran erkannt, daß ein weiterer Tropfen Uranlösung mit einer Spur Ferrozyankaliumlösung, die man als „Indikator" der Phosphorsalzlösung zusetzt, die aus Versuch 524 bekannte Braunfärbung gibt. Solange noch Phosphorsäureionen vorhanden sind, wird alles Uran zur Bildung von Uranylphosphat verbraucht. Dieses ist in Säuren unlöslich, falls man, durch Zusatz von essigsauren Salzen, die Wasserstoff-Ionenkonzentration genügend zurückdrängt (vgl. S. 195).

Versuch 527. Man versetze im Reagenzglas eine heiße konzentrierte Natriumwolframatlösung mit etwas starker Salpetersäure. Es fällt gelbes Wolframsäureanhydrid, WO_3, aus. Es läßt sich, bei Rotglut, durch Wasserstoff zu Metall reduzieren.

Die wichtigste Verbindung und Reaktion des Molybdäns hat bereits Versuch 261 kennen gelehrt. Wolfram und Molybdän bilden komplexe Zyanverbindungen, die ihrer ungewöhnlichen Koordinationszahl 8 wegen interessant sind. Im allgemeinen ist die Koordinationszahl dieser Elemente 6. (Vgl. Vortrag 18.)

Versuche zum achtzehnten Vortrag.

Komplexe Verbindungen finden sich bei den entsprechenden Elementen beschrieben. Vgl. Vers. 408, 420, 479, 484, 485, 487, 492, 560, 567, 571, 574, 577, 585, 586.

Versuche zum neunzehnten Vortrag.

(S. 249 bis S. 263.)

Zinn.

Versuch 528. Eine Lösung von Stannochlorid, $SnCl_2$, versetzt man mit Natronlauge. Es fällt weißes Stannohydroxyd, $Sn(OH)_2$, aus, das sich im Überschuß des Fällungsmittels zu Stannit löst.

Versuch 529. Man koche eine Lösung von Natriumstannit längere Zeit. Es fällt ein schwarzer Niederschlag aus, der aus fein verteiltem metallischen Zinn besteht. Wenn man den Niederschlag abfiltriert, auswäscht, trocknet und an der Luft erwärmt, verglimmt er zu Stannioxyd, SnO_2. Es ist möglich, daß in dem Niederschlag außer Zinn auch noch Stannooxyd, SnO, enthalten ist.

Versuch 530. Eine Stange Zinn wird mit einem Ende in einen Schraubstock gespannt und kräftig gebogen. Man wird ein eigentümliches Geräusch, das „Zinngeschrei“ hören.

Versuch 531. Man übergieße einige Stanniolschnitzel mit verdünnter Kalilauge und erwärme. Das Metall wird gelöst:

$$Sn + 2\,KOH + H_2O = K_2SnO_3 + 2\,H_2.$$

Versuch 532. Stanniolschnitzel werden in verdünnter Salzsäure gelöst. Die Flüssigkeit enthält Stannochlorid, $SnCl_2$:

$$Sn + 2\,HCl = SnCl_2 + H_2.$$

Nun leitet man in die Lösung Schwefelwasserstoff ein. Es fällt braunes Stannosulfid, SnS, aus.

Versuch 533. Der im vorigen Versuch erhaltene Niederschlag von Stannosulfid wird mit gelbem Schwefelammonium übergossen. Er wird als Ammoniumsulfostannat (Ammoniumthiostannat) gelöst (vgl. Vers. 296):

$$SnS + (NH_4)_2S_2 = (NH_4)_2SnS_3.$$

Versuch 534. Eine Ammoniumsulfostannatlösung wird mit verdünnter Salzsäure angesäuert. Es fällt gelbes Stannisulfid, SnS_2, aus:

$$(NH_4)_2SnS_3 + 2\,HCl = SnS_2 + H_2S + 2\,NH_4Cl.$$

Versuch 535. Man erwärme in einer Abdampfschale unter dem Abzug Zinn mit mittelstarker Salpetersäure. Das Metall verwandelt sich in die in Säuren vollkommen unlösliche Metazinnsäure.

Über das Verhalten der Metazinnsäure zu Phosphorsäure sowie die Einwirkung alkalischer Stannochloridlösung auf Wismutsalze, vergleiche die Versuche 262 und 303.

Blei.

Versuch 536. Einige Bleistückchen werden in einem eisernen Löffel geschmolzen. Die glänzende Oberfläche des flüssigen Metalls bedeckt sich bald mit einer grauen Haut von verschiedenen Oxyden. Blei ist also kein edles Metall.

Versuch 537. Man erwärme unter dem Abzug Blei mit mäßig starker Salpetersäure. Das Metall wird zu Bleinitrat gelöst:

$$Pb + 2\,HNO_3 = Pb(NO_3)_2 + H_2.$$

Versuch 538. Eine Bleinitratlösung versetze man mit einer ziemlich starken Auflösung von Weinsäure. Man erhält einen weißen Niederschlag von weinsaurem Blei, den man abfiltriert, auswäscht und trocknet. Dann bringt man ihn in ein Reagenzglas und erwärmt. Das Pulver färbt sich schwarz, weil metallisches Blei und Kohlenstoff in feinster Verteilung ausgeschieden werden. Man streut das schwarze Gemisch noch warm auf eine Porzellanschale. Infolge seiner feinen Verteilung oxydiert es sich so lebhaft, daß es pyrophorisch wird und zu Bleioxyd und Kohlendioxyd verglimmt.

Versuch 539. Metallisches Blei wird mit mäßig starker Schwefelsäure erwärmt. Es löst sich nicht, sondern bedeckt sich mit einer weißen Schicht von Bleisulfat, $PbSO_4$.

Versuch 540. Etwas Bleinitratlösung wird vorsichtig mit einigen Tropfen konzentrierter Schwefelsäure versetzt. Es fällt weißes Bleisulfat (Plumbosulfat) aus, da diese Verbindung in verdünnten Säuren unlöslich ist.

$$Pb^{\cdot\cdot} + SO_4'' = PbSO_4.$$

Versuch 541. Auf Zusatz von verdünnter Salzsäure zu einer Bleinitratlösung fällt weißes Plumbochlorid, $PbCl_2$, aus:

$$Pb^{\cdot\cdot} + 2\,Cl' = PbCl_2.$$

Man filtriert den Niederschlag ab, übergießt ihn in einem Becherglas mit 20—30 ccm Wasser und erhitzt 5 Minuten lang zum Sieden. Darauf filtriert man — am besten in ein großes Reagenzglas — ab und läßt erkalten. Man erhält dann das Bleichlorid in wunderschönen seidenglänzenden, bis 2 cm langen Krystallnadeln.

Versuch 542. Der vorige Versuch wird wiederholt, nur nimmt man anstatt Salzsäure Jodkalilösung. Es fällt gelbes Bleijodid aus, das nach dem Aufkochen mit Wasser und Abfiltrieren prachtvoll goldglänzende Krystallschuppen liefert.

Versuch 543. Eine Bleisalzlösung wird mit einer Natriumcarbonatlösung versetzt. Es fällt Plumbocarbonat, $PbCO_3$, als weißer Niederschlag („Bleiweiß") aus.

Versuch 544. Etwas feuchtes Bleiweiß wird in eine kleine, mit Gaszu- und Ableitungsrohr versehene Kochflasche gebracht und Schwefelwasserstoff eingeleitet. Infolge der Bildung von Bleisulfid wird das Bleiweiß allmählich dunkelbraun. Dies ist der Grund, warum Bilder, bei denen Bleiweiß benutzt ist, mit der Zeit „nachdunkeln"; denn die Luft enthält stets Spuren von Schwefelwasserstoff.

$$PbCO_3 + H_2S = PbS + CO_2 + H_2O.$$

(Vgl. Vers. 70.)

Das schwarze Bleisulfid läßt sich natürlich auch durch Einleiten von Schwefelwasserstoff in eine Bleisalzlösung erhalten.

Versuch 545. 5 g Bleinitrat werden fein gepulvert und in einer Abdampfschale unter dem Abzug erhitzt. Es entwickeln sich große Mengen von Stickstoffdioxyd und es bleibt reines Plumbooxyd, die „Bleiglätte" des Handels, zurück. (Vgl. S. 53.)

Versuch 546. Um das zu dem Plumbooxyd gehörige Plumbohydroxyd zu erhalten, versetzt man eine Plumbosalzlösung mit Natronlauge. Es fällt weißes Plumbohydroxyd, $Pb(OH)_2$, aus, das sich in überschüssiger Lauge zu Plumbit löst:

$$Pb(OH)_2 + 2\,NaOH = Na_2PbO_2 + 2\,H_2O.$$

Versuch 547. Plumbooxyd wird in einem Porzellantiegel unter zeitweiligem Umrühren auf dunkle Rotglut (300—400°) erhitzt. Das Pulver nimmt eine dunklere Farbe an, die bei dem Erkalten in mehr oder weniger ausgesprochenes Rot übergeht. Das Bleioxyd hat sich zu „Mennige", Pb_3O_4, oxydiert. Ein Zusatz von etwas Kaliumchlorat beschleunigt die Reaktion.

$$6\,PbO + O_2 = 2\,Pb_3O_4.$$

Versuch 548. Etwas Mennige wird im Reagenzglas mit verdünnter Salpetersäure erwärmt. Die Verbindung färbt sich braun, und die Lösung enthält Plumbonitrat. Der braune Rückstand besteht aus Plumbioxyd (Bleisuperoxyd), PbO_2. — Dieses Verhalten beweist, daß die Mennige kein Mischoxyd, sondern das Bleisalz der vierbasischen normalen Bleisäure H_4PbO_4, also Pb_2PbO_4 ist (vgl. S. 253). Danach fände die durchaus normale Umsetzung statt:

$$Pb_2PbO_4 + 4\,HNO_3 = 2\,Pb(NO_3)_2 + H_4PbO_4.$$

Das heißt: aus Bleiplumbat und Salpetersäure entsteht Bleinitrat und Bleisäure, die sofort in ihr Anhydrid und Wasser zerfällt, da sie frei nicht beständig ist.

$$H_4PbO_4 = PbO_2 + 2\,H_2O.$$

In eine Gleichung zusammengefaßt, gäbe das:

$$\underbrace{Pb_3O_4}_{Pb_2PbO_4} + 4\,HNO_3 = 2\,Pb(NO_3)_2 + PbO_2 + 2\,H_2O.$$

Versuch 549. Blei löst sich leicht in Essigsäure und bildet mit ihr das essigsaure Blei (Bleiacetat, Bleizucker). 10 g Bleizucker werden in 50 ccm Wasser gelöst. (Falls die Lösung sich trüben sollte, genügen 2 Tropfen Essigsäure zur Klärung.) Dann gibt man 7 g gepulverte Bleiglätte zu und kocht so lange, bis der größte Teil des Bleioxyds gelöst ist, worauf man filtriert. Das farblose Filtrat enthält ein basisches Bleiacetat und ist der zu Umschlägen viel benutzte Bleiessig, das „Extractum Saturni" [1]) oder „Liquor plumbi subacetici" der Apotheken. Die Flüssigkeit trübt sich an der Luft, da durch die Einwirkung des Kohlendioxyds ein Teil des Bleis als Carbonat ausgefällt wird, und normales Acetat zurückbleibt. Dieses kann durch Behandeln mit Bleioxyd wieder in basisches Acetat übergeführt werden, worauf sich mit Kohlendioxyd wieder Carbonat ausfällen läßt usw. Hierauf beruht eine Methode der Bleiweißfabrikation. —

Bleiessig, mit Wasser und Alkohol gemischt, ist das in der Medizin ebenfalls viel gebrauchte „Goulardsche Bleiwasser".

Versuch 550. Reines Bleisuperoxyd gewinnt man durch Oxydation von Bleizucker mit Chlorkalk:

$$\underset{\text{Bleiacetat}}{Pb(C_2H_3O_2)_2} + CaOCl_2 + H_2O = PbO_2 + 2\,\underset{\text{Essigsäure}}{HC_2H_3O_2} + CaCl_2.$$

In einer großen Abdampfschale werden 25 g essigsaures Blei in 100 ccm Wasser gelöst. Dann verreibt man in einer Reibschale 50 g käuflichen, frischen Chlorkalk mit 50 ccm Wasser, verdünnt danach mit weiteren 75 ccm Wasser und filtriert die Lösung durch ein Faltenfilter in die Abdampfschale. Nun erhitzt man unter fortgesetztem Umrühren so lange zum Sieden, als die Lösung noch nach Essigsäure riecht. Man gießt dann das ganze Gemisch in ein großes Becherglas und läßt das gebildete Bleisuperoxyd absitzen. Die darüber stehende klare Flüssigkeit gießt man ab, füllt mit heißem Wasser auf, rührt um, gießt ab, füllt wieder mit heißem Wasser auf und wiederholt dieses Auswaschen so lange, bis das Waschwasser bei einer Prüfung mit Silbernitrat keine Reaktion auf Cl' mehr gibt. Dann läßt man auf einem Filter abtropfen und trocknet das Bleisuperoxyd durch gelindes Erwärmen in der Abdampfschale.

Lösungsdruck (vgl. auch S. 288).

Die Darstellung des Bleibaums, die auf der Reaktion $Pb^{\cdot\cdot} + Zn = Zn^{\cdot\cdot} + Pb$ beruht, ist bereits in Versuch 33 beschrieben worden.

Versuch 551. Man bereite eine verdünnte Kupfersulfatlösung und stelle einen eisernen Nagel oder eine alte Messerklinge hinein. Es schlägt sich sofort eine rötliche Kupferschicht auf dem Eisen nieder, während

---

[1]) „Saturnus", alchymistische Bezeichnung für Blei.

eine äquivalente Menge Eisen in Lösung geht. (Sehr empfindliche Reaktion auf Kupfer!)

$$Cu^{\cdot\cdot} + Fe = Fe^{\cdot\cdot} + Cu.$$

In einigen Bergwerken finden sich kupfersulfathaltige Gewässer („Zementwässer"), aus denen man durch Einlegen von Eisenabfällen das Kupfer gewinnt.

Versuch 552. In einem Reagenzglas übergießt man etwas Quecksilber mit Silbernitratlösung und läßt einen Tag ohne Erschütterung stehen. Das Silber scheidet sich in schönen, aus dem Quecksilber herauswachsenden Krystallnadeln ab (Fig. 242).

$$Ag^{\cdot} + Hg = Hg^{\cdot} + Ag.$$

Versuche dieser Art lassen sich noch viele anstellen, und es mag dem Geschick der Leser überlassen bleiben, sich unter Benutzung der elektrischen Spannungsreihe (S. 288) neue auszudenken.

Kupfer.

Versuch 553. Man erhitze ein in der Zange gehaltenes Stück Kupferblech mit dem Bunsenbrenner. Das Metall läuft an und überzieht sich mit einer dunklen Oxydschicht, die aus Cupro- und Cuprioxyd besteht.

Versuch 554. Eine verdünnte Kupfersulfatlösung wird im Reagenzglas mit $^1/_4$—$^1/_3$ ihres Volumens Traubenzuckerlösung gemischt. Dann setzt man so viel Kali- oder Natronlauge zu, bis die Flüssigkeit stark alkalisch reagiert. Wenn genügend Traubenzucker vorhanden ist, löst sich der zunächst entstehende Niederschlag von Cuprihydroxyd in überschüssiger Lauge wieder auf. Nun erhitzt man zum Sieden. Es scheidet sich rotes Cuprooxyd (Kupferoxydul), Cu_2O, aus, das man abfiltriert. Diese Reaktion wird zum Nachweis des Zuckers im Urin Zuckerkranker benutzt. Gewöhnlicher Rohrzucker hat keine reduzierende Wirkung.

Fig. 242. Silberbaum.

Versuch 555. Man erhitzt Cuprooxyd stark in einem Porzellantiegel. Es oxydiert sich und geht nach einiger Zeit in schwarzes Cuprioxyd, CuO, über.

Versuch 556. Man übergießt in einem Reagenzglas etwas Cuprooxyd mit verdünnter Salzsäure, schüttelt ab und zu um und läßt bei gelinder Wärme einige Stunden stehen. Es hat sich dann ein Teil des Oxydes zu Cuprochlorid, CuCl [1]), gelöst. Die Lösung hat die Fähigkeit, Kohlenoxyd zu absorbieren. Man gibt etwas Natronlauge zu. Es fällt gelbliches Cuprohydroxyd, CuOH, aus.

[1]) Die Moleküle der Cuprohalogenverbindungen sind, wie ihre Dampfdichte ergibt, aus 2 Einzelmolekülen zusammengesetzt. Man müsste also eigentlich Cu_2Cl_2, Cu_2J_2 usw. schreiben.

Versuch 557. Cuprooxyd wird in verdünnter Schwefelsäure gelöst. Auf Zusatz von Natronlauge fällt blaues Cuprihydroxyd, $Cu(OH)_2$, aus. Es hat sich also beim Lösen in Schwefelsäure Cuprisalz gebildet (Unterschied von der Wirkung der Salzsäure):

$$Cu_2O + H_2SO_4 = CuSO_4 + \dot{Cu} + H_2O.$$
$$2\,Cu^{\cdot} = Cu^{\cdot\cdot} + Cu.$$

Versuch 558. 42 g Cuprichloridkrystalle und 35 g mit sehr verdünnter Natronlauge 2 Minuten gekochte und dann mit Wasser gut abgespülte Kupferspäne werden in einer Kochflasche mit 100 ccm heißem Wasser übergossen. Dann gibt man 100 ccm konzentrierte Salzsäure zu und erhitzt so lange zum Sieden, bis die dunkle Flüssigkeit farblos geworden ist. Um keine zu großen Verluste durch Verdampfen zu erleiden, kann man einen Rückflußkühler aufsetzen (Fig. 243).

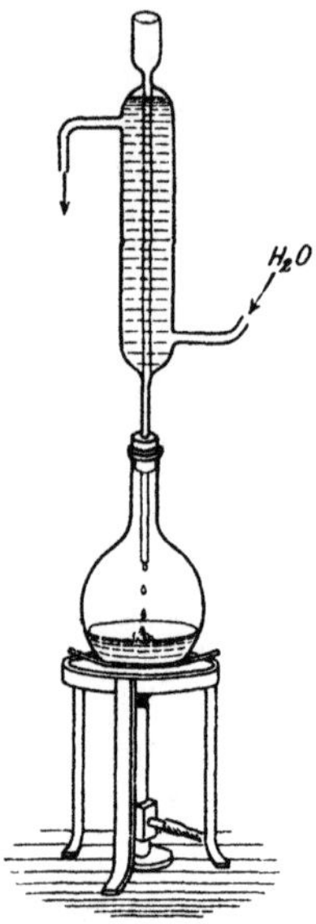

Fig. 243. Darstellung von Cuprochlorid.

Dann gießt man die klare Lösung in einen mit kaltem, destilliertem Wasser gefüllten Zylinder. Es fällt sofort ein weißer Niederschlag von Cuprochlorid aus, der rasch an der Saugpumpe abfiltriert und mit Alkohol und Äther gewaschen wird. Man kann das Chlorid dann im luftleer gepumpten Exsikkator über Schwefelsäure trocknen, aber selbst dann ist es nicht sehr haltbar, sondern färbt sich bald grün infolge der Bildung basischen Salzes.

Versuch 559. Eine Cuprisulfatlösung wird mit Jodkaliumlösung versetzt. Es entsteht ein schmutzig weißer Niederschlag von Cuprojodid, während die Flüssigkeit infolge ausgeschiedenen Jods braun wird:

$$2\,CuSO_4 + 4\,KJ = 2\,K_2SO_4 + 2\,CuJ + J_2.$$

Man wiederhole den Versuch, setze aber vor dem Zufügen von Jodkalium etwas schweflige Säure zu. Die Flüssigkeit bleibt jetzt klar, da das freiwerdende Jod sofort in Jodwasserstoff verwandelt wird:

$$H_2SO_3 + J_2 + H_2O = H_2SO_4 + 2\,HJ.$$

Versuch 560. Eine Kupfersulfatlösung wird mit Ammoniak versetzt. Es fällt ein blaues Gemisch basischer Salze aus, z. B.:

$$2\,CuSO_4 + 2\,NH_4OH = Cu_2(OH)_2SO_4 + (NH_4)_2SO_4,$$

das sich im Überschuß von Ammoniak mit tiefblauer Farbe zu komplexen Salzen löst.

Das komplexe Kat-Ion $[Cu(NH_3)_4]^{\cdot\cdot}$ hat die schöne kornblumenblaue Farbe.

Versuch 561. 15 g Kupfersufalt werden in möglichst wenig heißem Wasser gelöst. Man läßt dann kalt werden und filtriert von Krystallen, die sich etwa ausgeschieden haben, ab. Diese kalt gesättigte Kupfersulfatlösung wird in einem großen Becherglas mit so viel starkem Ammoniak - versetzt, daß der Niederschlag basischer Salze gerade eben wieder gelöst wird. Dann überschichtet man die Flüssigkeit mit einer Mischung aus gleichen Teilen Alkohol (96 proz.) und Wasser, so daß der Alkohol 1—2 cm hoch über der blauen Kupferlösung steht. Das Überschichten geschieht auf die Weise, daß man den Alkohol an einem Glasstab ganz langsam an der Wand des Becherglases hinunterlaufen läßt. Nach ein- bis zweitägigem Stehen, bei dem jede Erschütterung zu vermeiden ist, findet man den Boden des Becherglases mit schönen, blauschwarz schillernden Krystallnadeln von Kupfer-Ammoniumsulfat, $[Cu(NH_3)_4]SO_4$, bedeckt. Der Alkohol, den wir zur Darstellung unseres Präparates gebrauchten, hatte lediglich die Aufgabe, durch seine Wasserentziehende Wirkung die Krystallisation zu beschleunigen.

Versuch 562. Mit den Alkalisulfaten bildet Kupfersulfat Doppelsalze. — 50 g Kupfersulfat werden in möglichst wenig (30—35 ccm) siedendem Wasser gelöst. Man filtriert die Lösung in eine Abdampfschale, in der sich eine heiß gesättigte Lösung von Kaliumsulfat befindet, erhitzt wieder zum Sieden und läßt auskrystallisieren. Die blaßblauen Krystalle werden von der Mutterlauge, aus der man bei nochmaligem Eindampfen eine zweite Krystallisation gewinnen kann, durch Filtration getrennt und zwischen Filtrierpapier getrocknet. Nötigenfalls kann man sie aus heißem Wasser umkrystallisieren. Das Kupferkaliumsulfat hat die Zusammensetzung $(K_2SO_4 \,.\, CuSO_4 + 6\,H_2O)$.

Versuch 563. Durch Lösen von Kupfer oder Kupferoxyd in Salpetersäure (im Abzug!) erhält man eine blaue Flüssigkeit, die Cuprinitrat, $Cu(NO_3)_2$, enthält. Man kann das Salz durch Überschichten mit Alkohol in fester Form gewinnen. Es bildet blaue Krystalle, die beim Erhitzen unter heftiger Reaktion zerfallen.

Versuch 564. Man fälle eine Kupfersulfatlösung mit Natronlauge und erwärme. Das blaue Cuprihydroxyd färbt sich bald schwarz und geht unter Wasserabgabe in Cuprioxyd über.

$$Cu(OH)_2 = CuO + H_2O.$$

Versuch 565. Eine Kupfersulfatlösung wird mit Natriumcarbonatlösung versetzt. Es fällt ein bläulichgrüner Niederschlag von basischem Kupfercarbonat, $Cu_2(OH)_2CO_3$, aus. Grüne Schichten basischen Kupfercarbonats bilden sich leicht an kupferhaltigen Gegenständen, die der Luft ausgesetzt sind (Gas- und Wasserhähne aus Messing usw.). Diese Anflüge werden fälschlich als Grünspan bezeichnet. Echter Grünspan ist basisch essigsaures Kupfer.

Versuch 566. In eine Kupfersulfatlösung wird Schwefelwasserstoff eingeleitet. Es fällt schwarzes Cuprisulfid, CuS, aus. Aus neutralen oder schwach sauren Flüssigkeiten gefällt, bildet es leicht schwarze, kolloidale Lösungen, aus denen es auf Zusatz von etwas konzentrierter Salzsäure ausfällt. Beim Erhitzen geht Cuprisulfid in Cuprosulfid, CuS_2, über.

Versuch 567. Zu einer Kupfersulfatlösung bringt man wenige Tropfen Ferrocyankalium. Es entsteht ein brauner Niederschlag von Ferrocyankupfer, $Cu_2[Fe(CN_6)]$ (vgl. Vers. 451).

Eine sehr merkwürdige Verbindung ist der Kupferwasserstoff, CuH und CuH_2, der sich bei der Reduktion von Kupfersulfat mit unterphosphorigsaurem Natrium bildet. Cuprohydrid, CuH, ist ein gelbes, höchst unbeständiges Pulver, das schon bei 60° in seine Bestandteile zerfällt. Cuprihydrid, CuH_2, ist braun und etwas beständiger.

Silber.

Versuch 568. Ein $^1/_2$ M-Stück wird gewogen und unter Erwärmen in möglichst wenig verdünnter Salpetersäure gelöst. Dann dampft man unter dem Abzug in einer Abdampfschale zur Trockne. Man erhält ein Gemisch von Silber- und Kupfernitrat, das zur Entfernung des Kupfers so lange im Porzellantiegel erhitzt wird, bis es zu schmelzen beginnt. Dabei zersetzt sich das Cuprinitrat (S. 259), und die Masse färbt sich durch ausgeschiedenes Cuprioxyd schwarz. Nach dem Erkalten löst man in destilliertem Wasser und filtriert. Das Filtrat ist eine reine Silbernitratlösung. Man erwärmt und gibt verdünnte Salzsäure zu, so lange noch Chlorsilber ausfällt. Dann filtriert man das Chlorsilber ab und bringt es, nachdem es mit heißem Wasser mehrfach ausgewaschen ist, in eine große Abdampfschale, wo man es mit 100 ccm verdünnter Natronlauge versetzt. Man erhitzt zum Sieden, wodurch sich braunes Silberoxyd bildet, und gibt eine Lösung von 10 g Traubenzucker in 20 ccm Wasser tropfenweise zu. Das Silberoxyd wird dadurch zu schwarzem Silber reduziert. Eine Probe des Silberniederschlags wird mit heißem Wasser mehrmals ausgewaschen und dann in reiner Salpetersäure gelöst. Diese Lösung muß klar sein. Sollte sie sich infolge Chlorsilberausscheidung trüben, so muß man noch etwas Traubenzuckerlösung zugeben und noch einmal zum Sieden erhitzen. Wenn die Reduktion vollendet ist, wird der Silberniederschlag abfiltriert, sorgfältig mit heißem Wasser ausgewaschen und auf dem Wasserbad getrocknet. Dann bringt man das Silberpulver in einen ausgehöhlten Kalkstein (Kreideblock) und schmilzt es mit der Gebläseflamme zu einem Regulus zusammen. Man wiegt ihn und bestimmt die Ausbeute (Vers. 395). Deutsche Silbermünzen enthalten 90% Silber und 10% Kupfer.

Versuch 569. Etwas Chlorsilber wird in einer Porzellanschale mit verdünnter Schwefelsäure übergossen. Dann stellt man einen Zinkstab in die Schale und läßt das Ganze einige Stunden stehen. Nach Ablauf dieser Zeit wird man alles Chlorsilber zu grauschwarzem Silber reduziert finden:

$$2\,AgCl + Zn = 2\,Ag + ZnCl_2.$$

Versuch 570. Etwas nach Versuch 569 dargestelltes reines Silber wird unter dem Abzug in verdünnter Salpetersäure gelöst, worauf man bis zum Beginn der Salzhäutchenbildung eindampft und auskrystallisieren läßt. Man erhält tafelförmige Krystalle von Silbernitrat.

Versuch 571. Eine Silbernitratlösung wird mit verdünnter Salzsäure versetzt. Es fällt weißes Chlorsilber aus. Nun gebe man einen Überschuß von Ammoniak zu. Der Niederschlag löst sich wieder unter Bildung eines komplexen Salzes von der Zusammensetzung $[Ag(NH_3)_3]Cl$:

$$AgCl + 3\,NH_4OH = [Ag(NH_3)_3]Cl + 3\,H_2O.$$

Auf Zusatz von Salpetersäure wird das komplexe Ion zerstört, und Silberchlorid fällt wieder aus:

$$[Ag(NH_3)_3]Cl + 3\,HNO_3 = AgCl + 3\,NH_4NO_3.$$
$$[Ag(NH_3)_3]^{\cdot} + Cl' + 3\,H^{\cdot} = AgCl + 3\,NH_4^{\cdot}.$$

Versuch 572. Etwas Silbernitratlösung wird auf zwei Reagenzgläser verteilt und in dem einen Glas mit Bromkalium, im andern mit Jodkaliumlösung versetzt. Es fällt gelbliches Brom- und Jodsilber aus. Außer in der Farbe besteht ein Unterschied vom Chlorsilber auch darin, daß die Neigung zur Komplexsalzbildung mit Ammoniak mit zunehmendem Atomgewicht des elektronegativen Salzbestandteils (Br' bzw. J') abnimmt; Bromsilber ist in Ammoniak nur noch schwach, Jodsilber kaum löslich.

Versuch 573. Ein mit einer dünnen Gelatineschicht überzogenes Papier („Einfach-Übertragpapier für Kohledruck", in guten photogr. Handlungen erhältlich) wird drei Minuten lang in einer verdünnten Kochsalzlösung gebadet. Nach dem Trocknen behandelt man das Papier bei gedämpftem Tageslicht auf die gleiche Weise mit einer verdünnten Silbernitratlösung, wodurch sich in der Schicht Chlorsilber niederschlägt. Man hat damit ein einfaches photographisches Kopierpapier hergestellt. Man läßt im Halbdunkel trocknen und belichtet das Papier durch eine Schablone. Es wird an den belichteten Stellen schwarz. Nun bringt man das Bild in eine Auflösung von 10 g Natriumthiosulfat in 100 ccm Wasser. Das unbelichtete Chlorsilber wird gelöst, während das geschwärzte einen unschönen, lehmfarbenen Ton annimmt, der in der Praxis durch einen dünnen Goldniederschlag verbessert wird. Durch dieses „Fixierbad" ist das Bild lichtbeständig geworden, da ja kein unzersetztes Chlorsilber mehr in der Schicht vorhanden ist. Das Gelatinechlorsilberpapier entspricht den „Aristopapieren" des Handels. Die Zelloidinpapiere enthalten das Chlorsilber in einer Kollodiumschicht, die Albuminpapiere in einer Schicht von Eiweiß.

Versuch 574. Eine Silbernitratlösung wird mit Ammoniak versetzt. Es fällt braunes Silberoxyd aus, das sich im Überschuß des Fällungsmittels zu Komplexsalz löst:

$$Ag_2O + 6\,NH_4OH = 2\,[Ag(NH_3)_3]OH + 5\,H_2O.$$

Versuch 575. Auf feuchtes Silberoxyd drückt man ein Stück rotes Lackmuspapier. Es wird stark gebläut. Dies ist ein Beweis dafür, daß Silberoxyd (in sehr geringem Maß) in Wasser löslich ist und Silberhydroxyd bildet. Das Silberhydroxyd ist eine sehr starke Base und reagiert sogar mit Kochsalz unter Bildung von Natronlauge:

$$NaCl + AgOH = NaOH + AgCl.$$

Bei einer Temperatur von -40^0 kann man es als weißen Niederschlag beim Vermischen von alkoholischer Silbernitratlösung mit alkoholischer Kalilauge erhalten. Oberhalb dieser Temperatur ist es unbeständig und zerfällt sofort in Silberoxyd und Wasser.

Versuch 576. Man tröpfle zu einer Silbernitratlösung eine Auflösung von Kaliumcyanid. (Vorsicht!) Es fällt weißes Silbercyanid,

AgCN, aus, das sich im Überschuß von Kaliumcyanid zu Komplexsalz löst:

$$AgCN + KCN = K[Ag(CN)_2].$$

Diese Kaliumsilbercyanidlösung wird viel zur galvanischen Versilberung gebraucht.

Versuch 577. Man leite in eine Silbernitratlösung Schwefelwasserstoff ein. Es fällt schwarzes Silbersulfid aus, das in verdünnter Salpetersäure löslich ist. Den gleichen Versuch stelle man mit einer Silber-Ammoniak-Komplexsalzlösung (Vers. 571) an. Es fällt ebenfalls Silbersulfid, Ag_2S, aus, woraus hervorgeht, daß das komplexe Ion $[Ag(NH_3)_3]$ sehr leicht zerstörbar ist. Das gleiche gilt von anderen komplexen Silber-Ionen wie $[Ag(CN)_2]'$ (Vers. 576) und $[Ag(S_2O_3)_3]''''$ (Vers. 219).

Versuche zum zwanzigsten Vortrag.

(S. 263 bis S. 270.)

Gold.

Versuch 578. Man bringe auf ein Stückchen echtes Blattgold ein stecknadelkopfgroßes Tröpfchen Quecksilber. Es bildet sich Goldamalgam. Nun erhitzt man das Amalgam im Porzellantiegel (im Abzug!). Das Quecksilber verdampft, und Gold bleibt in fest am Porzellan haftender Schicht zurück. Dies ist die Grundlage der „Feuervergoldung".

Versuch 579. Blattgold wird mit Königswasser erhitzt. Es löst sich langsam auf, und beim Verdampfen der Lösung bleibt eine braune, zerfließliche Krystallmasse, die Aurichlorwasserstoffsäure, $HAuCl_4$, zurück.

Versuch 580. Zu 10 ccm einer Lösung von 1 g Aurichlorid in 100 ccm Wasser füge man wenige Tropfen Ferrosulfat. Die Lösung färbt sich dunkel, und es fällt braunes, metallisches Gold in feinster Verteilung aus. Die Ferro-Ionen werden zu Ferri-Ionen oxydiert (S. 265), indem die Gold-Ionen aus dem Ionenzustand in den molekularen übergehen.

Auf diese Weise gewonnenes Goldpulver wird, mit Nelken- oder Lavendelöl zu einem Brei angerieben, in der Porzellanmalerei als „Poliergold" verwandt. Die braune Farbe nimmt durch Reiben mit einem „Polierstift" aus Achat Goldglanz an.

Versuch 581. Aurichloridlösung wird mit Natronlauge versetzt. Es fällt braunes Aurihydroxyd, $AuO(OH)$, aus, das sich in überschüssiger Lauge zu Natriumaurat, $NaAuO_2$ löst. (S. 265).

Versuch 582. Beim Einleiten von Schwefelwasserstoff in Aurichloridlösung erhält man bei gewöhnlicher Temperatur einen Niederschlag von der Zusammensetzung Au_2S_2:

$$8\,AuCl_3 + 9\,H_2S + 4\,H_2O = 4\,Au_2S_2 + H_2SO_4 + 24\,HCl.$$

Erhitzt man dagegen vor Einleiten des Schwefelwasserstoffs, so entsteht ein Niederschlag von metallischem Gold:

$$8\,AuCl_3 + 3\,H_2S + 12\,H_2O = 8\,Au + 3\,H_2SO_4 + 24\,HCl.$$

Versuch 583. Man erwärme die im vorigen Versuch erhaltenen Niederschläge mit gelbem Schwefelammonium. Sowohl das Sulfid Au_2S_2 als auch metallisches Gold werden zu Sulfauraten gelöst; man kann sie als Aurate auffassen, deren Sauerstoff durch Schwefel ersetzt ist:

$$Au_2S_2 + (NH_4)_2S_2 = 2\,NH_4AuS_2.$$
$$2\,Au + (NH_4)_2S_4 = 2\,NH_4AuS_2.$$

Aus Sulfauratlösungen fällt auf Säurezusatz gelbbraunes Aurisulfid, Au_2S_2, aus. (Vgl. Vers. 282.)

Versuch 584. Zu einer Stannochloridlösung gebe man wenige Tropfen Aurichloridlösung. Man erhält eine purpurrote bis braune Flüssigkeit, die eine kolloidale Goldlösung ist (Cassiusscher Goldpurpur):

$$3\,SnCl_2 + 2\,AuCl_3 = 3\,SnCl_4 + 2\,Au.$$
$$3\,Sn^{\cdot\cdot} + 2\,Au^{\cdot\cdot\cdot} = 3\,Sn^{\cdot\cdot\cdot\cdot} + 2\,Au.$$

Platin.

Versuch 585. Einige Platinblechschnitzel werden mit Königswasser erhitzt. Das Metall löst sich langsam zu einer gelben Flüssigkeit, und man erhält beim Verdampfen ein bräunliche Krystallmasse, die Platinchlorwasserstoffsäure, $H_2[PtCl_6]$.

Versuch 586. Eine Lösung von Platinchlorwasserstoffsäure (fälschlich auch Platinchlorid genannt) wird mit Ammoniak versetzt. Man erhält einen gelben, krystallinischen Niederschlag von Ammoniumchloroplatinat, $(NH_4)_2[PtCl_6]$; diese Verbindung nennt man gewöhnlich „Platinsalmiak".

Versuch 587. Man bringt etwas Platinsalmiak in einen Porzellantiegel und erhitzt kräftig mit dem Bunsenbrenner. Es bleibt eine graue Masse zurück, die aus metallischem Platin besteht (Platinschwamm).

Versuch 588. Man lasse Leuchtgas aus einer spitz ausgezogenen Glasröhre auf Platinschwamm ausströmen. Das Gas entzündet sich, da fein verteiltes Platin (und noch mehr Palladium) die Fähigkeit hat, Wasserstoff auf sich zu verdichten. Dabei wird so viel Wärme frei, daß das Metall glühend wird (Gasselbstzünder). — Vor Erfindung der Streichhölzer hatte man zum Feueranzünden eine Vorrichtung, bei der aus Zink und Schwefelsäure entwickelter Wasserstoff gegen Platinschwamm ausströmte und sich entzündete. (Döbereiners Zündmaschine.)

Versuch 589. Etwas Platinchlorwasserstoffsäure wird im Reagenzglas mit einigen Tropfen Glycerin und dann mit so viel Natronlauge versetzt, daß die Flüssigkeit alkalisch reagiert. Beim Kochen fällt schwarzes Platinmetall in feinster Verteilung aus (Platinschwarz oder Platinmohr). In dieser Form kann das Platin noch stärker katalytische Wirkungen ausüben und noch größere Gasmengen verdichten als in der Form von Platinschwamm.

Versuch 590. Man bringe etwas Platinschwarz in einen Porzellantiegel und lasse aus einer Pipette einen Tropfen Alkohol auf die Substanz fallen. Man wird einen deutlichen Geruch nach Essig wahrnehmen und manchmal sogar ein Erglühen des Platins beobachten können. Essig ist ein Oxydationsprodukt des Alkohols, und die katalytische Wirkung des Platins besteht darin, die Verbindung des Alkohols mit dem Luftsauerstoff außerordentlich zu beschleunigen.

Versuch 591. Auf den Grundlagen des vorigen Versuchs beruht die „Davysche Glühlampe". Über dem Docht einer gewöhnlichen Spirituslampe wird eine Spirale aus dünnem Platindraht befestigt. Man zündet die Lampe an und bläst sie, sobald der Docht glüht, wieder aus. Da die von dem Docht aufsteigenden Alkoholdämpfe an dem heißen Platindraht immer weiter oxydiert werden, bleibt er glühend, und es entwickelt sich wieder der Essiggeruch. Der Versuch gelingt am besten, wenn man die Lampe mit einem Gemisch aus gleichen Teilen Alkohol und Äther füllt und sie mit einem Glaszylinder umgibt, um den Platindraht vor Abkühlung durch Luftzug zu schützen. (Äther ist sehr flüchtig, sein Dampf, mit Luft gemischt, explosiv. Man darf in der Nähe offener Ätherflaschen nicht mit Flammen umgehen!)

Versuch 592. Platinchlorwasserstoffsäure wird in einer Abdampfschale zur Trockne gedampft (im Abzug!) und der braune Rückstand einige Zeit schwach erhitzt (200—300°). Es entweicht Chlor, und man erhält einen graugrünen, in Wasser und verdünnter Salpetersäure unlöslichen Rückstand von Platinochlorid, $PtCl_2$ (Platinchlorür). Das Platinchlorür bildet, ähnlich wie Eisen und Nickel, mit Kohlenoxyd flüchtige Verbindungen. —

Versuche zum einundzwanzigsten Vortrag.

(S. 270 bis S. 302.)

Versuche mit Radium sind für uns natürlich nicht ausführbar. Immerhin können wir uns aber von der Radioaktivität der Pechblende überzeugen.

Versuch 593. Eine photographische Platte wird lichtdicht in schwarzes Papier verpackt. Dann legt man sie, mit der Schichtseite nach oben, auf einen Tisch, legt einen Schlüssel auf das Papier und bringt ein in ein Stativ geklemmtes Stück Pechblende so an, daß es sich $^1/_2$ cm über dem Schlüssel befindet. Das Ganze läßt man — je nach der Wirksamkeit der Pechblende — mehrere Tage bis Wochen stehen und entwickelt dann die Platte. Sie wird überall geschwärzt sein, nur nicht da, wo der Schlüssel gelegen hat, da die Radiumstrahlen das Metall viel schwerer durchdringen als das Papier. Man erhält also ein weißes Bild des Schlüssels auf schwarzem Grunde. (Negativ.) Positivbild siehe Fig. 244.

Versuch 594. Man betrachte eines der sehr verbreiteten leuchtenden Zifferblätter von Taschenuhren in verdunkeltem Zimmer bei 10—30 facher

Vergrößerung. Man wird ein fortwährendes Aufblitzen von Lichtpünktchen bemerken. Die Leuchtmasse besteht aus Zinksulfid, dessen Kryställchen durch auftreffende Alphateilchen zum Leuchten gebracht werden, die von Spuren beigemischter Radiumpräparate herrühren. Jeder Lichtblitz zeigt die Tätigkeit eines Alphateilchens an, so daß wir hier unmittelbar die Wirkung eines Atoms beobachten. Diese radioaktiven Leuchtmassen sind natürlich etwas ganz anderes, wie die nach Belichtung phosphoreszierenden Leuchtfarben aus Erdalkalisulfiden. Bei manchen Leuchtmassen ist das Aufblitzen sehr schwer zu sehen, weil sie nur sehr wenig radioaktive Stoffe (gewöhnlich Mesothor) enthalten. Man muß vor allem sehr ausgeruhte Augen haben und deshalb mindestens 5 Minuten in einem völlig dunkeln Raum zubringen, ehe man den Versuch anstellt. Am besten versucht man es abends, da dann die Augen an und für sich schon ausgeruhter sind als in grellem Tageslicht.

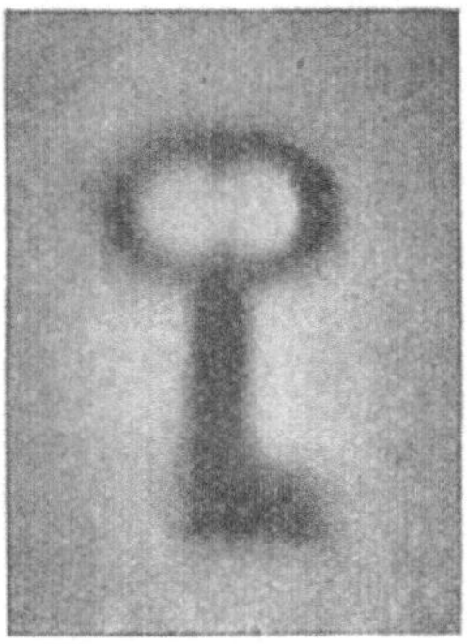

Fig. 244. Radiographie eines Schlüssels.

Versuch 595. Besitzt man nach Versuch 439 erhaltenes Thorperoxydhydrat, so kann man etwa 20 g in einem 50 cm langen Glasrohr flach ausbreiten und versuchen, die Thoremanation elektrostatisch nachzuweisen, wie wir es beim Phosphor machten (Vers. 247). Wenn das Elektroskop genügend empfindlich ist und man einige Zeit (etwa eine Stunde) wartet, bis sich die Luft im Rohr mit Emanation angereichert hat, gelingt der Versuch oft, zumal bei trocknem Wetter und sehr vorsichtigem Durchsaugen der Luft durch das Ionisierungsgefäß.

Tabelle I.

Symbole und Atomgewichte der Elemente (O = 16).

Name	Symbol	Atomgewicht	Name	Symbol	Atomgewicht
Aluminium . .	Al	27,1	Neodym . . .	Nd	144,3
Antimon . . .	Sb	120,2	Neon	Ne	20,2
Argon	A	39,88	Nickel	Ni	58,68
Arsen	As	74,96	Niobium . . .	Nb	93,5
Barium . . .	Ba	137,37	Osmium . . .	Os	190,9
Beryllium . . .	Be	9,1	Palladium . .	Pd	106,7
Blei	Pb	207,10	Phosphor . . .	P	31,04
Bor	B	11,0	Platin	Pt	195,2
Brom	Br	79,92	Praseodym . .	Pr	140,6
Cadmium . .	Cd	112,40	Quecksilber .	Hg	200,6
Cäsium . . .	Cs	132,81	Radium . . .	Ra	226,4
Calcium . . .	Ca	40,07	Rhodium . . .	Rh	102,9
Cer	Ce	140,25	Rubidium . .	Rb	85,45
Chlor.	Cl	35,46	Ruthenium . .	Ru	101,7
Chrom	Cr	52,0	Samarium .	Sm	150,4
Dysprosium .	Dy	162,5	Sauerstoff . .	O	16,00
Eisen	Fe	55,84	Scandium. . .	Sc	44,1
Erbium . . .	Er	167,7	Schwefel . . .	S	32,07
Europium . .	Eu	152,0	Selen.	Se	79,2
Fluor	F	19,0	Silber	Ag	107,88
Gadolinium . .	Gd	157,3	Silicium . . .	Si	28,3
Gallium . . .	Ga	69,9	Stickstoff . . .	N	14,01
Germanium .	Ge	72,5	Strontium . .	Sr	87,63
Gold	Au	197,2	Tantal	Ta	181,5
Helium . . .	He	3,99	Tellur	Te	127,5
Holmium . . .	Ho	163,5	Terbium . . .	Tb	159,2
Indium . . .	In	114,8	Thallium . . .	Tl	204,0
Iridium . . .	Ir	193,1	Thorium . . .	Th	232,4
Jod	J	126,92	Thulium . . .	Tu	168,5
Kalium . . .	K	39,10	Titan	Ti	48,1
Kobalt	Co	58,97	Uran	U	238,5
Kohlenstoff . .	C	12,00	Vanadium . .	V	51,0
Krypton . . .	Kr	82,92	Wasserstoff . .	H	1,008
Kupfer	Cu	63,57	Wismut . . .	Bi	208,0
Lanthan . . .	La	139,0	Wolfram . . .	W	184,0
Lithium . . .	Li	6,94	Xenon	X	130,2
Lutetium . . .	Lu	174,0	Ytterbium (?).	Yb	172,0
Magnesium . .	Mg	24,32	Yttrium (?) .	Y	89,0
Mangan . . .	Mn	54,93	Zink	Zn	65,37
Molybdän . .	Mo	96,0	Zinn	Sn	119,0
Natrium . . .	Na	23,00	Zirkonium . .	Zr	90,6

Tabelle II.

Spezifische Gewichte von Salz-, Salpeter- und Schwefelsäure.

Chem. reine Säuren enthalten in 100 Gewichtsteilen bei einem spez. Gew. von:	% HCl	% HNO_3	% H_2SO_4
1,1	20,01	17,11	14,35
1,15	29,57	24,84	20,91
1,20	39,11	32,36	27,32
1,25	—	39,82	33,43
1,30	—	47,49	39,19
1,35	—	55,79	44,82
1,40	—	65,30	50,11
1,45	—	77,28	55,03
1,50	—	94,09	59,70
1,55	—	—	64,26
1,60	—	—	68,51
1,65	—	—	72,82
1,70	—	—	77,17
1,75	—	—	81,56
1,80	—	—	84,50
1,840	—	—	86,90
			95,60

Tabelle III.

Spezifisches Gewicht von Ammoniaklösungen s. S. 35.

Tabelle IV.

Spezifisches Gewicht von Kali- und Natronlauge.

Chem. reine Laugen enthalten in 100 Gewichtsteilen bei einem spez. Gew. von:	% KOH	% NaOH
1,10	12,0	8,68
1,15	17,5	13,53
1,20	22,4	17,67
1,25	26,8	22,62
1,30	31,8	27,8
1,35	35,1	32,44
1,40	39,0	37,46
1,45	43,3	41,4
1,50	48,2	47,6
1,55	51,0	—
1,60	54,8	—

Namenverzeichnis.

Sachverzeichnis.

Bemerkungen zum Sachverzeichnis.

Zur Bezeichnung der Salze ist meist die neuere Benennung gewählt. Man findet also z. B. schwefelsaures Quecksilberoxydul unter Mercurosulfat, Eisenchlorür unter Ferrochlorid usw.

Solche Stoffe, deren ältere Bezeichnungen gebräuchlicher sind, findet man auch unter diesen aufgeführt.

Was man nicht direkt findet, suche man unter Schlagworten. „Behandlung von Giften“ also unter „Giften, Behandlung von“, usw.

Alle Seitenzahlen, die sich auf den zweiten — praktischen — Teil des Buches beziehen, sind *kursiv* gedruckt.

Druck der Universitätsdruckerei H. Stürtz A. G., Würzburg.

GPSR Compliance

The European Union's (EU) General Product Safety Regulation (GPSR) is a set of rules that requires consumer products to be safe and our obligations to ensure this.

If you have any concerns about our products, you can contact us on ProductSafety@springernature.com

In case Publisher is established outside the EU, the EU authorized representative is:

Springer Nature Customer Service Center GmbH
Europaplatz 3
69115 Heidelberg, Germany

Batch number: 10620143

Printed by Printforce, the Netherlands